GRUNDRISS

DER

ROMANISCHEN PHILOLOGIE.

II. BAND.

2. ABTEILUNG

GRUNDRISS

DER

ROMANISCHEN PHILOLOGIE

UNTER MITWIRKUNG

VON

G. BAIST, TH. BRAGA, H. BRESSLAU, T. CASINI, J. CORNU, C. DECURTINS, W. DEECKE, TH. GARTNER, M. GASTER, G. GERLAND, G. JACOBSTHAL, F. KLUGE, GUST. MEYER, W. MEYER-LÜBKE, C. MICHAËLIS DE VASCONCELLOS, A. MOREL-FATIO, FR. D'OVIDIO, M. PHILIPPSON, A. SCHULTZ, W. SCHUM, CH. SEYBOLD, E. STENGEL, A. STIMMING, H. SUCHIER, H. TIKTIN, A. TOBLER, W. WINDELBAND, E. WINDISCH

HERAUSGEGEBEN

VON

GUSTAV GRÖBER

O. Ö. PROFESSOR DER ROMANISCHEN PHILOLOGIE AN DER UNIVERSITÄT STRASSBURG.

II. BAND, 2. ABTEILUNG.

DIE LITTERATUREN DER ROMANISCHEN VÖLKER: 2. PROVENZALISCHE LITTERATUR. — 3. KATALANISCHE LITTERATUR. — 4. GESCHICHTE DER PORTUGIESISCHEN LITTERATUR. — 5. DIE SPANISCHE LITTERATUR.

STRASSBURG.

KARL J. TRÜBNER.

1897.

PHOTOMECHANISCHER NACHDRUCK

WALTER DE GRUYTER · BERLIN · NEW YORK

1985

ISBN 3 11 003405 0

Printed in the Netherlands

VORWORT.

Da die Bandausgabe dieser nun abgeschlossenen zweiten Abteilung des zweiten Bandes des Grundrisses der romanischen Philologie 1897 als Jahr des Erscheinens trägt, ist nicht überflüssig zu bemerken, dass die Provenzalische und Katalanische Litteraturgeschichte schon im Jahre 1893 erschien, die Portugiesische im Jahre 1893 gedruckt und an der Spanischen von December 1893 bis Juli 1897 gearbeitet wurde. Einen schnelleren Abschluss der Abteilung herbeizuführen lag leider nicht in der Macht des Herausgebers und Verlegers. Der Entschuldigung bedarf auch, dass entgegen dem Plane (Bd. I. S. 152) die spanische Litteraturgeschichte an fünfter statt an vierter Stelle erscheint; das Manuscript war zur Zeit nicht zur Stelle und wurde erst in den letzten fünf Jahren nach und nach eingeliefert.

Strassburg, im Oktober 1897.

DER HERAUSGEBER.

INHALT.

III. ABSCHNITT.

LITTERATURGESCHICHTE DER ROMANISCHEN VÖLKER.

B. DIE LITTERATUREN DER ROMANISCHEN VÖLKER.

2. PROVENZALISCHE LITTERATUR

VON

ALBERT STIMMING.

In Südfrankreich erlangte die Sprache unter der Gunst äusserer und innerer Verhältnisse zuerst unter allen romanischen Schwestern jenen hohen Grad der Ausbildung, welcher die Vorbedingung für die Entfaltung einer Litteratur ist. Zwar reichen einige französische Denkmäler noch höher hinauf als das älteste uns bekannte provenzalische, aber während der Ausdruck in jenen noch ziemlich unbeholfen ist, zeigt letzteres bereits eine solche Vollkommenheit in sprachlicher und metrischer Hinsicht, dass damals die Litteratur unzweifelhaft bereits einen verhältnismässig langen Entwickelungsgang hinter sich hatte, sodass es nur den ungünstigen äusseren Umständen zuzuschreiben ist, wenn sich keine älteren Erzeugnisse erhalten haben. Die Blütezeit der provenzalischen Litteratur umfasst das elfte und namentlich das zwölfte Jahrhundert, das vorangehende sowie die folgenden stehen an Bedeutung hinter jenen erheblich zurück. Der schnelle Verfall bald nach 1200 wurde hauptsächlich durch den blutigen Albigenserkrieg befördert, welcher die politische Selbständigkeit des Landes vernichtete, dessen Reichtum zerstörte, dessen Adel zum grossen Teil ausrottete oder verarmen liess und dadurch auch der Poesie einen tötlichen Stoss versetzte. — Wir behandeln nach einander die epischen, die lyrischen, die didaktischen und dramatischen Erzeugnisse der Poesie und schliessen daran die Prosa-Denkmäler.

ALLG. WERKE. Millot, *Histoire littéraire des troubadours*, 3 B. Paris 1773; Fauriel, *Histoire littéraire des troubadours*, 3 B. Paris 1844; K. Bartsch, *Grundriss zur Geschichte der provenzalischen Literatur*, Elberfeld 1872; Chabaneau, *Les Biographies des Troubadours en langue provençale, Appendice*, Toulouse 1885 (Aus *Histoire générale de Languedoc*[2] X); Restori, *Letteratura provenzale*, Milano 1891.

A. EPIK.

a. VOLKSTÜMLICHE EPIK.

Unter den romanischen Litteraturen hat nur die französische und die provenzalische Volksepen aufzuweisen, und zwar sind diese unter der unmittelbaren Einwirkung der Germanen entstanden, deren Heldengedichte der unterworfenen Bevölkerung als Vorbilder und Muster dienten. Die Wirkungen dieses Einflusses blieben jedoch auch dann noch bestehen, als die beiden Nationalitäten dadurch mit einander verschmolzen, dass die Eroberer die Sprache der Unterworfenen annahmen. Die Romanen hörten sehr bald auf, die Eindringlinge als Fremde anzusehen: da sie jetzt Schulter an Schulter mit ihnen die gleichen Feinde bekämpften, so fühlten sie sich völlig eins mit ihnen, und die gemeinsamen Thaten und Schicksale wurden von ihnen in ganz derselben Weise besungen, wie sie oder ihre Vorfahren dies einst bei den Germanen kennen gelernt hatten. Im Süden Frankreichs hat diese volksmässige Epik allerdings bei weitem keine so grossartige Entwickelung erreicht wie im Norden, und unter den mannigfachen Gründen dafür ist einer wohl in dem Umstande zu suchen, dass dort die Durchsetzung mit germanischen Elementen viel weniger stark und andauernd gewesen ist, daher auch jener Einfluss nicht so wirksam und so nachhaltig sein konnte, wie hier. Aber auch dort bewahrte man die Erinnerung an grosse Waffenthaten, an Niederlagen und an Siege über die politischen oder religiösen Feinde des Volkes in Form von Heldengedichten. Dafür spricht, abgesehen von den uns erhaltenen Epen unter anderem die Thatsache, dass in Südfrankreich einige Lokalsagen von Roland, dem berühmten Neffen Karls des Grossen, bis auf den heutigen Tag fortleben, und dass die Thaten des Wilhelm von Orange, eines südfranzösischen Helden, wie uns in dessen lateinischer Lebensbeschreibung berichtet wird, überall, also wohl vor allem in seiner engeren Heimat, gefeiert wurden. Wenn hiernach das Vorhandensein einer Nationalsage in jenen Gegenden nicht wohl bezweifelt werden kann, so ist mit der gleichen Sicherheit vorauszusetzen, dass sich dieselbe in dichterisches Gewand gekleidet und in dieser Form von Geschlecht zu Geschlecht überliefert hat, da eine andere Form der Fortpflanzung nicht anzunehmen ist.

3. Diese Volksepen waren also durchaus historische, weil sie bestimmten geschichtlichen Vorgängen ihre Entstehung verdankten und über dieselben einen, wenngleich subjektiv gefärbten, so doch im ganzen treuen Bericht lieferten. Sie entstanden daher der Regel nach bald nach den betreffenden Ereignissen und hatten den Zweck, den Stammgenossen den ganzen Hergang wieder vorzuführen, zugleich aber auch denjenigen Stimmungen Ausdruck zu leihen, welche jene Geschehnisse bei allen hervorgerufen hatten: Stolz und Freude über einen Sieg, Schmerz und Trauer über eine Niederlage. In Bezug auf ihren Charakter, ihren Stil, ihre metrische Form und sonstige Eigentümlichkeiten sowie auf die Art, wie sie vorgetragen wurden, unterschieden sie sich vermutlich nicht von den gleichzeitigen französischen Dichtungen gleicher Gattung, und ebenso wird auch der Entwickelungsgang bei beiden im allgemeinen der gleiche gewesen sein. Demnach hatten diese Epen in ihrer ältesten Gestalt wohl nur einen mässigen Umfang, sodass ein Volkssänger sie bequem auswendig lernen, meist auch mit einem Mal vortragen konnte.

Die grosse Mehrzahl dieser Gedichte ist im Laufe der Zeit verloren gegangen, einige wenige haben sich zwar erhalten, jedoch nicht in der ursprünglichen, sondern in einer um mehrere Jahrhunderte jüngeren und wesentlich veränderten Form, welche sie durch wiederholte Umarbeitungen erhalten hatten. Diese Umarbeitungen wurden an den einzelnen Epen immer dann vorgenommen, wenn das Bedürfnis hierzu vorzuliegen schien, sei es, weil die Sprache sich inzwischen geändert hatte oder die metrische Form derselben veraltet war, sei es, weil die Gebräuche, die Sitten, die Anschauungen und damit die Ideale des Volkes andere geworden waren, und nun das Epos in allen diesen Punkten «modernisiert» werden sollte. Dieser Aufgabe unterzog sich dann immer ein Dichter, der den Beruf dazu in sich zu haben glaubte; aber die meisten derselben benutzten diese Gelegenheit, um zu gleicher Zeit ihre Vorlage inhaltlich zu erweitern, indem sie durch Einführung neuer Personen, Einflechtung neuer Episoden und Ausspinnung der einzelnen Szenen den Umfang des Gedichtes vergrösserten, wobei ihnen der Wunsch des Volkes, immer mehr Einzelheiten über die Schicksale seiner Lieblingshelden zu hören, sehr entgegen kam. Da nun diese Bearbeiter oft sehr wenig Rücksicht darauf nahmen, ob ihre Zuthaten sowohl inhaltlich als auch formell mit den älteren Bestandteilen übereinstimmten, so erklärt es sich, dass die Epen in der uns vorliegenden Gestalt der Regel nach einerseits grosse Ungleichheiten in Bezug auf Sprache, Stil und Geist, andrerseits in ihrem Berichte zahlreiche Anachronismen, Inkonsequenzen und selbst Widersprüche aufweisen.

Neben dieser Art von Volksepen giebt es noch eine andere, denen eigentlich diese Benennung nicht zukommt, nämlich solche, die nicht in der soeben dargelegten Weise bestimmten historischen Vorgängen ihre Entstehung verdankten, sondern die von späteren Dichtern in Nachahmung jüngerer Bearbeitungen der wirklichen Volksepen verfasst worden sind, daher, streng genommen, zur Kunstdichtung gehören.

4. Das bei weitem hervorragendste unter den provenzalischen Volksepen ist der *Girart de Rossillon*.[1] Es behandelt die langjährigen und wechselvollen Kämpfe zwischen Karl Martell und dem trotzigen Baron, von welchem es seinen Namen erhalten hat. Obwohl beide durch Verheiratung mit einem Schwesternpaar in ein nahes Verwandtschaftsverhältnis getreten waren, so veranlassten doch bald ungerechtfertigte Forderungen des Königs einen Krieg zwischen ihnen. Karl nahm Rossillon durch Verrat, verlor es aber bald darauf wieder, nachdem ihm Girart eine empfindliche Schlappe beigebracht hatte. Nun wurde eine Schlacht verabredet und begonnen, jedoch durch ein furchtbares Gewitter unterbrochen, und unter dem Eindruck dieses Ereignisses kam es zum Frieden. Derselbe war jedoch nicht von Dauer, und diesmal nahm der Krieg nach mannigfachen Wechselfällen eine für Girart so ungünstige Wendung, dass er zuletzt allein mit seiner treuen Gattin Bertha in den Wald fliehen musste, wo er sich als Kohlenbrenner ernährte, während jene Näherin wurde. Aber beim Anblick eines Ritterspieles regte sich in ihrer Brust eine enwiderstehliche Sehnsucht nach der Heimat; beide zogen nach Orleans, und mit Hülfe von Berthas Schwester glückte es, die Verzeihung des Königs zu erlangen. Girart erhielt seine Besitzungen wieder und wurde mit grosser Begeisterung in Rossillon empfangen.

Das geschichtliche Urbild des Helden ist ein Graf Girart von Vienne, welcher etwa während der ersten sieben Jahrzehnte des neunten Jahrhunderts lebte. Seine Gemahlin hiess, wie im Epos, Bertha, und er hatte mehrfache Kämpfe mit Karl dem Kahlen zu bestehen, in deren Verlauf Karl schliesslich durch Bestechung Vienne einnahm, worauf Girart mit seiner Gattin das Land verliess. Über sein Ende wissen wir nichts.

Aber das Gedicht enthält noch andere sagenhafte Elemente, welche auf die Zeit Karl Martells zurückweisen und welche in den Kriegen zu wurzeln

[1] Hsg. von K. Hofmann, Berlin 1855 und von Fr. Michel, Paris 1856; ein genauer Abdruck der Handschriften in Roman. Studien 5, 1—282; ein weiteres Bruchstück in Rev. des l. r. 33, 133—7.

scheinen, die dieser König mit den Völkern des mittleren und südlichen Frankreichs zu bestehen hatte. Demnach ist zu vermuten, dass die epischen Dichtungen, welche diese Kriege besangen, mit denjenigen verschmolzen worden sind, die den Thaten Girarts von Vienne ihre Entstehung verdankten, und es ist sehr wohl möglich, dass das so entstandene Volksepos den Namen seines Helden aus den älteren derselben erhalten hat, wie dies mit dem Namen des Königs ja thatsächlich der Fall ist, während die jüngeren ihm seinen wesentlichen Inhalt geliefert haben. Die Verschmelzung beider Sagenstoffe, also die Abfassung der ältesten Gestalt des uns vorliegenden Epos wird gegen Ende des neunten Jahrhunderts stattgefunden haben, als am Schlusse der Regierungszeit Karls des Dicken († 888) Burgund und die Provence sich vom Frankenreiche losrissen, wo demnach die Feindschaft, die von Alters her zwischen dem Süden und seinen nördlichen Beherrschern bestanden hatte, mit neuer Schärfe hervortrat und so durch die gewaltige Hebung des Nationalgefühls auch die nationale Dichtung eine mächtige Anregung erhielt.

Diese älteste Gestalt des Epos ist unwiderbringlich verloren, aber wir vermögen die Entwickelungsgeschichte unseres Gedichtes doch wenigstens eine Strecke weit zurück zu verfolgen. Einmal nämlich lassen sich in der uns vorliegenden Form zahlreiche Bestandteile als jüngere Zuthaten nachweisen, durch deren Ausscheidung sich eine ziemlich frühe Version inhaltlich wiederherstellen lässt; sodann kann man den Inhalt einer anderen Fassung aus einer uns überlieferten lateinischen Lebensbeschreibung des Girart von Rossillon erschliessen, die ein Mönch des Klosters Pothières mit Benutzung eines alten Epos am Ende des 11. Jhs. verfasst hat. Die beiden so erhaltenen Berichte, welche in allen wesentlichen Punkten übereinstimmen (gewisse Verschiedenheiten im Detail lassen das von dem Mönch benutzte Gedicht als etwas älter vermuten), stellen demnach die älteste für uns erreichbare Gestalt des Epos und damit der Sage dar. Zwischen dieser und der uns vorliegenden hat das Gedicht nun mehrfache Umarbeitungen erfahren, deren Spuren, wie schon angedeutet, sich zum grossen Teil deutlich erkennen lassen. So verdankt es einer derselben unter anderem die Anfügung einer lang ausgesponnenen Liebesgeschichte zwischen Folco, einem Vetter Girarts, und Aupais, einer Nichte Karls, während die Thätigkeit eines späteren Bearbeiters, vermutlich eines Mönchs des Klosters Vezelai, sich als noch viel einschneidender erwies, nicht nur in Bezug auf den Inhalt, sondern auch auf den Geist. Dieser änderte nämlich zunächst den Eingang, indem er das Schwesternpaar, die ursprünglich Töchter eines der Fürsten des Landes gewesen waren, zu Töchtern des Kaisers von Konstantinopel machte, sodann fügte er einen vollständig neuen Schluss an, in welchem er von einem neuen Kriege zwischen beiden Gegnern berichtete und dabei eine Menge Legenden und fromme Erzählungen einflocht, endlich schob er auch im Innern zahlreiche neue Episoden ein. Verhängnisvoller aber war sein Versuch, dem Epos ein geistliches Gepräge aufzudrücken, indem er der Geistlichkeit, sogar dem Papste, wichtige Rollen zuerteilte, spezifisch theologische Motive in die Handlung einführte, den Girart aus einem rauhen Krieger allmählich zu einem frommen Mann Gottes werden liess und überall salbungsvolle Reden anbrachte oder kirchliche Ausdrücke verwendete. Dieser Bearbeiter, dem also das Epos im wesentlichen seine jetzige Gestalt verdankt, lebte wahrscheinlich am Schlusse des zwölften Jahrhunderts.

Aus dem Gesagten ergiebt sich, dass unser Gedicht weder inhaltlich, noch formell den Eindruck eines einheitlichen Kunstwerkes hervorruft: da die Bearbeiter sehr ungleich an Begabung und Gesinnung waren, so zeigen auch die von ihnen herrührenden Zuthaten grosse Unterschiede in Bezug auf

Geist und dichterischen Wert. Bei weitem am höchsten stehen in dieser Hinsicht die ältesten Bestandteile des Werkes, sodass sich leicht erkennen lässt, dass das frühere Epos zu den vorzüglichsten Erzeugnissen der volkstümlichen Epik gehört haben muss. Die verschiedenen Persönlichkeiten sind dort scharf herausgearbeitet und die einzelnen Charaktere konsequent durchgeführt. Die Handlung schreitet schnell vorwärts, und die Aufmerksamkeit wird nicht durch Abschweifungen abgelenkt; der Ausdruck ist kurz und knapp und fast immer der Situation angemessen; Bilder, Vergleiche und andrer rednerischer Schmuck werden mit Maass verwandt, stets aber mit Geschick und an der richtigen Stelle; der Geist ist ein kriegerischer, durchweg ernst, stellenweise sogar rauh; das Motiv der Liebe tritt völlig zurück, die Frau erscheint nur in der Rolle der treuen, hingebenden Gattin. Bemerkenswert endlich ist die metrische Form: Tiraden von Zehnsilblern mit der Zäsur nach der sechsten Silbe, Verse, in denen durch das Übergewicht des ersten Teiles schon äusserlich der Eindruck des Rauhen, Schroffen und Schweren hervorgebracht wird.

P. Meyer, *La légende latine de Girart de Roussillon*, Rom. 7, 161–235; Ders., *Girart de Roussillon, chanson de geste traduite pour la première fois*, Paris 1884; A. Longnon, *Girard de Roussillon dans l'histoire*, *Revue historique* 8, 242–79; A. Stimming, *Über den provenzalischen Girart von Rossillon.* Ein Beitrag zur Entwickelungsgeschichte der Volksepen, Halle 1888.

5. Die übrigen Volksepen sind uns leider sämtlich mehr oder weniger lückenhaft erhalten. So besitzen wir von einem, welches *Aigar und Maurin* [1] betitelt ist, nur einzelne Bruchstücke, die auf den Deckel eines Buches geklebt waren und durch einen Zufall aufgefunden worden sind. Es sind im ganzen 1437, zum Teil verstümmelte, Zehnsilbler mit der Zäsur nach der vierten Silbe, welche in 45 gereimte Tiraden gruppiert sind. Aus einzelnen Anzeichen lässt sich schliessen, dass der gereimten Fassung eine assonierende vorhergegangen ist. Das Epos berichtet über einen Krieg zwischen dem englisch-normannischen Könige Aigar (= Edgar) und dessen aufrührerischen Vasallen unter Führung des Maurin, dem sich später ein Verwandter des Königs, Falco, anschloss. In dem ersten Fragment hören wir von einer Niederlage, die Aigars Sohn erleidet, und von kleineren Unternehmungen der Verbündeten, im zweiten wohnen wir einer entscheidenden Schlacht bei, deren Ausgang wir jedoch nicht erfahren.

Das Gedicht trägt auch inhaltlich deutliche Spuren jüngerer Überarbeitungen an sich, so in den langatmigen Reden ohne wesentlichen Inhalt und in den zahlreichen Repetitionsstrophen. Dagegen zeigen die älteren Teile fast durchweg die Vorzüge der guten Epen: rauhen, kriegerischen Geist, schnellen Fortschritt der Handlung, einfachen und schmucklosen Stil. In dem ganzen Gedicht tritt keine Frau handelnd auf, und nur ein einziges Mal wird ganz nebenbei eine Nichte Aigars als eine angebliche Erbin erwähnt. Wir vermögen nicht anzugeben, ob geschichtliche Ereignisse dem Epos zu Grunde liegen. Es verdient, hervorgehoben zu werden, dass sich bereits in einem Lehrgedicht des Guiraut de Cabreira (um 1170) eine Anspielung auf dasselbe findet.

Von einem andern Epos kennen wir sogar nur 72 Verse (Zehnsilbler), welche vermutlich ihres lyrischen Inhaltes wegen aufbewahrt worden sind. Das Gedicht, dem sie entlehnt sind, führte wahrscheinlich den Titel *Bernartz de Tolosa* oder *Lo Coms de Tolosa* [2] und war vermutlich die älteste Bearbeitung

[1] Aigar et Maurin, *fragments d'une chanson de geste provençale* p. p. Auguste Scheler, Bruxelles 1877.

[2] Hsg. von Suchier, *Denkmäler prov. Lit. u. Sprache* I, 309–11.

der Sage von dem Grafen von Toulouse, die ursprünglich in Südfrankreich heimisch, später auch bei andern Völkern Eingang gefunden hat und deren historischer Kern in der tragischen Liebe Bernhards, des Sohnes Wilhelms von Orange und Toulouse, zu der schönen Kaiserin Judith, Gemahlin Ludwigs des Frommen, zu suchen ist. Unser Bruchstück enthält ein Gespräch zwischen der Königin und dem Grafen, in welchem letzterer sich beklagt, dass seine treue Liebe bisher keinen Lohn gefunden. Sowohl Gedanken wie Ausdrucksweise lassen erkennen, dass das Epos, aus dem die Verse herstammen, schon von der kunstmässigen Dichtung stark beeinflusst worden war.

6. *Daurel und Beton*[1] gehört zu der zweiten der oben (§ 3) aufgestellten Arten von Volksepen, in so fern nämlich der Stoff mit Benutzung von Motiven, Personen und Szenen andrer, speziell französischer, Heldengedichte erfunden, hierauf äusserlich mit dem Sagenkreise Karls des Grossen verknüpft und dann in die bei den anderen volkstümlichen Gedichten übliche Gewandung gekleidet worden ist. Es bildet nämlich die unmittelbare Fortsetzung der Chanson de geste »Beuve de Hanstone«, denn es berichtet von den Schicksalen Betons, des Sohnes jenes Helden, namentlich von den Gefahren, denen er durch die Nachstellungen des Gui, eines treulosen Vertrauten seines Vaters, ausgesetzt wurde. Der eigentliche Träger der Handlung ist jedoch Daurel, ein seinem Herrscherhause treu ergebener Spielmann, der den jungen Beton durch Opferung seines eigenen Sohnes vor jenem Verräter rettet, ihn in die Verbannung zu dem Admiral von Babylon geleitet, ihn erzieht und schliesslich auch die Rache an Gui ins Werk setzen hilft. Der Schluss fehlt jedoch auch hier, denn wir erfahren nur, dass Beton nach seiner Wiedereinsetzung seinen Oheim Karl den Grossen wegen seines Anteils an dem Verrat zur Rechenschaft aufforderte, nicht aber, was weiter erfolgte. Das Gedicht zählt in der uns vorliegenden Gestalt 2198 Verse, von denen die ersten 138 je zwölf, alle übrigen je zehn Silben aufweisen, offenbar weil ein Bearbeiter begonnen hatte, das Epos in Alexandriner umzudichten, dann aber bald von seinem Vorhaben abstand. Als Entstehungszeit wird von einigen das dritte Viertel, von andern das Ende des zwölften Jahrhunderts angesehen. Der Verfasser war offenbar ein Spielmann, denn er hat, wie wir gesehen, einem Berufsgenossen die Hauptrolle übertragen und diesem auch den Grundgedanken der ganzen Dichtung, die Pflicht opferfreudiger Liebe zum Lehnsherrn (V. 1029) in den Mund gelegt. Nach den vorkommenden Ortsnamen zu schliessen, stammte er aus dem Landstrich zwischen Poitiers und Agen. Er war ein nicht unbegabter Dichter, der seinen Stoff recht geschickt zu erfinden und ansprechend zu erzählen verstanden hat.

7. Ein andres Epos, das die *Eroberung von Arles* behandelte, ist nicht in seiner ursprünglichen Form auf uns gekommen; es liegt davon erstens die Prosa-Auflösung einer ehemals gereimten Version vor (cf. § 69), sodann bildet dieser Stoff den dritten Teil einer etwas buntscheckigen Kompilation,[2] deren erster die legendarische Geschichte des Kreuzholzes Christi, deren zweiter die Sage von der Zerstörung Jerusalems umfasst (cf. § 44). Diese poetisch äusserst geringwertige Kompilation, die sich in einem von 1272 bis 1275 niedergeschriebenen Manuskript befindet, beruht zwar auf dichterischen Bearbeitungen der betreffenden Gegenstände, doch erscheint die metrische Form arg vernachlässigt, stellenweise ganz verwischt. Auch inhaltlich hat sich der Verfasser seiner Vorlage sehr frei gegenübergestellt, indem er den vorgefundenen Stoff durch zahlreiche aus anderen Dichtungen entlehnte Zusätze er-

[1] Daurel et Beton, *chanson de geste provençale* p. p. Paul Meyer, Paris 1881.
[2] *Le Roman d'Arles, texte provençal* p. p. C. Chabaneau, Paris 1889.

heblich veränderte. Dennoch sind wir im Stande, die frühere Gestalt der Sage im allgemeinen anzugeben, da sich in anderen Denkmälern, namentlich in der mittelhochdeutschen »Kaiserchronik«, Bezugnahmen auf dieselbe, und selbst Inhaltsangaben derselben finden. Sie behandelt die wiederholten Kämpfe Karls des Grossen mit dem Sarazenenkönig Thibaut um den Besitz von Arles, in welchen diese Stadt durch Zerstörung der Aquadukte, die das Wasser lieferten, schliesslich zur Übergabe gezwungen wurde. Auch diese Sage wurzelt in einem historischen Vorgange, nur gehört dieser nicht der Geschichte Karls des Grossen, sondern der Karl Martells an, welcher im Laufe der Zeit, wie dies mehrfach geschehen ist, in der Erinnerung des Volkes durch seinen berühmteren Enkel verdrängt worden war. Karl Martell musste im Jahre 737 einen Feldzug gegen die Araber unternehmen, welche, von ungetreuen Baronen der Provence herbeigerufen, dies Land eingenommen hatten, und eroberte bei dieser Gelegenheit wahrscheinlich auch Arles wieder zurück. Wenn es hiernach nicht bezweifelt werden kann, dass es einst Epen über die Eroberung von Arles gegeben hat, so ist doch zu vermuten, dass das älteste derselben ein französisches gewesen ist, dass daher die vorauszusetzenden provenzalischen Gedichte über diesen Gegenstand nur Bearbeitungen eines fremden Originals gewesen sind.

Ganz sicher ist letzteres der Fall bei dem schliesslich noch zu erwähnenden Epos *Fierabras*[1], welches man früher auch für eine Originaldichtung gehalten hat, das aber nur die provenzalische Fassung einer französischen Chanson de geste gleiches Namens ist. Wie uns darin berichtet wird, meldet sich Olivier zu einem Zweikampf mit dem Sarazenenprinzen Fierabras, gerät samt andern Christen in die Gefangenschaft der Heiden, vermag sich aber mit Hülfe von Floripas, der Schwester des Fierabras, so lange zu halten, bis Karl der Grosse Hülfe und Rettung bringt. Wir kennen sechs französische Versionen der Sage, aber keine derselben kann die Vorlage unseres Gedichtes gewesen sein, da, abgesehen von vielen Einzelheiten, sich in keiner die Beschreibung des einleitenden Kampfes (V. 44—604) findet; aber auch die verloren gegangene Vorlage würde nicht die erreichbar älteste Gestalt der Sage darstellen, da aus einer Inhaltsangabe derselben in der Reimchronik des Philippe Mousket (I, 4696 sq.), sowie aus inneren Gründen folgt, dass der zweite Teil der jetzigen Fassung, also Oliviers Gefangenschaft und die sich daran schliessenden Kämpfe, erst jüngeren Ursprungs ist.

G. Gröber, *Die handschriftliche Gestaltung der Chanson de geste Fierabras*, Leipzig 1869.

b. KUNSTMÄSSIGE EPIK.

8. Die volksmässige Dichtung ist immer die ältere, ja sie ist die einzige, so lange der Kulturzustand der ganzen Bevölkerung im allgemeinen der gleiche ist. Erst wenn durch die fortschreitende Bildung, deren Erzeugnisse die oberen Stände sich ja schneller und vollständiger aneignen, letztere sich von den übrigen absondern, und sie nun wie auf anderen geistigen Gebieten so auch auf dem der Dichtung etwas eignes, ihrer Ansicht nach feineres haben wollen, erst dann entstehen »kunstmässige« Dichtwerke. Im Süden Frankreichs wurde diese Trennung innerhalb der Volksschichten durch das Auftreten des Rittertums wenn auch nicht hervorgerufen, doch wesentlich gefördert, und der ritterlichen Gesellschaft sagte die bisher allein gepflegte, allen gemeinsame Poesie nicht mehr zu; sie verlangte eine solche, welche

[1] *Der Roman von Fierabras* hsg. von Immanuel Bekker, Berlin 1829.

den Geist des Rittertums atmete und dessen Anschauungen wiederspiegelte. Daher unterscheiden sich die kunstmässigen Epen in fast allen wesentlichen Punkten von den volkstümlichen: jene entlehnten ihre Stoffe der Nationalsage, diese anderen, oft fremden Quellen, sogar der Phantasie; jene sind ein Abbild des christlich-germanischen Feudalstaates, wurzeln also in der Vergangenheit, diese ein solches der politischen und sozialen Einrichtungen, Ansichten, Vorurteile und Liebhabereien der höheren Gesellschaftsklassen der damaligen Zeit; in jenen ist der Held das Ideal eines germanischen Recken, hier das eines zwar auch mutigen, zugleich aber »höfischen« Ritters. Da nun zu den wesentlichsten Pflichten eines Ritters der Frauendienst gehörte, so ist auch in dieser Hinsicht ein grosser Unterschied bemerkbar. Dort treten die Frauen zurück, hier stehen sie mit im Vordergrunde, dort erscheint die Liebe als eine natürliche, rein menschliche Regung, hier als ein Kultus mit streng geregelten, conventionellen Formen; der Held ist hier nicht der siegreiche Überwinder der Herzen, sondern der Dienstmann seiner Dame, der schmachtende Liebhaber, welcher von seinem Verdienste nichts, sondern alles nur von der Gnade seiner Herrin erwartet. In den Volksepen ist sodann die Darstellungsart eine durchaus objective, in den andern eine mehr subjektive; dort tritt der Verfasser hinter seinem Gegenstande zurück, hier drängt er sich vor, flicht zuweilen allgemeine Betrachtungen aller Art ein und gefällt sich in der Schilderung von Gemütsstimmungen und Seelenzuständen, letztere nicht selten in Form von Zwiegesprächen mit dem personifizierten Herzen, der Liebe u. dgl. Der Ausdruck ist dort schlicht und einfach, zuweilen derb, hier geglättet, verfeinert, durch Redeschmuck verziert, manchmal selbst gekünstelt. Endlich ist auch die metrische Form verschieden: die Volksepen waren zum Singen, die andern zum Lesen bestimmt; daher waren jene in längere, nach Tiraden gruppierte Verse gekleidet, die nach einer getragenen Melodie vorgesungen wurden, diese in Reimpaare von Achtsilblern, welche einen leichteren, gefälligeren Eindruck hervorriefen.

α. KUNSTMÄSSIGE EPEN.

9. Die uns erhaltenen Kunstepen zerfallen nach ihrem Inhalt in drei Gruppen: solche, die zum bretonischen Sagenkreise zu rechnen sind, sodann Abenteuerromane, endlich solche, die ihren Stoff aus der alten Geschichte geschöpft haben. Die erste Gattung, die in der französichen Literatur eine so hervorragende Stellung einnimmt, ist hier nur durch ein Gedicht, den *Roman de Jaufre*[1] vertreten. Ein charakteristisches Merkmal dieses Gedichtes, wie aller andern zu dieser Klasse gehörigen, ist das Auftreten des ebenfalls aus der keltischen Sage herübergenommenen Zauber- und Hexenwesens in Gestalt von Riesen, Zwergen, Feen, verzauberten Rittern, Damen, Wäldern, Gärten, Brunnen und Quellen sowie andern übernatürlichen Dingen. Der Held, Jaufre, ist ein Ritter von der »Tafelrunde«, bekanntlich eine Art von militärisch-religiösem Orden, welchen der König Artus aus der Blüte der Ritterschaft aller Länder um sich versammelt hatte. Der Roman berichtet die Verfolgung und Bestrafung des Taulat von Rugimon, der den König Artus und dessen Gemahlin einst an offener Hoftafel schwer beleidigt hatte, durch Jaufre, und die Liebe zwischen diesem und der schönen Brunessen, Herrin von Monbrun. Der Dichter giebt vor, dass er die Erzählung von einem Ritter am Hofe des Königs von Aragon vernommen habe. Aus

[1] Raynouard, *Lexique roman* I, 48—173; dazu Ergänzungen von K. Hofmann, Sitzungsber. der bayr. Acad. 1868, II, 167-98 und 343—66.

den weiteren Angaben, die er über letzteren macht, scheint hervorzugehen, dass Jacob I (1213—76) gemeint ist, und dass die Entstehungszeit des Gedichtes etwa in die Jahre zwischen 1222 und 1232 zu setzen ist. Auf Grund einer nicht richtig aufgefassten Stelle am Schlusse desselben hat man behauptet, dass zwei Verfasser dabei beteiligt gewesen sind, doch spricht Inhalt, Sprache und Geist desselben dafür, dass wir es mit dem Werke nur eines Dichters zu thun haben, der höchst wahrscheinlich ein Joglar war, dessen Namen wir aber nicht kennen. Derselbe erscheint nach seinem Gedicht als ein frommer Mann, doch war er nicht nur in der Bibel, sondern auch in der zeitgenössischen Litteratur wohl bewandert; er liebte einen glänzenden, durch Bilder, Vergleiche und poetische Figuren belebten, sowie mit Sprichwörtern und Sentenzen gewürzten Ausdruck und verfügte dabei über einen klaren, fliessenden, überall leicht verständlichen Stil. Den Namen seines Helden scheint er wie die ganze Geschichte, erfunden zu haben, wenigstens kommt ein Jaufre sonst nicht unter den Begleitern des Artus vor. Endlich verdient bemerkt zu werden, dass der Verfasser seine Erzählung durch die darin verwendeten Ortsnamen in Südfrankreich zu lokalisieren versucht hat.

O. Petry, *Le Roman de Jaufre,* Jahresber. der Gewerbeschule zu Remscheid, 1873; A. Stimming, *Der Verfasser des Roman de Jaufre,* Ztschr. 12, 323—47; *Jaufré,* Hist. Litt. 30, 215—17.

10. Das soeben besprochene Gedicht ist, wie wir gesehen, im Grunde ein Abenteuerroman, der nur äusserlich mit der Person des Artus in Verbindung gebracht ist; es giebt aber auch solche, welche ganz den gleichen Charakter aufweisen, d. h. solche, die unter Verwendung des romantischen Zauber-Apparates die wunderbaren, abenteuerlichen Thaten und die Liebesgeschichte eines Ritters behandeln, ohne die Tafelrunde oder deren Haupt irgendwie zu erwähnen. Derartige Abenteuerromane, die selbstverständlich ausschliesslich der Phantasie der Verfasser ihre Entstehung verdanken, besitzen wir zwei, beide aus dem vierzehnten Jahrhundert. Der eine, *Blandin de Cornoalha et Guilhot Ardit de Miramar* [1], zählt 2394 Verse und berichtet über die Schicksale des in dem Titel des Gedichtes genannten Freundespaares, welches beschlossen hatte, gemeinsam die Welt nach Abenteuern zu durchziehen. Diese wurden ihnen, wie gewöhnlich, in Form von Kämpfen mit grausamen Rittern, mit Riesen, Schlangen und Drachen reichlich zu Teil, Kämpfe, die sie schliesslich glücklich bestanden. Dem Blandin gelang es auch, eine Dame, namens Brianda, aus ihrem Zauberschlaf zu erwecken, worauf sie ihm ihre Hand anbot, während ihre Freundin Irlanda den Guillot heiratete. Seitdem, heisst es, war in beiden die Sucht nach Abenteuern verschwunden. Von dem Verfasser wissen wir nichts, doch scheinen einige Umstände dafür zu sprechen, dass es ein Catalane war. — Der zweite, noch nicht herausgegebene Abenteuerroman *Guilhem de la Barra* ist Ende Mai des Jahres 1318 beendet worden. Der Dichter, Arnaut Vidal von Castelnaudary, gehörte jenem Kreise patriotisch gesinnter Männer an, welche sich zusammenthaten, um die Wiederbelebung der altheimischen Poesie zu erstreben (§ 33). Der Held unseres Epos ist ein Baron des Königs von La Serra, dem er grosse Dienste leistet, welche für ihn jedoch eine Quelle zahlreicher glücklicher und unglücklicher Schicksalsfälle werden. Der Dichter hat, wie es scheint, eine sagenhafte Erzählung benutzt, die mit einigen Abweichungen auch sonst, z. B. im Boccaccio (II, 8) erscheint. Ausserdem hat er verschiedene einzelne Züge verwandt, die schon vor ihm vorgekommen waren; dahin gehört die körperliche Besichtigung einer Prinzessin durch die Gesandten des Königs, der sie heiraten wollte, sodann der Verführungsversuch Wilhelms durch die Königin, der Zwei-

[1] p. p. Paul Meyer, Rom. 2, 170—202.

kampf zwischen Vater und Sohn u. a. Grossen dichterischen Wert hat dieses Gedicht ebenso wenig wie das vorige; beide tragen die Merkmale der Verfallzeit an sich.

Guillaume de la Barra. *Roman a'aventure.* Notice p. p. Paul Meyer, Paris 1868.

11. Waren die beiden zuletzt kennen gelernten Werke Abenteuer-Romane im engern Sinne, so könnte man den *Roman de Flamenca*[1] einen Sittenroman nennen. Leider ist derselbe unvollständig überliefert, es fehlt unter anderem der Anfang und der Schluss, erhalten sind jedoch 8087 Verse. Der unbekannte Verfasser hat die Handlung, wie man berechnet hat, in die Jahre 1234 und 1235 verlegt, sodass dies möglicher Weise auch die Abfassungszeit des Gedichtes ist, eine Annahme, die durch innere Gründe unterstützt wird. Den Rahmen der Handlung bildet eine Liebschaft zwischen dem jungen und ritterlichen Wilhelm von Nevers und der Gemahlin des Archimbald, Herrn von Bourbon, Namens Flamenca, welche ihr Gatte auf Grund eines falschen Verdachtes in einem unzugänglichen Turme eingekerkert hatte. Durch eine äusserst sinnreiche List gelang es dem Wilhelm, den eifersüchtigen Gemahl zu täuschen, sodass die Liebenden ihren Zweck völlig erreichten, doch erfahren wir nicht, welches der schliessliche Ausgang des Dramas war.

Das Gedicht nennt sich »novas«, doch wird dieser Ausdruck von den Provenzalen nicht nur auf didaktische Erzeugnisse, wie die Leys d'amor das Breviari d'amor, die Novas de l'Heretge u. a., sondern auch auf wirkliche Romane, z. B. den Jaufre angewandt (V. 16, 23, 56). Die Fabel beruht wohl auf Erfindung, doch zeigt sie manche Anklänge an die Sage von dem Grafen von Toulouse (§ 5). Der Verfasser, über den wir nichts sicheres wissen, war ohne Zweifel ein sehr begabter Dichter, der sich nicht darin gefiel, unglaubliche Abenteuer vorzuführen, sich vielmehr an die Lösung psychologischer Probleme wagte. So lässt er uns, um die traurigen Folgen der Eifersucht zu schildern, einen Einblick in den Seelenzustand des Archimbald thun, zeigt, wie die Leidenschaft in ihm erwachte und, durch allerlei an sich harmlose Umstände genährt, schliesslich völlige Gewalt über ihn erlangte und ihm unsägliche Qualen bereitete. Die Komposition zeugt von Geschick, da die Aufmerksamkeit stets rege erhalten wird. Auch die Darstellungsgabe des Verfassers ist hervorragend. Er hat die ihn umgebende Welt nicht nur scharf beobachtet, sondern besitzt auch das Talent, das Beobachtete mit grosser Anschaulichkeit zu schildern, so die Festlichkeiten mit ihren Gastmählern, Musikaufführungen und Turnieren, die Toilette des Hauptshelden, die Badeanstalt und sonst etwa vorkommende Örtlichkeiten. Nur in allem was die Liebe betrifft, verzichtet er auf diesen Realismus und folgt ganz den konventionellen Anschauungen seiner Zeit, erscheint daher zuweilen maniriert. Seine Ausdrucksweise ist fast immer originell, und an mehr als einer Stelle finden sich feine und selbst geistreiche Bemerkungen. Er liebt reichen Redeschmuck, streut daher Bilder, Vergleiche, Wortspiele und Sprichwörter in grosser Zahl ein, die meist von gutem Geschmack zeugen. Aber das Denkmal besitzt neben seiner literarischen Bedeutung eine nicht geringere kulturhistorische, welche in der erwähnten naturalistischen Anlage des Verfassers ihren Grund hat. Da er in allen seinen Beschreibungen auf Genauigkeit und Naturtreue bedacht gewesen ist, so ergiebt sich, dass sein Werk ein zuverlässiges Bild der ritterlichen Gesellschaft seiner Zeit, nebst ihren Gebräuchen, Anschauungen und Moden darbietet. Auch insofern ist dasselbe ein historisches Denkmal, als sich andrerseits in ihm die traurigen Wirkungen der Albigenserkriege wieder-

[1] *Le Roman de Flamenca* p. p. Paul Meyer, Paris 1865.

spiegeln: bitter klagt der Dichter über den betrübenden Zustand der Gegenwart und sehnt die alte gute Zeit zurück. In der That beweist uns gerade sein Werk, wie auf allen Gebieten der Kultur der Norden dem Süden damals bereits den Rang abgelaufen hatte: die Schulen und Universitäten, die erwähnt werden, sind französische, nicht minder alle vorkommenden Erzeugnisse der Industrie, ja sogar bei der Aufzählung der damals beliebten Litteraturdenkmäler nimmt der Norden die erste Stelle ein.

Revillout, *De la date possible du Roman de Flamenca, Revue des l. r.* 8, 5—18; Hermanni, *Die kulturgeschichtlichen Momente im provençalischen Roman Flamenca,* Marburg 1883.

12. Das antike Epos ist wiederum nur durch ein Denkmal vertreten, das obenein unvollständig vorliegt. Es unterscheidet sich jedoch nur in Bezug auf den Inhalt, nicht auf den Geist und den Charakter von den übrigen Erzeugnissen der kunstmässigen erzählenden Poesie. Das im Jahre 1852—53 entdeckte Bruchstück des *Roman d'Alexandre*[1] zählt 105 Achtsilbler, welche, was sonst selten vorkommt, zu Tiraden gruppiert sind, deren jede lauter gleiche Reime, und zwar ausschliesslich männliche, aufweist. Das Gedicht, welchem diese Verse angehört haben, stammte aus der zweiten Hälfte des 11. Jahrhunderts und war die älteste Bearbeitung der Alexandersage in irgend einer der neueren Sprachen. Auf Grund einer Angabe eines mittelhochdeutschen Dichters, des Pfaffen Lamprecht, der unser Werk mit als Quelle benutzt hat, giebt man allgemein einen Mönch, Namens Alberich von Besançon, als Verfasser desselben an, doch weist die Sprache des Denkmals auf ein südlicheres Gebiet, sodass die Ansicht ausgesprochen worden ist, Lamprecht habe Briançon statt Besançon sagen wollen oder sollen. Das Fragment berichtet von der Abstammung, der Geburt und der Kindheit Alexanders des Grossen, schildert seine äussere und innere Entwicklung und bricht mitten in den Einzelheiten über seinen Unterricht ab. Aus dem Verhalten der Denkmäler, die das Epos Alberichs als Quelle benutzt haben, scheint hervorzugehen, dass letzterer sein Werk zwar noch etwas weiter, nämlich bis zu dem Feldzuge Alexanders gegen den König Nikolaus von Caesarea fortgesetzt, aber nicht zu Ende gebracht hat. Die geringe uns erhaltene Probe zeigt aber, dass derselbe ein bedeutendes dichterisches Talent besass. Seinen Stoff hatte er entnommen aus der von einem Julius Valerius vor 340 n. Chr. verfertigten lateinischen Übersetzung der griechischen, romanhaft ausgeschmückten Geschichte Alexanders, welche gewöhnlich die des Pseudo-Kallisthenes heisst, weil ihr unbekannter Verfasser sie als ein Werk des Historikers Kallisthenes ausgab. Alberich stellte sich seiner Quelle jedoch einigermassen frei, zuweilen sogar kritisch gegenüber und fügte manche Einzelheiten hinzu, um sein Werk dem Geiste und dem Geschmacke seiner Zeit anzupassen.

Dies sind die wenigen Kunstepen, die auf uns gekommen sind, nachweislich haben einst aber noch zahlreiche andre existiert, die jedoch leider verloren gegangen sind.

Alwin Schmidt, *Über das Alexanderlied des Alberic von Besançon und sein Verhältniss zur antiken Überlieferung,* Diss. Bonn 1886.

β. KLEINERE EPISCHE DICHTUNGEN.

13. Neben den eigentlichen Epen giebt es noch einige kürzere erzählende Gedichte, die man passend Novellen genannt hat. Auch bei

[1] Hsg. von Paul Heyse, *Romanische Inedita.* Berlin 1856, S. 1—6; Stengel, *Ausg. u. Abh.* I, 72—80· Paul Meyer, *Alexandre le Grand dans la litt. fr. du m.-â.* Paris 1886, I, 1—15; Förster u. Koschwitz, *Afr. Übungsbuch.* S. 161 6.

den Provenzalen kommt die Bezeichnung »*nova, novela*« vor, doch haben wir gesehen (§ 11), dass sie damit einen viel weiteren Begriff verbanden. Die Novellen sind, wie die Romane, mit denen sie auch in ihrer metrischen Form übereinstimmen, ein treues Spiegelbild der ritterlichen Gesellschaft jener Zeit und bilden aus diesem Grunde einen scharfen Gegensatz zu den französischen Fabliaus, welche durchaus in dem Bürgertum wurzeln, daher ihre Spitze oft gerade gegen das Rittertum kehren. Unter den Novellendichtern nimmt Raimon Vidal die erste Stelle ein, der aus Besaudun im nördlichen Catalonien gebürtig, zu Anfang des 13. Jahrhunderts blühte. Eines seiner Gedichte, das aus 450 Zeilen besteht, giebt sich selbst am Schlusse den Titel *Castia-Gilos*[1], also etwa »Der bestrafte Eifersüchtige«. Darin erzählt ein Spielmann in höchst pikanter Weise, wie ein aragonischer Edelmann durch das Übermass seiner Leidenschaft seine Gattin zur Untreue geradezu veranlasst und schliesslich durch diese im Bunde mit ihrem Liebhaber von seiner Leidenschaft geheilt wird, nachdem er von ihnen schmählich hinter das Licht geführt worden ist. Am Schlusse warnt der Joglar seine Zuhörer eindringlich davor, der Eifersucht Eingang in ihr Herz zu gestatten. — Eine zweite von Raimons Novellen könnte etwa *Das Minnegericht*[2] betitelt werden. Es handelt sich in derselben nämlich um die Frage, welche von zwei Damen mehr Anspruch auf einen bestimmten jungen Ritter habe: die, welche ihn nach siebenjährigem treuen Dienst von sich gestossen hatte, später aber bereute und ihre Ansprüche erneuerte, oder die, welche sich des Verstossenen angenommen und ihm Ersatz geschaffen hatte. Der angerufene Schiedsrichter erklärt sich zu Gunsten der ersteren. In die Erzählung hat Raimon zahlreiche Aussprüche und allgemeine Sätze über alle Verhältnisse der Liebe eingefügt, die meist andern Dichtern entlehnt sind, sodass wir hier eine interessante Blumenlese von Gedanken über jenen Gegenstand erhalten. Durch dies Hervortreten des Lehrhaften, das der Erzählung als solcher durchaus nicht zum Vorteil gereicht, ist das Gedicht jedoch so in die Länge gezogen, dass es, obwohl die Handlung ganz einfach ist, doch 1397 Verse zählt.

In dem dritten und letzten hierher gehörigen Werke des Dichters, einer Ich-Novelle, welche mit den Worten beginnt *Abril issi' e mays intrava*[3] tritt das epische Moment noch mehr hinter der Ausführung des Grundgedankes, Bedauern über den Verfall der Poesie und über die fortwährende Abnahme der Zahl ihrer Gönner zurück; ebenso sind auch hier zahlreiche Zitate zwischengestreut. An einem schönen Frühlingstage, als Raimon sich allein auf einem Platze seines Heimatsortes Besaudun befand, gesellte sich zu ihm ein Spielmann und schüttete ihm über die traurige Lage der Dichtkunst sein Herz aus. Der Dichter lud ihn freundlich zu sich ins Haus und begab sich mit ihm nach Tisch in den Garten, wo er sich von ihm über seine Erlebnisse und trüben Erfahrungen berichten liess. Bei vielen Baronen, so erzählte der Joglar, habe er vergeblich auf Lohn gehofft und sei schon im Begriff gewesen, seinem Berufe zu entsagen, als er zu seinem Glück einige edle und freigebige Gönner getroffen, von denen der Delfin von Auvergne ihm sogar eine äusserst lehrreiche Geschichte von einem spanischen Sultan mitgeteilt habe, die wir dann auch kennen lernen. Er sei nun gekommen, um sich darüber unterrichten zu lassen, welches die Gründe des traurigen Zustandes seien, und wie er selbst es in der Welt anzufangen habe. Als Antwort erzählt der Dichter von seinen eigenen Erlebnissen und rühmt die Freigebigkeit

[1] Raynouard, *Choix* III, 398—413; Galvani 391—409; Bartsch, *Lesebuch* 29—34; Mahn, *Werke* III. 226—36.

[2] *So fo el temps c'om era jays.* Novelle von Raimon Vidal, hsg. von Max Conicelius, Diss. Berlin 1888.

[3] Bartsch, *Denkmäler* 144—92.

des verstorbenen Königs Alfons von Aragon, des hochherzigen Freundes der Dichtkunst, und vieler sonstiger fürstlicher Mäcene, deren Gunst er mit andern einst genossen. Jetzt seien die Verhältnisse viel weniger erfreulich; daher wolle er ihm angeben, durch welche Mittel er zu Ansehen und Beliebtheit kommen könne. Er zählt ihm nun alle Eigenschaften und Fertigkeiten auf, die ein guter Joglar sich aneignen müsse, und erteilt ihm auch sonst Ratschläge, wie er sich zu benehmen habe. Am Schluss berichtet Raimon, auf seine Einladung habe der Fremde auch noch bei ihm zu Abend gespeist, sowie übernachtet und sei am nächsten Morgen geschieden. Ob es ihm von da ab in der Welt besser ergangen, wisse er nicht, da er ihn nie wiedergesehen habe.

14. Ebenfalls dem 13. Jh. gehört die *Novelle vom Papagai*[1] an, so betitelt, weil die Hauptrolle darin einem Papagei zuerteilt ist, der nicht nur als Liebesbote zwischen einem Königssohne und einer verheirateten Dame dient, sondern auch die Mittel ausfindig macht und zur Anwendung bringt, welche die Zusammenkunft der Liebenden ermöglichen. Die anmutige, in leichtem Stil vorgetragene Erzählung, die wohl auf griechischen Ursprung zurückgeht, zählt 298 Zeilen und hat zum Verfasser einen *Arnaut de Carcassès*, der also aus dem Gebiete der Stadt Carcassonne in Languedoc stammte, von dem wir aber sonst nichts wissen. — Endlich besitzen wir noch ein Bruchstück von 49 Zeilen aus einer andern *Novelle*[2], welches sich mitten in einer Sammlung frommer Stücke befindet, daher vermutlich aus moralischen Bedenken von dem Copisten plötzlich abgebrochen worden ist. Ein junger Knappe, welcher eine Dame schwärmerisch liebt, muss zu seinem Schmerze erleben, dass diese an einen vornehmen Ritter verheiratet wird, fasst aber bald wieder Mut und gesteht ihr einst in Abwesenheit des Gatten seine Liebe. Man muss es bedauern, dass das keineswegs reizlose Gedicht nicht vollsändig erhalten ist, da viele Erzeugnisse dieser Gattung völlig untergegangen sind, deren einstiges Dasein durch zeitgenössische Zeugnisse erwiesen ist. Obwohl nun letztere Bemerkung auch bei den übrigen epischen Dichtungsarten gemacht werden musste, so lässt sich doch nicht leugnen, dass die provenzalische Epik an Reichtum und an Wert keinen Vergleich mit der französischen aushalten kann. Die Provenzalen selbst waren sich hierüber auch völlig klar, doch glaubten sie den Grund dieser Erscheinung eigentümlicher Weise in einer inneren Anlage der beiden Sprachen suchen zu müssen. Dieser Ansicht gab der oben erwähnte Raimon Vidal (§ 13) in einem unten (§ 67) zu besprechenden grammatischen Werke durch die Worte Ausdruck: *La parladura francesca val mais et es plus avinenz a far romanz e pastorellas, mas cella de Lemosin val mais per far vers et cansons et serventes.*

B. LYRIK.

1. VOLKSTÜMLICHE.

Auch in der Lyrik gab es ursprünglich nur eine Art von Erzeugnissen, welche bei allen Kreisen der Bevölkerung den gleichen Beifall fanden. Von diesen sind uns jedoch nur ganz geringe Reste erhalten und auch diese nur durch einen eigentümlichen Zufall. In dem Drama von der h. Agnes (§ 54) sind einige der eingestreuten geistlichen Gesänge nach dem Muster und nach der Melodie volkstümlicher Lieder verfasst worden, und da jedesmal der Anfang

[1] Bartsch, *Lesebuch* 25—29 und *Chrestomathie* 259—66; Stengel, *Riv. di fil. rom.* 1, 36 sq.

[2] Paul Meyer, *Daurel et Beton* XCIV—XCVII.

des betreffenden Musters angeführt wird, so lernen wir wenigstens den Eingang von mehreren derselben kennen. Diese Proben lassen vermuten, dass die frühesten Erzeugnisse der provenzalischen Lyrik mit denen der französischen, die wir etwas genauer kennen, grosse Ahnlichkeit besassen, dass sie nämlich, wie jene, ein stark hervortretendes episches Element aufzuweisen hatten, gewöhnlich von der Liebe zweier junger Leute handelten sowie von den Hindernissen, welche sich deren Vereinigung entgegenstellten und von deren Bemühungen, diese zu überwinden, Bemühungen, welche manchmal glücklich, manchmal unglücklich endeten. Aber diese Romanzen (denn so kann man diese Gedichte sehr passend nennen) gaben niemals einen zusammenhängenden Bericht über den zu Grunde liegenden Vorgang, sondern begnügten sich mit kurzen Andeutungen, hoben nur die hauptsächlichsten Momente der Handlung hervor und überliessen die Einzelheiten zum grössten Teile der Phantasie des Hörers. Das lyrische Element in diesen Dichtungen bestand also nicht sowohl in dem Ausdruck des Gefühls als vielmehr dem des Mitgefühls des Dichters. Er versetzte sich in die Seele seines Helden, pries dessen Mut, feierte die Schönheit der Heldin, beklagte jede Schwierigkeit, die den Liebenden entgegentrat, drückte seine Freude über jeden Erfolg und über die schliessliche Vereinigung derselben aus. Was die Romanzen formell wesentlich von den epischen Erzeugnissen unterscheidet, ist ihr strophischer Bau, und ein charakteristisches Merkmal derselben ist der Refrain, der sich gewöhnlich am Schlusse jeder Strophe befand. Wie in der volkstümlichen Epik war auch hier die Sprache einfach und schmucklos, die metrische Form schlicht und ungekünstelt; als Reim begnügte man sich wohl mit dem Gleichklang der Vokale.

Die Pflege dieser Lyrik lag, wie die der Volksepik, in den Händen eines eigenen Standes, nämlich der Volkssänger (prov. joglar, lat. joculatores, ministrales, ministrelli). Sie waren nicht nur die Verfasser der Lieder, sondern sie zogen auch durch die Städte, Dörfer und Schlösser, um die Erzeugnisse ihrer eigenen und fremder Kunst mit Musikbegleitung überall vorzusingen. Ihre Zuhörerschaft bestand keineswegs ausschliesslich aus dem niederen Volk, sondern in gleicher Weise auch aus den vornehmen Ständen, und sie wurden allgemein geliebt und geachtet, oft auch reich beschenkt. Neben dem Dichten und Singen betrieben manche von ihnen allerdings auch andere, weniger edle Künste, indem sie zur Unterhaltung des Publikums allerlei Kunststücke zum Besten gaben.

2. KUNSTMÄSSIGE.

A) WELTLICHE LYRIK.

16. Dieselben Verhältnisse, welche im 11. Jh. innerhalb der ursprünglich einheitlichen Epik die Spaltung in eine volkstümliche und eine ritterliche veranlassten (§ 8), brachten auch in der Lyrik die gleiche Wirkung hervor: nur diejenigen Lieder fanden nunmehr bei den oberen Gesellschaftsklassen Beifall, welche die in deren Kreisen herrschenden Stimmungen, Ansichten und Anschauungen zum Ausdruck brachten. Allerdings ging diese Absonderung nicht plötzlich sondern allmählich und schrittweise vor sich, sodass die neue, die kunstmässige Lyrik in ihren ersten Stadien der älteren Schwester noch ziemlich nahe stand und erst später die ihr charakteristischen Eigenschaften zur vollen Entfaltung brachte. Unter der Gunst der Umstände nahm dieselbe jedoch bald einen so gewaltigen Aufschwung, dass sie durch ihren Glanz alle anderen Dichtgattungen in den Schatten stellte und schliesslich den Untergang der volkstümlichen Erzeugnisse veranlasste. Dass in Südfrankreich innerhalb der

Kunstpoesie gerade die Lyrik in so bevorzugter Weise gepflegt wurde, ist wohl vornehmlich dem Umstande zuzuschreiben, dass dort die Angehörigen der ritterlichen Stände selbst sich in der Dichtkunst versuchten, und zwar so eifrig und so erfolgreich, dass ihr Beispiel auch auf die nicht zu ihrem Stande gehörigen Dichter wirkte. Da ihnen nun die Wahl zwischen epischer und lyrischer Poesie offen stand, so war es sehr natürlich, dass sie sich fast ausschliesslich letzterer zuwandten. Diese ist ja von beiden Gattungen die persönlichere, gewährt daher ein besseres Mittel, individuellen Stimmungen und Gefühlen Ausdruck zu leihen, sodann sind ihre Erzeugnisse kürzer, sodass jeder auch ohne grossen Aufwand von Zeit und Kraft etwas eignes und selbständiges hervorbringen kann. Der hauptsächlichste Grund jener Bevorzugung liegt aber in dem Hervortreten des Frauendienstes. Dieser Brauch, der seine Entstehung wesentlich dem gewaltigen Aufschwunge des Marienkultus im elften Jahrhundert verdankte, fand in dem Rittertum seine kräftigste Förderung, denn, indem man die schwärmerische Verehrung für die h. Jungfrau auf deren ganzes Geschlecht übertrug, erklärte man den Frauendienst für ein notwendiges Erfordernis des Ritters, sodass jeder, der diesem Stand angehören wollte, den Frauen seine Huldigung darbringen musste. Auf keine Weise konnte dies aber besser und nachdrucksvoller geschehen als durch Lieder, die ja jedem Gefühle, mochte es nun ein wirklich vorhandenes oder ein erheucheltes sein, Worte zu leihen vermochten, daher als das geeignetste Werkzeug dieses Frauenkultus erscheinen mussten. Da nun das Institut des Rittertums in Südfrankreich nicht nur sehr früh sondern auch sehr fest Wurzel fasste, so musste dort auch die Kunstlyrik eine besonders liebevolle Pflege finden, und als die übrigen Nationen des Abendlandes jenes Institut ebenfalls bei sich einführten, da übernahmen sie zugleich mit ihm auch diese Bethätigung desselben, und zwar in genau der Gestalt, in welcher es sich dort entwickelt hatte. So ist die provenzalische Lyrik in Bezug auf Inhalt und Form von den Franzosen, den Italienern, den Catalanen und zum Teil von den Deutschen, in geringerem Masse auch von den übrigen Völkern nachgeahmt worden, ja unter den nächsten Nachbarn, den Italienern und den Catalanen, haben sich sogar mehrere eine so völlige Herrschaft über das fremde Idiom erworben, dass sie selbst sich in demselben, zum Teil mit grossem Geschick und erheblichem Erfolg, dichterisch bethätigt haben.

Paul Meyer, *De l'influence des troubadours sur la poésie des peuples romans*, Rom. 5, 257—68; Milá y Fontanals, *De los trovadores en España*, Barcelona 1861 und 1889; Bartsch, *Nachahmung provenzalischer Poesie im Deutschen*, Germania 1, 480—82; O. Schultz, *Die Lebensverhältnisse der italienischen Trobadors*, Ztschr. 7, 177—235.

α. DIE DICHTER.[1]

17. Als Benennungen der kunstmässigen Lyriker begegnen wir den Ausdrücken *joglar* und *trobaire*, *Acc. trobador*. Auf Grund zeitgenössischer Angaben

[1] Sonderausgaben besitzen wir von folgenden: Guillem von Poitou a) von Keller Tübingen 1848, b) von Holland und Keller, ib. 1850; Guillem von Berguedan, von Keller, Mitau 1849; Guiraut Riquier, von Pfaff, in Mahn, Werke der Troubadours, Band IV. Berlin 1853; Cercamon, von Mahn, Jahrbuch f. rom. u. engl. Lit. 1, 83—100; Peire Vidal, von Bartsch, Berlin 1857; Guillem de Cabestanh, von Hüffer, Berlin 1869; Jaufre Rudel, von Stimming, Kiel 1873; Der Mönch von Montaudon a) von Philippson, Halle 1873, b) von Klein, Marburg 1885; Guillem Anelier von Toulouse, von Gisi, Solothurn 1877; Bertran de Born a) von Stimming, Halle 1879 und 1892, b) p. p. Thomas, Toulouse 1888; Guillem Figueira, von Levy, Berlin 1880; Rambertino Buvalelli, da Casini, Bologna 1880 (auch Propugnatore 1879); Pons de Capdoill, von Napolski, Halle 1880; Renaud et Geoffroy de Pons p. p. Chabaneau, Paris 1881; Paulet de Marseille p. p. Levy, Rev. des l. r. 1882; Peire Rogier, von Appel, Berlin 1882; Arnoldo Daniello, da Canello, Halle 1883; Zorzi, von Levy, Halle 1883;

kann man dieselben etwa folgendermassen definieren. Joglar hiessen alle die, welche aus der Poesie oder Musik ein Gewerbe machten, gleichviel, ob sie die Volks- oder Kunstdichtung pflegten; Trobador diejenigen, welche sich mit der Kunstlyrik beschäftigten, wes Standes sie auch sein mochten, und zwar gleichgültig, ob sie aus Liebhaberei oder um Lohn dichteten. Demnach stehen die beiden Begriffe nicht unbedingt im Gegensatz zu einander, decken sich vielmehr teilweise, sodass man unter Umständen beide Ausdrücke auf ein und dieselbe Person anwenden konnte, z. B. auf einen Kunstlyriker, wenn er vom Dichten lebte. Der Trobaire konnte je nach Begabung oder Neigung auch die zu seinen Liedern erforderliche Melodie komponieren, ja sogar ausserdem dieselben auch selbst vortragen; er konnte jedoch diese beiden letzteren Funktionen ebenso gut anderen übertragen, ohne dadurch den Anspruch auf obige Benennung zu verlieren.

Der Begriff Joglar war nach dem Gesagten ein recht vielseitiger, es konnte damit jemand gemeint sein, der gewerbsmässig entweder volkstümliche oder kunstmässige Lieder dichtete oder komponierte oder vortrug, ganz abgesehen davon, dass man auch die Possenreisser so nannte. Oft ist nur aus dem Zusammenhange zu erkennen, welche dieser Bedeutungen vorliegt. Wenn z. B. von *Aimeric de Sarlat* berichtet wird, dass er anfänglich Joglar gewesen und dann Trobador geworden sei, so ist gemeint, dass er von der volkstümlichen Lyrik zur kunstmässigen übergegangen ist. In der Mehrzahl der Fälle ist unter ersterer Bezeichnung jedoch jemand zu verstehen, der um Lohn eigene oder fremde Lieder vorsang. So traten die Joglars oft in den Dienst von solchen Trobadors, die ihre Dichtungen nicht selbst vortragen wollten oder konnten. Für letztere war es, wenn sie von hohem Stande waren, eine Mode- ja fast eine Ehrensache, einen oder mehrere Joglars, Spielleute, zu ihrer Verfügung zu haben. Diese führten oft Spitznamen, zum Teil satirischen Charakters, und wurden auch zu Botendiensten benutzt, namentlich um die Lieder ihrer Trobadors den Damen, auf die sie sich bezogen, oder auch etwaigen Freunden und Gönnern zu überbringen.

18. Sowohl der Joglar wie der Trobador bedurfte zur Ausübung seiner Kunst neben dem Talent gewisser technischer Fertigkeiten, wie die sichere Beherrschung der Litterarsprache, die allein verwandt werden durfte, die Kenntnis der metrischen und prosodischen Gesetze, oder die Einführung in das Gebiet der theoretischen und praktischen Musik. Diese Fertigkeiten mussten natürlich zunftmässig erlernt werden, doch gab es zu diesem Zwecke nicht etwa Dichterschulen, sondern jeder suchte sich für seine Bedürfnisse einen Lehrer, der ihn in den verschiedenen Zweigen des Wissens und Könnens unterrichtete. Von mehreren Trobadors wird uns dies ausdrücklich berichtet, wobei wir sogar gewöhnlich den Namen des Lehrmeisters erfahren.

Die zur Begleitung verwandten Instrumente waren gewöhnlich die Viola, eine Art Geige, die also mit dem Bogen gestrichen wurde, sodann die Harfe und die Zither, die beide noch heute in ähnlicher Form gebraucht werden, seltener endlich die Rota, Leier, Sackpfeife, das Psalterium, die Clarinette, das Horn u. a. Der Vortrag der Lieder begann meist nach der Mahlzeit, und zwar musste der Vortragende die zu seinem Repertoir gehörigen Stücke auswendig wissen. Je nach seinen Leistungen wurde ihm nicht nur mehr oder weniger lebhafter Beifall sondern auch mehr oder weniger reicher Lohn gespendet, an dem sich das zuhörende Publikum und, wenn der Schauplatz ein Edelsitz war, vor allem der Schlossherr beteiligte. Diese Spenden bestanden seltener

Blacassetz, von Klein, Wiesbaden 1887; Peire de la Caravana, da Canello, Giorn. di fil. rom. III (No. 7), 1—11; Vier ungedruckte Pastorellen des Serveri von Gerona, von Max Kleinert, Halle 1890; Palais, da Restori, Cremona 1892 (Nozze Battistelli-Cielo).

in Geld als in sachlichen Geschenken, wie Kleidungsstücken, kostbaren Stoffen, Schmuckgegenständen oder Waffen, und bildeten gewöhnlich die einzige Erwerbsquelle der Joglars. Es war also für diese eine Lebensfrage, immer mit möglichst zugkräftigen Stücken versehen zu sein, und es wird uns mehrfach berichtet, dass einzelne derselben, die also wohl selbst keine Dichtergabe besassen, zu Trobadors mit der Bitte kamen, ihnen durch neue Lieder oder Sirventese aus der Not zu helfen, sodass letztere demnach einen erheblichen materiellen Wert darstellten. Manche Trobadors traten ganz in den Dienst eines Fürsten oder reichen Barons, wurden also geradezu Hofdichter; aber auch diese wurden der Regel nach nicht durch klingende Münze, sondern durch Pferde, Sattelzeug, Rüstungen, kostbare Gewänder und andere wertvolle Gegenstände belohnt. Hatte nun ein derartiger Hofdichter selbst wieder einen eignen Spielmann, was auch vorkam, so erhielt dieser einen Teil jener Gesehenke.

Nicht nur die Joglars, sondern auch die meisten Trobadors, so weit sie nicht fürstlichen Geblütes waren oder dem Stande der Hofdichter angehörten, führten ein unruhiges Wanderleben; selbst die vornehmeren unter ihnen hielten es nicht unter ihrer Würde, sei es allein, sei es in Begleitung eines Spielmannes das Land zu durchziehen, um in den Schlössern der Fürsten und auf den Burgen der Edelleute ihre Lieder vorzusingen oder vorsingen zu lassen, und diese Vorträge bildeten bei allen Gästmälern und anderen festlichen Veranstaltungen einen wesentlichen Teil des Programmes. Zwar kam es vor, dass zwei Trobadors gemeinschaftlich dichteten oder dass die Joglars paarweise umherwanderten, aber niemals hat es feste poetische Gesellschaften gegeben zur Veranstaltung von dichterischen Wettkämpfen mit Verteilung von Ehrenpreisen. Ebenso ist die früher sehr häufig wiederholte Behauptung, dass es sogenannte Minnehöfe, d. h. Gerichtshöfe gegeben habe, welche von Damen gebildet und von denen Streitsachen zwischen Liebenden unter Beobachtung juristischer Formalitäten sowie mit verbindlicher Wirkung für die Parteien entschieden wurden, längst als eine Erfindung nachgewiesen worden.

Diez, *Über die Minnehöfe* (Beiträge zur Kenntnis der romantischen Poesie, Heft 1), Berlin 1825; Trojel, *Middelalderens Elskovshoffer*, Copenhagen 1888; Ders., *Sur les Cours d'amour*, Rev. des l. r. 34, 179—83; Pio Rajna, *Le Corti d'amore*, Milano 1890; V. Crescini, *Par la questione delle Corti d'amore*, Padova 1891.

19. Wie beliebt die Beschäftigung mit der Lyrik damals war, ergiebt sich aus der grossen Zahl derer, welche sich in derselben mit mehr oder weniger Erfolg versucht haben. Denn obwohl ein grosser Teil der Erzeugnisse im Laufe der Zeit verloren gegangen, ein andrer anonym auf uns gekommen ist, so sind uns doch von nicht weniger als etwa 412 Dichtern des zwölften und dreizehnten Jahrhunderts Lieder erhalten, während von circa 70 weiteren wenigstens die Namen bekannt geworden sind. Genauere Nachrichten haben wir allerdings nur über einen Teil jener 412, und zwar stammen diese in erster Linie aus einer Sammlung von 104 provenzalischen Biographien, die im dreizehnten Jahrhundert aufgezeichnet worden sind (§ 65), sodann aus ihren Liedern, endlich aus geschichtlichen Urkunden. Man erkennt daraus, dass die verschiedensten Stände unter den Trobadors vertreten waren. So zählen wir unter ihnen 5 Könige, die allerdings nichts hervorragendes geleistet haben, 2 Fürsten, darunter Jaufre Rudel von Blaia, 10 Grafen, zu denen auch der älteste uns bekannte Lyriker, Wilhelm VII von Poitou, als Herzog von Aquitanien Wilhelm IX, gehört (1087—1127), 5 Markgrafen und ebenso viele Vizgrafen, unter denen Bertran von Born und Wilhelm von Berguedan die bedeutendsten sind; 6 werden als mächtige Barone bezeichnet, z. B. Raimbaut von Aurenga, 9 andere, wie Guilhem von Saint Leidier, als reiche Schlossherrn, Uc de Saint Circ war der Sohn eines armen Aftervasallen. Ritter oder

Söhne von Rittern (auch zwei Tempelherrn) waren 29; zu ihnen gehört unter anderen Pons von Capduelh und Bertran von Lamanon; 9 von diesen erhalten ausdrücklich das Beiwort arm, zwischen denen sich vorzügliche Dichter befinden, wie Cadenet, Peirol, Raimon von Miraval, Raimbaut von Vaqueiras und der Italiener Sordel. Allgemein adligen Geschlechts ohne nähere Angabe werden Arnaut Daniel, der Mönch von Montaudon und noch 3 andere genannt. Zwei Trobadors, darunter Lanfranc Cigala, bekleideten zugleich das Amt eines Richters, 16 waren aus dem Bürgerstande hervorgegangen, so Gaucelm Faidit, Peire Raimon von Toulouse, Peire von Alvernhe u. a.; der Vater Folquets von Marseille war ein reicher Kaufmann, der des Aimeric von Pegulhan Tuchhändler, Bartolome Zorzi besass selbst ein kaufmännisches Geschäft. Aus Handwerkerkreisen stammten 8, darunter der närrische Peire Vidal, Sohn eines Kürschners, und Perdigon, der eines Fischers. Als Schreiber werden uns 5 bezeichnet, von denen Arnaut von Maruelh und Aimeric von Belenoi Erwähnung verdienen. Andere waren noch geringerer Herkunft, so der begabte Bernart von Ventadorn, Sohn eines armen Ofenheizers, Marcabrun, ein uneheliches Kind und von seiner Mutter ausgesetzt, endlich der gedankentiefe Giraut von Bornelh, der, wie es heisst, von niedrigem Stande war. Die Väter zweier Dichter, des Albertet (von Sesteron) und des Elias Fonsalada waren Spielleute, während wir von 21 anderen, z. B. von Cercamon, nur hören, dass sie selbst Joglars waren, also von dem Erträgnisse ihrer Kunst lebten, ohne jedoch das geringste über ihre Herkunft zu erfahren.

Es kam nicht selten vor, dass einzelne Dichter so viel Geschmack am Wanderleben fanden, dass, da ihre äusseren Verhältnisse ihnen nicht gestatteten, als Trobador zu leben, sie ihren ursprünglichen Beruf aufgaben, um Joglar, fahrender Sänger, zu werden. So Salh von Escola und Hugo von Pena, deren Väter Kaufleute waren, Elias Cairel, der zuerst das Gewerbe eines Goldarbeiters und Wappenmalers betrieben hatte, Arnaut von Maruelh und Aimeric von Belenoi, welche Schreiber gewesen waren, Peire Cardinal und Peire Rotgier, die dem geistlichen Stande angehört hatten; auch Uc von Saint Circ war von seinen Eltern auf die Schule nach Montpellier geschickt worden, um sich für jenen Stand vorzubereiten, wurde aber Joglar. Dasselbe that Gaucelm Faidit, ein vermögender Bürgerssohn, nachdem er seinen gesamten Besitz im Würfelspiel verloren. Auffällig war es jedoch auch damals, wenn junge Adlige, wie Arnaut Daniel, diesen Beruf ergriffen, besonders solche, die sogar schon die Ritterwürde besassen. Zu letzteren gehörten Peirol und Guilhem Azemar, die beide den Ritterschlag erhalten hatten, aber sich zu jenem Schritte entschliessen mussten, weil sie kein Vermögen besassen und ihre Gönner die Hand von ihnen zogen. Sehr selten trat der umgekehrte Fall ein, dass nämlich ein Joglar in das bürgerliche Leben zurückkehrte, wie uns dies von Pistoleta berichtet wird, der das fahrende Leben aufgab und Kaufmann wurde.

Eigentümlich war das Verhältnis der Kirche zu der Minnepoesie. Es scheint, dass sie die Abneigung, welche sie von Alters her gegen die Volkssänger und Spielleute gehegt hat, auch auf die Trobadors übertragen habe, wenigstens zeigte sie sich denselben mehrfach misgünstig, ja feindlich gesinnt. So wurde Gui von Uissel, Canonicus von Briude und Monferran, durch einen päpstlichen Legaten zu dem Schwur gezwungen, dem Liederdichten hinfort zu entsagen. Aber die Kraft der geistigen Strömung war so gewaltig, dass auch die Kirche sich auf die Dauer dem Einflusse derselben nicht zu entziehen vermochte, daher wohl oder übel ein Auge zudrücken musste. In der That erscheinen unter den Trobadors, abgesehen von den oben erwähnten abtrünnigen Mitgliedern des Standes, nicht weniger als 16 Geistliche, nämlich je zwei Bischöfe, Priore, Pröpste und Stiftsherren (Canoniker) sowie 8 Mönche. Von ihnen ist der bemerkenswerteste der »Mönch von Montaudon«, welcher, wahrscheinlich aus dem Geschlechte der Schlossherrn von Vic gebürtig, die Priorei von Montaudon bekleidete und nicht nur im Kloster die Dichtkunst übte, sondern auch mit Erlaubnis seines Abtes in seinem Ordensgewande im Lande umherzog, seine Lieder auf den Burgen der Barone selbst vorsang, den erworbenen Lohn dagegen seinem Kloster zuwendete.

.Auch die Frauen mussten der herrschenden Mode ihren Tribut zollen; es sind uns von 17 »trobairitz« Lieder erhalten, so von Beatrix, Gräfin von Dia, Castellosa von Mairona und Maria von Ventadorn, während uns von einigen weiteren wenigstens die Namen erhalten sind. Ja wir kennen zwei Fälle, wo Mann und Frau gleichzeitig sich dichterisch bethätigen: Raimon von Miraval nebst Gaudairenca sowie Hugolin von Forcalquier und Blanchemain. Auch sonst gab es Familien, in denen mehrere Mitglieder, sei es zu gleicher Zeit, sei es durch verschiedene Generationen hindurch sich in jener Kunst auszeichneten.

20. So mannichfaltig, wie die Herkunft der Dichter, waren auch deren Schicksale. Im allgemeinen waren die Trobadors hoch angesehen und durften überall eines ehrenvollen Empfanges sicher sein. Eine Reihe der vornehmsten Fürsten jener Zeit wetteiferten mit einander in der Begünstigung der Dichtkunst und ihrer Vertreter, so im Lande selbst Eleonore von Poitou, spätere Gemahlin Ludwigs VII. von Frankreich und dann Heinrichs II. von England, sowie deren Sohn, König Richard Löwenherz, namentlich aber die Grafen von Toulouse (Raimon V.—VII.), von der Provence (Alfons II., Raimon Bérengier III., IV., V. und Karl I.) und von Rodès (Hugo II., Heinrich I. und II.), die Vizgrafen Barral von Marseille, Raimon II. von Turenne und Roger II. von Beziers, die Vizgräfin Ermengarde von Narbonne, Robert, Delphin von Auvergne, endlich Wilhelm VIII. von Montpellier und viele andere. Unter den fremden Fürsten verdienen in erster Linie die auf der pyrenäischen Halbinsel genannt zu werden, vor allen die Könige von Aragon (Alfons II., Peter II. und Jakob I.), von Castilien (Alfons VIII.), von Navarra (Sancho der Starke) und von Leon (Alfons IX.); in Italien die Markgrafen von Monferrat (Bonifaz II. und Wilhelm IV.) und von Este (Azzo VII., Obizzo II., Azzo VIII.) sowie Graf Alemanni, ein genuesischer Staatsmann; von den übrigen noch der deutsche Kaiser Friedrich II., Emmerich, König von Ungarn, Graf Heinrich von Malta, u. a. Einzelne Trobadors, so vor allem Bertran von Born, Bernart von Ventadorn, Giraut von Bornelh, Peire Rotgier und Raimon von Miraval verkehrten mit mehreren dieser Mäcene auf geradezu freundschaftlichem Fusse, andere wurden mit Würden und Geschenken reich bedacht. Etwa ein halbes Dutzend derselben, darunter solche ganz niedriger Abkunft, wurden ihrer vortrefflichen Leistungen wegen in den Ritterstand erhoben, einzelne, z. B. Raimbaut von Vaqueiras, erhielten sogar obenein ausgedehnten Grundbesitz geschenkt. Überhaupt galt Freigebigkeit gegen die Dichter als eines der vornehmsten Attribute eines hochgestellten Mannes (der Delphin von Auvergne soll dadurch die Hälfte seines Besitzes vergeudet haben), und die Beschenkten sorgten bestens dafür, dass besondere Bethätigungen jener Tugend stets öffentlich in das gehörige Licht gesetzt wurden, um zur Nachahmung anzuspornen. Schon hieraus ergiebt sich, dass das Gewerbe eines Dichters recht einträglich war, und dies wird uns auch durch verschiedene Nachrichten bestätigt. So hören wir, dass Albertet durch seine Kunst reich wurde, dass Giraut von Bornelh seinen armen Verwandten

und der Kirche seines Heimatsortes erhebliche Geschenke zukommen liess, dass Peire Vidal sich mehrere Diener hielt. Auch daraus, dass habsüchtige Barone mehrfach einen Joglar seiner Habe berauben liessen, darf man folgern, dass letztere zuweilen ganz beträchtlich gewesen sein muss. Aber im allgemeinen scheint das Ansammeln von Besitztümern trotz der erheblichen Einnahmen dem leichten Sinn der Dichter jener Zeit nicht zugesagt zu haben, vielmehr haben sie offenbar den schnell erworbenen Gewinn meist ebenso schnell wieder verschwendet. Von einigen wird uns ausdrücklich berichtet, dass sie Schlemmer, Trinker und selbst Spieler gewesen seien, ja Guilhem Figueira mied im Gegensatz zu der Mehrzahl seiner Standesgenossen den Umgang mit den besseren Ständen und suchte mit Vorliebe die niedrigsten Wirtshäuser auf, wo er mit allerlei liederlichem Volk verkehrte. Während nun dieser und andere ihm ähnliche in allgemeiner Verachtung standen, hören wir von einigen, wie Marcabrun und Guilhem Rainols, dass sie ihrer bösen Zunge und ihrer beissenden Spottgedichte wegen weit und breit gefürchtet wurden.

Ein fast allen gemeinsamer Zug ist ein lebhafter Trieb zum Wandern, und zwar beschränkten sie sich hierbei keineswegs auf das provenzalische Sprachgebiet, sondern zogen auch nach weit entfernten Gegenden. Die bevorzugten Länder waren natürlich Spanien und Italien, besonders die nördlichen Teile dieser Länder, aber auch England, Frankreich, die Balkanhalbinsel, Malta, Cypern und Ungarn wurden von einzelnen derselben aufgesucht; von Elias Cairel heisst es sogar, dass er den grössten Teil der bewohnten (wohl = bekannten) Erde durchstreift habe, während umgekehrt von Albertet Calha der Biograph desselben, offenbar als einen höchst auffallenden Zug, hervorhebt, dass er nie seine »Gegend«, also seine engere Heimat, verlassen habe.

Aber ihr Leben war nicht nur der Liebe und dem Vergnügen gewidmet, auch an allen öffentlichen Angelegenheiten nahmen sie regen Anteil und sprachen sich in ihren Gedichten oft freimütig, selbst leidenschaftlich über die ihre Zeit bewegenden politischen, religiösen und sozialen Fragen aus. Hierbei wurde ihren Worten so viel Gewicht zugeschrieben, dass manche mächtige Parteigänger oder Machthaber sich lebhaft um eine derartige moralische Unterstützung bemühten. So erhoben mehrere von ihnen ihre Stimme zu Gunsten der Kreuzzüge, manche zogen selbst mit ins gelobte Land, z. B. Giraut von Bornelh, der unter Richard Löwenherz die Belagerung von Accon mitmachte und dann noch ein Jahr lang bei dem Fürsten Boemund III. von Antiochia blieb; ja einzelne, wie Jaufre Rudel und Pons von Capduelh, fanden in Palästina ihren Tod. Bemerkenswert ist endlich die nicht unerhebliche Zahl derer, welche in den späteren Jahren in ein Kloster eintraten. Dies leichtlebige, warm fühlende Völkchen empfand eben die unausbleiblichen Bitterkeiten und Enttäuschungen des Lebens doppelt schmerzlich. So suchten Bernart von Ventadorn, Bertran von Born, Perdigon und Raimon von Miraval Zuflucht bei den Cisterziensern, Peire Rotgier und Guilhem Azemar in dem Orden von Granmon, Elias von Barjol bei den Benediktinern, Uc Brunenc bei den Karthäusern, bei noch anderen Orden Peire von Alvernhe, Cadenet, Peire Guilhem von Toulouse und Guilhem Magret. Den überraschendsten Lebenslauf hatte Folquet von Marseille, der ebenfalls Cisterzienser wurde. Während nämlich die andern Trobadors in den von ihnen gewählten Klöstern ihr Leben beschlossen, wurde er zunächst Abt von Torondet, hierauf Bischof von Toulouse und zeichnete sich als solcher durch seine grausame Ausrottung der Albigenser so sehr aus, dass er später heilig gesprochen wurde.

Aus allen den angeführten Thatsachen erkennt man, dass die Trobadors innerhalb der damaligen Gesellschaftskreise ein höchst charakteristisches und einflussreiches Element bildeten.

Diez, *Leben und Werke der Troubadours*, Zwickau 1829. Zweite Aufl. von K. Bartsch, Leipzig 1882; Milá y Fontanals, *De los trovadores en España*, Barcelona 1861 und 1889; Balaguer, *Historia politica y literaria de los trovadores* 6 B. Madrid 1877 80; P. Meyer, *Les troubadours à la cour des comtes de Toulouse*, in *Hist. générale de Languedoc* 6², 440—8; A. Thomas, *Francesco da Barberino et la litt. prov. en Italie au moyen-âge*, Paris 1884; O. Schultz, *Die Lebensverhältnisse der italienischen Trobadors*, Ztschr. 7, 177—235; 8, 406—7; Ders., *Zu den Lebensverhältnissen einiger Trobadors*, Ztschr. 8, 116 - 35; T. Casini, *I trovatori nella Marca Trevigiana*, Bologna 1885 (aus *Propugnatore 1885*); Sartori, *Trovatori provenzali alla corte dei marchesi in Este*, Este 1889; Bartsch, *Guiraut Riquier*, Arch. 16, 137—47; Ders., *Garin der Braune*, Jahrb. 3, 399 - 409; Ders., *Guillem von Berguedan*, Jahrb. 6. 231—78 und 8, 126—7; Hans Bischoff, *Biographie des Troub. Bernhard von Ventadorn*, Berlin 1873 (Gött. Diss.); H. Suchier, *Der Troub. Marcabrun*, Jahrb. 14, 119—60; 273—310; R. Meyer, *Das Leben des Troub. Gaucelm Faidit*, Diss. Heidelberg 1876; K. Hopf, *Bonifaz von Monferrat und der Troub. Rambaut de Vaqueiras*, Berlin 1877; H. Pratsch, *Biographie des Troub. Folquet von Marseille*, Diss Göttingen 1879; E. Beschnidt, *Die Biographie des Trob. Guillem de Capestaing*, Diss. Marb. 1879; L. Clédat, *Du rôle historique de Bertrand de Born*, Paris 1879; M. Sachse, *Über das Leben und die Lieder des Troub. Wilhelm IX, Graf von Poitou*, Diss. Leipzig 1880; A. Rohleder, *Zu Zorzi's Gedichten*, Diss. Halle 1885; C. Merkel, *Manfredi I. e Manfredi II. Lancia*, Torino 1886; S. Schopf, *Beiträge zur Biographie und Chronologie der Lieder des Troub. Peire Vidal*, Diss. Kiel 1887; Carducci, *Jaufré Rudel*, Bologna 1888; V. Crescini, *Appunti su Jaufre Rudel*, Padova 1890; Zenker, *Zu Guilhem Ademar, Eble d'Uisel und Cercalmon*, Ztschr. 13, 294—300; C. Merkel, *Sordello e la sua dimora presso Carlo I. d'Angiò*, Torino 1890; V. Crescini, *Azalais d'Altier*, Ztschr. 14, 128—32; Appel, *Zu Guillem Ademar, Grimoart Gausmar und Guillem Gasmar*, Ztschr. 14, 160—8; Jeanroy, *Sur la tençon Car vei fenir (Guilhalmi* und *Cercalmon)*, Rom. 19, 394—402.

β. DIE DICHTARTEN.[1]

21. Es ist nicht ganz leicht, die Dichtungen der Trobadors genau zu klassifizieren und den Unterschied der einzelnen Gattungen sicher festzustellen, da eine zeitgenössische Poetik nicht erhalten ist, und die Unterschiede von den Dichtern selbst nicht immer streng beobachtet, einzeln wohl nicht einmal genau gekannt worden sind. Die charakteristischen Merkmale der Arten beziehen sich manchmal auf den Inhalt, manchmal auf die Form, zuweilen auf beide zugleich. Das letztere z. B. ist der Fall bei dem Vers und der

[1] Die wichtigsten Sammelausgaben sind: Raynouard, *Choix des poésies originales des troubadours*, 6 B. Paris 1816—21, und *Lexique roman* Paris 1838. B. I; (Rochegude), *Parnasse occitanien*, Toulouse 1819; Mahn, *Die Werke der Troubadours in provenzalischer Sprache. Lyrik*, 4 B. Berlin 1846—86; Ders, *Gedichte der Troubadours, treu nach den Handschriften herausgegeben*, 4 B. Berlin 1856—73; P. Meyer, *Anciennes poésies religieuses en langue d'oc*, Paris 1860 und *Les derniers troubadours de la Provence*, Paris 1871; Azaïs, *Les troubadours de Béziers*, 2e éd., Béziers 1869; Chabaneau, *Poésies inédites des Troubadours du Périgord*, Paris 1885; O. Schultz, *Die provenzalischen Dichterinnen*, Altenburg 1888; Appel, *Provenzalische Inedita*, Leipzig 1890. Chabaneau, *Varia provincialia, textes provençaux* etc. Paris 1889 (Aus Rev. des l. r. 32, 550—80 und 33, 106—22), zum Teil identisch mit Appel; C. Appel, *Poésies provençales inédites tirées des manuscrits d'Italie*, Rev. des l. r. 34. 5—35; P. Rajna, *Un frammento di un codice perduto di poesie provenzali*, Studj di fil. rom. 5, 1-64; Chabaneau, *Fragment d'un chansonnier provençal*, Rev. des l. r. 5 I 88—94. Dazu kommen die diplomatischen Abdrücke mehrerer Liederhandschriften (Arch. 32, 389—423; 33, 288—341 u. 407—66; 34, 141—202 u. 368-438; 35, 84—110 u. 363—463; 36, 379—455; 49, 53—88 u. 283-324; 50, 241—84; 51, 1—32; 129-52 u. 241 80; Studj di fil. rom. fasc. 7—9 und 14).

Canzone (chanzon), die einander sehr nahe stehen und in späterer Zeit auch nicht mehr sorgfältig auseinander gehalten wurden. In formeller Beziehung sollte der Vers ursprünglich ausschliesslich männliche Reime und achtsilbige Zeilen, eine beliebige Zahl von Strophen, dazu eine einfache, getragene Melodie aufweisen, während die Canzone männliche und weibliche Reime, sowie längere und kürzere Zeilen kunstvoller mischen, auch die Melodie musikalisch reicher gliedern konnte, dagegen hinsichtlich der Zahl der Strophen auf 5 bis 7 beschränkt war. Was den Inhalt betrifft, so behandeln beide, besonders die Canzone, vorwiegend die Liebe, seltener andere Gegenstände, z. B. der Vers solche der Moral oder der Politik, die Canzone das Lob eines Gönners, die Verherrlichung der h. Jungfrau oder andre religiöse Stoffe. Die chansoneta unterschied sich, wie es scheint, nicht von der Canzone, die Halbcanzone (mieia chanson) nur durch die geringere Strophenzahl.

Der Vers als die einfachere der beiden Liederarten ist auch die ältere; in den Biographien des Marcabrun und des Peire von Alvernhe wird ausdrücklich hervorgehoben, dass man zu deren Lebzeiten noch nicht von Canzonen, sondern nur von Versen gesprochen habe. In der That verwenden die frühesten Trobadors, wenn sie ihre Lieder benennen, fast ausschliesslich letzteren Ausdruck; ersterer findet sich zuerst, und zwar ganz vereinzelt, bei Raimbaut von Aurenga (3, 4); von einer »chansoneta« reden je ein Mal Wilhelm von Poitou (6, 1) und Marcabrun (6,49), während z. B. Jaufre Rudel und Bernart von Ventadorn, die Verfasser so schwärmerischer Liebeslieder, nur die Bezeichnung »Vers« kennen.

22. Das Sirventes (auch sirventesc, -a) steht inhaltlich (nicht formell) in schroffem Gegensatz zu der Canzone, da es die Liebe ausschliesst, alle andern Stoffe dagegen zulässt. Der Name ist von *sirven* »Diener« abgeleitet, bedeutet daher eigentlich Dienstgedicht, nämlich ein solches, das im Dienste, resp. von den Dienern oder für die Diener, d. h. Hofdichter, eines Herrn verfasst worden war (nach anderen ein solches, das in Betreff der Melodie von einem andern Gedichte abhängig ist, gleichsam in dessen Diensten steht). Es ist meist ein Lob- oder ein Rügelied und behandelt entweder öffentliche oder private Angelegenheiten und Fragen. Man kann die Sirventese in drei Gruppen einteilen, die moralischen oder religiösen, die politischen und die persönlichen. Die zu der ersten Gruppe gehörigen (Hauptvertreter Giraut von Bornelh) geben teils allgemeine Vorschriften und Ratschläge in Betreff eines sittlich reinen Lebenswandels, warnen vor den Folgen der Sünde oder weisen auf den Ernst der Todesstunde hin, teils klagen sie über die Verschlimmerung der Zeiten, besonders den Verfall des Rittertums und der durch dieses gepflegten Tugenden, teils endlich wenden sie sich gegen die Verirrungen und Fehler einzelner Stände, so gegen die Uneinigkeit der Fürsten, gegen die Knickerei, die Streitsucht und Ungastlichkeit der Vornehmen, gegen manche unangenehmen Eigenschaften der Spielleute, gegen die Verschwendungssucht, Falschheit und Sinnlichkeit der Frauen, gegen die Verirrungen im ehelichen Leben und ähnliche Misstände. Namentlich aber waren die Verhältnisse der Kirche ein Gegenstand häufiger Angriffe, und mit unerhörter Heftigkeit, ja Rücksichtslosigkeit wurden von einigen Dichtern, namentlich von Peire Cardinal und Guilhem Figueira, die der Geistlichkeit und ihrem Haupte anhaftenden Laster angegriffen, webei die von denselben, namentlich in den Albigenserkriegen, begangenen oder veranlassten Grausamkeiten und Verbrechen schonungslos an den Pranger gestellt wurden. Zu dieser ersten Gruppe gehören auch die Kreuzlieder, die also verfasst wurden, um die Begeisterung für die Befreiung des heiligen Landes anzufachen und die oft den Entschluss des Verfassers ausdrückten, sich selbst an dem Unternehmen zu beteiligen. Mehrere der aus-

gezeichnetsten Trobadors, wie Marcabrun, Jaufre Rudel, Peire von Alvernhe, Giraut von Bornelh, Pons von Capduelh, Guilhem Figueira, vor allen Peirol, haben dieser Sache ihre Hülfe geliehen. — Endlich sind auch diejenigen Gedichte hierher zu rechnen, in welchen der Verfasser (besonders liebt dies der Mönch von Montaudon) sein Misfallen über gewisse Verhältnisse und Zustände zu erkennen giebt und denen die Provenzalen, weil der Ausdruck »enoiar« so oft in ihnen erscheint, den Namen Enueg gegeben haben; seltener sind diejenigen, in denen der Dichter umgekehrt lobt, was ihm gefällt, woran er daher seine Freude hat.

Die politischen Sirventese sind Streitgedichte, durch welche die Trobadors in den Kämpfen ihrer Zeit sehr lebhaft Partei ergriffen und den Gegner ihrer oder der von ihnen gewählten Sache mit unbarmherziger Schärfe blossstellten. Besonders erregten die Kriege zwischen den englischen Königen, ihren Landesherrn, und den Franzosen, sowie zwischen letzteren und den Beschützern der Albigenser ihre Teilnahme, und fast ohne Ausnahme sehen wir die Trobadors auf der Seite der »Ketzer«; ihre Gedichte atmen einen glühenden Hass gegen die französischen Eindringlinge und tiefe Trauer über die Verwüstung ihrer schönen Heimat. Aber kaum minder interessierten sie sich auch für andre Angelegenheiten, nicht nur die fortwährenden Streitigkeiten der einheimischen Fürsten, sondern auch fremder Staaten, so die der italienischen Städte, sei es unter einander oder mit dem Kaiser, die der spanischen Fürsten mit denen der appeninischen Halbinsel u. a. Auf dem Gebiete des politischen Sirventeses nimmt Bertran von Born, der Freund der Söhne Heinrichs II. von England, durch die Zahl und den Wert seiner Lieder bei weitem den ersten Platz ein.

Die persönlichen Sirventese endlich beziehen sich auf private Vorgänge und Verhältnisse aller Art. Oft dienten sie den Verfassern als willkommene und meist auch höchst wirksame Waffe, wenn in einem Streite oder Zwiste die überlegene Macht des Gegners die Anwendung der Gewalt unmöglich erscheinen liess. Aber auch sonst wurde dies Kampfmittel gern und oft verwandt. Wir besitzen eine Menge von Spott- und Schmähgedichten, die gegen einzelne Personen oder auch einen ganzen Stand gerichtet sind; so eins von Peire von Alvernhe und ein andres in Nachahmung des vorigen von dem Mönch von Montaudon verfasstes, die eine boshafte Kritik der hervorragendsten zeitgenössischen Trobadors enthalten, so solche über die Bauern oder über die Joglars im allgemeinen, auch solche, in denen ein einzelner Spielmann von einem Trobador, den er um ein Sirventes gebeten, in humoristisch-satirischer Weise verspottet wird; letztere wurden sirventes joglaresc genannt. Ja es kam vor, dass über irgend eine Streitfrage oder ein privates Erlebnis, namentlich komischer Art, zwischen zwei Dichtern ein Austausch von Sirventesen stattfand, in denen sie sich, sei es in ernsthaftem, sei es in scherzendem Ton, über das Erlebnis oder die Frage unterhielten. Nicht selten wurden für den gleichen Zweck auch satirische Coblen verwandt, also gewissermassen einstrophige Sirventese, sowohl zu einseitigen Angriffen als auch zu witzigen Redetournieren oder zum Gedankenaustausch über irgend welche Geschehnisse oder beabsichtigte Handlungen.

Wie man sich denken kann, war die Verfertigung derartiger Spott-, Schmäh- und Rügelieder keineswegs immer gefahrlos, besonders wenn die Angegriffenen mächtig oder einflussreich und dabei rachsüchtig waren. In der That hat mancher Trobador seinen Freimut schwer büssen müssen.

Zu den persönlichen Sirventesen gehören auch die Klagelieder (planh, später complancha), die meist durch den Tod einer hochstehenden oder befreundeten Persönlichkeit, doch auch durch andre Anlässe, wie Gefangennahme u. dgl., hervorgerufen wurden. So hat der Heimgang vieler der oben (§ 20) genannten Gönner der Dichtkunst, auch der Ludwigs des Heiligen von Frankreich und andrer Fürsten, daneben der der Geliebten oder eines Freundes derartige Lieder veranlasst, während sonderbarer Weise der eines Trobadors selten oder nie dessen Standesgenossen dichterisch angeregt hat. Diese Lieder haben oft hohen poetischen Wert, da sie meist der ungekünstelte Ausdruck eines warm empfundenen Schmerzes sind. Auch die Form ist der Regel nach schlicht und würdevoll; es wurden fast ausschliesslich längere Verse, meist Zehnsilbler, verwandt, und reichere metrische Gliederung ward der Regel nach vermieden.

Obwohl nun, wie gesagt, die Sirventese sich von den Canzonen scharf unterschieden, so ist doch von einigen Dichtern der Versuch gemacht worden, beide Gattungen zu verschmelzen. In derartigen Liedern, die man Sirventes-Canzonen nennt, überwiegt entweder das eine oder das andere Element. Peire Vidal ist derjenige, der am häufigsten in seine Liebeslieder, und zwar meist am Schluss, einzelne Strophen eingefügt hat, welche moralische, politische oder persönliche Gegenstände behandeln; ebenso schliessen zwei von Jaufre Rudels Canzonen als Kreuzlieder. Umgekehrt fügen Bertran von Born, Vater und Sohn, sowie einige andere ihren Sirventesen nicht selten eine oder mehrere Strophen an, welche dem Preise der Geliebten gewidmet sind. Wird schon hierdurch die künstlerische Einheit stark gefährdet, so geht sie völlig verloren, wenn die Gegenstände, wie dies einmal bei Peire Vidal geschieht, von Strophe zu Strophe wechseln, oder wenn Bernart Arnaut von Montcuc sogar bei den einzelnen Strophen in der ersten Hälfte immer seiner Lust an Kampf und Krieg, in der zweiten seiner Liebe Ausdruck verleiht. — Endlich ist noch zu bemerken, dass es auch sogenannte Halb-Sirventese gab, welche also nur halb so lang waren, wie die andern.

Schindler, *Die Kreuzzüge in der altprovenzalischen und mittelhochdeutschen Lyrik,* Dresden 1889. — Fr. Witthoeft, *Sirventes joglaresc. Ein Blick auf das altfranzösische Spielmannsleben,* Marburg 1891.

23. Die Tenzone, die dritte der hauptsächlichsten Dichtungsarten, ist in formeller Hinsicht ein durchaus selbständiges und eigenartiges Erzeugnis der provenzalischen Litteratur. Wie nämlich schon ihr Name andeutet (tenzon geht zurück auf *tentionem* »Streit«, eine Ableitung von *tentus,* Part. Prät. von *tendere* »sich anstrengen, streiten«), hat sie dialogische Form und verdankt ihren Ursprung vielleicht dem auch bei mehreren anderen Völkern verbreiteten Brauche des improvisierten Wettgesanges, bei welchem in einer Art von poetischem Tournier ein Dichter einem anderen eine Strophe zusang, die dieser alsbald in entsprechender metrischer Form und nach der gleichen Melodie beantwortete. Auch in der Tenzone wechseln der Regel nach Rede und Gegenrede von Strophe zu Strophe, wobei die zusammengehörenden Strophen sich in Bezug auf metrischen Bau und Reim gleichen; selten kommt es vor, dass der Wechsel der Rede innerhalb der Strophen stattfindet oder dass jeder der Redenden mehrere Strophen hindurch das Wort behält. Die Tenzonen stammen in der bei weitem überwiegenden Zahl von zwei verschiedenen Verfassern, die der Regel nach auch örtlich beisammen waren; wenige Gedichte dieser Art sind so zu Stande gekommen, dass die Verfasser sich die Strophen abwechselnd übersandten. Nach ihrem Inhalte zerfallen die Tenzonen in zwei Gruppen, solche, welche eine Disputation über eine Streitfrage und solche, welche einen wirklichen Streit in dichterischer Form, einen dialogischen Redekampf enthalten. Die Gedichte der letzteren Gattung, welche die älteste, daher längere Zeit hindurch die einzige war, beziehen sich inhaltlich meist auf persönliche Zustände oder Verhältnisse, besonders

auf gewisse Eigenschaften, Fehler oder auf Liebesangelegenheiten, dumme Streiche oder sonstige Thaten und Erlebnisse der Verfasser, doch finden sich auch Gespräche über allgemeine Fragen; z. B. verhandelt der Mönch von Montaudon mit Gott über das Schminken der Weiber, Giraut von Bornelh mit Linhaure über das sogenannte »trobar clus« u. ä. Wie schon aus diesen Beispielen hervorgeht, kommen, allerdings selten, auch solche vor, in denen der Interlocutor eine fingierte Person, wie Gott, die Minne, eine beliebige Dame oder ein Tier, z. B. ein Pferd, eine Schwalbe, ja selbst ein Mantel oder ein anderes lebloses Wesen ist, die daher auch nicht, wie die übrigen, zwei verschiedene Verfasser haben, sondern nur einen; seltener findet das Gespräch zwischen mehr als zwei Dichtern statt und wird dann »torneiamen« genannt. Der Ton, in welchem die Tenzonen dieser Art gehalten sind, ist zuweilen ein wohlwollender und freundlicher, häufiger jedoch ein neckender und scherzender, nicht selten sogar ein spottender und selbst beissender. Letztere Gattung berührt sich daher sehr nahe mit den in § 22 erwähnten Coblen und Sirventesen, welche zwei Dichter unter einander austauschten.

In den Gedichten der anderen der beiden oben aufgestellten Gruppen legt der Herausforderer in der ersten Strophe dem Gegner zwei Sätze zur Auswahl resp. zur Verteidigung vor, vertritt selbst den von jenem nicht gewählten, und nun führen die beiden Gegner abwechselnd strophenweise ihre Gründe für die Richtigkeit der von ihnen vertretenen Ansicht vor. Seltener beträgt die Zahl der vorgeschlagenen Ansichten drei oder sogar vier, in welchem Falle sich natürlich der Regel nach ebenso viele Dichter an der Disputation beteiligen; nur in zwei Fällen ist eine dreiteilige Frage von zwei Dichtern diskutiert worden. Jene zur Wahl gestellte zwei- oder mehrgliedrige Frage hiess *joc partit*, d. h. »ausgeteiltes Spiel«, auch wohl *partimen*, seltener *partida*, *partia*, und in späterer Zeit übertrug man diese Bezeichnungen auch auf die Gedichte selbst, welche derartige Streitfragen behandelten. Die Tenzonen dieser zweiten Gattung scheinen erst nach 1180 aufgekommen zu sein, ihre Entstehung ist wahrscheinlich auf eine Sitte zurück zu führen, die von Alters her als eine Übung des Witzes sehr beliebt war und die darin bestand, dass in Gesellschaften die Mitglieder sich gegenseitig mehrgliedrige Fragen zur Auswahl vorlegten, welche dem Herausforderer gegenüber verteidigt werden mussten. Die in diesen Tenzonen behandelten Gegenstände beziehen sich in den weitaus meisten Fällen auf das Gebiet der Liebe und waren oft von der spitzfindigsten Art, z. B. ist es richtiger, lange ein und derselben Dame zu dienen oder öfter die Geliebte zu wechseln? Was ist leichter zu ertragen, der Tod oder der Verrat der Geliebten? Ist die Liebe zu einer Dame grösser, ehe sie sich ganz ergeben oder nachher? Wer verdient mehr Liebe, ein vornehmer Baron mit mangelhaftem Charakter oder ein armer Mann von niedriger Geburt, aber edler Gesinnung? Zuweilen wurden die Fragen durch eine Erzählung eingeleitet, z. B. Zwei Liebhaber begegneten auf dem Wege zu ihren Damen verirrten Rittern; der eine kehrte um, um jenen Gastfreundschaft zu gewähren, der andere eilte weiter zu seiner Dame; wer von beiden hat recht gehandelt? Von den nicht die Liebe betreffenden Gegenständen lag besonders die Freigebigkeit den Trobadors am Herzen, demnächst Fragen über den Wert des Wissens, des Ruhmes oder des Reichtums, auch über die Vorzüge einzelner Völker oder Stände, über persönliche Verhältnisse und selbst moralische Probleme. Die Verteidigung seiner Ansicht gab dann jedem Dichter Gelegenheit, möglichst viel Geist, Witz, Scharfsinn und dialektische Gewandtheit an den Tag zu legen, ja selbst die Sophistik wurde dabei nicht verschmäht. Als Beweismittel wurden Aussprüche der Bibel oder berühmter Männer oder anderer Autoritäten, auch Sentenzen, Sprichwörter, Beispiele aus der Geschichte und Sage, ja sogar Vorgänge des täglichen Lebens herangezogen.

Die Entscheidung über den Streit fiel sehr verschieden aus. Selten erklärte sich der eine der Disputanten für besiegt durch die Gründe des Gegners; oft wurde die Frage überhaupt nicht entschieden; in anderen Fällen kamen beide überein, die Sache dem Urteil eines oder mehrerer Schiedsrichter, Männern oder Frauen, zu unterbreiten, die dann gewöhnlich auch mit Namen genannt werden und denen man damit eine Ehre zu erweisen beabsichtigte; ja in einigen wenigen Beispielen ist uns sogar das Urteil selbst erhalten, das in Bezug auf die metrische Form mit den Strophen der Tenzone übereinstimmen musste.

Knobloch, *Die Streitgedichte im Provenzalischen und Altfranzösischen,* Diss. Breslau 1886; Selbach, *Das Streitgedicht in der altprovenzalischen Lyrik* etc. Marburg 1886, erweitert in Ausg. und Abh. No. 57; Zenker, *Die provenzalische Tenzone,* Leipzig 1888 (auch Erlanger Diss.); Jeanroy, *La tenson provençale, Annales du Midi* 2, 281—304; 441—62.

24. Einige Liederarten zeigen Spuren volkstümlichen Ursprunges, besonders in dem fast allen gemeinsamen Kehrreim. Dahin ist zuerst die Romanze zu rechnen (moderne Bezeichnung, die Provenzalen schieden sie nicht von dem Vers), die kunstmässige Umgestaltung der oben (§ 15) besprochenen volkstümlichen Dichtungen, welche in den wenigen uns erhaltenen Beispielen allerdings den Refrain nicht aufweisen. Wie ihre volkstümliche Schwester hat die Romanze inhaltlich einen stark epischen Charakter; der Dichter tritt meist redend auf und berichtet über etwas selbst Erlebtes, gewöhnlich ein Zusammentreffen mit einer Dame oder einem Mädchen. Eine Unterart dieser Gattung bildet die Pastorelle (pastorela, -eta), die daher ihren Namen hat, dass die Heldin eine Schäferin ist. Ihr meist in dialogischer Form vorgeführter Inhalt besteht gewöhnlich in einem Liebesabenteuer des Dichters, der sich meistens als Ritter einführt, mit dieser Heldin, um deren Gunst er mit mehr oder weniger Erfolg wirbt, seltener in anderen Vorkommnissen aus dem Leben der Hirten. Cercamon soll nach der Lebensnachricht Pastorellen *a la usanza antiga,* also wahrscheinlich in volksmässiger Art, verfasst haben, die jedoch verloren gegangen sind. Erhalten sind uns 30 Gedichte dieser Art, unter denen die im 13. Jahrh. entstandenen mehr oder minder deutliche Anzeichen einer Beeinflussung durch die französischen Pastorellen an sich tragen. Die Leys d'amors nennen noch einige Spielarten, wie vaquiera, porquiera, auquiera, cabriera u. s. w., in denen also eine Kuh-, Schweine-, Gänse-, Ziegen- u. s. w. Hirtin erscheint, doch ist uns nur von der zuerst genannten Gattung ein Beispiel erhalten. — Die Alba, das Tagelied, wurde so benannt, weil das Wort *alba* (Morgenröte) im Refrain vorkam, und zwar meist am Schluss, doch auch am Anfang oder in der Mitte des Verses. Es handelt sich in diesen Liedern immer um ein Liebespaar, das nach wonnig verbrachter Nacht sich zur Trennung gezwungen sieht. In einigen wird der Wächter redend eingeführt, der den Anbruch des Morgens verkündet; einzeln thut dies ein Freund, der daran die Mahnung zum Aufbruch knüpft. In andern hören wir den Liebhaber oder die Dame (seltener beide im Zwiegespräch) beim Weckruf des Wächters über den bevorstehenden Abschied klagen. Später wurden auch Tagelieder religiösen Inhalts verfasst (§ 32). Das Gegenstück, die Serena, ist, wie es scheint, von Guiraut Riquier erfunden, jedenfalls stammt von diesem das einzige uns bekannt gewordene Gedicht dieser Art; der Verfasser erzählt dort von einem Liebenden, der den Abend herbeisehnt, welcher ihn mit seiner Dame vereinigen soll. Im Refrain kehrt immer das

Wort *ser* wieder. — Die beiden Namen Balada und Dansa sind Ableitungen der Verba *balar* und *dansar*, welche zwei verschiedene Arten des Tanzes bezeichneten. Die Tanzlieder waren also der Regel nach dazu bestimmt, zum Tanze gesungen zu werden, wie dies noch heute bei südlichen Völkern geschieht. Es ergiebt sich hieraus, dass es bei ihnen mehr auf die Melodie als auf den Text ankam. Letzterer bezieht sich in beiden Gattungen gewöhnlich auf die Liebe, die Unterschiede zwischen beiden Benennungen werden von den späteren Provenzalen als nur formelle bezeichnet. Die Dansa sollte nämlich aus nicht mehr als drei Strophen bestehen und eine heitere Singweise haben, sodann sollte jeder Vers höchstens 8 Silben zählen und der Refrain (der wohl vom Chor gesungen wurde) sowohl an der Spitze des Ganzen als auch am Schlusse jeder Strophe erscheinen. Die Balada dagegen (auch *bal* genannt) war in Bezug auf die Zahl der Strophen nicht beschränkt, besass eine noch lebhaftere Melodie und verlangte Instrumentalbegleitung, welche die Dansa nicht kannte. — Über das Wesen der Retroencha sind wir ebenso wenig unterrichtet, wie über die Herkunft des Wortes. Es sind uns nur etwa 6 Lieder dieser Gattung von 4 Dichtern aus später Zeit erhalten, die sich inhaltlich nicht von Canzonen unterscheiden und die am Schlusse jeder Strophe Refrainzeilen aufweisen (in einem Falle je eine am Schluss und im Innern); in früherer Zeit sind deren viele verfasst worden.

Römer, *Die volkstümlichen Dichtungsarten der altprovenzalischen Lyrik*, Marburg 1884 = Ausg. u. Abh. No. 26 (daselbst die frühere Literatur); O. Schultz, *Das Verhältnis der provenzalischen Pastourelle zur altfranzösischen*, Ztschr. 8, 106—12; Stengel, *Der Entwickelungsgang der provenzalischen Alba*, Ztschr. 9, 407—12 und 10, 160—2.

25. Von den noch übrig bleibenden, im ganzen selten vorkommenden Dichtarten sind einige im Grunde Canzonen, denen die Provenzalen nur ihres scharf ausgeprägten Inhaltes wegen besondere Bezeichnungen zuerteilt haben. Dahin gehört das Escondig (Rechtfertigung), in welchem der Dichter die erzürnte Geliebte zu versöhnen suchte, sodann das Comjat (Abschied), durch welches er sich, wenn sie unversöhnlich oder treulos war, von ihr lossagte. Auch das Descort (Zwiespalt) könnte man hierher rechnen, obwohl der Name sich ursprünglich nur auf die Form bezieht. Diese Dichtgattung, welche formell auf die lateinischen Sequenzen zurückzuführen ist, zeigt nämlich der Regel nach von Strophe zu Strophe einen Wechsel des Metrums (Versart und -zahl) sowie der Melodie, ja in einem Falle (Raimbaut von Vaqueiras) sogar der Sprache. Seltener erstreckt sich der Wechsel nicht auf das ganze Gedicht, sondern nur auf 3—4 auf einander folgende Strophen und wiederholt sich dann immer in gleicher Weise, sodass dadurch das ganze Lied in mehrere kongruente Strophengruppen zerfällt. Inhaltlich ist das Descort, wie gesagt, ein Minnelied, nur wurde es später, entsprechend seiner unsymmetrischen Form, zum Ausdruck des Schmerzes über unerwiederte Liebe verwandt. Ein anonymes Lied, das die Form eines Descort zeigt, nennt sein Verfasser ein Accort, weil er mit der Liebe nicht im Zwiespalte sei. Die Lais, welche mit den Descorts gleichen Ursprung haben und auch formell schwer von diesen zu unterscheiden sind, waren bei den Provenzalen wenig beliebt; es sind uns nur drei so bezeichnete Gedichte erhalten, die obenein französischen Einfluss zu verraten scheinen.

Einige Gedichte, die ebenfalls von der Liebe handeln, benennen sich ausschliesslich nach äusseren Merkmalen. In der Sextine, die von Arnaut Daniel erfunden ist, wechseln in 6 Strophen 6 Reimwörter nach einer bestimmten Reihenfolge. Ebenso wechseln in der Rundcanzone (chanson redonda) die Reime von Strophe zu Strophe in fester Ordnung, nur werden nicht, wie dort, in allen auch die gleichen Reimwörter verwandt. Breu-doble, also Doppeltkurz, nennt Guiraut Riquier eines seiner Gedichte wegen der Kürze der darin verwandten Strophen und Verse. Originell ist ein Liebeslied des Raimbaut von Aurenga, in welchem an jede Strophe und inhaltlich mit ihr zusammenhängend sich ein Prosasatz anschliesst; der Dichter giebt ihm den Namen „*no so que s'es*". Fremden Ursprungs ist das nur von einem auch provenzalisch schreibenden Italiener (Dante da Majano) gepflegte Sonett sowie das den Franzosen entlehnte Rondeau (Redondel, afr. Reondel); höchst wahrscheinlich auch die Estampida, afr. estampie (von ahd. *stamphjan* »aufstampfen«, also ursprünglich Tanzlied), denn das einzige uns bekannt gewordene Beispiel dieser Art ist von Raimbaut von Vaqueiras in Nachahmung, ja sogar in der Melodie einer von 2 französischen Jongleurs in seiner Gegenwart vorgetragenen Estampie verfasst; dasselbe ist ein Minnelied und zeigt kurze Verse sowie einen lebhaften Rhythmus, aber keinen Kehrreim. — Sonst ist noch zu erwähnen das Devinalh (Rätsel), das aus lauter Sätzen besteht, welche einander widersprechen oder zu widersprechen scheinen, ja oft nur Wortspiele enthalten, und das Estribot, welches Sirventes-Inhalt hat, dessen unterscheidende Merkmale wir jedoch nicht anzugeben vermögen; auch die Ausdrücke Sermo und Prezicansa begegnen als Bezeichnung für moralische und polititische Sirventese.

Endlich verdienen noch die Liebesbriefe (breu, letra) genannt zu werden, welche, weil meist keine strophische Gliederung zeigend, sondern gewöhnlich in Reimpaare gekleidet, eigentlich nur inhaltllch, nicht auch formell in die Lyrik gehören. Sie sind immer an eine Dame gerichtet und führen den besondern Titel Salut, wenn sie mit einem Gruss an die Geliebte beginnen, Domneiaire, wenn sie mit dem Worte *Domna* anheben und schliessen. Es gab auch einige poetische Episteln über moralische Gegenstände.

C. Appel, *Vom Descort*, Ztschr. 11, 212—30; Zingarelli, *Un Descortz di Aimeric de Pegulhan, Ferrara* 1890 *(Nozze Mattioli- De Alberti)*; P. Meyer, *Le salut d'amour dans les litt. prov. et franç.* Paris 1867.

γ. CHARAKTER DER MINNEDICHTUNG.

26. Die provenzalische Liebespoesie ist eine wesentlich conventionelle, weil das Verhältnis zwischen dem Dichter und dem Gegenstand seiner Neigung der Regel nach ein conventionelles war. Um dies klar zu machen, genügt es, daran zu erinnern, dass die Dame fast immer, der Liebhaber wenigstens in zahlreichen Fällen verheiratet war. In der That ist es sehr selten vorgekommen, dass ein Trobador ein Fräulein besang, wie Gui von Uissel, Gausbert von Puegsibot, Guiraudo der Rote und wahrscheinlich auch Jaufre Rudel, während Elias von Barjols in seinen Liedern eine Wittwe feierte, nämlich die Gräfin Garsenda von Forcalquier, deren Gatte auf Sizilien gestorben war. Aber während bei der natürlichen Liebe die Ehe stets das Ziel eines Liebesverältnisses ist, so war dies nicht einmal bei den genannten Trobadors der Regel nach der Fall; von Gausbert von Puegsibot allein erfahren wir, dass die Dame seines Herzens ihn nur unter der Bedingung annehmen wollte, dass er Ritter würde und sie heiratete, was ihm beides mit Hülfe seines Gönners Savaric von Mauleon gelang. Ja Gui von Uissel, welchem von Gidas de Mondas die Wahl gelassen wurde, ob er ihr Buhle oder ihr Gatte werden wolle, entschied sich für das erstere, und sie heiratete auch wirklich einen andern.

Die Ehe war aber nicht nur nicht das Ziel einer Trobador-Liebschaft, sondern sie stand sogar in sofern in einem gewissen Gegensatz zu dieser, als ein derartiges Verhältnis unter Ehegatten als einfach lächerlich, als geradezu unmöglich angesehen wurde. Es kam ebenso wenig vor, dass die Trobairitz, die sämtlich verheiratet waren, ihre Gatten besangen, wie dass die verheirateten

Trobadors ihre Frauen feierten, obwohl einige derselben, wie Guilhem de la Tor u. a., die ihrige zärtlich liebten. Das eheliche Verhältnis, sei es das eigne oder ein fremdes, wurde durch eine derartige Liebschaft nach damaliger Auffassung eben gar nicht berührt, sodass z. B. vornehme Frauen die Huldigungen eines Dichters wie Gaucelm Faidit freundlich entgegennahmen, obwohl dieser eine gemeine Strassendirne geehelicht hatte. Wie nämlich einerseits der Frauendienst eins der hauptsächlichsten Erfordernisse eines Ritters war, so verlangte die Sitte, dass jede Frau von Stand einen oder mehrere Verehrer hätte, der sie dichterisch verherrlichte. Dichter und Dame zollten also durch das Eingehen einer derartigen Verbindung nur ihren Tribut an den herrschenden Brauch, und niemand fand darin etwas anstössiges; ja mehrfach veranlasste der Gatte oder der Bruder einer Dame geradezu einen Trobador, dieser den Hof zu machen, da es jeder Frau zum Ruhm und zu Ehre gereichte, wenn sie einen hervorragenden Dichter unter ihren Anbetern zählte. Ebenso strebten andrerseits die Trobadors danach, mit möglichst hochstehenden Frauen, Fürstinnen und Gräfinnen, Liebschaften anzufangen. Dies war so sehr die Regel, dass es von Gausbert Amiel als etwas auffälliges hervorgehoben wird, dass er nie eine höher stehende Dame besungen, sowie von Aimeric von Pegulhan und Uc Brunenc, dass sie eine Bürgerfrau geliebt und gefeiert haben. So erklärt es sich denn auch, dass die Lebensnachrichten vieler Trobadors von zahlreichen Liebschaften erzählen, die sie, meist allerdings nach einander, anknüpften, und dass manche Dame mehrere Verehrer, darunter auch Dichter, zu gleicher Zeit hatte.

27. Es lässt sich denken, dass ein derartiges Verhältnis, das doch der Natur durchaus nicht entsprach, mancherlei Misstände im Gefolge hatte. So hören wir z. B. von Uc von Saint Circ, dass er zu den Damen, die er pries, gar keine Liebe gefühlt sondern nur geheuchelt habe, und ähnlich hat es sich auch wohl bei anderen verhalten. Ebenso war es schon damals allgemein bekannt, dass manche Dame, selbst der höchsten Kreise, einem Trobador ihre Gunst weniger aus innerer Neigung, als zu dem Zwecke schenkte, damit er sie besinge, d. h. wegen der Ehre, die ihr daraus erwuchs, ja dass einzelne sogar allerlei Mittel anwandten, um einen derartigen Verehrer anzulocken, sei es, dass sie ihm Geschenke machten, ihm Briefe schrieben, oder ihm sonst auf jede Weise entgegenkamen. War dies gelungen, so galt es, den gewonnenen auch dauernd zu fesseln. Die eine bemühte sich zu diesem Zwecke nach Kräften, dem ihr gespendeten Lobe auch durch ihre Thaten zu entsprechen, andere dagegen suchten durch Verheissungen aller Art, selbst indem sie die höchsten Gunstbezeugungen in Aussicht stellten, ihren Wunsch zu erreichen. Ja einzelne heuchelten, sogar nachdem sie sich einem andern Buhlen hingegeben, nach wie vor Liebe zu ihrem verratenen Trobador, nur um diesen nicht als Verkündiger ihres Ruhmes zu verlieren. Erschien es nun trotzdem aus irgend welchen Gründen wünschenswert, einen Trobador-Liebhaber zu verabschieden, so wurden zuweilen die listigsten Anschläge erdacht, damit er ja nicht als Feind ginge, da die Damen immer fürchteten, dass bei einem etwaigen offenen Bruche der erzürnte Dichter aus Rache ihnen gegenüber von der gefährlichen Waffe seiner Kunst Gebrauch machen und sie dadurch vor aller Welt blossstellen möchte.

Was nun die sittliche Seite jener Liebesverhältnisse betrifft, so wurde vorausgetzt und erwartet, dass dieselben die Schranken des Anstandes nicht überschritten. Von mehreren Damen wird ausdrücklich berichtet, dass sie der Bitte eines Sängers, ihm ihre Liebe zu schenken, bloss unter der Bedingung willfahrten, dass sie ihn nur als Ritter und Diener (cavalier e servidor), nicht aber als Buhlen (drut) annähmen. Dies schloss aber die Gewährung gewisser Gunstbezeugungen nicht aus, ja die Grenze derselben war, wenigstens nach unseren Begriffen, ziemlich weit gezogen. Häufig kam es vor, dass die Dame ihrem Trobador einen Ring, einen ihrer Handschuhe oder einen anderen Teil ihrer Kleidung als Liebeszeichen schenkte, auch der Kuss galt als erlaubt, ja es wurden manche Vertraulichkeiten gestattet, die heutzutage ganz unerhört erscheinen würden. Dagegen war der Ehebruch auch damals verpönt, und wenn es bekannt wurde, dass eine Frau sich einen solchen hatte zu Schulden kommen lassen, so brachte ihr das Schande ein. Die Vizgräfin Ermengarde von Narbonne gab dem Peire Rotgier den Abschied, weil der blosse Verdacht, sie habe ihm unerlaubte Gunst gewährt, sie in einen schlimmen Ruf gebracht hatte, und ähnlich verfuhr Alamanda von Estancs mit Giraut von Bornelh. Manchmal schritt auch der Gatte oder der Bruder ein, wenn er Grund zu der Annahme zu haben glaubte, dass die Ehre der Familie verletzt worden sei; er sperrte dann die wirkliche oder vermeintliche Sündige ein oder jagte den Dichter aus dem Hause, ja spielte diesem zuweilen noch empfindlicher mit.

Aber wenngleich die Einhaltung der Grenze strenger Sittlichkeit gefordert, meist auch wohl beobachtet wurde, so kamen doch auch recht häufig Überschreitungen vor. Vor allen Dingen begnügten sich die Trobadors selbst gewöhnlich nicht mit der rein platonischen Liebe, sondern forderten mehr, und obwohl sie in einigen wenigen Fällen nicht nur abgewiesen sondern sogar verabschiedet wurden, so erreichten sie doch auch nicht selten ihren Zweck, und mehrere derselben haben sich offen ihrer Erfolge in dieser Hinsicht gerühmt. Es ist sogar vorgekommen, dass eine Frau sich einem Dichter hingab, nur um diesen einer anderen zu entfremden; dagegen scheint eine regelrechte Entführung zu den seltneren Ausnahmen gehört zu haben, obwohl wir auch hiervon Beispiele kennen. Aber zuweilen wurden auch die Trobadors selbst von demjenigen Schicksal betroffen, das sie so gern anderen bereiteten; es wurde ihnen nicht selten, nachdem sie lange mit der Aussicht auf die höchste Gunst hingehalten worden waren, schliesslich ein glücklicherer Liebhaber vorgezogen, ja einzelne verheiratete sind selber zum Hahnrei gemacht worden, so der oben genannte Gausbert von Puegsibot, dessen Frau sich an einen englischen Ritter schmählich wegwarf.

Alle diese Ausschreitungen gehörten jedoch, wie schon angedeutet, zu den Ausnahmen. In der Regel blieben die Trobadorliebschaften innerhalb der gezogenen Schranken; jedenfalls suchte man, wenn diese überschritten waren, dies auf jede mögliche Weise zu verdecken und zu verheimlichen, und vor allem galt es als unumstössliches Gesetz, dass die auf die Geliebte gesungenen Lieder nie zu Verrätern an derselben werden durften.

28. Aus dem gesagten ergiebt sich schon, worin im allgemeinen der Inhalt der provenzalischen Minnepoesie bestand. Dieselbe spiegelte das Verhältnis zwischen Dichter und Dame weniger so wieder, wie es in Wirklichkeit war, als vielmehr so, wie es nach der Forderung der damaligen höfischen Sitte eigentlich stets hätte sein sollen. Einer ihrer vornehmsten Gegenstände ist natürlich das Preisen der Geliebten. Sie ist der Inbegriff aller körperlichen wie geistigen Reize und Vorzüge, welche mit den glühendsten Farben geschildert werden; und zwar geschieht dies bald direkt, bald durch Bilder und Vergleiche, bald durch Wendungen wie: Gott hat nichts vollkommeres geschaffen als sie, ihre Schönheit durchleuchtet die Nacht, sie würde einer Kaiser- oder Königskrone zur Ehre gereichen, sogar ihre Feinde müssen ihren Wert zugestehen, ihre Nähe erheitert die Traurigen, heilt die Kranken und macht die Bäurischen höfisch u. dgl.

Daher versichert der Dichter denn auch, dass seine Liebe, seine Ergebenheit unbegrenzt ist; er will lieber sterben, als sich von ihr abwenden;

mit gefalteten Händen möchte er vor ihr niederknieen, denn er sieht sich als ihren Lehnsmann, ihren Diener, ihren Gefangenen, ja ihren Leibeignen an und giebt ihr völlige Gewalt und Verfügung über ihn, körperliche wie geistige. Seine Liebe ist ihm mehr wert als alle Schätze der Welt, selbst als sein Seelenheil, denn ohne dieselbe würde ihm die Welt freudlos sein; der Geliebten verdankt er ja, was ihm an Gutem und Schönem gelingt. Daher ist ihm das geringste Zeichen von Neigung oder auch nur die Hoffnung darauf, ja sogar Qual und Schmerz von ihr lieber, als die höchsten Gunstbezeugungen von einer anderen. Überhaupt ist er jetzt allen übrigen Damen völlig entfremdet oder wenigstens nur um ihretwillen geneigt, nämlich weil sie ihr ähnlich sehen; dagegen fühlt er sich zu jedermann hingezogen, der zu ihr in irgend einer Beziehung steht, sei er nun ihr Verwandter, ihr Nachbar, ihr Landsmann oder auch nur einer ihrer Diener, ja er ist schon glücklich, wenn jemand zu ihm von ihrem Schlosse spricht.

Ebenso reich fliessen des Dichters Gedanken, wenn es sich darum handelt, mitzuteilen, wie seine Liebe sich äussert und welche Wirkungen sie in ihm hervorbringt. Seine Stimmung schwankt fortwährend zwischen höchster Fröhlichkeit und tiefster Niedergeschlagenheit, schwere Seufzer entringen sich seiner Brust, bittere Thränen seinen Augen; Zittern und Beben ergreift ihn im Schlafen und im Wachen, Frost und Hitze wechseln wie im Fieber; sein Herz, sein Geist, seine Seele weilen Tag und Nacht bei ihr, er kann nichts andres denken als sie, von nichts andrem sprechen als von ihr, ja sogar wenn er zu Gott betet, schwebt immer nur ihr Bild ihm vor. Die Leidenschaft, welche ihn so ganz erfüllt, verändert denn auch seinen ganzen inneren und äusseren Menschen: sie verschafft ihm nicht nur die höchste Wonne, wahre Paradiesesgenüsse, sondern sie veredelt auch sein Wesen, macht ihn besser, tüchtiger, barmherziger, gegen seine Feinde versöhnlicher, gegen jedermann freundlicher und demütiger, doch flösst sie ihm andrerseits auch Stolz und Selbstvertrauen ein; sie lindert sein Leid bei Schicksalsschlägen, erhöht ihm die Kraft und den Mut, befähigt ihn für die schwierigsten Aufgaben und lässt ihn sogar körperliche Beschwerden leicht ertragen; denn er fühlt nicht den kalten Wind, der Winter erscheint ihm als wonniger Frühling, Eis und Schnee als saftiges Grün und duftiger Blumenflor. Aber auch vieles unangenehme hat seine Liebe für ihn im Gefolge: sie raubt ihm die Herrschaft über sich selbst, nimmt ihm seine Willens- und Geisteskraft, seinen Verstand, seine Gedanken, sogar seine Sprache; er hört nicht, wenn jemand ihn anredet, ja man könnte ihn stehlen, ohne dass er es merken würde. Er hat unerträgliche Qualen auszustehen, er klagt, er jammert und verzehrt sich in Liebesschmerz; er vermag nicht mehr zu schlafen, nicht mehr zu essen, sein Körper magert ab und siecht dahin; er fühlt, dass sein Tod nicht mehr fern ist.

Aber obwohl die Geliebte die Ursache aller dieser Leiden ist, so will er lieber die Augen verlieren, als ihr zürnen oder sich an ihr rächen, ja auch nur etwas thun, was ihr misfallen könnte, da es für ihn die grösste Wonne ist, durch sie herbe Pein und selbst den Tod zu erleiden, und niemand dürfte ihn in diesem Falle bedauern. Daher schwächen jene Qualen seine Liebe nicht nur nicht, sondern lassen dieselbe nur noch immer stärker werden, denn ihn hält die Hoffnung aufrecht, es werde ihm gelingen, die Wünsche seines Herzens in Erfüllung gehen zu sehen.

29. Die Gunstbezeugungen, welche er von der Dame erhofft oder erfleht, bewegen sich meist innerhalb der bescheidensten Grenzen. Er ersucht sie z. B. um die Erlaubnis, ihr überhaupt nur seine Neigung gestehen, sich um ihre Gunst bewerben, ihr seine Lieder widmen, sich ihren Diener, ihren Lehnsmann nennen, ja sie nur ansehen zu dürfen, oder er bittet sie, ihn

nicht zu hassen, sondern womöglich zu lieben, sei es auch nur wie einen Verwandten, ihn ihren Freund zu nennen, ihm ein Lächeln, einen wohlwollenden Blick zu gewähren, ein freundliches Wort, einen Scherz an ihn zu richten, ja oft erklärt er sich für zufriedengestellt, wenn sie ihm nur die Hoff- auf ihre einstige Liebe nicht raube. Zuweilen versteigt er sich allerdings höher, er wünscht die Erlaubnis zu einem heimlichen Besuch, zu Umarmung und Kuss, er möchte ihr beim An- und Auskleiden behülflich sein, ja nicht selten deutet er verhüllt oder unverhüllt auf die höchste Gunst als das Ziel seiner Sehnsucht hin. Zuweilen spricht er ganz allgemein von dem »Lohn«, den er erwartet, ohne ihn genauer zu bezeichnen, auch von sonstigen Liebesbeweisen, von einem Brief, einem Ringe, einem Bande oder anderen äusseren Pfändern ihrer Neigung. Ganz einzeln kommt es auch vor, dass er auf das schnelle Verfliessen der Jugendzeit hinweist und die Aufforderung daran knüpft, dieselbe zu geniessen.

Aber so hoch er auch seine Erwartungen spannen mag, nichts erhofft er auf Grund seines Verdienstes oder als sein Recht, sondern alles nur als Geschenk ihrer Gnade. Daher stellt er alles ihrer Güte, ihrer Barmherzigkeit und Herablassung anheim; er wird durch unablässiges Dienen ihr Herz erweichen, ausschliesslich durch geduldiges Ertragen und Ausharren will er etwas erreichen und wird mit allem zufrieden sein, was sie ihm etwa gewähren sollte.

In sehr vielen Fällen aber wagt der Dichter überhaupt nicht, der Dame sein Herz zu entdecken, weil ihre Gegenwart ihn völlig einschüchtert oder weil er fürchtet, sie möge ihm wegen seiner Kühnheit zürnen. Dennoch, erklärt er, werde er fortfahren, sie zu lieben, aber ganz für sich, im Geheimen; und da er ihr seine Neigung auch durch einen anderen mitzuteilen nicht den Mut hat, so will er, sei es in einem Briefe, sei es in seinen Liedern, aussprechen, was ihn bewegt, oder er wird durch seine Handlungen andeuten, was er auszusprechen nicht die Worte findet, und hofft, die Geliebte werde seine Gefühle daran doch wenigstens ahnen. Inzwischen begnügt er sich mit eingebildeten Genüssen, er umarmt und küsst sie in Gedanken, herzt sie und verkehrt mit ihr im Traume, und empfindet dabei solche Seligkeit, dass er nie wieder erwachen möchte. Dieser Minnedienst ist ihm aus dem Grunde besonders wert, weil kein Eifersüchtiger denselben verbieten oder verhindern kann.

Recht häufig begegnen wir aber auch Klagen über unerwiederte Liebe; der Dichter ist der Verzweifelung nahe, da seine Dame so kalt, so unerbittlich ist. In einzelnen Fällen sucht er sie dann dadurch zu erweichen, dass er auf die oft verhängnisvollen Wirkungen eines derartigen Verhaltens hinweist, in anderen verzagt er und wünscht sich den Tod herbei, oder er erklärt trotzig, er werde sie dennoch lieben, möge es ihr gefallen oder nicht; in noch anderen endlich findet er sich in sein Schicksal, erkennt die Hoffnungslosigkeit seiner Bemühungen, erklärt aber, der Geliebten trotzdem nicht zürnen zu wollen, sondern verabschiedet sich von ihr, indem er sie Gott befiehlt und ihr in herzlicher Weise alles Gute wünscht.

Manchmal ist der Dichter jedoch nicht so entsagungsbereit, sondern glaubt berechtigt zu sein, ihr Vorwürfe zu machen: sie thue bitteres Unrecht, ja begehe geradezu eine Sünde, indem sie sich gegen ihn so hart zeige, da seine einzige Schuld seine Liebe sei; sie habe ihm anfangs ihre Gunst versprochen, dann aber ihr Wort nicht gehalten, ihn vielmehr durch freundlichen Schein (bel semblan) hingehalten und schliesslich getäuscht; sie werde Ursache seines Todes sein und hierdurch sich Schaden, ja selbst Schande zuziehen. In seinem Unmute spricht er den Wunsch aus, sie nie gesehen oder wenigstens nie geliebt; vielmehr einer anderen sich zugewandt zu haben, und lässt auch wohl die Drohung einfliessen, dass seine Geduld leicht ein Ende haben könnte. Manchmal aber hat er sich über schlimmeres als über Kälte, hat er sich über Untreue zu beklagen; sie hat seine innige Liebe verraten und sich einem anderen hingegeben. In diesem Falle verleiht er seinem Zorn und Unwillen gewöhnlich in derben Worten Ausdruck, brandmarkt das Verfahren der Dame in schonungsloser Weise und sagt sich öffentlich von ihr los, sei es, um für immer den Frauen und der Liebe den Rücken zu wenden, sei es, um bei einer anderen Ersatz zu suchen.

30. Aber neben den bisher vorgeführten Gedanken, die sich im engeren Sinne auf das Verhältnis zwischen dem Dichter und der Geliebten beziehen, enthält die provenzalische Minnepoesie auch solche, welche allgemeinerer Art sind, namentlich verschiedene die Liebe betreffende Fragen zum Gegenstande haben. In erster Linie wird allen Liebenden Verschwiegenheit und Heimlichkeit empfohlen; der sei ein Narr, der seinen Erfolg ausplaudere, nur die beiden Beteiligten und Amors dürfen darum wissen. Der Dichter versichert, er werde sich nicht einmal seinen nächsten Verwandten entdecken, lieber würde er sich töten lassen; daher meide er auch den Umgang mit anderen Menschen, weil ihm leicht wider Willen ein Wort, das ihn verriete, entschlüpfen könnte. Er spreche nicht einmal von ihrem Wohnsitze und verzichte auch auf das Entsenden von Boten, weil dies alles leicht zur Entdeckung führen könne. Alle diese Vorsichtsmassregeln seien nun besonders den Feinden der Liebe gegenüber notwendig, denen, welche sich ein Gewerbe daraus machen, heimliche Liebe auszukundschaften und auszuplaudern, den Schwätzern, Kläffern und Verläumdern; auch die Eifersüchtigen gehören mit unter diese Feinde, über welche die Dichter die ganze Schale ihres Zornes ergiessen.

Im Gegensatze dazu singen sie oft der Liebe selbst ein begeistertes Lob; »ohne Liebe kein Sang« ist ein häufig wiederkehrender Gedanke. Die Liebe ist allgewaltig, ihrer Macht, ihrem Befehl kann niemand Widerstand entgegensetzen; nur wenn man sich geduldig in alles fügt, was sie schickt, darf man auf Erfolg hoffen. Die Liebe giebt aber dem Leben auch erst seinen Wert, sie veredelt den Menschen, weil sie selbst gut ist; zwar bringt sie nicht nur Freud, sondern auch Leid mit sich, aber erstere überwiegt, und wegen des letzteren darf sie nicht getadelt werden. Daher wendet sich der Dichter oft direkt an Amors, um deren Hülfe zu erbitten oder auch, um ihr Vorwürfe zu machen.

Bei anderen Gelegenheiten wird das Wesen der Liebe analysiert, es werden die verschiedenen Arten derselben aufgezählt, oder die in ihrem Reiche herrschenden Gesetze werden hervorgehoben: die Liebe sieht nicht auf Reichtum oder Macht, sondern auf Tüchtigkeit und inneren Wert; sie verlangt Demut und hasst daher Anmassung und Selbstüberhebung; sie fordert vollständige Hingabe und belohnt treues, stilles Dienen. Verstand und vorsichtige Berechnung gehören der Regel nach nicht zu ihrem Gefolge, eher die Thorheit, denn sie reisst zu mancher Unbesonnenheit, zu manchem unüberlegten Schritte hin.

Sehr ausführlich wird von den Pflichten der Liebenden gehandelt: der Liebhaber muss nach Ehre und höfischem Benehmen streben, muss verschwiegen sein, muss seiner Dame in allen Stücken recht geben, darf keiner bösen Nachrede über sie glauben und muss sich vor jeder Untreue hüten. Die Dame dagegen soll in der Wahl ihres Anbeters sehr vorsichtig sein, nur solche dulden, die ihr zur Ehre gereichen, die unwürdigen aber fern halten; namentlich soll sie sich nicht durch Reichtum bestechen lassen, daher einen armen, aber braven Liebhaber einem vornehmen, aber charakterlosen vorziehen. Vor allem soll sie immer nur einen Verehrer dulden, dann aber nicht zu spröde und unnahbar sein, denn Erhörung bringt Ruhm und Dank obenein; allerdings muss sie dabei stets darauf bedacht sein, ihren guten Ruf rein zu erhalten.

Endlich verdient noch erwähnt zu werden, dass die Dichter in ihren Liedern auch verschiedentlich über den Anlass sowie den Zweck ihres Dichtens Auskunft erteilen. Als ersterer wird, abgesehen von der Liebe, oft der Wunsch der Dame oder eines Gönners genannt, vor allem aber die schöne Jahreszeit, besonders der Frühling mit seinem Vogelsang und Blütenduft; ja die Beziehung der Stimmung des Dichters auf die Natur ringsherum ist für den Eingang der Liebeslieder fast typisch. Der Zweck derselben ist entweder der, in der Dichtkunst Trost zu suchen, auch wohl sich und andere zu erfreuen, besonders aber, den Ruhm der Geliebten zu vermehren. Die Dichter sprechen sich mehrfach sehr selbstbewusst gerade über diesen Punkt aus und heben hervor, dass die Dame ihres Herzens das Ansehen, das sie geniesst, zum grossen Teil den ihr zu Ehren gesungenen Liedern verdanke.

Das ist in kurzem der wesentlichste Inhalt der provenzalischen Minnepoesie. Aber wenngleich das Gefühl, dem dieselbe Ausdruck verleihen sollte, der Regel nach ein conventionelles, ein nur geheucheltes oder anempfundenes war, so brauchte es dies doch nicht immer zu sein, sondern konnte ebenso gut auch einer aufrichtigen Liebe entsprungen sein, und in der That fühlt man in nicht wenigen Liedern durch die scheinbar nur kühle Reflexion verratende Gewandung hindurch das Glühen einer starken, warmen, tief empfundenen Leidenschaft.

31. Aber die Charakteristik der in Rede stehenden Dichtungen würde nicht vollständig sein ohne den Hinweis auf die grosse Sorgfalt, welche die Verfasser, und zwar je später um so mehr, auf die äussere Form derselben verwandten, nicht nur die metrische, durch komplizierte Verbindung verschiedenartiger Versarten und -Systeme, durch künstliche Reimverschlingungen, durch Verwendung von Refrainwörtern, von gesuchten und schwierigen Reimen u. dgl., sondern auch die sprachliche, durch Einstreuung von zahlreichen, mehr oder weniger zutreffenden Bildern, Vergleichen und Anspielungen, von Redefiguren aller Art, von Wortspielen, Sprüchwörtern, Zitaten und durch andere Mittel, den Ausdruck zu beleben. Gerade durch die konsequente Durchführung dieses Prinzips erhielt die Poesie vornehmlich jene bis dahin von keiner Sprache erreichte formelle Vollkommenheit und Eleganz, welche es sehr erklärlich erscheinen lässt, dass alle anderen Völker der Zeit, von diesem Glanze geblendet, nichts besseres thun zu können glaubten, als dieselbe möglichst schnell bei sich einzuführen und in allen Punkten nachzuahmen.

Diez, *Die Poesie der Troubadours*, Zwickau 1826. Zweite Auflage von K. Bartsch, Leipzig 1883; K. Bartsch, *Die Reimkunst der Troubadours*. Jahrb. 1, 171—97.

B) GEISTLICHE LYRIK.[1]

32. Die geistliche Lyrik reicht weder an Zahl noch an Bedeutung ihrer Erzeugnisse auch nur im entferntesten an die weltliche heran. Dieselbe be-

[1] Provenzalische geistliche Lieder des 13. Jhs. hsg. von I. Bekker, Berliner Akademie 1842, 387 sq. (S. A. Geistliche Lieder des 13. Jhs., Provenzalisch, Berlin 1844): *Anciennes poésies religieuses en langue d'oc* p. p. P. Meyer, Paris 1860 (Auch *Bibl. de l'École des Chartes*); Bartsch, *Denkmäler* 63—71; P. Meyer. *Rom.* 1, 407—14 und *Recueil d'anciens textes prov.* 131—6; Suchier, *Denkmäler* I, 295—6; Chabaneau, *Sainte Marie Madeleine dans la litt. prov.*, Paris 1887, 123—7; Emil Levy, *Poésies religieuses*

diente sich, wie dies ja auch natürlich ist, der Regel nach der Formen jener ihrer Schwester. Es ist schon hervorgehoben worden (§ 21), dass z. B. die Canzonen zuweilen religiösen Inhalt hatten. So giebt es Lieder, welche zu Ehren Gottes oder Christi verfasst, oft in Form von Anrufungen direkt an diese gerichtet sind, in denen der Dichter zugleich mit dem Bekenntnisse seiner Sünden um Vergebung und um Gnade bittet. Einige dieser Dichtungen sind, weil sie das für die Canzone zulässige Mass überschreiten (Peire von Alvernhe No. 16 und 21) oder hinter demselben zurückbleiben (Arnaut von Brancalo No. 1) als »Vers« zu bezeichnen. Auch ein Busslied Guilhems IX. von Poitiers, in welchem dieser von der Freude und dem Leben Abschied nimmt, wird von seinem Verfasser so benannt. Mehrere Lieder sind dem Lobe der h. Jungfrau gewidmet; so besitzen wir einen Hymnus, abwechselnd in lateinischen und provenzalischen Strophen, jedoch alle mit lateinischem Refrain, und mehrere eigentliche Marienlieder, in welchen die Mutter Gottes angeredet und oft mit überschwenglichen Worten gefeiert wird, darunter eins, in welchem die Form der sapphischen Strophe nachgeahmt ist. Andere sind an den h. Geist, an die Apostel, an Margaretha, Maria Magdalena oder andre Heilige gerichtet.

Unter den Sirventesen gehören die Kreuzlieder (§ 22) hierher. Auch in die Form der Alba (§ 24) sind geistliche Lieder gekleidet worden. So fordert in einem derartigen Gedichte des Folquet von Marseille der Wächter die Liebenden auf, sich zu erheben und zu Gott zu beten, und geht ihnen dann selbst darin mit seinem Beispiel voran. Einen ähnlichen Eingang bietet die Alba des Peire Espanhol dar, in welcher dann der nahende Tag auf Christum und die Morgenröte auf Maria, die uns von der Nacht der Sünde und der Hölle befreien, gedeutet wird. Auch Guilhem von Autpol hat einem von ihm verfassten schwungvollen Marienliede die Bezeichnung Alba gegeben, weil er darin die h. Jungfrau allegorisch als »Morgenröte« bezeichnet und jede Strophe mit den Worten *lums e clartatz e alba* enden lässt.

Sodann sind noch einige andere lyrische Dichtungen hierher zu rechnen, die sich teils durch ihre Länge, teils durch ihre metrische Form von den eigentlichen Liedern unterscheiden. So verschiedene Klagelieder der h. Maria am Fusse des Kreuzes, sodann ein Hymnus[1] mit wechselndem Metrum, der mit einem Glaubensbekenntnis beginnt und mit einem Gebete endet, endlich zwei Litaneien, eine[2] mit 67 Strophen zu je 8 achtsilbigen Versen, die andre[3] mit deren 33 zu je 4 paarweise gereimten Achtsilblern, in welchen strophenweise zuerst Gott Vater, Sohn und h. Geist, dann Maria, die Erzengel, Johannes der Täufer, einige Jünger und zahlreiche Heilige hinter einander angerufen werden. Dagegen gehören drei andere Gebete[4] nur dem Inhalte nach hierher, weil sie nicht strophisch gegliedert, sondern in fortlaufenden Reimpaaren (von Achtsilblern) niedergeschrieben sind.

Von solchen Gedichten, welche aus Anlass eines bestimmten kirchlichen Festes verfasst wurden, hat sich nur ein Weihnachtslied[5] aus dem 14. Jahr-

---

prov. et franc. du manuscrit Extravag. 268 de Wolfenbüttel, Paris 1887 (Auch *Rev. des l. r.* 31); Chabaneau, *Rev. des l. r.* 32, 578—80; P. Meyer, *Les trois Maries, cantique provençal du XV*e *siècle*, Rom. 20, 139—44.

[1] P. Meyer, *Anciennes poés. rel.* 6—14 und Stengel, *Ztschr.* 10, 153—9.

[2] V. Lieutaud, *Un troubadour aptésien de l'ordre de Saint-François au quatorzième siècle*, Marseille et Aix 1874; neue Ausgabe von Chabaneau, *Paraphrase des Litanies en vers provençaux, Rev. des l. r.* 29, 209—42.

[3] Suchier, *Denkmäler* I, 291—95.

[4] a. Rom. 1, 408—9; von b und c Bruckstücke in Bull. de la Soc. des anc. t. fr. 1881, 53—7.

[5] Bartsch, *Jahrbuch* 12, 8—14.

hundert erhalten, das in volkstümlichem Ton verfasst, an die hauptsächlichsten Ereignisse der Geburt Christi erinnert. Es zählt 29 vierzeilige Strophen, an deren Schluss jedesmal ein zweizeiliger Refrain angefügt wurde.

c) DER MEISTERGESANG.

33. Nachdem die lyrische Poesie der Provenzalen, hauptsächlich in Folge der Albigenserkriege, welche den Adel zu Grunde richteten und einem Teile des Landes die Selbständigkeit raubten, gegen Ende des 13. Jahrhunderts gänzlich in Verfall geraten war (der letzte Trobador Guiraut Riquier blühte 1254—92), wurde im Anfange des 14. Jahrhunderts der Versuch gemacht, die altheimische Trobadordichtung künstlich zu neuem Leben zu erwecken. Eine Gruppe von sieben angesehenen Bürgern der Stadt Toulouse, welche schon seit längerer Zeit die Gewohnheit hatten, allsonntäglich zusammenzukommen, um ihre dichterischen Erzeugnisse vorzulesen und zu besprechen, stiftete im Jahre 1323, am Dienstag nach Allerheiligen, eine Gesellschaft, die »Sobregaya companhia dels VII trobadors de Tholoza«, um die vaterländische Dichtkunst zu fördern, und luden durch ein poetisches Sendschreiben alle Dichter der «lengua d'oc» zu einem Wettkampfe ein, der am 1. Mai 1324 abgehalten werden und dessen Preis in einem Veilchen aus reinem Golde bestehen sollte. Das Tournier fand statt, Arnaut Vidal von Castelnaudari (vgl. § 10) errang den ausgesetzten Preis für ein Marienlied, und es wurde bestimmt, dass ein derartiges Fest am 1. Mai jedes folgenden Jahres wiederholt werden sollte.

Die Gesellschaft gab sich nun eine streng gegliederte Verfassung, sodass sie einen Kanzler, 7 Vorsteher (mantenedors), ein Konsistorium, sowie Pedelle besass, und schuf mehrere dichterische Titel und Würden, nämlich die des »bachelier« und des »doctor de la sciensa del gay saber«, welche nur auf Grund bestimmter poetischer öffentlicher Leistungen von dem Konsistorium verliehen werden konnten, worüber besondere Diplome ausgestellt wurden.

Da nun aber die alte Kunst sehr in Vergessenheit geraten war, so beauftragte die Gesellschaft im Jahre 1355 ihren ersten Kanzler, Guilhem Molinier, alle auf die Poesie bezüglichen Regeln zusammenzustellen, weil man der Ansicht war, dass die Aneignung der Technik genüge, um die Dichtkunst wieder zu der früheren Blüte zu bringen. Das so entstandene Werk, die *Leys d'amors*, werden wir unten (§ 67) weiter besprechen. Die Meistersänger, wie man sie nennen kann, wiesen nun auf die Trobadors als ihre Vorbilder hin und bezeichneten es als ihre Aufgabe, die »Wissenschaft« der Dichtkunst, welche von jenen geheim gehalten worden sei, offen darzulegen und jedermann zugänglich zu machen. Im Gegensatz zu jenen gestatteten sie jedoch nicht, dass die Gedichte einen individuellen, subjektiven Charakter trügen: weder die Canzonen noch die Sirventese durften persönliche Verhältnisse oder Beziehungen behandeln, sondern mussten allgemein gehalten sein; an die Stelle der sinnlichen Liebe sollte diejenige zu der heil. Jungfrau treten. Den Hauptwert legten sie, wie dies bei zunftmässigen Poeten gewöhnlich der Fall ist, auf die Form; sie hielten also streng auf Anwendung der korrekten Litteratursprache, auf einen gewählten Ausdruck, auf reiche rhythmische Gliederung und auf schwere, d. h. gewählte, ja sogar gesuchte Reime. Immer aber war auch Reinheit des Charakters, sowie ein streng religiöser Sinn Vorbedingung für die Aufnahme in ihre Körperschaft.

In späterer Zeit wurde die Zahl der Preise bei den Wettkämpfen auf drei vermehrt; zu dem goldenen Veilchen, welches nunmehr für die hervorragendste Leistung unter den vorgetragenen Canzonen, Versen oder Descorts erteilt wurde, kamen zwei silberne Blumen, nämlich eine *flor de gaug* (Ringelblume) für das beste Tanzlied und eine *ayglentina* (wilde Rose) für das ausgezeichnetste Exemplar unter den Sirventesen und den Pastorellen.

So lobenswert auch diese durchaus patriotischen und gutgemeinten Bestrebungen waren, so vergeblich waren sie in rein künstlerischer Beziehung, und so gering ist daher der dichterische Wert der durch sie veranlassten poetischen Erzeugnisse anzuschlagen.[1]

Chabaneau, *Origine et établissement de l'académie des jeux floraux,* Toulouse 1885 (Auch in *Histoire générale de Languedoc* X); Eduard Schwan, *Die Entstehung der Blumenspiele von Toulouse,* Preussische Jahrbücher, B. 54. 457—67.

C. DIDAKTIK.

Die didaktischen Erzeugnisse wollen, wie schon ihr Name sagt, Belehrung gewähren und schliessen sich dadurch eigentlich von der Kunst, also auch der Poesie, aus. Dennoch rechnet man sie gewöhnlich zu letzterer, da sie doch die Form mit ihr gemeinsam haben und da sie, wenigstens teilweise, auch inhaltlich ihr nahe stehen. Die provenzalische Didaktik ist nämlich, wie in fast allen abendländischen Litteraturen, aus der Epik hervorgegangen und verdankt ihren Ursprung der Geistlichkeit. Wie die Kirche stets und überall darauf bedacht gewesen ist, einen weitverbreiteten und allgemein geübten Brauch in ihrem Interesse auszunutzen, so that sie dies auch mit der Dichtkunst, deren Erzeugnisse, volkstümliche sowohl wie kunstmässige, sich in allen Kreisen der Bevölkerung einer so grossen Beliebtheit erfreuten. Sie entlehnte einfach deren Form, um unter diesem wohlbekannten und allgemein beliebten Gewande dem Publikum ihre eigenen Stoffe vorzuführen.

Aus diesem Ursprunge der Didaktik ergiebt sich, dass ihre Erzeugnisse einen ganz anderen Geist atmen, einen ganz anderen Zweck verfolgen müssen, als die der Poesie im engeren Sinne. Letztere wollen, wie alle anderen Kunstwerke, ausschliesslich einen ästhetischen Genuss darbieten, erstere wollen ausserdem ihren Lesern einen bestimmten Inhalt einprägen, erstere wollen ergötzen, letztere belehren.

Die Belehrung kann sich nun nach zwei Richtungen hin bewegen, entweder nach der intellektuellen oder nach der moralischen, d. h. es kann beabsichtigt werden, entweder das Wissen der Leser zu vervollkommnen oder sie sittlich zu bessern, sie auf gewisse Schwächen, Unvollkommenheiten, Misstände und Fehler aufmerksam zu machen und diese auszurotten, mögen sie nun der gesamten Menschheit oder einzelnen Gesellschaftskreisen oder gewissen Ständen oder bestimmten Individuen anhaften. Danach unterscheiden wir:

1. GEDICHTE, WELCHE DEM WISSEN DIENEN SOLLEN.

A) REIMCHRONIKEN.

35. Unter den Werken dieser Gattung, welche also in dichterischer Form einen Bericht über historische Ereignisse geben, nimmt die sogenannte

[1] *Las joyas del gay saber, Recueil de poésies en langue romane, couronnées par le consistoire de la gai science de Toulouse depuis l'an 1324 jusques en l'an 1498* p. p. Noulet, Toulouse 1849; *P. de Lunel, dit Cavalier Lunel de Montech, troubadour du XIVe siècle, mainteneur des jeux floraux de Toulouse* p. p. E. Forestié, Montauban 1891.

Albigenserchronik[1] die erste Stelle ein. Dieselbe ist jedoch kein einheitliches Ganzes, sondern sie besteht aus zwei innerlich und äusserlich verschiedenen Teilen, von denen der erste den Verlauf des Albigenserkrieges von 1208 bis Anfang 1213 berichtet, der zweite die unmittelbare Fortsetzung bis zum 16. Juni 1219 giebt. Hier bricht die Erzählung plötzlich ab, sodass wir eigentlich zwei aneinandergereihte Bruchstücke haben. Für den Verfasser des ersten giebt sich in dem Gedichte selbst ein Guilhem von Tudela aus, der nach seinen Andeutungen Geistlicher war, elf Jahre in Montauban gelebt und dort auch seine Arbeit begonnen hat. Von da begab er sich etwa 1210 nach Bruniquel zu dem Grafen Balduin, dem Bruder Raimunds von Toulouse, und dieser übertrug ihm, wahrscheinlich im Sommer 1212, ein Kanonikat in Saint-Antonin, einem dicht bei Montauban gelegenen Städtchen. Es ist sogar möglich, dass er sein Werk in Balduins Auftrag unternahm, und dass jene Pfründe der Lohn dafür war, sodass vielleicht die Unterbrechung der Arbeit durch den 1214 erfolgten Tod des Gönners veranlasst worden ist.

Der zweite Teil beginnt mit Tirade 132 (V. 2769), und zwar wird die Erzählung ohne neue Einleitung einfach fortgesetzt und endet ohne Schluss nach 6810 weiteren Versen. Von dem Verfasser dieses Abschnittes wissen wir nichts, doch lässt sich vermuten, dass er aus der Diöcese von Toulouse, vielleicht aus der Grafschaft Foix stammte. Er hat in seinem Bericht nicht alle Ereignisse berücksichtigt, während sein Vorgänger ein möglichst vollständiges Bild jenes Krieges zu geben bemüht gewesen war. Auch sonst unterscheiden sich beide in wesentlichen Punkten; der erste steht mit seiner Sympathie auf der Seite der Kreuzfahrer, der zweite auf der der Albigenser, jener ist in seiner Darstellung möglichst objektiv, dieser mehr subjektiv; sodann verwenden zwar beide gereimte Alexandriner-Tiraden, die mit je einem Sechssilbler schliessen, doch sind diese Tiraden im ersten Teile viel kürzer als im zweiten, und der kurze Vers reimt dort immer mit der folgenden Tirade, ist dagegen hier reimlos, kehrt jedoch jedesmal, sei es wörtlich, sei es dem Sinne nach, im ersten Verse der nächsten Tirade wieder. Während endlich der zweite Teil in ziemlich gutem, nur etwas dialektisch gefärbtem Provenzalisch geschrieben ist, weist der erste ein eigentümliches Gemisch von Provenzalisch und Französisch auf. Dies wird von einigen dadurch erklärt, dass Guilhem von Tudela als Ausländer (Navarrese) jene beiden Idiome nicht völlig beherrschte und durcheinander warf, während nach anderen die uns vorliegende Fassung dadurch entstanden wäre, dass ein südwestfranzösisches Original mehr oder weniger sorgfältig in das Provenzalische übertragen und zugleich von dem Bearbeiter interpoliert worden ist.

Eine andere Reimchronik behandelt in etwa 5100, allerdings teilweise verstümmelten, Versen die Geschichte des navarrischen Krieges von 1276—77.[2] In Pampeluna waren nämlich innerhalb der Bevölkerung Streitigkeiten entstanden, und da beide Parteien die Hülfe des französischen Königs Philipp III. (1270—85) anriefen, so sandte dieser den Eustache von Beaumarchais dorthin. Während sich nun die eine Partei unterwarf, leistete die andere heftigen Widerstand und konnte erst nach der Ankunft neuer französischer Truppen unterworfen werden. Als Verfasser nennt sich in der Überschrift Guilhem Anelier de Tolosa, welcher den Krieg im Gefolge des Eustache mitgemacht und sein Werk wohl bald nach 1277 niedergeschrieben hat. Als Augenzeuge ergreift er mehrfach in seinem Berichte selbst das Wort, einzeln spricht er jedoch von sich auch in der dritten Person. Man hat in

[1] *Hist. de la Croisade contre les hérétiques Albigeois* p. p. Fauriel, Paris 1837; *La Chanson de la Croisade contre les Albigeois* p. p. Paul Meyer, 2 B., Paris 1875—79.
[2] *Hist. de la guerre de Navarre* p. p. Fr. Michel, Paris 1856.

ihm wohl mit Recht den Trobador gleiches Namens zu erkennen geglaubt, von dem uns noch 4 Sirventese erhalten sind; dagegen erscheint die Ansicht, dass ihm auch der zweite Teil der Albigenserchronik zuzuschreiben sei, nicht genügend begründet, obwohl die beiden Gedichte manche sprachliche Übereinstimmungen zeigen. Auch die metrische Form ist ähnlich, da unsere Chronik ebenfalls gereimte Alexandriner-Tiraden aufweist mit dem bekannten Sechssilbler am Schluss, dessen Behandlung allerdings nur zum Teil der im zweiten Abschnitte, ebenso oft dagegen der im ersten der Albigenserchronik entspricht.

Von weiteren Werken dieser Art, deren einstige Existenz sich mehr oder weniger sicher nachweisen lässt, ist leider nichts auf uns gekommen als zwei Bruchstücke von Reimchroniken über den ersten Kreuzzug, nämlich ein winziges von 15, und ein grösseres von 707 Zeilen,[1] welch letzteres eine Schilderung der Schlacht von Antiochia enthält, die am 28. Juni 1098 zwischen Christen und Sarazenen geschlagen wurde. Das Gedicht, dem dies Fragment (vielleicht auch das andere) einst angehört hat, behandelte vermutlich alle Ereignisse des ersten Kreuzzuges und ist dann seinerseits zusammen mit mehreren französischen und lateinischen Werken über denselben Gegenstand für eine grosse spanische Prosakompilation »La gran conquista de Ultramar« als Quelle benutzt worden. Erhalten sind 18 Tiraden ganz und eine neunzehnte zum grössten Teil; sie bestehen aus gereimten Alexandrinern und haben am Schlusse je einen weiblichen Sechssilbler, der jedoch weder formell noch inhaltlich mit der folgenden Tirade in Verbindung steht, wie dies in den beiden soeben besprochenen Chroniken der Fall ist.

Kraack, *Über die Entstehung und die Dichter der Chanson de la Croisade contre les Albigeois,* Marburg 1884 (Ausg. u. Abh. No. 15); Guillem Anelier von Toulouse, der Dichter des zweiten Teils der Albigenserchronik, Marburg 1885 (Ausg. u. Abh. No. 36). — G. Paris, *La Chanson d'Antioche provençale et La gran conquista de Ultramar,* Rom. 17, 513—41; 19, 562—91.

B) HEILIGENLEBEN, LEGENDEN UND LITURGISCHE GEDICHTE.

36. Die Heiligenleben, welche also mehr oder weniger sagenhafte Lebensbeschreibungen ihrer Helden enthalten, sind im Provenzalischen nicht so zahlreich vertreten, wie in anderen Litteraturen des Mittelalters, was allerdings zum Teil darin seinen Grund hat, dass mehrere derartige Gedichte, die nachweislich früher vorhanden waren, verloren gegangen sind. Auch unter den uns vorliegenden sind einige unvollständig; dahin gehören zwei Bruchstücke von zwei verschiedenen Biographien der Fides, deren eines,[2] aus nur 20 Achtsilblern bestehend, die zwei verschiedenen Reimtiraden angehören, vielleicht bis ins 11. Jahrhundert hinaufzurücken ist, während das andere,[3] jüngere, paarweise gereimte Verse von 8 oder 9 Silben aufweist und über ein Wunder berichtet, das die Heilige nach ihrem Tode vollbracht hat. Von dem Leben des Amantius,[4] Bischofs von Rodez, das wohl dem 13. Jahrhundert angehört, sind uns nur 36 Verse, und zwar in Tiraden gruppierte, gereimte Alexandriner, erhalten. Die vollständig auf uns gekommenen Heiligengeschichten sind alle im 13. oder 14. Jahrhundert niedergeschrieben. Die der

[1] *Fragment d'une chanson d'Antioche en provençal* p. p. Meyer, Paris 1884 (Aus *Archives de l'Orient latin* II, 467—509).

[2] Raynouard, *Choix* II, 144—5.

[3] Catel, *Histoire des comtes de Tolose,* 1623, 104—17.

[4] Raynouard, *Choix* II, 152—5.

Enimia[1] ist auf Anregung des Priors eines am Tarn gelegenen Klosters der Heiligen von Bertran von Marseille mit Benutzung einer lateinischen Vita verfasst worden und zählt 2000 paarweise gereimte Achtsilbler; die des Honoratus[2] stammt von Raimon Feraut, Mönch des Klosters Lerins (bei Fréjus), welcher uns selbst mitteilt, dass er seine lateinische Quelle aus Rom mitgebracht habe und dass er ihr gewissenhaft gefolgt sei. Er verwandte in seinem Gedichte Verse von 6, 8 und 12 Silben, wechselte auch in der Gruppierung der Reime und teilte das ganze Werk in 4 Bücher. Nach Vollendung desselben widmete er es der Königin Maria von Ungarn, Gattin Karls II., Grafen von der Provence und Königs von Neapel, und erhielt als Lohn eine von seinem Kloster Lerins abhängige Priorei. Von den noch übrigen Lebensbeschreibungen kennen wir die Verfasser nicht. Die des Alexius[3] umfasst 1117 Achtsilbler, die meist zu zweien, seltener zu dreien durch den Reim, einzeln auch bloss durch Assonanz verbunden sind, und beruht auf einer in den Acta Sanctorum enthaltenen Biographie des Heiligen. Die der Maria Magdalena[4] gehört dem Ende des 13. Jahrhunderts an und zeigt, wie die des Amantius, Zwölfsilbler (es sind ihrer 1205), jedoch nicht in Form von Tiraden, sondern von Reimpaaren, von denen allerdings manchmal mehrere gleiche auf einander folgen. Eine andere erzählt die Geschichte des Trophimus,[5] des Apostels von Südfrankreich, und ist durch das in ihr verwandte Metrum, paarweise gereimte Zehnsilbler mit der Zäsur nach der vierten Silbe, bemerkenswert, während die des h. Georg und die der h. Margaretha wie gewöhnlich paarweise gereimte Achtsilbler aufweisen; jene[6] zählt deren 806, diese liegt in zwei verschiedenen Bearbeitungen vor, einer kürzeren von 570 Versen, die bisher allein herausgegeben ist,[7] und einer ausführlicheren (etwa 1450 Zeilen), von der nur Einleitung und Schluss gedruckt vorliegen.[8]

Constans, *Quelques mots sur la topographie du poëme provençal intitulé „Vie de sainte Enimie"*, Rev. des l. r. 16, 209—17. — Hosch, *Untersuchungen über die Quellen und das Verhältnis der prov. und latein. Lebensbeschreibung des h. Honoratus,* Diss. Berlin 1877; P. Meyer, *La vie latine de Saint Honorat et Raimon Féraut,* Rom. 8, 481—508; Stengel, *Die wieder aufgefundene Quelle von Raimon Ferauts prov. Gedicht auf den h. Honorat und der 1501 gedruckten lat. Vita s. Honorati,* Ztschr. 2, 584—6. — Brauns, *Über Quelle und Entwickelung der afr. Cançun de Saint Alexis, verglichen mit der prov. Vida etc.* Diss. Kiel 1884.

37. Hieran schliessen sich die Bearbeitungen der apokryphen Evangelien, unter denen die Legende über die Kindheit Christi besonders beliebt war. Wir haben von vier oder fünf verschiedenen Fassungen dieser Geschichte Kenntnis, doch ist bisher erst eine derselben[9] vollständig gedruckt. Den Verfasser kennen wir nicht. Zwar hat Raimon Feraut (vgl. § 36) nach seinen eigenen Worten unter anderem auch diesen Stoff dichterisch behandelt, doch scheint unser Gedicht erst ins 14. Jahrhundert zu gehören. Es erzählt in 1301 paarweise

[1] Bartsch, *Denkmäler* 215—70 und *La vie de Sainte Enimie* hrsg. von C. Sachs, Berlin 1857.

[2] *La Vida de Sant Honorat, légende en vers provençaux* par Raymond Féraud p. p. A.-L. Sardou, *Nice* (1875).

[3] Suchier, *Denkmäler* I, 125—55.

[4] Chabaneau, *Sainte Marie Madeleine dans la litt. prov.* Paris 1887, 57—116 (Aus Rev. des l. r. 23 - 31); cf. P. Meyer, Rom. 14, 525—27.

[5] Bruchstücke in: Villeneuve, *Statistique des Bouches-du-Rhône* 1826, III, 156—60; Raynouard, *Lex. rom.* I, 571—2; Bartsch, *Chrest.*[4] 391—4; Bayle, *Anthologie* 74—6; Chabaneau, *Le Roman d'Arles,* Paris 1889, *Appendice* 73—6.

[6] *Vie de Saint George* p. p. Chabaneau, Paris 1887 (Auch in Rev. des l. r. 29, 246—54 und 31, 139—56).

[7] *Vie de Sainte Marguerite en vers romans* p. p. Noulet, Toulouse 1875.

[8] P. Meyer, *Rom.* 14, 524—25.

[9] Bartsch, *Denkmäler* 270—305.

gereimten Achtsilblern die Jugendschicksale Jesu nebst zehn von diesem in seinen ersten Jahren vollbrachten Wunderthaten und beruht auf dem »Liber de infantia Mariae et Christi Salvatoris« und ähnlichen Quellen.

Mit dem Leiden und Tode Jesu sowie mit den darauf folgenden Ereignissen beschäftigt sich das sogenannte Evangelium Nicodemi, ein Gedicht von 2792 Achtsilblern,[1] welches ebenfalls dem 14. Jahrhundert angehört und das zum grössten Teil aus einer gereimten Bearbeitung der »Gesta Pilati« und des »Descensus Christi ad inferos« besteht. Die sich daran schliessende Erzählung von der Sendung des h. Geistes, der Wahl des Matthias, der Aussendung der 72 Jünger und der Vorboten des jüngsten Gerichtes folgt im ganzen dem entsprechenden Berichte des Neuen Testamentes. Den Schluss bildet eine Schilderung des Weltendes, welche sich dem »Elucidarius« des Honorius Augustodunensis (IV, 10) anschliesst, nebst Aufzählung der 15 Zeichen des nahenden Unterganges (vgl. § 44).

Endlich sei noch eine bisher nicht herausgegebene Marien-Legende erwähnt, Lo Gardacors de Nostra Dona Santa Maria,[2] die in etwa 900 paarweise gereimten Achtsilblern von der Vertreibung aus dem Paradiese, von Mariae Verkündigung und von der Gründung eines Klosters durch die h. Jungfrau berichtet.

Kressner, *Die provenç. Bearbeitung der Kindheit Jesu,* Archiv 58, 291—310; Reinsch, *Die Pseudo-Evangelien von Jesu und Maria's Kindheit in der roman. und german. Litt.* Halle 1879, 96—100; Edmund Suchier, *Über provenzalische Bearbeitungen der Kindheit Jesu,* Ztschr. 8, 522—69 und Halle 1885. — Wülker, *Das Evangelium Nicodemi in der abendländischen Literatur,* Paderborn 1872.

38. Von den Heiligenleben unterscheiden sich die sogenannten Epistolae farcitae (Épitres farcies) sowohl durch ihren Charakter, als auch durch ihre metrische Form. Es sind strophisch gegliederte Gedichte, welche man beim Gottesdienste, und zwar bei der Liturgie, in der Weise verwandte, dass sie nach der Verlesung der Epistel, welche den entsprechenden Inhalt hatte, vorgetragen wurden. Die provenzalische Litteratur besitzt deren nur zwei, welche uns anonym überliefert sind, in der vorliegenden Gestalt wohl beide dem Anfange des 13. Jahrhunderts angehören und sich beide auf den h. Stephan beziehen. Die eine[3] umfasst in ihrem provenzalischen Teile 17 Strophen zu je 4 Achtsilblern mit gleichem Reim. Sie beginnt mit der Aufforderung, sich zu setzen und still zu sein, giebt sodann die Apostelgeschichte des Lucas als Quelle der folgenden Erzählung an, und darauf folgt stückweise der lateinische Text nebst der gereimten Übersetzung. Eine Vergleichung beider ergiebt, dass der Übersetzer sich ziemlich eng an seine Vorlage (Abschnitt aus Apostelgesch. 6 und 7) angelehnt hat.

Die zweite,[4] vor dem Aufang des 13. Jahrhunderts entstanden, enthält ebenfalls gleichreimige Achtsilbler-Strophen, nur wechselt in ihnen die Zahl der Verse, deren Gesamtsumme 87 beträgt; auch der Inhalt ist genau der gleiche. Wir haben es jedoch hier nicht mit einem Originalwerk, sondern mit der Übersetzung einer französischen Vorlage zu thun, die gleichfalls, allerdings in etwas verjüngter Gestalt, aufgefunden worden ist.

---

[1] Suchier, *Denkmäler* I, 1—84.

[2] Notizen und Auszüge bei Fr. Michel, *Rapport sur une mission en Espagne* (Archives des Missions, 3e série, t. VI, 269 sq.; P. Rajna, *Giorn. di fil. rom.* 3, 106; P. Meyer, *Rom.* 14, 493—6.

[3] Raynouard, *Choix* II, 146—51 *(Planch de Sant Esteve)*; L. Gaudin, *Épitres farcies de la Saint-Étienne en langue romane,* Rev. des l. r. 2, 133—42; Bartsch, *Chrest.*[4] 21 24.

[4] G. Paris, *Une épître française de Saint-Etienne copiée en Languedoc au XIIIe siècle,* Rom. 10, 218—23 und Gaudin, a. a. O.

39. Einzig in seiner Art steht das kürzlich entdeckte Bruchstück eines Gedichtes über Esther[1] da, welches in einer zu London im Privatbesitz befindlichen hebräischen Handschrift, daher auch mit hebräischen Buchstaben niedergeschrieben ist und in 448 Versen die Geschichte von der Verstossung und Hinrichtung der Königin Vasthi sowie den Anfang der Berufung Esthers an ihrer Stelle erzählt. Das Werk stammt von einem jüdischen Arzte Crescas (prov. = Israel), Sohn des Joseph aus Caslar oder Caylar, der es bald nach 1322, und zwar, wie er selbst erzählt, für den Gebrauch der Frauen und Kinder verfasste, worauf er denselben Gegenstand auch in einem hebräischen Gedichte für liturgische Zwecke bearbeitete. Der Bericht giebt viel mehr Einzelheiten als der in der Bibel und weicht von diesem auch in mehreren Punkten ab; Crescas hat nämlich seinen Stoff auch noch aus den »Glossen«, d. h. Rabbiner-Kommentaren zum Buche Esther, Misdrasch genannt, entlehnt, ausserdem aber, wie es scheint, eigene Zuthaten hinzugefügt. Die Verse sind meist paarweise gereimte Achtsilbler, doch kommen mehrfach Unregelmässigkeiten vor, z. B. zu viel oder zu wenig Silben, sowie Verwendung blosser Assonanz, andererseits zeigen manchmal 2, 3, selbst 4 Verspaare den gleichen Reim.

c) LEHRGEDICHTE ÜBER GEGENSTÄNDE DER WISSENSCHAFT ODER DER KUNST.

40. Die metrische Form war in den mittelalterlichen Litteraturen so beliebt, dass man sogar Abhandlungen aus den verschiedensten Gebieten in Reime brachte. Diese Gedichte sind im Provenzalischen der Regel nach in paarweise gereimten Achtsilblern niedergeschrieben. So besitzen wir eins über die Jagdvögel[2], von Daude von Pradas (vgl. § 46) im ersten Viertel des 13. Jahrhunderts verfasst, welches in 3792 Versen nach einer kurzen Einleitung alle auf die Jagdvögel bezüglichen Punkte behandelt: die verschiedenen Arten derselben und deren Kennzeichen, die Behandlung, Ernährung und Abrichtung der Vögel, die ihnen drohenden Krankheiten sowie die Mittel gegen dieselben u. s. w. Auch ein sogenannter Computus ist erhalten, d. h. ein Traktat über die mit der Anfertigung eines Kalenders zusammenhängenden Fragen. Der uns vorliegende[3] gehört dem Schluss des 13. Jahrhunderts an, zählt 144 Zeilen und hat die Form eines Gespräches zwischen zwei Prioren, von denen der eine dem andern auf dessen Fragen über die Berechnung der verschiedenen Tage und Feste des Kirchenjahres Auskunft erteilt. Er stammt möglicherweise von Raimon Feraut (§ 36), da dieser nach seinen eigenen Worten einen Computus verfasst hat. Sodann besitzen wir mehrere Gedichte, welche medizinische Stoffe behandeln. Dahin gehört eine aus dem Anfang des 13. Jahrhunderts stammende Diätetik[4] in 448 Zeilen, in welcher ein unbekannter Verfasser angeblich im Anschluss an Hippokrates und Galen, in Wirklichkeit aber an die apokryphe »Epistola Aristotelis ad Alexandrum«, die er durch eigene Zuthaten erweiterte, Anweisung erteilt, wie man leben müsse, um gesund zu bleiben; sodann die um 1200 verfasste metrische Bearbeitung der »*Practica Chirurgiae*«[5] des Roger von Parma, der auch Roger

[1] *Le Roman provençal d'Esther par Crescas du Caylar, médecin juif du XIVe siècle* p. p. A. Neubauer et P. Meyer, Rom. 21, 194—227.

[2] Zum grössten Teil in: *Les auzels cassadors, poème provençal de Daude de Pradas* p. p. Dr. Sachs I[e] partie, Brandebourg 1865. 4[o]; Genauer Abdruck der römischen Handschrift: E. Monaci, *Lo Romans dels auzels cassadors*, Studj di fil. rom. 5, 65—192.

[3] *Comput en vers provençaux publié, traduit et annoté* par Chabaneau, Paris 1881 (Auch Rev. des l. r. 19, 157—59).

[4] Suchier, *Denkmäler* I, 201—13.

[5] Ein Bruchstück in: A. Thomas, *La Chirurgie de Roger de Parme en vers provençaux*, Rom. 10, 63—74 und 456.

von Salerno genannt wird, nach der Stadt, in welcher er gewirkt und auch jenes Werk um 1180 niedergeschrieben hat. Die Übertragung stammt von einem Raimon von Avignon, der selbst Arzt war, in Salerno studiert hatte und seine Arbeit auf Bitten eines ihm befreundeten Standesgenossen angefertigt hat. Die metrische Form ist auffällig: zuerst, d. h. in der Einleitung, 6 Strophen zu 10, dann lauter solche zu 4 Versen mit gleichem Reim. Die Verse, das Werk zählt deren 1571, sind Zwölfsilbler, jedoch nicht mit einer Zäsur in der Mitte, sondern hinter der betonten vierten oder achten Silbe, oft hinter beiden zugleich, in welchem Falle jede Zeile also drei gleiche Teile aufweist.

Auch die Philologie ist unter den Dichtwerken dieser Art vertreten, denn ein italienischer Dichter Namens Terramagnino von Pisa brachte etwa zwischen 1270 und 1280 die »Las razos de trobar« betitelte Grammatik des Raimon Vidal von Besaudun (§ 67) in provenzalische Verse (es sind 806) und nannte seine Arbeit «Doctrina de Cort«.[1] Ein Originalwerk ähnlichen Charakters ist ein gereimter Kommentar, nämlich die versifizierte Erklärung einer Canzone des Guiraut von Calanso. Mit dieser Aufgabe hatte der Graf Heinrich II. von Rodez zu gleicher Zeit 4 verschiedene Dichter betraut, unter welchen Guiraut Riquier den Sieg davontrug. Sein Gedicht »Exposition«[2] deutet jenes Lied Strophe für Strophe und besteht aus 947 Sechssilblern, die sämmtlich paarweise reimen bis auf den letzten jedes Abschnittes, welcher reimlos ist. — Die Lust an dichterischer Form war so gross, dass man sogar die Statuten einer Brüderschaft vom h. Geiste[3] in ein metrisches Gewand gekleidet hat; es sind 173 paarweise gereimte Achtsilbler.

Einen kurzen Abriss des Gesamtwissens seiner Zeit gab in der ersten Hälfte des 13. Jahrhunderts Peire von Corbiac in seinem Tesaur. Wir besitzen diesen »Schatz« in zwei Bearbeitungen, einer älteren kürzeren,[4] sodann in einer erweiterten und interpolierten, also jüngeren;[5] jene zählt 506, diese 840 Zeilen, und zwar sind es Alexandriner, die alle auf den gleichen Reim (-ens) ausgehen. Weit umfassender ist das 34597 Verse zählende Breviari d'amor[6], welches in 5 Büchern eine Art Encyklopädie aller damaliger Wissenschaften darstellt. Der Verfasser, Matfre Ermengaud, welcher aus Beziers stammte, begann sein Werk, wie er selbst mitteilt, 1288; er wurde später Franziskanermönch und lebte bis 1322. Er verwandte, wie gewöhnlich, kurze Reimpaare, und zwar teils von männlichen Achtsilblern, teils von weiblichen Siebensilblern. Vielleicht hat der Popularisierung eines wissenschaftlichen Gegenstandes auch ein Gedicht gedient, von dem uns nur ein Teil der Einleitung (88 Verse) erhalten ist.[7] Es stammte aus dem ersten Drittel des 13. Jahrhunderts und hatte seinen Stoff lateinischen Quellen entnommen.

Werth, *Altfranzösische Jagdlehrbücher*, Ztschr. 12, 165—71. — Bauquier, *Ramon Feraud et son Comput*, Ztschr. 2, 76—7. — R. Reinsch, *Über das Secretum secretorum des Pseudo-Aristoteles als Quelle eines noch unveröffentlichten provençalischen Gedichtes*. Arch.

[1] *Terramagnino de Pise, Doctrina de cort* p. p. P. Meyer, Rom. 8, 181—210.

[2] Mahn, *Werke der Troub.* 4, 210—32.

[3] *Statuts d'une confrérie du Saint Esprit* p. p. M. Thomas et Cohendy, Rom. 8, 218—20.

[4] Galvani, *Osservazioni sulla poesia de' trovatori*, Modena 1829, 321—36 (Ausserdem Bruchstücke in mehreren Sammelwerken).

[5] *Le Trésor de Pierre de Corbiac en vers provençaux* p. p. Dr. Sachs, Brandebourg 1859.

[6] *Le Breviari d'Amor de Matfre Ermengaud suivi de sa lettre à sa soeur* p. p. Azaïs, 2 B., Paris (1862—81).

[7] *Prologue d'un poème inconnu* p. p. P. Meyer, Rom. 1, 414—17.

68, 9—16. — A. Thomas, *La versification de la Chirurgie prov. de Raimon d'Avignon,* Rom. 11, 203 - 12. — O. Dammann, *Die allegorische Canzone des Guiraut de Calanso „A leis cui am de cor" und ihre Deutung,* Diss. Breslau 1891.

41. Endlich sind dieser Gattung von Dichtungen auch einige Ensenhamens, d. h. Unterweisungen zuzurechnen, nämlich diejenigen, welche den Zweck haben, Spielleuten die für ihren Beruf nötigen Kenntnisse beizubringen. Das älteste derartige Ensenhamen,[1] aus dem letzten Viertel des 12. Jahrhunderts, ist von Guiraut von Cabreira, einem catalanischen Edelmann, für einen Joglar Namens Cabra geschrieben und zählt in 213 Versen alle Künste sowie alle Sagenstoffe auf, mit denen letzterer vertraut sein müsse. Eigentümlich ist die metrische Form, indem auf ein Reimpaar von Viersilblern immer ein Achtsilbler folgt; die Achtsilbler weisen sämtlich den gleichen Reim auf. Diesem Muster folgte Guiraut von Calanson in einem um 1200 entstandenen und an den Joglar Fadet gerichteten Gedichte,[2] das die gleiche Form (240 Verse) und im allgemeinen auch den gleichen Inhalt hat, wie das seines Vorgängers, nur hat er sich bemüht, das von jenem gegebene Verzeichnis von Sagenstoffen zu erweitern und zu ergänzen. Das dritte und letzte der uns erhaltenen Ensenhamens[3] stammt von Bertran von Paris und ist in der ersten Hälfte des 13. Jahrhunderts für einen Spielmann Namens Gordon verfasst; es zeigt die bemerkenswerte Eigentümlichkeit, dass es wie ein lyrisches Gedicht gegliedert ist, indem es aus 10 Strophen zu je acht und drei Geleiten zu je 4 Zeilen, sämtlich Zehnsilbler mit der Zäsur nach der vierten, besteht. Es zählt weniger Namen auf, als die beiden anderen, fügt aber fast immer eine Angabe über die Schicksale der betreffenden Person hinzu.

Es ist jedoch kaum anzunehmen, dass diese »Unterweisungen« ernst gemeint gewesen sind; vielmehr wählten die Verfasser diese Form wohl nur, um ihre eigenen Kenntnisse an den Tag zu legen. (Über eine andre Gattung von Ensenhamens vgl. § 49.)

2. GEDICHTE MORALISCHER TENDENZ.

A) MORALISIERENDE ERZÄHLUNGEN.

42. Innerhalb derjenigen Gedichte, welche sich nicht an den Verstand, sondern an das Gemüt des Lesers wenden, welche ihn also nicht unterrichten, sondern bessern wollen, können wir zwei Gruppen unterscheiden, nämlich solche, die ihren Zweck direkt zu erreichen suchen, d. h. in Form von methodischen Abhandlungen über einen bestimmten Gegenstand der Moral, und solche, die dies gleichsam indirekt thun, d. h. mit Benutzung einer Erzählung.

Unter den letzteren verdient in erster Linie der sogenannte Boethius[4] hervorgehoben zu werden, welcher, wohl in der zweiten Hälfte des zehnten Jahrhunderts (nach anderen im Anfange des elften) entstanden, das älteste Denkmal der provenzalischen Litteratur darstellt. Hier wird die Lebensgeschichte des römischen Philosophen und Staatsmannes Boethius benutzt, um

---

[1] Bartsch, *Denkmäler* 88—94; *Milá y Fontanals, De los trovadores etc.* 269—77; Mahn, *Gedichte der Troub.* 3, 212 - 13.

[2] Bartsch, *Denkmäler* 94—101; Mahn, *Gedichte der Troub.* 1, 66—7 (No. 111).

[3] Bartsch, *Denkmäler* 85—8, Witthoeft, *Sirventes joglaresc,* Marburg 1891 S. 66—68.

[4] Raynouard, *Choix* II, 4—39; Diez, *Altromanische Sprachdenkmale* 39—72; Bartsch, *Chrest.*[4] 1—8; P. Meyer, *Recueil* 23—32; *Das altprov. Boethiuslied* hsg. von Dr. Franz Hündgen, Oppeln 1884.

daran den didaktischen Inhalt zu knüpfen. Leider ist uns nur ein Bruchstück des Ganzen erhalten, nämlich 257 Zehnsilbler in assonierenden Tiraden. Wir erfahren darin, wie Boethius durch den römischen Kaiser Theoderich unschuldig ins Gefängnis geworfen wird und ihm dort eine schöne Jungfrau in wundersamem Aufzuge erscheint, woran sich dann die moralisierende Deutung jener allegorischen Vision schliesst. Das Gedicht beruht im wesentlichen auf dem Werke des Boethius »De consolatione philosophiae«, das aus dem Anfange des sechsten Jahrhunderts stammt. — Etwas anders verfährt Peire Cardinal, um die Verkehrtheit der Welt zu veranschaulichen. Er erzählt nämlich in einem Gedichte von 70 paarweise gereimten Achtsilblern, welches er selbst Fabel und auch Sermon nennt, das aber richtiger als Parabel[1] zu bezeichnen ist, wie ein Regen allen Einwohnern einer Stadt bis auf einen den Verstand raubte und wie jene nun diesen vernünftig gebliebenen für verrückt hielten und mishandelten. An diese Erzählung schliesst der Dichter sofort die Deutung derselben an. Nahe verwandt hiermit sind die wirklichen Fabeln, welche bekanntlich unter der Form eines Vorganges aus dem Leben der Tiere einen Satz der Moral behandeln, ja diesen auch gewöhnlich am Schlusse als »Lehre« mitteilen. Es hat sich bisher leider erst ein winziger Teil einer provenzalischen Fabelsammlung auffinden lassen, nämlich ausser einer Fabel, welche zweimal als Beispiel in den »Leys d'Amors« angeführt wird (I, 320 und III, 290—2), ein Bruchstück von 43 paarweise gereimten Achtsilblern,[2] zwei nicht einmal vollständige Fabeln enthaltend, obwohl zahlreiche Beweise vorliegen, dass diese Dichtgattung einst auch in Süd-Frankreich sehr verbreitet gewesen ist. Jene beiden Fabeln (von der Krähe und dem Pfau, sowie von der Fliege und dem Maultiertreiber) gehörten einst einer Bearbeitung resp. Übersetzung des im 12. Jahrhundert in lateinischen Distichen niedergeschriebenen »Ysopus« an, welcher selbst auf den drei ersten Büchern des »Romulus», einer älteren Sammlung von Fabeln, beruht.

C. Hofmann. *Über die Quellen des ältesten prov. Gedichtes,* Münchener Acad. 1870, II, 175—82.

43. In diese Gruppe sind auch die allegorischen Erzählungen zu rechnen, in denen also der berichtete Vorgang nicht wörtlich zu nehmen ist, die vorgeführten Personen vielmehr abstrakte Begriffe, wie die Philosophie, gewisse Tugenden, Laster, Wissenschaften u. dgl. darstellen, deren Namen sie auch meist tragen. Schon in den Boethius war eine solche Allegorie eingeflochten; einen ähnlichen Charakter hat ein aus 46 Strophen zu je 4 gleichreimigen Zehnsilblern bestehendes Gedicht Palaitz de Savieza,[3] aus der zweiten Hälfte des 14. Jahrhunderts, welches dem unten (§ 68) zu besprechenden »Elucidari« als Einleitung dient und in welchem der Verfasser durch die Beschreibung des Palastes der Weisheit Gelegenheit findet, nicht nur alle damals bekannten Wissenschaften aufzuzählen, sondern auch deren Zweck und Nutzen zu schildern. — In anderen Erzählungen treten die personifizierten Begriffe selbst handelnd auf, so in drei uns erhaltenen, die im 13. Jahrhundert entstanden sind und sich sämtlich auf die Liebe beziehen. In der einen, von ihrem Herausgeber La cour d'amour[4] betitelt, welche, obwohl der Schluss fehlt, 1730 paarweise gereimte Achtsilbler zählt, wird die Liebe als Fürstin auf dem Parnasse thronend eingeführt, umgeben von Freude, Mut,

---

[1] Raynouard, *Choix* IV, 366—8; *Parnasse occitanien* 321—4; Mahn, *Werke* 2, 189—91; Bartsch, *Chrest.*[4] 175—8.
[2] p. p. Pio Rajna, *Rom.* 3, 291—4.
[3] Bartsch, *Denkmäler* 57—63.
[4] L. Constans, *Les manuscrits provençaux de Cheltenham,* Paris 1882, 66—115 (Auch Rev. des l. r. 20, 105—38, 157—79, 209-20 und 261—76).

Scham, Hoffnung u. a.; sie erteilt ihren Untergebenen ausführliche Lehren, worauf Cortesia darlegt, worin das Wesen echter Liebe bestehe. Ganz ähnlichen Inhalt hat eine vor der Mitte des 13. Jahrhunderts entstandene allegorische Ich-Nouvelle eines Peire Guilhem,[1] welcher vielleicht identisch ist mit dem Lyriker Peire Guilhem de Tolosa. Wir erfahren, wie der Dichter auf einem Spazierritte einer Schaar allegorischer Figuren, wie Gnade, Schamhaftigkeit, Treue u. a. begegnet, an deren Spitze sich Amors befindet. Er richtet an letztere verschiedene Fragen, welche dieselbe beantwortet und zugleich mit Ratschlägen begleitet. Die Achtsilbler sind hier ab und zu durch Verse von nur 4 Silben unterbrochen, die jedoch auch stets mit dem dazu gehörigen Achtsilbler reimen. Ein drittes, leider unvollständig überliefertes allegorisches Gedicht des 13. Jahrhunderts, Chastel d'Amors,[2] in welchem der unbekannte Verfasser (wie es scheint, ein Italiener) den Weg zur Liebe nebst den sich entgegenstellenden Schwierigkeiten und Hindernissen mit dem Zugange zu einer festen Burg vergleicht, zeigt Strophen von je 6 Siebensilblern, deren 5 erste den gleichen Reim aufweisen, während die sechste mit den 5 Anfangszeilen der folgenden Strophe reimt. Erhalten sind 30 Strophen, also 180 Verse, von denen allerdings mehrere nicht völlig leserlich sind.

44. Zu den moralisierenden Erzählungen muss man auch diejenigen rechnen, welche den Zweck haben, ihre Leser zu erbauen. Sehr beliebt waren solche über die Freuden der Maria, in welchen nämlich alle diejenigen Ereignisse aus dem Leben der heiligen Jungfrau berichtet werden, bei denen ihr durch ihren Sohn Freuden zu Teil geworden sind. Im Provenzalischen kennt man bisher vier Gedichte über diesen Gegenstand[3], in denen die Zahl jener Freuden stets 7 beträgt, während die Reihenfolge der als Ursache angegebenen Ereignisse, ja sogar einzelne der letzteren in den verschiedenen Bearbeitungen von einander abweichen. Zwei derselben zeigen kurze Reimpaare, die beiden andern sind strophisch gegliedert. Eine gleiche Tendenz verfolgen die Gedichte über die Zeichen des Weltunterganges, einen legendarischen Stoff, dem wir bereits am Schlusse der Bearbeitung des Evangeliums Nicodemi begegnet sind (§ 37). Derselbe findet sich jedoch auch selbständig, einmal in einem Gedichte, von dem uns nur 12 zum Teil verstümmelte Strophen von je 4 paarweise gereimten Achtsilblern erhalten sind[4], sodann in einem anderen von gleichem Bau (17 Strophen), betitelt Sibyllen Weissagung[5], endlich in einer 258 paarweise gereimte Achtsilbler zählenden Übersetzung eines altfranzösischen Gedichtes[6]. Diese Werke gehören wohl alle dem 13. Jahrh. an und haben ihren Stoff im wesentlichen aus dem lateinischen Akrostichon des heiligen Augustinus »Judicii signum tellus sudore madescet« geschöpft. Das nahe Bevorstehen des Weltunterganges wird man daran erkennen, dass Sonne und Mond sich verfinstern, die Erde erbeben, Feuer, Schwefel und blutiger Regen vom Himmel fallen wird u. dgl. Das zweite der angeführten Gedichte enthält ausserdem noch eine Schilderung des jüngsten Gerichtes.

---

[1] Raynouard, *Lex. rom.* I, 405—17; Mahn, *Werke* 1, 241—50; vgl. Bartsch, *Peire Vidal* XCIV.

[2] *Chastel d'amors, fragment d'un poème provençal*, p. p. M. Thomas 1889 (*Extrait des Annales du Midi* No. 2, S. 183—96); ein Bruckstück davon Bartsch, *Chrest.*[4] 273—4.

[3] a. Suchier, *Denkmäler* I, 85—97; b. ib. 272—82; c. *Leys d'Amors* I, 264—7; d. P. Meyer, *Daurel et Beton* XCII—XCIV.

[4] P. Meyer, *Daurel et Beton* XCVII—C.

[5] *Milá y Fontanals, El canto de la Sibila en lengua de oc, Rom.* 9, 353—65; Suchier, *Denkmäler* I, 462—69.

[6] Suchier, *Denkmäler* I, 156—64.

Endlich sind hier noch zwei andre sagenhafte Stoffe zu erwähnen, die Geschichte des Kreuzholzes Christi und die Zerstörung Jerusalems. Wir werden unten (§ 62) je eine Bearbeitung derselben in prosaischer Form kennen lernen, doch hat es deren auch in poetischer gegeben. Letztere haben sich allerdings als selbständige Werke nicht erhalten, sondern nur als Teile der bereits in § 7 besprochenen Kompilation, welche die Eroberung von Arles zum Hauptgegenstande hat. Die zuerst genannte Sage[1], die nicht früher als in der Zeit vom 12. bis zum 14. Jahrhundert herausgebildet worden ist, berichtet über die Schicksale des Baumes, von welchem später das Holz zum Kreuze Christi genommen wurde; nach ihr war derselbe aus drei Kernen herausgewachsen, welche von der Frucht des Baumes der Erkenntnis herstammten, und welche Seth von einer Sendung ins Paradies mitgebracht und auf Befehl Gottes seinem Vater Adam in den Mund gesteckt hatte. Dem Kompilator haben zwei verschiedene Gedichte über diesen Gegenstand, eins in Achtsilblern, das andre in Alexandrinern, vorgelegen, und er hat aus beiden je einen Teil herübergenommen und den Stoff durch einige Zusätze erweitert. Auch die zweite Sage, die von der Zerstörung Jerusalems[2], war im Mittelalter sehr verbreitet; nach ihr soll ein römischer Kaiser (in einigen Versionen ist es Tiberius, in der unsrigen Caesar), als sein Sohn (Vespasian, sonst auch Titus genannt) durch ein Gewand Jesu (anderswo durch ein Tuch mit dessen Bilde) von Aussatz oder anderer widerlicher Krankheit geheilt worden, Jerusalem zerstört haben, um den Tod des Heilandes zu rächen. Auch hier hat der Kompilator mehrere anderswoher entlehnte Episoden, seinem Berichte einverleibt. Die von ihm, vermutlich nach seiner Vorlage, verwandten Verse sind Alexandriner, die allerdings teilweise höchst mangelhaft sind.

C. Michaelis, *Quindecim Signa ante Judicium*, *Arch.* 46, 33—60; Nölle, *Die Legende von den 15 Zeichen vor dem jüngsten Gerichte*, Paul und Braune's Beitr. 6, 413—76; R. Peiper, *Die 15 Zeichen vor dem jüngsten Gericht*, Arch. für Lit. Gesch. 9, 117—37. — W. Meyer, *Geschichte des Kreuzholzes vor Christus*, Abh. der bayer. Akad. der Wiss. 1881, 103—166. — A. Graf, *Roma nella memoria e nelle immaginazioni del medio evo*, Torino 1882-3, Cap. 11.

45. In einigen anderen Gedichten erbaulichen Charakters ist der erzählende Inhalt in die Form einer Anrufung, gewöhnlich eines Gebetes gekleidet. So bittet in einer Bearbeitung des »Tractatus beati Bernhardi de planctu beatae Mariae«[3] der Dichter, ebenso wie dessen Vorlage, die heilige Jungfrau, ihm den Hergang des Leidens ihres Sohnes vorzutragen. Sie thut dies, indem sie Klagen und Verwünschungen gegen den Tod und die Juden einflicht. Von V. 599 an ergreift dann der Verfasser selbst das Wort, erzählt die Ereignisse nach Christi Tode und schliesst mit einem Gebete an Maria (V. 883—908). Einen anderen Bericht über die ganze Passion, und zwar nach den kirchlichen Stunden, der prima, tertia, nona u. s. w. geordnet, giebt der in gascognischer Mundart verfasste Romans de las horas de la crot.[4] Derselbe ist, wie das eben erwähnte Gedicht, in paarweise gereimten Achtsilblern (272) niedergeschrieben und erscheint äusserlich als eine Anrede an Christus. Ein andrer, ebenfalls nicht bekannter Verfasser berichtet unter der Form einer Beichte an die h. Jungfrau über die Verirrungen seines

[1] Le Roman d'Arles S. 15—23.
[2] ib. S. 23—30.
[3] *La Passion du Christ, poème provençal* p. p. Edström, Göteborg 1877: *Altprovenz. Marienklage* hsg. von Mushacke, Halle 1890 (Roman. Bibliothek No. 3): vgl. Rev. des l. r. 33, 125—7.
[4] P. Meyer, *Daurel et Beton* CIX—CXIX.
[5] Suchier, *Denkmäler* I, 214—40.

Lebens; er sei in seiner Jugend Ketzer, Albigenser, gewesen, habe sich dann aber bekehrt und habe auch die späteren Versuchungen siegreich niedergekämpft, sodass er jetzt fest im Glauben stehe. Die metrische Form ist genau so wie die des ersten Teiles der Albigenserchronik (§ 35); es sind im Ganzen 839 Verse. Alle 3 soeben besprochenen Werke stammen aus dem 13. Jahrhundert.

Ein anderes Gedicht ähnlichen Charakters, aus etwa 100 Reimpaaren von Achtsilblern bestehend, welches schildert, wie Maria am Fusse des Kreuzes erscheint, und in einer Anrede an den Sohn bittere Klagen über dessen leidensreiches Leben ausströmt und wie sie schliesslich von Johannes getröstet und heimgeleitet wird, ist noch nicht herausgegeben.[1]

B) MORALISIERENDE ABHANDLUNGEN.

46. Die provenzalische Litteratur besitzt Gedichte, welche die verschiedensten Gebiete der Ethik behandeln; teils haben sie einen allgemein moralischen Inhalt, teils richten sie sich ausschliesslich gegen einzelne Arten von Fehlern, teils endlich sind sie nur für bestimmte Gesellschaftsklassen berechnet. Wohl das älteste derartige Werk[2] stammt von dem auch als Lyriker bekannten Arnaut von Maruelh (1170—1200); es enthält 368 paarweise gereimte Sechssilbler und zählt zunächst die Eigenschaften auf, die man besitzen müsse, um in der Welt Lob zu erwerben, worauf die Vorzüge und die Schwächen einzelner Stände, am Schlusse auch die der Frauen besprochen werden. Der ebenfalls schon genannte (§ 40) Daude von Pradas verfasste eine Dichtung (er nennt sie romanz) in 906 Reimpaaren von Achtsilblern über die vier Haupttugenden,[3] prudentia, fortitudo, continentia und justitia, die jeder Christ, Jude und Heide besitzen müsse. In vier Abschnitten erläutert er zuerst immer das Wesen der betreffenden Tugend und führt diese dann selbst redend ein, wobei jede angiebt, wie man ihrer teilhaftig werden könne. Das Gedicht, welches dem Bischof Stephan von Puy (1220—31) gewidmet ist, beruht auf einem angeblich von Seneca, in Wirklichkeit aber von dem portugiesischen Bischof Martin von Braga herstammenden lateinischen Traktat.

Aus der zweiten Hälfte des 13. Jahrh. besitzen wir eine Sammlung von Regeln allgemeiner Lebensklugheit, welche sich selbst »*Lo Savi*« nennt, während sie gewöhnlich auf Grund eines darin vorkommenden Zitates mit dem nicht zutreffenden Titel Lo libre de Seneca[4] belegt wird. Nach einer Einleitung, die ein Lob der Weisheit enthält, werden die Sprüche, welche meist je ein Reimpaar umfassen und die viel volkstümliches enthalten, einzeln an einander gereiht. Der schon mehrfach (§ 33 und 43) genannte Peire Cardinal verfasste in dem Versmasse von Guiraut von Cabreiras Ensenhamen (§ 41) eine Predicansa,[5] die in 180 Zeilen vor Hochmut, Habgier und Trug warnt sowie Adel der Gesinnung verlangt. Eine Strafpredigt über den allgemeinen sittlichen Verfall enthält der Romans de mondana vida,[6] im Jahre 1284 von Folquet de Lunel verfasst. Er nimmt die einzelnen Stände vom Kaiser abwärts nach einander vor, indem er deren Sünden und Gebrechen geisselt. Erhalten sind 539 Verse mit gekreuzten Reimen, und zwar wechseln

[1] Anfang und Schluss von P. Meyer, *Rom.* 14, 530—31.
[2] Raynouard, *Choix* IV, 405—18; Mahn, *Werke* 1, 176—84.
[3] *The romance of Daude de Pradas on the four cardinal virtues* ed. by A. Stickney, Florence 1879.
[4] Bartsch, *Denkmäler* 192 - 215.
[5] Mahn, *Gedichte* No. 941; Bayle, *Anthologie prov.* 120—8.
[6] *Der Troubadour Folquet de Lunel* hsg. von Franz Eichelkraut, Diss. Berlin 1872, 26—42.

männliche Achtsilbler mit weiblichen Sechssilblern. Gegen bestimmte Stände endlich, besonders Juristen und Mediziner, ist ein Gedicht von 141 Versen gerichtet, welches sein nicht bekannter Verfasser eine *Arbalecca*[1] nennt (V. 4). Es beginnt mit einem Reimpaar von Achtsilblern, dann folgen immer je ein Vier- und ein Achtsilbler, die ebenfalls mit einander reimen. Eingefügt ist diese Strafpredigt in eine Schilderung des jüngsten Gerichtes.

47. Der zweiten Hälfte des 13. Jh.'s gehören sodann noch zwei hervorragende Vertreter der didaktischen Poesie an: Guiraut Riquier (vgl. § 40) und At von Mons. Unter den hierher gehörigen Werken des ersteren[2] sind 8 wirkliche Abhandlungen über moralische Gegenstände.[3] Von diesen Gedichten, die sämtlich datiert sind, handeln einige über allgemeine Gegenstände, z. B. über unsere Pflicht, Gott zu fürchten, zu lieben und zu ehren, über die Notwendigkeit des Masshaltens, über die Lebenslagen, in denen der Mensch Scham empfindet, über die sittliche Entartung der Dichtkunst; die übrigen geben Ratschläge oder Vorschriften der Ethik, und zwei von ihnen sind sogar für einen bestimmten Freund geschrieben, der allerdings nicht genannt wird. In vier anderen didaktischen Dichtungen verwendet er die Form von Sendschreiben,[4] die an hochgestellte Freunde oder Gönner gerichtet sind. Dieselben enthalten neben persönlichen Angelegenheiten des Dichters wiederum Besprechungen allgemeiner Fragen, namentlich solcher, die sich auf die Lebensführung, besonders das Verhalten gegen andere beziehen. Interessant ist endlich eine Denkschrift[5], die der Dichter 1274 an den König Alfons X. von Castilien richtete, in welcher er unter dem Ausdrucke des Bedauerns darüber, dass man jetzt die Dichter, selbst die besten, mit dem gleichen Ausdrucke »joglar« bezeichnete, wie die Gaukler und Possenreisser, den König bat, für jene einen anderen Namen zu bestimmen. In einer Antwort[6], die ohne Zweifel Guiraut Riquier selbst im Auftrage des Königs verfasst hat, geht dieser auf den Vorschlag ein und setzt für die Dichter die Bezeichnung »trobador« und »doctor« fest.

Auch Riquiers Zeitgenosse, At von Mons[7] aus Toulouse, hat mit Vorliebe die Form von Briefen verwandt. So richtete er einen über den Einfluss der Sterne auf das Schicksal der Menschen ebenfalls an Alfons X. von Castilien und ist auch wohl als Verfasser der uns erhaltenen angeblichen Erwiderung des Königs anzusehen. Zwei andere sind für den König von Aragon, wahrscheinlich Peter III. (1276—85), bestimmt; der eine handelt von den sittlichen Gütern des Menschen, der zweite warnt die Fürsten vor der Wahl falscher Ratgeber. Eine weitere gereimte Abhandlung desselben Dichters endlich geisselt im ersten Teile die Fehler der Grossen und spricht im zweiten über die Entstehung und das Wesen der Liebe.

Beide eben besprochenen Dichter verwandten in ihren didaktischen Erzeugnissen der Regel nach den Sechssilbler; nur zwei Briefe Ats (die an den König von Aragon) und einer Guirauts (Mahn, Werke 4, 100) zeigen Achtsilbler. Die Verse werden überall paarweise gereimt, doch ist bei Riquier immer, bei seinem Nachahmer der Regel nach, die Schlusszeile reimlos. Die Zahl der Verse schwankt bei Riquier in den Abhandlungen zwischen 171 und 577, in den Sendschreiben zwischen 87 und 245; die Denkschrift endlich

[1] Bartsch, *Denkmäler* 75—79: P. Meyer, *Jahrbuch* 5. 393—7.
[2] hsg. von Pfaff als Mahn, *Werke* B. 4. Berlin 1853.
[3] Mahn, *Werke* 4. 106; 117; 131; 149; 157; 191; 201 und 205.
[4] Mahn, *Werke* 4. 100; 123; 125; 143.
[5] ib. 4, 163.
[6] ib. 4, 183.
[7] *Die Werke des Trobadors N'At de Mons* hsg. von Wilh. Bernhard, Heilbronn 1887.

zählt 861, die Antwort 393 Zeilen. At von Mons hat seinen Episteln eine Länge von 1244, 265 und 296, seiner Abhandlung eine solche von 602 Versen gegeben.

48. Nicht weniger beliebt als die Briefform war die dialogische Form für derartige didaktische Abhandlungen. Dies zeigt sich z. B. an einem Lehrgedicht des Catalanen Serveri von Gerona über den Wert der Frauen,[1] welches um die Mitte des 13. Jh.'s verfasst und dem König Jacob I. von Aragon gewidmet ist. Erhalten sind 559 Sechssilbler in Reimpaaren, doch fehlt der Anfang. Nachdem in V. 43 sq. der Grundgedanke des Gedichtes ausgesprochen, ein gemeines Weib sei weniger wert als irgend etwas anderes auf der Welt, eine gute Frau dagegen trage den Preis der Ehre und des Lobes davon, werden in Form einer Disputation von dem Dichter immer die Schatten-, von dessen Gegner die Lichtseiten der weiblichen Natur hervorgehoben.

Dieselbe Form eines Gespräches ist auch gewählt in einer etwa gleichzeitigen, »Las novas de l'heretge«[2] betitelten Tendenzschrift, in welcher der Verfasser, ein Dominikanermönch und Inquisitor, Namens Izarn, mit dem Albigenserbischof Sicart von Figueiras über dessen Lehren disputiert, diese widerlegt und den Ketzer schliesslich zum Widerruf und zur Bekehrung bewegt. Das Gedicht besteht aus langen, gereimten Alexandriner-Tiraden, welche immer mit einem Sechssilbler schliessen, der nicht mit der eigenen, sondern mit der folgenden Tirade reimt (vgl. § 35, Albigenserchronik, 1. Teil). — Erbaulichen Inhaltes ist auch eine Unterhaltung zwischen der h. Jungfrau und dem Kreuz,[3] die ein Franziscanermönch verfasst und seiner Schwester gewidmet hat. Maria macht dem Kreuze heftige Vorwürfe, dass es ihren Sohn getötet habe; das Kreuz verteidigt sich mit dem Hinweis auf die Notwendigkeit jenes Opfertodes. Der Eingang fehlt, es sind nur 228 paarweise gereimte Achtsilber erhalten.

Ein andres, völlig eigenartiges Gespräch zwischen einem Beichtiger und einer Zaubrerin,[4] von dem bisher ebenfalls nur der erste Teil (166 Achtsilbler) aufgefunden ist, scheint nicht ernsthaft gemeint gewesen zu sein. Bei einem Geistlichen erscheint eine alte Sünderin und berichtet ausführlich, wie sie schon mit zehn Jahren für einen Gürtel und einen Kranz ihre Unschuld hingegeben und sie dann, auf dem begonnenen Wege weiterwandelnd, die Männer durch alle möglichen Mittel, selbst durch Liebestränke, an sich gelockt und ausgesogen, schliesslich, da ihre Reize verblüht, als Wahrsagerin und Zaubrerin erheblichen Besitz erworben habe. Jetzt wolle sie sich jedoch bessern und bitte den Geistlichen, ihr eine angemessene Busse aufzuerlegen. Als dieser versichert, Gott werde ihr bei aufrichtiger Reue verzeihen, und bestimmt, sie solle jeden Freitag fasten und ausserdem auch die drei grossen Fastenzeiten des Jahres streng innehalten, bittet sie, von dieser Forderung abzusehen; fasten möge sie nicht, das solle man den Mönchen und den Fratres überlassen. Hier bricht das Gespräch in der einzigen bisher bekannten Handschrift leider ab.

Endlich ist zu erwähnen, dass die provenzalische Litteratur auch eine Bearbeitung des im Mittelalter so verbreiteten Streites zwischen Körper und Seele aufzuweisen hat, die aus dem 14. Jh. stammt, 1166 Achtsilbler zählt, aber noch nicht herausgegeben ist.[5]

---

[1] Suchier, *Denkmäler* I, 256—71.

[2] *Débat d'Izarn et de Sicart de Figueiras* p. p. P. Meyer, *Annuaire-Bulletin de la Société de l'Histoire de France*, XVI, 233 sq. (1879).

[3] *Débat de la Vierge et de la Croix* p. p. P. Meyer, *Daurel et Beton* LXXIII—LXXXV.

[4] *Débat de la sorcière et de son confesseur* p. p. P. Meyer, Rom. 14, 521—24.

[5] Paris *B. N.* 14973.

49. In § 41 haben wir Ensenhamens kennen gelernt, welche dem Wissen dienen; es giebt aber auch solche, die in Bezug auf das äussere Benehmen Belehrung gewähren wollen und die oft für einzelne Gesellschaftsklassen, zuweilen sogar für bestimmte Personen, männliche oder weibliche, berechnet sind. Die charakteristische metrische Form dieser Gedichte sind Reimpaare von Sechssilblern. Das älteste stammt von Garin dem Braunen aus der zweiten Hälfte des 12. Jh.'s und enthält eingehende Vorschriften darüber, wie eine Dame sich in den verschiedenen Lebenslagen betragen müsse.[1] Die äussere Einkleidung ist episch, indem die Frau bei dem Dichter, als er in seinem Garten sitzt, erscheint und um jene Unterweisung bittet. Ein um 1200 entstandenes Gedicht des Arnaut Guilhem von Marsan[2] könnte man einen Adelsspiegel nennen, da es in etwa 600 Versen einem Junker Regeln feiner Lebensart erteilt; die Einleitung ist fast genau so wie bei Garin. Auch Amanieu de Sescas (mit Unrecht oft des Escas genannt) hat im letzten Viertel des 13. Jh.'s zwei Ensenhamens verfasst, die, wie gewöhnlich, als Erzählung beginnen. Im ersten[3] erteilt er seine Vorschriften einem Edelknaben, und zwar in Betreff seines Umganges, seiner Kleidung, seines Verhaltens in Liebessachen, seiner Pflichten gegen seinen Herrn u. dgl.; in dem zweiten[4] einer »donzela«, die er mehrfach als »marquesa« anredet. Seine Weisungen beziehen sich hier sogar auf ihre Toilette und die Pflege ihres Körpers; ebenso sehr aber auf ihr Benehmen ihren Nebenmenschen und selbst einem Liebhaber gegenüber. Das erste dieser beiden Gedichte wurde von Lunel von Monteg oder Moncog in seinem 1326 entstandenen Ensenhamen,[5] dem spätesten Werke dieser Gattung, nachgeahmt, das nicht nur die gleiche Einkleidung, sondern auch einen ähnlichen Inhalt aufweist; abweichend ist nur die metrische Form, es ist nämlich die der Arbalecca (§ 46). Zwei weitere Ensenhamens sind in Achtsilbler-Reimpaare gekleidet; das eine,[6] von dem Italiener Sordel aus Mantua verfasst, war für Herrn und Damen ritterlichen Standes bestimmt, das andere[7] belehrt in etwa 100 Versen einen jungen Adligen, wie er sich bei Tische zu betragen habe.

50. Andere didaktische Gedichte haben einen religiösen Inhalt. So verfasste ein Ritter, Namens Raimon von Castelnou, nachdem er in seiner Jugend weltliche Lieder gedichtet, in der zweiten Hälfte des 13. Jh.'s gleichsam zur Busse ein derartiges Doctrinal.[8] Im Anfange beichtet er seine Sünden und spricht den Wunsch aus, der 7 Haupttugenden teilhaftig zu werden; hierauf berichtet er vom Leben Christi, wiederholt das Glaubensbekenntnis sowie die 10 Gebote und knüpft daran weitere erbauliche Erörterungen. Das Werk zählt 391 Alexandriner in Reimtiraden.

Aus ähnlichen Beweggründen schrieb ein Italiener, dessen Namen wir nicht wissen, im Jahre 1254, als er im Gefängnisse schmachtete, eine Art von Predigt[9] in 844 paarweise gereimten Sechssilblern; unter Hinweis auf den unvermeidlichen Tod ermahnt er seine Leser, sich von den weltlichen Dingen abzuwenden und allein das Gute zu erstreben, indem er einerseits

---

1 Bruchstücke bei Bartsch, *Garin der Braune,* Jahrbuch 3, 399--409.

2 Bartsch, *prov. Lesebuch* 132–39.

3 Bartsch, *Denkmäler* 101–14; *Milá y Fontanals* 410–16.

4 Bartsch, *prov. Lesebuch* 140–48; *Milá y Fontanals* 416–22.

5 Bartsch, *Denkmäler* 114–24 und P. de Lunel, dit Cavalier Lunel de Montech p. p. E. Forestié, Montauban 1891.

6 Palazzi, *Le poesie inedite di Sordello,* Venezia 1887 (Auch *Atti dell' Istit. veneto 6. ser. V).*

7 Bruchstücke abgedruckt von P. Meyer, *Rom.* 14, 519–20.

8 Suchier, *Denkmäler* I, 241–55; vgl. P. Meyer, *Rom.* 14. 533–35.

9 E. Levy, *Poésies religieuses* (§ 32, Anm. 1) 36–59.

den im Paradiese zu erhoffenden Lohn, andrerseits die Qualen der Hölle in glühenden Farben schildert und auf Christi Opfertod hinweist.

Ein mehr lyrisches Metrum zeigt ein um 1200 entstandenes Gedicht über den heiligen Geist[1]. Es besteht nämlich aus 42 Strophen von je 6 Siebensilblern mit dem Reim aaabab (a männlich, b weiblich), deren jede refrainartig mit *sant Esperit* schliesst. Dasselbe wurde, wie die Epistolae farcitae (§ 38), beim Gottesdienst verwandt (selbstverständlich zu Pfingsten), beginnt daher ebenfalls mit der Aufforderung, stille zu sein. Es unterscheidet sich von jenen jedoch dadurch, dass es, abgesehen von einer kurzen Erwähnung des Pfingstwunders, nichts Episches enthält. Es hebt vielmehr die Kraft des heiligen Geistes gegenüber der Sünde hervor und fordert mit freier Benutzung verschiedener Aussprüche des Alten und namentlich des Neuen Testamentes zu tugendhaftem Leben, Friedfertigkeit und Demut, besonders zu thätiger Nächstenliebe auf und schliesst mit einem Hinweis auf den Weltuntergang und das jüngste Gericht. — Von der Abhandlung eines nicht bekannten Verfassers über die Namen der Mutter Gottes[2] sind nur der Anfang und der Schluss, zusammen 72 gleichreimige Alexandriner-Quatrains erhalten. Dieselbe zählt nach einer kurzen Rekapitulation der Schöpfung, des Sündenfalles, sowie der Erlösung alle Eigenschaften und Prädikate der h. Jungfrau auf. — Theologischen Charakters ist auch ein Weihnachtsbrief[3] des schon erwähnten Matfre Ermengaud (§ 40) an seine Schwester, in welchem er den Brauch, sich zu Weihnachten gegenseitig mit Honigkuchen, Meth oder einem Kapaun zu beschenken, allegorisch auf Christum deutet. Die Epistel zählt 69 Reimpaare von Zehnsilblern.

In diese Kategorie gehören auch die geistlichen Dichtungen der Waldenser[4]. Die Handschriften, aus denen wir diese Sammlung kennen lernen, sind meist im 16., die frühesten, wie es scheint, im 15. Jh. aufgezeichnet worden, aber die Entstehung der Werke selbst liegt wohl weiter zurück, vielleicht sogar um mehr als 100 Jahre, wenn auch die frühere Annahme, dass dieselben bis ins 13. Jh. hinaufreichten, unhaltbar ist. Dieselben sind betitelt La Nobla Leyczon,[5] La Barca, Lo Novel Sermon, Lo Novel Confort, Lo Payre Eternal, Lo Despreczi del Mont, L'Avangeli de li Quatre Semencz und La Confession; sie enthalten teils Betrachtungen über die Vergänglichkeit alles Irdischen, teils Busspredigten, teils Gebete. Die erste ruft ausserdem die Vorgänge der Bibel, besonders die Leidensgeschichte Christi ins Gedächtnis, die vorletzte behandelt die bekannte neutestamentliche Parabel vom Säemanne. Die metrische Form ist im Laufe der Zeit sehr entstellt und verderbt worden, doch erkennt man, dass in allen Gedichten gereimte Alexandriner verwandt worden sind, die entweder zu kurzen Tiraden unbestimmter Zahl oder zu Reimpaaren oder endlich zu Strophen von je 3, 4 oder 6 Zeilen verbunden waren. An Stelle des Reimes erscheint zuweilen blosse Assonanz.

Endlich kann man auch einige freie Bearbeitungen von Teilen der Bibel oder von kirchlichen Symbolen hierher rechnen, die ja ebenfalls erbaulichen Zwecken dienten. In ersterer Hinsicht sind zu nennen: zwei verschiedene

---

[1] p. p. M. Thomas et A. Cohendy, *Rom.* 8, 211—18; hsg. von F. Kalepky, *Programm der Oberrealschule zu Kiel* 1887.

[2] *Lo tractat dels noms de la mayre de Dieu* p. p. P. Meyer, *Daurel et Beton* C—CVIII.

[3] Bartsch, *Denkmäler* 81—5; *Breviari d'Amor* p. p. Azaïs II, 675—9; vgl. P. Meyer, *Rom.* 14, 520.

[4] *Religiöse Dichtungen der Waldenser,* neu hsg. von Fr. Apfelstedt, *Archiv* 62. 273—88 und *Ztschr.* 4, 330—46; 521—41.

[5] *La Noble Leçon, texte original* p. p. Édouard Montet, Paris 1888.

gereimte Übertragungen der 7 Busspsalmen aus dem 14. Jh., deren eine,[1] welcher die drei ersten und ein Teil des vierten Psalmes fehlen, paarweis oder kreuzweis gereimte Achtsilbler aufweisen, die zu meist vierzeiligen Strophen verbunden sind, während die andre,[2] durchweg in vierzeiligen Achtsilbler-Strophen abgefasste, eine gascognisch gefärbte Sprache zeigt; sodann die aus derselben Zeit stammende Bearbeitung des Psalmes 108,[3] welche 118 Verse verschiedener Länge zählt, von denen bald zwei, bald mehrere mit einander reimen oder assonieren; weiter eine Umschreibung der Sprüche Salomonis,[4] von einem catalanischen Edelmanne, Guilhem von Cerveira, nach der Mitte des 13. Jh.'s verfasst, in Alexandrinern, die nicht nur am Ende sondern auch in der Mitte paarweise reimen. Aus der zweiten Gattung von Werken besitzen wir Paraphrasen des Glaubensbekenntnisses,[5] darunter eine in 18 Achtsilbler-Quatrains,[6] der 10 Gebote,[7] des Vater unsers[8] und des Ave Maria[9] — Werke, die allerdings kaum noch der Dichtung zugezählt zu werden verdienen.

Chr. U. Hahn, *Geschichte der Ketzer*, Bd. 2. Stuttgart 1847.

51. Am Schlusse der Didaktik erwähne ich noch die coblas esparsas, d. h. einzelne Strophen voll Lehren einer praktischen Lebensklugheit, in denen viel Volksweisheit enthalten ist. Diese Dichtungen sind also mit den mittelhochdeutschen »Sprüchen« nahe verwandt, nur dass die provenzalischen Dichter sehr verschiedenartige Strophenformen gebrauchten, während jene wenig Abwechselung zeigen. Der hervorragendste Verfasser derartiger Strophen ist der in der zweiten Hälfte des 13. Jh.'s lebende Bertran Carbonel aus Marseille. Neben ihm verdienen noch Guiraut de l'Olivier aus Arles, sodann der Ritter von Moncog, endlich Guilhem von Cerveira genannt zu werden, doch giebt es noch zahlreiche weitere coblas esparsas, welche anonym überliefert sind.[10]

D. DRAMA.

Ebensowenig wie die epische kann sich die dramatische Poesie der Provenzalen in Bezug auf ihren Reichtum und ihre Bedeutung mit der französischen messen. Einerseits fehlen die komischen Erzeugnisse, die also dazu bestimmt waren, das Volk zu belustigen, ganz; wir besitzen nur ernste Stücke, nur Mysterien, und auch diese, deren Zahl wenig erheblich ist, reichen kaum weiter als bis ins 14. Jh. hinauf, sodass wir nicht, wie im Französischen, im Stande sind, die allmähliche Entwickelung des Dramas aus Teilen der Liturgie und die schrittweise Loslösung desselben von der Kirche zu ver-

[1] *Traduction des psaumes de la Pénitence en vers provençaux* p. p. C. Chabaneau, Paris 1881 (Auch *Rev. des l. r.* 19, 209—41 und 310).

[2] *Paraphrase des psaumes de la Pénitence en vers gascons* p. p. C. Chabaneau, Paris 1886 (Auch *Rev. des l. r.* 20, 69—85).

[3] Bartsch, *Denkmäler* 71—5; Chabaneau, *Paraphrase des psaumes* 35—40.

[4] Bruchstücke: P. Heyse, *Romanische Inedita* 13—20; Milá y Fontanals 353—7; Bartsch, *Chrest.*[4] 305—8.

[5] P. Meyer, *Anciennes poésies religieuses* 6—10; Ders., *Rom.* 14, 535—36.

[6] *Paraphrase du Credo* p. p. Ferdinand André, Marseille 1862; p. p. Chabaneau, *Rev. des l. r.* 29, 243—46.

[7] Suchier, *Denkmäler* I, 290.

[8] Suchier, *Denkmäler* I, 290—91; P. Meyer, *Rom.* 14, 491—92 und 528—30.

[9] P. Meyer, *Bulletin de la Soc. des anc. textes fr.* 1875, 75—6: Ders., *Rom.* 14, 492—93; Chabaneau, *Rev. des l. r.* 29, 242—3; Dumége, *Institutions de la Ville de Toulouse* IV, 199.

[10] Bartsch, *Denkmäler* 5—50 und 131—2; P. Meyer, *Derniers troubadours* 65—6 und 107—111; P. Heyse, *Romanische Inedita* 13—20; Archiv 50, 262 sq. u. s. w.

folgen; die uns vorliegenden Mysterien sind sämmtlich erst zu einer Zeit entstanden, als jener Emanzipations-Prozess bereits zum Abschluss gekommen war. Dennoch ist bei allen diesen dramatischen Erzeugnissen ihr kirchlicher Ursprung noch deutlich zu erkennen nicht nur an dem Charakter ihrer Stoffe, die sämtlich der biblischen Geschichte und der Heiligenlegende entlehnt sind, sondern auch an ihrer Tendenz, da sie ausschliesslich den Zweck verfolgen, die Zuhörer zu erbauen, ihnen jene heiligen Begebenheiten anschaulich, gleichsam sinnfällig vor Augen zu führen und durch dieses Mittel eindringlicher auf sie einzuwirken, als dies etwa durch das Anhören einer Predigt oder durch die Lektüre eines frommen Buches möglich gewesen wäre. Auch äusserlich trug das Drama noch lange deutliche Spuren seiner gelehrten Abstammung an sich. Das Lateinische, das als Amtssprache der Kirche in den ältesten dramatischen Hervorbringungen ausschliesslich verwandt worden war und erst ganz allmählich dem vordringenden Volksidiom hatte Platz machen müssen, behauptete sich noch lange Zeit hindurch wenigstens in der äusseren Einkleidung der Stücke, indem nicht nur die Personenverzeichnisse, sondern auch alle Bühnenweisungen, alle beigefügten Noten, welche sich auf die Interpretation der Worte sowie auf Inscenierung, auf Dekorationen, Kostüme u. dgl. bezogen und die oft sehr eingehend waren, nach wie vor in dieser Sprache abgefasst wurden.

53. Wie schon angedeutet, stammen die ältesten, wenigstens der vollständig erhaltenen provenzalischen Mysterien aus dem 14. Jh.; aus dem vorangehenden besitzen wir zunächst ein Bruchstück von 22 Versen, das einst einem Drama über den bethleemitischen Kindermord,[1] also einem Weihnachtsdrama angehört hat. Dieselben befinden sich auf drei Stückchen Pergament, welche 1850 bei einer Ausbesserung der Saint-Front-Kathedrale zu Périgueux in einer Öffnung der Mauer aufgefunden worden sind. Die Verse, paarweise gereimte Achtsilbler, sind auf drei Strophen von 4, 6 und 12 Zeilen verteilt und stellen die Rolle einer Nebenperson in dem oben bezeichneten Drama, nämlich eines alten Mannes Namens Morena, dar. Die erste Strophe enthält die Antwort jenes Morena an den Seneschall, der ihn zu dem Könige Herodes entbietet, die zweite seinen Gruss an diesen, die dritte seinen Rat, alle Knaben unter drei Jahren umbringen zu lassen.

Dem Ende des 13. oder dem Anfange des 14. Jh. gehört ein vermutlich in der Provence entstandenes Stück an, welches in zwei Handschriften aufbewahrt wird. Die eine derselben giebt ihm den Titel L' Esposalizi de nostra dona sancta Maria verges e de Josep, obwohl dieser viel zu eng ist[2]. Es stellt dar, wie Joseph unter allen Bewerbern um die Maria als deren Bräutigam ausgewählt wird, weil die in seiner Hand befindliche Rute allein zu grünen beginnt, worauf er die Jungfrau heimführt. Es folgt der Besuch Marias und Josephs bei Elisabeth und Zacharias; Joseph wird durch die Mitteilung Marias, dass sie sich Mutter fühle, sehr aufgeregt, doch der Engel Gabriel, welcher zu ihm kommt, verwandelt seinen Schmerz in Freude. Hieran schliesst sich unmittelbar die Geburt Christi in der Herberge zu Bethleem und die Anbetung der Hirten. Das Drama ist in achtsilbigen Reimpaaren niedergeschrieben und zählt in der einen Handschrift etwa 850 Zeilen, in der anderen, allerdings unvollständigen, deren 664.

Pio Rajna, *Un nuovo mistero provenzale*, *Giorn. di fil. rom.* 3, 106—9; Chabaneau, *L'Espozalici de Nostra Dona*, *Rev. des l. r.* 20, 33 sq.

[1] *Fragments d'un mystère provençal découverts à Périgueux* p. p. C. Chabaneau, Paris 1874 (Auch *Rev. des l. r.* 7, 414—18 und *Bulletin de la Société historique et archéologique du Périgord*).

[2] *Le Mariage de la Vierge et la Nativité du Christ* p. p. P. Meyer, *Rom.* 14, 496—519; vgl. *Rom.* 16, 71—2.

54. Alle die übrigen uns erhaltenen dramatischen Erzeugnisse gehören, mit alleiniger Ausnahme der beiden sogleich und der in § 57 zu besprechenden Passionsspiele, dem Osten, d. h. dem zwischen Rhone und den Alpen gelegenen Teile des Landes an, und es hat demnach den Anschein, dass hier das Interesse für geistliche Schauspiele besonders rege gewesen ist, obwohl von den zahlreichen Berichten, die uns über derartige Aufführungen vorliegen, einzelne auch anderswoher stammen. Aus dem vierzehnten Jahrhundert besitzen wir zwei Mysterien. In dem von der heiligen Agnes[1], welchem leider der Anfang fehlt, treten 22 Personen auf; es zählt in der uns vorliegenden Gestalt 1182 Verse von 8, 10 oder 12 Silben, die meist zu zweien, seltener zu vieren durch den gleichen Reim verbunden sind, und behandelt das Martyrium jener Heiligen. Der Verfasser hat sich ziemlich eng an die von den Bollandisten mitgeteilte und dem h. Ambrosius zugeschriebene Lebensbeschreibung der Agnes angeschlossen, die er durch wenige eigene Zuthaten erweitert hat, aber er verrät ein nicht unbedeutendes Geschick in der dramatischen Anordnung seines Stoffes. Was dem Stücke sodann einen erhöhten Reiz verleiht, das sind die an besonders ergreifenden Stellen eingefügten Lieder, welche nach bestimmten, jedesmal genau angegebenen Melodien, meist solchen von Volksliedern (vgl. § 15), gesungen wurden; es sind ihrer nicht weniger als 18. Im Eingange des Stückes erfahren wir, dass der kranke Sohn des römischen Präfekten Sempronius die Agnes, die Tochter eines Ritters, welche heimlich Christin ist, zur Frau begehrt. Der Vater trägt ihr den Wunsch seines Sohnes vor, aber sie lehnt ab, wird bei dieser Gelegenheit als Christin erkannt und soll nun der Schande preisgegeben werden. Christus beschützt sie jedoch durch den Erzengel Michael, und es gelingt ihr sogar, den Sempronius samt seiner Familie für ihren Glauben zu gewinnen. Das wütende Volk aber zwingt diesen, sein Amt niederzulegen, und wählt den Aspasius zu seinem Nachfolger. Dieser verurteilt die Agnes zum Feuertode, aber Engel wehren die Flammen ab, und auf die Bitte der Jungfrau sendet Christus den Raphael zu ihr, der ihr ein sanftes Ende bereitet, und ihre Seele wird von Engeln unter Gesängen in das Paradies getragen.

Etwa gleich alt ist ein noch unediertes, wohl in der Gascogne entstandenes Passions-Mysterium, das höher hinaufgeht als die frühesten uns bekannten französischen dramatischen Bearbeitungen dieses Stoffes. Es umfasst in der vorliegenden, nicht ganz vollständigen Gestalt etwa 2400 Verse und beginnt mit einigen Wunderthaten Christi, nämlich der Heilung des Blindgeborenen und der Auferweckung des Lazarus; es folgt die Vertreibung der Geldwechsler aus dem Tempel, die Szene mit der Ehebrecherin, der Einzug in Jerusalem, das Abendmahl, der Verrat des Judas sowie das Leiden und der Tod des Heilandes. Den letzten Teil bildet die Heilung des Longinus, der Besuch in der Hölle, die Auferstehung und das Erscheinen Christi bei seinen Jüngern.

Von einem anderen Passionsspiele, welches 1510 zu Caylux (Dép. Tarn-et-Garonne) aufgeführt wurde, vermutlich aber älteren Ursprunges ist, hat sich nur ein Bruchstück von 9 Zeilen erhalten (paarweise gereimte Achtsilbler), in welchem Gott den Erzengel Raphael beauftragt, Johannes dem Täufers seinen baldigen Tod anzukündigen.

L. Gautier, *Un Mystère de la Passion en langue d'oc,* Le Monde 14. avril 1876; Sepet, dass., L'Union 28. mars 1880; Chabaneau, *Rev. des l. r.* 17, 301—5; P. Meyer, *Daurel et Beton* CXIX—CXX;

[1] *Sancta Agnes, provenzalisches geistliches Schauspiel* hsg. von K. Bartsch, Berlin 1869; *Le martyre de sainte Agnès, mystère en vieille langue provençale* p. p. Sardou, Paris 1877 *Il mistero prov. di s. Agnese,* facs. con pref. di E. Monaci, Rom 1880.

Petit de Julleville, *Les Mystères*, Paris 1880. II, 98—9 und 344—51; Thomas, *Le mystère de la Passion à Martel, Rom.* 13.411—15.

55. Es folgen nunmehr die Stücke, welche aus dem 15. Jh. stammen. Dahin gehört zunächst der Ludus Sancti Jacobi[1], das erste und lange Zeit auch das einzige provenzalische Drama, das man kannte. Nur der Anfang, 705 Zeilen, und zwar meist paarweise gereimte Achtsilbler, ist auf uns gekommen, und auch dies Bruchstück verdankt seine Erhaltung einem Zufalle. Es wurde 1855 in einem alten Aktenbündel auf der Schreibstube eines Notars zu Manosque entdeckt. Wir erfahren in demselben folgendes: Nachdem ein Ausrufer um Ruhe gebeten und ein Bote den Zuhörern den Inhalt des Stückes mitgeteilt hat, beginnt die eigentliche Handlung. Eine Familie, bestehend aus Vater, Mutter und Sohn, beschliesst, eine Pilgerfahrt zum Grabe des h. Jakob zu machen; alle drei begeben sich auf die Reise, und in einem Wirtshause, das ihnen freundliche Aufnahme gewährt, wird die lüsterne Magd Beatrix von heftiger Liebe zu dem Sohne erfasst. Hier bricht der Text ab, doch erfahren wir aus jener Inhaltsangabe, dass ursprünglich das Mädchen abgewiesen wurde und nun, um sich zn rächen, heimlich eine silberne Tasse in den Reisesack des Jünglings legte. In der That wurde letzterer des Diebstahls angeklagt und zum Tode verurteilt, doch kam auf sein Gebet der h. Jakob ihm zu Hülfe und entlarvte die Betrügerin, die darauf lebendig verbrannt wurde.

Die nunmehr zu behandelnden fünf Mysterien sind sämtlich in dem jetzigen Département Hautes Alpes, und zwar in der Gegend von Briançon entstanden, daher auch in dem dort herrschenden Dialekte niedergeschrieben. Sie sind erst in den letzten Jahrzehnten entdeckt worden und behandeln die Schicksale des Petrus und Paulus, des Antonius von Viennés, des Pontius, des Eustachius und des Andreas. Alle sind in dem für diese dramatischen Erzeugnisse üblichen Versmasse, in Reimpaaren von Achtsilblern verfasst, doch kommen mehrfach Unregelmässigkeiten vor, die wohl nicht immer dem Abschreiber allein in die Schuhe zu schieben sind. Ist auch ihr ästhetischer Wert nicht allzu gross, so sind sie doch in sprachlicher und namentlich in kulturgeschichtlicher Hinsicht sehr interessant.

Das erste, zugleich das umfangreichste, das Mysterium des Petrus und Paulus[2], zählt 6135 Zeilen und brauchte zu seiner Aufführung zwei Tage, von denen der erste 2296, der andere 3839 in Anspruch nahm. Der Verfasser, unzweifelhaft ein Geistlicher, lebte vermutlich in der zweiten Hälfte des 15. Jh. Unter den mitwirkenden Personen, deren Zahl 83 beträgt, finden sich neben den Hauptrollen auch zahlreiche Teufel, wie Luzifer, Satan, Beelzebub, Astarot, Belial, Tartarus, Asmodeus u. a., sodann Gott der Vater nebst Gabriel, Raphael und anderen Engeln, endlich viele Soldaten, Bürger, Henker, Freudenmädchen und Kranke. Der erste Teil behandelt zahlreiche Wunder des Apostels Petrus in Jerusalem, Antiochia und Rom und die gegen ihn gerichteten Intriguen des Magiers Simon, seines mächtigen Widersachers, dem es auch gelingt, den Kaiser Claudius Nero für sich zu gewinnen. Erst im zweiten Teile greift auch Paulus mit in die Handlung ein, wird aber zusammen mit Petrus von Nero wiederholt in den Kerker geworfen und zuletzt enthauptet, während Petrus den Kreuzestod erleidet. Darauf bricht ein Aufstand gegen den Kaiser aus, und dieser nimmt sich selbst das Leben.

Das Mysterium des Antonius von Viennés[3] liegt uns in einer im Jahre 1503 angefertigten Kopie vor, an welcher später zu zwei verschiedenen

---

[1] *Ludus sancti Jacobi, fragment d'un mystère provençal* p. p. C. Arnaud. Marseille 1858.

[2] *Istoria Petri et Pauli, mystère en langue provençale du XVe siècle* p. p. Paul Guillaume, Gap et Paris 1887.

[3] *Le Mystère de Sant Anthoni de Viennès* p. p. Paul Guillaume, Gap et Paris 1884.

Malen Veränderungen und Einfügungen vorgenommen worden sind. Aus einer Stelle im Prolog scheint hervorzugehen, dass der Verfasser aus der Dauphiné war, da er von dem Delphin als «seinem Herrn» spricht. Der heil. Antonius war auch gerade in diesem Lande sehr populär, da seine Reliquien i. J. 1076 dorthin überführt worden waren. Die Zahl der mitwirkenden Personen ist der des soeben besprochenen Stückes etwa gleich, doch ist ihr Charakter teilweise ein andrer, da hier zahlreiche Frauen erscheinen, z. B. die heilige Maria, die Tante und die Schwester des Hauptheldem nebst ihren Dienerinnen sowie mehrere Nonnen. Sodann verdient hervorgehoben zu werden, dass auch verschiedene allegorische Figuren, personifizierte Laster, auftreten und dass selbst Löwen mit eingreifen. Im Eingange giebt Antonius seinen Verwandten seinen Entschluss zu erkennen, der Welt zu entsagen, und bleibt auch allen ihren Einwendungen gegenüber fest. Er verkauft seinen gesamten Besitz, verteilt den Erlös an die Armen und findet in einem Kloster Aufnahme. Er wird dort schliesslich zum Abt gewählt, widersteht mit Hilfe Gottes und seiner Engel zahlreichen Versuchungen, die an ihn herantreten, und bei seinem Tode erklärt der Erzengel Michael, dass seine Seele im Paradiese Aufnahme gefunden habe. Es ist dies der Inhalt der Lebensgeschichte des h. Antonius, welcher, 251 in Coma bei Memphis geboren, zuerst Mönch, dann Abt wurde und 356 hochbetagt starb.

56. Das Mysterium des Pontius[1] ist, wie das von Petrus und Paulus, auf zwei Tage verteilt; auf den ersten fallen 2555, auf den zweiten 2860 Verse, sodass das Ganze 5415 Zeilen umfasst. Bemerkenswert ist die metrische Form, da neben dem sonst gebräuchlichen Versmasse einzeln andere Metra verwandt werden, so Strophen, in denen auf 6—8 Achtsilbler mit gleichem Reim ein Viersilbler folgt, der mit der nächsten Strophe reimt, ausserdem Viersilbler-Quatrains mit gekreuzten Reimen, sodann Rondeaux u. a. Es nehmen im Ganzen 58 Personen, darunter mehrere Kaiser und Päpste, heidnische Priester und Juden, an der Handlung Teil. Diese selbst stellt das Leben des h. Pontius dar, welcher von 257—61 Bischof von Cimiez war und dessen Andenken der 14. Mai gewidmet ist. Das Drama folgt im Allgemeinen ganz treu der von dem Heiligen überlieferten Legende. Dieser war nämlich als Sohn eines römischen Senators geboren, wird jedoch schon als Knabe für den christlichen Glauben gewonnen und bestimmt nicht nur seine ganze Familie, sondern auch die beiden Kaiser, Philippus Vater und Sohn dazu, dem Heidentum zu entsagen. Aber Valerianus und Gallienus, die Nachfolger der letzteren, erlassen strenge Verordnungen gegen die Christen, weshalb Pontius nach Cimiez in Gallien flieht, dessen Einwohner er bekehrt. Aber sein langjähriger Feind Claudius wird dort zum Präfekten ernannt, und nun beginnt seine Leidenszeit. Zwar zerbricht das Werkzeug, mit dem er gefoltert werden soll, und die Bären, denen er vorgeworfen wird, zerreissen ihre Führer, auch den Flammen des Scheiterhaufens entgeht es unversehrt; erst als ihm auf Befehl des Kaisers der Kopf abgeschlagen wird, endet sein Martyrium; Claudius aber wird von den Teufeln in die Hölle geschleppt.

Das vierte dieser Dramen, in der einzigen uns aufbewahrten Handschrift Moralitas sancti Eustacii[2] betitelt, zählt 2849 Verse, von denen allerdings einige verstümmelt sind, und enthält mehr als 60 Rollen. Aus einer Bemerkung am Ende des Manuskripts erfahren wir, dass die uns überlieferte Fassung die Überarbeitung eines älteren Originals ist, und dass der Überar-

[1] *Istorio de Sanct Poncz* p. p. Paul Guillaume, Gap et Paris 1888 und *Rev. des l. r.* 31, 317—420 und 461-553: 32, 5—24 und 250-285.

[2] *Le Mystère de Saint Eustache* p. p. Paul Guillaume, Gap et Paris 1883; 2e éd. 1891 (Auch *Rev. des l. r.* 21, 105—22 und 290—301; 22, 5—19; 53—70; 180 99 und 209—34).

beiter, Namens B. Chancel, Pfarrer in Puy-Saint-André, sein Werk im Jahre 1504 aufführen liess. Der Gang der Handlung, welche der legendarischen Geschichte des Heiligen ziemlich genau folgt, ist kurz dieser. Ein Feldherr des Kaisers Trajan, Namens Placidas, welcher sich durch seine Mildthätigkeit auszeichnet, erblickt auf einer Hirschjagd in einer Vision Christum und lässt sich samt seiner Familie taufen, wobei er den Namen Eustachius annimmt. Nun lässt Gott ihn zu seiner Prüfung in grosse Not kommen. Er geht mit den Seinen aus dem Lande, und unterwegs stehlen ihm Räuber seine letzte Habe, worauf ihm auch noch seine Frau und Söhne geraubt werden; er selbst tritt bei einem Bauern in Dienst. Inzwischen hat der Kaiser seinen Feldherrn überall suchen lassen, und es gelingt ihm endlich nach 15 Jahren, denselben aufzufinden. Eustachius wird wieder in seine Ämter eingesetzt, besiegt den König von der Türkei und findet auch nach dem Tode Trajans seine Gattin und seine beiden Kinder wieder. Sie alle aber weigern sich, nach dem Befehle des neuen Kaisers Hadrian, Apollo anzubeten und müssen deshalb den Märtyrertod erleiden.

Von dem Mysterium des Andreas[1] ist uns nur die zweite Hälfte, nämlich derjenige Teil, der den zweiten Tag ausfüllte, erhalten. Eine lateinisch geschriebene Notiz am Schlusse der Handschrift berichtet uns, dass ein Kapellan Marcellin Richard die uns vorliegende Form des Dramas »redigiert« habe, was besagen zu wollen scheint, dass er das Stück nicht sowohl verfasst, als vielmehr nach einer älteren Version umgearbeitet hat. Er verwandte darauf die Zeit vom 29. Januar bis zum 20. April 1512, und am 20. Juni desselben Jahres wurde das Stück unter Leitung des oben genannten Pfarrers Chancel aufgeführt. Der uns vorliegende Teil des Mysteriums umfasst 2694 Zeilen, wozu noch der Prolog eines anderen Verfassers (37 Verse) und am Schlusse der Handschrift einige Bruchstücke von Szenen (36 Verse) kommen, deren Zugehörigkeit zu dem Stücke nicht völlig klar ist. Das Drama führt uns das Martyrium des Andreas vor Augen. Aegeas, König von Achaia, befiehlt, die Götzen anzubeten, und da der Apostel sich weigert, zu gehorchen, so muss er, wie einst sein Meister, am Kreuze sterben. Das Stück schliesst mit dem Tode des von Gewissensbissen gepeinigten Königs, der seinen Leib und seine Seele den Teufeln vermacht.

57. Etwa derselben Zeit wie die fünf soeben kennen gelernten Mysterien gehört eine Sammlung von Dramen an, welche Ende 1888 von dem Oberstabsarzt L. de Santi unter den Familienpapieren des Schlosses La Barthe (Dép. Gers) entdeckt und welche um 1470, vermutlich in Rouergue niedergeschrieben ist[2]. Das vierte Stück derselben »Lo Jutjamen de Jesus de Nazaret« ist offenbar identisch mit einem gleich betitelten Drama, das nach einer auf uns gekommenen Notiz am 3. April 1440 in der Stadt Rodez aufgeführt wurde. Die Entstehungszeit der Sammlung fällt demnach vor jenen Termin, doch wissen wir nicht, wer ihr Verfasser gewesen ist. Sie enthält acht vollständige Stücke nebst mehreren Fragmenten, und alle mit Ausnahme des letzten, bilden Teile von dem Cyklus der Passion; es fehlen jedoch einige der gewöhnlich dazu gehörigen Dramen, z. B. das, welches das Leiden selbst darstellt. Das letzte »das jüngste Gericht« stammt unzweifelhaft von demselben Dichter und bildet gleichsam eine Fortsetzung zu den übrigen. Gedruckt ist bisher nur das erste, die Schöpfung mit 8 Personen in 302 Versen, welche sich eng an den Bericht der Bibel anschliesst[2]. Unter den übrigen verdient das schon

[1] *Le Mystère de saint André,* par Marcellin Richard p. p. l'abbé J. Fazy, Aix 1883.
[2] A. Thomas, *Notice sur un recueil de mystères provençaux du quinzième siècle, Annales du Midi* II, 385–418.

genannte vierte, das 1064 Zeilen zählt, in sofern besondere Beachtung, als es ein Mittelding zwischen einem Mysterium und einer Moralität ist, weil allegorische Personen darin auftreten. Natura humana begiebt sich nämlich in der Kleidung eines alten Mannes aus der Hölle zu Gott und beklagt sich, dass sie nicht aus der Hölle befreit worden, wie ihr von den Propheten im Namen Gottes versprochen sei. Als Gott erwidert, er habe seinen Sohn zu jenem Zwecke gesandt, mehr könne er nicht thun, verklagt Natura humana Jesum vor den Richtern des »Gesetzes der Natur«, deren Vorsitz Adam führt, und diese erklären, Jesus müsse sterben. Seine Mutter Maria appelliert an den Gerichtshof des »Gesetzes der Schrift« dem David präsidiert, doch bestätigt dieses das erste Urteil. Eine neue Berufung an den Hof des »Gesetzes der Gnade«, den der h. Johannes leitet, hat den gleichen Erfolg, und damit ist die Verurteilung eine endgültige geworden. Maria wird ohnmächtig, doch rufen Bonne Patience und Jesus sie ins Bewusstsein zurück und trösten sie.

Die übrigen Stücke behandeln die Auferweckung des Lazarus, das Mahl bei Simon und den Einzug in Jerusalem, die Auferstehung, Joseph von Arimathia, endlich die Ausgiessung des heiligen Geistes.

Petit de Julleville, *Les Mystères,* Paris 1880, II, 564–8.

PROSA.

Immer erst nach der Poesie erfolgt bei allen modernen Völkern zeitlich die Entwickelung der Prosa als Litteraturgattung. Man hielt eben bei jedem Erzeugnisse der Litteratur die gebundene Form für unbedingt notwendig, während die Wissenschaft sich damals fast ausschliesslich des Lateinischen bediente. So tritt denn auch im Prozenzalischen die Prosa erst verhältnismässig spät, mit geringen Ausnahmen nicht vor dem 13. Jh., in den Vordergrund, und auch da ist es ihr nicht gelungen, Werke von irgendwie hervorragender Bedeutung zu erzeugen. Stil und Ausdruck sind in ihren Hervorbringungen einfach und schlicht, ja oft ärmlich, ungelenk oder schwerfällig, und sie bleibt weit hinter dem Reichtum, der Schmiegsamkeit und der Formvollendung zurück, welche der Poesie, besonders der Lyrik, eigen sind und welche dieser einen so bestrickenden Glanz verleihen.

Wenn wir von den Urkunden und sonstigen Schriftstücken absehen, welche rein praktischen Zwecken dienten, daher mit der Litteratur nichts zu thun haben, so war es in erster Linie wiederum die Kirche, welche sich der prosaischen Form der Sprache bediente, nämlich in all den Fällen, wo sie sich an das Volk wenden wollte, da dieses ja die offizielle Ausdrucksweise der Kirche nicht verstand. Die hierher gehörigen Denkmäler sind Übersetzungen fremder, meist lateinischer Originale, sodann Heiligengeschichten, endlich sonstige erbauliche Schriften. Ihnen gegenüber treten die Profanwerke in die zweite Linie; wir besitzen Arbeiten historischen Charakters und wissenschaftliche Abhandlungen, während die Romanlitteratur so gut wie gar nicht vertreten ist.

A. GEISTLICHE PROSA.

1. ÜBERSETZUNGEN.

59. Unter den Übersetzungen stehen die von der Bibel oder von Abschnitten derselben obenan. Ich zähle nur diejenigen auf, welche bereits, sei es ganz, sei es teilweise, herausgegeben worden sind.

Dahin gehört zunächst eine Übersetzung der Kapitel 13—17 des Johannes-Evangeliums[1], die aus dem 11. Jh. stammt, daher das älteste uns bekannte Erzeugnis der provenzalischen Prosa darstellt. Aus späterer Zeit besitzen wir folgende Übersetzungen. Dem 13. Jh. gehören vier solche des Neuen Testamentes an; die eine, mehr freie, stellenweise etwas gekürzte, ist in der Handschrift 2425 der Pariser National-Bibliothek erhalten, welcher jedoch die ersten 31 Blätter, d. h. das Matthäus- und die ersten 17 Verse vom Marcus-Evangelium fehlen; von ihr ist bisher nur Lucas 7, 36—50[2], sodann das Evangelium Johannis[3] und der Epheser-Brief[4] publiziert. Die zweite, zu Lyon befindliche, sogenannte Albigenser-Version, ist neuerdings vollständig herausgegeben worden[5], nachdem schon früher ein Teil, das Johannes-Evangelium, erschienen war[6]. Die dritte, die allerdings nur in einer Handschrift aus dem 15. Jh. (B. N. fr. 6261), welche mehrfache Lücken und Umstellungen aufweist, vorliegt, schliesst sich ebenfalls nicht eng an den lateinischen Text an, sondern kürzt, erweitert, umschreibt oder erläutert ihn zuweilen. Von dieser sind bisher erst geringe Proben abgedruckt[7]. Endlich ist kürzlich ein Bruchstück einer noch anderen Übersetzung entdeckt worden, welches den Schluss des Matthäus- und den Anfang des Marcus-Evangeliums enthält[8] und welches stellenweise mit der zuletzt genannten Übersetzung wörtlich übereinstimmt, sodass also für beide sei es ganz sei es teilweise der gleiche Ursprung anzunehmen ist.

Die Übersetzungen des Alten Testamentes gehen nicht so weit znrück. Eine freie Übertragung der historischen Teile desselben und einiger Apokryphen (Bücher Mosis, Josua, Richter, Könige, Tobias, Daniel, Susanna, Judith, Esther, Maccabäer), im 14., vielleicht erst im 15. Jh. angefertigt, und zwar nicht nach einer lateinischen, sondern einer französischen Vorlage, befindet sich in dem Manuskript 2426 der National-Bibliothek, woraus Susanna[9], Esther[10] und Tobias[11] bereits gedruckt sind, während von einer etwas älteren, welche sich auf das ganze Alte Testament erstreckt und die in mehreren Hss. vorliegt (vgl. Rom. 19, 557, Anm. 1) bisher nichts ediert ist.

Endlich ist hier die Waldenserbibel zu nennen, die in Wirklichkeit jedoch nur das Neue Testament ganz enthält, von dem Alten, resp. den Apokryphen, bloss 5 Bücher (davon einige unvollständig), nämlich die Sprüche, den Prediger, das Hohelied und die Weisheit Salomos, sowie das Buch Jesus Sirach. Die 5 Handschriften derselben befinden sich in Carpentras und Dublin, Grenoble und Cambridge (unvollständig), endlich Zürich (enthält nur das N. T.) und zerfallen in drei Gruppen. Veröffentlicht ist die Züricher

[1] Bartsch, *Chrest.*[4] 9—18.

[2] Chabaneau, *Sainte Marie Madeleine dans la litt. prov.* 195-6 (Auch *Rev. des l. r.* 29, 275).

[3] Gilly, *The Romaunt Version of the Gospel according to St. John*, 3-90 und *L'Évangile selon Saint Jean en vieux provençal* p. p. Wollenberg. Programm, Berlin 1868.

[4] *Épître de saint Paul aux Éphésiens* p. p. Wollenberg, Arch. 28, 75—85.

[5] *Le Nouveau Testament traduit au XIIIe s. en langue provençale suivi d'un rituel cathare, reproduction photolithographique du ms. de Lyon* p. p. L. Clédat, Paris 1888.

[6] *L'Evangile selon Saint Jean, en provençal du XIIIe siècle* p. p. W. Förster, *Rev. des l. r.* 13, 105—25 und 157—79.

[7] S. Berger, *Rom.* 19, 538—48.

[8] P. Meyer, *Fragment d'une version provençale inconnue du nouveau testament*, Rom. 18, 430—38; vgl. ib. 523.

[9] *Lo libre de Susanna* p. p. Wollenberg, Arch. 28, 85—88.

[10] *Lo libre de Ester la reyna* etc. p. p. Wollenberg, Arch. 30, 159—67.

[11] *Lo libre de l'estoria e de la vida de Tobias bon home e just* p. p. Wollenberg, Arch. 32, 337-52.

Version ganz[1], ausserdem das Gleichnis vom verlorenen Sohn[2] (Lucas 15, 11—32) und das Evangelium Johannis[3], beide nach dem Dubliner Manuskript, das erste Kapitel letzteren Evangeliums auch nach dem von Grenoble und Zürich[4]; ausserdem Kapitel 5 des Lucas[5], Kapitel 9 der Apostelgeschichte[6] und Kapitel 5 des Epheser-Briefes[7], alle drei nach der Handschrift von Carpentras. Endlich ist das Hohelied zweimal herausgegeben, einmal zugleich mit einer in Genf befindlichen waldensischen Auslegung desselben[8], sodann der Text des Liedes allein nach derselben Genfer Handschrift mit den Varianten der Dubliner[9]. Es ist möglich, dass diese Bibelübersetzung mehr oder weniger unmittelbar von derjenigen stammt, welche der bekannte Petrus Waldus um das Jahr 1175 von Stephan d' Ansa nach der Vulgata anfertigen liess und 1179 auf dem lateranischen Concil dem Papste Alexander III. überreichte.

S. Berger, *Les Bibles provençales et vaudoises*, Rom. 18, 353—422; P. Meyer, *Recherches linguistiques sur l'origine des versions provençales du nouveau testament*, Rom. 18, 423—9; S. Berger, *Nouvelles recherches sur les bibles provençales et catalanes*, Rom. 19, 505—61.

60. Die übrigen Übersetzungen stehen an Bedeutung erheblich zurück. Wir besitzen eine im 13. Jh. angefertigte der Regeln des Benediktinerordens[10], sodann diejenige von einer dem Origenes zugeschriebenen Predigt über Maria Magdalena[11], die von dem Liber scintillarum des Beda Venerabilis, d. h. einer sachlich geordneten Sammlung von Aussprüchen der Apostel und Kirchenväter[12], die der Legenda aurea des Jacobus a Voragine, aus welcher nur das in § 61 zu erwähnende Leben der heiligen Maria Magdalena veröffentlicht ist, die eines theologischen Werkes des Honorius Augustodunensis, das den Titel führt Elucidarium sive dialogus summam totius christianae theologiae breviter complectens[13], endlich die vermutlich in der ersten Hälfte des 14. Jh.'s, und zwar wahrscheinlich in Rouergue, angefertigte der viel gelesenen Chronik des Pseudo-Turpinus[14]. Alle bisher genannte sind Übertragungen lateinischer Vorlagen; aber auch altfranzösische Abhandlungen sind übersetzt worden, so das Doctrinal aus simples gens des Gui de Roie im 15. Jh. unter dem Titel Lo Doctrinal de Sapiensa[15]; ebenso besitzen wir eine andere, über die Tugenden und Laster, welche den Titel Somme le Roi führt, weil der Beichtvater Philipps III. von Frankreich, der Predigermönch Laurent, sie für den König auf dessen Bitte niedergeschrieben hat, in einer provenzalischen Fassung aus dem 14. Jh.[16] Ein

---

[1] *Il Nuovo Testamento valdese, secondo la lezione del Codice di Zurigo, edito da* C. Salvioni, *Archivio glottologico* 11, 1-307.

[2] hsg. von Grüzmacher, *Jahrbuch* 4, 373-4.

[3] Gilly, *The Romaunt Version of the Gospel according to St. John* 3—90 (in Parallel-Colonne mit der in § 56 Anm. 2 erwähnten Version).

[4] Gilly, *l. c.* XXVIII—XXX; XLIV—XLVII; LII—LIV.

[5] *Fragments d'une traduction de la Bible en langue romane* p. p. H. de la Combe, *Rev. des l. r.* 23. 209—221.

[6] ibidem.

[7] ibidem.

[8] Herzog, *Zeitschrift für die historische Theologie* 40 (1870), 516-62.

[9] Derselbe, ebendort 31 (1861), 593—600.

[10] Bruchstück: Bartsch, *Chrest.*[4] 231—4.

[11] Chabaneau, *Sainte Marie Madeleine dans la litt. prov.* Paris 1887, 35—55.

[12] Bruchstück: Bartsch, *Chrest.*[4] 233—8.

[13] p. p. Georges Reynaud, *Rev. des l. r.* 33, 217—50.

[14] *Der provenzalische Pseudo-Turpin* hrsg. von O. Schultz, *Ztschr.* 14, 467—520.

[15] Ein Abschnitt daraus hsg. von Noulet, *Un texte roman de la légende religieuse l'Ange et l'Ermite, Rev. des l. r.* 18, 261—64.

[16] Bruchstücke: Bartsch, *Chrest.*[4] 345—50 und P. Meyer, *Documents manuscrits de l'ancienne litt. fr.* Paris 1871, 265—8.

Abschnitt dieses Werkes, die Auslegung des Vaterunsers enthaltend, liegt in besonderer Bearbeitung vor[1]. Eine in einer Pariser Handschrift aufbewahrte Sammlung von Übersetzungen lateinischer Werke wird der zweite Band von Suchiers »Denkmälern« enthalten.

2. HEILIGENLEBEN UND LEGENDEN.

61. Obwohl die meisten Lebensbeschreibungen der Heiligen in dichterische Form gekleidet sind (vgl. § 36), so liegen doch auch einige in ungebundener Rede vor. Dem 13. Jh. gehören folgende an. Zunächst eine Sammlung von Heiligengeschichten und Legenden[2], die stellenweise die Form von Predigten haben und die mehr oder weniger freie Bearbeitungen von lateinischen Vorlagen sind. Da die ersten und letzten Blätter der Sammlung verloren gegangen sind, so wissen wir über den Verfasser nichts. Das Leben des Benedikt[3], das auch unter den Übersetzungen hätte aufgeführt werden können, da es eine ziemlich treue Übertragung der lateinischen Vita ist, berichtet, wie der Heilige auf Christi Geheiss und mit dessen Hülfe bei Avignon eine Brücke über den Rhonefluss erbaute, woran sich die Zeugenaussagen zur Bestätigung des Wunders schliessen. Das Leben der Doucelina[4], der um 1215 geborenen Tochter eines reichen Kaufmanns aus Digne, später Begründerin der Beguinenniederlassungen zu Hyères und Marseille sowie Beraterin Karls von Anjou, ist ein Originalwerk, da es auf den Erlebnissen und Mitteilungen von Augenzeugen beruht. Es ist nach dem Tode der Heldin († am 1. Sept. 1274), und zwar vermutlich kurz vor dem 1. Sept. 1297, wo es zum ersten Male in dem Beguinenkloster zu Marseille vorgelesen wurde, niedergeschrieben worden; später hat es jedoch noch einige Zusätze erhalten. Die Verfasserin war selbst eine Beguine, höchst wahrscheinlich Philippine von Porcellet aus Marseille. Die Lebensbeschreibungen der Maria Magdalena[5] (vgl. § 36) und der Martha[6] sind der in § 60 besprochenen provenzalischen Version der Legenda aurea entnommen; diejenigen des Elzear und der Delphine, Gräfin von Ariano, die etwa aus dem Ende des 13. Jh. stammen, befinden sich beide in einer Handschrift zu Paris[7].

Im Anfange des 14. Jh's. schrieb Marguerite von Oyngt, Priorin des Klosters Poletein, und zwar nicht lange vor ihrem am 11. Februar 1311 erfolgten Tode, in franko-provenzalischem Dialekt die Geschichte der heiligen Beatrix von Ornacieu, in welcher sie mit warmer Begeisterung die Tugenden, die Selbstkasteiungen und die frommen Thaten ihrer Heldin schildert, welche erst kurz vorher (1305 oder 1309) als Nonne gestorben war[8]. Auch von dem Honoratus, dessen Leben wir in dichterischer Form bereits kennen gelernt haben (§ 36), liegt eine Biographie in Prosa vor, doch ist sie noch nicht herausgegeben. Endlich kennen wir noch zwei im 14. Jh. entstandene Sammlungen von Heiligenleben; die eine, bruchstückweise überliefert, enthält nur kurze Notizen über die einzelnen Heiligen[9], von der anderen, in der

[1] Bruchstücke: P. Meyer, *Rom.* 14, 532—33.

[2] *Légendes pieuses en provençal* p. p. C. Chabaneau et G. Raynaud, *Rev. d. l. r.* 34, 209—303.

[3] *La vie de Saint Bénézet* p. p. Albanès, Marseille 1876.

[4] *La vie de Sainte Douceline* p. p. Albanès, Marseille 1879.

[5] Chabaneau, *Sainte Marie Madeleine dans la litt. prov.* Paris 1887, 7—34.

[6] ib. 200—204 (Auch *Rev. des l. r.* 29, 279—83).

[7] Bruchstück: P. Meyer, *Recueil* 146—9.

[8] *Oeuvres de Marguerite d'Oyngt* p. p. Philipon, Lyon 1877.

[9] *Fragments de vies de saints en langue romane du XIVe siècle* p. p. Dumas de Rauly, *Bulletin de la Société archéologique de Tarn-et-Garonne* 12, 117 sq. und von Chabaneau, *Rev. des l. r.* 29, 44—46.

Bibliothek des Lord Ashburnham befindlichen, ist bisher nur die Vita der Patronilla und Felicula gedruckt.[1].

Lefort, *La légende de S. Bénezet etc.* Le Mans 1878. — *Hist. Litt.* 29, 526—46. — *Hist. Litt.* 20, 305—23.

62. Unter den sonstigen legendarischen Stoffen verdient zunächst eine Sammlung von Wunderthaten der Jungfrau Maria hervorgehoben zu werden[2]. Es sind 13 kurze Erzählungen von Begebenheiten, in denen die heilige Jungfrau thätig eingreift, indem sie den Bedrängten beisteht, die Pflichtvergessenen ermahnt und die Anschläge der Bösen vereitelt. Die bereits in § 44 besprochene Sage von der Sendung des Seth ins Paradies und der Geschichte des Kreuzholzes Christi liegt in zwei Gestaltungen[3] vor, die aus zwei verschiedenen lateinischen Versionen hervorgegangen sind. Ähnlich verhält es sich mit einer anderen Sage, dem Besuch des Apostels Paulus in der Unterwelt[4], den dieser in Begleitung des Erzengels Michael unternahm, bei welcher Gelegenheit Christus auf ihre Bitte den Verdammten von Sonnabend Abend bis Montag früh Befreiung von ihren Qualen gewährte. Auch diese geht auf eine lateinische Vorlage, die »Historia Pauli descendentis cum archangelo Michaele ad inferos« zurück. Die Beschreibung der Höllenstrafen bildet auch den Inhalt zweier anderer Legenden, der Reise des heiligen Patricius ins Fegefeuer, von Raimon von Perilhos am Ende des 14. Jh. verfasst, und die Vision des Tungdalus[5], eines irischen Ritters, ebenfalls auf lateinischen Quellen beruhend. Eine andere wunderbare Sage, die Zerstörung Jerusalems, von der schon einmal (§ 44) die Rede gewesen ist, ist auch in prosaischer Form auf uns gekommen[6]. Die Quelle derselben ist noch nicht aufgefunden worden. Schliesslich sei noch erwähnt, dass auch die im Mittelalter weit verbreitete Legende von Barlaam und Josaphat in provenzalischer Prosabearbeitung vorliegt[7]. Dies ist bekanntlich die sagenhafte Geschichte des Buddha, der als Sohn eines indischen Königs geboren, der Üppigkeit des Hofes entfloh, um ein ascetisches Leben zu führen. Die christliche Sage bemächtigte sich dieses Stoffes, liess den Prinzen unter dem Namen Josaphat von dem frommen Einsiedler Barlaam zum Christentum bekehrt werden, und schliesslich wurden beide unter die Heiligen aufgenommen. Alle abendländische Fassungen dieses Stoffes sind mittelbar oder unmittelbar aus einer griechischen Erzählung hervorgegangen, die ums Jahr 1000 ins Lateinische übersetzt worden ist.

Mussafia, *Sulla visione di Tundalo*, Vienna 1871.

3. SONSTIGE WERKE ERBAULICHEN CHARAKTERS.

63. Wir beginnen mit den Predigten. Es kommen zunächst zwei in der gleichen Handschrift aufbewahrte Sammlungen in Betracht, die bis ins 12. Jh. zurückgehen, daher nächst der frühesten Übersetzung des Johannes-Evangeliums (§ 59) das älteste litterarische Prosadenkmal des Provenzalischen darstellen. Die erste Sammlung, aus dem Anfange des Jahrhunderts,

---

[1] P. Meyer, *Recueil* 136—38.

[2] *Miracles de Notre Dame en provençal* p. p. J. Ulrich, Rom. 8, 12—28.

[3] Suchier, *Denkmäler* I, 165—200; die eine auch bei Graf, *Un testo provenzale della leggenda della Croce, Giorn. di fil. rom.* 4, 99—104.

[4] Bartsch, *Denkmäler* 310—13.

[5] Du Mège, *Voyage au purgatoire de Saint Patrice par Perilhos et lo libre de Tindal*, Toulouse 1832.

[6] *La Prise de Jerusalem ou La Vengeance du Sauveur* p. p. C. Chabaneau, Paris 1890, sowie *Rev. des l. r.* 32, 581—608; 33, 31—46 und 600—609.

[7] Bruchstücke: Bartsch, *Lesebuch* 166—74; *Chrest.*[4] 353—60; *Barlaam und Josaphat*, französisches Gedicht des 13. Jhs hsg. v. Zotenberg und Meyer, 352—6.

umfasst deren 18, die zweite, etwa 50 Jahre später niedergeschriebene, deren 12[1]. Diese Predigten, welche sich auf die verschiedenen kirchlichen Feste beziehen, und die von nicht geringer Begabung des Verfassers zeugen, sind jedoch wohl nicht Originalwerke, sondern vermutlich zuerst lateinisch niedergeschrieben gewesen und dann frei übertragen worden; von drei dieser Predigten findet sich eine Übersetzung sogar in beiden Sammlungen zugleich. Von einigen jüngeren Predigten (13. oder 14. Jh.), sind bisher nur kleine Bruchstücke veröffentlicht worden[2], während eine solche aus dem 15. Jh., Johannes den Täufer betreffend, gedruckt vorliegt[3]. Über eine Predigt von der Maria Magdalena vgl. § 60.

Etwa um 1300 ist von einem uns nicht bekannten Verfasser eine moralisierende Abhandlung[4] niedergeschrieben, die allerdings nicht vollständig auf uns gekommen ist. Sie spricht in einzelnen Abschnitten über die Reue, über die Mittel, Versuchungen von sich fern zu halten oder denselben nicht zu unterliegen, über die Wege, welche zur Vervollkommnung führen, über die verschiedenen Arten der Furcht u. dgl.

Erbaulichen Inhaltes ist auch ein Werk der bereits erwähnten (§ 61) Marguerite von Oyngt, das in der Handschrift den Titel führt Speculum sanctae Margaretae virginis, priorissae de Poleteins[5]; es hat die Form einer Vision, die, wie die Verfasserin vorgiebt, eine ihr bekannte Person gehabt habe. Sie berichtet nun in 3 Abschnitten, wie Christus derselben erschienen sei, und zwar mit einem wunderbaren Buche in der Hand, an dessen Beschreibung sie allegorische Deutungen knüpft, um schliesslich von der Glückseligkeit zu sprechen, die Gott seinen Getreuen zu Teil werden lässt. Ein Werk aus dem 14. Jh. über die sieben Schmerzen und die sieben Freuden der Jungfrau Maria (vgl. § 44), welches in die Form eines Gebetes an dieselbe gekleidet ist, kennen wir bisher nur auszugsweise[6]. Ähnlichen Charakters ist eine unter dem Titel Salve regina en romans[7] überlieferte provenzalische Umschreibung einer sehr beliebten Antiphona, in welcher schwärmerische Worte der Verehrung zugleich mit dem Gesuche um Fürbitte an die Gottesmutter gerichtet werden. Eine Beichtformel[8] spricht in 10 Abschnitten das Bekenntnis der verschiedenen Sünden aus, und zwar in ziemlich engem Anschluss an den Katechismus. Umgekehrt geben 7 Praecepta moralia[9] (ein achtes in metrischer Form ist vielmehr eine Beichtformel), die sich in derselben Handschrift befinden, wie die oben an erster Stelle aufgeführten Predigten, moralische Erläuterungen und Vorschriften in Betreff der Sakramente, der Werke der Barmherzigkeit, der 10 Gebote, der Busse und des Glaubens, während eine Aufzählung der 7 Sakramente, 7 bonitates, 7 Todsünden, 7 Tugenden und der 10 Gebote[10] zur Belehrung der Laien bestimmt ist. Kirchlich-liturgischen Zwecken endlich

---

[1] *Sermons et préceptes religieux en langue d'oc du douzième siècle* p. p. Chabaneau, *Rev. des l. r.* 18, 105—46; 22, 158—179; 23, 53—69 und 157—69; *Sermons du douzième siècle en vieux provençal* p. p. Armitage, Heilbronn 1884.

[2] P. Meyer, *Documents manuscrits de l'ancienne litt. de la France*, Paris 1871, 262—5; Ders., *Rom.* 14, 531—32.

[3] P. Meyer, *Une homélie provençale du XVe s.*, *Bulletin de la Société des anc. textes fr.* 1883, 61—9.

[4] De Lollis, *Trattato provenzale di Penitenza*, *Studj di fil. rom.* 5, 273—340.

[5] *Oeuvres de Marguerite d'Oyngt* p. p. Philipon, Lyon 1877.

[6] P. Meyer, *Bulletin de la Société des anc. textes fr.* 1881, 58—9.

[7] Suchier, *Mariengebete*, Halle 1877, 40—8.

[8] Suchier, *Denkmäler* I, 98—106.

[9] In den Anm. 1 angeführten Ausgaben von Predigten abgedruckt.

[10] Bartsch, *Denkmäler* 306.

dient ein waldensisches Ritual,[1] das sich in der Lyoner Handschrift des waldensischen Neuen Testamentes unmittelbar und ohne eigene Bezeichnung an die Übersetzung anschliesst.

64. Eine Handschrift des Britischen Museums enthält eine Sammlung von frommen Abhandlungen über die göttliche Liebe[2] und was damit zusammenhängt, unzweifelhaft Übersetzungen oder Bearbeitungen lateinischer Originale, welche letztere einen Franziskaner-Mönch zum Verfasser haben. Von einem anderen Werke ähnlichen Charakters, Libre dels yssamples[3], ist nur der Anfang erhalten, in welchem im Anschluss an die Geschichte des Sündenfalles von der Macht des Teufels über den Menschen gehandelt wird.

Ganz eigenartig ist ein Wahrsagebuch, Les sorts des apôtres[4] betitelt, nämlich eine Sammlung von 56 ziemlich allgemein gehaltenen Sätzen, die als Antwort auf etwaige Fragen in Betreff zukünftiger Ereignisse dienen konnten und die sich auf einem Pergamentblatt befinden, an dessen Rand 56 farbige Fäden befestigt sind. Das Wahrsagen geschah in der Weise, dass der Fragesteller einen der Fäden aufs Geratewohl herausgriff und nun aus den entsprechenden Sätzen entnahm, wie er sich zu verhalten habe oder was die Zukunft ihm bringen werde. Den Sprüchen geht ein Gebet voran, in welchem der Wahrsager Gott und die Heiligen bittet, ihm beizustehen, damit er immer richtig prophezeie. Der Titel stammt wohl daher, dass in der Apostelgeschichte (1, 26) berichtet wird, bei der Wahl eines Ersatzjüngers für Judas Ischarioth habe das Los *(sort)* entschieden. Auch dies Werk ist aus dem Lateinischen übertragen, weicht jedoch in mehreren Punkten von der uns überlieferten Gestalt der Sortes Apostolorum ab. Endlich ist hier ein anderes eigenartiges Werk belehrenden Inhaltes aus dem Gebiete der Theologie, das weise Kind,[5] zu erwähnen, das aus einer Reihe von Fragen besteht, welche sich auf biblische oder geschichtliche Vorgänge beziehen, nebst den dazu gehörigen Antworten. Letztere werden sämtlich einem durch sein Wissen und seine Klugheit ausgezeichneten Kinde, jene Fragen verschiedenen Personen, einem Kaiser, einem Bischof u. a. in den Mund gelegt. Die Schrift liegt in zwei Fassungen, einer längeren und einer kürzeren vor und beruht, wie alle Bearbeitungen dieses im Mittelalter beliebten Stoffes, auf einem lateinischen Werkchen, Joca Monachorum, dessen Titel schon über dessen Entstehung aufklärt.

B. PROFANPROSA.

1. WERKE HISTORISCHEN CHARAKTERS.

65. In dieser Gattung nehmen die Biographien der Trobadors[6] das grösste Interesse in Anspruch. Es gibt deren mehr als hundert, die manchmal allerdings in nur wenigen dürftigen Notizen, nicht selten aber auch in ausführlichen Lebensnachrichten, in einigen Fällen sogar in höchst romantisch

[1] *Ein katharisches Rituale* hsg. von E. Cunitz, Jena 1852; photolithographische Wiedergabe der ganzen Handschrift s. § 59 Anm. 5; *Ritual provençal* (Photolithographie) in *Collection de reproductions de manuscrits* p. p. L. Clédat, Paris 1890.

[2] Bruchstück: P. Meyer, *Bulletin de la Société des anc. textes fr.* 1881, 60—4.

[3] Suchier, *Denkmäler* I, 470—2.

[4] *Les Sorts des Saints ou des Apôtres* p. p. Rocquain, *Bibliothèque de l'École des Chartes* 1880, 457—74; *Les Sorts des Apôtres* p. p. Chabaneau, Paris 1881 (Auch Rev. des l. r. 18, 157—78; 264—74 und 19, 63—4).

[5] Bartsch, *Denkmäler* 306—10; P. Meyer, *L'enfant sage*, *Bulletin de la Société des anc. textes fr.* 1875, 71—4.

[6] *Biographien der Troubadours* hsg. von Mahn, Berlin 1853 und 1878; *Les Biographies des Troubadours* p. p. Chabaneau, Toulouse 1885 (Aus *Hist. générale de Languedoc* 10).

ausgeschmückten Novellen bestehen, die von einem fabelsüchtigen Chronisten auf den betreffenden Trobador übertragen worden sind. Ja es kommt vor, dass ein und dieselbe Biographie in älteren Handschriften einen kurzen Lebensabriss darstellt, während sie in jüngeren mit zahlreichen phantastischen, völlig erfundenen Zuthaten versehen erscheint. Neben den eigentlichen Biographien sind uns bei einigen Dichtern mehr oder weniger zahlreiche »razos« aufbewahrt worden, d. h. genaue Angaben über die Umstände, welche die Entstehung eines Sirventes, eines Liedes oder einer Tenzone veranlasst haben. Was die Verfasser betrifft, so nennt sich Hugo von St. Circ, der selbst Trobador war (1200—56), als den der Vita Bernarts von Ventadorn und Savarics von Mauleon; unzweifelhaft stammen aber noch andere, vielleicht die Mehrzahl der uns erhaltenen, von ihm.[1] Ausser Hugo giebt sich nur noch in dem Leben Peire Cardinals der Verfasser zu erkennen, es ist Michel de la Tor. Die meisten dieser Lebensnachrichten sind wohl in der ersten Hälfte des 13. Jhs. entstanden; wenige mögen sei es älter sei es jünger sein. Über die späteren Lyriker sind keine derartige Aufzeichnungen mehr gemacht worden, sodass wir von ihren Schicksalen wenig oder nichts wissen.

In das 13. Jh. gehören auch zwei geschichtliche Werke im engeren Sinne. Zunächst ein Bericht über die Einnahme von Damiette[2] im fünften Kreuzzuge, von dem leider die ganze erste Hälfte und ein Teil des Schlusses verloren gegangen ist. Er stammt vermutlich von einem Geistlichen, welcher vielleicht einen französischen Grossen auf der Expedition als Kapellan begleitet hat, sodass der Bericht, der wohl bald nach der Eroberung der Stadt (1219) niedergeschrieben ist, erheblichen historischen Wert besitzt. Letzteres gilt dagegen nicht von einer kurzgefassten Genealogie der Grafen von Toulouse[3] von der Zeit Karls des Grossen an bis zur Vereinigung der Grafschaft mit der Krone Frankreichs 1271, da hier mehrere ungenaue, selbst unrichtige Angaben vorkommen. Mehr kulturgeschichtlichen Wert besitzt eine Lokalchronik der Stadt Béziers,[4] in welcher ein städtischer Beamter, Namens Jacme Mascaro, für die Zeit von 1336 bis 1390 alle wichtigeren jene Stadt berührenden Ereignisse aufbewahrt hat.

Einer späteren Zeit gehören einige andere Geschichtswerke an, so die Chronik von Montpellier, welche die Zeit von Christi Geburt bis 1446 umfasst und einen Teil des sogenannten Petit Thalamus von Montpellier[5] bildet. Dazu kommen noch einige weitere geringeren Umfanges, die aber meist noch gar nicht oder nur mangelhaft herausgegeben sind. Ausserdem besitzen wir eine im 14. Jh. niedergeschriebene Chronik über den Albigenserkrieg,[6] die in einer mit einzelnen Zusätzen versehenen Prosaauflösung des in § 35 besprochenen Gedichts über denselben Gegenstand besteht.

66. Es sind nun noch einige Denkmäler von mehr oder weniger legendarischem Inhalte zu erwähnen. Dahin gehört eine Art Weltchronik[7] aus dem 14. Jh., von der Schöpfung und den Ereignissen des alten Testamentes an bis auf die Zeit Kaiser Constantins, welche auch in catalanischer und italienischer Fassung vorliegt. Interessant ist, dass auch der Inhalt des in § 37 erwähnten Evangeliums des Nicodemus mit in diese Kompilation aufgenommen worden

[1] Gröber, *Rom. Stud.* 2, 492 sq.

[2] *La Prise de Damiette en 1219* p. p. P. Meyer, Paris 1877 (Aus *Bibl. de l'Éc. des Chartes* 1877, 497—571); *Fragmentum provinciale de captione Damiatae* edidit Paulus Meyer, Genevae 1880 (Auch in *Publications de la Soc. de l'Orient latin* II).

[3] *Généalogie des Comtes de Toulouse* p. p. Laurac, Toulouse 1864.

[4] Ch. Barbier, *Le Libre de Memorias de Jacme Mascaro,* Rev. des l. r. 34, 36—98.

[5] *Le petit Thalamus de Montpellier p. par la société archéologique de Montpellier* 1840.

[6] *Histoire générale de Languedoc* 8, 1—206.

[7] Bruchstück: Bartsch, *Chrest.*[4] 393—8.

ist,[1] und zwar hat der Bearbeiter nicht nur das lateinische Evangelium sondern auch die provenazlische gereimte Bearbeitung desselben, endlich für den Bericht der Passion, der Auferstehung und der Himmelfahrt auch das neue Testament als Quelle benutzt.

Ganz fabulös ist eine Schrift, die gewöhnlich Philomena[2] betitelt wird, weil sie angeblich von einem Schreiber Karls des Grossen dieses Namens verfasst sein soll, während sie unzweifelhaft von einem Geistlichen der Abtei Grassa, vermutlich vor der Mitte des 13. Jhs. niedergeschrieben worden ist. Sie handelt nämlich von der Stiftung jenes Klosters durch Karl den Grossen auf der Heimkehr von einem Feldzuge gegen die Sarazenen, wobei mehrere Züge aus der Volkssage entlehnt sind. Bekannter als das Original ist eine um die Mitte des 13. Jhs. angefertigte lateinische Übersetzung.

2. WERKE WISSENSCHAFTLICHEN INHALTS.

67. Bei der eifrigen Pflege der Dichtkunst im In- und Auslande sowie in Anbetracht der hohen Anforderungen, welche an jeden Dichter in sprachlicher und metrischer Hinsicht gestellt wurden, ist es sehr erklärlich, dass man den Wunsch hatte, die nötigen Kenntnisse sich durch methodische Abhandlungen anzueignen. Unter den Werken, die diesem Bedürfnisse abzuhelfen versuchten, ist das älteste die Grammatik eines sonst nicht bekannten Uc Faidit, welchen man mit dem in § 65 genannten Hugo von St. Circ zu identifizieren gesucht hat. Er schrieb sein Werk um 1240 im Auftrage zweier Italiener, des Jakob von Mora und des Corano Zucchi von Sterleto, und zwar wohl in Italien selbst, lateinisch sowie provenzalisch nieder, und nannte es in Anlehnung an den Titel einer damals gebräuchlichen lateinischen Grammatik Donatus provincialis, Donat proensal.[3] Dasselbe umfasst ausser der eigentlichen Grammatik auch ein Reimlexicon. Etwas jünger ist die grammatische und poetische Abhandlung des auch als Novellendichter bekannten (vgl. § 13) Raimon Vidal aus Besaudun, von ihm selbst Las rasos de trobar[4] betitelt.

Von einer Art Poetik, welche darin besteht, dass einzelne Lieder oder Liederanfänge zuerst angeführt und dann erläutert werden, ist nur ein Bruchstück auf uns gekommen;[5] vollständig erhalten ist dagegen das berühmteste und zugleich jüngste Werk dieser Art, die Leys d'amors.[6] Wir kennen zwei Redaktionen desselben. Die eine, noch nicht gedruckte, hat viele Verbesserungen und Zusätze im Texte aufzuweisen, stellt daher wohl den ersten Entwurf, die andere die endgültige Fassung dar. Die Arbeit ist, wie schon oben erwähnt (§ 33), auf Veranlassung der 1324 zu Toulouse gegründeten Gesellschaft der »Dichtkunst«, *(gaia sciensa)*, entstanden, indem dieselbe ihren Kanzler Guilhem Molinier beauftragte, eine Unterweisung in der poetischen Technik abzufassen. Dieselbe behandelt in 3 Teilen die Grammatik, die Metrik und die Rhetorik.

Gröber, *Der Verfasser des Donat proensal*, Ztschr. 8, 112–17; Ders., *Zur Widmung des Donat proensal*, Ztschr. 8, 290—93; P. Merlo, *Sull' autore del Donato provenzale*, Giorn. stor. lett. it. 3, 218–21.

[1] *Prosaauflösung des poetischen Evangeliums Nicodemi* hsg. von Suchier, *Denkmäler* I, 387—461.

[2] Lange Auszüge bei Du Mège, *Histoire de Languedoc* II, *Additions* 16–32.

[3] *Grammaires provençales de Hugues Faidit et de Raymond Vidal de Besaudun*, 2e éd. p. p. Guessard, Paris 1858; *Die beiden ältesten provenzalischen Grammatiken Lo donatz proensals und Las rasos de trobar* hsg. von Stengel, Marburg 1878; Biadene, *Las Rasos de trobar e Lo Donatz proensals secondo la lezione del ms.* Landau, *Studj di fil. rom.* 1, 335—402 und 2, 93—5.

[4] Vgl. Anm 3.

[5] Bartsch, *Chrest.*[4] 297–300.

[6] *Las flors del gay saber estier dichas Las leys d'amors* p. p. Gatien-Arnoult in *Monumens de la littérature romane 1* 3, Toulouse 1841—43.

68. Die Naturwissenschaft hat ebenfalls einige Prosaabhandlungen aufzuweisen. Dahin gehört ein kurzgefasster Bestiarius[1] über die zum Teil phantastischen Eigenschaften einiger Tiere und Vögel, jedoch ohne die sonst üblichen mystischen Deutungen, während die waldensische Litteratur ein in manchen Punkten eigenartiges Tierbuch[2] aufweist, dessen Verfasser Jaco (vielleicht identisch mit Jaques de Vitry, Erzbischof von Frascati, † 1244) nach einer Einleitung in 54 Kapiteln von den Vögeln, den Tieren, den Fischen und den Schlangen handelt und jedesmal eine moralisierende Anwendung auf den Menschen beifügt. Von einem Lapidarius,[3] auf dem bekannten »liber de gemmis« des Marbod beruhend, sind nur geringe Bruchstücke auf uns gekommen, nämlich der Prolog und 22 Kapitel. Eigentümlich ist der ebenfalls in provenzalischer Bearbeitung aus dem 14. Jh. vorliegende angebliche Brief des Priesters Johannes,[4] eines sagenhaften Königs von Indien, an Kaiser Friedrich, in welchem derselbe über seine Lebensweise, sein Reich, besonders über dessen wundersame Bewohner, Flüsse, Inseln, Quellen, Erzeugnisse, Tiere, Pflanzen, Mineralien u. s. w. Auskunft erteilt. In ganz ähnlicher Weise beschäftigt sich mit der Geographie von Irland ein von dem Dominikaner Philipp, Prediger an der Kirche zu Cork, verfasstes und dem Papste Johann II. (1316—34) gewidmetes lateinisches Werk, das auch in einer provenzalischen Übertragung aus dem 14. Jh. vorliegt, deren Verfasser wir nicht kennen.[5]

Auch einen provenzalischen Kalender besitzen wir, der allerlei praktische Beigaben enthält[6]; in diesen werden wir z. B. über die für einen Aderlass günstigen Tage (dieser Abschnitt ist in einer andern Handschrift für sich behandelt[7]), über den Einfluss der verschiedenen Phasen und Konstellationen des Mondes, über die Glücks- und Unglücksstunden der Wochentage u. dgl. aufgeklärt.

Von den auf uns gekommenen medizinischen Originalwerken ist bisher nur eine kurze Diätetik[8], sodann eine Abhandlung über die Wirkungen des äusserlich angewandten Branntweins, Las vertutz de l'aiga ardent,[9] und einige Rezepte, resp. Sammlungen von solchen[10], gedruckt, wozu dann noch eine im 14. Jh. angefertigte Übersetzung der Chirurgie des berühmten, in Spanien lebenden arabischen Arztes Abul Kassem Khalaf kommt, welcher 1106 oder 1107 in Cordua gestorben ist und gewöhnlich Albucasis genannt wird.[11] Ebenso sind von zwei juristischen Werken bisher nur kurze Abschnitte herausgegeben worden, nämlich von dem einen, der Bearbeitung des Codex Justiniani, ein Teil des Erbrechtes[12], von der Übertragung des französischen Arbre de Batailles die Besprechung einiger völkerrechtlicher Fragen.[13] Das erste dieser beiden Werke ist eine für Laien geschriebene systematische Dar-

[1] *Aiso son las naturas d'alcus auzels e d'alcunas bestias*, Bartsch, *Lesebuch* 162—6 = *Chrest.*[4] 333—8.

[2] *Der waldensische Physiologus*, zum ersten Mal hsg. von Alfons Mayer, Rom. Forschungen 5, 392—418.

[3] p. p. La Porte du Theil, *Notices et extraits des manuscrits* 5, 689—708; Bruchstück: P. Meyer, *Fragments inédits d'un lapidaire provençal*, Jahrb. 4, 78-84.

[4] Suchier, *Denkmäler* I, 341—86.

[5] Frère Philippe, *Les Merveilles d'Irlande, texte provençal* p. p. J. Ulrich, Leipzig 1892.

[6] Kalender mit Beigaben in Suchier, *Denkmäler* I, 107—24.

[7] hsg. von C. Sachs, *Le trésor de Pierre de Corbiac* (§ 40, Anm. 5), S. 52.

[8] hsg. von W. Wackernagel, Haupts Zeitschrift 5, 16 sq.

[9] Bartsch, *Denkmäler* 314—15.

[10] P. Meyer, Jahrbuch 4, 80—81; E. Bondurand, *Fragment de recettes médicales en langue d'oc*, Rom. 12, 100—104.

[11] Ein Teil davon herausgegeben von Tourtoulon, *La chirurgie d'Albucasis traduite en dialecte toulousain du XIVe siècle*, Rev. des l. r. 1, 3—17; 301—7.

[12] Bartsch, *Chrest.*[4] 299—304.

[13] Bartsch, *Lesebuch* 174—6 = *Chrest.*[4] 401—4.

stellung des römischen Rechts, das jedoch, weil für praktische Zwecke bestimmt, nur diejenigen Abschnitte berücksichtigt, welche auf die damaligen Verhältnisse anwendbar erschienen. Aus den gewählten Beispielen lässt sich schliessen, dass das Rechtsbuch um 1149, und zwar in Arles niedergeschrieben worden ist; von wem, vermögen wir nicht zu sagen.

Zu den Werken encyklopädischen Charakters gehört vor allem das nach der Mitte des 14. Jhs. entstandene Elucidari de las proprietatz de totas res naturals.[1] Es ist eine im Auftrage des Grafen Gaston (wahrscheinlich des Dritten) von Foix gefertigte Übertragung des um 1350 von Bartholomaeus de Glanvilla compilierten »Opus de proprietatibus rerum« und handelt in 20 Büchern von Gott, den Engeln, Leib und Seele des Menschen, den Himmelskörpern, den Elementen, den 3 Tierreichen, der Geographie und einigen speziellen Gegenständen, wie Farben, Gerüchen, Zahlen u. dgl. Bemerkenswert ist, dass der Bearbeiter stellenweise sich der metrischen Form bedient. Über das einleitende Gedicht Palaitz de Savieza vgl. § 43. Ähnlicher Art, obwohl weniger umfangreich ist die wohl auch nach einer lateinischen Vorlage hergestellte provenzalische Version des Buches Sydracs,[2] in welchem dieser Weise alle Fragen aus den verschiedensten Gebieten des Wissens, die ein König an ihn richtet, eingehend beantwortet.

Lauchert, *Geschichte des Physiologus*, Strassburg 1889, 149 - 54; M. Goldstaub und R. Wendriner, *Ein tosco-venezianischer Bestiarius*, Halle 1892, 211—20 *(Excurs über den waldensischen Bestiarius)* — Fitting, *Vorläufige Mitteilungen über eine Summa Codicis in provençalischer Sprache*, Sitzungsber. der Ac. der Wiss. zu Berlin 1891, 763 - 6.

3. ERZÄHLENDE WERKE.

69. Die Profanprosa hat kein Originalwerk erzählenden Charakters, sondern nur zwei Bearbeitungen aufzuweisen. Die eine besteht in der Übersetzung des altfranzösischen Prosaromanes Merlin, die wohl im 13. Jh. von einem nicht bekannten Autor angefertigt worden ist, von der aber leider nur ein verhältnismässig kurzes Bruchstück, aus zwei Quartblättern bestehend, auf uns gekommen ist.[3] Die andere, Tersin[4] betitelt, ist die Prosaauflösung der ersten Hälfte des dritten Teiles von der in § 7 erwähnten Kompilation »Le Roman d'Arles«. Sie unterscheidet sich jedoch von ihrer Vorlage abgesehen von unbedeutenderen Veränderungen namentlich dadurch, dass als Hauptgegner Karls des Grossen eine ganz neue Person, nämlich Tersin eingeführt worden ist, den jener Roman überhaupt nicht kennt und der am Schlusse als der erste christliche Graf von Toulouse bezeichnet wird. Diese Veränderungen haben sich aber als absichtliche und tendenziöse Fälschungen herausgestellt, da unsere Prosa-Auflösung höchst wahrscheinlich von dem bekannten südfranzösischen Litterarhistoriker und Procurator am Parlament zu Aix in der Provence Johannes Nostradamus (Jean de Notredame) ums Jahr 1560, allerdings ohne Nennung seines Namens, angefertigt worden ist.

Chabaneau, *Notes sur quelques manuscrits provençaux perdus ou égarés*, Paris 1886, 81—5.

---

[1] Bruchstücke: Bartsch, *Lesebuch* 179—81; *Denkmäler* XI—XII; *Chrest.*[4] 368—72; Kressner, *Archiv* 55, 288—96; C. Appel, *Der provenzalische Lucidarius*, Ztschr. 13, 225—52.

[2] Bruchstück: Bartsch, *Chrest.*[4] 309—14.

[3] *Fragment d'un roman de chevalerie en langue vulgaire du 13e siècle* p. p. Paul Guillaume, Gap 1881 und *Fragments d'une traduction provençale du Roman de Merlin* p. p. Chabaneau, Paris 1883 (Auch Rev. des l. r. 22, 105—15 und 237—42).

[4] Tersin, *Tradition arlésienne* p. p. Paul Meyer, Rom. 1, 51—68.

III. ABSCHNITT.

LITTERATURGESCHICHTE DER ROMANISCHEN VÖLKER.

B. DIE LITTERATUREN DER ROMANISCHEN VÖLKER.

3. KATALANISCHE LITTERATUR[1]

VON

ALFRED MOREL-FATIO.

Gegenwärtig ist es, wenn nicht unmöglich, so doch noch sehr schwer eine wirkliche Geschichte der katalanischen Litteratur zu schreiben. Denn selbst die Denkmäler dieser Litteratur sind z. T. noch unbekannt oder unzugänglich, und die meisten derjenigen, welche in den letzten vier Jahrhunderten oder zu unserer Zeit durch die einheimischen oder fremden Romanisten veröffentlicht wurden, sind nicht der Gegenstand so gründlicher, kritischer Untersuchungen geworden, dass dem Historiker nunmehr möglich wäre, sie nach ihrem Werte zu würdigen, sie zu ordnen und von Etappe zu Etappe die vollständige Entwicklung der litterarischen Thätigkeit in den Ländern katalanischer Zunge vom Mittelalter bis heutzutage zu verfolgen. Für den Augenblick gestattet uns die Vorsicht nur, Nachrichten zu sammeln über das uns erreichbar Gewordene, provisorisch die verschiedenen Produkte des katalanischen Denkens in den einzelnen Perioden zu gruppieren, die Hauptrichtungen dieses Denkens sowie die Einwirkungen, welche es von aussen erfahren und den Einfluss, welchen es seinerseits um sich herum hat ausüben können, zu bestimmen.

2. Da die ersten katalanischen Publikationen zeitlich mit dem politischen und sozialen Verfall des östlichen Spaniens genau zusammentreffen — eine notwendige Folge der Vereinigung Aragons mit Kastilien, welches der in moralischer und materieller Hinsicht vorherrschende Staat der Halbinsel geworden war, — so folgt daraus, dass diese Publikationen erstens wenig zahlreich waren

[1] [Übertragen ins Deutsche von Herrn Dr. H. Schneegans].

und dann nur einzelne Kundgebungen katalanischen Denkens und Bildens darboten: Übersetzungen aus der Bibel, erbauliche, moralische, theologische Abhandlungen und hauswirtschaftliche Schriften, wie z. B. die Compilationen von Francesch Eximeniz, einige Übersetzungen der im 15. Jh. am gewöhnlichsten gelesenen Schriftsteller aus dem Altertum, dann einige poetische Werke religiösen oder profanen Inhalts, die letzten Ausläufer jener akademischen Preisdichtung, die, eine im wesentlichen künstliche Dichtungsweise, von der Toulouser Schule herstammt.

Im folgendem Jahrhundert veranlasst ein gewisser trotz allem beharrender Lokalpatriotismus einige Buchdrucker die wichtigsten katalanischen Chroniken, die des Königs Jacob des Eroberers und Muntaners herauszugeben. Damals schreibt und veröffentlicht der Archivar Miquel Carbonell seine dem Ruhme des alten Hauses Aragon gewidmeten *Chroniques de Espanya*, und geben archäologische Forscher die Werke der beiden berühmtesten valenzianischen Dichter des 15. Jhs., Auzias March und Jaume Roig, in Druck.

Im 17. Jh., nichts oder beinahe nichts derart mehr, das Kastilianische dehnt seine Herrschaft immer weiter aus und überflutet alles: selbst günstigere politische Umstände — ich meine den Aufstand der Katalanen gegen Philipp IV., welcher mehr als 15 Jahre dauerte, — bringen weder der alten Nationallitteratur Gewinn noch lassen sie dieselbe wieder zu grösserer Gunst gelangen. Wenn die Katalanen auch an ihren Freiheiten und Privilegien in einem Grade festhalten, dass sie ihnen zu Liebe im Stande sind ihren rechtmässigen König zu verraten und sich einer fremden Macht in die Arme zu werfen, so empfinden sie doch keine Schwierigkeit darin, sich in litterarischer Hinsicht Kastilien zu unterwerfen und sklavisch alles zu kopieren, was ihnen von der *córte* kommt.

Von Männern des 18. Jhs., die zu sehr Anhänger der politischen und intellektuellen Centralisation waren, konnte man nicht erwarten, dass sie gegen die immer vollständiger sich vollziehende Assimilation der katalanischen Provinzen an das kastilianische Spanien zu reagieren versucht hätten. Dafür tritt aber die historische Gelehrsamkeit auf den Plan, und unbewusst bereiten die Bibliographen das Restaurationswerk vor, welches, freilich in ganz modernem Geiste, erst in unsern Tagen vollendet werden wird. Das Signal gab das an Bildung und Gelehrsamkeit Barcelona überlegene Valencia. Die »*Bibliotheken*« von Rodriguez und von Jimeno (welche später durch diejenigen von Fuster[1] vervollständigt werden sollten) sind die ersten Beispiele jener bio-bibliographischen Kataloge, welche dem Publikum das Inventar der litterarischen Produktion einer der Provinzen der alten Krone Aragons in die Hand geben. Neben diesen eigentlichen Bibliographen tauchen auch hie und da einige Liebhaber der alten Lokallitteratur auf. Cárlos Ros, dem man einen Wiederabdruck des Poems von Jaume Roig verdankt und welcher eine Menge von kleinen Schriften in valenzianer Dialekt herausgab, ist der Typus des überzeugten Mundartfreundes, wie er im 18. Jh. existieren konnte.[2] In Katalonien muss man aber für ebenso oder beinahe ebenso wichtig wie die Arbeiten der Rodriguez und Jimeno die *Memorias históricas sobre la marina, comercio y artes de la antigua ciudad de Barcelona* (1779—1792) ansehen, welche auf

[1] Die *Biblioteca valentina* von José Rodriguez wurde 1747 veröffentlicht, aber der grösste Teil des Werkes war schon 1703 vollendet (P. Salvá, *Catálogo* No. 2490); die *Escritores del reyno de Valencia* von Vicente Jimeno erschienen von 1747 bis 1749; die *Biblioteca valenciana* von Justo Pastor Fuster von 1827 bis 1830.

[2] Cf. was über Cárlos Ros als Grammatiker, im *Grundriss* I, 687 mitgeteilt ist. Eine gewissenhafte Biobibliographie Cárlos Ros' ist 1891 von D. Francisco Martí Grajales in *El Archivo* V. 169—184 veröffentlicht worden.

Kosten der Handelskammer (*Junta de comercio*) dieser Stadt durch D. Antonio Capmany[1] herausgegeben worden sind.

Durch das Licht, welches er auf die Geschichte der Hauptstadt der alten katalanischen Grafschaft und ihre See- und Handelseinrichtungen zu werfen wusste, brachte Capmany bei seinen Mitbürgern eine ganze ziemlich vergessene Vergangenheit und zu gleicher Zeit indirekt auch etwas die Sprache wieder zu Ehren, in welcher sich solange jene ruhmreichen Fürsten und weisen Gesetzgeber ausgedrückt hatten.

Aber der wahre Ausgangspunkt der Restauration des litterarischen Katalanisch, ist die *Gramática y apología de la llengua cathalana* von D. Joseph Pau Ballot y Torres, die im Jahre 1814 herauskam.[2] Dieses Büchlein, welches in einem ganz praktischen Zweck und hauptsächlich zum Gebrauche der Fremden verfasst worden ist, welche im Innern Kataloniens Handel treiben wollen, hat viel grössere Tragweite gehabt, als es sein Verfasser sich hätte denken können. Ballot bestätigt darin die Lebensfähigkeit einer Sprache, die man für unwiderruflich in Verfall geraten und der litterarischen Verwendung hinfort für unfähig hielt. Ausserdem offenbarte der Appendix dieser Grammatik, den man dem Rechtsgelehrten Josef Salat verdankt, und welcher einen »*Catálogo de las obras que se han escrito en lengua catalana desde el reinado de D. Jayme el Conquistador*«, enthält, vielen, die nur eine verworrene Vorstellung davon hatten, die Existenz einer katalanischen Litteratur. Dieser dünne Katalog, welcher 20 Jahre später in den *Memorias para ayudar á formar un diccionario crítico de los escritores catalanes* durch D. Felix Torres Amat (Barcelona 1836)[3] weiter ausgeführt werden sollte, ist, so zu sagen, die erste Grundlage der Litteraturgeschichte katalanischer Provinzen geblieben.

Ohne hier auf die Restauration der katalanischen Litteratur einzugehen, welche gegen 1840 durch Dichter, Historiker und Politiker in Angriff genommen worden ist, ziemt es sich doch wenigstens auf den Umstand aufmerksam zu machen, dass die ersten Versuche, die litterarische Vergangenheit Kataloniens wieder aufleben zu lassen, auf die romantische Bewegung und die aus derselben hervorgegangene Steigerung des Lokalpatriotismus zurückzuführen sind. Milá y Fontanals, Mariano Aguiló, Antonio de Bofarull, Pelayo y Briz, Victor Balaguer — welche mit verschiedenen Fähigkeiten und verschiedenem Verdienst an der Erklärung und am Bekanntwerden der Werke der Katalanen mitgewirkt haben — haben alle Anteil an der katalanischen Romantik; sie haben sich alle mehr oder weniger glänzend als Dichter oder Romanschriftsteller ebenso hervorgethan, wie Aribau und Rubió y Ors, welche als die Väter der katalanischen Renaissance gelten; sie haben vornehmlich, im Jahre 1859, die *Jochs Florals* von Barcelona ins Leben gerufen, d. h. die Einrichtung, welche einige Zeit lang die katalanistische Bewegung für sich in Anspruch genommen hat, indem sie ihr eine archaistische Färbung verlieh, die sie seitdem verloren hat.

Milá y Fontanals gebührt die Ehre und das Verdienst im Anschluss an die Arbeiten von Raynouard und Diez, den Wert der mittelalterlichen katalanischen Poesie bestimmt, unter anderem ihren Charakter als Trabantin der Troubadourpoesie

---

[1] Über Capmany und die *Junta de Comercio* cf. den Artikel von D. Joaquin Rubió y Ors, in den *Memorias de la Academia de buenas letras de Barcelona*. Bd. III (1880) S. 105 u. ff.

[2] Die *Gramática* von Ballot ist der *Junta de Comercio* dediciert worden.

[3] Es ziemt sich an dieser Stelle an den Mitarbeiter an den *Memorias*, den französischen Katalanen, Joseph Tastu, zu erinnern. Cf. diesbezüglich die Arbeit von Amédée Pagès *Notice sur la vie et les travaux de Joseph Tastu*. Montpellier 1888 (Separatabdruck der *Revue des langues romanes*. Bd. XXXII).

entschieden behauptet und wissenschaftlich das bewiesen zu haben, was der Dichter Boscan im 16. Jh. in den Worten aussprach: *De los Provenzales salieron muchos autores ecelentes catalanes.* Was man auch an Irrtümern im Einzelnen an seinen 1861 erschienenen *Trovadores en España* tadeln kann, schliesslich ist doch dieses Werk der Ausdruck der Wahrheit geblieben, welche viele Katalanen, wegen Mangels an Wissen und kritischem Sinn verkannt haben und noch verkennen. Die *Trovadores* ebenso wie verschiedene andere Schriften über die katalanische Poesie im 14. und 15. Jh., welche von Milá in verschiedenen gelehrten Sammlungen herausgegeben worden sind, bilden eine Reihe unter sich zusammenhängender sorgfältiger und verständiger Untersuchungen und Ausführungen, deren Hauptergebnisse auch durch spätere Untersuchungen der Romanisten nicht werden aufgehoben werden.

Derjenige, welcher nach Milá am meisten dazu beigetragen hat die alten katalanischen Schriftwerke wieder zu Ehren zu bringen, ist D. Mariano Aguiló y Fuster. Während sein Nebenbuhler Milá sein hauptsächlichstes Bemühen darauf wandte, die Ursprünge der katalanischen Poesie zu studieren und das Entlehnte und Exotische an ihr auszusondern, zog Aguiló hingegen vor, in den Werken der Vergangenheit den originellen und reinen Ausdruck des katalanischen Geistes besonders hervorzuheben.

In seiner *Biblioteca catalana*, seinem *Cançoner* und seiner *Biblioteca de obretes singulars del bon temps de nostra lengua materna* hat er uns in korrekten Ausgaben, denen es aber leider an Erläuterungen irgend welcher Art fehlt, Chroniken, Romane, moralische Abhandlungen und Gedichte hauptsächlich in der Art der *noves rimades* zugänglich gemacht, letztere, die einzige Gattung, in welcher die Katalanen sich mit einiger Freiheit bewegt haben und in welcher sie nicht bei jedem Schritte ihre Abhängigkeit von fremden Mustern verraten. Aguiló, welcher auch Dichter sein kann und eine besondere Vorliebe für die alten Sagen und Altertümer seiner Heimat hegt, welche er in archaistischer und geziert gelehrter Sprache zu schildern sucht, ist als Gelehrter hauptsächlich Bibliograph, und sein leider noch nicht herausgegebenes Hauptwerk ist jener *Catálogo de obras en lengua catalana impresas desde 1474*, welches die Forscher auf katalanischem Gebiete seit 30 Jahren wie die Juden den Messias erwarten. In der That, ohne dieses Buch, in welchem alle seit dem Ende des 15. Jhs. bis heute gedruckten katalanischen Schriften werden verzeichnet und beschrieben werden — darunter auch Seltenheiten, welche zum ausschliesslichen und wohl gehüteten Eigentum des Verfassers gehören, — ist es materiell unmöglich sich genaue Rechenschaft abzulegen über die Entwicklung der katalanischen Litteratur in ihren verschiedenen Erscheinungen, die Jahrhunderte hindurch. Wünschen wir also, dass es erscheinen möge!

Gewiss haben seit dem Tode Milá y Fontanals' (1884) die katalanischen Studien sowohl in Spanien als auch in der Fremde Fortschritte gemacht, aber durch kein Werk von der Wichtigkeit der *Trovadores* oder des *Romancerillo* ist dieser Zweig romanischer Philologie bereichert worden. Der Fortschritt hat hauptsächlich darin bestanden, dass verschiedene unedierte Texte mit mehr Sorgfalt herausgegeben worden sind, darunter einige sogar mit grammatischen Anmerkungen nach den Grundsätzen moderner Wissenschaft. Heutzutage liegt glücklicherweise die Zeit der ganz unglaublich inkorrekten Ausgaben der Bofarull oder Pelayo y Briz hinter uns.

3. Da, wie gesagt, ein bedeutender Teil der alten katalanischen Litteratur ungedruckt ist, so ist es von Wichtigkeit hier anzugeben, wo sich die grössten öffentlichen und reichsten Privatsammlungen katalanischer Hss. befinden.

MADRID. Die Biblioteca Nacional dieser Stadt besitzt unter ihren ältesten Beständen sowohl als unter den Erwerbungen seit Beginn des Jahrhunderts, eine beträchtliche Anzahl katalanischer Hss., wovon ein beschreibender Katalog durch J. Massó Torrents veröffenlicht werden soll. Für den Augenblick ist man darauf angewiesen das kurze, im 2. Bd. des *Ensayo de una biblioteca española de libros raros y curiosos* von Gallardo (Madrid 1866) gedruckte Inventar und die Kataloge von La Romana, Böhl de Faber und Osuna zu Rate zu ziehen. — Die Privatbibliothek des Königs ist von J. Massó Torrents durchforscht und beschrieben worden in *Manuscritos catalanes de la biblioteca de S. M.*, Barcelona 1888 in 8⁰. — Für die Bibliothek der Akademie für Geschichte, eine der reichsten Spaniens, gibt es keinen gedruckten Katalog. Unter den katalanischen Hss., welche sie besitzt, sind zwei Exemplare der Chronik des Königs Peter IV. von Aragon zu erwähnen.

ESCORIAL: Ohne an katalanischen Hss. reich zu sein, besitzt jedoch die Bibliothek von St. Lorenz einige kostbare Bände, vor allen Dingen die Übersetzung der *Göttlichen Komödie* durch Andreu Febrer. Über diese Bibliothek unterrichtet uns blos ein handschriftlicher Katalog, von dem es mehrere Exemplare gibt, unter anderen eines, in der Nationalbibliothek von Paris (*Fonds Espagnol* Nr. 414). Dasjenige der Münchner Bibliothek (cod. hisp. Nr. 76) stand A. Ebert zur Verfügung, welcher im *Jahrbuch für romanische Litteratur* (Bd. IV. p. 55) eine leider nicht vollständige Liste der katalanischen Hss. gab, deren Beschreibung er dort vorgefunden hat.

SEVILLA. Die berühmte Colombina besitzt — oder besass — einige katalanische Hss., z. B. das von Jacme March im Jahre 1371 auf Verlangen des Königs Peter IV. von Aragon verfasste Reimlexikon. Vier dieser Hss., welche gewiss zugleich mit vielen andern Büchern der Colombina entwendet worden waren, haben glücklicherweise in der Pariser Nationalbibliothek Aufnahme gefunden.[1]

BARCELONA: Die Universitätsbibliothek, welche verschiedene Klosterbibliotheken Barcelona's, vor allen diejenigen der Barfüsser beerbt hat. Ein Katalog fehlt. Man muss zum 18. Bd. des *Viage literario* von Villanueva seine Zuflucht nehmen, um einige Kenntnis zu erhalten von den Hss. der alten Klöster von Barcelona, welche in die Universitätsbibliothek übergegangen sind. — Die Archive der Krone Aragons haben einen Teil der Bibliotheken der alten Klöster von Ripoll und San Cugat del Vallés[2] vor der Vernichtung gerettet, und die meisten katalanischen Texte, welche sie enthalten, sind (sehr schlecht) im 13. Bd. der *Coleccion de documentos inéditos del archivo general de la corona de Aragon* gedruckt worden.

Unter den Privatbibliotheken Barcelona's gilt mit Recht diejenige von D. Mariano Aguiló y Fuster für sehr reich an katalanischen Hss. Freilich haben wir nur sehr unbestimmte Nachrichten über die darin enthaltenen Schätze.

Über die andern spanischen Bibliotheken, wie die von Saragossa, Valencia, Gerona, Palma de Mallorca etc. kann man sich nur unterrichten, wenn man den *Anuario del cuerpo facultativo de archiveros, bibliotecarios y anticuarios.* Madrid 1882—83 2 Bde. 8⁰ und den *Viage literario* von Villanueva zu Rate zieht.

In FRANKREICH hat allein die Nationalbibliothek eine wichtige Sammlung katalanischer Hss. aufzuweisen, welche alle in dem *Catalogue des manuscrits espagnols et portugais de la Bibliothèque Nationale,* Paris 1881—1892. 1. Bd. 4⁰ beschrieben sind. Diejenige von Carpentras besitzt eine sehr kostbare Sammlung katalanischer Gedichte, welche in der ersten Hälfte dieses Jahr-

---

[1] *Grandeur et décadence de la Colombine,* seconde édition. Paris 1885 p. 38 u. ff.

[2] M. Milá y Fontanals, *Noticia de la vida y escritos de D. Próspero de Bofarull y Mascaró.* Barcelona 1860 p. 45.

hunderts durch den berüchtigten Libri geplündert worden ist[1]; der gestohlene Teil ist, nachdem er in der Sammlung des Lord Asburnham verweilt hat, nach Frankreich zurückgekommen und in die Nationalbibliothek übernommen worden, welche ihn jetzt unter Nr. 487 des *fonds espagnol* bewahrt.[2]

Das BRITISCH MUSEUM besitzt, unter andern, eine katalanische Bibel und Werke von Ramon Lull (Gayangos *Catalogue of the spanish Manuscripts in the British Museum.* Bd. I). In CHELTENHAM befinden sich auch einige katalanische Hss., welche in dem Katalog, den Sir Thomas Philipps hat drucken lassen, angeführt sind. Die königliche Bibliothek von MÜNCHEN besitzt Hss. von Lull, hauptsächlich ein Exemplar von *Blanquerna.* In Italien muss man auf den Vatikan hinweisen, welcher die einzige bekannte Hss. des *Libre de les dones* von Jaume Roig[3] besitzt. Andere italienische öffentliche und private Bibliotheken enthalten ohne Zweifel auch katalanische Hss., aber Nachrichten darüber fehlen.

ALTE BIBLIOTHEKEN. Für die Litteraturgeschichte ist nichts nützlicher als das Studium der Inventare verschwundener oder aufgelöster Bibliotheken. Nun besitzen wir einige Inventare alter katalanischer Handschriften-Sammlungen, deren bedeutendste die folgenden sind: 1) dasjenige des Königs Martin I. von Aragon, welches Milá, allerdings sehr abgekürzt, in seinen *Trovadores* p. 488 abgedruckt hat (die Revue *L'Avens* hat in ihrer Nummer vom 30. September 1890 eine vollständige Ausgabe begonnen); 2) dasjenige der Königin Maria, Gemahlin Alfons' V. von Aragon (gedruckt in der *Revista de Archivos, Bibl. y Museos* II. p. 11 ff. u. im Separatabdruck erschienen unter dem Titel *Documentos históricos,* num. 1, Madrid 1872); 3) dasjenige von Don Pedro, Konnetabel von Portugal, welcher unter der Regierung Johanns II. Ansprüche auf die Krone von Aragonien machte (gedruckt von A. Balaguer y Merino, *Don Pedro, el condestable de Portugal,* Gerona 1881 p. 20).

A. POESIE.

Es gibt keine romanische Litteratur, in welcher Poesie und Prosa so verschieden von einander sind. Unter Poesie verstehen wir natürlich nicht die sog. Volkspoesie, von welcher wir übrigens nur moderne Produkte kennen, sondern die Kunstpoesie, die Kunst des *trobar*, das nach bestimmten metrischen und stilistischen Regeln ausgearbeitete Werk. Während des ganzen Mittelalters, und selbst noch im 16. Jh., bewegt sich nun diese Poesie nicht nur in einer ganz besonderen, meistenteils dem katalanischen Geist fremden Gedanken- und Gefühlsrichtung, sondern sie hat sogar eine Sprache für sich, welche nicht diejenige der Prosa, ja sogar nicht die der gehobenen Prosa ist. Während des ganzen ersten Teils des Mittelalters, bis zum Ende des 13. Jhs. dichteten die katalanischen Dichter in der Sprache der Troubadours, in einem mehr oder weniger reinen, oft zwar mit Fehlern gegen die gute Aussprache und die Sprachregel[4] behafteten Provenzalisch, aber immerhin in einer fremden Sprache, welche von derjenigen, die sie beim Sprechen oder in der Prosa gebrauchten, sehr verschieden war. Selbst zu einer späteren Zeit, als die katalanische Sprache dank der zahlreichen Prosaschriften, sich schon

[1] Beschrieben durch Lambert: *Catalogue des manuscrits de la bibliothèque de Carpentras.* Carpentras 1862. t. I p. 198 u. ff.

[2] S. *Romania* Bd. XVI, 106.

[3] Ein *Facsimile* und Auszüge aus dieser Hs. sind von mir mitgeteilt worden in meinem *Rapport sur une mission philologique à Valence.* Paris 1885.

[4] Cf. z. B. die Konfusion beim Reime zwischen ę und ẹ und die Nichtbeachtung der Deklinationsregeln.

besser zum Gebrauch in der Poesie eignete, behalten doch die katalanischen Dichter verschiedene Wörter und Wendungen, welche von der Poesie der Troubadours oder von der akademischen Toulouser Poesie, die ihr direktes Muster geworden war, herrühren. Mit um so mehr Recht fahren sie, ebenso wie früher, fort, die Poetik und Metrik jenseits der Pyrenäen zu beachten; sie vereinfachen nur, was ihnen in der Toulouser Technik zu kompliziert erscheint, und reduzieren die Mannigfaltigkeit ihrer Muster auf einige wenige unwandelbare Formen. Weniger künstlerisch angelegt als die Troubadours, werden sie in dem Ausdruck von Gefühlen, die bei ihren Vorgängern zu kompliziert und raffiniert waren, dunkel und schwerfällig; und dank dem Einflusse des Petrarchismus werden sie sogar eben so langweilig und manieriert als unverständlich. Das ist der Zustand der katalanischen Poesie vom 14. zum 16. Jh. Was noch viel bemerkenswerter ist und die oben schon hervorgehobene Scheidung der katalanischen Poesie von der Prosa noch mehr bezeugt, ist der Umstand, dass die moderne Poesie der katalanischen Renaissance, diese Poesie der restaurierten *Jochs florals* (Blumenspiele), obgleich jede Tradition seit lange unterbrochen ist und die heutigen Dichter kaum noch daran denken, sich direkt von Auzias March oder Mossen Jordi inspirieren zu lassen, damit fortfährt, ziemlich konventionelle Gefühle zu affektieren, und sich in einer Sprache ausdrückt, die nicht weniger gesucht ist, als diejenige der Dichter, die ehemals um die *joya* am Konsistorium des *Gay saber* konkurrierten.

5. Es ist freilich schwer anzunehmen, dass, wenigstens auf dem Gebiete der religiösen Poesie, die Katalanen nicht schon früh in ihrem eigenen Dialekte gedichtet hätten. Gedichte zum Preise der Gottheit und der Heiligen, eigentlich nichts anders als Kommentare der Liturgie, werden in der Sprache des Volkes selbst gedichtet und gesungen worden sein; anderseits scheint die ausserordentliche Popularität einer der Formen dieser religiösen Poesie, der *Goigs*, welche heutzutage der beliebteste religiöse Gesang des katalanischen Volkes sind, einen ziemlich alten Ursprung zu verraten. Einige Proben alter liturgischer Gedichte, die uns erhalten sind (Milá, *Trovadores* p. 466 und Villanueva *Viage literario*, passim) würden, wenn man nach dem, was verloren ist, urteilen darf, in der That darauf hinweisen, dass ihre Verfasser, ausser dass sie sich eines sehr einfachen Versbaues bedienen, auch noch in einer alten verständlichen Sprache sich auszudrücken versuchen; die Provenzalismen sind hier weniger zahlreich als in der profanen Poesie. Ramon Lull († 1315), der Apostel, welcher auch von den Unwissendsten verstanden werden will, geht diesen Weg; seine religiösen Gedichte, wenn auch manchmal von einer etwas komplizierten Rhythmik, sind doch in einem Katalanisch geschrieben, welches sehr wenig von dem seiner Prosaschriften abweicht; eben dasselbe lässt sich sagen von seinem berühmten Klageliede *(Lo desconort)* in einreimigen Strophen von Zwölfsilbnern.[1]

Die Dichter hingegen, welche der Zeit angehören, die man die Übergangsperiode nennen könnte, von der echten provenzalischen Schule zu der Gründung des Konsistoriums des *Gay Saber* von Barcelona, diese Dichter tragen, noch mehr als Lull, Bedenken, auf die Formen der poetischen Sprache ihrer Vorgänger zu verzichten. So der Chronist Ramon Muntaner in seinem *Sermó* über die Expedition von Sardinien (1323) in einreimigen Strophen von zwanzig Zwölfsilbnern[2] oder der König Peter IV. in seinen *cobles*, die er 1378 an seinen Sohn, den König Martin von Sicilien, gerichtet hatte. Diese *cobles* sind schon nach dem System der *cobla croada unisonant* gebaut, d. h.

[1] *Obras rimadas de Ramon Lull* publicadas por Gerónimo Rosselló. Palma 1859. in 8°, u. cf. Milá *Trovadores* S. 468.

[2] *Lo sermó d'En Muntaner* per M. Milá y Fontanals. Montpellier 1880 in 8°. — *Lo sermó d'En Muntaner. Adició* per M. Milá y Fontanals. Montpellier 1881. in 8°.

sie bestehen nicht mehr aus Zwölf-, sondern aus Zehnsilbnern mit einer stehenden Pause nach der vierten Silbe.[1]

6. Das Konsistorium des *Gay saber*, welches nach dem Vorbilde desjenigen von Toulouse durch den König Johannes I. (1350—1395) gegründet, dann durch seine Nachfolger Martin I. und Ferdinand I. konsolidiert und befestigt worden war, verhalf der katalanischen Poesie zu hohem Aufschwung und vermehrte sehr die Zahl der Dichter, welche dank der Gunst dieser Souveräne häufig Gelegenheit fanden sich vorteilhaft zu produzieren.[2] Seit dem Ende des 14. Jhs. nimmt auch die katalanische Poesie einen immer berufsmässigeren Charakter an, und ergeht sich in gewissen metrischen Formen, welche sie von nun an charakterisieren sollten. Wenn man auch verschiedene Beispiele von *dansas, cansós, serventeschs, baladas, lais* und *virolais* darin findet, alles Namen und Gattungen, welche der provenzalischen Poesie oder der auch in Katalonien sehr beliebten französischen Poesie entlehnt sind, so ist doch die Hauptform der katalanischen *Gaya ciencia* die Strophe oder *cobla* von acht Zehnsilbnern *(bordons)*, die sich in zwei Halbverse von 4 und 6 (7) Silben teilen. Die Akzentuierung der vierten Silbe des ersten stets männlichen Halbverses verleiht diesem Verse eine ermüdende Monotonie, die aber gewiss den Katalanen des 15. Jhs. nicht missfiel, weil selbst die begabtesten unter ihnen, wie Auzias March, nie versuchten, diesen Rhythmus zu variieren. Die Kunstfertigkeit der katalanischen Dichter offenbart sich nur in der Anordnung der Reime. Die *cobla* hat Kreuzreime (sie ist *croada)*: abba cddc, oder Kettenreime *(encadenada)* abab cdcd oder vermischt beide Systeme *(mig croada e mig encadenada)* abba cdcd. Eine andere Art ist die *cobla croada* oder *encadenada*, welche mit vier gepaart gereimten Versen schliesst *(apariada la meytat)*: abba. (abab) ccdd. In einem Gedicht (*obra* oder *vers*) kann jede Strophe unabhängig sein und ihre eigenen Reime haben; in diesem Falle heisst sie *solta;* oder ein Reimsystem umfasst das ganze Gedicht, in diessem Falle heisst es *unisonant.* Eine *cobla* ist *capcaudada,* wenn ihr letzter Reim im ersten Verse der folgenden *cobla* wiederholt wird: abbacddc-ceec u. s. w.; sie ist *capcaudada de dos bordons,* wenn ihre zwei letzten Reime in den zwei ersten Versen der folgenden Strophe wiedererscheinen: abbacddc-dccd u. s. w. Die *cobla* ist *capfinida,* wenn der erste Vers einer Strophe mit dem Worte beginnt welches die vorhergehende Strophe beschliesst; sie ist *equivocada*, wenn sie dasselbe Wort in zwei verschiedenen Bedeutungen im Reime enthält (z. b. *fi*, Substantiv u. Adjektiv); sie ist *derivativa*, wenn sie im Reime auf ein Maskulinum das von demselben abgeleitete Femininum folgen lässt (z. b. *fi* und *fina*).

Die meisten der strophischen Gedichte schlossen mit einer kürzeren, *tornada* genannten Strophe von vier Versen, deren Reime diejenigen der vier letzten Verse der letzten Strophe oder auch nur einen derselben wiederholten; manchmal ist auch die *tornada* vollständig unabhängig von den früheren Strophen, was die Reime betrifft. Der erste Halbvers der *tornada* bildet die Devise *(divis* oder *senyal)* des Dichters; an diesem Zeichen können wir die Echtheit von Stücken erkennen, welche in den Hss. uns ohne den Namen des Verfassers überliefert sind; leider verändern die Dichter häufig ihre Devise,

---

[1] Diese Strophen sind häufig gedruckt worden, zum ersten Male von D. Próspero de Bofarull: *Los condes de Barcelona.* Barcelona 1836. 2 Bde. p. 272; dann in der *Coleccion de doc. inéd. del Archivo de Aragon,* VI, 366, wo sich überdies das Begleitschreiben findet.

[2] Über das Konsistorium von Barcelona cf. *El arte de trobar* von Enrique de Villena in den *Origines de la lengua española* von Mayans (Ausg. Madrid 1873, S. 269), die *Memorias* von Torres Amat, s. v. *Aversó* und *Juan I.*, und die Verordnungen Martin's I. vom 1. Mai 1398 und diejenigen Ferdinand's I. vom 17. März 1413 *(Coleccion de doc. inéd. del Archivo de Aragon* VI. 469 u. Ms. der Pariser Nationalbibl. Esp. No. 225 Fol. A).

oder gebrauchen deren verschiedene zu gleicher Zeit, je nach ihrem Gutdünken oder nach der Bedeutung, welche sie ihren Versen geben wollen. Auzias March hat viele seiner *cants* mit den Devisen gezeichnet: *Lir entre carts* (Lilie unter Disteln), oder *Plena de seny* oder *O foll amor,* ohne dass man sähe, was seine Wahl bestimmt hat. An die *tornada* schliesst sich die Adresse an (*endressa),* eine andere Strophe von vier Versen oder zweite *tornada,* manchmal *fi,* wie die erste genannt, oder auch *seguida.*

Rims estramps oder *obra estrampa* ist der Name für Gedichte in reimlosen Versen (*versi sciolti* der Italiener): es gibt deren mehrere Beispiele in den Werken des Auzias March. Ein einziger reimloser Vers mitten unter andern unter einander reimenden Versen, heisst *perdut.*

Eine *cobla* allein, mit oder ohne *tornada,* heisst *esparsa.*

Der *bioch* ist ein Vers von geringerem Umfange als der grosse Zehnsilbner (*tronco* der Italiener); der *ampelt* oder *empelt* (eigentlich Propfreis), ist ein sehr kurzes Wort, welches mit dem vorhergehenden Verse reimt. *Retronx* ist die Wiederholung eines Wortes oder eines Verses. Man sagt, dass *retronx* vorkommt, wenn am Ende jeder Strophe eines Gedichtes ein oder mehrere Verse wiederholt werden. Es ist also der Refrain.[1]

Die meisten dieser Ausdrücke gehören, wie leicht zu konstatieren ist, zur Terminologie der *Leys d'amors,* welche der grosse Codex des Konsistoriums der *gaya ciencia* und die Grammatik aller Anhänger des *art de trobar* wurde[2]. Neben dieser Metrik Toulouser Ursprungs, tauchen auch einige Nachahmungen der französischen Poesie auf; es finden sich Übersetzungen des Alain Chartier in dem *Cançoner d'amor* und in der Hs. von Carpentras; dann Entlehnungen aus der italienischen Poesie. Abgesehn von der Übersetzung der Göttlichen Komödie durch Andreu Febrer[3], welche die metrische Form des italienischen Dichters genau kopiert, kann man noch in dem Gedichte der *Gloria d'amor* von Fra Rocaberti ein anderes Beispiel von Terzinen erkennen; aber diesmal *solts:* aba, cdc, efe u. s. w.

7. Die Zahl der katalanischen Dichter, welche vom Ende des 14. bis zum Ende des 15. Jhs. sich in den oben aufgezählten metrischen Formen versucht haben, und deren Gedichte hauptsächlich in dem Pariser *Cançoner d'amor*, in dem Liederbuch von Saragossa[4] und den vier Liederbüchern Vega-Aguiló[5] gesammelt worden sind, kann eine ziemlich bedeutende genannt werden. An eigentlichen Katalanen und Valenzianern sind es ungefähr hundert. Übrigens, nur recht wenige haben es über eine gewisse Geschicklichkeit in der Nichtüberschreitung der strikten Regeln des *trobar* gebracht; was die Gedanken betrifft, so drücken sie nur mit ziemlicher Mühe moralische Trivialitäten aus, singen, oder weinen vielmehr, über ihre Liebe, nennen das Leben traurig und das Glück grausam. Die satirischen oder scherzhaften Gedichte bewegen sich mit grösserer Leichtigkeit; unter andern die von Antoni Vall-

---

[1] Diese Nomenklatur ist von Bartsch untersucht worden: *Jahrbuch f. romanische Literatur* Bd. 2, S. 284 u. ff. (nur nach dem *Cançoner d'amor),* dann durch Milá, im selben *Jahrbuch* Bd. 5, S. 138 u. ff., in den *Trovadores* S. 483 und in der *Resenya histórica y crítica dels antichs poetas catalans (Jochs florals* von 1865).

[2] Über die Terminologie der Toulouser Schule cf. die ausgezeichnete Arbeit von F. Wolf, *Studien* S. 235 u. ff.

[3] *La Comedia de Dant Allighier traslatada de rims vulgars toscans en rims vulgars cathalans* per N'Andreu Febrer, hersg. von D. Cayetano Vidal y Valenciano. Barcelona 1878. in 8⁰.

[4] Über diese Sammlung cf. Ticknor-Julius Bd. 2, S. 700 und Milá *Jahrbuch* Bd. 5 S. 131. Auszüge davon bei: D. Victor Balaguer, in seiner *Historia de Cataluña.* Madrid 1886. Bd. 6. S. 328—378.

[5] Beschrieben durch Milá: *Poètes lyriques catalans.* Paris 1878. in 8⁰. (Abdruck aus der *Revue des langues romanes).*

manya, welcher ausserdem die Spezialität hatte, bei den Nonnen seiner Zeit den Liebesboten zu spielen: »*Vallmanya m'a feta per una monja quim trames a un seu enamorat*« ist ein Titel von *cobles,* welcher häufig im Pariser Liederbuche wiederkehrt.

Diese Dichter nach dem Inhalte ihrer Werke zu gruppieren ist beinahe unmöglich, denn sie gleichen einander alle; sie nach ihrer Herkunft zu ordnen (ob katalanisch, oder valenzianisch), wie man es schon zu thun versucht hat, ist illusorisch, da diese verschiedene Herkunft nicht Besonderheiten stilistischer und metrischer Art entspricht. Die Valenzianer aus dem Königreich Valenzia oder die Katalanen aus der alten Grafschaft Barcelona bewegen sich in denselben Bahnen und schreiben dieselbe Sprache; der Lokalgeist bringt es nicht dazu, in Gedichten so konventioneller Art hervorzutreten. Wir müssen uns deshalb begnügen diese poetische Produktion chronologisch zu ordnen. Die drei von Milá y Fontanals vorgeschlagenen Perioden sind im Grossen und Ganzen annehmbar.

8. Die erste reicht vom König Peter IV. bis zu Auzias March, d. h. vom Ende des 14. Jhs. bis zum ersten Drittel des folgenden und schliesst in sich die alten Dichter wie die Jaume und Pere March, die Lorenzo Mallol, Pere de Queralt, Pau de Belviure, Mosen Jordi de Sant Jordi etc. Der Markgraf von Santillana zitiert in seinem Briefe an den Konnetabel von Portugal, nach Guillem de Bergadan, dem katalanischen Troubadour des 12. Jhs., die Namen von Pau de Bellviure (Benbibre), Pere March dem Alten und Mosen Jordi de Sant Jordi, diesen als den moderneren *(en nuestros tiempos floresció)* und er lobt seine »*cançion de oppósitos*«, welche mit dem Vers beginnt: *Tots jorns aprench é desaprench ensemps*[1]. Die zweite Periode umfasst die Mitte des 15. Jhs. und erhält ihren Glanz durch Auzias March und die katalanischen oder valenzianischen Dichter, die sich um dieses Haupt der Schule gruppieren. Das charakteristischste Zeichen dieser Schule ist der Petrarchismus, welcher freilich hier viele seiner Reize eingebüsst hat, etwas pedantisch und traurig ist, und durch die ermüdende Monotonie der unveränderlichen *cobla* mit ihren langen so eintönig geformten Versen noch langweiliger geworden ist.

Auzias March († den 4. Nov. 1458)[2] war ein Dichter von Gottes Gnaden und in seinen *Cants d'amor* und *Cants de mort* haben wir überaus zahlreiche schöne Verse. Er ist glücklich in seinen Bildern, die nicht so trivialer Art sind, wie diejenigen seiner Zeitgenossen; nichts desto weniger finden wir selten bei ihm ein Gedicht, welches vollständig, sowohl dem Sinne als der Form, Genüge thäte. Sein schlimmster Fehler ist die Dunkelheit; sie beruht teils auf seinen etwas verschwommenen und verworrenen Gedanken, teils auf der Sprache, in welcher er sich hat ausdrücken wollen, eine Sprache, die nicht geeignet war, allzu subtile und tiefe Gedanken auszusprechen. Dieser rätselhafte Dichter war schon zu Lebzeiten sehr geachtet und sehr gepriesen — der Markgraf von Santillana nannte ihn »*gran trovador é ome de assaz elevado espiritu*« — und wurde es noch mehr nach seinem Tode.

Den Ruhm, zu welchem er nach seinem Tode kam, verdankt er hauptsächlich seinen zwei Übersetzern in kastilianischer Sprache, Baltasar de Romani und Jorge de Montemajor: die erste Übersetzung wurde 1539 gedruckt, und zwar — was recht bemerkenswert ist — vier Jahre vor der *editio princeps* des Originaltextes. Durch sein Vorbild begeisterte Auzias die ersten lyrischen

[1] *Obras del marques de Santillana.* Madrid 1852. S. 10.

[2] A. Pagès, *Documents inédits relatifs à la vie d'Auzias March,* in der *Romania* Bd. 17, S. 186 u. ff. *Auzias* — das ist die Schreibweise der Hs. und nicht *Ausias* — ist eine Form des Namens *Elzear.*

kastilianischen Dichter des 16. Jhs., Boscan, Garcilaso de la Vega und Mendoza. Boscan, welcher als Katalane den Dichter von Valencia in seiner Originalsprache lesen konnte, preist ihn mit Begeisterung: *«en loor del qual,* sagt er, *si yo agora me metiese un poco, no podria tan presto volver á lo que agora traigo entre las manos«*[1]. Der bedeutenste Petrarchist der Sevillaner Schule, Fernando de Herrera, welcher in seinem Kommentar über Garcilaso des letzteren Entlehnungen aus Auzias angibt, hat ihn seinerseits nachgeahmt; auf diese Weise hat sich der Einfluss dieses Dichters in katalanischer Sprache sehr weit über das Gebiet dieser Sprache ausgedehnt, und hat sein Ruf glücklicherweise den vollständigen Verfall der sog. Limousiner Schule überlebt.[2]

In der dritten Periode des katalanischen *trobar* ist kein Dichter von wirklichem Verdienst und grossem Rufe aufgetreten. Nichts destoweniger ist diese Periode in litterarischer Hinsicht interessant, weil sie uns die langsame Wandlung der Metrik und die ersten Symptome des kastilianischen Einflusses zeigt.

Neben dem alten in zwei Vier- und Sechs- (Sieben)silbner sich teilenden Zehnsilbner taucht eine neue Form dieses selben Zehnsilbners auf, der sich nun in zwei Halbverse zu 5 (6) und 5 (6) Silben teilt: es ist dies die *arte mayor* der Kastilianer, welche infolge des ungeheueren Rufes von Juan de Mena in ganz Spanien sich einbürgert. Diese Entwickelung kann hauptsächlich in einem *Jardinet d'orats*[3] betitelten Liederbuche und bei verschiedenen Valenzianer Dichtern aus dem Ende des 15. Jhs. beobachtet werden.[4]

9. Wir müssen nunmehr zur Besprechung einer poetischen Gattung übergehen, welche in gewisser Hinsicht von der *art de trobar* und der *gaya ciencia* verschieden ist, oder welche wenigstens die vulgärste und prosaische Form derselben vertritt. Es handelt sich um die Gedichte in *bordons appariats* (Reimpaaren), welche in den *Leys d'amors* bereits *novas rimadas* (gereimte Erzählungen) genannt werden. Die Katalanen nahmen sehr frühe diese metrische Form an, und die *noves rimades* wurden seit dem 14. Jh. und bis ins Ende des 15. Jhs. sehr häufig. Nach einer Stelle aus dem Briefe des Markgraf von Santillana an den Konnetabel von Portugal, wären die *noves rimades* den *cobles*[5] vorangegangen. Jedenfalls musste diese nicht-strophische Poesie, weil viel leichter als die Dichtung in *cobles croades* oder *encadenades,* viele Reimer reizen, welche mit den Künsteleien der eigentlichen Kunstpoesie weniger vertraut waren. Ein mittelmässiger Dichter konnte sich sehr wohl in dieser für die Schwachen oder Unerfahrenen recht geeigneten Poesie versuchen: »*Car ignorant suy del estil Dels trobadors del saber gay*« hat der Verfasser einer dieser *noves* gesagt. Der zäsurlose Vers ist hier gewöhnlich ein Achtsilbner, seltener ein Zehnsilbner. In diesem Rhythmus sind die meisten Gedichte der Hs. von Carpentras-Asburnham geschrieben: die *Sete Savis*

---

[1] Brief an die Herzogin von Soma.

[2] Über den Charakter der Werke des Auzias March cf. J. Rubió y Ors, *Ausias March y su época,* Barcelona 1862. Die modernen Ausgaben von Auzias, diejenige von Pelayo y Briz (Barcelona 1864) oder diejenige von Barcelona 1888 sind nur mittelmässige Wiederabdrucke der alten Ausgaben. Amédée Pagès verspricht uns eine kritische Ausgabe nach allen Hss. und Ausgaben, welche gewiss definitiv sein wird.

[3] Ed. von Fr. Pelayo y Briz, Barcelona 1869.

[4] Cf. die *Resenya* von Milá, und R. Ferrer y Bigné: *Estudio histórico crítico sobre los poetas valencianos de los siglos XIII, XIV y XV,* in dem *Boletin de la Sociedad de amigos del pais de Valencia.*

[5] »*Escrivieron primeramente en trovas* (Var. *novas*) *rimadas, que son pies ó bordones largos de sillabas, é algunos consonavan é otros non. Despues desto usaron el decir en coplas de diez sillabas á la manera de los lemosis*« (*Obras* p. 10.)

der *Facet* u. s. w.[1], das Gedicht von Guillem de Torrella, dasjenige von B. Metge, mehrere Gedichte von Ramon Lull und verschiedene andere noch.[2] Aber der Meister in dieser Gattung wurde der berühmte Arzt von Valencia, Jaume Roig (Mitte des 15. Jhs.), dessen *Libre de consells* oder *de les dones* — eine sowohl durch Privaterlebnisse des Dichters als durch die Lektüre anderer ähnlicher Verhöhnungen, wie des *Matheolus*, hervorgerufene Satire gegen die Frauen — eines Rufes und einer Popularität sich erfreut, welche seit seiner Veröffentlichung (1531) bis heutzutage noch andauert.

Der Dichter selbst gibt seinem Gedichte den Namen *noves rimades*, indem er hinzufügt, er habe sie *comediades*, d. h. um die Hälfte verkürzt. In der That, er verwendet Viersilbner statt Achtsilbner. Die Neuerung war aber gewiss nicht glücklich; sie hat eher den litterarischen Wert des Werkes vermindert als vermehrt. Dieses Kunststück gefiel den Zeitgenossen Roig's und überhaupt den Katalanen aller Zeiten sehr; infolge dessen wurde es sehr oft nachgeahmt. Im 16. Jh. schreibt Gaspar Guerau von Montemajor in diesem verkürzten Rhythmus eine Satire der Ärzte Valencias, und im 17. Jh. sind mehrere politische Pamphlete aus der Revolution von 1640 »*en rima de Jaume Roig*« verfasst.[3]

10. Eine abgeleitete oder veränderte Form der *noves rimades* ist die *codolada*, ein Name, der im 16. und 17. Jh. aufgekommen ist und der sehr wohl an den Ausdruck *capcaudada (obra* oder *cobla)* anknüpfen könnte zur Bezeichnung eines Gedichtes in Reimpaaren mit ungleichen Versen von acht oder vier Silben. Die einfachste Formel ist a*bb*c*c*d*d* u. s. w., aber am häufigsten ist der erste Vers verdoppelt, so dass wir erhalten: aa*bb*c*c*d*d* u. s. w. Muster dieser Reimfolge sind ein *Lo venturós pelegrí* betiteltes Gedicht und das ergötzliche Testament des En Bernat Serradell aus Vich.[4]

Un jorn cansat de treballar
E desijos de repausar.
Quan vespre fo,
Eu retorne a la mayso,
Volent sopar etc.

11. Die *codolada* hat in allen katalanischen Provinzen geblüht, hat aber hauptsächlich auf Mallorca Glück gemacht, wo zahlreiche Dichter von Profession, genannt *glosadors*, sie noch heute mit Erfolg verwenden. Es ist zu beachten, dass der lange Vers der *codolada* seit dem 16. Jh. gewöhnlich auf einen Siebensilbner sich reduziert, das Versmass der kastilianischen Romanze.[5]

Im 16. Jh. dauern noch einige Zeit lang, und zwar hauptsächlich in Valencia, die poetischen Wettspiele fort; aber das *gay saber* verfällt und die Tradition verliert sich immer mehr. Ein Dichter wie Joan Pujol aus Mataró, welcher den Mut hat, in *cobles* die Schlacht von Lepanto zu besingen und eine *Visió en somni* zu Ehren von Auzias March komponiert, von

[1] Die Gedichte dieser Hs. sind zum grössten Teile veröffentlicht worden: Die *Sete Savis* durch Mussafia (Wien 1876); der Dialog zwischen En Buch und seinem Pferde durch W. Förster in der *Zs f. romanische Phil.* Bd. 1, S. 29 ff.; der *Libre dels mariners* und das Gedicht von Turmeda über die Streitigkeiten auf Mallorca durch D. Mariano Aguiló y Fuster in seinem *Cançoner* (Barcelona 1873), mehrere Gedichte aus dem Teile Asburnham durch P. Meyer, in der *Romania*, Bd. 13 und 20. Das Gedicht, welches man *Liebhaber, Frau und Beichtvater* betiteln kann, das *Buch der drei Dinge* und der *Facet* durch mich selbst in der *Romania* Bd. 10. 12 und 15.

[2] cf. Milá: *Poëtes catalans. Les noves rimades — La codolada.* Montpellier 1876.

[3] Das Gedicht von Roig ist von mir untersucht worden in meinem *Rapport sur une mission philologique à Valence.* Paris 1885.

[4] Von Aguiló herausgegeben in seinem *Cançoner*. (Barcelona 1873).

[5] Über die *codolada* cf. Milá: *Poëtes catalans. Les noves rimades. La codolada.* Montpellier 1876.

dem er auch einige Gedichte glossiert, steht fast allein in seiner Art. Er darf als einer der letzten katalanischen *Trobadors*/ angesehn werden.[1] Was Pere Serafí betrifft, so ist er schon vollständig unter dem Banne kastilianischer Poesie. Seine *cobles* mit langen Versen sind wahre *octavas reales* nach der Formel abababcc, seine Sonette, seine Romanzen, seine »Redondillen« haben nichts, was sie von den zeitgenössischen kastilianischen Werken unterscheide; nur der grosse Zehnsilbner bewahrt bei ihm die männliche Zäsur und betont stets die vierte Silbe. Serafí ist ein geschickter und anmutiger Reimer; aber es fehlt ihm an dichterischem Hauche; so war er denn nicht der Aufgabe gewachsen, einen Rest von Gunst einer hinsterbenden Litteratur zu erhalten. Umsonst lobt er in einem seiner Sonette den Auzias March und stellt ihn unter den »*vulgars*« auf dieselbe Stufe wie Dante und Petrarca; diese, übrigens etwas kalte, Begeisterung vermag Niemanden zu erwärmen.[2]

Über den Franziskaner Moner, von welchem einige katalanische Gedichte in einer grösstenteils aus kastilianischen Werken bestehenden Sammlung (gedruckt 1528) vorkommen, vermögen wir angesichts der dürftigen Nachrichten Torres Amat's (*Memorias* s. v. *Moner*) nichts zu sagen.

12. Was im Laufe des 17. und 18. Jhs. folgt, ist noch unbedeutender. Die Katalanen haben einem Zeitgenossen von Lope de Vega, dem Dr. Vicens Garcia, der in Vallfogona als Pfarrer thätig war, zu einem gewissen Rufe verholfen. Seine Werke sind im Jahre 1700 gedruckt worden, unter dem lächerlichen Titel: *La Armonia del Parnás, mes numerosa en las Poesias varias del Atlant del cel poetic lo* Dr. Vicent Garcia. Man muss die Romanzen, die Sonette und die »Redondillen« dieses tändelnden, oft auch schlüpfrigen Geistlichen gelesen haben, um sich eine Idee von der Armseligkeit des poetischen Schaffens der Katalanen dieser Periode zu machen, sowie auch um die vollständige Unterwerfung ihrer litterarischen Thätigkeit unter Kastilien zu begreifen.[3] Eine »*La Curiositat catalana*« betitelte Sammlung, welche viele Gedichte dieses Garcia und anderer seiner Zeitgenossen enthält, kann einiges Interesse in kulturgeschichtlicher Hinsicht bieten, in litterarischer Hinsicht gar keines.[4] Ebenso muss es sich mit den Schöpfungen des Kanonikus aus Taragona, José Blanch, verhalten, dessen Sammlung *Matalás de toda llana* von Torres Amat (*Memorias* p. 109) im Brustton der Überzeugung gelobt wird. In Valencia herrscht dieselbe Armseligkeit, wenn wir nach den scherzhaften und oft unfeinen Gedichten des Pater Mulet (*Obres festives del Pare Francesc Mulet,* Valencia 1876) oder denjenigen anderer Reimer, von welchen Proben in *Estudio histórico crítico de los poetas valencianos de los siglos XVI, XVII u. XVIII,* Valencia 1883, ed. J. M. Puig Torralva u. F. Martí Grajales, zu finden sind, urteilen. Schon daran haben wir genug, dass die kastilianischen Verseschmiede uns mit Versen geradezu überschwemmen; wir verzichten gerne darauf, ihre abgeblassten Nachahmer kennen zu lernen. — Zu beachten ist übrigens, dass der tiefe Verfall der katalanischen Litteratur im

[1] Die Originalhs. der Gedichte von Pujol gehörte Joseph Tastu und befindet sich heute in den Händen seines Sohnes. Das Gedicht über Lepanto ist nur in einer kleinen Anzahl Exemplaren durch den erwähnten Tastu gedruckt worden, welcher sie unter seinen Freunden verteilt hat. Auszüge bei Torres Amat, s. v. Pujol.

[2] Die Werke Serafí's sind 1565 in Barcelona gedruckt (P. Salvá *Catálogo* No. 971) und in derselben Stadt 1840 wieder veröffentlicht worden. Seine kleinen Verse, die *Cançons,* haben in der Offizin der *Ilustració Catalana* (ohne Jahr) auch die Ehre eines Neudrucks erfahren.

[3] Die beste Arbeit über Vicens Garcia und seine Gedichte ist die von D. Joaquin Rubió y Ors in dem *Certamen de la Academia de la juventud católica de Tortosa en honor de su escelso patrona la Virgen siempre pura.* Tortosa 1879. Cf. auch den Präsidenten Aragon: *Un poète castillan du XVIIe siècle.* Montpellier 1880.

[4] Cf. die *Memorias de la Academia de buenas letras de Barcelona.* Bd. 2. (1868) p. 385 ff.

17. Jh. mit einem Wiederaufleben des Lokalpatriotismus zusammentrifft. Während die Katalanen mit sehr grosser Energie ihre politische Unabhängigkeit gegen das Haus Österreich verteidigen, vervollständigt und vollendet sich immer mehr ihre Assimilation an das, was man das Regime des kastilianischen Geistes nennen könnte. Die katalanische Sprache, welche nur in der Verwaltung noch gebräuchlich ist, gerät immer mehr in Verfall; sie eignet sich immer weniger zum litterarischen Gebrauche, sie ist bald nur noch ein Patois für die Verfasser von *goigs* oder *codoladas*.

13. Schon früher haben wir bemerkt, dass die Arbeiten der Bibliographen des 18. Jhs., die historischen Studien, welche sich zur Aufgabe gemacht hatten, den Katalanen den Ruhm ihrer Vergangenheit und hauptsächlich die Macht des Handels und der Industrie ihrer Hauptstadt wieder zum Bewusstsein zu bringen, dann anderseits die Romantik im Anfange unseres Jahrhunderts mit ihren altertümelnden Tendenzen, mit ihrem Geschmacke für das Gotische und die mittelalterlichen Dinge, bei einigen katalanischen Litteraten den Gedanken hervorriefen, eine seit zwei Jahrhunderten unterbrochene Tradition wieder aufzunehmen, eine verfallene Sprache zu restaurieren und sie zu befähigen, die Gedanken und die Bestrebungen einer neuen Generation auszudrücken.

Es ist merkwürdig zu konstatieren, dass derjenige, welcher, zwar unbewusst aber doch anerkanntermassen, den modernen Katalanismus angebahnt hat, nämlich Cárlos Buenaventura Aribau (geb. in Barcelona, den 4. Nov. 1798), nur nebenbei mit Litteratur sich beschäftigte, dafür aber den grössten Teil seines Lebens in den Bureaux oder Comptoirs als Vertreter von Handelshäusern oder als Beamter des Finanzministeriums zugebracht hat. Er ist es gewesen, welcher 1833 in einer an seinen Beschützer, den Bankier D. Gaspar Remissa, gerichteten Ode das Signal blies:

A Deu siau, turons, per sempre á Deu siau. . .

Es ist dies der Gesang eines Sohnes Kataloniens, welcher in seiner Verbannung in *apartadas terras,* d. h. in Kastilien, nach seinen Bergen sich sehnt und von Heimweh erfüllt wird, weil er nicht mehr die Klänge seiner heimatlichen Sprache hört:

la llengua d'aquells sabis
Que ompliren l'univers de llurs costums é lleys,
La llengua d'aquells forts que acataren los reys,
Defengueren llurs drets, venjaren llurs agravis.

Das Gedicht, in lamartinischen Stanzen, welches sowohl von schönem patriotischen Hauch durchweht, als von jener sanften Melancholie durchdrungen ist, welche die Katalanen *anyoransa* nennen, hält sich bis zur vorletzten Strophe vollständig auf der Höhe. An diesem Punkte muss sich aber Aribau seines guten Herren erinnern; aus diesem Grunde bittet er, es möge das *lemosí* seinen Lippen reich entströmen, damit der Name des Gaspar Remissa auch der fernsten Nachkommenschaft bekannt werde, was für einen Bankier etwas übertrieben klingt. In diesem Gedichte fehlt es der Sprache nicht an Bestimmtheit und Festigkeit. Interessant an dieser Ode Aribau's ist aber auch noch der Umstand, dass sie in metrischer Beziehung vollständig von der damaligen französischen Poesie abhängig ist. Die vierzeiligen Strophen in Alexandrinern sind so und so vielen Gedichten der französischen Romantiker nachgebildet.[1]

Mit Joaquin Rubió y Ors tritt die Bewegung schärfer hervor, und von 1841 an, dem Datum der Veröffentlichung der Gedichtsammlung dieses Dichters, welcher das Pseudonym *Lo gayter del Llobregat* annimmt, tauchen

[1] Eine Erinnerung an die alte katalanische Metrik ist die stets (einen einzigen Fall ausgenommen) männliche Zäsur. — Die zuerst in der Zeitung *El Vapor* gedruckte Ode Aribau's findet sich bei Torres Amat (s. v. *Aribau*).

auf allen Punkten des Gebietes der alten Krone Aragons, sowohl in Katalonien als in Valencia und auf den Balearen, neue Troubadours auf, von denen die einen in etwas weinerlichem Tone, die andern mit Entrüstung und Zorn die historischen Erinnerungen ihres Landes wachrufen, das Recht in ihrer eigenen Sprache zu sprechen und zu schreiben beanspruchen und sich manchmal mit heftiger Sprache gegen Ungerechtigkeiten wenden, welche sie den Kastilianern vorwerfen.

Dem Gayter del Llobregat schliesen sich an der Coblejador de Moncada (Antonio de Bofarull), der Trovador de Monserrat (Victor Balaguer), der Joglar de Maylorcha (Gerónimo Rosselló) und andere, die es nicht für angezeigt hielten, sich mit anspruchsvollen Beinamen zu schmücken, wie z. B. Mariano Aguiló, welcher besonders in der Ballade und in einigen kleineren, der Volkspoesie nachgebildeten Gedichten glücklich war. Dieser litterarische Aufschwung, in dem die Quantität die Qualität des Geleisteten weit hinter sich lässt, und die guten Absichten sehr oft die guten Verse ersetzen müssen, führt schliesslich 1859 zur Gründung einer Akademie, die sich unter dem Namen der *Jochs florals* gewissermassen vornimmt, den Katalanismus völlig für sich in Beschlag zu nehmen. Mit dem Jahre 1859 endet die erste Periode der katalanischen Renaissance, die heroische Periode, der »Sturm und Drang« der Romantiker. Dann, von 1860 bis g. 1880 erblüht eine neue Gattung von Wettspielpoesie, wo das Thema *patria*, *fé*, *amor*, welches die Devise der *Jochs florals* ist, viele Reimer begeistert, deren Namen nicht alle der Geschichte aufbewahrt zu werden verdienen. 'Unter ihnen ragt einer hervor, Jacinto Verdaguer, welcher den sehr ehrenwerten Ehrgeiz gehabt hat, seiner Litteratur Werke von grösserer Tragweite und Bedeutung zu schenken, als die gewöhnlich den Jochs vorgelegten und durch ihre Vorstände, die *mantenetors*, gekrönten Gedichte; daher die zwei Epen *Atlantida* (1876) und *Canigó* (1886). Neben diesen langen Gedichten, welche vom Talent und Fleisse des jungen Dichters eine günstige Vorstellung erwecken, werden seine lyrischen Gedichte, welche in weniger gespreiztem Stile und weniger künstlicher Sprache geschrieben sind, z. B. die kleine Sammlung betitelt *Idilis y cants mistichs* (1879) Beifall erringen.

Übrigens wird wenig von demjenigen, was durch die Dichter der ersten Periode der Renaissance wie durch die begabtesten Vertreter der zweiten Generation gedichtet worden ist, der Zeit widerstehen. Aber was auch das wirkliche Verdienst dieser Verse sein mag, es ist durchaus billig, dass man den grossherzigen und uneigennützigen Tendenzen ihrer Verfasser und ihren beharrlichen Bemühungen Rechnung trage. Zu loben sind sie auch, dass sie für den Geist ihrer Sprache adäquate Ausdrucksmittel gesucht und in metrischer Beziehung manches Neue geschaffen haben. So haben sie denn, statt sich wie Aribau an den modernen französischen Alexandriner zu halten (mit der obligatorischen Elision in der weiblichen Zäsur) den alten französischen, kastilianischen und katalanischen Alexandriner zu 13 und 14 Silben wieder aufgenommen.

Fugiu de vostras casas, oh catalans! La rassa
Que avuy no sab combátrer no té dret al renom

Sie haben sich auch in einreimigen Tiraden von Zehnsilbnern mit der Zäsur nach der sechsten Silbe versucht (das Versmass des *Girard de Roussillon* welches Milá sie gelehrt hatte).

Lo comte Tallaferro | va com lo vent,
Volant per les altures | del Pirineu.

Dies alles verdient Beachtung und ist durchaus nicht abgedroschen.
Seit der Revolution von 1868 hat die Einrichtung der *Jochs florals* ver-

schiedene Krisen durchgemacht und hat aufgehört die Oberhand in den litterarischen Bestrebungen Kataloniens zu haben. Da sich in Katalonien die Politik auch viel in die Litteratur gemischt hat, so begreift sich, dass der Katalanismus heutzutage sehr verschiedene Dinge bezeichnet. Er bezeichnet nicht blos eine litterarische Schule, sondern auch eine politische Partei oder selbst verschiedene politische Parteien, welche in ihrem Programm die Wiederherstellung verschiedenartigster Dinge fordern und für ihr Land eine Autonomie zurückzuerobern versuchen, die durchaus nicht zu den gegenwärtigen Einrichtungen der spanischen Monarchie passt. Es ist nicht leicht vorauszusehen, was unter diesen Verhältnissen die katalanische Poesie werden wird, und welche Zukunft ihr vorbehalten ist. Jedenfalls wird sie nicht mehr der Parole irgend einer Akademie gehorchen, und wenn sie zu fernerer Blüte berufen ist, so wird sie ihre Erfolge nur dem Talente gewisser Persönlichkeiten verdanken; sie wird von nun an immer individueller werden.[1]

14. Die dramatische Litteratur Kataloniens kann, wie unsere Kenntnisse heute sind, mit wenigen Worten abgethan werden. Über das liturgische und religiöse Drama des Mittelalters, das ebenso dürftig als wenig originell erscheint, findet man hie und da einige Angaben in Villanueva. In neuerer Zeit hat Milá eine Form des alten liturgischen Dramas in einem Aufsatze (*El canto de la sibila en lengua d'oc, Romania.* IX, 355 ff.) untersucht und einige Jahre vor seinem Tode hat er die Veröffentlichung von *Noticias de representaciones catalanas* versprochen, welche, wie wir hoffen, in seinen Werken erscheinen werden, die gegenwärtig in Barcelona im Druck sind. Anderseits hat Gabriel Llabrés ein merkwürdiges Mysterium vom heiligen Georg (16. Jh.) bekannt gemacht (*Boletí de la Sociedad arqueológica luliana,* April 1889) und die Publikation dramatischer Aufführungen (*consuetas*) der Seu de Mallorca versprochen, die sich in einem Ms. des 16. Jhs., vierzig an der Zahl vorfinden.

Für das moderne katalanische Theater ist noch kein Dichter erstanden, der hinreichend Talent hätte, es dem Einflusse der kastilianischen *sainetistas* zu entziehen, was indessen nicht hindert, dass man an der Aufführung oder der Lektüre der Stücke Federico Soler's (Serafí Pitarra) und Anderer einiges Vergnügen finden kann.

PROSA.

Während das 16. Jh. hindurch die katalanische Schule der vorhergehenden Periode, wenn auch nur schwach und mit zahlreichen Unterbrechungen, die Poesie weiter pflegt, findet sich vom 16. bis zum 18. Jh. kein Katalane mehr, welcher Originalwerke in Prosa geschrieben hätte. Die einzigen katalanischen Prosaiker, die es wenigstens noch wagen, sich ihres Dialektes zu bedienen, gehören entweder zur Kategorie der Theologen und der Pädagogen, welche für das Volk fromme Traktate und *doctrines* schreiben, oder zu derjenigen der Historiker und Gelehrten, welche alte Texte bearbeitend, wie Carbonell oder Pujades, es für einfacher gehalten haben, sie in der Originalsprache zu paraphrasieren als von neuem Erzählungen in kastilianischer Sprache zu verfassen. Die Revolution von 1640 rief freilich eine ganze Litteratur politischer Schriften, Pamphlete, Zeitungen u. s. w. hervor; ungefähr dasselbe ereignete sich im Anfange des 18. Jhs., als Katalonien sich auf

[1] Die zwei Arbeiten, welche man über den modernen Katalanismus zu Rate ziehen kann, sind: J. Rubió y Ors, *Breve reseña del actual renacimiento de la lengua y literatura catalanas.* (Memorias de la Acad. de buenas letras de Barcelona, Bd. 2, 1880) und Fr. M. Tubino: *Historia del renacimiento literario contemporáneo en Cataluña, Baleares y Valencia.* Madrid 1880.

Seite des Erzherzog Karl schlug und sich zehn Jahre lang gegen die legitime Regierung der Bourbonen auflehnte; aber diese zwei Anwandelungen eines politischen Katalanismus hatten keine litterarischen Folgen. Wir werden demnach nicht viel Mühe und Zeit auf die Erwähnung der spärlichen katalanischen Prosawerke zu verwenden haben, welche während der langen Periode vom Ende des 15. Jhs. bis zur modernen Renaissance geschrieben worden sind.

Das Mittelalter hingegen ist reich an Prosaschriften und liefert zahlreiches Material für unsere Übersicht. Während zwei Jahrhunderten, dem 14. und 15., haben die Katalanen mehr geschrieben, als man von einer zugleich kriegerischen und handeltreibenden Nation erwarten konnte, und wenn auch ein guter Teil dieser litterarischen Produktion nichts Originelles bietet und nur in Übersetzungen oder Anpassungen fremder Werke besteht, so bleibt immerhin eine Anzahl von Werken übrig, die nur dem einheimischen Geist entstammen und in denen sich der nationale Geist weit ungezwungener und unverholener wiedergespiegelt, als in den Dichtungen, in welchen das katalanische Denken stets durch die fremdartige Tracht, die er annehmen muss, beengt zu sein scheint.

Wenn auch das *pla catalá* ungefähr seit dem ersten Drittel des 13. Jhs. entwickelt genug war, um die Gedanken auszudrücken, die ein Katalane seinen Landsleuten mitzuteilen haben konnte, — wie es die Aktenstücke und die Sendschreiben von Königen, wie Jacobs I. oder Peters III. von Aragon bezeugen, — so ist doch die Zahl derjenigen litterarischen Schriften, die man, ich sage nicht in den Anfang, aber doch in die Mitte oder das Ende des 13. Jhs. verlegen kann, ausserordentlich beschränkt. Alle datierten Texte gehören, mit sehr wenigen Ausnahmen, dem 14. oder 15. Jh. an.

15. HEILIGE SCHRIFT; ÜBERSETZUNGEN; KOMMENTARE. — Die bisher sehr dunkle Geschichte der katalanischen Übersetzungen der Bibel ist neulich durch einen der kompetentesten Gelehrten aufgehellt worden, durch S. Berger in seinen *Nouvelles recherches sur les bibles provençales et catalanes*, Romania XIX 505—561. Berger hat gezeigt, dass diese Geschichte verwickelter ist, als man es sich auf den ersten Blick denken sollte, weil die katalanischen Übersetzer nicht nur auf die lateinischen Versionen der Vulgata zurückgegangen sind, sondern auch auf provenzalische oder französische Übersetzungen der heiligen Schrift.

Die Bibel wurde spätestens in der ersten Hälfte des 14. Jhs. ins Katalanische übersetzt; dies geht aus einem Briefe hervor, welchen am 11. Februar 1350 Peter IV. von Aragon an seine Schwägerin Cecilie, Gräfin von Urgel, richtete; in demselben ist die Rede von einer »*Biblia que es escrita en vulgar cathalá, la qual nos donam al alt infant En Jacme, á qui Deus perdó, pare* (sic) *nostre é marit vostre*«; dieser Infant Jacme ist am 15. November 1347 gestorben.[1] Die einzige vollständige katalanische Bibel jedoch, die wir besitzen, ist diejenige der Pariser Nationalbibliothek (Fonds esp. No. 2—4), und sie ist im 15. Jahrh. geschrieben worden.[2] Andere fragmentarische Bibeln aus dem 14. und 15. Jh. enthalten entweder mehr oder minder vollständig das alte Testament, — wie die Hs. der Pariser Nationalbibliothek (Esp. No. 5 aus dem Jahre 1461) oder diejenige des British Museum, Egerton 1526 (aus dem Jahre 1465) — oder sie enthalten vollständig oder zum Teil das Neue Testament, wie die Hs. der Pariser Nationalbibliothek (Esp. 486, 14. Jh.) und diejenige

[1] J. Coroleu, *Documents historichs catalans del sigle XIV*, Barcelona 1889, p. 56. In diesem Briefe ist der Ausdruck *pare* ein offenbarer Schreib- oder Lesefehler für *germá*.

[2] Die Bibliothek der Königin Maria von Aragon besass, nach dem im Jahre 1458 aufgenommenen Inventar (No. 51—53), eine katalanische Bibel in zwei Bänden und den ersten Band einer andern (*Coleccion de documentos históricos publicados en la Revista de archivos*, Madrid 1872).

des 14. oder 15. Jhs., welche Villanueva beschreibt (*Viage literario* XVIII 273 und 334). Der Gelehrte Perez Bayer besass im vorigen Jahrhundert einige Blätter von zwei »Limusiner« Versionen der Bibel, aus der Mitte des 15. Jhs., welche einen Teil des Prologs des h. Hieronymus zur Apokalypse und Bruchstücke des Buchs Daniel, der Machabäer I und der Apostelgeschichte enthielten (Antonio-Bayer, *Bibl. hisp. vetus* II 214). Dann begegnen für sich bestehend einige Bücher des alten oder neuen Testaments, hauptsächlich mehrere Psalter, von denen der eine wenigstens bis zum Anfang des 14. Jhs. zurückreicht, da er von Romeu Bruguera oder Sa Bruguera aus Mallorca übersetzt worden ist, welcher zum Orden des h. Dominicus gehörte, 1312 Provinzial von Aragon wurde und im folgenden Jahre starb; einer der neuesten wird derjenige des Joan Roiç de Corella sein, eines valenzianischen Dichters aus dem Ende des 15. Jhs., dessen *Psalteri trellat de lati en romanç* in Venedig 1490 gedruckt wurde (Mendez-Hidalgo, *Tipografia española* p. 39).[1] Auch von den Sprüchen haben wir gesonderte Übersetzungen: die sechs ersten Kapitel dieser Sammlung befinden sich z. B. in der Hs. der Pariser Nationalbibliothek, Esp. No. 353. Man muss übrigens berücksichtigen, dass der Titel »*Proverbis de Salomo*« häufig auf einfache Auszüge verwandt wird, welche den biblischen Text oft nur mit geringer Treue wiedergeben, wie diejenigen, welche Llabrés y Quintana im 1. Bande der *Biblioteca d'escriptors catalans* (Palma 1889) gesammelt hat, oder sogar auf Bücher mit Sprüchen praktischer Moral, wie diejenige, welche Villanueva in einer Valenzianer Bibliothek nachgewiesen hat (*Viage* IV 141). Die schöne Bibliothek der Königin Maria von Aragon, der Gemahlin Alfonso's V, wovon das Inventar 1458 aufgenommen worden ist, enthielt verschiedene biblische Texte in katalanischer Sprache: Apostelgeschichte (No. 1), Psalter (No. 3), die Evangelien (Nr. 14) u. s. w.[2] Nach Untersuchung der meisten dieser Texte, hat Berger gezeigt, dass die katalanischen Bibeln des 15. Jhs., allem Anschein nach, Verjüngungen von solchen des 14. Jhs. sind (mit verschiedenen von neuen Entlehnungen aus der Vulgata herrührenden Abänderungen), und dass diese letzteren z. T. nicht aus dem lateinischen, sondern aus dem provenzalischen oder französischen übersetzt worden waren. Was die Übersetzung der Bibel betrifft, welche gegen 1470 in Valenzia von einigen Theologen unternommen wurde, an deren Spitze Bonifaz Ferrer stand, der Bruder des h. Vincent Ferrer, und von welcher wir einerseits zwei Blätter aus der Offenbarung Johannis mit dem *impressum* von Valenzia 1478, und anderseits einen Wiederabdruck des Psalters allein ohne Jahr (aber ohne Zweifel aus dem 15. Jh.) besitzen, so ist sie, nach Allem was man wissen kann, von den vorhergegangenen Arbeiten vollständig unabhängig.

Den Katalanen musste auch der Gedanke kommen, die Bibel in Verse zu übertragen. Daher eine »*Biblia rimada e en romans*«, der Tochter eines Grafen v. Urgel gewidmet, der 1243 starb, die in Abschrift in der Hs. der Colombina vorliegt, worin sich der Psalter von Sa Bruguera befindet. Diese *Biblia*, deren 32 ersten achtsilbigen Verse mit gepaarten Reimen von Bover citiert worden sind (*Biblioteca de escritores baleares*, Palma 1868, No. 173), enthält, aber nur im Auszug, die beiden Testamente bis und mit der Offenbarung Johannis. Nichts beweist, was auch immer Bover sagen mag, dass sie das Werk Sa Bruguera's sei. Dieselbe Bibliothek Colombina besass in einer Sammlung von *Opuscula varia* ein Fragment in *rims apariats*

---

[1] Cf. ebenfalls eine anonyme Übersetzung des 70. Psalmes bei Torres Amat, *Memorias*, s. v. *Bariols*.

[2] *Coleccion de documentos históricos publicados en la Revista de archivos* etc. Madrid 1872. — José Salat besass eine Hs. vom Jahre 1336, welche „un extracto ó sea sinopsis" der Bibel enthielt. (Cf. seinen *Catálogo*, p. 6).

von einem Gedicht, in welchem die Passion, die Himmelfahrt, Pfingsten, die Ankunft des Antichrists und das jüngste Gericht erzählt sind. Besagtes Fragment, von welchem Fr. Michel einige Verse bekannt gemacht hatte (*Archives des missions scientifiques et littéraires* 3e série t. VI, 1880, p. 275) befindet sich jetzt in der Pariser Nationalbibliothek (Fonds esp. No. 472).

An die heilige Schrift schliesst sich eine Kompilation an, bekannt unter dem Namen der *Genesi de scriptura*, weil sie mit den Worten beginnt: »*Diu lo libre de Genesi*«. Es ist dies eine Übersicht der biblischen Geschichte (altes und neues Testament), dem einige Kapitel über das wahre Kreuz, über Titus, Vespasian und die Bekehrung Konstantins folgen, welche apokryphen Büchern entnommen sind. Von dieser »Weltchronik« existiert eine provenzalische und bearnische Übersetzung. Von der ersten derselben stammt ohne Zweifel die katalanische Übersetzung her, von welcher man mehrere Hss. besitzt; zwei in der Pariser Nationalbibliothek (Esp. 46 und 205, diese letztere enthält nur ein Kapitel des Buches), eine in Florenz (Laurenziana) und eine in Barcelona. Diese ist 1873 in Barcelona gedruckt worden, in der *Biblioteca catalana* von Aguiló, aber in Folge von Blattversetzung in der Hs. ist die fortlaufende Erzählung häufig gestört worden; cf. darüber die *Denkmäler provenzalischer Litteratur und Sprache*, Halle 1883, Bd. I 495 u. ff. von H. Suchier, wo die verschiedenen Übersetzungen dieses Werkes geprüft und verglichen worden sind.

Von einer andern, den apokryphen Büchern entstammenden Legende, mit dem Titel »Die Einnahme Jerusalems« oder die »Rache Jesu Christi« besitzen wir eine katalanische Version, die ebenfalls aus dem provenzalischen übersetzt worden ist (P. Meyer, *Bulletin de la société des anciens textes français* 1. Jahrgang, 1875, p. 54 ff.). Die Ausgabe, welche die Herausgeber des 13. Bandes der *Coleccion de documentos inéditos del archivo de la corona de Aragon* davon gegeben haben, ist erbärmlich inkorrekt, wie übrigens alle in diesem Bande veröffentlichten Texte; es wäre erforderlich, sie nach einer vor kurzem in die Pariser Nationalbibliothek aufgenommenen Hs. zu korrigieren (Esp. No. 509) und sie mit der kastilianischen Übersetzung, welche in Sevilla 1498 gedruckt wurde, und mit der portugiesischen Übersetzung, welche in Lissabon 1496 erschien, zu vergleichen (Mendez-Hildago, *Tipografia española* p. 351 u. 373). Unter dem Titel *Mascaron*[1] ist im 13. Bande p. 107 u. ff. des *Archivo de Aragon* eine Rede des Advokaten der Dämonen gegen »*l'humanal linage*« herausgegeben worden. Dieser Text, welcher sich an die apokryphe Litteratur anschliesst, befindet sich in zwei Hss. von San Cugat del Vallés und Ripoll, und ebenso in einem Bande der Bibliothek Marias von Aragon No. 2.

Verschiedene Texte, welche auf die Geschichte Jesu oder der Apostel Bezug haben, wie z. B. die Passion (nach Gamaliel), die unschuldigen Kindlein, die Geschichte vom guten Schächer, von der Dornenkrone sind durch Villanueva in einer Hs. der Barfüsser von Barcelona nachgewiesen worden (*Viage* XVIII 221—222) und finden sich auch in einem Ms. »*en lengua lemosina*«, des Escorial, L—II—12 (Rodriguez de Castro, *Biblioteca española* II, 741). Die Hs. 65 der Bibliothek der Königin Maria von Aragon enthielt einen Traktat »*de la nativitat de Jesu Christ*« und die Herausgeber des schon citierten 13. Bandes des *Archivo de Aragon* haben in diesem Bande p. 131 u. ff. eine Erzählung der Passion abgedruckt, die eine Übersetzung ist des *Tractatus de revelatione facta beato Bernardo a beata Virgine super dolore quem sensit in passione filii sui;* cf. P. Meyer, *Bulletin des anciens textes* I 62. Was

[1] Hängt *Mascaron* mit *máscara* oder mit dem Verbum *mascar* zusammen? Der Verfasser des *Poema de Fernan Gonzalez* (str. 12) nennt den Teufel *el bestia mascariento*.

die *Historia de la Pasió de N. S.* (nach dem Johannesevangelium) des valenzianer Dichters Mossen Bernat Fenollar betrifft, so ist dies eine Erzählung in Versen, welche 1493 gedruckt worden ist (Mendez-Hidalgo, *Tipografia española* p. 40).

16. Von Kommentaren der h. Bücher kann man verschiedene Übersetzungen erwähnen; diejenige der *Moralia in Job* von Gregor dem Grossen (s. hier II 1, 103) No. 27 der Bibliothek Marias von Aragon, diejenige des Nikolaus von Lyre in *Psalmos* (s.o. II 1, 189), No. 60 derselben Bibliothek und drittens *La exposició dels VII psalms penitencials feta per papa Innocent III* (s. o. II 1, 191), welche sich auf Verlangen des Fr. Berenguer March, des Ordensmeisters von Montesa (1392—1409),« *tralladada de lati en romanç per frare Johan Romeu del orde dels frares preycadors*« nennt. Eine Hs. dieser letztren Übersetzung befand sich im Kloster von San Francisco de Barcelona (Villanueva, *Viage* XVIII 167; cf. Torres Amat s. v. *Romeu*). Man sicht nicht genau, weder was die *Consideracio de les regles dels Evangelis* noch die *Contemplacio sobre lo pater noster* ist (No. 41 und 43 der Bibliothek Maria von Aragon). Dieses letzere Werk ist dem Mossen Pere d'Artés, Beamten am Hofe des Königs Peters IV. (cf. Torres Amat, *Memorias* s. v. *Artés*) gewidmet.

17. Unter den Büchern, welche zum Zwecke haben das Leben Christi zu erzählen und welche in die Kategorie der Andachtsbücher gehören, finden wir eine Übersetzung des Buches des h. Bonaventura »*Contemplatio seu meditationes vitae D. Nostri Jesu Christi*« (s. II 1, 203). Eine Hs. dieser Übersetzung findet sich in der Bibliothek Marias von Aragon (No. 66); sie ist das Werk eines »*indigne religios*« und ist in Barcelona gegen Ende des 15. Jhs. gedruckt worden[1] In seiner Widmung an Schwester Leonor Vilarig, Äbtissin des Klosters Jerusalem (Franziskanerinnen) in Barcelona, gibt der anonyme Verfasser an, dass der Grund, welcher ihn dazu geführt hat, den h. Bonaventura zu übersetzen, in dem Umstande zu suchen sei, dass der schon ins Valenzianische übersetzte Ludolph von Sachsen zu lang erscheint: »*en nostra cathalana lengua no es estat transladada* (die *Vita Christi* des h. Bonaventura) *y acabat que lo Cartuxa se tropia entre nosaltres en lengua valenciana, que es a la nostra prou conforme, empero per ser tan prolixament en quatre grans libres partit,* etc.« (Torres Amat, *Memorias*, p. 695, und Mendez-Hidalgo, *Tipogr. esp.* p. 266 und 398).

Das »*Lo Cartuxa* oder *Cartoxa*« betitelte Buch bezeichnet die *Vita Christi* von Ludolph von Sachsen (s. II 1, 201). Es wurde von Joan Roiz de Corella übersetzt »*de lati en valencia lengua*« und in Valenzia gedruckt 1495 bis 1500 (Mendez-Hidalgo, *Tipogr. esp.* p. 41, 43 und 45, und Ximeno, *Escritores de Valencia* t. I p. 62).

Eine andere *Vita Christi* war das Werk der Schwester Isabel de Villena, der natürlichen Tochter des berühmten Enrique de Villena, welche, nachdem sie Hofdame bei der Königin Maria von Aragon gewesen war, in einen Orden trat und von 1463 an Äbtissin des Franziskaner Klosters der Allerheiligsten Dreieinigkeit extra muros von Valencia wurde. Ihr häufig in Valencia und in Barcelona seit dem Jahre 1497 gedrucktes Buch ist, wie ein Biograph sagt, verfasst worden »*en lengua valenciana, pero con estilo tan elegante, con clausulas tan doctas y con tan pias voces, que, por divertido que esté el que las lee, no puede dexar de enternecerse*« (Ximeno, *Escrit. de Valencia,* I 56).

Merkwürdig ist es, dass man über die h. Jungfrau in der katalanischen Litteratur keine Werke von der Bedeutung desjenigen des Gautier de Coinci

[1] Unter dem Werke „*Meditacions*“ erwähnt Torres Amat (*Memorias* p. 707) zwei Hss. des Escorial und des San Cugat, welche höchst wahrscheinlich das Werk des h. Bonaventura enthalten.

z. B. findet. Abgesehen von einer gewissen Anzahl kleinerer Stücke, Gebete oder anderer, wie diejenigen, welche im 13. Bd. des *Archivo de Aragon* (cf. H. Suchier, *Denkmäler prov. Lit. und Sprache* pp. 85 und 515) gesammelt oder in den Katalog der Bibliothek der Maria von Aragon eingetragen worden sind, haben wir kaum etwas anders zu erwähnen, als eine Sammlung der Wunder der h. Jungfrau (No. 28 desselben Inventars), ein im Inventar der Bücher Martin's I. (Milá, *Trovadores* p. 489) angeführtes *Llibre de la Verge Maria en plá* und die *Vida de la sacratissima Verge Maria* von Miguel Perez, welche in Valencia schon im Jahre 1494 und dann wiederholt, schliesslich in Barcelona, 1732, abgedruckt wurde. Eine kastillanische Übersetzung dieses Buches wurde in Sevilla 1531 veröffentlicht (Antonio-Bayer, *Bibl. vetus* II, 338; Ximeno, *Escritores de Valencia* I 51, und Fuster, *Bibl. valenciana*, I 48).

18. HAGIOGRAPHIE. — Die hagiographischen Sammlungen sind zahlreich in der katalanischen Litteratur. Die *Vitae patrum* des Rufin und die *Collationes patrum* des Cassian sind beide übersetzt worden, aber es ist nicht leicht diese zwei Werke in den Verzeichnissen der Bibliotheken oder in den Angaben der Bibliographen zu unterscheiden. Neben den unter Nr. 59 des Inventars der Bücher Marias von Aragon angeführten *Collacions de Joan Caçia* findet man im selben Dokumente zwei andere Hss., die eine (No. 11), welche zugleich *de vitis patrum* und *collacions dels sants pares*, die andere (No. 50), welche *Dels sants pares hermitans*[1] betitelt ist. Anderseits gibt Torres Amat (*Memorias* p. 699) den Titel einer Hs. aus dem Jahre 1448 der Bibliothek von San José de Barcelona so an: »*Dotse sants pares ermitans foran ensemps aiustats en collació qui perlaven de Deu*« etc. In einer im 15. Jh. geschriebenen Sammlung des Escorial (N—I—16) findet sich ein Text, welcher im Katalog unter dem Titel *Autoridades de los santos padres de la Iglesia, en lengua lemosina*, verzeichnet ist. — Hier könnte, obwohl dies nicht eigentlich zur hagiographischen Literatur gehört, auch eine katalanische Übersetzung der *Epistola ad Eustochium de custodia virginitatis* des heiligen Hieronymus zitiert werden, die ein gewisser Jerónimo Gil 1517 zu Valencia drucken liess (cf. Fuster, *Bibl. valenciana* I, 72).

Von den *Dialogen* des Papstes Gregor (s. II 1, 106) sind verschiedene Hss. einer oder mehrerer katalanischer Übersetzungen durch die Bibliographen angeführt worden: *Dialogos y morals de S. Gregori, traduits en catalá per un cavaller de Gerona per la instrucció de son fill*« (Torres Amat, *Memorias* p. 698). Villanueva fand in Santas Creus zwei Exemplare der genannten Dialoge, das eine aus dem 15. Jh., das andere aus dem Jahre 1340 (*Viage* XX 126); und der Katalog der Bücher Marias von Aragon führt unter No. 5 einen *Dialogo de Sant Gregori* an. Das zweite der Mss. von Santas Creus trägt das expl.: *Scriptum fuit per manum Bernardi de Olleriis, scriptoris Gerundae, ad opus quorumdam filiorum suorum, XV Kal. junii anno Domini 1340* (Torres Amat, *Memorias* s. v. *Ollers*). Kann dieser *scriptor* aus Gerona, der sich Ollers nennt, mit dem *cavaller* aus Gerona identifizirt werden, wie D. Antonio Rubió y Lluch (*El renacimiento clásico en la literatura catalana*, Barcelona 1889 p. 23) meint? Das ist zweifelhaft.

Die *Flores sanctorum*, welcher entweder direkt aus dem Lateinischen übersetzt oder nach dem Provenzalischen umgearbeitet oder kompiliert und ursprünglich in katalanischer Sprache geschrieben wurden, müssen in ziemlich grosser Anzahl vorhanden gewesen sein. Der König Johann I. besass 1389 einen

[1] No. 4, welches *Suma de collacions e dits dels sants pares* betitelt ist, ist vielleicht ein Johann von Wales (s. II 1, 215).

Flos sanctorum en romanc, was offenbar heisst in katalanischer Sprache, und wir finden eines im Katalog der Königin Maria (No. 55) und in demjenigen des Don Pedro de Portugal (No. 6) angeführt. Torres Amat (p. 701) und der Katalog des Escorial (cf. Ebert *Jahrbuch* IV 56) führen einige an, von denen zwei dem 14. Jh. an gehören, die man nicht identifizieren kann.

Ebensowenig weiss man, was eigentlich zwei *Flores* bedeuten, die sich als im Ganzen oder zum Teile von Gerson übersetzt ausgeben. Denn die Auskunft, welche diejenigen, die sich damit beschäftigt haben, geben konnten, ist notorisch ungenügend (Torres Amat, *Memorias* s. v. *Coll*, und Balaguer y Merino, Revue des langues romanes Bd. XIX, p. 56). Ich füge noch hinzu, dass Fr. V. A. Domenec, in Bezug auf die Märtyrer von Vich, den heiligen Lucian und Martian, von einem »*Flos sanctorum antiquissimo escrito de mano en lengua limosina*« (Historia general de los santos de Cataluña, Gerona, 1630 p. 194) spricht. Von der *Legenda aurea* (s. II 1, 279) haben wir eine katalanische Übersetzung, von welcher eine Hs. aus dem 14. Jh. in der Pariser Nationalbibliothek sich befindet (Esp. No. 44). C. Chabaneau hat daraus das Leben der h. Anastasia entnommen (Revue des langues romanes Bd. XIII, 209).

Die Leben einzelner Heiligen bilden natürlich eine reiche Litteratur. Die katalanische Bibliographie der h. Maria Magdalena ist von Chabaneau ausgeführt worden (*Sainte Marie Madeleine dans la littérature provençale*, Paris 1887 p. 207); sie enthält keinen Text vor dem 15. Jh. Unter den am weitesten verbreiteten Leben von Heiligen ist dasjenige der h. Margareta und der h. Maria von Ägygten zu erwähnen. Von der ersten haben wir eine Übersetzung im 13. Bd. des *Archivo de Aragon*; die zweite findet sich in einer Sammlung, die gegen 1320 gemacht worden ist und welche man dem Ramon Ros aus Tarrega verdankt. Sie enthält ausserdem die Lebensbeschreibungen der h. Euphrosina, der h. Marina, der h. Paula, des h. Ludwig, Bischofs von Toulouse, des h. Christoph, des h. Franz des Bekenners, und die Geschichte der Vision von Clairvaux aus dem Jahre 1159 (Antonio-Bayer, *Bibl. vetus* II 121). Eine »*Historia de sant Latzer*«, d. h. des h. Lazarus, Bischofs von Marseille, existierte in einer Hs. der Barfüsser von Barcelona (Villanueva, XVIII 221), in einer Hs. der Königin Maria von Aragon (No. 2 des Inventars) und im Ms. L-II-12 des Escorial. Die »*Vida e transit del glorios sant Iheronim*« ist in Barcelona gedruckt worden in den Jahren 1482 und 1494 (Torres Amat, *Memorias* p. 718, und Mendez-Hidalgo, *Tipogr. esp.* p. 51). Vielleicht enthielt die Hs. No. 8 des Inventars der Maria von Aragon, welche mit einer »*Interpretació del nom de Sent Hieronym*« beginnt, auch ein Leben des h. Hieronymus. Eines der Leben, welches in den südfranzösischen Provinzen am meisten Erfolg hatte, ist dasjenige des h. Honorat; es wurde ins Katalanische übersetzt, nicht nach dem provenzalischen Gedichte des Raimund Feraut, sondern nach einem lateinischen Texte (P. Meyer, in *Romania* VIII 483). Diese Version ist in Valencia 1485 oder 1495 gedruckt worden (Mendez-Hidalgo *Tipogr. esp.* p. 36) und die Pariser Nationalbibliothek besitzt davon eine Hs., ebenfalls aus dem 15. Jh. (Esp. No. 154). Ein Leben des h. Onophrius und eine Übersetzung der *Inventio corporis sancti Antonii* sind von Villanueva in einer Hs. des Klosters von San Onofre extra muros von Valencia nachgewiesen worden. Dieses Leben des h. Onophrius ist vielleicht dasjenige, welches der Deutsche Kaufmann in Valenzia 1489 gedruckt hat (ein Exemplar in der Bibliothek von Valenzia, s. *Anuario* I, 227) und was die andere Erzählung betrifft, so ist sie von D. Bartolomé Muntaner veröffentlicht: *Invencion del cuerpo de S. Antonio abad*, etc. Palma 1873. Das Inventar der Königin Maria erwähnt »*La vida e lo proces de la canonizació de Senta Elisabet*« (No. 24), dann »*Lo libre e Doctrina de la molt virtuosa dona Santa Angela de Fulgino*« (Nr. 26), welches das von dem Franziskaner Arnaldo geschriebene und durch die Bollandisten veröffentlichte Leben sein soll,[1] und schliesslich 2 Hss. des Lebens der h. Radegunde (No. 39 und 40). Der Valenzianer Miguel Perez, von dem schon gesprochen worden ist, schrieb ein Leben der h. Catharina von Siena, welches in Valenzia 1494 gedruckt wurde, und ein Leben des h. Vincent Ferrer, ebenfalls in Valencia 1510 gedruckt (s. Fuster, *Bibl. valenciana* Bd. I p. 49). Ein Leben des Hospitaliters Julian,[2] welches dem »*Llibre de les ordinacions de la confraria de mercers o botiguers de la ciutat de Barcelona vulgarment dita dels Julians*« entnommen wurde, ist durch D. Mariano Aguiló in seiner *Biblioteca catalana* im Anschluss an das *Recull de eximplis* veröffentlicht worden. Der h. Georg, der Schutzheilige des Hauses von Aragon und des von dem König Peter II. gegründeten militärischen Ordens (Orden des h. Georg von Alfama, später mit dem Orden von Montesa vereinigt), den die alten Katalanen *mossen Sant Jordi* nannten, hat viele Panegyriker finden müssen. Von einem dramatischen Spiel, welches die Thaten dieses Heiligen zum Gegenstand hat, war bereits die Rede. Eine *Vida del glorios martir monsenyer Sant Jordi* befindet sich in der Privatbibliothek des Königs von Spanien (J. Massó Torrents, p. 11).

Über Leben von Lokalheiligen in katalanischer Sprache findet man einige wenige Angaben bei A. V. Domenec, *Historia general de los santos de Cataluña,* Gerona 1630. Sie sind zahlreicher im *Catálogo* de José Salat, welcher eine Überführung der h. Abdon und Senen, der Schutzpatrone von Arles im Roussillon (p. 16), das Leben der h. Eulalia, der Schutzpatronin von Barcelona, des h. Raimund von Penyafort, der h. Madrona etc. namhaft macht (p. 17 und 18) und auch bei Torres Amat (*Memorias* s. v. *Vida*).

19. DOGMATISCHE, MORAL- UND MYSTISCHE THEOLOGIE. — Wenig Originalwerke; die meisten der katalanischen theologischen Werke sind ebenso wie diejenigen, die in die Kategorie »Wissenschaft und Kunst« gehören, Übersetzungen lateinischer, französischer oder italienischer Bücher. Es empfiehlt sich jedoch, diese Übersetzungslitteratur zu verzeichnen und zu besprechen, da sie allein uns über den Kulturzustand der Katalanen während des Mittelalters und des Anfangs der modernen Zeit unterrichten kann.

Der *Gottesstaat* des h. Augustin ist durch einen Anonymus am Ende des 14. Jhs. oder wahrscheinlicher im 15. Jh. ins Katalanische übersetzt worden. Torres Amat (*Memorias* p. 688), welcher zwei Hss. dieser Übersetzung gesehen hat, die eine in der bischöflichen Bibliothek von Barcelona, die andere bei den Barfüssern derselben Stadt, berichtet uns, dass dieselbe mit gelehrten Anmerkungen versehen ist und dass der Übersetzer auf einen Traktat anspielt, den er vorher unter dem Titel »*Lo compendi moral de la cosa publica*« geschrieben hatte. Dies zeigt uns, dass diese katalanische Übersetzung des *Gottesstaats* nicht nach dem lateinischen Texte, sondern nach der französischen Übersetzung des Raoul de Presles, des Verfassers des »*Compendieux moral de la chose publique*«, gemacht worden ist, welchen er in der That in den Anmerkungen seiner Übersetzung anführt; s. Lancelot in *Mémoires de l'Académie des Inscriptions t. XIII,* (1740) p. 618.

---

[1] Die *Vida de sancta Angelina,* welche nach einer Hs. der Barfüsser in Barcelona von Villanueva (*Viage* XVIII 222) und von Torres Amat (*Memorias* p. 681) angeführt worden ist, wird dasselbe Buch sein.

[2] Ein Heiliger, „*al qual tienen mucha devocion en algunas partes de Cataluña y en particular en la parrochia del Fou en el obispado de Barcelona, donde le tienen por su patron*" (V. A. Domenec, *Historia general de los santos de Cataluña,* Gerona 1630, p. 161).

Homiliae XL in Evangelia des Papstes Gregor des Grossen (s. II 1, 104) gesandt »ad Secundinum Tauromenitanum episcopum«. Man erkennt diese Sammlung an der Beschreibung von No. 9 der Bibliothek der Königin Maria von Aragon unter dem Titel *Homelies de Sant Gregori*. Sie beginnt mit den Worten »*Al molt reverent e molt sant frare mestre Secundi ensemps bisbe*«.

In dem *Libre appellat Abbat Isach* des Inventars der Königin Maria (No. 17), welches mit den Worten beginnt: »*Anima que ama Deu, en Deu es solament son repos*« erkennt man den *Isaac de religione*, welcher durch Bernat Boyl, Einsiedler von Montserrat, übersetzt wurde in »*aragones, o si mas querres castellano, no daquel mas apurado estilo de la corte, mas daquel llano que a la profession nuestra . . . satisface*«, und welcher 1489 und 1497 gedruckt wurde (Mendez-Hidalgo, *Tipogr. esp.*, p. 101 und 154). Die katalanische Version ist vielleicht nach derjenigen von Boyl gemacht worden. Man findet anderseits in der *Crisi de Cataluña* des P. Manuel Marcillo (Barcelona 1685, p. 298) folgende Bemerkung: »*Anónimo catalan traduxo en lengua catalana al abad Isaac y Humberto de la Mistica Theologia*«. Und es verzeichnet der Katalog des Escorial in dem Ms. N-I-16 (XV. Jh.) die *Reglas del abad Isaac compendiadas* und die *Tres vias ordenadas para alcanzar la verdadera sabiduria por Fr. Umberto de Balma* (ohne Zweifel Humbert de Romans, vergl. II 1, 193), das Ganze *en lengua lemosina*. Das nämliche Ms. enthält auch die katalanische Übersetzung von Traktaten des h. Ephräm und der dem h. Bernhard zugeschriebenen *Meditationes*.

Vom *Speculum ecclesie* des Hugo von Saint-Chef oder Saint-Cher, (s. II 1, 192, 189), des ersten Kardinals vom Orden des h. Dominicus, existiert eine katalanische Übersetzung, die das erste Buch ist, welches in Cagliari gedruckt wurde: »*Libre apellat Speculum ecclesie, so es a dir Espill ho Mirall de la santa hesgleya qui es sobre la missa*«. Und am Ende: »*Stampat en la ciutat y castel de Callar al primer de octubre dę l'any mil CCCCXCIII*«. Das einzige bekannte Exemplar dieser Übersetzung befindet sich in der Universitätsbibliothek von Palma auf Mallorca (E. Toda y Güell, *Bibliografia española de Cerdeña*, Madrid 1890, p. 187).

Der *Memorial del peccador remut* (des erkauften Sünders) von Phelip de Malla, dem berühmten Theologen und Prediger, welcher durch die Könige Ferdinand I. und Alfons V. nach England, Deutschland und nach dem Konstanzer Konzil geschickt wurde, ist ein praktischer Traktat der christlichen Glaubenslehre »*lo qual tracta contemplativament de la mort y passió del fill de Deu fet home per dar a home perdut reparació*«. Die zweibändige Hs. des *Peccador remut*, welche früher bei den Barfüssern Barcelonas existierte, ist verschwunden, und wir kennen dieses Werk nur nach der Ausgabe des ersten Teiles, welcher 1483 gedruckt wurde. Auszüge davon hat D. Francisco de Bofarull gegeben in seiner *Felipe de Malla y el Concilio de Constanza* (Gerona 1882) betitelten Schrift (Auszug der Bände II, III, IV der *Revista de ciencias históricas* von Barcelona).

Eine andere Darlegung der christlichen Glaubenslehre ist das *Memorial de la fee catholica* des Valenzianers Francesch de Pertusa. Die Originalhandschrift dieses Werkes, welches das Münster zu Valencia im vorigen Jahrhundert aufbewahrte, wurde 1440 beendigt; sie trug keinen andern Titel als »*Lo Pertusa*« (Ximeno, *Escritores de Valencia*, I 35). Bayer führt vom *Memorial* zwei andere Abschriften an und giebt davon den Prolog wieder (*Bibl. hisp. vetus*, II 236, cf. auch Torres Amat, *Memorias*, p. 481, welcher eine Hs. des Klosters von S. Gerónimo de la Murta anführt).

Die *Llum de la vida christiana*, welche 1496 in Barcelona gedruckt wurde, ist eine Übersetzung des kastilianischen »*Lucero de la vida christiana*« betitelten

Buches von Pedro Ximenez de Prexano (oder Prexamo), dem Bischof von Coria, welcher 1495 gestorben ist. Dieser Traktat, welcher das Leben Christi, die h. Sakramente, das alte und das neue Gesetz behandelt, wurde zum ersten Mal in kastilianischer Sprache in Salamanca 1493 gedruckt. (Antonio-Bayer *Bibl. hisp. vetus,* II, 338 und Mendez, *Tipografia española,* p. 56 und 118).

Als Propagandaschrift kann man eine katalanische Übersetzung der Summa von Petrus Alfonsus gegen die Juden und Sarazenen (s. II 1, 232) ansehen, von welcher eine Hs. im Katalog der Bücher angeführt ist, welche der Gegenpapst Benedict XIII. (Pedro de Luna) im Schloss von Peñíscola im Beginne des 15. Jhs. gesammelt hatte: »*Petrus Alfonsi contra Judeos et Sarracenos in vulgari catalano*« (L. Delisle, *Le Cabinet des manuscrits de la Bibliothèque nationale,* I 488), dann fernerhin die Schriften des berühmten Bischofs von Jaen, Pere Pasqual, der in Granada 1300 den Märtyrertod starb. Diese Schriften sind vornehmlich populären Charakters. Da der h. Bischof sie hauptsächlich zur Bekehrung der Juden und Mahomedaner bestimmte, so ist es wahrscheinlich, dass sie zuerst in der Vulgärsprache geschrieben worden sind, und dass der lateinische Text, welcher in den *Opera sancti Petri Paschasii martyris, Giennensis episcopi, ordinis B. Mariae de mercede redemptoris captivorum* (Madrid 1676) niedergelegt ist kein Original ist. Die bekannteste dieser Schriften ist die *Biblia parva,* welche häufig in Spanien unter dem Titel des *Catecismo de San Pedro Pascual* erwähnt wird. Es ist eine Darlegung der christlichen Lehre und ein Handbuch für die einfachen und unwissenden Leute, welches ihnen die Mittel in die Hand geben soll, den Ungläubigen zu antworten und ihre Gründe gegen sie selbst zu kehren. Wir kennen davon wenigstens fünf Hss., von denen zwei in der Pariser Nationalbibliothek (Esp. No. 48 und 246), die dritte im Vatikan sich befinden (Antonio-Bayer, *Bibl. hisp. vetus,* II 99); die vierte gehörte den Barfüssern von Barcelona und ist von Villanueva beschrieben worden (*Viage* XVIII 214); die fünfte wird im Escorial L-II-12 aufbewahrt (Rodriguez de Castro, *Bibl. esp.* II. 740). Ximeno erwähnt noch eine andere Hs. und sagt, dass das Werk in Barcelona 1492 gedruckt worden sei (*Escritores de Valencia,* I 8). Ein anderer Traktat des Pere Pasqual, welcher für die Juden bestimmt war, trägt den Titel, *Disputa del bisbe de Jaen contra los Jueus sobre la fe catholica* (Villanueva, *Viage* XVIII 215), und in der von diesem Bibliographen beschriebenen Hs. folgt dieser Erörterung die katalanische Übersetzung eines Briefes des Rabbiners Izach an den Rabbiner Samuel über die Wahrheit der christlichen Religion, welche durch denselben Villanueva veröffentlicht wurde (*Viage* II 216). Mehrere Schriften desselben Apostels und Märtyrers sind uns nur bekannt durch die kastilianischen oder lateinischen Übersetzungen, welche zur gleichen Zeit oder später erschienen. In Betreff derselben kann man, ausser Antonio-Bayer und Ximeno auch Rodriguez de Castro zu Rate ziehen, *Biblioteca española* II 733.

20. Die Moraltheologie ist zuerst vertreten durch das berühmte, Philipp dem Kühnen 1279 gewidmete Werk des Bruders Lorens: die *Somme des vices et des vertus,* auch *Somme le roi* genannt oder *Miroir du Monde.* Das Kloster von San Cugat del Vallés besass eine Übersetzung dieses Textes aus dem 14. Jh., welche so endigte: »*Aquest libre feu 1. frare dels Preycadors a raquesta del rey Felipe de Fransa, en l'any de la incarnacio de nostre senyor MCCLXXIX*« (Villanueva, *Viage* XIX 29; Torres Amat, *Memorias* p. 700 s. v. *Esplicació*). Ein anderes Exemplar dieser Übersetzung aus dem 14. Jh. befindet sich in der Pariser Nationalbibliothek (Esp. No. 247). Böhmer hat noch ein drittes in der Bibliothek zu Neapel (Romanische Studien, Heft 10, p. 132) nachgewiesen. Endlich finden wir noch zwei im Verzeichnis der

Bücher der Maria von Aragon; das erste (No. 30) ist betitelt *Vicis e virtuts* und endigt mit dem Datum »*mil CCLXXVIIII*«; das zweite (No. 25) trägt den Titel des *Mirall del mon.* [1] Vielleicht ist die katalanische Übersetzung der Summa des Lorens nur eine einfache Bearbeitung der provenzalischen Übersetzung, von welcher man verschiedene Hss. besitzt.

Mehrere Abhandlungen gibt es über die Beichte, eine von dem Valenzianer Dominikaner Antoni Canals, welche der Königin Violante, der 1431 verstorbenen Gemahlin Johannes I. von Aragon, gewidmet ist. Villanueva führt davon eine Hs. bei den Barfüssern von Barcelona an (*Viage* XVIII 270), und es giebt zwei weitere in dem Katalog der Maria von Aragon (No. 22 u. 38). Cf. auch Ximeno, *Escritores de Valencia* I, 33.

Zwei andere anonyme Traktate, welche nicht identisch scheinen, sind betitelt, der erste *Enterrogatori e confessional en quatre parts subtilment dividit* (ohne Angabe des Ortes und Jahres gedruckt, aber aus dem Ende des 15. Jhs., s. Villanueva, *Viage* XXII 230) und der zweite *Breu tractat de confessió*, in Valencia 1493 gedruckt (*Anuario del cuerpo de archiveros* etc., Bd. I p. 288 und Mendez-Hidalgo, *Tipografia española* p. 40). Vielleicht beruhen diese Abhandlungen auf der *Summula confessionis* des Antonino von Florenz. Wir erwähnen noch, nach Torres Amat »*La vera guia dels confessors y dels confitents imprés en lletra lemosina en Barcelona*« 1535 (*Memorias* p. 701).

Clemente Sanchez, Archidiakon von Valderas (aus der Diözese Leon), Verfasser eines *Libro de exemplos por a. b. c.*, welcher ihm jüngst restituiert worden ist (Romania, VII, 481), verfasste auch in der ersten Hälfte des 15. Jhs. ein *Sacramental*, welches auf der ganzen Halbinsel einen grossen Ruf hatte. Seit den Jahren 1475 oder 1476 wurde es wiederholt in kastilianischer Sprache gedruckt, dann ins Portugiesische und Katalanische übersetzt. Die katalanische Übersetzung, unter dem Titel *Lo sagramental arromançat ab ses alleguacions en lati*, ist 1495 in Lérida gedruckt worden (Villanueva, *Viage* IV 144).

Ein Traktat, welcher im Mittelalter einen ausserordentlichen Ruf genoss und welcher mit Unrecht dem h. Bernard von Clairvaux zugeschrieben wurde, ist der *Modus bene vivendi ad sororem* (s. II 1, 211); er musste einen katalanischen Übersetzer finden und fand einen in der That in der Person des Dominikaners Antoni de Canals, welcher seine Übersetzung dem Kammerherren Martins I. von Aragon, dem Mossen Galceran de Santmenat widmete. Diese Widmung enthält eine interessante Stelle über die Lektüre der Zeitgenossen des Übersetzers in der Vulgärsprache: »*Hom deu legir libres aprovats, no pas libres vans, axi com les faules de Lançalot e de Tristany nil Romans de la guineu ni libres provocatius a cobeiança, axi com libres de amors, libres de art de amar, Ovidi de vetula, ni libres qui son inutils, axi com de faules e de rondales, mes libres devots*« etc. Eine Hs. der Übersetzung von Canals, welche aus der Abtei von Sant Cugat del Vallés stammte und welche Villanueva erwähnt hatte (*Viage* XIX 29), ist von den Herausgebern des *Archivo de Aragon* Bd. XIII p. 415 ff. gedruckt worden.

Wie man es wohl erwarten konnte, hielt man in Katalonien sehr viel auf die Schriften des englischen Franziskaners Johann von Wales. Von der *Summa collectionum* (oder *collationum*) *ad omne genus hominum* (II 1, 215) dieses Verfassers hatte Villanueva in Barceloner Bibliotheken zwei katalanische Hss. unter dem Titel *Suma de collacions e aiustaments* gefunden, die er nicht zu identificieren vermochte (*Viage* XVIII 240 u. 270). Die eine dieser Hss. aus dem Jahre 1438 wurde auf die Bitte von Mossen Borra, dem berühmten

[1] Da jedoch der Text dieser Hs. mit den Worten beginnt, „*Com natura humanal desig*“, welche nicht das Incipit der *Somme* des Lorenz sind, könnte es sich hier um ein anderes Werk handeln.

Narren Alfonso's V. von Aragon, geschrieben. Übrigens war das Werk schon früh übersetzt worden, denn wir wissen, dass im Jahre 1373 der König Peter IV. von Aragon von seinem Vetter Jacob von Aragon, dem Bischof von Valencia, »*lo libre de Suma de collacions*« zurückfordern liess, welches er ihm geliehen hatte, um es abschreiben zu lassen.[1] Das Inventar der Maria von Aragon weist zwei Exemplare dieser *Suma* auf, No. 61 und 62, aber sie sind in kastilianischer Sprache. Da dieses Werk in gewissen Mss. auch *Communiloqium* betitelt ist (cf. *Hist. litt. de la France* XXV, 181), so darf es mit Sicherheit erkannt werden in dem *livro que ha nompne Comuniloquio*, welches ein Notar von Saragosa mit grosser Sorgfalt unter der Regierung Jakobs II. von Aragon abschrieb (*Revista histórica de Barcelona*, Jan.-März 1877).

Von dem *De regimine principum* des Aegidius v. Colonna (s. II 1, 210), kennen wir mehrere Hss. einer katalanischen Version. Zwei sind von Villanueva beschrieben worden (*Viage*, XIX 29 u. XX 125). Eine andere befindet sich im Escorial und trägt den Titel: »*Lo libre del Regiment dels Princeps, fet é compilat per Frare Egidi Romá . . . declarat e explanat per Frare Arnau Stanyol, del orde de Senta Maria del Munt del Carme, a instancia del molt alt e magnifich princep lo senyor infant En Jacme comte d'Urgel é vezcomte d'Ager*« (Antonio-Bayer, *Bibl. vetus* II, 223). Diese oder eine andere Übersetzung ist in Barcelona 1480 und 1498 gedruckt worden (Villanueva, *Viage* XXII 213 und Mendez-Hidalgo, *Tipogr. esp.* p. 48 u. 57).

Was die Sammlungen von sittlichen Vorschriften und Lehren betrifft, die hauptsächlich zum Gebrauche der Prediger ausgewählt und klassifiziert wurden, so muss man den *Recull de eximplis e miracles, gestes e faules e altres legendes ordenades per a. b. c.*, erwähnen, den D. Mariano Aguiló in seiner *Biblioteca catalana*, nach einer Hs. des 15. Jhs. veröffentlicht hat (cf. Romania X 277). Crane hat nachgewiesen, dass diese Sammlung von *exempla* eine Übersetzung des *Alphabetum narrationum* des Stephan von Besançon (s. II 1, 196) ist (Romania XIX 363).

21. Mystische Theologie. — Ein Bruder Anton (vielleicht Antoni Canals?) hat der Königin Maria von Aragon eine Übersetzung des Traktates Hugo's von St. Victor *Soliloquium de arrha anime* (s. II 1, 202) gewidmet, welchen wir in dem Inventar der Bücher dieser Königin, unter No. 10, beschrieben finden.

Das *Punyiment d'amor*, welches unter No. 47 desselben Inventars erwähnt wird, ist eine Übersetzung des *Stimulus amoris* des h. Bonaventura (s. II 1, 204) oder vielleicht einer der französischen Übersetzungen dieses Traktates, am ehesten derjenigen des Gerson, welche betitelt ist »*L'Esguillon d'amour divine*«.

Unter dem Titel des *Spill de la creu* hat Fr. Pere Busquets, Mönch aus San Feliu de Guixols, auf die Bitte Marias von Aragon den *Specchio della croce* des Dominikaners Domenico Cavalca de Vicopisano und einen anderen Traktat desselben Autors, in italienischer Sprache, *Tractato dicto Pongi lingua* oder auch *Della Patienza*, ins Katalanische übersetzt. Die katalanischen Übersetzungen dieser zwei Arbeiten sind von Villanueva angeführt worden (*Viage* XVIII 167) und befinden sich im Inventar der Kgn. Maria von Aragon unter No. 48 u. 37.

Der unter No. 54 beschriebene Band dieses Inventars, welcher *Santa Caterina de Cena* betitelt ist, enthält entweder die *Epistole* oder die *Revelazioni* oder den *Dialogo della divina providenza* der Heiligen. Dieses Letztere ist das Wahrscheinlichste, denn der Escorial besitzt, d-IV-6, einen 1546 ge-

[1] S. Coroleu, *Documents historichs catalans del sigle XIV* p. 52.

schriebenen Band, den der Katalog also verzeichnet: *Dialogos de S. Catalina de Sena, escritos en lengua lemosina y dedicados á la monja Gerónima Daraguó.*

Der Augustinermönch Bernat Oliver aus Valenzia, welcher Prediger Peters IV. von Aragon und Bischof von Huesca, von Barcelona und von Tortosa († 1348) war, ist der Verfasser eines *Excitatorium mentis in Deum*, dem die Ehre zu Teil wurde, sowohl ins Kastilianische als auch ins Katalanische übersetzt zu werden. Die erste Übersetzung hat den Titel »*Espertamiento ó levantamiento de la voluntad en Dios*« (eine Hs. im Escurial), die zweite ist unter No. 6 des Inventars Marias von Aragon zitiert (cf. Ximeno, *Escritores de Valencia*, I 10; Antonio-Bayer, *Bibl. hisp. vetus*, II 155 und Torres Amat, *Memorias* p. 449).

Ist in der Schrift *Del menyspreu del mon* durch Ramon Ros eine Übersetzung der *Imitatio Jesu Christi* zu erkennen? Nein, wenn wirklich dieser Autor 1320 schrieb (cf. Antonio-Bayer, *Bibl. hisp. vetus*, II 121). Aber wir haben von der *Imitatio* eine andere katalanische Übersetzung des Valencianers Miquel Perez, *Explanatió de lati en valenciana lingua del libre de mestre Joan Gerson, canceller de Paris, de la Imitació de Jesu Christ e del menyspreu de aquest mon miserable*, welche jener Isabella de Villena gewidmet wurde, von der schon gesprochen worden ist (Antonio-Bayer, *Bibl. hisp. vetus*, II 338 und Mendez-Hidalgo, *Tipogr. esp.* p. 39).

Zwei *Specula*: Das erste, *Speculum animae*, welches Torres Amat nach einer Hs. des 15. Jhs. beschreibt (*Memorias*, p. 714), könnte eher eine christliche Dogmenlehre als ein theologischer Traktat sein. Es beginnt so: »*La materia de la redempció que fou feta per la encarnació, predicació, miracles e pasió de Jesu Christ*« etc. Das zweite trägt den Titel eines *Spill de la vida religiosa*, es ist in drei und vierzig Kapitel eingeteilt, in denen die Prüfungen erzählt werden, durch welche ein Geistlicher namens Bemvull hindurchgehen muss, um schliesslich über seine Leiden zu triumphieren. Der Druck der Barceloner Ausgabe von 1515 hat den Vermerk, dass das Buch ist »*compot per un devot religios, lo qual per humilitat calla so nom*«. Torres Amat (*Memorias*, p. 714) zitiert von diesem *Spill* eine andere Valencianer Ausgabe von 1529.

Der *Llibre de les floretes e d'amoretes* scheint ein mystisches Buch franziskanischen Ursprungs zu sein. Torres Amat zitiert es (*Memorias* p. 93) unter dem Namen des Franziskaners Hugo de Bariols und nach einer Hs., welche die *Somme* des Bruders Lorens und eine Erklärung der 7 kanonischen Stunden enthält. Anderseits meint Villanueva, indem er sich auf das Explicit des Buches stützt, »*feneit lo libre de amoretes; pregats per lo pobre hermita quil ha fet*«, dass es das Werk eines Einsiedlers von Monteserrat sein müsse, und vielleicht des Fr. Bernat Boyl (*Viage*, XVIII 269).

Man kennt nur nach den Zitationen Villanueva's (*Viage*, XII 112) und nach Torres Amat (*Memorias* p. 469) den Traktat des Franziskaners aus Castellon de Ampurias, genannt Joan Pascall, »*Tractat de beatitut ab moltes materies dependens de aquella*«.

Ein mystisches Buch »*a modo de dialogo introduint per interlocutors lo amor divinal, la esposa anima y la humana rahó*«, das aus dem Italienischen übersetzt wurde, wie es das Explicit anzeigt und welches 1546 in Barcelona gedruckt ist (*Catálogo* de J. Salat, p. 16) habe ich nicht zu identifizieren vermocht. Man findet das Wort *Contemplació* in den Aufschriften verschiedener Werke, deren Inhalt nicht immer leicht zu bestimmen ist: *Contemplació sobre lo pater noster* (Inventar Marias v. Aragon No. 43); *Contemplació de Sent Domingo*, Maria v. Aragon gewidmet (ibid. No. 44); *Contemplació sobre la passió e claus de J. Chr.* (ibid. No. 70 und vielleicht auch im Escorial g-IV-25);

La Contemplació de la Reyna (Inventar des Pedro v. Portugal No. 54) und endlich eine *Escala de contemplació* in drei, einem König von Aragon gewidmeten Bänden, als deren Verfasser Torres Amat (*Memorias*, p. 137) den Antoni Canals erkennen zu können glaubt. Ein anderes Werk, das unbestreitbar der mystischen Theologte zugehört, von welchem wir aber nur die bibliographische Beschreibung des Pedro Salvá (*Catálogo* No. 3857) haben, ist die *Escala de paradis*, verfasst von *aquell metge plebeyá he laureat mestre Antoni Boteler* (zu Barcelona 1495 gedruckt).

22. Zwei in gleichem Masse populäre Theologen, der eine dem Franziskaner-, der andere dem Dominikanerorden angehörig, beanspruchen für sich allein eine Besprechung. Der erste ist der berühmte Encyklopädist Francesch Eximeniz, der zweite, der grosse Prediger Vincent Ferrer.

Francesch Eximeniz, um die Mitte des 14. Jhs. in Gerona geboren, trat frühe in den Orden des h. Franziscus ein und begab sich nach Valenzia, wo er studierte, unterrichtete und, wie wir wissen, bis wenigstens zum Jahre 1399 verweilte. In dieser Stadt trat er ganz naturgemäss in Berührung mit Vincent Ferrer, der schon damals einen grossen Ruf als Lehrer und Prediger genoss. Sie wurden gute Freunde, sagt man; jedoch dürfte ein Wort, welches man dem Eximeniz über seinen Zeitgenossen »*Frare Vincent, que fa la bufa*« zuschreibt, wenn es echt ist, glauben lassen, dass doch einige Rivalität zwischen beiden bestand.[1] In den ersten Jahren des 15. Jhs. nahm Eximeniz eifrig Partei für Benedict XIII. (Pedro de Luna) und wurde für seine Ergebenheit an den Gegenpapst und an die Sache des Schismas mit der Verwaltung des Elner Bistums und dem Patriarchat von Jerusalem oder Alexandrien belohnt. Er starb zu Perpignan den 23. Januar 1409. Seine Werke, welche alle in das Gebiet der dogmatischen oder moralischen Theologie und der Staats- oder Wirtschaftslehre gehören, verdienen Beachtung, sowohl wegen ihres inneren Wertes, der auch ausserhalb Spaniens gewürdigt wurde, wie auch durch dasjenige, was man an genauen Beobachtungen über die katalanischen Sitten und Einrichtungen des Mittelalters daraus entnehmen kann.

Das Hauptwerk unseres Autors ist »*Lo libre appellat Crestiá*,«[2] eine grosse christliche Encyklopädie, welche er in dreizehn Teile teilte, deren Inhalt hier folgt:[3] 1) Definition, Ursprung und Vorzüge der christlichen Religion. 2) Fall des Christen. 3) Über die Leiden und die Sünden, denen der Christ anheimfällt. 4—11) Abhandlungen über die verschiedenen Heilmittel, welche der Christ anwenden kann, um sich von seinen Sünden zu befreien. 12) Regierung der Fürsten und Verwaltung der Gemeinden. 13) Wie sich der Christ aus den Leiden und Sünden, denen er anheimgefallen ist, durch die Androhung grosser Strafen und die Versprechungen grosser himmlischer Belohnungen erhebt.

Von diesen 13 Büchern existieren nur das 1., das 3. und das 12. ganz sicher, sei es als Handschriften oder gedruckt, und sie sind von verschiedenen glaubwürdigen Gelehrten gesehen und analysiert worden. Das 2. Buch existiert vielleicht auch in der Madrider Nationalbibliothek, wenn man sich auf die summarische im *Ensayo* des Gallardo veröffentlichte Übersicht der Handschriften dieser Bibliothek, verlassen könnte, aber man müsste nachsehen.

[1] *Rapport sur une mission philologique à Valence.* Paris 1885. p. 66.

[2] Ganz mit Unrecht betitelt N. Antonio die Encyklopädie des Eximeniz „*Crestiá* sive *de regiment dé princeps é de la cosa publica*“ (Antonio-Bayer, *Bibl. hisp. vetus.* II 180). Dieser zweite Titel ist der Titel des 12. Buches des *Crestiá* und ist nie dem Ganzen des Werkes gegeben worden.

[3] Nach einem Inhaltsverzeichnis dieser dreizehn Bücher, welches in der Vorrede des ersten Buches eingefügt ist, und das N. Antonio in lateinischer Übersetzung zur Kenntnis gebracht hat (*Bibl. hisp. vetus*, II 180.).

Es ist sehr wahrscheinlich, dass Eximeniz niemals die Zeit fand dieses ungeheuere Werk zu Ende zu führen, und dass die drei (oder vier) schon sehr umfangreichen Bücher, die wir besitzen, die einzigen sind, welche er jemals redigierte.

Das erste Buch des *Crestiá* hat also zum Zweck zu erklären »*que es religio crestiana e com e de on pren o ha pres fonament, e quines son les sues altes excellencies e grans dignitats*«. Das erste Buch wurde in Valencia 1483 gedruckt, auf Anregung von Mossen Joan Roiç de Corella, Übersetzers Ludolfs von Sachsen (Mendez-Hidalgo, *Tipogr. esp.* p. 34).

Von dem dritten, noch nicht herausgegebenen Buch, welches der minutiösen Untersuchung der Sünden gewidmet ist, haben wir eine genügende Analyse in der guten Arbeit von D. Emilio Grahit, unter dem Titel: *Memoria sobre la vida y obras del escriptor geroni Francesch Eximenes*, die in der *Renaxensa* Bd. III (1873) p. 185 ff. erschienen ist. Das Explicit der Barceloner Hs., welche Grahit benutzte, giebt als Datum den 12. Juni 1389 an, welches sich auf das Werk selbst zu beziehen scheint und nicht auf die Arbeit des Schreibers. Dieses dritte Buch wäre also nach dem 12. geschrieben worden, was an und für sich sehr annehmbar ist.

Diesem *Terç del Crestiá* und dem *tractat*, welcher besonders das *pecat de gola* betrifft, hat D. José Balari unter dem Titel *Regles de bona criança* Tischregeln entnommen (*Biblioteca de la Revista Catalana*), welche denjenigen ähnlich sind, die in dem 1868 durch die Early English Text Society veröffentlichten *Babees Book* gesammelt wurden. Die Regeln des Eximeniz beginnen mit dem Kapitel: »*Com Catalans menjen pus graciosament et ab millor manera que altres nacions*«. Es mag sich so im 14. Jh. verhalten haben. — Eine den zweiten Teil dieses dritten Buches des *Crestiá* enthaltende Hs. wird in der Privatbibliothek des Königs von Spanien aufbewahrt (J. Massó Torrents, l. c. p. 18). Es muss diejenige Hs. sein, welche Salvá in seinem *Catalogue of spanish and portuguese Books* No. 781 ankündigte.

Das 12. Buch, welches gewöhnlich *Lo dotzé del Crestiá* genannt wird, ist nach der Einleitung in 7 Abschnitte geteilt, die von der Stadt und ihrer Regierung und guten Verwaltung handeln.[1] Der Nebentitel, der ihm am Anfange des Textes gegeben ist, »*Aquest es lo dotzen libre, de regiment dels princeps e de comunitats*« hat bewirkt, dass man es öfters genannt hat »*Regiment de princeps*«. Eximeniz verfasste es 1385 und widmete es Don Alfonso de Aragon, Enkel Jakobs II. von Aragon, Graf von Denia und Ribagorza, später auch Markgraf von Villena, Konnetabel von Kastilien, Herzog von Gandia († am 5. März 1412). Diese staatsrechtliche und staatswissenschaftliche Abhandlung wurde nur z. T. (die 4 ersten Teile) auf die Bitte der »*reverens e honorables senyors e ciutadans*« von Valencia, im Jahre 1484, in dieser selben Stadt veröffentlicht (Mendez-Hidalgo, *Tipogr. esp.* p. 34 und E. Grahit, l. c. p. 208—212). Die Hs. der Pariser Nationalbibliothek (Esp. No. 9) enthält ebenfalls nur die vier ersten Teile des Werkes (der letzte Teil selbst ist unvollständig wegen des Verlustes einiger Blätter).

An dieses *Dotzé del Crestiá*, das letzte Buch der grossen Encyklopädie des Eximeniz, das wir kennen, knüpft sich eng an der *Tractat appellat Doctrina compendiosa de viure justament e de regir qualsevol offici publich lealment e diligent*, welcher in der Form eines Dialogs zwischen einem Geistlichen (Eximeniz) und den Bürgern einer Stadt, die Valenzia sein muss, gehalten ist. Diese *Doctrina compendiosa* ist nach einer im Anfang unvollständigen Hs. von

[1] In dem Kapitel, welches die Frage behandelt „en quins libres deu estudiar bon generos e bon ciutadan" erwähnt Eximenis unter andern die *Collationes* und andere Werke des Johann von Wales.

den Herausgebern des 13. Bds. des *Archivo de Aragon* (p. 311—393) veröffentlicht worden, welche sich natürlich keine Rechenschaft gegeben haben über das, was sie abdruckten. Die Pariser Nationalbibliothek besitzt zwei Abschriften der *Doctrina* (Esp. No. 48 und 55), beide aus dem 15. Jh. stammend. Es erübrigte zu wissen, ob das Werk des Eximeniz, welches unter dem Titel *Regiment de la cosa publica*, in Valenzia 1499 veröffentlicht wurde und an die *jurats* dieser Stadt gerichtet war (P. Salvá, *Catálogo* No. 3666 und Mendez-Hidalgo p. 326) von der *Doctrina compendiosa* verschieden ist oder nicht. Alles, was wir darüber sagen können, ist, dass in dieser Ausgabe von 1499 demselben eine sehr merkwürdige Einleitung vorangeht, unter dem Titel »*Les speciales belleses de la ciutat de Valencia*« wo man, unter anderm, eine bereits verwertete Stelle liest, über die Fayence von Manises mit metallischem Glanz. Die *Vida de Jesucrist* und der *Libre dels Angels* sind die bekanntesten theologisch-dogmatischen Bücher des Eximeniz. Das erste, dem Mossen Pere d'Artes, *mestre racional* des Königs Martin I., gewidmete Buch wird in den letzten Jahren des 14. Jhs. oder in den ersten des folgenden verfasst worden sein. Man kennt davon eine ziemlich grosse Anzahl von Hss., aber keine katalanische Ausgabe. Im 15. Jh. ins Franz. übersetzt, wurde es durch die Fürsorge des ersten Erzbischofs von Granada, Fernando de Talavera, welcher es 1496 drucken liess, auch ins kastilianische übertragen. Der *Libre dels angels*, welcher im Jahre 1382 verfasst und demselben Pere d'Artes gewidmet wurde (er war damals *mestre racional* des Königs Johann I.), hat noch mehr Erfolg gehabt, als das *Leben Jesu Christi*. Er wurde 1494 in katalanischer Sprache gedruckt, durch die Fürsorge des Fr. Miguel de Cuenca und Fr. Gonzalo de Córdoba 1434 ins kastilianische übertragen, und auch ins Französische übersetzt. Die Pariser Nationalbibliothek besitzt nicht weniger denn neun handschriftliche Exemplare dieser letzten Übersetzung. (L. Delisle, *Inventaire des manuscrits français* I, 61). In mehrfacher Beziehung interessanter ist für uns der *Libre de les dones,* welcher einer edlen Dame, Sanxa de Arenos, Gräfin von Prades, zugeeignet ist. Das Werk ist in zwei sehr ungleiche Teile geteilt; der erste, in dreizehn Kapiteln, spricht von den Frauen im allgemeinen; der zweite, der wieder in fünf Traktate zerfällt, die im Ganzen 332 Kapitel zählen, handelt von den fünf Arten von Frauen, als Kinder, Jungfrauen, Verheiratete, Wittwen und Nonnen. In diesem zweiten Teile haben wir eine überaus grosse Menge von pikanten und belehrenden Aufschlüssen über die Lebensart der Katalaninnen des Zeitalters und ihrer Neigungen. Der sehr oft abgeschriebene *Libre de les dones* ist in katalanischer Sprache in Barcelona im Jahre 1495 gedruckt worden. Unter dem Titel »*Carro de las donas*« wurde er frei ins Kastilianische übersetzt und in Valladolid, 1542, mit einer sehr interessanten Vignette veröffentlicht; cf. P. Salvá *Catálogo,* No. 3896. Der Escorial besitzt ein aus der Bibliothek des Alfonso Martinez, des Erzpriesters von Talavera und Verfassers des *Corvacho,* stammendes handschriftliches Exemplar, welches wahrscheinlich mit dem *Carro* identisch ist.

Für die drei folgenden moral- und mystisch-theologischen Werke verweisen wir auf die Arbeit des D. Emilio Grahit: die *Scala Dei*, welche der Königin Maria von Aragon gewidmet ist und die man auch *Libre de la devoció* oder *Contemplació* (gedruckt 1494) nennt; das *Cercapou* oder *Confessionari,* eine Abhandlung über die Beichte, und endlich *L'Art de ben morir.* Wir erwähnen noch: 1) eine Art Psalter oder Sammlung frommer in lateinischer Sprache von Eximeniz abgefasster Gebete, welche 1416 ins Katalanische durch Guillem Fontana übersetzt wurden und die er einer gewissen Agnes, Frau des verstorbenen Mossen Ramon Savall, *mestre racional* des Königs von Aragon, widmete (Hss. in der Madrider und der Pariser Nationalbibliothek,

Esp. No. 45; cf. Torres Amat s. v. *Fontana* und den *Catálogo* von Salat p. 7. 2) eine Nachahmung der Bussspsalmen desselben Eximeniz, welche sich in wenigstens zwei der eben erwähnten Hss. befindet.

Am Ende seiner Notiz gibt D. Emilio Grahit einige Nachrichten über Schriften des Eximeniz, welche verloren gegangen sind oder deren Existenz man nur durch Anspielungen von ihm selbst oder anderer kennt. Unter diesen Hinweisen sind einige, welche sich gewiss auf schon bekannte aber anders betitelte Werke beziehen, die wir besitzen. So ist der »*Dialogo entre un frare y ciutadans, en que exhorta a tota virtut*«, welcher von Torres Amat erwähnt wird (*Memorias* p. 698), gewiss die *Doctrina compendiosa*. Was den unserm Autor zugeschriebenen *Flos sanctorum* betrifft, so ist zu bemerken, dass die zwei *Flores,* von welchen Ochoa spricht, *Catálogo de los manuscritos esp. de Paris* p. 24 und 25) provenzalisch abgefasst sind und mit Eximeniz nichts gemein haben, und was die von demselben Ochoa p. 40 genannte Hs. betrifft, welche die No. 44 des Fonds esp. der Pariser Nationalbibliothek ist, so enthält sie die *Legenda aurea*, die wir oben erwähnt haben. Im bestem Falle könnte diese *Legenda* von Eximeniz übersetzt worden sein, wenn man auf den Umstand bezug nimmt, dass sie in den Text von Varazzo das Leben des h. Felix und des h. Narcissus von Gerona einfügt.

Während ohne Zweifel Eximeniz zu viel produziert und zu viel kompiliert hat, bleiben uns nicht genug Schriften in der Vulgärsprache von seinem berühmsten Zeitgenossen, dem h. Vincent Ferrer, übrig. Die Geschichte der Predigerthätigkeit Ferrers in Katalonien und in Frankreich ist ein schönes Thema, welches mit Zuhilfenahme der Urkunden behandelt werden sollte, die den Aufenthalt des Bruders Vincent in dieser oder jener Stadt nachweisen und welche durch die Ausgaben, die sich die Gemeinden auferlegten, um den Prediger zu empfangen, den ausserordentlichen Einfluss seiner Rede auf die Massen feststellen. Vorzügliche Beiträge zur Geschichte der Predigerthätigkeit des h. Vincent Ferrer in Frankreich sind von P. Meyer (*Romania* X 226 u. ff.) und A. Thomas und André (*Annales du midi* IV 236, 380 u. 546) geliefert worden. Der erste dieser Gelehrten hat auch in einer Oxforder Hs. eine Predigt in der Vulgärsprache wieder gefunden, die von Ferrer in Toulouse am Charfreitag des Jahres 1416 gehalten worden ist; er gibt davon Auszüge (*Archives des missions* 2. Série Bd. III p. 266). Was die Predigerthätigkeit des Heiligen in Katalonien und in Kastilien anbelangt, so haben seine alten Panegyriker bereits zahlreiche Mitteilungen geliefert. Andere findet man in der *Coleccion de doc. inéd. del Archivo de Aragon* I 119 und 192; im *Boletin de la Sociedad arqueológica luliana* vom 25. März 1889 (Aufenthalt Ferrers in Pollensa, anno 1413); in Colmenares, *Historia de Segovia,* Kap. XXVIII § 9 etc. Ferrer predigte in seiner Heimat und auch in Frankreich, wenigstens im Süden Frankreichs, katalanisch, aber es frägt sich, ob und in welcher Sprache er seine Predigten aufschrieb. Es scheint gewiss zu sein, dass er selbst deren in lateinischer und katalanischer Sprache geschrieben hat. Zur Zeit des Villanueva (*Viage* II 50 ff.) besass das Kolleg Corpus' Christi in Valenzia einen von Ferrer eigenhändig geschriebenen Band, der in lateinischer Sprache die von 1410—1414 gehaltenen Predigten enthält; die Sprache derselben ist sehr barbarisch — »*sicut bladum exit per saccum foradatum subtus*« ist ein von Villanueva angeführtes Beispiel — und voll von Worten, die der Vulgärsprache entlehnt sind, wie *varons, bona gent, truchimant, exarop.* Anderseits sprechen derselbe Villanueva (l. c.) und Ximeno (*Escritores de Valencia* I 31) von fünf handschriftlichen Bänden der Reden des Heiligen in katalanisher Sprache. Wenn sie noch existieren, wäre es sehr wünschenswert, dass man sie veröffentlichte.

23. Rechtsgelehrsamkeit. — Die Katalanen haben einen berühmten Kodex, den *Consolat de la mar*, dessen erste Redaktion bis ins 13. Jh. zurückreicht und welcher zum ersten Male 1484 zu Barcelona unter dem Titel des *Libre de consolat tractant dels fets maritims* gedruckt wurde.[1] Aber ebenso wenig als die nicht minder berühmten palatiner Ordonanzen Peters IV. von Aragon — *Ordinacions fetes per lo molt alt senyor en Pere, rey d'Aragó, sobre lo regiment de tots los officials de la sua cort*,[2] — gehört dieser *Consolat de la mar* zur eigentlichen Litteraturgeschichte.

Der *Consolat*, desgleichen die *Ordinacions*, wie die *Constitucions de Catalunya*, die *Furs* von Valenzia, die *Costums* von Tortosa und viele andere Lokalrechte sind Sprachtexte und, von diesem Gesichtspunkte aus, sehr kostbar; wir haben uns hier mit denselben nicht zu beschäftigen. Unter dieser Rubrik »Rechtsgelehrsamkeit« haben wir kaum etwas anderes anzuführen als einen *Codi de Justinià*, welcher offenbar nur eine katalanische Übersetzung eines provenzalischen Textes ist, von dem einige Fragmente zur Kenntnis gelangt sind (cf. Bartsch, *Grundriss*, § 43 und J. Tardif, *Annales du midi*, V, 34 ff.) Die katalanische Version ist in einem Bücherinventar der Tempelritter 1308 folgendermassen bezeichnet: »*Assi comencen les rubriques del primer libre del Codi*«. (Villanueva, *Viage* V 200). Anderseits besass der König Martin I. in seiner Bibliothek (No. 76 und 129) einen »*Codi en cathalà*«, aus dem Jahre 1309 und einen »*Cod. en tholozá (com. de totes les coses)*«.

Das grosse kastilianische Gesetzbuch, die *Siete Partidas*, wurde, wenigstens teilweise, ins Katalanische übersetzt, vielleicht unter der Regierung Peters IV. Es existiert im Escorial ein Ms. dieser Übersetzung, das in der Ausgabe der *Siete Partidas* erwähnt wird, welche die *Academia de la Historia* veranstaltet hat (Band I p. XXXIX). Diese Hs. enthält nur die erste *Partida*. Erwähnen wir auch, dass ein kastilianisches Ms. der zweiten *Partida* (Pariser Nationalbibliothek, Esp. No. 58) katalanische Glossen enthält.

Von der *Templerregel* führt dasselbe Inventar der Tempelritter ein Exemplar in katalanischer Sprache an: »*Assi comença lo prolec de la regla de la pobra cavalleria del Temple*« und die Hs., welche diese Regel enthält, endigt mit den Worten »*darlis conseyl de lurs malalties*«. Torres Amat (*Memorias* p. 709) schreibt seinerseits folgenden Artikel des Inventars des Königs Martin I. ab: »*Ordinacions dels Templès: en catala scrit en pergamins. Comensa: Aquestes son les coses; y en lo negre: la primera esser obedient ab son convent*«.[3] Diese Bemerkungen sind ungenügend, um zu bestimmen, welcher Redaktion der Regel diese katalanischen Texte entsprechen, S. *La règle des Templiers* hersg. von H. de Curzon. Paris 1886 in 8⁰.

24. Philosophie. — Von den Philosophen des Altertums ist Aristoteles den Katalanen, wie es sich von selbst versteht, nur vermittelst sehr indirekter Übersetzungen bekannt geworden. Die *Ethik* ist durch das zweite Buch des *Tresor* des Brunetto Latini zugänglich geworden. »*Ethiques de Aristotil a Nicomacho, arromansades per mestre Brunet Lati Florenti, en la sua obra appellada Lo Tresor*«, ist der Titel einer Hs., welche der grosse Jurist Antonio Augustin besass (Torres Amat, *Memorias* p. 683).[4] Von

---

[1] Über die Bibliographie der verschiedenen Teile dieser Kompilation cf. den *Catalogue des manuscrits espagnols de la bibliothèque nationale de Paris* p. 13 u. 14.

[2] Cf. ibid. p. 14 u. 15.

[3] Ausser diesem katalanischen Exemplar besass König Martin I. verschiedene Exemplare der Templerregel in franz. Sprache.

[4] Es ist wahrscheinlich der ganze *Tresor* des Brunetto Latini ins Katalanische übersetzt worden, da ausser der eben erwähnten *Ethik* eine Hs. der bischöflichen Bibliothek zu Barcelona auch eine katalanische Version der *Rhetorik*, d. h. des ersen Teiles des dritten Buches, uns erhalten hat (A. de Bofarull, *Estudios, sistema gramatical* etc. p. 160).

der *Oeconomica* haben wir eine valenzianische Übersetzung aus dem 16. Jh., welche von Martin Viciana nach dem Latein des Leonardo Aretino ausgeführt worden ist und welcher, in der Hs. des Escorial, wo sie aufbewahrt wird, eine »*letra*« vorangeht »*tramesa per lo noble Mosen Martí de Viciana, governador en Regne de Valencia, a la noble Dona Damiata muller sua*« (Antonio-Bayer, *Bibl. hisp. vetus,* II, 282).

Cicero. — Eine Übersetzung von *De Officiis,* welche von einem Franziskaner, Namens Nicolas Quils auf die Bitte des ehrenwerten Bürgers von Barcelona En Francesch de Conomines oder Colomines hergestellt wurde, ist von Villanueva in der Bibliothek des Palau in Barcelona nachgewiesen worden (*Viage,* XVIII 271). Es existierte davon eine andere Hs. in der Madrider Nationalbibliothek (von Torres Amat, *Memorias*, s. v. *Quils* zitiert). Sie ist aber verschwunden, nach dem, was D. Antonio Rubió y Lluch, welcher noch eine dritte kennt, uns lehrt (*El renacimiento clásico en la literatura catalana,* Barcelona 1889 p. 21). Von den *Paradoxa* besitzt man eine, ebenfalls nicht edierte, Übersetzung durch Ferrant Valentí aus Mallorca, welche bis in die Mitte des 15. Jhs. zurückgeht (A. Rubió, l. c. p. 45 u. 47—48).

Seneca. — Wir beginnen mit einer »*Exposició de tots los libres de Seneca, feyta per frare Luchas, bisbe auximense, del orde dels Preycadors, al senyor papa Clement VI.*«, eine Hs. der Barceloner Barfüsser aus dem 14. Jh., welche Villanueva beschreibt (*Viage,* XVIII, 240). Der gelehrte Dominikaner hat diesen Lucas nicht zu erkennen vermocht, und hat ihn für einen Katalanen gehalten. A. Rubió, welcher Villanueva nachschreibt, nennt ihn auch »nuestro« (l. c. p. 12). Dieser Lucas ist jedoch kein anderer als der Dominicaner Lucas Manelli, welcher Bischof von Osimo im Jahre 1345 war und 1363 oder 1364 starb (Quétif und Echard *Scriptores ord. praed.* I, 652). Der lateinische Titel dieses Werkes, welches ins Katalanische übersetzt wurde, ist: *Epistolarum Senecae ejusque moralis philosophiae scita expositio.* Man hat sodann ein *Sumari de Seneca* oder ein Résumé der Doctrin des Seneca, welches von seinem Verfasser, Pere Mollá, dem Huch de Lupiá, der von 1398 bis 1427 Bischof von Valencia war, zugeeignet ist. Die Hs. dieses *Sumari* befand sich bei den Barceloner Barfüssern (Torres Amat, *Memorias* s. v. *Mollá*). Unter den Übersetzungen der bedeutendsten Werke Seneca's ist zu zitieren: »*Lo libre de les virtuoses costumes compost per lo notable y elegant Lucio Seneca de Cordova*«, welches sich im Escorial befindet und eine Übersetzung aus dem 15. Jh. der *Moralia* ist (Antonio-Bayer, *Bibl. hisp. vetus,* II, 282, und Torres Amat, *Memorias,* p. 713);[1] dann die Übersetzung von *De providentia* durch den öfters schon zitierten Dominikaner Antoni Canals, welcher sein Werk dem Mossen Ramon Boil, Gouverneur von Valencia, (1393 bis 1406) dedizierte. Eine Hs. dieser Übersetzung befand sich im Augustinerkloster in Barcelona (Villanueva, *Viage* XVIII, 172) und vielleicht auf Grund dieses selben Exemplars ist sie in den *Memorias de la Academia de Buenas Letras* von Barcelona (Bd. II p. 561—580) mangelhaft gedruckt worden. D. A. Rubió zitiert (l. c. p. 29) eine andere Hs. Schliesslich die *Episteln.* Dieses in der Pariser Nationalbibliothek (Esp. No. 7) und fragmentarisch auch in London vorhandene Werk ist nicht aus dem Lateinischen, sondern aus dem Französischen übersetzt worden »*translatades de lati en frances, e puys de frances en cathalá*«; die französische Übertragung welche die katalanische Übersetzung benützt hat, ist im *Catalogue des manuscrits espagnols*

[1] Der Name Antonius Blay, welcher sich am Ende der Hs. des Escorial findet und welchen D. A. Rubió (*l. c.* p. 41) für den des Autors hält, bezeichnet ohne Zweifel den Abschreiber.

de la bibliothèque Nationale de Paris p. 30 angeführt.[1] Die *Epistoles de Seneca abreviades* (No. 21 des Inventars der Königin Maria) bedeuten wahrscheinlich dieselbe Übersetzung, welche von *Epist.* 94 an in der That viel abkürzt. Den Übersetzungen Seneca's lässt sich dasjenige anschliessen, was ein folgendermassen unter No. 42 des Inventars Marias von Aragon bezeichneter Band enthält: »*Libre intitulat: Sent Geronimi sobre Seneca . . . . comença: Lucio Anneus Seneca de Cordova*«. Wir haben nämlich hier die Notiz des h. Hieronymus über Seneca (cap. XII des *de viris illustribus*) und vielleicht die apokryphe Korrespondenz des Philosophen und des h. Paulus, welche man nach dieser Notiz in den Hss. findet (A. Molinier, *Catalogue des manuscrits de la Mazarine* I 374).

Boethius. — Übersetzung der *Consolatio* mit dem Kommentar des heil. Thomas von Aquino, durch den Dominikaner Fr. Pere Saplana, welcher sie dem Infanten Jacme de Majorque († 1375) widmete. Diese Übersetzung wurde auf die Bitte des Valenzianers En Bernat Joan, durch einen anderen Dominikaner Fr. Antoni de Genebreda vollendet und neu bearbeitet. Sie ist von D. Mariano Aguiló in seiner *Biblioteca catalana* veröffentlicht worden. Mehrere Hss., unter andern diejenige, welcher Aguiló gefolgt ist, erwähnen den ersten Übersetzer nicht; Villanueva hat seinen Namen in einer Hs. des Monserrat wiedergefunden (*Viage* XVIII 206). Eine nach dieser katalanischen Übersetzung angestellte kastilianische Version, die zum ersten Mal in Tolosa de Francia (Toulouse) im Jahre 1488 gedruckt wurde, gibt auch einige Auskunft über die von Genebreda unternommene Bearbeitung (Mendez-Hidalgo, *Tipogr. esp.* p. 100 u. 377). Ausser den zwei durch Villanueva nachgewiesenen Hss., besitzt die Pariser Nationalbibliothek eine (Esp. No. 474), welche aus der Colombina stammt. Es sind auch zwei im Inventar der Königin Maria, unter No. 34 und 63, verzeichnet.

Unter den scholastischen Philosophen, welche die Katalanen des Mittelalters besonders gelesen und studiert zu haben scheinen, befindet sich vor allen der platonisierende Guillaume de Conches. Sein *Dragmaticon philosophiae* (s. II 1, 228), dessen Analyse bei Hauréau *Histoire de la philosophie scolastique* 1. Teil p. 441—446 nachgesehen werden kann, ist zweifelsohne im 14. Jh., unter dem Titel *Suma de filosofia,* ins Katalanische übersetzt worden. Im Inventar des Königs Martin ist ein Exemplar davon unter No. 35 verzeichnet: »*Libre appellat Suma de philosophia en cathala . . . faneix en vermelho: per mestre Gem de Conques anorman*«, und die Pariser Nationalbibliothek hat zwei andere Exemplare davon aus dem 15. Jh. erworben. (Esp. 255 u. 473).

Was die Encyklopädien betrifft, so wird, was nicht verwundern kann, die populärste diejenige des Matfre Ermengau von Béziers gewesen sein. Ein Katalane aus dem 14. Jh. beschäftigte sich damit, die provenzalischen Verse des *Breviari d'amor* zu übertragen. Man hat in der Pariser Nationalbibliothek zwei Hss. dieser katalanischen Prosaübersetzung (Esp. No. 205 u. 353), von welcher auch zwei Briefe des Königs Johann von Aragon sprechen, die aus den Jahren 1393 und 1394 datiert sind (J. Coroleu, *Doc. hist. catalans del sigle XIV,* p. 125 u. 130); freilich ist auch möglich, dass es sich hier um den Originaltext handelt, von welchem es mehr als eine Hs. in Spanien gegeben hat und noch gibt.

[1] Die *Epistoles de Seneca en frances* sind in den Inventarien der Bibliotheken des Fürsten von Viana (*Archivo de Aragon,* XXVI 139) und des Konnetabels von Portugal Don Pedro angeführt (cf. A. Balaguer y Merino, *D. Pedro el condestable de Portugal,* Gerona 1881, p. 23.)

Die drei Traktate des Albertano von Brescia, der *Liber consolationis et consilii*, *De amore et dilectione Dei et proximi* und *De doctrina dicendi et tacendi* (s. II 1, 209) sind alle drei ins Katalanische übersetzt (Villanueva, *Viage* XVIII 173 und 265, und *Catalogue des manuscrits espagnols de la Bibl. nat. de Paris* p. 29), aber nur das letzte ist veröffentlicht worden, und leider auf erbärmliche Weise in den *Memorias de la Academia de Buenas Letras* von Barcelona, Bd. II p. 519—613, unter dem Titel »*Lo libre lo qual ha compost mestra Alberta de Bretanya* (sic), *lo qual tracta de la manera de ben parlar*«.

Die Moralitäten des Jacob von Cessoles (s. II 1, 210), welche sich unter einer weniger trivialen Form darboten als die andern, reizten ebenfalls zur Übersetzung. Unter dem Titel eines *Libre de bones costumes dels homens é dels oficis dels nobles* oder einfach *Del joch dels scacs* finden wir in zwei Hss. von Gerona (Villanueva, *Viage* XII 121) und im Vatican (Torres Amat, *Memorias* p. 702 s. v. *Jochs*) eine katalanische Übersetzung des *De moribus hominum et de officiis nobilium super ludo scaccorum.*

25. Es ist hier der Ort zu dem grossen Namen der katalanischen Litteratur, zu dem viel gepriesenen Ramon Lull († 1315) überzugehen (s. II 1, 204 u. passim). In Lull stecken gewissermassen zwei Menschen: ein Apostel, der zugleich Dichter und des Interesses und der Bewunderung würdig ist, anderseits ein von fixer Idee Besessener, den man, wenn er in all seinem merkwürdigen Dichten und Trachten nicht uneigennützig gewesen wäre, beinahe geneigt sein könnte einen Charlatan zu nennen. Dieser Besessene ist er Philosoph, der seine »Kunst« wie ein Universalmittel durch Europa spazieren führt; der glaubt die Scholastik untergraben zu können, indem er ihr ein extravagantes System entgegenstellt, von dem man nicht versteht, wie hervorragende Geister es einer Untersuchung noch für würdig gehalten haben. Querkopf ist die Bezeichnung, welche Prantl, der letzte Geschichtsschreiber der Logik, auf Lull angewandt hat, und sie ist noch gelind. Lange Zeit ist R. Lull das dramatische Interesse, welches gewisse Vorfälle in seinem Leben erregen, zu gute gekommen, namentlich seine Heldenthaten als Missionar bei den Ungläubigen, dann auch der Hass, welchen die seine Lehre und seine Schriften als ketzerisch verfolgenden Dominikaner, der Inquisitor Nikolaus Aimerich an der Spitze, gegen ihn hegten. Dies Alles, sowie der Umstand, dass sich im vorigen Jahrhundert der deutsche Gelehrte Salzinger in Lull geradezu verliebte, haben den »erleuchteten Doktor« in unseren Tagen wieder in Gunst gebracht. Diese Gunst wird nicht lange anhalten. Die im 29. Bande der *Histoire littéraire de la France* von Littré, Hauréau, Renan und Paris angestellten Nachforschungen, haben die Dinge wieder auf ihr richtiges Mass zurückgeführt, und der »Philosoph« Lull wird bald nur noch Bewunderer bei seinen balearischen Landsleuten finden, welche ja gezwungen sind, ihn als den Stern an ihrem nationalen Himmel anzusehn.

Indem wir hier den »Philosophen« ausser Betracht lassen, wollen wir nur vom Schriftsteller sprechen und besonders vom Prosaschriftsteller, da wir schon Gelegenheit gehabt haben, einige Worte über die Verse Lulls zu sagen. Es ist höchst wahrscheinlich, dass Lull alle seine Werke in der Vulgärsprache geschrieben hat, und dass es seine Schüler oder seine Bewunderer gewesen sind, welche die meisten Schriften ihres Lehrers ins Lateinische übersetzt haben, um sie im Occident zu verbreiten. Er selbst wäre, wenn man nach dem Latein, das er in seinem Alter in seinen Briefen schrieb, urteilen soll, schwerlich im Stande gewesen, seine Gedanken in die Gelehrtensprache zu übertragen. Die Werke Lulls sind in drei Kategorien zu teilen: 1) die Schriften, von denen man nur den lateinischen Text hat, 2) die Schriften, von denen ein lateinischer und ein Vulgärtext besteht. 3) die Schriften endlich, von denen nur eine katalanische Bearbeitung vorhanden ist.

In den letzten Jahren sind verschiedene alte katalanische Bearbeitungen von Werken Lulls aufgefunden worden, welche man nur in der lateinischen Form kannte oder nach Übersetzungen, die nach dem Lateinischen im 16. und 17. Jh. gemacht wurden; wahrscheinlich wird man noch andere auffinden. Der Zweck der von D. Gerónimo Rosselló unternommenen Ausgabe, welche gegenwärtig in Palma, unter dem Titel *Obres de Ramon Lull, texto original* erscheint, besteht gerade darin, eine möglichst grosse Zahl von Werken Lull's in altkatalanischer Sprache, welche die Muttersprache des Autors war, in Umlauf zu setzen.

Unter den Werken Lulls, welche wirklich der Litteratur angehören, ist zunächst der fromme Roman *Blanquerna* oder *Blaquerna* anzuführen, welcher von den verschiedenen Sünden und Zuständen unter den Menschen handelt und mit einer Empfehlung des Einsiedlerlebens endigt (*Hist. litt.* XXIX 252). Man besitzt von *Blanquerna* wenigstens zwei gute alte Hss. in Paris und München, welche es ermöglichen würden, von diesem Roman ebenso wie vom *Libre del amich e del amat,* welches ihm beigefügt ist, eine sehr gute Ausgabe zu geben (*Romania* VI, 504; *Zeitschrift f. rom. Philologie* III 90 [1]). Wenn der *Blanquerna* durch die Einzelheiten, welche er über die Sitten mitteilt, ein gewisses Licht auf den Zustand der katalanischen Civilisation am Ende des 13. Jhs. wirft, so hat hingegen der *Libre de les maravelles* (cf. die Ausgaben von Aguiló in der *Biblioteca catalana* und Rosselló (im Druck) sowie auch die von K. Hofmann herausgegebenen Auszüge einer Münchner Hs. [2]) eine gewisse Bedeutung für die Geschichte der Nachahmungen des *Kalilah und Dimnah* in den Vulgärsprachen. Das *De les besties* betitelte 7. Buch des Romans von Lull ist in der That zum guten Teil dem orientalischen Werke entlehnt (*Hist. litt.* XXIX 345). [3]

Der *Libre del orde de cavalleria* (in gothischer Schrift durch Aguiló, in Barcelona 1879 gedruckt) hat nicht das Interesse der beiden vorhergehenden Bücher. [4] Es ist eine ziemlich dürftige Abhandlung über das Wesen des Rittertums und die Pflichten des Ritters. Don Juan Manuel, welcher dieses Buch gekannt hat, hat es in seinem *Libre del caballero é del escudero* nachgeahmt und erweitert, und der Verfasser des *Tirant lo Blanch* zeigt sich ebenfalls davon beeinflusst. Wir haben ferner eine Sammlung von Sprüchen oder eher von Moralsentenzen, unter dem Titel, *Libre de mil proverbis* (s. II 1, 216). Sie wurde 1302 verfasst, im 18. Jh. mit einer kastilianischen Übersetzung gedruckt, dann durch Roselló wieder veröffentlicht (*Hist. litt.* XXIX 367). Der *Libre del gentil e dels tres savis* (s. II 1, 232) ist eine Streitschrift zu Propagandazwecken. Sie ist in vier Bücher eingeteilt; das erste handelt von Gott, das zweite vom Glauben der Juden, das dritte von dem der Christen und das vierte von dem der Mahometaner (*Hist. litt.* XXIX, 90). Dieses Buch wurde, wie man erwarten konnte, in Spanien sehr beliebt. Rosselló hat uns den katalanischen Text davon gegeben. Es existiert davon eine sehr alte französische Übersetzung (Pariser Nationalbibliothek, Ms. franç. 22933) und eine

---

[1] Der *Blanquerna* ebenso wie das *Libre del amich* sind frühe ins Französische übersetzt worden (*Hist. litt.* XXIX, 254).

[2] *Ein katalanisches Thierepos* von Ramon Lull. München 1872. 4°.

[3] Der *Libre de les maravelles* ist, jedenfalls im 15. Jh., ins Französische übersetzt worden. (*Hist. litt.* XXIX, 346).

[4] Im Katalog der Bücher L. J. Gohier's, Paris 1831, findet man unter No. 2419 eine folgendermassen bezeichnete Hs.: „*Libro de la orden de caballeria del B. Raymundo Lulio, traducido en lengua castellana de la lemosina en que fue escrito; sale á luz en ambas lenguas y se ilustra con algunas notas. Pet. in-4. rel. en cart.*“

kastilianische Übertragung, die nach dem katalanischen Texte in Valenzia, im Jahre 1416 durch Gonzalo Sanchez de Uceda ausgeführt wurde (Torres Amat, *Memorias* p. 706; V. Salvá, *A Catalogue* London 1829 s. v. *Libro* und Brit. Mus. Add. 14040 aus der Colombina). Der *Libre de consolació d'ermita* ist in gewisser Hinsicht das Gegenstück zum *Desconort*, mit andern Worten: hier tröstet Lull einen Einsiedler, während er dort von ihm getröstet wurde. Diese *Consolació* ist eines der letzten Werke Lulls; sie trägt das Datum 1313 (*Hist. litt.* XXIX 369). Erwähnen wir schliesslich den Vulgärtext des *De doctrina puerili*, eines Werkes, das ins Jahr 1275 gesetzt wird und welches mit Unrecht von den Verfassern der *Histoire littéraire* XXIX 325 zu den unedierten Schriften gezählt worden ist. Es ist in Palma, im Jahre 1736, zur Belehrung der »*miñons de Mallorca*« unter dem Titel »*Llibre de la doctrina pueril, compost en llengua llamosina per . . . Ramon Lull, mallorqui, traduit a llengua usual mallorquina*, gedruckt worden. Ebenso wie der *Libre del gentil*, ist die *Doctrina pueril* sehr frühe, Ende des 13. oder Anfang des 14. Jhs., ins Französische übersetzt worden, und die Übersetzungen dieser zwei Werke befinden sich in einer schönen Hs. des Herzogs von La Vallière (heute in der Pariser Nationalbibliothek, Ms. franç. 22933). Nach dieser Hs. hat Fr. Michel, vom Orientalisten Reinaud unterstützt, das vierte Buch des *Libre del gentil*, d. h. »la loi au Sarazin« (*Roman de Mahomet* Paris 1831 p. 95 ff.), veröffentlicht.

Sobald die Ausgabe Rosselló's vollendet sein, und uns, dank derselben, Alles zur Hand sein wird, was vom Werke Lulls in der Vulgärsprache existiert, wird man das Material zu einer allgemeinen Beurteilung seines Schaffens besitzen, auf welche man für den Augenblick verzichten muss.

26. Über die katalanischen Schriften, welche an die pseudo-aristotelischen Bücher, wie das *Secretum secretorum* und andere ähnliche anknüpfen, oder über diejenigen, deren Gegenstand direkt oder indirekt arabischen Büchern entlehnt worden ist, verbreiten leider nur wenig Licht die zwar sehr verdienstlichen, aber verworrenen Untersuchungen H. Knust's im *Jahrbuch f. roman. Literatur* X 129 ff. und in seinen zwei Schriften *Mittheilungen aus dem Eskurial*, Tübingen 1879 und *Dos obras didácticas y dos leyendas sacadas de manuscritos del Escorial*, Madrid 1878. Steinschneider hat mit mehr Kompetenz die Quellen des *Libre de la saviesa* und die *Proverbis* von Jafuda (*Jahrbuch f. rom. Lit.* XII 357—58) besprochen, aber das Material, über welches er verfügte, war unzureichend. Von dem ersten dieser Werke kennen wir nur kurze Auszüge, und insbesondere die Einleitung, welche nicht zu entscheiden gestatten, ob man dieses Buch, wie man bisher gethan hat, dem König Jacob I. von Aragon zuschreiben darf.[1] Was das zweite betrifft, welches auch ins 13. Jh. gesetzt wird, weil man glaubte, es sei Jacob I. zugeeignet, so gehört es entweder den aller letzten Jahre dieses Jahrhunderts an, oder dem folgenden, da der Jacob »König von Aragon, von Sicilien, von Mallorca« etc., welcher darin erwähnt wird, nur Jacob II. sein kann (*Romania* XII 230). Diese wichtige Sammlung, von welcher die Herausgeber des XIII. Bandes des *Archivo de Aragon* einen unvollständigen und höchst fehlerhaften Text gegeben hatten, ist seitdem zwei Mal herausgegeben worden, im Jahre 1889 durch D. José Balari in der *Biblioteca de la Revista Catalana* nach einer Hs. der Madrider »Nacional« aus dem Jahre 1385, und durch D. Gabriel Llabrés in seiner *Biblioteca d'escriptors catalans* nach einer andern Hs. des 15. Jhs. Dieser letzte Herausgeber hat über die Person des Juden Jafuda, mit Familien-

[1] Die Worte „*perque jo rey En Jachme, ven* (sic) *aquestes coses, esforzem d'appendre com les sabés*" (Rodriguez de Castro, *Bibl. esp.* II, 605) können sich auch gut auf Jacob II. beziehen. Cf. A. Helfferich, *Raymund Lull und die Anfänge der catalonischen Literatur*, Berlin 1858. p. 55 u. ff.

namen Bonsenyor, sehr interessante Mittheilungen gemacht, welche er den Archiven Aragons entnahm. Die Madrider Nationalbibliothek besitzt in der Hs., in welcher die *Proverbis* des Jafuda eingetragen sind, eine katalanische Übersetzung des *Secretum secretorum*, und in einer andern Hs. (L 170), diese selbe Übersetzung oder eine verschiedene, deren Titel lautet: »*Lo libre apellat de Regiment de senyors, en altra guisa apellat Secret dels secrets, ordenat per Aristotil al gran rey Alexandre*« (*Jahrbuch f. rom. Lit.* X 155).

Zwei andere Kompilationen derselben Art müssen hier noch erwähnt werden. Zuerst eine Übersetzung des *Breviloquium de virtutibus antiquorum principum et philosophorum* von Johann von Wales (s. II 1, 215), von welcher Villanueva bei den Barfüssern Barcelona's ein Exemplar gefunden hat, unter dem Titel: »*Breu parlament de les virtuts dels antichs philosophs, compost per Mestre Johan Galens, frare del orde dels frares menors*« (*Viage* XVIII 271), und von welcher ein anderes Exemplar sehr genau im Inventar der Königin Maria (No. 12) beschrieben ist. Zweitens eine Sammlung von Aussprüchen Weiser und Philosophen, die, wie wir wissen, »*en lenguaje de Cataluña*« geschrieben ist, die wir aber nur durch Vermittelung einer kastilianischen Übersetzung kennen, welche im Jahre 1402, auf den Wunsch des Meisters von Santiago, Don Lorenzo Suarez de Figueroa, durch den Juden Jacob Çadique aus Uclés ausgeführt worden ist, und von welcher eine Hs. sich im Escorial befindet (*Jahrbuch* X 129). Die von Torres Amat (*Memorias* p. 699) zitierten *Dits de diverses filosofs en romans* sind noch zu identifizieren.

27. Als Probe von Abhandlungen über die praktische Moral begegnet zuerst eine Übersetzung der *Disticha Catonis*, unter dem Titel *Lo libre de Cató*, von welcher ein abgekürzter und unvollständiger Text aus dem Jahre 1462 im *Archivo de Aragon* XIII p. 303 ff. gedruckt wurde, während ein anderer, korrekterer, und vollständigerer, im ersten Bande der *Biblioteca d'escriptors catalans* (Palma 1889) von G. Llabrés sich befindet. An den *Libre de Cató* schliessen sich schicklich die gereimten Moralsprüche des abtrünnigen Franziskaners Anselm Turmeda an: *Llibre compost per Frare Anselm Turmeda de alguns bons amonestaments*, von welchen es alte Abschriften in der Bibliothek von Barcelona und in Carpentras gibt (*Jahrbuch f. rom. Lit.* V 164 und Lambert, *Catalogue des manuscrits de la bibliothèque de Carpentras* I 208). Diese kleine Sammlung, welche, wie aus der letzten Vierzeile hervorgeht, im Jahre 1398 zusammengestellt wurde, hatte einen ungemein grossen Erfolg. In dieser Schrift, die beinahe ebenso verbreitet ist, wie der Katechismus, haben bis auf den heutigen Tag die Katalanen lesen gelernt. Man bezeichnet sie gewöhnlich mit dem Titel *Franselm*, und die neuen Lesebücher nehmen gerne, um sich zu empfehlen den Titel eines *Nou Fra Anselm* an. So haben wir ein »*Nou Fra Anselm. Llibre de bons consels, compost per un estudiant de theologia* Vich 1870« vor Augen. Eine andere Sammlung, welche dem *Franselm* ähnlich ist und ihm in den Schulen Konkurrenz gemacht hat, ist diejenige eines Arztes des Klosters Monserrat Namens Juan Cárlos Amat (17. Jh.). Sie ist betitelt: *Los quatrecents aforismes catalans* (Torres Amat, *Memorias* s. v. *Amat*). Und um mit den Sammlungen von Sprüchen und Sentenzen abzuschliessen, sei noch diejenige angeführt, welche Villanueva in einer Hs. der Bibliothek von Santas Creus im Anschluss an einen *Tractatus de ludo scaccorum* gefunden hat, und welche sich als Übersetzung aus dem Arabischen ausgibt (*Viage* XX 123): sie ist von D. Manuel de Bofarull im *Avenç* (No. vom 30. April, und 30. Mai 1891) veröffentlicht worden. An zweiter Stelle, die Triaden der Hs. von Carpentras, unter dem Titel *Llibre de tres*, eine Nachahmung der Verse der »Sprüche«, die mit *Tria sunt* beginnen. Diese Sammlung, welche in der *Romania* XII 230 veröffentlicht worden ist,

scheint nicht aus der Zeit vor dem 15. Jh. zu stammen; sie zeigt modernen Witz und starke Schlüpfrigkeit. Hinsichtlich der Form der Sprüche, kann man mit ihnen den *Libre des quatre choses* oder *Quaternaire Saint Thomas* und die italienische Sammlung von Orazio Rinaldi, die im 16. Jh. ins Kastilianische übersetzt wurde, vergleichen (H. Knust, *Dos obras didácticas* p. 30 Anm.). Die *Doctrina moral* von En Pax aus Mallorca, welcher am Hofe Peters IV. auferzogen wurde und dem König Johann I. als *sobrecoch* und *algutzir* diente, dann sich auf Mallorca zurückzog, ist eine Kompilation von Moralsprüchen über die Laster und die Tugenden, über Zustände in der Welt u. s. w., welche der Verfasser zum Unterrichte seiner Kinder zusammengestellt hat. Die benutzten Werke gehören zu den bekanntesten und verbreitetsten des Altertums und des Mittelalters: Sprüche Salomos, Seneca, Boethius, Disticha Catonis, der h. Augustin, der h. Bernhard, der Kalilah und Dimnah und unter den modernsten und den Katalanen, Guillem de Cervera, welche En Pax stets irrtümlich Serveri nennt (A. Thomas, *Romania* XV 27), schliesslich Francesch Eximeniz. Die *Doctrina* von En Pax, welche in dem *Archivo de Aragon* unvollständig und schlecht herausgegeben worden war (Bd. XIII p. 186 ff.) ist in der *Biblioteca d'escriptors catalans* von G. Llabrés (Palma 1889) wieder veröffentlicht worden.

Von der *Epistola ad quemdam militem de cura et modo rei familiaris gubernandae* vom h. Bernhard von Chartres haben wir eine katalanische Übersetzung von welcher ein Ms. Villanueva im Kloster von San Agostin in Barcelona gesehen hat (*Viage* XVIII 172, 226), und ein anderes sich in der Privatbibliothek des Königs zu Madrid befindet (J. Masó Torrents, l. c. p. 35); sie ist, wahrscheinlich nach der Hs. von San Agostin, in den *Memorias de la Academia de Buenas Letras de Barcelona* Bd. II 581—584, herausgegeben worden.

Dieser selbe Band der *Memorias* enthält im Anschluss an diesen Brief (p. 584 u. ff.) zwei »*Chastoiements*«, welche wohl alle beide, jedenfalls aber das erste, aus dem Französischen übersetzt sein werden. Dieses erste führt sich folgendermassen ein: »*Conseyll de bones doctrines que una reyna de França dona a una filla sua que fonch muller del rey d'Anglaterra*«: im ganzen sechzehn Unterweisungen. Das zweite kleine Lehrbuch gibt sich als verfasst von Alfonso von Aragon, Enkel Jacobs II. von Aragon, Markgraf von Villena, erstem Konnetabel von Kastilien, dann Herzog von Gandia, von welchem oben die Rede war: »*La letra deval scrita feu lo marques de Villena e compte de Ribagorça, qui aprés fo intitulat duc de Gandia, per dona Johana, filla sua, quant la marida ab don Johan, fill del compte de Cardona, per la qual li scrivi castich e bons nodriments*«. Villanueva hatte bereits die Existenz desselben in einer Hs. von San Agostin in Barcelona (*Viage* XVIII 172) nachgewiesen.

Del infant Epitus ist der Titel der katalanischen Version des Dialogs zwischen Adrian und Epitectes, welcher im Französischen unter dem Namen *L'enfant sage* geht. Sie findet sich in einer Hs. des 14. Jhs., welche die Chronik Peters IV. von Aragonien enthält. A. Pagès, der diesen Text in dem *Etudes romanes dédiées à Gaston Paris* p. 181—194 herausgab, hat zugleich gezeigt, mit welcher provenz. Redaktion derselbe in Zusammenhang zu bringen ist.

28. Es erübrigt noch, einige Schriften namhaft zu machen, die sich durch höheren Gedankenflug, hauptsächlich die erste, auszeichnen. Bernat Metge, von dem schon früher als Dichter gesprochen worden ist, hat grössere Bedeutung als Prosaschriftsteller. Er war Sekretär und Vertreter der Fürsten aus dem Hause Aragon, zuletzt bei Martin I. »Seine offiziellen Depeschen,« hat Milá gesagt, »sind Muster der schönsten katalanischen Prosa«. Aber er

hat sich um die katalanische Litteratur hauptsächlich durch seine *Somni* betitelte Schrift verdient gemacht. Der Traum, den er als Gefangener hatte und in dem ihm zuerst der verstorbene König Johann I. erschien, der über die Unsterblichkeit der Seele und das künftige Leben disputiert, dann Orpheus und Tiresias, welche in Gegenwart von Metge sich über die Frauen unterhalten, wobei der eine sie verteidigt, der andere sie angreift, — dieser ziemlich zusammenhangslose Traum, der eigentlich nur als Vorwand für philosophische Erörterungen und satirische Bemerkungen dient, gefällt nichts desto weniger durch das Frische und Freie seines Stils und das Lebhafte des Dialogs. Wohl verstanden, die Gedanken Metge's sind weit entfernt, ihm eigen zu sein, und ein zeitgenössischer Autor, Ferrant Valentí, hat bereits bemerkt, dass der Grundgedanke des *Somni* sich in den Tuskulanen und bei Boccaccio wieder findet; aber was diesen Dialogen Wert verleiht und das *Somni* zu einem der interessantesten und originellsten Werke der katalanischen Litteratur macht, ist die glückliche Verwertung der Entlehnungen aus der klassischen und italienischen Litteratur. Der *Somni* ist mit einer französischen Übersetzung von J. M. Guardia (Paris 1889), leider ungenügend, herausgegeben (cf. *Romania*, XIX 141), und dabei mit einem etwas lächerlichen Manifest über den Katalanismus versehen worden.

Die *Regles de amor y parlament de un hom y una fembra*, welche Mossen Domingo Mascó, *jurat* von Valenzia und Vizekanzler der Könige Johann I. und Martin I. zugeschrieben worden, sind, soviel man nach einer Erwähnung bei V. Salvá (*Catalogue of spanish and portuguese Books.* London 1826 No. 1345) und einigen Anführungen von J. Massó Torrents (l. c. p. 36) urteilen kann, Definitionen der Liebe und Muster des galanten Briefstils. Ein valenzianer Gelehrter des vorigen Jhs., D. José Mariano Ortiz, welcher eine Hs. dieser *Regles* besass, scheint zuerst behauptet zu haben, dass Mascó der Verfasser gewesen ist und sie auf Bitten der Na Carroça de Vilaragut, einer Hofdame Johanns I. und vielleicht Maitresse dieses Herrschers, verfasst habe. Seine Behauptung entbehrt aber bis jetzt jeglicher Grundlage. Derselbe Ortiz behauptete, eine andere Hs. zu besitzen, welche eine »*L'hom enamorat y la fembra satisfeta*« betitelte Tragödie enthielt, in welcher die Liebe Johannes I. und Na Carroça dargestellt wären. Die fragliche »Tragödie« hat aber seit Ortiz Niemand gesehn; sie scheint auch gar nicht existiert zu haben (Fr. Danvila, *Boletin de la R. Acad. de la Historia*, XIII 401 ff.)

Eine etwas pedantische aber nicht unberedte Abhandlung über die Liebe und ihre Folgen hat ein Valenzianer Dichter aus dem Ende des 15. Jhs., der edle Don Francesch Carroç Pardo de la Cuesta geschrieben: *Regoneixença e moral consideració contra les persuassions, vicis e forces de amor.* Der bekannte Macías wird darin schon als berühmtes Opfer der Liebe angeführt. Diese Schrift, welche ohne Ortsangabe und Datum, aber jedenfalls in Valenzia am Ende des 15. oder Anfang des 16. Jhs. veröffentlicht worden ist, und von welcher man nur das von Villanueva (*Viage* XXII 214, cf. *Anuario* I, 246) beschriebene Exemplar in Palma auf Mallorca kennt, ist von D. Mariano Aguiló in seiner *Biblioteca catalana*, im Anschluss an den *Boeci* wieder gedruckt worden.

Zum Schlusse sei noch eine Übersetzung der berühmten *Vision delectable* Erwähnung gethan, welche von dem »grossen Philosophen« Alfonso de la Torre zur Unterweisung des Prinzen von Viana, Sohnes Johannes II. von Aragon, verfasst wurde: es ist dies eine Reihe zwar etwas trivialer und anspruchsvoller Allegorien, welche aber die Zeitgenossen des Autors entzückten. Der katalanische Text wurde in Barcelona 1484 gedruckt (Antonio-Bayer, *Bibl. hisp. vetus*, II 329; Villanueva, *Viage* XX 129; Mendez-Hidalgo, *Tipogr. esp.* p. 50).

29. WISSENSCHAFT UND KUNST. — Die Werke über Wissenschaft und Kunst stehen zum grössten Teile der Litteratur ebensosehr fern wie diejenigen über Jurisprudenz; wir werden uns demnach in Bezug auf sie mit kurzen Andeutungen begnügen.

An enzyklopädischen Werken könnte etwa der *Lucidari en cathalà* erwähnt werden, welchen No. 96 der Bibliothek Martins I. enthielt, wenn derselbe wirklich eine Übersetzung des *De proprietatibus rerum* des Bartholomäus von Glanville ist. Aber der Titel *Lucidari* ist nicht bezeichnend genug; er könnte auch mit dem *Elucidarius* des Honorius von Autun in Beziehung gebracht werden.

Astrologie und geheime Wissenschaften. — Die astrologischen Bücher sind im Katalog der Bibliothek Martins I. überaus zahlreich. Auf jeder Zeile sind *Juis de stronomia*, Abhandlungen über *strologia*, alphonsinische Tafeln u. s. w. verzeichnet, und verschiedene Zeugnisse bestätigen, dass mehrere Könige Aragons, unter andern Peter IV., viel Neigung für diese Wissenschaft an den Tag gelegt haben. Im Jahre 1359 beauftragte dieser König den Dalmau Sesplanes und Pere Gilbert mit der Abfassung einer astrologischen Abhandluug und überliess ihnen, zu diesem Zwecke, die Bücher aus seinen Archiven, welche ihnen nützlich sein konnten. Diese Abhandlung ist in der *Colecció d'antichs textos catalans*, Barcelona 1890, veröffentlicht.[1] Derselbe König liess seinen Arzt Bartomeu de Tresvents (Hs. in der Pariser Nationalbibliothek Esp. No. 411) eine andere Abhandlung über Astrologie verfassen. Villanueva erwähnt (*Viage* XX 124) noch mehrere Schriften ähnlichen Inhalts. Wie es scheint, beschäftigten sich die Könige Aragons im 14. und 15. Jh. hauptsächlich deshalb mit Astrologie, weil sie sich der Genauigkeit gewisser Weissagungen und Prophezeiungen vergewissern wollten, welche sog. Erleuchtete und Schwindler, wie der Franziskaner Johann von Roquetaillade, Lasa, Turmeda, Cervera u. a. veröffentlichten und in grosser Anzahl verbreiteten.[2] Johann I., der abergläubischer war als die Andern, kümmerte sich sehr um die Prophezeiungen, welche ihn und sein Haus betrafen. So liess er im Jahre 1391 Francesch Eximeniz scharf zur Rede stellen, weil er, scheint es, prophezeit hatte, dass nach dem Jahre 1400 auf der Welt kein anderer König mehr existieren würde, als der König von Frankreich. Dies war, wie begreiflich, durchaus nicht im Sinne des armen Johannes; da er jedoch in die Astrologie vollständiges Verstrauen setzte, so beeilte er sich hinzuzufügen, dass, wenn Eximeniz »nach besagter Kunst« seine Prophezeiung beweisen könnte, man ihn kommen lassen müsse, damit er sich darüber erkläre (J. Coroleu, *Doc. hist. catalans del sigle XIV* p. 134). Ein ander Mal schickt er seinem Bruder »*un libre del diverses profecies e scriptures autentiques*« zu, welche die königliche Familie betrafen und von seinem Kaplan Pere Lena ausgingen (J. Coroleu p. 125).

Die Astrologie ist mit den sog. geheimen Wissenschaften, der Nekromantie und Alchemie etc., nahe verwandt. Auch hier haben die drei Könige Aragons, Peter IV., Johannes I. und Martin I. verschiedentlich zur Entwickelung der Alchemie und Magie die Hand geboten, sie haben sogar diejenigen, welche nach dem Stein der Weisen suchten und Gold fabricierten, beschützt. In dieser Beziehung lässt ihre Korrespondenz, welche D. Francisco de

---

[1] Eine Anspielung auf das „*libret que en Dalmau Ça Plana nos ha trasmes del eclipsi del sol et de la luna*" etc. findet sich in einem Briefe des „*primogenit*" Joan, aus Perpignan, 12. Sept. 1379 datiert (*Revista histórica* von Barcelona Januar 1876).

[2] Die Prophezeiungen von Rocatallada, Lasa und Turmeda, in katalanischer Sprache, sind in eine Hs. des 15. Jhs. der Bibliothek von Carpentras eingetragen (Lambert *l. c.* I, 174). Die von Turmeda befinden sich auch in der Hs. N-I-13 des Escorial.

Bofarull, *Revista histórica* Januar 1876, D. José Coroleu, *Documents historichs catalans del sigle XIV*, Barcelona 1889, und D. José Ramon Luanco, *La alquimia en España* Bd. I, Bacelona 1889, gesammelt haben, keine Zweifel aufkommen. Luanco hat sowohl in dem eben zitierten Buche, als in den *Memorias de la Academia de Buenas Letras* von Barcelona III 307 verschiedene Werke katalanischer Alchemisten beschrieben.

30. Die Arzneikunst musste im Vaterland Arnau's von Vilanova (s. II 1, 259) blühen. Vor ihm ist noch der Dominikaner Thederic zu erwähnen, dessen chirurgische Abhandlung in lateinischer Sprache dem Fr. Andreu von Albalate, welcher von 1248—1276 Bischof von Valenzia war, gewidmet ist; diese Abhandlung, welche die Katalanen *lo Thederic* nennen (Villanueva, *Viage* V 200) wurde ins Katalanische durch einen gewissen Galien Correger aus Mallorca, übersetzt, und wurde auch ins Kastilianische übertragen (Rodriguez de Castro, *Bibl. Esp.* II 693). Die Hs. der Pariser Nationalbibliothek (Esp. 212) enthält nach der katalanischen Chirurgie von Thederic, eine »*La cirurgia dels cavals*« betitelte Arbeit, dann eine Abhandlung über Falkenierkunst und eine Übersetzung des *Almansor*. Eine andere chirurgische Hs., aus dem 15. Jh., welche den »*Llivre de Benvengut de cirurgia, compilat per mestre Benvengut Grateffe*« (Antonius Benivenius aus Florenz?) und die »*Cirurgia de mestre Bru*« d. h. eine Übersetzung der *Chirurgia magna* oder der *Chirurgia parva* Meister Bruno's von Padua enthält, ist von Villanueva in der Bibliothek des Klosters von Santas Creus (*Viage* XX 125) nachgewiesen worden.

Medizinisches besitzt man unter anderem weiter in einer aus dem 14. Jh. stammenden Übersetzung des *Thesaurus pauperum* von Petrus von Spanien, (Papst Johannes XXI), welche in der Bibliothek der *Revista catalana* veröffentlicht ist; dann in einem Werk Albert's des Grossen, welches auf katalanisch »*Quesits o perquens sobre coses pertenents a la conservació de la vida e sanitat de l'home quant a la composició e phisonomia humana*« betitelt und in Barcelona 1499 gedruckt worden ist (*Anuario* I 230); drittens in einer Abhandlung über die Pest von Luis d'Alcanyis, *Regiment preservatiu e curatiu de la pestilencia,* in Valenzia am Ende des 15. Jhs. veröffentlicht und von D. Anastasio Chinchilla, in seinen *Anales históricos de la medicina*, Valenzia 1846, IV 239 u. ff. wieder abgedruckt. Auch ist noch der Traktat über die Geschwüre von Gui de Chauliac zu erwähnen, welcher 1501 von Antoni Amiguet und Joan Valls ins Katalanische übersetzt worden ist (Torres Amat, *Memorias,* s. v. *Amiguet*).

Arnau von Vilanova († gegen 1312), dessen katalanische Abstammung nunmehr vollständig sicher gestellt ist, und dessen Name in der Geschichte der Medizin zu leben verdient, hat auch das Recht in der katalanischen Litteratur einen Platz einzunehmen, weil er einige der Heilkunde ferner stehende Schriften verfasst hat; das sind hauptsächlich sein Brief an den König Friedrich von Sicilien, den Bruder Jacobs II. von Aragon, welcher in einer Reihe von »*chastoiements*« besteht, dann sein in Avignon vor dem Papst und den Kardinälen gehaltenes *Rahonament* über die Träume der zwei oben genannten Könige. Beide Stücke sind von D. Marcelino Menéndez Pelayo in den Anhängen seines *Arnaldo de Vilanova*, Madrid 1879, veröffentlicht und in seiner *Historia de los heterodoxos españoles*, Madrid 1880, I 745 und 753 wieder abgedruckt worden. Arnau war ein Phantast; die stete Sorge um den Antichrist und das Ende der Welt liess ihm keine Ruhe, und er fühlte sich durch die Lehren der Mystiker wie Joachim von Fiore angezogen. Ausserdem lockten ihn in seiner Eigenschaft als Arzt die geheimen Wissenschaften, und wenn man auch zugeben muss, dass man ihm fälschlicherweise viele alchemistische Thorheiten in die Schuhe geschoben hat, die er niemals geschrieben, so könnte man doch anderseits nicht behaupten, dass er nicht irgend welchen Anlass zum Rufe eines Nekromanten gegeben habe, in welchem er bis heute steht. Wie sein Zeitgenosse Lull, so hatte auch Arnau de Vilanova von den Dominikanern viel zu dulden, welche kurz nach seinem Tode im Jahre 1316 seine Schriften verdammten. Wir sind nicht in der Lage die Echtheit der *Prediccions de mestre Arnau de Vilanova* festzustellen, welche Kommentare von Mossen Ramon Cervera[1] begleiten, die V. Salvá (*Catalogue of spanish and portuguese Books* No. 2238) zitiert und J. Massó Torrents nach einer Hs. der Privatbibliothek des Königs von Spanien (l. c. p. 35) beschreibt, welche mit der von Salvá erwähnten identisch sein muss.

Die Kunst der Behandlung des Pferdes ist von Mossen Manuel Diez, dem Haushofmeister Alphons V. von Aragon, behandelt worden. Seine *Menescalia* ist sehr häufig abgeschrieben, dann schon am Ende des 15. Jhs. gedruckt und ins Kastilianische übersetzt worden (Villanueva *Viage* IV 136, XVIII 184 und XXII 218, und Mendez-Hidalgo, *Tipogr. esp.* p. 72 u. 334). Villanueva schreibt diesem selben Diez eine medicinische Abhandlung zu, von welcher er glaubt, dass die *Menescalia* nur ein abgelöstes Kapitel sei; diese Abhandlung, in einer Hs. der Bibliothek von Santo Domingo von Barcelona, trägt den Titel: *Los libres de madesimes fetes de diserses reseptes que e tretes del Tresor de beutat* (s. *Viage*, XVIII 184). Ein anderer Traktat über die Behandlung des Pferdes führt sich in zwei Pariser Hss. (Esp. No. 215 und 297) ein als »*tresladat d'un libre quel rey don Alfonso de Castella mana fer en feyt dells cavals e de lurs faysons*«. Ein Bibliophile in Gerona besitzt eine Abhandlung über Pferdezucht von Mossen Bernat de Casses, Bürger von Gerona, welche für Don Fernando, König von Aragonien und Kastilien 1496 geschrieben wurde (R. Beer, *Handschriftenschätze Spaniens,* No. 165).

31. Die Arbeiten über Heilmittellehre und die Herbarien sind durch eine Übersetzung des Macer vertreten, von welcher Villanueva eine Hs. in einer Valenzianer Bibliothek (*Viage* IV 140) nachgewiesen hat. Eine andere Hs. befindet sich in der Pariser Nationalbibliothek (Esp. 210). Dieselbe Bibliothek besitzt eine Kompilation *de re rustica,* die z. T. original, z. T. aus alten Schriftstellern wie Palladius entnommen ist (Esp. No. 291). Es lässt sich auch ein »Ländliches Haus« von Fr. Miguel Agustí, Kaplan vom Orden des h. Johannes von Jerusalem und Prior des Tempels zu Perpignan, der am Ende des 16. Jhs. geboren wurde, anführen. Diese zum ersten Mal in Barcelona 1617, unter dem Titel *Llibre dels secrets de agricultara, casa rústica y pastoril* erschienene Schrift ist ins Kastilianische übersetzt und sehr oft gedruckt worden. Man nennt sie im Katalanischen gewöhnlich *Agricultura del Prior.*

Villanueva spricht von zwei Kochbüchern in katalanischer Sprache. (*Viage* IV 141 und XVIII 185). Im zweiten, das er ohne ernsten Grund dem Manuel Diez, dem Haushofmeister Alfonsos V., zuschreibt, wird behauptet, der Autor habe es nach den Anweisungen eines Koches des Königs von England, 1324, geschrieben. Dieses Datum, welches für Diez nicht passend wäre, möchte Villanueva in 1424 korrigieren. Wie dem auch sein mag, nach dem nach einer andern Hs. von D. Enrique Serrano in der *Revista de Valencia,* II 172, herausgegebenen Inhaltsverzeichnis, gehört das Buch in das 14. oder 15. Jh., und hat in einigen Punkten Ähnlichkeiten mit dem *Ménagier de Paris* und dem *Viandier* von Taillevent aufzuweisen.

---

[1] Von diesem Ramon Cervera oder Servera († 1389), welcher „*molts e diverses libres de diverses arts*“ hatte, handelt ein Brief Johannes I., vom Jahre 1389 (*Revista histórica,* Januar 1876).

32. Die ritterlichen Wissenschaften und Künste, welche so lang am aragoneser Hofe in Ehre standen, mussten, wie auch in Kastilien, von französischen Mustern ausgehen. Von den Meistern jenseits der Pyrenäen ward Honoré Bonet bevorzugt. Die katalanische Übersetzung des *Arbre des batailles* befindet sich in der Pariser Nationalbibliothek in einer vom Jahre 1429 datierten Hs. (Esp. No. 103) und Villanueva giebt eine längere Beschreibung einer andern Hs. der Barfüsser von Barcelona, welche ungefähr aus derselben Zeit stammen muss (*Viage* XVIII 234).

Über die Turnierkunst besitzt man eine kleine von Mossen Pons de Menaguerra, auf Bitten der »*cavallers de l'estament militar*« von Valenzia redigierte Schrift, welche in dieser Stadt, 1532 unter dem Titel *Lo Cavaller* erschien.

Interessante Fehdebriefe von D. Pedro Maza de Lizana und Juan Francisco Proxita, welche ein Urteil über die ritterlichen Sitten in Valenzia am Ende des 15. Jhs. gestatten, sind in der *Revista de Valencia* Bd. II p. 1 u. ff. herausgegeben. Andere Fehdebriefe derselben Zeit finden sich in der *Coleccion de doc. inéd. del archivo de Aragon* VII 57.

33. GESCHICHTE. — Wir haben zunächst verschiedene Übersetzungen von Schriftstellern aus dem Altertum und dem Mittelalter zu besprechen.

Livius. — Durch die Vermittelung der französischen Übersetzung von Pierre Bersuire wurde Livius im Mittelalter auf der pyrenäischen Halbinsel bekannt. Der Kanzler von Kastilien und berühmte Chronist Pedro Lopez de Ayala hat ihn ins Kastilianische übersetzt (Antonio-Bayer, *Bibl. hisp. vetus*, II 194) und ein katalanischer Anonymus vom Ende des 14. Jhs. oder aus dem folgenden Jh. hat ihn seinerseits in seine Sprache übertragen. Diese katalanische Übersetzung von Bersuire ist im British Museum in der Hs. Harley 4893 von P. Meyer aufgefunden worden. Er hat auf sie aufmerksam gemacht, und sie im Auszug veröffentlicht, und zwar so, dass der katalanische Text der Widmung des Werkes an König Johann I. von Frankreich dem französischen Texte gegenüber gedruckt wurde (*Archives des missions*, 2e série, t. III 278 u. 327).

Valerius Maximus. — Der Verfasser der *Memorabilien* fand einen Übersetzer in dem Dominikaner Antoni Canals, welcher Professor der Theologie in Valenzia von 1390—1398 war und 1419 starb. In seiner Widmung an Jacme von Aragon, Kardinal von St. Sabina und Bischof von Valenzia (von 1369—1396), spricht Canals von katalanischen Übersetzungen die der seinigen vorangegangen waren: »*Perque jo, a manament de Vostra Senyoria, el tret de lati en nostra vulgada lengua materna valenciana axi breu com he poscut, jassessia que altres l'agen tret en lengun catalana*« (Pariser Nat. Bibl. Ms. Esp. No. 10). Diese früheren Übersetzungen sind nicht bekannt. Das Stadtarchiv Barcelonas besitzt zwei Exemplare des Werkes von Canals, von denen das eine ein Widmungsschreiben des Kardinals von Aragon an die Räte Barcelona's (aus Valenzia, vom 1. Sept. 1395 datiert) und eine Antwort derselben enthält (*Revista de archivos, bibliotecas y museos*, IV 370). Die anderen Hss. sind die des Markgrafen von Dos Aguas, die Fuster zitiert (*Bibl. valenciana* I 19), die der Madrider Nationalbibliothek, die der Pariser Nationalbibliothek (Esp. No. 10) und zwei im Escorial (Ebert, *Jahrbuch* IV 56); die meisten enthalten auch die Briefe des Kardinals und der Räte von Barcelona. Auf diese valenzianer Übersetzung des Valerius Maximus hielt man in Spanien so viel, dass der König Johann I. von Kastilien sie Canals selbst in die kastilianische Sprache übertragen liess; diese neue Übersetzung wurde sehr oft abgeschrieben (Antonio-Bayer, *Bibl. hisp. vetus*, II 178, 189 und 237; *Revista de archivos* und *Jahrbuch*, l. c.).

Justinus. — Über die Übersetzung dieses Schriftstellers ins Katalanische haben wir keine andere Nachricht als diejenige, welche uns folgende Angabe im Bücherinventar Martins I. (No. 251) liefert: »*Justino en romanç, scrit en paper. Comença: que en lo comensament del mon, et faneix: e retorna Spanya en forma de provincia*«.

Q. Curtius. — Am Ende des 15. Jhs. übersetzt, nicht aus dem Lateinischen, sondern nach der italienischen Übersetzung des Pietro Candido, durch Luis de Fenollet, welcher, um seine Übersetzung zu vervollständigen, ihr ein Stück aus Plutarch vorangehen liess »*fins en aquella part on lo Quinto Curcio Ruffi comença*« (Gallardo, *Ensayo,* No. 2172, und P. Salvá, *Catálogo* No. 3441).

Josephus. — Der lateinische Text der *Jüdischen Altertümer* wurde ins Katalanische durch Fr. Pere Lopis, Professor der Theologie, übersetzt unter Beistand des Nandreu Mir, Notars von Barcelona, und Joan Çacoma, Buchhändlers in derselben Stadt, und in Barcelona, im Jahre 1481 gedruckt (Villanueva, *Viage* XVIII 275; Torres Amat, *Memorias,* p. 684; Mendez-Hidalgo, *Tipogr. esp.* p. 49).

Vincenz von Beauvais. — Das *Speculum historiale* (s. II 1, 249) wurde im 14. Jh. durch den Dominikaner Jacme Domenech, unter dem Titel *Resumen historiale* frei übersetzt. Die Dominikaner Valenzias besassen eine Hs. dieser Übersetzung, welche die zwei ersten Bücher enthielt; sie reichte bis zur Geburt Christi (Villanueva, *Viage*, IV 141). Das dritte Buch, welches die Erzählung bis zum Jahre 626 fortführt, ist von Villanueva in einer Hs. der Barfüsser Barcelona's nachgewiesen worden (*Viage* XVIII 223). Eine Abschrift vom Jahre 1742 in der Pariser Nationalbibliothek (Esp. No. 186) enthält nur das zweite Buch.

Guido delle Colonne. — Seine trojanische Chronik wurde 1367 durch Jacme Conesa, Protonotar des Königs Peters IV. von Aragon (Antonio-Bayer, II 369, und Amador de Los Rios, *Hist. crit. de la lit. esp.* IV 349) ins Katalanische übersetzt. Amador hat die ersten Sätze dieser Übersetzung nach einer Hs. der Bibliothek von Osuna abgedruckt (cf. J. M. Rocamova, *Catálogo abreviado de los manuscritos de la bibl. del duque de Osuna* No. 90). Andere Hss. sind von Rubió y Lluch, *El Renacimiento* p. 23 angeführt.[1]

Rodrigo Eximeniz oder Rodrigo von Toledo (II 1, 317). — Eine katalanische Übersetzung der *Historia gothica* wird einem Pere Ribera de Perpeja zugeschrieben. Das Explicit dieser Übersetzung, wie es von N. Antonio wiedergegeben wird (nach einer ihm mitgeteilten Notiz von Juan Francisco Andrea Ustarroz, dem Historiographen Aragons) und aus welchem hervorgehen würde, dass sie 1266 verfasst wurde, enthält verschiedene Irrtümer, die sie verdächtig erscheinen lassen (Antonio-Bayer, II 58).

Alfons X., der Gelehrte. — Die Bibliothek des gelehrten Juristen Antonio Agustin enthielt eine katalanische Hs., welche betitelt war »*Libre historial compilat de diversos autors per lo rey D. Alfonso, dit lo Sabi, dels actes e fets en Espanya desde Noe, fins a son temps*«, d. h. ganz oder z. T. eine Übersetzung der *Crónica general de España* (Torres Amat *Memorias* p. 703).

Martin von Troppau. — Eine Übersetzung der Chronik des Bruders Martin von Polen (s. II 2, 305), befindet sich im Escorial (Ebert, *Jahrbuch* IV 57).

[1] Das *Libre de les Ystories Troyanes historiat,* welches der König Johann I. am 4. Mai 1389 von einem seiner Unterthanen für die Königin Violante verlangt, ist wahrscheinlich die Übersetzung des Conesa (*Revista histórica* von Barcelona. Januar 1876).

Leonardo Bruni von Arezzo. — »*Fi de la primera guerra punica, acabada de traduir en vulgar catalá . . . a XV de juny de l'any MCCCC setanta dos*« ist das *explicit* einer Hs. der Barfüsser, welche von Villanueva beschrieben ist (*Viage* XVIII 239). Der Verfasser der Übersetzung nennt sich Francesch Alegre und sein Werk ist gewidmet »*al magnifich cavaler e maior germa Mossen Anthoni de Vilatorta*«.

Unter dem Titel »*La istoria de Jacob Xalabin, fill del almorat senyor de la Turquia, on se conte quines aventures si vengueren en la sua vida, ne con ne en qual manera finá sos dies per mans de Besseyt Bey son frare bastart, qui axi mateix aucis son pare*« befindet sich in einer kürzlich von der Pariser Nationalbibliothek (Esp. No. 475) erworbenen Hs. ein Bericht der Geschichte Jacoubs, des Sohnes Amurath's I. und Bruders Bajazet's I., welcher gegen 1389 ermordet wurde. Dieser Text, dessen Ursprung wir nicht kennen, wird eine Übersetzung sein.

34. ALLGEMEINE GESCHICHTE SPANIENS UND BESONDERS DES HAUSES ARAGON. — Die Geschichtsschreibung in der Vulgärsprache ist eine der am wenigsten bekannten Teile der katalanischen Litteratur, und es existiert keine wissenschaftliche Arbeit über die alten Annalisten der verschiedenen Provinzen der Krone Aragons. Man tappt hier völlig im Dunkeln und muss sich damit begnügen, die Manuskripte und Druckschriften anzuführen, welche Universalchroniken, Chroniken Spaniens und fortlaufende Geschichten der Grafen von Barcelona und König von Aragon enthalten.

Der *Flos mundi* ist eine am Anfang des 15. Jhs. zusammengestellte weltgeschichtliche Kompilation. Die einzige bekannte Hs. dieses Textes, welche sich in der Pariser Nationalbibliothek befindet (Esp. No. 11), ist unvollständig; die Erzählung schliesst mit dem Ende des 13. Jh.

Eine andere sehr kurze Universalchronik, von ungenanntem Verfasser, wie der *Flos*, befindet sich ebenfalls in den Fonds esp. der Pariser Nationalbibliothek, unter No. 13. Hier erstreckt sich die Erzählung bis auf Alfons V. von Aragon.

Das *Sumari d'Espanya, ordenat per En Berenguer de Puigpardines*, ist eine mittelmässige Kompilation über allgemeine spanische und aragonesische Geschichte bis auf Alfons V. von Aragon, deren Redaktion bis zum Ende des 15. oder Anfang des 16. Jhs. zu reichen scheint. Ein Inhaltsverzeichnis und Auszüge aus dieser Chronik nach zwei Hss. des Escorials sind in einer sehr verworrenen, in der *Revista de ciencias históricas* von Barcelona II, 336 u. ff. veröffentlichten Arbeit abgedruckt. Andere Auszüge sind in den *Memorias de la R. Academia de la Historia* III 543 und 556 ff. zu finden.

Verschiedene allgemeine Chroniken der Könige von Aragon, Grafen von Barcelona, sind von Torres Amat, *Memorias* s. v. *Crónica* (es ist zu bemerken, dass die erste, welche er unter dieser Rubrik citiert, ein Desclot ist) und von J. Massó Torrens *l. c.*, p. 14 u. ff. angeführt worden.

Von dem *Chronicon pinnatense* oder *Cronica de San Juan de la Peña* (ein Kloster Aragons) existiert eine katalanische Hs., welche einige Autoren für das Original des lateinischen Textes und der aragonesischen Version halten, welche in Saragossa 1876 im ersten Bande der *Biblioteca de escritores aragoneses* sehr schlecht herausgegeben worden sind. Um die Streitfrage zu erledigen, müsste man diesen katalanischen Text untersuchen, von welchem es ein Exemplar in der Madrider Nationalbibliothek, ein anderes in Valenzia (A. Pagès *Romania*, XVIII 247) gibt, und von welchem A. de Bofarull den Anfang des ersten Kapitels nach einer dritten Hs. von Barcelona (*Estudios, sistema gramatical* etc. Barcelona 1864 p. 161) mitgeteilt hat.

Der *Libre dels feyts d'armes de Cathalunya* von Mossen Bernat Boades, welcher 1420 redigiert worden ist, führt die Erzählung bis zur Thronbesteigung Alphons V. Der Verfasser starb den 9. März 1444 (Torres Amat, *Memorias* s. v. *Boades*) und sein Werk, welches ein wirkliches litterarisches Verdienst hat, ist von Aguiló in seiner *Biblioteca catalana* veröffentlicht worden. Ein Gelehrter vom Ende des 17. Jhs., Gaspar Roig y Jalpi, hatte eine Abschrift davon mit Anmerkungen versehen, welche dann in die Bibliothek Campomanes überging (Gallardo, *Ensayo de una bibl. esp.* II, col. 96).

Die volkstümlichste und auch sagenhafteste allgemeine Geschichte des Hauses Aragon ist diejenige von Mossen Pere Tomich. Die erste Redaktion dieser Chronik, welche der Autor betitelte *»petit memorial de algunes histories e fets antichs«* wurde in der Stadt Baga, am 10. Nov. 1448 vollendet und dem Dalman de Mur, Erzbischof von Saragossa (1431—1456) gewidmet; sie enthält in 47 Kapiteln die Geschichte der Könige von Aragon bis auf Alphons V. Diese erste Redaktion ist uns in verschiedenen Hss. erhalten, welche Torres Amat zitiert (*Memorias* s. v. *Tomich*), in einer des Escorials, welche 1493 abgeschrieben wurde (*Jahrbuch* IV 55) und in zwei Hss. der Bibliothek Maria's von Aragon (No. 18 und 19). Später wurde die Chronik von Tomich verschiedentlich umgearbeitet. Diese Umarbeitungen findet man in den drei Ausgaben von 1495, 1519 und 1533, und man fügte ihr verschiedene Kapitel hinzu, um die Erzählung bis zum Ende der Regierung Ferdinands II. zu führen (Mendez-Hidalgo, *Tipogr. esp.* p. 330)[1] Sie ist jetzt unter dem Titel der *Historias e conquestas dels comtes de Barcelona y reis d'Aragó* bekannt und in Barcelona 1886 wieder abgedruckt worden.

Eine sehr kurze, 1476 redigierte Übersicht der aragonesisch-katalanischen Geschichte, verdankt man dem Gabriel Turell. Torres Amat hat Auszüge daraus geliefert (*Memorias* s. v. *Turell*). Eine Hs. dieser Übersicht, aus dem Jahre 1518, befindet sich in der Pariser Nationalbibliothek (Esp. No. 123; cf. auch den *Catálogo* von José Salat. p. 13). Die Veröffentlichung der Chronik oder *Recort* des Gabriel Turell ist eben von der Revue *L'Avenç* begonnen worden (cf. die Nummer vom 15. Febr. 1893). Nach einer Hs. des Markgrafen von Mondejar zitiert N. Antonio ein *Libre de les nobleses dels reys, so es dels nobles fets e valenties e cavalleries que feren en fets d'armes* von einem Jo. Francesch aus Barcelona (Antonio-Bayer II 242). Dieses Buch reicht bis zur Thronbesteigung Alfons IV. von Aragon. Es ist zweifelhaft ob es von demselben Autor ist wie die Barceloner Annalen vom Jahre 1186 bis 1480, welche, wie sie selbst angeben, von dem Sohne eines En Joan Francesch Boscá kompiliert sein sollen, und welche Bayer in einer Hs. der Madrider Nationalbibliothek eingesehen hat (Antonio-Bayer, II, 242).

Die vom königlichen Archivar Miquel Carbonell († 1517) verfassten und 1547 gedruckten *Chroniques de Espanya* übertreffen, was den kritischen Wert betrifft, kaum die vorhergehenden Werke. Das grosse Verdienst, welches sie haben, ist, dass Carbonell darin vollständig die königl. Chronik Peters IV. eingefügt hat, welche man bisher nur dank dieser Transcription des treuen Archivars kennt. Carbonell hat nicht bloss dieses Buch geschrieben; er hat sich in mehreren Gattungen versucht, selbst in der Poesie. Seine *opera minora* sind von D. Manuel de Bofarull in den Bänden XXVII und XXVIII der *Coleccion de doc. inéd. del archivo de Aragon* gesammelt worden.

---

[1] Antonio Agustin besass eine *Epitome de la cronica* von Tomich mit einer Fortsetzung von Martin de Ibarra. 1534 (Latassa, *Bibl. de escrit. aragoneses* Saragossa. 1885 I, 330).

Nur *pro memoria* ist das Vorhandensein zweier Werke von sehr geringer Wichtigkeit zu erwähnen. Das eine ist eine Kompilation, welche heimlich im Jahre 1583, nach den Protokollbüchern des Stadtrates von Barcelona durch einen Notariatsgehülfen Namens Pere Joan Comes angefertigt wurde: der *Libre de algunes coses asanyalades succehides en Barcelona y altres parts* (1410—1582), von D. José Puiggari (Barcelona 1878) herausgegeben. Das andere ist die *Cronica de cavallers catalans* von Francesch Tarafa, Kanonikus und Archivar der Kathedrale von Barcelona im 16. Jh.; es ist eine kurze Übersicht der Geschichte der Grafen von Barcelona und der Herren der spanischen Mark und gleichzeitig eine Abhandlung über Genealogie und Heraldik. Alle Hss. die man von diesem Werke besitzt, rühren von einer Abschrift her, welche Jaume Ramon Vila am Anfange des 17. Jh. nach dem Originalkoncept herstellte (Torres Amat, *Memorias*, s. v. *Tarafa*; P. Serra y Postius, *Prodigios y finezas de los santos angeles*, Barcelona 1726, f. 431, und *Catalogue des mss. de la bibl. Nationale de Paris* p. 148).

Die Zeit, in welcher die katalanischen Historiker es nicht mehr wagen konnten, ihre eigene Sprache zu gebrauchen, sollte herankommen. Der Valenzianer Anton Beuter schreibt noch, 1538, eine *Primera part de la historia de Valencia que tracta de les antiquitats de Spanya*; aber einige Jahre später übersetzt er sein Buch ins Kastilianische und setzt es in derselben Sprache fort. Der Katalane Jeronim Pujades thut desgleichen. Seine *Cronica universal del principat de Catalunya*, von welcher der erste Teil in katalanischer Sprache in Barcelona, 1609, erschien, blieb unvollendet; dann schreibt sie der Verfasser in kastilianische Sprache um und setzt sie in dieser Sprache fort. Die Originalhs. dieser kastilianischen Redaktion, welche erst am Beginn dieses Jahrhunderts veröffentlicht worden ist (Torres Amat s. v. *Pujades*), ist in der Pariser Nationalbibliothek (Esp. No. 14—29 und 117—120) nebst einer Sammlung von historischen Dokumenten, die Pujades gesammelt hat, welche aber für uns mehr wert sind als das Werk selbst. Diese *Flosculi* genannte Sammlung befindet sich in der Collection Baluze.

35. CHRONIKEN EINER ODER MEHRERER REGIERUNGEN, BERICHTE ÜBER BESONDERE EREIGNISSE. — Auf diesem Gebiete werden wir die vier Perlen der katalanischen Litteratur des Mittelalters antreffen. Vor allem die Chronik der Regierung Jacobs I. von Aragon, welche in der ältesten Hs. *Libre dels feyts esdevenguts en la vida del molt alt senyor rey En Jacme lo Conqueridor* betitelt ist. Die Echtheit dieser Chronik ist zu verschiedenen Malen erörtert und die Frage ist nicht endgültig entschieden worden. Was man gegenwärtig sagen kann, läuft auf folgendes hinaus. Vor dem Jahre 1314 existierte im Archiv des Hauses Aragon die in der Vulgärsprache abgefasste Erzählung der Thaten des Königs Jacob I., in welcher der König in erster Person sprechend eingeführt wurde. Diese zwei Punkte sind sicher gestellt. Der erste stützt sich auf das Vorwort einer lat. Chronik Jacobs I., die vom Dominikaner Pedro Marsilio verfasst ist, und von welcher ein Exemplar auf Pergament dem König Jacob am Dreieinigkeitstage 1314 dargebracht wurde.[1] Die Stelle lautet, wie folgt: »*Tandem valde rationi consonum in oculis illustrissimi domini Jacobi, regis Aragonum, Valentie, Sardinie . . . apparuit, ut victoriosissimi avi sui gesta pristinis temporibus veraci stilo sed vulgari collecta ac in archivis domus regie ad perpetuam sue felicitatis memoriam reposita reducerentur in medium atque latino sermone diserta . . . unum ystorialem et cronicum redderent codicem, in quo dicti regis avi sui magnorum factorum texeretur series*«

[1] Die Übersetzung des *Marsilio* selbst geht diesem Datum, vielleicht um mehrere Jahre, voran. Die Bibliothek Martins I. enthielt zwei Exemplare einer *Vida del sant rey Jacme en lati*, die nur das Werk Marsilio's sein kann.

(Villanueva, *Viage* XVIII 314). Der zweite Punkt erhellt aus gewissen Korrekturen der *Originalhs.*[1] Marsilio's, welche noch heutzutage in der Barceloner Universitätsbibliothek sich befindet. Marsilio, der sich entschlossen hatte, den König in der dritten Person sprechen zu lassen, hat aus Unachtsamkeit manchmal die erste statt der dritten Person gesetzt, dann seinen Irrtum korrigiert, ein Beweis, dass er wohl unter den Augen einen Text in der Volkssprache hatte, in dem die direkte Rede fortwährend angewandt war.[2] Eine andere Frage ist nun folgende: Ist der Vulgärtext der Chronik, welche gegen 1314 im königlichen Archiv existierte, derselbe, den wir unter dem Titel des *Libre dels feyts* besitzen und dessen älteste heutzutage bekannte Hs. diejenige ist, welche 1343 der Abt von Poblet, En Pons de Copons herstellen liess? Um diese Frage zu lösen, müsste man den *Libre*, welcher in der Barceloner Universitätsbibliothek sich befindet und von welchem Aguiló eine treue Wiedergabe in seiner *Biblioteca catalana* bietet, mit der vollständigen lateinischen Chronik vergleichen, von welcher nur das Inhaltsverzeichnis herausgegeben ist (Villanueva, *Viage* XVIII 313 u. ff.) Welches übrigens auch das Resultat dieser Gegenüberstellung sein mag, man muss jedenfalls auf die Hoffnung verzichten, einen Vulgärtext aufzufinden, welcher der Abschrift des Poblet zeitlich voranginge. Man hat wohl von einem Originaltext dieser Abschrift gesprochen: früher beschuldigten die Katalanen den Erzbischof Marca dieselbe nach Frankreich mitgenommen zu haben; jetzt erkennen sie, dass er nicht auf diese Weise hat auswandern können (A. Balaguer, *Un document inèdit relatif à la chronique catalane du roi Jacme* I.; Montpellier 1877, p. 5). Aber man weiss nichts bestimmtes über diesen Originaltext, und alle Anspielungen auf irgend einen Text der Chronik Jacobs I., die man in der alten katalanischen Litteratur seit Muntaner hat auffinden können stammen aus späterer Zeit als 1314 und können sich beziehen, sei es auf den lateinischen Text Marsilio's, sei es auf den vulgären dem *Libre dels feyts* entsprechenden Text. Noch eine andere Frage ist es, ob der König Jacob selbst seine Kommentare in der Form geschrieben oder diktiert hat, welche uns die Hs. von Poblet darbietet. Abgesehen davon, dass die Tradition, welche den *Libre* zu einer Autobiographie macht, nicht sehr alt ist, scheint es unwahrscheinlich, dass ein Herrscher wie Jacme sich die Aufgabe auferlegt hätte, sein Leben zu schreiben, und selbst wenn diese Chronik weniger Irrtümer enthielte als sie in der That enthält, so würde daraus doch nicht folgen, dass sie eher das Werk eines Königs als einer Person aus seiner Umgebung sei. Übrigens ist der *Libre*, aus welcher Feder er auch stamme, eines der kostbarsten historischen und litterarischen Denkmäler; es wäre an der Zeit eine definitive und in gebührender Weise vermittels der diplomatischen Dokumente der Archive Aragons kontrolierte Ausgabe desselben herzustellen. Ausser der Hs. von Poblet gibt es noch verschiedene andere, welche, sei es in der *Rivista de filologia romanza* (l. c.), sei es in dem Werkchen Balaguer's aufgezählt worden sind. Die Ausgabe Aguiló's gibt genau die Hs. von 1343 wieder, welche man mit derjenigen vergleichen kann, die im 16. Jh., z. T. im Jahre 1515 und vollständig im Jahre 1557, nach einer anderen im Archive Valenzia's aufbewahrten Hs. und in einer etwas verjüngten Sprache herausgegeben wurde (P. Salvá, *Catálogo* No. 2984).

Chronik von Bernat Desclot. — Alles, was man von Desclot weiss, und man weiss es nur durch Vermittelung seiner Chronik, ist, dass er Peter III. von Aragon auf dem Feldzuge begleitete, auf dem dieser König

[1] *Originalhs.*, was auch Villanueva sagen mag (*Viage* XVIII 248).

[2] Einige dieser Korrekturen der Hs. Marsilios sind nachgewiesen worden in der *Rivista di filologia romanza*, I 125; cf. *Zs. f. rom. Philologie* III, 31.

an der Nordgrenze Kataloniens sich dem Einfalle Philipps des Kühnen widersetzte; er bekleidete vielleicht irgend ein Amt in dem königlichen Hause. Seine Chronik bezieht sich auf die Regierungen Jacobs I. und Peters III., aber Nachrichten aus erster Hand hat er nur über diesen letzteren. Der Text Desclot's ist zunächst nur durch die kastilianische Übersetzung bekannt geworden, welche in Barcelona 1616 erschien und durch den Historiker Rafael Cervera hergestellt worden ist. Buchon hat zuerst den katalanischen Text nach der Hs. der Pariser Nationialbibliothek (Esp. No. 328), in seinen *Chroniques étrangères relatives aux expéditions françaises pendant le XIIIe siècle*, Paris 1840, p. 565 u. ff. herausgegeben. Es erübrigt noch, mit Hülfe der in Spanien in den bischöflichen und Universitätsbibliotheken Barcelona's in der Madrider Nationalbibliothek und im Escorial aufbewahrten Hss. eine kritische Ausgabe herzustellen.

Chronik von Ramon Muntaner. — Durch ihren Verfasser im Jahre 1325 oder 1335 begonnen, erzählt sie die Thaten Peters III., Alfonso's II. und Jacobs II., und hört mit der Krönung Alfonso's III. im Jahre 1327 auf. Der interessanteste Teil bezieht sich auf den katalanischen Zug auf Morea unter der Leitung Roger's von Flor und auf die Errichtung der grossen katalanischen Gesellschaft in Griechenland: hier erzählt Muntaner, was er gesehen, und die Ereignisse, an denen er Teil genommen hat. Von allen katalanischen Chroniken ist diejenige Muntaner's die persönlichste, diejenige, welche am deutlichsten das Gepräge des Geistes des Schriftstellers trägt. Diese bewunderungswürdige Erzählung, welche man zu gleicher Zeit als Kunstwerk wie als historische Quelle vom grössten Werte für die aragonesische Geschichte des ersten Viertels des 14. Jhs. bezeichnen kann, würde es verdienen in anderen Ausgaben zugänglich gemacht zu sein, als in den elenden Drucken, welche davon im Jahre 1558 und 1562 erschienen sind (wieder abgedruckt in unserer Zeit durch Lanz, 1844, und A. de Bofarull 1860).

Chronik Peters IV. von Aragon. — Bis in die letzten Jahre hinein, nahm man an, dass der König Peter IV., welcher von 1335—1387 regierte, selbst unter der Form einer Chronik die bedeutendsten Ereignisse seiner Regierung erzählt hätte, aber verschiedene, im Archiv von Aragon aufgefundene Dokumente haben die Zweifel, die schon Zurita ausgesprochen hatte, bestätigt, und dem Bernat Descoll, dem Ratgeber und Rentmeister Johannes I., das Verdienst wiedergegeben, diese Chronik bis zum Jahre 1380 auf Befehl und unter der Leitung Peters IV. redigiert zu haben. Alle Nachrichten, die man über die Arbeit Descoll's zu haben wünschen kann, die Hss. und die Ausgaben der bisher dem König Peter zugeschriebenen Chronik sind in einer Schrift von A. Pagès verzeichnet, welche den Titel führt, *Recherches sur la chronique catalane attribuée à Pierre IV. d'Aragon* und in der *Romania* XVIII, 233 u. ff. verzeichnet ist.

Chronik Jacobs, des Grafen von Urgel. — Eine beredte und rührende Erzählung der letzten Lebensjahre des Grafen von Urgel, Bewerbers um die Krone Aragons, nach dem Tode Martins I. (1410), welche der Feder eines leidenschaftlichen Anhängers dieses unglücklichen Fürsten entstammt, ist diese Chronik, welche ihr letzter Herausgeber *La fi del comte d'Urgell, cronica del segle XV.* genannt hat. Das Original war schon im 17. Jh. verschwunden, und es war ein gelehrter Geistlicher Jaume Ramon Vila, welcher mit Hülfe von zwei unvollständigen Hss. (die wahrscheinlich zerrissen und absichtlich durch Korrekturen entstellt waren) im Jahre 1624 eine sorgfältige Abschrift herstellte, aus welcher die drei andern, die man heute besitzt, herrühren: diejenige des Archivars Diego de Monfar, welche allein einen sehr interessanten Prolog des Jaume Ramon Vila (jetzt in der *Academia de la Historia)* enthält, diejenige der Arsenalbibliothek in Paris, und eine dritte, welche in diesen letzten Jahren zu Barcelona gefunden wurde, und welche die in der *Biblioteca de la Revista catalana* erschienene Ausgabe ermöglichte.

Zwei Schriften über Lokalgeschichte: Die erste, welche zum Verfasser Mossen Cristófol Despuig hat und 1557 geschrieben worden ist, trägt den Titel »*Los colloquis de la insigne ciutat de Tortosa*«. Es sind dies gelehrte Gespräche über die Altertümer dieser Stadt, über verschiedene Punkte der aragonesischen Geschichte; gelegentlich werden auch sprachliche Fragen erörtert, wie dessen schon in dem ersten Teile dieses Grundrisses Erwähnung geschehen ist. Die provisorische Ausgabe der *Colloquis*, welche F. Fita 1877 in Barcelona herstellte, könnte hie und da verbessert werden durch eine Kollation von Fragmenten dieses Textes, die in den Papieren von Pujades vorhanden sind (Pariser Nationalbibliothek, Collection Baluze No. 239, fol. 175). Von der andern Schrift »*Relació sumaria de la antigua fundació y cristianisme de la ciutat de Barcelona* vom Oberschreiber dieser Stadt Esteve Gilabert Bruniquer (Beginn des 17. Jhs,) kann man sagen, dass sie ziemlich schlecht ihrem Titel entspricht, denn sie bezieht sich fast ausschliesslich auf die Einrichtung und das Ceremoniell des *Consell* von Barcelona. Dieses Schriftchen ist in Barcelona 1885 hinter einem Wiederabdruck der Chronik Peters IV. veröffentlicht worden.

36. LITTERATUR. Die Werke, welche nur litterarischen Inhaltes sind und die man nicht leicht der einen oder andern der vorigen Paragraphen überweisen kann, sind nicht sehr zahlreich. Im Mittelalter ziehen die nur der Phantasie ihre Entstehung verdankenden Werke gewöhnlich die versificierte Form der Prosa vor; in den katalanischen Ländern nehmen sie hauptsächlich die Form der *noves rimades* an. So sind denn, abgesehen von einigen seltenen Ausnahmen, die nicht gereimten Schriften weder sehr originell noch sehr wichtig. Wie anderswo beginnen wir auch hier mit Übersetzungen und Anpassungen fremder Werke.

Ovid. — Eine Übersetzung der Metamorphosen von Francesch Alegre, unter dem Titel *Lo llibre de les transformacions del poeta Ovidi*, welche vom Verfasser der Johanna von Aragon, Tochter Ferdinands des Katholischen, d. h. Johanna der Wahnsinnigen, gewidmet wurde. Diese Übersetzung wurde zu Barcelona 1494 gedruckt (Mendez-Hidalgo p. 53, und Torres Amat S. v. *Alegre*).[1] — Heroiden: A. Rubió y Lluch (*El renacimiento* p. 21) spricht von einer anonymen Übersetzung dieser Gedichte, welche bis ins 14. Jh. zurückzureichen scheint. Ausserdem hat Mossen Roiç de Corella von welchem oben gesprochen worden ist, sich darin gefallen, teils die Metamorphosen, teils die Heroiden in einer Reihe kleinerer Stücke nachzuahmen, von welchen Ximeno die Titel nach einer Hs. von Mayans gibt (*Escrit. de Valencia* I 63); viele finden sich auch im *Jardinet d'orats*.

Seneca — Tragödien übersetzt von Mossen Anton Vilaragut. Diese Übersetzungen sind z. T. verloren; man besitzt nur noch die Medea, den Thyestes, die Trojanerinnen, und ein Stück aus dem Hippolyt (A. Rubió y Lluch *El renacimiento*, p. 22, wo sich die Bibliographie befindet).

Aesop. — Vom lateinischen *Aesopus* des 12. Jhs. oder wahrscheinlicher vom französischen *Isopet*[2] rührt der erste Teil einer Sammlung von Fabeln in kastilianischer Sprache her, welche auf die Bitte von Don Enrique, dem

[1] Ein Kapitel aus dieser Übersetzung ist in der *Renaxensa* III 316 wieder abgedruckt worden.

[2] Ein „*Isop en francés*" befindet sich in der Bibliothek des Fürsten von Viana (*Coleccion de doc. del archivo de Aragon*, XXVI, 140.)

Infanten Aragons und Siciliens, Herzog von Segorve, Grafen von Ampurias, Herren von Vall de Uxó und Vicekönig von Katalonien hergestellt wurde. Derselben wurde auch der Infant Fortuna genannt, weil er 1445 nach dem Tode seines Vaters, des Infanten Don Enrique von Aragon, Sohnes Ferdinands I. geboren wurde. Diese Sammlung, welche den Titel *Ysopete historiado* trägt, ist in Saragossa 1489 und in Burgos 1496 gedruckt worden.[1] Es existiert davon eine katalanische Version, welche Torres Amat (*Memorias* p. 700) mit folgenden Worten zitiert: »*Faules de Isop en catalá. En el prologo dice: per contemplació de D. Enrich infant d'Aragó*«. Dieses Zitat soll sich auf eine Ausgabe dieser *Faules* von Barcelona aus dem Jahre 1683 beziehen, (P. Salvá, *Catálogo* No. 1795), welche man als korrigiert bezeichnet, und welche gewiss, was die Sprache betrifft, verjüngt ist. Wir können nicht entscheiden, welche von den zwei Übersetzungen, der kastilianischen oder katalanischen die ältere ist.

37. Zur Litteratur der Visionen und der Reisen in die jenseitige Welt gehört eine Erzählung des *Fegefeuers des h. Patricius*, (s. II 1, 277), welche von Ramon Ros de Tarrega im Jahre 1320 verfasst oder vielleicht einfach übersetzt worden, und von ihm der Beatrix, der Frau von Guillem von Anglesola, Herren von Bellpuig gewidmet ist (Antonio-Bayer, *Bibl. hisp. vetus* II 121, nach einer Hs. des Escorials). Ist es dieselbe Version, welche der König Johannes I. von Aragon im Jahre 1394 der Gräfin von Foix, seiner Tochter, schickte: »*un libret en lo qual havem fet trelladar* (abschreiben) *lo Purgatori de sent Patrici*«?[2] Und in welcher Beziehung stehen diese Texte zu der provenzalischen Version, welche in den *Mémoires de la société archéologique du midi de la France*, t. I (1834) p. 57—72 herausgegeben ist? Das Alles sind Fragen, die für einen Fernstehenden unmöglich zu lösen sind. Wir haben ihr ferner eine *Visio Tungdali* (vgl. II 1, 277) an die Seite zu stellen, von welcher zwei Abschriften uns erhalten sind, die eine in einer Hs. von San Cugat del Vallés, welche im *Archivo de Aragon*, Bd. XIII p. 81 u. ff. veröffentlicht wurde, die andere in einer Münchner Hs., welche Baist in der *Zs. für rom. Philologie* V, 318 u. ff. bekannt gemacht hat. Endlich kann man, abgesehen vom *Somni* von Metge und von zwei Erzählungen in Versen, die oben erwähnt worden sind, und die alle beide an die Visionenlitteratur anknüpfen, nämlich *Lo venturós pelegrí* und das *Testament de Bernat Serradell*, noch den von D. Cayetano Vidal y Valenciano in Barcelona 1877 herausgegebene *Lo viatge fet al infern per Pere Porter* (Beginn des 17. Jhs.) zitieren; dann ein einer anderen Gattung angehöriges, den erwähnten Schriften immerhin nicht unähnliches *Testament d'amor* aus dem 15. Jh., welches hauptsächlich wegen seiner litterarischen Anspielungen interessant ist (*Boletin de la sociedad arqueológ. luliana*, September 1890).

Villanueva (*Viage* XVIII 241) hat in einer bei den Barfüssern Barcelonas und heute in der Universitätsbibliothek dieser Stadt (A. Rubió, *El renacimiento* p. 27) aufbewahrten Hs. ein Werk gesehn, welches auch zur Kategorie der Visionen zu rechnen wäre: »*Tractat de una disputa i demandes fetes per un prior dels frares de la orde dels Prehicadors del covent de Bolunya ab la anima ho spirit de Guido de Corvo, ciutada de Bolunya, a XVI de setembra de l'any MCCC XXXIIII*« (vgl. II 1, 280). Über dieses merkwürdige Werk, dessen lateinischer Text schon 1486 gedruckt wurde, kann man eine lehrreiche aber in ihren Schlussfolgerungen nicht entscheidende Dissertation von Hauréau (in den *Notices et extraits*, II 328 ff.) nachlesen. Nach dieser Schrift

[1] Mit Unrecht glaubt Amador de los Rios (*Hist. crit. de la lit. esp.* VI 37) dass der kastilianische *Ysopete historiado* Don Enrique, dem Altern, gewidmet worden ist; derselbe ist jedoch niemals Herzog von Segorbe noch Vizekönig von Katalonien gewesen.

[2] I. Coroleu, *Documents historichs catalans del sigle XIV*, p. 130.

findet sich in derselben Hs. eine »*Epistola Fr. Bernardi de Riparia ad Guidonem, episcopum Maioricarum, de visione et locutione quam habuit Fr. Johannes Gobi, prior Alestensis, quod idem dicit ac Bononiensis, cum Guilliermo de Corvo defuncto*«.

38. NOVELLEN UND ROMANE. — Eine wohlbekannte Sage, welche das Thema einer *cantiga* Alfons X. liefert und welche Schiller in seinem *Gang nach dem Eisenhammer* behandelt hat, ist in die katalanische Litteratur durch Vermittelung des Französischen übergegangen. Das Vorbild, welches der Übersetzer gewählt hat, ist eine gereimte fromme Erzählung, unter dem Titel »*Du roi qui voloit faire ardoir le filz de son seneschal*«; er hat sich so nahe an dasselbe gehalten, dass man in seiner Prosa sogar Reime des Originals wieder findet; diese Übersetzung ist in der *Romania* V, 453 u. ff. veröffentlicht worden.

Zu dem von H. Suchier (*Oeuvres de Ph. Beaumanoir*, Bd. I, XXIII u. ff.) so eingehend untersuchten Cyklus von Dichtungen des Manekine-Motifs gehört die *Historia de la filla del rey de Hungria*, welche die Herausgeber des *Archivo de Aragon* (XIII, 53 ff.) nach den Hss. von Ripoll und San Cugat, und an zweiter Stelle D. Bartolomé Muntaner nach einer Hs. von Palma (*Invencion del cuerpo de S. Antonio abad* etc., Palma 1873) veröffentlicht haben. Eine andere Version, unter dem Titel: »*La istoria de la filla del emperador Contasti*« befindet sich in einer Hs. der Colombina, die vor kurzem von der Pariser Nationalbibliothek (Esp. No. 475) erworben worden ist.

Eines der unterhaltendsten Bücher der katalanischen Litteratur ist ohne Zweifel die *Disputa del ase contra frare Enselm Turmeda sobre la natura e nobleza dels animals*, welche in Barcelona 1509 gedruckt wurde, die aber die Inquisition verschwinden liess: das Buch ist in dem 1583 durch den Kardinal Quiroga veröffentlichten Index verboten (Torres Amat, *Memorias*, p. 635). Wenn wir auch den katalanischen Text dieser Schrift nicht für definitiv verloren halten müssen, so können wir doch dasselbe gegenwärtig nur nach einer französischen Übersetzung beurteilen, welche 1544 in Lyon gedruckt wurde, und von welcher das Explicit lautet: »*Fine la disputation de frere Anselme avec les animaulx, auxquels frere Anselme monstre par vives raisons que les filz de nostre père Adam sont de plus grande dignité et noblesse que ne sont les animaulx. Et fut achevée . . . en la cité de Thunicz, le XVe jour de septembre* 1418«. Was dem Buche des abtrünnigen Geistlichen ein ziemlich pikantes Interesse verleiht, das sind weniger die übrigens geistreichen Beweisführungen des Esels zu Gunsten seiner Kameraden und des Mönches zu Gunsten der Menschen, als vielmehr einige ziemlich freie und recht nett erzählte Geschichten über die Sitten der katalanischen Geistlichen, — die Geschichte des Dominikaners Juliol und der Na Tecla oder diejenige des Franziskaners Francesch Sitgés und der Schwester Antoinette — welche im Geschmacke derjenigen Erzählung der *Cent nouvelles nouvelles* gehalten sind, deren Schauplatz Hostalrich in Katalonien ist und welche, wie man weiss, La Fontaine die *Cordeliers de Catalogne* eingegeben hat.

Das Buch des »*Curial e Guelfa*« ist ein Abenteuerroman, welcher, wie es scheint, nicht jünger ist als die Mitte des 15. Jhs., es enthält die Geschichte der Liebesabenteuer des Ritters Curial und der edlen Dame Guelfa. Das zweite von den drei Büchern, aus denen es besteht, befasst sich mit den »*chevaleries*« des Helden, und man kann unter anderen die interessante Stelle hervorheben, welche sich auf die Entlehnungen der Katalanen aus der französischen Ritterlitteratur bezieht«: *En aquest libre se fa menció de cavallers errants, jatsia que es maldit errants, cas deu hom dir caminants. Erre est vocable frances e vol dir camí, e errar vol dir caminar. Empero yo vull la manera de aquells Cathalans qui trasladaren los libres de Tristan et de Lançarot e tor-*

naren los de la lengua francesa en lengua cathalana, e tots temps digueren cavallers errants«. Die einzige Hs. von Curial und Guelfa ist in der Madrider Nationalbibliothek. Milá y Fontanals hat einige Auszüge daraus veröffentlicht, welche eine vollständige Kenntnis des Buches wünschen lassen (*Notes sur trois manuscrits*, Paris 1876, p. 13 u. ff.).

Partenopeus von Blois. Noch nicht entschieden ist die Frage, ob die *Historia del esforçat cavaller Partinobles, compte de Bles,* die in Katalonien so populär ist, als ein von einem Katalanen nach einem französischen oder provenzalischen Original verfasster Abenteuerroman angesehen werden darf oder ob er den Katalanen aus Kastilien hergekommen ist. Es gibt eine kastilianische Ausgabe dieses Romans, welche 1513 in Alcalá erschien, und die erste katalanische Ausgabe (Tarragona 1588) enthält die Bemerkung: »*novament traduyda de llengua castellana en la nostra cathalana*« (P. de Gayangos, *Libre de caballerias* p. LXXXI).

Die Katalanen haben auch ihren grossen irrenden Ritter, den sie dem Amadis der Kastilianer gegenüberstellen können; es ist dies der berühmte Tirant lo Blanch, dessen Heldenthaten in dem *Libre del valeros e strenu cavaller Tirant lo Blanch* erzählt sind. Mossen Johanot Martorell ist der hauptsächliche Verfasser des Buches; er hat drei lange Teile davon geschrieben; der vierte ist von Mossen Johan de Galba. Der Don Fernando von Portugal gewidmete Roman behauptet von sich, er sei, 1460, aus dem Englischen ins Portugiesische, dann aus dem Portugiesischen ins Valenzianische übersetzt worden, was natürlich kein Mensch zu glauben verpflichtet ist, umsomehr als die meisten Verfasser von *caballerias*, um ihren Erfindungen mehr Ansehen zu verschaffen, sie gern als aus sehr alten Büchern entnommen und in Sprachen, die dem niederen Volke unzugänglich sind, geschrieben, einführen. Der *Tirant* hat zu gleicher Zeit Eigentümlichkeiten des Abenteuerromans und eines Spiegels des Rittertums aufzuweisen; aber die beiden Gattungen sind in ihm geschickt verschmolzen und selbst heutzutage lassen sich die Abenteuer des Ritters aus der Bretagne mit beinahe ebenso viel Vergnügen lesen, als diejenigen des Amadis. Der in Valenzia zum ersten Male 1490 gedruckte *Tirant lo Blanch* ist von Aguiló in seiner *Biblioteca catalana* zugänglich gemacht worden. Es existiert davon eine kastilianische Übersetzung, welche 1511 gedruckt ist.

39. Das Studium und die Nachahmung der ITALIENISCHEN LITTERATUR, welche schon bei Besprechung der Übersetzung der *Göttlichen Komödie* von Andreu Febrer erwähnt worden sind und welche Milá in seinen *Notas sobre la influencia de la literatura italiana en la catalana* (Barcelona 1877) zu summarisch behandelt hat, treten hier in einigen Schriften, welche Kommentare oder einfache Übersetzungen sind, klar zu Tage. Keiner der Bibliographen, die sich mit dem Kaufmann und Kosmographen, Mossen Jaume Ferrer aus Blanes — welcher in der Entdeckung der neuen Welt eine gewisse Rolle spielte — beschäftigt haben, sagt mit Genauigkeit, was unter den *Sentencias catolicas del divi poeta Dante, Florenti,* zu verstehen ist, einem Werke oder einer Kompilation dieses Ferrer, das in Barcelona 1545, zu gleicher Zeit, wie ein anderer Traktat gedruckt wurde, welcher *Sumari meditació o contemplació sobre lo lloc de Calvari* betitelt ist, in welchem von vielen Dingen, von Kosmographie, von Schifffahrt u. s. w. gesprochen wird etc. (Torres Amat, *Memorias* s. v. *Ferrer* und Villanueva, *Viage* XVIII 276).

Wir haben keine besseren Nachrichten über die »*Comentari dels cantichs y estancias del Infern del poeta Dant Alighieri*«, von welchem Torres Amat anführt, dass er sich in einer modernen Hs. des San Francisco von Barcelona befinde.

Boccaccio ist durch eine Übersetzung der *Fiameta* vertreten, von welcher das Kloster San Cugat del Vallés eine Hs. besass (Torres Amat p. 687), wahrscheinlich dieselbe, welche das Archiv von Aragon aufgenommen hat, und von welcher Tastu, sich eine Abschrift verschaffte: »*Fiameta romana. Copia del ms. de este titulo, custodiado en el R. Archivo de la corona de Aragon*«. (A. Pagés, *Notice sur la vie et les travaux de J. Tastu* p. 35).

Petrarca. — Aus der *Africa* des italienischen Dichters ist zum grossen Teile das »*Rahonament fet entre Scipió Africà e Anibal, e la batalla entre ells seguida*« entnommen, welches der Dominikaner Antoni Canals dem Don Alfonso, Herzog von Gandia widmete, d. h. entweder dem Don Alfonso von Aragon, Markgrafen von Villena, dann Herzog von Gandia, oder seinem Sohn, welcher nur diesen letztern Titel besass. Villanueva hat auf zwei Hss. dieses Traktats in St. Agustin und bei den Barfüssern von Barcelona (*Viage* XVIII 172 und 241) hingewiesen. Beide existieren noch (A. Rubió, *El renacimiento* p. 28) und nach der ersten scheint das *Rahonament* in den *Memorias de la Acad. de Buenas Letras* II 532 u. ff. gedruckt worden zu sein.

Ein anderes Werk von Petrarca, die Erzählung von *Griselidis* ist dank den Bemühungen des Bernat Metge ins Katalanische übergegangen. Seine in eleganter und sicherer Sprache abgefasste Übersetzung ist der Madona Isabel de Guimera dargebracht. Aguiló hat sie in gothischen Lettern und mit Holzschnitten aus der Zeit in seiner reizenden und leider zu früh unterbrochenen *Biblioteca d'obretes singulars del bon temps de nostra lengua materna* (Barcelona 1883) reproduziert. In seinem *Somni* hatte Bernat Metge eine Anspielung auf diese katalanische *Griselidis* gemacht; zugleich bezeugte er die Popularität, welche die rührende Erzählung Petrarcas in Katalonien genoss, durch die Worte: »*La paciencia, fortitut e amor conjugal de Griselda, la istoria de la qual fon per mi de lati en nostra vulgar transportada, callare, car tant es notoria que ya la reciten per enganar les nits en las vetles e can filen en ivern entorn del foch*«.

Noch einige Proben der künstlichen, manierierten und pedantischen Litteratur des 15. Jhs. Eine kleine litterarische Auseinandersetzung zwischen dem Fürsten von Viana, welcher kastilianisch schreibt, und dem Dichter Mossen Joan Roiç de Corella, welcher katalanisch antwortet und zwar in einem dunkeln und verworrenen Stile (*Revista de Valencia*, I 330 u. 523), dann eine die Stadt Valenzia betreffende Allegorie, welche Villanueva in seinem *Viage* abgedruckt hat (II 191), und endlich ein bedeutendes Werk, von dem wir aber nur die kastilianische Version besitzen, »*Die Arbeiten des Herkules*« von Enrique de Villena, ein Werk, wo jede »Arbeit« den Vorwand zu langen moralischen Auseinandersetzungen gibt. »*Fizolo*« sagt der Prolog »*a preçes e instançia del vistuoso cavallero Mossen Pero Pardo, consejero del alto e poderoso señor rey de Aragon . . . escripto en romançe catalan, é acabóse en Valencia del Cid, la vispera de Ramos del año . . . 1417 en el mes de abril. Et despues trasladólo en lengua castellana*« etc. (Amador de los Rios, *Hist. crit. de la lit. esp.* VI 259).

40. Grammatiken, Rhetoriken und Poetiken. — Die Einrichtung eines Konsistoriums *del gay saber* in Barcelona, zur Nachahmung desjenigen von Toulouse, musste eine ganze Litteratur von grammatikalischen Traktaten und von Handbüchern über Versifikation und Komposition hervorrufen. Die *Leys d'amors* sind der hauptsächliche Kodex, den man in zweifelhaften Fällen zu Rat zieht, und die Existenz einiger Hss. dieses Werkes in Spanien beweist, dass die Katalanen ihn sehr viel gelesen und studiert haben. Das Archiv von Aragon besitzt heute die Hs. des Traktats von Guillaume Molinier (s. S. 67), welche sich ehemals in San Cugat del Vallés befand und welche Milá, zwar

ohne es zu beweisen, für identisch mit derjenigen hielt, die in der Bibliothek Martins I. begegnet (Villanueva, *Viage* XIX 29; Milá, *Trovadores* p. 477)[1]. Frühe sah man die Notwendigkeit ein, die *Leys d'amors* kürzer zu fassen und ihr Verfasser selbst hat einen gereimten Auszug geschrieben, dem er einen Titel gab, der mit demjenigen einer der Prosaredaktionen des Originals identisch war, *Las flors del gay saber*, was zu Konfusionen Anlass gegeben hat (C. Chabaneau, *Origine et établissement de l'Académie des Jeux floraux*, Toulouse 1885 p. 3). Ein anderer Auszug der *Leys* ist das *Compendi* von Castellnou, welches auf die Bitte eines gewissen Dalmau de Rocaberti, Sohnes des Vizgrafen von Rocaberti, desselben Namens hergestellt worden ist.

Die andern Traktate, welche, wie konstatiert ist, den katalanischen Dichtern zur Richtschnur dienten, sind die *Razos* oder, wie die Katalanen sagen, die *Regles de trovar* ihres alten Troubadours Ramon Vidal de Besalú (s. S. 67), denen eine *Doctrina de componare dictatz* beigefügt ist, d. h. eine Reihe von Definitionen der poetischen Gattungen, die man mit grösster Wahrscheinlichkeit jenem Vidal zuschreiben kann. Ebenso können andere *Regeln* des Benediktiners aus San Feliu de Guixols, Jofre de Foixá, — welcher am Ende des 13. Jhs. lebte und welcher mit Recht mit dem Troubadour identifiziert worden ist, dessen Werke Lo monge de Foissan[2] bezeichnet sind — als eine Ergänzung des Traktats von Vidal angesehen werden. Da diese Regeln auf die Bitte Jacobs II., Königs von Sicilien, verfasst worden sind, muss man die Redaktion derselben in die Zeit zwischen den Jahren 1286 und 1291 setzen. Was die *Doctrina de cort* von Terramagnino de Pisa betrifft, welche man in einer Hs. zusammen mit den Traktaten der Katalanen findet, so interessiert sie uns nicht. Wohl aber der *Mirall de trobar* von Berenguer von Noya; das *Doctrinal de trobar* von Ramon de Cornet, welches von Joan de Castelnou kommentiert und korrigiert und durch ihn dem Peter von Aragon, Grafen von Ribagorza, Sohn Jacobs II. gewidmet ist; der *Libre de concordances* von Jacme March, und der *Torcimany* von Luis d'Aversó, Bürger Barcelonas, — alle 4 noch unedierten Traktate, von welchen wir nur Auszüge kennen, betreffen ganz direkt die katalanische Poesie. Die katalanischen Poetiken, welche wir eben erwähnt haben, befanden sich (ausser dem *Torcimany*) in einer Hs. der Barfüsser von Barcelona, welche Villanueva im Einzelnen beschrieben hat (*Viage* XVIII 230 u. ff.), und welche unglücklicherweise heute nur noch durch eine moderne Abschrift der Madrider Nationalbibliothek (Collect. La Romana) erhalten ist. Vom *Compendi* Castelnou's gibt es jedoch noch eine alte Hs. in der Universitätsbibliothek Barcelona's (Milá, *Trovadores* p. 478, cf. Torres Amat s. v. *Castellnou*). Der *Torcimany* ist im Escorial. Diese gesamte Litteratur lehrhaften Inhalts ist von Milá analysiert worden, nach der Madrider Hs., in verschiedenen Artikeln der *Revista de archivos, bibliotecas y museos*, VI p. 313, 329, 345 und 361, und nach derselben Hs. hat P. Meyer in der *Romania* (Bd. VI, VIII und IX) die *Regles* von Vidal mit der *Doctrina*, den Terramagnino und den Jofre von Foixá veröffentlicht. Den Namen dieser verschiedenen Grammatiker müsste man auch, nach Enrique de Villena, diejenigen des Guillem Vedel aus Mallorca, Verfassers eines Traktates, welcher seinen eigenen Namen trägt, la *Suma Vitulina*, hinzufügen: Verfasser und Buch sind uns in gleicher Weise unbekannt (Mayans, *Origenes* ed. cit. p. 270).

---

[1] Eine Abschrift dieser Hs. befindet sich in den Papieren Tastu's (A. Pagès, l. c. p. 34).

[2] A. Thomas, *Romania*, X 322. Die Regeln Jofre's werden von Enrique de Villena *Continuacion del trobar* genannt; cf. die Auszüge seiner *Arte de trobar* in Mayans *Origenes* ed 1873, p. 270.

Noch in der ersten Hälfte des 16. Jhs. empfindet ein überzeugter Anhänger der *Gaya ciencia*, da er dieselbe für verfallen und vergessen hält, das Bedürfnis, das Gedächtnis seiner Landsleute aufzufrischen und für sie einen kleinen Abriss der Kunstregeln zu schreiben. Der Verfasser dieses Kompendiums oder *Nova art de trobar* heisst der Ritter Francesch de Oleza; er war aus Mallorca, und die Hs. seines Werkes trägt das Datum 1536. Die *Nova art* ist in drei Teile geteilt; der erste definiert den Vers, den Reim, den Accent, die Qualität der Vokale etc.; die zweite handelt von den Fehlern, welche die Dichter gegen das Silbenmass, den Accent, die Harmonie, die Grammatik begehen können; der dritte von den verschiedenen Arten von Versen und Strophen. In mancher Hinsicht bleibt der Verfasser ausschliesslich der provenzalischen Überlieferung treu; in anderer Hinsicht, steht er unter dem Einfluss der spanischen Grammatiker der Renaissance Nebrija unter andern, welche er ausdrücklich zitiert. Die *Nova art* von Oleza ist noch nicht herausgegeben und man besitzt davon, soviel wir wissen, nur moderne Abschriften, welche alle von einer Vorlage herrühren, die der Bibliograph Bover nach dem Original herstellte (*Rapport sur une mission philologique à Majorque,* Paris 1882, p. 18 u. Bover *Bibl. de escrit baleares* II, 6).

MODERNES ZEITALTER.

An verschiedenen Stellen dieser Darlegungen ist von katalanischen Werken gesprochen worden, welche in die Zeit nach dem 15. Jh. fallen; sie sind zum grössten Teile entweder Andachtsbücher oder Geschichtsbücher. Es erübrigt noch einige Worte über eine litterarische Gattung in katalanischer Sprache zu sagen, welche gewisse politische Ereignisse veranlassten, die sich in den nordöstlichen Provinzen Spaniens im 17. und 18. Jh. abspielten.

41. Der furchtbare Kampf, welchen das katalanische Fürstentum, durch Richelieu und Mazarin unterstützt, gegen die katholische Monarchie seit dem Ende des Jahres 1640 zur Verteidigung seiner auf sehr ungeschickte Weise durch den ersten Minister Philipps IV. und seiner Helfeshelfer verletzten Freiheiten führte, dieser Kampf musste ein Echo in der Litteratur finden. Die Excesse, welche die Soldaten des Olivares an den katalanischen Bauern begingen, wurden sofort in heftigen oder bewegten Worten durch die lokalen Publizisten erzählt; anderseits griffen die Juristen zur Feder, um gegen die Politiker Madrid's zu polemisieren, den Ursprung und die Tragweite der alten katalanischen Privilegien auseinanderzusetzen und die öffentliche Meinung gegen die Unternehmungen der kastilianischen Minister und Generäle aufzuwiegeln: sogar Theologen nahmen an dem Streite teil, indem sie sich auf gewisse durch die im Fürstentum lagernden Soldaten verübten Kirchenentheiligungen beriefen.

Ein Teil dieser polemischen Schriften, dieser Pamphete und dieser Proteste sind in kastilianischer Sprache verfasst, denn es kam darauf an, sich in Madrid verständlich zu machen, wo berühmte Schriftsteller den Auftrag erhielten, ihre Feder zu schärfen, um den Katalanen zu antworten. Der litterarische Kampf begann mit der berühmten *Proclamacion católica*, welche Philipp IV. durch den Doktor der Theologie Fr. Gaspar Sala y Berart gewidmet wurde (in Barcelona anonym gedruckt, 1640) und auf welche der Historiograph und Dichter Francisco de Rioja in einer *Aristarco ó censura á la Proclamacion católica* betitelten Schrift, dann der grosse Quevedo in einer bissigen Flugschrift, *La rebelion de Barcelona, ni es por el guevo ni es por el fuero,* antwortete. Je weiter die Revolution sich ausdehnt, desto mehr befestigt sie sich und desto zahlreicher werden die politischen Streitschriften, und sobald die Trennung von Kastilien vollzogen ist, greifen die katalanischen Publizisten um so eifriger auf ihr lokales Idiom zurück, als sie durch die Benutzung desselben gewissermassen ihre feindselige Gesinnung gegen die verwünschte Regierung der Kastilianer an den Tag legen. Unter den bekanntesten Schriften, welche von dem damaligem Gefühle des katalanischen Volkes Zeugnis ablegen, kann man die *Secrets publichs, pedra de toch de les intencions del enemich* zitieren, welche 1641 in Barcelona herausgegeben und sofort ins Kastilianische, Französische und Portugiesische übersetzt wurden. Von einer andern dieser Schriften, welche der Panegyricus eines der bedeutendsten Helden der Revolution ist, des Dr. Pau Claris,[1] muss man den Titel vollständig zitieren, um zu zeigen, dass, wenn die Katalanen in der Politik sich von Kastilien trennten, sie hingegen in litterarischer Hinsicht sehr eng mit Kastilien verbunden blieben: *Occident, eclipse, obscuredat funeral. Aurora, claredat, belleza gloriosa. Al sol, lluna y estela radiant de la esfera, del epicicle, del firmament de Cathalunya. Panegirica alabança en lo ultimo vale als manes vencedors del Dor Pau Claris, observada per lo Dor Francisco Fontanella* (Barcelona 1641).

Die zweite Rebellion der Katalanen, am Anfang des 18. Jhs., welche mit der Belagerung Barcelona's, im Jahre 1714 endigte, war an polemischen Schriften nicht so fruchtbar wie die erste; verstanden es ja doch die Katalanen noch weniger gegen 1700 ihre Sprache zu schreiben, als ein halbes Jahrhundert früher. Alles was uns in litterarischer Hinsicht von dem Kampfe übrig bleibt, den das Fürstentum zu Gunsten des Erzherzogs Karl und gegen Philipp V. unternahm, beschränkt sich auf Pamphlete, Satiren, Lieder geringeren Wertes und geringerer Bedeutung: Torres Amat hat eine gewisse Zahl derselben (*Memorias* p. 689) angeführt. Übrigens hat im 18. Jh. ebensowenig wie im 17. ein wirkliches Talent die politische katalanische Litteratur vertreten, und man müsste lange in diesem Plunder wühlen, ehe man einige Seiten schöner entrüsteter Beredsamkeit oder einige bissige und witzige Satiren fände.

42. Die Koryphäen der *Renaxensa* haben die Prosa nicht so sehr begünstigt wie die Verse, und man kann sagen, dass die Einrichtung der *Jochs florals*, indem sie die Poesie ungeheuer rühmte und hauptsächlich die Reimer belohnte, der Restauration der guten katalanischen Prosa geschadet hat. Die von Walter Scott und seinen französischen Nachahmern inspirierten historischen Novellen, in welchen sich die ersten Katalanisten unserer Zeit, so z. B. Antonio de Bofarull versucht haben, sind recht mittelmässig. In diesen letzten Jahren haben andere Schriftsteller wie Cayetano Vidal y Valenciano und Narcis Oller in dem zeitgenössische lokale Sitten schildernden Roman viel bessere Erfolge erzielt. Die neuen Zeitschriften, welche die Bewegung leiten und die litterarischen katalanischen Produktionen aufnehmen, unter andern *L'Avenç*, räumen den Prosaschriften, den Romanen, historischen Studien, litterarischen Kritiken u. s. w. immer mehr Platz ein. Es ist zu wünschen, dass die junge Generation nach dieser Richtung weiter schreite; wenn es ihr gelingt eine einfache und kräftige Prosa wieder zu schaffen im Geschmacke derjenigen der alten Chroniken, welche der grösste Ruhmestitel der Katalanen sind, so wird sie sich um ihre Heimat und die Litteratur überhaupt wohl verdient gemacht haben.

[1] Über die Rolle, welche derselbe spielte, cf. J. Coroleu, *Claris y son temps*, Barcelona 1880. in 8°.

III. ABSCHNITT.

LITTERATURGESCHICHTE DER ROMANISCHEN VÖLKER.

B. DIE LITTERATUREN DER ROMANISCHEN VÖLKER.

4. GESCHICHTE DER PORTUGIESISCHEN LITTERATUR

VON

CAROLINA MICHAËLIS DE VASCONCELLOS

UND

THEOPHILO BRAGA.

A. ALLGEMEINE EINLEITUNG.

Portugal ist das westlichste Land Europas. Es sieht die Sonne am spätesten aufgehen. Sein Staatswesen ist verhältnismässig jung. Der Grund dazu ward 1094 gelegt. Fertig gestaltet ist der Länderbesitz der Monarchie um 1250. Das klare Bewusstsein nationaler Zusammengehörigkeit aber ist erst 1385 vollzogen. Auch seine Litteratur ist daher eine der jüngsten Schöpfungen der romanischen Zivilisation.

Portugal hat von seinem Eintritt in die Geschichte an bis heute immer nur über 1½ bis 4½ Millionen Menschen verfügt. Seine Litteratur kann daher nicht reich sein. Ihr eignet naturgemäss nur eine beschränkte, in wenigen Werken zu vollem Ausdruck kommende Originalität.

Portugal ist ferner ein Teil der Pyrenäenhalbinsel. Keine natürliche Scheidewand trennt es vom übrigen Spanien. Mit Galliziern, Asturiern und Leonesen im speziellen, aber auch mit den Aragonesen, Kastilianern, Andalusiern etc. bilden die Portugiesen eigentlich nur eine Nation. Von gleicher Abstammung, und ungefähr gleicher Mischung, haben sie auf gemeinsamem Boden den gleichen Entwickelungsgang durchgemacht, an der Erfüllung der gleichen Mission gearbeitet, und darum auch dieselbe Kunst und Religion, gleiche Sitte und gleiches Recht, nahverwandte Sprachen und ein einheitliches Folklore ausgebildet. Nur Geschehnisse haben Portugal zu einem politisch gesonderten Staatswesen gemacht, und seinen Bewohnern allmählich ein stark ausgeprägtes Sondergefühl gegeben. — Eine feste alte Grenze zwischen den beiden Litteraturen giebt es daher auch nicht. Und ebensowenig kann zwischen beiden ein markanter Unterschied bestehen, der auch für den Fernerstehenden und Fremden ohne weiteres greifbar und fühlbar wäre. In den meisten Äusserungen nationalen Lebens wird aber die kleinere Nation von der grösseren abhängen, und von ihr Anregungen und Vorbilder empfangen, obgleich auch das Gegenteil in Einzelerscheinungen statthaben kann.

Wir dürfen daher von Portugal nur eine (im Vergleich mit Spanien, Frankreich und Italien) späte, eine arme, und eine wenig selbständige, der spanischen naheverwandte Litteratur erwarten.

2. Portugal, trotzdem ihm feste Ostgrenzen fehlen, die es vom stamm- und sprachverwandten Schwesterstaate scheiden, ist aber dennoch verschieden von Spanien, d. h. besonders vom binnenländischen oder kastilischen Spanien, das sich zum Kopf und Herzen des Reiches entwickelte, und den Typus des Hispaniers ausgestaltete. Der landschaftliche Charakter des lieblichen, wald- und flussreichen, überaus fruchtbaren, von der Natur verschwenderisch ausgestatteten Landes ist ein ganz anderer als der des mittelspanischen Hochlandes. Dort eine grossartige Öde, hierzulande blumige und duftige, von reichlichen Niederschlägen getränkte Täler und Auen, und in tränenfeuchte Nebel gehüllte ozeanische *serras*. Und auch die Bevölkerung zeigt eine abweichende Volksindividualität: etwas Positives ist an der Aufstellung, das iberische Blut sei hier mehr als in den spanischen Adern mit keltischem Blute gemischt, und auch bei der späteren Kreuzung mit römischen, germanischen und arabisch-maurischen Eroberern sei das Verhältnis ein verschiedenes gewesen. Daher die anders nüancierte romanische Sprache und Litteratur.

Denn Portugal, das landwärts ausschliesslich peninsularen Einwirkungen zugänglich ist, ist eben zu gleicher Zeit ein dem Ozean zugewendeter Küstenstrich, der fremden, seefahrenden Männern aus aller Herren Länder offen steht. Franzosen, Engländer, Deutsche und Flamänder haben sich gern dort angesiedelt. Der Verkehr mit Anders-Redenden und Anders-Denkenden bildete aber das portug. Ohr und die portug. Zunge. Das ausserordentlich beanlagte, rührige, feinsinnige, sprach- und redegewandte, geschmeidige Volk ward frühe vertraut mit ausländischen Meinungen und Gewohnheiten, Sitten und Sagen. Es gab die starre, stolze Abgeschlossenheit des Kastilianers auf, der *per se* ist und sein will, schliff die Ecken und Härten der hispanischen Eigenart ab, und zeigt daher eine beweglichere Physiognomie.

Die dichterische Beanlagung aber musste (gemäss der Natur des Landes, und der durch dieselbe bedingten Lebensweise, sowie einem dementsprechend entwickelten Volkscharakter) sich vorwiegend auf dem lyrischen Gebiete bethätigen, und zwar am üppigsten und spontansten im bukolischen Genre. Wenn irgendwo, so musste sie hier eine gewisse Selbständigkeit beweisen: und das thut sie in den alten, volkstümlichen »Bergreihen« (*Serranilhas*) und Parallel-Liedern der Hirten und Bauern der Provinz Tras-os-Montes und der Schäfer der Beira, und in der Lyrik der höheren Gesellschaftskreise, welche, von altersher mit Vorliebe, zur Einkleidung ihrer Gefühle, das pastorale Genre wählten: das Idyll, oder den mit Idyllen durchwobenen Schäferroman. Und in der That zur Egloga passen, ja zum Idyll prädisponieren die hervorstechendsten Eigenschaften der portug. Volksseele: ihre weiche, schwärmerische Sentimentalität, ihre melancholische Sehnsucht, die mit dem Worte *saudades* am kürzesten und treffendsten charakterisiert wird, und ihre sprichwörtliche Verliebtheit, ihr »Sterben vor Liebe«. Auch der Charakter der vokal- und diphthongen- und nasalreichen Sprache, der es an einem festen

Knochengerüst von Konsonanten gebricht, und die (freilich modernen) himmelblau-und-weissen Nationalfarben, die zum fanatischen gelb-und-rot des spanischen Banners in ausdrucksvollem Gegensatze stehen, tragen ein einheitliches Gepräge.

Die Zugänglichkeit und Empfänglichkeit für Fremdes, das unleugbar grosse Aneignungs- und Nachahmungstalent des Portugiesen musste aber naturgemäss den Erfindungstrieb abstumpfen. Und die portug. Litteratur, die wir in § 1 eine spätgeborene, arme, mit der spanischen naheverwandte nannten, wird, weniger originell als diese, vielfachst vom Auslande beeinflusst, und daher etwas charakterlos sein.

3. Vor einem halben Jahrhundert, als das wissenschaftliche vergleichende Studium der romanischen Litteraturen begonnen hatte, und von Portugals schwer zugänglichen alten Schriftwerken bereits Kunde und einige Proben an die Öffentlichkeit gekommen waren, sind zwei ungefähr gleichartige Sätze aufgestellt worden, um frühere, von Portugal ausgegangene und durch Bouterwek und Sismondi verbreitete, irrige Ansichten über Alter, Geschichte und Wert der portug. Litteratur aus dem Felde zu schlagen. Der eine sagt aus, die portug. Litteratur sei überhaupt kein auf einheimischer Grundlage, aus volkstümlichen Elementen frei entstandener Sonderbau, sondern ein blosser Annex der spanischen Nationallitteratur. Der andere leugnet ihre Selbständigkeit zwar nicht ganz, behauptet jedoch: sie sei vorwiegend nachahmend, stets von fremden Einflüssen abhängig, rein rezeptiv, nie aber im wahren Sinne des Wortes produktiv gewesen; ihre Grundzüge — denn von Charakter könne nicht die Rede sein — wären: Abhängigkeit von äusserem, fremdem Einfluss, Nachahmungssucht, grosse Gefügigkeit und eine an Weichlichkeit grenzende Weichheit. — F. Wolf hatte (1843) diese zweite, mit der kurzen, summarischen Darlegung unseres ersten Paragraphen in vollem Einklang stehende Behauptung noch durchaus massvoll und sachgemäss formuliert, und sie begründet, soweit die damalige Kenntnis portug. Litteratur es eben gestattete. Andere haben später bald den einen, bald den anderen Satz nachgesprochen, ihn übertreibend statt ihn mildernd zu präzisieren.

Heute, nachdem man auch die Erzeugnise der Volkslitteratur gesammelt und herausgegeben, weitere wichtige altportug. Monumente gedruckt und im Zusammenhange mit den anderen romanischen Litteraturen bereits etwas eingehender erforscht hat, und nachdem auch gewisse, damals noch strittige Einzelfragen erörtert und zu Gunsten Portugals entschieden worden sind, dürfen jene Behauptungen nicht mehr uneingeschränkt wiederholt werden. Ganz umzustossen sind sie jedoch nicht. Denn die Hauptsachen: Abhängigkeit von fremden Einflüssen, intimer Zusammenhang mit der spanischen Litteratur, und ein sentimentaler elegischer Grundzug sind nicht abzuleugnen.

4. Es ist Thatsache, dass die portug. Kunstlitteratur, gleich bei ihrem ersten Keimen im Mittelalter, sich vor dem geistigen Übergewichte Nord- und Südfrankreichs beugte, und dass sie von vornherein als höfischer Minnesang auftrat, ohne dass seinem Erblühen, wie in Kastilien, eine einheimische, aus volkstümlichen Elementen hervorgegangene und darauf basierte echt nationale epische, halb volks-, halb kunstmässige, kirchliche und ritterliche Gegenstände behandelnde Dichtung vorausgegangen wäre. Es ist Thatsache, dass sie im Zeitalter des Wiederaufblühens der Künste und Wissenschaften Italiens gelehrige Schülerin ward; Thatsache, dass sie im 15. und 17. Jh. (aber auch im 16.) im engsten Zusammenhange mit der des so viel volk- und erfindungsreicheren Nachbarstaates gestanden, und sich ihr zeitweise vollkommen untergeordnet hat, auf gewissen Gebieten fast ganz mit ihr verschmelzend. Und

Thatsache, dass im 18. Jh. der franz. Klassizismus, und im 19. die Romantik, hauptsächlich durch ihre franz., aber auch durch ihre engl., span. und deutschen Vertreter bestimmend auf ihren Entwickelungsgang eingewirkt hat, Spuren hinterlassend, die noch nicht verwischt sind, obwohl Naturalismus und Positivismus einerseits, und ganz neuerdings Symbolismus, Mystizismus (= Nephelibatismus) ihre Vertreter in den Hintergrund gedrängt haben.

5. Doch damit ist nicht alles gesagt. Fehlt am Eingange der Litteratur auch die epische Volkspoesie, so ist doch eine lyrische vorhanden. Denselben abendländischen Einflüssen und Strömungen ausgesetzt waren, und ungefähr den gleichen Entwickelungsgang nahmen auch die übrigen romanischen Litteraturen, mit einem Unterschied, von dem gleich die Rede sein wird. Alle haben empfangen und gegeben, sind Führer und Geführte gewesen. Absolute Originalität ist nirgends zu finden, weder was den Stoff, noch was die Form betrifft. Darauf allein kommt es doch an, wie sie nachgeahmt haben. Die blosse Erscheinung, dass die meisten mittelalterlichen und neueren geistigen, affektiven wie spekulativen Errungenschaften der grossen Kulturen des Occidents sich überhaupt bis auf den äussersten Westen erstreckt haben, und dass Portugal ihnen nicht teilnahmlos fern blieb, wäre beachtenswert als Gradmesser, wie für die Intensität jener Äusserungen, so für die Empfänglichkeit und Aneignungsfähigkeit der Portugiesen. Doch haben diese keineswegs alles unterschiedslos an- und aufgenommen, sondern, ihren natürlichen Neigungen gemäss, eine Auswahl getroffen und anders nachgeahmt, als die übrigen. Sowohl der Minnesang, wie die Renaissance, der Klassizismus wie die Romantik, sehen in Portugal portugiesich aus; ja selbst die hispanischen Erzeugnisse tragen für Kenneraugen ein der nationalen Eigenart entsprechendes, von kastilischem Geiste recht wohl zu unterscheidendes Gepräge. Auch haben einige von den verpflanzten Reisern in Portugal kräftig Wurzel geschlagen und Blüten getrieben von seltener Anmut, verändert in Farbe und Duft.

Die zahlreichen, als blosse Nachahmungen (oder sehr wenig eigentümliche Umgestaltungen) fremder Vorbilder zu bezeichnenden Produkte, sowohl der Volks- wie der Kunstpoesie werden aufgewogen durch ebenso viele freiere Gebilde, und in Schatten gestellt durch einige Schöpfungen, welche heimischen Elementen und der speziell-port. Gefühlswelt ihr Dasein und ihre Lebenskraft verdanken, als da sind: nicht wenige historische Werke grossen Stils; patriotische Volksbücher, wie die »Seetragödien«; das Ritterbuch von *Amadis*; der Schäferroman *Diana*; die Lieder des verliebten Macias; manches Idyll, und dazu eine ausgebildete Volkslyrik, welche schon die erste Epoche der Troubadours wohlthätig beeinflusste. Vor allem aber die historische Epopöe. Denn das nationale Heldengedicht, welches am Eingange der port. Litteratur fehlt, steht dafür an ihrem Kulminationspunkte. — Der eigentlich peninsulare Heros Gesamt-Hispaniens lebte, ehe Portugal als Monarchie existierte. Das *Poema del Cid* war fertig, als das junge Westreich eben in die Geschichte eintrat. Es gehört daher der ganzen Nordhälfte der Halbinsel an, von Coimbra, über Toledo bis Valencia. Und ungefähr das gleiche gilt vom historischen Romanzenschatze. Wer kann beweisen, dass der Westen gar keinen Teil daran hat? Das rein und speziell portugiesische Nationalepos aber bildet den Schluss-Stein seiner Entwickelung. In vier Jahrhunderten glorreicher Geschichte war, langsam doch sicher, das Vaterlandsgefühl Lusitaniens erwachsen. Und im Augenblick seines höchsten Erstarkens, als die historische Glanzzeit abgeschlossen hinter ihm lag, hat es thatkräftig und nicht vergebens danach gerungen, auch in der Litteratur seinen vollgewichtigen Ausdruck zu finden. Es verkörperte sich in Luis de Camões, und nahm Gestalt in der Nationalepopöe der *Lusiaden* (1572), deren patriotischer Geist sich der Nation mitteilte, und (1640) zündend auf die Rückeroberung der 1580 verlorenen politischen Selbständigkeit einwirkte.

6. Man mag über das Verhältnis von Spanien zu Portugal denken wie man will, Eines steht fest: unter allen kleinen, einstmals autonomen Staaten der Halbinsel hat eben nur einer seine Selbständigkeit sieben Jahrhunderte lang gewahrt (mit nur einmaliger zeitweiliger Unterbrechung von sechzig Jahren); und dieser eine hat eben eine selbständige Sprache, und eine eigene Litteratur gezeitigt, die sich in steter, nie unterbrochener Entwicklung fortbewegt hat, bis sie einen Dichter von Weltruhm und ein Kunstwerk ersten Ranges, — ein Nationalepos — ihr Eigen nannte. Ihr Werden verdient daher Beachtung und Interesse, das durch die so oft geringschätzig erhobene, wichtige Erwägung nur gewinnen kann, dass sie das späte Erzeugnis eines numerisch kleinen, und ursprünglich vom peninsularen Gesamtgeist und -Charakter wenig verschiedenen, also abhängigen, und seit dem Ausgang des 16. Jhs. den Strömungen der europäischen Geschichte ziemlich einfluss- und willenlos hingegebenen Volkes ist. Die lebensfähige Kraft und Sonderbegabung der westlichen Küstenbewohner wurzele in verschiedener Racemischung; sie sei ein Resultat der natürlichen Lage und Gestaltung des Landes, oder nur aus dem geschichtlichen Werden des staatlichen Individuums zu erklären: sie ist da, und man muss mit ihr rechnen.

Philipps II. Einigung kam zu spät. Hätte der Schmied der port. Unabhängigkeit, Nunalvares Pereira, nicht bei Aljubarrota (1385) die Kastilianer aufs Haupt geschlagen, und die zweite, unecht-burgundische Dynastie auf den Thron gesetzt, deren weise, tapfere und hochherzige Regenten die Nation fortan zur Erfüllung ihrer atlantischen Mission und zu unerhörten Grossthaten von Weltbedeutung leiteten; hätte Vasco da Gama und Albuquerque nicht gehandelt; und Luis de Camões seine geschichtliche Epopöe nicht geschrieben — der alte, lange Traum von einer einheitlichen, peninsularen Universal-Macht wäre wahrscheinlich Wirklichkeit geworden; und wie das Katalanische, wäre das Portugiesische zum Range eines Dialektes, und seine Nationallitteratur zu einer Provinziallitteratur mit intermittierenden Lebensäusserungen herabgesunken.

Doch es ist eben anders gekommen. Camões hat gelebt, und lebt; und durch ihn das Volk der Lusiaden.

Zwar folgte auf jene kurze camonianische Blütezeit ein langer Zeitraum des Verfalls. Beim Tode des Dichters führte das Aussterben der zweiten Dynastie das an seiner unnatürlichen Grösse krankende, menschenarme, durch Hinduismus, Inquisition und Jesuitismus geistig und moralisch geschwächte Land in die bereits erwähnte 60 jährige Fremdherrschaft. Und nach der Befreiung wurde das Siechtum noch merklicher. Erst in diesem Jahrhundert ward die Litteratur aus ihrem Marasmus durch den patriotischen Impuls eines Almeida-Garrett und Herculano aufgerüttelt, und an die alten Ruhmestitel erinnert. Dank ihrer Anregung wurde auch die wissenschaftliche Erforschung der nationalen Vergangenheit ernstlich in Angriff genommen. Seither rastet sie nicht. Und ob die Litteratur im Grossen und Ganzen auch immer noch im Schlepptau Frankreichs einhergeht, so hat doch die bewusste Einsicht in das was sich im Laufe der Jahrhunderte als portug. Nationalität krystallisiert hat, dafür gesorgt, dass Wunsch und Trieb nach echt portug. Rückgestaltung aller Lebensäusserungen immer lebendiger wird und dem tiefwurzelnden, als Schwäche erkannten Hange nach Fremdländischem mehr und mehr Abbruch thut, so dass eine Neubelebung auch der portug. Litteratur wenigstens zu hoffen ist.

7. Das Misverhältnis zwischen der Beurteiluug, welche Einheimische, bewundernd, und Fremde, geringschätzig, der portug. Litteratur angedeihen

liessen und lassen, hat seinen Grund nicht allein in der Unkenntnis dieser, und eitler Selbstüberhebung jener. Ein besonderer Umstand — oder eigentlich deren zwei — erklären und berechtigen, bis zu einem gewissen Punkte, die beiden Auffassungen. Erstens, Hunderte von portug. Dichtern haben kastilisch geschrieben, zur Bereicherung der kastilischen und zur Schwächung der portug. Litteratur beitragend, und zwar auf allen Gebieten, im Drama, in der Lyrik und Epik, im Roman, der Novelle, Geschichtsschreibung, Moralphilosophie, und nicht zum wenigsten im Gebiete der Volksromanze. Und zweitens: ein grosser Teil dessen was portug. Schriftsteller geschaffen, ist unbekannt geblieben, verloren, oder verschollen. In der landläufigen Beurteilung durch Fremde, und die Spanier selbst, geht nun den Portugiesen natürlich verloren, was sie Spanisch verfassten, und noch mehr als das: auch manches Portugiesische, was seinen Weg durch Spanien genommen hat, ehe es im Auslande bekannt ward; denn jeder Peninsular war, und ist noch heute, für den ganz ungeschulten Fremden kurz und gut ein Spanier. Das verlorene Hab und Gut braucht er nicht zu berücksichtigen. Wenn der Portugiese aber veranschlagt, was ihm die Welt schuldet, so denkt er naturgemäss auch an alle die Werke, die er zur kastilischen Litteratur beigesteuert hat; er denkt an seine Lateinisch schreibenden Humanisten, denkt an alles was abhanden gekommen oder noch zu heben ist; ja er verwechselt und mischt Schriftsteller-Werke mit Thaten, rechnet die Heldengestalten seiner Geschichte unter die Figuren seiner Dichter und Denker und sogar alles was er an Stoffen und Gestalten zu dichterischen Schöpfungen anderer geliefert hat, schwebt ihm dabei vor.

8. Die Erscheinung, dass nicht wenige Portugiesen ihre Gesamtschriften, und sehr viele wenigstens einen beträchtlichen Bruchteil ihrer Werke, statt in der Muttersprache, Kastilisch geschrieben haben, ist sehr verschieden beurteilt, nie und nirgend aber sachlich und historisch dargelegt worden.

Die Spanier, welche sich gewöhnt haben, übertreibend zu behaupten: kein bedeutender portug. Schriftsteller existiere, der nicht ostensiv das Spanische seiner eigenen Sprache vorgezogen habe, wollen darin eine Huldigung erkennen, die ihrem sonoreren, charaktervollen Idiom und ihrem führenden Genius dargebracht wurde, gleichviel ob bewusst oder unbewusst; und sie sind damit zufrieden und einverstanden.

Die ausländische Kritik denkt ungefähr ebenso; rügt aber das Aufgeben des heiligen Besitzes der Muttersprache als leichtsinnige Charakterlosigkeit, eitle Spiegelfechterei, Mangel an Patriotismus, ja niedrige Schmeichelei an die Adresse der Fremdherrscher, deren Gunst man damit zu erkaufen dachte — (gleich als hätte jene Unsitte erst im philippinischen Zeitalter begonnen!)

Die Portugiesen selbst tadeln teils entschieden das Spanischschreiben ihrer Landsleute, teils rühmen sie sich ihres talentvollen Polyglottismus, der nicht selten ein und denselben Dichter befähigt hat, abwechselnd (oder auch gleichzeitig!) in vier Zungen zu reimen (Portug., Span., Ital. und Lat.); oder sie entschuldigen und rechtfertigen es mit der Bemerkung: »Niemand in Europa lese Portugiesisch; Spanisch hingegen sei Weltsprache gewesen, und finde selbst heute noch überall ein Ohr«!

Prinzipieller Tadel ist unangebracht. — Ist es doch noch Niemandem eingefallen, die zahlreichen Nichtportugiesen aus Genua, Sevilla, Burgos, Valladolid u. s. w. zu schmähen, welche, drei Könige an ihrer Spitze, vom 12. bis zum 15. Jh., sich des Altportugiesischen bedienten, sobald sie höfische Minnelieder anstimmen wollten![1] — Nützlicher und aufklärender ist es, die Haupt-

[1] Da Altportugiesisch und Altgallizisch ein und dasselbe sind, Gallizien aber zu Spanien gehört, konnten diese Hispanier, freilich mit einem gewissen Rechte, die Sprache der peninsularen Troubadours für eine heimische ansehen.

daten aus der Geschichte der in der Natur der Sachlage begründeten Erscheinung zu skizzieren. Sie ist weniger alt als man denken sollte.

Bis 1350 hat es keinen, und auch bis 1450 nur einen eingeborenen Portugiesen gegeben, der Kastilisch geschrieben hätte. Dass Peter der Grausame vor 1355 an seine Ines de Castro spanische Lieder gerichtet habe, ist falsch (s. § 75); falsch auch, dass der Prinz-Regent gleichen Namens (1392—1449) an den kastilischen Hofdichter Juan de Mena in anderer als in der Muttersprache geschrieben habe (s. § 87). Obwohl in den ersten Jahrhunderten das junge Küstenreich noch keine festen Ostgrenzen hatte, und gewisse Gebietsteile bald kastilischen (oder leonesischen), bald portugiesischen Herren gehörten, obgleich auch die Vasallen und Ricoshomes beider Kronen sich sehr oft entnaturalisierten, das Löwenbanner mit den *Quinas* vertauschend, obwohl auch der vielfachst verschwägerte Adel der Halbinsel nur eine grosse Familie bildete, und man, bald in gemeinsamem, bald in gegnerischem Kampfe fortwährend mit einander zu thun hatte, fiel es damals doch noch keinem Dichter ein, seine Heimatzunge aufzugeben. Alle Dialekte der den Mauren entrissenen Provinzen, nicht bloss Gallizisch und Kastilisch, sondern auch Leonesisch und Aragonesisch waren anfangs gleichberechtigt und gleichwertig. Das Kastilische war eben noch nicht herrschende Schriftsprache. Auch standen gerade die nördlichen und nordwestlichen Mundarten — Leonesisch, Asturisch, Gallizisch und Portugiesisch — einander und dem Altkastilischen noch sehr nahe, und man verstand einander ohne Mühe. Erst mit dem Erblühen einer eigentlichen Hofpoesie an bestimmten Mittelpunkten kam man dazu, eine grössere Einheitlichkeit zu erstreben. Dass das Gallizische oder das Portugiesische (denn beides ist dasselbe) die Sprache aller peninsularen (nicht-katalanischen) Minnesänger ward, während die Epiker unentwegt kastilisch oder leonesisch schrieben, ist bekannt. Das »Warum« gehört nicht an diese Stelle; auch nicht die Darlegung, wie, wann und warum die Sprache Kastiliens die herrschende ward. Als kurz nach 1450 ein von Geblüt portug. Prinz, der jedoch der Sohn eines aragonesischen Fürstin war, sein erstes Poem, das er anfangs in der Heimatsprache verfasst hatte, in Spanien ins Kastilische übertrug, und diese »*Novidade*« an den portugiesischen Hof sandte, war jene wichtige Wendung angebahnt und vorbereitet, doch noch nicht entschieden durchgeführt. Der ältere Freund und Meister des Prinzen, der 1458 gestorbene Markgraf von Santillana, hat noch ein gallizisches Lied geschrieben, — wohl das letzte (s. § 107). Die Veranlassung zu jener Übertragung war eine äussere: das persönliche Lebensschicksal des Condestaval Dom Pedro de Portugal (1429—1466), den des Vaters Tod und Niederlage bei Alfarrobeira (1449) in die Verbannung und an den Hof von Kastilien getrieben hatte (s. § 102—103). Innere Ursache, der grosse Aufschwung, den die, von Katalonien und Italien beeinflusste kastil. Lyrik damals nahm, gerade als, nach dem langen portug.-provenzalischen Liederfrühling, in Portugal gänzliches dichterisches Stillschweigen eingetreten war. Heimgekehrt verpflanzte der Schüler Santillana's die neuen peninsularen Formen — die *oitavas de arte mayor*, die *Cancion* und andere *trovas-redondilhas* an den portug. Hof. Und das bewährte Nachahmungstalent der portug. Höflinge, der stets rege Wunsch, es den Spaniern gleichzuthun, oder sie zu überbieten, führte dahin, dass man sich jetzt beider Zungen um die Wette bediente. Spanische Prinzessinnen — Töchter Isabellas, und Töchter und Schwestern Kaiser Karls, vermählten sich dann, während der nächsten 100 Jahre, mit portug. Herrschern und Prinzen, während portug. Prinzessinnen schon in ihrer Kindheit für den spanischen Thron bestimmt und erzogen wurden. Kastilisch ward Hofsprache, nicht allein wegen der wachsenden Machtfülle der Habsburger, sondern weil der Traum eines Einheitsstaates oft seiner Verwirklichung entgegen zu gehen schien.

Denn, hoffte man auch lange, dass in diesem Einheitsstaate portug. Dynasten das Szepter führen würden und hielt man auch Lissabon für die zukünftige Hauptstadt, so glaubte doch Niemand ernstlich daran, dass die portug. Sprache weniger Millionen je die herrschende werden könnte. Spanisch also musste man lernen. Dazu kamen bei der Einführung der ital. Weisen die erheblichen Schwierigkeiten, welche die vokalreiche Sprache mit ihren starkverkürzten Formen für den Hendekasyllabus bot. Mancher Dichter lernte es absichtlich am Kastilischen, ihn zu handhaben. Es folgte die span. Herrschaft, — sechs Jahrzehnte, in denen naturgemäss der Hof- und Staatsdienst zur Benutzung des Kastilischen zwang —, und ihre unvermeidliche Nachwirkung auf die noch vor 1640 geborene Generation. Als sie vorbei, der Gedanke an die Gesamtmonarchie verflogen und alles Spanische im Niedergang war, hatte das Spanischschreiben keinen Sinn mehr. Es hörte auf.

Ausschliesslich Spanisch haben übrigens im Ganzen doch nur wenige Portugiesen geschrieben, und zwar meist solche, die ihre Lebensschicksale aus dem Vaterlande fortgeführt hatten. Die übrigen begnügten sich damit, dann und wann spanische Gelegenheitsgedichte abzufassen, dazu veranlasst durch höfischen oder freundschaftlichen litterarischen Verkehr mit Spaniern und Spanierinnen. Das genaue Verhältnis ist ein anderes als manche glauben. Camões mag als Beispiel dienen. Sein Epos ist portug. geschrieben. Unter all seinen Canzonen,[1] Oden, Oktaven und Sextinen ist keine einzige spanische; unter den Elegien stehen nur zwei fremdsprachige,[2] neben 25 in der Muttersprache. Diese zwei aber sind arg entstellt und höchst wahrscheinlich unecht. Sämtliche Idylle sind national. Nur in einer singt, folgerichtig, die spanische Infantin Donna Juana, Philipps Schwester, einen span. Klagegesang auf den portug. Kronprinzen, ihren Gatten. Im Liederbuche sind von 150 Nummern nur 15 (oder richtiger nur ein Dutzend[3]) in der Nachbarzunge verfasst. Und sie alle sind, ausnahmslos, Glossen und Volten auf spanische Liederfragmente, mit singbaren Modemelodien, die dem jugendlichen Camões (1545—1550) bei Hofe, wahrscheinlich von span. Hofdamen der span. Königin, zur Behandlung empfohlen waren. Von den 354 Sonetten, die man ihm zugeschrieben, ist thatsächlich etwa ein Zehntel kastilisch. Doch gehören alle 36, die ich kenne, zu den erst im 17. Jh., während der span. Herrschaft, von dem kritiklosen und fanatischen Faria e Sousa in Spanien aus sehr zweifelhaften Handschriften aufgelesenen. Und welches darunter unbeanstandet als echt zu bezeichnen wäre, wüsste ich nicht zu sagen.[4]

In den Bühnenstücken aber, welche von span. Schriftgelehrten oft einfach für Spanien in Anspruch genommen werden, stehen nur einige kleine span. Gesangseinlagen und Citate. Ausserdem bedient im *Filodemo* ein Hirt nebst seinem Buben, und in den Amphitrionen Merkur, so oft er als Sosias auftritt, und Sosias selber sich der fremden Zunge, — des künstlerischen Effektes willen, also abermals mit Absichtlichkeit.

Im ganzen haben von 1450 bis 1750 etwa 500 Portugiesen der erwähnten Sitte gehuldigt, die man als Portugiese natürlich beklagen muss, da sie die National-

---

[1] Nur Th. Braga schrieb Camões (1880) eine span. Canzone zu. Mit Unrecht. *Bellisima Isabel cuya hermosura,* ist von Figueroa.

[2] Elegia XVI: „*La sierra*“ und XVII: *De peña en peña.*

[3] Drei sind fremde Arbeit: *Olvidé y aborreci* ist von Garcisanchez. — *Ay de mí* von D. Manuel de Portugal und *Tal estoy* von Diogo Bernardes.

[4] Es finden sich darunter Sonette, die notorisches Eigentum von Garcilaso, Mendoza, Montemor, Miranda, Bernardes, Brito, Manuel de Portugal, Rodrigues de Castro, und Graf Alenquer sind. — Die beiden ersten Ausgaben der kamonianischen Lyrik (1595 u. 1598) enthalten kein spanisches Sonett!

litteratur um manches bedeutende Werk betrogen, viele Talente auf Irrwege geführt, und im Auslande eine schiefe Meinung vom Patriotismus der Portugiesen geweckt hat, gerade wie man es beklagen darf, dass im 16. Jh. so viele vortreffliche Denker und Forscher, nicht nur ihre gelehrten, humanistischen Prosaschriften lateinisch abgefasst, sondern auch ihrer dichterischen Befähigung mühsame Aufgaben in exotischen Sprachen gestellt haben, statt derselben freie Entfaltung in der so schönen und reichen, und, seit ihrer Rückbildung zu grösserer Latinität, auch zu allen dichterichen Zwecken brauchbaren Muttersprache zu erlauben.

9. Auch die Nationalität manches peninsularen Dichters, der Spanisch geschrieben hat, ist ungewiss. Die Gleichheit vieler Orts- und Familiennamen, und das häufige Ein- und Auswandern von Spaniern nach Portugal und von Portugiesen nach Spanien gab Veranlassung zu Irrtümern und Streitigkeiten über die Zugehörigkeit des einen oder andern. Sie sind von wenig Belang, weil der einfache gesunde Menschenverstand immer Spanisch-Geschriebenes zur span. Litteraturgeschichte rechnen wird, unbekümmert um die Herkunft des Verfassers. Anders steht es mit Werken, die in beiden Idiomen vorhanden sind (wie z. B. der *Palmeirim von England)*, und deren Priorität beide Nationen für sich, doch im Namen verschiedener Dichter, in Anspruch nehmen. Anders und schwieriger, wenn ein vermeintliches portug. Original verloren oder verschollen ist, und nur die span. Bearbeitung sich erhalten hat, wie beim *Amadis*. Mit wie guten Gründen die Portugiesen in solchen Fällen auch ihr Recht auf verlorenes und gestohlenes Gut verteidigen, wo unanfechtbare Beweisführung nicht möglich ist, das Ausland wird immer geneigt sein, Partei zu nehmen für Spanien, an dessen originale Dichterkraft es glaubt, und gegen Portugal, dessen unerhörter Verschwender-Leichtsinn ihm nur ungenügend bekannt ist, und, wenn bekannt, vollkommen unverständlich und unglaubwürdig erscheint.

10. Eine Vorstellung zu geben von der grenzenlosen Sorglosigkeit der Portugiesen, ihrem Besitze, Ruhme und guten Namen gegenüber, ist schwer. Diese Untugend — die hässliche Kehrseite ihrer grossmütigen, chevaleresken Ritter- und Dichternatur, die dem Idealen nachjagt, und das Reale allzu oft aus den Augen verliert, — ist seit dem zweiten Viertel des 16. Jhs. von den Portugiesen selbst andauernd und aufs schärfste als verhängnisvoller »*desleixo*« bekannt, beklagt, verlacht, gegeisselt, aber nie aufgegeben worden. Nicht genug damit, dass so viele Hunderte von Dichtern ihre Geisteskraft dem Vaterlande entzogen, indem sie fremde Zungen redeten, hat man thatsächlich nicht einmal dafür Sorge getragen, wenigstens das vorhandene, immerhin noch reiche, geistige Hab und Gut der Nation zu erhalten und nutzbar zu machen, und jedem treu und redlich das Seine zu geben. Der Autor selbst dichtete und schaffte, und liess sichs genug sein an Preis und Lob der nächsten Freunde. Selten fiel es ihm ein, seine Werke zu sammeln und zu sichten, und sie, gedruckt oder geschrieben, in definitiver authentischer Gestalt zu hinterlassen. Ungeordnet, in Dutzenden von echten und unechten Lesarten, den Unbilden des Zufalls ausgesetzt, hinterblieben dieselben meisthin zerstreut in handschriftlichen, von Laien zu ihrem Vergnügen unmethodisch zusammengestellten Gedichtalbums, fast immer ohne klare Angabe der Autornamen und aufklärende Didaskalien. Oft sind es gleichgültige Fernstehende, bestenfalls dankbare Freunde oder Verwandte, in deren Besitze die Texte verbleiben. Entschliessen diese, oder spätere Nachkommen sich zur Herausgabe, oder sammeln sie gar sonsthin Zerstreutes, so geschieht es doch meist kritiklos und ohne liebevolle Fürsorge. Gute Ausgaben mit genügender Drucklegung sind selten. Die Vorreden enthalten meist nur vage Lobsprüche. Das Leben und Wirken der Dichter bleibt unbekannt: genaue Daten und Portraits mangeln. Memoiren, Briefwechsel, Autobiographien sind

äusserst selten. Vieles ist unwiderbringlich verloren: das allzu oft zur Erklärung herbeigezogene Erdbeben hat thatsächlich manche kostbare Bibliothek zerstört; die der Klosteraufhebung folgende Plünderung viele Sammlungen in alle Winde zerstreut. Nicht weniges aber ruht noch heute in öffentlichen Bibliotheken des In- und Auslandes, oder in Privatbüchereien. — Bei Hunderten von Gedichten weiss man positiv nicht, wer ihr Verfasser ist; denn nicht einem, sondern vielen wird ein- und dasselbe Lied in den verschiedenen, unzuverlässigen Abschriften zuerteilt. Und eine Menge von kleinen Kontroversen, sowie eine Reihe von recht unerquicklichen Prozessen über Plagiate und Diebstähle knüpfen sich an solche »zweifelhafte« Werke. Auch Fälschungen und Erfindungen fehlen keineswegs. Nicht einmal im königlichen Staatsarchiv niedergelegte Handschriften waren treuer Obhut sicher. Umfangreiche Bände von Königen und Königssöhnen sind abhanden gekommen. Und wie sehr im Argen die Lyrik des grössten und gefeiertsten portug. Dichters liegt, ist hinlänglich bekannt.

11. Wie erklärt sich und wo wurzelt diese Missachtung fremden und eigenen, geistigen Eigentums? Diese leichtsinnige Verschwendung? Die Antipathie gegen Genauigkeit, positive Daten, trockene Thatsachen? Ich halte sie, wie schon gesagt, für die traurige Kehrseite des portug. Dichtertalentes, ihres natürlichen Reichtumes, ihres weitherzigen, gross-sinnigen Kosmopolitismus. Das Dichten wird diesen beanlagten, empfänglichen und empfindlichen Küstenbewohnern allzu leicht. Fast jeder kann es. Fast jeder thut es. Und geht heute ein Lied verloren, so macht man morgen ein neues. Wozu also mühevolles, geduldiges, langweiliges Feilen, Sammeln und Kopieren, wenn man so mühelos zu improvisieren versteht? So wird die hohe Kunst ein Zeitvertreib für Grosse und Kleine, ein hübsches, geselliges Talent, das der einzelne für einen regen, kleinen Kreis kultiviert und in Kleinigkeiten verzettelt und verschleudert. Was man selber ohne Arbeit und Kampf erlangt, achtet man aber meist auch bei andern wenig. Alles heimische Zeitgenössische wird daher herabgesetzt, und über die Achsel angesehen. Nur das zeitlich oder räumlich Fernliegende, Fremde wird bewundert und nachgeahmt. Um das Nationale kümmert man sich erst wenn es veraltet, oder verloren ist. Man lernt es schätzen erst wenn nur traditionelle Berichte und vage Erzählungen über einen Autor und sein Werk übrig sind; oder wenn das Ausland sein lobendes Veredictum über dieselben abgegeben hat. Gerade aber, weil durch eigene, in ihren besten Eigenschaften begründete Schuld so vieles eingebüsst ist, und der Beweis für so manche seit Jahrhunderten gläubig nachgesprochene Behauptung nicht zu erbringen ist, schlägt bei einsichtigen Patrioten die übliche Gleichgültigkeit gegen Besitzstand, Ruhm und guten Namen der Nation leicht in das Gegenteil um: Ärger, Groll und Reue über die romantische Uneigennützigkeit und unpraktische Sentimentalität tönen aus in lautem Prahlen; man übertreibt die Grösse und den Wert des verlorenen Schatzes und steigert bis ins Ungemessene die Verehrung der wirklich vorhandenen grossen Dichter und ihrer Werke, macht dadurch aber das Ausland immer kritischer und ungläubiger. — Und eine zweite verhängnisvolle Folge der Einsicht in jene Verluste, ist die Versuchung, entstandene Lücken durch gefälschte Dokumente auszufüllen.

12. Neuerdings, seitdem die Romantiker Garrett und Herculano den Sinn für Erforschung der heimischen Vorzeit geweckt, hat man jedoch ernstlich versucht, Versäumtes nachzuholen, Verborgenes ans Licht zu ziehen, Verschollenes neu aufzufrischen; wahres Verdienst zu würdigen; falsche Ruhmestitel fahren zu lassen; Dichter zweiten Ranges, die zum Preise Grösserer mit Unrecht herabgesetzt und verunglimpft worden waren, wieder zu Ehren zu bringen; rücksichtslos übertünchten und modernisierten Kunstwerken ihre wahre Gestalt zurückzugeben, kurz der geschichtlichen Wahrheit nachzuforschen. Manches ist

gethan, und die deutsche Wissenschaft hat kein geringes Teil daran. Sehr viel aber bleibt noch zu thun. Endgültig aufgeklärt sind wenige Fragen. Wahrheit und Dichtung sind noch nicht reinlich von einander geschieden. Eine Denkmäler-Sammlung, welche wenigstens die Hauptwerke der Litteratur enthielte, ist nicht vorhanden. Kritische Textausgaben fehlen fast ganz. Nur die Lusiaden (die ja freilich nach Schlegel eine Litteratur bedeuten) sind hinlänglich gewürdigt, und vielleicht erschöpfend behandelt. Die Biographien der Dichter sind immer noch zu schreiben. Das Verhältnis zu den fremden Litteraturen ist nur skizziert, für keine Epoche, kein Genre, keinen Dichter aber gründlich bis ins einzelne dargelegt.

13. Eine vollständige und zusammenhängende Geschichte der portug. Nationallitteratur, welche allen Anforderungen an Kritik, Pragmatismus, Ebenmass und Genauigkeit durchaus entspräche, ist, da die Vorarbeiten fehlen, welche die Basis zu solchem Werke bilden, heute daher noch ebenso unausführbar wie zu Wolfs Zeiten. Doch besitzen wir jetzt wenigstens überhaupt eine »Geschichte der portug. Litteratur« sowohl in breiter Anlage, als auch in kurzer Übersicht, Dank der grossartigen, unermüdlichen Thätigkeit des portug. Gelehrten und Dichters, dessen Name neben dem meinen an der Spitze dieses Abrisses steht. Seine zahlreichen litterarhistorischen Schriften, in welchen die Litteratur im Lichte der geschichtlichen Mission Portugals und seines National-Charakters betrachtet, und der Versuch gemacht wird, darzuthun, wann sie in Nachahmung träge hinschleichend, im Schlepptau fremder Führer einherging, und wann sie frisch in organischer Entwicklung emporgeschossen ist, typische Werke schaffend und ihrerseits andere Litteraturen beeinflussend, sowie das Warum dieser Erscheinungen aufzudecken, und es zu begründen, an der Hand ethnographischer Theorien und philosophischer Systematisierungen, haben die Kenntnis portug. Schriftwerke bedeutend über den Haltepunkt hinausgeführt, bis zu dem die bahnbrechende Arbeit von Bouterwek und dem ihm nachschreibenden Sismondi, die Gruppierungen von Ferdinand Denis und Almeida-Garrett und besonders die kritischen Untersuchungen von Bellermann, Diez und F. Wolf sie gebracht hatten. Theophilo Braga's Werke sind eine Fundgrube von wichtigen Nachrichten, lichtvollen Gedanken, kühnen und neuen Zusammenstellungen, wertvollen Listen und Übersichten, absolut unentbehrlich für Jeden, der sich mit Portugiesischem beschäftigt. Ein fertiges, abgeschlossenes und einheitliches Werk aber bilden die, unter dem Gesamttitel: »*Historia da Litteratura Portugueza*« zusammengereihten Bände nicht. In der Jugend von einem strebsamen, phantasievollen Studenten begonnen, der, mit dem Wagemut des Fehlens, das durch Selbststudium rasch Erworbene mit unglaublicher Leichtigkeit in Lehrbücher umsetzte, und 25 Jahre hindurch (1867—1892) in gleicher Weise weiterforschte und weiterschrieb, sind nicht in der Stille, langsam gediehene, ausgereifte, wissenschaftlich-vollwertige Leistungen, sondern vor der Zeit durch Frühlingsstürme vom Baum geschüttelte, zum Teil noch recht herbe Früchte. Sein letztes Wort hat der rastlos weiterschaffende, alle neuentdeckten Quellen ausnutzende, fremde Errungenschaften sofort aufnehmende, und kraft derselben eigene und fremde Irrtümer stürzende Litterarhistoriker in keinem seiner bisherigen Werke gesprochen. Eine ruhige und bestimmte, klare und knappe, genaue und ebenmässige Darstellung, eine einmalige, abschliessende Erörterung jeder Frage, mit einfacher Feststellung des Thatbestandes da, wo Urteile unangebracht sind, erwarte man nicht. Dieselben Dinge werden oft mehr als ein Mal behandelt und keineswegs immer übereinstimmend entschieden. So wenig wie Wiederholungen, fehlen unvereinbare Widersprüche, sowohl was Thatsachen und Daten, als auch Meinungen betrifft. Unbesehen darf der Leser daher keinen Satz und kein Ergebnis annehmen. Er liefe sonst Gefahr vom

Verfasser selbst widerlegt zu werden. Der Dispositionsplan »*Theoria da Historia da Litteratura Portugueza*« ist 3 Mal umgestaltet worden; das Handbuch »*Manual*« zwei Mal; über die Zusammenordnung der in bunter Reihe erschienenen Bände ward erst nachträglich und auf recht verschiedene Weise verfügt; und demgemäss über die Einteilung der Geschichte in Perioden. (S. § 16).

14. Die folgende Darstellung knüpft an Theophilo Braga's Gesamtwerk an, und im Besondern an einen für diese Sammlung geschriebenen Abriss, der seine Meinungen kurzgefasst in ihrem jüngsten Stadium vorführte. Von einfacher Verdeutschung jener Skizze durch mich konnte und sollte jedoch nicht die Rede sein: die selbst erworbenen Resultate, der eigene Standpunkt, meine Ideen, Auffassungen und Urteile sollten darin zur Geltung kommen. Ich berichtigte Falsches, ergänzte Unvollendetes, fügte Tatsächliches hinzu, präzisierte schärfer, ordnete übersichtlicher, begründete und bewies, was bis heute nur Hypothese oder Behauptung gewesen war, soweit die für den »Grundriss« vorgeschriebene kompendiarische Behandlung es zuliess. Bei diesem Verfahren nahm die ursprüngliche Arbeit natürlich einen neuen Charakter an, und wuchs bedeutend. Der Raumbeschränkung wegen wird von meiner Redaktion jedoch nur die erste Hälfte zum Abdruck kommen. Schon in der dritten Periode ergreift Theophilo Braga das Wort. Dass den so belangreichen und so schlecht gekannten ersten beiden Perioden verhältnismässig viel Raum zugestanden ward, wird dem Leser hoffentlich nicht unerwünscht sein. Zufriedenstellen aber kann bei so ungleicher Behandlung dieser Überblick noch nicht. Scharf, genau und ebenmässig zu zeichnen ist bis heute eben nicht möglich. — Was jedoch auch noch an Rohstoff zum Vorschein kommen möge, wie eingehend man auch die Ursprünge und das Werden der portug. Volks- und Kunstlitteratur künftig darlege, wie sorgsam man auch den Vergleich mit den übrigen rom. Litteraturen durchführe, sehr verschieden von dem Bilde, das man heute entwerfen kann, wird das spätere und vollendetere nicht ausfallen.

15. Die Titel der wichtigeren Vorarbeiten, auf welche im Einzelnen oft verwiesen wird, zähle ich in chronologischer Reihenfolge auf. — Fr. Bouterwek, »*Geschichte der portug. Poesie und Beredsamkeit*«, Göttingen 1805, Bd. 4 der »*Geschichte der Poesie und Beredsamkeit*«; und »*Geschichte der span. Poesie und Beredsamkeit*« 1804, Bd. 3 (letzteres in frz. Übersetzung vom *Traducteur des Lettres de* Jean Müller, Paris 1812; engl. von Thomas Ross, London 1823; span. von J. Gomez de la Cortina und D. N. Hugalde y Mollinedo, Madrid 1829.) — Sismondi, *De la littérature du midi de l'Europe,* Paris 1829; Bd. IV p. 260—568. — Ferd. Denis, *Résumé de l'histoire littéraire du Portugal,* Paris 1826. — Almeida-Garrett, *Bosquejo da historia da poesia e lingua portugueza* im *Parnaso Lusitano,* vol. I., Paris 1826. — Christ. Fr. Bellermann, *Die alten Liederbücher der Portugiesen,* Berlin 1840. — F. Wolf, *Zur Geschichte der port. Literatur im Mittelalter,* in Hallische Allg. Litteratur-Zeitung Mai 1843: Nr. 87—91. (frz. von Ed. Du Méril im *Journal des Savants de Normandie,* Caen 1844); wiederabgedruckt in den *Studien zur Geschichte der span. u. portug. National-Literatur,* Berlin 1859. — Acad. das Sciencias, *Memorias de Litteratura Portugueza,* 8 Bde., Liss. 1792—1814. — Freire de Carvalho, *Ensaio sobre a historia litteraria de Portugal,* Liss. 1845. — Costa e Silva, *Ensaio Biographico-Critico sobre os melhores Poetas Portuguezes* 10 Bde., Liss. 1850—1856. — Pinheiro, *Curso de Litteratura Nacional,* Rio de Janeiro 1862. — F. Diez, *Über die erste port. Kunst- und Hofpoesie,* Bonn 1863. — Andrade Ferreira und C. Castello-Branco, *Curso de Litteratura Portugueza* Liss. 1875—76. — Theophilo Braga's »*Historia da Litteratura Portugueza*« besteht aus einer Reihe von Einzelwerken, die ich nach den Jahren des Erscheinens geordnet habe:

1) 1870 *Introducçaõ.* — 2) *Vida de Gil Vicente e sua eschola.* — 3) *A Comedia classica e as Tragicomedias.* — 4) 1871 *A Baixa Comedia e a Opera.* — 5) *Garrett e os Dramas Romanticos* (die Bände 2—5 tragen zusammen den Titel: *Historia do Theatro Portuguez* und umfassen 1418 Seiten). — 6) *Historia dos Quinhentistas.* — 7) *Epopêas da Raça mosarabe.* — 8) *Trovadores Galecio-Portuguezes.* — 9) 1872 *Poetas Palacianos do Seculo XV.* — 10) *Bernardim Ribeiro e os Bucolistas.* — 11) 1873 *Amadis de Gaula.* — 12) *Vida de Luiz de Camões.* — 13) 1874—1875 *Eschola de Camões. Parte I: Os Poetas Lyricos; Parte II: Os Poetas Epicos.* — Band 12 u. 13 tragen den Gesamttitel *Historia de Camões* (1033 Seiten). Hier klafft eine Lücke: Das 17. und 18. Jh. sind übersprungen. — Es folgten *Historia do Romantismo* (1880—81; zu Liss., während alles Vorhergehende in Porto erschien); *Modernas Ideias na Litteratura Portugueza*, Porto 1892, und *Historia da Universidade*, Liss. 1892. — Dazwischen schieben sich die drei Ausgaben der *Theoria da Historia da Litt. Port.* 1871, 1872 und 1881, die beiden Handbücher *Manual da Hist. da Litt. Portug.*, (1875) und *Curso de Hist. da Litt. Portug.* (1886) sowie die kleinen Schriften: *Questões de Litteratura e Arte Port.* 1881; eine portug. Blütenlese, mit Poetik: *Antologia* (1876) und ein moderner Parnass »*Parnasso*« 1877. — Die Werke über Volkslitteratur werden später genannt.

Weitere unentbehrliche bio- und bibliographische Hülfs-Nachschlagewerke sind: Nicolas Antonio, *Bibliotheca vetus* und *Bibliotheca nova* (s. Bd. I S. 31) — Barbosa-Machado, *Bibliotheca Lusitana* (4 Bd. Liss. 1741—52). — Pedro J. da Fonseca, *Catalogo de Auctores e Obras*, Liss. 1793, als Beigabe zum *Diccionario da Academia.* — Innocencio da Silva, *Diccionario Bibliographico Portuguez*, fortgesetzt von Brito-Aranha (bis heute 15 Bde., 1883—90). — R. Pinto de Mattos, *Manual Bibliographico portuguez*, Porto 1878. — Garcia Peres, *Catalogo Razonado biografico y bibliografico de los Autores Portugueses que escribieron en Castellano*, Madrid 1890. — J. H. da Cunha Rivara, *Catalogo dos manuscriptos da Bibl. Eborense*, 3 Bde., Evora 1850—1870. — F. F. de la Figanière, *Catalogo dos Manuscriptos Portuguezes existentes no Museu Britannico*, Liss. 1853. — Id., *Bibliographia Historica Portugueza*, Liss. 1850. — Auch Salvá, Barrera Leirado, Gallardo enthalten wichtige Nachrichten. — Der Manuscripten-Katalog der Pariser Bibliothek, den A. Morel-Fatio versprochen hat, ist noch nicht erschienen.

B. EPOCHEN DER PORTUGIESISCHEN LITTERATUR.[1]

Nach den jedesmaligen fremden Einwirkungen, denen sie sich hingab, teilt man die portug. Litteratur in mehrere Perioden, die natürlich ungefähr die gleiche Aufeinanderfolge zeigen wie die übrigen romanischen Litteraturen, besonders nahe aber der span. Periodisierung stehen; nur dass alle abendländischen Strömungen den äussersten Westen stets etwas später erreichen. Die erste bezeichnet man als die Periode des provenzalischen Minnesangs, die zweite als Periode der hispanischen oder peninsularen Hof- und Konversationspoesie; die dritte als italienische oder humanistische; die vierte als französierende, und die fünfte als romantische, und weist kurz, bündig und bequem jeder derselben ein Jahrhundert oder zwei als Zeitraum

[1] Der 1885 H. B. Briggs unterzeichnete Artikel der *Encyclopaedia Britannica* basiert auf Th. Braga's ersten litterarhistorischen Veröffentlichungen. Es ist ein sprechender Beweis dafür, wie schwer es ist, aus den einander widerstreitenden Ansichten Braga's die rechte auszulesen. Vor den kurzen Abschnitten über die ersten Jahrhunderte muss ich entschieden warnen.

ihrer Herrschaft zu. Im 13. und 14. Jh. herrscht die provenz. Schule; im 15. die spanische; im 16. und 17. die italienische; im 18. überwiegt der französische Pseudo-Klassizismus; im 19. die Romantik. Die vierte ital. Aera der Renaissance teilt man jedoch meist in zwei Hälften, nicht nur ihrer Ausdehnung und der Überfülle von Erscheinungen wegen, welche sie bietet, sondern weil in der 2. Hälfte, also im 17. Jh., die portug. Dichtkunst auf gewissen Gebieten vollkommen hispanisiert auftritt. Statt fünf hätte man somit sechs Perioden zu unterscheiden, von denen jede einzelne natürlich wieder in mehrere Unterabteilungen zerfällt.

Von einem anderen, höheren Gesichtspunkte aus fasst Theophilo Braga die beiden ersten Perioden in eins zusammen, und charakterisiert sie als die mittelalterliche Epoche, mit Rücksicht darauf, dass ihre Stoffe, ihre Formen und ihre Ideale vorwiegend mittelalterliche sind; stellt ihnen die folgenden drei als klassische Renaissance-Epoche gegenüber, weil ihre Stoffe und Vorbilder meist antike, griechisch-römische waren; und kennzeichnet die letzte, soweit sie bis heute beurteilt werden kann, als Epoche, in welcher die Nation in ihre eigene Vergangenheit zurückgreift, aus ihrer Geschichte und Volkspoesie Anregungen zu dichterischen Gestaltungen schöpft, und mit den antiken Idealen bricht, kurz als nationale.[1] Die erste und dritte sollen demgemäss dem Hervortreten des eigentümlich-portugiesischen Genius günstig gewesen sein, weil sie sich vom indigenen und spontanen Folklore nicht getrennt und abgewendet haben, während die zweite, weil sie in keinerlei Berührung mit dem Mutterboden stand, in Gelehrsamkeit und Künstelei verkümmerte. Wieviel gegen diese einseitig theoretische Schematisierung einzuwenden ist, liegt auf der Hand: Das Altertum hat auch im Mittelalter seinen Einfluss geltend gemacht. Von ureigener einheimischer, reinportug. Volkspoesie zu reden, ist nur mit starkem Vorbehalt möglich. In der klassischen Renaissance-Epoche aber kulminiert gerade der nationale Genius, und bringt die am meisten volkstümlichen Dichter der Portugiesen, und ihren grössten Sänger hervor. Und in unserem Jahrhundert, wo in kultureller Beziehung gerade alle Schranken niedergerissen sind, von wirklicher Nationaldichtung zu reden, ist sehr kühn.

Hält man an der oben erwähnten Einteilung in sechs Perioden fest, so ist folgende Abgrenzung empfehlenswert, weil sie an bestimmte Merkzeichen im Entwicklungsgange der Litteratur anknüpft[2]:

---

[1] *„As épocas historicas de todas as Litteraturas romanicas são determinadas pela preponderancia exclusiva ou combinada dos dois elementos constitutivos: as tradições nacionaes e populares da Edade-media da Europa, e as obras e doutrinas litterarias greco-romanas impostas pela auctoridade dos eruditos humanistas e latinistas ecclesiasticos. — Exemplificando com a historia da litteratura portugueza temos:*

Primeira época, preponderando os elementos medievaes; mas dá-se uma transição para a admiração das obras classicas ou greco-romanas . . . . (2 Periodos).

Segunda época, prevalece a influencia da Italia da Renascença que sustenta o gosto das obras classicas modificando e dando formas definitivas ao Lyrismo occidental. (3 Periodos).

Terceira época, caracterisa-se pelo espirito de revivescencia das tradições medievaes nacionaes e populares, incompativel com os modelos classicos, porém o criterio scientifico restabelece a continuidade historica, apropriando-se dos dois elementos da civilisação occidental, e harmonisando-os.«

Diese Doktrin zieht sich durch das ganze Werk Th. Bragas. Ihre letzte präziseste Formulierung kopiere ich aus den *Modernas Ideias*, vol. II p. 338.

[2] In den summarischen Übersichten über portug. Litteratur, welche ich für die Encyklopädien von Brockhaus und Meyer verfasst habe, benutze ich diese Daten, bleibe aber bei der Einteilung in 5 Perioden stehen, und zwar weil ich auch für Spanien nur deren fünf angenommen hatte (1150—1369; 1369—1516; 1516—1701; 1701—1820; 1820) mit Recht, da in Spanien die Blüte des 16. Jhs. im 17. fortdauert, ja eigentlich mit Cervantes, Lope, Calderon erst ihre grossartigste Entfaltung zeigt.

Epoca I

I.	Jh. XIII u. XIV:	Eschola Provençal:	*Trovadores Gallecio-Portuguezes*	1200—1385
II.	Jh. XV	: Eschola Hespanhola:	*Poetas Palacianos*	1385—1521

Epoca II

III.	Jh. XVI	: Eschola Italiana:	*Quinhentistas (Petrarchistas)*	1521—1580
IV.	Jh. XVII	: Eschola Hispano-italiana:	*Seiscentistas. (Culteranistas)*	1580—1700
V.	Jh. XVIII	: Eschola Franceza:	*Pseudo-Classicistas. (Academicos e Arcades)*	1700—1825

Epoca III

VI.	Jh. XIX	: Eschola Romantica:		seit 1825

Um feste, unverrückbare Grenzscheiden kann es sich selbstverständlich nicht handeln. Vorboten und Nachläufer aller Richtungen sind vorhanden. Auch Übergangszeiten, Stillstand und Unterbrechungen sind da. — Ich sage kurz, warum ich jene Daten gewählt habe.

I. Das Anfangsdatum der ersten Epoche ist ein ungefähres. Wir wissen nicht und werden kaum jemals wissen, von wem und wann das früheste höfische Minnelied in portug. Sprache gedichtet ward. Doch lässt sich nachweisen, nicht nur dass eine ganz beträchtliche Anzahl von Gedichten der ersten Hälfte des 13. Jhs. angehört, sondern sogar dass mindestens ein Lied noch während der Regierungszeit Sancho's I (1185—1212), im ersten Dezennium des 13. Jhs. verfasst sein muss. Als Endpunkt wähle ich das Jahr 1385, darum weil so Übereinstimmung mit einem gewichtigen Geschichtsabschnitte erreicht wird, von dem positiv das Erwachen eines neuen Geistes und das Einlenken in die neue Bahn maritimer Unternehmungen datiert. Ebenso gut hätte ich auch 1350, das Todesjahr Alfons XI. von Kastilien, oder 1357, das seines Schwiegervaters Alfons IV. von Portugal, als Endpunkt ansetzen können, da mit der Thronbesteigung ihrer Nachfolger, welche beide den Namen Pedro I., und den Zunamen *Cruel-Justiceiro* d. h. der Grausam-Gerechte tragen, ein plötzliches Verstummen alles portug. Minnesangs an beiden Höfen eingetreten zu sein scheint. — Unpraktisch wäre es, die erste Periode bis 1450 auszudehnen, die zur zweiten Epoche hinüberleitende Nachblüte hineinrechnend, da sie auf kastilischem Boden gedieh; ich meine jene im Geiste, in der Sprache, und in den Formen der altportug. »*trovadores*« abgefassten Minnelieder des Macias und anderer, welche dem *Cancionero de Baena*, und vereinzelt noch vielen span. Liederbüchern, eingeschaltet sind. Denn fast gleichzeitig, schon von 1369 an, beginnt der von Kataloniens Gaya Ciencia beeinflusste, zünftige technisch-ausgebildete Meistersang gelehrter »*dezidores*«, und wenig später die von Italien aus befruchtete, mit antikem Wissen prunkende Kunst der »*poetas*«, welche die zweite Epoche charakterisieren.

II. Die zweite Periode beginnt also mit der Thronbesteigung des Gründers der zweiten, unechtburgundischen Dynastie (D. João I., 1385—1433). Ich lasse sie enden mit dem Jahre, in dem Emanuel die Augen schloss, und der Neuerer Sá de Miranda seine italienische Reise antrat. Statt 1521 könnte ich auch 1516 sagen, den wichtigen Scheidepunkt wählend, wo Garcia de Resende, der Sammler des *Allgemeinen Liederbuches*, in dem der dichterische Ertrag jenes Zeitalters niedergelegt ist, sein Werk der Öffentlichkeit übergab, und das mit um so grösserem Rechte als in demselben Jahre in Spanien das Haus Österreich eine neue Aera einleitet. Auch den Zeitpunkt, in dem Miranda, von seiner Reise heimgekehrt (1526) den italienischen Hendekasyllabus — diese bedeutsame Abart des provenzalischen, im 13. und 14. Jh. in Portugal so beliebten Dekasyllabus — einführt. Die Anfänge des Dramas rechne ich zur dritten Epoche, auf welche sie hinweisen, obwohl es bereits 1502 seine ersten selbständigen, vom kirchlichen Boden losgelösten Schritte thut. Desgleichen und aus demselben Grunde die bukolischen Versuche des Christovam Falcão und Bernardim Ribeiro, obwohl beide Dichter, so wie Gil Vicente und Sá de Miranda, mit kleinen Liedern im *Cancioneiro Geral* vertreten sind, also in der zweiten Epoche wurzeln.

III. Die dritte Periode umfasst die grossartigste Entfaltung und höchste Blüte der portug. Litteratur, sowohl der Lyrik, in peninsusularen Weisen durch die *poetas da medida velha* und in klassischen durch die *petrarchistas*, als der Epik, des Romanes, der Geschichtsschreibung und des Dramas. Ihren Höhepunkt erreicht sie 1572 mit der Drucklegung der *Lusiaden*. Mit dem Todesjahr des Dichters, das zu gleicher Zeit den Verlust der Selbständigkeit und den Beginn der span. Fremdhersschaft sah, schliesst seine kurze Glanzzeit ab.

IV. Es folgt eine kräftige Nachblüte bis etwa 1640, ausgefüllt von den Arbeiten der Schüler und Nachahmer des Camões, Montemor, Moraes — dann aber eine Zeit des Verfalls und überhandnehmender Hispanisierung. Das Jahr 1700 gilt als Ausgangspunkt, weil es ungefähr zusammenfällt mit dem Wendepunkt peninsularer Geschichte, kraft dessen die Bourbonen und franz. Geschmack ihre Herrschaft beginnen.

V. Die fünfte, dem franz. Klassizismus huldigende Zeit, in welcher Sprach- und Geschichts- und schöngeistige Akademien sich vergeblich bemühen, dem Sinken der Litteratur und der Gallomanie Einhalt zu thun, sieht ein kurzes Aufflackern, Dank des guten Geschmackes der »Arkadier«, die danach strebten mit franz. Eleganz und Korrektheit, den poetischen Geist der einheimischen Meisterwerke des 16. Jhs. zu vereinigen. Ihre Geschmacksrichtung überdauert freilich das Jahr 1825, doch betrachte ich dasselbe als Anfang der sechsten Periode und der romantischen Erneuerung, weil das damals veröffentlichte patriotische Epos »*Camões*« des emigrierten Almeida-Garrett den Anstoss zur nationalen Wiedergeburt gab.

C. ÄLTESTE DENKMÄLER PORTUGIESISCHER LITTERATUR.

Aus dem ersten Jahrhundert portug. Geschichte (1094—1200) haben sich keinerlei Dokumente in der Nationalsprache erhalten, weder Kunstpoesien, noch volkstümliche Gesänge. Die ersten waren eben noch nicht vorhanden, und gewisse, als Denkmäler aus jenen Tagen, oder noch älteren Zeiten (8—11 Jh.), ausgegebene, epische und lyrische Versuche sind, unverkennbar, gröblichst gefälschte, willkürlich und tendenziös erfundene Apokryphen. Die letzteren hingegen, — nicht umfangreiche epische, sondern kurze lyrische Lieder, — waren, aller Wahrscheinlichkeit nach, reichlichst da, lebten aber nur im Volksmunde, weshalb authentische Überreste so gut wie ganz fehlen, wie fast überall. Von ihrem Inhalt und ihrer Form können wir uns jedoch eine ziemlich klare Vorstellung machen: die höfischen Liederbücher bereits der ersten Epoche bieten nämlich eine sehr grosse Anzahl von Gedichten, welche durch Gegenstand, Anlass, Bau, und ihren vom Kunststil völlig abweichenden Charakter als Nachahmungen wirklicher, zeitlich voranstehender Volksweisen gekennzeichnet sind, und zum Teil sogar unverändert dem Volksmunde entnommene, und von den Troubadours nur musikalisch überarbeitete »*Cantos populares*« zu sein scheinen. Und dazu gesellen sich, innerlich und äusserlich vollkommen übereinstimmend, erstens einige zwar recht kleine, aber dennoch bedeutsame Bruchstücke echter Volkslieder aus derselben Zeit (13. und 14. Jh.), und zweitens genau nach dem gleichen Typus gebildete Lieder aus den nachfolgenden Jahrhunderten, ja noch aus unseren Tagen. Seine Langlebigkeit aber beweist, wie national und volksmässig dieser Typus einst gewesen ist. — Im Anschluss an eine summarische Übersicht über die gesamte Volkslitteratur

Portugals charakterisiere ich das altportug. Volkslied und untersuche hinterher den Vorrat der gefälschten Gedichte, zu dem Zwecke eine sichere Grundlage für die Darstellung der eigentlichen Litteratur zu gewinnen.

I. VOLKSLITTERATUR.

18. Was die portug. Volkslitteratur heute besitzt, wissen wir ziemlich genau, Dank dem Eifer tüchtiger Folkloristen, die seit 1867 mit wissenschaftlichem Ernste sammeln, was der Volksmund singt und sagt. — Zu seinem keineswegs armen oder stimmungslosen Besitzstande gehören in erster Reihe: mehr als hundert Märchen und Geschichten *(contos, casos, historias, exemplos)*; viele Mythen, Legenden und Sagen *(lendas)*; zahlreiche abergläubische Beschwörungs- und Besprechungsformeln *(esconjuros, ensalmos)*; Gebete und fromme Weisen *(orações, rezas, sermões)*, oft mit parodistischen Gegenstücken; Kinderreime und muntere Sprechformeln *(rimas infantis, lengas lengas, perlengas, parlendas, travalinguas)*; Rätsel *(adivinhas)*; Spieltexte *(jogos)*; Wetter- und Bauernregeln *(adagios, ditos)*; und ein erstaunlich reicher und eigenartiger Schatz ernster und heiterer, moralphilosophischer Sprichwörter *(rifões, anexins, ditados, proverbios*; alt *verbos*, auch *enxempros*, wenn sie sentenzenartig der Moral einer Fabel oder Erzählung Ausdruck geben). Die Märchen, Geschichten, Legenden und Sagen, die auf dem Lande, besonders zur Winterzeit, an Spinnabenden *(serões* und *fiandões)* von alten Weibern am Herdfeuer *(junto á lareira)*, und in den Städten in der Kinderstube erzählt, und so von Geschlecht zu Geschlecht überliefert werden, sind natürlich in Prosa abgefasst, die meist schlicht und ohne Pathos einherschreitet, oft aber, wo Scherz, Witz und Satyre zu Worte kommen, sehr glückliche Effekte erzielt. Manchmal besteht sie auch aus regelmässig gegliederten Reihensätzen, die, beim zufälligen oder beabsichtigten Eintritt etwelchen Gleichklanges, versartig klingen (Beispiel: *A formiga e a neve; Rabo do Gato; Gallo e Pinto* etc.). Einige treten sogar ganz in Versen auf (z. B. die *Carouchinha*, auf Madeira[1]). — Sehr häufig sind Reimzeilen in die Märchen eingestreut, nicht bloss am Schlusse, für den allerhand herkömmliche allgemeine Formeln vorhanden sind, sondern auch mitten in der Erzählung, besonders wo die Hauptfiguren Massgebendes zu reden haben. — Diese Märchenreime nun, so wie auch die stets in gebundener Rede auftretenden Gebete, Sprüche, Rätsel und Spiele sind überaus einfach in ihrer Konstruktion. Die kürzesten und primitivsten sind unmittelbar gebundene Zeilenpaare, Distichen mit vollkommenem oder unvollkommenem Reim; oder sie sind Triaden mit einer reimlosen Zeile, die beliebig am Anfang, in der Mitte, oder am Ende steht; oder Vierzeiler, mit überschlagend-wechselnder (und nur in modernisierten Redaktionen mit eingeschlossener) Reimstellung. Bei grösserer Länge der Verseinlagen werden die Distichen mit reimlosen Zeilen in beliebiger Zahl untermischt. Auch kleine, vier oder mehrzeilige Tiraden, und romanzenartig klingende Stücke mit durchgehendem Reime nur in den paarigen Zeilen, kommen vereinzelt vor. — Dass die grössere Masse der Märchen und Spiele und Gebetsformeln nicht speziell portug. Eigentum, oder gar nationale Urschöpfung ist, sondern ererbtes, nur nationalisiertes Hab und Gut, zu dem sich Parallelen in den übrigen Volkslitteraturen finden, bedarf kaum der Erwähnung; ebensowenig dass sie, hier wie allerwärts, uralter und traditioneller Besitz sind. Hinweise auf einzelne Märchen ziehen sich durch die Kunst-

[1] Auf Madeira giebt es noch manches andere versificierte Märchen *(Gata Borralheira, Conto do Macaco, Tres Cidras do Amor* u. a.), doch tragen einige davon im Styl und in ihrer ungeheuren Ausdehnung das Zeichen später juglaresker Bearbeitung durch berufsmässige Volksdichter *(cantores)* deutlich an sich.

litteratur, rückwärts bis in ihre Anfänge[1]. Auch Sprichwörter werden schon in den ältesten Dokumenten verwertet, und zwar bereits mit dem Zusatz, sie seien »alte« Worte d. h. *verbos antigos e verdadeiros*[2]; und heute wie ehedem schmücken sie die Rede des Landvolkes und wahrhaft nationaler Schriftsteller.

Ungleich wertvoller jedoch als der *refraneiro*, und alle kunstlosen didaktischen Knittelverse, die nur zum Hersagen bestimmt waren (als *romance de rezar*) und als der umfangreiche Prosateil der Volkslitteratur, ist natürlich ihr Singliederschatz. Er zerfällt in einen *Cancioneiro* (das eigentliche Buch der subjektiven, lyrischen Lieder der Liebe) und in den *Romanceiro*, der die objektiven episch-lyrischen, gleichfalls zum Absingen bestimmten Gedichte umfasst (*cantar romance*, daher männlich: *o romance*). Rein Episches hat der spät erwachende portug. Volksgeist, losgelöst vom allgemein peninsularen hispanischen Genius, nicht geschaffen. Das Studium der Volksmusik, leider noch wenig erfolgreich betrieben, hat noch zu keinen festen Resultaten geführt.[3]

19. Der Cancioneiro ist nicht nur materiell reichhaltig, sondern gedankenvoll und formvollendet. — Wie in der Kunstlyrik zeigt sich auch in der erotischen Volkslyrik der schwärmerisch sentimentale Grundzug der portug. Nationalseele. All ihren Gefühlen, so der Freude wie des Schmerzes: Sehnen und Eifersucht, Liebe wie Verachtung, Trotz und Ergebung, Hoffnung und Verzweifeln, Bewunderung wie Zorn, Spott und Hohn wissen die Portugiesen, und zwar Frauen wie Männer, einen lebendigen und natürlichen, bald kraftvoll frappanten, bald anmutig zarten Ausdruck zu geben. — Gesungen werden die nach vielen Hunderten zählenden Liebeslieder, je nach Anlass und Inhalt, entweder allein von Einsamen, bei der Arbeit in Haus und Feld, nach dem Grundsatz *»quem canta, seu mal espanta«*, und in diesem Falle ohne Instrumentalbegleitung; oder zur *viola* oder *guitarra* von vielen zusammen (*em côro*) bei gemeinsamer Thätigkeit oder gemeinsamen Lustbarkeiten im Freien, an Festtagen, bei Spiel und Tanz, in fröhlichen *descantes;* oder auch beim Wallfahrtswandern (*nas romarias*), daher meist im Sommer. — Auch Wechselgesang zweier Personen ist sehr üblich. — Neben den Liebesliedern stehen natürlich auch andere: Wiegenlieder (*cantos ao berço*); wahrhaft religiöse Weisen nur sehr vereinzelt; einige historische, meist sarkastische Reimereien (z. B. über den *Cardeal-Infante Dom Henrique; Junot* etc.); zahlreiche, doch keineswegs fromme Verse an Heilige und ihre Festtage; Mai- und Mitsommernachts-, Weihnachts-, Neujahrs- und Dreikönigslieder (*Maias, Janeiras, Reis, Cantos do Natal, Annobom, Cantigas de S. João, S. Pedro, S. Antonio* etc.) u. a. m. — Auffallend ist, dass für alle diese stofflich verschiedenartigen Liedergattungen heute nur eine einzige metrische Form in Anwendung kommt, die freilich so einfach zu handhaben, und der portug. Sprache so angemessen ist, dass sie zur Improvisation und zu fortwährend variierender Umarbeitung älterer Lieder wie geschaffen scheint und geradezu zum Dichten herausfordert. Die Leichtigkeit, mit der denn auch Jedermann im Volke, wes Standes er auch sei, nach diesem einen herkömmlichen Typus dichtet, wird durch die Formel »*deitar uns versos* oder *umas cantigas*« hinreichend gekennzeichnet. Schon halbe Kinder dichten. Kaum anderwärts findet man so zahlreiche 14jährige Dichter und Dichterinnen wie auf der Halbinsel.

---

[1] In den litterarhistorischen Einleitungen zu Coelho's und Braga's Märchensammlungen werden einige der älteren litterarischen Anspielungen erwähnt, und kunstmässige Überarbeitungen der Märchenstoffe namhaft gemacht.

[2] In der *Rev. Lusit.* I 69—72 habe ich 13, aus den altportug. Liederbüchern gesammelte Sprichwörter kurz behandelt.

[3] Soeben (Juni 1893) erscheint das 1. Heft eines musikalischen Volkslieder-Buches »*Cancioneiro de Musicas Populares para canto e piano*, por Cesar das Neves, coordenada a parte poetica por Gualdeno de Campos, Porto.

Alle lyrischen *versos*, oder *cantigas*, oder *trovas* sind nämlich Vierzeiler (*quadras*) trochäischen Wandels, mit acht- oder sechssilbigen Zeilen, welche die modernen Theoretiker *versos de redondilha maior e menor* nennen, nie mit gekreuzten oder eingeschlossenen, sondern stets mit überschlagenden Reimen in Zeile 2 und 4. Vollkommener Reim (*consoante*) ist das vorwiegende und theoretisch erstrebte; Assonanz (*toante*) ist viel seltener als in Spanien. — Da die Volksinspiration immer kurzatmig, und die portug. Sprache prägnanter Kürze fähig ist, genügt dem Dichtenden zur Darlegung seiner Empfindungen gewöhnlich je eine einzige Strophe; oft ist sogar eine der Zeilen schon entbehrliches Füllwerk. Gewöhnlich stehen in den *quadras* zwei Gedanken einander dichotomisch gegenüber,[1] von denen der eine sich gern in die Form eines Bildes oder poetischen Vergleiches kleidet. Nicht selten bildet jedoch erst eine Reihe von *quadras* eine abgeschlossene *Cantiga*[2]. In Wettgesängen (*desafios*), wie sie an Kirchweihfesten von zwei Sängern (*cantadores*), oder Sänger und Sängerin (*cantadeira*) veranstaltet werden, die abwechselnd je eine Strophe improvisieren (selten mehr, oder weniger), oder solche aus dem Schatze ihres Gedächtnisses hervorholen, steht natürlich eine längere Reihe von *quadras* inhaltlich in intimem Zusammenhang. Bisweilen ist derselbe auch äusserlich hergestellt, dadurch dass der Reim der ersten Strophe festgehalten und durchgeführt wird, oder durch ostensives Fortspinnen des einmal angeschlagenen Themas, so zwar dass die letzte Zeile jeder Strophe als erste der nächstfolgenden ganz oder halb wiederholt wird (*leixa-prem*). Also gestaltete amöböische Liebesstreit-Gesänge (*despiques*) sehen, wenn der Dialog, geschickt fortschreitend, dramatische Lebendigkeit erreicht, einer gewissen Klasse von Romanzen zum Verwechseln ähnlich, jenen rein dialogischen, genrebildlichen Liebesromanzen, die man sich gewöhnt hat *xácaras* zu nennen (vielleicht weil sie, abenteuerlicher Ereignisse bar, kleine Szenen aus dem Vulgärleben reproduzieren, die manchmal mit Streit und Zank enden und dann *cantos á desgarrada* heissen). Proben der *cantos ao desafio* finden sich denn auch bald unter den *Cantigas*, bald unter den Romanzen, je nach dem Geschmacke der Sammler.[3] Eine gewisse Schulung, ein litteratenhaftes Gebahren ist jedoch bei einigen dieser Volkssänger unverkennbar. — Auch Einzelsänger richten dann und wann grössere Gedichte her, indem sie durch Gedanken- und Klangassociationen geleitet, verschiedene lose *quadras* über ein und denselben Gegenstand hintereinander singen.

Wenn wir, dem Alter und der Herkunft der Volkslieder, ihrem Einflusse auf die Kunstpoesie und ihren Beziehungen zu ähnlichen Gebilden anderer Nationen nachspürend, die Werke der portug. Litteratur durchmustern, so finden wir im 18. und 17. Jh. untrügliche Zeichen für das Bestehen und die Popularität der Vierzeiler; und ebenso im 16., teils in echten Proben, teils in Nachahmungen, die in Drama, Roman und Novelle als Einlage benutzt sind, teils in kunstmässigen Volten und Glossen, deren Thema sie sehr häufig bilden. — Daneben finden wir aber auch anders geartete volkstümliche Weisen, noch primitiveren Charakters, die heute nicht mehr als selbständige Lieder erscheinen; und sie werden um so häufiger je weiter wir rückwärts greifen. So verzeichnen z. B. Camões und Sá de Miranda, und ihre Zeitgenossen eine

[1] Z. B. *Inda que o lume se apague | Na cinza fica o calor; || Inda que o amor se ausente, | No coração fica a dôr.* — Oder *O annel que tu me deste | Era de vidro, quebrou se; || O amor que tu me tinhas | Era pouco e acabou-se.*

[2] So in der *Cantiga da Engeitada; do Degradado; do Soldado* etc.

[3] S. *Cancioneiro do Arch. Açor.: Despiques de Conversados — Romanceiro do Algarve: Os dois Amantes — Cantos Populares do Brazil:* No. 16 Florioso (I 29 u. II 189); Bd. II p. 50—52 *Adeus delicias dos olhos* etc.

Reihe von lyrischen Distichen und Triaden, die den Namen *cantares velhos* tragen oder »*cantar das moças ao adufe*« (= viereckige Schellentrommel) oder »*cantar velho que cantam polas ruas em dialogo*« oder *trovas que cantam em côro;* und zwar benutzen die Quinhentistas solche schon in ihren Tagen veralteten Texte meistenteils als Leitmotiv *(mote)* für neue Hirten- und Bauernlieder (*vilancetes;* span. *villancicos*), die selber wieder den Volkston anschlagen. — Noch früher aber, in den span.-portug. Liederbüchern des 15. Jhs., und in Gil Vicente's, zwischen 1502 und 1536 verfassten und gespielten Bühnenwerken, begegnen wir, ausser einfachen *cantigas,* und jenen schlichten zwei oder dreizeiligen *cantares,* einer Fülle reizender ausgeführter Tanz- und Sangesweisen im Volksstyl, die in Versmass, Strophenbau, Charakter und Inhalt vom Vierzeilertypus abweichen, und in der Folgezeit nur ganz vereinzelt vorkommen. — Die vorangegangenen Jahrhunderte d. h. die Denkmäler der ersten Epoche portug. Kunstlitterarur befragend, finden wir sie immer häufiger und in üppigster Blüte. Daraus muss man folgern, dass die Geschichte des portug. Volksliedes in zwei Epochen zerfällt, deren spätere, noch heute fortdauernde, unter dem Zeichen der *redondilha* steht, während die frühere zwar auch den acht- und sechssilbigen Trochäus kennt und ihn in Distichen, Triaden und Vierzeilern verwertet, doch ohne ihm die Alleinherrscher-Rolle einzuräumen. — Dass wir diese frühere als Epoche des Zweizeilers (d. h. der *versos pareados*), der Parallelstrophen, des Kehrreims, der Frauenlieder, und mannichfacher (jambischer, trochäischer und anapästischer Rhythmen) bezeichnen dürfen, geht aus den Andeutungen des folgenden Paragraphen hervor. — Die erste Periode dauert bis an den Ausgang des 14. Jhs. Das 15. ist die Zeit des Überganges, in der das Erstarken des peninsularen Nationalgeistes in der Kunstpoesie zur Bevorzugung derjenigen Formen führte, die man als spezifisch-hispanische, im Volke und vom Volke entwickelte ansah[1]. Damals, als nächst der Romanze die sog. Redondilhas (in Form von *cantigas* und *cantares, vilancetes* und *serranilhas* etc.), als zur Veredelung und zu variierender Vervielfältigung geeignete Keime wissentlich und geflissentlich in die Hof- und Kunstpoesie verpflanzt wurden, aus denen man voltierende und glossierende Paraphrasen, sowie *Quintilhas* und *decimas* und *nonas* und *oitavas* züchtete, kurz alle recht eigentlich hispanischen Dichtungsformen der Lyrik, da wirkte diese allgemeine Wertschätzung des Einheimischen auch auf die Volkspoesie zurück. Der Vierzeiler siegte, und drängte alles in den Hintergrund, was nicht diesen peninsularen Typus trug.[2] Es haben sich darum bis heute nur Reste und vereinsamte Nachklänge der abweichenden, altväterischen Weisen der Vorzeit erhalten: ganz wenige Refrainlieder in Parallelstrophen in der Nordostprovinz Tras-os-Montes[3]; eine *alva* oder *alvorada* mit dem Weckruf: *é levada*

[1] In Gil Vicente's Werken finden sich Klänge aus beiden Epochen und zwar aus Volks- und Kunstpoesie. Sie enthalten einen so bunten Liederschatz (leider vieles nur bruchstückweise und in recht mangelhafter Überlieferung), dass es scheint, der geniale, für alles Nationale eingenommene Dichter habe dem Hofe vorführen wollen (dem Zeitgeiste entsprechend in portug., span., und span.-portug. Zunge) was, schon damals veraltet, nur noch auf den Gebirgshöhen der Serra da Estrella und in versteckten Thälern des Cintragebirges zu hören war; und gleichzeitig was an Melodien und Tänzen Neuestes (Fremdes wie Heimisches) Anklang suchte. Heute lässt er singen: *Ay de la noble Ville de Paris;* morgen eine span. Romanze; dann führt er einen altportug. Ringeltanz vor, *arremedando os da serra,* bald eine *folia,* bald ein *vilancete,* bald eine *prosa,* dann wieder eine *chacota,* oder ein Parallelstrophenlied nach dionysischem Typus, und so fort.

[2] Wer die Geschichte des peninsularen Volksliedes und seiner Einwirkung auf die Kunstpoesie schreiben will, findet in den *Pliegos sueltos,* den Liederbüchern, Dramen und Novellen reichen Stoff; doch ist die Sichtung dessen was echt und volkstümlich ist, von dem was geschickt nachgebildet ward, nicht immer ganz leicht. Der *Cancionero Barbieri* enthält kostbares, doch ungeordnetes Material.

[3] S. Leite de Vasconcellos, im *Annuario de Tradições Populares Portuguezas.*

a alva! im Orte Cardal (bei Pombal[1]); einige echte *fados* auf Madeira, den Azoren, und in der Beira etc.[2]; verschiedene namenlose Gesänge in einfachen *pareados* u. a. m. Was der von Kunstdichtern mehrfach erwähnte *solau* war, wissen wir nicht[3]; und ob die Wallfahrtslieder, welche thatsächlich früher eine besondere Gattung bildeten, den Namen *cantos de ledino* jemals getragen haben, bleibt noch festzustellen[4]. Von den reizenden erzählenden, zu den Romanzen hinüberleitenden *serranilhas* und *vaqueiras* (der peninsularen Form der *pastorelas*) lebt keine Spur mehr[5]; ebensowenig von den *chacotas*, *folias*, *bailadas* und *bailados de terreiro* der fröhlichen, vor Gil Vicente liegenden alten Zeit, in der in jedem portug. Bauernhaus Musik und Tanz ihre Stätte hatten; noch auch von den Totenliedern (*Endechas* oder *cantos guayados*) der Klageweiber (*choradeiras*, *carpideiras*). Der Vierzeiler hat eben alles verdrängt, erneuert und ersetzt, unterstützt von der, gleichfalls im 15. Jh., als bedeutendster Volksschöpfung in Redondilhen, triumphierend auftretenden episch-lyrischen Romanze. Daran dass er bestimmt bereits in der ersten Epoche, oder richtiger, noch vor dem Beginn der Kunst- und Hofpoesie vorhanden war, ist jedoch nicht zu zweifeln. Schon Alfons X. hat ihn in seinen portug. *cantares* benutzt[6]. — Dass sich jedoch im Volksmunde auch nur ein einziges Exem-

[1] Almeida, *Diccionario Geographico* III p. 152.

[2] Der echte, alte *Fado* war ein wehmütiges Klagelied, eine Lamentazione, in der eine Nonne, ein Mönch, ein Seemann, ein Soldat, ein Bauer die Unbilden seines Standes, sein »Loos« bejammerte. Demgemäss war er stylistisch, und gewiss auch musikalisch, ein Dissonanzenlied (eine Art *des-lai*, oder *descort*). Formell knüpft dasselbe an kirchliche Weisen an (latein. Sequenzen), und steht in Zusammenhang mit den alten, halb volkstümlichen, halbkunstmässigen, gleichfalls verklungenen Warum- und Verwünschungs- und Abschieds-Liedern (*Porquês — Arrenegos — Maldições — Despedidas*), denn ihnen allen gemeinsam ist der unmittelbar gebundene Reim, der refrainartig nach je drei Zeilen auftretende Halbvers (eine 4 silbige *Cauda*) und weiter eine absichtliche Sonderbarkeit. Was strophisch wie ein Ganzes aussieht, ist es nämlich weder dem Sinne nach, noch grammatikalisch, noch musikalisch: Die 1. Zeile ist reimlos; in den beiden folgenden durch Reim gebundenen Achtsilblern ist mit trotziger Absichtlichkeit Gedanke von Gedanke gerissen; die Halbzeile welche die Strophe abschliesst, reimt erst mit der nächsten Vollzeile. Beispiele bei Braga sind: der konimbricenser *Fado do marujo*; der *Frade*; und die açorianische *Xácara da Vida da Freira*. — Heute giebt man den Namen *fado* oder *fadinho* Vulgärliedern ähnlichen Inhaltes, doch in Vierzeilern (wie der *Fado da Severa*), Decimen oder Quintilhas, die von städtischen, *fadistas* (den lissabonner *Bohêmiens*) zur *banza* gesungen werden.

[3] Dem Anschein nach war der *solau* ein Gedicht in Dreizeilen. Ob er in Beziehung zu den span. *soleares* und den galliz. *ruadas* steht, ist noch ungewiss, wie auch seine Beziehungen zum *fado* unklar sind.

[4] Ein einziges Mal, im 16. Jh. in der Dichtung *Crisfal* (Str. 42), wird ein kastil. Wallfahrtsliedchen (*Yo me iba la mi madre A Santa Maria del Pino*) mit dem Namen *canto de ledino* belegt; doch ist die Lesart *de ledino* zweifelhaft. *Delledino* d. h. *d'elle dino* giebt vielleicht den wahren Sinn. Erörterungen darüber ob *ledino* so viel wie *ladino* = schlau, oder *latino* = lateinisch bedeute, oder mit *ledainha* = *litania* zusammenhänge, oder auf *ledo* = *laetus* als auf das charakteristische Wort der Wallfahrtsgesänge hinweise, sind daher müssig. — Das von Christovam Falcão verwertete Lied ist, nebst seiner reizenden Melodie enthalten im *Canc. Musical* (No. 380). Es ist ein *Villancico*, dessen Mote und Refrain eine noch ältere Volksweise ist: das *cantar* von Menga la del Bustar. — An Seitenstücken fehlt es nicht, wie *Yo me iba mi madre A la romeria* (Barbieri No. 402) und *Yo me iba mi madre A Villareale* (Amador II p. 612). Wie man sieht, tritt die Tochter auf und erzählt der Mutter Wallfahrtserlebnisse. Vgl. S. 152 Anm. 6.

[5] Vom vatikanischen Liederbuche (No. 410) und dem Erzpriester von Fita (933. 961. 971. 996) über die vier asturischen Mendoza's hinfort (Iñigo Lopez, Pero Gonzalez, Diego Furtado und den Markgrafen von Santillana) bis zu Bocanegra und Carvajales in Spanien und Gil Vicente in Portugal lässt sich die *Serranilha* in der Litteratur verfolgen. Dann verschwindet sie. Sie scheint aus Frankreich durch Nordspanien nach Portugal gekommen zu sein. Die *Redondilha menor* war ihre üblichste Form, im 14. wie im 16. Jh.

[6] Z. B. *Ben per está aos reis* | *D'amaren santa Maria* | *Ca en as mui grandes coitas* | *ela os acorre e guia.* — Diese und die span. *Cantigas* bei Fita und Ayala sind schon Kunstgedichte, doch weisen sie selbstverständlich auf bereits in Spanien vorhandene Volkslieder hin.

plar von den damals üblichen *quadras* unverändert erhalten hätte, ist unwahrscheinlich. Die Kürze und Schlichtheit ihrer Form, und ihr durchaus subjektiver Charakter bringen es mit sich, dass sie ebenso schnell vergehen wie entstehen, und dass der Liedervorrat sich somit fortwährend erneuert. — Die Spontaneität seiner Bildung ist damit ausser Frage gestellt. Trotz oft recht auffälliger Anklänge steht der peninsulare Vierzeiler in keinem direkten Zusammenhang mit ähnlichen gleichgearteten Gebilden anderer Völker. Bewusste Nachahmung ist ausgeschlossen. — Die portug. *quadras* von den span. *coplas (de arte comun)* zu trennen, geht trotzdem nicht an. Manche völlige Übereinstimmung weist auf Wanderung und Austausch hin. Beide Länder haben gegeben und empfangen. Im Grossen und Ganzen aber gehört jedem Lande, ja jeder Provinz, und jeder Ortschaft sein besonderer einheimischer, wirklich an Ort und Stelle geschaffener Cancioneiro.

20. Die eigenartigste und fruchtbarste, nachhaltigst wirkende Schöpfung der ersten Epoche portug. Volkspoesie, war eine Gattung äusserst melodischer und reizvoller Gesänge, die, obwohl aus ganz einfachen Elementen bestehend, dennoch wie ein Kunstbau aussehen. Wir kennen sie fast nur aus Nachbildungen höfischer Dichter. Diese aber schlossen sich, was Gegenstand, Styl und metrische Form betrifft, den Vorlagen so treu an, dass man sie vor sich zu sehen glaubt. Nur die Gedanken und Gefühle zeigen hie und da höfische Verfeinerung. Das eigentliche Thema besteht, in seiner ursprünglichsten Form, aus nur zwei Zeilen, die häufig, doch keineswegs immer, provenzalische Dekasyllaben mit scharfem Einschnitt nach der vierten Silbe sind. Linien auch von 6, 8, 12, 14 Silben, jambischen, trochäischen und anapästischen Wandels kommen vor, von denen die längeren immer in zwei, meist symmetrische Hälften zerfallen. Das Zeilenpaar reimt stets, oft unvollkommen, ist also nichts als eines der bereits erwähnten *cantarcillos* oder *cantares velhos,* und formell identisch mit so manchem Sprichwort und Märchenreim. Nur tritt als unentbehrliches, charakteristisches, lyrisches und musikalisches Element der Kehrreim hinzu [1], bisweilen als blosse Klangfigur, ohne handgreiflichen Sinn, oft als An- oder Ausruf, der die Stimmung des Dichtenden wiedergiebt, noch häufiger als Satzteil oder selbständiger Satz, der den Gedanken des Distichons vollendet. — Zu einem grösseren Ganzen entwickelt sich das kleine Lied erst durch Wiederholung, die ja die Seele des Volksliedes ist. Jeglicher Gedanke wird nämlich im altportug. Parallelstrophenlied doppelt ausgesprochen. Was die erstere Strophe sagte, beteuert die zweite noch einmal, ohne irgendwelche Erweiterung des Sinnes, doch stets mit leiser Änderung des Ausdruckes, sodass das Reimwort ein anderes (ob auch synonymes) mit abweichender Vokalisation wird. *Í-o* und *á-o* sind die beliebtesten Assonanzen; *amigo* und *amado* die besonders häufig wiederkehrenden Reimworte [2]. Bei 2zeiligem Thema ist damit das Lied fertig. So z. B. in folgenden zwei Strophen eines melancholischen Hochzeitskarmen, das ein Mädchen an den treulosen Geliebten richtet. Es scheint mir das älteste der aufbewahrten volkstümlichen Parallelstrophenlieder:

1 *Solo ramo verde e florido*
vodas fazem ao meu amigo!
e choram olhos d'amor!

2 *Solo florido e verde ramo*
vodas fazem ao meu amado:
e choram olhos d'amor! (Vat. 454). [3]

---

[1] Man vergleiche das älteste lyrische Gedicht span. Herkunft: Berceo's *»Eya velar«* *(Duelo de la Virgen* 178).

[2] Z. B. *marido* und *velado*; *pino* und *ramo*; *rio* und *vao*; *florido* und *granado*; oder *mar* und *ler*; *ver* und *mirar*; denn der Reim ist nicht immer weiblich.

[3] Die zweite Strophe habe ich ergänzt.

Ist das Thema hingegen etwas länger, — 3, 4 oder 5 zeilig — so wiederholt sich in jedem neuhinzutretenden Strophenpaare, in dem die zwei Zeilen des ersten Gesätzes den Gedankenfaden immer nur um einen Schritt weiterspinnen, das gleiche wiegende Spiel. Denn die beiden neuhinzutretenden Strophen sind regelmässig mit den vorangegangenen dadurch verknüpft, dass die zweite Verszeile der ersten Strophe als erste der dritten wiedererscheint, und ebenso die letzte der zweiten als erste der vierten. Bei 3 zeiligem Thema setzt sich das Ganze also aus 4 Strophen zusammen. So in dem Liedchen *O anel do meu amigo | perdi-o solo verde pino. | Por ên chor' eu dona virgo* (Vat. 507), oder in Gil Vicente's bekannten Zeilen: *Um amigo que eu havia | Mançanas d'ouro m'envia | Garrido amor! Um amigo que eu amava | Mançanas d'ouro me manda. | Garrido amor! Mançanas d'ouro m'envia | A melhor era partida! | Garrido amor!*[1]. Bei 4 zeiligem Leitmotiv braucht man 6 Strophen (und so fort), hat demnach stets paarige Strophen[2]. Eigentlich reiht der Dichter also zwei verschieden reimende, sonst aber ganz gleiche Versionen in einander, gerade so wie es in der asturischen *Danzaprima*-Romanze »*Ay un galan d'esta villa, Ay un galan d'esta casa*[3]« und in dem kurzen Tanzliede, »*Ay Juana cuerpo garrido Ay Juana cuerpo galano*« geschieht, nur dass hier der Wechsel nach je einer Zeile und dort nach je zweien eintritt (s. S. 153 Anm. 5). In beiden Fällen bestehen die Einzelversionen aus einreimigen Tiraden, und ihr Ineinandergreifen erklärt sich ungezwungen als Wechselgesang und Wechseltanz zweier Chöre, in Ringel- oder Reihentanz[4]. — Von solchen Parallelstrophenliedern, für die leider ein besonderer portug. Name nicht überliefert ist[5], bieten die höfischen *Cancioneiros* der ersten Epoche mehr als sechzig. Im vatikanischen Liederbuch zähle ich 54[6]: 40, die den Typus ganz rein darstellen, und 14 welche abweichen. Davon haben 22 die Reimvokale *i-o* und

[1] G. V. II 443. — Strophe 4 fehlt, wie sehr oft bei der Niederschrift. Sie müsste lauten: *Mançanas d'ouro me manda, A melhor era quebrada: Garrido amor!* — Man druckt stets *mançanas* und sieht darin einen der verpönten Hispanismen. Nur mit halbem Rechte. In dem sicherlich alten Liede sang das Landvolk ohne jeden Zweifel: *maçã-as* (dreisilbig wie *manzanas*). Die archaische Form misfiel aber am Hofe Emanuels und Johann's III. Darum griff man zur volleren span. Form, genau so wie die gelehrten zu latinisierenden Rückbildungen (*menor* für *meor, mayor* für *mor* etc.).

[2] Überall, wo es nicht der Fall ist, haben wir nachzubessern, ohne Furcht zu irren. — Prof. W. Storck hat es schon in vielen Liedern mit Glück und Geschick gethan. — Bei fünfzeiligem Thema haben wir 8 Strophen; bei sechszeiligem 10. Darüber geht das Volkslied nie hinaus. — Das allgemeingültige Schema ist (mit Unterdrückung des Refrains): ab | AB || bc | BC || cd | CD || u. so fort. — In dem berühmten Blütenliede des Dichterkönigs: *Ay flores ay flores do verde pino* bilden die Fragen ein selbständiges Ganze; und die Antworten ein anderes entsprechendes.

[3] Die vollständige Lesart giebt J. Menendez Pidal (*Romance* XXX). Gegen sein Kompilationsverfahren ist freilich vieles einzuwenden.

[4] Gil Vicente lässt im *Auto da Feira* zwölf Personen, neun Mädchen und drei Burschen (*moças do monte* und *moços*) eine *folía* tanzen, und dazu in zwei Chören ein Parallelstrophenlied *a lo divino* singen (I p. 183). In Strophe 2 lese man *amar* statt *amor*.

[5] Der Gallizier nennt seine refrainlosen Parallelstrophenlieder (die schon 1759 als altmodisch bezeichnet wurden) *mu[h]iñeiras* nicht weil ihr Stoff sich auf Müller oder Müllerin bezieht, sondern vermutlich weil die Tanzenden sich, mühlradartig, im Kreise bewegten. — Der asturische Grande Diego Furtado de Mendoza betitelte die von ihm verfasste parallelistische Tanzweise einen *cossante* (von *cosso* Tanzplatz = *cursus*; oder für *cossoante* = *consonante*). Vgl. de los Rios V 293 und *Canc. Gen.* No. 1018. — Braga benutzt stets den Ausdruck *serranilha*, der zweideutig und darum schlecht gewählt ist. Die wahre, erzählende *serranilha* muss im Leitmotiv (d. h. im Mote) das Wort *serra* oder *serrana* anwenden. Zu jener Wahl hat ihn vermutlich die Wahrnehmung gebracht, dass Gil Vicente die seiner Zeit nur in entlegenen Gebirgen weiter lebenden Weisen von Bergbewohnerinnen vortragen lässt, und auch eine wirkliche Bergreihe in Parallelstrophen kleidet (III 214 218).

[6] *Vaticana* Nos 168—173; 192 195; 242 243 245 246 250; 321; 368; 401 414 415 429 438 462 507 691 719 726 728; 753—755; 757 · 761; 765; 792—794; 796 797 876 878 879 881 883—890 902.

á-o (oder *á-e*)[1], und 16 darunter führen im ersten Distichonpaare die Worte *amigo* und *amado*. Hierdurch sind sie als Frauenlieder charakterisiert[2], als *cantares de amigo*, (unter welchem umfassenden Namen jedoch auch ganz anders gestaltete, nicht volkstümliche Gesänge zu verstehen sind). — Davon schrieb König D. Dinis acht (und seinem feinen Gefühl für volkstümliche Schönheit verdanken wir vielleicht die Erhaltung dieses Typus); eins gehört seinem Sohne D. Affonso Sanches; drei sind von einem gallizischen Granden, Paay Gomes Charinho, der am Hofe Alfons X., als sein Flottenadmiral eine Rolle gespielt hat; die übrigen sind Werke portug. und galliz. Ritter, Bürger und Spielleute vom Hofstaate beider Fürsten[3]. Eines der Lieder ist in doppelter Lesart vorhanden, als Werk zweier verschiedener Dichter, des hochbegabten Klerikers Ayras Nunes und des Volksbarden Joam Zorro[4], meiner Meinung nach, weil es ein echtes Volkslied ist, das beide gerade wegen seiner Ursprünglichkeit und Beliebtheit aufgelesen, und, nach höfischer Weise, mit einem neuen *som* versehen haben[5]. Dass dieses Tanzlied »*Bailemos já todas, todas ay amigas Sob aquestas avelaneyras floridas*« thatsächlich von einem Doppelchore junger Mädchen um einen knospenden Haselbusch zur Maien- oder Pfingstzeit gesungen ward, lässt sich zwar nicht beweisen, doch ist es wahrscheinlich, und andere Lieder, in denen Pinie und Granate, oder einfach ein Blütenzweig vorkommt, bestätigen diese natürliche Deutung. — Nicht alle Parallelstrophen sind jedoch Tanzlieder; gar manche sind Wallfahrtsgesänge[6], Morgenständchen, in denen das Wort *alva* im Kehrreim auftritt[7], Barkarolen, Botenlieder; andere sind einfache Liebesmonologe, zeugenlose Gefühlsergüsse, oder auch an Mutter, Schwester, Freundin oder Freund gerichtete Bekenntnisse; wieder andere sind Gespräche zwischen Tochter und Mutter, Freund und Freundin u. s. w. — Denselben Typus parallelistisch gegliederter Distichen mit Refrain im Volksstyle finden wir später ein Dutzend Mal in span.-portug. Liederbüchern des 15. Jhs., ohne Angabe von Dichternamen[8], meist in Texten,

[1] Die übrigen benutzen die Reimvokale *ía-áa*; *ea-ao*; *eo-ao*; *ae-ee*; *i-á*; *é-á*; *ó-í*; *á-é*; *ó-á*; *ei-ó*.

[2] Die Troubadours verstanden darunter Lieder, welche sie selber Frauen (d. h. jungen Mädchen) in den Mund legten. – In Wahrheit sind in Portugal und Gallizien die Frauen nicht nur die treuesten Bewahrerinnen des Folklore, sondern wirklich Dichterinnen, und die Troubadours fussten auch hierin auf echt nationaler Volkssitte. — Sarmiento spricht wahr: *en Portugal es tan natural la poesia .... que cada pastor es poeta y cada moza de cantaro poetisa. Esto que es comun en toda España es mas particular en Portugal y Galicia .... En la mayor parte de las coplas .... hablan las mujeres con los hombres y es porque ellas son las que componen las coplas sin artificio alguno* (*Memorias* 537, 98).

[3] Nuno Fernandes Torneol; Pero Garcia Burgales (= aus Burgos); Pedrannes Solaz; Bernardo de Bonaval (aus Gallizien); Rui Martins do Casal; Pero Meogo; Martim de Grijó, Martim Codax; Joam Zorro; Ayras Nunes.

[4] *Vat.* 462 und 761. In der ersten Lesart ist Strophe 3 ein unverständiger Zusatz. — Der lange Kehrreim spricht keineswegs gegen die Volkstümlichkeit des Liedes.

[5] Wie unendlich oft ist in der Folgezeit ein und dasselbe Lied von verschiedenen Dichtern dem Volksmund abgeborgt und verschieden paraphrasiert worden!

[6] Vgl. S. 149 Anm. 4. – Die ungefähr sechzig Wallfahrtslieder der Vatikana, die ich *Cantos de romaria*, und nicht *Cantos de ledino* nenne, enthalten Mädchenbitten um die Erlaubnis sich beim Kirchweihfeste mit dem Freunde treffen zu dürfen, Pläne und Hoffnungen und Befürchtungen, die sich an dies Stelldichein knüpfen, nachträgliche Berichte über diesen Gang zum Heiltum und Erinnerungen daran. Das Typische ist, dass ein Ort, oder eine Kirche bei Namen genannt wird. — Wir haben z. B. S. Maria in den Liedern 721–23; S. Marta 709—712; S. Servando 734–750; S. Salvador 845–851; S. Cecilia 876–881; S. Cremente 805—808; S. Leuter 857–860; Vigo 884–889; S. Maria de Leça 890–892; S. Maria do Lago 893. Vgl. 265. 339. 894. — Übrigens sind die wenigsten davon wahre Parallelstrophenlieder. Ganz nach dem von Falcão benutzten Typus, der dem 15. Jh. angehört, ist auch keines gebaut.

[7] *Vat.* 170. 172. Vgl. 242 und 1049 (771. 772. 782) und *Barbieri* No. 6.

[8] Besonders in Barbieri's kostbarem *Cancionero Musical*; doch auch anderwärts, z. B. im Madrider Liederbuch VII-A-3, den J. Pérez Gómez Nieva so unverantwortlich schlecht herausgegeben hat.

die, ob auch verderbt, doch deutlich portugiesische oder gallizische Herkunft verraten[1]; und wir finden ihn bei den mit altgallizischer Lyrik vertrauten Mendozas[2] sowie bei Gil Vicente[3], und noch im 16. und 17. Jh. in verschiedenen *obras lyricas*[4], bisweilen *a lo divino* zugestutzt, wie so oft die *vilancetes*. Und vor allem finden wir ihn heute noch lebend im Volksmunde der Gallizier und Portugiesen, hier in der Ortschaft *Rebordaïnhos* (bei *Moncorvo* in *Tras-os Montes*)[5], und dort im ganzen Lande, als Mühlradlieder (*Muänheiras*). Und gerade diese letztgenannten Lieder bewegen sich, der Regel nach, in zehn oder elfsilbigen, in der Mitte nach der vierten oder fünften Silbe scharf eingeschnittenen, in symmetrische oder unsymmetrische Hälften zerfallenden Langzeilen (*hendecasyllabos anapesticos* oder *de gaita gallega*), die beinahe ebenso unter D. Dinis üblich waren: gewisslich ein unwiderlegliches Zeugnis für die Volkstümlichkeit und Langlebigkeit dieses portugiesisch-gallizischen Gebildes! — Wie sehr die Kunstpoesie des 13. Jh. sich der Volkspoesie anschmiegte, mag man auch daraus ermessen, dass mindestens zwei Drittel aller altportug. Gedichte *Cantigas de refran* sind; dass beinahe ein Dritteil aller erhaltenen Trobadourwerke Frauenlieder sind; und dass mehr als die Hälfte, also noch ein gut Teil der eigentlichen Kunstpoesien (*de maestria*), der Volkssitte huldigen, den in der ersten Strophe ausgesprochenen Gedanken in allen folgenden nur leise zu variieren. Näheres im folgenden Abschnitt. — Ausser den bereits angeführten zwei Liedern, die ich nicht für höfische Nachbildungen, sondern für echte Volkslieder halte (*Solo ramo* und *Bailemos*), bietet das vatikanische Liederbuch noch verschiedene andere, gelegentlich zitierte Anfänge von Liedern, von denen noch ein paar möglicherweise Parallelstrophenlieder waren: die *pastorela*: *Pela ribeira do rio | Cantando ia la virgo | D'amor* und *Ay estorninho do avelanedo, Cantades vos e moir' eu e peno | D'amores hei mal*, die alle beide ein und derselben Schäferin in den Mund gelegt sind (Vat. 454). Abweichend gebaut war die erzählende *serranilha: Na terra de Cintra Apar d'esta serra Vi uma serrana Que braadava guerra;* (Vat. 410); und vielleicht das Bauernlied *Ao pee d'esta torre Baila corp'egiolo* (sic!) *Vede-lo cos ay cavaleiro* (Vat. 1043); die *bailada: Vos avede los olhos verdes Matar m'edes com elles* (ib. 1062) und andere mehr (Vat. 278). — Alle aber (bis auf die *serranilha*, die man als Vierzeiler *em redondilha menor* auffassen darf) bestehen, gleichwie die Parallelstrophenlieder, aus einem unmittelbar durch Reim oder Assonanz geeinten Zeilenpaare, mit oder ohne Kehrreim, sind also primitive *cantares velhos*, und stehen in ausgesprochenem Gegensatz zu den rein trochäischen refrainlosen Vierzeilern der zweiten Epoche. Eine Sammlung aller, der ersten Epoche portug. Dichtkunst angehöriger Lieder im Volksstile, mit Einschluss sämtlicher portugiesischer und spanischer

---

[1] Ich denke z. B. an Barbieri's No. 437: *Meu naranjedo florido, el fruto no l'es venido.* 458: *Meus olhos van per lo mare.* 50: *Minno amor tan garrido Feriu-vos vosso marido* und andere.

[2] Der schon erwähnte *Cossante* des Diego Furtado beginnt: *Aquel arbol del bel mirar Faze de manyera flores quiere dar: Algo se le antoxa! Aquel arbol del bel veyer Faze de manyera quiere florezer.* (Madr. *Canc. ms.* VII A-3; fl. 6 v.). — Auch ein knospender Baum!

[3] Gil Vicente I 183; II 443, 481; III 214.

[4] Bei Castillejo und Juan de la Cruz, und in den musikalischen Liederbüchern von Pisador und Salinas.

[5] S. ob. p. 148, Anm. 3. — Die 4 von Leite de Vasconcellos bekannt gegebenen Parallelstrophenlieder aus Tras-os-Montes lassen sowohl Reimwechsel als Kehrreim nach je einer Linie eintreten, zeigen also, wie alle transmontanischen Volksgesänge, nahe Verwandtschaft mit dem asturischen Folklore. Bemerkenswert ist, dass eines darunter sogar noch das Reimpaar *amigo* und *amado* bietet, und also Frauenlied ist, obwohl kein eigentliches Liebeslied. Das Thema lautet: *Anda lá um peixinho vivo* (resp. *bravo*), *Vamolo caçar, meu amigo* (resp. *amado*) und als Refrain dient: *Na ribeirinha ribeira Naquella ribeira.*

(d. h. gallizischer und asturischer) Nachklänge aus späteren Jahrhunderten, würde ein zwar etwas eintöniges, aber dennoch sehr anmutiges Liederbuch ergeben.[1] — Romanzen enthielte es nicht, ausser der *Danzaprima*-Romanze (die eine Tanzweise ist), denn leider darf man weder an das Alter noch an die Echtheit der *Figueiredo*-Romanze glauben, so gut sie mit ihrer partiellen Ineinanderreihung zweier Versionen hierher passte (S. u. § 27). Die wirklich echten alten asturischen, gallizischen und portugiesischen Romanzen gehören bereits der im 15. Jh. beginnenden zweiten Redondilhenepoche an.

21. Diese objektiven, lyrisch-epischen oder episch-lyrischen Volksgesänge, sind natürlich umfang- und inhaltreicher, und daher viel bedeutsamer als die kurzatmigen, nur durch musikalische Wiederholung gedehnten lyrischen Lieder der ersten und der zweiten Epoche. — Sie tragen in Portugal den gleichen Namen wie in Spanien. Die litterarisch Gebildeten sprechen in der Zeit von 1516 bis 1851 ausschliesslich von Romanzen. Später beobachtete und verzeichnete man, dass im Volksmunde, neben dem thatsächlich vorhandenen Gattungsnamen *romance*, *remance*, oder *rimance*, noch andere Bezeichnungen üblich sind. Erstens die ganz allgemeinen, für alle gesungenen Verse gebrauchten Worte: *versos*, *quadras*, *trôbos* und *tróvas*. Zweitens die spezielleren Ausdrücke: *estorias*, *xácaras* oder *jácras*[2] und *arabias*[3]. In *Tras-os-Montes* spricht man gewöhnlich von *rimances* oder *jácras das segadas* d. h. von Ernteromanzen, weil dieselben gerade während der Kornmahd im Monat Juni gemeinsam gesungen werden. — Vollständig gehoben ist der portugiesische Romanzenschatz noch nicht. Jedenfalls aber kennt man heute die wichtigsten, meistgesungenen, sowohl was den Kontinent als was die Inseln (Açoren und Madeira) und Brasilien betrifft. Gedruckt sind etwa hundert stofflich verschiedene Romanzen[4]: darunter manche, denen Aussterben drohte, in nur einer Lesart, viele hingegen, noch heute wirklich lebenskräftige, in zahlreichen, oft stark von einander abweichenden Redaktionen. Manche tragen ein äusserst verschlissenes und verwahrlostes Gewand: die Mehrzahl besitzen wir jedoch in reinen und schönen, altertümlichen, echten, treu aufbewahrten Versionen,

[1] Im Altfranzösischen und auch im Italienischen kommt Ähnliches vor. — Eine Ausbildung wie in Portugal hat jedoch die symmetrische Gliederung und der Kehrreim nirgends sonst gefunden.

[2] Das portug. Volk macht heute — in den Provinzen, welche das Wort *xácara* überhaupt kennen — gar keinen Unterschied zwischen *xácara* und *romance*. Doch macht die Herkunft des relativ modernen Wortes es sicher, dass man damit ursprünglich nur Vulgärromanzen bezeichnete, später aber, weil die Vulgärromanzen vorwiegend dialogische, in vierzeiligen *quadras* abgefasste Liebesstreitgesänge sind, den Namen auf alle Gesprächsromanzen übertrug, denen das erzählende Element ganz, oder so gut wie ganz, fehlt. Almeida-Garrett und Braga, die ersten und bis jetzt einzigen, welche versucht haben klarzustellen, was eine *xácara* im Unterschiede von einer *Romanze* ist, sind ungefähr zu dem gleichen Resultat gekommen, verwenden aber die Bezeichnung oft in ungehöriger Weise. — *Xácara*, *jacra* ist das span. *jácara*, das bekanntlich nur Gauner-Romanzen benennt, in denen ein *jaque*, d. h. ein Raufbold der Held ist. *Jaque* ist der franz. *Jaques bonhomme* der Bauernaufstände von 1358 *(jacqueries)*, scheint jedoch erst um 1400 auf Umwegen, über Deutschland, als Benennung für den Jacken-tragenden Soldaten nach Spanien gekommen zu sein. — (S. *Cronica de Pero Niño* p. 168).

[3] Die Bezeichnung *arabias* (oder *algar*[*a*]*vias)* ist nur auf den Açoren üblich. — Vermutlich handelt es sich auch hier um eine Verallgemeinerung eines ursprünglich beschränkten Begriffes. Man wird die im Vulgärdialekt geschriebenen Gesänge „arabische" d. h. „rotwälsche" oder „kauderwälsche" gleichsam verachtend genannt haben. Daraus auf arabischen Ursprung der peninsularen Romanze schliessen zu wollen, ist ein Einfall, dem Th. Braga, leider wiederholt Ausdruck gegeben hat.

[4] Zählt man die einzelnen Redaktionen wie Sonderromanzen, so darf man von etwa 300 Nummern sprechen. Hardung, der keineswegs alle verzeichnet, bietet z. B. 165. Seitdem sind aber aus Madeira und Brasilien, und aus Portugal selbst, viel neuaufgefundene Gesänge gedruckt worden; und viele ruhen noch ungedruckt in den Sammelmappen der Folkloristen.

ob sie auch im Volksmunde nie so makellos und formvollendet auftreten wie die geschmackvoll überarbeiteten Texte Almeida-Garrett's das bewundernde Ausland zuerst glauben machten. — Fast alle sind von dramatischer Lebendigkeit. Oft bestehen sie ausschliesslich aus Rede und Gegenrede. Einleitung, erzählende Übergangsstellen und Schluss werden, wo nötig, von den Sängerinnen in Prosa berichtet, meist kurz und bündig in lakonischen Sätzen, oft ausführlicher, gleich als wären die gesungenen Partien nur Einlagen zu Märchen oder Novellen[1]. — Reinlyrische Zuthaten und Exkurse sind in den Romanzen recht häufig, und geben den portugiesischen ein vom kastilianischen abweichendes Gepräge. Einfach erzählend ist keine einzige. — Alle haben heute dieselbe metrische Form und Reimweise wie die spanischen Romanzen, d. h. sie sind Gedichte von beliebiger Länge, ohne Stropheneinteilung, fast immer in den achtsilbigen, selten in den sechssilbigen[2] trochäischen Kurzzeilen der *cantigas*, von denen die paarigen durch Reim oder Assonanz verbunden sind, während die unpaarigen reimlos dastehen. Einheitlich durchgehende Assonanz (sehr häufig männlich in *á*, *ó* (oder *ou*) *é* (oder *ei*) und bei Klageromanzen in *í*, doch fast ebenso oft weiblich in *ia io á-a á-o á-e*)[3] ist das übliche und theoretisch erstrebte, doch nur selten durchgeführte. Unterbrechungen und Wechsel treten in allen längeren da ein, wo eine neue Szene, Rede oder Erzählung beginnt[4]. Refrain findet sich gedruckt so gut wie nie, doch hört man ihn bisweilen singen, und zwar zwischen Zeile und Zeile[5]. — Mit Rücksicht auf die behandelten Ereignisse kann man die Romanzen in drei Hauptgruppen zerlegen. Erstens in mittelalterliche weltliche, d. h. wahre eigentliche Ritter- und Abenteuergeschichten: *Romances novellescos* oder *cavalheirescos*, gegen 60. Zweitens in moderne Genrebilder, ernsten, heiteren oder satirischen Inhaltes, der meist dem Liebesleben entnommen ist: *Xácaras*, ungefähr 30. Und drittens in Szenen aus dem Leben Christi, der Jungfrau und der Heiligen: *Romances sacros*, ungefähr ebensoviel. — Die ersten sind weitaus die schönsten und bedeutsamsten. Nur zum kleinen Teil gehören sie ganz bestimmten Sagenkreisen an, wie dem merovingischen (*Floresventos* d. i. *Floovent* = *Chlodowig*), dem karolingischen (*Roncesvalles* — *Gerineldo* — *Conde Claros* — *Gaiferos* etc.); oder dem bretonischen (*D. Ausenda, Conde Nillo*). Die meisten behandeln internationale Liebesabenteuer ohne bestimmte Lokalisierung (*Conde Alarcos* — *Conde d'Allemanha* — *Bella Infanta* — *Silvaninha*. — *D. Varão*) und zwar in pathetischer Darstellung, gern mit tragischem Ausgang, bisweilen mit Einmischung des

[1] Ich halte das keineswegs für Entartung, sondern sehe darin eine alte Vortragssitte. Von den lyrischen Einlagen der Prosamärchen und von den versifizierten Märchen war schon die Rede.

[2] *S. Iria* — *O cego* — *A Pastorinha* — *D. Bozo* sind die bekanntesten Romanzen *em verso de redondilha menor* oder *de endecha*. Dass ein und dieselbe Romanze an verschiedenen Orten in beiden Versarten bestände, kommt nicht vor.

[3] Ausführliches über das interessante und wichtige Kapitel vom „portug. Reim" ist noch nicht geschrieben; und Ausländer (Diez — Nigra u. A.) irren naturgemäss oft in der Beurteilung der Assonanzen, erstens weil sie verkennen, wie bedeutungslos der posttonische Vokal ist (unter reine *á* und *á-a*-Assonanzen werden z. B. beliebig weibliche in *á-e* und *á-o*, seltener in *ã-a* gemischt), und zweitens weil sie sich über den Wert des altportug. *ã-o* und *ã-a* täuschen, das, als Vertreter des lat. *anus ana*, noch im 14. Jh. zweisilbig klang, und noch heute im Versausgang oft zweisilbig gesungen wird, (gleichsam als wäre es *ão-e*. Vgl. das pop. *Joanne* (neben João) das *João-ne* gesungen wird.

[4] In echten, alten Romanzen sind die reimlosen Zeilen *graves* und die reimenden *agudos*, oder umgekehrt. Nur in modernen Vulgarisierungen wurde diese Wohlklangsrücksicht ausser Acht gelassen.

[5] Gedruckt findet sich nur *Jesus Mendigo* mit dem Kehrreim *Ay Jesus* oder *Ay meu Jesus!* und der *Principe D. Affonso* mit dem kunstmässig klingenden Ausruf: *Ay ay ay que forte pena! Ay ay ay que forte mal!* — Ich hörte *Bella Infanta* und *Nau Catherineta* mit langgezogenem, klagendem *Valha-me Deus!* und *Dom Bozo* mit *Ay meu bem!* und weiss, dass die Hirten in *Tras-os-Montes* solche Refrain-Zusätze lieben.

Wunderbaren. Dem hispanischen, historischen, oder historisch-sagenhaften Kreise entstammen sehr wenige Romanzen, und auch diese haben immer romantisches Gepräge (*Cid* und *Urraca*; *Conde Julião; Rey Rodrigo*). — Rein portugiesische Stoffe kommen nur ganz vereinzelt vor. Als solche betrachtet man die Legende von der heiligen Irene, (S. Iría), die der Stadt Santarem den Namen gab, und eine Totenklage auf den 1491 verunglückten Kronprinzen D. Affonso. Ein Unikum ist die Seeromanze auf das Schiff Catherineta, doch hat sie ihre Parallelen bei anderen Völkern. Und von den meisten mittelalterlich-weltlichen, wie auch von den geistlichen, gilt das gleiche: ein Teil steht kastilischen nahe, ein anderer zeigt Verwandtschaft mit den episch-lyrischen *Cantos* Asturiens, Kataloniens, Süd- und Nordfrankreichs und Norditaliens, und zwar nicht immer allein was den Stoff, sondern bisweilen auch was den Aufbau und die Entwickelung der Handlung, die Ausführung einzelner Szenen, ja sogar Sprachbilder und Redewendungen anbetrifft. — Die Sprache ist zumeist reines, gewandt und poesievoll gehandhabtes Portugiesisch (*D. Varão — Nau Catherineta — Bella Infanta — Silvaninha* etc.). Hie und da finden sich selbstverständlich auch veraltete und dialektische (oft verderbte) Worte und Formeln. Nicht selten kommen aber auch einzelne spanische Wortbildungen vor[1]. Ja, in den Grenzprovinzen geschieht es, dass die Singenden Textgestaltungen benutzen, die halb oder ganz spanisch lauten; oder dass sie ein und dasselbe Gedicht bald in der einen, bald in der anderen Mundart singen und sagen. — Daraus, und aus dem fast gänzlichen Mangel an ausschliesslich portugiesischen Stoffen haben einige Forscher, wie Coelho und Leite de Vasconcellos, gefolgert, dass die Romanzen nicht in Portugal entstanden oder auch nur Ausbildung erhielten, sondern als fertige Ganze von Spanien herüber kamen, und somit nichts als mehr oder minder gelungene Nationalisierungen ursprünglich spanischer Schöpfungen sind. Portugal, weil alles epischen Geistes bar, soll zum Romanzenschatze absolut nichts beigesteuert haben, es sei denn hie und da eine humoristische Parodie, ein ironisches Zerrbild, eine sentimentale Verwässerung, oder eine moderne banale Nachahmung — das minderwertige Genre der *Xácaras*[2]. — Eine Bestätigung schien diese Auffassung noch in manch anderer Erscheinung zu finden: besass doch Portugal bis 1851 überhaupt keinen *Romanceiro*, während spanische Sammlungen im 16. und 17. Jh. in Lissabon gedruckt wurden und daselbst kursierten; war doch auch in *Cancioneiros* und in lose fliegenden Blättern nicht eine einzige portugiesische Volksromanze aufgezeichnet worden, wohl aber spanische; waren doch die überaus häufigen Zitate aus Romanzen, welche portugiesische Schriftsteller vom Ende des 15. Jhs. an ihren Kunstgesängen, Dramen, Flickenbriefen (*Cartas de centões* oder *de girões*), Novellen und Geschichtswerken einfügten, beinahe ausnahmslos in spanischer Sprache abgefasst[3]; sind doch die Grenzprovinzen *Tras-os-Montes* und *Beira* die romanzenreichsten; fehlte das Wort *romance* als Bezeichnung einer Volksdichtungsform doch der ältesten portug. Poetik, und kommt es doch vor 1516 überhaupt in keinem portug. Litteraturwerke vor[4]. — Alle diese Thatsachen zugestanden, wie auch den

[1] Die häufigst vorkommenden „Hispanismen" sind *tiene tenia tienen tener* und *venir venia venido* (als Ersatz für portug. früher je eine Silbe mehr zählendes *tem tinha têm ter vir vinha vindo*); *solia*, das gutes Altport. ist; *relinchar* für *rinchar; mazana* oder *manzana* für *maçã; christiano christiana* und *lozano* für *christão christã louzão; malo mala, madre* und *padre; hombre* und *niña*, und hie und da ein Diminutiv in *-ita* wie *chiquita, mañanita*. — Alles übrige tritt vereinzelt auf. — Vgl. S. 151 Anm. 1. Erst nach vollständiger Sammlung und Sichtung des einschlägigen Materials lässt sich Endgültiges darüber feststellen.

[2] S. *Revista Lusitana* vol. I p. 320–325.

[3] Ich habe bis heute sechzig gesammelt; davon beziehen sich nur 4 auf portug. Romanzen.

[4] Garcia de Resende ist der erste, der von Romanzen als *Rimances e trovas* spricht

Mangel an epischem Sinn und Erfindungsgeist, ist dennoch jene Deutung nur halb wahr. Portugal hat nicht nur aus Kastilien, sondern noch von einer anderen Seite her, die Urbilder zu seinen Volksromanzen erhalten, und keineswegs nur fertige Waare, an der es seine Gestaltungsgabe gar nicht mehr bethätigt hätte. Jedes einzelne der eben angeführten Argumente lässt sich widerlegen, freilich nicht mit wenig Worten an dieser Stelle. Hier sei nur das Wesentlichste angedeutet. Dass Portugal Romanzen in seiner Zunge nicht früher aufgezeichnet hat, erklärt sich aus der in der Einleitung charakterisierten Sorglosigkeit und Unterschätzung des Heimischen; ebenso dass und warum man so gern spanische Romanzen sang, hörte, las und druckte. Denn die eigentliche Schöpfungs- und Blütezeit der peninsularen Romanzenpoesie, an der die ganze Nation, und nicht nur das niedere Volk teilnahm, fällt in das 15. Jh., d. h. gerade in die Epoche wo, aus bereits dargelegten Ursachen, nicht nur das Spanisch-Nachsingen und Nachsagen, sondern auch das Spanisch-Dichten und Schaffen in Portugal Sitte und Mode ward. An die fünfhundert bekannten Portugiesen erinnernd, welche zwischen 1450 und 1750 Spanisch schrieben, und diejenigen hervorhebend, welche zugestandenermassen einige und sehr schöne spanische Romanzen gedichtet haben — Gil Vicente, D. João Manoel, Gabriel Saraiva, Antonio Lopez, Francisco Lopez, Jorge de Montemor, Gregorio Silvestre, Rodrigues Lobo, Diego Garcia, Francisco Manoel de Mello u. a. m.[1] — darf man fragen: wer ist im Stande zu beweisen oder es auch nur wahrscheinlich zu machen, dass unter dem namenlos überlieferten, doch kostbarsten Hab und Gut der *Romanceros* sich nicht auch etwelche Gedichte portug. Ursprungs befinden? — Was die eingemischten sogenannten Hispanismen betrifft, so sind die portug. Ost- und Grenzprovinzen, so viel ich sehe, die einzigen, in denen thatsächlich scheinbar kastilische Wortformen in den Romanzentexten vorkommen; doch ist daselbst keineswegs nur die Romanze, sondern auch das Lied, und nicht nur die Volkspoesie, sondern auch die Volksprosa, und das von jeher (nachweislich seit dem 13. Jh.)[2], und nicht nur die gedruckte, sondern auch die gesprochene Alltagsrede mit derartigen Worten und Formeln durchsetzt. — Die Schriftsteller aber, welche spanische Romanzenzitate benutzten, schöpften keineswegs vorwiegend aus dem Volksmunde; sie führten treu und ehrlich an was man zu ihrer Zeit bei Hofe sang, und dass das vielfachst Kastilisches war, ist nicht zu leugnen. Aber es giebt erstens neben den span. doch auch portug. Allusionen und Referate — bei Gil Vicente, Jorge Ferreira de Vasconcellos, Camões und Mello, welche die nationale Eigenart neben der allgemein-peninsularen hochhielten — und zweitens sind, wie gesagt, nachweislich die meisten der span. Romanzen, denen man Zitate entlehnte, historische und sagenhaft historische Ritterromanzen rein litterarischen Ursprungs (nur ganz wenige wie der *Conde Claros* und die *Bella malmaridada* sind populär, und leben noch heute im Munde der Landleute), so dass Folgerungen über Sprache und Ursprung der Volksromanzen sich daraus nur mit grossem Vorbehalt ziehen lassen. Das wahre Volk sang sicherlich manches *cantar romance,* welches nicht spanisch geboren war, und nicht vom Pallaste zur Hütte herabstieg und nicht allmählich erst im Volksmunde portug. Gestalt annahm,

---

und zwar in der Einleitung zum *Cancioneiro Geral,* in dessen Texten auch bereits einige Anspielungen und Glossen auf Romanzenmotive vorkommen *(Bella mal maridada — Tiempo bueno — Rey Rodrigo).*

[1] Von Bernardim Ribeiro ward sogar eine portug. Romanze in die span. Romanceros aufgenommen (1550).

[2] Ich denke z. B. an die alten Ortsrechte *(Foraes)* von Alfaiates und Castello melhor.

sondern im freien Lande portugiesisch entstand und sich portugiesisch erhielt. — Denn hätte wirklich Spanien alles geschaffen und gegeben, woher käme es dann, dass zur Stunde hier so zahlreiche unverkennbar alte Romanzen leben, während so wenige spanische (ich meine kastilische) heute aus dem Volksmund gesammelt sind? Warum haben Madeira und die Açoren und Brasilien ein so reiches Kontingent gestellt, und das südamerikanische Spanien so weniges? Warum besitzen wir von so vielen Romanzen nur eine spanische, um 1550 gebuchte Lesart, und so zahlreiche moderne aus Portugal, die vollständiger, echter, und volkstümlicher klingen, und den ausländischen Seitenstücken mehr als einmal ähnlicher sehen als die vor 3½ Jahrhunderten gedruckten kastilischen? Und wo stammen die portug. Romanzen her, zu denen kastilische Parallelen überhaupt nicht existieren? Ist in diesen Fällen (z. B. *Floresventos — Nau Catherineta* etc.) das kastilische Vorbild wirklich spurlos verschwunden? — Trotz Wolf und Milá y Fontanals, ist eben die Geschichte der spanischen Romanze noch nicht fertig geschrieben; noch gar manche Frage mit Bezug auf Ursprung und Anfang, älteste Gestalt und Beziehungen zum In- und Auslande bleibt zu erledigen. Besonders hat man auch hier den Begriff Spanien und spanischer *Romancero* nicht immer richtig gefasst und scharf umgrenzt, und auf Asturien nicht genug Rücksicht genommen, unbekümmert um Amador de los Rios, Menendez Pidal und Munthe [1]. Die einheitliche metrische Form hat den Glauben an einheitlichen Ursprung genährt, und der ungeheuere Reichtum wirklich originaler, ausschliesslich spanischer geschichtlicher und sagengeschichtlicher alter Heldenromanzen, die unleugbar dem Rittergeiste des Kastilianers entstammen, hat dahin geführt, dass man ihm und nur ihm, alle und jede Romanzenschöpfung zutraut, und Portugal, Gallizien, Asturien und Katalonien rundweg die Mitarbeiterschaft abspricht. Von jenen einheimischen und ältesten, epischen Heldenromanzen (aus dem Sagenkreise des Cid, Fernan Gonzalez, den Infanten von Lara, Bernardo del Carpio, und König Roderich), deren Entstehen, wie schon gesagt, weit hinter dem 15. Jh. liegt und zum Teil älter ist als das portug. Sonderbewusstsein, muss man die internationalen, der ganzen romanischen Welt, und nicht ihr allein, gehörigen Abenteuer-, Märchen-, Fableaux- und Wunderromanzen trennen, kurz alle *Novellescos e Cavalheirescos soltos,* und auch die bretonischen und karolingischen, die zu ihnen hinüberleiten. Was von den ersten, speziell spanischen in Portugal und in Nordspanien lebt, kam thatsächlich aus Kastilien (oder aus Südspanien, wohin es sich fortgepflanzt hatte) und trägt das Zeichen dieser Herkunft meist noch an sich, denn es ward als fertiges, sprachverwandtes Ganze wortgetreu reproduziert (was natürlich nicht hindert, dass im Laufe der Zeiten durch Vergessen, Vermischen und Überarbeitung starke Abweichungen eintraten). An ihrer Gestaltung hat Portugal also wirklich keinen nennenswerten Anteil genommen. — Die mehr lyrischen romanhaften Abenteuerromanzen aber entstanden nicht in Kastilien, erlangten nicht in Kastilien ihre üppigste Ausbildung und kamen nicht aus Kastilien nach Portugal (der Regel nach, die natürlich Ausnahmen erleidet). Von ihrem Hauptherde in Frankreich ausgehend, kamen sie im 15. Jh. allmählich wandernd und umgestaltet, durch Asturien (über Leon oder Gallizien)[2] nach Portugal, und fanden daselbst einen günstigen Boden, einmal weil derselbe noch nicht mit nationalepischen Gesängen gesättigt war, wie der kastilische; und zweitens weil überhaupt der offene, aneignungsfähige, zum Wunderbaren, Phantastischen und Sentimentalen hinneigende Geist der Küstenbewohner mehr Sinn für diese Stoffe zeigte als der originellere Sondergeist des Kastilianers, der seine eigene

[1] Vgl. *Revista Lusitana II, Estudos sobre o Romanceiro Peninsular.*

[2] Merkwürdigerweise fehlen gallizische Romanzen so gut wie ganz; und die wenigen erhaltenen sind überaus stark vulgarisiert und entartet.

Ilias schon ausgestaltet hatte[1]. Dass aber diese Empfänglichkeit für französischen Geist, und überhaupt der lyrische Grundzug des portugiesischen (und gallizischen und asturischen) Charakters im Grunde auf Racenverwandtschaft d. h. auf vorwiegend keltischem Untergrunde beruht, scheint richtig[2], trotz Gaston Paris' Einwendungen, die, genau besehen, nichts anderes bedeuten als dass er eben an diesen keltischen Untergrund der portug. Nationalität nicht glaubt[3]. — Bei der Aneignung dieser ursprünglich fremdsprachigen, in sehr verschiedene metrische Formen gegossenen Volksgesänge[4] aber mussten Asturien wie Portugel selbstverständlich eine viel grössere Eigenthätigkeit entwickeln als bei der Übernahme spanischer, in Sprache und Rhythmus beinahe heimatlich und national klingender, fertiger Romanzen. Selten nahm es ganze C a n t i auf: nur wenige unter den portug. Romanzen stimmen genau zu den entsprechenden französischen, katalanischen und norditalienischen; und selbst von den asturischen, denen sie am nächsten stehen, entfernen sie sich oft erheblich. Meist blieben nur Motive, Szenen, Namen und einzelne hervorstechende Züge, Phrasen und Bilder in der Volkserinnerung haften, die mit einer gewissen Freiheit kombiniert und verarbeitet wurden. Beachtet man diese Einzelmotive, und nicht die Romanzen als Ganzes, so sind es nicht f ü n f portug. Romanzen (wie G. Paris aufstellt[5]) und nicht nur die f ü n f z e h n, (welche Nigra erwähnt), die verwandt sind mit anderen romanischen Balladen, sondern über dreissig[6]. Und zwar sind es gerade die schönsten und

---

[1] Natürlich kamen nicht wenige von diesen gemeinromanischen Volksgesängen auch nach Kastilien, durch Asturien mehr als durch Katalonien. Und wanderten sie von da aus weiter, so konnte es vorkommen, und kam es vor, dass in Portugal ein und dieselbe Romanze in ganz verschiedenen Bearbeitungen üblich ward. — Umgekehrt, können selbstverständlich auch einige sich von Portugal nach Kastilien fortgepflanzt haben. — Hinfällig ist jedoch N i g r a 's Ansicht, alle span. Volksromanzen mit oxytonen Assonanzen stammten aus Portugal, alle proparoxytonen hingegen seien kastil. Schöpfungen und in Portugal eingewanderte Fremdlinge. — Sind auch heute in Portugal thatsächlich die einsilbigen und somit oxytonen, durch Kontraktion stark reduzierten Wortformen häufiger als in Spanien *(tem, vem, cór, dôr, dó)*, so werden ihrer um so weniger, je weiter wir rückwärts gehen. Ich erwähnte schon (p. 155 Anm. 3 u. 156 Anm. 1), dass in der Troubadoursprache *ão* und *ãa* noch zweisilbig, also paroxytonisch sind. Dass dennoch in den Poesien der ganzen ersten Epoche die *rimas agudas* die herrschenden waren, ja dass eigentlich erst in der dritten Epoche der italianisierende Kunstgeschmack sie verpönte, und die *graves* als allein zulässig proklamierte, habe ich schon vor Jahren klargestellt *(Sâ de Miranda* p. CXXIII—CXXIV).

[2] C. N i g r a, *Canti Popolari del Piemonte,* Torino 1888.

[3] G. P a r i s, *Chants Populaires du Piémont,* Paris 1890.

[4] Es bleibt zu untersuchen, ob franz. Originale in Portugal (und Asturien) dann am treuesten nachgeahmt worden sind, wenn ihre metrische Grundform dem peninsularen Romanzenversmass gleich oder ähnlich war. — Alle die recht zahlreichen Lieder, welche N i g r a als im *doppio settenario* und *doppio ottonario (piano tronco* oder *tronco piano)* geschrieben bezeichnet, und selbst die *nonarii* waren zu unmittelbarer Nachahmung sehr wohl geeignet. — Als im 15. Jh. der grosse romanische Romanzenfrühling begann, war auf der Halbinsel die stereotype Romanzenform unbedingt längst ausgestaltet und auf heimatliche Stoffe angewendet worden: nur so erklärt es sich, dass diese eine und einzige Form auch für alle aus der Fremde einwandernden Romanzenmotive die ausschliesslich übliche ward.

[5] Ich weiss nicht recht genau, welches die fünf sind, deren Abhängigkeit von franz.-katal.-ital. Vorbildern anerkannt wird. Wohl *D. Varão* als Gegenstück zur *Guerriera* (Nigra 48)? *Ricofranco = Un' eroina* (13)? *Gerineldo II = Moran d'Inghilterra* (42)? *Bella Infanta = La Prova* (54)? *Gaiferos = Moro Saracino* (40)? — *Quintado = Sposa morta* (17)? — *Infeitiçada = Figlia del Re* (8)? Doch das sind ja schon sieben, an Stelle von fünf!

[6] Aus der Verwertung einschlägiger Motive kann ich nachweisen, dass z. B. die Originale, oder Ableitungen, von folgenden Gedichten bekannt gewesen sein müssen: *D. Lombarda* (1), *Ragazza assassinata* (12); *Fior di Tomba* (19); *Testamento dell' Avvelenato* (26); *Il ritorno del Soldato* (28); *Morte occulta* (21); *Moglie uccisa* (29); *Marito giustiziere* (30); *Lucrezia* (31); *Bella Leandra* (43); *Amor Costante* (45); *Poter del Canto* (47); *I Mulini* (68); *Occasione mancata* (71); *Convegno notturno* (76); *Tentazione* (78); *Falsa Monaca* (79); *Strano vócero* (84); *Liberatrice*; *Moglie infedele*; *Principessa Giovanna*; *Conte Angiolino; Tentazione* u. s. f. — Und die Verwertung ist oft eine sehr gewandte, doch sind meist mehrere, ursprünglich verschiedene Elemente zu einem Ganzen zusammengefügt worden.

poesievollsten Stoffe, welche die weite Wanderung bis nach Portugal zurückgelegt, und daselbst eine neue Gestalt gewonnen haben. — Ureigenes findet man also im portug. *Romanceiro* so gut wie nicht, wohl aber viel Eigenes, dem Gesamtcharakter der Nation Entsprechendes, und daher echt einheimisch Aussehendes[1]. — Einzelstudien müssen das hier nur ganz allgemein und ohne Beweise Gesagte später erhärten[2].

22. BIBLIOGRAPHISCHES. A. SPRICHWÖRTER: A. Delicado, *Adagios portuguezes*, Liss. 1651. — Bento Pereira, *Adagios da lingua portugueza*, Liss. 1655. — *Philosophia Popular em Proverbios*, Liss. 1882 (Heft 48 der *Bibliotheca do Povo*). — B. ALLGEMEIN FOLKLORISTISCHES: Th. Braga, *O Povo Portuguez*, Liss. 1886, 2 Bde. — Leite de Vasconcellos, *Tradições Populares de Portugal*, Porto 1882. — Consiglieri Pedroso, *Tradições Populares Portuguezes*, 1882—83, 15 Hefte. — F. A. Coelho, *Revista d' Ethnologia*, Liss. 1880—1881. — C. MÄRCHEN: F. A. Coelho, *Contos Populares Portuguezes*, Porto 1879; — engl. von Henriqueta Monteiro als *Tales of Old Lusitania* (Lond. 1885). — Braga, *Contos Tradicionaes do Povo Portuguez*, 2 Bde., Porto 1883. — Consiglieri Pedroso (engl. von H. Monteiro) *Portuguese Folk Tales*. Lond. 1882. — Sylvio Romero, *Contos Populares do Brazil*, Liss. 1883. — D. LYRISCHES: Th. Braga, *Cancioneiro Popular*, Porto 1867 (vgl. *Romania* II 127—128). — A. de Neves e Mello, *Musicas e Canções*, Liss. 1872. — Leite de Vasconcellos, *Poesia Amorosa do Povo Portuguez*, Liss. 1890 (worin weitere bibliographische Nachweise). — Milá y Fontanals, *Poesia Popular Gallega* in *Romania* VI p. 47—75. — E. ROMANCEIROS: Almeida-Garrett, *Romanceiro*, 3 Bde., Liss. 1851; 2. Aufl. 1863. — Th. Braga, *Romanceiro Geral*, Coimbra 1867 und *Cantos Populares do Archipelago Açoriano*, Porto 1869. — Estacio da Veiga, *Romanceiro do Algarve*, Liss. 1870. — Hardung, *Romanceiro Portuguez*, Leipzig 1877. — A. Rodrigues de Azevedo, *Romanceiro do Archipelago da Madeira*, Funchal 1880. — Sylvio Romero, *Cantos Populares do Brazil*, Liss. 1883. — Leite de Vasconcellos, *Romanceiro*, Liss. 1886. — Ballesteros, *Cancioneiro Popular Gallego*, Madr. 1886, 3 Bde. — Bellermann, *Portug. Volkslieder und Romanzen*, Leipzig 1864. — F. Wolf, *Proben portug. und katal. Volksromanzen*, Berlin 1856. — Puymaygre, *Vieux Chants Portugais*, Paris 1881. — F. PARALLELSTROPHENLIEDER: Diez, *Hof- und Kunstpoesie* p. 48—101. — P. Meyer, *Romania* I 119—122. — Braga und Coelho, *Bibliographia Critica* p. 244 und 318. Leite de Vasconcellos, *Annuario para Tradições Populares Portuguezas*, 1882. — W. Storck, *Camões Leben* § 37. — Ders.: *Hundert Altportug. Lieder* (1885) und »*Portugal und Brasilien*« (1892). — Braga, in der Einleitung zum *Cancioneiro Ballesteros*.[3]

---

[1] Die merkwürdige Ansicht Th. Braga's, dass die gesamte portug. Volkspoesie, in Sonderheit aber der Romanzenschatz, eine Original-Schöpfung der *Moçarabes* ist, d. h. der *godos-lites*, die sich mit der arabischen Bevölkerung gemischt und vier Jahrhunderte lang mit ihr in den Ländern vom Douro bis zum Algarve zusammengelebt hatten, kann ich hier eben nur registrieren. Die Troubadour- oder Kunstpoesie soll hingegen das minderwertige geistige Erzeugnis des nach Asturien, Leon und Gallizien geflüchteten gotisch-römischen Adels sein, der sich von allem Maurischen fernhielt.

[2] Jede Romanze muss einzeln untersucht und analysiert werden. — Viele habe ich bereits eingehend studiert, von meinen Resultaten aber bis heute wenig veröffentlicht. Zunächst kann ich nur auf *Revista Lusitana* Bd. II und Gröber's *Zeitschrift* Bd. XVI verweisen.

[3] A. Jeanroy, *Les Origines de la Poésie Lyrique en France*, Paris 1889, beschäftigt sich eingehend mit der altportug. Lyrik und im Speziellen mit den Parallelstrophenliedern (*chansons à répétition*). Ich habe das schöne und bedeutende Werk leider erst nach Abschluss dieser Studie kennen gelernt.

II. APOKRYPHA.

23. Man nennt in Portugal die apokryphen Stilproben aus alten Tagen gemeinhin (und recht bezeichnend) »*as cinco reliquias da poesia portugueza*«, und schlägt ihren Wert hoch an. Sie kamen zu Anfang des 17. Jhs. ans Tageslicht, d. h. während der span. Herrschaft, zu einer Zeit wo Spanien und Portugal eifrigst, und zwar in nebenbuhlerischem Wettringen, bemüht waren, ihre Geschichte und Vorgeschichte bis zurück zu Adams Zeiten, niederzuschreiben, alle Ruhmestitel zu buchen, und den Ursprüngen, wie ihrer Nationalität, so ihrer Sprache und Litteratur nachzuforschen. Ein an sich edler Drang, der aber, hier wie dort, zur Fälschung zahlreicher historischer und litterarischer Dokumente führte! Und der erste Portugiese, welcher litterarische Reliquien zum Vorschein brachte (natürlich so recht beiläufig und wie von ungefähr) und seine Nachfolger, welche bei der Bekanntgebung und späteren Verbreitung derselben mitgewirkt und weiteres hinzugefügt haben, gehören zur Gruppe jener historischen Fälscher, waren Freunde und Correspondenten, oder wenigstens Bewunderer und Nacheiferer der Lousadas und Higueras und Konsorten. Und alle drei: sowohl der portug. Klosterchronist und Geschichtsschreiber Frei Bernardo de Brito (1569—1617), dessen Fleiss und Patriotismus ebenso sehr ausser Frage stehen, wie sein unkritischer Fanatismus, als auch der leichtgläubige, beschränkte Miguel Leitão de Andrada (1555—1629), sowie der unermüdliche, aber unglaubwürdige, gewissenlose und phantastische Polyhistor Manoel de Faria-e-Sousa (1590—1649) waren überdies Dichter, als solche aber reine Nachbildner, gewöhnt sich in fremden Stilarten zu versuchen. Wer von ihnen nun auch die Reliquien herstellte, oder sie herstellen liess, sein Zweck war es, zu beweisen, dass Portugal die Priorität in der Erfindung gewisser Dichtungsformen zukam. Kunstlyrik und Kunstepik, die Volksromanze, der Hendekasyllabus, die *oitava de arte mayor*, das Sonett, die *endecha*, das alles sollte uralte portug. Erfindung, von den Spaniern aber nur nachgeahmt sein.[1] Verleitet wurden jene Vaterlandsfreunde dazu durch die vaguen traditionellen, damals aber in der Halbinsel oft wiederholten Berichte über die alte Blüte portug. Dichtkunst, in welcher der Hendekasyllabus (richtiger sein Vorläufer, der provenz. Dekasyllabus) geherrscht, und Kunstdichter aus allen Gauen der Halbinsel sich der portug. Sprache bedient hatten. Die beweisenden Dokumente aber waren verschollen. Man wusste die Liederbücher des Königs Dom Dinis, und seiner Söhne und der adligen Troubadours, von denen die Geschlechtsregister sprachen, nicht aufzufinden. Daher erfand man Ersatzstücke, in dem guten Glauben, die port. Vorzeit, und ihre Sprache wie ihre Anschauungsweise genügend zu kennen. — Was aber so hochverehrte und verdiente Meister wie Brito und Faria-e-Sousa für echt ausgaben, das nahmen Zeitgenossen und Nachgeborene unbesehen an.[2] Der Nachweis der Fälschung wäre zu schwer zu führen gewesen. —

[1] Besonders Faria-e-Sousa »*esse fantasista que todo lo queria para sus quinas*« »*facil receptador de todas quantas fabulas andam na nossa historia*«, der Vulgarisator der Brito'schen Geschichtsdoktrinen und der eigentliche litterarhistorische Gesetzgeber jener Tage, lässt es sich angelegen sein, sowohl im »*Epitome de historia portugueza*« und in der »*Europa Portugueza*« als auch in seinen Camões-Schriften und in den Vorreden zu seinen gongoresken Eigendichtungen zu beweisen, dass Portugal in allen litterarischen Errungenschaften die Palme des Erfinders zukommt.

[2] Der erste und vielleicht einzige, der die Unechtheit aller dieser Reliquien rund und klar ohne jeden Vorbehalt zugegeben hat, war der Portugiese J. Pedro Ribeiro († 1839), der in seinen *Dissertações chronologicas* (I p. 181) aussagt: ... *não posso reconhecer a genuinidade destes documentos* 1) *por falta de provas da sua antiguidade, sendo huns produzidos por Leitão no meio de huma novella em que até põe na boca das suas fabulosas personagens*

Heute aber, nachdem die Anfänge portug. Geschichte wissenschaftlich erforscht, ihre Dokumente veröffentlicht, und die historischen Fälschungen des 16. Jhs. kritisch zergliedert sind[1]; nachdem die Entwickelung der Nationallitteratur wenigstens in grossen Zügen entworfen und das Folklore gesammelt ist, und nahezu 2000 Kunstlieder klar und deutlich zeigen, wie die Altportugiesen sprachen und dachten, sollte man nicht länger am frommen Reliquienglauben der verflossenen Jahrhunderte festhalten. Und man begreift nicht recht, wie und warum ein so unerschrockener Neuerer wie Th. Braga bis zur Stunde fortfährt, Lanzen zu brechen, um Unrettbarres zu retten[2]. Scheinbar übt er ja strenge Kritik an Brito's, Andrada's, und Faria's Fabeleien; und leugnet das hohe Alter der Reliquien. Im Grunde aber macht er die Sache dadurch nur schlimmer, dass er sie aus dem 8. bis 11. Jh. ins 12. und 13., und später sogar ganz entschieden ins 14. und 15. verlegt! Mitten unter echten, uns wohlbekannten Kunstwerken, wirken die fratzenhaften Misgeburten poetischer Lügenschmiede nur noch abstossender als am leeren Eingange zur portug. Litteratur. — Die deutsche Kritik hat sie längst verworfen; doch leider nicht entschieden genug.

24. Die ganz zweifellos unechten Reliquien sind: I. Eine *Canção de Gonçalo Hermiguez, o Traga-Mouros, a Ouroana;* II. Das *Poema da Cava* oder *da destruição de Hespanha.* III. und IV. Zwei *Cartas de Egas Moniz Coelho, a sua dama (Violante).* Die einzige Reliquie, bei der Zweifel an der Unechtheit überhaupt möglich sind, weil sie gut gearbeitet ist, und daher innerlich wahr scheint, ist die *Romance de Goesto Ansures,* gewöhnlich *Trovas dos Figueiredos,* deutsch Figueiredo-Romanze betitelt. Die erste und kürzeste sei abgedruckt, als für jeden Romanisten beweiskräftige Illustration.

I. Als Einlage zu einem hübsch erzählten, an eine 1171 geschehene Klostergründung anknüpfenden Rittermärchen[3] teilte Brito 1602 in seiner *Chronica de Cister* (Livro VI. cap. 1.) die nachfolgende *Canção* mit. Stoff und Lied will er in einem nicht näher bezeichneten und von niemand sonst gesehenen Codex gefunden haben.[4] Das formlose, unqualifizirbare Gedicht[5],

hum soneto de Camões; outros são referidos por Brito, cuja fé he nenhuma. 2) *porque as palavras que nelles se empregão, todas de diversas idades da nossa lingua, formando hum todo afeitado, parece ser mais obra de hum artificio estudado.* 3) *porque as cartas de Egas Moniz Coelho, e a de Gonzalo Hermingues, tão vizinhas em tempo a outros documentos vulgares verdadeiros, comtudo se distinguem tanto em barbaridade que até nisso mostrão a sua afectação.*

[1] Von Herculano, der sich über Brito und seine Helfershelfer wiederholt auf das Energischste ausspricht und sie kaum anders als *falsarios audazes* und *fabricantes de burlas* nennt.

[2] Im Jahre 1867 nahm Braga die fünf »kostbaren Reliquien (und noch andere mehr) in sein »Volksliederbuch« auf, als »*inteiramente authenticos*«; besprach sie in gleichem Sinne ausführlich in den *Mosarabes* (cap. IV p. 173—207), in den *Trovadores* (cap. VII p. 64—66 u. 272) und im *Amadis* (p. 59—84), und gab später im *Manual* (p. 138—143) sowie im *Curso* (139—143) ein Resumé seiner Ansichten, dadurch veranlassend, dass nunmehr alle Verfasser von Hand- und Schulbüchern über portug. Litteratur, die sich eine eigene Meinung u. Entscheidung selbstverständlich nicht zutrauen, den Lernenden jene Reliquien zur Schau stellen, auf ihre Echtheit schwören, und so alle Begriffe über Sprache und Litteratur verwirren. Die »philologischen« Einwendungen des »unbeugsam-strengen« J. P. Ribeiro werden als nichtige Äusserlichkeiten zurückgewiesen. Aus dem Geist der Zeiten soll man jene Dichtungen verstehen. — In einem längeren Aufsatz, den ich für Herrigs Archiv bestimmt habe, versuche ich es, Th. Braga und durch ihn, die übrigen portug. Litteraturkenner von der inneren und äusseren Unwahrheit der Gedichte zu überzeugen, unter anderem durch den Nachweis, dass der vermeintliche *Cancioneiro Marialva* aus dem 15. Jh., an welchen Braga als an die Quellschrift aller Berichterstatter glaubt, nicht existiert und vermutlich gar nie existiert hat.

[3] Es beginnt: »*Em tempo del Rey D. Affonso Henriques*« . . .

[4] Er nennt ihn „*a memoria de que vou tirando toda esta historia*".

[5] Brito nennt es nur *Versos de Gonçalo Ermigez.* — Danach (1639) in Faria-e Sousa's *Europa* III, cap. IX § 7, woher es Sarmiento für seine »*Memorias*«, Balbi die meisten Litterarhistoriker nahmen.

innerlich und äusserlich gleich unwahr, in regellosen, reimlosen Zeilen, und mit Sprachformen, die nie und nirgend gelebt haben, lautet:[1]

Tinherabos nam tinherabos
tal a tal ca monta
tinheradesme nom tinheradesme
de la vinherades de ca filharades
ca andabia tudo em soma.

Per mil goyvos trebelhando
oy oy bos lombrego
algorem se cada folgança
asmei eu per que do terrenho
nom ahi tal perchego

Ouroana Ouroana oy tem por certo
que inha bida do biber
se alvidrou per teu alvidro perque em cabo
o que cu de la chebone sem referta
mas não ha perque se ver.

Wer um den Inhalt der Novelle nicht weiss, versteht kein Wort[2]. Das aber war dem Erfinder ganz recht, der uns übrigens mitteilt, dass der Dichter ein Stotterer war (*gago*). Was er beweisen wollte, ist ja nur, dass Portugal schon unter seinen ersten Monarchen berühmte Liebespaare besass, und dass selbst zu einer Zeit, wo die Sprache noch barbarisch und unverständlich stotterte, portug. Dichter schon rhythmisch leidlich gute Sechs- und Acht- und besonders Elfsilbler wie Zeile 13 und 14 (und 11) zu bauen wussten. Auf diese drei Hendekasyllaben weisen denn auch alte wie neue Litterarhistoriker, von Faria-e-Sousa bis Costa-e-Silva, als auf den wertvollsten Edelstein der Reliquie hin! — Das Wort *chebone* ersetzte Braga durch *checona, chacona*[3] und klaubte aus dem Gedicht die Überzeugung heraus, dass es ein Überrest einer zum Amadisromane gehörigen Gruppe von »*Chaconas de Oriana*« sei.

II. Das *Poema da Cava* (auch *Oitavas na lingoagem antiga quando se perdeo Hespanha*[4]) dient ähnlichen Zwecken. Als Bruchstück eines elegischen Heldengedichtes auf den Untergang Spaniens ist es der älteste epische Versuch der Halbinsel, kurz nach dem Maureneinfall gedichtet, vielleicht von König Roderich selber[5]! Bei der Rückeroberung des Schlosses Lousã (Arunce), unter

[1] Rein erfunden ist z. B. die Form *tinhera-* und auch *vinhera*, welche Diez (Hofpoesie p. 5) vergeblich zu erklären sucht. Einzelne Worte (wie *algorem lombrego*) gehören dem Beiradialekt des 16. Jhs. an, den Brito, der aus Almeida stammte, ja wohl kennen musste! Grobminhotisch ist das *b* für *v*. Der Troubadoursprache, welcher Gonçalo Hermiguez zeitlich so nahe steht, gehört kein einziges Wort und keine der Lauterscheinungen an (nicht einmal *goivos*). Das rätselhafte *inha*, das in allen Vulgärtexten, von G. V. an, vorkommt, halte ich für nichts als eine unschickliche Wiedergabe des durch Schriftzeichen kaum darstellbaren Klanges, den einsilbiges *mha* (für *minha*) an tonloser Stelle im Volksmunde hat.

[2] Hätte Bouterwek nicht an die Ehrlichkeit Brito's geglaubt, und Bellermann nicht mit Hülfe der Novelle den Sinn der Vers-Zeilen enträtselt und sie frei und poetisch verdeutscht, so hätte Almeida-Garrett vielleicht seine Übertragung ins Neuportug. nicht geschrieben (1845, *Revista Universal* V p. 417) und das litterarische Unding begegnete uns nicht allerwärts. Schade, das Diez, Wolf, Milá und Amador de los Rios es nicht kerniger abfertigten, vorsichtige Zweifel übrig lassend.

[3] Angeblich weil *checona* in einem (natürlich abhanden gekommenen) Manuskripte des alten Portuenser Bibliophilen Dr. Gualter Antunes geschrieben stand, das Braga, ohne Fug und Recht, mit dem schon erwähnten *Cancioneiro Marialva* identifiziert, in welchem Brito die Figueiredo-Romanze gesehen haben will. Beide Handschriften stellt er ins 15. Jh. Aber jene Schreibart ist nicht einmal thatsächlich vorhanden. Der einzige, der jenes Manuskript gesehen zu haben behauptet, ein Prosaopuskel »*em louvor da lingua portugueza*« mit Gedichtillustrationen, las darin *chebome*. Es war der ehrliche und nicht unwissende Ribeiro dos Santos (1745—1818), dem jedoch in dieser Frage nicht zu trauen ist, weil er als überzeugter Keltomane, dem das moderne Portug. ein keltischer Dialekt war, für recht unverständliche altportug. Monumente eine erklärliche Vorliebe hegte. Die hs. Abhandlung »*Da origem e progressos da poesia de Portugal*« in der er seine Meinungen darlegt, ruht in der Lissabonner Nationalbibliothek. — Die Schreibart *checona* stammt aus Costa-e-Silva's »*Ensaio*«, und ist eine der willkürlichen Änderungen, die dieser Litterarhistoriker sich gestattet hat.

[4] Es beginnt: *O rouço da Cava imprio de tal sanha A Juliam e Horpas a sa grei daninhos.*

[5] Nach Braga ist es vielmehr die Einleitung zu einem Epos auf die Schlacht am Salado (1340)! Vgl. § 49.

Affonso Henriques, ward es daselbst in einem blutigen, von Feuchtigkeit halbzerstörten Manuskript gefunden. Verraten wird uns nicht, wo es dann von 1120 blieb, bis Leitão de Andrada es 1629 entdeckte, und in seiner »*Miscellanea*[1],« bei Gelegenheit auch eines Rittermärchens, den Zeitgenossen mitteilte. Es besteht aus vier, rhythmisch guten und glatten *oitavas de arte mayor (abba abba)*, die also gleichfalls von Portugiesen gehandhabt wurden, lange bevor ein Pseudo-Alfons der Weise sein (unechtes) Klagebuch und seinen ebenso unechten »*Tesoro*« oder »*Candado*« (im 15. oder 17. Jh.?) schreiben liess[2]. Auch hier würden kaum zwei Leser das wunderliche Gehäuse altertümelnder Worte in ganz gleicher Weise deuten, wenn Andrada, und nach ihm Faria-e-Sousa, nicht Sorge getragen hätten, für den Laien einen Kommentar hinzuzufügen.[3]

III. und IV. Dasselbe alte, halbzerstörte Manuskript (*pedaços de hum livro*) enthielt noch zwei Gedichte, *Cartas amatorias* eines nach portug. Rezept verliebten Ritters[4], der kein geringerer als ein Vetter des gleichnamigen Königserziehers (*aio*) *Egas Moniz Coelho* gewesen sein soll[5]. In 23 vierzeiligen Ströphchen, die in ihrem regelmässigen Wechsel von 8 und 4 silbigen Trochäen an gewisse Lieder des *Cancionero de Baena* erinnern, haucht derselbe Liebesklagen (und Hass gegen einen spanischen Nebenbuhler) aus! Die Sprachformen gehören zum grossen Teile (wie bei dem Liede des *Ermiguez* und bei der Figueiredo-Romanze) dem archäischen Beiradialekte des 16. Jhs. an[6], so wie er seit Gil Vicente als Bauern- und Rüpelsprache der portug. Komödie verwendet ward!

Ehe ich von der fünften Reliquie handle, sei verzeichnet, dass noch andere ähnliche Fabrikate von gleicher Güte, zum Teil aber in eine etwas spätere Zeit verlegt, vorhanden sind, die von Braga (und anderen) auch als »durchaus glaubwürdig« und »verbürgt echt« anerkannt werden: die Elegie eines D. Mendo Vasques de Briteiros auf den romantischen Tod seiner Frau Ximene, der portug. Lucrezia, die sprachlich und metrisch noch viel ungeheuerlicher ist als alle übrigen Apokryphen[7]; wenige Zeilen eines Lobliedes auf Lissabon, welches dem Infanten D. Pedro zugeschrieben wird, auch von Brito ausgeheckt, zur Bestätigung der Thatsache, dass Hannibal ein Lissabonner Kind war[8]; und ferner Verse König Peters auf den Tod seiner Ines, in wenigstens schon verständlichem Portugiesisch[9]. Die beiden, altportugiesischen, im Namen Alfons' IV. († 1357) zum Lobe des Vasco de

[1] *Dialogo* XVI, p. 456 (p. 333 der ed. 1867). Vgl. Faria-e-Sousa, *Europa* III, livro IV, cap. 9.

[2] Den *verso de arte mayor* (◡–◡◡–◡ | ◡–◡◡–◡) kannte Alfons X. thatächlich (*O que pola Virgem | de grado seus dones*) und auch die portug. Troubadours und Volksdichter kannten ihn; nicht aber die 8 zeilige Strophe.

[3] Dass es an argen Missgriffen, wie in der Wahl der Worte, so in ihrer Auslegung nicht fehlt, ist selbstverständlich. *Sia* z. B. für *seia sedia* ist ein grober Anachronismus.

[4] Er starb an Liebe — und sie nahm Gift!

[5] Andrada (*Miscellanea, Dial.* XVI) und Faria-e-Sousa (*Europa* III l. c.) sind natürlich die ersten, welche die Briefe mitteilten. Der eine beginnt: *Fincaredes bos embora | Taom coitada | Que ei boi-me por hi fora | De longada;* der zweite: *Bem satisfeita ficades | Corpo d'oiro | Alegrades a quem amades | Que ei já moiro.*

[6] Besonders das *ei* für *eu*; *mei* für *meu*; *boi* für *vou* etc. Dass auch hier sprachliche Anachronismen nicht fehlen, hat schon Diez bemerkt (so die Personalflexionen *ais, eis* neben *ades edes*).

[7] Erst 1827 publizierte Frei Fortunato de S. Boaventura das Gedicht »*Ajuso da querida mendo jazes*« in seiner »*Historia de Alcobaça*« (*Prova* XVI p. 64) (vgl. Braga, *Canc. Pop.* p. 202). In denselben Klostermauern, in denen Brito gewirkt hat, wurden also auch diese 5 ziemlich glatt gereimten (*abab*) Strophen geschmiedet, deren 4 Zeilen zwischen 4 und 14 Silben auf- und abwogen. Sie sollen wie *endechas* aussehen.

[8] *Mon. Lus.* I, *Livro* II cap. 15. — Faria-e-Sousa, *Europa* III 381.

[9] Balbi, *Essai statistique* (1822) p. VII der Dokumente. Ich vermute dass Frei Fortunato (1778 – 1834) ihm die Sprachdokumente lieferte.

Lobeira und seines Amadis vom Dr. Antonio Ferreira vor 1569 geschriebenen Sonette sind Kunststückchen, aber keine Falsifikate, doch müssen sie an dieser Stelle erwähnt werden, weil sie, 1598 veröffentlicht, nur vier Jahre bevor Brito sein erstes altportug. Gedicht druckte, möglicherweise die unschuldige Ursache jener Fälschungen sind; und auch weil Faria-e-Sousa (nebst Nachfolgern), der sie dem Infanten D. Pedro zuschreibt[1], darin die ältesten peninsularen Sonette und natürlich eine portug. Erfindung[2] erblickt. — In Abschnitt **E** habe ich darauf zurückzukommen.

25. Fälschung V, die Figueiredo-Romanze[3] unterscheidet sich sehr zu ihren Gunsten von den vorerwähnten Reliquien. Wer ihre einfachen, durchschaulichen Sätze liest, gleichviel ob im portug. Original oder in den Verdeutschungen Bellermanns oder Storcks[4], nachdem er die anderen durchmustert hat, atmet erleichtert auf, findet Inhalt und Stil frischlebendig und nicht ohne dichterischen Wert, und macht nur den einen Einwand, die hübsche Volksromanze sei wohl nicht so alt wie die Portugiesen behaupten, sondern stamme frühestens aus dem 15., wahrscheinlich erst aus dem 16. Jh.[5] — Der Stoff ist peninsular, historisch, oder sagenhaft-historisch.[6] Eingekleidet ist er als Ich-Romanze, wie so viele andere epische Volksgesänge. Sechs christliche Jungfrauen werden einem Maurenherrscher als schuldiger Tribut zugeführt. Der Held des Abenteuers schlägt in einem Feigenwalde das Geleite nieder, befreit die Mädchen, und bietet der Schönsten, die ihn um Hülfe angerufen, Herz und Hand. — Auch der Ton der Erzählung ist volkstümlich, reich an Wiederholungen. Die ersten und die letzten 6 Zeilenpaare haben parallelistische Gliederung (z. B. *tres niñas encontrara, tres niñas encontrei*), wie auch der vier Mal, nach je 12 Zeilen, wiederholte Kehrreim, der mit den Eingangsworten identisch ist: *no figueiral entrara, no figueiral entrei*[7]. Das (nicht völlig reine)

[1] Fuente de Aganippe (1644) *Prologo* § 8 und 9. — Costa-e-Silva glaubte noch an ihr Alter!

[2] Auch an die Echtheit der volkstümlich sein sollenden *Tonadilhas, Seguidilhas* und *Cantigas* auf den Condestavel, welche Braga dem Karmeliter-Chronisten J. Pereira de Santa Anna (1696—1759) entnahm, (*Canc. Pop.* Nos 7—10; vgl. p. 203) lassen mich gewisse Sprachunrichtigkeiten derselben nicht recht glauben. — Warum weiss die schöne alte *Chronica do Condestavel* nichts von diesen Versen?

[3] Die Litterär-Bezeichnung Trovas dos Figueiredos (im *pl.*) soll nichts weiter besagen als dass, laut Brito, die Familie »derer von Figueiredo« die im Feigenwalde und mit einem Feigenaste vollendete That und ihren Helden, sowie sein Lied, als ihr Erbgut und wie eine Illustration zu ihrem redenden Feigenblatt-Wappen betrachtet (5 im Wappen; das 6., die Heldin symbolisierend, im Helmschmuck). — Im Liede redet selbstverständlich nur einer, der Held, und nur von sich: »zum Feigenwalde kam ich; zum Feigenwald ich kam«, (und nicht er, wie Bellermann übersetzt).

[4] »Aus Portugal und Brasilien« (1892) Nr. 1; vgl. p. 253. Eine vorzügliche Nachdichtung bis auf ein Missverständnis. In *Mal ouvesse la terra* (bei Storck »kaum hört ich von dem Lande«) steckt nicht *ouvir*, sondern *mal houvesse* = *mal haja la terra* (= doch wehe, weh! dem Lande).

[5] Das haben bis heute alle einsichtigen Kritiker gethan, im In- und Auslande. Nur J. P. Ribeiro verurteilt die Romanze als unecht. Wie A. F. Coelho und Leite de Vasconcellos denken, weiss ich nicht.

[6] Der auf der Nordhälfte der Halbinsel sehr verbreiteten Sage nach, bestand der schuldige Jahreszins in 100 Jungfrauen; der Zinszahler war König Mauregato oder sein Nachfolger Bermudo (789—91), der Empfänger der Emir von Cordova Abderrhaman I.; die Szene der Handlung sucht man an den verschiedensten Stellen und nicht nur da wo Ortschaften wie Figueira Figueiredo Figueiral dazu aufmunterten (vgl. Lope de Vega, *Famosas Asturianas* und *Doncellas de Simancas*). Bestbezeugt ist in Portugal Figueiredo das Donas bei Viseu, noch besser in Gallizien (wohin die Sage zeitlich gehört) eine den bezeichnenden Namen Peito Bordello = Bordell-Zins führende Stätte. — Den Heldennamen Goesto Ansures kennt ausschliesslich der Chronist. Die alten Adelsbücher ignorieren ihn und die Sage.

[7] So, wie ich drucke, und nicht *a no figueiral figueiredo* muss es heissen, falls die Romanze echt ist. Und so wollte sicherlich auch Brito, dass man emendierend läse.

Metrum ist der Sechssilbler mit nur zwei Hebungen. Ein Doppelreim, nicht ganz streng durchgeführt, zieht sich durch die 28 Zeilenpaare hindurch. Die unpaarigen, immer weiblichen, meist in *ara*, die paarigen, immer männlichen, als eigentliche Reimträger, ausnahmslos in *ei*.

Wie Metrum und Reim, so bietet auch die Sprache nur wenige Unebenheiten, d. h. einige Hispanismen [1] und altmodische, scheinbar dialektische Worte und Formeln, die wie durch Unverstand verderbte Archaïsmen aussehen sollen, und zur Not auch können [2]. — Brito, der seinen Fund natürlich wie eine wertlose Kleinigkeit behandelt, sie wohlweislich aber der *Monarchia Lusitana* einfügt [3], will die Romanze in einem handschriftlichen Liederbuch gelesen [4], dann aber auch in seiner Heimatprovinz im Munde von Bauern gehört haben. Leitaõ druckt sie genau nach Brito ab [5], versichert aber, auch er habe sie in algarvischem Volksmunde gehört. Faria-e-Sousa spielt nur auf dieselbe an [6]; er hatte Sinn nur für individuell gefärbte Kunstpoesie. Ribeiro dos Santos fand sie, mit samt den übrigen vier Reliquien, im Prosakodex des Dr. Gualter Antunes [7]. Woher der als Musikforscher namhafte, in litterarhistorischen Fragen aber höchst unsolide Soriano Fuertes zu den Musiknoten gekommen ist, die er veröffentlicht [8], bleibt noch zu ergründen: unverdächtig sind alle diese vier Quellen nicht. Ganz unverdächtig ist, wie gesagt, auch nicht die Sprache; und nicht einmal der Stil. Die gute Durchführung der Ichform ist äusserst selten; die Zerteilung einer Volksromanze in vier Abschnitte, trotz durchgängigen Reimes, ist auffällig. Dazu kommt vor allem dass sie als Ganzes nach Inhalt und Form vereinsamt dasteht, und vom hergebrachten peninsularen Romanzentypus abweicht; dass keine einzige andere historische, erzählende, an eine alte Heldenthat anknüpfende portug. Volksballade vorhanden ist; dass unter den zahlreichen Romanzenzitaten portug. Schriftsteller auch nicht eine den *trovas dos Figueiredos* entstammt, und dass der Volksmund sie heute nicht kennt; dass also nach rückwärts und vorwärts absolut keine Spur von der 1609 und 1629 angeblich im Volksmunde zweier Provinzen lebendigen Schöpfung zu finden ist [9]. — Ich halte sie daher für eine Erfindung Brito's [10]

Es sollte so aussehen; als sei die Randnote Figueiredo in seiner Vorlage aus Versehen in den Text geraten; er aber, als treuer Abschreiber, habe nicht einmal den offenbaren Lapsus verbessert, verdiene also unbeschränkten Glauben.

[1] *Hombre.* — *niña* — *y* — *vayades* — *mala* — *llorar* — *una* — *cerca.*

[2] *A* für *e* — *lo la los las* — *chantar, pescudar, garçom, machucar*; ausserdem *tene, amimfé, aino, en tras,* auch der Plur. *aravias*; doch lässt sich darüber disputieren. Die Sprachform als »altgallizisch« zu bezeichnen ist absolut unzulässig; und die Ansprüche, die man daraufhin in Gallizien auf das Gedicht erhebt, sind unbegründet.

[3] *Mon. Lus.* II p. 296 (p. 416 der 2. Ausg. v. 1690).

[4] In dem obengenannten *Cancioneiro Marialva.* — Der Graf D. Francisco Coutinho, dem das Gedichtalbum gehört hahen soll, starb übrigens erst 1552! Dass seine vermeintliche Blütenlese dem XV. Jh. angehört habe, ist eine pure Hypothese, wie auch dass die übrigen Reliquien darin standen.

[5] *Miscellanea, Dialogo* I, p. 25—26.

[6] *Europa* I, Parte II, Cap. 5.

[7] S. p. 163 Anm. 3. Ribeiro dos Santos sagt vorsichtig von seinem Codex *»parece letra do sec. XV«*. Doch hat er sicher geirrt. Nicht im XV., erst im XVI. und ganz besonders im Anf. des XVII. Jhs. schrieb man Werke zu Ehren der Muttersprache (Beispiel Barros und Duarte Nunes de Leão).

[8] *Historia de la Musica Española* (1855—56) Bd. I p. 111—117. Vom Texte gesteht der Autor ohne weiteres zu, dass er ihn nach Brito kopiert.

[9] Dabei wird die Sage als solche von Spaniern und Portugiesen oft erwähnt, Vor Brito z. B. von Morales (*Cronica general.* Lib. XIII cap. 27.)

[10] Zu Zweifeln an der Unechtheit führt mich immer von Neuem die Erinnerung an die parallelen Wiederholungen nach Art der altportug. Lyrik und der asturischen Danza-prima-Weise; an die Sechssilbigkeit gewisser gutportug. Volksromanzen (s. ob. § 21 Anm. 5) und daran, dass auch die allerfrüheste portug. Kunstromanze (*Vat.* 466), eine Arbeit des gallizischen Klerikers Ayras Nunes, sich in Sechssilblern und in Strophen be-

der sich übrigens aller Bemerkungen über ihre Enstehungszeit enthält, und nur die *velhice do verso antigo* rühmt, es dem klugen Leser überlassend, zu folgern: »*tout chant historique est contemporain du fait qu'il célèbre*«. — Dass sie gut gelang, während die von ihm oder seinen Genossen gefertigten Kunstlieder so kläglich ausfielen, liegt in der Schlichtheit des Volksstiles und der Schönheit der zahllosen Muster, die ihm vorlagen, während die altportug. Kunstpoesie unbekannter Boden war. Wie vorzüglich im 13. Jh. den Troubadours die Nachahmung der damals üblichen Volksweisen gelungen ist, ward schon erwähnt, wie auch dass Brito ein geschickter nachbildender Poet war[1].

D. ERSTE EPOCHE: 1200—1385.

I. LYRIK.

PORTUGIESISCHE MINNESÄNGER: (TROVADORES GALLECIO-PORTUGUEZES).

Die erste Epoche portug. Litteratur gehört ziemlich ausschliesslich der Troubadour-Poesie an, der höfischen Minnedichtung, die, im 11. Jh. in der Provence geboren, während des Zeitalters der Kreuzzüge (1095—1269) von Rittern und berufsmässigen Dichtern und Sängern hinausgetragen ward, zuerst in die nächstliegenden, sprachlich verwandtesten Länder, nordwärts nach Poitiers, der Champagne, Artois, Picardie und Flandern und von da nach Deutschland, und südwärts nach Italien und Katalonien, und von da aus weiter in die fernerstehenden Gebiete, bis sie im ganzen Abendlande ihr Echo gefunden, hier lauter, dort leiser, je nach Anlage, Charakter und Vorbereitung der das süd- und nordfranzösische Kunstlied empfangenden Völker: in Portugal zuletzt, doch kräftiger, andauernder, und eigenartiger als irgendwo sonst. — Ihr Hauptinhalt ist ritterlich-höfische Frauenverehrung. Die Formen, in welche sie ihn kleidet, sind im Grossen und Ganzen diejenigen, welche die Provence ausgebildet hatte: Das eigentliche Lob- und Liebesgedicht und das Streitgedicht, Canzone und Tenzone; und dazu Lai und Descort wie Sirventes; Pastourelle und Romanze. Ihr charakteristischer Vers ist der jambische Dekasyllabus. Die Technik des Versbaues; Strophen- wie Reimsysteme (*coblas doblas, singulars* und *unisonans; rims continuatz; cansós redonda; breu doble*; *coblas capfinidas* und *capcaudadas; rimas dissolutas; equivocs; derivatius*); gewisse Redewendungen und Sprachkünsteleien, und auch die Melodien und Musikinstrumente, sowie Tracht und Sitten der portug. Troubadours — alles spricht unverkennbar für franz. Vorbilder. — Zum Überfluss erklären auch altportug. Dichter selbst noch ausdrücklich ihre Abhängigkeit von den Provenzalen. Singt doch der hervorragendste Troubadour der Halbinsel einmal: *Quer' eu em maneira de proençal Fazer agora um cantar de amor.*[2] Ja, hie und da bedient sich sogar der eine oder der andere der süd- und nordfranz. Zunge. (S. u. § 34).

27. Über diese augenfällige Nachahmung hat denn auch von jeher nur eine Meinung geherrscht. Schon im 15. Jh. erklärte der erste Peninsular, welcher eine Geschichte der romanischen Litteraturen skizzirte, der spanische

wegt (von je 6 Kurzzeilen oder 3 Langzeilen). — Jedenfalls lehnte Brito sich an gute Vorbilder an, was zu Ende des 16. Jhs. leicht war.

[1] Brito schreibt man, und wohl mit Recht, die *Segunda Parte das trovas do Sonho de Crisfal* zu, worin der sanfte Stil des Bukolikers Christovam Falcão recht gut getroffen ist, und die *Sylvia de Lisardo*.

[2] S. Lied 123 des *Canc. Vat.* und vgl. ebenda Nr. 127: *Proençaes soen muy ben trobar* sowie Nr. 70, worin einem Segrel vorgeworfen wird: *Vós non trobades como proençal.* — Das Wort *Proença* kommt im altportug. Liederbuche ein Mal vor, doch ohne Bezug auf Dicht- und Sangeskunst (Nr. 937). — *Lemosines* oder ähnliches nie.

Markgraf von Santillana (1398—1458), die altportug. Lyrik sei ein Nachhall der limusinischen.[1] Im Zeitalter der Renaissance erkannten das gleiche zwei italienische Humanisten, Kardinal Bembo und Angelo Colocci, welche Forschung oder Zufall in den Besitz handschriftlicher portug. Liederbücher gesetzt hatte. (S. u. § 45). Und der portug. Gelehrte Francisco de Sá de Miranda, ein Verwandter Vittoria Colonna's, der möglicherweise in Rom, zwischen 1521 und 1526, dieselben Codices wie jene beiden einsah, wusste von dem Einfluss der Provenzalen auf die span. Dichtkunst und klärte seine Zeitgenossen darüber auf.[2] Zu Ausgang des 16. Jhs. verbreiteten dann gelehrte Geschichtsschreiber und Sprachforscher, welche die Bedeutung des Königs Dionysius für Kunst, Wissenschaft, Sprache und Litteratur darzustellen hatten, in Druckwerken, dieselbe richtige und sachgemässe Ansicht.[3] Nur die bereits (in Abschnitt C) erwähnten charakteristischen Fälscher (und spätere Fälscherfreunde und Beschützer) haben es sich, wie schon erwähnt ward, in den Sinn kommen lassen, die Erfindung

[1] Die auf portug. Minnesang bezügliche Stelle aus dem oft gedruckten oder oft kommentierten litterarhistorischen Sendschreiben des Iñigo Lopes de Mendoza an den Condestavel D. Pedro de Portugal (*Carta* oder *Proemio*) ist dem Leser unentbehrlich. Darum drucke ich sie gleich hier vollständig ab. Der Markgraf, welcher *proenzal* und *lemosin* neben einander verwendet, spricht, in übrigens recht buntem und vaguen Hin und Her, von ital., nordfrz. und katal. Dichtern bis Petrarca, Machaut, Chartier, Jordi de Sanct Jordi, springt zu den Spaniern Fita und Ayala, und fährt dann fort, alle Chronologie auf den Kopf stellend: *E despues* (!) *fallaron esta arte que mayor se llama, e el arte comun, creo en los reinos de Galicia e Portugal, donde non es de dubdar que el exercicio destas sciencias mas que en ningunas otras regiones ni provincias de la España se acostumbró, en tanto grado que non ha mucho que qualesquier decidores o trovadores destas partes (agora fuesen Castellanos, Andaluces, o de la Estremadura) todas sus obras componian en lengua gallega (o portuguesa). E aun destos es cierto rèscebimos los nombres del arte, asi como*: *maestria mayor e menor, encadenados, lexapren e mansobre* (S. u. § 42 und 73—84) — *Acuerdome, Señor muy magnifico, siendo yo en edat no provecta, mas asaz mozo pequeño, en poder de mi abuela D. Mencia de Cisneros, entre otros libros, aver visto un grant volumen de Cantigas, Serranas e Decires Portugueses e Gallegos, de los quales la mayor parte eran del Rey Don Dionis de Portugal (creo, Señor, fue vuestro bisabuelo*; richtig wäre: *tatarabuelo) cuyas obras aquellos que las leian, loaban de invenciones sutiles e de graciosas e dulces palabras. Avia otras de Johan Soares de Pavia, el qual se dice aver muerto en Galicia por amores de una Infanta de Portugal. E de otro Fernant Gonzales de Sanabria...* (§ XIV). Vorher aber hatte er schon erklärt: *Estendieron-se creo de aquellas tierras e comarcas de los lemosines estas artes a los gallicos* (= Franzosen) *e a esta postrimera e occidental parte que es la nuestra España* (= Hispanien, die ganze Halbinsel) *donde asaz prudente e fermosamente se han usado* (§ X). Den Zehnsilbler der Katalanen nennt er *a la manera de los Lemosines* (§ XIII). — Vgl. Sanchez, *Col. de Poesias Cast.*, Bd. I 1779; *Annaes das Sciencias e Lettreas* II p. 289—305 (1858) Amador de los Rios, *Obras de Santillana*, p. 1—18 und Braga, *Poet. Pal.* p. 151—169. Deutsch bei Clarus II 61—70.

[2] *Poesias* ed. C. M. de Vasconcellos Nr. 109, 62.

[3] Voran ging der gelehrte und gewissenhafte Reichshistoriograph Philipps II., Duarte Nunes de Leão, (geb. um 1540, gest. um 1608), von dem man leider nicht weiss, ob er Italien bereist hat oder nicht. In seiner Jugendarbeit, der *Orthographia da lingua port.*, die erst 1576 zum Drucke kam, erwähnt er der altportug. Dichtkunst nicht (trotz gegenteiliger Behauptungen), äussert sich jedoch über die Identität des Altportug. und Altgalliz. Erst 1585, in seiner »*Censura in libellum de Regum Port. origine*« gedenkt er der dichterischen Verdienste des Königs Dionysius: *Fuit Dionysius Rex humanissimus, amoenissimi ingenii et a litterarum studiis non abhorrens eo rudi saeculo. Poetices autem studium maxime dilexit et fere primus in Portugalia carmina lingua vulgari scripsit nata non ita pridem huiusmodi poesi versuum similiter cadentium apud Siculos e quibus ad Lemovices, Arvernos et Provinciales et inde ad Italos et Hispanos emanavit. Extant hodie multa eius carmina ..... ex quibus apparet imitatum fuisse Lemovices et Arvernos poetas.* Und in seiner Königschronik II p. 76 wiederholt er (1600) seine Angaben über des Königs und »Anderer« Vulgär-Poesien [»*o que este, e os d'aquelle tempo, começaram a fazer á imitação dos Arvernos et Provençaes*«] die noch einmal (1606) in seinem Alterswerke: *Origem e Orthographia da Lingua Port.*, cap. 6, wiederkehren (»*compos muitas cousas em metro a a imitação dos Poetas Provençaes.*«] — Die Nachsprecher übergehe ich hier. Vgl. § 37 Anm. 1 und 2.

des Dekasyllabus, ja überhaupt die Schöpfung der romanischen Kunstlyrik den Portugiesen zuzuschreiben, und Provenzalen wie Italiener für Nachahmer zu erklären.[1]

28 Auf welche Ursachen die fremde Einwirkung zurückzuführen ist, sagte die Einleitung. Auf den überwältigenden Zauber einerseits, den Frankreichs überlegene Geistes- und Sittenbildung im Mittelalter auf alle romanischen Staaten ausgeübt, und andererseits auf Portugals lyrische Grundstimmung, die gerade an der ihr homogenen Minnedichtung verständnisvolles Gefallen fand, während Kastilien mehr die epischen *chansons de geste* begünstigte. — In der Beantwortung der Fragen, wie, wann und auf welchen Wegen die genauere Kenntnis franz. Dichtung bis nach Portugal kam, gehen die Meinungen auseinander. — So lange man nur ganz unbestimmte, auf Tradition beruhende Vorstellungen von der altportug. Lyrik hatte, d. h. vor 1823, ehe die Veröffentlichung der erhaltenen Quellenwerke begann, behauptete man meisthin, kurz, und falsch: schon im 11. Jh. habe der Gründer der Dynastie, der burgundische Graf Heinrich (1095—1112) mit seinen ritterlichen franz. Genossen, eine fertige Hofpoesie sowie Poeten, und franz. Musik sowie Musiker aus der Heimat mitgebracht, und einfach in Portugal eingeführt.[2] Später, als man die lyrischen Gedichte des bedeutendsten Vertreters der Epoche, des Königs Dionysius (1279—1325) und das vermeintliche Liederbuch seines Sohnes, des Grafen D. Pedro Affonso von Barcellos (†1354) kennen lernte, stellte man den anderen Satz auf: Alfons X. von Kastilien und Leon (1252—1284) — den man als den gründlichsten Kenner und den freigebigsten Gönner der spätprovençalischen Dichtkunst kannte, und von dessen geistlichen Liedern in portug. Zunge man wusste — sei der erste gewesen, der nach dem Typus der Troubadours, in Dekasyllaben Portugiesisches dichtete; von ihm aber habe sein Enkel, zu Ende des 13. Jhs., das Minnesingen gelernt.[3] Oder auch: der Schwiegersohn des schriftgelehrten Alfons und Vater des Dionysius, Dom Affonso III (1245—1279) habe sich während seines langen Aufenthaltes in Frankreich als »Diener« der D. Blanca von Kastilien und Graf von Boulogne, mit den Musen befreundet und darum den Sohn durch französische und französierte Lehrer in der *gaya sciencia* förmlich unterweisen lassen. (s. § 32) Diese Antwort ist zwar bedeutend besser, und enthält ein grosses Teil Wahrheit; ausreichend aber ist sie keineswegs, weil sie die eigentlich wichtige Zeit der Vorbereitung und des ersten Keimens und Treibens des altportug. Minnesangs, das gerade zwischen Graf Heinrich und dem Regierungsantritt Alfons' III (oder des D. Dinis) liegende Jh., ganz ausser Acht lässt. — Nicht so früh wie die ersten meinten, und nicht so spät wie die letzteren vermuteten, und keineswegs urplötzlich, unvorbereitet und wie durch königlichen Machtspruch, erstand die portugiesisch-gallizische *arte de trobar*. Allmählich und auf vielen Pfaden drangen franz. Kultur und Sprachkenntnis in Portugal ein, und befruchteten den empfänglichen, weichen Boden; bald direkt, bald indirekt und auf Umwegen, durch Beziehungen zu den dem Zentrum näher liegenden und daher früher von ihm aus bewegten Völkern (d. h. durch Vermittelung von Katalonien, Aragon, Navarra, Kastilien und Leon) und selbst

[1] Faria-e-Sousa sagt im *Epitome* I 69 (ed. 1674), Dionysius hätte gedichtet »*a imitacion de los Provençales y Alvernos*«. In der *Europa* (II p. 372 § 64) hingegen lehrt er: »*antes parece, lo imitaron de los Portuguezes los Italianos y Provenzales!* (Cf. Fuente de Aganipe, Parte VI, *Prologo*).

[2] Schon Diez erhob den unanfechtbaren Einwand, zu Graf Heinrichs Zeiten sei eine Kunstlyrik selbst in Frankreich noch nicht vorhanden gewesen.

[3] Namen zu nennen ist unnütz. Alle, welche die Veröffentlichung des *Cancioneiro da Vaticana* und *Colocci-Brancuti* nicht erlebt, verlegten den Beginn der portug. Litteratur an das Ende des XIII. Jhs.

zu nord- und süditalienischen Höfen, die ja alle damals nicht viel mehr als einen Nachhall franz. Geistes zu bieten hatten und provenzal. Kunstlyrik als das wahre Merkzeichen höfischer Gesittung pflegten. — Direkt sind auf der berühmten Wallerstrasse nach dem dritten Sanktuarium der Christenheit (die man bezeichnend genug *caminho francez* nennt;[1] und von der auch Geschichtschroniken, Epen, Volksromanzen und Sprichwörter so unendlich viel mittelalterlich Abenteuerliches zu berichten wissen) vom 9. bis zum 15. Jh. nicht allein französisch-epische wie lyrische Volksweisen von Mund zu Mund gewandert. Auch fromm kirchliche und ritterlich-höfische Melodien und Texte, lateinisch und *em romance vulgar*, wurden westwärts getragen durch die Fürsten und ihr Gefolge, welche die fast obligatorische Pilgerfahrt unternahmen, und sich oft recht lange in Alt-Gallizien aufhielten, das sich bis zum Mondego erstreckte.[2] — Doch auch auf anderen Wegen (zu Wasser z. B. durch Kreuzfahrerflotten, und zu Lande auf Kreuz- und Querpfaden durch Alt-Kastilien und Leon) kamen periodisch aus Norden und Osten Ritter und Reisige, um an den peninsularen Unternehmungen gegen den Halbmond teilzunehmen. Und nur um weniges später, schon unter Alfons VI (1072—1109), dem zwei Mal franz. Fürstinnen die Hand gereicht hatten, begann, nach der belangreichen Rückeroberung Toledo's (1085) die häufige Berufung von franz. Geistlichen, Gelehrten und Mönchen aus Cluny und Citeaux[3], und von thätigen Kolonisten, welche alle bei der friedlichen Kulturarbeit halfen und die entvölkerten, den Mauren entrissenen Landschaften neu bestellen und christlich zivilisieren sollten. Überall in den Städten entstanden besondere fränkische Stadtteile *(bairros dos Francos)*. Der gallikanische Ritus, die fränkische Schrift und Notation, der Alexandriner der *chansons de geste*, u. a. m. wurde angenommen. Lehrende, aber auch Studierende, gingen nach Toledo, um sich mit Geheimwissenschaften[4], Musik und Semitischem zu beschäftigen, und später auch nach Palencia (1209) und Salamanca (1240). Und mit den einen wie den anderen kamen zahlreiche fahrende Sänger — *segreis, juglares, menestreis, histriões* und *mimos* — welche es sich berufsmässig angelegen sein liessen, ihre mannigfaltigen Künste zu üben und zu lehren. — So waren geistige Beziehungen zu Frankreich also angeknüpft, ehe ein selbstständiges Portugal überhaupt bestand. Sie wurden aber naturgemäss viel enger, als Alfons VI. seine Töchter mit den burgundischen Grafen vermählte (1094—95), und in der Folgezeit um so wertvoller für die Verfeinerung der Sitten und der Geistesbildung, je grossartiger Frankreichs Kultur und Litteratur sich im 12. Jh. entwickelte und je ruhiger sich allgemach das peninsulare Leben gestaltete. — Wie *el Conde don Anrrique e el Conde don Remond*[5] nebst anderen Franken, Flamändern, Deutschen und Italienern bei Toledo und Zalaka mitgekämpft, und bei der ersten

[1] Auch *Vat.* 278 spricht von diesem oftgenannten *caminho francez* und nicht von einem beliebigen franz. Wege, wie Braga meint (der fälschlich *por um c. fr.*, statt *pelo c. fr.*, druckt).

[2] Die Route berührte Pamplona, Miranda, Burgos, Valencia, Sahagun, Leon, Astorga Ponferrada etc. — Unter den Millionen Santiago-Pilgern auch nur die erlauchtesten zu nennen, würde Seiten füllen. — Nur dass 1137 Wilhelm v. Poitiers, die Wallfahrt unternahm, sei erwähnt. Den *apostol de Compostela* nennen Peire Vidal, Guiraut Riquier, Paulet de Marselha. Die altportug. Lieder gedenken z. B. des Pilgerzuges Sancho's IV. (1284).

[3] Bernhard von Cluny ward erster Erzbischof von Toledo. Auch in Segovia, Osma, Sigüenza, Salamanca, Santiago, sowie in Braga, Porto und Coimbra wurden die obersten Kirchenstellen mit franz. Prälaten besetzt.

[4] Helinand sagte noch 1229: »*les clercs vont à Paris étudier les arts libéraux, à Orléans les auteurs classiques, à Bologne le droit, à Salerne la médecine, à Tolède les diables, et nulle part les bonnes moeurs.* Auch Rustebeufs Ausspruch über toledaner Nigromantik ist bekannt.

[5] Vgl. *Poema del Cid* 3136. 3000 und 3100. — Die *Portogaleses* werden darin, wie in der *Cron. rimada*, schon neben den *gallezianos* genannt.

Erstürmung der Burgen Santarem, Cintra und Lissabon (1093) mitgeholfen hatten, so halfen noch später, auf Kreuzfahrerflotten an die Westküste verschlagene Normannen, Lothringer, Flamänder und Deutsche zu wiederholten Malen bei speziell portug. Waffenthaten: 1147 bei der endgültigen Einnahme Lissabons, 1189 bei der Eroberung von Silves, und wiederum 1217 bei Alcacer do Sal. Und viele von ihnen blieben im westlichen Lande, *essa tierra gensor*. Wie aber schon bei der Doppelheirat der Töchter des Cid (1075) und bei den Hochzeitsfesten der burgundischen Grafen *muchas maneras de yoglares* ihre Gesänge angestimmt und ihre Künste gezeigt hatten, so erschallten in der Folgezeit neue und neueste Lieder so oft man hispanische und fränkische Königskinder mit einander vermählte[1] und weckten Sinn und Verständnis für franz. Poesie und Musik. — Nicht ganz so häufig wie franz. Krieger, Mönche Pilger und Spielleute die Pyrenäen überschritten, gingen auch umgekehrt schon im 12. Jh. einzelne Portugiesen nach *Francia la garnida*, von Thaten- und Wissensdurst geführt, oder durch Mishelligkeiten aus der Heimat vertrieben[2]. Fürsten und Ritter besuchten die mit ihnen verschwägerten kleinen südfranz. Höfe, so wie Aragon-Provence, Flandern, Nordfrankreich und Italien; kämpften dort, heirateten und traten in Orden; studierten in Paris Theologie, Medizin in Montpellier, und Rechte in Bologna, seltener in Toulouse und Salerno; oder sie wallfahrteten nach Rocamador[3] und Rom. Und auf ausgedehnteren Pilgerreisen und Kriegszügen nach Ultramar trafen Streiter und Büsser aus aller Herrn Länder zusammen, und bedienten sich, allem Anschein nach, schon damals des Französischen wie einer allen Gebildeten verständlichen *pasilingua*. – Die aus der Fremde nach Jahren Heimkehrenden brachten aber sicherlich neue Bildungselemente mit sich.

29. Wann aber und an welcher Stelle fielen positiv-fruchtbringende Samenkörner in den also vorbereiteten Boden? Die endlosen heissen Kämpfe, welche das junge romanische Reich im 12. Jh., während der wahren Blüte des provenz. Minnesangs, gegen Mauren und christliche Nachbarn um seine Existenz zu bestehen hatte, und die wilden inneren Fehden zwischen Adel, Geistlichkeit und Krone, welche die erste Hälfte des 13. Jhs. ausfüllten, liessen ein echtes und rechtes Hofleben absolut nicht auf kommen. Feste Mittelpunkte fehlten, welche bedeutende Talente dauernd hätten fesseln können. Besuche fremder Sänger konnten nur kurz sein und mussten ohne tiefere, nachhaltige Einwirkung bleiben. Von etwaigen, selbständigen Nachahmungsversuchen der Söhne und Enkel Heinrichs und ihrer Genossen ist nichts aufbewahrt. Auch fehlt all und jeder Beweis für irgend welchen persönlichen Verkehr zwischen ihnen und bestimmten franz. Troubadours oder Trouvères. Kein einziges provenz.

[1] Die Reihe der Heiraten zwischen Hispaniern und Französinnen oder Prinzessinnen aus Staaten, in denen franz. Minnesang schon Wurzel geschlagen hatte, ist sehr lang und sehr bedeutsam. Hier seien nur die wichtigsten aus der Troubadour-Epoche aufgezählt: 1074 Alfons VI. mit Ines von Aquitanien; 1079 ders. mit Constanze von Burgund; 1094 Urraca mit Raimund von Toulouse; 1095 Theresa mit Heinrich von Besançon und Elvira mit Ramon de San-Gil; 1130 Alfons VII. mit Berenguela von Aragon; 1170 Alfons VIII. mit Eleonore von Aquitanien; 1200 Blanca von Kastilien mit Louis VIII; 1220 Ferdinand mit Beatrix von Schwaben; 1246 Alfons X. mit Violante von Aragon; 1254 D. Leonor III mit Eduard I. von England und D. Sancho I. mit Dulce von Aragon; 1180 D. Theresa-Mafalda mit Philipp von Flandern; 1280 D. Dinis mit Isabella, der Enkelin Manfreds von Sicilien.

[2] Der zweite Sohn des D. Affonso Henriques, D. Pedro Affonso († 1169) lebte z. B. lange am Hofe des Louis VII.; sein Bruder Alfons, starb zu Rhodos als Ordensmeister der Hospitaliter (1207). Ein Sohn Sancho's I. verbrachte Jahre am aragonesischen Hofe, wo er sich mit Aurembiax von Urgel vermählte, ihre Grafschaft erbend; sein jüngerer Bruder D. Fernando († 1233) weilte am Hofe von Flandern, heiratete seine Base Johanna von Flandern, kämpfte 1214 bei Bouvines, fiel in die Hände der Franzosen, schmachtete 12 Jahre im Louvrethurme, und kehrte dann in die Heimat zurück.

[3] S. Maria de Rocamador im *Canc. da Vat.* 1066 erwähnt. (Cfr. 689 u. CBr. 115 u. Cant.).

Lied ist an einen portug. König gerichtet, oder spricht von ihm; kein einziger portug. Personen- oder Ortsname kommt in der provenzalischen Litteratur vor; keine westliche Waffenthat wird erwähnt; keiner Schenkung oder Wohlthat gedacht. In keiner Troubadourbiographie verlautet, dass ein namhafter Sänger den occidentalischen Küstenstrich betreten hat[1]. Weder in Lob noch in Tadel wird Galliziens oder Portugals ausführlicher gedacht[2]. Nur drei Mal kommt in Kreuzesliedern, welche zum Kampfe gegen die peninsularen Sarazenen auffordern, das Wort Portugal vor[3]. Und dies Schweigen steht in ausdrucksvollem Gegensatz zu den so überaus zahlreichen herrlichen Lobpreisungen, mit denen die übrigen vier spanischen Fürsten (die Könige von Leon, Kastilien, Navarra und Aragon), und so mancher ihrer Grossen aus den Häusern Lara, Castro, Haro und Cameros, bedacht sind[4]. — Trotz dieses Schweigens von provenzalischer Seite wissen wir es nun aber bestimmt, dass schon im 12. Jh. Sancho I. französische Gaukler belohnte[5]; und dass es um 1250 festwurzelnder Brauch war, gelernte *juglares* als zum Hofstaat gehörig zu betrachten[6], wie auch das zu Rosse wandernde Troubadours (*segreis* oder *segleres*)

---

[1] Auch von Peire Vidal, Marcabrun und Peire d'Alvernha steht es nicht fest, dass sie Portugal besucht, trotz Fauriel (II, 6) Baret (*Troubadours* p. 119), Milá y Fontanals (*Trob.* ed. 1861 p. 498) und Braga (*Vat.* XXV—XXVII), der noch im »*Curso*« (p. 67—68) die Angaben der drei Vorgänger wiederholt. — Die Möglichkeit, dass es geschehen, ist selbstverständlich nicht zu leugnen. — Ja noch andere Sänger, wie z. B. der weitgereiste Cercamon, der die ganze gangbare Welt durchfahren (*cerquet tot lo mon lai on poc anar)*, oder Elias Cairels, der den grössten Teil der bewohnten Welt geschaut (*cerquet la maior part de la terra habitzada)* mögen ihre Reisen noch über Compostella hinaus, bis nach Guimarães und Coimbra oder sogar bis zum (*rioforte* betitelten) Tejostrome ausgedehnt haben.

[2] Kaiser Barbarossa preist in seinem Völkerepigramm zwar Kataloniens Frauen, kastilianische Hofsitte und aragonesischen Wuchs. Von den Portugiesen aber weiss er nichts zu melden. Dasselbe gilt von dem kastilianischen Kanzler Diego do Campo (1218). Möglich ist jedoch, dass dieser sie unter die Gallaecos rechnet, deren »*loquela*« ihm rühmenswert scheint.

[3] Der gaskognische Jongleur Marcabrun hat in seinen Kreuzliedern an die franz. und span. Christenheit positiv auch die Mithülfe Portugals gegen die Almoraviden im Auge. In der Canzone, die er 1146 beim Aufbruch nach der Halbinsel dichtete (»*Al prim comens del ivernaill*«) sagt er zwar nur »*En Castella et en Portegal Non trametrai aquestas salutz. Mas; Deus los sal!*« In der Canzone *Emperaire per mi mezeis*, vor dem Siege bei Almeria aber ruft er in deutlicher Anspielung auf das gemeinsame span.-portug. Feldgeschrei (*Real, real!*): *Ab la valor de Portegal E del rei Navar atretal, Ab sol que Barsalona is vir Ves Toleta l'Emperial, Segur poerem cridar: reial!! E paiana gens desconfir.* — Und einige Jahrzehnte nachher, als er zum Feldzuge gegen die drohende Heeresmacht der Almohaden aufrief, verwies Gavaudan der Alte mit Bezug auf die Mauren auch auf Portugal: »*Portogals, Gallicx, Castellás, Navars, Aragonés, Ferrás* (= Fernandos? oder Sturiás-Asturianer) *lur avem en barra gequitz Qu'els an rahuzatz et aunitz*« (im Liede: »*Senhors per los vostres peccatz*«). Damit aber ist auch alles bis heute Bekannte erschöpft.

[4] Gar mancher Satz, der ganz unbestimmt von *Espainha* oder von span. Königen redet, darf natürlich auch auf Portugal angewendet werden. Wo jedoch ausdrücklich von vier span. Königen die Rede ist, hat die Nichtbeachtung des jüngsten fünften Bruderreiches etwas geradezu Auffälliges.

[5] Ein Aktenstück der Torre do Tombo aus dem Jahre 1193 beschäftigt sich mit zwei Gauklern Sancho's I., einem gewissen Bonamis und seinem Bruder und Kumpan Acompaniado. Der König hat sie mit einem Grundstück (*casal*) bedacht und sie unterzeichnen und erklären: *Nos mimi supranominati debemus domino nostro Regi pro roborationi unum arremedillum* (d. h. ein *mômo*, eine Farce, ein theatralisches Schaustück). Vgl. *Nova Malta* I 294 und *S. Rosa de Viterbo, Elucidario s. v. arremedilho.* Von anderen, minder gut verbürgten *trovadores* und *dezidores* — wie z. B. von *Manuel Gonsalves, o primeiro homem que em Portugal fez trovas, e jaz no mosteiro de Pombeiro* — schweige ich klüglich.

[6] Im Hausregimente König Alfons' III., das zwei berühmte Staatsmänner und Troubadours ausgearbeitet haben, D. João d'Aboim und D. Estevam Annes lautet das 12. Dekret: *El Rei aia tres jograres em sa casa, e nom mais; e o jogral que veer de cavalo doutra terra (ou segrel) dé-lhe El Rei ataa cem .... (maravedis) ao que chus der, e nom mais, se lho dar quiser. (Port. Mon. Hist.: Leges* p. 199). Aus dem beschränkenden Wort-

in Portugal gern gesehene und reich beschenkte Gäste waren. Und aus provenzalischen Gedichten, welche portugiesische Zeilen enthalten [1], sowie aus provenzalisch und französisch abgefassten Versen von Portugiesen [2] erhellt unumstösslich, dass doch ein Verkehr zwischen portugiesisch (resp. gallizisch) redenden Männern und französischen Dichtern stattgefunden haben muss, und zwar ein mehr als oberflächlicher Verkehr. — Wie löst sich der scheinbare Widerspruch? — Einfach so dass dieser Verkehr erst spät, am Ausgang des 12. und Anfang des 13. Jhs., und nicht innerhalb, sondern ausserhalb Portugals stattfand, der Grenze nahe, in dem älteren Mutterlande Leon und in Kastilien, wo ein Hofleben sich etwas früher entwickelt, und die Poesie früher eine Heimstätte gefunden hatte. Dort bot sich den portug. Grossen Gelegenheit (auch wenn sie die Halbinsel nicht verliessen und die südfranzösischen Sänger nicht bis zu ihnen kamen), dem occitanischen Minnesang zu lauschen, und ihn zu erlernen, ohne fremde Vermittelung, aber auch ohne intimere persönliche Beziehungen. Dort also werden die ältesten portug. Gedichte entstanden sein. — Wo portug. Freunde der Dichtkunst aber nicht als empfangende und bewirtende Herren, sondern als bedienstete Vasallen oder als fremde Gäste auftraten, standen sie naturgemäss nicht im ersten Plane; und die provenzalischen Troubadours, auch wenn sie Geschenke von ihnen empfingen, würdigten sie keines unterschiedlichen Dankes, sondern schlossen die *portogaleses* (deren Selbständigkeit sie für vorübergehend halten mochten, wie es die von Gallizien gewesen war) mit ein in das allgemeine »*Espainha*« gespendete Lob.

30. Wann aber geschah das? Keineswegs erst unter Alfons dem Weisen, an den selbst heute noch gewöhnlich gedacht wird. Dieser selbst bezieht sich bereits auf ältere Troubadours, z. B. auf einen portug. Kleriker aus Alanquer, einen Günstling des Königs Sancho, D. Martim Alvítes, dessen Liebes- und Spottlieder berühmt waren (*Cant.* 316). Als an seinem Hofe hundert Geber unaufgefordert an provenzalische Troubadours [3] Geschenke austeilten, so gross wie mancher König sie nicht spendete, da lebten nachweislich bei ihm etwelche portug. *ricoshomes, vasallos* und *infanções;* die den Provenzalen schon nicht mehr wie zage lernende Schüler, sondern als

laut darf man mit Rücksicht auf die vorgenannte Urkunde von 1193 schliessen, dass vor 1258 erheblich mehr als je drei Spielleute zum portug. Hofstaate gehörten, und dass die Herrscher den fahrenden Sängern weit über 100 Goldmünzen zu spenden pflegten.

[1] Raimbaut de Vaqueiras (1158—1219) hat seinem fünfsprachigen *Descort* »*Ara quan vei verdejar*« einige, leider stümperhaft gedichtete oder schlecht überlieferte Zeilen eingefügt, die ohne Zweifel peninsular sind und für unparteiische Augen und Ohren wie (unreines) Portugiesisch klingen. Sie lauten: *Mas tam temo vostro pleito; Todo 'n soi escarmentado; Per vos hei pena, e maltreito E' meu corpo lazerado; La nueit quan soi* (oder *jaç'*) *en meu leito Sou mucha vez despertado; Per vos, crede-o sou tolheito* (?); *Falhit soi en mei cuydado* . . . . und *Mon corassó mávetz treito E, mout gen faulan, furtado.* — Milá erklärt sie zwar, wie die meisten Kritiker, für inkorrektes Kastilisch (*Trob.* ed. 1889 p. 132), und tituliert sie »*acaso los mas antiguos* [*versos*] *que en nuestra lengua se conservan*«. Später aber (p. 542), bricht die Wahrheit sich Bahn, und er giebt zu, sie seien vielleicht Gallizisch. Sprachlich wie litterarhistorisch ist dies das Wahrscheinlichere. Auch Raimon Vidal legt (um 1180) einem hispanischen Troubadour drei Reihen in den Mund, die peninsular sein sollen und unbedingt eher portug. als kastilisch sind: *Tal dona non quero servir; Per me non si denhe preiar; Ja non quero lo sieu prendir.*

[2] Provenzalisch ist Lied 454 des *Canc. C. Br.*, halbport., halbprov. die Tenzone Nr. 477. Franz. Zeilen enthält Nr. 126 des *Canc. da Ajuda.* S. u. § 34.

[3] Meine gewiss unvollständige Liste von Troubadours, welche Alfons X. Hof besucht oder ihm Lieder gewidmet haben, umfasst 19 Namen: Aimeric de Belenoi, Arnaldo Plagués, Bartolomé Zorgi, Bernart de Ravenac, Bertran d'Alemano, Bertran de Born, Bertran Carbonel, Bonifacio Calvo, Folquet de Lunel, Guillem Ademar, Guillem de Saint-Didier, Guillem de Montagnagut, Guiraut Riquier, Nat de Mons, Paulet de Marselha, Peire Vidal, Raimon de Tors, Raimund de Castelnau, Uc de Escaura.

längst geschulte Meister in ihrer eigenen Sprache gegenüber traten, mit König Alfons um die Wette dichteten und sogar fremdsprachige Dichter bereits in portug. Troubadours verwandelten. — Auch nicht erst unter seinem Vater Ferdinand dem Heiligen (1217—1252), der so herzliches Gefallen an Sordellos Weisen[1] und an den Liedern des Guiraut de Bornelh fand.[2] Früher noch, schon unter der glorreichen Regierung des Siegers von Navas de Tolosa, Alfons VIII. von Kastilien (1158—1214)[3], der einmal als Mittler zwischen Richard Löwenherz und Philipp August nach Frankreich ging, und um dessen Gunst die bedeutendsten Troubadours sich mühten[4], und ganz besonders unter seinem Zeitgenossen und Vetter, dem lebenslustigen neunten Alfons von Leon[5] (1188—1230), ja sogar schon unter König Alfons VII. (1126—1157), den Marcabrun und Peire d'Alvernha sowie Aimeric de Pegulhan besuchten und besangen, bot sich allen dichterisch oder musikalisch begabten Portugiesen und Galliziern Anlass, in relativer Ruhe, süd- und nordfranzösische Poesie und Musik, und den höfischen Minnedienst regelrecht zu erlernen, bald in Leon, bald in Burgos, Palencia, Valladolid, Segovia, Zamora, Castro, Carrion, Campos, Toro oder Toledo, d. h. in allen Städten, wo die Könige von Leon und Kastilien Hoflager zu halten pflegten. — Die intimen Verwandtschaftsverhältnisse der Dynastien[6] und Adelshäuser, sowie der natürliche Zusammenhang der Völker machte, wie schon erwähnt, während der ganzen ersten Geschichts- und Litteraturperiode zeitweiligen oder dauernden Aufenthalt spanischer Grossen in Portugal, und umgekehrt portugiesischer Edelen an den Nachbarhöfen zu etwas ganz Alltäglichem. Und das nicht nur in Zeiten des Friedens und gemeinsamer Aktionen wie Navas und Salado, sondern auch in den recht häufigen Zeiten offenster Zwietracht. Die jüngeren Söhne, mehr aber noch die zahlreichen illegitimen Sprösslinge der portug. Könige, und die mit illegitimen Töchtern vermählten Granden, mussten als gefährlichste und gefürchtetste Unruhstifter oft genug ihr Vaterland verlassen — *banidos, exerdados, deitados a Castella,* wie man sagte — und fanden im Nachbarlande meist freundliche Aufnahme und einflussreiche Stellen als Ratgeber, Majordomi, Adelantados, Fronteiros, Meirinhos u. a. m. Gerade zu Ende des 12. und Beginn des 13. Jhs. — von 1185 bis 1248 — flüchteten

---

[1] Dass En Sordel der einzige Troubadour provenz. Idioms ist, den die Portugiesen bei Namen nennen, seine Melodien als von ihnen oft gehörte preisend, wird weiter unten noch zu wiederholen sein.

[2] Sein Sohn sagt von ihm: *»pagaba-se mucho de omes de corte que sabian bien de trovar et cantar et de joglares que sopiesen bien tocar estrumentos, ca de esto se pagaba el mucho et entendia quien lo facia bien et quien non«.*

[3] Deutsche Autoren (z. B. Diez und Bartsch) nennen als Sieger von Navas bald Alfons III., bald Alfons VIII. und sind Glaubens, es handle sich um zwei verschiedene Könige. Überhaupt ist die Reihenfolge der Alfonsos ihnen unklar. Die asturischen, leonesischen und kastilianischen Monarchen jenes Namens werden so gerechnet als hätten sie alle dieselbe dreifache Krone getragen, während in Wahrheit die frühesten drei nur in Asturien herrschten; IV., V. und IX. nur in Leon; VI., VII., X. und XI. in Kastilien und Leon; VIII. ausschliesslich in Kastilien. In der Troubadourgeschichte kommen, ausser dem Weisen, nur noch Alfons VI., VII. und VIII. vor, und diese werden als erste kastilische Alfonsos, auch mit den Zahlen I. II. III. belegt.

[4] Aimeric de Pegulhan, Bertran de Born, Folquet de Marselha, Gavaudan, Guillermo de Bergadan, Guiraut de Bornelh, Guiraut de Calanson, Hugo de Saint-Circ, Peire Rogier, Peire Vidal, Perdigon, Raimbaut de Vaqueiras, Savaric de Mauléon und Ramon Vidal sind die Lobredner Alfons' VIII.

[5] Alfons IX. feiern: derselbe Aimeric, Ademar, Elias Cairel, Guiraut de Bornelh, Saint-Circ und Sordel.

[6] Leonesische Königin war 1157—1188 Urraca von Portugal und von 1190-95 die portug. Fürstin Santa Theresa, die Tochter Dulce's (also Enkelin Raimund Berengars). Den kastilischen Thron teilte von 1215—17 D. Mafalda, als Gemahlin Heinrichs I.

thatsächlich in Folge der wilden Bürgerkriege, welche im Lande entbrannten, erst durch die Präpotenz einer übermächtigen Geistlichkeit, dann um Sanchos I. Erbschaft und die Vormundschaft Alfons' II., und hernach wegen Sanchos II. Misregierung, zahlreiche portug. Fürsten und Grosse mit ihren Rittern und Knappen, und gingen an den leonesischen Hof Alfons' IX. (und zum Könige von Kastilien). Damals also, während des langen Lebens des leichtlebigen Leonesen, begannen, meiner Ansicht nach, die portugiesischen Adeligen sich systematisch im Dichten zu üben.

31. Und der Beweis? — Um ihn voll und ganz zu liefern, müsste die Gesamtheit der portug. Lieder rekonstruiert[1], der lesbare Text erläutert, genau datiert, und chronologisch geordnet, und es müssten die Biographien der Dichter geschrieben, und der Vergleich mit der provenzalischen und nordfranzösischen Lyrik durchgeführt sein[2]. Oder mir müsste Raum zu gründlicher Erörterung offen stehen. — Da diese Bedingungen fehlen, müssen blosse Andeutungen genügen. — Alfons IX. gehört (dem Anschein nach) selber zu den portug. Troubadours (§ 36). — Sehr zahlreiche portug. Gedichte enthalten Allusionen auf den leonesischen Hof (*côrte de Leon* — *rey de Leon*) und leonesisches Recht (*fôro de Leon* — *livro de Leon*)[3], erzählen von den Wanderungen der Dichter durch die hispanischen Reiche[4], und nennen die spanischen Städte, welche damals Hauptschauplatz dichterischer Wettübungen in portug. Sprache waren[5]. Unter den historischen Persönlichkeiten, welche in den bezeichneten Jahrzehnten, und besonders zwischen 1211 und 1218, und hernach von 1223 bis 1245 am leonesischen (und auch am kastilianischen) Hofe eine Rolle gespielt haben, sind, wie ausgiebigst nachweisbar ist[6], viele Portugiesen, und zwar einige unechte Enkel des ersten[7] und Söhne des zweiten portug. Königs, und verschiedene Angehörige der mit ihnen vielfach verschwägerten, damals mächtigsten Adelsfamilien, ganz besonders der Mendes de Sousa oder Sousões. Die meisten derselben aber sind Dichter. Und mindestens drei davon gehörten schon vor 1259 zu den Toten: D. Gil Sanches († 1236), der natürliche Sohn des Königs Sancho I.[8]; D. Abril

[1] Th. Braga's *Edição critica restituida* des *Codex Vaticanus* entspricht kritischen Anforderungen nicht ganz, erstens weil sie nur den Inhalt eines Liederbuchs bringt und zweitens weil die Textgestaltung eine vielfach willkürliche, ungleiche und sinnlose ist. In der Einleitung dazu und auch in den *Trovadores* sind Ansätze zur Beantwortung der einschlägigen Fragen; doch ist keine der Untersuchungen wirklich zu Ende geführt.

[2] Die dreifache Aufgabe ist schwierig und nur mit bedeutendem Zeitaufwand und sorgsamster Mühewaltung zu lösen; verzweifelt ist sie jedoch keineswegs. Nahezu alles was subjektives Minnelied ist, bietet keinerlei reale Anhaltspunkte zum Datieren und liefert nur spärliches Material für die Biographien der Dichter. Die sachlich höchst wertvollen Scherz-, Spott-, Rüge-, Streit- und Schimpfgedichte sind aber überreich an Allusionen auf Thatsachen und Personen und geben ausserdem oft in längeren und kürzeren Prosaerklärungen Aufschluss über Motiv und Anlass (*razão*) zu ihrer Abfassung und somit über Zeit und Beziehungen der Dichter. Eine aufmerksam vergleichende Ausnutzung des ganzen Liederbuches liefert daher schon viel brauchbaren Stoffes. Und nimmt man alle sonstigen zeitgenössischen Quellen zu Hülfe — Urkunden, Adelsbücher, Chroniken, Grabschriften etc. —, so lässt sich immerhin Erfreuliches erreichen. Ich denke meine Resultate in einem Einzelwerke über die erste Periode portug. Dichtkunst zu veröffentlichen, doch erst wenn mein *Cancioneiro da Ajuda* und meine Rekonstruktion des Gesamtliederbuches nebst vergleichendem Generalindex gedruckt vorliegt.

[3] Solche Anspielungen kommen freilich nicht nur in den älteren, sondern auch in späteren Gedichten vor. Im Ganzen wird Portugal mindestens 20 mal, Leon mindestens 19 mal, Kastilien hingegen nur 10, und Espanha nur 7 mal genannt.

[4] S. z. B. *Vat.* 536. 555. 562. 642. 664. 631. 370.

[5] Die häufigst genannten Städte sind Burgos und Carrion; ausserdem kommen noch 33 span. Ortschaften und 22 portug. vor.

[6] Ich verweise einfach auf Herculano's *Historia de Portugal* (Bd. II).

[7] Enkel des Affonso Henriques (mütterlicherseits) war übrigens auch Alfons IX.

[8] Geb. um 1208 »*o chus honrado clerigo que ouve em Hespanha*«, dazu linker Hand vermählt mit D. Maria Garcia de Sousa, Tochter eines und Schwester dreier Troubadours.

Peres, de Lumiares, der Tochtersohn des D. Affonso Henriques[1] und D. Garcia Mendes, de Eixo, aus dem Hause Sousa.[2] Und ihre Gedichte, obwohl sie rein lyrischen, subjektiven Charakters sind, legen doch das eine klar, dass sie der portug. Heimat fern verfasst worden sind[3]. Andere Lieder beziehen sich wenigstens auf Persönlichkeiten und Ereignisse, die dem ersten Viertel des Jahrhunderts angehören[4]. Eines derselben ist sogar in provenzalischer Sprache abgefasst, und vielleicht einem provenzalisch dichtenden Sänger gewidmet[5]. Und in diesen ältesten Liedern finden sich zwar nicht direkte Entlehnungen aus Werken solcher Troubadours, welche damals thatsächlich Ferdinand III. und Alfons IX. besuchten und feierten,[6] aber doch Anklänge, und Nachbildungen gerade solcher Rhythmen und Strophen- wie Reimsysteme, welche Aimeric de Pegulhan, Elias Cairel, Guiraut de Bornelh verwendet haben. Und als besonders oft und gern gehörte Melodien werden einzig und allein, neben den bretonischen, die Weisen des in Spanien gefeierten En Sordel namhaft gemacht. — Das allerfrüheste von den Gedichten, die ich bis heute zu datieren weiss[7], spricht zu der Mutter des obengenannten D. Gil Sanches, d. h. zu der geliebtesten aller Favoritinnen Sanchos des Alten († 1211), D. Maria Paes Ribeiro, der verführerischen Ribeirinha, die sich später Schutz suchend und Recht heischend nach Leon an Ferdinand den Heiligen wenden musste, — und zwar, dem Anschein nach, in ihrer

[1] Er war ein Sohn der Urraca Affonso, bekleidete die höchsten Staatsämter und fiel (1245) als Greis in der Bruderschlacht bei Porto. Die Liebestenzone *Vat.* 663, die wir von ihm besitzen, stammt gewiss aus jüngeren Jahren; er streitet darin mit Bernaldo de Bonaval, dem Lehrer des *segrel* Pero da Ponte, der später als Singgenosse Alfons' X. auftritt. — Die Behauptung, das Liederbuch nenne diesen B. de B. den ersten Troubadour, beruht auf Irrtum.

[2] Sein Herrensitz *Eixo*, (auch *Eixóo* genannt) liegt bei Aveiro. Er war der 2. Sohn des guten Grafen D. Mendo de Sousa, »*o mór senhor que havia no reinado de D. Sancho*«, der noch bei Silves gekämpft, und hatte mit seinen drei Brüdern, nebst Familien (worunter D. Gonçalo, D. João und D. Fernan Garcia als Dichter glänzen), beim Tode Sancho's I. Portugal verlassen, kehrte 1218 zurück und verbündete sich 1223 mit seinem ganzen ungeheuren Anhang und den übrigen Gaugrafen des Minho und Douro gegen den ersten Ratgeber und den Günstling des minderjährigen Sancho II. S. *Historia Geneal.* XII p. 232; *Mon. Lus.* III 11; *Linh.* 152 und öfters.

[3] Im 48. Liede des *Canc. CBr.* spricht D. Gil Sanches zu einem Boten aus Montemor »*Tu que ora vẽes de Montemayor*« dem strittigen Erbteil seiner längst vom leonesischen Throne verstossenen Schwester (der *beata Thereza*), um welches sein Schwager Sousa 1213 einen blutigen Kampf bestand. Aus Lied Nr. 454 von eben diesem D. Garcia Mendes spricht Sehnsucht nach seiner fernen Heimat (*paço de Sousa*): »*e ora me volho tornar A Sousa a lo mon logar*«.

[4] So bezieht sich *CBr.* 455 (Levaram a Codorniz, *Da casa de dom Rodrigo*) ein Scherzlied des Conde D. Gonçalo Garcia, des ältesten Sohnes des D. Garcia (der erst 1286 hochbetagt starb, als Gatte der Königstochter D. Leonor Affonso) auf den älteren Bruder des D. Gil Sanches, D. Rodrigo Sanches, den lebenslustigen, heldenhaften und geistvollen, gleichfalls landesflüchtigen Recken, der 1245, seinen in der *Lide do Porto* erhaltenen Wunden im Kloster Grijó erlag. Seine Grabschrift sagt, dass er (wenn auch kein *trovador*) so doch ein berühmter *dizedor, de saborosa palavra* war: *nunquam moestus, sed in omni tempore laetus — actu verboque facetus — dapsilitatis amicus — alter Rotulandus* etc. So tritt Paay Soares de Taveiróos, der auch in Spanien gereist ist, in einem anderen, nicht minder charakteristischen Gedichte (*C. Br.* 142) als Zeitgenosse des gewaltthätigen Urenkels der Königin Therese, D. Rodrigo Gomes de Trastamar auf († 1225), der wegen seiner Unthaten landesverwiesen in Leon weilte. Auch Joam Soares Somesso spricht (*CBr.* 104) von D. Abril Pires als von einem Lebenden, sowie von seiner Tochter Urraca Abril, und von seinem politischen Gegner Martim Gil de Soverosa, dem treuen Partner Sanchos II.

[5] Es ist ein Gedicht des Garcia Mendes (*CBr.* 455) und scheint an einen Roy d'Espanha gerichtet zu sein. Ob es der provenzalisch dichtende Rodrigo (Bartsch 454) ist? Man denke an Bernart Espanhol und Guiraut d'Espanha.

[6] Wenigstens habe ich sie bis jetzt nicht nachweisen können.

[7] *C. Ajuda* Nr. 38.

Jugendblüte, noch ehe ihr abenteuerreiches Frauenlieben und Leben bei Hofe begann, das wäre also bestimmt vor 1208. — Denn der Dichter, der sie »*filha de dom Paay Moniz*« anredet, der Höfling Paay Soares de Taveiróos (dessen Lebenslauf für mich leider ziemlich ungelichtet ist) scheint mir darin, zum Lohne für den Liebesdienst, den er ihr geleistet, indem er des Königs Augen auf ihre Reize gelenkt, das Geschenk eines kostbaren Galakleides von ihr zu erbitten[1]. — Ich schweige von anderem unbestreitbar alten Hab und Gut, das sich nicht mit genügender Sicherheit datieren lässt[2], oder das uns verloren ist als da sind die Lieder des Pero Rodriguez de Palmeira, der vor Liebe zu einer Schwägerin der Ribeirinha starb[3]; die des Rodrigo Diaz de los Cameros[4], der 1212 bei Navas de Tolosa mitfocht; die des João Martins, der 1228 amtliche Schriftstücke schon mit dem Zusatze »*Trovatore*« unterzeichnete, und die *cantigas de escarnho e de amor* des D. Martim Alvítes.

32. Wir sind also schon heute berechtigt, sowohl den Beginn der ersten Epoche um 1200 anzusetzen, als auch ihn nach Leon zu verlegen. — In Portugal selbst aber ertönte portug. Minnesang bei Hofe vermutlich erst nach der Rückkehr der Sousas, als Alfons II. »*aquel que foi gafo*«, ans Krankenzimmer gefesselt, von 1219 bis zu seinem Tode (1223) ständig in Santarem weilte. Während der unruhigen Regierung des Nachfolgers, Sanchos II., flüchteten die Musen und ihre Freunde abermals über die Grenze, natürlich nicht ohne dass einige Dichter in der Nähe des Monarchen unter seinen Getreuen zurückblieben[5]. Sein Bruder Alfons (geb. 1210) hatte 1229 die Heimat verlassen und sich zu seiner Mutterschwester Blanca von Kastilien an den Hof Ludwigs IX. von Frankreich begeben, wo er sich 6 Jahre später mit Mathilde, der Wittwe Philipp Hurepels, vermählte, um dann in ihrer Grafschaft Boulogne, dem liederreichen Flandern nahe, zu verbleiben, umgeben von den zuströmenden unzufriedenen portugiesischen Granden[6], welche durch Sanchos Hader mit der Geistlichkeit und

[1] Es handelt sich um die interessante »*guarvaya*«, die Th. Braga zu so abenteuerlich etymologisierenden Erklärungen verleitet hat (*Theoria* III p. 57; *Questões* p. 87; *Vat.* LXXXII; *Curso* p. 101). Das Wort bezeichnet ein kostbares Gewand, wie es zeitweise, laut der Kleiderpragmatik des Königs Jaime v. Aragon (1234) und dem Aufwandsgesetze Alfons' IV. von Portugal, eigentlich nur Könige und ihre Söhne tragen durften. Cfr. *Ducange* III 489 s. v. *garvaria*.

[2] Es bleibt z. B. unentschieden, ob der unbekannte Troubadour, von dem uns drei Gedichte voller Beziehungen zu Santarem erhalten sind (*Aj.* 278—280), und der seinen jüngeren Sangesgenossen eine indirekte Rätselfrage vorlegt, in dem Kehrreim-Ausrufe: »so viele Sänger auch hier um mich sind, keiner ist darunter, der da weiss, warum ich rufe »*Al* (= etwas anderes) *é Alfanxe e al Sesserigo*« oder auch »*Ay Sentirigo! ay Sesserigo!*« wirklich an irgend ein verjährtes Abenteuer denkt, das sich 1147 bei der Einnahme der Veste zugetragen (und zwar in einem der drei genannten Stadtteile von Santarem) oder nicht vielmehr an irgend ein späteres, rein persönliches Begebnis. Ebensowenig lässt sich feststellen, ob im 556. Liede des *Cod. Vat.* *Côr de Leom* zu lesen und an Richard Löwenherz zu denken ist († 1199), oder *Cort de Leon*; ob das Schmählied 1181 wirklich auf einen Abkömmling franz. Kreuzfahrer anspielt; ob ein den König Sancho von Navarra verspottendes Sirventes (Nr. 937) thatsächlich, wie Braga will, vor 1200 entstand. — Von Pero da Ponte's historischen Canzonen aus den Jahren 1236. 1238. 1248. 1252 zu sprechen, ist überflüssig: sie gehören bereits in die Tage, wo Alfons X. zum portug. Dichter geworden war.

[3] *Index Colocci* Nr. 29—30. Vgl. *Livros de Linhagens* p. 355.

[4] *Index Colocci* Nr. 31—33.

[5] Ein treffliches Rügelied auf die treulosen Kastellane (*tenentes*), welche die ihnen auf Lehnseid von Sancho II. anvertrauten Burgen dem aufrührerischen Usurpator Alfons III. übergaben, im Voraus freigesprochen vom päpstlichen Legaten, kann nur ein treuer Parteigänger des verlassenen Monarchen zwischen 1245 und 1248 gedichtet haben (*Vat.* 1088). Sein Verfasser Aires Peres, Vuiturom gehört also auch zur prae-alfonsinischen Dichtergruppe.

[6] Nobregas, Valladares, einige Sousas, Baiões, Briteiros, Portocarreiros, Pereiras. Vgl. Herculano III. Als Alfons III. in Melun zum Ritter geschlagen ward, liessen 20 Sänger ihre Künste hören; ebenso 1234 bei der Heirat Ludwigs IX.

seine kinderlose Misheirat an jenen als den Thronfolger gewiesen waren. Nachdem er, heimgekehrt, den durch päpstlichen Machtspruch entfernten Bruder bekämpft und besiegt hatte (1245), richtiger erst nach Sanchos Tode (1248), entwickelte sich dann endlich in Portugal ein rechtes, glänzendes und bewegtes Hofleben[1], in dem Poesie und Musik eine grosse Rolle spielten, vermutlich nach Vorbild und Muster der nordfranzösischen Höfe, an denen der Portugiese ganze 16 Jahre geweilt hatte. Gleichzeitig aber nahm der portugiesische Minnesang in dem nun seit 1230 definitiv geeinten Doppelreiche Kastilien-Leon einen mächtigen Aufschwung, besonders seitdem der etwas jüngere (1220 geb.), aber geistig bedeutendere Alfons X. das Szepter führte (1252). Zwischen zwei weiblichen Idealgestalten »*scientias et artes*« thronend, den Spruch Senecas »*Non fuerat nasci nisi ad has*« im Herzen und auf den Lippen, beherrschte er sein Zeitalter thatsächlich und gab nicht bloss als freigebiger Gönner der Dichter und Gelehrten[2], sondern auch als selbstschaffender Dichter und Gelehrter ein spornendes Beispiel[3]. Hin und her, von Portugal nach Kastilien, und zurück nach Portugal, wanderten damals Dichter und Gedichte; und wenige Sänger jener Tage wird es geben, die nicht in Beziehungen zu den beiden verschwägerten Fürsten gestanden hätten (Alfons' X. illegitime Tochter Beatrix wurde 1253 Alfons' III. zweite Gemahlin). Als Alfons X. aber die Augen schloss (1284) wurde Portugal der mächtigere Anziehungspunkt, und sein jugendlicher König der erlauchteste Beschützer der Künste und Wissenschaften. — D. Dinis, der Sohn Alfons' III. von Portugal und Enkel Alfons' X. (geb. 1259), auf den des einen wie des anderen Neigungen übergingen, und dessen natürliches Dichtertalent beide auszubilden bestrebt waren, erhielt französische[4] und französierte Lehrer[5]; und als man dem frühreifen Jüngling einen eigenen Hofstaat einrichtete, wurde demselben der portug. Dichter und Staatsmann D. Joam de Aboïm einverleibt[6]. Bei seinem Besuche am Hofe seines Grossvaters (1269), der ihn zum Ritter schlug, versäumte der Jüngling sicher nicht, den gerade anwesenden Provenzalen Bonifacio Calvo, Bertolomé Zorgi und Guiraut Riquier zu lauschen, und Niederschriften ihrer, und älterer, Lieder zu erwerben. Gewiss ist, dass er selbst eifriger und klangvoller als irgend einer in Portugal und Kastilien sang, und die bereits schal gewordenen konventionellen Formen des Minnesangs erneute, sowie dass aus allen Gauen der Halbinsel die Dichter nun westwärts wanderten. Sevilla und Santiago, Burgos und Barcelona, Bearn(?) und Lugo sandten ihre *juglares* und *segleres*, die da hören sollten, wie der portugiesische Monarch gallizischen und portugiesischen Volksweisen Eingang bei Hofe verschaffte, und abwechselnd mit dem salonfähigen Psalterion, der bretonischen Harfe und der Fiedel, auch die volksübliche Guitarre, die heimische Schellentrommel, das Tambourin und die Castagnetten als charakteristische Begleitung fröhlicher Reihentänze mit munterem Kehrreim ertönen liess. Unter seiner Aegide erreichte die Dichtkunst ihren Höhepunkt. Mit seinem Tode (1325) begann der Niedergang, der in Kastilien schon 1284 und am aragonesischen Hofe mit dem Ableben Peters III. (1283) begonnen hatte.

[1] Abermals in Santarem, wo Alfons III. mit Vorliebe weilte; und erst später in Lissabon.

[2] Sein Volk murrte über seine stets offene Hand: *decian que el Rey empobrescia la tierra, dando algo a las gentes de otros reinos*«.

[3] S. u. § 36.

[4] Aymeric d'Ebrard aus Cahors († 4. Dec. 1295, und begraben im Kloster Paradis d'Espagnac). Er war in Portugal geblieben und fungierte von 1279 an als Bischof von Coimbra.

[5] D. Domingos Annes Jardo, der sich in Paris den Doktorgrad erworben hatte, war von 1284—85 Bischof von Evora, dann bis 1293 Bischof von Lissabon und Kanzler des D. Dinis und diesem sehr wert (»*grande privado*«). Er spielte eine bedeutende Rolle von 1235—93. An der Gründung der Universität hat er Teil.

[6] Vielleicht sind auch die Hofräte João Velho und Martin Peres mit den Dichtern gleichen Namens identisch.

»*Os trobadores que pois ficaron*
en o seu reino e no de Leon,
no de Castela e no d'Aragon,
nunca pois de sa morte trobaron;
e dos jograres vus quero dizer:
nunca cobraron panos nen aver ....,
ca el foy rey assaz muy prestador
et saboroso e d'amor trobador.«[1]

Sein Nachfolger, Alfons IV. (1325—1357) — den man »den Wilden« nannte »*o bravo*«, gleichwie den Sohn Alfons' X., Sancho IV., — scheint, wie dieser, weniger Freude am lyrischen Getändel gefunden zu haben. Zwar waren seine Halbbrüder Affonso Sanches und der Graf von Barcellos noch Dichter, doch mussten dieselben das Vaterland verlassen und am Nachbarhofe Alfons' XI. Zuflucht suchen (1312—1350)[2]. Um diesen Sohn der Portugiesin Constanze, und Gatten der wahrhaft grossherzigen Portugiesin Maria, schaarten sich nun die Epigonen. Er selber griff noch einmal zur Harfe und sang ein letztes Lied (s. § 34). — In der zweiten Hälfte des 13. Jhs., als hier wie dort, in seltsam andauerndem Parallelismus, ein Pedro, der Grausamgerechte, das Szepter führte[3], verstummte dann endlich auch der letzte und westlichste höfische Wiederhall der eigentlichen Troubadourpoesie.

33. Der portug. Minnesang erstreckt sich also durch eine Zeitdauer von über 150 Jahren. Fünf bis sechs Generationen nahmen daran Teil (von den direkten Enkeln des Affonso Henriques bis zu denen fünften und sechsten Gliedes), während fünf bis sechs Könige burgundischer Dynastie das Szepter in Portugal führten und ebenso viele, Blutsverwandte, den bald geeinten, bald getrennten Doppelthron von Leon und Kastilien einnahmen. Die ganze Epoche kann, wie aus obigem hervorgeht, in vier Entwicklungsstufen zerlegt werden. Die früheste, prae-alfonsinische, reicht von 1200 bis 1248; die zweite alfonsinische dauert von 1248 bis 1280 und man hat darunter einzubegreifen sowohl was Alfons X. selber nebst seinen Mannen, als auch was Alfons' III. Höflinge hervorbrachten[4]; die dritte dionysische geht von 1280 bis 1325. Die letzte, post-dionysiche Epigonenzeit (1325—1350) bildet keine rechte Sondergruppe, da neue Figuren so gut wie gar nicht darin auftreten, und besonders weil sie neue Dichtungsformen nicht ausgebildet hat. — Natürlich reichen viele Sänger des ersten Zeitabschnittes in den zweiten hinüber; ebenso aus dem zweiten in den dritten; und aus dem dritten in den vierten — Spanier von Portugiesen zu trennen, oder etwa die am leonesisch-kastilischen Hofe entstandenen Dichtungen von den in Portugal verfassten, geht zwar an, hat aber wenig Wert. — Was den Geist der Lieder betrifft, so ist jegliche zeitliche Trennung eigentlich überflüssig: denn einheitlich, ja monoton, ohne tiefer greifenden Unterschied sind alle *em maneira de proençal* gedachten und ausgeführten Liebeslieder der ganzen anderthalb Jahrhunderte; einheitlich ist auch ihre Form, und ihr Stil wie ihre Sprache, und die aus den Worten heraustönende Denkungsart, und die ihr zu Grunde liegende Hofsitte wie Unsitte. Nur tritt, wie schon gesagt ward, unter König

[1] *Vat.* 708.

[2] Der Jongleur, welcher das Hinscheiden des Königs Dionysius beklagt, ein Leonese Joam, sagt zum Schlusse ausdrücklich: *Mais atanto me quero confortar Em seu neto que o vay semelhar Em fazer feitos de muy sabio rey.* Alfons' XI. Mutter war eine Tochter des Verstorbenen.

[3] Pedro I., o Justiceiro oder Cruel von Portugal, regierte von 1357—1367. Pedro I., El Justicero oder Cruel von Leon und Kastilien von 1350—1369. — Daneben haben wir noch Pedro IV., Cruel, von Aragon und Katalonien von 1356—1387. Auch diese drei Monarchen werden oft mit einander verwechselt.

[4] Th. Braga trennt die beiden ersten nicht von einander und bezeichnet die einschlägigen Dichter zusammen als prae-dionysische Troubadours. (S. Einl. zur *Vaticana* und z. B. *Curso* p. 74).

Dionysius, für die beliebten Frauenlieder das volkstümliche Genre der Parallelstrophen-Gedichte hinzu, wie sie bei Reigen- und Rundtänzen auf Wallfahrten, im Kahne und am Strande, oder auch als Morgenständchen, aber meist im Freien und vom Volke gesungen wurden (s. § 20). Ratsamer ist es darum, das altportug. Liederbuch nicht in chronologisch geordnete Gruppen, sondern sachlich zu zerlegen: a) in Gedichte nach provenzalischem Muster (*phase limosina*, nach Th. Braga), wie solche vom ersten Knospen der *arte de trobar* an, bis zu ihrem Welken, die üblichsten wurden und blieben, in Wahrheit aber bereits in der prae-alfonsinischen Zeit formell ausgebildet waren; und b) in Gedichte nach heimischen Volkstypen (*phase galleziana*), die erst, Dank dem echtnationalen Sinn des portug. Dichterkönigs hoffähig wurden, vereinzelt aber auch schon früher versucht sein mögen[1]. Dazu tritt c) als dritte, speziell spanisch-alfonsinische Sondergruppe, abseits vom weltlich-höfischen Minnesang entstanden, das geistliche Liederbuch Alfons' des Weisen. Im Grossen und Ganzen kommt jedoch in allen Arten, selbst in den technisch rein provenzalischen Gebilden, das heimisch-nationale Denken und Fühlen volksmässigsten Zuschnittes recht stark zur Geltung: gallizisch-portugiesisch ist keineswegs allein die so überaus beliebte Gattung der Frauenlieder, und die häufige Verwendung des Kehrreims, wie der dialogistischen und amöbäischen Form, worauf § 20 hinwies, und die Bevorzugung des 6- und 8silbigen Trochäus. Auch dass man beim Nachahmen dem *vers* vor der *chanson* den Vorrang einräumte; ferner die Kürze und Gleichheit der Lieder; die einfache Reimverkettung der unendlich oft nur zwei- und nicht dreiteiligen Strophen; der Mangel an aller individualisierten Bildersprache; die eintönig sentimental-elegische Färbung der meisten *Cantigas de amor;* ihre auffällige Gedankenarmut, die zur systematischen und thematischen Ausnutzung musikalischer Wiederholungen und Variationen führte; und auch die Rudität und Nudität der Hohn- und Schimpfgedichte, die alle Grenzen edleren Anstandes rücksichtslos überspringen; die Lust am Parodieren und Persifflieren und Medisieren; und der eigentümlich ungläubige, naïv-ketzerische Ton, in dem mit dem Herrgott (*Senhor Deus*) verkehrt wird: dies alles, und manches andere, wurzelt im Nationalcharakter. — Der Grund, warum die portug. Kunst- und Hoflyrik, trotz ihres fremden Ursprungs und der unleugbaren Nachahmung, sich also doch in gewissem Sinne spontan und eigenartig, und zwar volksmässig, entfaltete, liegt in der Blüte der Volkslyrik, aber auch an dem losen und unpersönlichen Zusammenhange portug. Fürsten und Grossen mit provenz. Dichtern. Man begnügte sich mit der ein Mal empfangenen ersten mächtigen Anregung, lernte das Abc des Minnesangs d. h. die formelle Seite, liess es dann aber bei dieser oberflächlichen Kenntnis bewenden, ging auf die Ideenwelt nicht ein, und bewegte sich, wirklicher Entlehnungen und gewissenhafter Nachbildungen als viel zu umständlich gern entratend, dem fremden Vorbild gegenüber mit bequemer und glücklicher Unabhängigkeit.[2] Der Hauptgewinn, der aus dem so gestalteten Verhältnis erwuchs, war, dass man sich der eigenen Sprache bediente und diese litterarisch ausbildete, und nicht des Provenzalischen oder Katalanischen, noch des Kastilischen.

34. Sämtliche lyrische Gedichte, welche sich aus der ersten Litteraturperiode erhalten haben, sind in portug. Sprache abgefasst[3]. — Eine Ausnahme

[1] Einige Gedichte in zweizeiligen, unmittelbar reimenden Strophen mit Refrain kommen auch bei älteren Troubadours vor, z. B. bei Pedrannes Solaz (*Ajuda* 284; und 281 *Eu sei la dona velida,* das sich in Parallelstrophen bewegt).

[2] Einzelner Entlehnungen aus süd- und nordfranz. Gedichten, die natürlich vorkommen, kann ich hier nicht gedenken.

[3] Ich sehe von Berceo's einsamem Vagantenlied ab; sowie von des Erzpriesters *Serranilhas* und Ayala's *Cantigas,* die zeitlich ja schon am Ausgang der ersten Epoche liegen.

bilden nur ganz wenige Lieder. Wir besitzen nur zwei kastilisch geschriebene: einen Versuch von Alfons X., bestehend aus einer 8zeiligen Strophe (die vielleicht nur Fragment eines etwas grösseren Ganzen ist[1]) und einen hübschen Gesang Alfons' XI., als eines der spätesten Troubadourlieder, das schon auf den sich vollziehenden Geschmackswechsel hinweist[2]. — Wir besitzen ferner ein provenzalisches, ob auch noch so stark verderbtes Lied von dem oben schon genannten Granden D. Garcia Mendes, de Eixo, aus dem Hause Sousa[3], und ein zweites, etwas späteres Streitgedicht, in dem der eine Dichter (ein D. Arnaldo) provenzalisch zu singen anhebt, während Alfons X. ihm portugiesisch regelrecht *pelos consoantes* antwortet[4]. Eine nordfranz. Refrain-Einlage benutzt ausserdem der Sohn des ebengenannten Sousa, D. Fernam Garcia, genannt *Esgaravunha* d. h. *Kratznagel*[5]. Kirchenlateinische Brocken erscheinen hie und da als Schmuckstück[6]. Im Übrigen hören wir nur reines geschmeidiges Portugiesisch, das gerade so wie in den Prosadenkmälern jener Zeit auftritt. Zwischen der Ausdrucksweise eingeborener Portugiesen und Gallizier[7] und derjenigen dichtender Leonesen, Kastilianer, Italiener etc. ist kein merklicher Unterschied[7], abgesehen davon, dass natürlich die geistlichen Lieder sich anderer Redewendungen bedienen als die nicht erbaulichen Schimpfgedichte, und diese wieder anderer als die Liebeslieder. — Einige Provenzalismen kann man zugeben (doch viel weniger als z. B. Diez annahm[8]). Manche darunter gehören ausschliesslich Alfons X. an.[9] Italianismen kommen nicht vor, trotz Braga's Behauptung[10].

Die Frage, wie es kam, erstens dass leonesisch-kastilische Könige, oder genauer, dass Alfons X., der sich so ungeheuere Verdienste um die Förderung gerade des Kastilischen erworben hat, so oft er singen wollte, zu einem Provinzialdialekte griff, der noch dazu mit dem Nationalidiom eines fremden Staates identisch war, und zweitens dass das Portugiesische die Sprache der gesamten nicht zum occitanischen Sprachgebiet gehörigen peninsularen Kunstlyrik ward, hat man

[1] *Canc. CBr.* 471: *Señora por amor de dios.* (Reimschema *ababa bba*).

[2] *Vat.* 209: *En un tiempo cogi flores.*

[3] *Canc. CBr.* 454.

[4] *CBr.* 477. Auch hier ist der Text jämmerlich verderbt. Dass es sich um Südfranzösisches und nicht um Nordfranzösisches handelt, beweisen die Worte *plai* und *faray* etc., die zu portug. *vay* und *ay* Reime bilden.

[5] *C. Ajuda* 126 *Punhei eu muit' en me quitar.* Der dreifach wiederholte Refrain lautet: *Or sachiez veroyamen Que je soy votr omelige.*

[6] Z. B. *Vat.* 1088.

[7] Die Gedichte des Italieners Bonifacio Calvo aus Genova und die Werke 37 weiterer Poeten, konnten z. B. von Varnhagen, Diez, Wolf und anderen für die Arbeit eines einzigen Dichters gehalten werden! Gerade so machten die Bilder der altportug. Malerschule auf die Nachwelt einen so homogenen und doch eigentümlichen Eindruck, dass die Besonderheit der einzelnen Meister ihnen entging, und alles sich um den einen Namen Grão Vasco krystallisierte! Für den, welcher genauer zusieht, schwindet freilich, hier wie da, der einheitliche Charakter. Möglicherweise auch in sprachlicher Beziehung. Ob z. B. das gallizische *che cho cha* nur von Galliziern benutzt wird, und wodurch Alfons' X. Sprache sich auszeichnet, ist noch nicht untersucht worden.

[8] Unbedingt borgte man von den Provenzalen die Terminologie der Poetik (s. u.) und auch der Hofsitte: Worte wie *entendedor, drudo, cousir; trovador, jogral, segrel, tençâo* etc. etc. Viel mehr nicht. Was Diez über die Verbformen *perdon pes* etc. sagt, ist ganz verfehlt. Kriterium darf nicht sein, ob ein Ausdruck die altport. Lyrik nicht überlebt hat, da mit dem Verblühen des Minnesangs eine neue Geschichts- und Sprachperiode beginnt, sondern ob derselbe nur in der Lyrik und nicht auch in der schlichten Prosa jener Tage vorkommt. Ein gutes altportug. Speziallexikon, welches allen wichtigeren Denkmälern der Epoche gerecht wird, kann allein genaue Antwort für jeden Einzelfall geben. Materialien dazu habe ich gesammelt. Ob ich dazu komme, sie zu verwerten, weiss ich nicht.

[9] So z. B. *senner* für *senhor, nïent, volonter, toste, estade, tróque, besonna, lasso, gros saïn, en gage, viaz, feramen, fran'* und vielleicht *antano.*

[10] Was Braga (*Vat.* XXXII u. *Curso* 71) für Italianismen ausgiebt, ist entweder gemeinromanisch oder provenzalisch.

dahin beantwortet, die mannhaft härtere kastilische Sprache, die sich für Erzählendes in Epos, Prosa und Volksromanze schon so ausserordentlich geeignet erwiesen hatte, sei für lyrischen Ausdruck noch ungebildet gewesen, zur Zeit als das an und für sich weichere Gallizische schon manche Gattungen von Singliedern ausgebildet hatte. Die Thatsache hingegen, dass Alfons X. einen Teil seiner Jugend und Kindheit in Gallizien verbrachte, hat man angezweifelt. Mit Unrecht! Ja, nicht er allein, sondern fast alle leonesisch-kastilischen Monarchen, die zwischen 1037 und 1300 regierten, sprachen, wie mir scheint, gewohnheitsmässig den westlichen Dialekt. Es war geradezu Brauch, und ein in den wilden Zeiten beständiger Maurenkriege sehr erklärlicher Brauch, die Königskinder, bis sie Waffen tragen konnten, in den sicheren, dem Kriegslärme fernen, von maurischen Elementen ziemlich freien Burgen des von den blaublütigsten Adligen bewohnten Nordwestens auferziehen zu lassen[1], dem verehrten und besuchten Heiltum von Santiago nahe, an dessen Altar sie zu Rittern geschlagen wurden, und in dessen Kirche so mancher der Könige ruht. Der *amo* Ferdinand's I. z. B. war der gallizische Conde Osorio. Alfons VI., dessen Erzieher und Vormund der gallizische Graf Mendo Gouzález, ein Vorfahr der Sousas gewesen, benutzte noch in seinem höchsten Alter die Sprache seiner Kindheit, wenn die gutverbürgte Tradition auf Wahrheit beruht, die ihn beim Tode seines einzigen heissgeliebten Maurensohnes Sancho († 1108 bei Uclés) ausrufen lässt: »*Ai meu filho! ai meu filho! alegria de mi*(!) *coraçon e lume dos meos olhos! solaz de minha velhice! ai meu espelho em que me soïa veer e com que tomaba mui gram prazer! ai meu herdeiro mayor! Cabalheiros! u melo leixastès? dad-me meu filho, Condes!*« — Alfons VII. wurde in Gallizien geboren, das sein Vater, der burgundische Raimund verwaltete, und unter der Obhut des Galliziers Pedro Fróyaz (oder Fróes) de Trava erzogen. Desgleichen Ferdinand der Heilige, von dem sein Sohn absichtlich singt: »*Seu avoo quando reynou De Galiza o fezera vïir* (*Cant.* 221). Erst von Alfons XI. an begann man, das System zu wechseln. Dieser Fürst wurde in Avila und Toro erzogen[2], und sein Chronist erwähnt, bezeichnend genug, von ihm als etwas ganz Neues »*ca la palabra del era bien castellana.*«[3]

35. Die 2116 portug. Gedichte, welche den Gesamtertrag der Troubadour-Epoche bilden[4], verteilen sich auf mehr als 150 Dichter[5]. Ordnen wir dieselben zunächst nach ihrem sozialen Range, so kommen an die Spitze die vier

[1] »*Galicia, nunca fertil de poetas* (= an Kunstdichtern), *mas si de casas nobles*« sagt Lope de Vega«. — Als im letzten Viertel des 15. Jhs. die sich einigende span. Monarchie den Adel bekämpfte, wurden (1476) allein in Gallizien 50 Burgen rasiert. Die Eigenart und Entwickelung der einzelnen span. Provinzen und Dialekte und ihren Einfluss auf Geschichte und Litteratur zu verfolgen, ist ausserordentlich interessant. Schon früh galten die Gallizier, die Schweizer Spaniens, für unkriegerische, in der Fremde heimwehkranke, aber auch für gewinnsüchtige Bergesleute. *Los de Galicia eran omes de montañas que avian muy grave de los sacar de la tierra, a menos de les dar algo.*

[2] Criado por Martin Fernandez, de Toledo.

[3] Die allmähliche Ausdehnung des *romance castellano* ist auch noch nirgends dargestellt worden; wie der wechselnde Inhalt des Begriffes »*Hespanha*«. Im Munde von Portugiesen des 13. Jhs. (oder selbst von Spaniern, die in Portugal weilten und dichteten). hat (trotz Diez p. 22) das Wort *Hespanha* durchaus nichts Auffälliges. Sie benutzten es so oft sie nicht ausschliesslich *Castella e Leon* bezeichnen wollten. Bis 1640 antwortete im Auslande jeder Portugiese (nachweislich) auf die Frage, woher er sei: *De Hespanha!*

[4] So viele Nummern bleiben übrig, wenn man von den 1205 Liedern des Codex *Vaticanus* und den 442, welche man uns aus dem Codex Colocci-Brancuti im Drucke geboten hat, sowie von den 310 des Codex *Ajuda,* und den 428 geistlichen Liedern Alfons' X. alle Duplikate fortstreicht, und alle falschen Zählungen ausgleicht (*Vat.* 1195; *CBr.* 438; *Aj.* 65; *Aff.* 418). Quantitativ steht also der portug. Liederschatz hinter dem provenz. nicht zurück. Ich zähle im *Grundriss* von Bartsch 2089 Gedichte.

[5] Genau genommen sind es 163 namhafte und einige anonyme. Die Schaar der provenz. Dichter ist erheblicher: 460, laut Bartsch.

Könige, welche, wie schon angedeutet ward, nach einander die Gönner aller portug. Singenden, und zu gleicher Zeit selbst Dichter gewesen sind: Alfons IX. von Leon; Alfons X. der Weise; D. Dinis; und Alfons XI. von Leon und Kastilien. Dass noch zwei weitere gekrönte Häupter, Alfons III.[1] und IV.[2] von Portugal, gedichtet haben, ist eine unerwiesene Behauptung. — Auch ob ich Alfons IX. mit Recht hier einreihe, steht für mich selbst noch nicht ganz ausser Frage[3], doch ist es das Wahrscheinlichere. Die alten Liederbücher nennen nämlich als Verfasser einer Gruppe von 10 oder 11 Liedern[4] kurz und bündig: *El Rey D. Affonso de Leon*, ohne weiteren aufklärenden Zusatz[5]. Und da es (Alfons IV. und V. abgerechnet, welche, der Zeit nach, nicht in Frage kommen[6]) nur einen einzigen Alfons von Leon gegeben hat, — eben den Neunten — so sind wir verpflichtet, diesem 1171 geborenen Enkel des Affonso Henriques, der wiederholt, als Freund und Feind, portug. Boden betreten hat, als dem ältesten aller portug. dichtenden Könige, den ihm gebührenden ersten Platz anzuweisen, falls der Inhalt der betreffenden Gedichte sich dem nicht durchaus widersetzt. Und das thut er nicht; denn dass der derb realistische Witz seiner zum Teil von Jagd handelnden Spottgedichte sich kaum vom Geiste Alfons' X. unterscheidet, will wenig sagen[7]. — Alfons XI.

[1] Den König Alfons III. versetzte, meines Wissens, nur Braga auf den Parnass (*Vat.* p. XLVI). Und das einzig und allein auf Grund einer Randnote Angelo Colocci's in seinem portug. Liederbuche. Der grosse Humanist, und auch Kardinal Bembo, sein Berater in romanistischen Fragen, wussten augenscheinlich nicht recht, was sie aus dem »*Rey Affonso de Leon*« machen sollten (und ihre verschiedenen Vorlagen scheinen ihnen auch den Entscheid schwer gemacht zu haben). Von peninsularen Königen Namens Alfons, die den Minnesang geübt, war ihnen, naturgemäss ausser Alfons X., den sie angesichts der Originale nicht für den Autor der fraglichen Lieder halten durften, nur der aragonesische Fürst Alfons II. bekannt. So erklärt sich eine erste Randbemerkung Coloccis zur Liedergruppe 456—465: *Bembo dice »di Ragona, figlio di Berenghieri«.* — Eine andere Vorlage aber, welche Colocci zu Rate zog, enthielt bereits eine scheinbar alte, schwer leserliche Zusatznote, worin die Worte *Portugal* und *Rey don Sancho* vorkamen. Das erhellt aus der zweiten Marginalnote: *Alia lectio: i Portugal Rey don Sancho depoit (= de Port.*? oder *deponit.*?). Und diese steht in Beziehung zu einer dritten, modernen, Fussnote am Ende des unmittelbar vorhergehenden Liederheftes. Da hat Colocci nämlich, wohl zur Kontrolle der Schreiberarbeit verzeichnet: »*R⁰* (= *segue*?) *outro R⁰* (= *Rotulo*) *das Cantigas que fez o mui nobre Rey don Sancho depoit*«. Das deutet nun Braga dahin, der als Autor genannte Affonso de Leon sei eigentlich ein Alfons von Portugal und zwar der, welcher einen Sancho absetzte, also Alfons III. — Ich hingegen meine, die Vorlagen, so weit wir sie kennen, erlauben uns nur Alfons IX. von Leon (oder Sancho II. von Portugal) für den Dichter der Lieder 456—465 zu halten, aber nimmer Alfons III.

[2] Alfons IV., der Amadisbewunderer und vermeintliche Autor der berüchtigten, altportug. redigierten Lobeira-Sonette des Dr. Ferreira, wurde gewisslich nur auf diese Hypothese hin, für einen Troubadour ausgegeben, und zwar am Ausgang des XVI. Jhs. von den Historikern Brito, Severim de Faria, Mariz und Faria-e-Sousa, und dann später von Barbosa Machado und allen Litterarhistorikern (Diez, Wolf, Milá und Braga nicht ausgeschlossen). — Wie Colocci seinerseits, fast ein Jahrhundert früher, auf den Gedanken gekommen ist, den König in den *Indice di Autori Portoghesi* einzuschmuggeln, ist unschwer zu finden, wenn man nur die einschlägigen Stellen mit Bedacht prüft (S. *Indice* und Text No. 405. 1323. 1533—1536 und *Vatic.* 907. 1058). Nicht die Vorlagen nennen ihn einen Dichter, und nur seine persönliche Meinung spricht Colocci in der Formel aus: *El Rei D. Denis (filius Alfonsi III et pater Alfonsi IV poetae).* Ich denke mir, von Söhnen des Dionysius kannte Col. nur den Thronfolger D. Affonso (IV), nicht aber den unehelichen Sprössling, der gleichfalls Affonso hiess, ob auch mit dem unpassenden Zunamen Sanches. Als er nun unter den Dichtern thatsächlich einen *D. Affonso (Sanches) filho del Rei D. Denis* fand, erblickte er darin D. Affonso IV. Für Ausführlicheres ist hier kein Platz. Braga's Angaben (*Vat.* LXVIII, XCIII. LXXIV und *Curso* 92) sind nicht zu wiederholen.

[3] Das Warum zeigt die vorstehende Anmerkung 1.

[4] *CBr.* 456—465 (oder 466, so man den Index statt des Textes befragt).

[5] Alfons XI. wird deutlich bezeichnet als »*o que venceu o rey de Benamarin*«. Für Alfons IX. gab es keinen ähnlichen Ehrentitel, und den Zusatz »*o que não foy ás Navas de Tolosa*« vermied man natürlich.

[6] Alfonso IV., *el Monge* 925—930; Alfonso V., *el Noble* 999—1027.

[7] Sie zu interpretieren ist sehr schwer, und öffentlich noch nicht geschehen.

hat nur einen Beitrag zum Liederbuch gespendet, das spanische Gedicht *Vat.* 209, von dem der Leser schon weiss. — Die beiden anderen Könige, Alfons X. als der fruchtbarste, und D. Dinis als der zweitfruchtbarste und dichterisch begabteste aller Troubadours, verdienen etwas eingehendere Erwähnung.

36. Von Alfons X. besitzen wir im Ganzen 450 Gedichte, also mehr als ein Fünftel des gesamten Liedervorrates, und sehr viel mehr als irgend ein anderer Minnesänger geschaffen[1]; und doch vermutlich noch nicht einmal sein ganzes Hab und Gut. — Denn um die Erhaltung seiner weltlich-höfischen Lieder, die er wie Jugendsünden betrachten und verdammen mochte, hat der König sich nicht gekümmert. Nur 32 (resp. 33) Proben davon haben portug. Sammler aufbewahrt[2]. Die meisten darunter aber haben satyrischen Inhalt, und nur ganz wenige sind erotische Lieder. Unbedingt muss Alfons aber, vor 1252, im Frauendienste, erheblich viel mehr wahre Liebesgedichte verfasst haben[3]; sonst hätten seine Beteuerungen, der Mutter Gottes gegenüber, er wolle weltlicher Minne entsagen und sich zu ihrem Troubadour weihen, keinen rechten Sinn[4]. Dafür hingegen, dass die 428 (resp. 416) zum Gesange bestimmten geistlichen Lieder, welche sein »*Liederbuch der Jungfrau Maria*« ausmachen mitsamt den »schmackhaften« Melodien, die er selber dazu lieferte[5], kunstvoll niedergeschrieben und treulich aufbewahrt würden, hat er Sorge getragen[6]. — Von

[1] Kein prov. Troubadour oder Trouvère, schrieb auch nur annähernd so viel wie Alfons und D. Dinis; von sonstigen dichtenden Königen erst gar nicht zu reden. Von Alfons I. von Aragon, so wie von Peire I. und II. existiert je ein Lied. Von Thibaut de Champagne-Navarra kennt man 81 (resp. 60) Gedichte.

[2] *Vat.* 61—79 und *CBr.* 466 (oder 467) bis 478 (im Ganzen die Nummern 467—496 der Originalvorlage, worin die Zahlen 468, 471 und 474 doppelt vorkommen). Daran dass der Dichter, welcher »*Rey de Castella et de Leon*« genannt wird, und der unmittelbar auf den »*Rey D. Affonso de Leon*« folgt, thatsächlich der Zehnte und Weise ist (wie Wolf, Diez und Milá richtig vermuteten, und wie nur Th. Braga früher und lange in Abrede stellte, z. B. *Vat.* LI), kann absolut nicht gezweifelt werden, da eines der Lieder, Nr. 467, dasselbe *Salve Rainha* ist, welches im geistlichen Liederbuche (als Nö. 40) figuriert. — Eine prächtige Arbeit darüber, trotz einzelner Fehlgriffe ist: Cesare de Lollis, *Cantigas de Amor e de Maldizer di Alfonso el Sabio* in: *Studj Fil. Rom.* 1887.

[3] Dass man von einem »*Cancioneiro Amoroso*« des Königs sprechen darf, gebe ich also zu. Was wir davon kennen, sind jedoch karge Splitter. — Ein alfonsinisches und zwar, soweit aus dem Titel zu entnehmen ist, weltliches Liederbuch besass noch im 15. Jh. König Duarte von Portugal als Nr. 63 seiner Bibliothek: »*O Livro das Trovas del Rei D. Affonso, compilado por F. de Montemor-o-Novo- (encadernado em coiro).*« Und ungefähr gleichzeitig sprach der Markgraf von Santillana von erhaltenen Versen des Monarchen: »*En este reyno de Castilla dixo bien el Rei D. Alonso el Sabio; e yo vi quien vio decires suyos*«. Genau zu sagen, was er unter *decires* verstand, ist unmöglich. Ich meine, zum Sagen bestimmte Spottlieder, in portug. Sprache. An kastilische Gedichte von ihm — das in § 35 erwähnte Pröbchen abgerechnet — glaube ich nicht, weder an den *Tesoro*, noch an die *Querellas*, noch an die schöne Klageromanze: *Io sali de la mi tierra*, wie ich an kastilische lyrische Gedichte des Bonifacio de Genova, oder etwelcher anderer *Lingua de oc*-Dichter nicht glaube.

[4] *Quero seer oymais seu trobador;* und 2. *Querrei-me leixar de trobar des-y Por outra dona, e cuid' a cobrar Por esta quant' en as outras perdi* und 3. *Esta dona, que tenho por senhor Et de que quero seer trobador, Se eu per ren poss' aver seu amor, Dou ao demo os outros amores.* Vgl. No. 279.

[5] Im Prolog sagt er: *Fezo* (oder *fez cen) cantares e sões, Saborosos de cantar, Todos de senhas razões* und im Schlussgedichte No. 401: *macar poucos cantares acabei, e con son.* — Vgl. *Cant.* 63, 172, 293, 347.

[6] In seinem Testamente (s. Amador de los Rios III 503 nach *Cronica*, ed. 1554) vermachte Alfons seine Liederbücher derjenigen Kirche, in der man ihn beisetzen würde. In der Kathedrale von Sevilla, wo er ruht, verblieben denn auch die zwei vollständigsten und kostbarsten, mit Illuminuren und Musiknoten geschmückten Pergamenthandschriften, bis Philipp II. sie in die Escurial-Bibliothek bringen liess, wo sie sich noch heute befinden: T-j- 1, ein Cod. von 256 Bl. mit 195 Liedern und etwa 1250 Miniaturen, und j.-b.-2 von 361 Bl. mit 401 Liedern und 40 Vignettenbildern, nach 1279 abgeschlossen. Ein drittes,

diesen Marienliedern »*Cantigas de S. Maria*«[1] sind 58, also ein reichliches Zehntel, lyrische Hymnen zu Ehren der Jungfrau. Jedes 10. *Cantar* ist nämlich ein sogenanntes Loblied, so dass wir 41 *Loores* besitzen. Und dazu kommen 5 spezielle, für die christlichen Hauptfeste, und 10 für die Marientage bestimmte Lieder (*5 Fiestas de Jesus Cristo*, und *10 Fiestas de Maria*) nebst 2 Gebeten *Peticiones*. Bemerkenswert sind darunter das Mailied: »*Ben venhas Maio!*« (No. 421), die *Alba:* »*Virgen madre gloriosa*« (No. 340) und ein »*Salve Regina*« (No. 40; *CBr.* 467) wegen ihres typischen volksmässigen Charakters. Die Mehrzahl der Gedichte sind jedoch längere episch-lyrische Berichte über Marien-Wunder (359), weshalb man meist von den »*Cantares de los Miragres de N. S.*« spricht.[2] Den Stoff für die letzteren lieferte einerseits das Leben der Königsfamilie von 1209—1280, so wie der Monarch es selber erlebte, oder die Seinen es ihm berichteten, und in etwas weiteren Grenzen die peninsulare Lokalgeschichte (Portugal nicht ausgeschlossen), wie Zeitgenossen sie ihm darstellten. Andererseits schöpfte er aus frommen Schriftwerken, dem *Speculum historiale, De miraculis beatae Mariae Virginis,* Gautier de Coincy, und den Legendensammlungen hispanischer Kirchen. So behandelte schon Alfons die Sage vom Teufelspakte des Theophilus; den Gang nach dem Eisenhammer; das Paradies und die Hölle; die Creszentiasage; das Märchen vom Mönche, der dem Sange eines Vögleins 300 Jahre lauscht u. a. m. Seine Sprache ist einfach, doch nicht ungewandt; die Darstellung bisweilen prosaisch trocken, bisweilen aber auch voll zarten, innigen Gefühls; die metrischen Formen sind mannichfaltig. Provenzalisch ist eigentlich nur der Dekasyllabus, und etwa der 5, 7, (resp. 14) und 9 silbige Jambus; heimisch-peninsular sind die 4, 6, 8 (resp. 16) silbigen Trochäen, und auch die 6 und 12 silbigen Zeilen anapästischen Wandels (*de arte mayor*), sowie der häufige Kehrreim, der meist, themaartig, an der Spitze des Liedes erscheint; und der ganz willkürliche Wechsel zwischen männlichen und weiblichen Reimen. Von den Strophensystemen sind die üblichsten die 8 zeiligen mit überschlagenden Reimen, und Gebilde aus 6 Langzeilen, von denen die ersten drei einreimig sind, während die 4. Reihe den neuen, im 2 zeiligen

älteres Ms. (nach 1257 gefertigt) gehörte der Toledaner Bibl. (mit nur 100 *cantares* und 27 Zusätzen), befindet sich jedoch seit 1869 in der Madrider National-Bibliothek. Die Kunde von den »gallizischen« Gedichten des Königs blieb stets lebendig. Zu Ende des XVI. Jhs. (1588) begann man Probestücke abzudrucken und Einzelfragen zu erörtern. Die wichtigsten Quellenwerke sind: Argote de Molina, *Nobleza de Andalucia* 1588; Ortiz de Zuñiga, *Anales de Sevilla* 1617; R. Mendes da Silva, *Catalogo real de España* 1637; Daniel Papebroquio, *Acta vitae Sancti Ferdinandi* 1681; Perez Bayer in seinen Zusätzen zu Nicolas Antonio, *Bibl. Vetus* 1688; Terreros y Pando (i. é. P°. A. Burriel) *Paleografía Española* 1758; Sarmiento, *Memorias* 1775; Mondejar, *Memorias de Alonso el Sabio* 1777; Sanchez, *Poesias Castellanas* 1779; R. de Castro, *Bibl. Esp.* 1781—86; Mendibil y Silvela, *Bibl. Selecta* 1819; *Repertorio Americano* 1827; *Ocios de Esp. Emigrados* 1827; M. Morayta in *Razon* 1856, *Discusion* 1856 und *Boletin Bibl.* 1863. Dazu kommen: Bouterwek-Mollinedo, Clarus, Bellermann, Helfferich, Wolf, A. de los Rios, Milá und Coelho. Jetzt endlich hat die langsam vorbereitete, sehnlichst erwartete Gesamtausgabe der *Cantigas de S. Maria* durch den Akademiker L. de Cueto, Marques de Valmar (Madr. 1891) jene kümmerlichen Auszüge entbehrlich gemacht! Das Studium der wichtigen Lieder kann daher beginnen.

[1] *Cantigas (= canticulas)*, und nicht *cántigas*.

[2] Die spanische Ausgabe zählt, im Anschluss an den *Cod. Princ.*, die Gedichte von 1 bis 401; giebt den *Fiestas de Maria* (12) und *Fiestas de Jesu-Cristo* (5) sowie einigen Zusatz-Mirakeln aus dem Toledaner Codex (5) aparte Numerationen; und lässt die Prologe (2) zu den Mirakeln und Festen, sowie 2 aus einem Florentiner Ms. stammende Plus-Gedichte ungezählt (von denen eines ein Loor, der 41., und das andere ein Mirakel ist). Unter diesen 427 Stücken finden sich jedoch 9 Wiederholungen (165 = 395; 187 = 394; 192 = 397; 210 = *Fiesta* VI; 267 = 373; 289 = 396; 295 = 388; 340 = *Fiesta* II; 349 = 387), so dass es sich in Wahrheit um 418 Stücke handelt. Die Prologe sind natürlich keine Sangeslieder.

Kehrreim fortgeführten Reim anstimmt[1]. — Grossen Einfluss scheinen diese in einsamen Stunden gefertigten und zu erbaulicher Andacht bestimmten geistlichen Lieder auf den eigentlich höfischen Minnesang nicht ausgeübt zu haben, obwohl sie von *juglares* in den Landeskirchen gesungen werden sollten.[2] Nachahmer hat wenigstens Alfons X. nicht gefunden, — mit einer Ausnahme, — falls wirklich auch D. Dinis der Jungfrau ein Liederbuch geweiht hat.

37. Umgekehrt steht es mit diesem D. Dinis, den sowohl Zeitgenossen wie Nachkommen als *trobador de amor*, d. h. als die eigentliche Verkörperung des Minnesangs in portug. Sprache mit Recht verherrlicht haben[3]. Eine litterarische Mähre berichtet zwar, wie eben angedeutet ward, von einem dionysischen geistlichen Liederbuche »*de louvores da Virgem N. S.*«[4] Doch, falls es je vorhanden war, blieb es verschollen. Von seinen weltlichen Gedichten besitzen wir hingegen einen reichen Schatz: 138 Stücke. Ob einiges, und wieviel davon verloren ist, lässt sich nicht feststellen, da wir einen selbständigen »*Cancioneiro de D. Dinis*« nicht besitzen. Dass er bestanden, steht ausser Frage[5]. Der Monarch hat unbedingt von geschulten Kalligraphen,

[1] Diese Form ist in der ganzen Epoche für die romanzenartig-erzählenden Gedichte die üblichste.

[2] S. *Cant.* 172: *e desto cantares fezemos que cantássem os jograres.*

[3] Die Worte des Spielmanns Joam aus Leon verzeichnete § 32. Das Lob Santillana's über die »sinnreichen Erfindungen und die anmutige Redeweise« der dionysischen Verse, das vermutlich aus dem Munde des Pero Gonzalez de Mendoza († 1385) und des Diego Furtado stammt, findet der Leser in § 27, Anm. 1. Die Petrarchisten Miranda, Ferreira und Camões haben vermutlich ein dionysisches Liederbuch gesehen, oder wenigstens davon gehört. Ferreira (*Carta* X) nennt den König *da sua lingua amigo, Daquellas musas rusticas amparo* und (*Epitaphio*) sagt von ihm: *Honrou as Musas, poetou e leo.* Camões in den Lusiadenzeilen: »*fez primeiro em Coimbra exercitar-se O valeroso officio de Minerva; E de Helicona as musas fez passar-se A pisar do Mondego a fertil herva*« (*Lus.* III 97) denkt ganz gewiss nicht ausschliesslich an die Gründung der Universität, sondern auch an des Königs dichterische Verdienste. Gegen Ende des XVI. Jhs. beginnt dann das systematische Erwähnen der litterarischen Thätigkeit des Königs, in Geschichtswerken erst durch Duarte Nunes de Leão (s. oben § 27 Anm. 4), dann durch Pedro de Mariz (*Dialogos*); Bernardo de Brito (*Elogios*) und Brandão (*Mon. Lus.*), Faria-e-Sousa, Vasconcellos (*Anacephalaeoses*), R. Mendes da Silva u. a. m.

[4] Wieder war es der gelehrte und zuverlässige Nunes de Leão, der voranging. Er glaubte das geistliche Liederbuch im Staatsarchiv gesehen zu haben, verwechselte aber vermutlich das alfonsinische mit dem dionysischen (vielleicht weil unbefugte Hände dem 4. Jahrhundert alten Codex absichtlich die echte Titelaufschrift geraubt, und sie durch eine unechte ersetzt hatten?). In der Folgezeit ward weder das eine noch das andere in der *Torre do Tombo* wieder gesehen. War es thatsächlich vorhanden, so darf man annehmen 1) dass es um 1600, noch während der span. Herrschaft, in der wirren Verwaltung der Lousadas und Genossen abhanden kam; und 2) dass es wie in Titel und Inhalt, so auch in Geist und Form den *Cantigas* Alfons' X. ähnlich sah. Die bezüglichen Worte des portug. Historikers lauten: »*Extant hodie multa eius carmina varia mensura tam de profanis amoribus quam de laudibus beatissimae Virginis Deiparae*« (1585) und »*Grande trovador e quasi o primeiro que na lingua portugueza screveo versos, segundo vimos per hum Cancioneiro seu que em Roma se achou em tempo del Rei D. Joam III. et per outro que stá na Torre do Tombo de louvores da Virgem N. S.* (1600, *Chronica dos Reis de Portugal* II p. 76). — Pedro de Mariz wiederholte die erste Angabe 1594 in unbestimmterer Form: »*compoz versos e rimas, como se ve em alguns poemas que em louvor de N. S. ainda hoje permanecem*«. Cfr. *Mon. Lus.* P. V livro XVI cap. 3.

[5] In seinem Testament (Sousa, *Provas* I p. 101) stehen keine Verfügungen über seinen Liederschatz. Ein gewisslich ererbtes »*Livro das Trovas del Rei D. Dinis*« besass sein Urenkel (*tresneto*) D. Duarte (No. 38 seiner Bibliothek). In Rom soll in den Tagen Johanns III., d. h. zwischen 1521 und 57, ein »dionysisches Liederbuch« zum Vorschein gekommen sein (vielleicht 1527, beim *saque de Roma*?), laut dem in der vorstehenden Anmerkung ausgeschriebenen Passus der Chronik des Nunes de Leão. Im Escurial behauptet Francisco de Pina e Mello 1756 einen *Cancioneiro de D. Denis* erblickt zu haben. Cfr. Braga, *Universidade* p. 206. In Thomar soll (laut F. Denis, *Portugal* p. 31 a) noch 1793 ein Exemplar gewesen sein. Und Costa e Silva († 1854) will noch ein Exemplar (*de letra bastante moderna*) in den Händen eines Pe J. de Figueiredo gesehen haben.

nicht eine, sondern mehrere Niederschriften seiner Werke anfertigen lassen, und gewiss eine derselben in der »*Camara del Rey*«, d. h. im Grundstock des Staatsarchives, und der königl. Bibliothek hinterlegt; andere vielleicht, wie es mit allen wichtigen Dokumenten zu geschehen pflegte, den Cartorien von Alcobaça und Thomar etc. übergeben. Weitere Exemplare, Originale, aber auch Kopien, gingen nach Spanien und später nach Italien, sind aber bis jetzt nicht gefunden. — Nur in grossen Kompilationen[1], die vermutlich noch bei Lebzeiten des kunstliebenden Monarchen, und auf seinen Befehl angelegt wurden, sind uns die erwähnten 138 Lieder aufbewahrt[2]. Alle (bis auf zehn) sprechen von Liebesleid und Lust in rein subjektiven Ergüssen; 77 in höfischer Form »nach Provenzalenart«, nur einfacher und farbloser. Die übrigen 51 in objektiver Einkleidung, als erzählende Pastourellen; in Zwiegesprächen oder als Frauenlied; 10 darunter im Volkston d. h. in Parallelstrophen, wie schon gezeigt ward.[3] Die Formeln »*morrer de amor*«, »*matar de amor*« und »*Coita mortal*« kommen bei D. Dinis mehr als 150 Mal vor.

38. Neben den vier Königen gehören dann verschiedene Königssöhne und Enkel zum höfischen Dichterkreise. Der bedeutendste darunter ist der als Prosaschriftsteller hochverdiente D. Pedro Affonso, Graf von Barcellos, ein natürlicher Sohn des Königs Dinis (geb. um 1289, gest. 1354), dess Namen der Gesamtadel der Halbinsel mit Dank nennt, weil er einer der ersten war, der ihre Stammbäume ordnungsmässig buchte, und dabei ihre Thaten (und Missethaten) unverblümt aufzeichnete. In seinem »*Livro de linhagens*« finden wir zahlreiche Historien und Histörchen, welche ein kulturhistorisches Bild jener Zeiten entwerfen, wie man es farbenreicher gar nicht wünschen könnte, und Personalangaben, welche den Wiederaufbau von gegen 50 Troubadour-Biographien ermöglichen (S. § 52). Er war es der zu den Namen einiger Magnaten die Erkärung hinzufügte, sie seien berühmte »Minnesänger« gewesen.[4] Und seinem Sammeleifer, den des Vaters Wunsch geweckt haben mag, danken wir es wahrscheinlich, dass das grosse »allgemeine Troubadour-Liederbuch« kompiliert wurde.[5] Von seinen eigenen dichterischen Versuchen kennen wir nur elf wenig hervorragende Gedichte: 7 Satyren und 4 Liebeslieder (*Vat.* 210—213, und 1037—1042). — Sein älterer Halbbruder D. Affonso Sanches (1286—1329) tritt mit nicht viel

---

[1] Das dicke alte Buch, welches man Santillana um 1410 zeigte, war unbedingt schon eine Kompilation, denn es enthielt, ausser den Gedichten des Königs, noch Lieder von mindestens zwei anderen Dichtern. Und Kompilation ist alles was wir heute noch besitzen (S. u. § 45).

[2] *Vatic.* 80—208 bietet nur die 128 Liebeslieder (116 und 144 sind identisch); *C.Br.* 406—415 hingegen 10 Scherz- und Spottgedichte.

[3] S. Abschnitt **B.** § 20.

[4] Die Adelsbücher nennen: Estevam Annes, *de Valladares, o Trovador* (p. 199); D. Fernam Garcia, *Esgaravunha, o que trobou bem* (192 und 290); Joam da Gaya *(que foy muy bõo trobador e mui saboroso* (p. 272); Joam Martins, *Trobador* (207. 302); Joam Soares, *que foi bom trobador*, oder *o trobador* (166); Joam Soares, *de Pavha* (i. é. *Pávia*, modern *Paiva*; und nie *Panha* oder *Pauha), o Trobador* (201. 297. 352); Vasco Praga, *de Sandim, que era natural de Galiza e era muy boom trovador* (349).

[5] In seinem Testamente vermachte (1350) der Graf »sein Liederbuch« dem Gatten seiner Halbschwester D. Maria, Alfons XI., an dessen Hofe er oft und lange geweilt. Daraus hat man geschlossen, dass er, gleichwie Alfons X. und D. Dinis einen ganzen Band mit eigenen Produktionen gefüllt hat. Doch hat Niemand denselben gesehen, selbst Severim de Faria nicht. Auch was aus dem Legate geworden, ist uns unbekannt, und da Alfons XI. vor dem Grafen starb, ist nicht einmal sicher, ob es in Spanien oder Portugal verblieb. Im Testamente heisst es übrigens: *Item mando o meu livro das Cantigas a el Rey de Castella* d. h. das mir gehörige Buch der Lieder; und nicht: *o livro das minhas cantigas* d. h. das Buch meiner Lieder. — Ich glaube, dass die Kompilation des Grafen — deren Original verschollen ist — die Vorlage zu den verschiedenen veränderten Abschriften gewesen ist, die wir heute kennen. Vgl. *Mon. Lus.* Livro XVI, cap. 3.

reicherem, noch mit bedeutenderem Besitzstande auf: auch er hat sich in Liebesliedern (worunter ein Frauenlied) und in Spottgedichten versucht (*Vat.* 17—27; und 365—368).[1] — Von D. Gil Sanches und D. Abril Peres, de Lumiares war schon die Rede. — Der Prinz D. Pedro de Aragão, in dem man gleichfalls einen Enkel des ersten portug. Königs hat erkennen wollen[2], ist vielmehr ein Bruder der Rainha Santa, also Schwager des D. Dinis, an dessen Hof er seit 1297 weilte. Erhalten ist uns nichts von ihm. Wir erfahren nur, dass er es liebte, bretonische Lais zu singen. — Diesen nächsten Anverwandten des Herrscherhauses reichen dann die ihnen verschwägerten Reichs-Grossen die Hand. Unter ihnen haben recht viele als Freunde und Günstlinge (*privados*) der Fürsten, und zu gleicher Zeit als höchste Würdenträger in der Geschichte der Halbinsel eine Rolle gespielt.[3] Die meisten sind *ricos homes de pendão e caldeira*: Kanzler (wie D. Estevam da Guarda), Majordomi (wie D. Joam d'Aboïm), Reichs-Bannerträger (wie der Graf D. Gonçalo Garcia)[4] oder Burgherren (*tenentes*) wie D. Rui Gomes, de Briteiros, D. Affonso Lopes, de Baiam, D. Fernan Fernandes Cogominho; Admirale wie D. Paay Gomes Charinho; Grenzhauptleute (*fronteiros* und *meirinhos*) und Bürgermeister (*alcaides*) u. a. m. Dazu kommen die Vasallen der Granden, *Infanções* geheissen, mit ihren Rittern und Knappen (*cavalleiros* und *escudeiros*); dann kleinere *em cas del Rey* bedienstete Adlige, Bürger und Spielleute, die auch zum Hofstaate gehörten. Selbst hohe Geistliche wie der Abt von Valladolid, D. Gomes Garcia und niedere Kleriker (wie Ruy Fernandes und Aires Nunes aus Santiago, Pay de Cana, Sancho Sanches etc.) fehlen nicht[5]. Wesentliche Unterschiede bedingten diese Standesverschiedenheiten jedoch nicht. Auch die Könige und Grossen sangen volksmässige Weisen, und auch die Spielleute und Dichter von Profession, denen es eigentlich nicht erlaubt war, Liebeslieder nach höfischer Façon zu gestalten, ahmten die Manier der Grossen nach. Auf feinere Besonderheiten, die natürlich vorhanden sind, kann hier nicht eingegangen werden.

39. Die alphabetisch geordnete Liste der Dichternamen — so wie sie nach Ausweis historischer Dokumente, und Feststellung der Herrensitze oder Geburtsorte geschrieben werden müssen[6], wird willkommen sein.[7] — Eine

---

[1] Die Frage, woher man um 1600 wusste, dass D. Pedro und Affonso Sanches gedichtet haben, kann hier nicht näher erörtert werden. Vermutlich durch Einsicht der kompilierten Liederbücher.

[2] Bragas verschiedene Angaben über diesen Infanten sind durchaus irrtümliche (z. B. *Vat.* XLVI, LXXIII).

[3] Wer sie kennen lernen will, muss die *Monarchia Lusitana*, Herculano; Sousa's, *Hist. Genealogica*, vor allem aber die Königschroniken und die alten Urkunden in *Portug. Mon. Hist.* durchforschen.

[4] Den Grafentitel legte man unterschiedslos allen Herren über weite Gebietsstrecken und zahlreiche Vasallen bei. Mit Recht, d. h. durch eigentliche Belehnung, trug den Titel unter den Troubadours und ihren Gönnern nur der Graf von Barcellos (seit 1304).

[5] Die ganz natürliche Vermutung von Diez, im Dichterindex verzeichnete Geistliche möchten uns geistliche Lieder hinterlassen haben, trifft absolut nicht zu. Höchst weltlich und wenig erbaulich wie das Leben vieler Geistlicher sind auch ihre Lieder. Auch darüber geben die Adelsbücher verblüffende Aufklärung. Es sei an die Dekretalien Clemens' V. und an die darauf bezugnehmende »*Carta de D. Affonso IV. aos Bispos do Reino sobre os Crimes dos Ecclesiasticos*« v. J. 1352 erinnert. Unter manchem anderen, was unbeanstandete Sitte betraf, wird darin verordnet, »ordinierte Priester sollten fürderhin nicht mehr Schlächter, Schenkwirte, Wucherer, noch öffentliche Spielleute sein: »*non sejam jograres, nen bofões, nen tafues em praça*!«

[6] Dass trotz langer und mühsamer Untersuchungen noch mancher Irrtum zu beseitigen sein wird, weiss ich natürlich; darf meine Zweifel aber hier nicht darlegen.

[7] Ich berichtige stillschweigend was ich als Fehler der älteren Namenlisten bei Wolf (nach Tobler), Varnhagen, Monaci und Braga erkannt habe, und modernisiere hier die Namen soweit es Sitte ist, es in Geschichtswerken zu thun. So setze ich Vasco für

Jahreszahl füge ich nur hinzu, wo sie aus Grabschriften oder Urkunden sicher erhellt[1]. 1) D. Abril Peres, de Lumiares † 1245. — 2) Affons' Eannes, de oder do Cotom. — 3) Affonso Fernandes, Cubel oder Cobolilha, cavalleiro. — 4) D. Affonso Lopes, de Baiam, † nach 1278. — 5) D. Affonso Mendes, de Besteiros. — 6) Affonso Paes, de Braga. — 7) D. Affonso Sanches, *filho de D. Denis*, 1289—1329. — 8) Affonso Soares. — 9) Aires, *o Engeitado*. — 10) Aires Moniz, de Asma. — 11) Aires, Corpancho. — 12) Aires Nunes, *clerigo*, 1284. — 13) Aires Paes, *jograr*, 1280. — 14) D. Aires Peres, Vuiturom. — 15) Aires Vaz. — 16) Alvaro Affonso, *cantor do senhor Infante*. — 17) Alvaro Gomes, de Sarriá, *jograr*. — 18) D. Arnaldo. — 19) Bernal(do), de Bonaval. — 20) Bonifacio (Calvo), de Genova. — 21) Caldeirom, 1290[2]. — 22) Conde Gil Peres, 1250. — 23) Conde D. Gonçalo Garcia, *signifer curiae*, † 1286. — 24) Conde D. Pedro (Affonso) de Portugal, *filho de D. Denis*, um 1289 bis 1354. — 25) Diego Moniz. — 26) Diego Pezelho, *jograr*. — 27) Estevam Coelho. — 28) Estevam Froyam (oder Fayam). — 29) Estevam Fernandes, Barreto. — 30) Estevam Fernandes, de Elvas. — 31) D. Estevam da Guarda, *privado del Rey D. Denis*. — 32) D. Estevam Peres Froyam, blühte 1286—1304. — 33) Estevam Reimondo, de Portocarreiro, 1260. — 34) Estevam Travanca. — 35) Fernand Eannes. — 36) Fernam oder Fernand' Esquio. — 37) Fernam *do Lago*. — 38) Fernam Figueira, de Lemos. — 39) D. Fernam Fernandes Cogominho, † 1267. — 40) Fernam Froyam. — 41) D. Fernam Garcia, Esgaravunha, † 1186. — 42) Fernam Gonçalves, de Seabra[3]. — 43) Fernam Padrom. — 44) D. Fernam Paes, de Tamalancos. — 45) Fernam Rodrigues, de Calheiros. — 46) Fernam Rodrigues Redondo. — 47) Fernam Soares, de Quinhones. — 48) Fernam Velho. — 49) Galisteu Fernandes. — 50) D. Garcia Mendes, de Eixo, † 1239. — 51) Garcia Soares, *irmão de Martim Soares*. — 52) D. Garcia Martins. — 53) D. Garcia Peres. — 54) D. Gil Sanches, † 1236. — 55) Golparro. — 56) D. Gomes Garcia, *abbade de Valladolid*, † 1286. — 57) Gonçaleannes do Vinhal, † 1280. — 58) Joam, *jograr, morador em Leom*, 1325. — 59) Joam (Peres) de Aboïm, bl. 1249—1279. — 60) Joam Aires, *burgues de Santiago*, 1326. — 61) Joam Baveca. — 62) Joam de Cangas. — 63) D. Joam (Soares) Coelho. — 64) Joam Fernandes, de Ardeleiro. — 65) Joam Garcia, *sobrinho de Nun' Eannes*. — 66) Joam de Gaya, *escudeiro*. — 67) D. Joam (Garcia) de Guilhade. — 68) Joam Lobeira, blüht 1258—1278. — 69) D. Joam Lopes, de Ulhoa. — 70) D. Joam Mendes, de Besteiros. — 71) Joam Nunes Camanes. — 72) Joam, de Requeixo. — 73) Joam Romeu, de Lugo. — 74) Joam Servando. — 75) Joam Soares Somesso. — 76) Joam Soares, de Pávia. — 77) Joam Vasques. — 78) Joam Vasques, de Talaveira; vielleicht identisch mit dem vorigen. — 79) Joam Velho, de Pedrogaes. — 80) Joam Zorro. — 81) D. Jusep, 1300. — 82) Juyam Bolseiro, 1350. — 83) Lopo, *jograr*. — 84) D. Lope Lias oder Diaz (de Haro), 1236. — 85) Lourenço, *jograr*. — 86) Martim Annes

---

Vaasco; Vaz für Veaz (aus Velaz = Velah-sohn); Mem und Mendo für Meem und Meendo; Pay für Paay; Aires statt Airas; Joam für Joham; Besteiros für Beesteiros. Die Endungen *am* und *om* dürfen hingegen nicht zu modernem *ão* ausgeglichen werden.

[1] Zu erschliessen sind ausserdem mehr oder minder genaue Daten aus den Werken selber, und aus den Genealogien für fast alle adligen Dichter.

[2] Vermutlich ein Spielmann Sancho's IV. Vgl. A. de los Rios IV 542.

[3] *Seabra* altportug. Form für span. *Sanabria*. Neu portug. und gall. wäre *Saraiva*.

Marinho. — 87) Martim de Caldas. — 88) Martim Campina. — 89) Martim Codax (?) — 90) Martim de Grijó (?) — 91) Martim de Moxa, 1330. — 92) Martim Pedrozellos. — 93) Martim Peres Alvim. — 94) Martim Soares. — 95) Mendinho. — 96) Mem Paes. — 97) Mem Rodrigues Tenoiro, † 1358. — 98) Mem Roiz de Briteiros, 1250. — 99) Mem Vasques, de Folhe(n)te. — 100) Nun' Eannes, Cerzeo. — 101) Nunes. — 102) Nuno Fernandes. — 103) Nuno Fernandes, Mirapeixe. — 104) Nuno Fernandes, Torneol. — 105) Nuno Peres, *Sandeu*. — 106) Nuno Porco. — 107) Nuno Rodrigues, de Candarei. — 108) Osoir' Eannes. — 109) Pay Calvo. — 110) Pay de Cana, *clerigo*. — 111) Pay Gomes Charinho, † 1295. — 112) Pay Soares. — 113) Pay Soares, de Taveirós, vielleicht identisch mit dem vorigen. — 114) Pedr' Amigo, de Sevilha. — 115) Pedr' Eannes, Solaz. — 116) D. Per' Eannes Marinho, *filho de Joam Annes de Valladares*. — 117) Pero de Ambroa. — 118) D. Pero d'Armea. — 119) D. Pero Barroso. — 120) Pero de Dardia. — 121) Pero Garcia. — 122) Pero Garcia, Burgales.[1] — 123) D. Pero Gomes Barroso. — 124) Pero Gonçalves, de Portocarreiro. — 125) Pero Guterres, *cavalleiro*. — 126) Pero Larouco. — 127) Pero Lourenço. — 128) Pero Mafaldo. — 129) Pero Mendes da Fonseca. — 130) Pero Martins. — 131) Pero Meogo. — 132) Pero d'Ornellas. — 133) Pero da Ponte. — 134) Pero de Veer (Braga liest *de Bearn*). — 135) Pero Velho, de Taveirós. — 136) Pero Viviães. — 137) Picandom. — 138) Rey D. Affonso de Leom. — 139) Rey D. Affonso, de Leom e Castella. — 140) Rey D. Affonso, de Castella e Leom, *o que venceu el Rey de Benamarim*. — 141) Rey D. Denis. — 142) Reimon(do) Goncalves. — 143) Rodrigu' Eannes, vielleicht identisch mit einem der drei folgenden. — 144) Rodrigu' Eannes d'Alvares. — 145) Rodrigu' Eannes de Vasconcellos. — 146) Rodrigu' Eannes Redondo, † 1330. — 147) Ruy Fernandes, *clerigo*. — 148) Ruy Fernandes, de Santiago, wahrscheinlich identisch mit dem vorigen. — 149) D. Ruy Gomes, de Briteiros. — 150) D. Ruy Gomes, *o Freire*. — 151) Ruy Martins, do Casal. — 152) Ruy Martins d'Oliveira. — 153) Ruy Paes, de Ribela. — 154) Ruy Queimado. — 155) Sancho Sanches, *clerigo*. — 156) D. Vasco. — 157) Vasco Gil. — 158) Vasco Martins, um 1300[2]. — 159) Vasco Peres. — 160) Vasco Peres, Pardal. — 161) Vasco Praga, de Sandim[3]. — 162) Vasco Rodrigues, de Calvelo. — 163) Vidal, *judeu d'Elvas*. Dazu kommen sechs oder sieben Dichter, deren Namen verloren sind (also 169 oder 170)[4]. Und weitere elf, deren Werke verschollen sind: vier, welche der Graf von Barcellos namhaft macht: Estevam Annes de Valladares, Joam de Gaya, Joam Martins, (der, wie erwähnt, 1228 ein Dokument unterzeichnet, mit dem Zusatz *trobatore*) und Joam Soares; sechs, deren Werke, ein noch von A. Colocci benutztes, später verloren gegangenes Liederbuch enthielt: D. Juano(sic); Joam Velaz; Pero Paes Bazoco, Pero Rodrigues de Pal-

[1] Es hat bestimmt zwei Spielleute aus Burgos, Namens Pero Garcia gegeben. Der eine war noch ein Zeitgenosse des D. Joam Soares Coelho, der zwischen 1245 und 1279 blühte. Der andere lebte noch als der Graf von Barcellos 1350 sein Testament machte (s. Sousa, *Provas* I p. 140) und wird darin genannt, weil er (oder sein Schwiegervater) eine Schuldforderung von 1500 *maravedis* zu stellen hatte.

[2] Den Beweis dafür, dass dieser oder ein anderer Dichter Vasco Martins mit Zunamen de Resende geheissen, wie Faria-e-Sousa (*Europa* III 261) behauptet, habe ich nicht erbringen können.

[3] Praya de Sandi ist nichts als Wortverdrehung.

[4] Sieben, wenn man die Tristan und Lanzelot-Lais in Betracht zieht.

meira; D. Rodrigo Dias dos Cameiros und Aires Soares; und zum Schlusse der von Alfons X. erwähnte D. Martim Alvites. Ausserdem noch ein knappes Dutzend von Troubadours und Spielleuten, auf deren unbekannte Werke in den vorhandenen Liedern angespielt und geantwortet wird.[1]

40. Prae-alfonsinisch sind davon, nächst D. Gil Sanches, D. Garcia Mendes de Eixo und Abril Peres de Lumiares, noch Pay Velho, Pero Velho, Martim Soares, Aires Peres Vuiturom, Joam Soares Somesso, Rodrigu' Eannes de Vasconcellos, und von Dichtern, deren Lieder uns fehlen: João Martins, Sueir' Eannes, Ruy Diaz de los Cameros, Pero Rodrigues de Palmeira und wohl auch Estevam Annes de Valladares. Alfonsinisch sind und vorwiegend in Beziehungen zu Alfons X. stehen: Pay Gomes Charinho, Pero Gomes Barroso, Gonçal' Eannes do Vinhal; Affons' Eannes do Cotom; Bernal de Bonaval; Pero da Ponte; Bonifacio de Genova; Conde Gil Peres; Pero d'Ambroa, Joam Vasques; Ruy Queimado; Fernam Velho, Pedr' Amigo; Joam Baveca etc. Vorwiegend am Hofe Alfons' III. lebten: D. Joam d'Aboïm, D. Affonso Lopes de Baiam; Fernam Garcia, Esgaravunha; Joam Soares Coelho; Fernam Fernandes, Cogominho; Joam Lobeira; Martim Peres de Alvim, Estevam Reimundo; João Garcia; Fernam Rodrigues Redondo, Aires Paes u. a. m. Dionysisch darf man nennen: Estevam da Guarda, D. Estevam Peres Froyam, João Aires, Estevam Coelho, João de Gaya ausser dem König und seinen beiden Söhnen. — Post-dionysisch allenfalls Alfons XI.; Men Rodrigues Tenoiro, Rodrigu' Eannes Redondo, Pero Garcia Burgales, Joam de Leom, Martim Moxa, Ardeleiro. — Spanier sind, ausser den drei Königen, Pedro Amigo aus Sevilha, Pero Garcia Burgales d. h. aus Burgos, und der Spielmann Joam aus Leon, D. Gomes Garcia, aus Vallodolid, Joam Vasques, aus Talavera, Fernam Soares aus Quiñones und Galisteu Fernandes, wohl aus Galisteo; und will man Gallizien zu Spanien rechnen, die aus Cotom, Asma, Ardeleiro, Lugo, Sandim, Cangas, Folhente, Santiago, Lemos, Tamalancos etc. gebürtigen Dichter. Ein Italiener war Bonifacio Calvo, aus Genua, und möglicherweise der mit Alfons X. tenzonierende Flottenadmiral D. Arnaldo. — Die bedeutendsten Talente scheinen mir, nächst D. Dinis und Alfons X., der Kleriker Aires Nunes, Joam de Guilhade, Pero da Ponte, Pero Garcia, Fernam Garcia und Joam Aires gewesen zu sein. Besonders starke Dichterindividualitäten sind nicht unter den 163 Sängern. Wo diese den konventionellen Hofton ausser Acht lassen, und sich freier bewegen, schlagen sie einen schlichten, innigen und anmutigen Volkston an, der nicht ohne Reiz, im Grunde aber ebenso unpersönlich ist wie der aulische.

41. Was enthalten und sind nun die 1698 weltlichen Gedichte, welche an den drei westlichsten Höfen der Halbinsel zwischen 1200 und 1385 ertönten? Zuerst und vor allem kennen wir etwa ein Tausend Minnelieder. Davon trägt die grössere Hälfte (etwa 600) höfisches Gepräge. In ihnen, den sog. Cantigas de amor, benimmt der Liebende (er sei König, Reichsgraf, oder schlichter Ritter) sich als Vasall und Lehnsmann (*home, home-lige, vassallo*) seiner, stets in unnahbarer Höhe thronenden, und stets unvergleichlich schönen und klugen Dame, der er, als seiner Herrin (*senhor*)[2] den Lehnseid (*preit' e*

[1] Ruy Marques; Rui Gonçalves; Martin Alvelo; Joam Eannes; Fernand' Escalho; Sueir' Eannes; Martim Galo; D. Pedro de Aragão u. a. m. *Citola*, Fiedel redet Alfons X. wohl. nur im Scherz einen seiner Spielleute an. S. *Vat.* XXXI.

[2] Fast jedes höfische Liebeslied enthält in Strophe eins die Anrede-Formel, *mha senhor* oder *fremosa mha senhor*, oder mindestens das Wort *senhor*; seltener *dona* oder *molher*.

menage) geschworen hat. Sie ist natürlich immer adligen Geblüts ((*rica-dona* oder *boa-dona*), oft seine Verwandte (*de seu linhagem, seu natural*); bisweilen vermählt (*dona*), doch öfter Jungfrau (*donzela*). Demütig wirbt er in allen Fällen um ihre Neigung; erfleht Zeichen ihrer Huld; preist jede kleine Gunst und Gabe in Blick, Lächeln oder Wort, die ihm gewährt wird; jubelt über ein Angebinde (*doa*), es sei eine seidne oder goldne Schnur (*corda*) oder eine Schärpe (*cinta*) oder irgend ein anderes Bruchstück ihrer Gewandung (*camisa*); oder er bejammert ihre unholde Strenge; sehnt sich nach ihrer Gegenwart, härmt sich über ihre Kühle; stirbt vor Liebe; oder ruft wenigstens den Erlöser Tod herbei; rechtet mit seinen Augen, seinem Herzen, der Frauenwelt, ja dem ganzen Menschengeschlecht; klagt Amor und Himmel wie Hölle der Eifersucht und des Neides an. Meist richtet er seine Bitten und Klagen in Monologen, an die Geliebte, deren Namen er, den Liebesgesetzen gemäss, verschweigen sollte, die er aber, närrisch vor Liebe (*ensandecido)* bisweilen andeutungsweise, und manchmal sogar ausdrücklich nennt[1], oder er spricht zu »Gott dem Herrn«; selten zu seinen Freunden. Gespräche zeremoniellen Charakters zwischen Ritter und Dame[2] kommen vor. Objektiv berichtende Liebeslieder sind selten. — Die kleinere Hälfte derselben, die schon so oft genannten *cantigas de amigo* (571), sind Frauenlieder, also das Gegenstück zu den ersteren.[3] Ein liebendes Mädchen spricht darin, meist gleichfalls in einsamem Ergusse, oder recht häufig im Zwiegespräche[4] mit dem Geliebten, der Mutter, Schwester oder einer vertrauten Freundin[5]. Sie lacht und weint, droht und klagt, und berichtet dabei vom frohen oder traurigen Stelldichein (am kühlen Waldesquell, wo die Hindin zur Tränke kommt, am Flussufer, am Strande, in der Einsiedelei, oder beim Kirchgange); vom Kriegs- und Hofdienste des Freundes; von Abschied, Wiederkehr und Botschaft; von Schelten, ja Schlagen und Einschliessung durch die zürnende Mutter (nie durch den Vater, der gar nicht erwähnt wird).[6] Eigenartige Liebesscherzgedichte entstehen, wenn der Liebende mit Selbstironie von seiner unerwiederten Leidenschaft oder von fremdem Miserfolge plaudert. — Gleichartig, wenn auch total verschieden geartet, stehen neben den idealisierenden »*Cantigas de amor e de amigo*« einige Hunderte von Hohn- und Schimpfgedichten, »*Cantigas de escarnho e maldizer*[7], in denen verblümt und mit zweideutigen Worten oder

---

[1] So wird der Name der Geliebten in Rätselform als *Joana, Sancha ou Maria* im *Canc. da Aj.* 89. 104. 105. 106 genannt; andeutungsweise ib. 238 als *filha de Maria*; 282 *freira de Nogueira*; 38 *filha de Paay Moniz*; *netas do Conde* im *CBr.* 147; und ganz klar als *D. Maria CBr.* 112; *D. Elvira Aj* 62; *D. Leonor* ib. 198; und sogar mit Vor- und Zunamen als *Mayor Gil* ib. 301; *Guiomar Affonso Gata* 142 und 143; *Urraca Abril CBr.* 78. Von den nicht gefeierten, sondern verunglimpften Buhldirnen zu schweigen. Seinen eigenen Namen fügt der Dichter manchmal einem Liede ein. So thun D. Joam Garcia (oder D. Joam) de Guilhade; Joam Aires; Joam Servando und Rodrigu' Eannes Alvares.

[2] *Senhor* und *cavalleiro*; (*Aj.* 230. 249. 277) oder *senhor* und *amigo* (*Vat.* 31. 40. 176. Die provenz. Worte *entendedor* (m. u. f. = für erklärter Liebhaber und erklärte Geliebte) und *drudo* werden in der Anrede nie verwendet, wohl aber im Berichte (*Vat.* 683. 689. 786. 821. 919. 921. 1008. 1064. 1200).

[3] Die Redenden sind Mädchen. Eine Verheiratete, natürlich eine *bella malmaridado*, tritt in *Vat.* 188 auf.

[4] Ich zähle 43 solcher *Contrasti*.

[5] Wie in den *Cantigas de amor* das Wort »Herrin«, so ist hier das Wort *amigo* unentbehrliches Zubehör der ersten Zeile oder Strophe.

[6] Frauen selbst treten nicht als Dichterinnen auf. Auch in den Dialogen ist es der Troubadour, der die Frauenrede redigiert. Oft sieht es freilich so aus, als hätte er nur thatsächlich erteilte Antworten in Verse gekleidet. Von *juglaresas* hört man in span. Dokumenten oft und viel; in portug. nicht.

[7] *CBr.* 1500—1578 und *Vat.* 904—1025 (obgleich die Überschrift dieser dritten Liedergruppe erst vor Lied No. 937 erscheint); dazu noch *Vat.* 62—79 und *CBr.* 457 - 476; sowie hie und da eine vereinzelte, unter die Minnelieder geratene Nummer. Im Ganzen nahezu 400 »Poesien«.

offen und ohne Schleier; Inneres und Äusseres, Handel und Wandel der Hofpersonen, vom Könige bis herunter zum Stall- und Hundejungen (den *mourosinhos*), und den fahrenden Söldnerinnen der Liebe (*soldadeiras*),[1] bald milder durchgehechelt, bald grimmig verleumderisch blossgestellt wird. Die Zahl der Sänger, welche dies sehr beliebte, fast eine nationale Einrichtung bildende Genre kultiviert haben[2], ist sehr erheblich. In bunter Reihe stehen gerade hier neben den eigentlichen aristokratischen Troubadours niedere Spielleute. Gemeinsam treten beide in 30 Tenzonen auf (*tenções* und *entenções*)[3], in denen der Streit sich manchmal um Liebesprobleme, öfter um Sängerrechte, aber auch um praktische Fragen dreht. — Dazu kommt dann noch ein knappes Hundert verschiedenartiger Gedichte: einige ernste, sehr gelungene Rügelieder[4] mit Klagen über die Laster der Welt und den Verfall der Dichtkunst, für die kein besonderer portugiesischer Name existiert[5], eine historische Romanze (*Vat.* 466) und historische Canzonen[6], ferner mehrere romanzenhafterzählende Genre-Lieder[7], einige Pastourellen[8], eine fragmentarische *Serrana*, (*Vat.* 401), fünf als *lais* bezeichnete »Verse« über bretonische Stoffe (§ 44); vier Zwiespaltslieder (*descorts*[9]); einige Tanzweisen (*bailadas* und *bailias*[10]); ein Bauernlied (*cantiga de vilão*)[11]; mehrere Morgenständchen (*albas*)[12]; eine Frage (*pergunta*)[13] und eine den epischen Ton parodierend anstimmende wichtige »*Gesta de maldizer*«[14]. Religiöse Lieder fehlen im »allgemeinen Liederbuche«

[1] Auch dies ist ein kulturhistorisch interessantes Kapitel. Der gelehrte und geistvolle Minorit Frei Alvaro Paes, Bischof von Silves († 1353), sagt in seinem, dem Erzbischof von Toledo D. Pero Gomes Barroso gewidmeten Werke *De planctu Ecclesiae* (II cap. 30): »*Ducunt maxime reges Hispaniae in domo sua publicas meretrices et quibusdam earum stipendia dant, et necessaria in aula sua; et duci permittunt et consentiunt*« etc. Und schon im Hausregimente Alfons' III. musste prophylaktisch verordnet werden: »*soldadeiras nom andem em casa del Rey ....; e se vierem soldadeiras a casa del Rey, nom estem hi senom por tres dias; e se lhes el Rey quiser dar algo, dê lho; e senom, vão-se*«.

[2] *Por maldizer* ward mancher Todschlag verübt; *apostillas de maldizer* enthalten die Adelsbücher; von manchem Rittersmann wird gemeldet: *era muy louco nas palavras, e por esto nom foy bem amado dos bõos.* Strenge, ja brutale Strafen werden von den Ortsrechten und Gesetzen angedroht wegen Gebrauches von *palavras devedadas*. Wiederholte Verbote bekämpfen schon unter Ferdinand III. und Alfons X. das Absingen »infamierender« Gedichte. Die Worte der »*Siete Partidas*« (Part VII, Ley 3. Tit. 9; cfr. A. de los Rios III 500—501) »*que ningun ome non fuese osado de cantar cantiga nin decir rimas nin dictados que fuesen fechos por deshonra ó por denuesto de otro*« gehören freilich nicht ganz hierher, wie die einleitende Formel: »*Los emperadores e los sabios antigos defendieron*« beweist, wohl aber die anderen: »*enfaman et deshonran unos a otros non tan solamiente por palabra mas aun por escriptura, faciendo cantigas ó rimas ó dictados malos, de los que han sabor de enfamar*«. Cfr. Linh. 227. 284. 314. 341).

[3] *Vat.* 14. 27. 472. 556. 642. 663. 786. 826. 920. 1009. 1010. 1011. 1020—1022. 1032. 1034. 1035. 1104—5. 1158. 1186; (vgl. 1198); *CBr.* 144. 465. 477. 1501. 1509. 1512. 1550—51.

[4] *Aj.* 256. 305; und *Vat.* 455. 502. 937. 471 u. a. entfernen sich durch Gedanken und Ausdruck von den wirklichen Spottgedichten.

[5] Th. Braga benutzt dafür die berechtigte Form *sirvente* (f.). In der einzigen Belegstelle, welche die Liederbücher aufweisen (*Vat.* 1021), steht jedoch *sirventês* (im Reime zu *vês*).

[6] *Vat.* 572—576; 578. 707. 708. —

[7] *Vat.* 468. 734. 738. 749. 754. 807. 808. 903 u. a. *CBr.* 458; 462—63. 475. 1518 u. a.

[8] *Vat.* 102. 137. 150. 278. 454. 751. 866. 867. Cfr. 689. *Pastor* (m. u. f.) bedeutet: junger Bursche (*zagal, rapaz*) und junges Mädchen.

[9] *Vat.* 481 und 963 (wo ich lese: *este cantar fez en son d'un descor*) und *CBr.* 470 und 135, welches endet: *e meu descort acabarei.*

[10] *Vat.* 1062. Vgl. 195. 336. 462. 464. 761. 796. 889.

[11] *Vat.* 1043.

[12] *Vat.* 170. 172 und 1049. Cfr. 242 und 771. 772. 782.

[13] *Vat.* 410 (cfr. 666).

[14] *Vat.* 1080 (cfr. 1082). Dies kleine Schmähepos, bestehend aus Alexandriner-Tiraden (24 in *on*, 15 in *an* und 17 in *eira*), deren jede mit dem onomatopoietischen Rufe: *Eoi!* abschliesst, ist das Werk eines portugiesisch-alfonsinischen Troubadours, des Granden

gänzlich; ebenso eigentliche Kreuzlieder und Kriegsgesänge. — Vom ästhetischen Standpunkte aus sind die *Cantigas de amor e de amigo* die wertvolleren, da echtes Gefühl aufrichtig selbst durch die hergebrachten Formen und Gemeinplätze hindurchklingt. Sachlich und kulturhistorisch sind jedoch, wie schon mehrfach angedeutet ward, die Hohn- und Schimpfgedichte, (und die *cantigas varias*) die wichtigeren, trotz ihres sehr oft skandalösen Inhalts. Mit ihren »*raisons et achoysons pour qu'ils furent faicts*« geben sie ein krasses Abbild des 13. und 14. Jhs., wie es sich in Leon, Portugal und Kastilien gestaltet hatte: studiert man sie an der Hand der Gesetze, Ortsrechte, Urkunden, Chroniken, Adelsbücher, und auch der Überreste bildender Kunst, die sich in Burgen und Klöstern erhalten haben, so wird das hispanische Mittelalter lebendig. Auf Rechtswesen und Verwaltung, Kriegsbräuche und Friedenssitte, Soldaten- und Ordensleben, Verbrechen und Strafen, höfische Lustbarkeiten und Volksvergnügungen, Gewohnheiten und Trachten fallen kräftige Schlaglichter. — Die grossen historischen Thatsachen werden im Liederbuche meist nur ganz flüchtig gestreift: den glorreichen Sieg bei Salado, zur Abwehr einer neuen marrokanischen Völkerwanderung nennt nur eine Überschrift; und eine Anspielung auf die erste grössere Flottenausrüstung im Hafen von Lissabon, zur Besitzergreifung der kanarischen Inseln (1344) ahnt man mehr, als dass man sie erkennt. Selbständige Gedichte haben wir nur auf die Eroberung Sevilla's durch Ferdinand (*Vat.* 572) und Valencias durch Jaime (578), sowie auf den Tod Ferdinands (572) und des Königs Dionysius (708), und auf Sancho's II. Entthronung (1088). Beiläufig erwähnt aber werden gar viele Begebnisse: Alfons' X. Kaiserwahl; Alfons' XI. Krönung in Toledo; der Tartareneinfall; der letzte Kreuzzug; die Kriege zwischen Leon, Kastilien, Aragon und Navarra; die Expeditionen gegen Jaen, Granada, Ronda; des Infanten Heinrich's Flucht nach Tunis und Apulien; seine Liebe zur Stiefmutter Jeanne de Ponthieu; Sancho's IV. Wallfahrt nach Santiago u. v. m. — Die eigentlichen Schmähgedichte beschäftigen sich mit kleineren und intimeren Thatsachen: Alfons' X. widerspruchsvolle Wandelbarkeit und seine Verschwendung, sein Bescheid an Guiraut Riquier über die Standesunterschiede innerhalb der Sängerzunft, die Entartung der Tempelritter und Hospitaliter; der Misbrauch mit den Ordenshäusern und Asylen (*casas de ordem* und *albergarias*); berüchtigte Ent- und Verführungsgeschichten (*roussos = raptos*) und die sich daran anschliessenden Zweikämpfe, sowie wahre oder simulierte Busswallfahrten[1]; Jagdunternehmungen; Hunde-, Pferde- und Falkengeschichten; Bohordieren und Lanzenstechen; Würfel- und Kartenexcesse; Steuererhebungen und Kaufgeschäfte jüdischer Finanzbeamten und Makler (*talhadores* und *corretores*); Geistes- und Leibesgebrechen der Günstlinge; abergläubische Sterndeuterei und Vogelschau, die in Gallizien unausrottbar fest wurzelte; Kleidung und Rüstung; Frauenarbeiten

(»*tenens Sousam*«) D. Affonso Lopes de Baiam. Ein frischgebackener *ricohomem*, der ihm verschwägerte *Ex-Infançom* D. Mendo (oder Mem) Gomes de Briteiros, benamst *Dom Velpelho* = Meister Reineke, wird ob seiner Rangerhöhung gehänselt. In seinem Ordenshause *Longos* thront der Parvenu, und seine Vasallen und Ritter marschieren auf, in grotesk komischem Anzuge, schlecht beritten und bewaffnet, und huldigen ihm, zu dem Zwecke, dem Könige Alfons III. nachher in Parade (*em alardo*) vorgeführt zu werden.

[1] Die Pilgerfahrten nach Ultramar mit zweijährigem Kriegsdienste daselbst waren sehr häufig die auferlegte Sühne für schwere Gewaltthaten (*roussos, incestos* etc.). Im Jahre 1269 gingen viele Hispanier zu Schiffe nach Palästina (z. B. der König von Navarra, Juan Nuñes de Lara, D. Gonçalo Mendes de Sousa und D. Gonçalo Gomes de Briteiros, die beiden letzten als Stellvertreter ihrer verbrecherischen Brüder. Doch hat de Lollis nicht recht, wenn er alle Ultramarlieder auf dieses eine Datum hin interpretiert. In seinem Testamente befahl noch D. Dinis: *item mando que um cavaleiro, que seja homem de boa vida e de vergonça, que vá por mi á terra santa d'Ultramar e que estêe hi por dous annos compridos, se a cruzada, fôr, servindo a Deus por minha alma.* — S. *Vat.* 1004. 1013. 1057. 1066. 1116. 1118. 1130 1176. 1195. 1198. 1199. *CBr.* 143 etc.

und Kinderstube: alles ziehen die an »Realien« überreichen *Cantigas de escarnh' e maldizer* und die Sirventese in ihr Bereich. — Gesellige Liedergruppen, die sich um ein und dasselbe Geschehnis drehen, fehlen keineswegs.[1]

42. Was die Technik betrifft, so zerfällt das ganze Liederbuch in zwei Gruppen: in refrainlose und in Refraingedichte (vgl. § 20). Die ersten (etwa 1/3 des Bestandes) heissen *cantigas de meestria* = Meisterlieder, und sind die früheren, eigentlich höfischen, nach provenz. Style relativ kunstvoll gebauten. Die zweiten (denen also 2/3 zufallen) heissen *Cantigas de refran* und sind hoffähig gewordene, verfeinerte Volksweisen. Jene sind dem Inhalt nach vorwiegend Minne- und Streitgedichte; auch *Descorts, lais,* Romanzen und Schimpfgedichte. Diese sind meist Frauenlieder oder leichtere Scherz- und Spottverse, doch beides ohne Ausschliesslichkeit. Es giebt *cantigas de amigo* nach Provenzalen-Art und *cantigas de amor* mit Kehrreim[2]. — Das Lied im allgemeinsten Sinne wird *cantiga*[3] oder *cantar* genannt; *canção* kommt nur ein Mal vor (Vat. 1021) und ein Mal *trobar* (als Substantiv)[4]. Die Strophe heisst *cobra*; die Zeile *palavra*; der Kehrreim nur *refram* (und nicht *estribilho*, noch *ritornello* oder *tornello*); das Geleit, welches (einfach oder mehrfach) den Meistergesängen eignet, doch ohne obligatorisch zu sein, nennt sich *fiinda* (und nicht *cabo*, noch *fim*, noch *tornada*)[5]. Der Reim (*rima*) ist fast immer männlich = einsilbig (*breve*); doch auch weiblich = zweisilbig (*longa*). — »Körner« heissen *palavras perdudas*. — Der eigentliche aristokratische Liebhaber und sesshafte Hofdichter trägt den Namen *trobador*, der als Ritter oder Knappe zu Rosse hin- und herwandernde berufsmässige Dichter ist ein *segrel* oder *segler*, der Spielmann *jogral* oder *jograr*; ein Liedverfassen ist *trobar*[6], eine Tenzone beginnen *entençar*; komponiren *ensoar*. — Unter *dizedor* (und *dezidor*) versteht man den redegewandten, witzigen Kopf (s. *Vat.* 523). — Die Meistergesänge sind oft mit allerhand kunstvollem Tand ausgestattet. Besonders am Verketten aller Zeilen und Strophen fand man grosses Gefallen und erblickte darin wohl die eigentliche Kunst. Nicht nur durch gleichen Reim band man Strophe an Strophe; auch grammatikalisch verknüpfte man Satz und Satz, so dass ein ganzes Gedicht in einem Atem von a bis z weitergeht. Solche mit Hülfe von denn und wenn, aber, weil und und (*e que ca pero se* etc.) gebaute Kettengedichte nannte man *cantigas de atafiinda*[7]. Die Spielerei, ein und dasselbe Wort oder eine Formel, an bestimmten Strophenstellen zu wiederholen, heisst *dobre* (= *duplex* = glockenschlagartiger Wiederklang)[8]. Ist das Wort ein veränderliches (besonders ein Zeitwort) und lässt man es thatsächlich variieren (in den Zeiten: *vi vejo verei*, oder in den Personen: *vejo ves vê ver*) so entsteht ein *mor-dobre* (= grosser Doppelklang)[9]. Auch Haken- und Ösenreimerei (*macho e*

[1] Ein hübsches Beispiel liefern die Gedichte *Aj.* 166; *CBr.* 318 1501. 1511 und *Vat.* 786. 1092, die ich *Cantigas dà Ama* = Ammenlieder nennen möchte. Andersgeartete Liedergruppen nur eines Autors haben wir in *Vat.* 169—71. 252—56; 730—33; 878—80; 887—90.

[2] Frauenlieder ohne Refrain sind z. B. *Aj.* 177. 179. 191. 193 und Liebeslieder mit Refrain *Aj.* 217 und 218.

[3] Dass wie in den geistlichen, so in den weltlichen *Cantigas* der paroxytone Accent des Wortes durch den Reim ausser Frage gestellt wird, bedarf kaum der Erwähnung. *Cánticos* ist spätes *mot savant*; *cántigas* ist ein illegitimes spanisches Pseudogelehrten-Produkt.

[4] *Vat.* 917 *Trobar de maldizer*.

[5] Auch Lieder im Volkstone haben bisweilen ein Geleit. -- Oft sind der Geleite so viele als ein Gedicht Strophen hat. In Tenzonen muss B. so viele liefern, wie A.

[6] Für Gedicht kommt auch *troba* vor (das im volkstümlichen *trovas* und *trôbos* weiterlebt), doch nur einmal: *Vat.* 387.

[7] Nicht *atehudas*, wie Braga liest. — *Atafiinda* bedeutet entweder Binde-schliesse d. h. binde, erst wenn du schliessest (2 Imperative wie in *leixa-pren; alça-põe; vai-vem*), oder *ata á fiinda* = binde beim Schlusse.

[8] Vgl. *Ajuda* 231; *Vat.* 33. 98. 566. *CBr.* 22. 88. 130.

[9] S. *Vat.* 567. *CBr.* 185 u. 231. *Aj.* 289. Ich habe mich schon oft gefragt, ob und

femea) wie *ama amo; pavia pavio* kommt bereits vor [1], doch ohne jenen technischen Namen. Desgleichen die von Santillana erwähnten *leixa-pren*-Lieder, in denen die letzte Zeile einer Strophe als erste der folgenden wiederkehrt; und die *canção redonda*, die mit einem und demselben Worte oder Satze ihre Strophen beginnen und schliessen lässt [2]. Zwei Flickenlieder, mit Einlagen fremder Kunst- und Volkslieder, ahmen wohl französische Muster nach [3]. Doch sind solche Künsteleien im Ganzen selten. Im Allgemeinen sind selbst die Meistergesänge einfach gebaut. Dunkle Manier und schwere Reime scheinen wenig Anklang gefunden zu haben. Die Strophenvarietät aber ist recht gross, und die Dichter suchen sichtlich darin Neues zu finden. Mit Ausnahme der astrophischen *Descorts* bestehen alle Gedichte aus mehreren Abschnitten (*talhos*), von 2 bis 10, gewöhnlich aus drei oder vier. Davon zählt jeder einzelne wiederum 2 bis 10 Zeilen, meistens 4 bis 8. — Auch in Strophen- und Reimsystem kommt das Kunstprinzip der Dreiteiligkeit durchaus nicht immer zur Geltung; ja überhaupt nur, wenn man Kehrreim und Geleite als Vertreter des Strophen- und Liederabgesanges gelten lässt. Der Kehrreim ist entweder ein kurzer Ausruf oder eine Verszeile von beliebiger Silbenzahl; oder ein vollständiges 2—4 zeiliges Liedchen mit unabhängigem Gedanken; oft aber durch Sinn und Grammatik mit der eigentlichen Strophe verbunden. Meist steht er am Ende, bisweilen auch am Anfang oder in der Mitte der Strophen [4]. Dass in den Volksliedern mit paarigen Reimen für andere Künste als das Parallelstrophensystem kein Raum bleibt, liegt auf der Hand. Nächst den volksmässigen *pareados* und den *quadras* (*abba abab*) sind hier die üblichsten Reimgebilde die 6- und 7 zeiligen: *abbacc* und *abbacca* und zwar in *Coblas doblas* und *unisonans*. Die meist benutzten Versarten sind, wie bei Alfons X., an fallenden der kleine und grosse Redondilhenvers und damit gemischt 4 silbige (*de pé quebrado*); an steigenden der 6, 8 und 10-silbige (resp. in zwei Hemistichen zerfallende 12 und 14 Silbler). Auch *versos de arte mayor* mit anapästischem Wandel lassen sich wie bei Alfons X. erkennen. Längere mit kürzeren, und jambische mit trochäischen Zeilen werden nicht oft gemischt. — Hiatus ist erlaubt und sehr häufig. — All zu plane Einkleidung der Gedanken (*trobar igual*) war verpönt und wurde vor Gericht als unstatthaft verworfen. — Höfische Sängerfeste (*Côrtes*) bei denen Lieder vorgetragen, beurteilt und vielleicht auch prämiiert wurden, hat es gegeben [5]. Lässt doch in einem Frauenliede der Bürger aus Santiago, Joam Aires, seine Freundin ausrufen: *O meu amigo novas sabe ja D'aquestas côrtes que se ora faram; Ricas e nobres dizem que seram; E meu amigo bem sei que fará Um cantar* etc. und *En aquestas Cortes que faz el Rey* [6]. Und wird doch sonst noch oft genug auf solchen litterarischen Richterspruch der Könige hingewiesen [7]. — Die Terminologie und die Regeln altportugiesischer

wie das unverständliche *mansobre* des Santillana und Villasandino (No. 255) und *mas-obre* des Baena (No. 261) aus dem altportug. *mordobre* entstanden sein können, und bin geneigt beide span. Formen für einfache Verdrehung oder Verlesung der Textherausgeber zu halten.

[1] *Vat.* 933.

[2] *Vat.* 568. 650. 852. *Aj.* 290.

[3] *CBr.* 469 und *Vat.* 454. So viel ich weiss, giebt es nur zwei provenz. Canzonen mit entlehnten Strophenabschlüssen: *Mout fai sobreira folia* von B. Zorzi und vom Mönche von Foissan: *Be m'a lonc temps menat à guiza d'aura* und eine franz. *chanson glosée* von Jacques d'Amiens. Um Petrarca's *Canz.* VII wusste man nicht. In der Folgezeit hat man auf der Halbinsel ergiebigen Gebrauch von dieser Manier gemacht.

[4] S. z. B. *Aj.* 218.

[5] Die Bezeichnung *Côrtes de Amor* kommt nicht vor.

[6] *Vat.* 597. — Vgl. auch 1103, obgleich die daselbst erwähnten *côrtes* politische gewesen sein dürften.

[7] Im vatik. Liede 509 wendet sich der Ritter Pero Guterres, der seine Herrin gepriesen hat, im Schlussgesätze an den König und spricht: *E senhor rey de Portugal aqui*

Poetik, die hier nur flüchtig angedeutet sind, lassen sich aus den Gedichten selbst abstrahieren [1], (wobei wiederum die Prosaüberschriften hervorragende Dienste leisten) sowie aus alten Randnoten des ausführenden Schreibers im Codex *da Ajuda* [2]. Zu kontrollieren sind sie nur zum Teile an einer gleichzeitigen Poetik, von der ein glücklicher Zufall uns Reststücke erhalten hat.

43. Diese altportugiesische titellose Poetik begleitet als Einleitung das einzige, in Italien aufbewahrte Exemplar des Gesamtliederbuches, dem nicht die ersten Blätter fehlen [3]. Von sechs früher vorhandenen Kapiteln (*titulos*), die in Paragraphen (*capitulos*) zerfallen, besitzen wir nur das 4. 5. und 6. und vom dritten die Schlussparagraphen (4—9) [4]. Über den Verfasser und die Zeit und den Ort der Abfassung lassen sich begründete Vermutungen nicht wohl aufstellen. Abhängigkeit von den *Leys d'Amors*, an die Chabaneau glaubt, ist nur ganz allgemein genommen zuzugeben.[5] Die portugiesische Terminologie und die aus den fertigen Liedern zu abstrahierende Doktrin weicht im Einzelnen doch bedeutend von der limosinischen ab. Was wir, ausser dem bereits Erörterten, Erhebliches erfahren, ist, dass Liebesdialoge zu den *Cantigas de amor* gehören, so oft der Liebende die Unterredung beginnt und zu den *Cantigas de amigo*, wenn die Liebende sie einleitet; dass von den Satyren diejenigen *Cantigas de escarnho* heissen, welche Hohn und Spott in verhüllte Worte kleiden (*per palabras cubertas*), *Cantigas de maldizer* hingegen, die, welche *descubertament*, d. h. unverhüllt und rücksichtslos reden [6]; dass die Tenzonen sowohl *d'amor* wie *d'amigo*, *d'escarnho* und *de maldizer* sein dürfen [7]; dass man unter einem Folgelied (oder *seguir*) ein Gedicht versteht, welches seine Melodie, oder mit der Melodie noch das Strophen- und Verssystem, oder zum dritten, auch noch die Reimworte und den Satzbau einer fremden Vorlage entlehnt [8]; dass auf Wortspielen beruhende Scherz-

Julgad'ora etc. — Vgl. 826: *et julguem-nos da tençom por aqui* sowie 1021. 1023. 1034. 1186 (*julgue-nos el Rey*). Aus gewissen Phrasen darf man schliessen, dass auch Troubadours als »Richter« fungierten S. 1023. 1092 u. 1034: *Quero que julguedes, Pero Garcia, D'antre min e todos os trobadores Que de meu trobar som desdezidores.*

[1] Lieder mit wichtigen Andeutungen über die Technik der Dichtkunst sind *Vat.* 361. 949 965. 968. 971—974. 1000. 1007. 1009. 1011. 1020—24. 1032—35. 1042. 1057. 1079. 1086. 1092. 1097. 1103—7. 1184. 1186.

[2] A. Colocci hat die Liederbücher, welche er besass, mit zahlreichen und sehr interessanten Randnoten versehen, die sich z. T. auf Wortbedeutungen, z. T. auf romanische Verslehre beziehen. Er sucht im Portug. das Prinzip der Dreiteiligkeit als Beweis provenzalischen Ursprungs und beachtet darum besonders auch die Strophenzahl und Reimordnung, um Strophe, Antistrophe und Exodon zu entdecken. Ich habe seinen Theorien einen Aufsatz gewidmet. Hier sei nur vorweg gesagt, dass die sibyllinische, an die 100 Mal wiederkehrende Formel »*seldiss*«, nach deren Sinn ich lange geforscht, einfach auf die Anfangsworte von Petrarca's *Canzone* XV in *V. di M. L.* verweist, mit deren Bau einige 100 portug. *Cantigas* ungefähr übereinstimmen.

[3] Den *Canc. Colocci-Brancuti.*

[4] Es fehlen am Anfang Kapitel 1 und 2; und vom dritten die drei ersten Paragraphen. Das Werkchen war also ein sehr summarisches.

[5] S. Th. Braga, *Monumentos da lingua portugueza*, in *Era Nova* 1886 p. 414 und E. Monaci, *Il trattato di Poetica Portoghesa*, in *Miscellanea Caix Canello* 1886. Beide Versuche, den Text wiederherstellen und seinen Sinn zu deuten, sind teilweise gut geglückt. Der Aufgabe, aus dem Liederbuche die Beispiele zu jedem Lehrsatze zu liefern, hat Braga sich gar nicht und Monaci nur halb unterzogen.

[6] Schon die *Leyes de Partida* fügen ihren Auslassungen über Gedichte *á manera de difamacion* die Worte hinzu: »*et esto facen á las vegadas paladinamente, et á las vegadas encubiertamente*«.

[7] *Tençõès de amigo* sind uns nicht erhalten; *de amor* einige wenige, die den *jocs enamoratz* gleichkommen, z. B. *Vat.* 27 und 663.

[8] Der Gattungsname Seguir (*Vat.* 1007. 1033. 1198) bezieht sich also ausschliesslich auf die Form von Gedichten, die nach fremder Melodie zu singen sind und nicht auf ihren Inhalt, wie beim *Sirventes* der Provenzalen der Fall war. Ist das *seguir* (wie wahrscheinlich) eine Nachbildung des *sirventes*, so schlossen sich die Portugiesen der bei Italienern

gedichte *joguetes d'arteiro* heissen, und dass noch eine besondere Abart davon, welche auf die Lachmuskeln wirken sollte, als *cantigas de risadilha* bekannt war [1].

44. Dass, neben dem überwiegenden südfranz. Einflusse, sich auch im Gebiete der Lyrik nordfranz. Einfluss geltend gemacht hat, hält man für sicher; und es ist sehr wahrscheinlich. Wie weit derselbe aber reicht, worin er sich äussert, und ob z. B. (wie ich vermute) unter den praedionysischen Troubadours, welche nach 1245 am Hofe Alfons' III., des *Bolonhes*, dichteten, solche, welche vorher in Beziehungen zu Blanca von Kastilien und dem Hofe Ludwigs IX. gestanden, und zwischen 1211 und 1233 am flandrischen Hofe Jeanne und Ferrant de Portugal besucht hatten, thatsächlich die Lieder des Kastellans von Coucy, Chrétiens de Troies, Blondels, Philipps von Nanteuil und vor allem des Thibaut de Champagne zum Vorbild wählten; ob ganz und halbvolksmässige franz. Pastourellen und Romanzen sie begeisterten; und ob die *sottes chansons* der *Puis Nostre Dame* die Gestaltung der Schmählieder irgendwie beeinflussten, muss zunächst dahin gestellt bleiben, da gründliche Untersuchungen fehlen.[2] Dass man bei zwei alfonsinischen Troubadours Kenntnis nordfranz. Sprache und Dichtung nachweisen kann, ist dem Leser bekannt: bei Fernam Garcia, der sich *homelige* seiner Dame tituliert und einen nordfranz. Kehrreim benutzt[3]; und bei D. Affonso Lopes, der in seinem humoristischen Schmähepos die *chansons de geste* parodiert[4]. Ausserdem kommt nur ein vereinzelter Hinweis auf Roland und Roncesvalles vor (*Vat.* 1066). — Die thatsächliche Bekanntschaft mit bretonischen Melodien und Sagenstoffen kann sowohl durch süd- als durch nordfranz. Vermittelung bewirkt sein. Alfons X. und D. Dinis kannten, wie Thibaut de Champagne, Tristan und Isolde (in der Form Iseu) und nennen sie als Typus Treuliebender[5]. Im übrigen wird von portug. Troubadours *Merlin*,[6] *Artus*[7], und die *besta ladrador* der Graalssage erwähnt[8]; ferner im Allgemeinen die *lais de Bretanha* und *cantares de Cornoalha*[9]. — Von grosser Wichtigkeit und eingehender Erforschung bedürftig sind die fünf, schon kurz zitierten *lais*, welche das altportug. Liederbuch im *Canc. CBr.* eröffnen[10], denn die sie begleitenden *razões* beweisen, mehr noch als die Lieder selbst, Vertrautheit

und Katalanen massgebenden Auffassung an, das *sirventes* sei also genannt worden, *per ço cóm se serveix e es sotsmes a aquell cantar de qui pren lo só e les rimes.«* (*Rom.* VI 358. — Gaspary 21 Anm. 2). — Vgl. S. 22 dieses Halbbandes.

[1] So lese ich, wo Molteni *risaoelha* druckt, während Braga *risoelha* und Monaci *rifaoelha* lesen will, das unmögliche Wort für ein Diminut. von *rifaõ* haltend (ein solches wäre *rifaõzinho*, oder *rifaõzelho* oder, da nur die Form *refram* existierte, *refranzelho*). Die Berechtigung dazu finde ich in den nachfolgenden Worten, *»porque riem ende a vezes os homens«*. An die galliz *»tiradilhas de escarnir«* zu erinnern, von denen Milá spricht (*Rom.* VI 48), ist geboten.

[2] [Jeanroy hat im 5. Kap. seiner *»Origines de la poésie lyrique«* neuerdings einige Anklänge an Gace, Blondel, Coucy, Thibaut und andere nachgewiesen.]

[3] S. § 34 Anm. 5.

[4] S. S. 193 Anm. 14.

[5] *CBr.* 468 und *Vat.* 115.

[6] *Vat.* 930 und *Cantigas* 108.

[7] *Cant.* 35 u. 412.

[8] *Vat.* 1140.

[9] *Vat.* 1007 und 1140.

[10] *CBr.* 1 bis 5. Das erste wird dem Sachsenherzog Elis o Baço in den Mund gelegt. Das zweite, spöttische, singen vier tanzende Jungfrauen um Marot von Irland zu höhnen; das dritte und vierte stimmt *Tristam o Namorado* an, nach langer Abwesenheit; das fünfte singen Mädchen, die um den Schild Lanzelot's tanzen *»quando estava na Insoa da Lidiça (= Liesse), quando a rainha Genevra o achou com a filha do Rei Peles, e lhi defendeo que nom parecesse ant' ela«*. Die Urheberschaft wird gleichfalls Tristan zugeschrieben: *(Dom Tristam per Genevra)*! — Mit den mir bekannten franz. *lais* und *lettres en samblanche de lai*, welche im *Roman de Tristan* zur Harfe gesungen werden, stimmen die portug. nicht überein, — doch sind das leider nur die von F. Wolf abgedruckten. Vgl. Braga *Vat.* LXXII.

mit den altfranzösischen Tristan- und Lanzelot-Prosaromanen, die schon damals also, mitsamt ihren Liedereinlagen ins Portugiesische übertragen waren (§ 54). Dass sie in erster Stelle stehen, könnte sogar chronologische Präzedenz bedeuten, um so mehr als die unmittelbar folgenden Dichter, dem Anscheine nach, zu den frühesten Troubadours gehören. — Italienischen Einfluss schlägt Th. Braga sehr hoch an, so hoch dass er sogar die ganze prae-dionysische Zeit als *Periodo Italo-Provençal* (1114—1245!) bezeichnet[1]. Mit Unrecht! Unleugbar ist, dass die erste portug. Königin aus Savoyen stammte; dass Handelsbeziehungen die erste Mittlerin zwischen Orient und Occident schon frühe mit der zweiten verknüpften (die ital. nach Flandern segelnden Schiffe machten in Lissabon halt); dass Genuesen den portug. Flottendienst einrichteten und Admirale für Spanien und Portugal stellten[2]; dass gewisse ital. Einrichtungen in die portug. Städteverwaltung übergingen[3]; dass Bologna, noch vor Bartolo und Baldo, peninsulare Rechtsgelehrte bildete[4]. Von litterarischer Einwirkung kann jedoch so frühe (vor Dante und Petrarca) keine Rede sein. Selbst die Troubadours italienischer Herkunft, welche am Hofe Jaime's von Aragon und in Leon und Kastilien unter Ferdinand III. und Alfons X. glänzten, waren gänzlich provenzalisierte Italiener, ohne nationale Sonderart. Das gilt sowohl von dem venetianischen weit gewanderten Kaufmann Zorgi, durch den man vielleicht die »Flickenlieder« kennen lernte, als von dem mantuanischen Meister En Sordello, dessen Melodien man sang und nachahmte[5], und auch von dem adligen Genueser Handelsherrn Bonifazio Calvo († 1280) »*un souverain maistre en l'art de poésie*« den Ferdinand III. zum Ritter schlug und dem die Liebe zu einer peninsularen Fürstin (oder Edeldame, Berenguela, des Königs Nichte)[6] zwischen 1248 und 1261 zwei portug. Gedichte einflösste (von denen seine Biographien natürlich als von »hispanischen« sprechen)[7].

45. Was die Niederschriften betrifft, so unterliegt es keinem Zweifel, dass die ersten Originale der portug. *Cantigas* wie alle Dokumente auf Pergamentblätter (*folhas*) geschrieben wurden, die man meistens gerollt überreichte und aufbewahrte, und daher *rotulos* oder *rolos* nannte[8]. Mehrere solcher losen Blätter, mit Werken ein und desselben Meisters (oder auch mehrerer

---

[1] Cfr. *Vat.* XXII und XXXIII.

[2] Im Jahre 1279 berief D. Dinis den Micer Manoel Pezagno († 1317), auf dessen Nachkommen später die Admiralitätswürde erblich überging. In kastilischen Diensten stand schon 1246 Ramon Bonifaz, und 1292 Micer Benito Zacarias.

[3] In dem Familiennamen Podestá(de) glaubt man wenigstens Erben des Podestàtitels zu erkennen.

[4] Vom Papste Johann XXI., dem Portugiesen Pedro Juliaõ, der als Petrus Hispanus bekannter ist († 1277) wird behauptet, er habe nächst Paris und Montpellier auch Bologna besucht; und von Fr. Alvaro Paes (Pelaguis) steht es ausser Zweifel.

[5] S. *Vat.* 1021. Der hochadlige, vielgereiste und an den spanischen Höfen gern gesehene D. Joam Soares Coelho sagt darin zu dem wandernden Spielmann Picandon, vielleicht in Gegenwart des Mantuaners (also zwischen 1225 und 50), er begriffe nicht, wie dieser (En Sordel), von dem er so viele und so gute Lieder und Melodien höre, für ihn. den aller Spielmannskunst unkundigen Sänger, bei Sängerfesten habe eintreten und Partei ergreifen können und selbiger entgegnet: »er sei ebenso viel wert und verdiene ebenso kostbare Gaben wie etwelcher andere *segrel*, der Canzonen, Verse (*cobras*) und Sirventese rezitiere«. Ich lese nämlich: Vedes, *Picandon, som maravilhado Eu d'En Sordel a quem ouço entenções* (oder *de q.*) *Muitas e bõas e mui bõos sões, Como fui* (= *fuit*) *em seu preito tam errado, Pois nom sabedes jograria fazer, Por quê vus fez per Côrte guarecer! Ou vos ou el dad'ende bom recado!*

[6] *Ajuda* 265 und 266. *CBr.* 449—450.

[7] Über *Bonifazio* vgl. Jahrbuch XI, 15—16 und XIII, 41; Zschr. VII 225; Milá, *Trov.* 202—209 und Litteraturblatt 1888 p. 539.

[8] Das Wort R^0 in dieser abbrevierten Form findet sich z. B. im *C.CBr.* auf fl. 100 v. wo es heisst: *outro* R^0 *das Cantigas que fez* etc.

wettsingender Dichter) nähte man zu Heften zusammen (*cadernos*). S. *Vat.* 68. Und aus der planlosen oder planvollen Aneinanderreihung mehrerer Hefte entstanden Bücher (*livros*). Grössere, so allgemach entstandene Bände liessen aber ihre Besitzer (Könige, Fürsten und Reichsgrosse) später gewiss einheitlich und kunstvoll von Meistern der Kalligraphie kopieren. Und für hervorragende Dichter und Freunde der Dichtkunst, wie auch für vortragende Spielleute, mussten sie Vervielfältigungen solcher grosser Sammlungen oder von den älteren Teilstücken derselben anfertigen lassen. Jeder adlige Dichter besass ausserdem ein Spezialheft seiner eigenen Werke, meist aber auch die seiner Familienglieder und Freunde. Einen *Cancioneiro de mão*, d. h. ein Album von Werken berühmter Poeten sein zu nennen, war in Portugal und in Spanien wahrscheinlich schon im 13. und 14. Jh., wie nachweislich im 15., 16. und 17. festwurzelnde Sitte des Adels; ihn herzustellen Obliegenheit der zum jeweiligen Hofstaat der *ricos homes* gehörigen schrift- und sangeskundigen Kaplane und Kantoren und Schreiber. Meist wurde das habhafte Material sachlich nach Dichtungsarten geordnet, also in *Cantigas de amor* — *Cantigas de amigo* — *Cantigas de escarnho e maldizer* [1]; oft auch ungeordnet kopiert, je nachdem die Lieder dem Sammlenden zu Handen kamen. Dass sich so auffällig wenig erhalten hat, und dass auch unser Wissen von früher vorhandenen Hss. so dürftig ist, ja, dass nicht einmal der *Cancioneiro de D. Dinis* in einer Originalniederschrift, noch auch das *Livro das Cantigas* erhalten ist, welches der Graf von Barcellos sein nannte, legt Zeugnis ab von der schon erwähnten beklagenswerten Sorglosigkeit, mit der man in Portugal das nationale Hab und Gut von jeher verwaltet hat. — Ausser den (drei) alfonsinischen geistlichen Liederbüchern (s. § 36), haben sich, so weit man bis jetzt weiss, nur drei portugiesische mit weltlichen Liedern erhalten: einer in Portugal und zwei in Italien, alle in mehr oder minder defektem Zustande [2]. Ein viertes, bis jetzt unzugängliches Exemplar im Besitze eines spanischen Granden, kommt nicht in Betracht, wenn es wirklich nur eine moderne Kopie des einen der italienischen Codices ist [3].

46. Der in Portugal aufbewahrte Kodex ist der kleinste, und arg und roh verstümmelt. Trotzdem ist er in gewissem Sinne der wertvollste, weil der älteste, der den Originalen ziemlich nahe steht. Er führt den Namen »*Cancioneiro da Ajuda*«, weil er jetzt (seit 1825) im Königsschlosse Ajuda bei Lissabon aufbewahrt wird. Früher nannte man ihn »*Cancioneiro do Collegio dos Nobres*«, weil er in die Bücherei dieser hauptstädtischen Adelsschule als Erbstück aus dem Fonds der im 18. Jh. aufgehobenen Jesuitenkollegien geraten war; oder auch »*Livro das Cantigas do Conde de Barcellos*«, weil man darin die Lieder dieses einen Troubadours zu besitzen glaubte [4]. Unter beiden Titeln veröffentlicht, ein erstes Mal von Lord Stuart Rothsey, in nur 25 Exemplaren (1823), ein zweites Mal von Varnhagen in unkritischer Textgestaltung, wird er hoffentlich bald in definitiver, seit 1880 angekündigter Ausgabe vorliegen. — Schon bevor er im 16. Jh. in italienischem Stile gebunden ward, war

[1] Ein und derselbe Dichter kommt thatsächlich in den bekannten Liederbüchern, wenn er sich in allen drei Genren versucht hat, auch drei Mal vor. — Doch sind den Kompilationen auch einzelne Spezialhefte mit ungeordneten Liedern bestimmter Troubadours eingefügt (z. B. die Alfons' X. und des Aires Nunes). Der *Canc. da Ajuda* enthält nur Minnelieder, weil wir von ihm nur Teilstücke seiner ersten Hälfte besitzen.

[2] Die Frage, auf welchem Wege die portug. Manuskripte nach Italien gekommen sein können, ist für jeden halbwegs Unterrichteten, eine müssige; und noch überflüssiger ist es zu erörtern, wie z. B. der alte Codex, den Santillana erwähnt, nach Spanien und in die Bibliotkek seines 1385 bei Aljubarrota gebliebenen Grossvaters geraten sein kann.

[3] Es war Varnhagen (*Cancioneirinho de Trovas Antigas*), welcher besagte Abschrift 1857 in Madrid sah und kopieren liess.

[4] Wie ich über das *Livro das Cantigas* denke, deutet § 38. Anm. 2 an.

dieser Kodex höchst unvollständig. Nachher aber ward er noch ganz vandalisch von Pergamentmardern zerschnitten. Heute bietet er auf 88 liniierten Pergamentblättern nur noch 310, zum Teil fragmentarische *Cantigas de amor*, die in 38 kleine, mit 16 skizzierten Vignetten[1] anhebende Einzelgruppen zerfallen. Jegliche davon stellt das Liederheft eines besonderen Sängers dar. Es ist das der Überrest eines viel grösseren Ganzen. Noch beim Binden umfasste der *Cancioneiro* nachweislich mindestens ein Drittteil mehr; und früher noch Weiteres. Die Ausführung ist unvollendet geblieben; es fehlt fast alles was buntfarbig, (vielleicht von einem besonderen Illuminator) ausgeführt werden sollte, d. h. die grösseren gezierten Majuskeln, die Miniaturen der Vignetten, und besonders an der Spitze jedes Liederheftes der Name des betreffenden Dichters! Es fehlen auch die Musiknoten, für die der Raum bei jeder ersten Strophe und oft noch beim Geleite aufgespart ist, sowie etwaige Prosarubriken. Ohne jeglichen Zweifel stammt der Kodex noch aus der Troubadourepoche, entweder aus der ersten Hälfte des 14. oder aus der letzten des 13. Jhs.[2] und die geplante Hinzufügung der Noten, sowie die sorgsame Arbeit des Schreibers lassen darauf schliessen, dass er, wenn nicht direkt nach Originalrollen, so doch nach einer sich unmittelbar auf jene stützenden Abschrift gefertigt worden ist. Die sehr verständige knappe Orthographie verwendet für mouilliertes *n* und *l* die Doppelkonsonanz, nach alter, auch von Alfons X. befolgter Sitte (und nicht wie die anderen Liederbücher das provenz. *nh lh*, noch *mh bh* etc.) und für den portugiesischen Nasalauslaut ausnahmslos das *n*. — Die beiden italienischen Liederbücher führen die Namen *Cancioneiro da Vaticana* und *Cancioneiro Colocci-Brancuti*. Beide, sowohl der *codex vaticanus* 4803 (bestehend aus 210 + 18 Papierblättern), als auch der noch vollständigere (355 Blätter umfassende) Kodex des Grafen Brancuti di Cagli, wurden im 16. Jh. in Italien, nach bis jetzt nicht entdeckten Vorlagen abgeschrieben, denen scheinbar die Notation bereits fehlte, und zwar im Auftrage des Humanisten Angelo Colocci († 1548), der, hier wie dort, Randnoten, Dichternamen, Paginationen, Registrationsbuchstaben und Numerierungen eintrug, sowie Verweise auf ein anderes drittes, möglicherweise dem Kardinal Bembo gehöriges Liederbuch. Ausserdem schrieb er mit eigener Hand ein selbständiges, kostbares Inhaltsverzeichnis, mit Namen, Zahlen und Titeln, die *Tavola Colocciana* (*Cod. Vat.* 3217), vermutlich auf Grund eines dritten vollständigsten, uns unbekannten Manuskriptes, das sich vielleicht noch in Italien wiederfindet. Annähernd passt dieser Index freilich auch für die beiden erhaltenen Liederbücher, ja zum Teil sogar für den *Canc. da Ajuda*. Denn alle, ob auch in Einzelnheiten vielfachst verschieden, geben Liedergruppen von gleicher Grösse und gleichem Inhalt ungefähr in der gleichen Ordnung, führen also in letzter Linie unbedingt auf ein und dasselbe grosse kompilatorische Gesamtwerk zurück, welches das Hab und Gut der ganzen portugiesischen Minnedichtung verzeichnen sollte[3]. — Auch die beiden italienischen Handschriften sind unvollständig, doch ergänzen sie sich in sehr glücklicher Weise. Trotzdem fehlen

[1] Für die weiteren 22 ist der Raum ausgespart.

[2] Aus dem Inhalte Sicheres zu schliessen, ist sehr schwer, da wir eben nur ein Fragment vor uns haben. Die meisten der vertretenen Dichter sind prae-alfonsinische und alfonsinische. Über einige, wie Pero Garcia Burgales und Mem Rodrigues Tenoiro bin ich in Zweifel. Sind beide die gleichnamigen Zeitgenossen des Grafen von Barcellos, so kann das Manuskript nicht gut vor 1310 geschrieben sein. Hinsichtlich des Äusseren seien hier nur Herculano's Worte citiert: »*Os signaes paleographicos e intrinsecos não permittem assignar lhe uma epoca precisa. Poder-se-hia fazer remontar ao reinado de D. Dinis, ou descer até o de D. Fernando. O foral de Villanova d'Alvito de 1289 está escripto em caracteres inteiramente semelhantes em grandeza e forma aos do Nobiliario e do Cancioneiro*«.

[3] Monaci und de Lollis sind etwas anderer Ansicht.

mindestens 75 von den Gedichten, welche noch der Index buchte. Und dass es dem alten Sammler des *Livro das Cantigas* nicht gelungen war, aller der überhaupt verfassten Minnelieder habhaft zu werden, ist selbstverständlich.[1]

47. Auch die altportugiesischen Lieder waren zu gesanglichem Vortrage bestimmt.[2] Das beweist der Name: *cantiga* und *cantar*. Es beweist es der *Cancioneiro da Ajuda*, mit seinem für die Notation aufgespartem Raume. Es beweisen es die begleitenden Vignetten, welche uns stets einen lehrenden Meister (den Dichter?) auf einer Bank sitzend und ein oder zwei, mit Musikinstrumenten versehene Sänger vorführen; und es beweisen es Dutzende von Liedern, in denen von den Melodien und den Singenden und Spielenden die Rede ist.[3] Wie in der Provence so verfasste auch in Portugal, der Regel nach, der Troubadour die Melodie, den *som* (oder *assom*) zu jeglichem neuem Liede, dasselbe komponierend (*ensoar* = *sonum dare*). Fehlte ihm diese Gabe, so rief er einen seiner sachkundigen Bediensteten zu Hülfe; oder er passte seinen Text bereits vorhandenen Melodien an, wie wir wissen denen des *En Sordello*, oder bretonischen, oder portugiesischen Weisen, unfreie »Folgelieder« schaffend. — Erhalten ist uns keine einzige weltliche Melodie, nur die Musik der geistlichen *Cantares* von Alfons X. Dass diese entschiedene Ähnlichkeit mit der provenzalischen Musik hat, — dabei aber dennoch ganz denselben Geschmack zeigt, wie er in den gallizischen und portugiesischen Ländereien noch jetzt im Volke herrscht (?) —, und dass auch die Notierungsweise übereinstimmt, ist die Ansicht aller Sachverständigen[4]. Ähnlich wird es sich also auch mit den weltlichen Melodien verhalten. — Das Hauptinstrument, das jeder Spielmann, gut oder schlecht, zu gebrauchen wusste, war die Fiedel *citóla*[5]. Fiedel spielen heisst *citolar*. Spielte Jemand schlecht, kratzte er (*rascar Vat.* 1106 und 1107), so ward er verlacht und verhöhnt. — Doch beherrschten manche Troubadours und Spielleute noch andere Instrumente. — Auf den Vignetten erscheint die Harfe; die mit dem Bogen gestrichene vierseitige Viella; das mit dem Plektrum berührte Psalterion in mannichfacher Gestalt; die Guitarre; und als begleitendes, den Saiteninstrumenten oft beigegebenes Instrument die Schellentrommel (=*pandeiro*, wenn sie rund ist, und *adufe* wenn viereckig), das Tambourin und die Kastagnetten (in Parallellogrammgestalt)[6]. Ob die verschiedenen Kombinationen der Instrumente thatsächlich zu bestimmten Gedichtgruppen gehörten, bleibt dahin gestellt.[7] Auch ist es unmöglich zu entscheiden, ob wirklich alle *Cantigas*, auch die Schmählieder (!), gesungen wurden, oder ob es »*dizeres*« gab (wie Santillana anzunehmen scheint.)[8]

[1] Ausser den in § 39 erwähnten Dichtern, deren Werke abhanden gekommen sind, hat es sicher noch manche andere gegeben! Und wer weiss z. B. ob das unfindbare Liederbuch des span. D. Juan Manuel Portugiesisches oder Kastilianisches enthielt? Er schrieb bekanntlich vor 1329 ein *libro de Cantigas*, und vor 1335 ein *libro de las reglas como se deve trovar*! Und was waren die *poemas en lengua gallega antigua del tiempo del Rey D. Alonso el Sabio*, die Argote de Molina um 1600 sah?

[2] Die Zweifel, welche Diez darüber äussert, (Kunstpoesie p. 102) sind ungerechtfertigt.

[3] S. z. B. *Vat.* 930. 931. 928. 1042. 1073. 1077. 1078. 1087. 1097. Von einem *livro dos sons* spricht *Vat.* Nr. 72.

[4] S. z. B. Terreros, Soriano Fuertes und Ambros, Geschichte der Musik II 232.

[5] Dass Alfons X. sogar einen Spielmann *Citola* anredet (*Vat.* 71) ward schon gesagt.

[6] Dass das Wort *rota* gar nicht vorkommt, ist auffällig.

[7] Die 16 Vignetten bieten uns: Je einmal die Fiedel und die Harfe allein; zwei Mal beide Instrumente zusammen; zwei Mal die blosse Guitarre; vier Mal das Psalterion mit Kastagnetten; zwei Mal die Fiedel nebst Kastagnetten; ein Mal Guitarre mit Kastagnetten; und drei Mal Fiedel nebst Schellentrommel. Das Tambourin erscheint nur in einem verzierten Buchstaben.

[8] Dafür dass *dizeres* so viel wie (spottende) Sprechlieder bedeutet, im Gegensatz zu *cantares*, könnte man ausser *dizedor (dezidor)* noch andere Ableitungen anführen: *ditos* für Witzworte *(bons mots)*; *dichotes* für grobkörnige Witze, und *ditados (deytados)* für sentenziöse Verse.

48. BIBLIOGRAPHIE: a. Texte: 1) C. Stuart, *Fragmentos de hum Cancioneiro inedito que se acha na livraria do Real Collegio dos Nobres de Lisboa.* Paris 1823. — 2) C. Lopes de Moura, *Cancioneiro d'El Rei D. Diniz.* Paris 1847. — 3) Varnhagen, *Trovas e Cantares de um codice do XIV seculo, ou antes, mui provavelmente o livro das cantigas do Conde de Barcellos.* Madrid 1849. — Dazu *Postscriptum* und *Novas Paginas de notas.* 1868. — 4) Grüzmacher, *Zur gallicischen Liederpoesie* in *Jahrbuch VI* p. 357—361. 1865. — 5) Varnhagen, *Cancioneirinho de Trovas antigas.* Wien 1872. — 6) E. Monaci, *Canti antichi portoghesi.* Imola 1873. — 7) Ders., *Cantos de ledino.* Halle 1875. — 8) Ders., *Il Canzoniere Portoghese della Bibliotheca Vaticana.* Halle 1875. — 9) Th. Braga, *Cancioneiro Portuguez da Vaticana.* Lissabon 1878. — 10) E. Molteni, *Il Canzoniere Portoghese Colocci-Brancuti.* Halle 1888. — 11) W. Storck, *Hundert altportugiesische Lieder.* Paderborn 1885. 12) P. E. Wagner, *Altport. Lieder,* komponiert. Paderborn 1886. — b. Kritisches: 1825 Raynouard in *Journal des Savants* p. 485—495. — 1830 Diez in *Jahrb. f. wissenschaftl. Kritik,* No. 21 und 22. — 1835 J. P. Ribeiro, *Reflexões philologicas.* No. II. — 1840 Bellermann, *Die alten Liederbücher* etc. — 1842 Rivara in *Panorama* I p. 409. — 1844 J. da Cunha in *Panorama* III. — 1844 Ders., in *Acta das Sessões da Academia Real.* — 1847 Diario do Governo No. 191. — 1847 *Revista Popular* II. — 1849 Costa e Silva, *Ensaio* II. — 1859 Wolf, *Studien.* — 1863 Diez, *Kunst- u. Hofpoesie.* — 1871 Th. Braga, *Trovadores.* — 1877 Ders. in *Zschr.* I. — 1880 Canello in *Saggi di Critica Letteraria.* — 1885 Th. Braga in *Revista dos Estudos Livres.* — Auf Jeanroy sei hier, nachtragend, noch einmal hingewiesen (s. S. 160).

II. EPOS.

49. Von den *cantares romances* der hispanischen Volksdichtung, welche klassische, karolingische, bretonische und peninsulare Stoffe behandeln und von dem Anteil, den der Westen- und Nordwesten vermutlich an ihrer Ausgestaltung genommen, war schon in Abschnitt C die Rede; und ebenso von dem apokryphen *Cava*-Gedichte *»el primer poema heroico que hallamos . . . en España«!*[1] — Das früheste echte Kunstepos in portugiesischer Sprache,[2] von dem wir sichere Nachricht und wenigstens einige magere Überreste besitzen, entstand am Ausgang der ersten Epoche.[3] Es behandelt einen heimischen und zeitgenössischen historischen Stoff, jenen gewaltigsten Sieg des 14. Jhs., welchen Spanier und Portugiesen mit Flotte und Landheer, gemeinsam, über die marrokanische Völkermacht bei Tarifa, am Flüsschen Salado, den 30. Oktober 1340 erfochten. Von dem Sturm nationaler Begeisterung, den die ruhm- und erfolgreiche Waffenthat weckte, ist das portug. *Poema da Batalha do Salado* keineswegs der einzige Nachklang. Der Dichter desselben, ein im Übrigen unbekannter Affonso Giraldes, der als Augenzeuge und Mitkämpfer zugegen gewesen sein soll und wird[4], schrieb sein historisches Gedicht, (dem

[1] Faria-e-Sousa, *Epitome* ed. 1674 p. 409 und *Europa* II p. 372 § 69.

[2] Die Frage, ob es sachlicher ist, alle alten leonesischen (resp. bercianischen und astur. wie galliz.) Schriftdenkmäler zum westlichen Sprachgebiete zu rechnen oder zum Kastilischen, ist noch nicht einmal aufgeworfen worden, selbst von denen nicht, die sich im Speziellen damit befassten. Aus durchaus begreiflichen Gründen. Vergleicht doch selbst Saco-Arce die Sprachformen seiner gallizischen Muttersprache lieber mit dem Kastilianischen als mit dem Portug.

[3] Dass das betreffende Gedicht *acto continuo* im Jahre 1340 verfasst wurde, behauptet einer von den wenigen, die es gelesen, Frei Francisco Brandão. Ob mit Recht ist unerweislich.

[4] Auch diese Behauptung stammt aus Brandão's Feder. — Dass der Dichter ein *fidalgo portuguez* gewesen, ist eine als Thatsache hingestellte Vermutung von Am. de los Rios IV p. 413.

die, welche es gelesen, den Titel *Romanze,* möglicherweise auf eigene Faust, gaben[1]), wahrscheinlich im Dienst und Auftrage seines königlichen Herren, Alfons IV., vielleicht gar als berufsmässiger Spielmann oder *segrel,* der mit dem Absingen nicht nur lyrischer *Cantigas* sondern auch mit dem Hersagen epischer *Cantares de gesta* (in kastilischer oder leonesischer Sprache? oder selbst in französischer Zunge?) gleich vertraut war. Denn, obwohl in halb-volksmässigen, glatten und geschmeidigen Redondilhenstrophen mit überschlagenden nach Belieben stumpfen, oder klingenden, oder zwischen beiden alternierenden, Reimen abgefasst[2], ist das Gedicht, welches das Leben und die sonstigen Thaten des portugiesischen Königs mit in sein Bereich zog, und das glanz- und ruhmvolle Auftreten gerade der portugiesischen Recken bei Salado gewisslich besonders hervorhob, dennoch eine höfische Reimchronik, deren an und für sich poesievoller Stoff, erfundener poetischer Ausschmückung entraten konnte. — In Inhalt wie Form ist das *Poema do Salado* ein Pendant zum *Poema de Alfonso Onceno*[3], welches in kastilischer Sprache über den gleichen Gegenstand auch von einem Kampfgenossen gedichtet ward, (vielleicht Namens Rodrigo Eannes[4], und jedenfalls von einem Unterthan des *buen rey de Castiella e Leon*) mit dem einzigen, naturgemässen, doch markanten Unterschiede, dass dieser das Leben und die Thaten seines Herrn und Königs, und die Schlachttriumphe der Kastilianer besonders feiert, über Portugal und seinen König (»den schlummernden Löwen«), sowie Admiral, Flotte und Heer des Nachbarlandes hingegen manch kritisierendes Wort äussert. Für entschieden verfehlt halte ich den Versuch die 2456 *Coplas* des gleichfalls unvollständigen spanischen Gedichtes für Portugal zu vindizieren, und darin eine fast wörtliche Übertragung eines beliebigen unbekannten portugiesischen (resp. galliz.) Originals zu erkennen, wie J. Cornu will[5], oder gar eine Übersetzung des fragmentarisch erhaltenen Gedichtes von Affonso Giraldes, wie Th. Braga nachzuweisen überkühn unternommen[6]. Dass hie und da aus den Sprachformen der kastilianischen Reimchronik ein portugiesischer (oder einfach ein leonesischer) Untergrund durchschimmert — besonders im Perfektum der Verben da, wo sie den Reim bilden — gebe ich ohne weiteres,

---

[1] Frei Antonio Brandão. Sein Neffe Francisco spricht nur von *rimas.*

[2] Bellermann wollte in einer der portug. Strophen jambischen Tonfall, in einer anderen trochäischen Rhythmus erkennen. Soweit der Begriff trochäisch überhaupt für den Romanzen-Achtsilbler passt, haben wir ihn auch auf den fallenden Wandel im *Poema do Salado* anzuwenden.

[3] Gedruckt von Janer 1863 in Sonderausgabe, und 1864 im 57. Bande der *Bibl. de Aut. Esp.* nach dem Escurial-Manuskript, das der grosse Humanist und Staatsmann Mendoza 1513 in Granada entdeckte.

[4] Den Namen Rodrigo Yanes nennt die 1841. Strophe des Gedichtes. Ob damit nur der Schreiber oder der Redakteur der merlinischen Prophezeiungen (1807 bis 1844, doch vgl. 242—246) gemeint ist, (die vielleicht interpolirt sind), oder der Dichter des ganzen Epos, lässt sich hier nicht *brevi manu* entscheiden.

[5] Die geistvolle Hypothese des scharfsinnigen Prager Gelehrten kennen seine Freunde bisher leider nur durch mündlichen Bericht, oder (wie ich) durch Briefe. Sie stützt sich auf die Beobachtung, dass die 3. Pers. des Perf. in *-ó = avit* (port. *ou*) nur mit sich selbst reimt: *ió = ivit* (pg. *iu*) ebenso; und ebenso *ió = evit* (pg. *eu*).

[6] S. *Curso* 94—99 und *Questões* 143. — Früher ehe Cornu gesprochen, z. B. im *Manual* 65 neigte Braga dahin, das portug. Gedicht für Nachahmung des span. zu erklären. — Schon Milá *(Poes. Her.-Pop.* p. 417) hatte (1874) Zusammenhang beider Werke angenommen, es unentschieden lassend, welches von beiden Vorbild und welches Nachahmung gewesen sein möchte. Ich sehe die Notwendigkeit eines solchen Abhängigkeitsverhältnisses durchaus nicht ein. Nur aus dem Mangel an sonstigen altportug. Epen liesse sie sich begründen, nicht aber aus der Wahl des Stoffes. Irgend welche Vereinbarung zwischen den beiden Kampfgenossen, ja eine Art Wettgesang zwischen den Vertretern der beiden Könige und ihrer Völker ist hingegen sehr wohl möglich.

auf Grund selbständiger Untersuchung, zu[1]. Diese Thatsache aber ist keineswegs auf das *Poema* beschränkt, sondern eignet mehr oder minder der ganzen, stark nach Westen weisenden altspanischen Litteratur. Und ich erkläre sie daraus, dass der Verfasser — er heisse nun Rodrigo Eannes oder anders, er stamme aus Zamora oder Logroño oder sonstwoher, und sei *mestre de Christo em Portugal* gewesen, oder nicht[2] — daran gewöhnt war, wie so viele seiner Zeit- und Berufsgenossen, auch portugiesisch zu sprechen, oder wenigstens zu dichten, und dass er nur auf Wunsch und Befehl des königlichen Auftraggebers,[3] (als dessen *secretario* ihn der kluge D. Diego de Mendoza hinstellt[4]), für seine *gesta semi-popular* das Kastilische wählte, vergeblich nach voller Spracheinheit ringend. — So dürftig auch die überlieferten Reste des portugiesischen Gedichtes sind (40 Verse in 4 kleinen Einzelfragmenten von 1 + 2 + 6 + 1 Vierzeilern[5]) so steht seine Echtheit wie sein Charakter und der Name des Verfassers, den gewiss der Text mitteilte, ausser Zweifel. Im Jahre 1433 schrieb der Infant D. Pedro an seinen Bruder, König D. Duarte, den Urenkel Alfons' IV., in einem Glückwunschbriefe, den ich besitze, »er möge seines Landes so segensreich walten, dass er es seinem Sohne ebenso hinterlassen könne, wie Affonso Giraldes schreibt, dass König Dionysius sein Reich dem Nachfolger vermachte«[6]. — Zwei Jahrhunderte später befand sich das Gedicht im Besitze des Reichshistoriographen Frei Antonio Brandão (1581—1637[7]) und nach ihm ver-

[1] Dass Cornu gerade auf diesen Punkt viel Wert legt, deutete Anm. 5 S. 204 an. Th. Braga berücksichtigt eine einzige der einschlägigen Strophen (1500). Im Übrigen entdeckt er im span. Gedichte und in den port. Fragmenten zwei gleichgestaltete Phrasen! Beide Dichter reimen nämlich auf den Namen des portug. Bannerträgers Gonçal(o) Gomes de Azevedo die Formel *sin medo* (pg. *sem medo*), und verwenden den Satz: *todas estas cortesias este rey mandou fazer* (span. *el buen rey hizo faze*)! — Hauptinhalt meiner Ergebnisse ist, dass modernes *ó* = *avit* darum nicht mit *io* = *ivit* und *evit* reimen konnte, weil der Verfasser, nach westlicher (d. h. altleonesischer und gallizischer, im Portug. streng durchgeführter) Volksart das Perfektum der *er*-Konj. von dem der *ir*-Konj. noch trennte, d. h. nicht für beide, *ió*, noch auch *iú* und *eú* sprach, sondern *íu* (resp. *ío*) und *éu* (resp. *éo*). Nur so sind die Strophen 621, 1500, 1889. 2199 und 2418 erklärlich, in denen die Zeilen 1 und 3 in *ó*, die Zeilen 2 und 4 in *éu* reimen (oder in *íu* oder umgekehrt). Ein Portugiese hätte nimmermehr wie in Strophe 40. 294. 320 1031. 2150 und 2181 geschieht *morio* (pg. *morréu*) mit *vio sirvio complio salio oyo gradescio* reimen können, wohl aber ein Leonese, dessen Mundart kastilisches *morir* (neben portug. *morrer*) besass. Im Übrigen fehlt im Gedichte 61 Mal der Reim (resp. die Assonanz) gänzlich; 121 Mal ist er unvollkommen, gleichviel ob wir den Text portug. oder kastilisch lesen; 87 Mal haben wir im Kastilischen gute Reime, wo die entsprechende portug. Lesart reimlos bliebe (alle Formen von *tener, venir* und *poner* eingerechnet, die natürlich eine andere Deutung verlangen), und nur 57 Mal wird der im Kastil. als Konsonanz unvollkommene (als Assonanz aber im Volksstile zulässige und im Leonesischen gute) Reim im Portug. vollkommener. Facit wie oben: Der Dichter war ein Leonese, aber höchst wahrscheinlich gewohnt, das Portug. als Dichter zu handhaben!

[2] Die Prosachronik Ferdinands IV. nennt in Kap. 4 einen Rodrigo Yañez, de Zamora; einen eben solchen aus Logroño nennt die Chronik Alfons' XI. Kap. 18 (nicht 21), und ebenso den Ordensmeister (1354).

[3] Daran, dass Alfons XI. das Kastilische begünstigte und pflegte, sogar schon im lyrischen Troubadourliede, sei hier noch einmal erinnert.

[4] S. Amador de los Rios IV 413.

[5] S. Braga, *Curso* p. 95—97 und *Antologia* Nr. 41, wo jedoch eine Strophe fehlt! Von nur 2 erhaltenen Strophen reden irrtümtich Bellermann und Wolf. Im *Manual* p. 65 wird fälschlich von 12 Strophen gesprochen.

[6] *E porem, Senhor, vos trabalhay quanto poderdes como as primicias de vosso reinado sejam praziveis a Deus e proveitosas a vossos sogeitos, e [como] crecendo em melhor por muitos annos, acabeis em seu serviço e leixeis vossos reynos ao Ifante meu senhor e vosso filho em aquelle ponto que Affonso Gyraldes escreve que o deixou El Rey Dom Denis ao seu.*

[7] *Monarch. Lusit.* III: liv. X cap. 45. Brandão sagt: *um romance tenho que trata da batalha do Salado composto por Afonso Giraldes* etc. Vgl. *Curso* 95.

wahrte es sein Neffe und Fortsetzer Frei Francisco Brandão (1601—1680), der drei Stellen daraus anführt[1] und sein Manuskript gelehrten Freunden wie Faria-e-Sousa[2], Padre João Soares de Brito[3] und Jorge Cardolo (1606—1669) mitteilte. Dieser letztere kopierte den vierten Bruchteil[4]. Alle Späteren, auch Bluteau[5] und Barbosa Machado,[6] verwerteten ausschliesslich die Angaben ihrer Vorgänger. Niemand hat hernach das Manuskript wiedergesehen[7]. Auf seinen Inhalt und die Art der Darstellung kann man jedoch Schlüsse ziehen, wenn man, ausser den 10 erhaltenen *quadras*, die lat.-portug. Schilderung im *Cartorio da Sé de Lisboa* und die dem *Livro de linhagens* eingefügte lebensvolle Darstellung der Schlacht, vom Grafen Pedro Affonso de Barcellos, liest, der selbst mit dabei gewesen ist; sowie andererseits das spanische Poem und die spanischen Prosaberichte[8].

50. Das vierte unter den erhaltenen Bruchteilen lautet: »*Outros falam da gran razom De Bistoris, gram sabedor, E do Abbade Dom Joam Que venceo Rei Almançor*[9]. Es stellt ausser Zweifel, dass um die Mitte des 14. Jhs. noch andere romanzenartig erzählende Gedichte von anderen Autoren existierten. Als Beispiel nennt Giraldes ein Poem über den unbekannten grossen Weisen »Bistoris« (oder Abistoris? Lesefehler für Aristotlis = Aristoteles? das wäre eine poetische Version der *Secreta*[10] *secretorum*?) und ein zweites über den *Abbas Laurbanensis (de Lorvão)* und seine sagenumwobene Verteidigung der Veste Montemór gegen den Kalifen Almanzor von Cordova (888). — Sie sind spurlos verschollen und mit ihnen alles was sonst etwa Ähnliches vorhanden war.

---

[1] *Mon. lus.* V, liv. XVI cap. 13 (gedr. 1650). In diesem Kapitel über *Pay Correa* wird die Strophe über seinen Urgrossneffen, den Bannerträger Gonçalo Gomes de Azevedo, citiert. Im folgenden Bande (gedr. 1672), liv. XVIII cap. 5, werden betreffs der Bestimmungen über die Tracht der portug. Juden und Mauren die zwei Strophen über die *sinaes* und *almexias* kopiert. Im 32. Kap. folgen die weiteren sechs über Kindheit, Jugend und Heimat Alfons' IV.

[2] *Epitome* (gedr. 1628/29. 1663. 1674. 1677. 1736) liv. IV cap. 18; *Europa* III 354 und II 170; *Asia*, No. 82 des *Elencho das obras manuscriptas*. Überall wird, fast mit Brandão's Worten, Alonso Giraldes kurz citiert und sein *Poema en redondillas de la batalla del Salado en que se halló*.

[3] *Theatrum Lusit.: A* No. 11.

[4] *Agiologio Lusitano*, vol. I p. 328 (gedr. 1652). Wie Bellermann dazu gekommen ist, das Datum 1757 anzugeben, weiss ich nicht. Bezeichnet es etwa die Zeit, wo der Padre Antonio dos Reis, seinen *Enthusiasmus Poeticus* schrieb, und unter No. 192 *(Corpus Poetarum*, vol. VIII) des Giraldes gedachte.

[5] S. *Vocabulario* vol. I p. 270 (1712) s. v. *Almexia*. Dass Bluteau die Beleg stellen dem Manuskript entnahm, ist eine willkürliche Behauptung. Er benutzte Brandão.

[6] *Bibl. Lus.* I p. 37.

[7] Weder P. Francisco Freire, *Reflexoẽs* III 59; noch Bellermann p. 21 und 48; A. de los Rios, *Judios* 50; Milá oder Wolf, *Jahrb.* VI 92 und *Studien* 87 und 720 etc. Aus dem Datum eines Wiederabdrucks der *Monarchia Lusitana* folgern zu wollen, das Manuskript sei noch 1751 vorhanden gewesen, wie Braga thut *(Curso* 97), ist mindestens unerlaubt!

[8] Ob es so frisch, dramatisch und volkstümlich war, und so viele Romanzenformeln und -Zeilen wie das span. Gedicht enthielt, muss natürlich dahingestellt bleiben.

[9] Jorge Cardoso, der die Legende vom heiligen Abte erzählt, fügt hinzu: *Corrobora se mais esta verdade com hum Romance que nos communicou o Chronista Mor Fr. Francisco Brandão, o qual allega ja seu tio na 3 Parte da Mon. Lus., feito em tempo del Rei D. Afonso IV por Afonso Giraldes cerca da memoravel batalha do Salado, e recontando o que cantárão muitos em seus Poemas diz assi* etc. Braga, der diesen Passus (wie auch den Hinweis darauf bei Barb. Machado und Bellermann) hätte kennen müssen, las die betreffende *copla*, welche zur Einleitung gehörte, nur bei A. de los Rios (IV 413), und baute darauf die müssige Hypothese: »der span. Litterarhistoriker habe vielleicht ein handschriftl. Fragment des port. Saladogedichtes besessen“. Auch die Idee, der *gram sabedor Bistoris* sei der biblische Engpass *Betzacharah* (!), wird sich keinen Freund erwerben.

[10] Die *Segredos* besass z. B. D. Duarte.

III. PROSA.

51. Über die ältesten Denkmäler in ungebundener Rede sind wir sehr ungenügend unterrichtet. Von dem Wenigen was sich bis auf unsere Tage erhalten hat, ruht das meiste noch ungedruckt und unverwertet in portugiesischen oder ausländischen Bibliotheken und von zahlreichen, heute verschollenen Büchern »*em linguagem*«, deren Titel uns erhalten sind, weil sie einst, im 15. Jh., in den Bibliotheken portugiesischer Könige und Fürsten aufbewahrt wurden, wissen wir nicht einmal mit Sicherheit, ob sie überhaupt *em portuguez,* oder in irgend einem anderen *romance vulgar* abgefasst waren[1]. Soweit man urteilen kann, war jedoch die Prosaproduktion der ersten Epoche eine äusserst dürftige. Die Wissenschaften, die sich mit der Aneignung dessen begnügten was frühere Zeitalter und fremde höher kultivierte Nationen gefunden hatten[2], und die Geschichtsschreibung, die kaum mehr that, als kurze annalistische Notizen lose aneinanderzureihen, bedienten sich des Lateinischen, und nur wo man bestimmte Kenntnisse vulgarisieren wollte oder musste, griff man zum Portugiesischen. — Unbeholfen tastend, in kleinen Sätzen, von denen jeder für sich dasteht, oder in unlogischen und ungelenken Fügungen, wenn man den lateinischen Periodenbau oder die provenzalisierenden Dichtungen nachahmen wollte, begann die Prosa wie überall später und entwickelte sich langsamer als die Poesie, so dass man eigentlich für sie eine besondere Periodeneinteilung vornehmen müsste, deren früheste erst mit dem Jahre 1300 beginnend, bis weit über 1400 hinausdauerte (1450). Das Jahr 1350 oder 1385 bezeichnet jedenfalls keinen Abschnitt für die im Werden begriffene Prosagestaltung und gewisse (nicht alle) Werke des 15. Jhs. gehören nach Stoff, Geist und Sprachstil noch durchaus der ersten Periode an[3]. — Was vorhanden ist, hat teils kirchlichen, teils höfischen Charakter, beschränkt sich aber in beiden Fällen fast ausschliesslich auf Übersetzungen oder, bald resumierende, bald paraphrastische Bearbeitungen lateinischer, französischer oder spanischer Vorbilder. — In den Klöstern und Klosterschulen vulgarisierte man einzelne Bücher der heiligen Schrift — *Genesi* — *Os Evangelhos* — *Os Actos dos Apostolos* — *O livro de Salamão*[4] — oder etwas später die ganze Bibel — *Blivia* —, sowie dazu gehörige Erläuterungen — *Collações* —; dazu fromme Legenden, Märtyrer- und Heiligenleben — *Livro dos Martires* — *Livro dos Padres Santos* —; Ordensregeln, Gebete, Erbauungsschriften und Predigten — *Pregações, Meditações* — und moralphilosophische Abhandlungen, nicht selten in Form von Beispiel- oder Sentenzensammlungen. Auch zeichnete man daselbst summarische Regesten auf. Bei Hofe kompilierte man Adels- und Jagdbücher[5] und Pallastgesetze, schrieb gleichfalls kurze Chroniken und ergötzte sich an der Lektüre und Übertragung der grossen altfranzösischen Ritterromane und Fabliaux, die man direkt oder auf Umwegen übernahm, sowie der

[1] D. Duarte's Bücherverzeichnis nennt zuerst 20 lat. Werke *(de latim)* die er besessen, dann 64 romanische *em lingoagem*; und wir wären unbedingt berechtigt, portug. Texte darunter zu verstehen (wo nicht ausdrücklich »*per castelão* oder *per aragoez* etc. gesagt ist), stände nicht, zum Unglück auch einmal *per portugues* neben einem der Werke.

[2] S. *Port Mon. Hist.*: *Scriptores,* vol. I. — Mindestens zwei bedeutende Beiträge steuerte Portugal jedoch zum mittelalterlichen Bücherschatze bei: die *Summulae Logicales* und den *Thesaurus Pauperum* des schon früher genannten Petrus Hispanus.

[3] Herausgeber wie Herculano (in den *Scriptores)* und Frei Fortunato de S. Boaventura in seiner *Collecção de Ineditos Portuguezes* trennen die Texte des 14. Jhs. gar nicht von denen des 15.

[4] Möglich ist, dass das altportug., natürlich unbekannte *Livro de Salomão* der humoristische *Salomão-Marcolpho* war.

[5] Ob vor D. João I. irgend ein *Livro de Monteria* oder *de Cetreria* portug. geschrieben ward, bleibt noch zu erweisen.

berühmtesten unter den mittellateinischen, in der ganzen europäischen Litteratur umgehenden Geschichten (aus der *Disciplina clericalis,* s. II 1, 210; *Gesta Romanorum,* s. II 1, 321 und *Septem Sapientes,* s. II 1, 321). — Es wirkt daher fast befremdend und erweckt begreifliche Zweifel, wenn man erfährt, dass eine, ganz vereinzelt dastehende, selbständige und epochemachende Kunstschöpfung noch aus den Tagen des Königs Dionysius stammt. Dennoch scheint es heute gewiss, dass am Hofe dieses Monarchen, also vor 1325, der erste *Amadis*-Roman erfunden ward. (S. u. § 55.)

52. Historische Schriften. Von allen eigentlich juridischen Dokumenten, wie sie von 1192 an zuerst spärlich und erst von 1250 an etwas reichlicher auftauchen, ist hier selbstverständlich zu abstrahieren, so viel des wissenschaftlich Interessanten sie auch bieten[1]. Nur von Chroniken und Adelsbüchern haben wir zu reden. Von den letzteren zuerst, weil sie umfangreicher sind und Sitte, Geist, Denkungsart und die vulgäre Redeweise der Zeit treuer und lebendiger abspiegeln als die meist summarischen Aufzeichnungen der ältesten Geschichtsbücher. — Wir besitzen vier verschiedene Redaktionen der *livros de linhagem* (denen das 16. Jh. den vornehmeren Titel »*Nobiliarios*« gab). Zwei sind vollständige Werke (I u. IV), das eine ältere ist kurz, das jüngere breit angelegt; die zwei anderen sind unvollständige Bruchstücke, von denen wiederum das ältere (II) knapp, das jüngere aber weitläufig ausgeführt ist (III). Alle sprechen die Sprache des 13. und 14. Jhs., d. h. die Sprache der Troubadours. — Geschlechtsregister muss es vom Beginn der Monarchie an gegeben haben, mit Angabe der Allianzen, Stiftungen, Rechte und Verdienste der einzelnen Adelsfamilien. Sie hatten unbedingt offiziellen Charakter, d. h. waren »*escripturas*« und gehörten zum Staatsarchiv (*chancellaria; camara del Rey; Recabedo regni*). Da sie in stetem Werden und Wachsen begriffen waren, wurden Neuschriften mehrfach nötig. Als die individuelle Arbeit Einzelner sind sie daher nicht zu betrachten; selbst die dem Grafen von Barcellos zugeschriebene jüngste, mit vielem Beiwerk ausgestattete Redaktion nur mit Vorbehalt.[2] — I. Die älteste erhaltene trägt meist den Titel *Livro velho*[3]. Sie verzeichnet die portugiesischen Geschlechter von 1085 an bis nach 1300, und ward auf höheren Befehl angelegt[4], ich denke, bald nachdem im Lateranischen Konzil von 1215 über die Erlaubtheit von Heiraten unter Verwandten neue Beschlüsse gefasst waren. Zu den schlichten Namenlisten sind drastische Necknamen und bereits kurze Andeutungen über hervorstechende Schand- und Heldenthaten hinzugefügt, nebst einer Einleitung über Grund und Zweck des Werkes. Die letzten Zusätze zu dem 1343 transscribierten Exemplar, auf das sich unser Wissen basiert, sind nach 1328, dem Geburtsjahre Peters des Grausamen, geschrieben[5]. — II. Das zweite Adelsbuch ist

[1] Vgl. *Port. Mon. Hist.: Diplomata et Chartae. — Inquisitiones. — Leges et Consuetudines.*

[2] Abgedruckt stehen alle vier in der ebengenannten akademischen Publikation, im Bande der *Scriptores*, vol. I p. 132—390. Die beste Untersuchung lieferte Herculano, (ebenda p. 132—143 und in den *Memorias da Academia,* vol. I 1854), doch sind seine Ausführungen weder fehlerlos noch erschöpfend, wie auch die Textbehandlung an mancher kleinen Schwäche krankt.

[3] Um 1580 entdeckte der Fälscher Lousada die aus der *Torre do Tombo* stammende Handschrift von 1343, welche mit dem Schlusssatz endet: *Ego Martinus Joann. scripsi..... era MCCCLXXXI*; Brandão benutzte sie 1634; ein gewisser Torre fertigte danach für den Herzog von Abrantes eine Kopie, welche Sousa, der Verfasser der *Historia Genealogica* 1739 in den »*Provas*« vol. I p. 141—173 abdruckte. Was aus dem alten Ms. geworden, ist unbekannt. Herculano konnte Sousa's Text mit zwei weiteren Kopien kollationieren.

[4] Vermutlich war der Auftraggeber ein König (Sancho II. oder Alfons III.). Der in der Schlussrubrik genannte Dekan von Lissabon liess wohl nur die Abschrift für sich herstellen. »*Fazemos escrever este livro*« heisst es in der Einleitung.

[5] Nicht vor 1318, wie Lousada meinte, gewisse Angaben und Sprachformen missverstehend (*seve* das Perf. von *seer* = *sedere* hielt er, wie alle späteren Herausgeber, Her-

ein knappes Fragment, welches äusserlich dieselben Schicksale wie das *Livro velho* durchgemacht hat und meist unter jenen Titel mit einbegriffen wird, gehört jedoch zu einem anderen Werke von abweichender Anlage. Ausser der Würze, die schon jenes bietet, enthält es eine ausführliche Geschichtslegende: *A lenda de Gaya* (aus dem Salman-Morolfzyklus)[1]. — III. Das dritte Adelsbuch ist seit dem 16. Jh. mit dem *Cancioneiro da Ajuda* zusammengebunden, sicherlich weil der Besitzer in beiden Pergamenten des 14. Jhs. Reste der Werke des Grafen von Barcellos zu erkennen glaubte. Vorhanden sind heute nur Kapitel 21 bis 35 (das erste wie das letzte, und noch mehrere andere, nur halb)[2]. Die fortwährenden »Allegationen« und Verweise auf Vorangehendes und Nachfolgendes geben jedoch unfehlbar sicheren Aufschluss darüber, dass das Buch ursprünglich aus mindestens 58 (und vielleicht 76) Abschnitten bestand, deren Inhalt wir rekonstruieren können[3]. Und zwar stimmt das Vorhandene wie das Fehlende nicht absolut, aber dennoch so genau zu den entsprechenden Teilen des Grafenbuches, dass wir es für eine alte, im 14. Jh. zu praktischen Zwecken als Nachschlagebuch und zur Aufnahme von Nachträgen angefertigte, doch bereits überarbeitete Kopie des verlorenen Grafenoriginals zu betrachten haben. — Eine Sonderbeilage, die allen übrigen Abschriften fehlt, bildet im 21. Kapitel eine leider fragmentarische, lebensvolle Schilderung der Schlacht am Salado, auf die ich schon hindeutete (§ 49). — Gemeinhin bezeichnet man dies Adelsbuch als »*Nobiliario do Collegio dos Nobres*« (§ 46). IV. Das letzte, — welches die Kritik »*o Livro do Conde*« oder »*Nobiliario do Conde D. Pedro*« nennt, — wird noch heute im Staatsarchive (*Torre do Tombo*) aufbewahrt, doch nur in einer Pergamentabschrift (von 228 Blättern) aus dem Ende des XV. Jhs.[4], ist ausserdem aber in zahllosen *codices* auf der ganzen Halbinsel verbreitet. Das Original, dessen der Graf in seinem Testamente nicht gedenkt, ist verloren[5]. Auch reproduziert weder III noch IV den Text genau so wie er aus der Feder des Grafen (vermutlich vor 1325 und auf Wunsch und Auftrag seines Vaters D. Dinis)[6] hervorging. Beide Texte enthalten deutlich erkennbare Zusätze[7] und Interpolationen, im Einklange mit und als

culano nicht ausgeschlossen, für *se vê* d. h. für das *praes.* von reflex. *ver*). — Doch sind keineswegs alle Stammbäume bis zu dem Datum 1328 fortgeführt.

[1] S. *Romania* VII 461 und IX 436.

[2] Die Kapitel heissen »*Títulos*« (wie in der Poetik) und zerfallen wiederum in Paragraphen.

[3] So viele (76) Kapitel bietet nämlich das vierte *Livro de linhagem*. Verweise auf die letzten 18 Abschnitte kommen nicht vor, wahrscheinlich weil die in demselben behandelten, wenig bedeutenden Familien keinen Anlass dazu gaben; vielleicht aber auch weil jene einen späteren Zusatz bilden (?). Dass er sein Werk also einteilen und behufs leichterer Orientierung sich der »Allegationen« bedienen würde, hatte der Graf im Prologe vermerkt. In der ältesten vorhandenen Abschrift aus dem 15. Jahrbuch fehlen jedoch, wohl infolge der Bequemlichkeit der Schreiber, oder weil durch Zusatzparagraphen die Ordnung verschoben war, die Paragraphen-Nummern. In Fragment III bestehen sie noch zu Recht.

[4] Noch 1693 war diese Ersatzkopie ungebunden; und ein ganzes Heft, das abhanden gekommen war, musste nach einem guten Exemplar der *Braganças* ergänzt werden! Herausgegeben ward das *Nobiliario* zum ersten Male 1640 durch J. B. Lavana (Rom); dann (Madr. 1646) durch Faria-e-Sousa in spanischer Überarbeitung.

[5] Auch das Original ward sicherlich im Staatsarchiv aufbewahrt, und die vorhandene Kopie darnach gefertigt, als jenes sachlich oder materiell unbrauchbar geworden war. Nur die Auffassung, die Adelsbücher seien zu den *Escripturas* gerechnet worden, macht begreiflich, dass z. B. König D. Duarte kein Exemplar davon in seiner Bibliothek barg.

[6] D. Dinis liess gründliche *Inquiriçoẽs* in allen Klöstern des Landes anstellen.

[7] Sie sind erkennbar durch Inhalt und Fassung. Was z. B. über ihn selbst in dritter Person berichtet wird (p. 227 und 313; 193 und 290; 256; 257) und was die Regierungszeit Peters I. von Kastilien, und Peters von Portugal, sowie seines jungen Erben betrifft, kann der Graf z. T. überhaupt nicht, oder so nicht geschrieben haben. Doch nicht allein Aussagen, welche zeitlich über seinen Tod (1354) hinausgehen, auch manche viel früher,

Antwort auf die ganz natürliche, vom Grafen selbst im Prologe geäusserte Bitte, »die Nachkommen möchten seine Angaben vervollständigen«[1]. Beide haben auch hie und da, doch nicht ganz gleichmässig, schlimme Anekdoten ausradiert, und sich gegen einzelne Darstellungen des Grafen aufgelehnt[2]. Daran zu zweifeln, ob III und IV wirklich das Grafenbuch repräsentieren, sehe ich keinen stichhaltigen Grund. — Von I und II entfernen beide sich erheblich (IV ist zehnmal so umfangreich wie I). Während jene nur von portugiesischen Familien handeln, beschäftigen diese sich auch mit Kastilien, Aragon, Leon, Gallizien und Navarra, ja sogar mit Frankreich und Brittanien. Jene wollen nur Klarheit über die Familienbeziehungen schaffen; diese versuchen Weltgeschichte zu schreiben. Dort erfahren wir nur kurze Anekdoten, hier ausführliche Geschichten und Sagen. Jene schliessen unter D. Dinis ab[3]; das Grafenbuch aber führt bis zu den Lebzeiten König Ferdinands. Dort haben wir keinen Hinweis auf irgend eine Quelle, hier sagt uns der Verfasser er habe »mit heissem Bemühen« die alten Geschlechtsregister[4] und viele Dokumente durchforscht, das Land durchreisend[5], und verweist ausserdem auf die *Siete Partidas*, die *Estoria de Espanha* und die Weltchronik Alfons' X (möglicherweise auch nur auf die darauf basierte *Chronica abreviada* seines Freundes und Vetters D. Juan Manuel); ferner erwähnt er die *estoria do Conde Fernan Gonzalez* und mit Rücksicht auf den *Cid* auch die *Chronica dos reys* (d. h. das *Lib. Regum*) und »*outros livros muitos*«; er zitiert eine *estoria de Troia*, kennt *Merlim, Arthus, Lancelot;* den *Brut;* die *Isla Avalon;* die *Doze Pares;* den Aristoteles (*Segredos?*); die Bibel (*a leemda* und *a vedra ley*) u. a. m. Er fügt die Sage von König Lear ein, sowie die Mährchen von »Dame Ziegenfuss« und vom »Meerweibe« und berichtet besonders Genaues von den Thaten und dem Charakter seiner portugiesischen wie spanischen Zeitgenossen. — Als einen unentbehrlichen Kommentar zu den realistischen Spott- und Schmähgedichten, aber auch zu den Liebesliedern des *Cancioneiro*, haben wir die vier Adelsbücher zu betrachten. Als historische Quellen ziemlich unbrauchbar[6], sind sie sittengeschichtlich sehr wertvoll.

β. Chroniken. An erster Stelle, obgleich in der einzigen vorhandenen Hs. erst vom Jahre 1391 (*era* 1429) datiert, steht eine ganz kurze sogenannte »*Chronica breve do Archivo Nacional*«,[7] die ihren Namen mit Recht trägt, denn sie besteht aus nichts als einer Reihe dürrer und loser annalistischer Notizen über

vor 1343. niedergeschriebene Nachträge stammen nicht mehr aus des Grafen Feder, der sein Werk, meiner Ansicht nach, vor 1325 abschloss und selbst nicht wieder berührt hat.

[1] *E rogo a aquelles que depois mym veerem e vontade ouverem de saber os linhagens, que accrecentem em estos titolos deste livro aquelles que adiante decenderem dos nobres fidalgos da Espanha, e os ponham e esprevam nos logares hu convem.*

[2] So wird z. B. im Tit. 35 eine vom Grafen erzählte Skandalgeschichte für eine *apostilla de maldizer* erklärt. — Man sollte annehmen dürfen, dass alte Zusätze zu einem im Staatsarchive niedergelegten historischen Dokumente nur aus der befugten Feder der Reichschronisten und *Guardas* stammen können, oder in ihrem Auftrage durch die *Escrivães das Escripturas da Torre* gefertigt wurden. Ob aber Fernam Lopes oder João das Regras, die beide das Grafenbuch ergiebig benutzt haben, wie angenommen worden ist, thatsächlich einige davon schrieben, wird sich kaum entscheiden lassen. Ich halte alle Zusatz-Bemerkungen für älter als jene beide Autoren. Von systematischem Weiterbau ist übrigens nicht die Rede. Nicht einmal was des Grafen Genealogie angeht (z. B. seine dritte Heirat) wird gebucht.

[3] Ganz vereinzelte Zusätze, wie die Notiz über Alfons IV., abgerechnet.

[4] Er spricht von *escripturas que fallavam dos linhagens,* und benutzte thatsächlich und selbstverständlich das *Livro velho,* und gewiss noch andere uns unbekannte Geschlechtsregister.

[5] *Poren eu, Conde D. Pedro, filho do muy nobre Rey D. Dinis, ouve de catar por gram trabalho por muitas terras ..... e veemdo as escripturas com grande estudo, e em como fallavam d'outros grandes feitos, compuge este livro.*

[6] Der Geschichtsschreiber darf sie »*um Babel de quantos contos absurdos se foram forjando durante a idade media*« nennen.

[7] *Port. Mon. Hist.: Scriptores* I p. 22–23.

das Leben (d. h. Regierungsantritt, Todesjahr, Begräbnisstätte und Descendenz) der ersten sechs portug. Könige von 1150 bis 1325. — Denselben Zeitabschnitt behandeln bedeutend ausführlicher und Thaten berichtend, die bereits dem 15. Jh. angehörigen vier »*Chronicas breves e Memorias avulsas de S. Cruz*«[1]. und das »*Livro da Noa de S. Cruz*« das lateinisch beginnt und portug. fortfährt (bis 1406).[2] — Hübsch und interessant ist eine mit gefälligen Legenden verbrämte Darstellung der Eroberung Lissabons und Gründung des Vincenzklosters »*Chronica dos Vicentes*« oder »*da fundação do Moesteiro de S. Vicente de Lixboa*« [3], die als freie, doch treue (nur mit Hülfe der Tradition und uns unbekannten Quellen erweiterte) Bearbeitung eines 1088 geschriebenen, auf den Bericht zweier Augenzeugen basierten lateinischen »*Indiculum*« zu betrachten ist. [4] — Die dem Geiste nach verwandte »*Vida de D. Tello e Noticia da Fundação do Moesteiro de S. Cruz de Coimbra*« ist viel später entstanden (15 s.)[5]. — Hinzu kommt nur die »*Chronica da Conquista do Algarve*«[6], und die legendenartig gehaltene *Vida de S. Isabel*, Portugals heiliger Elisabeth[7]. — Übertragen wurden, angeblich auf Befehl des D. Dinis, aus dem Spanischen Stücke der *Sette Partidas*, d. h. die sich mit römischem Recht befassende *Partida I*[8], die Weltchronik Alfons' des Weisen als »*Estoria geral*«[9], die *Coronica de Hespanha*[10] und vermutlich auch die »*Gran Conquista de Ultramar*«.[11] Aus dem Arabischen u. a. durch den Kapellan Gil Peres die Geschichte und Geographie der Halbinsel des Mauren Razis de Cordova[12].

53. B. Fromme und lehrhaft-didaktische Schriften. — In Alcobaça und S. Cruz, wo frühe vorzügliche gelehrte Schulen entstanden, ward fleissig übersetzt, kompiliert und kopiert, und aus der Handschriften-Bibliothek, besonders des erstgenannten Klosters, hat sich mancher wertvolle Band gerettet[13]. Auch die Namen einiger emsiger schriftgelehrter Mönche aus Alcobaça sind durch die Hss. überliefert (Frei Hilario da Lourinhã, Hermene-

---

[1] *Port. Mon. Hist.*, p. 23—32.

[2] Sousa, *Provas* I, 375—390; *España Sagrada*, Bd. 23.

[3] ib. p. 407—414, nach einem Ms. der *Torre do Tombo*. Einen besseren Text liess Johann III. 1538 in S. Cruz drucken. Eine Neuausgabe davon erschien 1873 in Porto. Vgl. Braga, *Questões*, p. 123—128: *Primordios de Historia Portugueza*.

[4] *Scriptores* p. 91—94. Die Gewährsmänner hiessen Fernam Pires und Otha, (sic) *natione theutonicus*. Letzterer war wahrscheinlich einer der kölnischen oder lothringischen Kreuzfahrer, die bei der Erstürmung Lissabons mithalfen. Den fremdländischen Berichten steht der portug. an historischem Werte bedeutend nach, wie Ulrich Cosack bewiesen (Dr.-Dissert. v. 1875).

[5] ib. p. 75—78. Der Dominikaner Padre Alvaro da Motta arbeitete daran 1455.

[6] *Memorias de Litteratura* vol. I p. 74—98 und *Scriptores* 415—420.

[7] Ein Exemplar des *Livro da Rainha Dona Ilizabeth* gehörte 1415 dem »Standhaften Prinzen«. — Brandão druckte es nach einer im Kloster der heiligen Klara aufbewahrten Handschrift in *Mon. Lus.* VI p. 495—534.

[8] *Bibl. de D. Duarte* Nr. 80.

[9] *Bibl. de D. Duarte* No. 24. Die Madrider Nationalbibliothek besitzt eine Handschrift, die bestimmt aus dem 14. Jh. stammt (X 14). Spätere Abschriften in etwas veränderter Sprache und mit Zusätzen, die bis 1455 reichen, finden sich in Lissabon (*Torre do Tombo*) und Paris; einen Abdruck (von 192 Seiten) begann 1863 in Coimbra der Dr. Nunes de Carvalho. Vgl. *Bibliographia Critica* p. 142.

[10] Eine *Estoria de Espanha em leng. port.* besass D. Duarte Nr. 26 und 55, wie auch Isabella die Katholische. Heute ruht eines der Exemplare im Eskurial, noch unverwertet.

[11] Auch dies Werk beherbergte D. Duarte No. 57.

[12] Vgl. *Documentos e Memorias da Real Academia da Historia* 1724, Heft XVII p. 9 und XIX p. 6. — Dazu *Nic. Ant.* No. 280.

[13] Ein Teil dieser Schriften befindet sich in der Lissaboner National-Bibliothek; ein Teil im Staatsarchiv. Der alte *Index Bibliothecae Alcobatiae* (Liss. 1775) giebt den oft vielfältigen Inhalt der Pergamente nicht vollständig an. Vgl. *Romania* X 334 und Fernandes Thomas, *Boletim Bibliographico* I 211—212.

gildo de Payopelle, Hermenegildo de Tancos, Francisco de Melgaço, Bernardo de Melgaço, Nicolau Vieyra u. s. f.). Gedruckt sind, Dank der Fürsorge eines sachkundigen Klosterbruders,[1] Bruchstücke einer alten Ordensregel des Heiligen Benediktus; eine Deutung der zehn Gebote; eine Darstellung der Apostelgeschichte; eine Bearbeitung des alten Testamentes (nach Petrus Comestor)[2]. — Eine *Vida de S. Eufrosina;* eine Legende der *S. Maria Egypcia;* zwei Dutzend kleiner Beispielserzählungen über die »Todesstunde, Sinnenlust und Keuschheit« veröffentlichte neuerdings J. Cornu[3]. Eine Anzahl Mährchen mit moralisch-didaktischem Zweck zog Th. Braga aus einer »Des Bräutigams Lustgarten« (*Orto do Sposo*) betitelten Beispielsammlung[4]. — Von weiteren zahlreichen, kirchlichen und erbaulichen Büchern, die noch der Veröffentlichung harren, sind dem Stoffe nach die interessantesten zwei Bearbeitungen der Himmel- und Höllenvision des Tungdal[5] (s. II, 1, 277), und die beliebte Legende vom »seligen Leben des Infanten Josaphat[6]. Dazu kommen eine Blütenlese lehrhafter Sentenzen unter dem Titel: »Trostgarten« (*Virgeu de Consolação*), angeblich nach einem spanisch-lateinischen *Viridarium* des S. Pedro Paschal, de Jaen[7]; eine Bearbeitung der »*Dialogos*« des h. Gregorius (s. II, 1, 106); eine andere der *Meditações* des h. Bernard (s. II, 1, 202); ein »*Soliloquium*« des h. Augustinus, ein »*Libro das Confissões*« (1399)[8]; ein ascetisches »*Castello Perigoso*« 1362 von Frei Victorio de Braga[9]; verschiedene Nationalisierungen des Johannes Cassianus und zahlreiche ans Novellenhafte streifende Heiligenleben — alles natürlich in mehr oder minder enger Abhängigkeit von lat., frz. und span. Vorlagen[10].

54. C. Romanhaftes. — Aus dem antiken Sagenkreise hat sich nur eine *Historia Troyana* erhalten, in einer im Dezember 1350 vom Schreiber Nicolas Gonzales vollendeten Hs., deren Text aus dem frz. *Roman de Troie* des Benoit de Sainte-More geflossen ist[11]. — Dass auch der *Hannibal* und der *Julio Cesar,* welche um 1430 in D. Duarte's Bibliothek standen, auf frz. Bearbeitungen beruhen, ist wahrscheinlich, obwohl bereits klassische Werke zum Besitzstande des gelehrten Königs gehörten[12]. — Der spätgriechische Aben-

[1] Frei Fortunato de S. Boaventura, *Collecção de Ineditos Portuguezes dos seculos XIV e XV;* Coimbra 1829; 3 Bde.

[2] *Regra de S. Bento. Os Dez Mandamentos que som dictos moraaes e naturaaes: Explicação — Os actos dos apostolos — Historias abreviadas do testamento velho.*

[3] *Romania* XI.

[4] *Contos Tradicionaes,* vol. II p. 38—60. Dieser »*Orto do Sposo, edeficado de muitos exemplos para instrucção e recreação das almas*« scheint beliebt gewesen zu sein. Auch D. Duarte und der Condestavel D. Pedro besassen Exemplare davon. Untersuchungen über Vorlage oder Quellen fehlen noch gänzlich.

[5] *Estoria de huũ cavaleyro que chamavã Tungulu.* Cod. 266 und 273.

[6] Vgl. Braga, *Curso* p. 115.

[7] Wohl derselbe Traktat, welcher dem Italiener Bono Giamboni vorlag, als er um 1290 seinen »*Giardino della Consolazione*« schrieb (gedr. Florenz 1836).

[8] Cod. Alc. 251—252.

[9] Cod. Alc. 276; nach franz. Vorbilde.

[10] Ob die nach Gautier de Coinsy gearbeitete *Crescentialegende* noch vorhanden ist, *(de latim tresladado en frances, et de frances en gallego),* deren kastil. Version Mussafia herausgab (Wien 1866), ist zweifelhaft.

[11] *Osuna-Bibl.* I No. 16 (heute in der *Bibl. Nac.*). Vgl. A. de los Rios IV 344 und Mussafia, Span. Version der *Historia Trojana.* Wien 1871. Der portug. Text stimmt vollkommen mit dem span. überein; auch der Schreiber ist nur einer. Vgl. *Crescentiasage* und *Vespasian!*

[12] Braga (*Hist. da Universidade* p. 222 und 226) denkt heute an Caesar's »*Commentarios*« und gleichzeitig an Sueton's *De Julio Cesare*; sowie an eine *Vita Hannibalis.* Früher (*Introducção* p. 241 und 247) war er abweichender Ansicht, und dachte, wie ich, an die mittelalterlichen Romane.

teuer roman von der heissen und treuen Liebe zwischen Flos und Blancaflos, der später auf den portug. ritterlichen Liebesroman grossen Einfluss gewann und in der Volksromanze noch heute weiterlebt, war zwar schon 1245 dem Troubadour Joam de Guilhade bekannt (wie später dem König D. Dinis), doch ist keine Spur eines altportug. Prosatextes zu entdecken. — Auch die in Spanien so beliebten heldenhaften karolingischen Motive sind in Portugal so früh nicht verwertet worden. — Der bretonische Cyklus hingegen, die Artussage, die mit den keltischen Traditionen so viele kirchliche Legenden verwebt hatte, das bretonische Harren auf die Wiederkehr des Königs, die Zauber- und Weissagekunst des Merlin, die mystische Graalssage, die Liebestragödie Tristans und Isoldes und das in jenen wirren und zuchtlosen Zeiten so wundersam berührende Ritterideal, welches der »reine Jüngling« Galaaz darstellt, fand schon in der ersten Epoche Bewunderer und Nachahmer. — Alfons X. zitiert wie oben gesagt wurde, nur *Tristan e Iseu, Merlin* und *Artus.* Sein Enkel erwähnt das Liebespaar; dessen Kanzler Estevam da Guarda weiss vom Abenteuer des Merlin mit der Fee Viviane, seinem körperlosen Wohnen im Dornbusch und seinem durchdringenden Geschrei (*brado*)[1]; ein anderer Minnesänger gedenkt des »bellenden Graalsungetüms« (s. § 44); Rodrigo Eannes deutet die Prophezeiungen Merlins; der Graf von Barcellos benutzt die *Historia regum Brittaniae* etc. Doch das beweist nur Bekanntschaft, nicht Einbürgerung. — Dafür dass jedoch auch letztere noch während der Troubadour-Epoche eintrat, legen die fünf bretonischen *lais* mit ihren Prosazuthaten Zeugnis ab. Und aus noch manch anderer Thatsache muss man folgern, dass es damals bereits portug. Prosabearbeitungen (resp. Übersetzungen) der altfranz. Tristan-, Lancelot- und Merlin-Romane wie der Graalssage gab. Ich erwähne hier nur, dass ich schon 1359 »*Lançarote*« als portugiesischen Taufnamen nachweisen kann[2]; dass bereits unter König Ferdinands Regierung der Santo Condestavel, Nunalvares Pereira, den Helden der *Demanda do Santo Graal,* die er »*estoria de Galaaz*« nennt (*em que se continha toda a somma da Tavola Redonda*), zu seinem Vorbild und Ideal auserkor; dass 1385 König Johann I. mit seinen Kriegern bei der Belagerung von Coria über die Tugenden der »Ritter von der Tafelrunde« reden konnte[3], und besonders, dass der Ausarbeitung des *Amadis*-Romans unbedingt eine gewisse Vertrautheit des Lesepublikums mit den übersetzten bretonischen Romanen, ja eine Art Fanatismus für dieselben vorhergegangen ist[4]. — Was man besass, war, dem Anschein nach, eine Prosakompilation in drei Teilen. — Der erste, betitelt *Joseph ab Aramathia,* erzählte die Vorgeschichte der Abendmahls-Schüssel. Der zweite, ein *Merlim* oder *Conto do Brado,* der die Stiftung der Tafelrunde meldet, bildete das Bindeglied zwischen jener noch halb sagenhaft-historischen Geschichte und dem eigentlichen Ritterroman. Der dritte Hauptteil war eine »*Queste du Saint Graal*«, welche die Abenteuer der Artusritter und besonders des *Galaaz* behandelt. — Dazu kam vermutlich ein *Tristam*; ein *Lançarote*; und ein Band mit merlinischen Prophezeiungen[5]. — Vorhanden ist heute

[1] *Vat.* 930 »All wie es Merlin geschah, der da sterben musste, weil er sein grosses Wissen mitgeteilt einer Frau, die ihn zu überlisten verstand, gerade so hat sich zu Grunde gerichtet Martim Vaasques, soviel ich von ihm gehört; denn ihn hat eine Frau getötet, welche er zu seinem Leide sein Wissen gelehrt. Und gerade darum fällt es ihm schwer, weil er ihr die Mittel gegeben, ihn zu bannen an eine Stätte, wo er erwarten muss denselben Tod, an dem Merlim gestorben und wo er schreien wird bis an sein Ende« etc.

[2] In Spanien gab es schon 1344 den Taufnamen *Lançarote*; auch Falken trugen schon damals diesen wie den Namen *Galvan.*

[3] *Galaaz, Tristam, Lançarote, Quea* und *Artus.*

[4] D. Duarte besass ein *Livro de Tristão* (No. 29); *O livro de Galaaz* (36) und *Merlim* (33). (S. Braga, *Introducção* und *Universidade*).

[5] Wie beliebt sie waren, zeigen zahlreiche litterarische Anspielungen und Nach-

der bedeutendste dritte Teil der *Graal*-Geschichte: die leider unvollständige »*Demanda do Sancto Graal*«. Ihr Held ist *Galaaz*; sie spricht voll und ganz die Sprache der Troubadours, ob auch die einzige Hs., (der Wiener Pergamentkodex No. 2594) aus dem 15. Jh. stammt; beruft sich ausdrücklich auf einen Franzosen, Robert de Boron[1], den Verfasser der Graals-Trilogie in Versen (*Arimathie—Merlin—Perceval*), dem auch die Prosakompilation der *Queste du S. Graal* zugeschrieben ward; gedenkt jedoch auch einer älteren lateinischen Version; weist öfters auf früher Berichtetes zurück, und vorweg auf den Tod des Artus; nennt sich selber mehrfachst einen dritten Teil; zitiert ausdrücklich den zweiten als ein »*Conto, Livro* oder *Romanço do Brado*[2]; und erwähnt ausserdem noch eine *Estoria de Tristam*, die *estoria grande de Lançarote* und ferner eine *estoria de Parcival*[3], als wären es besondere Werke[4]. Hie und da tritt auch der namenlose Bearbeiter der portugiesischen Version, wo er sich von seiner Vorlage entfernt, in erster Person redend auf[5]. — Erst ein Drittel des Werkes ist gedruckt[6], so dass das genauere Studium zunächst noch unmöglich bleibt[7]. — Vorhanden ist ferner ein erster Teil der *Graalssage*, d. h. ein *Joseph ab Arimathia*. Als solchen betrachte ich wenigstens die »*Estoria do Emperador Vespasiano*«, oder das »*Livro da Destruição de Jerusalem*«[8]. Denn wenn auch die altchristliche Legende und das sagenhaft historische Element in diesem Werke überwiegt, so sind doch seine Beziehungen zum bretonisierten Graalromane deutlich charakterisiert. An die Geschichten von der Heilung des aussatzkranken Kaisers Vespasian (*gafo*) durch das Schweisstuch der heil. Veronika, welche durch den römischen *mestresala Gays* nach der Stadt geführt wird, von der Eroberung Jerusalems, der Bestrafung des Archelaus und des Pilatus, und dem Hungertode der Clarissa, knüpft sich der Bericht über die Befreiung des Joseph von Arimathia aus dem Gefängnisse in Acre, wo er 40 Jahre gesessen, getröstet vom Heiland, dessen Leib er vom Kreuze genommen und begraben hatte, und erhalten durch die Wunderkraft der ihm übergebenen Abendmahls-Schüssel[9]. Auch ein ausdrücklicher Verweis auf eine

ahmungen; das Volksbüchlein vom Feiticeiro Merlim oder Melrim, und die Phrase vom *melrinho*. Dass ein Buch »merlinischer Prophezeiungen« unter vielen anderen *Prophecias* in der *Torre do Tombo* ruht, behauptet Braga. (*Introd.* p. 228 und *Canc. Pop.* p. 207 und 216).

[1] Z. B. in Kap. 39. 62 und 170.

[2] Drei Mal im 39. Kap., ferner auf fl. 179b. 180a. 181a. 193a. 194a.

[3] Dabei sei erwähnt, dass *Meraugis de Portlesguez* keineswegs, gleich dem *Torrent of Portugal*, ein *echo longinquo de Portugal* ist, wie Coelho (*Bibl. Crit.* p. 143) und Braga annehmen. *Porlesguez* ist nichts als *par-les-gués*, *per-les-vaus* (cf. *par-ce-val*). Die *Demanda do Santo Graal* (p. 60) nennt den fraglichen Helden *Meragis do Porto dos Vaos*.

[4] Dürfte man aus den spanischen, später überarbeiteten und gedruckten Werken einen Schluss ziehen, so käme zum *Merlim* (*Baladro* und *Prophecias* 1498 und 1500); *Joseph de Arimathia* (= *Vespasian*, 1496 portug. und 1498 span.); *Santo Graal* oder *Galaaz* (1515. 1535); *Tristan* (1501. 1528. 1533. 1544); *Lanzarote* 1528 (?) und *Parcival* (1526) noch ein besonderer *Artus* hinzu (1501).

[5] S. Kap. 39.

[6] K. v. Reinhardstoettner verdanken wir die Veröffentlichung der »*Historia dos Cavalleiros da Mesa Redonda e da Demanda do Santo Graall* (Berlin 1887). Erster Bd. von 142 S. (77 Bl. von 199). Siehe über das Werk: 1838 J. Mone, *Anzeiger* VII; 1856 F. Wolf, *Primavera* p. XXXIV; 1859 Ds. *Studien* p. 502; 1865 Ds. über *Raoul de Houdenc* p. 183; 1870 Varnhagen, *Cancioneirinho* p. 165—169, und 1872 *Cavallarias*; Braga, *Introducção* 207; *Poetas Palacianos* p. 13; *Manual* 144; *Questões* 96; *Curso* 145. Vgl. *Romania* X 335; XVI 582; XVII 180; XVIII 589 und Groeber XII 284 sowie Boehmer, V 557.

[7] Was ich über den bretonischen Sagenkreis auf der Halbinsel an Materialien zusammengetragen, bleibt daher zunächst unbenutzt, weil unfertig.

[8] So wird der Vespasian in der Liste der Bücher genannt, welche Emanuel an den João Preste das Indias sandte.

[9] Im 23. Kap. heisst es: »*E em quanto esteve na presam tomou ante si o sancto grao continuadamente o qual lhe enviou nosso senhor Jesu-Christo logo como foy na presam.*

Fortsetzung als *Livro do San Graao* (sic) fehlt nicht.[1] Ein französisches Vorbild wird nicht erwähnt; der Name Robert de Boron nicht genannt. Als Verfasser werden vielmehr Jacob, der Vater Mariae Jacobi, Joseph von Arimathia selbst und besonders sein Vetter Jafel angegeben[2]. Dass Jakob, Jafel und sein Neffe, wie auch der *mestresala Gays*, bei ihrer Christung in Rom andere Namen empfingen und daher später vermutlich unter neuer Bezeichnung auftreten, wird wenigstens angedeutet[3]. Welch hohen Ansehens das Werk in Portugal genoss, geht daraus hervor, dass es schon 1496 gedruckt ward[4], und dass König Emanuel etwas später ganze 100 Exemplare davon — unter lauter rein religiösen Werken — an den Preste das Indias versandte! Das heute in einem einzigen Exemplare vorhandene Werk[5] besteht aus 29, zum Teil ganz kurzen Kapiteln und ist zweifelsohne eine stark verkürzte Neuredaktion eines älteren, ausführlicheren Textes, bei deren Herstellung im 15. Jh. die Sprache wie gewöhnlich modernisiert worden ist[6]. — Die ältere dem 14. Jh. angehörige Textredaktion ist vielleicht noch vorhanden. Im Jahre 1856 sah und benutzte Varnhagen (dessen Angaben ich vollen Glauben schenke), ein handschriftliches *Livro de Joseph Abarimathia intitulado a Primeira Parte do Santo Grial*, das zwischen 1521 und 1557 nach einer illuminierten Pergamenths. aus der ersten Hälfte des 14. Jhs. kopiert ward (vielleicht im Jahre 1312)[7]. Soweit sich aus den Kapitelüberschriften ergiebt, erzählte es genau das Gleiche wie der 1496 gedruckte *Vespasian*, nur in breiterer Form, falls wirklich die 29 Kapitel ganze 311 Blätter füllten. Ja es scheint, als hätte die Weitschweifigkeit der Darstellung zu Klagen Anlass gegeben (und also indirekt die abrevierte Form hervorgerufen), wenn die im *Cancioneiro de Resende* vorkommende, dunkle Anspielung auf den »*cumprido mestreescola ou Joseph d'Arimathia*«[8] sich thatsächlich auf das Varnhagen'sche Werk bezieht, das ein *mestre escola* (aus Astorga, also ein Leonese) anfertigen liess[9]. — Auch eine *Historia de Lancelote, Leonel e Galvan* lässt sich vielleicht noch wieder ans Licht ziehen[10].

---

[1] »*Mas esto deixarõ estar* (sic!) *porque Jafel nõ no poera em esqueecimento; e fallara delle no livro do sancto graao*«.

[2] Kap. 29 »*Esta estoria ordenarõ jacob e Josep abaramatia que a todas estas cousas forõ presentes. E jafel que per sua mãao a escripueo* etc.

[3] »*E depois se bautizarõ Jacob e jafel e seu sobrinho e o mestresalla, e a muytos mudarõ os nomes.*«

[4] »*Estoria do muy nobre Vespasiano Emperador de Roma*«. Am Schlusse heisst es: *Foy empremida a presente estoria . . . em a muy nobre e sempre leal çidade de Lixboa per Valentino de moravia a louvor de d's e exalcalmẽto da sua santaffe catholica na era de Mill CCCCLXXXXVI.* A *XX dias do mes de abrill.* — Zwei Jahre später ward das gleiche Werk in span. Sprache in Sevilla gedruckt. Aus dem Schlusspassus zu schliessen, stimmt auch hier wieder die portug. Textredaktion wörtlich mit der kastilischen überein.

[5] *Bibl. Nac. de Lisboa.* Ich habe das kleine Werk genau studiert und mir, behufs Herausgabe, eine diplomatisch treue Kopie davon anfertigen lassen. Den ebenso seltenen Sevillaner Band kenne ich nur aus den Angaben Anderer.

[6] Die Unterschiede sind gering; vielleicht beschränken sie sich sogar auf Kontraktion der 2. P. Pl. aller Verben.

[7] S. *Cancioneirinho* p. 165.

[8] *Vol.* I p. 278.

[9] Die absonderliche Schlussformel des alten Manuskriptes lautete: (fl. 311). *Este livro mandou fazer João Sanches, mestre escola d'Astorga, no 5° anno que o estudo* [*de*] *Coimbra foy feito; eno tempo do papa Clemente que destroio a ordem del Temple, e fez o concilio geral em Viana, e pos ho interdicto em Castela*; *e neste ano se finou a rainha D. Costança em S. Fagundo*; *e casou o Infante D. Felipe eom a filha de D. A. ano de 13 e XII anos.*

[10] Aus der Bibl. des *Conde-Duque* ging in das Sevillaner *Convento del Angel* ein Pergamentkodex »*em portugues*« mit dem oben angegebenen Titel über (*Caja Ln 3*). Vgl. Gallardo, *Ensayo* No. 4541. Eine Kopie dieses wichtigen Codex habe ich noch nicht erhalten können.

DER AMADIS.

55. In der einzigen und relativ jungen Gestalt, in welcher dieses »beliebteste, schönste und einflussreichste aller im engeren Sinne sogenannten Ritterbücher« uns erhalten ist, d. h. in der um 1480 niedergeschriebenen (vermutlich seit 1492, ob auch nachweislich erst seit 1508 gedruckten)[1] kastilischen Textbearbeitung des *Garci-Ordoñez de Montalvo* (aus Medina del Campo), welche von 1540 an ihren Triumphzug durch Europa hielt, bis das ironische Lachen des Cervantes ihm Einhalt gebot, gehört der *Amadís*[2] nicht der ersten Periode, ja überhaupt nicht der portugiesischen Nationallitteratur an. — Trotzdem muss an dieses Stelle die Rede vom »Urvater des modernen Romans« sein, der zum erstenmale Liebe ohne Zaubertrank zum Brennpunkt des Lebensinteresses seines Helden machte, die Ungeheuerlichkeiten seiner übernatürlichen Thaten und wunderbaren Erlebnisse durch die menschlich schöne Innerlichkeit seines Seelenlebens adelnd, und der kraft dieser echten Vorzüge für den erotisch-phantastischen Prosaroman der Halbinsel das ward, was Karl der Grosse für den französischen und Arthus für den bretonischen Sagenkreis gewesen ist, d. h. typisches Vorbild und Stamm oder Ausgangspunkt, an welchen die späteren Ritterromane immer wieder anknüpfen. Denn ehe er weltbekannt wurde, hatte er, gleich dem Graal, dem Tristan und Lanzelot auf der Halbinsel verschiedene Veränderungen durchgemacht. Die früheste verlorene Redaktion aber gehört noch dem 13. Jh. an, ist, aller Wahrscheinlichkeit nach, das Werk eines portugiesischen Troubadours, und ursprünglich in portugiesischer Sprache geschrieben.

56. Eine eingehende Erörterung der wichtigen und interessanten, schon oftmals, doch nie und nirgends mit genügender Sachkenntnis, unparteiisch und mit klarem, ruhigen Eingehen auf das gegenseitige Verhältnis der spanischen zur portugiesischen Litteratur, wie auf den Sondergeist der beiden Nachbarvölker behandelten *Amadis*-Frage ist hier unmöglich, so erforderlich sie auch wäre[3]. — Nur die wichtigsten äusseren litterar-historischen Gründe, welche

---

[1] Die Vorrede entstand nach Granadas Fall; der Text früher (zw. 1465 und 92).

[2] Schon an den Namen *Amadís* knüpft sich so manche Frage. Ist er eine willkürliche, auf der Halbinsel entstandene Abänderung aus dem frz. *Amadas* (engl. *Amadace*) latinisirt zu *Amadasius*? d. h. eine wohlklingendere Analogiebildung zu dem portug. Namen *Dinís?* also *Amad-ysius?* Man vergleiche einerseits: *Belis Fiis Leonis Luis Belianis Belleris*; *Assiz Aviz*; *Moniz Mariz* etc., und andererseits das alte Adj. *amadioso*, heute *(a)mavioso*. Oder gab es eine frz. Form in *-ís*, wie die bereits 1292 vorkommende ital. *(Amadigi)* wahrscheinlich machen würde, falls sie erwiesen echt wäre (s. *Rom.* XVII 185)? Oder sprach man ursprünglich gar *Amádis-Amádes*, als wäre es eine patronymische Ableitung von *Amádo*, also »Sohn des Geliebten«? Der Roman selber erzählt, sein Held sei nach einem in Klein-Brittanien sehr gefeierten Heiligen benannt worden. Ist *S. Amatus* gemeint? oder *Amadeus*? *Amandus* gewiss nicht.

[3] Ich hoffe das Buch vom *Amadis* noch zu schreiben und darin endgültig mit allen falschen Angaben, Behauptungen, Hypothesen und Folgerungen aufzuräumen, die sich allmählich angesammelt haben. Die Frage nach dem Ursprung behandelten ausführlicher, und zwar als Verfechter der span. Ansprüche:

a) Gayangos im *Discurso Preliminar* der *Libros de Caballeria*: 1857 (Bd. 40 der *Bibl. Rivadeneyra)*.

b) Amador de los Rios in *Literatura Española*, Bd. V, p. 78—97, 1864.

c) E. Baret in *De l'Amadis de Gaule et de son influence*, 1873, (1. Ausg. 1853).

und besonders d) Braunfels in *Kritischer Versuch über den Amadis von Gallien*, 1876. Vgl. *Zeitschr.* I 131 und *Bibl.* I p. 95. *Centralbl.* 1877 No. 46. *Academia* II p. 34. *Positivismo* II 1879. Alle vier schrieben jedoch ehe das Erscheinen des *Canc. C. Br.* und des *Graal* der Frage eine neue und entschiedene Wendung zu Gunsten Portugals gab. Aber auch von dieser Hauptsache abgesehen, irren sie sämtlich in zahlreichen Einzelheiten, Braunfels keineswegs ausgeschlossen, der zwar sehr fleissig »gesehen« und »nachgeschlagen«, aber nicht genug »gelesen«, »gedacht« und kombiniert hat. Was er über Zurara und den Comen-

für den portugiesischen Ursprung des Werkes und für das von mir angenommene Alter ausschlaggebend sind, können aufgezählt werden.

57. Erstens: Der Ritter und Regidor Montalvo sagt selber klar und deutlich im Prolog und Titel seines *Amadis*, er habe ein altes, durch die Hand vieler Schreiber (oder Schriftsteller = *escritores*) und einiger Setzer (= *componedores*) gegangenes Buch fortgesetzt, die vorhandenen Teile [1] aber im Stile verbessert, d. h. modernisiert, und mit schönen zeitgemässen, moralphilosophischen Betrachtungen geziert. Und zahlreiche, vor seiner Zeit liegende Anspielungen (auf *Amadis, Oriana, Lisuarte, Florestan, Macandon,* sowie die Zaubergründungen des *Apolidon* und seines Neffen), die bis in die Jugend des spanischen Grosskanzlers Lopez de Ayala (1332—1407) zurückgehen [2], stellen ausser Zweifel, dass man bereits um 1359 in Spanien einen in 3 Büchern abgefassten *Amadis*-Roman las, der im Wesentlichen mit dem vorhandenen übereinstimmte [3]. — Irgend Jemand muss denselben in der 1. Hälfte des 14. Jhs., oder noch früher, geschrieben haben. — Wer aber, und in welcher Sprache, und wann, darüber verlautet unter den Spaniern vor Montalvo kein Wort. Erst reichlich später, nachdem der spanische Text allgemein beliebt war, ja nachdem er durch die französische Nachbildung von d'Herberay (1540) und die italienische von B. Tasso (1544) Berühmtheit erlangt hatte, tauchten (in der 2. Hälfte des 16. und 17. Jhs.) litterarhistorische Notizen über den Verfasser des »Ritter-, Tugend- und Liebes-Spiegels« auf. Zum Teil verzeichnete man einfach und durchaus sachlich (nur manchmal mit leisem Spotte) das aus Portugal stammende, unbestimmte Gerücht über einen vermeintlichen Urheber, Namens (Vasco) Lobeira [4]. Zum Teil verbreitete man aber auch selbständig

dador, Ferreira und den Infanten Alfons, Nunes de Leão und Vasco de Lobeira, Faria-e-Sousa und Nicolas Antonio, den Tirant und den Palmeirim mitteilt, ist z. T. unvollständig, z. T. fehlerhaft, und führt zu ganz unannehmbaren Ergebnissen.

Als Anwalt Portugals (für das sich, ausser Clemencin, Bouterwek, Sismondi, Puymaygre, Ticknor, Southey, Warton, ganz besonders einsichtig Wolf und Lemcke ausgesprochen hatten) trat am energischsten ein:

e) Th. Braga, zuerst 1871 in den *Trovadores* p. 203; dann 1873 in *Filol. Rom.* I fasc. 3 und vor allem im »*Amadis de Gaula*« 1873; später (Braunfels kritisierend, und zuletzt schon mit Rücksicht auf die neuesten Funde) in den *Questões* p. 98—127 (1881) und im *Curso* p. 145—152. Seine Amadis-Untersuchungen gehören zum Besten was Braga geschrieben; sie treffen in der Hauptsache das Richtige; im Einzelnen aber ist seine Darstellung und Argumentation eigentümlich ungenau und schief, besonders was die Briolanja-Episode anbelangt.

Alles was zur Würdigung des Romans und seines Einflusses hier zu sagen wäre, oder seinen Inhalt und die ihm zu Grunde liegenden etwaigen bretonischen Stoffe franz., oder franz.-engl., Redaktion betrifft, kommt dem spanischen Berichterstatter zu; desgleichen die Bibliographie der Amadis-Ausgaben, Fortsetzungen und Übersetzungen wie Nachahmungen. — Grässe (1842), Brinkmeyer) 1844), Dunlop-Liebrecht (1851) und *Encycl. Britt.* s. v. *Romance* (1886) seien wenigstens genannt.

[1] Ob es drei oder schon vier waren, bleibt unentschieden.

[2] Zu den ältesten bekannten von Braunfels gut erläuterten Stellen aus Ayala's *Rimado de Palacio* Str. 162 und aus dem *Canc. de Baena* I p. 46; 73 und 168; 205 u. 239; 322 II 103 und 270 (der Leipz. Ausg.) kann ich (unter anderen) eine etwas spätere, aber sachlich wichtige, aus einem Gedichte von Juan Dueñas hinzufügen (*Canc. Inédito* v. A. G. Perez Nieva p. 70 und 71), in welcher der magische Blumenkranz als *capilla* und die Festlandsinsel mit dem abweichenden Namen *Insola del Ploro* erwähnt wird.

[3] Wieviel von dem Texte, den wir heute lesen, dem ersten Erfinder, wieviel dem spätesten Verbesserer, und was etwaigen Zwischenarbeitern zukommt, lässt sich natürlich sicher und reinlich nicht mehr ausscheiden. Doch ist es immerhin möglich, auch hierin weiter als Braunfels zu gehen, dessen Ansichten über diesen Punkt ich übrigens im Ganzen teile. Am Grundrisse hat Montalvo kaum etwas geändert: dazu war der alte *Amadis* zu bekannt und zu beliebt. Auch lässt sich aus den Anspielungen folgern, dass die wichtigsten Ereignisse und die Hauptcharaktere, sowie ihre Beziehungen zu einander bereits der frühesten Redaktion angehörten.

[4] Die betreffenden Stellen aus *Ant. Augustin* und *Nicolas Antonio,* wie alle sonstigen Zitate suche man bei Braunfels.

in Spanien entstandene Märchen über die Autorschaft, die durchweg boden- und haltlos sind. Man nannte die Spanier Lopez de Ayala und Alonso de Cartagena; einen spanisch-schreibenden Saracenen (von dem anachronistischen Irrtum zu schweigen, der die heilige Therese ins Spiel zieht)[1]; oder man nannte hier einen »spanisch-schreibenden Portugiesen«, dort »eine portugiesische Dame«, oder den angeblichen Vorfahren des Lusiadensängers Vasco Peres (oder Lopes) de Camões; dann wieder den vielgereisten Infanten D. Pedro, und selbst den Fürsten D. Fernando de Bragança (s. u. § 59 Anm. 2).[2]

58. Zweitens: In Portugal hingegen wurde ein Lobeira als Verfasser des Romans genannt, noch ehe Montalvo auftrat, seit dem Tage, wo sich überhaupt der *Amadis* als in Portugal bekannt nachweisen lässt.[3] Und zwar gedenkt man seiner um 1450 ohne lauten Beifall, vielmehr furchtsam und mit misbilligendem Tadel, dessen Hintergrund der Gedanke bildet, die so viel und so gern gelesene »*Estoria em estilo antiguo*« enthalte bloss eitel erfundene und erlogene *patrañas*, und nicht glaubwürdige *feitos de cavalleria*, wie die nicht minder poesie- und abenteuerreichen portugiesischen Geschichtschroniken, deren lange und glänzende Reihe der Anonymus, welcher die *Chronica do Condestavel* schrieb, und der Vater der portugiesischen Geschichtsschreibung Fernam Lopes bereits eröffnet hatten. — Die Nachricht über Fulano Lobeira (sie stamme aus mündlicher Tradition oder aus handschriftlicher, im Titel oder im Texte der alten Redaktion angebrachter Aufzeichnung) scheint freilich, infolge echt portugiesischer Sorglosigkeit, nichts als eben jenen Familiennamen aufbewahrt zu haben. In ihren Angaben über Zeit, Vorname und Stellung des Dichters gehen wenigstens die verschiedenen portugiesischen Berichte auseinander.[4]

Der erste Schriftsteller, welcher einen Lobeira als Verfasser des *Amadis* erwähnt, war der Reichshistoriograph Gomes Eannes de Zurara (oder d'Azurara, was geradesogut, und vielleicht noch echter ist) und zwar in seiner 1450 begonnenen und 1463 beendeten *Chronica do Conde D. Pedro de Menezes* (Liv. I cap. 63 p. 422[5]), in einer grammatisch zwar ungelenken, logisch aber unanfechtbaren und keineswegs interpolierten Stelle[6], in welcher der aus guten Gründen mit litterarischen Zitaten freigebigst prunkende Autor, der seine *proluxidade* unaufhörlich entschuldigt, das *livro d'Amadis* als typisches Muster weitschweifiger, auf Kleinigkeiten eingehender Fabelchroniken, in einem Atem mit den *feitos de Ingraterra* nennt, und dasselbe charakterisiert als »*feito a prazer de hum homem que se chamava Vasco Lobeira em tempo del Rey D. Fer-*

[1] Eine der Hauptmitarbeiterinnen am Reformwerk der h. Therese war die Leonesin D. Ana de Lobera.

[2] Zapata, Lope de Vega, Sarmiento, Salvá, Gallardo sind die Verbreiter der bezüglichen Gerüchte. Vom »berühmten« Goräus oder Gorräus schweige ich absichtlich, da ich ihn nicht kenne.

[3] Die *Cancioneiros* der 1. Epoche nennen den Namen *Amadis* nicht. Ebensowenig die *Nobiliarios* und die gelehrten Kompilationen. In der 2. Periode herrscht das gleiche Schweigen mit der einzigen, im Text besprochenen Ausnahme in einer Chronik, und einer anderen in den lyrischen Dichtungen des *Canc. de Res.* aus dem Jahre 1483 (vol. I p. 7 und 14)! Noch auffälliger ist es, dass in keinem der uns bekannten altport. Bibliothekenkataloge der Roman verzeichnet steht.

[4] Die Schwankungen sind jedoch keineswegs so starke wie die span. Fürsprecher behaupten. Und für jede Angabe (mit Abzug einer einzigen) lässt sich der Daseinsgrund ausfindig machen.

[5] Gedr. erst 1792 von der port. Akademie in den *Ineditos de Hist. Port.*, vol. II., nach einer Handschrift aus dem Ende des 15. Jhs. —

[6] Ähnliche und viel schlimmere (aus dem ursprünglich beabsichtigten Gefüge herausfallende) Schachtelsätze, die halbe Seiten füllen, lassen sich aus Zurara's fünf Chroniken und ebenso aus allen anderen Prosawerken des 15. Jhs. zu Dutzenden herausfinden.

nando, sendo todalas cousàs do dito livro fingidas do Autor«.[1] Oder nein, nicht dem fleissigen Zurara, sondern einem noch älteren Historiker, der zwischen 1415 und 1450 Berichte über die afrikanischen Heldenthaten als Augenzeuge niederschrieb, gehört die einschlägige Stelle. Nicht von Zurara selbst, sondern von einem fremden »Comthur« ist in der ersten Hälfte des Satzes die Rede, in dem es heisst *»Estas cousas, diz o Comendador que primeiramente esta historia ajuntou e screpveo, vão assi escriptas* etc.«[2]

Einen Vasco Lobeira machte, etwa ein Jh. später (zwischen 1540 und 1550) der aus Porto gebürtige Appellations-Gerichtsrat und Privatsekretär Johann's III., Dr. João de Barros, in seinem reichhaltigen handschriftlichen Werke über die Altertümer seiner Heimatprovinz[3] namhaft. Warum? Um mitzuteilen, dass Lobeira zu den aus ihrer Hauptstadt Porto stammenden vaterländischen Grössen gehört.[4] Und da er nach Montalvo schrieb, fügte er sachgemäss hinzu *»mas como estas cousas se secão em nossas mãos, os Castelhanos lhe mudaram a linguagem e atribuiram a obra a si«.*[5]

Fast gleichzeitig (1557) zitierte den Lobeira dann in eigenartiger Weise der Biedermann und Universitäts-Professor (der Rechte) Dr. Antonio Ferreira († 1569), dem Niemand so leicht ein unwahres oder leichtfertiges Wort nachweisen wird. Dieser charaktervolle Freund der port. Sprache, der nie eine span. Zeile geschrieben, sich aber eingehend mit den altport. Litteraturdenkmälern beschäftigt hat (s. p. 184 Anm. 4) schrieb zwei Amadis-Sonette *»em lingoagem antiga«*, oder, wie 1598 sein Sohn als Herausgeber der *«Poemas Lusitanos«*[6] durchaus richtig bemerkt *»na lingoagem que se costumava neste reyno em tempo del Rey D. Dinis«*, mit dem bedeutsamen Zusatze *»que he a mesma em que foi composta a historia de Amadis de Gaula, por Vasco de Lobeira, natural da cidade do Porto, cujo original anda na Casa de Aveiro«*[7]. Eines

---

[1] Braunfels hält die Stelle für eine Fälschung. Doch ist seine Argumentation hinfällig. Er kennt des Chronisten Werke und ihre Entstehung nicht zur Genüge, oder beutet wenigstens das Wissenswerte nicht hinreichend aus.

[2] Hier sei nur bemerkt 1) dass Zurara, der Regel nach, von sich selber zwar in 1. Person redet (bald im Sg. mit *eu*, bald im Pl. mit *nós*), oft aber auch die Formel *»diz o Autor«* auf seine eigene Schriftstellerthätigkeit bezieht (in Kapitelüberschriften und in Parenthesen, wo er die Reden Anderer mit Apostrophen unterbricht), und dass diese Eigentümlichkeit Braunfels irregeleitet hat; 2) dass Z. sehr oft und ausdrücklich verschiedene ältere Berichte über einzelne Thaten erwähnt, die er mehr oder minder frei nachschrieb (z. B. p. 308. 340. 476. 493. 523. 536. 561) und ihre Verfasser mit Formeln einführt wie *»Diz aqui o Autor que escreveo os feitos que se passaram«*; 3) dass unter diesen Vorarbeitern positiv ein Comthur war, der noch anderwärts als an der *Amadis*-Stelle auftritt (z. B. p. 280 *»Diz aqui aquelle Commendador que escrepveo esta Istoria)*; 4) Wer der Comthur gewesen ist, bleibt ungewiss, da nicht weniger als ihrer sieben als Zeugen der Einnahme und Behauptung Ceuta's und Bekannte des Autors vorgeführt werden (4 in der *Chr. de Dom Pedro*, und 3 in der des *D. Duarte de Menezes)*. Haltlos ist die an und für sich berechtigte Vermutung, der als Gewährsmann angeführte Comthur sei der berühmte Fernam Lopes, den Z. in der Vorrede zitiert (als *pessoa notavel de [des]communal sciencia e auctoridade)*, sein Vorgänger in Amt und Würden, der unter den Materialien zu den Königschroniken sicherlich auch auf die afrikanischen Expeditionen bezügliche Dokumente hinterlassen hat. Einen Fernam Lopes, *Commendador-môr de Christos* kennt zwar Z. (p. 317); doch ist dieses Glied der Familie Azevedo nicht identisch mit dem Historiker, wie aus Sousa, *Hist. Geneal.* XI 381 erhellt.

[3] *Antiguidades de Entre Doiro e Minho.*

[4] S. u. p. 220 Anm. 5.

[5] In seinem *Espelho de Casados* (gedr. 1540) gedenkt derselbe Barros der Überschwänglichkeiten des *Amadis* tadelnd wie die meisten seiner Zeitgenossen.

[6] *»Poemas Lusitanos«* ed. Miguel Leite Ferreira. *Sonetos*, livro II No. 34 u. 35. Die Schaar abenteuerlicher Behauptungen, zu denen diese beiden »Studien« die Kritiker verleitet haben (an ihrer Spitze den oft genannten Fabelschmied Faria-e-Sousa) kann uns hier nicht beschäftigen.

[7] Dass der Dichter Ferreira in intimen Beziehungen zum Herzoge von Aveiro und seinen Söhnen gestanden hat, kann nur bezweifeln wer seine Werke nicht gelesen hat.

derselben beginnt: »*Bom Vasco de Lobeira*«, und behandelt den Genannten als Erfinder, oder wenigstens (wie der Wortlaut zu deuten erlaubt) als Bearbeiter des Amadis [1].

Einen Lobeira, doch einen verschiedenen, Namens Pedro, welcher Notar in Elvas, in den Tagen des Infanten D. Pedro gewesen sein soll, (also vor 1449), nennt bald darauf der Hagiograph Jorge Cardoso [2], als »Übersetzer« und zwar einer französischen Vorlage [3]. — Und einen Lobeira nennen später alle portugiesischen Berichterstatter [4], die hier fehlen dürfen, da sie nur den vier älteren Quellenschriftstellern nachsprechen, und deren Aussagen oft höchst willkürlich zu einem Ganzen verweben. Wenn fast alle sich um den unbekannten, späten Pedro nicht kümmern, und bei Vasco stehen bleiben, so geschah es, weil, gleich wie die Litteratur, so auch die Geschichte einen, und zwar einen einzigen Ritter Lobeira, gerade dieses Tauf-Namens Vasco kennt und nennt, der, laut Aussagen des alten Fernam Lopes (geb. um 1380; gest. nach 1454), bei Aljubarrota kämpfte [5]. Mit diesem Krieger identifizierten sie den Dichter. Den Widerspruch zwischen der so gewonnenen Zeitangabe (1385, d. h. Ableben Ferdinand's und Thronbesteigung Johann's I.) und der Behauptung Miguel Ferreira's über die dionysische Sprache des Amadis wussten sie natürlich nicht zu lösen: die Klügsten wählten den Ausweg, offen zu bekennen, der Lobeira, welcher den Amadis verfasste, habe entweder in den Tagen des Königs Dionysius (und seines Sohnes Alfons IV.) oder zur Zeit Ferdinand's und Johann's I. gelebt [6].

59. Drittens: Dass nun diese Lobeira-Gerüchte oder Berichte eine sehr reelle Basis haben, steht seit 1880 fest [7]. Es hat einen praedionysischen, noch unter D. Dinis lebenden Troubadour Lobeira gegeben, João mit Vornamen, oder, mit üblicher Verwertung des Vatersnamens: João Pires Lobeira. —

Braga klärt jedoch auch über dieses, von Braunfels gänzlich misverstandene Verhältnis nur sehr ungenügend auf.

[1] S. u. § 65 Anm. 3.

[2] *Agiologio Lusitano* I p. 401.

[3] Diesem einen Zeugen schenkt Braunfels Glauben — Gott weiss warum! — und ich auch! Er übersieht es, dass Cardoso selber sich vielfachst auf Barros beruft.

[4] Faria-e-Sousa, Sousa de Macedo, Barbosa Machado und Gefolge.

[5] S. *Chronica del Rey D. João* I; P. II cap. 39 p. 97; gedr. 1644. Die Kritik hat es bis heute übersehen, dass schon dieser F. Lopes, vor 1450 (nach Quellenaufzeichnungen über die Ereignisse von 1385) erzählt hatte, Vasco Lobeira sei damals von Johann I zum Ritter geschlagen worden, und nicht erst Duarte Nunes de Leão (*Chron.* fol. 194—195), dessen Überarbeitung freilich ein Jahr früher gedruckt erschien, wie sie es übersehen hat, dass derselbe treffliche Chronist uns an einer anderen Stelle (in seiner *Chronica de D. Fernando*, cap. 177), den Vasco bereits vor Aljubarrota und zwar in *Elvas* als Ritter vorführt. Möglich dass *cavalleiro* daselbst Druckfehler für *escudeiro* ist (einfache Versetzung der beiden Worte, die in derselben Zeile vorkommen). Jedenfalls war Vasco im Todesjahre Ferdinands ein bereits Erwachsener d. h. entweder ein werdender oder schon gewordener Ritter. Dass er unter König Ferdinand und Johann I. gelebt, ist also Wahrheit; ebenso dass er in *Elvas* geweilt hat. Die Geburt in Porto lässt sich nicht beweisen, doch ist sie nicht unwahrscheinlich, da der Herrensitz der portug. Lobeira's, das Gut Alvim, Porto nicht allzufern, unweit von Guimarães, lag und zur Provinz Entre Doiro e Minho gehörte. Das Todesjahr 1403 aber, welches sämtliche Amadisforscher (mit Ausnahme von Braunfels p. 33) angeben, stammt aus willkürlicher Deutung eines irrtumsreichen und durch Druckfehler entstellten Satzes aus Faria-e-Sousa's »*Discurso de los Sonetos*« No. 10. — Das Datum 1279—1325, das bei anderen Litterarhistorikern die mutmassliche Lebensdauer des *Amadis*-Verfassers bezeichnen soll, nennt thatsächlich nichts als die Regierungszeit des Königs Dionysius.

[6] Faria-e-Sousa will in einer von Braunfels nicht beachteten Stelle zwei Vasco's ansetzen (was bei der üblichen Vererbung der Namen vom Grossvater auf den Enkel nahe lag). Er sagt: »*El primer libro de cavallerias que se escrivió en Europa fué el Amadis; i su autor Vasco de L. que algunos dizen fue en tiempo del Rey D. Alonso IV si bien este Autor se halla en tiempo del Rey D. Juan I que es mucho despues. Pero pudieron ser dos deste nombre*« (*Europa* III p. 371 No. 65; cfr. *Epitome*).

[7] S. *Zeitschr.* IV p. 347.

Und da er der (natürliche) Sohn eines erlauchten portug. Ritters und Höflings ist, des Pero Soares, de Alvim, und vermutlich einer gallizischen Edelen aus dem Hause derer von Lobeira (bei Lugo), so lässt seine Existenz bei Hofe sich von 1258 bis 1285 dokumentarisch belegen[1]. Die Hauptsache aber ist, dass dieser Stammvater der portugiesischen Lobeiras nebst anderen Minneliedern (*Canc. CBr.* 244—249) und einem Scherzgesange (*Vat.* 998) ein Amadisgedicht verfasst hat. Und zwar besteht es aus den graziösen Versen an das feine Röslein Leonoreta[2] (d. h. an die jüngere Schwester der Amadis-Geliebten Oriana), von denen noch heute Stücke, in spanischer Verballhornung, eine der Hofszenen des Montalvo-Textes illustrieren (*Lib.* II cap. XI.).[3] — Welches ist die natürlichere Folgerung: dass Lobeira die Romangestalt und die Erlebnisse der kleinen Leonore, und also den echten, alten portugiesischen Amadis geschaffen hat? Oder dass ein anderer erst später, auf das Liedchen hin, die betreffenden Szenen erfand und dem Amadis einfügte?

60. Viertens. Wie gleichfalls noch heute der Montalvo'sche Text erzählt (*Lib.* I cap. XL) — und zwar unbedingt, weil seine alte Vorlage also berichtete — hat einstmals ein portugiesischer Infant D. Affonso verlangt, es solle einem der bedeutungsvollsten Abenteuer des Helden, in welchem seine Liebestreue auf die härteste Probe gestellt wird, ein anderer Ausgang gegeben werden, als der, welchen der gemeingültige Text verbreitet hatte. Falls keine Gegenbeweise da sind, müssen wir annehmen, dass es vom Schöpfer des portugiesischen Amadis gefordert ward. Der Ritter Oriana's sollte den Anerbietungen der, um ihrer unvergleichlichen Schönheit willen *la niña hermosa* benamsten Königstochter Briolanja willfahren, als diese ihm, in verliebter Dankbarkeit für die Zurückeroberung von Krone und Reich, mit der naiven

[1] Vgl. *Monarch. Lusit.*, liv. XV cap. 48 und XVIII cap. 22 und 23 (nebst den dazu gehörigen Dokumenten im Anhange), sowie Braga, *Trov.* 202—203; *Amadis* 192 und *Vat.* LXXIV. Die alten Adelsbücher nennen den Vater und die legitimen Söhne (L. de L. Tit. 30 und 32); den João Lobeira und seinen Bruder Martim (Pires) Lobeira aber nicht. Was fest steht, ist Folgendes: Im J. 1258 gedachte des J. L. der aus Gallizien stammende (möglicherweise mit den galliz. Lobeira's verwandte) Lissabonner Bischof D. Ayres Vaaz (der 1245 auf dem Konzil von Lyon Sancho II. rechtschaffen und eifrig verteidigt hat), und zwar in seinem Testamente. Im J. 1261 tritt J. L. bereits als Volljähriger auf, denn er unterzeichnet eine öffentliche Urkunde, kraft derer der hochangesehene Troubadour und Majordomus Alfons' III. D. João de Aboim das Schloss Portel gründete. 1262 soll L.'s Name unter dem Ortsrechte von Terena stehen, nach Angabe von F. Brandão und aller, die ihm nachschrieben. Ich aber finde sowohl in der *Mon. Lus.* VI p. 561 wie auch in den *Port. Mon. Hist.*, p. 700 der *Chartae*, neben dem Namen seines Halbbruders Mem Soares de Mello (de Alvim) keinen Johannes, sondern nur einen Martinus Lobeira, den Grossvater jener Leonor de Alvim, welche 1360 die Gattin des Santo Condestavel und somit eine der Ahnfrauen des Hauses Bragança ward. (S. Sousa, *Hist. Geneal.* V p. 97). Auch das hat noch kein *Amadis*-Forscher beachtet, obwohl es begreiflich macht, wie und warum verschwommene Gerüchte später die Braganças in Beziehung zu dem *Amadis*-Verfasser brachten. Am 6. Mai 1272 wurde J. L. durch königl. Verfügung legitimiert: »*Notum facio quod Petrus Suerij miles dictus de Alvim venit ante me et dixit quod volebat Joannem Lupariam filium suum naturalem esse in omnibus bonis suis legitimum successorem* etc.« Im J. 1277 war der *miles* J. L. zugegen als der Nuntius Frey Nicolau dem Könige von Portugal Intimationen der Päpste Gregor und Johann XXI. vorlas [»*praesentibus* . . *Joanne Lobeira* . . . *Fernando Gunsalvis Chancino militibus*«] v. Mon. Lus. XV cap. 46 p. 245 und 255. In der Aera 1323 (d. h. im J. 1285) war er dann in Lissabon zugegen, als König Dionysius einen Vertrag mit der Stadtkammer abschloss (*Mon. Lus.* V p. 315; *Escrit.* 18). Die Jahreszahl 1323 bei Braga ist also eine falsche. Noch ein anderes Dokument vom J. 1278 wird weiter unten erwähnt p. 222 Anm. 5.

[2] *Canc. CBr.* 244 und 246b: *Leonoreta Fin roseta.* S. darüber Zeitschr. IV; Monaci in *Rassegna Settimanale* 1880; Braga, *Questões* p. 117—122.

[3] Leider fehlt jegliche Prosaerklärung zu diesem *lais*. Würde sie uns durch einen glücklichen Zufall noch geboten, und spräche sie klar, die *Amadis*-Frage wäre aus der Welt geschafft! Wichtig ist, dass die metrische Form des *Leonoreta*-Liedes (die sonst nur 2 mal im weltlichen altportug. Liederbuche vorkommt) bei Alfons X. mehrfach und im *Canc. de Baena* ausserordentlich oft verwendet wird.

Keckheit so mancher altfranzösischen Romanheldin, Thron, Hand, Herz und Leib anbot — somit den einheitlich angelegten Plan seines Werkes umstossend und den Charakter des *leal enamorado* befleckend. — Diesen Wunsch oder Befehl des portugiesischen Fürsten, der vielleicht nach einem plausiblen Grunde für Oriana's Eifersucht und die daraus folgende Verstörtheit und Busse des zum Bel-Tenebros gewordenen Helden suchte, erfüllte zwar der Autor, doch setzte er die neue Lösung scheinbar nur neben die alte (und nicht an ihre Stelle), in einer Beilage von Blättern [1], und erklärte wohlweislich, in einer bis auf den Tag erhaltenen später dem Texte eingefügten Anmerkung, wer jene unkünstlerische und unwahre Afterversion gewollt hatte [2].

61. Fünftens: In diesem Infanten hat der älteste und sachkundigste Interpret der Stelle, d. h. Antonio Ferreira (oder sein Sohn Miguel) den Sohn des Königs Dionysius, also den späteren Alfons IV. *o Bravo* erkennen wollen [3], der (1291 geb.) bis 1325 jenen Titel trug [4]. Da aber ein urkundliches Dokument uns den Troubadour João Lobeira, welcher das Amadis-Lied dichtete, in Beziehungen zu einem anderen, und noch dazu ihm Alters verwandteren D. Affonso vorführt [5], der bis an sein Lebensende Infante de Portugal blieb, und dess Vasall jener gewesen, so ist es Recht und Pflicht, diesen, d. h. den Sohn Alfons' III. und Bruder des D. Dinis (geb. 1263 oder, der Grabschrift nach, 1265, und gest. 1312) als Inspirator der zweiten Amadis-Fassung zu betrachten [6]. Selbige entstand somit vor 1312; wahrscheinlich sogar vor 1304, denn damals verliess D. Affonso sein Vaterland (in Güte) und ward Kronvasall des kastilischen Königs Ferdinand IV. [7]

62. Sechstens: Bedürfte die müssige Frage, wie der portugiesische Roman an den kastilischen Hof kam, und ob denn ein portugiesischer Text daselbst im 14. Jh. Aussicht hatte, gelesen, verstanden, und ohne Nationaleifersucht gewürdigt zu werden, überhaupt einer Antwort — ich hoffe dass Niemand, der diese Abhandlung bis hierher gelesen, sie aufwerfen wird, — so muss jeder Ehrliche und Sachkundige die den besonderen Amadis-Fall berücksichtigende Antwort billigen:

[1] Das ist aus Montalvo's summarischem Berichte über den Inhalt der abgeänderten Lesart zu schliessen (die mit den Worten anhebt: *De otra guisa contan estes amores)* und aus ähnlichen Einschiebseln selbst in Geschichtswerken.

[2] Diese, in Montalvo's Text verwebte Anmerkung lautet heute: »*aunque el Señor Infante Don Alfonso de Portugal, habiendo piedad desta fermosa doncella, de otra guisa lo mandase poner. En esto hizo lo que su merced fue, mas no aquello que en effecto de sus amores se escribia*«.

[3] Das Sonett: »*Bom Vasco de Lobeira*« ward von Ferreira demjenigen Fürsten in den Mund gelegt, der die Verbesserung verlangte. Dass er Alfons hiess, sagt der Romantext. Dass darunter Alfons IV. zu verstehen sei, war des Herausgebers Ansicht, welcher behauptet: »*Divulgaram -se em nome do Iffante D. Affonso, filho primogenito del Rei D. Deniz, por quam mal este Principe recebera (como se ve da mesma historia) ser a fermosa Briolanja em seus amores tão maltratada*«.

[4] Bei Kronprinzen pflegt der Hinweis auf ihre Regierung nie zu fehlen.

[5] Der Name João Lobeira steht nämlich noch unter der *Carta por que el Rey D. Affonso (III) deu a seu filho D. Affonso a Villa de Lourinhãa*. Vgl. Sousa, *Hist. Geneal., Provas* I p. 62.

[6] Gayangos, Braunfels, Valera, kurz alle, welche den Ursprung des ersten peninsularen *Amadis*-Textes zwischen 1325 und 1359 ansetzen, und den Bericht über den Infanten der späteren Redaktion Montalvo's zuerteilen, statt ihn in seiner Vorlage zu suchen, sahen sich natürlich gezwungen, nach einem weit späteren Infante D. Alfonso de Portugal aus Montalvo's Tagen zu fahnden, und verfielen dabei auf einen Alfons geheissenen Sohn Johann's I. Doch ist diese Annahme unzulässig. Der fragliche Fürst (geb. zwischen 1370 und 1385, wahrscheinlich 1377, und gest. nach 1464) konnte, da er ein natürlicher Sohn war, niemals — auch nicht nach seiner Legitimation (1401) — den ihm nicht gebührenden und streng vorenthaltenen Titel Infant tragen. Er hiess stets und überall o Senhor D. Affonso oder Conde de Barcellos (Arrayolos, Ourem) und später Primeiro Duque de Bragança.

[7] Vgl. Sousa, *Hist. Geneal.* I 185 191 und *Mon. Lusit.*, livr. XVIII, cap. 11 u. 14.

»eben der Infant D. Affonso de Portugal, welcher mit der Spanierin D. Violante Manuel, der Schwester des berühmten Verfassers des Conde Lucanor, vermählt war, und dessen Töchter als Gemahlinnen spanischer Granden[1] in Spanien bei Hofe lebten, wird 1304 das Buch, für das er sich so speciell interessiert hatte, mit sich genommen haben[2] und so sein erster Verbreiter geworden sein. Wie Ayala, so hätte somit auch schon D. Juan Manuel den Amadis gelesen.

63. Siebentens: Auch wie die Spanier schon im 14. Jh. Amadis-Nachahmungen besitzen konnten (ich sage absichtlich nicht »besassen«)[3] und von 1350 ab bis zu Montalvo, ja bis zu Cervantes, ganz besonders aber um 1400, während der gallizischen Nachblüte des altportugiesischen Minnesangs, fortwährend den Amadis preisen konnten, braucht nicht länger mehr Gegenstand des Staunens zu sein. — Ebensowenig darf es befremden, dass im letzten Drittel des 15. Jhs. Montalvo's spanischer Text als Neu-Bearbeitung einer früheren Redaktion *en estilo antiguo* eingeführt werden konnte, ohne dass darin vom portugiesischen Originale, noch von älteren Übertragungen ins Kastilische, und ihren Verfassern, die Rede ist. Ich glaube, dass thatsächlich schon lange vor Montalvo der Amadis spanisch gelesen ward, da die Sitte, portugiesisch zu dichten, schon von 1350 an in Verfall geriet, sodass zuerst ein Nebeneinander portugiesischer und kastilischer Lyrik, bald aber die Oberherrschaft und dann die Alleinherrschaft des Kastilischen eintrat. Das einfache Übertragen aber, d. h. das Umschreiben (*trasladar*) aus dem portugiesischen Urtexte in einen wörtlich entsprechenden kastilischen konnte der erste beste *bi-lingue* (gallizische) Schreiber vornehmen[4], vielleicht nach dem Diktate eines portugiesischen Troubadours spanischer Nation[5]. Nach dem Autor von Märchen

[1] Es waren: der Herr von Biscaya, D. Juan Diaz de Haro, el Tuerto; Nuno Gonçalvez de Lara; und D. Pedro Fernandez de Castro.

[2] Der Infant begleitete zuerst das Königspaar nach Aragon (Tarazona) und verblieb bei der Rückkehr am kastilischen Hofe.

[3] Den *Enrique fijo de Oliva*, der schon um 1350 im *Poema de Alfonso XI.* (Str. 2174) genannt wird, kann man eigentlich nicht als *Amadis*-Nachachmung betrachten. Die Existenz eines Florestan-Romanes ist zweifelhaft. Den valencianischen *Tirant lo Blanch* aber, dessen Autor den *Amadis* gekannt haben wird, und der von Braunfels in die Zeit König Ferdinand's (d. h. ins letzte Drittel des 14. Jhs.) verlegt wird, halte ich, aus inneren und äusseren Gründen für eine weit spätere Arbeit, und bleibe bei dem im Drucke angegebenen Datum 1460 stehen. Braunfels argumentiert mit der Anredeformel: »*Rey spectant*« des Geleitbriefes, und übersetzt mit »erlauchter« und »hochachtbarer« König, was doch nichts als »abwartender« d. h. zukünftiger König bedeuten kann. Gemeint ist ohne Zweifel (wie schon Braga richtig erkannt, doch nicht bewiesen hat) Ferdinand, der Bruder Alfons' V. und Vater Emanuel's, Adoptivsohn und Erbe Heinrich's des Seefahrers, (den Rozmital und von Ehingen Hof halten sahen wie einen zweiten König); denn dieser (geb. 1433, gest. 1470) war der erste und in der in Frage kommenden Zeit auch der einzige portug. Infant, der den Titel »*Principe de Portugal*« erhielt und trug, von dem Tage an, wo ihn 1438 die Cortes de Thomar zum Thronerben feierlich ausriefen bis (im Mai 1455) dem Könige Alfons sein Sohn Johann II. geboren und im Juni zum Nachfolger proklamiert ward. 1460 wird Datum der valencianischen Umschrift sein, nicht der ersten (portug.?) Redaktionsarbeit.

[4] Statt noch einmal an Diego Gonçalves zu erinnern, der die *Historia Troyana* aus dem Frz. ins Gall. und Kast. übertrug, sowie an die gall. Hs. der *Crescentiasage* und ähnliches, erwähne ich (nach A. de los Rios VI p. 46 und Braga, *Univ.* p. 205), dass die *Confessio Amantis* des John Gower von dem lissabonner Kanonikus Robert Payn (engl. Herkunft) ins Portug. übersetzt und danach ins Kastil. umgeschrieben ward (*Escurial: g-ij-* 19). Und wenn Martorell (dessen Lebenszeit sicher zu stellen ist) sich der Aussage, er habe den *Tirant* aus dem Engl. ins Portug., und dann ins Valenc. umgearbeitet, wirklich nur wie einer Mode-Formel bedient hat (was ich bezweifle), so ist damit wenigstens bewiesen, dass wahre oder fingierte Übersetzungen portug. Ritterromane in andere peninsulare Sprachen im 15. Jh. eben Mode waren. Vgl. p. 124.

[5] Einer der früher erwähnten Troubadours; oder D. Juan Manuel; oder Ayala; oder in der 2. Epoche Villasandino, Ferrus, Vasco Pires de Camões oder Macias, d. h. etwelcher aus der Schaar der Epigonen.

und Geschichten zu fragen, war man nicht gewohnt. Die Einwanderung fremder Sagenstoffe hatte dagegen gleichgültig gemacht[1]. — Warum in der Folgezeit das Ausland durch Tasso und andere nur von einem *romanzo spagnuolo* erfuhr, und weshalb der europäische Ruf des Amadis erst begann, als nach Erfindung des Buchdrucks, dem Falle Granadas und Kastiliens Blüte ein spanischer Rhetor sein herrliches Pathos über den veralteten Stil eines seit nahezu zwei Jahrhunderten vergessenen Anonymus gebreitet hatte; auch wie die bewundernde Anerkennung des Auslandes dann unter den Spaniern den bislang schwachen Glauben an heimischen Ursprung nähren musste, das wird der Leser sich selbst zusammenreimen. Aus meiner Auffassung der portugiesischen Nationallitteratur und ihrer Beziehungen zur spanischen, sowie aus der Hand in Hand damit gehenden Darlegung der sentimentalen Grundstimmung der um ihrer Treuverliebtheit willen berühmten und berüchtigten Portugiesen wird er überdies die inneren Gründe erschliessen, die für portugiesische Herkunft des *leal enamorado* sprechen.

64. Achtens: Doch wo blieb der Urtext? — Man weiss heute von keiner portugiesischen Amadis-Handschrift. — In den Werken Ferreira's, der, wie gesagt, darauf ausging, die Sprachformen des Romans nachzuahmen, und thatsächlich die Redeweise der altportugiesischen Minnedichtung und der Demanda do S. Graal verständnissvoll kopiert, wird jedoch angegeben, das Original des Amadis von (Vasco) Lobeira habe sich, noch im 16. Jh., im Fürstenhause Aveiro befunden[2]. — Ein *Amadis em portuguez* soll sogar noch 1686 in der reichen, später zerstückten Bibliothek des Grafen von Vimieiro existiert haben[3]. — Das ist alles. — Seit Montalvo gedruckt vorlag, zu einer Zeit, wo am portugiesischen Hofe das Kastilische ostensiv bevorzugt wurde, las man natürlich den Amadis in der jüngsten Modebearbeitung. Die alte war für das immer weiter werdende Lesepublikum ungeniessbar geworden[4]. Sie ging verloren — oder sie ruht noch irgendwo, unerkannt.

65. Neuntens: Die hartgerügte und beargwöhnte Thatsache, dass die portug. Berichterstatter in ihren Angaben über Vornamen, Stand, Geburtsort und Zeit des Lobeira nicht einig sind, bedeutet nicht eben viel. Wie beweglich alte Überlieferungen sind — nicht allein in Portugal — sollte jeder wissen, der sich mit Geschichte und Litteratur ernstlich befasst. Schon dass der Name Lobeira sich von 1258 an erhalten hat, ist nicht wenig. Überdies ward schon angedeutet, dass die meisten Angaben einen Wahrheitskern in sich bergen (Elvas — Porto — D. Fernando). Ob der portuenser Krieger Vasco, der 1384 und 85 für den Mestre d'Aviz das Schwert schwang[5], thatsächlich seinerseits an der Schöpfung seines Vorfahren (ich denke seines

[1] Wer kann überhaupt heute wissen, ob der alte Lobeiratext nicht auch, gleich so vielen späteren *livros de cavalleria*, behauptete, er sei eine Übersetzung aus dem Engl. oder Frz.? und mit welchem Rechte?

[2] S. oben p. 219 Anm. 2. Die Herzöge von Aveiro stammten *(por bastardia)* vom Königshause ab. Ihre Bibliothek verbrannte beim Erdbeben, wie auch die königliche.

[3] S. *Memorias da Acad. Real de Hist. Port.* 1726, Heft XIII No. 191.

[4] Nur wenige Dichter, wie Miranda und Ferreira, und etwas später einige Archäologen, wie Severim de Faria, Barros und Nunes de Leão, zeigten Sinn und Verständnis für die alte Sprache. Wie bitterwenig im Allgemeinen schon zu Anfang des 17. Jhs. selbst die Gelehrteren Bescheid wussten, zeigen die abschreckenden Apokryphen und ihr Erfolg, sowie alle Abdrücke älterer Dokumente, in denen gewisse Fehler stereotyp sind *(inha* für *mha* oder *nha*; *se ve* für *seve*; *dess uun* für *de suum)*.

[5] Auch über Ritterschlag und Rittertumskandidaten hegt Braunfels Anschauungen, deren Ungültigkeit die portug. Geschichte beweist.—Wie innig aber der Zusammenhang zwischen historischen Geschehnissen — *justas e torneios* etc. — und dem peninsularen Ritterromane ist, wie reichlich dieser aus jenen Nahrung sog (und umgekehrt), das übersieht man, vor lauter Abneigung gegen die märchenhaften Wunder, Riesen, Zwerge, Feen und Schwabenstreiche.

Urgrossvaters) João [1] gearbeitet hat, die alten drei Bücher zu vieren streckend, durch Einfügung neuer Verwickelungen, Abenteuer und Kriegsthaten, oder ob die Sage einfach den unbekannt gewordenen João durch Vasco ersetzte, das muss dahingestellt bleiben [2]. An Sprache und Styl war 1385 noch nichts zu ändern; wie man z. B. den Galaaz liebte und würdigte, so den Amadis, mit dem einzigen Unterschiede, dass man das in heimatlicher Nähe entstandene Werk weniger werthielt, und nicht an seine Wahrheit glaubte, wie an die aller aus weiter Ferne importierten *Estorias*.

66. Zum Schlusse sei gefragt ob es wirklich befremdend ist, dass zu derselben Zeit, wo man bretonische *lais* in portugiesischer Sprache dichtete, und die französischen Prosaromane von Joseph ab Arimatia, Merlim, Artus, Tristam, Lancelote und dem Graal übertrug, einer unter den adligen Troubadours auf den Gedanken kam, selber einen ähnlichen Roman zu komponieren, in freier Verwendung fremder Reminiscenzen, möglicherweise aber auch noch in engerem Anschluss an ein bestimmtes verlorenes, englisch-französisches, poetisches oder prosaisches, Amadas-Gebilde? Natürlich ein besonders phantasiebegabter idealgesinnter Dichter [3], dem die romantischen Gestalten und Motive des keltischen Sagenkreises im Kopfe schwirrten, und den einerseits die Liebesglut des Tristan, und andererseits die Keuschheit des reinen Thoren Galaaz begeisterte? [4] Sind Minnesang und Ritterroman nicht Ausfluss ein und desselben Geistes? Musste der zweite nicht im Anschluss an den ersten mit seinem höfischen Frauenkultus entstehen? Den Amadis sprachlich, und was Gefühle und Gesinnungen betrifft an das altspanische Epos mit seinem kernigen Heldengeiste anzugliedern — oder sagen wir lieber an die *Poetas Castellanos* und an die *Escritores en prosa anteriores al siglo XV* — wird Niemand gelingen [5]. Mit den altportugiesischen *Cancioneiros* (an denen ganz Spanien Teil hat) und mit dem altportugiesischen *Graal* hingegen, und auch mit zahllosen alten Geschichten, Sagen und Anekdoten von liebeskranken Thoren und abenteuersuchenden, fahrenden Rittern, sowie mit ihrem ständigen Ideale schwärmerischer, bis in den Tod getreuer Liebe ist der Amadis wohl zu verknüpfen. Einen Nachgeschmack des Troubadourstils mit seinen typischen Formeln finde ich heute noch darin. — Und fehlen die Manuscripte; existieren statt beweiskräftiger Urkunden und zeitgenössischer litterar-historischer Vermerke nur späte und spärliche, gelegentliche und ungenaue, ja widerspruchsvolle Angaben über den Roman und seinen Verfasser; sind selbst der von Portugiesen gespendeten Lobsprüche relativ wenige; und werden sie sogar von tadelnden Äusserungen überwogen, in denen von den *mentiras*, *ficções*,

[1] João gilt für den Stammvater aller portug. Lobeiras. Dass Vasco nicht sein Enkel (oder Enkel des Martim P. Lobeira), sondern Urenkel eines der beiden ist, darf man aus der Namensgebung und aus der Zeitberechnung schliessen. Auch João I. war Urenkel des D. Dinis. Dass die Lobeiras ursprünglich Gallizier waren und in Gall. und Leon noch jetzt Familien dieses Namens leben, hat auf die Entwickelung der *Amadis*-Frage scheinbar keinen Einfluss ausgeübt, obgleich des ganzen Rätsels Lösung vielleicht hier steckt.

[2] Braunfels und Lemcke sehen in dem von Ferreira besungenen Vasco nur einen Nacherzähler und Bearbeiter. Ich selbst bleibe zweifelhaft, ob die Phrase des Sonettes »*sem quedar ende por contar i ren*« nicht einfach besagen will, der Verfasser habe seinen Helden bis an sein seliges Ende geleitet. Man vergleiche die Worte des Ferrús: »*que le dios dê santo poso*«, die freilich auch nicht ganz unzweideutig sind.

[3] Ein Schmähgedicht von J. Lobeira ist nicht vorhanden.

[4] Nicht der Condestavel allein, sondern noch andere Portugiesen machten Galaaz zu ihrem Ideale (Kardinal D. Jaime, Sebastian etc.).

[5] Die ältesten span. Romane *Enrique fi de Oliva* — *Cifar* — *Guillerme de Inglatierra* etc. sind anders geartet. Und ist die Kenntnis franz. Romanstoffe bei *Hita* und *Ayala* und den höfischen Sängern auch viel bedeutender als bei irgend einem portug. Zeitgenossen, so kennt man doch bis heute keine kastilisch geschriebene Bearbeitung aus dem bretonischen Cyklus, die so archaisch und dem *Amadis* geistig so nahe verwandt wäre, wie der portug. Graal.

fabulas, disparates, trunfas und *burlas* des erfundenen »Lügenromans« die Rede ist[1], so wird dies Fehlen, und dies schweigende Schmählen nur derjenige sonderbar finden, der die Portugiesen nicht kennt oder versteht, und es ausser Acht lässt, dass sie die wirklichen Geschehnisse ihrer poesievollen Geschichte hoch über die *vãs façanhas, phantasticas, fingidas, mentirosas*[2] der Romane erhoben bis ihr historisches Epos geschaffen war, und hernach erst recht. —

Befremdend war es, solange die Denkmäler der ersten Epoche ungedruckt blieben, dass die altportugiesische Prosa, die scheinbar so spät flügge ward und so äusserst wenig Selbständiges schuf, noch im 13. Jh. ein, trotz seiner zahlreichen Anklänge an Älteres und Fremdländisches, doch immerhin eigen und mit Freiheit gestaltetes belletristisches Werk gezeitigt haben sollte. Seit der *Graal* aber vorliegt, und die *Cancioneiros* studiert sind, lässt sich wenigstens voraussetzen, gerade João Lobeira könne die *lais* geformt und die dazu gehörigen Prosaromane übersetzt, und daran seine Feder geübt haben! Sind jene verlorenen Romane mitsamt dem *Graal* aber auch Arbeiten Anderer, so war dadurch der Impuls gegeben, der das bewährte Nachahmungstalent der Portugiesen herausfordern musste.

E. ZWEITE EPOCHE: 1385–1521.

Das 15. Jh. ist für Portugals historische Entwickelung der ereignisreichste und bedeutsamste Zeitabschnitt. Ihrer Selbständigkeit seit dem Siege bei Aljubarrota und Begründung der zweiten burgundischen Dynastie ganz sicher, ja oft der Berufung derselben auch auf den kastilischen Thron gewärtig, begreift die kleine Nation ihre weltgeschichtliche Aufgabe, und vertauscht die ihr zu enge werdenden Heimatfluren mit dem Weltmeere — auf ihrem Siegeszuge von Ceuta bis Diu (1415—1535) die mittelalterlichen Fesseln der Welt- und Völkerkunde sprengend. — Litterarisch aber ist auch diese Epoche arm, wenigstens was freie Kunstschöpfungen in gebundener und ungebundener Rede betrifft. — Alle Zeugungskräfte waren eben vollauf durch die Entdecker- und Eroberer-Thaten in Anspruch genommen, und der sich mittlerweile vollziehende Auf- und Umschwung in Macht und Wissen, Sitte und Wandel, Selbstschätzung und Lebensauffassung, den die neue Weltstellung mit sich brachte, konnte nicht unmittelbar, noch während des Sturmlaufes, den entsprechenden litterarischen Ausdruck finden, sondern erst nachdem das Ziel und der Höhepunkt der politischen Entwickelung mit der Besitznahme der Ganges- und Indusländer erreicht, wenn nicht bereits überschritten war, d. h. in der dritten Epoche.

68. Besonders während der ersten Hälfte der 136 Jahre, welche diese Periode ausmachen (171, wenn man von 1350 an rechnet), trat ein Stillstand ein, in Sonderheit in der Entwickelung der Poesie. — Das schon Alfons IV., der wildgemute Sohn des Dionysius, nicht mehr als Kenner- und Gönner, geschweige denn als Pfleger des Minnesangs angesehen werden kann, ward früher erörtert. Unter seinen Nachfolgern erstarben die abgelebten Kunstformen dann gänzlich. Weder unter Peter dem Grausamen, noch unter dessen ungleichen Söhnen gab es in Portugal eine Hofpoesie oder Hofpoeten. — D. Pedro o Crú oder o Justiceiro, dem das heisse Herz unter Schmerzen hart geworden war, lebte, sparsam und thätig, der Aufgabe, mit unnachsichtiger Strenge jede

[1] Ein hispanisierter Portugiese, der Verfasser der *Arte de Galanteria*, D. Francisco de Portugal ging im 17. Jh. sogar so weit, zu behaupten, Lobeira habe den *Amadis* spanisch geschrieben »weil man in portug. Zunge nicht so unverfroren lügen könne!«

[2] *Lusiadas* I, 11.

Gesetzesüberschreitung (besonders der Grossen zu ahnden), die Sitten aller Stände gewaltsam bessernd,[1] und dem Lande 10 Jahre des Friedens und der Wohlfahrt schenkend, wie dasselbe sie nie gesehen.[2] — Wollte er sich aber zerstreuen und belustigen, so war es nicht im geschlossenen Saale, bei gereimten Worttournieren, die dem Stotterer nicht behagten, sondern *en plein air*, auf der Jagd und Falkenbeize *(montaria e cetreria)*, beim Stiergefechte *(touros)*, oder in berauschendem Strassentanze, zu dem seine musikkundigen Spielleute Joam Mattheus und Lourenço Pallas grell-schmetternde Fanfaren in Silbertrompeten bliesen. — Während der folgenden 16 kritischen Jahre unter Ferdinand, dem schwachmütigen und verschwenderischen »Schönen«, den die ränkesüchtige Spanierin D. Leonor de Guzman umgarnt hielt, ward das Land durch die Erbansprüche auf Kastilien in Krieg und Elend gestürzt, die unter dem illegitimen Halbbruder, dem braven und mannhaften Johann I., lähmend nachwirken. Dieser König »guten Angedenkens« *(de boa memoria)* hatte erst den langen Thronfolgestreit durchzukämpfen (bis 1411), behufs Niederwerfung des kastilischen Nebenbuhlers und des rebellischen Hochadels, der gegen ihn Partei genommen; und dann die Staatsverwaltung neu zu ordnen. An seinem Hofe, wo in heilsamster Manneszucht, bei ernster Arbeit, in einem gediegenen und überraschend reichen Familienleben, das auf die ganze Nation veredelnd wirkte, fünf herrliche Heldensöhne heranwuchsen, war für sentimentales Liebesgeseufze, ebensowenig Platz wie für unsaubere Schmähgedichte oder frivoltändelnde Scherzspiele.[3] Idealen Sinnes, den stolzen, suchenden Blick nach Afrika und auf den Ocean gerichtet[4], pflegten jene Fürsten und ihre Genossen, als Ritter in des Wortes bester Bedeutung, vorwiegend kriegerische Übungen: *justas, torneios, canas, bofordos, correr pontas* etc. — In Wahlsprüchen und Emblemen ihre Ziele kurz charakterisierend[5] gingen sie auf Reisen und Abenteuerfahrten nach Frankreich und England,[6] Burgund, der Schweiz, Österreich, Ungarn und weiter, gegen die Hussiten und Türken und die Litauer im deutschen Ordenslande fechtend. — Durch Gelübde *(votos denodados)* bei feierlicher Ritterwacht verpflichteten sie sich zu persönlichen Heldenthaten *(empresas)* im Kampfspiele oder auf dem Kriegsplatze (wie schon der »Flügel der Verliebten« bei Aljubarrota); errangen sich ausländische Ordensbelehnungen (Jarra de S. Maria; Rosa; Rayo; Banda, Aguia; Tuson, Jarretiera) und Markgrafschaften (Abranches; Treviso) und stählten und erprobten ihre Kraft, bis hernach ein Jeder seinem Leben bedeutungsvolleren Inhalt gab, es sei auf afrikanischen Schlachtfeldern, oder auf mühevollerer »Suche« nach dem märchenhaften Reiche des Priesterkönigs Johannes, oder auf Seezügen in das *mare tenebrosum*, den glücklichen Inseln entgegen. Die *Vitae* vieler Höflinge dieser Epoche, — die übrigens mit Vorliebe ihren Söhnen und Töchtern die Namen von Ritterromanfiguren beilegten[7], — muten daher an, wie Ausschnitte aus dem *Graal* oder *Amadis*.

---

[1] Ich sage mit Sâ de Miranda »*real, e não cruel inclinação*«, trotz der unleugbaren Härten seines Vorgehens, die man dem noch halb-barbarischen Jh. zu gute halten muss.

[2] »*Nunca Portugal teve taes dez annos como deste Rei*«, so tönt aus dem Munde der Chronisten die Volksmeinung über ihn.

[3] Kein unlauteres Wort kam über die Lippen der Söhne Johann's I.: *Palavra torpe nem desonesta nunca foi ouvido da sua bocca.* (Zurara).

[4] Schon Johann I. von Kastilien hatte Respekt vor dem Seemanns-Geiste der Portugiesen. Er rüstete eine Flotte »*con que les quebrantar la sobervia que ellos tienen por la mar*«.

[5] Stets in frz. Sprache: *Talant de bien faire — Désir — Le bien me plaît* u. a. m.

[6] Auch die *Doze de Inglaterra* sind zwar sagenumsponnene, aber doch reale Gestalten.

[7] Es giebt Dutzende von Rittern Namens: Lançarote (do Lago), Tristão, Lisuarte, Percival, Arthur, Esplandião, Amadis, (der Haushofmeister D.

69. Wenn Mars aber ruhte, führte Minerva den Vorsitz im Pallaste. — Auch den Geist zu pflegen, liessen die Könige und ihre Mannen sich ernstlich angelegen sein. — Der Infant Heinrich nennt sich seit 1431 ostensiv »*Protector dos Estudos*«. Die Aufgabe, welche, von Johann I. an, die Herrscher sich stellten, war Aneignung der geistigen Bildung ihrer Zeit, und Pflege besonders derjenigen Wissenschaften, welche zu ihrer historischen Mission in Beziehungen standen. Sie kauften Bücher, gründeten Bibliotheken und speicherten darin auf was das Mittelalter Wichtigstes geschaffen (sowohl Lateinisch als in den romanischen Vulgärsprachen), ganz besonders aber was sie von den Schätzen des Altertums erreichen konnten. Sie lasen und lernten. Wenn sie dann aber zur Feder griffen, hatten sie nur für zweierlei Sinn: Entweder die Ihren — ihre Familie und ihr Volk — zu unterweisen und zu erziehen, Wissen verbreitend durch lehrhafte Reproduktionen (Übersetzungen und Kompilationen) oder durch Abfassung von Traktaten aus praktisch selbst durchforschten Einzelgebieten (Jagd — Kriegskunst — Staatslehre — Astronomie); oder von den Grossthaten ihrer eigenen Nationalhelden zu berichten in Chroniken, die wie schon bemerkt ward, ihnen und den Nachkommen schöner dünkten als alle Romane. In beiden Fällen aber liessen sie die christliche Sittenlehre und Gottesgelehrtheit natürlich nicht ausser Acht. Im Gegenteil! Sonnen sie sich auch in naiver Freudigkeit im Lichte jeder neuerworbenen Kenntnis aus der Antike, an jedem klassischen Namen und Ausspruch, den sie wiedergeben, so haben sie im Grunde dabei doch nur einen Zweck, die Bibelworte, durchaus theologisierend, durch jene zu erläutern, und in christlichem Sinn und Geiste zu erziehen. Erst nach Ablauf der die grosse historische Blüte vorbereitenden ersten Jahrzehnte, als mit der traurigen Katastrophe von Alfarrobeira (1449) ein Wandel, und ein Stillstand im Entdecken mit dem Tode Heinrich des Seefahrers (1460) eintrat[1], schlug in der glänzenden Hofburg des jungen ritterlichen Alfons V., des »Afrikaners«, die Flamme der Poesie aus den Aschenhaufen der ersten Periode von neuem empor, angefacht vom Flügelschlag der bereits kühn- und hochfliegenden spanischen Aare: es entstand eine neue, der feineren Geselligkeit des Jahrhunderts angepasste Hof- und Konversations-Poesie — hispanisch im Geiste, und hispanisch in Gestalt und Sprache. — Inzwischen aber hatte sich ein neuer peninsularer Dichtungsstil entwickelt. Dessen fertige Formen übernahm man und ahmte sie nach.

70. Von wie grosser Bedeutung es ist, festzustellen, was man in Portugal las, braucht nicht dargelegt zu werden. Von drei Bibliotheken sind, nebst dürftigen und zerstreuten Überbleibseln, die Inventare erhalten: von der Bibliothek des Königs D. Duarte (84 Bde.), seines Sohnes D. Fernando (24) und seines Enkels, des Condestavel D. Pedro, (96). Ausserdem weiss man, aus Andeutungen zeitgenössischer Werke, dass schon Johann I. sammelte, und dass Alfons V. ganz bedeutende Manuscripten-Schätze besass, deren Bestand sich aus den von seinen fleissigen Historiographen hinterlassenen, zitatenreichen Werken ungefähr rekonstruiren lässt. Auch über die Büchereien gewisser Klöster (Alcobaça, S. Domingos de Lisboa) und der Universität, sowie einiger Privatleute (z. B. des Dr. Diego Affonso Manga-ancha) ist man unterrichtet. Im Grossen und Ganzen erwarben die port. Bücherfreunde natürlich dieselben mittelalterlichen *Standard-books*, welche, als unentbehrlich, auch in den franz., ital. und span. Bibliotheken eines Charles VI., Duc d'Anjou, Henri de Navarre, Filippo Strozzi, Alfons V. von Neapel, Ferdinand v. Calabrien, Carlos de Vianna;

Duarte's z. B. hiess Amadis Vasques 1433), und manches Edelfräulein Namens: Iseu, Genebra, Oriana, Viviana, Briolanja. Vgl. Braga, *Poet. Pal.* p. 15—17.

[1] In unserem Wissen über die portug. Entdeckungen ist nach 1460 jedenfalls eine auffallende Lücke.

D. Martin de Aragon, Santillana, Villena, Benavente etc. wiederkehrten, ob auch in beschränkterem Masse.[1] Obenan stehen die ganze heilige Schrift und einzelne Bibelbücher, sowie Bibelkommentare und fromme, moralphilosophische oder rein theologische, Lehr- und Streitschriften. Dazu kommen an Apokryphen Nikomedes und Gamaliel; Heiligen- und Märtyrerleben (*Flos Sanctorum — Legenda Aurea — Vitae Patrum*); an Apologetikern Justinus und Lactantius; an apostolischen Vätern: Hermas und O Pastor; an Gnostikern Karpokrates und Hermogenes; an Kirchenvätern und Kirchenlehrern: Origenes, Hieronymus, Eusebius, Hilarius, Ambrosius, Chrysostomus, Orosius, Johannes Cassianus, Augustinus, Isidorus, Gregorius, Benedictus, Fulgentius; an christlich-philosophischen Erbauungsschriften Boethius (De Consol.), Beda, Remigius, Bernard v. Clairvaux, Raimund Lull und ganz besonders die Mystiker Hugo und Ricardus v. S. Victor, nebst Gautier; von den Scholastikern in erster Reihe: Anselmus, Petrus Lombardus, Thomas v. Aquino, Albertus Magnus und Duns Scotus; — an Kosmographen Vincenz v. Beauvais, Nicolas v. Lire und Pierre d'Ailly (Imago Mundi) und die Araber Alfagran und Aalcabom, — dazu Avicenna und Averroes. Die Vita Christi und Imitatio Christi wird erst spät eingeführt. — An Erziehungsbüchern für Fürsten ist, wie überall, das gelesenste *De regimine Principum* des Aegidius Columna von Rom[2], doch auch P. P. Vergerius. — An Klassikern verwertete man am eifrigsten Cicero und Seneca, den Magister Sententiarum; doch auch Valerius Maximus und Vegetius, Livius, Sallust, Plinius Caesar, Columella, Josephus, seltener Suetonius, Tacitus, Quintus Curtius. Von Dichtern nur Lucan, Ovid, Virgil, Tibull. Von den Griechen, zuerst nur indirekt, Aristoteles »*O Philosopho*«, weniger häufig Plato, vereinzelt auch Herodot, Hesiod, Xenophon, Ptolomaeus, Demosthenes; und Homer. — Aus Frankreich empfing man ausser den bereits in der ersten Epoche gelesenen Romanen, die natürlich auch jetzt Lieblingslektüre blieben, einige Chansons de geste (Jean de Lanson); den Isop; Sidrac; l'Arbre des Batailles von Hon. Bonnet; Marco Polo; vor allem aber Balladen und Lieder: *Les cent ballades;* Guillaume de Machault; Deschamps; Grandson; Christine de Pisan etc. Aus Italien: Baldo, Bartolo und Cino (sowohl seine juristischen Schriften als auch seine Canzonen), Guinicelli, Dante (mit Kommentar von Flaminio), Petrarca und Boccaccio (lat. und ital.) und die Cento Novelle; — aus Spanien besonders Chroniken (General; Cid; Rodrigo; Ayala; Lucas de Tuy etc.), die Conquista de Ultramar; Conde Lucanor; Arcipreste de Fita, Santillana, Mena, Perez de Guzman und die Predigten des Vicente Ferrer. — Die span. Liederdichter las man nicht, man hörte sie. — Viele der genannten Werke waren gleichzeitig in fremden Sprachen und in port. Bearbeitung vertreten.

71. Man nennt die zweite Epoche meist die spanische oder hispanische. Man dehnt dabei also eine Bezeichnung auf den ganzen Zeitraum aus, die, genau genommen, nur für die letzten Jahrzehnte und ihre Lyrik passt. Mit Recht, da diese Lyrik, die einzige Kunstäusserung der Epoche ist, die etwas schöpferisches Denken offenbart. Doch wäre die Bezeichnung kastilisch-portugiesisch vorzuziehen. Denn was man damit hatte sagen wollen, ist, dass im XV. Jh. alle, Kastilien und Portugal eigentümlichen nationalen Dichtungsformen der Halbinsel ihre Ausbildung erhielten, und zwar unter Vortritt Spaniens, und nicht dass Portugal in geistiger Hinsicht absolut im Schlepptau der gewaltigeren Schwester

---

[1] Man lese darüber Braga, *Introd.* p. 203—264 und die verbesserte Neubearbeitung in *Universidade*, cap. IV p. 190—245, obwohl auch darin gar manche Hypothese durch Thatsachen zu ersetzen ist. Die *livros em latim* und *em lingoagem* sind z. B. nicht richtig von einander gesondert. — Vgl. Gabriel Pereira, *Documentos Eborenses*, Heft XXIII.

[2] Zu den mittellatein. Autoren vgl. hier Bd. II Abt. 1.

einherging, ohne an der Ausgestaltung der peninsularen *Trovas-redondilhas* mitthätig zu sein. — Noch auch will kastilisch-portugiesisch heissen, dass keine anderweitigen Einflüsse das Land berührten. — Die in der ersten Epoche angeknüpften Beziehungen zum Ausland dauern fort, ja werden enger und mannigfaltiger. Familienverbindungen verknüpfen mit England und Burgund; See- und Handelsunternehmungen mit Flandern, Genua und Venedig. Nach Paris, zur Hochburg der Dialektiker und Theologen, manchmal auch nach Uxonia pilgern nach wie vor mit Stipendien versehene *studentes*, besonders in den Tagen des *doctor subtilis;* nach Bologna (wo 1360 der Spanier Gil de Albornoz ein hispanisches Collegium gründete) zu Bartolo und Baldo die Rechtskundigen *scholares;* nach Padua die Mediziner, nach Florenz die Humanisten. Zu den Kirchenversammlungen (Constanz—Basel) wurden, als Beiräte der unter den hervorragendsten Lateinkundigen ausgewählten Gesandten, die besten Doktoren entsendet, und ebenso als Boten an die Höfe und die Kurie, seit die Frage »*Quid novi ex Africa*« überall an der Tagesordnung war. Je wünschenswerter es aber ward, dass die Welt von den Thaten der Portugiesen vernähme, um so bereitwilliger beriefen die portug. Machthaber auch aus der Fremde gewandte Stilisten, damit sie bei Hofe die Fürsten und Grossen, und an der Universität die lernbegierige Jugend in den *artes et scientias* unterwiesen, und durch lat. Darstellung der port. Thaten für Ruhm und Unsterblichkeit sorgten. Möglichst genau zu bestimmen was jeder heimkehrende Portugiese und einwandernde Fremde an Kultureinflüssen mit sich brachte und verbreitete, an Menschen und Dingen, Sitten und Trachten, Büchern und Melodien, Kenntnissen und Ideen, ist ausserordentlich interessant und lehrreich. Hier aber fehlt der Raum um zu zeigen, wo die Samen zu den blütenreichen Pflanzen herstammen, die schliesslich den hispanischen Liederfrühling bildeten. Nur hie und da wird im Weiteren auf Einzelnes aufmerksam gemacht werden, besonders auf die aus Italien und Frankreich gekommenen Anregungen.[1]

72. In Übereinstimmung mit dem oben Gesagten haben wir dreierlei zu untersuchen: I. Die lange Zeit des poetischen Interregnums (1350—1449) unter Hervorhebung der schwachen Nachklänge aus der vorangegangenen Zeit. II. Die Entwickelung der port. Prosa, die sich an die Anfänge des Humanismus knüpfte. III. Die Werke der kastilisch-portugiesischen Pallast-Dichter *(Poetas Palacianos)* 1449—1521.

I. NACHBLÜTE DES ALTPORTUG. MINNESANGS (1350—1449).

73. Die stumme Zeit zwischen dem Abschluss der altport. Liederbücher und dem Anhub des *Cancioneiro de Resende* ist eine ungewöhnlich lange. Selbst

[1] Von wichtigen Daten, die im Nachfolgenden nicht genannt sind, seien als Marksteine aufgepflanzt: das Jahr 1341, in welchem Rodrigueannes de Sá der Dichterkrönung Petrarca's beigewohnt haben soll. Sicher ist, dass er sich damals mit einer Colonna vermählte, Cecilia, der Tochter (oder Nichte) Giacomo's. — 1370 kommt Agapito Colonna als Nuntius nach Portugal. — 1373 lernt João Fernandes Andeiro in England die französischen Hofsitten kennen. — 1384 glänzt am brittischen Hofe Lourenço Annes Fogaça durch sein gewandtes Französisch. — 1429 kommt Van Eyck an den portug. Hof. — 1430 ziehen mit Dame Isabeau zahlreiche Portugiesen nach Burgund, von denen einige heimkehren, während andere bis 1477 nachfolgen. — 1448 wendet sich ein »Velasquez de Portugal« an Poggio und bittet um Anweisung wie man zur Eloquenz gelange, wahrscheinlich derselbe »Messer Velasco di Portogallo«, der 1450, ein Tullius und Demosthenes an Redekraft, in Italien lebte, Petrarca's Sonette studierte, und Bücher sammelte: *libri per parecchi migliaia di fiorini, perchè voleva tutti i più belli che trovava* (laut Bisticci). — 1459 stirbt in Florenz Kardinal D. Jaime de Portugal, der auch *assai buona copia di libri* gekauft hatte. João Fernandez Pacheco berichtet 1460 in der Kurie über Afrer und Mauren. Es ist derselbe ritterliche Gesandte, der die Preussenfahrt unternahm und Froissart den Stoff zu seiner Darstellung portug. Geschichte lieferte. Ihm gegenüber erbietet sich Flavio Biondo († 1463), eine lat. Darstellung der Afrikaleistungen zu schreiben.

die Übersättigung mit Minnesang, der persönliche Charakter der gerade regierenden Dynasten, und die Wechselfälle der historischen Entwickelung erklären sie nicht ausreichend. Nie und nirgend ist sonst bei einem begabten, nicht verfallenden, sondern mächtig aufstrebenden Volke ein so plötzliches und gänzliches Ersterben aller Poesie eingetreten. Beim port. Minnesang aber kommt noch hinzu, dass derselbe ja auch ausser Landes, in ganz Spanien, Förderer und Anhänger zählte, die von portug. Geschichte und Hofgunst doch nicht abhingen. Es ist daher ohne weiteres anzunehmen, dass der Schein trügt, und dass wie thatsächlich ausserhalb, so auch innerhalb Portugals, im Schoosse des Volkes und in den Pallästen der Magnaten, nach 1350 wie vorher, in port. Sprache ruhig, wenn auch weniger eifrig, weiter gedichtet und musiziert ward. Bei dem Mangel des höfischen Mittel- und Brennpunktes, und gewisslich auch um ihrer relativen Unbedeutendheit, Seltenheit und geringen Neuheit willen, kam es aber nicht mehr zur Sammlung der zerstreuten Epigonen-Lieder. Sie gingen verloren. Schon Resende fand 1516 kein einziges Gedicht aus dem 14. Jh., und musste seine Landsleute anklagen weil sie, unpatriotisch, die Thaten wie die Lieder der Vorfahren der Vergessenheit hatten anheim fallen lassen.[1]

74. Darf man sich daher wundern, wenn im 17. Jh. die ersten Historiker, welche über die Anfänge ihrer Litteratur nachzudenken begannen, jener ungeheuren Kluft gegenüber den Versuch wagten, auch hier mit Hypothesen und Erfindungen auszuhelfen? und dass die selben Pfadfinder, welche für die frühesten Jahrhunderte das apokryphe Cava-Gedicht des Königs Roderich, und die Liebesbriefe des Egas Moniz und Goesto-Ansures, und Verse von D. Affonso Henriques ersonnen und verbreitet hatten,[2] nun für die zweite Periode einige Liebesseufzer Peters des Grausamen an seine *Ines de Castro* zubereiteten? »Wer den Tod der holdseligen Geliebten so furchtbar rächte und die Inbrunst seiner Leidenschaft durch die grossartige Bestattung der Leiche und die poesievoll ausgedachten Steinsarkophage in Alcobaça der Mit- und Nachwelt bezeugte, der war wohl auch im Stande, ein Paar Verse »*In Vita et in Morte di Madonna Agnese*« zu dichten, nein, der musste sie gedichtet haben«, so reflektierte der geschickte Fabelschmied der Portugiesen Faria-e-Sousa (der auch das hübsche Märlein von Ines' Krönung ausdachte), und versetzte flugs D. Pedro in seine Dichterlisten.[3] Dabei fusste er diesmal wenigstens auf einer Thatsache, die nur falsch ausgedeutet ward.

75. D. Pedro I. Vier Lieder mit der Überschrift »Del Rey D. Pedro« standen nämlich im Liederbuch des Resende, und kursierten also seit 1516 gedruckt.[4] Und ohne lange zu untersuchen, wer dieser dichtende König Peter war, unbekümmert auch darum, dass kein zeitgenössisches Denkmal, kein Chronist, und auch kein Santillana vom Dichtertalent des grausamen Monarchen etwas geahnt, stimmten alle Nachfolger des Faria-e-Sousa

[1] Er sagt im Prolog unter anderem: *Muytas cousas de folgar e gentilezas sam perdidas sem aver d'elas noticia* .... und: *e se as [trovas] que sam perdidas dos nossos passados se poderam aver, e dos presentes s'escreveram, creo que esses grandes poetas que per tantas partes sam espalhados, nam teveram tanta fama como tem.* Vgl. was in § 86 über das *Livro das Trovas del Rey* gesagt wird.

[2] Dass auch der erste portug. König für einen Dichter erklärt worden ist, durfte ich in § 23—25 übergehen, weil Niemand es gewagt hat, uns Proben seiner Werke zu bieten. — Man liess sich dabei einfach durch seine Homonymität mit einem span. Poeten des 15. Jhs. Alonso Enriquez irreleiten (s. z. B. den *Canc. de Estuñiga)*. Diesen identifiziert Braga seinerseits mit einem portug. Dichter Affonso Henriques des *Canc. de Res* (*Questões* p. 145); ganz zu Unrecht.

[3] *Epitome* III cap. 9 und *Europa* III 354. Beide Male werden ihm »*Poesias*« zugesprochen.

[4] S *Canc. Res.* II p. 67—68.

seiner Auslegung bei, und verbreiteten hundertstimmig die falsche Botschaft von dem »ausserordentlichen Ruhme«, den D. Pedro »von jeher« als Dichter genossen.[1] Ja, sie fügten allmählich zu dem ursprünglich kleinen Bestand noch weitere Raritäten hinzu. Vor der Kritik bestehen jedoch weder die einen, noch die anderen. Die ältesten vier sind inhaltlich farblose und vague Seufzer an eine namenlose Dame, welcher ein verliebter Sänger diente; und formell sind sie *Canciones* nach dem erst im 15. Jh. ausgebildeten, peninsularen, festen höfischen Sangestypus; d. h. sie bestehen aus einem 4zeiligen Thema (*Motto*) und 8zeiliger umschreibender *Volta*, deren letzte *quadra* in Gedanke und Reim das Thema ungefähr wiederholt. Zwei der Gedichte bestehen ganz aus Achtsilblern, die beiden anderen wechseln zwischen Acht- und Viersilblern; eines in span. Zunge, die übrigen in portugiesischer. — Man beachte die Geburtszeit jenes metrischen Gebildes; bedenke die Doppelzüngigkeit des Dichters; prüfe die Sprachformen (die gleichfalls unbedingt dem 15. Jh. angehören); erwäge dass die Lieder mitten im *Cancioneiro* (auf fl. 72) und unmittelbar neben den *Trovas* des Infanten D. Pedro stehen; lasse sich sagen, dass *Resende* noch in einer weiteren Überschrift die Formel *»rey D. Pedro«* anwendet, und zwar mit Bezug auf einen Nebenbuhler des 1493 verstorbenen Gestütmeisters Johanns II. *Fernam da Silveira*, der den fraglichen Rey D. Pedro als Verfasser verschiedentlicher *motes d'amores* und *homem de sangue real* behandelt, aber keineswegs wie einen regierenden Herren[2], und man wird keinen Augenblick daran zweifeln, dass jener Zeitgenosse des *Coudel-mor*, der verliebte Verfasser hispanischer *motes d'amores*, (d. i. der vier *Cantigas*) nicht der 1367 begrabene grimme D. Pedro, sondern sein liebenswürdiger Urenkel, der gleichnamige Sohn des Infanten D. Pedro ist, d. h. der unglückliche Nominalkönig von Aragon († 1466), der schon als erster Einführer des Spanisch-Dichtens genannt ward. (S. § 6 und vgl. §§ 102—103). Diesen meinte wohl Resende, und jedenfalls hatte seine Hss.-Vorlage ihn gemeint. Und Faria-e-Sousa irrte, gleichviel ob wissentlich oder guten Glaubens, und nasführte so alle unwissenden Albumjäger mitsamt ihren späteren Lesern, die im 17. Jh. die kostbaren Reliquien von 1357 in ihre Gedichtbücher aufnahmen. Noch gröblicher irrte dann Barbosa Machado[3] der, im Anschluss an ein solches liederliches Album (1577 vom Pater Pedro Ribeiro geschrieben), sechszehn z. T. verderbte Hendekasyllaben (!) ital. Stils, mit Binnenreimen — ein Bruchstück einer Canzone oder Ekloge, — an das Motto des span. Resende-Liedes anflickte (vermutlich nur, weil beide Fetzen zufällig in einem Codex neben einander standen), auf diese Weise ein neues Werk D. Pedro's schaffend. Und der Professor der Rhetorik und Poetik A. Lourenço Caminha († 1831), den ich kurz als Nacheiferer des Faria-e-Sousa und Herausgeber vieler höchst fragwürdiger *Inedita* charakterisieren will, irrte, so er nicht tückisch betrog, als er 1791 ein von ihm zwar als anonym bezeichnetes, aber doch D. Pedro in den Mund gelegtes Klagelied auf den Tod der Ines de Castro in 5 neunzeiligen *Trovas* druckte,[4] welches dann 1822 von Balbi ausdrück-

[1] Z. B. der Verfasser des absonderlichen »*Panegirico por la Poesia*« (über den man Salvá No. 853 befrage) auf p. 44 der einzig-zugänglichen Sevillaner Ausgabe von 1886, obwohl er übrigens noch obenein den König mit dem Regenten, seinem Enkel, verwechselt und ihm die gleichfalls gefälschte Strophe auf Lissabon zuspricht, welche seit Brito auf das Konto des vielgereisten Infanten geschrieben zu werden pflegt. S. § 87. Vgl. Bouterwek p. 13; Bellermann p. 21 und 22; Wolf, *Studien* 717; Costa e Silva I 81; A. de los Rios VI p. 23 und andere mehr, von denen die wichtigsten in den folgenden Anmerkungen vorkommen.

[2] *Canc. Res.* I 173.

[3] *Bibl. Lus.* III 541.

[4] *Ineditos de Perestrello e Galvão* p. 164—182. S. Anm. 6 der nächsten Seite und vgl. § 107.

lich als Arbeit des Königs weiter verbreitet ward.[1] Von F. Denis anerkannt und ins Frz. transponiert,[2] ward es hier zu Lande 1878 noch zwei Mal als neuentdecktes Gut in Umlauf gesetzt unter dem Titel: *Versos feitos por D. Pedro, morto em 1367, sobre a tragica morte de sua esposa D. Ines de Castro*,[3] das eine Mal sogar in einem Specialliederbuch des Königs in Gross-Folio, zusammen mit den übrigen fünf Apokryphen.[4] Leider haben auch Almeida-Garrett[5] und Th. Braga (der über die Zugehörigkeit der 4 *Cantigas* richtig urteilt)[6] die beiden spätgeborenen Fälschungen nicht ohne weiteres aus der portug. Litteratur ausgewiesen, so dass es noch einer ausführlichen, scharfen Sonder-Analyse bedürfen wird, um den Glauben an das Dichtertum König Peters zu zerstören, und festzustellen, dass wenn er den Griffel geführt hätte, seine Werke portug. geschrieben sein würden, und zwar in den sprachlichen und metrischen Formen der ersten Epoche.[7]

---

[1] *Essai Statistique sur le Royaume de Portugal:* vol. II: *App. à la Géographie littéraire* p. VIII, nach vollständig kritiklosen Aufzeichnungen eines portug. Ungenannten. — S. p. 164 Anm. 9.

[2] *Résumé Chap.* II; und *Chroniques chevaleresques* I 153—156.

[3] Im *Almanak Progreso para* 1878, p. 214.

[4] Pereira Caldas, *Canções de D. Pedro I Rei de Portugal, Poeta do seculo* XIV, Filho de Coimbra, *Porto*, 1878; mit einleitender Biographie. Der glückliche Herausgeber besitzt 2 Niederschriften des Balbi'schen Textes und eine des Gedichtes *Ribeiro-Machado!* Selbstverständlich mit »wichtigen Varianten«, die in nichts als im sinnverstümmelnden Fehlen gewisser Zeilen bestehen!

[5] *Romancero* I p. 11.

[6] Braga spricht die 4 Lieder des *Canc. Geral* dem Condestavel zu, in *Trov.* p. 292—296; *Poet. Pal.* p. 157; *Theoria* 3. Aufl. p. 108; *Curso* p. 130. Dass er trotz dieser Einsicht, an der Echtheit der Hendekasyllaben nur zweifelt und dem Balbi-Caminhaschen Machwerk seine moderne Künstlichkeit nicht anmerkt, sondern dasselbe für eine acceptable Arbeit des 15. Jhs. erklärt, gehört zu den beklagenswerten Ungereimtheiten seines Werkes. S. *Questões* p. 140—143. Eigentümlicher Weise hat Braga auch die Publikationen Caminha's übersehen und hält daher den »glaubwürdigen Gelehrten« Balbi für den Originalherausgeber des Klageliedes auf D. Ines. Dieser selber aber wusste gleichfalls nichts von dem erwähnten Quellenwerk. Und auch Pereira Caldas liess es unbenutzt. Deshalb entging allen dreien und der Lesewelt bis heute ein siebentes *opus* des Königs Peter, das Lied: *Amor, porque entendes*, und ausserdem ein noch viel herrlicherer Fund: das Sterbelied, welches die aus 23 Wunden blutende D. Ines auf ihrem letzten Ruhelager dichtete! das älteste Gedicht einer portug. Dame also, und zugleich die frühesten *Quintilhas* der Halbinsel! — Das von Balbi und den Übrigen abgedruckte Gedicht ist nämlich nur ein Teil eines grösseren Ganzen: einer, behufs besserer Glaubwürdigkeit fragmentarisch gehaltenen Prosa-Vision vom Tode der D. Ines, die ein Ungenannter einer »Hoheit« mitteilt »*fielmente trasladada do seu original antigo*. Und darein eingestreut erscheinen drei poetische Stücke. Ausser dem oft reproduzierten Gedichte: a) noch eine »*Exclamação de D. Ignez*«, bestehend aus 4 *Quintelhas* und 2 daran hängenden 9zeiligen *Trovas*, von grosser Geschmacklosigkeit, und b) eine *Cantiga*, welche D. Pedro, nach dem Verbleichen der Geliebten, im Zimmer auf- und abspazierend, in Gegenwart der weinenden Kleinen, verfasste und deklamierte. Es genügt wohl zur Charakterisierung dieses von Caminha zu Tage geförderten Denkmals, wenn ich feststelle, dass die 4 *Quintilhas* aus Resende's Ines-Gedichte (*Canc. Ges.* III 616) abgeschrieben sind? Oder wird trotzdem diese neue Notiz Stoff zu einer vermehrten Ausgabe der *Canções de D. Pedro* liefern?

[7] Wie viele noch daran glauben, zeige ein Beispiel: der geistvolle R. T. Burton macht in seinem *Camoens* (Lond. 1881 p. 233) aus dem portug. Könige einen *man of letters*, gedenkt zweier(!) Gedichte desselben auf den Mord der Geliebten, und berichtet, er sähe öfters in den Quaritsch-Katalogen ein »*Sangbook*« des Königs angezeigt. (Ist es die oben erwähnte Ausgabe Pereira Caldas? Oder liegt Verwechselung vor mit der Varnhagen'schen Ausgabe der *Trovas* des vermeintlichen Grafen D. Pedro de Barcellos?) — A. Balaguer y Merino begeht hingegen im »*Condestable de Portugal*« (Barcel. 1881) den Irrtum, die 4 Liedchen des *Canc. Ger.* Peter dem Grausamen v. Kastilien zuzuerkennen! — Dem rechten Besitzer erteilen dieselben: Morel-Fatio in *Romania* XI p. 154—156; Storck in *Camões*, Einl. § 39 und Garcia Peres (ob auch zaudernd). Barbosa-Machado's Canzonen-Fund hatte schon Bellermann (p. 48 Anm. 19) für »unecht« erklärt, und F. Wolf durchschaute die Unhaltbarkeit des Balbi'schen Stückes, hielt aber sonderbarerweise die italianisierenden Hendekasyllaben für eine Glosse des span. Motto's in Kurz-

76. Die verjährte Hoffnung, bei gewissenhaftem Forschen wenigstens so viel Materialien in Form von Restbeständen und Schriftstellernamen zusammenzufinden, dass sich eine Notbrücke über die dichterisch-leeren Jahrzehnte schlagen liesse — Schrittsteine zum Übergang von 1350 bis 1450 — lasse man also fahren! Alles was ich gefunden, ist eine nicht kurze Reihe von gelegentlichen Bemerkungen der Prosaisten über Kirchensänger und Musiklehrer *(cantores)*, für Feste und Kriegszüge eingeübte *ministriles*, spassmachende *chocarreiros* und *tafues*. Von dichtenden *juglares* und *trovadores* kann ich nur je einen Namen nennen: Fernam Lopes gedenkt in seiner Chronik Johanns I. (P. II p. 106) eines Spielmanns König Ferdinands, Anequim geheissen.[1] Und sein Fortsetzer Zurara (P. III p. 91) erwähnt einen jüdischen Dienstmann der Königin Philippa, Judá Negro, als grossen Troubadour, und beruft sich auf *trovas* von ihm, in Briefform, über die Gerüchte, welche 1415 ob der geheimen Vorbereitungen zur Fahrt nach Ceuta umliefen.

77. Dabei sei erwähnt, dass an der Schwelle der zweiten Periode die Bezeichnung trovas (im Volksmunde heute auch *trôbos*, wie ich schon sagte), für alle, objektiv oder subjektiv gehaltenen, bei Hofe von Höflingen, oder im Gebirge von Bauern, erdachten »Erfindungen« im Volksstyl, d. h. in den peninsularen Kurzzeilen üblich ward, wohl nachdem sie zuerst solchen Vulgär-Dichtungen beigelegt worden war, wie sie noch in der ersten Epoche zünftige Spielleute eben für das Volk angefertigt hatten.[2] Von den höfischen *trovas* spricht Abschnitt III dieses Kapitels (§§ 110—112). Von der Volkslitteratur im Allgemeinen war schon im Zusammenhang kurz die Rede (§§ 18—22). Die wenigen historischen Volksreime aber, welche bestimmt in unsere leeren Jahrzehnte fallen, sind für eine Besprechung hier zu unbedeutend (wie die bei der Belagerung von Lissabon (1384) gesungenen Spottverse auf den spanischen Feind),[3] oder zu schlecht verbürgt, wie die Condestavel-Liedchen.[4] Von den traditionellen Formen und Gebilden der zwischen Kunst- und Volkspoesie die Mitte haltenden Vulgär-Poesie (*litteratura de cordel*, weil die kleinen Druckhefte, auf Schnüre gezogen, auf den Märkten feilgehalten werden) erlangten die meisten das port. Bürgerrecht gerade jetzt im 14. und 15. Jh.: so der aus frz. *Complaintes* und ital. *Lamentazioni* entstandene wichtige *Fado*; die Debatten und Disputen zwischen Wasser und Wein, Körper und Seele, Liebe und Tod; die »Ausrufe« (*gridas* und *pregões*), »Ausverkäufe« und »Auktionen« (*leiloẽs* und *almoedas*) »die Testamente«;[5] »die Abécés« und »Zehn Gebote der Liebe«, die »Warum-fragen« u. a. m. Der metrischen Gestalt nach, fallen sie übrigens alle unter den Trova-Begriff.

78. Die wahre, und gangbare, ob zwar schmale Brücke vom *Cancioneiro da Vaticana* zum *Cancioneiro de Resende* muss aus Materialien hergestellt werden, die ausserhalb Portugals entstanden, und aufbewahrt sind. Ich meine

---

zeilen! — Überall Wirrnisse, die ich dem geduldigen Leser zu entwirren versuche, mit grösstmöglichem Lakonismus.

[1] Möglicherweise ist es derselbe, den der unzuverlässige Nachschreiber Azenheiro als *chocarreiro que se chamava Anrique* bezeichnet (*Ineditos* V, 174). In diesem Falle also auch nur ein Gaukler.

[2] Vgl. *Vat.* 965: *Bemquisto sodes dos alfayates, Dos peliteiros e dos moedores; Do vosso bando som os trompeires E os jograes dos atambores.*

[3] Braga, *Canc. Pop.* No. 6. Diese Reimpaare gegen die span. Belagerer sangen die einen spanisch, wie bei F. Lopes I, p. 205; die anderen portug., wie bei Azenheiro p. 183. Also auch im Volksmunde, und zwar schon 1384, gelegentliche und motivierte Doppelzüngigkeit!

[4] *Canc. Pop.*, Nos 7—10. Das Schweigen der zeitgenössischen ausführlichen Chroniken Johanns I. und des Condestavel; die späte klösterliche Überlieferung und die unlauteren Sprachformen der Gedichte erlauben es nicht, an ihre Echtheit zu glauben.

[5] S. § 84 p. 241 Anm. 3.

aus den sogenannten gallizischen Liedern, welche in Kastilien, am Hofe Heinrich's II. von Trastamara, Johann's I. und Heinrich's III. und selten noch unter ihren Nachfolgern, von ritterlich höfischen Minnedichtern gesungen, und während der Regierung des musenfreundlichen Johanns II. von einem seiner Scribenten, João Affonso (de Baena), gesammelt wurden, sowie aus einigen weiteren in andere span. Liederbücher des 15. Jh. aufgenommenen portug. Gedichten.[1] Ein zwar kleines, aber recht artiges »Gallizisches Übergangs-Liederbuch« liesse sich daraus zusammenstellen. Und dass es geschehe, ist ein grosses Desideratum. Doch müssten die von Baena, und den sonstigen spanischen Sammlern schlecht überlieferten Texte[2] von kundiger Hand restauriert, und in ihrem Zusammenhange mit der ersten Epoche sachlich, und sprachlich wie metrisch, aufs Genaueste untersucht werden. — Viel Treffliches ward über die span. *Cancioneiros* bereits geschrieben, von Spaniern und Deutschen, doch geschah es vor der Zeit wo die Werke der Altportugiesen und ihre Poetik zugänglich waren, und ehe die Drucklegung der älteren span. Sammlungen (*Canc. de Estuñiga* — *Canc. Patrimonial VII-A-3* — *Canc. Musical*) und umfangreiche Mitteilungen aus anderen Hss. (durch Ochoa, A. de los Rios und Gallardo) den vergleichenden Gesamtüberblick über die Entwickelung der Kunstlyrik aller hispanischen Lande ermöglicht[3] hatten. Der Scharfsinn eines F. Wolf erkannte zwar schon 1859 die besondere Wichtigkeit, welche den gallizischen Gedichten des *Canc. de Baena* beizumessen ist, doch konnte er damals unmöglich ausfindig machen was heute sichtbar ist, nämlich wie ausserordentlich eng sich alles was bis 1400, und darüber hinaus noch bis 1458, in Spanien an sangbaren Minneliedern (*cantigas asonadas*) geschaffen ward, sich an die *Cantigas de amor* der portug.-provenzalischen Epoche anlehnt, nicht allein was das Strophengefüge betrifft (wie z. B. die *Leonoreta*-Weise) die Reimkünsteleien (die *rimas de macho e femea*[4] — der *leixaprem*[5] — *dobre* und *mordobre*[6] — *descort* — *encadeado*[7] — *palavra perdida*[8] — die *Coblas unisonans* — und andere *artes de maestria*[9]

[1] Es giebt kein einziges Liederbuch des 15. Jhs., welches ausschliesslich Gedichte in einer der drei peninsularen Schriftsprachen enthielte. Alle mischen, mehr oder minder, unter die kastil. Texte, welche schnell die Oberhand gewinnen, katal.-valenzianisch-aragonesische und portug.-gallizische Verse. — Und daneben noch, charakteristisch genug, franz. und ital. Lieder, Zeilen, Formeln und Worte.

[2] Keiner der alten span. Sammler oder der neuen Herausgeber beherrschte das Portug. Sie mischen daher fortwährend ungehörige kastil. Formen in die portug. Texte, selbst im Reime (z. B. oft *decir* für *dizer*). Vielleicht in Übereinstimmung mit der damals zu Recht bestehenden Sprech-Wirklichkeit? Oft ist man in Zweifel, ob man es mit der einen, oder der anderen Sprache zu thun hat. — Schrieb aber selbst der Dichter reine Formen nieder, so mochten Sänger und Kopisten die Texte *ad libitum* in das ihnen mundgerechte Idiom transponieren. Mancher Fehler stammt natürlich erst von den modernen Herausgebern her. Wer sich an die Textkritik heranwagen will, muss in beiden Sätteln gerecht sein, darf aber nicht ausser Acht lassen, dass im 15. Jh. gallizische und leonesische Vulgärformen verwendet wurden, die in der ersten Epoche nicht vorkommen (wie *morrei* für *morrerei*; *morir* neben *morrer*).

[3] Mit den gedruckten Sammlungen müssen die nur auszugsweise bekannt gegebenen Texte des *Canc. Gallardo S. Roman* — *d'Herberay Turner* — *Ixar* — *Bibl. Patrimonial* VII-D-4- und VII-A-3 (den Perez Gomez Nieva nicht erschöpfend und höchst mangelhaft behandelt hat) — sowie der kat. *Cançoner d'amor* — *Canc. de Zaragoza* — *Canc. Paris.* 593 etc. verglichen werden.

[4] *Baena* Nos 143. 144. 183. 184.

[5] Nos. 19. 22. 60. 69. 70. 174. 175. 176. 201. 208. 212. 216. Vgl. 312 und 313.

[6] No. 45.

[7] No. 133.

[8] Nos. 209. 255.

[9] No. 63. 215. 218. Die betreffenden technischen Ausdrücke kommen ausserdem noch öfters vor; so im Liede 255 und 340b (Bd. II p. 54 der Leipziger Ausg.). Über Sinn und Ursprung der ganzen technischen Terminologie (— *estribote* — *estribillo* — *desfecha* etc.)

mayor), gewisse Lieblingsworte (wie *senhor*, f., *entendedor, al, cal, folia, sandeu, entençon, soidade, mesura, servir*) und ganze Formeln (*a que eu vi por meu mal* — *lume d'estes olhos meus* — *coita do meu coração* — etc.), sondern besonders nach Inhalt und Geist und Verwertung des sentimental leidenschaftlichen Frauenkultus und seiner unterwürfigen Galanterie. An einem befriedigenden, die nötigen Fragen aufstellenden und lösenden Werke über das Zeitalter der *Cancioneros* fehlt es daher noch. Noch Niemand hat ausgesprochen, dass und wie der neue lyrische Stil der Halbinsel, welcher, Dank reichlichster Aufnahme von volkstümlichen Elementen, und der ausschliesslichen Verwertung der indigenen, mit den peninsularen Sprachen organisch verwachsenen Rhythmen so eminent national ausschaut, durch die Zusammenarbeit von Angehörigen der drei herrschenden Völker, und durch das Ineinanderfliessen dreier Strömungen entstand: 1) der Gefühlsüberschwänglichkeit der Portugiesen und ihrer innig naiven, an ketzerischen Übertreibungen reichen Erotik; 2) der zu scholastischer Dialektik und dogmatisch spitzfindigen Diskussionen hinneigenden, etwas schwerfälligen und frostigen aber gedankenvollen Gelehrtheit der katalanisch-aragonesischen Meistersinger und Adepten des 1323 in Toulouse gegründeten, 1356 kodifizierten, und dann 1414 zu Barcelona restaurierten »*Consistori del gay saber*« (vgl. hier Bd. II Abt. 2 p. 36 u. 77); 3) des macht- und glanzvollen epischen Heldengeistes der pathetischen Kastilianer, deren historische National-Romanzen in voller Entwickelung waren, so wie ihrer tief religiösen Mystik, ihrer überlegenen Ironie und ihres unerschütterlichen Selbstgefühls. Niemand hat dargestellt wie die hervorragendsten lyrischen Dichtungsarten, die damals die massgebenden Nationalweisen wurden und bis heute verblieben — und die wir 1450 in Portugal fertig vorfinden werden —, wie also die *Canciones* (oder *Cantigas*), *Villancicos* (od. *Vilancetes*), *Glosas*, *Endechas*, *Romances*, die *Quintilhas*, *Decimas* und *Nonas* und sonstige kunstmässig vervielfältigte *Trovas* sich bildeten (s. § 111). Und auch über den weckenden Einfluss, den fremde Kunst ausübte, ohne der Eigentümlichkeit des Spaniers Abbruch zu thun, d. h. über den Einfluss der franz. *lais, balladas, danças, complaintas, chanzones, chanzonetas, chantarelas, virolais, rondelas* von Machault, Deschamps, Alain Chartier, Christine de Pisan etc. einerseits[1], und andererseits der ital. Musik[2] und des ital. Humanismus, ist noch nicht genügend Auskunft gegeben.

79. Wer den Werdeprocess der peninsularen Nationallyrik eingehend erörtern dürfte, hätte in dem Kapitel über portug. Einflüsse, die kastilisch-portugiesischen Dichter in 5 Gruppen zu sondern: 1) geborene Gallizier, die im alten Stile der ersten Epoche und in ihrer portug.-gall. Heimatsprache dichteten. 2) die Kastilianer, welche gleichfalls, dem Brauche der ersten Epoche treu, auch noch in der zweiten das Portug. als Sprache der Lyrik verwerteten.[3]

herrscht noch ziemliche Dunkelheit. Scheinbar stammt sie halb aus portug., halb aus den limusinischen Poetiken; in Wahrheit vielleicht aus der verlorenen *Arte de trobar des D. Juan Manuel*, die möglicherweise beide Richtungen berücksichtigt und kodifiziert hatte.

[1] Im *Canc. de Baena* kommt bereits eine nicht geringe Anzahl franz. Wörter vor, die dem Altportug. völlig fremd waren; aus dem Gebiete der Verslehre *chanzon, virlais (deslais)* und *rondel*. Lehrreich sind für die Beziehungen zu Frankreich die Werke Santillana's und die *Chronica de Pero Niño*. In der Bibliothek der katholischen Isabella standen 3 franz. Liederbücher; der *Condestavel* besass die *Cent ballades* und *Christine de Pisan*. Johann I. v. Portugal sagte von einer Jagdfanfare: *Guilhelme de Machado (= Machault) nom fez tam fermosa concordança de melodia*; Odo de Gransson widmete seine *Complaintes* und *Virlays* burgundischen Portugiesinnen; von diesen standen Beatriz de Coimbra-Cleve-Ravenstein, Isabel de Sousa-Poitiers und Aliénor de Poitiers in Beziehungen zu verschiedenen franz. Liederdichtern ihrer Tage.

[2] Anton Schmid's Werke über Ottaviano Petrucci, Wien 1845, und der *Canc. Musical* enthalten die Beweise.

[3] Alle nicht-portug. und nicht-gall. Bewohner der Halbinsel nennt auch der Portug. kurzweg *Castelhanos*.

3) solche Spanier, die zwar noch nach port. Art, aber in span. Zunge dichteten,[1] die geborenen Portugiesen, welche weil in Spanien naturalisiert, mit dem neuen lyrischen Stil des 15. Jhs. auch die kastil. Sprache annahmen.[2] 4) alle Portugiesen, welche später innerhalb des eigenen Landes in dieser Weise nachahmend thätig waren.[3] Das Ergebnis würde sein, dass bis 1458, — kräftig nur bis 1420 und vielleicht noch genauer nur bis zur Thätigkeit Villena's, des Restaurators der zünftigen *gayosa ciencia* (1414) — in Spanien portug. *cantigas de amor* und *cantigas de mal dizer*[4] nach Portugiesen-Art noch gleichberechtigt neben den *decires*, *reqüestas* und *perguntas* der Katalanisten, und den Visionen und Allegorien der Dantistas ertönten. Hier aber haben wir uns darauf zu beschränken, die erste und zweite Gruppe flüchtig zu betrachten. Die übrigen gehören der span. Litteratur an; und nur die letzten darunter werden später noch einmal erwähnt.

80. Das Schicksal der dichtenden Gallizier ist um ein kleines günstiger gewesen als das der Portugiesen. Wenigstens die Namen der drei berühmtesten hat Santillana aufbewahrt. Da er sie im Anschlusse an die dionysischen Dichter nennt, muss man annehmen, dass er sie zur portug. Litteratur rechnete. Er zählte sie noch dem 14. Jh. zu. Es sind: Fernam Casquicio, Vasco Pires de Camões und Macias.[5]

81. Das Leben des Fernam Casquicio ist ebenso unbekannt wie seine Lieder es sind. Ich kenne aus der Zeitgeschichte einen, wahrscheinlich gallizischen Junker Ferran Gasquicio oder Gasquizo,[6] der im Dienste des portug.-gall. Magnaten Diego Gomez da Silva stand, und somit zu den Vasallen des D. Joam Affonso de Albuquerque, des ersten portug. Ministers des kastil. D. Pedro I., gehörte.[7] Und zwar ward er 1354 als Bote nach Portugal entsendet. Es ist also möglich dass er mit dem Dichter eins war.[8]

82. Vasco Pires (oder Pérez) de Camões,[9] von dem schon bei

[1] Ich meine Ferrus, Fernan Sanchez de Talavera, Alfonso Gonzalez de Castro, Duque D. Fadrique, Alonso Enriquez (s. p. 231 Anm. 2), auch Macias und Villasandino, Pero Gonzalez de Mendoza, Diego Furtado de Mendoza, Iñigo Lopez el Feo etc. Besonders das Geschlecht der Mendoza's, deren Stammsitz in Asturien stand, zeigte Sinn und Neigung für das volkstümliche Element der westlichen Lyrik (*serranilhas* und Parallelstrophen-Lieder). Vgl. p. 151 und 153.

[2] Ich denke z. B. an D. Juan de Pimentel † 1437; Juan de Merlo † 1443; Pedro da Cunha; Gomez Carrillo de Acũna; D. Alfonso Pimentel, die z. T. mit der Königin Beatriz, z. T. während der Erbfolgestreitigkeiten nach Kastilien übergesiedelt waren.

[3] In 6. Reihe dürfte man noch alle diejenigen Gedichte der zweiten Epoche untersuchen, welche überhaupt Beziehungen zwischen Portugal und dem Nachbarlande offenbaren: sie liefern z. T. überraschende Aufschlüsse.

[4] Die letzteren hiessen jetzt *Cantigas en manera de difamacion*.

[5] Die Worte: »*Despues destos vinieron Basco Perez de Camões, Fernant Casquicio e aquel gran enamorado Macias*« schliessen sich unmittelbar an den in § 27 ausgeschriebenen Passus. Santillana's Auffassung teilt Argote de Molina. Auch er rechnet Macias zu den Portugiesen: »*I si a alguno por causa de las coplas de Macias referidas le pareciere que Macias era Portuguez, esté advertido que hasta los tiempos del Rey D. Enrique III todas las coplas que se hazian communmente, por la mayor parte eran en aquella manera.*«

[6] Die dritte Lesart *Gascon* kann Berechtigung nur haben, falls der ungewöhnliche Name ursprünglich eine *alcunha* war und die Herkunft der Familie aus der Gascogne bezeichnete (wie bei den portug. *Gascos* der Fall sein soll).

[7] S. Ayala, *Cronica de Pedro* s. a. 1354, cap. 3.

[8] Mit dem Einfall Sarmiento's, welchen Sanchez gutheisst, im Briefe Santillana's das Wort *Casquicio* durch den anklingenden Namen *Cascales (Cascaes)* zu ersetzen, ist gar nichts gewonnen. Ebensowenig mit Braga's Vorschlag, den altportug. Troubadour Fernand Esquio darin zu erblicken, von dem uns ein paar Lieder erhalten sind. (*Vat.* 899—903 und 1136—1137).

[9] Ausführlicheres über ihn bieten: Braga, *Trov.* 312—321; *Quinh.* 325—326; *Camões* I 44—50 *Theoria*, 3' ed. p. 191 und *Curso* 128—129; *Juromenha* I 12—13 und 28, nebst Anm. auf p. 487; Storck, *Camões*, Einl. § 39 und Leben, § 4 und 5.

Gelegenheit des Amadis die Rede war, ist hingegen eine bekannte Persönlichkeit, die als Urältervater (*tresavó*) des Lusiadensängers in Genealogien, und als von der Hofgunst König Ferdinands besonders begünstigter Politiker und Krieger in den Chroniken sehr oft genannt wird.[1] Zwischen 1361 und 1369 wanderte dieser *caballero de Galicia* in Portugal ein, dem Hasse des span. Peters des Grausamen, ausweichend[2] wie viele andere Adlige. Am port. Hofe prosperierte er bis 1383; blieb Parteigänger seines Beschützers Ferdinand auch nach dessen Tode, und also Gegner des Ordensmeisters von Aviz,[3] gegen den er als Burgherr die Feste Alemquer verteidigte. Der Sieg der Nationalpartei beraubte ihn seiner Machtfülle, doch verblieben ihm einige Grundstücke in Portugal. Die Chroniken nennen ihn nach 1386 nicht wieder; seine Gemahlin und Nachkommen aber sind Portugiesen. Wann, wo und was, und in welcher Sprache er dichtete, ob vor 1361 in Spanien (möglicherweise noch unter Alfons XI.), vor 1383 in Portugal, oder, nach 1386 als Gast im kastilischen Königspallaste, lässt sich nicht entscheiden. Noch um 1559 war jedoch sein Name in Portugal, freilich neben dem des Spaniers Mena, als Typus des begüterten, zu Stellung und Ansehen gelangten *poeta aulico* sprichwörtlich[4]. Von seinen Gedichten (die Santillana 1449 vermutlich noch gesehen) ist nichts übrig. Oder so gut wie nichts: 20 Zeilen (2½ *oitavas de arte mayor*) in span. Sprache: ein frostig gelehrtes *dezir* über die Entstehung des Blitzes, als Antwort auf eine Frage des leonesischen *magister theol. et physicae* Fray Diego de Valencia de S. Juan)[5] — falls, wie vorauszusetzen, der Vasco Lopez de Camões des *Cancionero de Baena* mit dem Vasco Perez der Geschichte und Santillana's identisch ist.[6] Zwei Gedichte, welche die Neuzeit ihm zuweisen möchte, sind untergeschobene Stücke; wertlose gallizische Sonette, die ich für Seitenstücke zu Ferreira's Amadis-Gedichten halte und für durch diese hervorgerufene, und zu schlecht versteckten Zwecke angefertigte Fabrikate erkläre. Sie wurden 1668 in die Werke des Camões eingeschmuggelt,

---

[1] Fernam Lopes, *D. Joam* I, P. I p. 12. 34. 41. 55. 94. 112. 177. 143. 191. 301. 315. 350. 386. 391; P. II p. 53. 95. 116. 162; *Chron. do Condestavel*, cap. 21. 41 und 48; *Mon. Lus.*, Livro XXIII. cap. 27: *Cron. de D. Juan* I s. a. 1381 (p. 88 und 91 der ed. *Rivadeneyra*).

[2] Im Jahre 1361 war Vasco Peres noch in Spanien, wenn, *quod probandum*, der gallizische junge Knappe Vasco Peres de Baamonte (sic), von dem Ayala redet, (*D. Pedro* I s. a. 1361, cap. 4) unser *Camões* ist. Ihn und seinen Verwandten Arias Vasques de B. liess der König aus Groll gegen ihre ihm feindliche Sippe wie Verräter zu einem Zweikampf fordern, in dem der letztgenannte auf unredliche Weise umkam. Der heil ausgehende Vasco verliess damals die span. Erde, zusammen mit seinem später bei Aljubarrota gefallenen Vetter Aires Peres.

[3] Nicht sonder Wanken. Einmal paktierte er, um Gold, mit D João I. Fernam Lopes rechnet ihn, da er bald wieder zu den Spaniern überging, zu den »unechten« Portugiesen, die er wie »wilde Schösslinge« und »Götzendiener« an den Pranger stellt. Vgl. P. I p. 315.

[4] S. Sá de Miranda, No. 208 und Kommentar auf p. 873. Er wird kurzweg *Camões* genannt: »*Ha de enfrear sua pena Quem quiser ser mais »medrado« Que Camões e Joam de Mena«*.

[5] S. *Baena* No. 493 und 494 (Bd. II p. 175—6 der Leipziger Ausg. und dazu Anm. 235). Vasco scheint mit demselben stockgelehrten Magister noch weitere Doktorbriefe in Reimen ausgetauscht zu haben. S. Nos 495 (= Frage ohne Antwort) und 509 (= Antwort ohne Frage).

[6] Die Geschichtsschreiber nennen ihn Peres, gemäss den Urkunden der Staatskanzlei (doch kommt hie und da auch Fernandes und Paes vor, z. B. bei F. Lopes I p. 41, und sogar der falsche Vorname Gonçalo ib. p. 117). Die Herausgeber des *Canc. de Baena* lösten vielleicht die Abbreviatur des Patronymikums mangelhaft auf. — Hunderte von Malen sind bereits Gmz Glz Grz Frz Prz Pz d. h. Gomez Gonzalez Garcez Fernandez Perez Paez mit einander verwechselt worden. Wer den Dichter und den Krieger für verschiedene Figuren ausgeben will, muss erst beweisen, dass es 1384 mehrere *Vasco de Camões* gegeben.

wo sie bislang verbleiben.[1] Selbst wenn Vasco lange genug gelebt hätte, um die ältesten peninsularen Sonette (Santillana's) kennen zu lernen, so würde er sie in *Versos de arte mayor*, und nicht in reinfliessenden Hendekasyllaben abgefasst haben, wie sie noch 1530 in Portugal unerreicht dastanden.

83. Um Macías[2], welchen Kastilianer und Portugiesen um die Wette als »*Español mas amante*« verherrlicht haben, und den ganz Europa kennt als sprichwörtlichen Prototypus der peninsularen Verliebten, welche sterben wenn sie lieben, steht es ein gut Teil besser. Der Hauptinhalt seines Lebens wird durch ihm huldigende Gedichte erlauchter Schriftsteller des 15. Jhs. ausser Frage gestellt[3]: dass nämlich der aus Padron bei Santiago gebürtige Sänger noch in jungen Knappenjahren, auf Burg Arjonilla bei Jaen (wo er begraben liegt) in trutziger Verzweiflung sein Leben seiner Liebesleidenschaft opferte, von der Lanze des eifersüchtigen Gatten des geliebten Edelfräuleins durchbohrt, das jenem auf höheren Befehl die Hand gereicht. Das »Wie« erzählen sie nicht genauer. Ein 1499 vom »griechischen Komthur« mühsam zusammengestoppelter Bericht (*historia remendada a pedazos*, wie der Ehrliche selbst gesteht), den 1588 Argote de Molina zu einer artigen kleinen Novelle verarbeitete, und den hinterher noch drei Jahrhunderte in Dramen, Romanen und Romanzen sanktionierten, giebt an: nach vergeblichem Warnen habe der mächtige Feudalherr des Macías, der als Astrologe und Nigromantiker gemassregelte, gelehrte Schriftsteller, Dichter und Königsenkel Don Enrique de Villena (1384—1434) den unbotmässigen Knappen einkerkern lassen. Da er trotzdem fortgefahren, seine Herzensdame in Liedern zu feiern, habe der misachtete Gatte, ein Edelmann aus Porcuna, sich selbst Recht verschafft und von hohem Rosse herab, die Lanze durch das Gitterfenster des Gefängnisses geschleudert (laut Fernan Nuñez durch ein *agujero del tejado!*). Eine Jahrzehnte ältere, etwa 1450 niedergeschriebene Notiz des oftgenannten Condestavel D. Pedro de Portugal stellt den Vorgang anders dar: Macías habe einst die Dame, welcher er als Troubadour diente, mit eigener Lebensgefahr vom Tode des Ertrinkens gerettet. Auf einer späteren Begegnung, nach ihrer Vermählung, habe er zum Grusse und als Lohn für seine Dienste verlangt, sie möge vom Saumtiere herabsteigen, was sie gethan. Der hinzugekommene Gatte aber habe den regungslos und traumversunken in ihren Fusstapfen Stehengebliebenen in wildem Zorne getötet[4]. — Wann? — Die Antwort: in der

[1] *Alá en Monte-Rey* und *Porque me faz Amor*. Vgl. Storck II p. 424 und Braga, *Camões* II 163.

[2] Einen weiteren Namen kennt man nicht. *Macías* ist die gallizische Form für *Matthias* und noch heute üblich als Taufname und als Familienname. In Portugal schrieb und sprach man häufiger in popularisierter Form *Mancías*. Im 16. Jh. betonten einige Dichter, die den Dichter nur auf litterarischem Wege kennen gelernt hatten, fälschlich *Máncias* (im Reime zu *ánsias*).

[3] Ich nenne als Beispiele: Mena, Santillana, Padron, Garci Sanchez, Gomez Manrique, D. Fadrique, D. Pedro de Portugal, D. João de Menezes, D. Joam Manoel. Im *Canc. de Res* allein kommt er 18 Mal vor. S. u. § 107. Anm. 9.

[4] Die Hauptquellen für die *Vita* sind also zwei: die *Satira de felice e infelice Vida* des *Cond. de Port.*, Glosse 8 des Madr. Ms. P. 61 (vgl. A. de los Rios VI 77 und 548) und der Comendador Griego Fernan Nuñez in seinem Kommentar zu den *Trecientas* des *Mena*; *Orden de Venus*, Strophe 105—108. — Dazu kommen Argote de Molina, *Nobleza de Andalucía*, 1588, II cap. 148, fl. 272 v.; Ximena, *Obispos de Jaen*, 1654, p. 171. 203. 236; Sanchez, *Poesias Castellanas* I Anm. 212 bis 221 zur litterarhist. Epistel Santillana's (Bd. I p. 138—148); Sarmiento, *Memorias* p. 331. No. 704; Rodriguez de Castro, *Bibl. Esp.* I 312. Bei weitem das Beste jedoch was bis heute über ihn gesagt ward, lieferte A. Paz y Melia in seiner Ausgabe des *Padron* p. 401—405 und 425 *Bibliofilos* Bd. 22. Natürlich widmen alle neueren span. und portug. Litterarhistoriker ihm einige Seiten; wie alle grössten Dichter der Halbinsel, Cervantes, Calderon und Camões an der Spitze ihn verherrlicht haben.

1. Hälfte des 15. Jhs. ist zu unbestimmt. Ich sage vor 1434, dem Todesjahre Villena's; ja, vor 1429, wo bereits der älteste der vornehmen Sänger starb, welche des Macías Lieder zitieren und glossieren[1], und aller Wahrscheinlichkeit nach zwischen 1404 und 1414, während Villena als Ordensmeister von Calatrava zeitweilig in Jaen residierte. — So allein erklärt es sich, dass Santillana, der nur 14 Jahre jünger ist als Villena, den Dichter ins 14. Jh. verlegt, und 1449 schon von nicht mehr als vier Liedern des Macías Kunde erhielt[2]; und dass auch Baena um dieselbe Zeit nichts als eben jene knappen vier Proben zu sammeln vermochte[3] und dazu ein altes Gerücht, das sie bis 1369 zurückdatieren würde.[4] Sie sind *Cantigas de amor*, vom Dichter vermutlich selbst in Musik gesetzt[5]: schmerzliche Klagen mit nachdenklichen Betrachtungen untermischt: *canciones elegiacas* nach Mena; *amorosas e de muy fermosas sentencias* nach Santillana — zwei in gall., zwei in kastil. Sprache, in einfachen Acht- und Viersilblern[6]. Doch legten ihm schon im 15. Jh. die *Poetas*, die ihn Lieder singend in ihre *Testamentos, Querellas, Visiones, Infiernos* und in allegorische Novellen einführen, noch weitere 16 Stücke bei, die in einer des Sängers Leben und Wirken geweihten Monographie, doch nicht hier zu untersuchen sind.[7]

84. Auch die portug. dichtenden Kastilianer aus den Tagen der Trastamarischen Dynasten kennen wir vornehmlich durch Santillana[8] und Baena[9].

---

[1] Der Duque D. Fadrique, Santillana's Schwager.

[2] *Macias del qual non se fallan sino 4 canciones . . .*

[3] Baena, No. 306—310. Das fünfte Lied (311) ist nicht, wie jene vier, unbestreitbares Eigentum des Macías, sondern wird schon von Santillana einem anderen Poeten zuerteilt.

[4] Von dem gegen die Grausamkeit Amors gerichteten Lied 308 heisst es »*empero algunos trobadores disen que la fiso contra el Rey D. Pedro!*« Wäre das richtig — und ganz unmöglich ist es nicht —, so war der Villena, zu dessen Hofstaat Macías gehörte, der Grossvater des Gelehrten, also D. Alfonso de Aragon, d. h. der wahre Marques de Villena (1356—93).

[5] »*Bien asonada*« war *Cantiga* 310.

[6] Die beiden gallizischen Gedichte sind Spruchpoesien (ohne Motto): jede Strophe schliesst mit einer Sentenz ab. In No. 306 sind sie wirkliche Volkssprichwörter, in No. 310 hingegen vom Dichter selbst geformte Distichen, sogenannte *trebellos*. Das Genre ward in der Folgezeit oft nachgeahmt. Ihre Art und ihren Sinn erkannte weder der franz. Übersetzer de la Beaumelle (bei F. Denis p. 22 und 607) noch der deutsche Bellermann. Die beiden *Cantigas* in span. Sprache haben auch bereits hispanische Gestalt (mit Motto), doch noch nicht die stereotype Form der *Cancion*.

[7] Alle Dichter, unter deren Namen sonst einzelne der Lieder umgehen, gehören zu den Epigonen des portug. Minnesangs, und schrieben daher thatsächlich ungefähr denselben Stil wie Macías. Hier folgen die Anfangszeilen der Gedichte (gallizisches gesperrt). Mehr zu geben gestattet leider der Raum nicht. 1 bis 4 sind die von Baena und Santillana gekannten Poesien.

1 *Cativo de mha tristura*
2 *Amor cruel e brioso*
3 *Señora en que fiança*
4 *Provei de buscar mesura*
5 *Con tan alto poderio*
6 *Pero te sirvo sin arte*
7 *Loado sejas Amor*
8 *De ledo que era triste*
9 *Pois prazer não posso haver*
10 *Crueldad e trocamento*
11 *Pues mi triste corazon*
12 *Pues me fallesció ventura*
13 *Vedes que descortesia*
14 *De quien cuido e cuidé*
15 *El gentil niño Narciso*
16 *Poderoso amor loado*
17 *Ay que mal aconsejado*
18 *Amor siempre partiré*
19 *Cuidados e maginança*
20 *Pues que dios y mi ventura.*

[8] Sanchez Bd. I p. LVIII—LXI.

[9] Über Baena findet man Ausführlicheres in der Einleitung des Marques de Pidal, welche sowohl die Madrider Ausg. (1851) als auch die Leipziger (1860) begleitet; ferner in A. de los Rios, II cap. IV und VI; Wolf, *Studien* 187—222; Cueto in *Revue d. d. M.*, XXIII, 1853 p. 726—95; Braga, *Trov.*, cap. IX. — Erschöpft ist jedoch der Gegenstand, wie gesagt, noch lange nicht!

Der erstere nennt sie in unmittelbarem Anschluss an Alfons den Weisen, ohne die Erscheinung noch einmal besonders zu besprechen, dass sie sich bisweilen der westlichen Sprache bedient haben, und auch ohne sie von anderen ausschliesslich kastilisch dichtenden Minnesängern zu trennen. — Ungefähr das Gleiche gilt von dem Sammler Baena. Sein keineswegs einheitliches, die Werke dreier Generationen, dreier Dichterschulen und zweier Sprachen bunt durch einander rüttelndes Liederbuch bietet aus den 80 Jahren von 1369 (oder 1366) bis 1449 (und nicht 1453) — also gerade aus unserer stummen Zeit — unter 576 Werken von 55 Dichtern (katalanisierenden *dezidores*, portug.-provenz. *trovadores* und italianisierenden *poetas*), unter denen etwa 17 wirklich etwas bedeuten, drei bis vier Dutzend (40) portug. *Cantigas*, von nur sechs verschiedenen Autoren (worunter Macias). Die erste Stelle nimmt Pero Gonzalez de Mendoza ein, der erlauchte Grossvater des Markgrafen, der 1385 in Portugal das Leben liess, als er seinem König durch Überlassung seines Pferdes das Leben rettete. Neben drei kastil. Resten ist bloss ein gall. Lied von ihm erhalten. Doch ist es wichtig, weil das einzige der Epigonenlieder, das noch den jambischen Dekasyllabus anwendet (Baena 251b). Von einem anderen Mendoza, dem Oheim des Markgrafen, Pero Velez de Guevara († 1420), besitzen wir ein scherzhaftes Schmähgedicht auf eine sehr alte Jungfer, das ein direkter Abkömmling ähnlicher dionysischer Lieder ist (No. 322). — Von dem sittenschwachen und abenteuerlichen, aber originellen Renegaten Garci Fernandez aus Gerena (bei Sevilla), der aus Geldgier eine hübsche maurische Spielfrau freite und als er sich betrogen sah, 13 Jahre unter die Mauren ging (1386—1398), blieben fünf Lieder übrig (Baena 556—559 und 562[1]). — Ein unbekannter Geistlicher, der in der leonesischen Stadt Toro als Archidiakonus lebte, und anscheinend zu einem grösseren Kreise von Troubadours Beziehungen unterhielt[2], schrieb um 1390, im reinsten Portugiesisch und mit Anwendung von altportug. Reimkünsten, 6 leichtfliessende Liebeslieder in Kurzzeilen, worunter ein humoristisches Testament, in welchem er seine Körperteile, Sinne und Geisteseigenschaften an selbstgewählte Erben verteilt — ein in der Folgezeit oft wiederholter und parodierter Vorgang (No. 311—316). —[3] Das grösste Kontingent stellte jedoch der Hauptdichter jener Tage, der talentvolle, zungenfertige und fruchtbare, doch wenig edel gesinnte, in Illescas begüterte Ritter und Hofpoet Alfonso Alvares, aus Villasandino bei Burgos. Zwei Dutzend hübscher Gedichte, in denen zahlreiche Redewendungen direkt aus der Sprache der altportug. Troubadours herübergenommen sind, etwa ein Achtel seines ganzen verskünstlerischen Besitztums, gehören zur portug. Litteratur (*Baena*. 3. 10. 11. 13—20. 22—27. 46. 94. 95. 134. 147. 161).[4] Dazu kommen aus anderen gedruckten und ungedruckten Liederbüchern dann noch verschiedentliche Überbleibsel. Ich hebe hervor: aus dem *Cancionero Musical* zwei volksmässige Fragmente, weil sie zu den dionysischen Parallel-

[1] Stark mit kastil. Formen durchsetzt, aber dennoch unbedenklich als gall. anzusehen.

[2] S. No. 314: *Adeus os trobadores Con que trobei.* Namhaft macht er nur einen: Lope de Portocarreyro, oder zwei, wenn der Sänger Pedro de Valcacer auch dichtete (in No. 316). Über den *Arcediano de Toro* spricht Paz y Melia p. 408 seiner *Padron* Ausgabe.

[3] Das Testament des Franzosen G. de Lorris ist vielleicht die älteste romanische höfische Verwertung der wohl traditionellen Dichtungsart? Ob das am Oster-Vorabend *(sabbado de hallelujah)* in Portugal alljährlich erscheinende »*Testamento de Judas*«, wie die parodierenden Tier-Testamente der Vulgär-Litteratur, noch änderwärts üblich sind, weiss ich nicht. Die damit zusammenhängende Verbrennung des Judas halte ich für eine polemische Umformung des alten Winteraustreibens.

[4] Auch in seinen kastil. Liedern begegnet man des öfteren gall. Worten und Formeln, so dass man an der Mundart der echten Texte zweifelhaft wird.

strophen-Liedern gehören (*Nos* 437 und 458)[1]; aus dem *Cancionero Patrimonial* VII-A-3 ein Gedicht von dem aragonesischen Convertiten Santafé, weil es zeigt, dass selbst von den Höflingen Ferdinand's I. und Alfons' V. von Neapel portug. Texte verstanden wurden[2]; und schliesslich, als vielleicht spätestes Produkt, Santillana's, keineswegs parodistisch-, sondern ernst-gemeintes Lied: *Por amar non saibamente*[3]. — In der Wahl des stets 8- und 4-silbigen Metrums, in den Strophenformen, die mich mehr als einmal an die *Cantigas* Alfons' X. erinnerten[4], in der kecken, freien Handhabung der Sprache, in der Vermeidung des Refrains, in dem etwas üppiger werdenden Bilderschmuck ist unbedingt eine sich vom portug.-provenz. Typus entfernende Entwickelung zu konstatieren. — Von Gedichten in span. Sprache, die ich noch zur Troubadourdichtung rechne, sei, als Beweis für die Berechtigung meiner Auffassung vom innigen Zusammenhang span. und portug. Poesie, noch einmal auf den Cossante-Tanz des Diego Furtado de Mendoza († 1405) hingewiesen.

II. PROSA.

A) KOMPILATIONEN. ÜBERSETZUNGEN. FACHWISSENSCHAFTLICHE LEHRBÜCHER.

85. Ich sagte bereits, dass die portug. Könige und Königssöhne der 2. Dynastie, lehrhaft thätig, — selber schreibend, oder das Schreiben Anderer veranlassend, — hier die Führerrolle spielten. Johann I. (geb. 1365, reg. 1385—1433) vulgarisierte, laut Zeugnis seines eigenen Sohnes und des Reichshistoriographen, ein »Gebetbuch der Jungfrau«, um den Marienkultus zu fördern[5]; redigierte Psalmen für die Totenmesse[6] und schrieb ein umfangreiches, teilweise originelles Jagdbuch (besonders über die Sauhatz) *Livro de Montaria*, das, noch vorhanden, der Veröffentlichung (vielleicht in der *Bibl. Venatoria*) harrt[7]. Er liess von den Mönchen des Alcobacenser Klosters die Evangelien, die Apostelgeschichte, Episteln Pauli und Heiligenleben übertragen; hiess die span. Weltchronik neu bearbeiten und mit portug. Zusätzen versehen (die hernach bis 1457 fortgeführt wurden[8]); und gab die Anregung zur Einführung von Gower's »*Confessio Amantis*« sowie zur Kompilation einert theologischen Encyklopädie (s. § 90). Der Fürstenspiegel des Aegidius wurde in seinem Arbeitszimmer von den Höflingen unablässig befragt.

86. D. Duarte (geb. 1391, reg. 1433—38), ein von Natur kontemplativer, zur Melancholie neigender, aber edelsinniger, gewissenhafter, nach

[1] *Meu naranjedo florido El fruto no l'es venido ... Meu naranjedo granado El fruto no l'es llegado* und *Meus olhos van pelo mare Mirando van Portugale* ... Vgl. Nos 401. 425. 427 u. a. m.

[2] Ed. Gomes Perez Nieva p. 165.

[3] Ed. A. de los Rios p. 443. Natürlich verderbt und voll kastilischer Wortformen.

[4] Auch sprachlich haben die Gedichte des Canc. de Baena manche Züge mit den *Cantigas de S. Maria* gemein. Ich erwähne nur die Negation *niente*, deren die Portugiesen sich nie bedient haben.

[5] F. Lopes sagt in der *Chronica de D. Joam*, II p. 41 .... »*muy devoto da preciosa Virgem ... tornou em seu louvor as suas devotas Horas em lingoagem, apropriando as palavras dellas á Virgem Maria e a seu bento filho, de guisa que muitos tomárão devoção de as rezar, que ante d'ellas nom aviam relembrança.*«

[6] D. Duarte erwähnt im *Leal Conselheiro* cap. 27 p. 94 die »*Horas de S. Maria*« und »*Salmos para os finados*«.

[7] Eine Kopie davon vom Jahre 1626 (Cod. P-3-4) ruht in der Liss. Bibl. Nac. Benutzt ward es zunächst nur von Gama Barros zu seiner inhaltreichen *Hist. da Administração Publica*, Liss. 1885 p. 424 und 1892 von Gabriel Pereira zu seinen *Estudos Eborenses: As caçadas*. Vgl. *Leal. Cons.* cap. 27 und *Livro de Cavalgar*, V cap. 11 p. 91.

[8] S. Fernam Lopes, II p. 41 und *Memorias de Litter.* VII 20.

Vollkommenheit ringender Fürst, hatte als Kronprinz, nachdem er sich in Afrika die Sporen verdient, langdauernde Musse, um seinen Hunger nach Geistesbildung zu stillen. Die dankbare Nachwelt, die das Sprichwort »*Palavra de rey não volta atras*« als von ihm ausgegangen und durch ihn bewahrheitet betrachtet, nennt ihn euphemistisch den »Wohlberedten« (*o Eloquente*), während sie ihn nur als Schriftsteller *bonae voluntatis* bezeichnen dürfte. Da er langsam dachte und gern reiflicher Erwägung pflog, jede Frage möglichst allseitig beleuchtend, waren mündliche Vorträge und Entscheidungen ihm misliebig: er verlangte schriftliche Meinungsäusserung von seinen Ratgebern, und verschaffte sich selber mit der Feder in der Hand Klarheit über das was er zu wollen hatte, in dem Wahne, so seiner angeborenen Unentschlossenheit Herr werden zu können. So entstand eine Fülle von kleinen Schriften über praktische und theoretische Fragen [1]. Seine Mappen enthielten in buntem Durcheinander: Betrachtungen über Wille und Intellekt, — ein Fechterlehrbuch — Glossen über das Vaterunser, — Pläne zur Regelung des Gottesdienstes in der königl. Hauskapelle, — Entwürfe für die Leichenreden, welche die Hofprediger bei der Bestattung des Condestavel, oder seines eigenen Vaters halten sollten, — bemerkenswerte Anweisungen über die Kunst, aus dem Lat. zu übersetzen, — Gedanken über Teufelsaustreibung und Synonymik, — die unbefleckte Empfängnis, — astrologische, mineralogische und metereologische Notizen, — Erwägungen darüber, ob er den Krieg gegen Afrer und Mauren unternehmen und sein Volk deshalb besteuern dürfe, — Getreidepreise, — die Pest, — Mittel und Wege zur Erlangung der ewigen Seeligkeit, — Wohl und Wehe seiner Bediensteten, — Begriff der Freundschaft u. a. m. — Aus einer Auswahl seiner inhaltreichsten moralphilosophischen Abhandlungen fügte er ein grösseres Werk zusammen, als die aragonesische Gemahlin seine Werke zu lesen und wie einen Gewissensrat zu befragen begehrte. Dementsprechend nannte er das Sammelwerk den »Treuen Ratgeber«, oder auch »Katechismus der Rechtlichkeit«. In 90 Abschnitten bietet derselbe nicht ein festgefügtes System der Moral, aber doch Ansätze dazu: psychologische Auseinandersetzungen über die intellektuellen Kräfte der Seele (Auffassung und Erinnerung: *apprehensiva e rememorativa;* Urteils- und Empfindungsvermögen = *judicativa e inventiva;* Mitteilungs- und Thatkraft = *declarativa e executiva;* Beharrungsvermögen = *perseverança*), dann über den Willen und sein Verhältnis zum Intellekt; gründliche Belehrung über die theologischen und moralischen Tugenden und über die Hauptlaster, mit praktischer Nutzanwendung für einzelne Stände, und mit eingestreuten Parabeln, Gleichnissen und Bildern, die eine anheimelnde Lebensfarbe erhalten, wenn sie aus dem Wirken und Schaffen der »*Inclyta geração*« und ihres *Santo Condestavel* herausgegriffen sind. Aus dem *Leal Conselheiro* sprechen gesunde, sittliche Grundsätze, die einem reinen wohlmeinenden Gemüt entspringen, verständige, ja helle Urteile, die selten einmal durch eine etwas düstere Frömmigkeit entstellt sind. Überall bedient D. Duarte sich der schlichten, aber angemessenen, kernigen und treuherzigen Sprache eines Mannes dem *res non verba* die Hauptsache waren. Von Selbständigkeit oder Genie keine Spur. Ganze Kapitel sind anderen

[1] Über D. Duarte als König und Menschen lese man: Ruy de Pina, *Ineditos* I und Duarte Nunes de Leão; Brito, *Elogios*; Sousa, *Hist. Gen.* II *Mon. Lus.*, Livro XXIV; Soares da Silva, *Memorias*; Schäfer, *Gesch. Port.* II 368 und Oliveira Martins, *Os filhos de D. João*, 1891. Über den Schriftsteller, Kap. VI des letztgenannten Werkes. Bibliographisches suche man bei Barb. Mach. I, 719—721 und Inn. da Silva II 203; in der Pariser Ausg. der Werke, und bei Oliv. Martins p. 162—163. Doch sind alle diese sehr ungleichen Angaben unvollständig und vielfachst ungenau. Andeutungen bei Bellermann p. 26 und 50.

Autoren entnommen, die jedoch immer ehrlich genannt und gepriesen werden[1].— Den Namen »*Livro*« verdient ausserdem noch sein »Reiterlehrbuch«, das er als Jüngling und hervorragender Reitkünstler sachverständig abfasste[2]. Von den übrigen Schriften, die er aus dem *Leal Conselheiro* ausschloss, und die sämtlich nur kurze Opuskel sind, ward nur gelegentlich hie und da etwas abgedruckt, stets unkritisch und flüchtig, so dass dem Herausgeber noch viel zu thun übrig bleibt.[3] In seinen gedruckten und handschriftlichen Werken findet sich nur eine Poesie und eine *trova*-Übersetzung des lat. *Juste Judex*-Gebetes[4]. In der oftgenannten Liste der ihm gehörigen Bücher steht jedoch — unter No. 78 — ein portug. Liederbuch als *Livro das Trovas del Rey*. Darauf hin ist es Sitte (seit Caetano de Sousa den Bücherkatalog veröffentlichte[5]), D. Duarte für einen Troubadour auszugeben. Mich däucht, mit Unrecht: in keiner seiner referenzen-reichen Arbeiten, noch sonst irgendwo, ist von etwaigen Liedern von ihm die Rede[6]; auch nicht das kleinste Stückchen originaler Dichtungen ist auf uns gekommen; und Veranlagung wie Denkungsweise des Königs als Individuum, sowie die vorwiegende Verstandesthätigkeit der Familie und Generation liessen freie Entfaltung dichterischer Phantasie kaum zu.[7]

87. Ähnlich geartet, ob auch hervorragender als Fürst, Mensch und Schriftsteller war der Infant D. Pedro (geb. 1392, gest. 1449 in der Bruder-

[1] Die fremden Autoren, denen er zusammenhängende Stücke entnahm, sind: S. Gregorio (cap. 7. 89 und 90); Thomas de Aquino (47 und 68); Cicero, *De officiis* (59); D. Diego Affonso Manga ancha (59); und Ludolph v. Sachsen (87).

[2] *O Leal Conselheiro* ward 1842 zu Paris gedruckt durch Roquete, mit wichtigen Zuthaten des Visconde de Santarem (doch mit Überspringung von Kap. 55, weshalb 1854 eine berichtigte Ausgabe erschien) und 1843 zu Liss. durch Rolland, beide Male mit Anfügung des *Lyvro da Ensynança de bem Cavalgar* (nach dem einzigen MS.: Paris 7007). Vorher waren umfangreiche Nachrichten in den *Annaes das Sciencias* erschienen, Bd. VIII und, IX von C. J. Xavier.

[3] Von den zahlreichen, einst im Cartuxa-Kloster zu Evora aufbewahrten Opuskeln und Notizchen, welche der Graf Ericeira um 1730 kopierte, stehen wie gesagt, mehrere im *Leal Cons.* Weitere 9 druckte Sousa 1739 ab, als »*Collecção de algumas obras del Rey D. Duarte*« in *Provas da Hist. Geneal.*, I p. 529—548. Ungedruckt sind ebenfalls neun, deren Kopie ich besitze: vier darunter sind der Lesewelt nicht einmal dem Titel nach bekannt. Verloren scheinen mir nur acht: 7 aus Oliveira Martins' Liste, nämlich: No. k) *Da Misericordia*, falls es nicht einfach Kap. 29 oder 33 des *Leal Cons.* ist; m) *Regimento para aprender a jogar as armas*; p) *Padre Nosso glossado*; 9) *Como se tira o demonio*; r) *O que se toma dos parentes*; s) *Que cousa seja detracção*; u) *Valia do pão*, und No. 67 aus D. Duarte's Bibliothek: *Capitulos que fez quando em boa ora foy Rey.* — Lateinisch ist, trotz gegenteiliger Behauptungen, nur eine Nummer, eine einzige epigrammatische, vielleicht nur aus irgend einem Autor enthobene Sentenz. Das Werkchen über »gute Rechtspflege«, welches Brito und Nunes de Leão um 1600 sahen, und zwar im Archiv des Appellations-Gerichtshofes, und das Sousa (II 491) und Oliveira Martins (*j*) für ein unbekanntes und lateinisches Buch halten, ist ein portug. Traktätchen, und steht gedruckt in den Publikationen der Geschichts-Akademie (*Ineditos* III 563) und im *Leal Cons.* cap. 60! [Mittlerweile hat sich noch Gabriel Pereira nach einem Codex der *Bibl Nac.* (L-6-45) mit D. Duarte's Werken beschäftigt. S. *Documentos Eborenses*, Heft XXIII].

[4] S. Braga, *Canc. Pop.* No. 11 und *Curso* p. 138.

[5] *Provas* I p. 54.

[6] Ruy de Pina sagt: *Fez um livro de regimento pera os que custumarem andar a cavallo; e compos per sy outro aderençado á Rainha D. Leonor sua mulher a què entitulou* »*O Leal Conselheiro*« *abastado de muitas e singulares doutrinas, specialmente para os bens d'alma.* Von Dichtungen nichts. Ebenso Acenheiro p. 238. Darüber hinaus wussten nur Brito und Nunes de Leão (cap. 19) von den zwei Werkchen über Rechtspflege und Barmherzigkeit. Ihnen schlossen Nic. Antonio und Barb. Mach. sich an.

[7] Was jenes *Livro das Trovas del Rey* enthielt, getraue ich mich nicht zu erraten. Gedichte eines anderen Königs, dessen Namen am Titelschlusse fehlt? Doch welches Königs? (Alfons X. und D. Diniz sind schon mit ihren Liederbüchern in der Bibliothek vertreten). Oder ein dem Könige nur angehöriges Liederbuch, mit den *Trovas* der uns unbekannten Sänger seiner Tage? Wie konnte es in diesem Falle der Höfling Resende übersehen? Denn dass 1516 ein im Jahr 1438 noch vorhandenes Königswerk aus der königl. Bibliothek bereits abhanden gekommen sein sollte, ist wenig glaublich.

schlacht bei Alfarrobeira; Regent von 1438—1448), Herzog von Coïmbra seit auch er sich 1415 bei Ceuta die Rittersporen verdient, und Markgraf von Treviso durch Kaiser Sigismunds Gnade (1418/19), dem er den venezianischen Grenzwall gegen die Türken schützen sollte, der Weitgereiste, Sprachenkundige, dessen Odyssee von Lissabon nach Babilon (s. u.) noch heute sprichwörtlich ist.[1] Auch er war ein lateinkundiger Bücherfreund; auch er war als hellsehender, praktischer Berater des Vaters und Bruders, und als Lehrer seiner eigenen gottbegnadeten Kinder, so wie seines königlichen Neffen, Mündels und Schwiegersohnes Alfons' V. und dessen höfischer *Conlusores* unablässig thätig, mündlich und schriftlich unterweisend, mahnend, spornend und aufklärend. Aufrichtig fromm, bekundete er sein religiöses Empfinden in (verlorenen) »Beichtstunden« und Gebeten (*»a qualquer cristaõ muy aproveitosas«*)[2] und entwickelte seine Tugendlehre in Briefen, Aufsätzen, Berichten und Gutachten. Sachlich jeder eigentümlichen Erfindung bar, und stilistisch ohne Eleganz und Schmuck, bezeugen alle seine litterarischen Äusserungen eine ehrenfeste Gesinnung, soliden Wissenseifer, bescheidene Ehrfurcht vor jedem Geistesmächtigen, ein tiefes Familiengefühl, und wahrhaft humane Denkungsweise. Sein Hauptwerk, kurz vor 1433 dem Bruder D. Duarte gewidmet, über »Tugendsames Wohlthun« (*Virtuosa Bemfeitoria*),[3] paraphrasiert in 6 Büchern[4] mit 95 Kapiteln (oder 534 Seiten) Seneca's Abhandlung *De beneficiis*, die klassische Denkart mit Glossen und Beispielen aus dem Altertum, der Bibel, den Patres und Scholastikern, den mittelalterlichen Chronisten (*Cid*; *Clavijo*) und der eigenen Lebenserfahrung illustrirend. Es endet mit einem Traumgesicht (*poesia* = Erfindung genannt!), in dem verschiedene Tugenden als liebliche Jungfrauen erscheinen, Embleme in der Hand und gute Ratschläge auf den Lippen, welches wiederum passend in ein Gebet ausläuft. Der Licenciat Frey João Verba, sein Beichtiger, leistete ihm dabei hülfreiche Hand, durch Auszüge sowie bei der Redaktion und Niederschrift. D. Pedro übersetzte auch, erst mündlich vor seinen Höflingen, dann schriftlich (für den Bruder), seines Lieblings Cicero philosophische Abhandlung *De officiis*,[5] nach einem dem jüngeren Bruder Ferdinand (dem *Infante santo*) verehrten Codex, damit in der reichen Pallastbücherei neben den zahlreichen theoretischen fremdsprachigen auch ein praktisches Handbuch der Moral in portug. Sprache den ungelehrten Laien zugänglich wäre, in der Hoffnung ein gewandterer Stilist werde später seinen Ver-

[1] Als Quellschriften für Leben und Wirken des D. Pedro sind die mit Bezug auf D. Duarte angeführten Werke zu betrachten.

[2] « *E o iffante D. Pedro, meu sobre todos prezado e amado irmão, de cujos feitos e vida muyto som contente, compoz o livro da Virtuosa Bemfeitoria e as Oras da Confissom*». (*Leal Cons.*, cap. 27). Vgl. Ruy de Pina, *Chron. de D. Affonso* V, cap. 125.

[3] S. die vorige Anm und vgl. noch *Leal Cons.*, cap. 28. Das Buch stand als No. 47 in D. Duarte's Bibliothek. Später soll ein Original-Exemplar, im Kartäuserkloster zu Evora aufbewahrt worden sein, das, gemeldetermassen, auch D. Duarte's Werke beherbergte. Eine alte Abschrift besitzt in Madrid die Akademie der Geschichte $\frac{C}{66}$; eine neue (von 1813) das gleiche Institut in Liss. (3—12—3). Den Prolog druckte Inn. da Silva VI 375—9. Das ganze Werk zugänglich zu machen, ist eine der vielen Pflichten, welche die gelehrte Körperschaft bis heute versäumt hat.

[4] In verkürzter Form lauten die Titel der 6 Bücher: I. *Que cousa he Virtuosa bemfeitoria.* II. *Como o beneficio deve ser dado.* III. *Como a verd. bẽmf. deve ser requerida.* IV. *Como o beneficio deve ser recebido.* V. *Que cousa é agradecimento.* VI. *Como se podem perder os beneficios.*

[5] *Bibl. de D. Duarte* No. 51: *Marco Tullio, o qual tirou em linguagem o Infante D. Pedro.* Es ruht noch heute in Madrid, in einer Hs. mit der *Virt. Bemfeitoria.* S. Anm. 3. Zweifel über die Berechtigung der Attribution, wie Inn. da Silva sie äussert, sind unmassgeblich. Der Geleitbrief an D. Duarte, den ich besitze, spricht absolut deutlich, ganz abgesehen von der darin befindlichen Formel »*nosso irmão o Infante D. Fernando*«.

such vervollkommnen.[1] Laut dem Chronisten Ruy de Pina, der wie Zurara im königl. Bibliothek-Raume arbeitete, und ihren Inhalt genau kennen musste (und dem auch Historiker wie Litterarhistoriker berechtigter Weise Glauben schenkten), übertrug er ferner das hochgeschätzte Kriegsbuch des Vegetius,[2] sowie das Fürsten-Evangelium des *Aegidius Romanus*, das bereits in frz., span. und katal. Vulgarisationen verbreitet war.[3] Meiner Ansicht nach wurden diese und noch sonstige, heute verschollene Versionen klassischer Grundwerke — Cicero: *De Amicitia*[4] und *De Senectute*;[5] Plinius: *Panegyricus Traiano Augusto*[6] — und zeitgenössischer Musterschriften, wie das Erziehungsbuch für Fürsten des ihm in Ungarn persönlich bekannt gewordenen P. P. Vergerius[7], und das ihm von der Stadt Venedig zum Geschenk gegebene Reisewerk des *Marco Polo*, »o Milhão«,[8] nur auf seinen Befehl und nach seinen Angaben, von ihm unterstellten Doctores hergestellt (was übrigens sein Verdienst nur wenig verringert).[9] Schöne Geleit- und Auftragsbriefe des Infanten bezeugen es[10]. Seine sonstigen Episteln, voll staatsmännischer Gedanken, (in der Reiseperiode,[11] während des Vaters und des Bruders Leben,[12] und besonders während seiner eigenen Regierung bis kurz vor der Tragödie von Alfarrobeira geschrieben),[13] sind von hohem Werte nicht allein für den Geschichtsforscher und Biographen, sondern auch für den Litterarhistoriker und Sprachforscher, der die Entwickelung des Wortschatzes und besonders die so eigentümliche portug. Syntax beobachtet. Mögen seine Gesamtwerke einen Herausgeber finden! Erschöpft sind sie mit den hier summarisch aufgereihten Hauptschriften noch nicht. Auch D. Pedro hat gereimt, nachweislich zwei Mal, möglicherweise viel öfter.

---

[1] Sein Dienstmann Dr. Vasco Fernandes de Lucena, den er um seines Wissens und seines schönen Stiles willen liebte, scheint später diesem Wunsche nachgekommen zu sein. S. § 90.

[2] *De Re Militari*, das schon Jean de Meun hoffähig gemacht hatte. *Bibl. de D. Duarte* No. 52. Ob der mit der Übersetzung beauftragte ein Pedro Annes Lobato war, wie ich vermute, gestützt auf *Retratos e Elogios* ed. 1817 p. 65, bleibe dahingestellt. Und dass zwei unfindbare Kriegsbücher »*Dos Officios Principaes da Milicia*« und »*Tratado da Milicia*« auch D. Diniz und Alfons V. zugesprochen werden (s. u. § 89), sei nur beiläufig erwähnt, um immer zahlreichere Beispiele für die grenzenlose Fahrlässigkeit portug. Litterarhistoriker zu liefern.

[3] *Bibl. de D. Duarte* No. 13 (lat.), kostbar gebunden in rot und gold, und No. 34 *(em vulgar)*; wie bei Vegetius, ohne Angabe des Übersetzernamens, was sicherlich nicht für die Autorschaft des Fürsten spricht. Laut Herculano (*Panorama* IV p. 7) ist ein Fragment davon vorhanden. Doch wo?

[4] S. Sousa, *Provas* I p. 432: *Carta que escreveo o Infante D. Pedro a D. Duarte*. Der Übersetzer war ein Prior des S. Georgenklosters zu Coimbra (1434)

[5] Vgl. *Prologo do Dr. Vasco Fernandes de Lucena sobre o Livro de Velhice de Tulio que elle tornou de Latim em lingoagem para o Snr. Inf. D. Pedro.*

[6] *Carta que o Infante D. Pedro enviou ao Dr. V. F. de Lucena que lhe tornasse a Oração de Plinio em lingoagem* und *Reposta do Dr. a esta Carta.* Vgl. § 90.

[7] *Dos virtuosos costumes e dos estudos liberaes dos mancebos reais* oder *Tratado das virtudes que ao Rey pertencem.*

[8] *Bibl. de D. Duarte*: No. 2 *Marco Polo, em latim e lingoagem.*

[9] Dem Infanten war das Latein des Cicero, Seneca und Valerius Maximus vertraut. Plinius aber bereitete ihm Schwierigkeiten. Mit stolzer Bescheidenheit sagt er: *para cavalleiro, e não letrado, eu arrazoadamente entendo latim, mas* .... und ein ander Mal: *quam pouco eu sei de latim, sabe-o V. M.* Die Behauptung, er habe aus dem Portug. ins Lat. übersetzt, steht vollkommen in der Luft.

[10] Auch von diesen interessanten, noch nie erwähnten *Ineditos* besitze ich z. B. die unter 9. 10 und 11 genannten.

[11] *Carta de Bruges*, abgedruckt von Oliveira Martins in seinen *Filhos de D. João*, *Append.* **D**.

[12] Beispiele bei Soares da Silva, *Memorias* I p. 374—379; Sousa, *Hist. Gen.* V 64 und 120—139; J. P. Ribeiro, *Dissertações* I No. 118 p. 398—413.

[13] S. bei Oliveira Martins, *App.* **F** 16 Probestücke nach Originalen des Staatsarchivs; 73 ruhen in Coimbra, laut *Ayres de Campos*.

Wir besitzen von ihm zwei schlichte, doch geschickt gebaute portug. *Trovas*, zusammen 48 Achtsylbler, die er an die Dichtersonne des kastilischen Hofes, Juan de Mena, sandte, ihm herzlich für die Übersendung seiner Werke dankend, und seinen Genius preisend.[1] Den Titel *gran poeta*, *um dos melhores poetas do seu tempo* verdient er jedoch nicht, oder nur insofern die übrigen Dichter seiner Tage eben unbekannte Grössen sind. Er erlangte denselben erst 1516 oder um 1600, und führte ihn, mit einem Schein des Rechtes, bis 1876, weil die Afterkritik des 17. Jhs. ihm irrtümlich ein umfang- und inhaltreiches spanisches Poem *De Contemptu Mundi* zugeschrieben hatte, auf Grund ungenauer Titelangabe, welche Resende, der Säkelmeister dieser zweiten Periode, sich zu Schulden kommen liess, indem er in *Canc. Geral* den bekannteren Infanten, mit seinem minder bekannten, jung und in der Fremde gestorbenen gleichnamigen Sohne, dem *Condestavel*, verwechselte. (S. unten § 103).[2] Nachdem Brito und Faria-e-Sousa jenen einmal zum bedeutenden Dichter gestempelt hatten, war bei der lebhaften Phantasie der damaligen portug. Historiker, die Erfindung und grundlose Zusprechung weiterer Werke fast unausbleiblich. D. Pedro, der sich um die Stadt Lissabon so hochverdient gemacht hatte, dass sie ihm, in seltener klassischer Anwandlung, eine Bildsäule errichten wollte (was er zurückwies), sollte ein grausam-barockes, die Sprache des Egas Moniz redendes Loblied auf Ulyssipolis verfasst haben, von welcher der Zahn der Zeit jedoch schon 1600 nur ein Häppchen übriggelassen hatte[3]. Er sollte überdies ein geistliches Liederbuch zu Ehren der Jungfrau gedichtet haben (*à la Alfonso* und *Diniz*). Er sollte den *Amadis* geschaffen haben; mitsamt den Lobeira-Sonetten! Und der Reisende »*o qual andou as sette partidas do mundo*«[4] sollte die *Mirabilia* seiner Wanderungen in dem witz- und geistlosen »*Auto*« (oder »*Livro*« oder »*Historia do Infante D. Pedro*«) wiedergegeben haben,[5] das im 17. Jh. nicht aus der peninsularen

---

[1] *Canc. de Res.* II p. 70–71 »*Não vos será gram louvor Por serdes de mim louvado, Que nam sam tam sabedor (!) Em trovar, que vos dey grado*« und p. 73. *Reprica o Infante: Como terra frutuosa, Joam de Mena, respondestes.* Der Infant las gewisslich selber mit Freude und Bewunderung das Labyrinth der *Trecientas* und die *Coronacion*; besonders aber mochte er für seinen dichterisch begabten Sohn Mena's und Santillana's *Poemata* als Studienobjekte erbeten haben.

[2] Es wird kaum nötig sein, den Leser auch hier auf Faria-e-Sousa (*Epitome* und *Europa*), Pedro de Mariz, Duarte Nunes de Leão und tutti quanti zu verweisen, über Barbosa Machado und Costa-e-Silva hinfort zu Inn. da Silva, Bellermann, Wolf und Schäfer, die alle an der Verbreitung des alten Irrtums mitwirkten, bis zu Braga und Oliveira Martins, die erst ganz neuerdings den wahren Sachverhalt erkannt haben.

[3] »*Porque tu foste acolheita*«. S. Brito, *Mon. Lus.* II cap. 15; Fr. Bernardino da Silva, *Defens. da Mon. Lus.* II cap. 31; Faria-e-Sousa, *Europa* III 381; Barb. Mach. III 720; Balbi II, *Append.* p. VIII; Soriano Fuertes p. 116; Freire de Carvalho p. 313. Dass andere Autoren, in Folge der leidigen Verwechselung der sechs peninsularen Fürsten welche D. Pedro hiessen, die Verse auf Lissabon auch dem portug. König Peter dem Grausamen zuschrieben, ward schon angedeutet (§ 75 p. 231 Anm. 3 u. § 102).

[4] Im 14. und 15. Jh. sprach man nur von »*quattro*« *partidas do mundo*, worunter man natürlich nicht Erdteile (= *partes do mundo*), sondern die Himmelsgegenden verstand, wendete jene Formel aber auf alle Weltreisenden an. Die erweiternde Umformung zur mystischen Siebenzahl — eine unbewusste Reminiscenz an das Gesetzbuch Alfons' des Weisen —, konnte erst nach der Entdeckung Amerikas Platz greifen. Tatsächlich findet sich auch die ältere Formel (*quattro*) noch in einigen Drucken des Reisewerkchens (1554 Liss. und 1595 Barcelona)

[5] S. Barb. Mach. und Freire de Carvalho. Andere bezeichnen das *Auto* nur als von D. Pedro inspiriert. — Sehr viele Fragen, die kritischer Behandlung wert sind, knüpfen sich daran. Für eitel Wahrheit hat wohl nie irgend ein Gebildeter es angesehen. Enthält es aber überhaupt einen Kern oder ein Korn Wahrheit? Erzählt es auch nur ein Ereignis, das nachweislich dem Infanten begegnet ist? Ward es wirklich von einem der Reisegenossen aufgesetzt? Hat je ein Schriftsteller [João] Gomes de Santistevam existiert?

(span. wie portug.) Knaben Händen kam, und das noch heute den (leider) durch nichts Besseres gestillten Hunger des kleinen Volkes nach spannender Reiselektüre befriedigen muss. Auch hat es sogar ernste Geschichtsforscher verführt, des Infanten Pilgerschaft ins Heilige Land, für die es der einzige Beweis ist, als ein erwiesenes Faktum hinzunehmen.[1]

88. Den Prinzen Heinrich den Seefahrer (geb. 1394, gest. 1460), dem Erfolge nach den grössten unter den Söhnen Johann's I., unter dessen kräftigem und hartnäckigem Impuls der Ocean sich den Europäern erschloss, mochten die Portugiesen auch in den Annalen ihrer Litteraturgeschichte nicht gerne missen. Und da er thatsächlich bisweilen etwas schrieb — 1428 einen Brief an den Vater über die Hochzeit des Thronfolgers[2]; 1436 eine Abhandlung über die Zulässigkeit, ja Pflicht eines neuen afrikanischen Krieges, eine fröhliche Kriegsfanfare, die den unschlüssigen D. Duarte, der abratenden klug voraussehenden Warnung D. Pedro's zum Trotze, zu der unglücklichen Expedition nach Tanger trieb[3], — so fehlt er, dem die Universität unbedingt viel verdankt, in Barbosa Machado's Gelehrtenlexikon und bei den übrigen Litterarhistorikern auch nicht.[4] Doch hat man ihm, voreilig und kritiklos, noch mancherlei zugeschrieben was ihm nicht gehört: Verhaltungsmassregeln über die Belagerung von Tanger, die in Wirklichkeit ihm selber von seinem Bruder D. Duarte erteilt wurden[5], und sogar eine Geschichte seiner Entdeckungen, die er dem grossherzigen Alfons V. von Neapel übersandte, die aber nichts anderes ist als Zurara's »*Conquista da Guiné*«.[6] Über ein

---

Ist die span. oder die portug. Textgestaltung die ältere? Wann taucht das Büchelchen zum ersten Male auf? Wer zitiert es? Lassen sich Abhängigkeitsbeziehungen zu irgend welcher älteren *Peregrinatio* (oder einem *Itinerarium*) nachweisen? Einige dieser Fragen hat Oliv. Martins in cap. V und Append. B seines schönen Werkes zu beantworten versucht. Doch kann ich seine Ergebnisse nicht unterschreiben. Ich halte dafür, dass das *Auto* nichts von der wirklichen Reise des Infanten berichtet; und dass ein Nichtgereister es zu Ende des 15. oder Anfang des 16. Jhs. aus älteren Jerusalemreisen zurechtgeschnitten, und auf des Infanten populären Namen getauft hat. — An verbürgten Ausgaben sind vorhanden mindestens 9 portug. (1554. 1658. 1664. 1698. 1732. 1739. 1767. 1794. 1882) und 9 span. (eine datenlose aus Sevilla; 1564. 1570. 1595. 1626. 1657. 1690. 1696. 1873); und wahrscheinlich viel mehr, um die ich nicht weiss.

[1] Die Reise begann 1424 (nicht 1416, und nicht 1418) und führte den Prinzen zu Schiff nach England (und Frankreich?), dann über Flandern und Burgund, durch Deutschland, Böhmen und etwas russisches Land nach Ungarn zu Kaiser Sigismund, wo er kämpfte — *sub Caesare Sigismundo stipendia faciens non mediocrem sibi gloriam in Turcas pugnando parans* laut Aeneas Sylvius, — um hernach durch seine Mark Treviso über Venedig, Ferrara, Rom und durch Spanien heimzukehren. Seines eigenen Sohnes und des ersten Chronisten Aufzeichnungen bezeugen das (Zurara, *Chron. de D. Pedro* II cap. 13 p. 527; 580 und 618). Und dass Ungarn und der Türkenkampf sein wahres Ziel war, ja dass er den Plan hatte, sich in seiner trevisanischen Mark fest anzusiedeln, als Gottesstreiter wider den Halbmond, ergiebt sich aus verschiedenen Auslassungen D. Duarte's (z. B. *Leal Cons.*, cap. 44 *foy ao reyno de Ungria, com pequena tençom de tornar a esta terra).* Dass er 28. September 1428 wieder in Portugal war, hat nie angezweifelt werden können. Raum für eine an und für sich ja höchst natürliche Orientreise ist innerhalb jener vier Jahre schwer zu finden. Und kein einziges Wort über das unbedingt bemerkenswerte Faktum verlautet im 15. Jh., solange die Wahrheit bekannt sein musste.

[2] Gedruckt bei Soares da' Silva, *Memorias* I cap. 92, p. 410 und Sousa, *Provas* I p. 515.

[3] Barb. Mach. II 436 erwähnt sie als *Conselho sobre a guerra de Africa;* Oliveira Martins benutzt sie nicht. Ich halte sie daher für ungedruckt und gedenke seiner Zeit das kraftvolle Dokument, das dem standhaften Prinzen sein heiliges Leben kostete, in meiner geplanten portug. Chrestomathie zu verwerten.

[4] Barb. Mach. II 436; Freire de Carvalho p. 66 und 303.

[5] Die also fehlgehenden sind die in der vorigen Anm. genannten beiden Autoren. Sie verlegen noch dazu den Zug nach Tanger in die Tage Johanns I. Man kann diese »*Conselhos*« bei Sousa, *Provas* I p. 536 suchen.

[6] Barb. Mach. fand in Frey Luis de Sousa (*Hist. de S. Domingos* I, 6 cap. 15) Nachricht über »*hum livro que* [*D. Henrique*] *mandou escrever do successo destes desco-*

drittes, spanisch geschriebenes »astrologisches« (?) Werk »*Secreto de los Secretos*« [1] kann ich zunächst nichts äussern als die unbestimmte, bloss auf den Titel gegründete Vermutung, es handle sich um das mittelalterliche, dem Aristoteles zugeschriebene Beispielswerk, das auch die portug. Schriftsteller dieser Periode oft benutzen und zitieren, und das D. Henrique vielleicht für sich vulgarisieren liess.

89. Noch von manchen anderen Mitgliedern der Vernunft und Wissenschaft liebenden Familie des Ordensmeisters von Aviz sind Schriftdenkmäler vorhanden, die in einer ausführlichen Geschichte der portug. Geistesbildung nicht unbesprochen bleiben dürften. Weitere zwei von den Brüdern D. Duarte's, der Infant D. João,[2] und der ränkevolle Bastard D. Affonso (von Barcellos und Bragança)[3], so wie des letzteren Söhne, die Grafen von Arrayolos und Ourem,[4] wurden bei Haupt- und Staatsaktionen zu litterarischen Meinungsäusserungen veranlasst; und selbst die Herzogin von Burgund sandte aus der Ferne Berichte und Ratschläge.[5] Unter Alfons V. spielte, der Tradition treu, die freilich dem eigenwilligen, selbstbewussten Sinn des jungen Königs nicht allzusehr behagte, jene eigentümliche Ratgeberrolle der Condestavel D. Pedro. In einem hübschen, sein Poeten- und Philologen-Talent verratenden Aufsatz erörterte er 1458 das Für- und Wider des afrikanischen Feldzuges.[6] Und noch unter Johann II. liess die jüngste Tochter des Regenten D. Filippa de Lencastre (1437—1497) ihre den ehrgeizigen Fürsten gegen Kastilien spornende Stimme vernehmen (in Betreff der Freigebung seines als Kriegsgeisel und Friedensbürgen, seit der Niederlage bei Toro, im festen Schlosse Moura unter Kontrolle auferzogenen Sohnes D. Affonso, und dessen kleiner Braut, der kastilischen Erbin D. Isabel).[7] Jene vortreffliche Dame — die erste portug. Dichterin, von der uns Kunde wird — stimmte in der Jugend (nach 1450) im Kreise ihrer *donzellas* bei Hofe muntere weltliche Liedchen an.[8] Später aber, als sie, ohne Ordensgelübde abgelegt zu haben, die letzten 16 Jahre ihres Lebens im Kloster Odivellas das tragische Geschick ihres edlen Hauses beweinte, liess die an geistige und praktische Arbeit Gewöhnte, Schreibgriffel und Pinsel nicht rasten. Nach dem Lat. des venezianischen Patriarchen Laurentius Justinianus soll sie ein Werk über das »Leben in der Einsamkeit«[9]

brimentos«. Davon wird gesagt: *este livro enviou o Infante a hum Rey de Napoles, e nós o vimos na cidade de Valença de Aragão entre algumas peças ricas que ficaram da recamara do Duque de Calabria.* Er selber benutzte sie jedoch in verfälschender, interpretatorischer Weise. Aus dem Wortlaut des Originaltextes sieht man, wie der erste Berichterstatter dazu kommen konnte, das in Wahrheit im Auftrage des portug. Königs Alfons unternommene Werk als auf Befehl des Infanten ausgeführt hinzustellen, dem realiter nur die erzählten Thaten beigemessen werden.

[1] Nr. 4129 der *Columbina*, laut Gallardo II p. 553. Danach zitiert im *Boletin Bibliografico* I 53–55 und von Garcia Peres p. 630. Ob das 1525 in Salamanca gekaufte »*libro en español, de mano*« noch vorhanden ist und was es für eine Bewandtnis damit hat, erforscht vielleicht die Lissabonner Geogr. Gesellschaft zur 500jährigen Jubelfeier des Infanten? Wenigstens ist das mein frommer Wunsch.

[2] S. Pina, *Chron. de D. Duarte* cap. XVII und vgl. Oliv. Martins p. 213. Abschrift aus D. Duarte's Notizbüchern besitze ich.

[3] Sousa, *Provas* V 23 »*Carta a D. João* I«.

[4] Oliv. Martins, *App.* E I und II (nach meinen Kopien).

[5] *Treslado de uma Carta que me mandou a duqueza,* aus derselben Quelle.

[6] *Conselho do Senhor D. Pedro a El Rey D. Affonso V.* Den gänzlich unbekannten, ansprechenden Text verdanke ich einem lissab. Beschützer aller Musen.

[7] *Conselho e voto da Sra D. Filippa sobre as Terçarias e guerras de Castella,* gedr. 1643 von Frei Francisco Brandão, mit brauchbarer, ob auch nicht fehlerfreier Einleitung. Aus dem Werkchen erhellt einesteils wie gut diese Fürsten in vaterländischer Geschichte bewandert waren, und anderenteils wie Eifersucht, Neid und Hass zwischen Kastilien und Portugal damals üppig ins Kraut schossen.

[8] Canc. de Res. I 275. III 179 und vgl. III 163.

[9] »*Tratado da vida solitaria*«.

und nach franz. Muster ein »Evangelien- und Homilienbuch« für das ganze Kirchenjahr portug. redigiert, und selbst kunstvoll niedergeschrieben und illuminiert haben;[1] ferner neue, eigen erdachte »Charfreitagsmeditationen«.[2] Bis jetzt ist jedoch Gemeingut der portug. Lesenden (seit 1632), ausser dem weltlichen Liedchen im *Cancioneiro de Resende*, nur eine fromme, warm empfundene Weise »An den Erlöser«.[3]

Alfons V. (geb. 1432 reg. 1448 bis 1481) der erste, der den Titel *Rey dos Algarves de aquém e de além mar em Africa* annahm, dieser vorzüglich erzogene, humanistisch gebildete, ritterlich freigebige, aber unstete, und im Grunde unglückliche Monarch empfing Besuche aller möglichen Reisenden,[4] welche die afrikanischen Wunder schauen und in den Feldzügen helfen wollten, sowie Gedichte und Sendschreiben zahlreicher Lobredner;[5] nahm lebhaften Teil an der würdigen Lösung der patriotischen Aufgaben, die er seinen Reichshistoriographen stellte,[6] und trat in vielfältige Beziehungen zu heimischen und ausländischen litterarischen Grössen, nach stilgerechter lat. Einkleidung portug. Geschichte begehrend.[7] Auch steht er selbst in der Liste der portug. Federführer,[8] und zwar mit portug. und span. Schriftstücken. Doch ist es dem Litteraturfreund auch in diesem Falle bis heute nicht vergönnt, seine Verdienste ernsthaft zu würdigen, da keines der beiden ihm zugesprochenen Werke — weder die Abhandlung über altportug. Kriegskunst (»*Da Milicia*«) noch die astronomische über das Sternbild des Hundes (»*Da Constellação do Cão*«) übrig ist. Nur wenige Briefe sind als dürftige Proben seiner gepriesenen Wohlredenheit gedruckt, darunter ein portugiesischer an Gomes Eannes de Zurara, der ein Ehrendenkmal für beide ist;[9] und ein span., mit guten Lehren gesättigter Scheidegruss an seine Schwester D. Juana — (die später ob ihres Leichtsinns berüchtigte Mutter der beklagenswerten Beltraneja), — als sie dem sittenlosen Schwächling Enrique IV. von Kastilien 1455 die Hand reichte. An der Echtheit dieses handschriftlichen Dokumentes ist ohne Grund gezweifelt worden; ich denke, nur weil man daran Anstoss nahm, dass der König die jüngere Schwester, sein Mündel, mit Tochter (*hija mia*) anredet.[10] Er ahmt darin den vom Condestavel kurz

[1] J. Cardoso, *Agiologio* I p. 404 und 410—412; Barb. Mach. I 65; Inn. da Silva II 293. Laut Borges de Figueiredo (*O mosteiro de Odivellas*, 1889 p. 220) kamen diese Reliquien (1834? oder 1886?) nach *S. Vicente de fora*.

[2] Die »*Nove Estações* oder *Meditações da Paixão*« sollen im 16. Jh. gedruckt worden sein; doch hat Niemand sie gesehen. — Ob sie nicht einfach Übertragungen der »*Sermones funebres*« des Johann v. S. Geminiano (gedr. Lugd. 1499) waren? (S. II, 1, S. 199).

[3] S. Bellermann p. 32.

[4] Ich nenne nur den burgunder fahrenden Chevalier Lalaim 1445; Ehingen 1455—57; und Rozmital 1465—67, denen unter Johann II. Nik. v. Popplau 1484; Hier. Müntzer 1494—95 und A. v. Harff 1496—99 folgten. Vorangegangen war 1408 Guillebert de Launoy.

[5] Santillana's »*Loor*« ist nicht das einzige, Alfons V. feiernde Gedicht. Einen Band »*Poesias de arte mayor dedicadas al Rey D. Alonso V. de Portugal en que se trata de un buen principe y las virtudes que ha de tener*« erwähnt Gallardo IV p. 1498 und 1525.

[6] S. die folgende Anm. Wenn die Geschichtsforscher ihn einmütig als Begründer der ersten Lissabonner Bibliothek nennen (trotz D. Duarte und D. João I.), so kann das nur bedeuten, dass er im Pallaste gesonderte Räume zur Aufbewahrung der von ihm bedeutend vermehrten königl. Sammlungen hergab, den Zutritt zu denselben grossmütig den Höflingen gestattend. Das bezeugt sein Lehrer ausdrücklich, und Zurara's Arbeiten beweisen es.

[7] Über Mattheus de Pisano s. u. § 97. Der Italiener Justus Baldinus, den Alfons zum Bischof von Ceuta erhob, sollte die Königschroniken des Fernam Lopes lat. bearbeiten, starb aber vor der Zeit. (S. u. § 95). Poggio und Flavio Biondo erboten sich zu gleichem Dienste; und Poliziano richtete einen begeisterten Brief an seinen Nachfolger, die Materialien zur Darstellung der Eroberung Afrika's erbittend.

[8] *Barb. Mach.* I 17 und IV 1. [9] *Ineditos* III p. 3.

[10] Octavio de Toledo in *Rev. Occidental* I 307. Vgl. Mendez-Hidalgo, *Tipografia* p. 69; A. de los Rios VII 86; Garcia Peres p. 24.

vorher eingeweihten schwülstigen spanischen Stil *(à la Mena, Santillana* und *Padron)* so treu-ängstlich nach, dass man das «*Razonamiento de despedida*«, das als Appendix zu des Condestavel zweitem Glossenpoem aufbewahrt wird (Madr. M. 64), für ein Produkt dieses Fürsten halten könnte. Chronologisch nimmt Alfons V. also die zweite Stelle unter den spanisch-schreibenden Portugiesen ein. Seine Gemahlin Isabella (1431—1455), die Schwester des Condestavel und D. Filippa's, eine hehre Frauenseele, liess schon 1445 von dem Alcobacenser Mönch Frei Bernardo († 1478) die mit Recht zu hohem Ansehen gelangte »*Vita Christi*« des Strassburger Kartäusermönches[1] Ludolph von Sachsen (s. II 1 S. 201) portug. niederschreiben (nicht aber die Gemahlin des Regenten Peter, wie oft behauptet wird).

90. Nicht nur Könige und Fürsten, auch Professoren der Universität und Klosterschulen, Prälaten, Mönche, Höflinge waren schriftstellerisch thätig, und überragten jene sicherlich oft an Wissen und Kunst. Doch ist nicht viel mehr übrig als eine Reihe von Namen und Titeln. Nur äusserst wenige Werke. Ein Anonymus redigierte, aus der Sprache zu schliesen, noch im 14. Jh., eine grossmächtige, besonders gegen Judentum u. Islam gewendete Lehrschrift über die Vorzüge der katholischen Kirchenlehre, die Natur der Dreieinigkeit u. a. m. Und zwar ist es eine aus dem Orient kommende Königin, welche am Himmelshofe, auf einem in elysäischen Gefilden abgehaltenen Reichstag (»*Côrtes*«), vor dem höchsten Kaiser und seinen Heerschaaren von Engeln und Seelen, die Grundlehren der christlichen Religion gegen philosophisch gebildete Heiden (Juden und Mauren) verteidigt, selbstverständlich mit unermüdeter Benutzung der Heiligen Schrift, der Apokryphen, sowie der sibyllinischen Bücher, der *Vetula* des Pseudo-Ovid, des *Koran* und anderer arabischer Texte. Dieser »Kaiserhof« = »*A Corte Imperial*«[2] gehörte zu D. Duarte's Bücherei (Nr. 39), wird aber niemals von ihm und den Seinen benutzt, so dass über den Verfasser nichts verlautet. Dass es König Johann I. sei, ist eine durch nichts zu erhärtende Behauptung.[3] Was an der etwas farblosen, sprachlich und sachlich aber lehrreichen Kompilation eigene Zuthat des portug. Bearbeiters ist, und was er etwaigen anderen romanischen oder lat. Vorlagen verdankt, bleibt zu untersuchen.[4] — Ein Buch über Reiher- und Falkenbeize (*Livro de Cetreria*), die in Gallizien und Portugal mit Leidenschaft betrieben ward, schrieb ein adliger Falkonier König Ferdinand's Namens Pero Menino[5],

[1] Gedruckt schon 1495 (4 Jahre vor der valenc., und 6 vor der span. Bearbeitung) auf Befehl ihrer Nachfolgerin. Ob die Formel *corregido e revisto* sich auf wirkliche Textüberarbeitung des Revisors Frei André bezieht, ist unnachweislich. Dass D. Duarte die *Vita Christi* benutzte (*Leal Cons.* cap. 87) ward schon in § 86 Anm. 1 gezeigt. Vgl. S. Boaventura, *Ineditos* I p. 17—20.

[2] Ms. 803 der Portuenser Stadtbibliothek von 134 Bl. in-fl. Herculano machte im *Panorama* III darauf aufmerksam. Vgl. Braga, *Intr.* 153. 183. 218 und besonders 231 bis 236; *Poet. Pal.* 74; *Univers.* 220.

[3] Wo Braga las: *eu pecador johan do(!) começo este livro(!)* heisst es: *eu pecador cõfiando começo este livro.*

[4] Der portug. Anonymus sagt: *nõ como autor e achador das cousas ẽ elle contheudas, mais como simprez ajuntador d'ellas ẽ huũ uellume* . . . und später kommt die Phrase vor: *de latim em linguagem portugues* . . . . doch bin ich nicht sicher, ob sie sich auf das ganze Werk, oder nur auf irgend ein Teilstück bezieht, da ich das Buch nur einmal gelesen und kurz excerpiert habe. Höchst notwendig scheint es mir, es mit dem span. »*Libro del Gentil ó de los tres sabios*« zu vergleichen, welches der Cordovaner Gonzalo Sanchez de Uceda angeblich im J. 1378 aus dem Katalanischen, d. h., meiner Ansicht nach, aus Raimund Lulls »*De gentili et tribus sapientibus*« übertrug (Madr. X. 145), sowie mit weiteren ähnlichen Disputationen *(Judaei cum Christiano; Contra Judaeum quendam)*; vgl. II 1, S. 232.

[5] S. *Bibl. Venatoria* I p. CLXXI (und III p. 156) No. 76. Ein Bruchstück der span. Version von Gonzalo Rodriguez de Escobar, das aus dem Besitze eines anderen portug. Falkoniers, Namens Pomalyno stammt, ruht noch in Madrid. (Vgl. ib. No. 9). Der

den der Kanzler Ayala noch gekannt hat.[1] Eine hervorragende Rolle spielte von 1435—1497 als bedeutender Rechtsgelehrter *(utriusque juris)* und geschulter lat. Rhetor der aus ursprünglich span. Familie stammende Vasco Fernandes de Lucena.[2] Da er hohe Ehrenposten bekleidete — *(do Conselho e Desembargo del Rei; Chanceller da Casa do Civel; Chronista-mór; Guarda-mór da Torre do Tombo e Livraria del Rey* von 1487—1497[3] und *Conde Palatino*[4]) — wird er in Dokumenten und Chroniken häufig erwähnt.[5] Als portug. Redner glänzte er schon 1438 auf dem Reichstag von Torres-Novas und 1485 zu Evora[6], als königl. Gesandtschaftsredner in Bologna, Ferrara, Florenz und Basel, 1435—1442 vor Papst Eugen IV.,[7] 1450 vor Nikolaus V., und besonders 1485 vor Innocenz VIII. in der ewigen Stadt, wo seine Rede »*De Obedientia*« beifällig aufgenommen, und sofort durch Drucklegung geehrt ward.[8] Besonders schätzte sein Wissen und liebte die Eleganz seines Stils der Regent, der seinen *bem amado doutor*, behufs Erziehung seines königl. Mündels, viel beschäftigte.[9] In seinem Auftrage übersetzte Lucena Cicero's Buch »vom Alter«, das Panegyrikum des Plinius; den Fürstenspiegel des P. P. Vergerius, und verfasste als Ergänzung dazu einen selbständigen, dem jungen Alfons V. (1442) gewidmeten »*Tratado das virtudes que ao Rey pertencem*«, worin er besonders (wohl mit Rücksicht auf die häufige Einkehr fremder Ritter) die Pflichten der Gastfreundschaft behandelt, klassische und biblische Beispiele verwertend: »*estremando algũas flores dos abondosos campos dos gentios . . . e . . dos profundos pegos das sagradas escrituras*« nach kunstvollem Stil ringend, doch nicht ohne Dunkelheiten. Bis 1755 ruhten diese Schriften handschriftlich in der königl. Bibliothek und im Pallaste der Herzöge von Aveiro, kamen aber beim Erdbeben um. Nur die Geleitbriefe sind in Abschriften erhalten.[10] Treu dankbar erwies Lucena sich dem Andenken des Regenten durch Übertragung und Einführung der kräftigen vorwurfsvollen Reden (»*in Alfonsum V.*«), in welchen der Abgesandte der Herzöge von Burgund, Dekan von Vergy, Sühnung des gegen den Regenten und seine Familie begangenen Unrechtes erheischt.[11] Nicht von Vasco Fer-

---

Urtext war wohl in die Bibliothek D. Duarte's aus seines Vaters Erbe übergegangen (No. 55 des betreffenden Katalogs).

[1] S. seine Caza de las Aves, cap. 1.

[2] Aus Lucena bei Cordova war ein Zweig der Familie unter Ferdinand I. in Portugal eingewandert.

[3] S. J. P. Ribeiro, *Hist. do Archivo* p. 58—61.

[4] Über Bedeutung und Verleihung dieses Ehrentitels an höchststehende Juristen oder jubilierte Rechtslehrer siehe Ferreira, *Noticias Chronologicas da Univesr.* (1729), § 871 bis 893.

[5] Z. B. Pina, *Chron. de D. Affonso.* cap. 11; *Chron. de D. João,* cap. 20; Resende, *D. João* II cap. 3. 25. 57. Sousa, *Hist. Gen.* II 59. 87. 504. *Ineditos* I p. 14. 62. 64, II p. 18.

[6] *Ineditos* I p. 241. Auch zu Alcacer, in dem vom Fürsten Ferdinand abgehaltenen Ordenskapitel, war er bestallter Redner.

[7] A. P. de Figueiredo, *Portuguezes nos Concilios,* p. 49—55; Ferreira, *Not. Chron.,* § 771—786; Sousa, *Provas* V 592. 593. 607.

[8] Neuabdruck des ausserordentlich seltnen Werkchen 1813 im *Jornal de Coimbra* Bd. XIX p. 312, mit Einleitung von J. M. Trigoso p. 309—311.

[9] Er sagt z. B.: »*segundo minha affeição entre todos os letrados deste reyno vos tendes assim na fermosura das palavras como no guardar das verdadeiras sentenças grande perfeição*«.

[10] Auch diese vollkommen unbekannten Schriftstücke besitze ich. In den Anmerkungen zu § 87 sind 2 derselben erwähnt (Cicero und Plinius). Dazu kommen: *Prologo que fez o Dr. V. F. de L. a el Rey D. Affonso o V sobre o Livro de Paulo Vergerio que lhe tornou de Latim em lingoagem por mandado do Infante D. Pedro Regedor que foi destes Reynos* und *Prologo que o Dr. V. F. de L. fez a El Rey D. Affonso o V sobre o Tratado que lhe fez das vertudes que ao Rey pertencem.*

[11] Sousa, *Provas* VI p. 364—388.

nandes de Lucena[1] ist die älteste franz. *Quintus-Curtius* Übersetzung, welche 1468 dem Sohne Dame Isabeaus's, Karl dem Kühnen, von einem Vasco de Lucena gewidmet ward,[2] der auch die *Cyropädie* für ihn vulgarisierte. Der Träger dieses Namens — *vertueux escuyer*, später *eschanson* der Wittwe des Burgunders (Margarethe von York), *portugalois de nacion*, den Olivier de la Marche bewundernd preist, — ist, wenn nicht alle Zeichen trügen, eins mit Valascus de Lucena, *Colimbriensis diocesis*, der von 1449 bis nach 1454 in Paris als Stipendiat studierte (1449 *incipiens;* 1454 *licenciandus;* später *magistrandus*),[3] gemeinsam mit seinem älteren Bruder Ferdinand, der den burgundischen Herrschaften gleicherweise franz. Werke weihte: 1460 Philipp dem Guten den *Triomphe des Dames* und die *Chaiere d'honneur* des Galliziers Rodriguez del Padron.[4] Da des portug. Doktors Vater Fernam Vasquez de Lucena hiess, und andere portugiesierte Lucena-Zweige um diese Zeit noch nicht nachweislich sind, so ist es höchst wahrscheinlich, dass beide Söhne von ihm (resp. Neffen) sind.[5]

91. An Rednern war kein Mangel. Kriegerische Allokutionen legen die Chronisten den Königen in den Mund, besonders Johann I. und dem Befehlshaber von Ceuta D. Pedro de Menezes[6], die keinesweges auf Erfindung beruhen, sondern, wie in einzelnen Fällen erweisbar ist, der Wirklichkeit nachgeschrieben sind. Der bedeutendste politische Orator war der spitzfindige Causidicus Dr João das Regras, dessen überwältigender Suada und durchtriebener Schlauheit der Ordensmeister die Sicherung seines Thrones dankt,[7] ein direkter Schüler des Baldo, der aus Bologna nächst seiner Rechtskenntnisse auch Kunde von den Vulgärdichtungen des Cino und Guido heimbrachte (1382). Nächst ihm stand der Professor Diego Affonso Mangaancha (auf dessen Bücherbesitz schon hingewiesen ward), der in der Aula, im Ratssaale, im Reichstag und auf den Concilien oft die Tribüne bestieg.[8] Beliebte Kanzelredner waren: der Franziskaner Frey Pedro, der nach dem Siege bei Aljubarrota die berühmte Triumph-Predigt hielt, deren Grundton alljährlich mit Variationen im ganzen Lande wiederhallte und den Ärger und

---

1 Biogr. und Bibliogr. bei Inn. da Silva I 402 und Barb. Mach. III 772 sowie IV 274, womit man III 777 den Artikel Vasco Martins de Lucena kritisch vergleiche. Wert hat darin nur die Angabe, Vicente Nogueira habe Lucena-Manuskripte besessen.

2 Mit einander identifiziert wurden die beiden Schriftsteller fälschlich in *Biogr. Didot* (wonach *Port. Illustré* und *Larousse* p. 133) von F. Denis, der aus dem »*Comes Palatinus*« obenein noch einen Grafen macht; und von A. Herculano im *Panorama* III 346 u. a. Den wahren Sachverhalt erkannte Inn. da Silva I 408. Über die schöne Alexander-Version s. P. Paris, *Mss. fr.* I 51 und II 280; Santarem, *Quadro Elementar* III 73; Figanière, *Mss. port. du Mus. Brit.* p. 189; Dosson, *Quinte-Curce*, Paris 1877 p. 375—77 und vgl. *Romania* 1890 p. 601—2

3 A. Thomas in *Romania* a. a. O.

4 Abgedruckt in *Bibliofilos* Bd. XXII, nach Brüsseler Manuskripten. Der umsichtige Herausgeber A. Paz y Melia kannte die Pariser Dokumente über die Brüder Lucena nicht.

5 Noch ein dritter Lucena (Affonso de) stand als Arzt in Dame Isabeau's Diensten (1451). Auch er und ein Joam Rodriguez de L., der lateinkundige Dichter des Allgemeinen Liederbuches (II 548), sowie der Dr. Diogo, der 1496 zum königl. Gerichtshof gehörte, gelten für Söhne Vasco's. In Spanien blühte gleichzeitig der geistvolle Dr. Juan Ramirez de L., Verfasser der ansprechenden »*Vida Beata* (*Bibliofilos* XXIX). Über das Verwandtschaftsverhältnis dieser verschiedenen Sprossen eines Stammes ist Näheres nicht bekannt.

6 S. z. B. Fernam Lopes, II cap. 31 und Zurara, III 9. 11. 25.

7 F. Lopes, I cap. 176—179 und 181—191.

8 Betreffs einer Schrift von ihm über die Pestseuche sind wir nur durch die Entgegnung D. Duarte's unterrichtet. Seiner Totenrede auf D. Duarte gedenkt Zurara, *Chronica de D. Duarte* cap. 5.

Spott der Besiegten herausforderte,[1] Padre Frey Joham Xira,[2] Frey Fernando da Rotea, der 1415 dem Volke klarmachen sollte, warum der König nach Ceuta segele, und der nach glücklichem Erfolge in der eroberten Veste das *Gloria* darüber anstimmte[3], Frey Gil Lobo, der gelehrte Beichtiger D. Duarte's.[4] Frey Vasco da Lagoa,[5] Frey Rodrigo de Cintra,[6] der beim Tode Johann's I. Hof und Volk zu Tränen rührte. — Wer Predigten lesen wollte, griff jedoch zu den feurigen Ansprachen des spanischen Vicente Ferrer.

92. Als Beispiel für die Epistolographie jener Tage sei der echte, würdige und doch familiäre Brief erwähnt, welchen am 3. April 1385 der lissabonner Kanonikus Gonçalo Domingues an den Alcobacenser Abt Frey João de Ornellas richtete, betreffs der am Vorabend erfolgten, glücklichen Ankunft eines Teiles der englischen Hülfskompagnien und ihrer kühnen Einfahrt in den von span. Schiffen besetzten Hafen der Hauptstadt[7]. Über die Hochzeitsreise der Kaiserin Leonor (über Siena nach Wien) berichten der Graf von Abrantes Lopo de Almeida und Pedro de Sousa (1452)[8]. Als Muster eines Reisetagbuches kann das *Diario da Jornada* dienen *que o Conde de Ourem fez ao Concilio de Basilea*[9]. Von einzelnen Briefen der Söhne Johann's I. war schon die Rede. Andere werden noch in § 100 und 101 erwähnt.

93. An Übersetzungen liesse sich noch mancher mittelalterliche und klassische Text zitieren, wären sie nicht alle bis auf ärmliche Reste gründlich vernichtet. Im Escurial befindet sich noch eine Version des Sallust, (s. Jahrbuch IV 69); eine andere des Pomponius Mela sah ich in der königl. Bibliothek zu Ajuda. — Auch manches spanische Werk dankt dem Lerneifer der portug. Könige sein Entstehen. Alfonso de Cartagena († 1456) hispanisierte z. B. 1422 während seines Aufenthaltes in Portugal für den damaligen Kronprinzen Boccaccio's »*De casibus virorum*« und noch 1433 Cicero's Rhetorik (»*a instancias de Eduarte Rey de Portugal*) sowie die Ethik des Aristoteles; und Mossen Diego de Valera schrieb für Alfons V. ein Waffenbuch (»*Tratado de las armas*«).

B) CHRONIKEN.

94. Mit der patriotischen Aufgabe, das Denkwürdige der portug. Landesgeschichte darzustellen, wurden von den Königen der Epoche eigens dazu er-

[1] F. Lopes II cap. 48. Der geistvolle Satyriker D. Diego de Mendoza hinterliess einen »*Sermon que solia predicar-se en Portugal con motivo de la batalla de Aljubarrota, y notas satiricas*« (Madr. ms. T. 10; Cc. 73 und Q. 229). Vgl. Mariana, *Hist. Esp.* XVIII cap. 9, sowie Schäfer II 231.

[2] *Chron. de D. João*, III cap. 51 und 95.

[3] *Ineditos* I 91.

[4] *Ineditos*, I 240.

[5] *Chron. de D. João*, I cap. 151: Entsetzung Lissabons; II 124: Tod des Papstes Urban; *Ined.* I 86: Tod Johann's I., bei welcher Gelegenheit er durch ein sokratisches Frage- und Anwortspiel die Zuhörer fesselte.

[6] *Ined.* I 87.

[7] *Chron. de D. João*, II cap. 4. Dieses hübsche Unikum forderte den, mit einem so unglückseligem Nachahmungstalent begabten Faria-e-Sousa zum Schmieden eines Pendants heraus, »*Carta de D. Lourenço Arcebispo de Braga ao Abbade de Alcobaça*«. Der Herausgeber des F. Lopes hängte selbiges stillschweigend, ohne ein Wort der Aufklärung, dem zweiten Teile der Johannes-Chronik an, nachdem der Erfinder es schon 1639 in den *Lusiadas* II p. 322 (und in der *Europa* II 313) zur Schau gestellt hatte. Die Häufung archaischer Formen und ungewöhnlicher drastischer Wendungen offenbart die *generatio equivoca:* der Ausputz mit der historischen Schmarre des geistlichen Haudegens, in dessen Namen der Brief geschrieben ist, hat jedoch bis zur Stunde alle Welt getäuscht (selbst so feine Köpfe wie Oliv. Martins und den Conde de Villafranca).

[8] Sousa, *Provas* I 601.

[9] ib. V p. 573—630.

nannte Reichshistoriographen betraut. Dem 15. Jh. gehören vier davon an: Fernam Lopes, Gomes Eannes de Zurara, Vasco Fernandes de Lucena, Ruy de Pina. Von historischen Arbeiten des dritten verlautet jedoch nichts. Alle vier waren gleichzeitig Oberverwalter des Staatsarchivs und der königl. Pallast-Bibliothek. Und wie die *Torre do Tombo* und die *Livraria del Rey*, so standen alle Klöster- und Kirchenarchive ihnen offen. Als studierten Leuten waren ihnen die klassischen Geschichtsschreiber bekannt — Livius, Caesar, Sallust, Tacitus, Sueton, Xenophon — sowie die Vulgärchroniken mindestens des Nachbarreiches, und dienten ihnen mehr oder minder zum Vorbild. Als von der Monarchen Gunst mit Wohlthaten überhäuften Dienern der Krone ward es ihnen nicht leicht gemacht, historische Gerechtigkeit walten zu lassen; doch hat keiner von ihnen sich zum blossen Panegyriker hergegeben. Dem ältesten fiel selbstverständlich die Aufgabe zu, auch die Vorzeit, d. h. die Thaten der ersten Dynastie vom Grafen Heinrich bis zum Tode Ferdinand's darzustellen, mit Benutzung aller während der 1. Epoche in den Klöstern hergestellten Annalen, Regesten und *chronicones*. Ihre Werke wurden im Staatsarchiv deponiert. Kopien für Fürsten und Grosse und Bibliotheken gingen jedoch frühzeitig daraus hervor. In der Folgezeit aber sind die von officiellen Kalligraphen kunstgerecht niedergeschriebenen Originale, aus Mangel an Ordnungssinn und Treue, verwahrlost worden und abhanden gekommen. Die Nachfolger im Amte blickten meist von oben herab auf die Arbeit der Vorgänger, verbesserten und modernisierten, und schrieben hernach sich allein das Verdienst besonders an den so zu sagen herrenlos gewordenen Chroniken der ersten 7—9 Könige zu, so dass dieselben mit Varianten unter den verschiedensten Attributionen umgingen. Erst zu Anfang dieses Jahrhunderts verbreiteten akademische Forscher einiges Licht über die recht zahlreichen, sich an die Chroniken knüpfenden Fragen. Zu Ende geführt haben sie jedoch ihre Aufgabe nicht. Noch immer bleibt viel zu thun. — Die frühesten Überarbeiter gehören noch an den Ausgang der Epoche. — Zur Abfassung von Geschichten einzelner Helden, ohne amtlichen Auftrag, daher auch ohne Benutzung der Archiv-Dokumente und ohne Daten, entschlossen sich nur selten ihnen persönlich ergebene Begleiter. Zwei ruhmvolle Ausnahmen sind die: »*Estoria do Condestavel*« und die »*Chronica do Infante Santo*«.

95. Fernam Lopes — (*Cavalleiro da Casa do Infante D. Henrique; Vassallo del Rey e Guardador das Escrituras do Tombo; Escrivão da Puridade do Infante D. Fernando; Secretario de D. Duarte* laut Aussage von Akten[1]) — arbeitete im Staatsarchive mindestens von 1418 an bis 6. Juni 1454, wo er alterskrank seinen Posten niederlegte (»*tão velho e fraco que per sy non pode bem servir o dito oficio*«). Er wird also nicht nach 1380 geboren sein. Dass D. Duarte ihm 1434 den Auftrag erteilte, die Berichte aus alter Zeit chronikenmässig einzukleiden (*de poer em chronica as estorias*), steht fest, wie auch, dass er ihn schon als Kronprinz anwies, die Epoche Johann's I. zu schildern. Die »*Chronica del Rey D. Johann de boa memoria*«[2], die er nur bis zum Jahre 1415 vollendete, hat denn auch keinerlei Kritik ihm absprechen können. Aus ihr aber erhellt unumstösslich sicher, dass auch die *Chronica de D. Fer-*

---

[1] Nächst Barb. Mach. und Inn. da Silva siehe *Ineditos* IV, Einl. von F. M. Trigoso 1816; J. P. Ribeiro, *Archivo* p. 54 und *Panorama* III 197.

[2] *Coronica del Rey D. Joham de boa memoria .... capitulada e composta por* F. L., *Escrivão da Puridade do Inf. D. Fernando, filho do mesmo Rey ... a qual Coronica o dito* F. L. *fez por mandado del Rey D. Duarte sendo Principe*, gedruckt erst 1644, Liss von A. Alvarez, und niemals wieder.

nando und die *Chronica de D. Pedro* sein Werk sind,[1] wie fernerhin dass er in einer *Primeira Parte,* dem königl. Befehl gehorchend, die ersten 7 Herrscher behandelt hatte.[2] Dieser erste Teil ward dem schon erwähnten Italiener Justus Baldinus anvertraut, und kam bei seinem plötzlichen Tode (1360) abhanden, ohne seinen Zweck erfüllt, d. h. den Grundstoff zur lat. Darstellung geliefert zu haben.[3] Die Nachfolger (Duarte Galvão, Ruy de Pina und spätere) benutzten jedoch Abschriften für ihre Neu-Redaktionen, verschwiegen aber, leichtfertig oder böswillig, den Namen des Fernam Lopes, für dessen Rechte und Verdienste erst Damião de Goes eintrat.[4] Sein Hauptwerk, dem er den Ehrennamen eines port. *Froissart* verdankt, ist erfüllt von ehrlich überzeugter Begeisterung für den König Johann, seinen Helden, sowie für den Kronfeldherrn und den Kanzler, deren Laufbahn er mit angesehen; doch ist er aufrichtig bestrebt, Schatten und Licht gerecht zu verteilen[5]. Die Sprache ist treuherzig und kernig. Ungesucht stellt hie und da ein malerisches Bild, oder ein naiver Merkspruch sich ein. Saftige Anekdoten sowie romantische Abenteuer liefert die Geschichte selbst. Dokumente, Briefe, Reden, Predigten — die er meist abreviert wiedergeben musste (*brevemente tocado*) — unterbrechen oft die schlichte Erzählung. Mit Reflexionen und philosophischen Betrachtungen hält er Haus, und geht sparsam mit fremden Zitaten um. Im Allgemeinen stellen die Portugiesen ihren *Fernam Lopes — o Patriarca dos Historiadores — o Pae da prosa portugueza* — ungeheuer hoch, die dem mittelalterlichen Stoffe inwohnende dramatische Urkraft dem Darsteller gutschreibend. Neuerdings tadelt man ihn, weil er den Vertrag mit England (Rymer, *Foedera* VII. p. 521) nicht wörtlich abgedruckt und die (in meinen Augen illusorische) verderbliche Tragweite nicht erkannt hat, welche diese den Zeitraum von nur 3 Jahren umspannende Allianz für die fernere geschichtliche Entwickelung des Landes gehabt hat. Nun wird der redliche Biedermann hinterlistig und spitzfindig gescholten (*astuto e arteiro*), und als Dekan der Schmeichler, und ältester officiöser Panegyrist und Geschichtsfälscher hingestellt.[6] Ich denke, er geht siegreich aus dieser Prüfung hervor, und auch aus einer zweiten, welche span. Historiker ihm aufzuerlegen gedenken, durch den Nachweis, er habe eine ältere span. Chronik plagiiert[7], während er dieselbe wohl nur pflichtschuldigst benutzte, da er sogar aufs Energischste und wiederholt Ayala's Fehler, und seine parteiischen (will sagen: portugiesen-feindlichen) Schilderungen bekämpft.

96. Gomes Eannes de Zurara[8] (aus Z. in der Beira) war in seiner Jugend ein Kriegsmann, Ritter und Komthur des Christusordens (was ihn nicht daran hinderte, sich 1461 von einer reichen bürgerlichen Wittib und

---

[1] Gedr. erst 1816 in den *Ineditos* IV. Die Chronik Peters hatte schon J. Pereira Bayão veröffentlicht und weidlich verändert (1735 und 1760). Auf die erstgenannte verweist Fernam Lopes z. B. im D. Joham, I cap. 2. 3. 30. 36. 50. 54. 117. und II 32. 70. 88; auf die zweite cap. 49. 117. 125. II 71. 88. 129. Umgekehrt fehlt es in beiden auch nicht an Vorwärts-Weisungen auf die *Chron. de D. Joham.*

[2] S. Parte I cap. 159.

[3] S. ob. § 89. p. 250, Anm. 6 und 7.

[4] *Chron. de D. Manoel,* IV cap. 38. Auch Nunes de Leão plaidierte für ihn doch ohne Schärfe. Faria-e-Sousa aber verwirrte dann die Frage aufs Neue.

[5] Wie ernst er die Quellen durchforschte, und wie ehrlich er seiner Hülfsmittel gedenkt, muss jeder Leser seiner Werke erkennen, die er übrigens sogar bescheiden Kompilationen nennt (I p. 311 und 342). Selbst sein Nachfolger bestätigt es: *com muito cuidado vira grandes volumes de livros e desvairadas lingoagens(?) e terras . . . e publicas escripturas de muitos cartorios.*

[6] S. Conde de Villafranca, *D. João I e a Alliança ingleza.* Liss. 1883, und Th. Braga, *Modernas Ideias,* p. 382 u. ff.

[7] Sanchez Moguel ist mit dieser Arbeit beschäftigt.

[8] S. *Ineditos* I und II. J. P. Ribeiro, *Archivo* p. 56. Barros, *Dec.* I. 2 cap. 1.

Handelsfrau, ihres Erbes halber, adoptieren zu lassen. Erst im Mannesalter begann er wissenschaftliche Studien, und zwar mit solchem Eifer, dass er an Sprachkenntnissen, Geschichte und Kosmographie eine Leuchte ward [1] und sich Vertrauen und Gunst seines Königs erwarb, von dem er reich mit Glücksgütern gesegnet und 1454 zum Nachfolger des F. Lopes ernannt ward. [2] In dieser Stellung war er bis 1479 unermüdlich thätig an vier Chroniken. Zuerst verfasste er als 3. Teil der Johannes-Chronik die Geschichte des 1. afrikanischen Feldzuges unter Benutzung der schon zusammengetragenen Dokumente,[3] zu denen er auf mühseliger Afrikafahrt selber das bessere Teil hinzufügte; dann im Anschluss daran die Geschichte der beiden ersten reckenhaften Gouverneure: D. Pedro de Menezes und D. Duarte de Menezes,[4] so wie die bemerkenswerte, 1453 vollendete,[5] auf ältere Aufzeichnungen eines Affonso de Cerveira basierte Geschichte der Entdeckungen (bis 1448), oder Heinrich des Seefahrers.[6] Ausserdem begann er als Fortsetzung der Reichschroniken die Darstellung der Regierung Königs Duarte und Alfons' V., seines Wohlthäters, beendete sie aber nicht, so dass seine Materialien dem nächsten Chronisten zu Gute kamen. Was er geleistet, ist aller Ehren wert: seine Erzählung ist treu und schlicht, zeigt aber trotzdem den in Ritterbüchern erfahrenen Quattrocentisten. Dass er dieselbe sehr oft mit moralphilosophischen Exkursen durchsetzt, und den jungen gährenden Most seines frisch gewonnenen Wissens, naiven Stolzes voll, in hunderten glossierter Zitate überschäumen lässt, sollte man ihm verzeihen, statt seine Weitschweifigkeit immer wieder zu tadeln (*superflua abundancia, copia de palavras poeticas e metaphoricas*).

97. Zurara's Chronik von der Eroberung Ceuta's ward 1460 in ganz freier lat. Bearbeitung unter Verwertung mancher dort nicht benutzten Einzelheiten, als »*Gesta Johannis de bello Septensi*«[7] vom Lehrer Alfons' V., und dessen Geheiss gemäss, Sallust nachahmend, ausgeführt. Auch sollte derselbe noch die weiteren afrikanischen Ereignisse behandeln, woran der Tod ihn hinderte. Man wird im Magister Matheus de Pisano[8] wahrscheinlich den am engl. Hofe, beim Schwager Johann's I. auferzogenen Sohn der berühmten Christina erkennen dürfen, deren Balladen und Lieder bis nach Spanien und Portugal gedrungen waren.[9]

---

[1] Sein Kollege Pisanus sagt von ihm: *dum maturae jam aetatis esset et nullam litteram didicisset, adeo scientiae cupiditate flagravit, quod confestim effectum est, ut bonus grammaticus, nobilis astrologus et magnus historiographus evasisset.*

[2] *Bibliothecario del Rey; Chronista-mór* und *Guarda-mór da Torre do Tombo*. Als Verwalter des Staatsarchives fertigte er kurze Resumés aller wichtigeren Dokumente aus der Zeit Peters bis Johann's, die es verschuldet haben, dass viele von den Originalen unbeachtet verkamen.

[3] Gedr. 1644 mit den beiden ersten Teilen.

[4] Gedr. 1793 in *Ineditos* III.

[5] Also vor Ca-da-Mosto und Ramusius.

[6] *Chronica do Descobrimento e conquista da Guiné*, gedr. 1841 zu Paris vom Visconde de Santarem, nach dem schon oben (p. 248 Anm. 1) besprochenen schönen Codex, der 1457, dem Anschein nach, an Alfons v. Neapel gesandt ward, und später als Erbe in den Besitz des Herzogs v. Calabrien überging; 1600 in Valencia von Frey Luis de Sousa gesehen ward, 1702 in der Bibliothek des Lucas Cortez stand, und 1837 von F. Denis in Paris entdeckt wurde (No. 236 des *Supplément franç.*) S. Denis, *Chroniques Cheval.* II p. 43 und vgl. *Boletim Bibliogr.* I 47–49.

[7] *Ineditos* I, 1790 nach Ms. *Penalva*.

[8] Laut Zurara war er *poeta laureado e hum dos soficientes philosophos e oradores que em seus dias concorreram na christandade.*

[9] S. Vision de Christine, wo die Mutter einen ihrer zwischen 1380 und 88 geborenen Söhne als *bel, gracieux, aperte, soubtil* und tüchtig in Rhetorik und Poetik schildert. Möglich ist, dass der Infant D. Pedro ihn 1428 in England kennen lernte und hernach nach Portugal berief (1436). – S. Braga, *Poet. Pal.* p. 186–189.

98. Ruy de Pina (geb. vor 1440, gest. nach 1521)[1] erlangte unter König Emanuel (1497) den Posten als Archivar und Chronist, nachdem er vorher afs Kabinets-Sekretär Johann's II., als Gesandtschaftssekretär und selbständiger Botschafter in Spanien (1482, 1483, 1493) und Rom (1484) mit wichtigen Missionen betraut, Proben seiner Tüchtigkeit abgelegt hatte. Mit Zugrundelegung der Zurara'schen Manuskripte, die z. T. noch zu Aufzeichnungen des ersten Reichshistoriographen zurückgreifen mögen, redigierte er die *Chronica de D. Duarte* und *Affonso V.*,[2] und, ganz selbständig, die Chronik Johann's II., die sein wesentlichster Ruhmestitel ist.[3] Würdevoller als Lopes, massvoller als Zurara, hält er sich gleich fern von Schmeichelei wie anmassender Kritik, und spricht eine edle, ob auch mit Adjektiven etwas zu freigebige Sprache. Er unternahm auch noch die Darstellung der Indischen Grossthaten unter Emanuel, vom Könige und seinen Helden (worunter auch Albuquerque) mit Geschenken überreich »belohnt«; konnte seinen Plan aber nicht zu Ende führen. An die Chroniken der ersten 7 Könige hat er Hand gelegt, und die Nachwelt hat sie, mit Ausnahme der allerersten, unter seinem Namen veröffentlicht.[4] Diese, über Affonso Henriques, war von Duarte Galvão, auch einem bei Hofe gut angeschriebenen Edelmann, der als Gesandter Rom, Deutschland und Frankreich betreten hatte und in Abessynien auf einer Missionsreise starb, bereits unkritisch reformiert und mit unglaubwürdigen Sagen ausgeschmückt worden.[5] Aus Pina's Chronik Johann's II. zog Garcia de Resende, dem wir noch oft begegnen werden, alles Wesentliche aus, fügte manches Selbstgeschaute und Erlebte hinzu, und gab seinem kurzen Auszug eine leichte gefällige Form, die ihr raschen Anklang verschaffte.[6]

99. Die *Chronica do Condestavel*[7], von ihrem unbekannten Verfasser mit Vorbedacht »*Estoria*« betitelt, erzählt, ohne Angabe jeglicher Jahreszahl, in ansprechender Einfachheit, den Lebenslauf des Nuno Alvares Pereira (1362 bis 1432) von den frühesten Jugendjahren mit ihrem halb mystischen, halb romanhaften Galaaz-Kultus, durch das heldenhafte Mannesalter, bis zur letzten, wieder halb mystischen Klosterzeit im Lissabonner *Carmo*. Verfasst ward sie jedenfalls bald nach seinem Hinscheiden. Übrigens wiederholen die Ferdinands- und die Johannes-Chronik Dutzende von Kapiteln daraus. Untersucht ward die Frage noch nicht, ob die *Estoria* ein bereicherter Ausschnitt aus Fernam Lopes ist, oder ob dieser Historiker bereits jene benutzte. Das letztere scheint mir der Fall zu sein.

100. Ebenso schön, und trotz aller Schlichtheit durch ihren Inhalt ergreifend, ist die *Chronica do Sancto e virtuoso iffante D. Fernando*,[8] welche Frei

[1] Über das Leben Pina's, der zuerst als *escudeiro*, dann als *Cavalleiro da Casa de D. Manoel* auftritt, sehe man, nächst Barb. Mach., und den Einleitungen zu den akademischen Chronikenausgaben (*Ineditos* I und IV), das *Dicc. da Academia* p. CLXVIII; *Panorama* III 346. Resende, *D. João* II cap. 34. 45. 57. 164. 165. 213 und Pina, *D. João* cap. 8. 14. 20. 58. 72; über seine Werke auch Damião de Goes, *D. Manoel* IV cap. 37.

[2] Beide in *Ineditos* I, also 1790.

[3] *Ineditos* II 1792.

[4] Die ersten 5 erschienen 1726 bis 1729 bei M. Lopes Ferreira; die letzte (über D. Affonso IV.) war schon 1653 von Paulo Craesbeeck gedruckt worden. Unter Galvão's Namen kursiert auch ein geographisches Büchlein: *Compendio e Summario das Grandezas e cousas notaveis de Entre-Douro-e-Minho* (gedr. 1606, zusammen mit der *Chronica de D. Affonso Henriques*, worüber Inn. da Silva I 78 und VII 191 nachzuschlagen ist); doch wird es mit mehr Fug und Recht auch Mestre Antonio, dem königl. Leibarzt, zugesprochen.

[5] *Dicc. da Acad.* p. CXXIII und *Panorama* III 330. Gedr. 1727

[6] Sein »*Lyvro . . . que trata da vida e grandissimas virtudes e bõdades . . . do Principe Dõ João o segundo*« erschien 1545 und 1554, und als »*Chronica*« 1596. 1607. 1622. 1752. 1798.

[7] Gedr. 1526. 1554 und 1848.

[8] Gedr. zu Liss. 1527, (doch leider in der verbesserten Textgestalt eines Jeronymo

Joam Alvares, der Geheimschreiber des edlen standhaften Prinzen, verfasste, einer der 7 Getreuen, welche die Gefangenschaft mit jenem teilten (1438—42), seines Wahlspruches eingedenk: »*Le bien me plait*«, und zugleich der erste, der sterbliche Überreste von ihm nach der Heimat brachte. Später ward er Abt in dem altertümlichen *Paço-de-Sousa*-Kloster, reformierte dort die entartete Mönchszucht; und sandte den Brüdern, als wahrer Seelsorger, erbauliche Briefe, in origineller Fassung, als er nach Flandern und Burgund zu reisen hatte, und von dort weiter bis nach Rom, als Sendbote der Schwester des Infanten, um von Papst Paul II. die Kanonisation des in Afrika Geopferten zu beantragen (1468—70).[1] Und mit den Briefen schickte er Bücher: das erste Exemplar der »*Imitatio Christi*«, sowie die 15 sogenannten Augustinischen *Sermones ad fratres in eremo*. Auch übersetzte er ihnen die lat. Texte, und die Ordensregel, sich dabei allzu stark latinisierter Worte und Sätze bedienend.[2]

101. Nach Inhalt und Sprache gehören noch an diese Stelle die Indienbriefe, welche der grosse Albuquerque an seinen König richtete.[3] Meisthin betreffen sie ja nur spezielle Verwaltungsfragen, enthalten also wenig Allgemeines, und interessieren vorwiegend den Historiker und Kulturhistoriker; doch giebt ihnen die altertümliche und durchaus populäre, mit origineller Eigenmacht gehandhabte Redeweise ein bemerkenswertes Gepräge. Schon João de Barros hatte von Albuquerque geäussert: *era homem de muitas graças e motes . . . Trazia grandes anexins de ditos pera comprazer ás gentes* . . . .[4] Wie treffend wahr das ist, zeigen die Briefe. Aus den paar Verslein, welche er improvisierte, solange er bei Hofe lebte und liebte, hätte man das nicht entnehmen können.[5]

III. KASTILISCH-PORTUGIESISCHE PALLAST-DICHTER (1448—1516).

A) DER CONDESTAVEL D. PEDRO DE PORTUGAL.[6]

102. Ich gebe diesem Dichter eine Sonderstellung abseits von der Schaar aller übrigen eigentlichen Pallastdichter, und das nicht bloss weil der wertvollste Teil seiner Werke in das Allgemeine Liederbuch nicht aufgenommen ward. Sein Platz ist auf der Schwelle der neuen Dichtungsepoche. Einerseits schliesst er sich noch unmittelbar an die älteren moralphilosophischen Prosaisten an. Er reicht D. Duarte und D. Pedro die Hand, deren Wissens-

Lopes), 1577 in neuer Überarbeitung von Frey Hieronymo de Ramos, und 1730. Auch hier hat also die Textkritik noch untersuchend einzugreifen. Deutsch von Olfers als »Leben des standhaften Prinzen«, Berlin und Stettin 1827.

[1] J. P. Ribeiro, *Dissertações* I, *Doc.* 109, p. 364—379.

[2] *Panorama* I p. 101.

[3] Bis jetzt sind nur die ersten 114 gedruckt: *Cartas de Affonso de Albuquerque*, Liss. 1884. — Nächst seinem Sterbebriefe denke ich in meine Chrestomathie eine Reihe seiner tief ins Fleisch schneidenden Kraftworte über Menschen und Dinge aufzunehmen.

[4] *Dec.* II, 10 cap. 8.

[5] *Canc. de Res.* III 198. 204. 247; vgl. 208. 241 und 562. Daran dass er (und nicht sein Sohn Bras) der Dichter ist, braucht nicht gezweifelt zu werden.

[6] Es ist dies der vierte portug. Fürst Namens Pedro, dem der Leser hier begegnet. Eingedenk der Thatsache, dass alle vier auch von vorsichtigen Männern auffallend oft mit einander verwechselt werden, zähle ich sie noch einmal auf: 1) der Genealogiker und vermeintliche Verfasser der *Trovas*, D. Pedro Graf v. Barcellos, c. 1289—1354, von dem auf S. 179. 187. 210 die Rede war; 2) König Peter I. der Grausame 1320—1367, mit dem wir uns auf S. 119. 164. 231. 247 beschäftigten; 3) der vielgereiste Infant und Prinz-Regent 1390—1449, über den S. 119. 164 und 244—248 Auskunft gaben; 4) sein Sohn, der Condestavel 1429—1466, auf den schon sehr oft (z. B. 119 und 228) hingewiesen ward. Dazu kommen noch (wie p. 179 Anm. 3 zeigte) 5) Peter I. der Grausame v. Kastilien (1350—1369) und 6) Peter IV. von Aragon (1366, und nicht 1356, —1387), sowie 7) der sehr viel ältere D. Pedro de Aragon, der Bruder der heiligen Elisabeth (s. p. 188).

drang und Sittlichkeitsideal, und deren Ehrfurcht vor der Antike er teilt. Und wie sie, pflegte er selber noch die Prosa fast mit grösserem Eifer und Erfolg als die Dichtkunst. Andererseits aber tritt er als der Herold des neuen Stils auf. Er ist, meiner Auffassung nach, der erste Portugiese, der eine Scheidelinie zieht zwischen Reimerei und Poesie (*poetria*), seinen Dichterberuf ernst nimmt, und nicht mit Worten, Bildern und Reimen spielt; der erste, der nicht *trovador*, sondern *poeta* sein will; der erste, der aus der Antike hergeholte Schulbegriffe wie *Satira* und *Tragedia* benutzt und erörtert; der erste, der es unternimmt Allegorien anzuwenden, ein grosses Poem aufzubauen, dasselbe mit philosophischem Gedankeninhalt zu füllen, und Klänge aus der altersgrauen Vorzeit hinein zu weben; der erste auch, der den epischen Vers der Kastilianer in grösserem Massstab anwendete; der erste, der eine *Cancion* nach dem in Spanien fixierten musikalischem Schema fertigte; der erste (wie schon wiederholt gesagt werden musste), der sich dichtend des Kastilischen bediente; der erste, der Dante nachahmend, seine Kinderliebe zu verherrlichen unternahm und überhaupt der Minne Qualen, fühlend, besang; der erste, welcher Santillana, Mena, Manrique und Padron zu Vorbildern wählte; der erste, der *Macias* verherrlichte; der erste . . . Doch es sei genug! Aus dem gesagten erhellt bereits, dass der Condestavel für die portug. Litteratur in mehr als einer Beziehung wichtig ist, obschon er zum eigentlichen Nationalschatze nur 3 kleine Lieder beigesteuert hat.

Einige Worte über sein Leben sind unerlässlich, um das Verständnis seiner Dichterart vorzubereiten.[1] Kraft seiner Geburt, als Sohn eines Infanten, heisst er eigentlich nur »O. Senhor D. Pedro«. Doch hat man ihn oft auch Infant geheissen. Kraft seiner Würden war er Condestavel de Portugal und Rei de Aragão. Die unpassende und zweideutige Bezeichnung D. Pedro de Aragão sollte man jedoch sorglich vermeiden. Geboren 1429 von aragonesischer Mutter (Urgel), 1443 zum Kronfeldherrn, 1444 zum Ordensmeister von Avis erhoben, doch erst 1445 zum Ritter geschlagen, durch den »Seefahrer«, als er an der Spitze von 5000 Mann dem König von Kastilien zu Hülfe entsendet ward gegen den (mittlerweile bei Olmedo aufs Haupt geschlagenen) aufrührerischen Adel, hatte D. Pedro Gelegenheit am span. Hofe Johann's II., in den »*salas*«, und im Verkehr z. B. mit Alvaro de Luna, sich für den neuen Stil zu erwärmen. Heimgekehrt, sang der Frühverliebte, dem vom Vater noch im Speziellen die ritterliche Pflicht überkommen war, die Frauen mit Schwert und Feder zu ehren[2], einige kleine *Canciones*, widmete sich dann aber in Aviz ernsten litterarischen Studien, bei deren romanistischem Teile Santillana's berühmtes Sendschreiben ihm Führer ward. Diese friedliche Beschäftigung ward 1449 gewaltsam unterbrochen. Der Ehren und Güter beraubt, flüchtete der Vaterlose nach Kastilien. In den 7 bis 8 Jahren seiner Verbannung schrieb er seine Werke. Als er 1457 heimkehren durfte, blieb er in der Nähe Alfons' V. und geleitete ihn 1458 und 1463 nach Afrika. In Ceuta suchte ihn eine katalanische Gesandtschaft auf, um ihm die

[1] S. Sousa, *Hist. Gen.* II p. 84 und *Provas* II 18; Soares da Silva, *Memorias* Bd. I und II; Zurita, *Anales de Aragon* XVIII fl. 147 v.; *Cronica de D. Juan* II, Año 1445, cap. 10—16; Zurara, *Guiné* p. 234; Santarem, *Quadro* III 99—101; Octavio de Toledo, *El Duque de Coimbra y su hijo el Condestable* in *Rev. Occidental* I p. 295 bis 315; A. Balaguer y Merino, *Don Pedro el Condestable de Portugal considerado como escritor, erudito y anticuario*, Gerona 1881; *Romania* XI p. 154; Braga, *Questões* p. 136; D. José Coroleu é Inglada, *El Condestable de Portugal rey intrus o de Cataluña* in *Revista de Garona*, 1878.

[2] Als Philippa de Lencastre auf dem Totenbette ihren nach Ceuta segelnden Söhnen die Schwerter einhändigte, weihte sie D. Pedro zum Beschützer der Frauen. Bei seinem Sohne kommen oft Ausdrücke vor wie . . . »*el feminil linage, a quien yo tanto soy tenudo, e loar devo*«.

aragonesische Krone anzubieten. Am 20. Januar 1464 traf er in Barcelona en, und entfaltete allsogleich vielseitig rührigste, friedliche Thätigkeit. Dennoch musste er zum Schwert greifen wider den Gegenkönig, obwohl bereits kränkelnd; erlitt 1466 bei Granollers eine Niederlage und starb gleich darauf, nicht an Gift, wie man behauptet hat, sondern schwindsüchtig. Allüberall, in der Liebe wie auf dem Throne hatte er — ein Liebling der Götter — *a mais formosa bem proporcionada creatura que então se sabia no mundo*, gefunden was er gesucht: »*paine pour joie*«.[1]

103. D. Pedro hinterliess drei grössere aus »Prosa und Metrum« gemischte Werke in spanischer Sprache, und einige kleine Lieder, von denen schon gesprochen ward (§ 75). Die seinem Urgrossvater zugeschriebenen *motes d'amores* stammen höchstwahrscheinlich aus der Zeit seiner jungen Pagenliebe, also aus den Jahren 1443 bis 1448; und da eine der vier im *Cancioneiro Geral* aufbewahrten Proben kastilisch abgefasst ist, gehören sie wohl in die Zeit nach dem ersten Aufenthalt in Spanien, d. h. nach 1445: ich halte sie, wie schon angedeutet ward, für die frühesten, Portugal gehörigen *Canciones.*[2] Drei weitere, in einem span. Liederbuch (VII-A-3 der königl. *Bibl. Patrimonial)* stehende Liederthemen reden daselbst eine so verderbte Mischsprache, dass man nicht weiss, ob man sie kastilisch oder portug. lesen soll.[3] Diese, und ähnliche andere verlorene »hübsche Sächelchen« sind vermutlich die *algunas cosas gentiles,* welche Santillana zu sehen bekam, ehe er seine eigenen Werke einsandte. Auf *Poemas* passt die Bezeichnung nur schlecht. — Das älteste der Gedichte ist betitelt: »Satira de felice e infelice vida«, d. h. »Mahnworte über Lebensglück und Unglück«.[4] Der 18 Jahre und 8 Monde zählende Autor klagt darin verzweifelnd über die Hartherzigkeit seiner kleinen Beatrice, der er bereits fünf Sommer lang gehuldigt. Sein Verstand *(discrecion)* tadelt ihn darob. Er aber flieht, taub gegen jeden Rat, voller Selbstmordgedanken, in einen abgelegenen Garten. Sieben Frauen erscheinen ihm, natürlich Tugenden, und hadern mit seiner törichten Leidenschaft. Drei davon: Vorsicht = *Prudencia,* Sittsamkeit = *Honestidad,* und frommer Sinn = *Piedad,* die Schutzpatroninnen des weiblichen Geschlechts, entschuldigen und rechtfertigen das holde, spröde (übrigens ungenannte) Kind. Sein Unstern allein ist Schuld an seinem traurigen Loos. — Das an sich nicht sehr bedeutende Werk kann man eine halbgelehrte, halbsentimentale, allegorische Novelle nennen. Der verkünstelte metaphorische Prosastil, voll guter und schlechter Latinismen, erinnert mächtig an den *Siervo libre de amor* des Rodriguez del Padron.[5] Der Prosa folgen pathetische, nicht minder preziöse Verse (»*el metro*«, wie der Dichter sie bezeichnet): 20 Doppel-Vierzeiler mit einem Halbvers als Bindestrich (abab.c.cddc) und 4 *octavas.*

---

[1] So lautet die Seele seiner Devise auf Bauwerken in Aviz und Barcelona, in seinen Büchern, und auf seinen Manuscripten. Der Körper derselben ist eine Fortuna auf dem Glücksrade, natürlich verbundenen Auges. Die in Portugal verbreitete Übersetzung »*Modestia por alegria*« ist selbstverständlich unannehmbar.

[2] Im *Canc. de Res.* I 67—69 stehen die portug. Cantigas: *Maes dina de ser servida; Onde acharão folgança; Oh desejosa folgança,* und die span.: *Buen deseo me envia.*

[3] Im *Canc. Nieva* finde ich drei (aneinander gereihte) Fragmente: *Bemdirei d'amor, Eu tenho vontade* und *O amor me dizia.* Vgl. A. de los Rios VII 74; VI 590 und Braga, *Poet. Pal.* 127 und 132.

[4] *Satira,* so erklärt er, *quiere dezir reprehension con animo amigable de corregir!*

[5] Als ganz kurze, doch charakteristische Probe des Stils diene die Überschrift: *Sigue-se la epistola a la muy famosa, muy excelente princesa, muy devota, muy virtuosa e perfeita Señora D. Isabel por la deifica mano Reyna de Portugal, gran señora en las libianas partes embiada por el en su obediencia menor hermano e en deseo perpetuo mayor servidor.* Die konstante Voranstellung der durch adverbielle Bestimmungen noch erweiterten Adjektive giebt dieser Schreibart ein germanisch anmutendes Gepräge.

Ausserdem gehören zum Texte 78 umfangreiche Glossen, nach Art derer, mit welchen Santillana seine *Proverbios* und Gomez Manrique seine *Consolatoria* versah. Sie behandeln alle dem portug. Leserkreise damals noch fernstehenden und daher ohne Kommentar unverständlichen Gestalten und Dinge der klassischen Sagenwelt. Für den modernen Forscher sind die wichtigsten diejenigen, welche Peninsulares betreffen (d. h. die Glossen über Ardanlier, Macias, S. Isabel, und den Autor selbst *s. v. tierna edad,* sowie seinen Vater und seine Familie). Dass die *Satira* ein Erstlingswerk, ein tastender Versuch ist, würden Inhalt und Form verraten, auch wenn es nicht ausdrücklich gesagt wäre. In der Widmungsepistel an seine Schwester, Portugals junge Königin Isabella, erklärt D. Pedro, wie er seine Leidensgeschichte — *el primer fruto de mis estudios, . . . las primicias de mis cuidados* — spanisch redigiert habe, weil verbannt unter Spaniern lebend, halb widerwillig (*mas costreñido de la necesidad que de la voluntad*), halb getröstet durch die Voraussicht, die Neuheit seines Unternehmens müsse gefallen. Als die Katastrophe von Alfarrobeira ihm Familie und Heimat raubte, war nämlich sein Werk — seit August 48 — bereits in portug. Fassung fertig gewesen, die Glossen nur zur Hälfte. Die spanische Überarbeitung mag er etwa 1453 beendet haben, jedenfalls vor 1455.[1]

Seine zweite Leistung bezeichnet einen merklichen Fortschritt. Sie besteht in einem moralphilosophischen Lehrgedicht, mit Anruf an *Minerva* und stilgemässen Gleichnissen (*exemplificaciones* und *comparaciones*): De Contemptu Mundi. In 125 Oktaven, oder 1000 Zeilen, — *mil versos*, die im Titel eine Rolle spielen[2] und sofort an die Trecientas des Mena gemahnen —, philosophiert der durch Unglück gefeite Prinz über die Nichtigkeit alles Irdischen, nach einander alle Lebensgüter auf die Wagschale der Kritik legend: Reichtum, Macht, Ehren, Fürstengunst, Sinnenlust, Geburtsadel, Schönheit, Kindersegen, Jugend, Popularität, Kraft, Langlebigkeit und Freundschaft, und sie, weil vergänglich, zu leicht befindend, um hinterher Gottesliebe und Gottesfurcht als einzigechtes Gut, die Tugenden aber als Staffeln dazu vorzuführen. Auch zu diesem Gedicht gehören Dutzende von grundgelehrten Prosaglossen, unter denen wiederum einige die Halbinsel betreffen (*Alvaro de Luna,* und das portug. Fürstenhaus). Der Dichter schrieb das auf einem Ritt nach Medina ersonnene Werk im Jahre 1455 nieder, und widmete es mit einem Prolog seinem kunstsinnigen Schwager Alfons V., wie eine in Madrid aufbewahrte Hs. vom Jahre 1457 beweist (M. 69; 70 fl.).[3] Dies achtungswerte Denkmal eines edlen Geistes, der die höchsten und wichtigsten praktischen Wahrheiten zu seinem Eigentum gemacht hat, scheint in weiteren Hss. verbreitet worden zu sein, und fand so viel Anklang, dass es noch im 15. Jh. ein Mal (vielleicht auch mehrmals) gedruckt ward und später weitere (3) Abdrücke erlebte.[4] Trotz dieser seltenen Gunstbezeugung hat die Litte-

---

[1] Die einzige bekannte Hs., eine 1468 in Katalonien von Cristofol Bosch *librater* hergestellte Abschrift, ruht in Madrid (Bibl. Nac. P. 61., 72 fl.). Sie ward benutzt, von A. de los Rios VII 80—86, Oct. de Toledo zu *Rev. Occidental* I p. 307—312 und A. Paz y Melia zu seiner Ausgabe des Padron (*Bibliofilos* XXII; s. p 400—401 und passim). — Neuerdings, 1892, veröffentlichte der letztgenannte span. Gelehrte den Text der *Satira*, mit Ausschluss der Glossen, die er für wertlos hält (*Bibliofilos* XXIX).

[2] *Coplas fechas por el muy illustre Señor Infante Don Pedro de Portogal en las quales ay mil versos con sus glosas, contenientes del menosprecio e contempto de las cosas fermosas del mundo: e demonstrando la su vana e feble beldad.*

[3] Sie scheint verschieden von einer Hs. von 153 Seiten, welche Mendez (oder Hidalgo?) besessen hat.

[4] Sechs, acht und neun Jahre nachdem der Buchdruck in Basel erfunden ward, soll es in Bänden, die weiterer Daten entbehren, veröffentlicht worden sein. Wie es sich damit

raturgeschichte bis vor ganz kurzem nicht gewusst, dass der Condestavel der Verfasser ist. Der Leser weiss bereits (aus § 87) dass Garcia de Resende 1516, den Sohn mit dem berühmteren Vater verwechselnd, zu dem echten alten Titel »*Coplas fechas por el muy illustre Señor Infante D. Pedro de Portugál*« den falschen Zusatz beifügte »*fylho del rey dom Joam da gloriosa memoria*«, und dass, auf seine Rechtlichkeit bauend, die Nachwelt bis 1876 diese Angabe wiederholt hat[1], und noch wiederholt. Auch über die Glossen dazu verbreitete man, seit Barbosa Machado, falsche Gerüchte, sie dem spanischen Herausgeber Antonio d'Urrea zuschreibend.[2]

Das letzte, reifste und schönste Werk des Fürsten, die *Tragedia de la insigne Reyna D. Isabel*, ist dem frühen und jähen (vielleicht gewaltsamen) Tode der verehrten Schwester geweiht († 1455). Es ward 2 Jahre nach dem Ereignis beendet, und an den gleichfalls der Heimat entrissenen, jüngeren, liebenswerten Bruder, Kardinal D. Jaime nach Florenz entsendet, der kurz darauf in S. Miniato al Monte sein herrliches Renaissance-Marmorgrab fand, seinem Motto treu: *Malo mori* . . . .[3] Das in Erzählungen, Gesprächsszenen und eingestreute Gesänge zerfallende und somit thatsächlich eine Art dramatischer Gewandung tragende, aus 8 prosaischen und 8 metrischen Abschnitten bestehende Werk[4] erinnert zwar an andere peninsulare Totenweihen und erweist sich durch den Titel Tragedia als gegensätzliche Nachbildung der *Comedieta de Ponza*, indirekt also (wie die Gesamtheit der alle-

verhält, lässt sich zunächst nicht entscheiden, da die vor 1755 benutzten Exemplare (lauter *unica*) beim Erdbeben abhanden gekommen sind. Die gleichfalls datenlose Ausgabe, von welcher heute noch 3 Proben vorhanden sind (zu Liss. in der Nat.-Bibl., in Madr., und in der Bibl. Salvá), stammt anscheinend aus dem Jahre 1478 und aus dem Orte Barcelona. S. Mendez-Hidalgo, *Tipografia* p. 68—69; Salvá No. 854 und 179; Ericeira, *Memorias da Acad. Hist.* 1724 No. 23 p. 7; Ribeiro dos Santos in *Memorias de Litteratura* 1856 VIII 62—65. Die späteren Ausgaben sind: 1516 *(Canc. de Res)*; 1730 Soares da Silva, *Memorias de D. João*, Bd. II 463; und 1852 *(Canc. de Res.)*.

[1] Die falsche Angabe, der Infant D. Pedro habe das Weltverachtungs-Poem geschrieben, findet man (ausser bei den Bibliographen Hain, Villanueva, Leichius etc.) bei Nicolas Ant. II No. 269 und 267; Barb. Mach. III 540; Sarmiento 834 (835. 820); F. Denis 13—14 und 606; Bellermann 21. 48. 62; Wolf 717; A. de los Rios VII 80; Ticknor; Inn. da Silva VI 375; Morel Fatio in *Romania* XI 157; Braga, *Trov.* 292; *Poet. Pal.* 21. 32. 97. 157. 174. 365; Oliv. Martins in *Revista de Portugal* I. p. 565. — Die Wahrheit erkannte und offenbarte 1875—76 Oct. de Toledo, in dem schon erwähnten, zu wenig beachteten Aufsatz der *Rev. Occidental.* Seine Ergebnisse gingen dann über in Braga, *Curso* 130 und *Questões* p. 136; Storck, *Camões*, Einleit. § 39. und Oliveira Martins, *Filhos de D. João*. Unabhängig davon kam A. Paz y Melia 1892 zur gleichen Einsicht.

[2] Dieser katalanische Bücherfreund erklärt im Prologe an seinen Mäcen D. Affonso de Aragon (*lugarteniente general del rey*, den illegitimen Sohn König Ferdinands des Katholischen, über den man Zurita, *Anales* XX cap. 23 befrage), und zwar ganz ausdrücklich, dass keine Silbe von dem was er herausgab sein Werk ist, und dass er nur das eine Verdienst beansprucht, für Verbreitung der *Coplas* durch Drucklegung gesorgt zu haben. Keiner der Kritiker hat also die Einleitung gelesen; wie auch keiner die Glossen der Durchsicht würdigte. Nicht in ein oder zwei Stellen, sondern in vielen steckt der Beweis erstens dafür, dass der Autor, der diese Glossen verfasste, vorher schon die *Satyra* gedichtet hatte; zweitens dafür dass er, wie thatsächlich der Condestavel, ein Neffe Johann's II. von Kastilien und Philipps von Burgund war; und ferner dafür dass er nach der Hinrichtung des Alvaro de Luna schrieb. — Dass fremde Schriftsteller Prosaglossen zu gelehrten Dichtungen lieferten, war damals übrigens Mode. Ich erinnere an *Mingo Revulgo* (kommentiert von Pulgar); *Mena* kommentiert von Fernan Nunez; und Jorge Manrique der verschiedene Ausleger fand.

[3] Über D. Jaime (geb. 1434, gest. 1459 in Florenz) s. Sousa, *Hist. Gen.* II 91; *Aeneas Sylvius*, cap. 58; Macedo, *Lusitania purpurata* fl. 187 und besonders Bisticci, *Vite di Uomini illustri del secolo* XV, p. 152 der ed. 1859.

[4] Die Gedichte sind Lamentationen, Visionen, Verwünschungen, teils in Kurzzeilen (8, 6 und 4 Silblern), die zu mannigfaltigen Strophen gefügt sind, teils in Octavas.

gorischen Gebilde jener Zeit), als entfernter Nachklang der *Divina Commedia*; hält sich im Einzelnen jedoch von aller erkünstelten Mache und Nachahmung fern. In geläutertem Kunstgeschmack, unnützer Gelehrsamkeit entratend, in natürlicher, leichtfliessender, ob auch getragener, von Herzen kommender und zu Herzen gehender Sprache, offenbart das Trauerspiel die tiefe und sinnige Gemütlichkeit, die sittliche Hoheit, brüderliche Liebe und zarte durchgeistigte Frauenverehrung des Schreibers. Der Tod der Königin, durch ein Traumgesicht und Zeichen der Natur voraus verkündet, wird dem ahnungsvoll bewegten Dichter durch Boten gemeldet. Seine Klagen und Verwünschungen unterbricht ein mit immergrünem Kranze geschmückter, drei Äpfel in der Hand tragender, die Zeit symbolisierender Greis. Er spricht dem lange Untröstlichen beharrlich zu und erreicht es, dass er ergeben und gefesteten Sinnes, seinem harten Schicksal ins Angesicht schaut. Bis heute ist das Gedicht ungedruckt: Nur Andeutungen darüber gab Bellermann [1], der in der National-Bibliothek zu Lissabon eine hs. Denkschrift über portug. Dichtkunst aus der Feder des tüchtigen Antonio Ribeiro dos Santos († 1818) einsah, welche eine Inhaltsangabe und bedeutende Gedichtproben nach dem einzigen, in Portugal in Privatbesitz befindlichen Exemplar der *Tragedia* (v. J. 1459) bietet. [2] Mit dem zweifellos nach Portugal an Alfons V. gesandten Kodex ist dasselbe nicht identisch. Die Rückberufung des Condestavel in das geliebte Vaterland ward in meinen Augen durch den dichterischen Schmerzensschrei mitbewirkt. — Von neuen Dichtungen aus dem letzten Lustrum seines kurzen Lebens weiss man nichts. In Beziehungen zu anderen portug. Poeten scheint der Fürst nicht getreten zu sein. Er hatte erreicht was er wollte, indem er den neuen Stil nach Portugal verpflanzte; und widmete sich anderen Aufgaben, als Berater des Königs, im Ordenshause zu Aviz, auf den afrikanischen Schlachtfeldern, und als Nominalkönig von Aragon (*Rey intruso*, nach katal. Auffassung). Möglich auch, dass er sich, in seiner anwachsenden Bibliothek studierend, zu neuen litterarischen Thaten vorbereitete, an deren Ausführung der Tod ihn hinderte.

B) DAS ALLGEMEINE LIEDERBUGH (1448—1516).

104. Wir dürfen jetzt dem portug.-kastilischen Liederfrühling nahen, der nun mit südlicher Raschheit und Üppigkeit auf dem fruchtbaren Boden Portugals nach langer Brache erblühte. Trotz der 100jährigen Pause sind der Ähnlichkeiten und Zusammenhänge mit der 1 Epoche gar viele. [3] Wie damals handelt es sich auch jetzt thatsächlich um Kunst und Konversationspoesie: die Pfleger der Dichtkunst lebten und wirkten sämtlich am königl. Hofe in festgeschlossenem Kreise, wandelten sämtlich die gleichen Wege, und entnahmen die Motive zu ihren zumeist für den Augenblick bestimmten Werken dem geselligen Pallastleben. Über viele markante Ereignisse ist daher wie früher ein beziehungsreicher Gedichtzyklus vorhanden. Allem was diesem gemeinschaftlichen Boden entsprang, eignet auch jetzt eine gewisse typische Familienähnlichkeit, und die natürliche, individuelle Sonderart der Dichtenden wird durch die Bevorzugung

---

[1] Bellermann, p. 29 und 50.

[2] Aus dem Besitze des D. Fernando de Lima, dem 1818 das vorher nie genannte schöne Pergament gehörte, ging es später in die Hände Saraiva's, und vor Jahren in die kostbare Bibliothek seines jetzigen Herrn über, Fernando Palha, der mir nicht nur Benutzung des Originals gestattete, sondern, von meinen Absichten wissend, eine Abschrift und alle seine Materialien anbot und zur Verfügung stellte. Ich bereite die Gesamtausgabe der Werke des Condestavel vor.

[3] Nachweisen kann ich das hier nicht. Ich erwähne nur, als Nachtrag zu § 27 und 37, dass ein Dichter des *Canc. de Res.* sogar König Dionysius zitiert (was hochwichtig ist). S. I 460: *Invoco el Rey D. Denis da licença d'Aretusa!*

relativ beschränkter immer wiederkehrender Modeformen und durch die konventionelle Einkleidung beeinträchtigt. Auch jetzt heisst die Dichtkunst im Allgemeinen noch *arte de trovar*, und der Dichter *Trovador*. Liebes- und Spottlieder — *cantigas de amor* und *cantigas de escarnho e maldizer* — sind nach wie vor die Hauptgattungen. Die Tenzone ist durch Frage und Antwortspiele vertreten. Dennoch sind die Unterschiede zwischen beiden Epochen recht erhebliche, wie aus Nachfolgendem erhellt.

105. Die Hauptquelle für die Geschichte der neuerwachten Poesie ist wiederum ein Liederbuch, welches dies Mal (vielleicht auf Wunsch und Wink von oben) ein Hofbediensteter von 1511 bis 1516 zusammentrug und sofort drucken liess.[1] In der Person des Kronprinzen Johann (III.), dem die Lieder zur Kurzweil (*desenfadamento*) dienen sollten[2] — (nicht König Emanuels, wie oft gesagt wird) — widmete Garcia de Resende seine Sammlung den Nachkommen, als Vermächtnis der zu Ende gehenden mittelalterlichen Kulturepoche. Scharfen Blickes mochte der vielseitige, rührige und welterfahrene Höfling aus bestimmten Zeichen das Heranbrechen des neuen Tages fühlen. — Man nennt das Liederbuch meist *Cancioneiro de Resende*, nach dem Sammler. Dieser selbst aber wählte den passenden Titel »*Allgemeines Liederbuch*«, im Hinblick auf den eben in Spanien erschienenen Cancionero General von Castillo weil er gewillt war, unterschiedslos und ohne Skrupel, Alles zu buchen was von den für jeden Sonn- und Festtag in die königlichen Pallastsäle zur Abendunterhaltung geladenen Gästen zur Belustigung König Johann's II. und Emanuels an Dichtwerken geschaffen worden, soweit es nicht nur improvisiert, sondern vorher oder nachher aufgezeichnet und erhalten war. Was aus der nächsten Vergangenheit, die der um 1470 Geborene nicht erlebt d. h. aus den Tagen Alfons' V. und des Regenten, unter denen die litterarischen *Serões* begonnen hatten, Gleichartiges übrig war, das schloss er natürlich prinzipiell nicht aus. Mündlich und schriftlich erheischte er von seinen Kollegen in Apoll ihre eigenen Verse; und von nicht selbstthätigen, doch musenfreundlichen Gönnern erbat er Mitteilung der von ihnen angelegten oder von den Voreltern ererbten Albums,[3] im Vertrauen darauf dass, um der Neuheit willen, ein Jeder gern seine oder der Seinen Gedichte gedruckt sehen würde. Der Erfolg war über Erwarten günstig. Der um seiner Jovialität und gesellschaftlichen Vorzüge willen als gewandter Dichter, Musiker und Zeichner und als Vertrauensmann des Monarchen beliebte *fidalgo da Casa real e escrivão da fazenda do Principe*[4] erhielt mit

---

[1] Der alte Titel lautet (verkürzt): *Cancioneiro geerall . . . ordenado e emendado por Garcia de Reesende . . . . Começouse em Almeyrym e acabouse na muyto nobre e sempre leall çidade etc., Lisboa Per Hermã de Cãpos alemã bõbardeyro del rey N. S. e empremidio aos 27 dias de setembro . . de 1516*; 4 + 227 Bl. Über den Druck sehe man Tito de Noronha: *O Cancioneiro Geral* 1871 und C. M. de Vasconcellos, in Ztschr. V p. 80. Einen willkommenen Wiederabdruck der nur in 15 bis 17 Exemplaren erhaltenen Originalausgabe besorgte für den litterarischen Verein A. v. Kausler 1846. 1848. 1852 (Bd. XIII. XV und XXVI). Einen recht guten Auszug mit litterarhistorischer Einleitung lieferte A. de Castilho für die *Livraria Clasica*, Bd. X—XIII. Der erste, welcher den Geist des Liederbuches treffend charakterisierte, war Bellermann. Vgl. Wolf, *Studien* 727 und ff. Das eingehendste Spezialwerk schrieb natürlich Th. Braga als *Poetas Palacianos* 1872; doch bleibt noch manche Frage unerledigt. Vgl. auch Costa e Silva I 141—145. Biographisches bei Bellermann und Braga und in Einzelartikeln bei Barb. Mach. s. v. Fernam Silveira, D. Joam Manoel, D. Joam de Menezes, João Rodriguez de Sâ e Menezes, João Rodrigues de Lucena, Aires Telles de Menezes, D. Francisco de Portugal u. a. m.

[2] Alles Humoristische ward für seine Hoheit mit Kreuzen markiert, deren ich genau ein Hundert zähle; und auf den erziehlichen Wert dieser Spottverse wird im Prologe absichtlich hingewiesen (*ao Principe N. S.*).

[3] S. z. B. *Canc. de Res* II 184. 315. 476. II 177. III 320.

[4] Garcia de Resende (geb. um 1470, gest. um 1540) leistete als junger Page Dienste am Schreibtisch Johanns II., sowohl im Kabinet wie im Schlafgemach. Unter *moço da*

210 Antworts-Schreiben ebensoviele grössere oder kleinere Einzel-*Cancioneiros*, aus denen er seinen mächtigen Infolioband bildete.[1] Darinnen zusammen über tausend Poesien[2] von einem hundert bedeutenderer Troubadours und noch gegen 200 Höflingen, die nur gelegentlich bei Gesellschaftsspielen, auch einmal hatten »mitmachen« und eine *trova*, scheinbar aus dem Stegreife, hersagen oder -singen müssen[3]. Seine Sammlung reicht bis ins Jahr des Druckabschlusses hinein (1516)[4]. Genau festzustellen wie weit sie zurückgreift, ist unmöglich, da die subjektiven Lieder nur in den seltensten Fällen eine Datierung zulassen. Ausser den oben schon besprochenen Gedichten des Regenten und des Juan de Mena und den *Motes d'amores* des Condestavel nebst den Entgegnungen des *Coudel-mor*, finde ich kein Gedicht, das mit Bestimmtheit vor 1449 geschrieben ward.[5] Ich meine, erst mit dem Tage wo der jung vermählte Alfons V., für majorenn erklärt ward, die Zügel der Regierung aus den Händen des Infanten nahm und eigenes Hoflager hielt, entwickelte sich jenes glänzende und heitere, von Musik, Dichtkunst, Tanz, Spielen und Schaustellungen aller Art belebte Pallastleben, dessen dauerndste und schönste Blüten die Gedichte des *Cancioneiro de Resende* sind. Darum wählte ich als Anfangs-

---

Camara und *moço da escrevaninha* hat man eine Art vertrauten Kammerdieners zu verstehen. Den Haus-, Privat-, Geheim- oder Kabinetssekretär benennt jener Titel sicher nicht. Auch bezeichnet *fidalgo* nicht den Posten eines »Kammerherrn«, sondern nur eine Adelskategorie, zu welcher die Edelknappen (*moços fidalgos*) aufrückten. Johann II., sein Sohn Alfons († 1490), Emanuel und Johann II. beschäftigten Resende vielfach. Ausser dem Drucke des *Cancioneiro*, der Popularisierung von Pina's ungedruckter Chronik (s. oben p. 257 Anm. 4) und zahlreichen kleinen Prosaschriften dankt man ihm eine Reimchronik über die historischen und kulturgeschichtlichen Geschehnisse seiner Tage, die bis 1534 hinauf reicht: »*Miscellanea e variedade de historias, costumes, casos e cousas que em seu tempo aconteceram*«.

[1] Aus so vielen Parzellen besteht das Inhaltsverzeichnis, welches Resende lieferte Jede einzelne enthält entweder eine Reihe von Gedichten nur eines Autors oder ein geselliges Liederspiel von vielen.

[2] Ich habe in meinem Gebrauchsexemplar 1004 numeriert; doch kann man natürlich mehr oder weniger rechnen, je nachdem man Frage und Antwort, Lied und Glosse, Text und Hülfstexte (= *Ajudas*) immer nur einfach oder mehrfach zählt. Genaue Verzeichnisse sind ein Bedürfnis.

[3] Die höchst willkürlichen Angaben über die Dichterzahl, welche bislang veröffentlicht sind, schwanken zwischen den 75 Namen, welche Resende's summarischer Index buchen soll — was unbedingt zu wenig ist — und 351, was zu viel ist, (da ein und dieselbe Persönlichkeit unter verschiedenen Bezeichnungen auftritt), auch wenn, wie Rechtens ist, jeder Verfasser genannt wird. Namensverzeichnisse (von 286 Würfen) stellten her Inn. da Silva (II p. 17—23) mit Hinweis auf die Seitenzahlen des Originals, und Th. Braga (*Poet. Pal.* p. 429) ohne jeglichen Nachweis. Ich drucke das meine (vollständig dokumentierte) hier nicht ab, weil es, selbst ohne die eingehenden Erklärungen, deren es bedarf, unverhältnismässig viele Seiten füllen würde. Die von dem portugiesen-freundlichen Gallizier Sarmiento hingeworfene Bemerkung, der *Canc. Geral* sei reicher an Liedern und Liederdichtern als das span. Parallel-Werk, wird übrigens durch die Thatsachen Lügen gestraft. Von seinem mannichfaltigeren Inhalt, der glänzenderen Farbenpracht, der grösseren Originalität absehend, bemerke ich nur, dass allein das 1511 gedruckte Liederbuch 1033 Gedichte von 190 verschiedenen Dichtern bietet.

[4] Den Beweis suche man z. B. in Band III p. 462.

[5] Die sonst frühesten Gedichte scheinen mir die Klagelieder auf den Tod des Regenten (Ältere historische Begebnisse werden nicht behandelt). Ich glaube jedoch, dass sie erst einige Jahre nach *Alfarrobeira* verfasst wurden, als der König anfing, den Anhängern des Infanten zu vergeben, entweder als er 1455 die Überführung der Leiche nach Batalha gestattete, oder gar erst nach der Heimkehr des Condestavel 1457—58. Als Kriegs- und Hofbedienstete haben trotzdem manche von den Dichtern schon unter D. Duarte eine Rolle gespielt. Zu den ältesten Poeten gehören: der Coudel-mor Fernam da Silveira (geb. erst 1432), Luis de Azevedo, Fernam Telles, João Correa, Aires Gomes da Silva, Ruy Gomes da Grã, Alvaro Pires de Tavora, Ruy Gonçalves de Castellobranco.

datum das Jahr 1448.[1] — Mit irgend welcher sachlichen oder chronologischen, oder nach Dichtern geordneten Gruppierung der Lieder befasst sich Resende nicht. Der selbe Dichter und die selben Dichtarten kommen an verschiedenen Stellen vor. Je nachdem der Zufall ihm die Liederhefte zuführte, schickte Resende sie in die Druckerei des königl. Bombardiers deutscher Herkunft Hermann aus Kempten am Rhein (erst nach Almeirim, dann nach Lissabon). Dass bei diesem System nur eine Wiederholung vorkam, ist zu bewundern.[2] Als besondere, doch keineswegs vollständige Gruppen heben sich einzig die geselligen Scherz- und Spottgedichte ab — *cousas de folgar* — und die gleichfalls geselligen Lob- und Huldigungslieder auf die Damen (*louvores*). Alles übrige ist systemlos durcheinander gewürfelt. Und da auch Inhaltsverzeichnisse und andere praktische Hülfsmittel, welche das Studium erleichtern könnten, fehlen, so ist die Übersicht äusserst unbequem. Wie oft ein Gedicht das andere erläuterte, hat man daher nicht erkannt.[3] Dem alten Sammler haben wir trotzdem für seine Mühewaltung dankbar zu sein, um so mehr als andere allgemeine Liederbücher überhaupt nicht geliefert worden sind und spezielle sich wenigstens nicht erhalten haben. Eine Hs. in Madrid, die man in Portugal für einen Schatz von Ungedrucktem hält, ist nichts als ein Teilstück des *Cancioneiro Geral*[4]. Ein Liederbuch »*de D. Martinho*«, dessen *Resende* selbst gedenkt,[5] wird kaum mehr als eines der 210 Gedichtalbums gewesen sein, deren Inhalt er seinem Werke einverleibte. Selbstverständlich ist es jedoch, dass er trotz seines schönen Eifers nicht alles Vorhandenen habhaft wurde.[6] Dass er über Verluste klagt und die Sorglosigkeit der Portugiesen verurteilt, steht bereits in § 73. Weitere Beweise für die Zersplitterung des litterarischen Ertrags der Jahrzehnte von 1450—1520 sind die Motes d'amores des Condestavel und die in spanischen Liederbüchern prangenden Verse des D. João Manoel, D. João de Menezes, Fernam da Silveira, Ruy de Sande u. a. m.[7] Hymnen und Kirchenlieder (*hynos e cánticos que na santa ygreja se cantan*) schloss Resende grundsätzlich aus.[8] Lieder und Romanzen aus dem Volksmund zu

---

[1] Die übrigen Berichterstatter lassen das Liederbuch um 1350 beginnen, im Glauben an die Dichtergabe Peters des Grausamen. Braga setzte das Datum 1438 fest, d. h. des Infanten Regentschaftsanfang, weil er ihm bis vor kurzem das Poem von der Weltverachtung zusprach, und daraufhin ein so frühes Blühen der Pallastdichtung für sicher hielt.

[2] S. z. B. *Canc. de Res.* II 184 und III 631.

[3] S. z. B. *Canc. de Res.* I 442. 462. 332 III 181. 192 lauter Lieder von und über D. Branca (Coutinho).

[4] Man sehe darüber Bellermann, Anm. 31, Sismondi IV, 280 und besonders *Memorias de litt. port.* III p. 59 sowie in Ztschr. V p. 81 die Ansicht von Tito de Noronha, welche Braga teilt. Vgl. auch Hardung, *Cancioneiro de Evora.* Ich habe den Madrider Cod. *M. 28* zwar nicht untersucht, doch lehrt sorgsamer Vergleich des *Canc. de Res.* mit den Angaben solcher, die jenen durchblätterten, dass er (wie schon Bellermann behauptet hat) nichts Ungedrucktes enthält, selbst nicht von den 18 Zuschussdichtern, die Noronha darin namhaft macht (die in Wahrheit aber im Resende nicht fehlen).

[5] *Canc. de Res.* III 634. Was ich über den *Cancioneiro Marialva*, das *Livro das Trovas del Rey*, und über die sonstigen von Braga ins XV. Jh. verlegten Liederbücher denke, braucht nicht wiederholt zu werden. S. § 23—25 und 77. Im Buch der Apokryphen wären die *Obras Ineditas de Aires Telles de Menezes* zu erledigen, welche A. L. Caminha 1792 herausgab. Einige echte Nachträge zum *Canc. de Res.* enthält der *Canc. de Evora* (ed. V. E. Hardung Lisb. 1875. S. Ztschr. V 565 und VII 94). Von einem Dichter des »Allgemeinen Liederbuches« sind die »*Sentenças de D. Francisco de Portugal*« (gedr. 1605), doch gab dieser Catão Portuguez seinen gedankenreichen Apophthegmen prosaische Einkleidung.

[6] Im *Canc. de Res.* fehlt z. B. der Dichter Affonso Lopes Çapaio (Sampaio?), von dem Gil Vicente spricht (III 379), sowie Felipe Guillen (ib. 377). Der *Cancioneiro Portuguez*, welchen Gil Vicente benutzte, war also vom *Canc. de Res.* verschieden.

[7] Braga, *Poet. Pal.* p. 31—33.

[8] S. unten p. 273.

sammeln, fiel ihm natürlich nicht ein, obwohl er von *rymances* und volksmässigen *trovas* wusste.[1]

106. Wer aber sind die Dichtenden? Zuvörderst fällt beim Vergleiche mit der ersten Epoche auf, dass Könige nicht mehr darunter sind. Schon D. João I., D. Duarte und D. Pedro arbeiteten einsam in ihrem Studierzimmer, wie D. Felipa in ihrer Klosterzelle. Nur schriftlich und nur einmal, und zwar mit einem Fremden, dem höchst-geehrten Hofpoeten des Nachbarstaates und zu bestimmtem Zwecke tauschte der Regent einige Verse aus: Nur um ein Paar schöner Augen willen mischte sein Sohn sich in die heimischen Hofkreise, den Modeton angebend; und auch die Tochter D. Felipa wollte dort wohl nichts als den portug. Damen mit gutem Beispiel vorangehen, d. h. Führerin der Geister sein. Als ein Mannesalter später der Sohn Johann's II. ein Prinzesschen feiern wollte, beauftragte er damit bereits eine Vertrauensperson.[2] Von Alfons V. an, der die Zahl der Hoffähigen *(Moradores)* ungeheuer vermehrte, mit so verschwendrischer Prachtliebe Titel, Würden und Güter verteilend, dass sein Sohn nur »die Strassen des Landes« erbte, über Johann II. fort (1481—1495), den »Mann«, *el Hômbre*, oder »wahren Fürsten« *(Principe perfeito)*, der die übermächtig gewordenen Grossen gewaltsam in ihre Schranken zurückweisen musste, zu Emanuel dem »Glücklichen« (1495—1521), dem der reiche Erntesegen 100jähriger Arbeit in den Schooss fiel, waren die Regierenden in ihrer wechselnden Besitzes- und Machtfülle unnahbarer geworden. Nicht ganz so unbeteiligt und hoheitsvoll wie Emanuel in der *Comedia Trofea* des Torres Naharro zu Rom auf der Bühne erschien, schauten sie im Lissabonner Pallast bei den glänzenden *serões* (Abendfesten), in denen sie Zerstreuung von den Staatsgeschäften suchten, auf den Kreis der sie amüsierenden Grossen und Höflinge herab. Ihren feinen Sinn für Musik und Dichtkunst offenbarten sie wenigstens durch den Beifall, den sie spendeten oder vorenthielten.[3] Selbst aber verfassten sie höchstens einmal eine Tournier-Devise. Nur bei des geliebten Sohnes Hochzeitsfeier mit der Tochter der katholischen Könige (1490) trat Johann I. auch in einer dramatischen Schaustellung als Schwanenritter auf. Und wie die Allerhöchsten nicht mehr teilnehmen wollten am Dichten, so durften es die Niedrigsten nicht länger: besoldete Spielleute, niedere Geistliche, einfache Bürgersleute mischten sich, der Regel nach, nicht in die Hofzirkel.[4] Nur Kavaliere d. h. der Adel, von den höchsten Würdenträgern bis

[1] Im Prologe sagt Res.: *»e assy muytos emperadores, reys e pessoas de memoria, polos rymances e trovas sabemos suas estorias«*, wobei er an Prosaromane (frz. Ursprungs) nicht gut denken kann. Auch sein Gedicht auf Ines de Castro, ob auch selbst keine Romanze, beweist Kenntnis epischer Volksgesänge. Und die Glosse der span. *Tiempo-bueno*-Romanze sowie die vielfachen Anspielungen auf die *Bella-Malmaridada,* und die Verwendung sprichwörtlicher Romanzenzeilen zeigen, dass die portug. Hofdichter zum mindesten diejenigen nationalen Weisen beachteten, welche am span. Hofe glossiert und in die *Cancioneros* aufgenommen worden waren. Auch an Sprichwörtern *(enxempros)*, Anspielungen auf Volksbelustigungen und abergläubischen Bräuchen sowie an folkloristischen Formeln ist kein Mangel.

[2] Originell genug wendete er sich an den Ordensprior von S. Cruz, dem 3½ Ritter sekundierten *(Canc. de Res.* III 192). Wieder eine Generation später, erklärte die Infantin D. María, die geistvolle und gelehrte jüngste Tochter Emanuels: *Se soubera fazer trovas, De que me satisfezera, Ainda assim as não fizera.* So ändern sich die Begriffe von Würde und Schicklichkeit.

[3] Wie tief bei Johann II. der Sinn für Poesie wurzelte, geht z. B. daraus hervor, dass er sich Abends, im Schlafzimmer, von Resende das herrliche Klagelied auf den Tod Rodrigo Manrique's († 1479) rezitieren liess: *Recuerde el alma dormida.*

[4] Ausnahmen kommen natürlich vor: Luis Anriquez z. B. hatte sein Kavaliersdiplom noch nicht erhalten; Alvaro Barreto und João Paes waren Kirchensänger *(cantores)*; Diogo Fernandez Goldschmied; Gregorio Affonso gehörte zum Haushalt des Bischofs von Evora. Die schon unter Emanuel auftretenden spanischen Hofnarren (*bôbos* und *chocarreiros*) kleideten ihre beissenden Witze naturgemäss in Prosa. (S. Goes, *Chronica de D. Manuel,* IV cap. 84).

herab zu den jüngsten Pagen, tritt uns dichtend entgegen: Herzöge (2), Barone (2), Markgrafen (2), Grafen (11), dazu 71 den Ehrentitel Dom tragende Vollblut-Fidalgos (worunter freilich etwelche Spanier, denen jener Titel unterschiedslos zukommt), Angehörige der Familien Noronha, Castro, Menezes, Mello, Coutinho, Sousa, Pereira, Silva und Gama und Albuquerque,[1] als Oberkämmerer, Marschälle, Kronfeldherrn, Gestütmeister, Schatzkämmerer, Oberstallmeister, Ordensgrossmeister, Priore etc. Die Bezeichnung Pallast-Dichter »Poetas Palacianos« ist also eine durchaus zutreffende.[2] Die volkstümliche Ader war diesmal somit fast gänzlich unterbunden: der Einklang oder richtiger die Monotonie der Empfindungs-, Denk- und Redeweise eine nahezu vollkommene. Ein weiterer, damit verknüpfter, Unterschied besteht darin, dass die Damenwelt nicht bloss zugegen war und zu Dichtungen begeisterte, sondern wie an Tanz und Gesang, auch an den Gesellschaftsspielen teilnahm und selbst dichtend auftrat. Die jungen Mädchen gaben ihrem Galan das Thema zum jeweiligen Liede; sie antworteten auf ihnen dargebrachte Huldigungen; verfochten in den Prozessen bestimmte Meinungen und fanden selbst an Spottturnieren Gefallen.[3] Aus diesem Grunde und überhaupt in Folge der bedeutend verfeinerten Hofsitten ist der Ton der Dichtungen, die zum grössten Teil thatsächlich bei Hofe vorgetragen oder gelesen wurden, ein gemässigterer, ob auch, dem Zeitalter entsprechend, immer noch die gröbsten Natürlichkeiten unbeanstandet besprochen und belacht werden konnten. Gewisse unglaublich freche Stückchen, von bemerkenswerter Plumpheit und Plattheit, kursierten; scheinbar öffentlich, da Resende es wagte, sie zu drucken und der königl. Hoheit zu widmen, und zwar noch dazu rot angestrichen. Vor allem aber bedingte das höhere Bildungsniveau markante Abweichungen von den Gebilden der ersten Periode. Die mehr und mehr begünstigte humanistische Erziehung bewirkte, dass die im »Sternbild des Latein« Geborenen — *em sino de latim,* wie man scherzend sagte — neben den *trovas de folgar* und den *Cantigas de amor* noch andere, ernstere Genre und einen höheren Stil kultivierten, voll klassischer Nachahmungen und Anspielungen. Neben der eigentlichen Lyrik daher auch Didaktik und einige epische Versuche, sowie dem Drama zustrebende Gespräche.

107. Der wesentliche Unterschied zwischen der ersten und zweiten Periode der Kunstlyrik betrifft jedoch das Verhältnis zu Spanien. Damals war Portugal Führerin gewesen; jetzt ist es Spanien. Es sei noch einmal gesagt, dass nach 1458 ein Nichtspanier, der ernsten Sinnes zur portugiesischen Lyrik beigesteuert hätte, nicht mehr vorkommt.[4] Wo immer Spanier mit

---

[1] Kaum eine der 40 Adelsfamilien fehlt, deren Wappen in *Cintra* vom Glanze jener Tage erzählen.

[2] Schon im *Canc. de Res.* III 650 kommt der Ausdruck *trovar palanciano* vor.

[3] Die zur Ausdeutung vorgeschlagenen Themata sind übrigens keineswegs stets selbsterfundene Sentenzen oder Lieder, sondern oft dem Sprichwörterschatz oder den Modeliedern entnommene Zeilen. Auch antworteten bisweilen im Namen schüchterner Jungfrauen ihre *galanes* (z. B. II 296. 418. 17. III 113). Immerhin aber bleiben $2^1/_2$ Dutzend Dichterinnen übrig als Verfasserinnen gefälliger, scherzender oder sentimentaler Reihen. Ganze *trovas* suche man: III. 13. 23. 163. 170. 169; II 589; I 275; *Motes* besonders I 109–112: II 23. 181. 317. 331. Die Damen seien hier zum ersten Male genannt: D. Beatriz d'Ataide, d'Azevedo, Pereira; D. Branca Coutinha; D. Caterina Anriques; D. Filippa; D. Filippa d'Almada, Anriques; Guiomar de Menezes, de Crasto; Ines da Rosa, da Silva, Pereira; Joanna Anriques, Ferreira, de Mendonça, de Sousa; Lianor de Mascarenhas, (s. Sâ de Mirand No. 51 und 52); Lianor Moniz, Pereira; Margarida Anriques, Furtada; Maria Jacome, da Cunha, de Mello, Bobadilha, d'Ataide, de Tavora, de Sousa; und Mecia Henriques.

[4] Die Verse, welche der Halbportugiese D. Antonio de Velasco im Namen des liebeskranken Portugiesen Ruy de Sande schrieb *(Canc. Gen.* No. 207*); die ganz ver-

Portugiesen zusammentreffen, benutzt jetzt der Kastilianer unentwegt, für alle Äusserungen, seine Muttersprache. Auch die, welche an portug. Könige und Grosse schreiben, oder als Gesandte und ständige Hofbedienstete in Portugal weilen, verfahren ebenso.[1] Und selbst was sie an dichterischer Habe in ihrer eigenen Zunge im fremden Nachbarland hinterlassen, wird immer spärlicher. Ausser Mena's Widmung an den Regenten stehen im *Canc. Geral* nur äusserst wenige in und für Portugal verfasste Lieder von Spaniern. Nur bei Gelegenheit der grossartigen Hochzeitsfeste von Evora (1490), und in Zaragoza bei Emanuels Einzug (1498), als der kleine Lusitano-Kastilianer D. Miguel zum Gesamterben beider Kronen geschworen ward, beteiligten sich kastilische Granden wie fechtend an den Tournieren, so dichtend an den Gesellschaftsspielen: der Condestable de Castilla; Duque de Segorbe; Conde de Haro; Conde d'Oñate; D. Luis Ladron; D. Diego de Mendoza; D. Alonso Pimentel; Iñigo Lopez; D. Rodrigo de Moscoso; D. Antonio de Velasco; Pero Fernandez de Cordova.[2] Umgekehrt aber verfuhren die Portugiesen. Die Leichtigkeit, mit der sie sich fremde Idiome aneignen, ihre Courtoisie Ausländern gegenüber, ihre unausrottbare Freude an allem Neuen, Fremden, Seltsamen führten zum Spanischreden. Dazu kamen von 1490 an die kontinuierlichen Heiraten mit Spanierinnen (an die sich gegenseitige Absorptionsgelüste schlossen) und der siegreiche Zauber der zahlreichen span. Hofdamen, die im Gefolge der Infantinnen ins Land zogen.[3] Vor allem aber die Obmacht der spanischen, gerade unter Heinrich IV. und Ferdinand und Isabella einen ungeahnten Aufschwung nehmenden spanischen Dichtkunst, und der in Portugal stets leidenschaftlich geliebten Musik. Auf Flügeln des Gesanges drangen Hunderte von wirklich schönen span. Liedern und Romanzen in Portugal ein. Und nach den gefälligsten, von den Hofsängern der Kapellen Isabellas, der Herzöge von Alba und des Condestavel M. Lucas de Iranzo komponierten Melodien, also in den gleichen metrischen Formen, dichtete man neue Weisen.[4] Dem Beispiel des Condestavel D. Pedro folgten rasch andere Poeten. Als 1490 beim Einzug der jungen Thronfolgerin tourniert ward, hatten alle 36 Kämpen — mit Ausnahme des Königs von Portugal und eines Pero d'Abreu — ihr huldigend, spanische Devisen gewählt (III 231). Von diesen kurzen Mottos abgesehen, und natürlich mit Beiseitesetzung aller schon erwähnten Verse geborener Spanier, stehen im *Cancioneiro Geral (salvo erro)* 137 kastilisch-portugiesische Gedichte von 41 Poeten,[5] d. h.: ungefähr ein Siebenteil des

---

einzelten späteren portug. Lieder von Castillejo und Valdivielso, oder gelegentlich von Tirso, Lope, Calderon und Gongora angebrachte Fragmente, sowie die Reden eines »Portugiesen« in den *Cortes de la Muerte* gehören in ein ganz anderes Kapitel.

[1] Noch ein Kleines, und der Portugiese durfte grimmig klagen: *Somos gregos para elles! E o dia que entramos em Castella, cumpre-nos trocar a lingoagem porque nos entendam. E assi o fazemos. E elles, ... em toda sua vida não alcançam a nossa, vivendo entre nós!*

[2] S. *Canc. de Res.* II 418–423 und III 131. Hinzukommen noch Arelhano (III 30 und öfters), Curelha, Pedro Aires (III 234) und vielleicht einige nur mit dem Vornamen als D. Antonio, Carlos, Filippe, Gonzalo, Guterre, Manuel bezeichnete Ritter.

[3] Wer portug. Geschichte kennt, wird darum wissen. Namen spanischer Hofdamen findet man in den Listen der *Moradores da Corte* bei Sousa, *Provas* II und VI.

[4] Die lange Liste der span. Lieder, welche vom letzten Viertel des 15. Jhs. an, und das ganze folgende Jahrh. hindurch, in Portugal gesungen wurden, ist von hervorragendem Interesse. Zum Glück kennen wir jetzt statt der blossen Anfangszeilen den ganzen Text und die Musik von recht vielen, Dank dem *Canc. Musical.* Resende nennt in seiner *Miscellanea* (Str. 179) als beliebteste Komponisten: Badajoz, Salcedo, Fuente, Lope de Baena, O Cego, Arriaga, Francisquillo, Gabriel, Encina, Madrid.

[5] Garcia Peres hätte die Pflicht gehabt, dies Verhältnis genau fest- und klarzustellen. Statt dessen spricht er, vague und falsch, von 29 Autoren (p. 95), nennt ihrer aber nur 10, mit unzulänglichen Stellenangaben, und druckt als einzige Probe der kastilisch-portug.

Gesamtschatzes ist nicht portugiesisch. Doch ist damit der spanische Einfluss noch nicht erschöpft. Spanische Liederanfänge und geflügelte Worte aus allen möglichen Werken werden ausserdem zu Dutzenden in portug. Poesien hineingearbeitet (z. B. in die Flickenlieder oder *Centones* I 406, 501, II 31). Spanische Mottos zu vielen Dutzenden dienen als Motive für portug. *Voltas* und *Glosas*[1] und werden als Gesangseinlagen grösserer Werke (I 47. 56. 57. 58. 75. 88. 89. 90. 93 und öft.) verwendet.[2] Spanische Dichter werden fortwährend als Muster und Leuchten gepriesen: nächst Macias und seinem gallizischen Schüler Padron noch Estuñiga, Juan de Mena, Jorge Manrique, Aguilar.[3] Einzelne von ihren Werken werden übersetzt und viele andere nachgeahmt[4], die

---

Dichtkunst das geschmackloseste Kunststück des ganzen *Cancioneiro* ab, das 64fache Akrostichon auf Ferdinand den Katholischen (II 211). Hier ist meine Liste:

1 Affonso Pires II 343. 353.
2 Affonso Valente I 490. 492.
3 Alvaro de Brito I 201. 213.
4 Alvaro Fernandez d'Almeida III 367.
5 Anrique de Sâ II 329. 331. 342. 352.
6 Antonio Mendes de Portalegre III 452.
7 Bras da Costa II 491.
8 Diogo Brandão II 208. 352.
9 Diogo Fernandes II 448.
10 Duarte de Brito I 324. 329. 331 (8 Lieder). 341. 345. 347. 351. 353. 363.
11 Duarte da Gama II 500. 502. (2 Lieder).
12 Duarte de Resende III 444. 447. 448.
13 Fernam Brandão II 342. 344. 346. 347. 350. 351.
14 Fernam da Silveira I 164. 176. 492. II 29.
15 Fernam Telles I 446.
16 Francisco d'Almada III 376.
17 Francisco Homem III 420.
18 Francisco Lopes Pereira III 382. 384.
19 Francisco de Sâ II 316. 319. 321. 323. 324.
20 Garcia de Resende III 584. 598. 599. 614. 624. 635. 637.
21 Gaspar de Figueiroo II 342.
22 Gonçalo Mendes Zacoto II 526.
23 Gregorio Affonso II 543. 544.
24 Joam Gomes da Ilha II 42.
25 D. Joam Manoel I 388. 392. 410. (2 Lieder). 416, 420. 424. III 192.
26 D. Joam de Menezes I 107. 109—112 (8 Lieder) 114. 117. 118. 125. 133. 134.
27 D. Joam Rodrigues de Castellobranco II 30.
28 Joam Rodrigues de Sâ II 448.
29 Jorge d'Aguiar II 9. 12.
30 Jorge de Resende III 328. 338. 343. 351. 354.
31 Luis Anriques II 237. 254. 265. 268. 270. 272. 273. 275.
32 Manuel de Goyos III 552.
33 Nuno Pereira III 193.
34 D. Pedro, Condestavel II 68. 73.
35 Pedro Homem III 193.
36 Pero de Bayão II 519. 520.
37 Prior de S. Cruz II 192.
38 D. Rolim I. 444.
39 Sancho de Pedrosa I 447.
40 Simão de Sousa III 409.
41 Vimioso (Conde do). II 126. 134. 136. 142. 143 (2 Lieder). 146. 147 (2 L.). 148 (2 L.). 153. 157.

Die bedeutendsten und fruchtbarsten spanisch-dichtenden Portugiesen sind D. Juan Manuel und D. Juan Menezes. Beide haben durch langen Aufenthalt in Spanien, wo sie als Gesandte weilten, Übung in der Schwestersprache erlangt; beide haben zum span. Liederbuch einige wertvolle Gedichte beigesteuert, und werden daher auch in span. Litteraturgeschichten gewürdigt (so z. B. bei Clarus II 231—255). Wie die ältesten und die meisten der 137 span. Gedichte bei Gelegenheit span. Feste, aus Verehrung für span. Damen, und in Folge span. Zuschriften und Angriffe entstanden, lässt sich ohne Mühe demonstrieren. Man lese z. B. I 125. 416. 420 und II 29.

[1] *Canc. de Res.* I 236. 244. II 173. 419. VI 301.

[2] In diesem, nach modernem Gefühle unschönen und stilwidrigen Sprachgemisch eine Verachtung der Muttersprache erkennen zu wollen, ist ungerecht. Viele Dichter vermieden solche Mischung übrigens sorgfältig, und an Spott und Zorn über die *acastelhanizados* fehlte es schon damals nicht. S. I 265, III 358. 627, 272 u. a. m., *Canc. Gen.* No. 208*.

[3] Macias kommt vor: I 7. 14. 46. 80. 122. 159. 382. 384. 412. 487 II 14. 43. 516; Padron I 4. 88. 90. 382; Estuñiga I 40. 72; Mena I 36. 40. 41. 99. 267. 382 III 317; Manrique I 41; Aguilar I 40. Der gehasste Anton de Montoro, o Roupeiro wird III 653 und I 240 erwähnt. An Litteraturwerken werden sonst noch zitiert: die Conquista de Ultramar II 183 und Esplandian III 530 (und von nicht spanischen Arimathia I 278; Vita Christi I 59; Cento Novelle II 329; Boccaccio's Fiametta und andere ital.-span. Prosa-Novellen I 309. 310).

[4] Santillana wird »namentlich« nicht genannt, doch war gerade seine Einwirkung eine ungeheure. Dass man thatsächlich Werke von ihm übersetzt[1]., glaube ich trotzdem nicht.

einen genauer, die anderen nur im Allgemeinen, immer aber naturgemäss in echt peninsularem Geiste. Wesentliche Unterschiede zwischen spanischen und portugiesischen Gedichten bestehen daher auch jetzt nicht: zu jeglicher Liedergattung des *Canc. de Res.* kann man im *Canc. Gen.* Parallelstücke finden, es seien Lamentationen, Höllenfahrten, Träume, Visionen, Allegorien, Flickenpoesien, Akrostichen, Labyrinthe, Wortspiele mit dem Namen der Geliebten; *Invenciones e letras*; Prozesse; Kartenspiele; Romanzenglossen; Entgegnungen auf blasphematorische Übertreibungen; Parodien auf Kirchengebete und Litaneien, oder anderes mehr. Das Dichten an den beiden Höfen sieht aus wie ein gemeinsames, doch von nebenbuhlerischer Eifersucht beschleunigtes Wettlaufen, bei dem bald die eine, bald die andere Nationalität, meist aber das mächtigere Spanien das Ziel steckte, den Vorsprung hatte und die Palme gewann.

108. Was die 1000 Gedichte des Liederbuches der Form und dem Gegenstand nach sind, ist nicht ganz leicht zu sagen. Die Entstehungsgeschichte der darin zur Anwendung kommenden peninsularen Dichtungsformen ist ja leider noch nicht geschrieben, wie oben geklagt ward.[1] Auch ein Lehrbuch der portug. Poetik aus dieser zweiten Periode gibt es nicht; und die von den Autoren selbst angewendete Terminologie ist keine systematische, schulgemäss ausgebildete, sondern eine äusserst schwankende und willkürliche. Der Übersichlichkeit halber, teile ich sämtliche Gedichte in zwei Hauptgruppen: in I. Poesias und II. Trovas. Doch sind ihre Grenzscheiden keine festen. Die einen kurzweg Gedichte ernsten Inhalts, die anderen aber Gedichte heiteren Inhalts zu nennen, geht nicht gut an.

109. Die Verfasser der *Poesias* beanspruchen für sich, und zwar nur für sich, den stolzen Titel *Poetas,* und für ihre Kunst, statt *arte de trovar* die Bezeichnung *poetria.* Denn sie sind gelehrte, litteraturkundige Leute *(lettrados)* und als solche bei den Alten (und bei den Italienern) gut zu Hause. Die meisten handhaben das Lateinische mit Eleganz und Sicherheit; einige verstehen sogar Griechisch. Ihr Wissen stellen sie aber auch als Pallast-Dichter nicht ganz unter den Scheffel, sondern verbrämen ihre Werke, gleich den Prosaisten und dem Condestavel, reichlichst mit klassischen Reminiscenzen. Ihre *poesias* — *trovas de poesia* — *trovas de obra grande* — *trovas de arte mayor* sind gewöhnlich langatmige Werke und fallen wie durch den Umfang, so durch den Inhalt aus dem Rahmen geselliger Hof- und Konversationslyrik heraus. Ernsten Sinnes und würdevollen Gebahrens beschäftigen sie sich mit Tugend und Laster, Himmel und Hölle, Tod und Unsterblichkeit, moralischen und theologischen Fragen und wenn mit Liebesproblemen, so stets in allgemeiner

---

Die 1792 gedruckten sogenannten »Fragmente einer Santillanaübersetzung von *Ayres Telles*«, denen Braga einen Aufsatz gewidmet hat *(Questões* p. 139), stammen, meiner Überzeugung nach, aus der Feder des erfindungsreichen Herausgebers A. L. Caminha (s. ob. p. 232 und 233 Anm. 4 und 6), und müssen daher im »Buche der Apokryphen« seziert werden. Ihre künstliche Unvollkommenheit zeigt die Absicht des Fälschers. Echte Übersetzungen span. Originale lieferte der gelehrte und fromme Alcobacenser-Mönch Frei Dr. João Claro (1450—1520). Er bearbeitete für die ungelehrten Klosterbrüder das *Padre-Nosso, Ave-Maria* und *Te Deum laudamus* des Fernan Perez de Guzman, und zwar recht geschickt. Vgl. *Canc. General* Nos 23. 22 und 40 mit den *Ineditos* des Boaventura I p. 235—238. Echt sind auch die kargen Reste einer Übertragung des Arcypreste de Fyta (s. oben § 70), die nicht in D. Duarte's Bibliothek stand. Heute ist nur ein stark beschnittenes Pergamenthalbblatt davon übrig, das aus S. Cruz stammt, in der PortuenserBibliothek von Braga entdeckt ward (No. 785) und jetzt in Lissabon aufbewahrt wird. Es enthält die Strophen 59—62; 90—93; 94—100; 113—120. S. Braga, *Introducção* 247 und *Questões* p. 128 bis 139 und *Revista da Sociedade de Instrucção* II p. 79—84.

[1] In dem Abschnitt über span. Litteraturgeschichte würde Eingehenderes über das Werden der typischen Grundformen hispanischer Dichtung am Platze sein. S. oben § 78.

philosophierender Weise. Dem entsprechend schlagen sie einen getrageneren Ton an, schmücken ihre Sprache mit ungewöhnlichen lateinischen Worten, zahlreichen Superlativen und Epitheten und bedienen sich einer dunklen Redeweise und allegorischer Einkleidung. Nach einem vornehmeren Metrum, einer epischen Langzeile ausschauend, wählen sie, dem peninsularen Zeitgeschmack entsprechend, meist den span. Zwölfsilbler, der ausschliesslich zu eintönigen *Octavas* (abbacddc) gebunden wird (von einigen Variationsversuchen zu schweigen). Da aber der hüpfende anapästische Rhythmus und die symmetrische Zweiteiligkeit dieses span. Versmasses den Portugiesen wenig zusagte, und der jambische Dekasyllabus der ersten Periode sonderbarerweise nicht national genug, sondern veraltet deuchte, griffen auch die *poetas* häufig zu den Kurzzeilen der heimischen Volkspoesie als zu einem viel geschmeidigeren Material, so dass, nach dieser Hinsicht, der Unterschied mit den *Trovas* aufgehoben erscheint. Verhältnismässig wenige Dichter kultivierten dies höhere Genre [1] und, bezeichnend genug, sind es ungefähr dieselben, welche sich, als Anhänger Mena's und Santillana's, am eifrigsten der span. Sprache angenommen hatten. An Gedichten in Langzeilen sind nur 22 vorhanden; und rechnet man die *trovas de poesia* hinzu, so hat man im Ganzen auch noch kein halbes Hundert — von ganzen Tausend. [2]

Zunächst einige religiöse Lieder. Grosses hat Portugal auf diesem, von den Spaniern mit so viel Glück gepflegten Gebiete nie geleistet. Was aber vorhanden ist, hat naturgemäss seine Geburtsstätte meist im Kloster (wie auch in dieser Epoche D. Filippa's liebevoller Gruss an den Erlöser und einige Hymnen des Dr. Frei João Claro). [3] Dennoch besitzen wir im *Canc. de Res.* von erlauchten Höflingen ein Paar recht wohlgelungener frommer Poesien, die immer in schlichter *Trova*-Form auftreten. Luis da Silveira schrieb eine monologistische Bearbeitung des salomonischen *Vanitas Vanitatum*, an die sich eine charakteristische Anekdote knüpft [4], (II 456); Luis Anriques (II 254) lieferte eine Darstellung der Gethsemane-Szene, eine Glosse des Vaterunsers (II 260) und einen Hymnus an die Gebenedeite (*Ave Maris Stella*), als er Pestkranke im Hause hatte (II 252). Ein ähnliches Gebet dichtete bei gleicher Veranlassung Anrique de Sâ (II 230); und Alvaro de Brito widmete der Jungfrau vom Krankenlager aus einen Stossseufzer, an den er Betrachtungen über den Tod knüpfte (*Interrogação a N. S.*, I 230). Der hochbeanlagte, feinfühlige Oberkämmerer und Königsenkel D. João Manoel hinterliess nächst einigen schönen Devotionen an die Jungfrau, und einer Ansprache an den Apostel Andreas, in welcher jedoch die Satyre auf die Sitten der Zeit zu Worte kommt, ein nach Dante'schem Muster gebautes doktrinäres Poem über die Todsünden (I 424), [5] das in Geist und Sprache zu den weltlichen *trovas*

[1] Der *versos de arte mayor* bedienten sich nur: D. Pedro II 73; D. João Manuel I 374; Luis Anriques II 190. 246. 268. 270. 277; Diogo Brandão II 190. 223. 340; D. Francisco de Portugal, Conde de Vimioso II 155. 156; João Rodrigues de Sâ e Menezes II 452; Anrique de Sâ II 337. 340. 348; Garcia de Resende II 156; Fernam Brandão II 339. 347 und parodierend der Coudelmór I 170 und 172.

[2] *Trovas de poesia* spendeten ausser den 10 eben genannten Luis de Azevedo, Duarte de Brito, Alvaro de Brito und João Rodrigues de Lucena.

[3] Die selbständigen Gedichte dieses schon als Übersetzer genannten Mönches (späteren Abtes) von Alcobaça sind Gebete und Hymnen in altertümlicher Kirchensprache. S. Boaventura, *Ineditos* I p. 5—13; 174—207 und vgl. Braga, *Canc. Pop.* 13—16

[4] S. Barros, Dec. III 3 cap. 4 und vgl. Bellermann p. 51. Statt des unscheinbaren Schiffsbreviers diente 1518 in Pegú der stattliche *Cancioneiro* als »Heilige Schrift«, auf welche ein Eid geleistet ward, unter Rezitierung der Salomonischen Paraphrase. Andere Folianten spielten in der Folgezeit im portug. Indien und in Brasilien öfter die gleiche Rolle.

[5] Es blieb unvollendet, wie Mena's Poem über denselben Gegenstand. Vgl. Clarus II 232—236.

de poesia hinüberleitet. Die meisten davon sind etwas mystisch angehauchte Allegorien, vornehm in ihrer Haltung und nicht ungewandt in der Ausführung, Parallelstücke zu den Versen des Condestavel und seiner Vorbilder. Die besten scheinen mir eine Unterredung des eben genannten Luis Anriques mit drei aus dem Pallast der Liebe kommenden Frauen: Melancholie, Bangigkeit und Hoffnung (II 268), und die gefühlvolle, sehr anmutige Liebeshölle des Duarte de Brito (I 286), der in Gesellschaft eines gleich ihm liebenden, aber ungeliebten Freundes von einer Nachtigall — der Stimme des Herzens — zum Aufenthalt der an Liebesgram Verstorbenen geleitet wird. Der epische Anruf an Kalliope und die vielen Gleichnisse aus der klassischen Mythologie *(Comparaciones)* drücken den leichtfüssigen Kurzzeilen der Erzählung ein eigentümliches naiv-mittelalterliches Gepräge auf, das nicht ohne Reiz ist. Von den Totenklagen — *trovas em modo de lamentação* —, die sich an lyrischem Schwung, Tiefe der Empfindung und Adel der Sprache gleichfalls nicht mit ihren kastilischen Mustern messen können, gelangen abermals am besten die bescheiden in *Trova*-Form gegossenen: so eine Klage um den Regenten, die als Predigt dem Toten selbst auf die Lippen gelegt ist, von Luis d'Azevedo (I 451); der Jammerruf des Alvaro de Brito um den jäh verblichenen Kronprinzen Alfons (I 221), und ein kunstvoller eingekleidetes, die Jorge-Manriquestrophe nachbildendes Poem des Luis Anriques (II 237) auf dasselbe beklagenswerte Ereignis. In epischen Oktaven mit direktem Anruf an den *discreto leytor* lässt sich noch bei der gleichen Gelegenheit D. João Manoel vernehmen (I 374). Und Johann's II. Tod und Bestattung wird dreifach in Langzeilen-Gedichten behandelt (II 246 und 249 von Luis Anriques, II 199 von Diogo Brandão). Ein kleines Epos — oder richtiger eine Reimchronik in Oktaven — beschäftigt sich (1514) mit der Expedition nach Azamor (II 277), und einige Verse des João Rodrigues de Sâ (II 452) bilden eine Art Präludium dazu. Von der Gegenwart abstrahiert und aus der historischen Vorzeit schöpft einzig und allein Garcia de Resende in der romanzenartig behandelten Erzählung vom Lieben und Leiden der *Ines de Castro* (III 616). Gelehrte dunkle Fragen und noch gelehrtere dunkle Echo-Antworten darauf *(polos consoantes)*, nach dem im *Cancioneiro de Baena* von Vasco Lopes de Camões angewendeten Recepte, *em oitavas que levavam muyta poesia*, gefielen am portug. Hofe nur mässig (s., II 156, 340—341 und 347—348): nur wenn sie die Metaphysik der Liebe oder den Kleinkram des höfischen Gesellschaftslebens betrafen und den volksmässigen Ton anstimmten, fanden sie Beifall und offene Ohren. Das liess sich der Humanist João Rodrigues de Sâ e Menezes[1] (das Haupt einer ganzen Dichterdynastie) wohl gesagt sein: denn auch in einem heraldischen Lehrgedichte über die Wappen der erlauchtesten portug. Familien (II 358) und sogar, wo er direkt aus den Klassikern schöpfte, wie in der Grabschrift Tibulls (II 447) und in den Heroidenbriefen nach Ovid und dem Ovidgenossen Sabinus hielt er an der *Trova de arte menor* fest; und das gleiche tat in ähnlichen Werken der Sohn Lucena's, João Rodrigues.[2] Und man muss bekennen, dass die antiken Gestalten in dem übergeworfenen, lockeren, romantischen Gewande dennoch gar nicht uneben dreinschauen. Wie wenig die Langzeile und der hohe Stil, und unter den ernsten Gedichten besonders die geistlichen, dem rein höfischen Zeitgeschmack zusagten, beweisen überdies zwei oder drei Parodien auf das ganze Genre der *poesias*,

[1] Über diesen Portugiesen, dessen Wissen und Charakter noch die Gelehrten des XVI. Jhs. einstimmig verherrlichten, sehe man Barb. Machado und Sâ de Miranda, ed. 1886, p. 749 u. 788.

[2] Menezes übertrug die Briefe von Laodicea, Penelope und Dido, und Lucena die Epistel von Oenone, sowie das Schreiben des Ulysses an Penelope.

in denen der biderbe, ja rüde, alte *Coudel-mór*, Fernam da Silveira (der auch das Haupt einer zahlreichen Dichterfamilie ist) die port. *Poetas* und ihre Prätentionen verlacht (I 171 und 172).[1] Und es beweisen es nicht minder die (freilich auch in Spanien nicht seltenen) Zerrbilder frommer Weisen, in denen z. B. das *Stabat mater* (III 385) oder die Beichtformeln und selbst die Worte der Passionsgeschichte von zucht- und sittenlosen »Liebes-Evangelisten« herabgewürdigt werden (I 495).

110. Diese *Trovas*, die immer eine einfache, natürliche, an familiären Wendungen reiche Sprache reden, und nur, wo sie scherzen und witzeln, durch gehäufte Anspielungen und gesuchte Schelt- und Schmähworte unverständlich werden, bedienen sich ausnahmslos der von Spaniern und Portugiesen mit gleichem Rechte als nationale Versart betrachteten Kurzzeilen, d. h. des in spanischer wie portugiesischer Volks- und Kunstpoesie bis auf den Tag herrschenden Achtsilblers trochäischen Wandels mit beweglichen Accenten und beliebig wechselndem oxytonischem und paroxytonischem Reihenschluss,[2] sowie seines Halbverses, und des nur eine Nebenrolle spielenden Sechssilblers. Überaus mannigfaltige Gebilde wurden aus den beiden ersten gebaut: Strophen von 2 bis zu 12 Zeilen, und Gedichte von nur einem Gesätze bis zu Hunderten von Strophen. Für die wenigsten Arten sind aber im 15. Jh. in Portugal besondere Namen üblich: alles ist *Copla* oder noch häufiger eben *trova*.[3] Die Elemente für die ganze bunte Schaar von *Trovas*-Arten sind a) die selten gebrauchten, weil allzu schlichten Reimpaare (*Pareados*) der Volkspoesie; b) die Triaden oder *Cantarcillos* (*aa) und besonders c) die Vierzeiler (abab oder abba); sowie d) die Quintilha (abaab; ababa; ababb; abbaa; abbab) und e) die *Sextilha* (abaaba oder abcabc), über deren Entstehen ich mich hier nicht äussern kann. Durch Zusammensetzung der letzten drei entstehen schon zahlreiche Spielarten (von 7 bis zu 12 und 13 Zeilen). Nun rechne man aber hinzu, dass statt des Vollverses der *Quebrado* von nur 3 oder 4 Silben stehen kann; dass solcher Halbverse 1 bis 6 in der Strophe vorkommen, dass die beiden symmetrischen oder asymmetrischen Strophenhälften durch den Reim gebunden sein können oder nicht, und man wird erkennen: 1) dass ich die noch nirgends aufgestellte schematische, mit Beispielen belegte Übersicht hier nicht geben darf; und 2) dass es leichter, bequemer und amüsanter war, selbst neue Kom-

[1] Dass die ersten *Decimas de arte mayor* Parodien (= *poesias de disparates*) sind, scheint mir unverkennbar, und auch die beiden Oktaven in Neger-Kauderwälsch wird Niemand anders beurteilen. Nur das Labyrint (I 172) könnte, obwohl eine Spielerei, doch ernst gemeint sein.

[2] Über das Verhältnis der männlichen zu den weiblichen Reimen in der 1. und 2. Epoche portug. Dichtkunst sehe man Sâ de Miranda p. CXXIII. Daselbst (p. CXI - CXV) findet man auch einige Angaben über die meisten Arten von *trovas*, doch sind sie natürlich unzureichend, weil sie einzig Miranda's Leistungen berücksichtigen.

[3] Der verhältnismässig junge und unpassende Ausdruck *redondilhas* für alle im Nationalstil geschriebenen Dichtungen, kommt im 15. Jh. nicht vor. Allgemeiner Brauch war es vielmehr, sämtliche Gedichte der Zeit und Vorzeit *trovas* zu nennen. Das geht auch daraus hervor, dass im Katalog zur Bücherei D. Duarte's alle portug. Gedichtsammlungen mit jenem Ausdruck bezeichnet werden (No. 38 *O. Livro das Trovas del Rey D. Diniz.* 63 *O Livro das Trovas del Rey D. Affonso.* 78 *O livro das Trovas del Rey*). In *trovas* setzte D. Duarte das latein. *Juste-Judex*-Gebet um; in *trovas* richtete der Regent sein Schreiben an Mena; in *trovas* transponierte ein Unbekannter die Gedichte des Erzpriesters von Fita (s. p. 272 Anm.); *trovas* schrieb 1415 Judá Negro. Vgl. § 76 und 77. -- In ihrer schlichtesten Form, welche alle eben genannten Poeten und die ältesten Dichter des *Canc. de Res.* vorwiegend anwenden, existierten sie unbedingt schon längst in der gesamten peninsularen Volkspoesie, aus der man sie emporhob. Wie oft mochte das Volk schon in der 1. Periode zwei sinnverwandte *quadras* hintereinander, wie ein Ganzes, gesungen haben! An die Kunstgedichte der 1. Periode knüpft hingegen das vielen *trovas* noch jetzt beigegebene Schlussgesätze – *fim* oder *cabo* – an, ob es auch vom eigentlichen Geleite nichts mehr an sich hat.

binationen zu schaffen, als sich auf regelrechtes Nachahmen einiger typischer Vorbilder zu verlegen; und 3) dass demgemäss, wenn irgendwo, so hier die Portugiesen eine relative Unabhängigkeit und Erfindungskraft dokumentieren mussten. Das ist denn auch thatsächlich der Fall. Muss auch im Einzelnen genauester Vergleich mit den span. Liederbüchern es erst bestätigen, so glaube ich doch sagen zu dürfen, dass stofflich wie formell unter den *Trovas* durchaus nicht weniges Neue ist. Nur ist das Neue nicht immer schön, sondern oft absonderlich (wie wenn die Langzeilen der Octava durch Viersilbler unterbrochen werden). Gerade weil der Portugiese nämlich die konstruktiven Teile, in denen die eigentliche schöpferische Erfindung steckt, meist fertig übernahm, — in der Dichtkunst wie in der Architektur — bethätigte er seine Phantasie überwiegend am Dekorativen; das aber oft in massloser Weise, ohne Rücksicht auf Prinzipien und Reinheit des Stils, abhold allem Regelzwang, nur scheinbar Eigenartiges produzierend.

Im umfassendsten, nur das Versmass beachtenden Sinn fällt alles was nicht *poesia* ist, unter den Begriff *trovas*. Doch legt sich die Gattung — (von den *trovas de poesia* abgesehen) — in zwei Spezies auseinander: in frei gebaute, eigentliche *trovas*, die beliebig viele und beliebig gefügte Strophen enthalten; und in *trovas* mit festen Formen, die ich *Cantigas* nenne. Die ersteren erzählen meist lachend und scherzend, oft spottend und höhnend, von äusseren Geschehnissen; die zweiten sprechen bald heiter, bald in elegischen Tönen von innerlichen Ereignissen: von Lieben und Leiden, Seufzen und Sehnen, Gewähren und Verweigern, kurz von Herzensangelegenheiten, und sind zum grössten Teile wahre Singelieder (*cantigas de amor*), zu denen der Dichter selber, oder ein Hofmusiker, die für Guitarre, Laute, Harfe, Geige bestimmte Melodie verfasste.[1] Die Dichter der *Cantigas* nennen sich durchweg noch Minnesänger, während für die Verfasser der freien eine abweichende prägnante Bezeichnung fehlt. Sie werden meist auch *trovadores* genannt; *ryfadores* nur wenn sie mit beissendem Witze ihres Spottes Lauge in Liederform (mit *ryfam*) ausgiessen. Der von *Santillana* und im *Canc. de Baena* für Verfasser von allen nicht zum Gesange bestimmten Sprech-Gedichten benutzte Name *dezidores* kommt bei *Resende* nicht vor. — Neben (rund) 400 *Trovas* stehen (rund) 600 *Cantigas*.

111. Die Singlieder (*Cantigas*) im weiteren Sinne des Wortes, oder sagen wir die *trovas* mit fester Form, zerfallen in *Esparsas* (27), *Cantigas* im engeren Sinne (388), *Vilancetes* (104) und *Glosas* (60 + 21)[2] Die *Esparsa*, deren Name im 14. Jh. aus der Provence über Katalonien nach Kastilien gekommen war, ist nichts als eine Einzel-*trova*, von nicht weniger als 9 und der Regel nach nicht mehr als 16 gleichlangen Zeilen mit willkürlich vom Dichter bestimmter Reimordnung, meist nachdenklichen, oft schmerz-

[1] Das that z. B. Resende III 624 (*entoado por elle*) und 625. Vgl. III 71, wo die alte Bezeichnung *Som* für Melodie gebraucht wird. Die im Liederbuch erwähnten Instrumente sind: *rabecas, arpas, alaudes, guitarras*, dazu *tamboris, pandeiros, charamelas, sacabuxas, cornetas, atabales* und *trombetas*.

[2] Die Verwertung dieser festen Formen (wie auch der *oitavas de poesia*) ist ohne Zögern als Nachbildung der älteren, spanischen Modelle aufzufassen, ohne Rücksicht darauf dass dieselben nicht alle ureigene Originalschöpfungen Kastiliens sind. Denn, sollten auch die Wurzeln der Glosse und der *esparsa* wirklich in der Provence sein und sollte selbst das *vilancete* mit der prov. *dança* oder dem nordfrz. *virlais* und *rondel* eng zusammenhängen (woran man angesichts der bunt mannigfaltigen Versuche des *Canc. Musical* zweifeln darf), so sind sie doch durch die Einkleidung in das peninsulare Gewand der Kurzzeilen, und durch den spanischen Geist, mit dem man sie füllte, neue und eigentümliche hispanische Gestaltungen geworden, an denen nichts fremdartig aussieht.

lichen Inhalts.[1] Ganz verschieden ist die gemeinsame Grundform der übrigen drei. Sie bestehen stets aus zwei Teilen: einem Thema, das ursprünglich eine ritterliche Devise, ein Motto war und diesen Namen (mote) auch später beibehielt, und aus einer dasselbe umschreibenden und erklärenden Paraphrase, der Wendung = *volta*[2], oder Glosse = *glosa*, die vereinzelt, in altertümlichen Exemplaren, auch *tenção, entenção* oder *entendimento* = Auslegung, Sinndeutung genannt wird (II 419). In der knappsten Form, die höchstwahrscheinlich nach ritterlichem Tournier, im Frauensaal improvisiert ward, zählt das Motto nur eine Zeile, und die Volte oder Glosse ihrer bloss vier: sie ist also nichts als eine schlichte *quadra*, doch mit der unumgänglichen Eigentümlichkeit, dass ihre letzte Reihe das Motto wiederholt, wörtlich oder nur sinngemäss, doch auch in diesem Falle mit Beibehaltung des Reimwortes.[3] Zu dieser ersten kurzen Strophe, welche den Gedanken des Dichters oft nur ungenügend wiedergeben konnte, trat später dann eine ungefähr doppelt so lange, zweite hinzu. Man gewöhnte sich, die bereits umschreibende, den verborgenen feineren Sinn der von Damenmund vorgeschlagenen Devisen divinatorisch enthüllende *Copla*, als das eigentliche Thema zu betrachten, die reine Devise aber ganz zu unterdrücken. Drei Arten schieden sich frühe von einander und machten ihre besondere Entwicklung durch. Als diese vollendet war, bestand die typische Muster-*Cantiga* aus 4 zeiligem Liede und 8 zeiliger *Volta*, die im *Cancioneiro de Resende* ausnahmslos noch *trova* heisst.[4] Das typische *Vilancete*, das im portug. Liederbuch nur ein einziges Mal bukolisch ist (II 301), enthielt hingegen ein 2 oder 3 zeiliges Motto, (*bb) und eine 7 zeilige Wendung.[5] Bei *Cantigas* wie *Vilancetes* wurde das Mottoliedchen jedoch nicht wörtlich wiederholt: der Hörer hatte es noch zu frisch im Ohr! — Den Namen *rifam* gibt man beiden, wenn sie scherzen und spotten. In diesem Falle treten meist zur ersten Variation noch weitere, oft sogar viele hinzu, bis zu 45 Strophen. Unter solchen Umständen wird das tonangebende Thema oder Leitmotiv am Schlusse der Strophen wiederholt, damit es nicht vergessen werde, und zwar wörtlich, also refrainartig.[6] Singelieder sind die *rifões* nicht mehr (?). Sie bilden somit ein Grenzgebiet, das zu den freien *trovas* führte. Strikt notwendig war wörtliche Repetition beim Liebesliede mit ein- (oder zweizeiligem) Motto und zehnzeiliger Paraphrase, welches durchgängig den technischen Namen »*moto grosado*« führt.[7] Die eigentliche Glosse aber, welche der Portugiese stets als *Cantiga grosada* bezeichnete, haben wir erst, wenn eine ganze, mindestens vierzeilige, *cantiga* des oben charakterisierten Genres als Thema benutzt ward. Dann besteht, wie allerwärts, die Glosse aus vielen Strophen (4 bis 16, und mehr), da je eine derselben zur Erörterung nur je eines Verses des Themas dient und zwar so, dass die betreffende 1. 2. 3. bis letzte Zeile des Themas als letzte

[1] S. z. B. I 399. II 119. 133. 220. 227. 265. 314. 322. 324. 325. 467. 498. III 342 u. a. m.

[2] Diese Bezeichnung fehlt noch im *Canc. de Res.*, wird aber im 16. Jh. üblich.

[3] S. *Circulo Camoniano* I p. 294 und Storck, *Volte und Glosse*, Klausenburg 1877.

[4] S. z. B. I 9. 30. 35. 45. 60. Nächst dem Schema 4 + 8 ist das üblichste 5 + 10. Doch giebt es auch hier viel mehr Abwechselung als man gewöhnlich annimmt.

[5] *Canc. de Res.* I 130. 131. 132. 134 abba || cddcabba oder (cdcdabab | cddcbaab u. a. m.) Die Überschriften der Gedichte verwechseln sehr oft die Bezeichnungen *Cantiga* und *Vilancete* mit einander. S. I 400. 401. II 3. 27. 109. 117. 464. 474. 533.

[6] S. z. B. I 210. 480. II 59, und in Bd. III unter den *Cousas de folgar*, die überaus zahlreichen *rifões*. Das Wort *rifão* hat ursprünglich vielleicht nichts mit (frz.) *refram* zu thun; doch flossen allmählich die beiden klang- und begriffsverwandten Worte zu einem einzigen zusammen, das nun Kernspruch, Witzwort, Spottvers bedeutete.

[7] Statt der einen Strophe stehen auch hier oft ihrer zwei: eine erste kürzere (5 zeilige) und eine zweite längere, zehnzeilige. S. I 21. 24. II 119. 474. I. 109. 331. 334. 465. 470. 471. Die Kombinationen sind hier noch variierter als bei den *Cantigas*.

Reihe der 1. 2. 3. bis letzten Strophe der Glosse wiederkehrt. Der Abarten sind jedoch sowohl bei der *Cantiga* als bei der Glosse überaus zahlreiche, beinahe so viele als Exemplare da sind![1] Auch diesen, nach strengen Kunstregeln gebauten *Chansons à forme fixe* gegenüber, fiel es dem freie Bewegung liebenden Küstenbewohner nicht ein, bestimmte alte Modelle als massgebend zu betrachten.[2] Er variierte unaufhörlich, beeifert augenfällig Neues zu gestalten. — Über den Inhalt der *Cantigas* liesse sich gar manches sagen, doch fehlt es an Raum, um dabei zu verweilen. Die Dogmen der Liebe sind ungefähr dieselben wie in der ersten Periode. »Sterben vor Liebe« und »Todespein« — *morrer de amores* und *coita mortal* — kehren noch unendlich oft wieder. Die Fama von der Liebesnarrheit der Portugiesen, die erst im nächsten Jahrhundert kulminierte, mehr auf wirkliche Begebnisse als auf ihren Abglanz in der Litteratur begründet, beginnt schon jetzt ihren Flug. Es sind unter den Liedern allerliebste Schmuckstücke, schlichte volksliedermässige aber auch recht spitzfindige, empfindsame, launische, ausgelassene und schwermütige Worte des Herzens. Eines derselben, meist als Zigeunerweise bezeichnet »Klinge, meine Schellentrommel« wird noch heute, freilich in Geibelscher Verdeutschung und nach Rubinstein'scher Melodie, gern gesungen. Aber — grausamgerechte Ironie des Schicksals — dies Lied ist spanisch abgefasst![3]

112. Die wahren freien *Trovas* — 404 meist längere Stücke — sind natürlich noch viel mehr als die *poesias* und *cantigas* Gelegenheitsgedichte, und immer an bestimmte Personen gerichtet, deren Entgegnung gewünscht wird. Es gibt da Dutzende von Briefen: an Damen gerichtete Geständnisse und Anklagen; an Freunde und Gönner, oder an den König selbst (I 275) entsandte Schreiben mit Nachrichten *(Novas)*[4] über öffentliche oder Privatangelegenheiten; Schilderungen von Festen und Mitteilung umlaufender Gerüchte, sowie Verleumder-Arien; Bittschriften und Mahnungen an Versprechen; Handbillets als Begleitschreiben zu übersandten Geschenken; anonyme Rügen; kecke Fragen-Reihen, deren jede mit Warum? anhebt *(Porques?)* und die man dem Könige (oder sonstwem) ins Fenster warf oder auf den Schreibtisch zauberte (III 238); moralisierende Kernsprüche in populären Reimpaaren, die mit »Nimmer sah ich« *(Nunca vi* I 394) beginnen und einige Hunderte von *Desideratis* aufzählen, nach denen der Dichter vergeblich bei Hofe ausschaut (I 395 und 399); volksmässig derbe Verwünschungsformeln *(Arrenegos*, s. II 534) welche herbeten, was ihm misfällt; Lebensregeln, Ratschläge an Neulinge bei Hofe, förmliche Hofbreviere für Frauen, und andere für Männer (I 144 und II 522); Satyren über Sitten und Unsitten II 508 III 463, die ob auch manchmal recht ernst gemeint, doch immer einen neckischen Ton anstimmen. Auf Bitten, Briefe und Fragen erfolgte oft die Antwort, auf Angriffe, Verteidigung, und so entstanden grössere dialogistische Gedichte; dialektische Kämpfe über Glaubenssätze aus der Metaphysik der Liebe und gesellige Liederspiele. Bisweilen beteiligen sich nämlich nicht nur zwei, sondern viele Höflinge

[1] Ihren Platz haben die glossierten Zeilen in Portugal nämlich nicht immer am Ausgang, sondern auch am Eingang der Strophen, oder an beiden Stellen zugleich, oder in der Mitte, oder an jedem beliebigen Ort (z. B. in Zeile 2 und 6; 1 und 5; 4 und 8; 3—4 und 7—8; 2 und 7; 1 und 9; 1 und 6). Eine ganz besondere Finesse ist es, die 1. Zeile an die 1. Stelle der 1. Strophe, die 2. an die 2. der 2. und sofort zu placieren. S. I 114. 164. 203. 236. 244. 386. 388. 392. 490. II 41. 134. 148. 173. 208. 301. 316. 318. 495. 545. III 584.

[2] Nicht einmal auf Fragen wird stets im gleichen Metrum geantwortet, und selbst bei Gesellschaftsspielen erlauben es sich bequeme oder ungeübte Mitspieler, in stilloser Willkür vom vorgeschriebenen Motto einfach Abstand zu nehmen.

[3] *Tango-os yo, mi pandero* im *Canc. de Res.* III 367. Vgl. Sá de Miranda No. 72 und p. 751.

[4] *Novas* I 136. 275. 317. 356. 440. II 529. III 304. 370. 573. 588.

am Wortgefecht. Heute wetteifern sie im Lob einer gefeierten Schönen, das von ihr gewählte und zur Schau getragene Motto paraphrasierend; morgen nehmen sie Abschied von einer anderen, die den Schleier nehmen will, oder sich vermählt; dann wieder fallen sie in ausgelassenem Spotte über einen Kollegen her, der sich irgend eine Blösse gegeben, oder dem ein lächerlicher Unfall zugestossen ist. Selbst die Damen nahmen, wie schon bemerkt ward, teil an diesen lustigen Scharmützeln, die sich in Gegenwart der Monarchen abspielten. Wer im Wettstreit Sieger blieb, erhielt wohl vom Besiegten (I 173), oder auch von zarten Händen, irgend einen Preis. Manchmal zog eine Debatte sich durch mehrere Abende hin. Die ursprünglich nur von zwei Gegnern vertretenen Ansichten fanden Verfechter, *mantenedores,* wie im Tournier, oder *ajudas,* Anwälte, wie im Prozess; Beweismaterialien wurden herbeigeschafft; ein Urteilsspruch gefällt. Die berühmteste unter diesen, ganz juridisch eingekleideten Rechtsstreitigkeiten behandelt auf 100 Seiten die Frage, ob stiller Gram *(o cuydar)* oder lautes Seufzen *(o suspirar)* tieferes Herzeleid bekundet *(Canc.* I 1—100). — Von den derben Spott- und Hohnversen über Trachten und Sitten und burleske Abenteuer *(Cousas de folgar* III 76—294) haben manche die *Cantiga*-Form angenommen, als vorzüglich zur Mitarbeit Vieler geeignet. Der Spielunternehmer erfindet das Thema, in dem der Gegenstand des Spottes dargelegt wird und fertigt natürlich die erste *trova* dazu, an welche sich dann beliebig viele Teilhaber anschliessen, jeglicher mit einer oder mit mehreren Variationen.

113. Alle drei Dichtungsarten, besonders aber die *Trovas*, sind reich an intimen Anspielungen auf lokale und persönliche Ereignisse, von denen viele heute undeutbar sind, während andere willkommene Beiträge zur Sittengeschichte liefern. Doch werden auch die grossen Geschehnisse und Errungenschaften des 15. Jhs. wenigstens vorübergehend gestreift. Alles was zwischen *Alfarrobeira* und *Azamor* liegt, fand Widerhall in der Hofdichtung: Eleonorens Hochzeit mit Kaiser Friedrich; die Rüstung Alfons' V. zum Kreuzzug gegen die Türken, seine Niederlage bei Toro und die Fahrt nach Frankreich; Johann's II. Doppelschlag gegen die Bragança's; der Einzug und Wiederauszug der span. Juden; die afrikanischen Etappen: Alcacer-Quebir, Tetuan, Tanger, Arzilla, Beny, Manicongo, Safim, Azamor; die Entdeckung der Goldküste und die Umschiffung Afrikas. Indien fängt an seine verheissungs- und verhängnisvolle Rolle zu spielen: Gold, Pfeffer und Sklaven (die mit ihrem Negerportugiesisch eine lustige Rolle spielen) wecken den Handelsgeist. Das Dreigestirn Vasco da Gama, Francisco de Almeida, und Affonso de Albuquerque und der Besitz Goa's wird erwähnt. Das wachsende Macht- und Nationalgefühl verkündet sich.[1] Der Wunsch nach epischer Gestaltung wird rege. Dem Verlangen nach einem Livius folgt die Sehnsucht nach einem Virgil. Immer eifriger wird das Studium des Lat. und Griech. betrieben. Auf Polizian's Anerbieten, die port. Heldenthaten der Nachwelt zu übermitteln, war schon Johann II. nicht eingegangen. Aus der eigenen Mitte sollte der Herold hervorgehen. Und schon sind unter den Dichtern elegante Latinisten, die den Ovid und Virgil kommentieren und sogar einer, welcher Homer, Pindar und Anakreon glossiert, ein Schüler Polizian's und Freund des Cataldus Siculus, der seit 1490 portug. Männer und Thaten in lat. Hexametern verherrlicht: der bereits genannte João Rodrigues de Sâ e Menezes (s. ob. p. 274). Schon müssen, seit 1500, die Hofpagen um ihren Monatssold zu empfangen den Nachweis führen, dass sie die höfische Lateinschule besucht haben. Schon ist

[1] Die Bezeichnung »*Lusitanos*«, welche der humanistisch-gebildete Erzbischof D. Garcia de Menezes 1481 in Rom in einer lat. Rede zum ersten Male benutzt haben soll, findet im *Canc. de Res.* schon Anwendung: 1491 wird sie von D. João Manoel (I 375) und 1495 von Luis Anriques benutzt (II 248; und 246 *Lusitania*).

(1501) das erste epochemachende lateinisch-portugiesische Dichtwerk im Druck erschienen und zwar ein bukolisches, die Eclogae des Henrique Cayado (Hermigius). Schon stehen im Hintergund die vier Dichter, die als Neuerer und Nationalisierer der Litteratur sich binnen kurzem einen Namen erwerben: Gil Vicente, der Schöpfer des Drama's; Christovam Falcão, der erste Bukoliker; Bernardim Ribeiro, der Begründer des Prosaromans; und Sâ de Miranda, der den lyrischen Kunstgeschmack umwandelte und das klassische Prosadrama einführte. Lusitania's goldenes Zeitalter beginnt.

F. AN DER GRENZE ZWISCHEN MITTELALTER UND NEUZEIT.

I. GIL VICENTE, DER SCHÖPFER DES PORTUG. DRAMAS[1] (1502—1536).

Dramatische Versuche aus der ersten und zweiten Periode giebt es nicht. Nur dass zwei Gaukler König Sancho dem Alten gegenüber zur Leistung je eines *remedilho*, d. h. eines »Nachäffestückes« oder einer Nachäffe-Vorstellung, verpflichtet waren, konnte erwähnt werden (§ 29). Und ich hätte bemerken dürfen, dass Alfons X. von einem anderen mimenden *jograr remedador* erzählt, der gleichfalls jenes Genre kultivierte (S. *Cant. de S. Maria* No. 293), wie auch, dass in den Litteraturdenkmälern des 15. Jhs. häufig von höfischen Maskenfesten, d. h. von *mômos* (Mummenschanz), ausführlich die Rede ist, an denen Könige und Fürsten sich beteiligten[2], sowie von kleinen szenischen Zwischenessen-Spielen (*antremêses*), welche bei Gastmählern von bestallten *joculatores* zwischen den verschiedenen Gängen vorgeführt wurden[3]. — Dass in manchen, von Gesang und Tanz begleiteten Kreisspielen, sowie in volkstümlichen Fastnachts-, Mai- und Mitsommernachts-Aufzügen Keime und Ansätze zum Drama stecken, ist bekannt. Auch geistliche Aufführungen, gegen welche die Synodal-Konstitutionen nachweislich erst von 1534 an eifern, werden in Portugal wie in den übrigen romanischen Ländern erheblich früher, noch tief im Mittelalter, zu Ostern und Weihnachten die Nation erbaut und unterhalten haben. — Die Geburt des eigentlichen Nationalschauspiels fällt jedoch erst in den Beginn des 16. Jhs. Sie geschah 10 Jahre später als in Spanien.

115. Am 8. Juni 1502 betrat Gil Vicente, den man als den wahren Schöpfer des gesamten modernen Lustspiels betrachten kann, ein genialer Kopf, der das Zeug zu einem Lope in sich hatte, in Schäfertracht, scheinbar

[1] Von den allgemeinen bibliogr. Hülfsmitteln und den Geschichtsschreibern portug. Litteratur abgesehen, unter denen Bouterwek p. 89—115, F. Denis p. 150—163, Costa e Silva Bd. III und Th. Braga, *Theatro* I hervorzuheben sind, beschäftigten sich mit Gil Vicente: 1817 Trigoso in den *Memorias da Acad.* V p. 42—76; 1829 Sismondi IV p. 450—456; 1846 Moritz Rapp in Prutz, *Hist. Taschenbuch*, der auch 1868 einige *Autos* in seinem Span. Theater verdeutschte; 1846 Clarus 344—356; 1849 Ticknor Cap. 14; 1854 Schack in den *Dram. Nachträgen* p. 6—9; 1859 F. Wolf in Ersch und Gruber's *Encyclopädie* und 1859 in den *Studien*; 1880 C. Castello Branco, in *Historia e Sentimentalismo* p. 1—25; 1890 Visconde d'Ouguella in einem Band *Gil Vicente*; und Ducarme, in einem Artikel des *Muséon* V, *Les Autos de G. V.*, der mir unbekannt geblieben ist. Für Klein hat leider die Stunde nicht geschlagen, die er dem »grossen Dramatiker« widmen wollte. Almeida-Garrett's Drama »*Um auto de Gil Vicente*« ist eine natürlich freie Bearbeitung der Lebensschicksale des Dichters.

[2] S. *Chronica de D. João* I, P. III p. 69—70; Ruy de Pina, *Chron. de D. Affonso* V, cap. 131; Garcia de Resende, *Chronica de D. João* II, cap. 122. 123. 126; id. *Canc. Ger.* II 157. III 395 und vgl. I 254.

[3] *Canc. de Res.* I 186, II 514. III 217. Die von Braga im *Theatro Port.* I p. 13 zitierte Stelle aus den Werken des Aires Telles stammt aus den Apokryphen des A. L. Caminha.

unangemeldet, den Lissaboner Königspallast, drang in das Wöchnerinnenzimmer, in dem der künftige Johann III. in der Wiege schlummerte, und gratulierte dem glücklichen Emanuel und den anwesenden Fürstinnen in einem launigen Monolog, um zum Schlusse, umgeben von 32 ihm nachströmenden, zu Schäfern travestierten Höflingen, dem neugeborenen König der Portugiesen und der jungen Mutter zu huldigen und Weihgeschenke darzubieten. Da diese, die seit 1500 vermählte Tochter der katholischen Könige, eine Spanierin war, so sprach er spanisch. Die 114 (11 × 10 + 4) Kurzzeilen dieses Besuchs-Gedichtes (A Visitação) fanden Anklang: sie waren eine Neuheit – *cousa nova em Portugal* — wie der Autor selber feststellt. Die Königin-Wittwe, Leonore[1], die zugegen war, und in deren Diensten Gil Vicente gestanden zu haben scheint, bestellte eine Wiederholung der Aufführung für Weihnachten. Ihr Schützling aber, ein mindestens 30jähriger Musiker, Dichter und Jurist[2], der bereits in den *serões* mitgewirkt hatte[3], zog es vor, eine neue, gleichfalls span. Dichtung zu verfassen, und zwar statt des verweltlichten Weihnachts-Autos ein echt religiöses Krippenspiel, in dem fünf Hirten plaudern, singen, spielen und schlafen, bis des Engels frohe Botschaft sie weckt und nach Bethlehem zum Stalle geleitet, wo sie anbetend singen. Wenige Tage später folgte jenem ersten *Auto Pastoril Castelhano* ein Dreikönigs-Drama. Und von da ab verging kein Jahr, ohne dass der von der Gunst und dem Beifall des Königshauses getragene, ob auch anscheinend nicht reich genug und nicht schnell genug belohnte Dichter[4] seinem erwachenden dramatischen Genie immer neue und immer höhere Ziele steckte, der Bühnendichtung der Halbinsel einen kräftigen Impuls gebend. Bis 1536, dem mutmasslichen Todesjahre[5], schrieb er, ausser dem Monologe, bald auf Bestellung, bald aus freiem Triebe, mindestens 42 Theaterstücke[6]: 10 (resp. 11) in spanischer Sprache, 14 in portugiesischer,

[1] Obwohl die Didaskalien zu Vicente's Stücken, die sicher von ihm selber herrühren, nicht völlig klar darüber sprechen, ist es doch ziemlich gewiss, dass seine Beschützerin die hochgebildete Wittwe Johanns II. war († 1525), die auch den Buchdruck thatkräftig begünstigte, und nicht ihre Mutter D. Beatriz († 1506), die Frau jenes Principe D. Fernando, dem der *Tirant* gewidmet ist. Die erstere wird von Vicente sieben Mal bei Namen genannt (besonders eingehend in der Widmung der Tragikomödie D. Duardos an Johann III); auch wird Johann II. im ersten *Auto* mit Sehnsucht erwähnt. Der Name D. Beatriz kommt hingegen nur ein Mal, in der Didaskalie zum *Monologo do Vaqueiro* vor.

[2] Der Dichter ward vermutlich 1470 geboren und starb, dem Anschein nach, 1536, und nicht erst 1557, wie behauptet worden ist. Dass er Jurist war, ist eine litterar-historische Tradition; und begründete Einwände dagegen lassen sich nicht vorbringen. Neuerdings hat man ihn mit dem Goldschmied gleichen Namens identifiziert, der aus dem ersten Golde Indiens das Meisterstück portug. Kleinkunst, die Monstranz (*Custodia*) von Belem, schuf. Ohne zureichenden Grund. S. jedoch Braga (*Questões*, 192 – 225), der ein eifriger Verfechter dieser Ansicht ist. Auch woher Gil Vicente stammt, ist ungewiss. Seine Werke verraten Lokalpatriotismus für die Provinz Beira.

[3] S. *Canc. de Res.* III 534 und vielleicht noch p. 527. Doch könnte Mestre Gil auch der Hofarzt Mestre Gil da Costa sein.

[4] Die nur einmal in humoristischem Tone angebrachten Klagen über »Bettelarmut« muss man, meines Erachtens, *cum grano salis* verstehen. Sie mahnten im Einzelfall an ein Versprechen, mit dessen Erfüllung gesäumt ward (III 381). Im Ganzen zeigt sich der Poet jedoch von edler Bescheidenheit. Und an den »Hungertod« eines Mannes zu glauben, der 34 Jahre lang seinem Könige Bühnenstücke widmete, dessen Tochter im Dienste der Infantin stand, und dessen Sohn *moço da Camara* war, während ein anderer in Indien kämpfte, ist etwas schwer. Es ist das übrigens nicht die einzige Sage, die sich an seinen Namen geknüpft hat. Faria-e-Sousa. der die erste verzeichnet, fügt dazu die zweite: der Dichter habe den eigenen Sohn nach Indien gesandt, aus Eifersucht auf sein grösseres dramatisches Genie! Die Tochter soll ihm hingegen geholfen haben. Auch für blind geben ihn einige Märchensammler aus.

[5] Klagen über Alter und Krankheit (z. B. einen Pestanfall) tönen aus vielen Stellen der letzten, zwischen 1530 und 36 verfassten Stücke.

[6] So viele enthalten die Gesamt-Ausgaben seiner Werke. Dazu kommt aber das nur im Einzeldruck erhaltene, mir unbekannte, des Abdrucks harrende »*Auto da Donzella da*

die meisten jedoch (18) in beiden Sprachen zusammen[1]. Sie sind, dem traditionellen Brauche treu, für die üblichen, grössten, festlich begangenen Kirchentage, oder zur Feier markanter Ereignisse im Leben der Königsfamilie oder der Nation ersonnen, wie Geburten, Kindtaufen, Vermählungen, Aus- und Einzug von Prinzessinnen, Kriegsexpeditionen, Türkensiege u. a. m. Manchmal sind sie auch, ohne besonderen Anlass, bloss zur Unterhaltung des Hofes erfunden (im Fasching?). Dargestellt wurden sie vor dem Monarchen, bei religiösen Vorwürfen des Morgens in der Schlosskapelle zu Lissabon, oder in nahen Klöstern und Kirchen (*Santos, Enxobregas, Odivellas, Caldas,* oder auch in *Almeirim, Evora, Thomar* und *Coimbra*), bei weltlichen Stoffen Abends, in den Pallästen, vor demselben übermütig lebensfrohen, aristokratischen Publikum, das sich dichtend, spielend, tanzend und singend an den von Resende gesammelten *Cousas de folgar* ergötzte[2]. Selbst im Kranken- und Sterbezimmer der Königin D. Maria, die als Wöchnerin das erste Erwachen der Vicente'schen Muse gesehen hatte, führte man 1517 ein Drama auf: einen Totentanz »*A barca do inferno*«, der im Ganzen zwar bitter ernst gemeint ist, scherzhafter Einfälle aber keineswegs enträt. Der *auctor* war natürlich die Seele der Aufführungen, Festordner, Regisseur und selber *actor*[3]. Meist übernahm Gil Vicente die Rolle des *Prologo*, oder des *Argumentador's*[4], und blieb als solcher wohl ständig auf der Bühne. Mitspieler waren andere kunstliebende, dem Pallastleben nahestehende Dilettanten vornehmster Sippe bis herab zu den schlichtesten mimisch begabten Bedienten (worunter Mauren, Moriskos, Juden, Neger), und nicht Scholaren, wie Braga meint[5]. Auch die weiblichen Rollen lagen in der Hand feiner Damen, und minder feiner Jungfern, unter denen des Dichters eigene Tochter, Paula Vicente, die zum Hofstaate der (1520 geb.) Infantin D. Maria als Saitenspielerin = *tangedora* gehörte, der Sage nach, hervorgeragt haben soll. Die vorzügliche königliche Musikkapelle mit ihren 52 Sängern, 8 Kammermusikern, 16 Blasinstrumentisten, 20 Militär-

---

Torre« (über das man Salvá 1490, Gallardo 4576 und Barrera y Leirado befrage), sowie die scheinbar verschollene »*Caça dos Segredos*«, die G. V. selbst als in Arbeit erwähnt (III 382); und vielleicht noch das gleichfalls unfindbare *Auto de D. Luiz e dos Turcos*. S. § 129.

[1] Ganz spanisch sind, nächst der *Visitação* und dem *Auto Pastoril Castelhano* das *A. dos Reys magos, A. da Sibila Casandra, A. dos quatro tempos, A. da Barca da Gloria, A. de S. Martinho, Comedia do Viuvo, D. Duardos, Amadis de Gaula, Farça das Ciganas*. Ganz portugiesisch (bis auf kleine span. Gesangslieder) sind: das *Auto da Mofina Mendes, A. Pastoril Portuguez, A. da Feira, A. da Alma, Barca do Inferno, Barca do Purgatorio, Historia de Deos, Resurreição, Cananea, Cortes de Jupiter, Serra da Estrella, Velho da Horta, Almocreves, Clerigo da Beira*. Spanisch-portugiesisch ist unter den *Autos* nur eines: das *Auto da Fé*; dazu drei Komödien: *Rubena, Coimbra, Floresta dos Enganos,* die 6 Tragikomödien *Nao d'Amores, Fragoa d'amor, Exhortação da guerra, Templo d'Apollo, Triumpho do inverno, Romagem de agravados* und besonders die 8 Farcen: *Quem tem farellos?, India, Fama, Fadas, Inez Pereira, Juiz da Beira, Lusitania* und *Fisicos*. Die üblichen Angaben sind falsche. Nur bei Salvá steht Exaktes. Anlass und Stoff der Stücke rechtfertigen meist die Wahl der Sprache.

[2] Oft werden in den Stücken anwesende Fürsten sowie Höflinge und Damen bei Namen genannt; bisweilen werden direkt an dieselben preisende oder narrende Anreden gerichtet (II 317. 346. 404. 511; III 79. 95. 105. 137. 237. 447.

[3] Der freidenkende Humanist André de Resende widmete 1533 dem *Comico* ein lat. Lobgedicht, in dem er ihn ausdrücklich *auctor et actor* nennt. Später sahen die klassisch Gebildeten ihn gern über die Achsel an: noch Faria-e-Sousa nennt seine Werke »*poquissima cosa*«.

[4] Die Bühnenstücke stellen den Thatbestand ausser Frage. S. II 371 und 447 Meiner Ansicht nach trat Gil Vicente in folgenden Rollen auf: als Kuhhirt (1502), Bauer (1523), Merkur (1527), Engel (1527) und Mönch (1534) in den *Autos*; und in den Komödien als Licentiat (1521), Pilgrim (1527), Frei-Paço (1533) Philosoph (1536) und zwei Mal als Gil Vicente, ohne Verkleidung; vielleicht ohne solche auch als Wittwer (1514).

[5] S. z. B. II 99, und 303, wo die *fidalgos do Principe* mitwirkten.

musikanten und 15 Tänzern beiderlei Geschlechts (*bailadores* und *bailadeiras*) ward natürlich zur Hülfe herbeigezogen[1]. Zur Inszenierung fand man kostbare Stoffe und Utensilien in Hülle und Fülle in Emanuels Kleiderkammer, der als »*senhor da Guiné, da conquista, navegação, do commercio da Ethiopia, Arabia, Persia e India*« seine Reichtümer auch in den Soireen gern zur Schau stellte. Reichliche Gesangs- und Tanz-Einlagen fehlten keinem der Schauspiele[2]. Vicente selbst komponierte Melodien zu eigens verfassten, entzückenden Liedern und Romanzen[3], doch verwertete er auch vielfach schon bekannte Liedertexte und Kompositionen fremder Musiker, sowie zahlreiche volkstümliche Weisen[4]. Wiederholt wurden die Aufführungen in der Folgezeit sicherlich auch ausserhalb der Palläste. Nicht bloss die kirchlichen Schaustücke, auch die Possen lernte das portug. Volk kennen, da es einer derselben einen Nebentitel gab[5]. Von ständigen Bühnen- und Theatertruppen wissen wir jedoch absolut nichts. — In Spanien, wo Einzelausgaben der kastilisch geschriebenen Stücke und freie Umarbeitungen der portug. Texte erschienen und wo Nachahmungen bis zu den Tagen Lope's und Calderon's nachweislich sind, wie auch in den Ländern, wo bedeutende portug. Kolonien blühten, inszenierte man die amüsanten Charakterstücke. Von einer Aufführung zu Brüssel im Hause des Gesandten Mascarenhas hat sich die Kunde erhalten. Im Beisein von 48 Portugiesen ward daselbst 1532 das *Auto da Lusitania* gespielt. Damião de Goes, der Hausgenosse des Erasmus, gehörte zu den Zuschauern, wie wir durch einen anderen portug. Korrespondenten des Rotterdamer Gelehrten wissen[6]. Die Sage, der grosse Humanist, dessen Lob der Narrheit und dessen Sprichwörter man in Portugal eifrig las und lobte wie tadelte und bekämpfte, habe um Vicente's Werke gewusst, oder gar sich mit dem Portugiesischen befasst um jene kennen zu lernen, kann daher recht wohl auf Thatsachen beruhen. Ich bin ihren Spuren jedoch noch nicht weiter nachgegangen.

116. Der generische Gesamtname für alle Dramen Vicente's ist *Auto*. Doch benutzt der Dichter selber daneben in Titel und Text, Widmungen und Anmerkungen noch andere Spezialbezeichnungen wie *farça, comedia, moralidade*. Im Drucke seiner Werke sind die (17) eigentlichen geistlichen Autos als *obras*

[1] Die benutzten Instrumente sind *sacabuxa, charamella, trombeta, atabal, tamborim, arpa, viola, guitarra, alaud, orgão,* und zu allen Volkstänzen und Hirtenliedern *gaita, rabel, pandeiro* und *caramillo* (die Hirtenflöte aus Rohr).

[2] Ich zweifle nicht daran, dass Gil Vicente wirkliche Bauern und Sennerinnen aus Cintra, Sardoal etc. kommen und ihre National-Tänze aufführen liess. Wirkten sie doch bei Prozessionen und Strassenaufzügen immer mit.

[3] Selbstkomponierte Stücke sind z. B. die Lieder I 61, II 339, vgl. III 323.

[4] Wir begegnen lat. Kirchenhymnen; franz. *fatrasies* (zu »*Ay de la noble Ville de Paris*« vgl. *Canc. Mus.* 429); ital. *canzonetas* (vermutlich nach den Modellen, welche Giustiniano, Polizian und Lorenzo de Medici verwertet hatten); span. *vilancetes*, deren Melodien von Badajoz, Madrid, Baena, Torres wenigstens teilweise erhalten sind; portug. *prosas, salmos, salves* etc — Jeanroy's ausgezeichnetes Kapitel über Gil Vicente (p. 330—334) bespricht von 125 einschlägigen Liedern (die z. T. nur dem Titel nach aufgeführt sind) nur die 27 wichtigsten und lässt die Stellen des Textes unbenutzt, welche Zeugnisse für die Volkstümlichkeit bestimmter Tanz- und Sangesweisen enthalten. Vielleicht liefre ich die nötigen Nachträge und Berichtigungen für die *Romania*. Unter *bailados de terreiro* bezeichnet man generisch alle Tänze, welche im Freien auf dem Vorplatz der Bauernhäuser, (der meist eine geräumige glatte Tenne ist), vom Volke getanzt werden. *Foliões* sind die zu ländlichen Musikbanden *(folias)* gehörigen Musikanten und Tänzer (denen die modernen *philarmonicos* entsprechen). »Vor jedem Hause ein Tanzplatz und in jedem Hause Musikinstrumente , das war, laut G. V. um 1500 die gute, alte, portug. Bauernsitte.

[5] »*Este nome da farça seguinte: Quem tem farelos? poz -lh'o o vulgo*« I p. 4. nach den ersten Worten des Stückes, gerade wie mit dem Roman *Menina e Moça* geschah.

[6] André de Resende, der 1531 Verse an Erasmus sandte und 1532 das *Genethliacon Principis Lusitani* nachfolgen liess.

de devoção von den (25) weltlichen Stücken gesondert[1]. Unter den ersteren, die zwischen 1502 und 1534 entstanden, sind Passions- uud Auferstehungs-, Corpus-Christi- und Weihnachts-Spiele (6), doch entfernen die meisten sich von dem stereotypen mittelalterlichen Modell. So ist z. B. von den Weihnachtsspielen nur das erste ein gewöhnliches Krippenspiel, mit Darstellung des Hirtenlebens. Die Handlung ist fast immer eine erweiterte, der Gedankeninhalt originell; die Gestalten sind vervielfältigt (von den 2 bis 6 des *Encina* bis zu 15, 16 ja 22), und lebenswahr, doch hat bisweilen das übersinnliche Prinzip die Oberhand, und Begriffsfiguren menschlicher Tugenden, Laster und Charaktereigenschaften treten auf. — Im *Auto da Alma,* das Calderon benutzte, und im *Auto da Fé,* in dem der Glaube den Hirten das Mysterium der Erlösung deutet, ist das spätere Frohnleichnamsspiel vorgebildet; im *Auto da Cananea* das spätere biblische Drama; im *Auto de S. Martinho* das dramatisierte Heiligenleben. Die bedeutende Trilogie von den drei Barken, welche die Seelen zu Hölle, Fegefeuer und Paradies führen, die Lope im *Viage del alma* vorgeschwebt hat, ist eine wirkliche *moralidade* oder *moral representacion,* wie der Dichter sagt. Das *Auto da Mofina Mendes* (d. h. des personifizierten »Unsterns«), in dem das eigentliche Weihnachtsspiel durch eine Dramatisierung des Mährchens vom Milchtopf unterbrochen wird, bildet den Übergang zum weltlichen Drama. — Die profanen Stücke, die in der Zeit von 1505—1536 entstanden, zerfallen in Lustspiele (*comedias,* 4), Schauspiele (*tragicomedias,* 10) und Possen (*farças de folgar,* 12). Die Grenzen zwischen den drei Spezies sind jedoch wenig feste, besonders die zwischen Lustspiel und Posse. Der letzteren, die im allgemeinen einfacher und kürzer ist und unter wenigen Personen vor sich geht, mangelt der Prolog (*Prologo, Argumento, Introito*); ihre Figuren entstammen den niederen Volksschichten (sind *figuras baixas*) und sprechen die vulgäre Umgangssprache. In den Schauspielen erscheinen hingegen *altas figuras,* d. h. Könige und Helden, deren *rhetorica y escogido estylo* dichterisches Gepräge trägt: der opern- und ballethafte Prunk, mit dem sie auftreten, charakterisiert sie als Nachfolger der *Mômos.* Die zwei wirklich wertvollen Ritterdramen *D. Duardos* und *D. Amadis* bereiten das Helden-Schauspiel vor, während der *Templo d'Apollo* ein Vorläufer der allegorischen Komödien ist. Von relativ höchstem dramatischen Wert ist unter den Possen die *Farça de Inez Pereira.* Die Widersacher des Dichters, — *homens de bom saber,* und *detractores*[2] — insinuierten dem Könige, Vicente's Werke seien nicht Eigenarbeit, sondern gestohlenes Gut, blosse Plagiate. Da erbot er sich, über etwelches aufgegebene Thema ein Bühnenstück zu schreiben. Man wählte das Sprichwort: »Ein Esel der mich trägt, ist mehr wert als ein Ross, das mich abwirft[3]«, und Gil Vicente illustrierte es, nicht eben fein doch dreist und drastisch, durch die Erfahrungen der romantischen (*phantasiosa*) Titelheldin, in erster Ehe mit einem herrschsüchtigen Ritter und in zweiter mit einem bis zur Infamie gehorsamen, bäuerlichen Dummerjan. — Nationale Stoffe behandeln und patriotischen Geist atmen: *A Exhortação á guerra; Lusitania; Nao d'Amores* und das *Auto da Fama.*

---

[1] Unbedingt stammt die Anordnung der *ed. princ.* nebst Titeln und Didaskalien von G. V. selber her. Auf Befehl Johann's III. bereitete er den Druck seiner Werke vor, zu der er die Widmung sogar geschrieben hinterliess. Vorher waren dieselben gewiss in Flugblättern verbreitet worden »*empremidas pelo meudo*«, worauf auch die Verbote von 1551 und 1559 schliessen lassen, sowie die Reproduktionen des 16., 17. und 18. Jhs., in denen Bezeichnungen wie *Moralidade* vorkommen.

[2] Wahrscheinlich waren darunter die Verfasser klassischer Regelschauspiele (wie Miranda) und lat. Schultragödien wie Maldonado, der 1519 am portug. Hofe seine »*Hispaniola*« aufführen lies (Gallardo 2879).

[3] »*Mais quero asno que me leve, que cavallo que me derrube*« (III 121).

In allen seinen weltlichen Bühnenstücken, und selbst in den *Autos*, packt der Dichter einzelne Figuren aus dem frischen vollen Menschenleben, und verpflanzt sie leibhaftig auf die Szene. — Alle Stände, Lebensalter und Geschlechter sind vertreten: Könige, Ritter, Bürger, Handwerker, Bauern, Hirten, Seefahrer, jüdische Heiratsvermittler, Ärzte, Juristen, Geistliche, Nonnen, Kupplerinnen, Marktweiber, Arbeiterinnen, Sennerinnen. Daneben aber erscheinen, wie schon angedeutet ward, Ideal- und Phantasiefiguren mannigfacher Art: Christus und die Jungfrau; Personen aus der Bibel, von Adam bis zu den Evangelisten; Heilige, Sibyllen, Propheten, Kirchenväter; und in buntem Durcheinander mit der christlichen Welt, antike Götter und klassische Helden, Engel, Tod und Teufel, Magier, Drachen, Feen und Zauberspuk; Personifikationen abstrakter Begriffe: Naturkräfte, Jahreszeiten, Monate, Völkertypen, Städte, Gebirge, Flüsse, Gestirne. — Einige Gestalten gelingen besonders gut, und werden typische Vorbilder für spätere Nachzeichner: der arme, verliebte Edelmann, der nichts als seine Guitarre, ein rostiges Schwert, einen Spiegel und einen *Cancioneiro* sein nennt, d. h. der von Brot und Radies'chen lebende *raphanophagus* des *Nicolaus Clenardus*, dessen nächtliche Zwiegespräche am Gitterfenster (vulgo = *gargarejos!*) noch heute eine Wahrheit sind; dazu seine hungernde und medisierende Dienerschaft; der zum Hofmann gewordene Kleriker; der verliebte Alte; der einfältige Provinziale (*ratinho*), den man hänselt, der Tölpel (*parvo*), aus dem sich der *gracioso* herausbildete u. a. m. — Dazu kommt das gleichfalls realistische, theatralisch so bedeutsame Moment des Polyglottismus. Nicht nur die beiden peninsularen Hauptsprachen handhabte Gil Vicente meisterhaft, in jeder Stilart, vom gewöhnlichsten Pöbeljargon (der Provinz Beira) bis zum feinsten Hofton, und zur zartesten lyrischen Redeweise, und verwendete sie (auch hierin vorbildlich für alle späteren Dramaturgen) zu hübschen Kontrastwirkungen: auch das macaronische Latein der gelehrtthuenden Ärzte und Juristen, und die Zitiersucht der Theologen beutet er ergiebig aus und führt seit 1510 radebrechende Franzosen und Italiener neben lispelnden Zigeunern, Negern (*guiné*) und Mauren (*aravia*) und Juden (mit hebräischen Formeln 1525 und 26) vor, deren eigentümliche Jargons er lautlich und syntaktisch trefflich treu charakterisiert. Lange bevor die Spanier Rueda und Badajoz sich dieses derbkomischen Wirkungsmittels bedienten, und selbst ehe Torres Naharro in seiner *Serafina, Soldadesca* und *Tinelaria* damit glänzte (vor 1517)[1].

Das bunte Gewimmel heterogener Gestalten und verschiedener Sprachen, die Mischung von derbstem Scherz und heiligstem Ernst, das barocke Nebeneinander von Heidnischem und Christlichem, der Widerstreit zwischen orthodoxen und aufgeklärt reformatorischen Gedanken und die krasse Roheit vieler Geschehnisse, lassen den modernen Leser freilich zu reinem Kunstgenuss nicht kommen. Was Gil Vicente am meisten fehlt, ist jedoch die geschlossene logische Durchführung der oft gut ersonnenen Fabel. Die Handlung ist zu wenig vom Unwesentlichen, Zufälligen geläutert; mit sorgloser Einfalt sind die Motive nebeneinandergestellt und folgen die Szenen aufeinander, ohne innere Entwickelung. Man ergötzt sich nur an vorzüglichen Einzelszenen und an vereinzelten wohlgelungenen Charakteren. Dazu an lyrischen Stellen von entzückender Anmut. Von dem wertvollen Liederschatze, den die Vicente'schen Dramen in sich bergen, war schon wiederholt die Rede (§ 19. 20. 21 und öfter). Von klassischen Formen oder ital. Geist und Versmass ist jedoch (trotz Rapp's und Braga's Versicherungen) hier noch keine Spur. Überall

[1] Ich teile also nicht die von A. L. Stiefel, *Zschr.* XV p. 208—9 ausgesprochene Ansicht.

nur mittelalterlich-peninsulare Formen: *trovas* verschiedenster Bauart und die üblichen *oitavas de arte mayor*, mit allen möglichen Variationsversuchen. *In summa*: eine höchst bemerkenswerte Weiterführung der Gebilde des 15. Jhs.; doch formell nichts wahrhaft Neues.

117. Den ersten Anstoss zur Schöpfung des Vicente'schen Dramas gab, ohne Zweifel, Juan del Encina mit den 1496 in seinem *Cancionero* veröffentlichten 8 *Eglogas*, *Autos* oder *Representaciones*. Dass dem so sei, wussten und bekannten die Zeitgenossen, wie z. B. Vicente's Kamerad Garcia de Resende[1]. Doch kam ihm Anregung noch von vielen andern Seiten, wie indirekt die Anklagen seiner Gegner und direkt einige bisher unbeachtete Aussagen des Dichters selbst bezeugen, in der Vorrede, die er als Einleitung zu seinen Werken an König Johann III. richtete. Darin sagt er nämlich, er würde stolz sein, wären seine »ganz elenden Schöpfungen auch nur ein Echo älterer Genies« und »die alten und neuen Dichter hätten ihm alles Schöne schon vorweg genommen«: *Os antigos e modernos não leixaram cousa boa por dizer, nem invenção linda por achar, nem graça por descubrir.* — Encina's Spuren folgte er nur in seinen ersten geistlichen Stücken. Später gemahnt nur die häufige Verwendung von Hirten noch an diese Herkunft. Die früheste Posse(?) des Spaniers (»*Egloga de Placida y Victoriano*«) erschien erst als Vicente schon in vollem Fahrwasser war. Doch wird er seine dramatischen Studien auch daran und an den *Farsas y Eglogas* des Lucas Fernandez (1514) besonders aber an den *Comedias* des Torres Naharro (1517) fortgesetzt haben, die er übrigens alle drei an Fruchtbarkeit, Vielseitigkeit, Originalität, Geistesfreiheit und *vis comica* weit überflügelt. Französ. *mystères, miracles, moralités, sotties* und *farces*, ital. *Rappresentazioni* und Faschingsaufzüge waren ihm sicher nicht unbekannt[2]. Hingegen bleibt es mir zweifelhaft, ob er den schon 1472 gedruckten *Plautus* während seiner Universitätsjahre gelesen hatte. Bestimmte, ob auch leise Anklänge finde ich in den »Vier Jahreszeiten« und im »Triumph des Winters« an mittellat. »*Conflictus*« (*hiemis et veris*; s. II 1, 167). Das Klagelied der Säuferin Maria Parda erinnert an Pathelin's Testament (1520) und Ähnliches. Die Sermone und Kapuziner-Reden weisen auf die *Sermons joyeux des clercs de la Bazoche* hin[3]. Die erste Totenbarke, die Gil Vicente, wie gesagt, *Auto de moralidade* betitelt[4], stellt Kenntnis franz. *moralités* ausser Frage. Ein serviler Nachtreter ist Gil Vicente jedoch durchaus nicht. Wenige dramatische Schriftsteller werden so fest auf eigenen Füssen stehen wie der »portugiesische Plautus«. — Naturwüchsig durch und durch, aller Beschränkung abhold, um Kunstdogmen unbekümmert, moralischer Tendenzen bar, blieb er auch von Manieren, Geschraubtheit, Pedantismus und jeder Prüderie frei: er verwirft und vermeidet keinen noch so derben Einfall und kopiert unterschiedslos was die Realität ihm vor Augen führt (wobei jedoch gesagt

[1] S. Miscellanea, Str. 181 (der ed. 1798): »*E vimos singularmente Fazer representações Destilo muy eloquente, De muy novas invenções E feitas por Gil Vicente. Elle foy o que inventou Isto cá e o usou Com mais graça e mais doutrina, Posto que Joam del Enzina O pastoril começou*«.

[2] Welche davon er gekannt und ob er auch mit engl. *moral plays* und *masks* vertraut war, bleibt zu untersuchen. Seine Tochter Paula schrieb eine engl. Grammatik.

[3] Von nicht dramatischen Werken hatte er, ausser antiken, mittelalterlichen und modernen lat. Autoren, (worunter Erasmus) besonders span. Ritterromane und Novellen und vor allem ital. und span. *Canzonette musicali* studiert. Er zitiert *Peregrino y Ginebra* II 40 (gedr. 1527) *Leriano y Laureola* II 40 (gedr. schon 1491) und den ital. *Heptameron*.

[4] S. Gallardo 4573. Diese portug. Totenbarke (oder richtiger Hölle und Paradies zusammen) soll der Dichter selbst span. neu bearbeitet haben als: *Tragicomedia alegorica del Paraiso y del Infierno*. Ein Druck von 1539 ist noch vorhanden. S. Moratin, Katalog No. 60; Barrera y Leirado; und Braga, *Questões* p. 226—237. Die abgedruckten Proben scheinen in der That einer eigenartigen Überarbeitung zu entstammen.

werden muss, dass seine Werke, mit den spanischen *Celestinas* und den ital. *Commedie del Cinquecento* verglichen, höchst anständig sind).

Das Fehlen jeglichen konventionellen Zwanges hat, wie mich däucht, zweierlei schädliche Folgen gehabt. Erstens: Gil Vicente hat zwar Schule gemacht; seine Schüler aber blieben der bequemen Regel- und Stillosigkeit des Meisters allzu treu, und haben das so ausserordentlich kraftvoll begonnene Drama nicht weiter entwickelt. Es blieb in den Windeln stecken. S. § 129—134. Zweitens: Die Reaktion gegen das Übermass von Freiheit, das sich darin bethätigt hatte, konnte nicht ausbleiben. Derselbe König und derselbe Hof, der vor den Wittenberger Tagen, oder richtiger vor den Tridentiner Conzil-Beschlüssen die masslosesten Invektiven gegen den der Regel nach als zuchtlos angefeindeten geistlichen Stand und die unverblümtesten Natürlichkeiten Vicente's und seiner Genossen belacht hatte, musste gänzlich umsatteln, und liess bald nach 1540 sich von der soldatisch geschulten Compagnie Loyola's freudig und rückhaltlos knechten. Im Todesjahre Vicente's ward die Inquisition eingeführt; seit 1539 gab es eine verschärfte Bücherzensur. — Dass 1561, nachdem bereits dies und jenes Stück Vicente's verboten war, eine unbeschnittene Gesamtausgabe seiner Werke erscheinen konnte (die erste, lange zuvor vorbereitete) muss als ein glückliches Versehen bezeichnet werden[1].

II. ANFÄNGE DER PORTUGIESISCHEN BUKOLIK: CHRISTOVAM FALCÃO UND BERNARDIM RIBEIRO.

118. So peninsular Gil Vicente auch ist, so kennt doch heute das Lesepublikum kaum mehr als seinen Namen. Er wird nicht als echter Repräsentant der portug. Nationalität angesehen. Dazu ist er zu verständig, zu kerngesunden Humors, zu wenig sentimental und lyrisch. Seine anmutigen volksmässigen Lieder und Romanzen werden nicht als subjektive Gefühlsäusserungen, sondern als Gemeingut des Volksgeistes betrachtet.— Die ersten Individualitäten des 16. Jhs., die als wirklich typische Vertreter und Interpreten der *alma portugueza* anerkannt und noch heute beliebt sind und bewundert werden, sind *Christovam Falcão* und *Bernardim Ribeiro*, ein wahlverwandtes Freundespaar, zwei liebeskranke Schwärmer, die in ihren thränenreichen Gedichten nur sich selber geben, in eminent-nationalem und zu gleicher Zeit so ganz persönlichem Stil, dass sie mit keinem anderen Dichter vor oder nach ihnen, wohl aber untereinander zu verwechseln wären. Diese beiden gleichgesinnten Schöpfer der romantischen Bukolik d. h. der Idylle in Versen und des Schäferromans in Prosa, wollten leben wie sie dichteten, scheiterten jedoch an dem Unterfangen, Ideal und Wirklichkeit in Einklang zu bringen und starben gebrochenen Herzens, vermutlich in der Fremde, dem Rufe der Portugiesen als »verliebte Thoren« dadurch neue Nahrung gebend.[2]

Sowohl in der einzigen Idylle des Falcão wie in den fünf *Eglogas* des Ribeiro und in seinem Prosaroman treten sie selber auf, und zwar als Menschen,

[1] Diese erste 1561/62 gedruckte Ausgabe, mit Holzschnittbildchen, wurde von den Kindern des Dichters herausgegeben, von Paula, der das Privileg ausgestellt ward, und von Luis, der eine neue Widmung an König Sebastian schrieb. Die zweite, bereits verstümmelte, besorgte 1586 ein in der königl. Kapelle bediensteter Affonso Lopes, der sich auch der Dramen von Camões, Prestes u. a. annahm. Acht span. Szenen und Stücke nahm Böhl de Faber 1833 in sein *Teatro Español* auf. Ausserdem giebt es nur den Hamburger Neudruck von 1834 (mit unbrauchbarem Glossar) und den Lissabonner von 1852. Über Einzelausgaben unterrichten Barbosa Machado, Barrera y Leirado, Salvá und Gallardo 4572—77. Eine kritische Neuausgabe ist ein Bedürfnis.

[2] Einige dürftige Proben span. Urteile über die Liebesnarrheit der Portugiesen gab ich in Ztschr. VII p. 429. Sie lassen sich verzehnfachen.

deren ganzer Lebensinhalt Liebe ist. Bartlose Jünglinge sind sie als sie ihr Herz verlieren, und Kinder sind die Geliebten; sanfte, mit wenigen Zügen, in milden Farben gezeichnete Gestalten von prae-raphaelitischem Gepräge und der etwas eckigen keuschen Grazie sehr früher Jugend. Von Beatrice und Laura entfernen sie sich jedoch durch einen wesentlichen Zug. Die ihnen gewidmete Liebe erwiedern die kleinen, gedankenarmen und gefühlvollen Portugiesinnen sofort, mit gleicher Inbrunst, und zeigen ihr Empfinden ohne Scheu, mit naivster Natürlichkeit. Die Vernunft wird weder vom starken, noch vom schwachen Geschlecht herbeigerufen um die Leidenschaft zu zügeln. Liebe ist unwiderstehlich. Sie kommt und geht. Man giebt ihr willenlos nach, mit fatalistischer Passivität. Diese Grunddogmen des spezifisch-portug. Liebeskodex finde ich schon bei beiden Autoren. Sie lauten daselbst: *O que ha de ser, ha de ser: não se lhe pode fugir* und *Erros por amores dignos são de perdoar.* Aus der Thatsache, dass Falcão und Ribeiro der nationalen Auffassung von Liebe zum ersten Male Worte liehen, und aus der Spontaneität ihrer poetischen Beichten erkläre ich es mir, dass ihre Werke, trotz recht altväterischer Geschwätzigkeit, zahlreicher Wiederholungen und geschmackwidriger Wort- und Reimspielereien, dennoch bis heute nicht veraltet sind.

119. Woher ihnen die Anregung kam, sich selber gerade unter der Hirtenmaske vorzuführen (und zwar unter Benutzung leicht durchschaulicher, oft anagrammatischer Kryptonome), und eigene Erlebnisse in also verschleierter Form darzustellen, lässt sich aus den Dichtungen nicht deutlich erkennen,— doch ist es leicht, Vermutungen darüber aufzustellen. Es ist wahrscheinlich, dass gebildete und vielleicht studierte, adlige Höflinge, wie beide es waren, an der Schwelle des klassischen Jhs. die virgilianischen Hirtengespräche (in der Sevillaner Ausg. von 1498?) und ihre mittellat. Nachahmungen kannten, wie auch die span. Übersetzung der ersteren (1496). Sehr möglich auch, dass sie Petrarca's bukolisches Gedicht, Boccaccio's *Ameto* und *Ninfale* und Bojardo's *Egloghe* gelesen haben. Fast sicher, dass Encina's Schäferspiele, nebst den Pastoralen des Lucas Fernandez und anderer Zeitgenossen, ihnen so gut wie Vicente und Resende in Folge höfischer Pallast-Aufführungen vertraut waren[1]. Und gewiss, dass die in § 113 erwähnten lat. Idyllen des Portugiesen Hermigius (1501), in denen Freunde und Genossen zu Hirten verkleidet auftreten, sie in jene Bahn drängen konnten[2]. Einige stereotype Eingangsformeln ihrer frühesten Pastoralen, durch welche der Schauplatz der Hirtenszene gemalt wird[3], halte ich jedoch für direkte Nachklänge aus den heimischen *serranilhas,* respective aus ihren prov. und nordfranz. Parallelen. Weiter aber geht die Nachahmung auch nicht. Falcão und Ribeiro sind Selbstdichter und ihre Verse dringen, Naturlauten gleich, aus innerster Herzenstiefe hervor. *Io mi son'un che quando Amor spira, noto* durften sie sprechen.

Welcher von beiden der ältere war, oder doch seinen Lebensroman zuerst poetisch behandelte, ist nicht festzustellen. Ebensowenig wissen wir, wann

[1] Ich denke z. B. an die *Egloga,* welche Diego de San-Pedro dem Gefühlsroman *Cuestion de Amor* einfügte, und die 1512 in Neapel aufgeführt ward.

[2] Dieser Schüler Polizian's sandte schon 1495. 1496. und 1500 Einzelabschriften seiner 1501 in Bologna dargestellten und gedruckten Hirtengespräche, an den König und gewisse Gönner. In einer derselben sind z. B. unter den Decknamen Thyrsus, Alphesibeus und Lygdanus die drei Brüder Teixeira zu erkennen (Tristão † 1479, Luis und Alvaro), Söhne des Kanzlers Johann's II.

[3] Man vergleiche »*Antre Cintra a muy prezada E a serra de Ribatejo*« und »*Nas selvas junto do mar*«, sowie »*Antre Tejo e Odiana*« mit folgenden Eingängen alter *Serranilhas: Entre Torres e Ximena*; *A' terra de Cintra Cerca la Tablada*; *Llegando a Pineda*; *Entre Sesa e Cintura*; *De Lozoya a Navafria*; *Passando por la Toscana*, *Entre Sena e Florencia* — wie man sieht lauter Ortsbezeichnungen an Stelle frz. Zeitumstände *(L'autrier)* (oft auch daneben).

es geschah. Bestimmt zwischen 1500 und 1536, aus welchem Jahre ein Flugblatt mit einer der *Eglogas* des Ribeiro sich erhalten hat; wahrscheinlich nach 1516, als beide sich bei Hofe schon als Liederdichter Ruf erworben hatten, und vor 1526, ehe in Spanien und Portugal die neue Schule eröffnet wurde. Zuerst handschriftlich, dann in undatierten *pliegos sueltos* kursierten die bukolischen Neuheiten wohl in Spanien und Italien drei Jahrzehnte lang, bis nach dem Tode oder Verschwinden der beiden Freunde, um 1550 Buchausgaben, Nachahmungen und verherrlichende Referenzen auf ihre Werke möglich wurden. Nach Versform und Sprache gehören Falcão und Ribeiro (die sich auch in keinem kleinsten Liede des Kastilischen bedienten)[1] an die Grenze zwischen der 2. und 3. Epoche. Sie verwenden ausschliesslich Kurzzeilen. Ihre *Eglogas* sind *Trovas* in Dezimen und Nonen. Ihre kleinen Gedichte sind *Cantigas, Vilancetes, Esparsas, Glosas* und *Romances* (in noch nicht stereotypen Formen) und oft volkstümlichen Gebahrens. Neu ist eine Sextine[2] und ein Echogedicht[3]. Kenntnis des prov. und portug.-prov. Minnegesangs scheint mir gewiss[4].

120. Christóvam Falcão, aus englischem, 1383 mit D. Filippa de Lencastre eingewandertem Adelsgeschlecht, dessen zahlreiche Mitglieder natürlich bei Hofe, im Felde, so wie in der Verwaltung des Reiches und der Kolonien hohe Ämter bekleideten und unter den Hofpoeten auch nicht fehlen[5], verliebte sich als ganz junger Page (»*de pouca idade*«) am Hofe Emanuels, an dessen *serões* er teilnahm[6], in ein kleines Mädchen (*menina* und *pequena*), D. Maria Brandão aus der Familie des portuenser Schatzmeisters, und tauschte mit ihr im Geheimen das Ehegelöbnis aus. Eine eifersüchtige Freundin (Joana) verrät sie. Und da er wenig begütert, sie aber sehr reich war, ward Maria im Cisterzienserkloster Lorvão versteckt gehalten, während Christóvam 5 Jahre lang in Privatgewahrsam schmachtete, bis ihre vornehmen Verwandten, unter dem Vorwand, Christovam's Liebe sei eine eigennützige, das Wort eines Kindes aber nicht bindend, sie vermählt hatten. Des Dichters fernere Schicksale sind unbekannt[7]. Was die Litterarhistoriker, auf Grund

---

[1] Falcão lässt jedoch eine Sennerin (*serrana*) spinnend das schon früher erwähnte Wallfahrts-*Villaneico* singen: *Yo me iba la mi madre A Santa Maria del Pino*. S. oben § 19 p. 149 und 152. Ganz zu Unrecht steht Ribeiro im Schriftstellerkatalog des Garcia Peres p. 492 und 652.

[2] In Achtsilblern. wie eine andere, derselben Zeit gehörige, von Miranda Nr. 74. Ob Ribeiro oder Falcão ihr Verfasser ist, vermag ich nicht zu entscheiden.

[3] Das Echogedicht ward 1536 als Schlusssatz der 3. *Egl.* von Ribeiro gedruckt. Ein anderes (?) Echogedicht von ihm soll 1577 in das verschollene Liederbuch des Goenser Paters Pedro Ribeiro eingetragen worden sein. Ähnliche Kunststücke fertigten Gil Vicente II 59 und Miranda No. 88.

[4] Nicht bloss aus den Sextinen, sondern aus einigen *Coblas recordativas,* welche Ribeiro zusammen mit Miranda verfasste (Nos. 51 und 52, p. 745 und 771) und aus des letzteren *leixa-prem*-Strophen, so wie aus der von ihm nacherzählten Fabel vom Mairegen (nach Peire Cardinal) und aus anderen Anzeichen darf man auf Umgang aller drei Dichter mit prov.-portug. Liederbüchern schliessen.

[5] *Canc. de Res.* II 369, I 463 und 466; III 373: lauter Anspielungen auf Joam Falcão, der auch an einem Scherzspiel dichtend teilnahm (III 125). Es kann der Vater des Idyllikers sein, dessen vollständiger Name Joam Vaz de Almada Falcão gewesen sein soll.

[6] Genannt wird Christovam im *Canc. de Res.* nicht, doch stehen daselbst unter den Liedern Ribeiro's einige (3), die in späteren Drucken Falcão zugesprochen wurden. (Nos. 19. 23 und 39 der jüngsten Chrisfal-Ausgabe). Und andererseits finden sich unter Falcão's und Ribeiro's Gedichten Stücke, die unzweifelhaft von Miranda sind (No. 9 und 11 der genannten Ausgabe). Die Jugendgedichte der drei Neuerer wurden sicher, als eines Geistes, gemeinsam verbreitet.

[7] Man lese seine Biographie bei Braga, *Bernardim Ribeiro* p. 140—178, in der Ausgabe des Idylls von 1871, und in der *Hist. de Cam.* II p. 229.

gänzlich ungesiebter und einander widersprechender Notizen der Genealogiker über seinen Posten als Flottenadmiral, Statthalter auf Madeira und Komthur des Christusordens, so wie über seinen angeblich am 24. Mai 1550 in Evora erfolgten Tod berichten, beruht, so viel ich sehe, auf Vermengung seiner *vita* mit derjenigen anderer Homonymen[1]. Glaubwürdig scheint die Aussage, er habe in Indien gekämpft (*porque não casou com sua dama, foi para a India*) und die Existenz eines illegitimen Sohnes: Christóvam Falcão de Sousa[2]. Am besten endet man seine Biographie bis heute, wie er selber sein Gedicht, mit den Worten: *O que se fez de Crisfal, Não sabe certo ninguem.*

Die in Form einer anmutigen Erzählung anhebenden »*Trovas de Cris. Fal.*« (aus denen die nach blossen Titeln urteilende Kritik ein Ritterbuch in Prosa gemacht hat)[3], berichten in 103, durch zwei Liedereinlagen erweiterten Dezimen die rührende Geschichte dieser ersten unschuldvollen Liebe zwischen Maria und Crisfal, und besonders die letzte Zusammenkunft des bereits für immer getrennten Paares, und zwar als Traumvision, die der schmerzzerrissene Hirte den Gebirgsbächen von Lorvão mitteilt und die eine lauschende Nymphe in eine Pappelrinde schreibt, »auf dass des Dichters Bekenntnisse bis zu solchen Höhen emporwüchsen, wo niedere Gedanken sie nicht erreichen könnten«. Andere höfische Liebesintriguen, die sich zwischen 1521 und 1531 abspielten, werden nur flüchtig gestreift.

Sonst besitzen wir von Falcão nur noch aus dem Gefängnis einen elegischen Dissonanzenbrief in auseinandergerissenen Reimpaaren[4] (s. p. 149) und 45 kleinere Gedichte, die jedoch, wie schon angedeutet, noch nicht darauf hin geprüft worden sind, ob sie etwa Ribeiro oder dem Freund und Genossen beider, Miranda, angehören[5]. Von den mutmasslichen ältesten Drucken ist leider keine Spur vorhanden[6]. Vor 1558 lebte am Hofe Johann's III. ein Page Crisfal Diaz, der sicherlich mindestens 10—15 Jahre früher nach dem bereits berühmten »Schäfer« getauft worden war[7]. Auch benutzte Camões 1553 in Indien Verszeilen aus der Idylle[8], und Couto nennt dieselbe in seiner achten Dekade (Kap. 34) »*aquellas antigas e nomeadas* (Variante: *namoradas*) *Trovas de Crifal*«. Ein Anonymus, in dem man den geschickten Nachbildner Bernardo de Brito zu erkennen glaubt, schrieb 1597 unter dem Hirtennamen Lisardo einen zweiten Teil zum *Crisfal*: »*Sonho de Lysardo que he quasi como a 2ª parte de Crisfal*«[9].

---

[1] Schon 1474 und 77 kann ich einen *Christ. Falcão* als *moço fidalgo de D. Affonso V.* nachweisen (Sousa, *Provas* II 44 und 46), der 1484 in Diensten Johann's II. wiedererscheint (ib. p. 181). Unser Dichter wird den gleichen Rang noch nach 1521 unter Johann III. eingenommen haben (ib. p. 843).

[2] *Hist. Geneal.* XII 454—55.

[3] S. Gayangos in *Libros de Caballeria* p. LXXVIII und im *Repertorio Americano.*

[4] *Carta do mesmo estando preso.*

[5] Ein verschollenes Jagdbuch: »*Criação e cura dos falcões e gaviães*« ist möglicherweise von einem seiner Vorfahren; doch kann es natürlich auch sein Werk sein.

[6] An Ausgaben existiert: eine datenlose, dem Anschein nach bald nach 1550 als *Trovas de Crisfal* gedruckte (*Liss. Bibl. Nac., Reservados* $A\frac{2}{2}$); eine 1559 in Köln zusammen mit Ribeiro's Roman veröffentlichte, als *huma mui nomeada e agradavel Egloga* (vgl. Salvá No. 1693); und fernere aus den Jahren 1571, 1619 (schon mit Zusatz des 2. Teils), 1639, 1721 und die neueste von Th. Braga besorgte, Porto 1871, mit Biographie. Alle, auch diese letzte, sind äusserst unvollkommen, was die Textgestaltung betrifft. Vgl. jedoch *Bibliogr. Critica* p. 38. Ob auch die älteren Ausgaben der *Menina e moça* (Ferrara 1554 und Evora 1557) den *Crisfal* bieten, weiss ich nicht; bezweifle es jedoch.

[7] Sousa, *Provas* VII p. 578.

[8] S. *Ztschr.* VII p. 439.

[9] S. oben p. 167.

121. Bernardim Ribeiro[1] hat das Geheimnis seiner Liebe mit ungleich dichterem Schleier umhüllt als Falcão, wie man meint, geflissentlich, weil der hohe Rang seiner Herzensdame und ihre Stellung bei Hofe ihn dazu nötigten. Das Unterfangen, den Roman seines Lebens klar und rein aus seinen Dichtungen auszulösen, ist daher ein sehr gewagtes. Drei Deutungsversuche sind gemacht worden. Die früheste, doch erst nach 1600, wiederum von Faria-e-Sousa niedergeschriebene, angeblich aus der Tradition geschöpfte Sage, der Sänger habe die Infantin D. Beatriz, die stolze (1504 geborene) Tochter Emanuels geliebt, bevor sie 1521 Fürstin von Savoyen ward, findet weder in der Geschichte noch in den Werken des Dichters irgend eine Bestätigung[2]. Gänzlich gegenstandslos ist auch das zweite, von Varnhagen ersonnene Märchen[3], die Schöne, die ihn liebeskrank machte, sei die Tochter der katholischen Könige, Juana la loca, gewesen (geb. 1479, gest. 1555), es sei denn, man wolle es darauf gründen, dass eine der Hauptfiguren seines Romans den Namen Aonia trägt, und dass auch die Heldin des persönlichsten unter seinen Hirtengedichten Joana heisst[4]! Sinnreicher und viel wahrscheinlicher, ob auch noch höchst unsolide aufgebaut, ist die dritte Aufstellung, von Th. Braga: in der unglücklich Geliebten sei die zum Hause Bragança gehörige Nichte des 1483 enthaupteten Herzogs, D. Joana de Vilhena zu erkennen, welche noch als ganz kleines Mädchen nach Spanien geflüchtet ward, 1497 heimkehrte, sich 1516 mit dem humanistisch gebildeten, dichterisch begabten Grafen von Vimioso D. Francisco de Portugal vermählte, und 1549 als Wittwe in den Orden der *Freiras mantelatas* trat. — Genaue Daten aus dem Leben Ribeiro's, welche diese Vermutung bestätigten, giebt es nicht. Aus Selbstaussagen und Andeutungen seines Freundes Miranda, die natürlich mit Vorsicht und Kritik zu verwerten sind[5], wissen wir nur, dass der junge Edelherr, der 1516 bereits als Dichter aufgetreten war, und mit Miranda um die Wette vor 1521 die spröde und hoheitsvolle D. Leonor de Mascarenhas, seine Base, feierte[6], aus *Torrão* im *Alemtejo* stammte; 21jährig an den Hof kam um der Not und Dürre seiner Heimat zu entfliehen und für sein Fortkommen zu sorgen; dort eine Liebestragödie erlebte, von einem anderen, gleichfalls dichtenden Nebenbuhler, den ein Mächtiger beschützte, ausgestochen ward; und in die Fremde floh. Vermutlich nach Spanien, und weiter bis nach Italien. Was Genealogiker und Litterarhistoriker, vom 17. Jh. an, über Abstammung, Stellungen, Vermählung und Nachkommen melden, beruht, wie bei Falcão, Gil Vicente und vielen Dutzenden anderer portug. Dichter, auf kritikloser Aneinanderreihung widersprechender Daten und Thatsachen aus dem Leben verschiedener Homonyme. In diesem Falle boten sich zur Auswahl dar: ein Flottenadmiral, ein Statt-

[1] Man sehe über ihn besonders Th. Braga, *Bernardim Ribeiro e os Bucolistas;* nebst Camões I 192 und 423, sowie II 227—231; C. M. de Vasconcellos, *Poesias de Sâ de Miranda* p. 765—77, obgleich ich heute vieles besser weiss und manches anders auffasse als vor 13 Jahren; C. Castello-Branco, *Noites de insomnia;* D. José Pessanha im *Prefacio* seiner Ausgabe der *Menina e Moça* 1891; und Braga in *Revista de Portugal* IV p. 244—251.

[2] S. Fuente de Aganipe 1646: *Discurso de los Sonetos* § 4, und *Europa Port.* II. P^e 4 cap. 1 und III P^e 4 cap. 8 No. 22. — Donna Beatriz sollte das Pendant zu Boccaccio's *Fiammetta* bilden. — Faria-e-Sousa folgten Almeida-Garrett (im *Auto de Gil Vicente* und *Romanceiro* III p. 155—182) und andere Romantiker (s. *Panorama* III 276) und von den Litterarhistorikern Barbosa Machado, nicht aber Costa e Silva (I 132) trotz Braga's Behauptung.

[3] *Livros de Cavallarias,* Wien 1872.

[4] Miranda No. 102 und 103 (Zeile 352. 383 ff. 401. 406. 419. 438. 536); 106 Zeile 297; 151 Z. 137. 202. 213. 322. 325; 164 Zeile 329. 401.

[5] Miranda No. 51 und 52.

[6] S. Barb. Mach., und dagegen C. C. Branco.

halter der afrikanischen Feste Mina, ein Komthur des Christusordens, ein Kapellmeister in Toledo[1], ein Auditor aus Caldas, ein Notar aus Barcellos, und ein Dr. juris, der 1524 zum Sekretair Johann's III. ernannt ward, sowie ein stud. juris, der von 1507 bis 1511/12 in der Lissaboner Universität immatrikuliert war[2]. Dass die beiden in letzter Linie Genannten, Student und Doktor, ein und dieselbe Person und mit dem Dichter identisch sind, ist möglich[3]; sicherstellende Beweise aber sind nicht geliefert[4]. Wäre die Identität sicher, so müsste Bernardim Ribeiro 1486 geboren sein; und die Katastrophe, die ihn aus dem Vaterlande trieb, könnte nicht vor 1524 fallen[5].

Das eigene Herzeleid und andere verliebte Begebenheiten aus der eleganten Welt, darunter die Abenteuer seiner Freunde Falcão und Miranda[6] und des Jorge de Montemór, idealisierte Ribeiro in fünf Idyllen[7], deren vaterländische Scenerie die Ufer des Tejo und Mondego, und das Cintra- und Ossagebirge sind, ganz im Stile des Falcão, in Versen, deren glühende Zärtlichkeit und Wärme trotz mancher Inkorrektheit des Ausdrucks und der Eintönigkeit der Gedanken den geborenen Dichter verraten. Den gleichen, damals überraschend neuen Ton schwermütiger Lebensauffassung stimmen seine übrigen Verse an (Romanzen und Lieder)[8], sowie der »Buch der Sehnsucht« (*Saudades*) betitelte Prosaroman,

[1] Miranda p. 770.

[2] S. Pessanha.

[3] Dreiviertel aller portug. Dichter vom 15. Jh. an bis heute sind Studierende der Jurisprudenz gewesen.

[4] Sobald aus den Dokumenten nachgewiesen ist, dass der Student wie der Doktor aus Torrão stammten, kann man sich zufrieden geben, selbst wenn sich nicht herausstellt, dass auch 1507 Seuchen und Notstand die Provinz Alemtejo heimsuchten und ein Flüchten nach Lissabon veranlassten.

[5] Auch wenn B. Ribeiro, wie ich früher annahm, erst um 1500 (etwa 1496) geboren wäre, hätte er dennoch schon 1516 dichten können. »Absurd« (wie Braga in der *Rev. de Port.* sagt) ist mein Glaube an solche dichterische Frühreife nicht. Ich erinnere nur an den Condestavel D. Pedro, an Encina, Lope, Calderon und von modernen Portugiesen an Guerra-Junqueiro, Eduardo Coimbra und Braga selbst, die alle schon mit 14 Jahren dichteten und publizierten.

[6] In *Egl.* II tritt z. B. Miranda, der Verehrer Celia's als Franco de Sandovir auf.

[7] *Egl.* I: Persio e Fauno, *Nas selvas junto do mar* in 34 Dezimen, wovon 4 erzählende, die übrigen aber Gespräche sind; *Egl.* II: Jano e Franco, *Dizem que havia um pastor Antre Tejo e Odiana* in 53 Nonen, nebst 1 Cantiga; *Egl.* III: Silvestre e Amador, *Um coitado de um pastor* in 52 Dezimen und 1 Echolied; *Egl.* IV: Jano, *Um pastor Jano chamado* in 36 erzählenden Dezimen; *Egl.* V: Ribeiro e Agrestes, *Ribeiro triste pastor* in 66 Dezimen, nebst 2 Cantigas. Nur von der dritten hat sich eine Einzelausgabe (1536) erhalten und zwar eine spanische, unter dem Titel *Trovas de dous pastores*. Die fünfte erschien erst 1557 mit dem Vermerk »*a qual dizem ser do mesmo autor*«.

[8] Wir besitzen von Ribeiro 13 Gedichte im *Canc. de Res.* III 389—92 und 539—44 (3 *Cantigas*, 1 *Trova*, 3 *Esparsas*, 1 *Vilancete*) doch befinden sich darunter, wie ich schon sagte, möglicherweise Sachen von Falcão und Miranda; dazu kommen 2 Gedichthälften nach provenz. Art für D. Lianor de Mascarenhas (Miranda 51 und 52); eine schöne Klageromanze in Dissonanzen-Reimpaaren: *Ao longo de uma ribeira*; als Einlage der Idyllen drei Lieder und das Echogedicht; und als Einlage des Prosaromans eine andere Romanze *Pola ribeira de um rio* nach dem gewöhnlichen Typus (in *ar*-Reimen), ein sogenannter *solau* in Vierzeilern, und ein *vilancete*. Eine der Ausgaben seiner Werke (1559) soll noch eine Gruppe von *Cantigas e Voltas* bieten »*que dizem ser do auctor*«, doch vermute ich, dass es die selben sind, welche Braga als Werke des Falcão veröffentlicht hat. Ein Gedicht freilich, welches Bouterwek (p. 32) und nach ihm Costa e Silva sowie 1859 Mendes Leal druckte, findet sich in der erwähnten Neuausgabe nicht. — Bestimmt nicht von Ribeiro sind drei kastilische Poesien, um derentwillen Garcia Peres ihn in den Katalog der spanisch-schreibenden Portugiesen versetzt hat: eine Glosse der *Belerma*-Romanze; eine andere Glosse zu *Justa fue mi perdicion* und das Sonett *Pasando el mar Leandro el animoso*. (S. *Circulo Camoniano* I 299). Ebensowenig gehört ihm die *Trova* No. 71 des *Canc. de Evora*, die einen Capitão Bernardim Ribeiro zum Verfasser hat. Unentschieden bleibt, ob B. R. in spätern Jahren im Ausland, nach Miranda's Beispiel, noch die Schwenkung vom

den man sich gewöhnt hat, nach den Anfangsworten, unpassend genug, »*Menina e moça*« zu nennen, obwohl der Autor vielleicht die Bezeichnung »*Tristezas*« gewählt hatte[1].

122. Allegorische Gefühlsromane über Eigenerlebtes, in denen ein Liebespaar die Hauptrolle spielt, hatten bereits Rodrigues del Padron und Diego de San-Pedro in den Erzählungen von *Ardanlier y Liessa* (1450), *Arnalte y Lucenda* (1491), *Leriano y Laureola* (1492), *Grisel e Mirabella* (vor 1500), *Aurelio y Isabella* (1516), *Peregrino y Ginebra* (1527) und in gewissem Sinn auch Aeneas Sylvius in seinem *Eurialo y Lucrecia* (gedr. 1472) den Hispaniern vorgeführt. Und durch Boccaccio's »*Commedia delle ninfe florentine: l'Ameto*« wie durch seine »*Fiammetta*« (span. gedr. 1497) war das Beispiel gegeben, ein Weib als Erzählerin einzuführen. Dennoch ist die »*Menina e moça*« nach keiner dieser Vorlagen gezeichnet und bedeutet in der That etwas Neues. Der Hauptheld, der unseren Dichter personifiziert, der Ritter Narbindel, legt nämlich vor unseren Augen, unmittelbar nach einem mittelalterlichen Holmgang, Schwert und Rüstung nieder, und zieht den Hirtenrock an[2], den Namen wechselnd und bedeutungsvoll umgestaltend zu Bimnarder (= *vim-n'arder* = ich kam und entflammte), um unerkannt in der Nähe der Geliebten weilen zu können. Er hütet die Rinderheerde, schneidet sich Hirtenflöten, und spielt und singt vor den Pallastfenstern seiner Aonia. Und diese liebt und erhört den einfachen Menschen und Schwärmer. Bald aber, während Bimnarder krank in seiner Strohhütte liegt, reicht sie, dem väterlichen Willen gehorchend, einem Hochgestellten die Hand. Echte Hirten treten neben manchem Ritter und Edelfräulein als mithandelnde Personen auf. Ländliche Szenerien werden ausgemalt. Feine psychologische Bemerkungen über Frauen- und Männerherzen fehlen ebensowenig wie emotionell gefärbte Beschreibungen der Reize der Natur, und zarte Analysen ihrer Einwirkung auf die Bewegungen im menschlichen Busen. Die Nachtigall z. B., die mitten im Singen tot vom Baume in den rauschenden Bach fällt, unter dem Trauergeläute der welken Blätter, ist noch heute sprichwörtlich (»*o rouxinol de B. R.*«). — Als Roman betrachtet, auf den Plan und seine Durchführung hin untersucht, ist das poetische Buch der Sehnsucht jedoch eine recht mangelhafte Schöpfung. Der Dichter wollte nach dem Leben zeichnen, eine Fülle wirklicher Personen idealisieren, und thatsächliche Geschehnisse zu einem Ganzen verknüpfen, doch fehlte es ihm dazu an Gestaltungskraft und klar ordnendem, Unnützes ausscheidendem, künstlerischen Verstande. Die Fäden der Handlung reissen wiederholt ab; das Ende entspricht nicht dem anfangs Vorausverkündeten. Drei Hauptgeschichten werden begonnen, und laufen neben einander her, ohne sich zu schneiden: die Ge-

alten Nationalstil zur ital. Schule mitgemacht hat. Da Miranda ihm Hendekasyllaben in den Mund legt (No. 102, 446 s. p. 695 ff.) als »*cantar de estraña parte*«, ist es nicht unwahrscheinlich. Doch kennen wir nichts von diesen Versuchen, die gewiss nicht den Eigenwert seiner *Eglogas em trovas* gehabt haben. Gefälscht ist in meinen Augen das Bruchstück einer italianisierenden Canzone auf die als flüchtige Hindin dargestellte Infantin D. Beatriz(!), welches Faria-e-Sousa ihm zuschreibt (*Rimas de Camões*, Bd. V p. 248. 312 und 320). Nicht von ihm ist die *Egloga*: Ergasto, Delio, Laureno, welche 1622/3 zuerst in der Gedichtsammlung des Camões-Adepten Estevam Rodrigues de Castro zu Ferrara mit den Initialen *D. B. R.* gedruckt, dann von Faria-e-Sousa für Camões in Anspruch genommen, und 1779 vom P^e^ Thomas de Aquino in des Meisters Werke eingeschwärzt wurde, wo sie noch heute als 14. Idylle steht. Diese und andere mit den gleichen Buchstaben bezeichnete Dichtwerke verfasste mutmasslich der 1631 gestorbene Poet Bernardo Rodrigues.

[1] Fünf bis sechs Stellen des Romans deuten darauf hin.

[2] Vielleicht soll hier und sonst, das Travestissement sinnbildlich nur das Eine ausdrücken: ein Weltmann habe die Hoftracht und den Waffenrock abgelegt, um in schlichter Zivilkleidung auf seinen Gütern als Landmann (*á paisana*) in dem durch Petrarca zu neuen Ehren gekommenen Naturleben zu schwelgen.

schichte eines jungen Mädchens, der wahren, namenlosen *Menina e moça*, die eigentlich den Roman schreibt, von der wir aber so gut wie nichts erfahren (*Historia da Donzella em ermo*, Kap. 1 und 22)[1]; die Geschichte einer Frau (*Historia da Dona triste*, Kap. 2) die auch unvollendet bleibt; und eine von dieser Frau dem jungen Mädchen, nach Berichten ihres alten Vaters erzählte Geschichte zweier Freunde (*Historia de dous amigos*), von welcher die *Amores de Aonia e Bimnarder* wiederum nur ein Teilstück sind. Sein schwaches Kompositionstalent sowohl als das Bestreben, die Realität zu verschleiern und manches Ereignis nur vague anzudeuten, und dazu der Wunsch (oder Zwang), die schmerzliche Verworrenheit seiner Seele durch Verworrenheit des Romans zu symbolisieren[2], haben bewirkt, dass die *menina e moça* der »dunkelste aller Romane« (laut Bouterwek) geworden, und ein labyrintisches Fragment geblieben ist, dessen Rätsel zu immer neuen Deutungsversuchen verlocken. Anklänge an alle möglichen Liebesabenteuer mag man darin entdecken; ganz verfehlt aber scheint es mir, das bestimmte Urbild jeglicher Figur im portug. Pallastleben zu suchen und zu finden, und obendrein noch die Einheitlichkeit, Treue und Kühnheit des Autors bei seiner Wiedergabe historischer Ereignisse zu bewundern[3]!

Bedeutend war aber jedenfalls der Eindruck, den Ribeiro durch die *veia blandisima* seiner *versos chorosos* und durch den romantischen Mysticismus seiner Gefühlswelt, und vielleicht auch durch seine Persönlichkeit auf die Zeitgenossen ausübte. Frühe ahmte man ihn nach, noch ehe der Buchdruck seine Werke verbreitet hatte. In Portugal folgten Miranda und Montemór seiner Anregung[4] (ob auch in höchst selbständiger Weise) und durch dieselben alle späteren nationalen Bukoliker. Dass aber Camões aus der Lektüre der *Menina e moça* und der fünf Idyllen, die seinem unendlich viel höherfliegenden Geiste arm, altmodisch und monoton erscheinen mussten, ein Studium gemacht und Bernardim Ribeiro seinen »*Ennius*« geheissen habe, ist nichts als eine der zahlreichen Fabeln, mit denen Faria-e-Sousa die Unwissenheit der Nation in Betreff ihrer litterarischen Vergangenheit zu bemänteln versuchte[5]. In Spanien ahmten seine Manier mit plagiatähnlicher Treue z. B. Alonso de Reinoso und Feliciano de Silva nach: jener in seinem den Roman Clareo y Florisea begleitenden süsslichen Poesien, dieser im 9. Buche des *Amadis*, in den Hirtenszenen zwischen Darinel und Silvia, deren *admirables versos bucolicos* Cervantes noch rühmte[6]. Stücke aus den Idyllen und den Vers-

---

[1] Diese *menina e moça* mit der Aonia des Romans, und beide mit der Joana der zweiten Idylle zu identifizieren, und in allen dreien das Spiegelbild der wirklichen Geliebten des Bernardim Ribeiro zu sehen, geht nur an, wenn man aller Logik den Laufpass giebt.

[2] Mit den Worten: »*Das tristezas não se póde contar nada ordenadamente, porque desordenadamente acontecem ellas*« und mit ähnlichen anderen entschuldigt der Dichter sich beim Leser.

[3] S. Pessanha p. LIII.

[4] Am sinnfälligsten ist die Nachahmung in der *Diana*, Libro II, im *Canto da Ninfa: Junto a una verde ribera*.

[5] S. *Rimas de Camões* V 303, 312; II 44. 219 und öfters. Seit Faria-e-Sousa's Bemühungen um die portug. Litteraturgeschichte führt Gil Vicente den Ehrentitel »*Plauto Portuguez*«, Barros ist der portug. Livius; Osorio der portug. Cicero; Sá de Miranda der portug. Horaz; Camões der portug. Virgil; und diesem durfte selbstverständlich sein Ennius nicht fehlen!

[6] Auch dieses bedeutsame Faktum ist bislang weder in Portugal noch in Spanien erkannt und gewürdigt worden. — Man lese Ribeiro's *Eglogas* und hinterher in Gallardo's *Ensaio* III p. 990 die Auszüge aus Reinoso's *Egloga Basto: Balteo y Argasto* um zu ersehen wie sehr die span. Bukolik in Nationalweisen von Falcão und Ribeiro abhängt. Man darf auf persönliche Beziehungen schliessen, welche die damals in Italien weilenden Peninsularen zu einander unterhielten: Reinoso zu Feliciano, dieser zu Castillejo und Cetina, und alle zu Ribeiro und Miranda, später auch zu Montemór.

einlagen des Romanes wurden in Musik gesetzt und gern gesungen[1]. Das Wiegenlied der Waise (ein *solau*) ward von einem feinfühligen Gesinnungsgenossen wirkungsvoll glossiert[2]. Die Romanze ward in den span. *Canc. de Romances* aufgenommen (1550).[3] Ob aber des Dichters Schicksal Gegenstand einer anderen span. Romanze ward[4], und ob Lope im »Narrenhaus von Valencia« im liebeskranken Portugiesen wirklich Bernardim Ribeiro darstellen will[5], bleibe dahingestellt. — Der Roman ward mindestens siebenmal gedruckt[6] und ins Kastilische übertragen[7]. Auch ein zweiter Teil erschien schon vor 1557, doch bleibt es unentschieden ob er ganz und gar das Werk eines anonymen Fortsetzers ist, oder etwa eine Erweiterung hinterlassener Manuskripte Ribeiro's, oder ganz seine Arbeit. Meiner Ansicht nach, ist der Anfang (mit der schönen Avalor-Romanze) bis Kapitel 17 bestimmt echt, doch ging Ribeiro vielleicht der Atem aus, als er objektiv frei erfindend, weiter erzählen wollte, was sich in Wirklichkeit nicht zugetragen hatte. Auch dem Übrigen spreche ich jedoch die Authenticität nicht allzu entschieden ab. Die Ungleichheiten und Widersprüche würden sich, wie angedeutet, aus dem Mangel an Gestaltungskraft des Dichters erklären[8]. — Was der erste Teil nur halb ist, ist der zweite ganz: nämlich ein buntfarbiger Ritterroman, in dem eine Masse neuer Gestalten auftreten. Was Aonia und Bimnarder betrifft, so erwacht die erste Liebe in der halb wider Willen Vermählten aufs Neue nach kurzem Schlummer. Beim ersten Stelldichein aber überrascht der Gatte (*Fileno,* auch *Orphileno*) das Paar, und tötet beide.

Zusammenstellung und Vergleich der zahlreichen in Ferrara und Venedig (bei Giolito) herausgegebenen Werke wäre von Nutzen. Die Einleitungen und Widmungen enthalten gewiss manches Aufklärende.

[1] Jorge Ferreira de Vasconcellos lässt in seiner *Aulegraphia* zwei Bruchstücke aus den *Eglogas* und eines aus der *Menina e moça* singen.

[2] S. *Canc. Luis Franco* fl. 98. Ich besitze das schöne, ungedruckte Gedicht.

[3] Die Kritik verwechselt diese portug. Romanze von Bernardim Ribeiro, »*Ao longo de uma ribeira*«, die schon auf S. 157 erwähnt ward, oftmals mit der anderen gleichzeitigen spanischen über einen Don Bernaldino (Duran 293: »*Ya piensa Don Bernaldino*«), dessen »Sterben vor Liebe« sie feiert.

[4] Natürlich die in der vorigen Anm. erwähnte Romanze über Don Bernaldino, in dem man Ribeiro zu erkennen vermeint.

[5] In den *Locos de Valencia* tritt ein *portugues famoso* auf, *que enamorado de una gran señora Perdió en Coimbra el seso y por el mundo Qual otro Orlando fue peregrinando.*

[6] S. die zweitnächste Anmerkung.

[7] Von *Bautista Morales,* erst 1629, also, wie fast alle Übersetzungen aus dem Portug. ins Kastilische während der span. Herrschaft.

[8] Die des öftern aufgeworfene und zuletzt etwas eingehender bei Pessanha erörterte Frage bedarf noch der kritischen Lösung. Wichtig ist es festzustellen, ob der erste bekannte Druck des Romans bereits den 2. Teil enthält. Er erschien 1554 zu Ferrara (s. Brunet IV p. 80—81 Nos 1273—1274) als *Hystoria de menina e moça.* Auch ob die Madrider Hs. der Akademischen Bibliothek No. 76 (laut Gallardo 2615) die Fortsetzung bietet, ist wissenswert. Die 2. Ausgabe (Evora 1557) fügt zu den 31 Kapiteln des ersten Teils bereits die 58 des zweiten hinzu als: *Parte segunda da historia das saudades de Bernardim Ribeiro a qual é declaração da Iª parte deste livro.* Und in den späteren fehlt derselbe nicht (1559 Köln und Lissabon, mit lyrischem Anhang; 1645. 1785 und 1852 »*Obras*«). Nur Pessanha hat ihn 1891 aus seinem guten Neudruck ausgeschlossen. Die »*Versos*« erschienen gesondert 1886 in schwer zugänglicher Luxusausgabe, über welche *Rev. Lus.* II 274 ff. Aufschluss giebt. Dass lange vor dem ital. Drucke Ribeiro's wie Falcão's Werke grossen Ruf hatten, steht ausser Zweifel. Sie müssen in Handschriften oder Flugblättern unter den Lesenden Kurs gehabt haben.

G. DRITTE EPOCHE 1521—1580.

DAS KLASSISCHE ZEITALTER PORTUGIESISCHER LITTERATUR: QUINHENTISTAS.

I. LYRIK: EINFÜHRUNG DES ITAL. STILS. SÂ DE MIRANDA UND SEINE SCHÜLER.

So bedeutende Individualitäten Falcão und Ribeiro und Gil Vicente auch sind, zu den portug. Klassikern zählen jene auf der Schwelle zwischen Mittelalter und Neuzeit stehenden Dichter noch nicht.

Der erste Klassiker Portugals ist Francisco de Sâ e Miranda (1495 bis 1557)[1] ein wirklicher Reformator, der auf die fernere Entwickelung der portug. Litteratur bestimmend einwirkte, besonders auf dem Gebiete der Lyrik und des Pastoraldramas.

Dass Zeilen von nur 4 bis 8 Silben für echten lyrischen Schwung und erhabene, sich feierlich im Kothurnschritt und in kunstvollem Periodenbau bewegende Gedanken, sowie für ernste und breite epische Gegenstände und zur lebenswahren Charakteristik dramatischer Personen ungeeignet sind; kurz dass das Schönheitserbe der klassischen Völker für Portugal nicht wahrhaft fruchtbar gemacht werden konnte, solange die peninsularen Kurzzeilen allein-herrschendes Metrum blieben[2], erkannte zuerst dieser edle Geist, der zu den besten seines Volkes gehört. Und zwar geschah das gleich, als er, wohl vertraut mit den romanischen Litteraturen und innigst befreundet mit den Werken des Altertums, sein Dichtertalent entdeckte und bei Hofe, zunächst mit dem Strome schwimmend, sich in hübschen geschmeidigen Salon-Liedern in beiden Landeszungen versuchte. Von Natur ein moralisierender Denker, welchen Studium und Lebenserfahrung später zum sesshaften und einsamen stoischen Philosophen machten, verliess der gelehrte, vornehme, und nicht unbemittelte, an Jahren reife Dr. juris, der schon kurze Zeit als Rechtslehrer an der Universität fungiert hatte, 1521 die Heimat, und durchreiste Spanien und Italien mit dem Zwecke, sich die schönen Wissenschaften (*as lettras*) an der Quelle gründlicher anzueignen und ital. Kunst zu schauen. Fünf bis sechs Jahre (bis 1526) »*em tempo de Hespanhoes e de Francezes*« blieb er in Italien, knüpfte in Mailand, Florenz, Rom und Neapel litterarische Beziehungen zu hervorragenden Grössen an, seine Kenntnisse ital. Litteratur von Dante und Petrarca bis zu den Koryphäen des Cinquecento erweiternd; im Umgange mit der ihm verwandten Vittoria Colonna[3], nebst Bembo, Sadoleto, Giovio sein klassisches Wissen vertiefend, und den Geist der Renaissance in sich aufnehmend. Am nachhaltigsten wirkten auf ihn: Sanazzaro (1458—1530), Rucellai (1475—1526) und Ariosto (1474—1533). Denn die Bukolik und das Drama interessierten den Landsmann und Zeitgenossen Ribeiro's und Vicente's auf das lebhafteste. In Spanien mag er auf der Rückreise, am kaiserlichen Hofe noch mit Castiglione († 1529 in Toledo) zusammengetroffen sein,

---

[1] S. Braga, *Os Quinhentistas* und C. M. de Vasconcellos, *Poesias de Sâ de Miranda*, Halle ed. 1886, eine Arbeit, die ich natürlich heute in allen ihren Teilen bedeutend erweitern, verfeinern und z. T. auch berichtigen könnte. Eine summarische Biographie suche man bei Storck, *Camoens Leben* § 83.

[2] Die Abneigung der Portugiesen gegen die in Kastilien so beliebten längeren *versos de arte mayor* habe ich schon mehrfach berührt.

[3] Die Säule der Colonnas gehört zum Wappen der Sâs (vgl. p. 230 Anm. 1).

der seinen *Cortegiano* dem feinsinnigen portug. Kardinal D. Miguel da Silva zu widmen vorhatte, sowie mit dem jugendlichen Garcilaso, an den ihn nächst Familienbanden, die gemeinsame Verehrung einer holden Landsmännin aus Coimbra knüpfte[1]. Im Hause Alba sprach er vielleicht auch den klugen Boscan. Ob er jedoch in Granada den epochemachenden Unterredungen der beiden Spanier mit Navagiero beiwohnte, wissen wir nicht. Solcher Anregung bedurfte es jedenfalls auch für Miranda nicht mehr, der seinen Feldzugsplan sicher schon in Italien ausgesonnen hatte. Sofort nach der Rückkehr an den portug. Hof begann er sein ästhetisches Reformwerk, zuerst noch in direktem Umgange mit König und Hof, in Coimbra und Lissabon, bald aber (zwischen 1532 und 1536) in der Stille des Landlebens, in welches er sich für immer zurückzog, seinem natürlichen Hange folgend, veranlasst aber durch gefährliche Hofintriguen, die ihn in der Seele anwiderten.

Von seinen Versuchen das Theater im italienischen Sinne umzugestalten wird weiter unten die Rede sein (§ 132). Seine Hauptkraft verwandte er mit glücklichstem Erfolge auf die Reform der Lyrik. Gleich im Winter 1527—28 entstand ein erstes Kunst-Idyll, die erzählende *Fabula do Mondego* (No. 111), in welcher in petrarchistischen Canzonenstrophen[2], mit Anruf an die Musen des Parnass, in Form einer Metamorphose, eine nationale Stadt- und Flusssage behandelt wird — und zwar in bewusstem Gegensatz zu Gil Vicente, der gerade das gleiche Thema in seiner unklassischen Weise bearbeitet hatte[3]. Kurz darauf folgte eine dramatisch aufgebaute, figurenreiche, unbedingt zur Darstellung bestimmte und gebrachte *Egloga Alejo* (No. 99) in nationaler Form, doch mit italianisierender Stanzen-Einlage[4]. Und Schlag auf Schlag führte der Neuerer dann der portug. Litteratur, zugleich mit dem klassischen Wort Lyrica, die wichtigsten Dichtungsformen der Italiener zu, und damit die unentbehrliche südromanische Langzeile, den Hendekasyllabus. Er gab ihr das Sonett, das bis zu Anthero de Quental so viel tausendfältige Frucht bringen sollte, die Canzone, die Elegie, das Sendschreiben *(Capitulo)* in Terzinen, die erzählende Oktave, und das wechselnd zu Terzinen, Canzonen, Oktaven und strophenlosen Kettenreimgebilden greifende Kunstidyll, das bald als *Epitalamio*, bald als *Epicedio* auftrat, bald andere intime Erlebnisse aus dem eigenen Leben und dem der galanten Welt stilgerecht idealisierte, einmal in einfacher epischer Erzählung, ein andermal als Monolog, häufiger in Dialogform, oder in polyphonem Aufbau. Dazu bot er dann noch das Epigramm, das Epitaphium und die Tier-Fabel[5]. Er war der erste, der den Begriff sinnlicher und sittlicher Schönheit im antiken Sinne fassend, eine Reihe von Studien nach klassischen Motiven ausarbeitete (Amor und Psyche; Orpheus und Euridice, Hero und Leander, Policena etc.) und die Zeitgenossen unermüdlich auf Dichter wie Horaz und Martial, Pindar und Alcaeus, und auf die Italiener hinwies.

Am besten gelangen ihm die *Eglogas*. Auch in denjenigen, welche als reine Renaissance-Poesie hohen Stils gehalten sind, strebte Miranda, der ein Freund, Kenner und Beobachter des wahren portug. Bauern- und Hirtenlebens war, der Natur nahe zu bleiben und seinen Schäfern (die natürlich ja auch nichts als verkleidete Höflinge sind) ihrer ländlichen Lebensweise an-

---

[1] D. Isabel Freyre, die Muse seiner Jugendgedichte (Celia), war Anfang 1526 mit der Kaiserin Isabella an den span. Hof übergesiedelt. S. Miranda p. 833.

[2] Nach Petrarca's Canz. IV: *Nella stagion.*

[3] *»Comedia sobre a divisa da cidade de Coimbra«* 1527. Gil Vicente II 106.

[4] *»Cançâo . . . em estancias ao modo italiano.* No. 102, 726—757.

[5] Nicht als selbständiges Ganze, doch als häufiger Schmuck seiner nationalen Idyllen und Briefe.

gepasste Gedanken und Worte zu leihen. Und thatsächlich erreichte er auch die relative Wahrheit des Theokrit. Doch sah er bald ein, dass eine mit Bildern aus der nationalen Wirklichkeit geschmückte, wahrhaft rustike Denk- und Redeweise in Widerspruch mit dem vornehmen ital. Metrum und mit den Neologismen der gebildeten Hofsprache stand, und griff daher mehrfach zu den schlichteren portug. Formen (Kurzzeilen: Doppel-Vierzeiler, Quintilhas, Decimas), welche Ribeiro und Falcão benutzt hatten und zur archaischen Vulgärsprache. Und zwar that er das, so oft er an Stelle subjektiv gefärbter Gespräche über persönliches oder fremdes Liebesleid allgemeinere spekulative Unterredungen setzte, in denen er seiner Lebensauffassung Ausdruck giebt, wie z. B. in der *Egloga*: *Basto*, in welcher die Hirten Gil und Bieito, (resp. Silvestre e Montano) die zwei Seelen in des Dichters Brust verkörpern, und seine Ansichten über Stadt- und Landleben, Hof- und Dorfsitten, Gesellschaft und Einsamkeit, Aktion und Kontemplation, Pessimismus und Optimismus darlegen[1]. Er verachtete oder bekämpfte also keineswegs die nationalen Versformen[2]. Vielmehr erweiterte er ihr Gebiet, und veredelte ihren Inhalt wie ihre Gestalt. Die festen alten Salon-Liederformen pflegte er zwar naturgemäss in den reifen Mannesjahren und in der ländlichen Zurückgezogenheit nicht mehr so ergiebig wie in der Jugend. Wohl aber die schlichtere und dehnbarere freie, *trova redondilha*, zu der er absichtlich oder instinktiv griff, so oft er in nicht solenner, sondern mehr vertraulicher Weise ein lehrhaftes Wort an Jemand richten wollte. Statt blosser scherzender Nachrichtenbriefe voll leichten und seichten Geplauders über Augenblicksgeschehnisse, inaugurierte er ernste, oft tadelnde Tendenz-Episteln »*Cartas ou Satyras*«[3], in denen er, der lakonischen und didaktischen Redeweise des Horaz nachstrebend *ad sodales* (Freunde, Gönner und Fürsten), gleich frei von Schmeichelei wie von Schmähsucht, wuchtige, an kernigen Sentenzen und Beispielen reiche moralphilosophische Vorlesungen in Versen hält. Mit einsichtiger und kühner Kritik streift er darin die schon damals in der indischen Conquistadoren-Epoche zu Tage tretenden Nationalfehler: Ämterschacher, Geldprotzenstolz, Ahnendünkel und Luxus-Schwelgerei. Den Künsten und Wissenschaften und dem beschaulichem Philosophenleben singt er hingegen ein Hohes-Lied. Neben Beispielen aus dem Altertum stehen darin zeitgenössische Anekdoten und zahlreiche patriotische Bemerkungen, stolze Rückblicke auf die historische Vergangenheit, scharfe Kritik der Gegenwart, und sorgenvolle Ausblicke auf die Zukunft; dazu hie und da die damals üblichen Rufe nach einem Virgil oder Homer (No. 112 und 165). Und so mächtig und nachhaltig auch der Einfluss war, den Miranda durch seine italianisierenden Gedichte ausübte, so haben doch gerade diese Briefe im peninsularen Stil und die geistes- und formverwandten *Eglogas rusticas e moraes*[4] die meisten und direktesten Nachahmungen hervorgerufen. Aus drei Gründen: 1) für alle klassischen Gebilde fand man Vorbilder, und zwar vorzüglichere, in Spanien und Italien. Für diese nationalen

[1] Auch hier vermute ich bewusste Konkurrenz mit Gil Vicente, und zwar mit seinem *Auto Pastoril Castelhano*, das seinerseits auf Encina's Doppel-Ekloge vom Hofmann gewordenen Hirten und dem Schäfer gewordenen Hofmann zurückweist, und damit indirekt auf manches mittellatein. Hirtengespräch.

[2] In der römischen Campagna hatte Miranda *Trovas* gedichtet, *Trovas* sendete er 1538 nach Alcalá; und noch in seinen klassischen Terzinenbriefen gedenkt er mit Sehnsucht der manuelinischen Liederabende: *Os momos e os serões de Portugal Tão fallados no mundo, onde são idos, E as graças temperadas do seu sal*? (No. 109, 127 ff.)

[3] *Parte Segunda* Nos 103—108.

[4] Ich meine das 14 Mal vom Dichter bearbeitete Hirtengespräch *Basto* (Nos 103. 116. 164. 117 (und 152) mit den betreffenden Varianten. Die besten Nachahmer dieser Dichtungsart waren im 16. Jh. Andrade-Caminha und Perestrello, und später D. Francisco de Portugal, Francisco Manoel de Mello und Tolentino.

Neuheiten nicht. 2) Sie spiegeln am energischsten die wirkliche, sittlich gesunde Denkart des Dichters wieder, bei dem thatsächlich Leben und Lehre eins waren. 3) Sie sind ausnahmslos portug. geschrieben, und zwar in volkstümlich derber Fassung à la Albuquerque und Castro, während die klassischen Gedichte zum grossen Teil spanisch reden.

Im ganzen hat Miranda von 188 Gedichten (worunter 25 vielleicht unecht sind) 113 mit 6863 Zeilen in der Nationalsprache, und 75 mit 5674 Versen spanisch geschrieben. Das Verhältnis verschiebt sich jedoch, sobald man nur die neumodischen Hendekasyllaben ins Auge fasst. Dann stehen neben 37 Stücken mit 4024 kastilischen Reihen nur 33 portug. mit 1853[1]. Und zwar entstanden im Grossen und Ganzen die spanischen früher als die heimischen. Die fünf grossen und berühmten span. Idyllen[2] waren bereits fertig als Miranda es versuchte, auch eine portug. nach klassischer Manier zu dichten (No. 150 *Encantamento)*, mit Anwendung aller schon geübten Versgebilde. Auch gelangen die spanischen besser, vielleicht weil Miranda während der 6 Reisejahre, wie anzunehmen ist, kastilisch gesprochen und gehört hatte, vielleicht auch weil die Regeln ital. Prosodie viel müheloser auf das Kastilische als auf das vokal- und hiatenreiche Portugiesische anzuwenden waren, wie ich schon in der Einleitung (§ 8) vorweg sagte. Musterhaft rhythmisch und melodisch sind weder die einen noch die anderen, so unsägliche Mühe sich auch der Dichter gab, der die *rudeza do seu estylo e fraca veia* oft bedauert, und, streng gegen sich selbst als Mensch und Dichter, unablässig feilte und nachbesserte. Selbst von kleinen Liedern sind mehrfache (lehrreiche) Redaktionen erhalten; von den grösseren viele. Trotzdem bedeuten seine Werke einen erheblichen Fortschritt an Wissen und Können, eine heilsame Bereicherung der portug. Dichtkunst, der er neuen Stoff, neuen Geist und neue Formen schenkte.

124. Miranda beherrscht geistig seine Zeit. Seine Werke, obwohl bis gegen Ausgang des Jhs. nur handschriftlich verbreitet[3], waren Muster und Massstab für alles was die Dichtergeneration, die zwischen 1530 und 1560 blühte, Lyrisches schuf. Man kann demgemäss alle prae-kamonianischen Petrarchisten oder Quinhentisten *Mirandistas* nennen, wie ich thue. Dem »Dichterphilosophen« sandten alle Neulinge ihre italianisierenden Werke zur Begutachtung nach seiner *Quinta da Tapada.* Ihn feierten sie als »einsamen Sänger des Neiva-Flüsschens«[4] in Sonetten und Oden, und beklagten 1557 in Elegien und Idyllen seinen Tod. Er aber lehrte, spornte und erkannte neidlos das Talent des jungen Nachwuchses an[5], den er ausdrücklich auf seine glänzenderen Kampfgenossen, Garcilaso und Boscan, hinwies, sowie auf seine italiänischen Vorbilder: Petrarca's *Canzoniere*, Bembo's *Asolani*, Sanazzaro's *Arcadia* und *Eclogae* und Ariosto's *Orlando* und *Commedie.*

Die alte und zahlreiche Garde aus den fröhlichen Tagen Emanuels konnte sich natürlich zum Geschmackswechsel nicht mehr entschliessen, son-

---

[1] S. Miranda p. CXXVIII, obwohl es den dortigen Angaben weder an Denk- noch an Druckfehlern gebricht.

[2] Fabula do Mondego — Andres — Celia — Nemoroso - Epitalamio.

[3] Erste Ausgabe (mit dem Drama: *Os Estrangeiros)* 1595. wiederabgedruckt 1804. Zweite, in ganz anderer Textgestalt 1614, mit guter Biographie; weitere 1632. 1651. 1677. 1784 und 1885. Die Briefe allein als *Satyras* 1626.

[4] So nannte man ihn im Gedanken an den Sänger der *Sorgue*, und den des *Sebeto*. Auch die späteren portug. Bukoliker werden meist nach ihren Heimatflüsschen bezeichnet. Bernardes als *Lima*sänger; Lobo als Sänger des *Lis*; daneben auch nach den besungenen Schönen z. B.: Andrade als *Cantor de Filis.*

[5] Man lese seine Gedichte an D. Manoel de Portugal, Ferreira, Caminha, Bernardes, Montemór, Falcão de Resende.

dern sang in alt-gewohnter Weise »*um vilancete brando, ou seja um chiste, Letras ás invenções, motes ás damas, Hũa pergunta escura, esparsa triste*«, oder spottete und scherzte in derben *trovas de folgar*. Und so viele persönliche Freunde und Bewunderer Miranda auch unter dieser Nationalpartei zählte — wie den alten João Rodrigues de Sâ e Menezes, D. Fernão da Silveira, D. Fernando de Menezes[1], — so stemmte sie sich doch anfangs offen gegen den Einlass der fremden »gelahrten« Poesie in die *serões*. An Beweisen für solchen litterarischen Antagonismus zwischen Altportugal — den *poetas da medida velha* — und Jungportugal — den *poetas da medida nova* (wie man zu sagen pflegt), fehlt es nicht[2], wenigstens nicht aus dem ersten Decennium der Periode, solange so aktive Geister wie Gil Vicente und Garcia de Resende für die Hoffeste wirkten[3]. Erbittert und andauernd war jedoch dieser Kampf in Portugal nicht. Und so wenig ich zustimmen kann, wenn die deutsche Kritik die »charakterlosen« Portugiesen tadelt, weil sie allzu bereitwillig die fremdländische Art annahmen, so wenig kann ich Braga beipflichten, wenn er von heissen und langen Fehden erzählt. Eine Erneuerung der Poetik wie Miranda sie anbahnte, entsprach zu sehr dem wichtigen Wandel, der sich in Portugal wie im ganzen südlichen und westlichen Europa in allen Künsten und in der Wissenschaft bereits vollzogen hatte, oder noch vollzog. Auch hier vertauschten Architektur und Malerei um 1530 die manuelinische Gothik, die ihre Hochblüte erreicht hatte, mit der Renaissance[4]. Im klassischen Sinne wurden die Klosterschulen (S. Cruz 1527) sowie die Universität (1537) reformiert. Namhafte Humanisten — Einheimische und Ausländer — berief man nach Coimbra und an den Hof[5]. Die Sprache selbst, deren erste Grammatik 1536 erschien[6], ward in gelehrter und kunstreicher Weise umgebildet. Die Studierten und Lateinkundigen sahen denn auch das Segensreiche der Reform Miranda's und die Unentbehrlichkeit der jambischen Langzeile schnell ein: Coimbra, Miranda's Vaterstadt, ward die Hochburg der Petrarchisten. Und von der Universität aus drang die zeitgemässe Neuerung nach Lissabon in den Pallast, wo ja auch ein Sigaeus und Hermigius, Aires Barbosa, André de Resende, Clenardus und Teive unter den Infanten und Infantinnen mit dem Geschmack an den Sprachen Roms und Athens, das Verständnis für die Ideale der Renaissance entwickelten. Die Söhne zweier Hauptvertreter der zweiten Periode, D. Manoel de Portugal, Sohn des D. Francisco, und D. Francisco de Sâ e Menezes,

[1] Dazu noch: D. Antonio de Sâ e Menezes, Antonio de Azevedo, Manoel d'Oliveira, D. Fernando de Lima, Simão da Silveira, Manoel Machado u. a. m.

[2] Man findet sie nicht allein in Miranda's Gedichten (z. B. No. 150, Oktave 4 der Einleitung sowie 147, 16—20) und den *Autos* des Gil Vicente, sondern Reflexe davon auch bei anderen Autoren, (wie Barros, Jorge Ferreira etc.).

[3] Resende's Tod glaube ich »um 1540« ansetzen zu müssen (s. S. 258 und 265), und nicht erst 1554, wie andere Litterarhistoriker thun. Sein Hofeinfluss war 1539 zu Ende. An eine gewisse Feindseligkeit oder mindestens Gleichgültigkeit seinerseits gegen Miranda und dessen anspruchsvolles Pastoraldrama muss man glauben, da er in seiner Reimchronik »*Miscellanea*« der wichtigen Neuerung mit keinem Worte gedenkt. Nur die alte Zeit, die alten Sitten und die alten hispan. Verse preist er (*Manrique, Villena, Mena, Santillana*); von Portugiesen bloss Gil Vicente. Freilich hat er die *Miscellanea* schon 1534 abgeschlossen.

[4] Die *capellas imperfeitas* der Batalha-Kirche, mit ihrer Renaissance-Veranda v. J. 1535 sind das beredteste Zeugnis für diesen Umschwung.

[5] Aires Barbosa — die Gouveias — Clenardus — Vasaeus — Fabritius — Teive — Buchanam — Azpilcueta Navarro — Goes — Osorio — um nur die berühmtesten zu nennen.

[6] Von Fernam d'Oliveira. Drei Jahre später folgte João de Barros mit seiner *Grammatica*, einer *Cartilha*, dem *Dialogo da lingua port.* etc. S. u. p. 333.

Sohn des João Rodriguez, waren die ersten Granden, welche den Pallastdamen, statt *Motes* und *Glosas*, Sonette und Elegien und Oden widmeten, und, an Stelle harmloser *momos* und kecker *autos*, schwermütige Idyllen einstudieren und aufführen liessen. Im Jahre 1540 war es bereits geschehen. Und die Jugend stellte sich im Königshause natürlich auch auf die Seite der Neuerer. Der Thronerbe D. João (1537—1554) erbat sich (1550/51) Abschriften von Miranda's Gesamtwerken[1]. Sein Halbbruder, o Senhor D. Duarte (1521—43) ahmte in seinen Studenten-Reden die Prosa des portug. Meisters nach[2]. Die Infanten D. Luis, D. Henrique und D. Duarte nahmen die Widmungen einzelner Werke huldvoll entgegen.

Trotz der Zulassung des neuen Stils ward aber naturgemäss in den Schlössern die alte Manier nach wie vor ergiebig gepflegt, da das natürliche Gebiet des Liedes und des improvisierten kurzen Gelegenheitsgedichtes eben der Salon ist. Ja, die selben Dichter, die in Coimbra und bei ihren ersten Schultriumphen sich des altklassischen Hexameters in lateinischen Kompositionen und des ital. Metrums in portugiesischen bedient hatten, scheuten sich nicht, sich des Altväter-Hausrats zu bedienen, wenn sie bei Hofe ein- und ausgingen, froh eine Saite mehr, und noch dazu eine so leicht und klangvoll ertönende, auf ihrer Leyer zu haben[3]. Manche begünstigten dann sogar die alte *Trova* (z. B. Jorge Ferreira de Vasconcellos und Francisco de Moraes). So leidenschaftliche Verfechter wie Castillejo fand diese jedoch in Portugal nicht. Unverbrüchlich treu blieb ihr keiner der neuen Hof- und Kunst-Lyriker.[4] Aber auch nur einen gab es unter ihnen, der jene Volksliederweisen gänzlich verachtete, offen bekämpfte, und sich nie dazu herabliess, sie anzuwenden: Antonio Ferreira, von dem bald die Rede sein wird, derselbe charakterfeste Patriot, der nie eine Zeile spanisch schrieb[5].

125. Kann also, meines Erachtens, nur von 1526 bis 36 (oder 39) von einem feindlichen Gegenüber der *Trovistas* und *Petrarchistas* bei Hofe die Rede sein, nach 1540 aber nicht mehr; ertönten in Wirklichkeit daselbst, wie in den Romanen und auf der Bühne, Gesänge in hispanischer Weise neben den italianisierenden, so muss die rückblickende Litteraturgeschichte jenen Gegensatz dennoch festhalten, weil durch ihn eine schroffe Scheidung zwischen Hof- und Volkspoesie eintrat. Die vornehmen Werke der »Italiener«, welche mit Neologismen und mit alexandrinisch anmutender gelehrter Verbrämung geschmückt sind, blieben, kraft ihrer klassischen Stoffe, Gestalten und Gedanken »Kaviar fürs Volk«. Kein einziger Hendekasyllabus ward populär (trotz der Lusiaden). Und selbst die Kunst-*trovas* der Quinhentisten drangen nicht in die Masse. Denn auch sie wurden jetzt spiritualistischer im Gedanken und

[1] Drei Mal sandte Miranda dem Fürsten Teilstücke seiner Werke, wie meine Ausgabe zeigt.

[2] S. p. 761 meiner Ausgabe.

[3] An Versuchen, aus dem Gebiete der neuen Versmasse in das natürliche Bereich der altnationalen Weisen überzugreifen, hat es natürlich auch nicht gefehlt. Auch *Eglogas* in Hendekasyllaben wurden in Musik gesetzt (eine von *Camões*, laut J. F. de Vasconcellos in cap. 100 des *Sagramor*; eine andere von Garcilaso, laut *D. Quix.* II cap. 58); Sonette, Canzonen und Oktaven dienten als Thema für Lieder und Glossen etc., die dadurch gezwungen wurden, sich gleichfalls in Langzeilen zu bewegen. Dass sie vereinzelt blieben, ist selbstverständlich. Braga's Bemerkung, die Lieder in heimischen Kurzzeilen gehörten stets der ersten Jugend der Dichter an, (*Curso* 137 und öfters) ist daher nur halb richtig. Der Weg der ganzen Geistesströmung, wie der Entwickelung des Einzelnen, ging von Coimbra nach Lissabon.

[4] Ein Portugiese blieb dennoch den *Trovas* treu, jedoch auf span. Boden, und zu Gunsten der span. Litteratur: Gregorio Silvestre.

[5] Von ihm stammt das Wort: *chamou o povo a sua invenção trova«* ... *»a antiga Hespanha deixo ao povo«* (man zitiert meist untreu *»a antiga trova deixo ao povo*) und der schöne Ausspruch: *»e d'esta gloria só fico contente que a minha terra amei e a minha gente«*

verfeinerter im Ausdruck, bis Camões in den unvergleichlichen *Quintilhas* über Babel und Zion (*Sobolos rios que vão:* 1566) das Meisterstück dieser echtpeninsularen Richtung lieferte, deren Gesetze um 1600, als sie überlebt waren, D. Francisco de Portugal (der Jüngere) in seiner *Arte de Galanteria* in Worte fasste. Die Bezeichnung »*trova*« blieb verpönt, seit Ferreira gesprochen. Man wählte nun die Bezeichnung *redondilha* für alle Nationalweisen, gleichviel ob sie in losen oder in festen Liedformen auftraten[1]. Die Volksmuse aber ward banaler, ideenärmer und kunstloser, seit der bis 1500 mehr oder minder enge Kontakt mit den im Pallaste ertönenden Weisen aufgehört hatte.

126. Die Trovistas, d. h. die wirklich volksmässigen, oder für die Masse des Volkes im Nationalstil schreibenden lyrischen und epischen Dichters des 16. Jhs., sind in ihren dramatischen Produktionen, von denen später die Rede sein wird, ausnahmslos Schüler Gil Vicente's und als Lyriker auf's engste verwandt mit diesem selben Dichter, und mit denjenigen Poeten des *Canc. de Res.*, die mit ihm an ungekünsteltem, derben Mutterwitz rivalisieren. Erhalten ist wenig von ihren Produktionen, teils weil sie nur in fliegenden Blättern erschienen, teils weil die zügellose Freiheit, mit der auch das Heiligste in den Staub gezogen und parodiert ward, zu Verboten in den *Indices Expurgatorios*[2], und zu dementsprechender Ausrottung führten, nachdem sie Miranda und andere Geister seines Schlags zu bitteren Klagen veranlasst hatten[3]. Das galt besonders von Romanzen über Stoffe aus der heiligen Schrift (*Romances sacros*, die übrigens meist span. abgefasst waren), von humoristischen Parodien wie die *Coplas da burra — Trovas em louvor do Gallo — Vida da Galé*, von Gebeten (*Orações*) und Komödien[4]. Erhalten sind einige kleine Poesien von Gil Vicente (*Obras meudas*), unter denen das bereits erwähnte Klagelied der Bacchus-Freundin *Maria Parda* das populärste ist. Zwei seiner Kollegen, der talentvolle, aber sittenlose Ex-Mönch Antonio Ribeiro (zubenannt »Chiado« und »Dizidor bargante«), und der Mulatte und Franziskaner Affonso Alvares führten einen grimmen Federkrieg mit einander[5]. Der erstere lieferte ausserdem »Verwarnungen« (= »*Avisos*«) nach dem Schema «Hütet Euch« . . . ., eine »Ordensregel« (*Regra espiritual*), »Grabschriften« (*Lettreiros*) und »Narrheiten« in Prosa (*Parvoïces*)[6]. Luis Brochado aus Tanger schrieb »Müllerlieder« = »*Trovas do Moleyro*«. Der blinde Balthasar Dias aus Madeira behandelte die karolingische Rittergeschichte vom Marques de Mantua in Dialogen (nach span. Muster); in schlichter Romanzenform die Clementia-Sage (*Emperatriz Porcina*), und gab humoristische Heiratsregeln (*Conselhos para casar*); sowie Sprüche gegen die Frauen (*Malicia das mulheres*), und alle seine Schriften werden heute noch gedruckt und gelesen[7]. Die Romanzen aus dem klassischen und bretonischen Sagenkreise, sowie über vaterländische Geschichte, welche der Hofmann Jorge Ferreira de Vasconcellos schrieb, drangen hingegen nie ins Volk[8]. National in wahrem Sinne waren nur die Prophezeiungen des bibelkundigen Schuhflickers Gonçalo

[1] Miranda hat den Ausdruck *redondilha* in den dem Kronprinzen zugesandten Texten nicht benutzt; und ich hätte besser gethan, wenn ich ihn aus den *Poesias* gänzlich verbannt hätte (s. p. CXIII). — S. ob. p. 275 Anm. 3.

[2] Der erste span.-portug. Index erschien 1559; bloss portug.: 1564, 1581, 1597, 1624, 1667, 1747, 1791.

[3] S. z. B. Miranda No. 108, Str. 16 – 17.

[4] Auch die *obras de graças e zombarias que andão no Cancioneiro geral* wurden verboten: 1581.

[5] S. Obras do Chiado, ed. Pimentel 1889 p. 171—202.

[6] Ebenda zu suchen.

[7] Ztschr. *Bibliogr.* 1878 p. 85.

[8] Sie stehen im »*Memorial da Segunda Tavola Redonda*« und zum Teil in Braga's bunt zusammen gewürfelter und dennoch unvollständiger »*Floresta de Romances*«.

Eannes Bandarra aus Trancoso in der Beira († nach 1556) »*Trovas em ar de prophecia*«, dessen vague und apokalyptische Träume über Portugals Zukunft alle älteren handschriftlich kursierenden merlinischen Wahrsagungen aus dem Felde schlugen, und von Hand zu Hand und Mund zu Mund wanderten. Die Inquisition, der sie verdächtig wurden, forderte 1541 den einfachen Mann vor ihr Tribunal, musste ihn aber freisprechen. Auf die peninsulare Idee einer fünften Weltmonarchie, dann auf das bretonische Erhoffen des Wiederkehr Sebastians, und schliesslich auf die Restauration von 1640 gedeutet, wurden sie beständig verbreitert, so dass das Echte an dem erst nach 1600 gedruckten Texte schwer abzugrenzen ist[1]. — Unter den von Braga erwähnten *Arrenegos* eines angeblichen Affonso Valentim sind sicherlich die *Arrenegos* von Gregorio Affonso zu verstehen, welche schon der *Cancioneiro Geral* bot; und auch die *Trovas moraes* des D. Luis da Silveira, in denen er verlorene Unbekannte sucht[2], sind, wie mir scheint, nichts als die berühmte ebenda gedruckte Paraphrase des salomonischen *Vanitas vanitatum*. Eine moralisierende *Exclamação contra os vicios* von João de Barros (1561) ist verschollen. Eine *Pratica entre a velhice com a razão* der dichtenden Nonne D. Joanna da Gama kann als Beispiel für die übliche Klosterdichtung gelten[3]. Von einschlägigen Erzeugnissen eigentlicher Hofpoeten gehören hierher nur die öfters genannte Reimchronik Resende's und einige politische und persönliche Satyren, die meist in derbem Schuhwerk einherschreiten. Ich nenne als Beispiel die »*Trovas de Maria Pinheiro*« (1554)[4], ein genealogisches Schmähgedicht auf die Vorfahren des Grafen von Castanheira, Johann's III. allmächtigen Günstling, weil sie im Leben dreier Portugiesen, Ribeiro's, Miranda's und des Damião de Goes eine verhängnisvolle Rolle gespielt haben; eine *Satyra* im Mingo-Revulgo-Stil des Fernam Rodrigues Lobo Soropita[5] und die »*Trovas ao modo pastoril de Franco a Sebasto*«[6], in denen der Graf von Vimioso(?), den König Sebastian vor Irrungen warnt. Doch . . . sie sind ja spanisch geschrieben! Die in allen genannten und in ähnlichen anderen Stücken angewandten Formen sind stets einfache oder dissonierende Reimpaare, die erweiterten *Pareados* der Fado-Form, Romanzentiraden, Vierzeiler, Fünfzeiler oder ganz reimlose Achtsilbler[7].

127. Unter den *Quinhentistas pre-camonianos* oder *Mirandistas* ist der bedeutendste ohne jeden Zweifel Jorge de Montemór. Jedoch gehört dieser Dichter, der echteste Künstler, den Portugal vor Camões hervorgebracht und der sein herrliches Talent auf allen lyrischen Gebieten bekundete, sowohl was eigentliche Lieder nach heimischem Muster als was klassische Dichtungen betrifft, nicht der portug. sondern der span. Litteraturgeschichte an, da er, von zwei Liedern, und einigen Reihen Prosa abgesehen[8], all seine Werke in der

[1] 1644 in Nantes, vielleicht jedoch schon 1603 in Paris; später kommentiert von dem mit vollem Recht berühmten Jesuitenpater Antonio Vieyra. — Letzte Ausg. 1822.

[2] Z. B. *Curso* p. 213.

[3] »*Ditos da Freyra*« 1555 und 1872.

[4] Gedruckt in C. C. Branco's »*Curso de litteratura portugueza*« II p. 313. Dort wurden die anonymen Strophen Damião de Goes zugesprochen. Näher läge es, auf den Dichter D. Luis da Silveira zu raten, der vor Castanheira der Günstling Johanns III. gewesen war. Vgl. *Noites de Insomnia*, Bd. IX.

[5] S. Braga, *Questões* p. 266—273.

[6] S. Barbosa Machado II 230 und Leitão de Andrada, *Miscellanea, Dial.* VII p. 155. Der Autor und sein Werk fehlen bei Garcia Peres.

[7] Ein *Cancioneiro* oder besser ein *livro das trovas*, welches alle einschlägigen Erzeugnisse des 16. Jhs. enthielte, fehlt bis heute. Handschriftliche Gedichtalbums mit diesem Titel hat es jedoch gegeben: zwei befanden sich z. B. 1600 im Nachlass eines Kapitäns von Tidore und Colombo, Diogo de Azambuja e Mello.

[8] S. Diana, Libro VII: *Os tempos se mudarão* und *Sospiros minha lembrança*. Die Prosa ebenda beginnt: *Ah pastora*, und geht bis *esperança d'ella*.

Sprache des Nachbarlandes schrieb, dessen Bürger er spätestens 1548 ward, ihm als Musiker und Dichter, als Romanschreiber und Soldat dienend. Der Geist seiner Dichtungen ist jedoch durchaus und echt portugiesisch.[1]

128. Nächst Montemór sind die hervorragendsten Schüler Miranda's: der schon mehrfach erwähnte Doktor und Obertribunalsrat *(desembargador)* Antonio Ferreira (1528—69), der seinen Versen den klassischen Titel »*Poemas lusitanos*« gab;[2] D. Manoel de Portugal, der als Mäcen des *Camões* hochverdient ist (1525—1606); der korrekte, doch trockene und pedantische Humanist Pero de Andrade Caminha (c. 1520—1580), der als Kämmerer des Infanten D. Duarte in nahen Beziehungen zum Königshause und allen Höflingen stand; André Falcão de Resende (1535—1599), einer der gelehrten und rechtschaffenen Neffen des Garcia de Resende und des berühmten Archäologen André de Resende; der vielseitige Diogo Bernardes, der den Mangel an regelrechten Studien durch sein natürliches Talent wettmachte (c. 1530 – 1605), und sein nicht minder begabter Bruder Agostinho Pimenta (1540—1619), der jedoch leider seine weltlichen Gedichte zerstörte, ehe sein frommer Sinn ihn in das Franziskanerkloster Arrabida trieb, wo er als Frei Agostinho da Cruz eine Fülle zarter und gedankenreicher mystischer Gedichte schrieb[3]. Dazu kommen dann viele Dutzende solcher, die in der schönen Zeit der jungen Liebe, oder unter dem Beispiele ihnen befreundeter Poeten, sich auch im Dichten versuchten[4], zum grossen Teil höfische Dilettanten, Nachkommen der im *Cancioneiro Geral* vertretenen Granden, die ihre wenig zahlreichen und fast immer wenig bedeutenden Gedichte aber überhaupt nicht sammelten. Man findet Proben ihrer Thätigkeit, Lobsonette, Anwortsepisteln, Gelegenheitsverse, oder auch nur Anspielungen auf dieselben, einzig in den Werken ihrer berühmteren Freunde. Und im günstigsten Falle können wir Ergänzungen

[1] Jorge aus Montemór-o-Velho bei Coimbra, ein wahrscheinlich illegitimer Spross der Adelsfamilie Paiva e Pina, der deshalb des eigentlichen Familiennamens entbehrte, hatte vielleicht eine spanische Künstlerin zur Mutter, unter deren ausschliesslicher Hut er aufwuchs: so wenigstens würde man seine sorglose Erziehung (er war aller Latinität baar) und die tadellose Reinheit und musikalische Vollendung seiner kastilischen Rede begreifen, vom ersten litterarischen Schritte an, den er übrigens noch (1545) in Lissabon that. Diese Hypothese und manches Thatsächliche (über seinen Aufenthalt in Sevilla, Valladolid, Valencia und Flandern, seine Beziehungen zu span. Grossen und Dichtern), das ich erst neuerdings entdeckt habe, fehlt in Georg Schönherr's sonst gut gelungener Doktor-Dissertation »J. d. M., sein Leben und sein Schäferroman, die *Siete Libros de la Diana*«, Halle 1886.

[2] »*Da antiguidade imagem verdadeira*«, wenn man ein portug. Urteil darüber für massgebend hält.

[3] Die Werke der meisten Quinhentistas kursierten, solange sie lebten, nur handschriftlich, also in eng begrenzten Kreisen. Dass Miranda's Gedichte erst 37 Jahre nach seinem Tode erschienen, weiss der Leser bereits. Ferreira's Lyrik blieb 29 Jahre ungedruckt (bis 1598); die *Poesias* des Caminha veröffentlichte die Nachwelt erst 1796; die des Falcão de Resende erschienen sogar erst 1860, und zwar in unterbrochener und noch heute unvollständiger Ausgabe; die geistlichen Verse des Agostinho da Cruz hatte man 1771 ans Licht gezogen. Bernardes sorgte selbst, ob auch spät, für seine Werke, und bot 1594 *Rimas ao Bom Jesus*, und 1596 *O Lyma*, sowie *Flores do Lyma*; D. Manoel de Portugal liess wenigstens seine frommen Weisen als »*Obras*« 1605 erscheinen. Sein kräftigeres Schriftsteller-Temperament bezeugte Montemór auch dadurch, dass er seine Schöpfungen allmählich, stets aber gleich nach ihrem Entstehen, erst in fliegenden Blättern und dann als Liederbücher herausgab: 1545 eine *Glosa* auf den Tod der portug. Mutter des Infanten D. Carlos, 1548 einen *Psalmo*: 1554 seinen *Cancionero*, der bis 1588 neun Auflagen erlebte; 1558 den *Cancionero Espiritual*, worin drei *Autos*; 1558/1559 die *Diana*, die allein im 16. Jh., trotz des Verbotes von 1581, 20 Mal wiedergedruckt ward.

[4] Th. Braga, der die *Mirandistas* nicht von den *Camonistas* trennt, bietet in seiner *Hist. de Cam.* II 585 eine Liste mit 203 Namen vermeintlicher Poeten des 16. Jhs. Viele Irrtümer sind darin, die ich hier nicht berichtigen darf; doch bleibt die Schaar eine grosse, auch nach Streichung aller unbefugten Eindringlinge.

dazu aus handschriftlichen Gedichtalbums zusammenlesen. Ich nenne, beispielshalber, die Namen der besseren: D. Francisco de Sâ e Menezes, den erlauchten Statthalter Portugals (1580), von dem 66 Sonette in Evora ruhen; seinen Bruder D. Antonio, die Gebrüder D. Simão, Heitor und Vasco da Silveira, Antonio de Castilho, D. Francisco de Moura, D. Luis und D. Jorge de Menezes, André da Fonseca, Pero de Lemos, Ruy Gomes da Grã, Gomes Freire d'Andrade.

Sie kultivierten alle von Miranda eingeführten Gedichtarten im ital. Geschmack, und erlernten es rasch, wohllautende und geschmeidige Hendekasyllaben zu bauen. Nur der Königsvetter D. Manoel de Portugal (der erste Apostel Miranda's) und Ferreira, denen am Inhalte mehr als am Klange lag, und die sich, wie ihr Meister, einer lakonischen und didaktischen Redeweise befleissigen, rangen noch mühsam mit dem anfangs spröden Material. In der Canzone wurde weder Vieles noch Glänzendes geschaffen. Im Sonettenfach, das endlose Wiederholungen und blosse Studien nach berühmten Mustern aufweist, entstand neben manchem Mittelmässigen, vieles Schöne (das z. T. unter Camões' Namen umläuft). An nichtigen Spielereien ist jedoch kein Mangel. Die Sitte, polyglotte Sonette zu schmieden, oder portug. Sonette mit einer geflügelten Zeile in anderer Zunge (und zwar meist in ital., doch auch in spanischer) abschliessen zu lassen, begann schon um 1550, wenn sie auch erst nach 1600 eine der üblichsten Modethorheiten ward. Die lehrhafte Epistel in Terzinen, welche Miranda nicht deutlich genug von der Elegie geschieden hatte, wurde vervollkommnet, besonders von Ferreira (der 26 Exemplare lieferte). Die Elegie selbst entwickelte man stilgerechter. Epitaph und Epigramm, die Miranda nur ganz nebenbei gepflegt hatte, verwendete man überreichlich, Ausonius, Martial und Sannazzaro nachahmend. Besonders that das Andrade Caminha. Die Ode fügte man neu hinzu (Ferreira, Caminha, Falcão de Resende). In Blankversen versuchte sich Ferreira. Den Stoff zu erzählenden Gedichten in Oktaven entnahm man meist dem Leben der Heiligen[1], oder der Wissenschaft, wie in dem Lehrgedicht des Resende »*Microcosmographia ou da Creação e Composição do Homem*«, das einige Querköpfe noch heute in Camões' Werken erhalten, wohin es unrechtmässig geraten war. Religiöse Sermone in einreimigen Elfsilbler-Triaden (*Cantares* und *Omilias*) erfreuten sich einer gewissen Gunst. An direkten Übersetzungen aus der Antike und nach ital. Musterstücken liess man es nicht fehlen (*Horaz* — *Martial* — *Ausonius* — *Moschos* — *Anakreon* — *Homer* i. e. *Batrachomyomachie, Sannazzaro, Angeriano*)[2]. Für meistwertig galt jedoch das bukolische Genre, das daher mit Vorliebe gepflegt wurde. Erst der war Meister der Dichtkunst *poeta laureatus* — der eine *Egloga* in Hendekasyllaben unter dem Beifall des Hofes zur Darstellung gebracht hatte. Frohe und trübe öffentliche Ereignisse, die Heirat und der erste Waffengang des Kronprinzen Johann (1552 53), sein jäher Tod (1554), Sebastians Geburt; das Ableben Johanns III.; Misgeschicke portug. Waffen auf afrikanischem Boden; die Pest von 1569; Miranda's Heimgang etc. geben den Anlass zu immer neuem Wettbewerb um Thalia's Huld. Die Behandlung intimerer Familien- und Herzenstragödien bestimmte die Widmung der *Eglogas amatorias* an diesen oder jenen hohen

---

[1] Z. B. die *Historia de Santa Comba dos Valles* von Ferreira und die *Historia de Santa Ursula* von Bernardes, welche fanatische Camões-Schwärmer (an ihrer Spitze der unvermeidliche Faria-e-Sousa) mit Beschlag belegt und für kamonianisches Hab und Gut erklärt haben.

[2] *Madrigal* und *Ballata* wurden erst später von einigen nach-kamonianischen *Seiscentistas* eingeführt. (S. u. p. 330). Sie waren mit Vilancete, Cantiga und Esparsa zu nahe verwandt, um den Reformatoren zu gefallen.

Herrn. Der Dichter wählte wie früher bald lyrische, bald epische, bald dramatische, meist aber gemischte Einkleidung. Die redend eingeführten Personen sind nach wie vor schwach maskierte Figuren aus dem wirklichen Leben (wie Androgeo = Andrade, Limiano = der Limasänger Bernardes); oft aber auch Abstraktionen mit Namen, die einfach den Gebirgshirten charakterisieren (Serrano, Montano, Alpino, Silvestre). Abwechselung erreicht man durch Einführung von Strandbewohnern (z. B. ein Ribeiro bei Bernardes), Schnittern (Segadores bei Ferreira), Fischern (s. bei Bernardes eine Piscatoria, nach Sannazzaro), oder auch von Nymphen und Faunen. Zu Elementen aus den ältesten, vor Vicente liegenden volkstümlichen Pastoralen griff nur einmal Ferreira in einem Weihnachts-Idyll (*Natal*). Im allgemeinen strebt man dem Virgilischen Ideal nach. Die volle theokritische Natürlichkeit erreicht keiner der Bukoliker so gut wie Miranda, wie auch keiner von ihnen das alte Metrum für brauchbar, und Einlagen heimischer Lieder für stilgerecht erachtet hätte[1]. Weder Ferreira's ernste, lehrhafte und oft steifleinene, noch Caminha's kalte, höfische Verse haben übrigens echte bukolische Reize. Dagegen treffen die weichen, schlichten, oft wehmütigen Gefühlsäusserungen des Bernardes, der feines Verständnis für alles Volkstümliche hatte, den Idyllenton so gut, dass Lope de Vega später erklärte, von Bernardes habe er es gelernt, eine *Egloga* zu schreiben[2].

Dass alle Schüler Miranda's, mit alleiniger Ausnahme Ferreira's, dann und wann das peninsulare Metrum in selbständigen, kleinen Salonliedern, familiären Briefen etc. verwerteten, sei noch einmal bemerkt. Mit Glück und Geschmack thaten es Bernardes, und, jenseits der Grenze, die beiden Musiker Montemór und Silvestre.[3].

II. DRAMA.

a) VOLKSMÄSSIGE BÜHNENSTÜCKE. — b) KUNSTMÄSSIGE SCHAUSPIELE.

129. a) Das Inventar über die Hinterlassenschaft der *Trovistas dramaticos* ist etwas reichhaltiger als das der Volkslyriker und Epiker.[4] In Gil Vicente's Tagen hatte das Volk sich daran gewöhnt, nicht nur religiösen

---

[1] Nur eine *Egloga piscatoria* von Agostinho da Cruz bildet eine Ausnahme.

[2] Die Beschuldigung, Bernardes habe sich handschriftliche Werke des *Camões* zugeeignet (ausser dem *Ursula*-Epos noch *Eglogas, Elegias, Sonetos* und *Redondilhas)* und dieselben unter seinen Originalwerken als sein Eigentum drucken lassen, ward erst um die Mitte des 17. Jhs. erhoben: ich brauche nicht zu sagen, von wem. Bekannt wurde sie erst als der Pater J. Th. de Aquino (1779) einen Teil der unbenutzt gebliebenen *Camões*-Commentare Faria-e-Sousa's verwertete. Sie ist vollkommen grundlos, wie W. Storck wieder und wieder dargelegt hat, und wie ich noch einmal im Zusammenhang erläutern werde, da die hässliche Sage von portug. Kritikern (worunter Braga) leider immer von Neuem wiederholt wird.

[3] S. ausser Braga's: »*Quinhentistas*« noch Francisco Diaz, *Analyse e combinações filosoficas sobre a elocução e estylo de Miranda, Bernardes* etc.« in den akademischen »*Memorias de Litt.*, Bd. IV, 1793; Joaquim de Foyos, *Sobre a Poesia Bucolica dos Poetas Portuguezes,* ib. Bd. I 1792. Unbekannt ist mir Castonnet-Desfosses, *Poésie Pastorale Portugaise* in *L'Instruction publique* 1881. — Die Portugiesen erklären gemeinhin sieben von ihren Bukolikern für klassisch; von den *Mirandistas* drei: Miranda, Ferreira und Bernardes; dann Camões; und von den *Camonistas* drei andere: Alvares do Oriente, Rodrigues Lobo und Manoel da Veiga. S. u. § 144. Die Zahl der Idyllen, welche hernach im 17. und 18. Jh. und noch bis 1850 erschienen, ist Legion.

[4] Man lese Braga, *Theatro Portuguez* Bd. 1 Buch II p. 200. Die Daten des dazu gehörigen Repertoriums sind jedoch mit grösster Vorsicht zu benutzen, weil teilweise entschieden falsch. Oft ist als massgebend das Jahr eines zufällig erhaltenen fliegenden Blattes, oder das Datum irgend eines historischen Ereignisses angesetzt, auf das im betreffenden Stücke angespielt wird.

Vorstellungen, sondern auch munteren Possen beizuwohnen: *Autos, Praticas, Passos, Dialogos* und *Colloquios*. In Lissabon z. B. hatte das Krankenhaus des Klosters Allerheiligen (*Hospital de todos os Santos*) einen Theaterhof (*Pateo das Comedias*), aus dessen nicht bloss hieratischen Vorstellungen es (wie von allen Stierkämpfen) reichlichen Ertrag zog. Das religiöse *Auto* kultivierten besonders Geistliche, oft im Auftrage frommer Kongregationen. Die Weihnachts-, Oster-, Corpus-Christi und Heiligen-Feste verlangten immer neue Einkleidung der üblichen Stoffe. Die gelungensten davon werden heute noch gedruckt, gelesen und aufgeführt z. B. in *S. Mafamude (Minho), Corvo (Douro)*, und *Ligares (Tras-os Montes)*[1]. Der schon oft genannte Bedienstete des Erzbischofs von Evora, Affonso Alvares, schrieb ein *Auto de S. Barbara*, einen *Sto Antonio*, einen *Santiago* und einen verschollenen *S. Vicente*. Von Frei Antonio de Lisboa haben wir ein Weihnachtsspiel: *Pratica de tres pastores*[2]. Sein *Auto dos dous ladrões* ist hingegen unfindbar. Der Pater Francisco Vaz aus Guimarães verfasste ein „*Auto da Paixão*"; Balthasar Dias schon vor 1537 ein „*Auto da Paixão*", einen *D. Aleixo* und *S. Catharina*.[3] Anchieta, der Apostel Brasiliens, schrieb für seine Missionszwecke eine dramatische Bibelgeschichte: *Pregação Universal*. Von Unbekannten existirt ein »Jüngstes Gericht« (»*Dia do Juizo*«) »*Adam e Eva*«, *S. Genoveva, Deus Padre e a Misericordia*. Eine moralisirende Allegorie mit idealen Begriffsfiguren ist das *Auto da Ave Maria* von Antonio Prestes, der auch in seinen weltlichen Dramen gern Personifikationen von Dingen und menschlichen Eigenschaften anbringt (*Dinheiro, Fortuna, Razão, Justiça* u. a. m.).[4]

Das weltliche *Auto*, wie die Nachfolger Gil Vicente's es handhabten, steht dem wahren Kunstwerk noch viel ferner als des Meisters Bühnenstücke. Handwerksmässig, ganz ohne Einbildungskraft, mit wenig Witz und viel breitem Behagen werden die Vorwürfe aus dem (den bürgerlichen Autoren bekannten) Alltagsleben der niederen Volksschichten gegriffen und mit realistischer Treue, ohne Vermeidung nackter Worte, vorgeführt. Der Vers und das reinigende Lachen, das über die Rücksichten der Welt erhebt, sind die einzigen idealisierenden Elemente. Wir verkehren in diesen Grotesken mit hungernden Edelleuten und ungehobelten Landjunkern aus den untersten jener 5000 »*moradores*«, welche die *casa real* besoldete. Wir sehen, wie sie mit ihrer schäbigen, diebischen Dienerschaft feilschen, und wie die knapp gehaltenen und doch hoch-romantischen Hausfrauen die Sklavinnen schelten; wir wohnen ehelichen Zwistszenen, der Langenweile der häuslichen Arbeit, Gevatterklatsch, Trinkgelagen, Spielabenden, Weihnachtsschmausereien und Besuchen bei weisen Frauen bei; wir hören Lebens- und Erziehungsregeln, Schreiben aus Indien, sentimentale Liebesbriefe, welche kleine Schulknaben für eine Hand voll Kirschen analphabeten Jungfräulein und Zöfchen vorlesen; sowie Lieder, die meist ergötzliche Parodien auf die alte, abgestandene Hoflyrik sind; wir lernen Volksgebräuche und Provinzial-Sitten kennen; den Jargon der Dorfdoktoren und Richter; das Kauderwälsch der Neger; das verstümmelte Spanisch unwissender Gecken, welche als Dorftroubadours (*trovões* und *vendecoplas*) die höfische Mode nachäffen. Kurz, ist der Kunstgenuss auch hier abermals »nicht vorhanden«, so ist hinwiederum der kulturhistorische Ertrag ein ausserordentlich reicher. Und ein gewandter Darsteller könnte eine Gallerie von Bildern *à la Teniers* darnach zeichnen.

Am ergiebigsten scheinen mir von den Possen, die ich kenne, die fol-

[1] S. Zschr., *Bibl.* 1878, p. 85 wo einige Titel aus der *Bibliotheca para o povo* angegeben sind. — Vgl. auch *Rev. Lusitana* II p. 256.

[2] Gedr. 1887 in Herrig's *Archiv* Bd. LXV. — [3] S. Salvá Nos 1220—1223.

[4] Als Auto-Schreiber werden noch genannt: Antonio Pires, Frei Bras de Resende, Francisco Luis, João de Escobar, Simão Garcia. Die drei kleinen *autos*, welche Montemór zwischen 1548 und 1553 zur Weihnachtfrühmette für Kronprinz Philipp von Spanien verfasste, sind natürlich spanisch geschrieben.

genden: drei Stücke des schon genannten Chiado († 1591), das verweltlichte Weihnachts-Auto, das er »Die Gevattern« betitelt hat (*Pratica de Compadres*), »Die Hökerweiber« (*As Regateiras*) und »Gespräch zwischen 8 Figuren«;[1] die 7 *Autos* des Antonio Prestes, in denen ausser Abstraktionen und realistischen Typen auch Charakterfiguren wie ein Eifersüchtiger und ein Vertrauensseliger auftreten (*Auto do Procurador — do Desembargador — dos dous irmãos — da Ciosa — do Mouro Encantado — dos Cantarinhos »representado em esta cidade de Lisboa«*)[2]; ferner »der Arzt« (*A. do Physico*) von einem Bruder des Chiado, Jeronymo Ribeiro; »*Rodrigo e Mendo*« von Jorge Pinto; die »*Cena Policiana*« von Anrique Lopes, und »*D. André*« von einem Unbekannten[3]. Verboten und verloren sind viele Possen mit hübschen Titeln wie: *Jubileu de Amores — Farça penada* (= Trauerposse) — *Vida do paço — Braz Quadrado* (= der vierschrötige Bras) — *Guiomar do Porto — O Duque de Florença — D. Florambel — D. Gonçalo Chambão — Os empenhos* (= Gönnerschaften).[4] Dazu ein vermutlich historisches, schon 1559 untersagtes, Schauspiel über den Kriegszug nach Tunis (1535), in welchem der edle Infant *D. Luis* (1506—55) eine so glorreiche Rolle spielte: »*O Auto dos Captivos, chamado de D. Luiz e dos Turcos,*« das von einigen Kritikern, auf Grund seines Titels, dem Infanten selbst, von anderen aber Gil Vicente zugesprochen wird. (S. ob. p. 282 Anm.)

130. Man muss die Monotonie, Kunstlosigkeit und drastische Derbheit dieser szenischen Jahrmarksbilderbogen kennen, um richtig zu würdigen was für ein gewandter, feiner und selbständiger Dramatiker in Camões steckte[5]. Ich stehe nicht an, ihn einen Neuerer zu nennen. In jungen Jahren, wahrscheinlich zu Lissabon, zwischen 1543 und 49, entwarf er, wohl zur Unterhaltung eines kleinen Kreises von Gönnern und Freunden, drei frische und muntere Lustspiele, die, obwohl hastig und mit loser Hand geschrieben, dennoch den individuellen Stempel des Dichters tragen, und alles überragen was die dramatische Muse Portugals bis dahin im Nationalgeschmack geschaffen hatte. Sein Zweck bei diesen Versuchen konnte nur der sein, in bewusstem Gegensatze einerseits zur Vicente'schen Schule, und andererseits zur Reform Miranda's und Ferreira's (von der § 132 spricht) zu zeigen, wie man aus dem unvollkommenen, aber lustigen Vulgärschauspiel und der regelrechten, aber langweiligen, klassischen Schulkomödie durch Verschmelzung ein annehmbares Gebilde herstellen könne. Zwei Mal holte er seine Stoffe aus der Antike, mit deren Dramen er auf der Universität durch Schulaufführungen vertraut geworden war, modernisierte und nationalisierte sie aber, dem Geschmack und Geist der akademisch und höfisch gebildeten Jugend gemäss. Das dritte Mal dramatisierte er eine unbedeutende, mittelalterliche Abenteuernovelle. Alle drei Mal aber gliederte er seine Fabel gut, schürzte geschickt seinen Knoten, zeichnete seine Figuren mit Humor (Götter, Könige, Helden, Ritter, Knappen, Diener, Damen wie Zofen) beschränkte das possenhafte Element, dämmte die Vielsprachigkeit und die durch Gesang und Tanz erzielten Nebenwirkungen ein, und schuf, trotz des Rhythmus und des Reimes, einen lebendigen Dialog unter Vermeidung von Anstössigkeiten, meist in leichtfliessenden *trovas redond(ilha)s*[6],

[1] »*Obras do Poeta Chiado*« Liss. 1889. Vgl. Ztschr. XV p. 550—558.

[2] *Autos de Antonio Prestes,* ed. Tito de Noronha Porto 1871. Vgl. *Rev. Lus.* I 86.

[3] Sie stehen mit den Possen des Chiado, Prestes und den Lustspielen des Camões in: *Primeira Parte dos Autos e Comedias Portuguezas,* welche ein Angehöriger der Hofkapelle, Affonso Lopes, 1587 herausgab.

[4] S. *Indice expurgatorio* de 1559. 1624 etc.

[5] Bouterwek und seinen Nachschreibern fehlte die grundlegende Kenntnis. Ihr Urteil ist darum nicht massgebend.

[6] In Strophen von 5. 6. 7. 9. 10 und 11 Zeilen, wozu Liedereinlagen kommen (*motes,* und 1 Sonett: *Klage des Antiochus,* Storck II No. 212, p. 214 und 410. — Die Bezeichnung „*trovas redondas*" gebrauchte 1574 Magalhães de Gandavo.

hie und da auch in derberer, mit Allusionen, Witzen und Citaten geschmückten Prosa.[1] Der »*Filodemo*«[2] behandelt den Doppel-Liebesroman zweier dänischer Königskinder, welche schiffbrüchig und als Waisen nach Spanien kommen, des *Filodemo*, der sich in *Dionysa* verliebt, und der *Florimena*, um welche *Venandoro* wirbt. Der »*Rei Seleuco*«, ein Polterabendscherz[3] mit derb-komischem Vor- und Nachspiel in Prosa, befasst sich mit der von Plutarch erzählten und seit Petrarca hundertfach verwerteten Liebesthat des syrischen Monarchen *Seleukus*, der *Stratonike*, eine seiner Frauen, dem liebeskranken Sohn *Antiochus* abtritt. Beide Stücke stehen an Wert weit hinter den »*Enfatriões*« (oder *Amphitryões*), zurück, einer freien Bearbeitung des plautinischen Lustspiels, worin das *Quiproquo* des wahren und falschen *Amphitruo* und des wahren und falschen *Sosias* (dessen dramatische Wirksamkeit durch die Zweizüngigkeit des letzteren noch erhöht wird) zu ergötzlichster Wirkung gebracht wird.[4] Das übliche Renaissance-Gemisch zwischen griechisch-römischen und christlichen Anschauungen fehlt auch in dieser Bearbeitung nicht, die sich trotzdem wie ein aus einem Gusse hervorgegangenes Originalwerk liest. Leider hat Camões diese Versuche nicht fortgesetzt. Mindestens je ein Mal sind sie unter Mitwirkung des Autors in höfischen Kreisen sicherlich zur Darstellnng gekommen,[5] wahrscheinlich aber öfter.

131. Eine ganz andere Bahn betrat Jorge Ferreira de Vasconcellos († 1585), ein kluger und gelehrter und dabei romantischer Hofmann, der 1534 Page des Infanten D. Duarte war, später aber in Diensten Johanns III. stand, seine Dramen und Ritterromane jedoch dem Kronprinzen D. João handschriftlich, und nach dessen frühem Hinscheiden, im Drucke, dem jungen Sebastian widmete. Er verfasste in Prosa, und zwar in echter Umgangssprache (*em mera linguagem*), einige novellistische, stark moralisierende Buchdramen, in je fünf langatmigen Akten, nach dem Muster der span. *Celestina*; doch ahmt er weder die Genialität, noch die Zügellosigkeit des Vorbildes nach. Alle drei Stücke sind reich an gut beobachteten Sittenbildern, in denen besonders das nebenbuhlerische Gegenüber der Spanier und Portugiesen, und dazu das

[1] Diese Dramen, die wie alle portug. Lustspiele schwer verständlich sind, liegen in trefflicher Verdeutschung von Storck vor (Bd. VI der Sämtlichen Gedichte, 1885) mit dankenswerten Erläuterungen, die natürlich jedoch nicht alle Schwierigkeiten heben. Faria-e-Sousa hat einen hs. Kommentar hinterlassen, der unfindbar scheint.

[2] Der Dichter wollte nicht, dass man diesen Namen als »Volksfreund« auslegte. Man sollte *Felodemo* sprechen und *fê-lo-o-demo* = »der Teufel machte ihn«, also »Teufelsjunge« darunter verstehen. Hs. erhalten im *Canc. Luis Franco*; gedr. 1587. 1615. 1616. 1666 und so oft die »Gesamt-Werke« später erschienen. Die Annahme, das Stück sei erst in Goa 1555 entstanden, ist falsch. Daselbst wurde es nur wiederaufgeführt (»*comedia representada na India a Francisco Barreto*«).

[3] Nach Storcks guter Auslegung, ist er der Hochzeitsfeier eines Gonçalves mit einer Mendes gewidmet. Vielleicht ward er (wie auch der *Filodemo*, der mit einer Doppelhochzeit abschliesst) im Hause der Grafen von Linhares inszeniert, dessen Wein-Hof (*patio das parreiras*) öfters dramatische Aufführungen sah. Das MS. befand sich in Privatbesitz, und ward erst 1645 veröffentlicht. Die zahlreichen Allusionen darin auf Personen und Geschehnisse zu deuten (die für *Camões* verhängnisvoll geworden sein sollen), ist heute kaum möglich. (S. Storck, *Camoens Leben* § 176).

[4] Über die *Amphitriões* lese man, ausser Storck, noch C. v. Reinhardstoettner: *Die plautinischen Lustspiele in späteren Bearbeitungen*, Leipz. 1880 p. 26–36, und E. Gigas, *Nyere Dîgteres Bearbeidelser af Plautus Amphitruo*, Kopenh. 1879. p. 120–123. Der Vergleich mit den damals schon vorhandenen romanischen Bearbeitungen (*Collenuccio* 1500; *Villalobos* 1515; *Oliva* 1530) fällt für *Camões* glänzend aus.

[5] Gemeinhin wurde angenommen, der *Amph.* sei noch während der Studienzeit für eine Schulaufführung geschrieben (Coimbra 1542), doch ist das irrig. Eine Aufführung in Lissabon wird durch die Erwähnung des Stadtviertels Alfama (in Zeile 175), und durch das erhaltene Lobsonett eines Zuschauers ausser Frage gestellt (*Quem é este que na harpa lusitana — abate as musas gregas e as latinas*), auf welches Camões antwortete (Storck II p. 378) sowie durch ein Citat im *Auto de Rodrigo e Mendo*. Dass der *Amph.* und *Filodemo* zum Pallast-Repertoir gehörten, darf man daraus schliessen, dass ein *moço da Capella real* beide Stücke zuerst ans Licht zog.

Treiben der Indienfahrer, sowie die Auswüchse des Hoflebens und ihr Einfluss auf die Provinz mit Geschick dargestellt ist. Überdies sind sie gesättigt einesteils mit klassischen Anekdoten, anderenteils mit Anspielungen auf Nationales und mit volkstümlichen Sprichwörtern und Formeln, die zu Hunderten, rosenkranzartig aufgereiht, besonders von den Nachfolgerinnen Celestina's in ihre »Sermone« eingeflochten werden. Span. und portug. Lieder in *Trovas* und Prosabriefe, sowie ganz span. Rollen fehlen ebenso wenig wie in den Dramen der *Trovistas*. Das erste seiner Stücke, die (besonders in Spanien) vielgepriesene »*Eufrosina*«, in welcher der Student noch eine wichtige Rolle spielt, entstand wahrscheinlich noch während der Lehrjahre (zwischen 1527 und 1534) in der Klosterschule von S. Cruz[1]. Die beiden anderen hingegen mit den klassischen Namen »*Ulyssippo*«[2] und »*Aulegraphia*«[3] stammen aus Lissabon, und haben zur Aufgabe, das Treiben der Hauptstadt und ihren verderblichen Einfluss zu schildern.[4]

132. Lange bevor Camões, und noch ehe Jorge Ferreira de Vasconcellos die Herrschaft der Vicente'schen *Autos* zu brechen suchte, hatte Miranda den Kampf gegen dieselben aufgenommen. Als er von Italien heimkehrte, fand er das Hoftheater in demselben Zustand wie vor seiner Reise, Fünfmal allein im Jahre 1527 bot sich ihm Gelegenheit, den üblichen Festaufführungen beizuwohnen, und sich die »neuesten« Bühnenstücke anzusehen[5]. Ihr mittelalterlicher Charakter und ihre Stillosigkeit verblüfften den Dichter, der soeben in Mantua, Ferrara, Rom und Florenz Dramen wie Machiavelli's *Andria* und *Commedia in Prosa*, Bibbiena's *Calandra*, Ariosto's *Suppositi, Nigromante, Cassaria* und *Lena*, und andere Nachahmungen der *Menaechmi* und des *Poenulus* hatte darstellen sehen (vielleicht mit Dekorationen von Raphael), und sich, studierend, an Plautus und Terenz geweidet hatte, die Nutzanwendung für Portugal überdenkend. Um dem Monarchen und seinen jüngeren, geistig hervorragenderen Brüdern[6] eine Vorstellung von dem zu geben was man zur Zeit im Vatikan und an den kleinen ital. Höfen unter einer *Commedia*[7] verstand, und so den portug. Dramaturgen den Weg zu weisen, schrieb er zwei Intriguenkomödien in Prosa: »*Os Estrangeiros*«, meiner Meinung nach gleich 1527/28[8], und später die »*Vilhalpandos*« (1538?)[9]. Beide stehen unter dem Einflusse Bibbiena's und Ariosto's, haben Italien (Palermo und Rom) zum Schauplatz, und benutzen fast ausschliesslich die auf der ital. Bühne heimischen (im Grunde ganz oder halbheidnischen) Sitten, Situationen und Charaktere: den lasterhaften Diener, der seinem jungen Herrn gegen den betrogenen »Alten« und den »Erzieher« *(ayo)* beisteht; Hetären *(cortesanas)*, Zuhälter *(rufiães)*, Parasiten, Heiratsvermittler, Kuppler, renom-

[1] Spät gedruckt, wie fast alle Erzeugnisse der Zeit, nachdem das Drama als Manuscript eingereicht und verbreitet worden war; 1560 zu Evora und 1561, dann zu Lissabon 1616, in Überarbeitung von Rodrigues Lobo. Diesem sprach man irrtümlich die Autorschaft zu. Und auch als Werk eines Juan de Espera-en-Dios wird es bezeichnet! (In Wirklichkeit hat Jorge Ferreira einer Figur dieses Namens (d. h. dem »Ewigen Juden«) den Prolog der *Eufrosina* in den Mund gelegt. Spanisch von Fernando de Ballesteros y Saavedra, nach Lobo's Text; herausgegeben von Quevedo 1631 (und 1735)

[2] Gedr. 1618 und schon vorher in datenloser Ausgabe, um 1587.

[3] Gedr. 1619. Das Stück ist laut des Dichters schon im Titel ausgedrückter Absicht »*hum largo discurso da Cortesania vulgar*«.

[4] Kritische Neuausgaben sind auch hier ein Bedürfnis.

[5] Diesem Jahre gehören an: das *Auto da Feira, Historia de Deus, Coimbra, Nau d'amores, Serra da Estrella* und vielleicht *Resurreição*.

[6] D. Luis, D. Henrique, D. Duarte, sowie der Senhor D. Duarte und D. João de Lencastre standen in litterarischen Beziehungen zu Miranda.

[7] Gil Vicente hatte das griech. Wort zwar schon 1514. 1521 und 1527 angewandt, doch, nach Miranda's Begriffen, sicher ohne Fug und Recht.

[8] Braga datiert das Drama aus dem J. 1545, irrtümlich, soviel ich sehe.

[9] Laut Braga, vor 1536.

mierende Soldaten u. a. m., wozu als moderne Elemente ein pedantischer Dr. juris (nach Ariost) kommt, und, aus eigener Erfindung, eine, für Portugal typische Figur, die frömmelnde Alte (*beata*) und ein franz. Page. Der Kardinal-Infant Heinrich nahm die Widmung der beiden *Comedias eruditas* (oder *C. de arte*) an[1]. Für ihn sollen sie auch dargestellt worden sein. Doch entsprach der zu wenig ergötzliche fremde Gegenstand, und die einfache, natürlich fliessende Prosa dem Nationalgeschmack nicht, der sich, nach wie vor, an Vicente's buntem, saftigen Allerlei belustigte; und Miranda, der, anscheinend, über wenig dramatische Erfindungsgabe verfügte, erneuerte seine Versuche nicht.

133. Der einzige unter den Zeitgenossen, der seinem Beispiel folgte und Prosakomödien im römisch-ital. Geschmacke ohne alle Gesangseinlagen schrieb, war Ferreira. Noch als Schüler der *alma mater*, 24 bis 25jährig, verfasste er während einer Ferienmusse zur Selbsterheiterung sein erstes Lustspiel »*Bristo*«. Die Abenteuer zweier verlorener und am Schlusse von ihren Vätern rekognoszierter Kinder bilden den Vorwurf; und 2 Alte, 2 verliebte Jünglinge mit ihren weiblichen Partnern, und 2 Soldaten, von denen der eine ein Rhodenser Ritter und zugleich *miles gloriosus*, der andere aber ein Parasit und feiger Bramarbas ist, spielen nächst dem kupplerischen Titelhelden, die Hauptrollen. Die Kommilitonen nahmen (1552/53) das Lustspiel, das der Autor mit lateinischem Kunstausdruck als »*Comedia mixta, a mór parte d'ella motoria*« bezeichnet, beifällig auf[2]. Es ward sogar dem Kronprinzen gewidmet[3]. Einen bedeutenden Fortschritt bezeichnet sein zweites Stück »*O Cioso*«, das wie das erste in Italien spielt. Mit Recht wird es als das früheste, moderne Charakter-Lustspiel bezeichnet. Sind der Moralabhandlungen darin auch zu viele und zu lange, und ist die Figur des eifersüchtigen Gatten auch etwas karikiert, so sind die meisten übrigen Personen sehr natürlich und bestimmt gezeichnet; die Prosa der Dialoge ist präzise und elegant, und an wirklich komischen Szenen kein Mangel.[4]

134. Dieser selbe tüchtige, von Rom und Griechenland ehrlich begeisterte Dichter und Patriot, der ernstlich danach trachtete, die heimische Litteratur zu heben, und seine Landsleute zum Gefühl für wahre Kunst und reinen Stil zu erziehen, beschenkte sie noch mit etwas ganz Neuem, der ersten Tragödie, im Geschmacke der Antike. Nach griechischem Muster, die drei Einheiten beobachtend (ob auch die der Zeit und des Ortes nicht völlig), lässt er eine absichtlich sparsame, aller Intrigue baare Handlung sich unter wenigen Personen in fünf kurzen Akten abspielen (die eigentlich nicht mehr als Szenen, oder blosse Dialoge sind). Und zwar verwendet er in allen Monologen und Dialogen ausschliesslich reimlose Langzeilen (*versos soltos* von 11, selten von 7 Silben), die nur durch einen zwiefachen Chor unterbrochen werden, der (zum ersten Male in Portugal) in mannigfach wechselnden, den Griechen nachgeahmten metrischen Gebilden (worunter Oden, und Sapphische Strophen) seine Betrachtungen, getragenen Stils, vorträgt. Dabei vollbrachte er obenein noch etwas, was selbst in Italien und Spanien noch Niemand gewagt hatte: d. h. er griff, statt zu einem antiken Vorwurf, zu einem Stoffe aus der vaterländischen Geschichte. Seine Wahl fiel auf die mittelalterliche, romantische, später so wiederholentlich auf die Bühne gebrachte[5] Liebe Peters

[1] Die *Vilhalpandos* wurden, scheints, auch D. Duarte übersandt. S. Miranda p. 761.

[2] »*Nesta Universidade recebida e publicada*«.

[3] Ich erwähne diese und ähnliche Thatsachen absichtlich, um zu zeigen, dass der intime Zusammenhang der Dichtkunst mit dem Hofleben auch in der 3. Epoche noch fortdauert, wenn auch gemildert.

[4] Gedruckt wurden beide Komödien erst 1622. Der *Cioso* ward ins Engl. (von Musgrave 1825), ins Franz. (von F. Denis 1835), und ins Deutsche (1782) von einem H. v. Z. übertragen.

[5] Ich könnte 10 portug., 4 span. und dazu mehrere Dutzende ausländischer Bearbeitungen anführen.

des Grausamen zu *D. Ines de Castro*, so dass (bezeichnend genug) die früheste und eigentlich einzige portug. Tragödie eine Liebestragödie ist. Gewiss hätte sich aus dem vorzüglichen Stoffe Wirkungsvolleres machen lassen. Den bewegten, wahrhaft dramatischen Szenen geht Ferreira, geflissentlich oder unabsichtlich, aus dem Wege. Weder die Liebenden, noch Vater und Sohn stehen einander auf der Bühne gegenüber. Der Kampf zwischen Pflicht und Neigung in *D. Pedro* ist nur angedeutet. Das Pathos ist etwas geschraubt und die Rede aller Personen zu gleichförmig. Die zarte D. Ines und ihre alte treue Amme, der Infant und sein Sekretär, der grimme König und seine zum Morde ratenden und den Mord ausführenden *Conselheiros* sprechen ein und dieselbe Sprache; und auch der die Frauen begleitende Chor der Coïmbraner Mädchen unterscheidet sich nicht hinlänglich vom Ritterchor des Infanten. Doch sind Stellen von wirklich hervorragender lyrischer Schönheit darin (z. B. der Hymnus an die Liebe). Und die Zeitgenossen und Nachkommen bewunderten mit vollem Recht, abgesehen von der Neuheit des kühnen Unterfangens, die Schlichtheit des Aufbaus, die Reinheit des Stils, und die Hoheit und Würde der portug. Sprache, die etwas völlig Unerwartetes war.

Obgleich in der Studierstube und für dieselbe verfasst (zwischen 1553 und 1567), ward die Tragödie *Ines de Castro* (deren genauere Entstehungszeit unbekannt ist)[1] doch in Coïmbra gespielt[2], vermutlich von den selben Studenten, welche gewohnt waren, Terenz und Seneca und lateinische Schuldramen ihrer Professoren aufzuführen[3], und zwar unter Ferreira's persönlicher Leitung, also ehe derselbe seinen Posten als Dozent der Rechte gegen eine Stelle am Obertribunal zu Lissabon vertauschte, d. h. vor 1567. Gedruckt ward sie erst 1587 (und in verändertem Texte 1598)[4]. Vorher aber (1575) hatte der Gallizier Jeronymo Bermudes, ehe er Dominikanermönch ward, während seines Aufenthaltes in Portugal, das nach gewohnter Sitte handschriftlich verbreitete und von Genossen des Autors bei Lebzeiten dichterisch verherrlichte Werk[5] kennen gelernt und so grossen Gefallen daran gefunden, dass er es bald treu, bald freier hispanisierte und zu seiner Übersetzung, die er »*Nise lastimosa*« betitelte, einen (schwachen) zweiten Teil hinzufügte, die »*Nise Laureada*«, deren Gegenstand die Krönung der Leiche und die an den Mördern genommene grausige Rache ist. Da beide Teile, unter dem Pseudonym Antonio de Silva als »*Primeras Tragedias Españolas*« bereits 1577 gedruckt wurden, so entstand der Irrglaube, Ferreira habe den spanischen Autor plagiiert. Heute teilt ihn kein Einsichtiger mehr[6].

---

[1] Das Datum »vor 1558«, welches man aus Äusserungen des Sohnes in der Vorrede zu den *Poemas Lusitanos* erschlossen hat, ist kein sicheres.

[2] Die äusserst seltene, den meisten Litteraturkennern völlig unbekannte Ausgabe von 1587 (die möglicherweise nicht einmal die erste ist), nennt den Namen des Autors gar nicht, sagt aber von der *tragedia muy sentida e elegante*: »*foy representada na Cidade de Coimbra*«. S. Castilho: Antonio Ferreira, 3 Bde., Rio 1875 und Sousa Viterbo: *Frei Bartholomeu Ferreira*, 1892 p. 35. Übersetzt ward die Tragödie ins Engl. von Musgrave 1826.

[3] Schon im 15. Jh. las man Seneca's Tragödien (*Medea, Hercules, Hypolito*) und citierte sie gern. Noch vor der Reform von 1537 studierte man Terenz und Plautus und die griech. Tragiker und begann damit, sie zu inszenieren. An gedruckten Hispanisierungen liegen (ausser dem *Amphitruo* von Perez de Oliva) die *Hecuba* des Euripides und die *Elektra* des Sophokles (als *Agamemnon*) vor, letztere auch von Henrique Ayres Victoria, und zwar in Kurzzeilen, als »*Tragedia trovada*« (1555, 2. Aufl.).

[4] Im Titelblatte heisst es: »*agora novamente acrescentada*«. Das Werk des *Bermudes* aber lehnt sich genauer an den Text der Ausgabe von 1587 an.

[5] Bernardes widmete ihm das Sonett: »*Se Dona Ines de Castro presumira*«, und Ferreira antwortete darauf: »*Bernardes, cujo esprito Apollo inspira*«.

[6] In dieser Streitfrage Bermudez — Ferreira haben sich auch die Spanier, nebst allen Ausländern, die sich mit span.-portug. Litteratur beschäftigen, entschieden zu Gunsten

III. LUIS DE CAMÕES.

135. Ihre Sommerhöhe erreichte die portug. Litteratur mit Luis de Camões (1524/25 bis 10. Juni 1580), der, wie schon berichtet ward, ihre Dramatik in neue Bahnen zu lenken versuchte, ausserdem ihre Lyrik zur Vollblüte brachte, vor allem aber in dem Nationalepos *»Os Lusiadas«* ihr Meisterwerk schuf. Wie so manches andere Genie, so führte auch Camões ein unglückseliges Erdendasein. Arm, verbannt und gefangen, verspottet und verleumdet so lange er lebte, ward er hingegen nach seinem Tode überschwänglich geehrt. Kunst und Wissenschaft wetteiferten im Vaterland und im Ausland darin, sein Leben und seine Werke zum Gegenstand begeisterter Huldigungen zu machen. Grabmäler, Erinnerungstafeln, Statuen und Gemälde; Romane, Dramen, Gedichte und Berge prunkender Rhetorik; illustrierte Prachtausgaben; Übersetzungen, Erläuterungen, Nachahmungen und Parodien seiner Werke; die 300jährige Jubelfeier seines Todes; eine eigene (ob auch thatenarme) *Sociedade Nacional Camoniana,* eine besondere, ob auch kurzlebige und kleine Camões-Zeitschrift[1] bedeuten eine Apotheose, und haben bereits bibliographische Wegweiser durch die Camões-Litteratur notwendig gemacht[2]. Als »Fürsten unter den Dichtern seiner Zeit« bezeichnete ihn schon 15 bis 16 Jahre nach seinem Tode die von einem edlen Bewunderer gestiftete erste Grabplatte. Doch war bereits damals, nach einem halben Menschenalter, die genaue Ruhestätte des Toten innerhalb des dürftigen Lissabonner Klosterkirchleins »zur heiligen Anna« nicht zu finden; noch wusste man Geburts- und Todesjahr richtig anzugeben. Mythenbildung hatte schon begonnen, wenn nicht noch bei Lebzeiten, so gleich nach Camões' Ende. Sie schuf, vor 1613, die charakteristischen Worte: »er lebte arm und elend, und also starb er«, die in Wahrheit nie zur Grabinschrift gehört haben. Aus dem Gedächtnisse der Nachwelt werden sie trotzdem nicht auszurotten sein, ebensowenig wie eine lange Reihe sich in gleicher Richtung bewegender alter Camões-Märchen, weil sie eine unbestreitbare Thatsache, — dass nämlich der grösste Poet und Patriot der Nation zu den Unglücklichen und Enterbten gehört hat, — kürzer und anschaulicher ausdrücken als die positiven Daten seines Lebens.

Von diesen wissen wir bedauerlich wenig. Trotz des humanistischen Gebahrens aller gebildeten Quinhentistas fühlte kein Zeitgenosse sich berufen, treue und ausführliche Erinnerungen und Nachrichten über Camões für die Mit- und Nachwelt aufzuschreiben (vielleicht weil das Gefühl: *»finis Portugaliae«* 1580 zu bedrückend auf den Gemütern lastete). Die Adelsbücher schweigen von dem verarmten Edelmann, der eines einst erlauchten Geschlechtes letzter Sprosse war (s. § 82). Soldatische Heldenthaten, welche die Geschichtsschreiber hätten verzeichnen müssen, vollbrachte der schlichte Afrika- und Indienkämpfer nicht. Die Kolonial-Archive zu Lissabon und Goa, welche notwendig Aufzeichnungen über ihn enthalten mussten, waren (nachweislich) in heillosester Unordnung, und sind auch weder rechtzeitig noch gewissenhaft

---

Portugals ausgesprochen, und Ferreira als ersten Verfasser vaterländischer Tragödien im Geschmack der Antike anerkannt. Als Bouterwek schrieb, war der Sachverhalt noch nicht hinlänglich klar. Daher seine Zweifel. — S. Moratin, *Catalogo* No. 130; Martinez de la Rosa, *Tragedia* p. 45—56 der Pariser Ausgabe; Schack I 273; Ticknor I 462; Barrera y Leirado p. 38; Schäffer, *Span. Nationaldrama* I p. 61—63; Braga, *Theatro* II Cap. 4 p. 73—114; Castilho Bd. I; Inn. da Silva, I, 268.

[1] *Circulo Camoniano* hgg v. J. de Araujo 1889 und 90. Auch die *Soc. Nac. Camoniana* hat den ersten Bd. eines *Annuario Camoniano* veröffentlicht (1881).

[2] Die wichtigsten bibliogr. Hülfswerke sind: Braga, *Bibliographia Camoniana,* Liss. 1880; J. de Vasconcellos, *Bibliogr. Camoniana,* Porto 1880 und Brito-Aranha Bd. 14 und 15 des *Diccionario Bibl. Portuguez.* Liss. 1887 und 88.

genug durchforscht worden. Von den wenigen, erst 1860 aus dem Staatsarchiv zu Tage geförderten Urkunden betreffen einige (7) — deren Inhalt man schon 1613 ungefähr kannte — eine kleine Pension, welche König Sebastian dem Dichter der Lusiaden bewilligt und Philipp II. später der überlebenden Mutter zugewiesen hatte; eine andere einen tollen Handel, in dem der Dichter raufboldartig einen königl. Beamten mit der Waffe verletzt hatte, was ihm Gefängnis eintrug; und wieder andere (2) die Lusiadenveröffentlichung[1]. Ein angebliches Dokument über die Einschiffung nach Indien, welches Faria-e-Sousa 1647 benutzt haben will, ist nicht wieder zum Vorschein gekommen. In allem Übrigen sind wir auf die Selbstaussagen des Dichters angewiesen und auf gelegentliche Vermerke in Handschriften und Druckwerken. Die letzteren sind seltene, späte und unsichere Quellen; die ersteren hingegen, die sich im Epos, der Lyrik, den Dramen und den Briefen des Autors finden, sind sehr zahlreich und bedeutsam, trotz ihrer poetischen Einkleidung, die selbstverständlich dazu zwingt, sie mit Bedacht und Kritik zu verwerten. Ich kann hier nicht darstellen, wie aus diesen Elementen, mit Zuhülfenahme von Traditionen, die Biographie des Camões allmählich aufgebaut worden ist — von den spärlichen Notizen im ältesten Lusiaden-Kommentar des gelehrten Philisters Manuel Correia an (geschrieben etwa 1595, gedr. 1613) und den ihn begleitenden kurzen Prologseiten des Druckers Pedro de Mariz, über die knappe, doch vortreffliche Lebensbeschreibung des tüchtigen Severim de Faria (1624) zur Reform des um die Camões-Forschung unzweifelhaft hochverdienten, aber Wahrheit und Dichtung skrupellos durch einander mengenden Faria-e-Sousa († 1649) der dem Leser nachgerade hinlänglich bekannt ist, und zu den sich daran knüpfenden Paraphrasen von Mickle, Adamson, Sousa Botelho und Alexandre Lobo, bis Juromenha's erfolgreiche Durchmusterung der *Torre do Tombo* (1860) und Braga's Ausgestaltung der portug. Litteraturgeschichte einiges Neue zu Tage förderte. Noch viel weniger kann ich darlegen, wie neuerdings Wilhelm Storck jegliche ältere Behauptung aufs Gewissenhafteste geprüft, ziemlich alles Unbeweisbare als Märchen ausgeschieden, aus haarscharfer Analyse der echten *Camoniana* neue Mutmassungen zur Ausfüllung der klaffendsten Lücken gewonnen und ein »geordnetes« kritischreformiertes »*Luis de Camoens Leben*« gestaltet hat. Die feststehenden Daten dürfen jedoch hier nicht fehlen —, da ohne dieselben das Werk des Dichters unverständlich bleibt[2].

136. Geboren als einziger Sohn eines unbegüterten, bald hernach in Goa in Folge eines Schiffbruchs verstorbenen Schiffskapitains, zu Lissabon oder (wahrscheinlicher) zu Coimbra, 1524 oder 25, als Vasco da Gama starb, mit dem er verwandt war, und an dessen erster Indienfahrt sein Grossvater Antão Vaz teilgenommen hatte, erwarb Luis Vaz de Camões sich frühe staunenswerte Kenntnisse, vermutlich an der reformierten Universität, als deren erster Kanzler der Prior von Santa-Cruz, sein Oheim Bento de Camões, drei Jahre lang fungierte (1539—41). Schon in Coimbra entbrannte er in hoher und reiner Minne zu einer blonden Schönen und feierte sie in innigen schlichten Canzonen, Sonetten und Elegien, die petrarchistisch in der Form, platonisch im Gedankengange, sich durch die wehmütige Wärme des Ausdrucks, die Reinheit der Sprache und die Eleganz der Hendekasyllaben vor allem auszeichnen, was Miranda und die Mirandistas bis 1540 geschaffen

[1] Der Leser findet sie gedruckt bei *Juromenha* Bd. I.

[2] Die Hauptwerke für den, welcher sich über den Dichter unterrichten will, sind: W. Storck, *Sämtliche Gedichte*, 6 Bde. Paderborn 1880—83 und *Luis de Camoens Leben*, ib. 1891; Braga, *Hist. de Camões* 3 Bde. und *Camões e o Sentimento Nacional* 1891. Oliveira Martins, *Camões, os Lusiadas e a Renascença*, Porto 1891.

hatten. Nach beendeten Studien siedelte er nach Lissabon über, wo seine Geburt dem *Cavalleiro fidalgo* Einlass bei Hofe und sein Talent ihm Gönner und Freunde, sein geniales selbstbewusstes Auftreten, die scharfe Zunge und das noch schärfere Schwert ihm aber Feinde und Neider verschafften. Er dichtet und singt, geniesst und tändelt, treibt verwegenes Spiel mit Herzen »*em varias flammas variamente ardendo*« bis eine Hofdame der Königin, D. Catherina de Athaide — die *Natercia* seiner Dichtungen, — im Frühjahr 1546 (wenn man der poetischen Einkleidung glauben darf, beim Charfreitags-Kirchgange!) ihn in Banden schlägt. Eigene Irrtümer, Neid Fortunens und Amors Lug locken ihn nun ins Verderben. Der Widerstand, den er findet (nicht von Seiten der Geliebten), die Schwierigkeiten, auf die er stösst, überreizen sein leichtbewegtes stürmisches Gemüt: er lässt sich hinreissen zu unbedachten Äusserungen und ungestümem Verhalten, und macht Schlimmes schlimmer, indem er in verwegenen Thaten den Degen sühnen lässt, was die Zunge gefehlt. Vom Hofe verwiesen trauert er sehnsuchtsvoll an den Ufern des oberen Tejo (*Ribatejo*); kämpft dann zwei Jahre in Afrika (zwischen 46 und 49); verliert ein Auge durch ein Sprengstück von einer Kanone; findet nach der Heimkehr weder Anerkennung für seinen Mut, noch Verzeihung für die alten Sünden, noch Lohn für seine Gesänge, noch den Preis seiner Liebe; lehnt sich in wildem Groll gegen die zu harte Strafe für jugendliche Vergehen auf; wird zum händelsüchtigen *valentão*, der Tage und Nächte mit schlechtem oder höchst leichtfertigem Gesindel durchschwärmt; verwundet am Frohnleichnamsfeste (16. Juni 1552) einen Hofbeamten (Gonçalo Borges); wird mit Kerker bestraft (bis März 53), und schliesslich nur unter der Bedingung freigelassen, als Waffenmann des Königs nach Indien zu gehen. Am 26. März 53 verlässt er das Vaterland als schlichter Soldat mit dem üblichen Jahressold von 9000 Reis, als echter Renaissance-Dichter die Worte Scipios auf den Lippen: »*Ingrata patria*...« Im September erreicht er Goa auf dem S. Bento-Schiffe; nimmt Teil an verschiedenen Kriegszügen, die ihn bis Ormuz und zum Kap Guardafui (*Ras-ef-Fil*) bringen; kehrt nach Ablauf des obligatorischen Trienniums nicht nach Europa zurück, sondern lebt weiter in Goa-Babel, ob auch in bitterer Sehnsucht nach der Heimat und der Geliebten (die 56 stirbt), bald in geordneter Beschäftigung in Krieg und Frieden, bald nur den Musen dienend; bald arm, bald mässig begütert; leichtlebig im Glücke, schwermütig im Unglück. Er missbraucht abermals Feder und Klinge; zieht sich abermals Feinde zu, gerät auch vorübergehend in neue (niedere) Liebesbande (einer buntfarbigen Bajadere); desgleichen in Schuldhaft; wird von einem Gouverneur nach Macau als »Oberverwalter« der Güter verstorbener und abwesender Landeskinder entsendet; betritt auf der weiten Fahrt Malakka und die Molukken; wird vor Ablauf der Frist seines Amtes enthoben und zurückbeordert, weil straffällig befunden. Am Mekong erleidet er Schiffbruch und wird in Goa zur Rechenschaft gezogen und gefangen gesetzt, bald aber wieder freigesprochen; tritt 1567 die Heimfahrt an; rastet in Moçambique zwei Jahre, durch Krankheit und Mangel zurückgehalten, um zuletzt durch Freundesgrossmut bis ans Heimatgestade geführt zu werden. Nach 16jähriger Abwesenheit betritt er Lissabon am 7. April 1570, und findet das Zion, nach dem er geseufzt, in traurigstem Zustande wieder, von der Pest verwüstet, von Inquisition und Jesuitismus zersetzt, in den Händen eines jungen, phantastischen, misratenen Monarchen. Doch lässt Camões sein Epos drucken und widmet es dem Herrscher mit mannhaft spornenden Worten. Er wird karg abgelohnt; und lebt noch eine Reihe von trüben Jahren bei seiner alten Mutter. Patriotische Hoffnungen lodern auf, als Sebastian die afrikanischen Feldzüge unternimmt: doch geht Camões selbst nicht mit ihm, als Dichter nicht, weil Diogo

Bernardes und Cortereal ihm vorgezogen werden, als Soldat nicht, wohl seines Alters wegen. Der Wetterschlag von Alcacer-Quebir brach sein Herz. Er starb am 10. Juni 1580. Das letzte was er (in einem Briefe) schrieb, war: »nicht genug damit, im Vaterland zu sterben, sterbe ich mit ihm«, den bitteren, scipionischen Ausspruch also wettmachend. Der Herzog von Alba hatte bereits mit Philipps Heer die Grenze überschritten und näherte sich der portug. Hauptstadt. So entging der Dichter dem harten Geschick, das so vielen anderen Dichtern wie eine strafbare Handlung vorgeworfen wird[1], als Ersatz für das von König Sebastian erhaltene Jahresgeld (*tença*), einen Gnadensold von König Philipp anzunehmen. Doch sorgte letzterer für die alte Mutter.

137. Aus dieser selbst in ihren nacktesten Grundzügen noch bunten und abenteuerreichen *Vita*, aus den Schöpfungen des Dichters, welche seine seelischen Zustände in allen Wechselfällen aufs Klarste ausmalen, und aus dem was das nationale Herz an Legenden, Anekdoten und Märchenhaftem in der ersten Zeit, von 1572 bis 1640, hinzugedichtet hat, um die spärlichen bekannten Thatsachen liebend zu vervollständigen, fixierte sich ein bestimmtes Charakterbild, das umzugestalten heute sehr schwer sein wird. Die Nation erblickt in Camões den echtesten Typus des Portugiesen, der Apollo und Mars dient, die Leyer in der einen Hand und das Schwert in der anderen, im Herzen aber Frau Venus. Sie betont seine sehnsüchtige Verliebtheit, sein martialisches Feuer, seine treue Vaterlandsliebe; und wenig kommt ihr darauf an, ob die Ausschreitungen, zu denen die Liebesleidenschaft und sein Heroismus ihn hinrissen, leichter oder schwererer Art sind, da er als Genius ja doch nicht nach den Gesetzen landläufiger Moral beurteilt werden dürfe. Seine Unfähigkeit, sich ins praktische Leben zu finden und ein ruhiges bürgerliches Dasein zu führen, durch geregelte Arbeit Güter zu erwerben und Erworbenes festzuhalten; sein massloses Selbstbewusstsein, seine Rücksichtslosigkeiten, seine Auflehnung gegen das höfische Milieu, in dem es ihm zu enge ward; seine Geneigtheit zum Zweikampf; die scheinbare Gleichgültigkeit gegen alle Familienbande, die Ehe- und Kinderlosigkeit, der unstäte Wandertrieb: das alles sind Züge, an denen man keinen Anstoss nimmt, denn sie gehören und passen durchaus zum Typus des Dichter-Genius. Andererseits betont man die Grausamkeit der auferlegten Strafen, den Hass und Neid, die Missgunst, Klatschsucht und Tücke der mittelmässigen Gegner und Nebenbuhler, den Undank der Grossen, wie die Knauserei des Königs. Man glaubt an möglichst viele Verbannungen und Einkerkerungen, an Verfolgung und Anschwärzung durch eine ganze Meute kläffender Halbschlagsdichter[2], an zahllose Spottverse über die Excentricitäten des Dichters, an wiederholten Diebstahl, den gemeine Naturen an seinem geistigen Hab und

[1] Den Dichtern Bernardes, Falcão de Resende, Alvares do Oriente, Miguel Leitão de Andrada, Jeronymo Cortereal, Perestrello u. a. m. (die übrigens fast alle bei Alcacer-Quebir an Sebastians Seite tapfer gefochten hatten und in Gefangenschaft geraten waren) wurde der Verlust höfischer Ämter, die sie bis 1578 (resp 80) bekleidet hatten, durch andere Stellen, Pensionen oder Ehren vergütet. Einige von ihnen widmeten König Philipp und seinen Vertretern ihre Dichtungen, und feierten seinen Triumph.

[2] Gewiss nicht mit Unrecht. Spricht doch schon einer der ersten Camões-Schüler, der 1578 bereits ein Mann war, Fernam Alvares do Oriente von dem »*esquadrão de Zoilos e Bavios . . . que pretendiam danifical-o*«. Doch fehlt es andererseits auch nicht an Beweisen von Achtung und Bewunderung, die dem Dichter bei Lebzeiten und unmittelbar nach seinem Tode gezollt wurde. Ich nenne nur die Namen Diogo do Couto, D. Manoel de Portugal, Conde de Redondo, Bernardes, Gomes de Azevedo, Falcão de Resende, sowie Tasso und Herrera. Daran freilich geht die tendenziöse Kritik meist achtlos vorbei, obwohl diese widerspruchsvolle Dame sich trotzdem bemüht (z. B. durch Braga's Mund in der *Hist. Cam.*), eine möglichst lange Reihe von »*amigos de Camões*« aufzustellen!

Gut begingen; an arge Verstümmelung seiner Werke durch die Censur der Inquisitoren; besonders aber an Hunger und schwärzestes Elend. Man kann und will den für seinen Herren bettelnden javanesischen Sklaven und den Tod im Hospitale nicht fahren lassen[1].

Und Storck's Kampf gegen den also aussehenden Camões der Legende scheint mir aussichtslos. Wenn er, hingerissen von der grossartigen Pracht seiner Werke, von den hochherzigen Gedanken und den durch und durch edlen Gefühlen der lyrischen und epischen Gedichte, im Lusiadensänger einen Ehrenmann zeichnet — *integer vitae scelerisque purus*, — der zwar dann und wann das moralische Gleichgewicht verloren hat, und sich von seinem hitzigen Temperament und von seiner gewandten Zunge, zur Leichtlebigkeit und zu manchem schwereren Fehl hat hinreissen lassen, diese menschlichen Schwächen aber reichlich gesühnt hat; wenn es ihn empört, dass gewisse Beurteiler aus dem geistig und körperlich robusten Genius, der 16 Jahre das mörderische Klima des Orients und See- wie Kriegsgefahren erduldet hat und dabei unausgesetzt im höchsten Sinne des Wortes geistig thätig war, einen Raufbold und Mordgesellen und ungetreuen Verwalter, kurz einen halben Galgenvogel à la Villon und Bacon machen — so muss man zustimmen. Und viele seiner Berichtigungen im Einzelnen sind unwiderleglich. Doch nicht alle. Storck glaubt an regelrecht zurückgelegte Universitätsstudien. Es scheint ihm undenkbar, dass der Wenigbemittelte hernach in den Tag hinein, bei und von reichen Gönnern und Freunden lebte, ohne Stellung und Broterwerb; undenkbar auch, dass der Bettelarme dennoch einen Sklaven mit nach Europa brachte. Er macht ihn daher zum Hauslehrer in Lissabon, lässt ihn in Indien Schreiberdienste thun und vom Erworbenen seiner alten Mutter (oder Stiefmutter) mitteilen; er nimmt an, der leichtblütige Südländer habe sich um etwaiger Geldschulden willen grosse Gewissensbisse gemacht, und sei seinen Pflichten als Oberverwalter mit preussischer Beamtentreue nachgekommen. Die Liebe zur schönen Sklavin Barbara (die von Splitterrichtern gemissbilligt und von Camões so zart verteidigt ward) verlegt er in die Zeit nach Katharinas Tode (1562), und hält sie für eine einmalige, kurze, schwerbereute Verirrung. Er will es nicht wahr haben, dass der Dichter freiwillig zum Krieger ward, sondern fasst die Dienstjahre in Afrika und Indien wie Strafhaft auf; und beruft sich auf Poesien, aus denen Sehnsucht nach ländlichem Stillleben spricht. Eine Civilversorgung und Katharinas Hand soll sein Ideal gewesen sein, und um es zu erreichen habe er nach guten Führungs-Attesten gegeizt, Dienstpapiere sorgsam zusammengetragen und Immediateingaben gemacht. Das Gnadengehalt von 15000 Reis hätte immerhin einen äusserst bescheidenen und ökonomischen Herrn vor dem Hungertode sichern können, und also preist Storck sogar die königl. Grossmut. Durch den Nachweis, die von Braga auf Camões gedeuteten Epigramme des Andrade Caminha (»An einen Einäugigen« — An den Rasenden — den Sprachneuerer — den Selbstbewussten etc.) seien Studien nach Martial, glaubt er festgestellt zu haben, sie seien auch nicht auf Camões gemünzt, noch auf ihn gedeutet worden. Kurz, Not und Elend, Hass und Feindschaft, Schwächen und Fehler verflüchtigen sich unter seinem Auge allzusehr. — Irre ich jedoch nicht sehr, so wird der Portugiese das sittenstrenge Ideal des deutschen Denkers zwar bewundern, das von der portug. Nation konstruierte Charakterbild aber für einheitlicher und für poetischer erklären und daran festhalten, in dem Glau-

[1] Das Urteil, welches die Kritik aus diesen Elementen zusammensetzt, ist freilich ebenso wenig ein einheitliches, wie das Portrait, welches Maler und Bildhauer aus den überlieferten äusseren Zügen herstellen. Die einen machen aus Camões einen Märtyrer und Heiligen, andere einen korrekten Höfling und wieder andere einen wildgenialen Künstler, doch ist dieser letzte Typus der bevorzugte.

ben, es entspräche der Wirklichkeit im Grossen und Ganzen mehr als das, ohne Rücksicht auf die Nationaleigenschaften und ohne Beachtung der Lebensauffassung der Lateiner des 16. Jhs., im deutschen Dichtergemach geschaute Bild.

Auch will mir scheinen, es sei ein Glück, dass das Schicksal Camões nicht gewährte, was er, nach Storck, erstrebte, und sicherlich zeitweise auch ersehnt hat: »ein Leben stillvergnügt und unbekannt«. Ein Glück, dass es ihn hinforttrieb erst aus dem Vaterlande und dann aus der zweiten Heimat in Goa. Weder in ländlicher Musse, noch in dem sklavenreichen, üppigen Babel-Lissabon, wo der wild geniale Jüngling sich vor so vielen Fallstricken zu hüten hatte, noch im verderblichen Lotterleben des schlimmeren Babel-Goa wäre Camões der Schöpfer der Lusiaden geworden. Dazu brauchte es des Pfahls im Fleische, den schmerzliches Heimweh und brennendes Vaterlandsgefühl bedeuten. Und ich meine ferner, wir brauchen von den Fehlern, Schwächen und Verschuldungen des Dichters nichts zu verschweigen noch zu beschönigen oder abzuschwächen. Er hat sie gesühnt und ausgelöscht durch den unsäglichen Jammer seines gequälten Lebens, durch die verbüssten Strafen und den reichlichen Tribut an Blut und Schweiss und Thränen, den er gezahlt. Seltene Adelskraft, Ausdauer, Geistesstärke und Vaterlandsliebe hat er bewiesen, indem er 25 Jahre, in drei Welten, unter Gefahren und Beschwerden, wie wenige Dichter, ja vielleicht keiner sie durchgemacht, festhielt an seinem patriotischen Lebensziel und Zweck – der Schöpfung der Lusiaden. — Und ungescheut darf man ihn zu den grossen Genien rechnen.

138. Die Lusiaden. Hätte Camões also die Wasserstrasse nicht befahren, die einst Vasco da Gama durchmessen, er wäre der grosse Seemaler nicht, der mit so hinreissender Anschaulichkeit und so unvergleichlicher Treue alle Schrecken und Reize des Ozeans schildert, und nicht der gestaltenschaffende Naturbeobachter geworden, der das Stürmekap im Riesen Adamastor so machtvoll verkörperte. Sein Heldengedicht wäre nicht das vom individuellen Charakter des Autors durchdrungene, maritime Epos, das es heute ist. Mit Storck bin ich der Ansicht, dass erst 1553 auf dem Ozeane, gerade nach den gemüterschütternden Eindrücken der letzten wilden Jahre, während der sechs langen, einsamen Monate der Orientfahrt, der Plan entstand und reifte, die Entdeckung des Seeweges als bedeutsamste Lusitanenthat zum einigenden Mittelpunkt des Epos zu machen. Der allgemeinere Gedanke hingegen, die Nationalgeschichte überhaupt zu einer Epopöe auszugestalten und Herold seines Volks zu sein, »*pregão do ninho meu paterno*«, war viel älter, und hatte den seiner Kraft früh bewussten Dichter unbedingt schon in der Jugend gepackt. Lag doch der Wunsch, die von den Portugiesen vollbrachten Heldenthaten gefeiert zu sehen, seit lange in der Luft. Wies doch der besonders seit 1537 zu Coïmbra eifrigst gepflogene Umgang mit Ilias und Odyssee, Aeneis, Pharsalia und Argonautica, der zur Abfassung lateinischer Epen führte (s. § 145), gebieterisch auf diese höchste Preisaufgabe des Dichters hin. Hegten doch alle *Quinhentistas,* zunächst und besonders Miranda, Ferreira, Bernardes, Montemór und dazu João de Barros (s. u. § 145) das gleiche Verlangen, ein portug. *Virgil* oder *Homer* möchte erstehen. Sich selber aberkannten sie jedoch, in gerechter Einsicht, die dazu nötige Phantasie und Schöpferkraft, und blieben bei ihren bukolischen Vorstudien und kleinen Heiligenepen stehen. Ob nun, wie wiederum Storck in höchst ansprechender Weise darthut, jener Wunsch in Camões zum festen Entschlusse ward gerade als er, nach beendetem Studium, auf dem Marsche von Coïmbra nach Lissabon, im herrlichen Pantheon des zweiten burgundischen Herrscherhauses rastete und, nahe dem Schlachtfelde von Aljubarrota, am Grabe Heinrichs des Seefahrers und des Siegers von Ceuta kniete, oder

anderwärts, vielleicht im stillen Kämmerlein bei seinen Geschichtsstudien, schon in der Vaterstadt, wo in Santa Cruz die ersten Gründer des Reiches ruhen und der »Liebesquell« die *Ines*-Legende lebendig erhält, — gewiss ist, dass bereits in Lissabon, etwa 1544, der Heldensang ihn beschäftigte. Gleich in seinem ersten Idyll, das ohne Zweifel absichtlich eine schlichte Erzählung in Oktaven ist, in denen er die Feder übt, verheisst er den historischen Sang[1]. Und im zweiten Hirtengedicht, das er der Geliebten (etwa 1546) weiht, nennt er sich schon freudetrunken den »neuen Virgil«, und erfleht Kalliope's Schutz für sein rauhes, sein ewiges Lied[2]. Was er damals schrieb, waren vermutlich historische Gesänge, denn nur ein historisches Gedicht dachte er zu gestalten. Er wird das herrliche Schlachtgemälde von *Aljubarrota*, die fälschlich »Episode« genannte *Ines-de-Castro*-Erzählung verfasst, die Schlacht am Salado mit der Fürbitte der Königin Maria beim Vater für den Gatten, möglicherweise die vollständigen Bücher der Könige (*Canto* III und IV) ausgearbeitet haben, doch werden dieselben später, um sich harmonisch dem nach verändertem Plan ausgeführten Ganzen einzufügen, unbedingt sehr starke Umgestaltungen erfahren haben (meine ich). Solch Meisterwerk entspringt nicht fertig dem Hirne seines Schöpfers: die Kunst mit wenig Strichen so künstlerisch vollendete Gemälde zu zeichnen, den Charakter seiner Figuren und den Geist ihrer Thaten in zwei Zeilen zu bannen, erlernt man nicht beim ersten Versuch. Das begeisternde Hochgefühl, das den jungen Dichter ohne Zweifel bei seiner Arbeit, im Bewusstsein seines *»engenho novo e ardente«*. ergriff, die damals überschäumende Kraft hat ihm sicherlich viel weniger massvolle und abgeklärte Darstellungen eingegeben. Sein wundervolles Gedächtnis wird ihn zur Überladung mit unnötiger Gelehrsamkeit und zur übermässigen Verwertung poetischer Latinismen und Gräcismen verleitet, und der erstrebte *»estylo grandiloquo«*, die *»voz altisona«* und die *»furia grande e sonorosa«*, die der Epiker braucht wenn seine *»tuba canora e bellicosa«* dröhnend erklingen soll, wird ihn zu stilistischen Übertreibungen hingerissen haben. Ja, daran, dass es den ersten epischen Versuchen gegenüber an Epigrammen missgünstiger Neider und an teils gehässiger, teils redlicher Kritik von Seiten der korrekten hofmännischen Dichter nicht gefehlt hat, die auf Camões das aristotelische Wort vom Genius anwendeten — *quadam mixtura dementiae* —, zweifle ich nicht (S. p. 316 Anm. 2). Verstummte ihre Stimme doch keineswegs ganz, als 20 Jahre später das vollendete Meisterwerk erschien! (S. u.) Die Kritiker irren also, welche behaupten, das Epos sei in Indien begonnen und vollendet worden; und Faria-e-Sousa, dessen Ansichten über diesen Punkt oft gewechselt haben, belügt sich selbst (zweckbewusst), sowohl wenn er von einer plötzlichen Inspiration in Indien fabelt[3], als wenn er versichert, Camões habe die ganzen ersten sechs Gesänge noch in Portugal beendet. Auch Juromenha's Vermutung, gerade der erste Gesang wäre schon in Portugal fertig gewesen, trifft nicht zu; und noch viel weniger Braga's Versicherung, derselbe sei 1552/3 im Lissabonner Gefängnis entstanden, unter dem Eindrucke, den die Lektüre von Barros' *Asia* auf Camões gemacht hatte[4]. Der erste Gesang gerade entstand bestimmt später im Orient (am *Ras-ef-Fil?*), gleichviel ob Camões die erste Dekade, deren viertes Buch die Fahrt Vasco da Gama's berichtet, im Kerker las, wie nicht unglaublich ist[5], oder erst auf der Seereise, wie ich für

[1] S. Idyll V *A quem darei queixumes namorados* Z. 7—40.

[2] Idyll VI *Cantando por um valle docemente* Z. 14—19; 14—32 und 332—338. Vgl. Storck, *Leben* § 161 und 170—172.

[3] Vgl. Storck, *Leben* § 222.

[4] Auch der Gedanke, die Eingangsstrophen seien gleich damals gedichtet worden, und zwar für den Kronprinzen (D. João), ist unberechtigt.

[5] Die erste Dekade erschien tatsächlich am 28. Juni 1552, 16 Tage nachdem Camões

glaublicher halte. Ein Kenner vaterländischer Geschichte war der mit reichem, allgemeinen humanistischen Wissen ausgerüstete Dichter schon damals und es ist sehr möglich, dass er sich auch mit den indischen Ereignissen bereits in der Heimat vertraut gemacht hatte (aus Castanheda's 1551 gedruckter »*Historia do Descobrimento*«, aus den »*Lendas*« des Gaspar Correia und aus anderen handschriftlichen Berichten); und dass er Barros mit Eifer las, ist einfach selbstverständlich; doch erweiterte und vertiefte er die aus Büchern gewonnenen Kenntnisse über die Geschichte, Geographie und Ethnographie Indiens unbedingt systematisch erst an Ort und Stelle, indem er Land und Leute, die portug. Conquistadoren, sowie die besiegten Völker in Krieg und Frieden beobachtete, und zu Goa im Archiv der Vicekönige forschte. Mit langer Geduld, hartnäckiger Arbeit und heller Selbstkritik, *limae labor et mora* nicht scheuend, führte er in 15 Jahren den einfachen, lichtvollen und schöpferischen Grundgedanken durch, den er der Meerfahrt dankte. Der grösste Teil der Lusiaden entstand also, meiner Ansicht nach, während der indischen Periode, teils in Goa, teils am Kap Guardafui, besonders aber in der Musse zu Macau, und abermals zu Goa. — Die Straf- oder Verbannungszeit erhielt auf diese Weise einen heiligenden Zweck und einen versöhnenden Inhalt, der den oft noch leidenschaftlich ergrimmenden Dichter über alle eigenen Irrungen und über alle Zweifel am Vaterland und an der portug. Nation immer wieder hinforthob. Erst als sein Werk, das er somit ein Vierteljahrhundert durch Länder und Meere getragen, in Kerker und Verbannung gefördert, und aus den Wogen gerettet hatte, so gut wie vollendet dalag, litt es ihn nicht länger der Heimat fern. Der Wunsch, das so oft schon gefährdete Werk seines Lebens durch Drucklegung vor Untergang zu bewahren; dem König und dem Volke der Portugiesen sein Lied zu weihen, als unwiderleglichen Beweis heisser Liebe; und seinem viel geschmähten, oft in den Staub gezogenen, den Qualen der Verleumdung und den schlimmeren Bitternissen gerechter Anklagen ausgesetzten Namen Camões wieder zu Ehren zu bringen, und auf ewig mit dem der *patria* zu vereinen, trieb ihn nach Hause. — In Moçambique feilte er nur noch an Einzelheiten. 1570 erhielt er, durch Vermittelung des edlen D. Manoel de Portugal, die Erlaubnis, sein Gedicht König Sebastian zu widmen. Da erst wird er die letzten, melancholischen, ob auch immer noch stolzen Schlussstanzen, geschrieben haben. Vor Juli 1572 begann der Hochgesang vom Mut und von der Treue der Portugiesen seine Runde durch die Welt. —

139. Seinen epischen Stil hatte Camões nach Virgil gebildet, dessen würdevolle Eleganz und Klarheit ihm, wie allen Portugiesen von heute und gestern, erstrebenswerter erschien als der nicht nachzuahmende urkräftige Zauber der altgriechischen Epen. Gar manches Gleichnis und manche Phrase ist dem Mantuaner einfach entnommen. Das metrische Gebilde erborgte Camões von Ariosto. Und eine vorzüglichere Strophe als die *octava rima* wäre für die südromanischen Lateiner auch nicht zu finden gewesen. Alles Übrige ist des Dichters eigenstes Werk. Die Grundidee der Lusiaden ist neu. Niemand vor noch nach Camões hat es gewagt, Volk und Vaterland, d. h. eine ganze Nation zum epischen Helden zu machen. Denn Vasco da Gama ist zwar der Führer des heroischen Unternehmens, das den Mittelpunkt der Handlung bildet, aber keineswegs der Held, wie etwa Aeneas (obwohl er sogar vom Dichter selbst mit diesem verglichen wird I, 12) oder gar wie Odysseus und Achilles. Held des Epos sind die Lusiaden, wie der Titel »*Os Lusiadas*«[1] und die beiden Eingangsstrophen es aussprechen, und das ganze

seine Untat begangen; und die zweite folgte am 24. März 1553, trotz Storck's Gegenbehauptung (in § 203), deren Ursprung und Quell mir unbekannt ist.

[1] Soweit ich sehe, war Camões der erste, welcher für Lusus-Abkömmlinge, aus den epischen Versuchen der Neu-Lateiner statt der in allen gelehrten Prosaschriften

Epos es bezeugt. Ich singe: *as armas e os barões* (im *Plural*) und nicht: *arma virumque cano*. Freiwillig verzichtete der Dichter auf die Kunst, den Leser für eines einzelnen Menschen Charakter und Schicksal zu erwärmen, und seine Komposition ist demgemäss gänzlich verschieden von allen vorbestehenden Epen. Geschichte, d. h. Wahrheit wollte er singen, nicht fabulieren, wie er wieder und wieder betont hat[1]. Gleichwie alle Naturerscheinungen, die er schildert, durch höchste Genauigkeit glänzen (was Humboldt bestätigt) so hat er sich auch an den Thatsachen, die er erzählt, nicht die leiseste ästhetisierende zweckvolle Abweichung gestattet, noch seiner Phantasie erlaubt, seine Personen zu Heroen zu idealisieren, oder frei erfundene Menschengestalten zu den historischen Schaaren hinzuzufügen, die er heraufbeschwört, und denen er allen von seinem Herzblut zu trinken giebt. Schatten sind sie und bleiben sie trotzdem für alle diejenigen, denen Portugal Hekuba ist, aber auch nur diesen[2]. Jeder gebildete Portugiese (oder Portugiesenfreund) wird elektrisiert von dem heissen patriotischen Mitempfinden, kraft dessen der Dichter auch die historischen Partien seines Werkes mit Poesie geradezu gesättigt hat. Damit aber, was durch solche absichtliche Gebundenheit leichtlich dichterisch eingekleidete Geschichte geblieben wäre, ja in Reimchronik hätte ausarten können, zu wahrer Dichtung heranwüchse, erfand Camões, als echter Sohn seiner Zeit und enthusiastischer Bewunderer der antiken Mythologie, aus der er auch für seine Lyrik Kleinodien und Zierrat mit vollen Händen griff, die das Ganze umrankende Göttermaschinerie, an deren Ausmalung die sonst zurückgedrängte Phantasie sich gütlich thut. Neben die Realgestalten der Portugiesen stellt er eine Schaar göttlicher Wesen und symbolischer Figuren. Meist sind es, wie die ersteren, Männer. Damit aber das sonst gänzlich fehlende weibliche Element seinen unentbehrlichen Zauber in einer den verliebten Portugiesen genehmen Weise entfalten könnte, musste die Mutter der Liebe selbst in berückendster Schöne auftreten, in der Rolle einer Beschützerin und Belehrerin, Erhalterin und Fortpflanzerin der portug. Helden. — Neben Venus ist Mars der Helfer und Freund der Lusitanier, Bacchus aber ihr grimmer Feind, der Lug und Trug gegen sie sinnt und spinnt. Und was hätte der nach Wahrheit dürstende Dichter Passenderes und Poetischeres erfinden sollen als diese der Wirklichkeit entsprechenden allegorisch-symbo-

---

seit mindestens 1481 üblichen Form *Lusitanos* das präzisierende Patronymikum *Lusíadas* in die Vulgärsprache hinübernahm (s. ob. p. 277). Jene hatten es (natürlich nicht ohne Hinblick auf die *Scipiadas* der *Aeneis* VI 843, und Ähnliches) vom Landesnamen *Lysa*, *Lysia*, d. h. von der verkürzten poetischen Nebenform zu *Lusitania* gebildet (die ich schon bei Aires Barbosa finde), und zwar weil *Lūsĭădās* wohlklingender ist und besser in den Hexameter passt. Zuerst bestand neben *Lusiadae Lysiadae* auch *Lusiades Lysiades* (Gen. Pl. stets *Lusiadum*), bald aber ward die erste Form die vorherrschende. Ich finde sie bei Jorge Coelho (1535) und bei André de Resende (vor 1534), und später sehr häufig. Dass schon Aires Barbosa († 1530) sie angewendet hat, ist wahrscheinlich, doch finde ich kein Beispiel in den mir bekannten (1536 mit der *Antimoria* gedruckten) Poesien. Aus dem, allen Laien ungewohnten masc. pl. »*Os Lusíadas*«, entstand frühe, im Gedanken an die *Iliade*, die schiefe Bezeichnung »*A Lusíada*« (deutsch: die Lusiade, und sogar: die Luisiade!) Nicht erst Faria-e-Sousa, schon Correia und Pedro de Mariz bedienten sich ihrer, ohne Skrupel. Auch das ganz verwerfliche: »*As Lusíadas*« ist nicht ohne Beispiel. Der Titel *Elusiadas*, der sich im *Cancioneiro Luis Franco* findet, weist auf die im letzten Viertel des 16. Jhs. kursierenden ethnographischen Märchen über *Lusus-Elysa* als den Gründer von *Lys-boa*, das in den *campos elysios* liegen und später von *U-lys-ses* nur umgebaut sein sollte.

[1] S. z. B. *Lus.* I 9: »Ich singe nicht: *vãs façanhas, Phantasticas, fingidas, mentirosas*, denn: »*as verdadeiras vossas são tamanhas que excedem as sonhadas, fabulosas*«, sowie V 88 und 89 „*A verdade que eu conto nua e pura Vence toda a grandilocua escriptura* und ferner: »*e tudo sem mentir puras verdades*«.

[2] Zu diesen »Gleichgültigen« gehören manche der Schriftsteller, welche ihre Meinung über die 100 besten Bücher abgegeben haben. Einer darunter gedenkt sogar mit Abneigung des »langweiligen« Camões.

lischen Figuren? — Neptun und Thetis, die Beherrscher des Ozeans, zeigen sich den Seefahrern anfangs feindlich, werden aber so gänzlich überwunden, dass schliesslich auf der Insel der Liebe die Vermählung Portugals mit dem Meere begangen wird. Merkur als Bote ist eine neutrale Figur, wie die übrigen im Rathe der Olympier auftretenden Götter. — Diese Hereinziehung heidnischer Mythologie in das christliche und historische Epos, und besonders gewisse Einzelnheiten: dass die Götter anfangs dem Wissen, Wollen und Wirken der Portugiesen fern bleiben, und hernach auf der Liebesinsel doch in persönlichsten Verkehr mit ihnen treten; dass Bacchus, der alle möglichen Gestalten annimmt, als christlicher Priester am Zauberaltar fungiert; dass Gama zu Gott-Vater betet und Venus ihn erhört; dass Thetis an sich selbst poetischen Selbstmord begeht, indem sie sich (und alle Olympier) für eitel Lug erklärt (IX, 89 und X, 82), hat der Kritik, seit Schlegel, viel Ärgernis bereitet, obwohl sie schliesslich zugiebt (wie auch ich thue), dass sie die klassische Schönheit der Götterversammlung, die raphaelisch gezeichnete Fürbitte der Venus, die Botschaft Merkurs und die Jagd der Nymphen nicht missen möchte und auch nichts Besseres an ihre Stelle zu setzen wüsste.

140. Die zehn Gesänge der Epopöe — 1102 achtzeilige Stanzen, also 8816 Hendekasyllaben, mit fast durchgängig weiblichen Reimen — zerfallen in fünf Gruppen von je zwei Gesängen. Die Handlung, d. h. die Fahrt Gama's von der Südspitze Afrikas nach Mombaça und Melinde bis Calicut, und rückwärts zur Heimat durch den grossen Ozean, wo das Zaubereiland ihn aufnimmt, zieht sich dramatisch belebt eben durch das göttlich-phantastische Beiwerk, durch die erste, dritte und fünfte Gruppe ohne sie ganz zu füllen (auch vom siebenten Gesange nimmt sie noch ein Stück in Anspruch). Die dazwischen liegende zweite und vierte Gruppe enthält, ohne alle übernatürliche Einmischung, das in drei bis fünf Teile zerlegte Gesamtgemälde portug. Geschichte, von Lusus bis Vasco da Gama: a) Dem König von Melinde erzählt Vasco auf die übliche epische Frage: »Wer bist Du? von wannen kommst Du?« die Geschichte der Nation von *Affonso Henriques* bis zur Stunde seiner Ankunft, also auch noch den ersten Teil seiner Fahrt (*Canto* III und IV, und noch V bis Str. 85); b) Dem Samorim von Calicut deutet Paulo da Gama die Bilder der portug. Feldzeichen, und holt dabei im Buch der Helden (*Canto* VIII) nach, was sich von opferfrohen Portugiesen melden lässt, die den Ruhm des lusitanischen Namens mehrten (abermals von Lusus herauf bis zu den Afrika-Streitern); c) Dem Gama selbst zeigt und singt in prophetischer Vorschau eine vom Seegreis Proteus unterwiesene Nymphe (*Canto* IX und X) die Geschicke Indiens, und entwirft ihm, mit Zuhilfenahme eines Zauber-Weltenglobus nach ptolemäischem System, ein Bild der afrikanischen und asiatischen Völker und Regionen, über welche die portug. Herrschaft sich bis 1560 erstrecken würde; d) Prophetisch verkündet auch der Riese Adamastor den tragischsten aller Schiffbrüche, welche Südafrika gesehen (*naufragio de Sepúlveda, Canto* V); e) Die halb sagenhafte, halb historische Geschichte der »Zwölf von England« wird ferner als Märchen auf dem wogenden Schiffe von einem redegewandten Zeitgenossen erzählt (VI, 48), die lange Fahrt dem Leser anmutig zu verkürzen[1]. Zwischendurch, zu Anfang und zu Ende der Gesänge, aber auch mittendrinn, unterbricht sich der Dichter bisweilen und ruft *Kalliope* oder die Musen insgesamt, oder auch die portug. Frauenwelt an, damit sie ihn von Neuem mit Begeisterung füllen; oder er verwebt Fäden aus seiner eigenen Odyssee — wie den Schiffbruch am Mekong und die ungerechte Amtsentsetzung — in das Gesamtgewebe;

[1] S. darüber Braga, *Hist. Cam.* II p. 431.

und die Herzenslaute verhaltener Klage, die gerade in solchen Zwischenstrophen erklingen, sowie die loyalen, doch furchtlosen Anrufe an König und Volk, erhöhen den ergreifenden Schwung der Dichtung, zu deren Durchführung vor allem »Seelenstärke« gehörte.

141. Die geistliche Censurbehörde, in deren Namen der kluge Dominikaner Fray Bartholomeu Ferreira sprach, fand an den Lusiaden nichts Anstössiges noch dem Glauben und den guten Sitten Zuwiderhandelndes.[1] Sie sind also unverstümmelt auf uns gekommen: die Strophen, in denen der Dichter erklärt, die heidnischen Götter seien Dichterfiktionen, sind kein erzwungener Zusatz: und der Text der ersten, vom Dichter besorgten Ausgabe von 1572 muss als *Standard*-Text dienen, an dem man nur die (nicht wenigen) Druckfehler zu berichtigen hat, nebst einigen Stellen, die, weil verstümmelt, Anlass zu kritischen Erörterungen über ihren Wortlaut und Sinn gegeben haben[2]. Ein Autograph, wonach das geschehen könnte, existiert nicht. Auch alte Abschriften fehlen, die etwa abweichende Textgestaltungen enthielten. Solche ursprünglichere, später verworfene Redaktionen einzelner Strophen oder grösserer Abschnitte (die unbedingt existiert haben müssen, und die ebenso unbedingt, nach Ansicht des Dichters, das Schlechtere bedeuteten) hat Camões höchstwahrscheinlich vernichtet, sobald das Bessere geschaffen war. Nur vom ersten Gesange bietet der zwischen 1557 und 89 hergestellte *Cancioneiro Luis Franco* eine Kopie mit eigenartigen Varianten. Zwei weitere Handschriften entdeckte Faria-e-Sousa 1638, und holte daraus 70 Plus-Strophen (nebst 11 bemerkenswerten Lesarten) die er sämtlich für alte, vom Dichter verworfene *Estancias omittidas* erklärte[3]. Andere haben darin nach 1572 gefertigte Zusätze erkennen wollen, in falscher Deutung der Thatsache, dass Camões im Epos (und sicher ausführlicher und klarer in dem sein Werk geleitenden Bittgesuch) König Sebastian versprochen hatte, Zusätze zu den Lusiaden zu liefern, falls Jener liedeswürdige Thaten (in Afrika) vollbrächte[4]. — Ich bin der von Storck verfochtenen Ansicht, dass sie plumpe Fälschungen des Faria-e-Sousa sind. Was man vermutlich vor 1553 an den ersten Entwürfen und Teilstücken der Lusiadas tadelte, warf man auch dem vollendeten Werke noch vor: die Kühnheit der durch 117 Neologismen bereicherten Sprache und die Überladung mit klassischem Wissen. Dazu fand man hie und da das Urteil des Camões

[1] Vgl. über den Censor *Circ. Camoniano* I p. 213—225. 253—60 und 364—372, woselbst Sousa Viterbo sorgsamst Notizen über seine Thätigkeit zusammengetragen hat.

[2] Neben dieser, recht flüchtig gedruckten *Editio Princeps* von 1572 (in deren Titelblatt der Pelikan nach rechts gewendet ist), steht eine, allem Anschein nach gefälschte, gleichen Datums (mit nach links gewandtem Pelikan). Sie weicht auch sonst im Einzelnen ab, trotz des sichtlichen Bestrebens treu nachzuahmen und ist eine Buchhändler-Spekulation, die im besten Falle unternommen ward, um (1582), bei Anlass der Privileg-Erneuerung, der gefürchteten, immer engherziger werdenden Censur, auszuweichen. Diese liess denn auch 1584 das Poem verunstalten, durch die Hand desselben Censors, der sie 1572 approbiert hatte. 1591 und 97 erschienen Wiederabdrücke; 1589 parodierten drei übermütige Jesuitenzöglinge den ersten Gesang *(vertido de humano em o de-vinho)*; 1613 ward der brauchbare, doch philiströse Kommentar des gelehrten Manoel Correa gedruckt (reprod. 1720); 1621 soll ein anderer Manoel Correa (Montenegro) es gewagt haben, das Epos stilistisch umzuarbeiten, und z. B. alle *sdruccioli* auszumärzen, doch blieb sein *opus* ungedruckt; 1631 schrieb Franco Barreto Inhaltsangaben der Gesänge in Oktaven; 1639 kam die grosse, spanisch kommentierte, textfeilende Ausgabe des Faria-e-Sousa heraus, die 2 Jhe. lang die beliebteste blieb, und nach der sehr viele Neudrucke besorgt wurden. Heute existieren beinahe 100 verschiedene Drucke. Übersetzt ward das ganze Epos 45 Mal in 13 europäische Sprachen. Deutsch: von Heyse 1806, Kuhn und Winkler 1807, Donner 1833, Booch-Arkossy 1857, Eitner 1869, Wollheim da Fonseca 1880, Storck 1883, v. Belzig 1886.

[3] S. Storck § 22.

[4] S. *Circulo Camoniano* I p. 72—78: Dr. João Teixeira Soares, *As estancias omittidas na Epopeia de Camões*. Braga stimmt ihm bei in: *Camões e o Sentimento nacional* p. 104—108.

über gewisse Helden ungerecht. Wahr ist, dass die Lusiaden kein der grossen Masse zugängliches Buch sind; und was man über seine Popularität berichtet, ist Fabel. Für die portug. Sprache aber hat es Unendliches gethan. Zu klassischer Schönheit hat erst Camões die portug. Dichtersprache herangebildet.

142. Die Lyrik des Camões. Auch seine lyrischen Gedichte gedachte Camões herauszugeben. Nachdem er sein »rauhes Lied« beendet hatte, sammelte, ordnete, sichtete, überarbeitete und kopierte er dieselben 1567 bis 1569, in der zweijährigen von Krankheit und Elend zerrissenen Jammerzeit in Moçambique (so ich die Aussagen des Geschichtsschreibers Couto richtig deute[1]). Die losen Liederblätter, die er in Coïmbra in der schönen Zeit der jungen Liebe geschrieben, und dann beim Abschied von der trauten Musenstadt; in Lissabon während der reichen Jahre ungebändigten Wagemuts, stolzen Wollens und schweren Fehlens; im Ribatejo als Verwiesener, Heimweh- und Liebeskranker; in Afrika als mannhaft sühnender und hoffnungsvoll in die Zukunft blickender Kämpfer; und abermals in Lissabon in der tollen und verhängnisvollen Epoche trotziger Auflehnung gegen Sitte und Gesetz, zum Teil im Gefängnis, im Schmerzgefühl eigener Verschuldung; auf dem Ozean; in Indien; am Kap Guardafui; auf den Molukken; am Mekong — und wo sonst immer er seinem übervollen, so masslos leicht erregten Herzen Luft gemacht hat in Liebe, Hass, Unmut, Zweifel, Eifersucht, Reue, Empörung und Ergebung, in Heimweh und Melancholie, sein Papier oft genug mit Thränen netzend, die um so rührender sind, weil sie aus »schwesterlosem« Auge über das wettergebräunte Gesicht eines alten Seemanns und Soldaten rinnen — er wollte sie uns überliefern. Vermutlich sollten sie, die bislang nur handschriftlich an Freunde und Liebhaber der Dichtkunst gekommen waren[2], nach den Lusiaden, in der Hauptstadt erscheinen, unter dem schönen und damals neuen Titel »*Parnasso de Luis de Camões*«[3]. Dieser Parnass aber kam ihm thatsächlich abhanden, »durch notorischen Diebstahl«, wie Couto behauptet! Man ist gezwungen anzunehmen, dass schändlicher Neider frevelnde Hand den kostbaren Schatz spurlos vernichtete. Und das ist wahrlich der Schmach und des Verlustes genug für die portug. Litteratur. Dass der ehrlose Räuber jedoch das gestohlene, umfangreiche Werk erst kopiert, oder die Beute, d. h. die Original-Blätter an eine ganze Bande kundiger, aber eifersüchtiger Dichter verteilt habe, die, nach dem Tode des Autors, seine Lieder als ihr eigenstes Werk publiziert hätten, scheint mir eine einfältige Vermutung. Dennoch hat man dies von Faria-e-Sousa in Umlauf gesetzte Gerücht über Massen-Plagiate ziemlich anstandslos verbreitet[4]. — Ein autographes Gesamt- oder Teil-Manuskript des

[1] S. *Decada* VIII und vgl. Storck § 349.

[2] Nur eine *ad hoc* gemachte Gelegenheitsode an den Vicekönig von Indien (Conde de Redondo, einen feinsinnigen Beschützer des Dichters) zum Preise des Dr. Garcia da Orta und seines Prosawerkes »*Colloquios dos Simplices e Drogas*« war mit diesem Werke 1563 zu Goa gedruckt worden. Ein Sonett »*Ditosa penna*« an den Kalligraphen Manoel Barata erschien 1572 mit dessen »*Polygraphia*«. Eine Elegie an D. Leoniz Pereira zur Empfehlung der »*Historia de Santa Cruz*« von Pedro de Magalhães Gandavo, mitsamt dem Sonette »*Vós Nymphas da Gangetica espessura*« folgte 1576. Dabei blieb es.

[3] Braga nimmt für gewiss an, der Dichter hätte in seinen *Parnasso* nur Dichtungen nach klassisch-italienischer Manier, also in 5füssigen Jamben aufgenommen, die Lieder aber sicherlich einem besonderen *Cancioneiro* einverleibt. Vgl. z. B. »*Bibl. da Actualidade*« Bd. 4 p. 207. Durchaus willkürlich! Kein einziger analoger Fall berechtigt zu dieser Vermutung. Auch nicht ein Quinhentista verfuhr also, und schloss seine peninsularen Gedichte aus seinen Werken aus. Vielmehr begriff Montemór gerade in seinen *Cancionero* auch die ital. Weisen ein, nach dem Vorbild des span. *Cancionero General* von 1537, dem sich alle späteren Drucker (1557) sowie die hs. Liederbücher anschlossen. Man thut also gut, jene unbegründete Behauptung nicht länger nachzusprechen.

[4] Besonders drei Dichter sind dieses Verbrechens beschuldigt worden: Bernardes, Alvares do Oriente und Rodrigues Lobo, d. h. die Besten, die den kamonianischen

Parnasso ist nicht wieder zum Vorschein gekommen[1] — nur spätere, zum Teil recht schlechte Abschriften einzelner Gedichte in den *Cancioneiros* der Sammler. In gerechtem Unmut über so niedrigen Verrat scheint der Dichter nicht den Versuch gemacht zu haben, aus der Hand der Freunde und Gönner die ihnen im Lauf der Jahre gewidmeten Originale zurückzuerhalten, um abermals an seinen *Rimas* zu feilen, zu sichten und sie herauszugeben. Wir wissen also nicht, welche chronologische, oder sachliche, oder ästhetische Ordnung Camões seinen Gedichten gegeben, welche Auswahl er getroffen, und welche Textgestaltungen er bevorzugt hätte. Erst 15 Jahre nach seinem Tode fing ein wohlmeinender und im Ganzen einsichtiger Dichter und Schüler des Meisters, Fernão Rodrigues Lobo Soropita, an, aus den *livros de mão* der Genossen in Portugal und Indien einen hübschen Band mit 172 *Rimas*[2] zu sammeln, den er dem Stifter der ersten Grabplatte D. Gonçalo Coutinho widmete. Er teilte dieselben nach der äusseren Form in 64 (resp. 65) *Sonetos*, 10 *Canções*; 1 *Sextina*, 5 *Odes*, 3 *Elegias* (nebst 1 *Capitulo*), 3 *Octavas*, 8 *Eglogas* und 72 *Redondilhas*. Nach und nach fügten andere Herausgeber noch sonstige Überreste hinzu: der Buchhändler Estevam Lopes bot im Jahre 1598 weitere 70 Gedichte und 1616 Domingos Fernandes noch 58; 1663 druckte Antonio Craesbeeck de Mello (und nicht erst 1666 Franco Barreto) ein neues Sonett; 1668 veröffentlichte D. Antonio Alvares da Cunha 118 lyrische »*Ineditos*«, von denen eine grosse Schaar aus dem nachgelassenen achtbändigen Manuskripte der kommentierten *Rimas*-Ausgabe des Faria-e-Sousa herzustammen scheint; 1685 wurden davon die ersten 5 Teile gedruckt mit 77 unbekannten Gedichten, während aus den heute verschollenen letzten drei, 1779 nur Bruchstücke (7 *Eglogas*) vom Pater Thomas de Aquino ausgewählt wurden[3]. Die ersten vier verfuhren bei dieser Vermehrung mit Einsicht, guter Absicht und einer gewissen Vorsicht, wenn auch keineswegs ohne zu irren. Faria-e-Sousa aber, dessen Spuren, wie gesagt, Alvares da Cunha folgte, griff in blinder Anbetung seines Dichters, neben dem er keine Grössen duldete, ganz unkritisch eine Masse fremder, nur z. T. anonymer Werke aus Handschriften und Drucken heraus, die ihm dieser Ehre wert und würdig schienen, und schwärzte sie in die kamonianischen *Rimas* ein. Und

Stil am vollkommensten nachgeahmt haben. Natürlich geschah das erst, seit 1685 die bezügliche Meinung des Faria-e-Sousa bekannt gegeben war. Bernardes hatte seine Verse zwar erst 1594 und 96, als er schon recht altersschwach war, veröffentlicht, doch waren sie allen Kollegen längst bekannt, und konnten daher Überraschungen nicht mehr bieten. Die übrigen Angeklagten haben ihre Werke nicht selber herausgegeben, so dass die entschuldigende Erklärung angenommen ward, Gedichte von Camões seien »zufällig« unter ihre Manuskripte geraten. Die Materialien zu diesem Prozesse stehen im Kommentar des Faria-e-Sousa; in der Camões-Ausgabe des Pater J. Thomas de Aquino (1779), in den Arbeiten von Juromenha und Braga, bei Storck, und in meinen Camões-Opuskeln (*Ztschr.* und *Revista da Sociedade de Instrucção* und *Circulo Camoniano*). Eine zusammenhängende Darstellung begleitet den Zusatzband zu meiner Übersetzung von Storck's *Camoens Leben*.

[1] Wo die Herausgeber, statt einfach von *livros de mão*, von *originaes* reden, meinen sie stets doch nur die »handschriftlichen Vorlagen«, die zur Drucklegung gedient haben. Nur einer von ihnen, D. Antonio Alvares da Cunha erklärte 1668 ausdrücklich, unter den verschiedenen Codices, die er benutzt, seien viele *da letra do mesmo Autor* gewesen, und erwähnt im Speziellen eines, aus d. J. 1568, das er durch Güte des Erzbischofs D. Rodrigo da Cunha erhalten habe. Das Gedicht, welches er daraus bietet (Elegia XX: *Saiam desta alma*) ist aber, allem Anschein nach, gar nicht von Camões, sondern von Alvares do Oriente!

[2] Ein fremdes Sonett (von *Quevedo de Castellobranco*) und drei fremde Lieder (aus dem *Canc. de Res.*) mischte schon dieser Herausgeber unter das echte Hab und Gut.

[3] Genaueres über den Inhalt jeder einzelnen der erweiterten Ausgaben bieten Adamson II 279 und 291; Juromenha V 415 und ff.; Braga I 221; Storck und C. M. de Vasconcellos in Zschr. V—VIII; und Braga danach noch einmal in *Camões e o Sentimento Nacional*. Nirgends ward jedoch bis heute Fehlerloses und Vollständiges gesagt.

leider wirkte sein böses Beispiel ansteckend. Noch 1860 vergrösserte Juromenha jene um 96 Stücke; 1873 wurden von Braga weitere 7 Neuheiten geboten, und 1880 von ebendemselben abermals 42. Dazu trug Storck 2 Sonette nach (1880), und Thomas Fernandes Pippa erklärt seit 1890, in einem aus Holland gekommenen Codex 27 neue Kompositionen mit dem Namen des Dichters entdeckt zu haben, von denen 2, vielleicht wirklich echte, probeweise 1890 im *Circulo Camoniano* gedruckt wurden[1]. Faria-e-Sousa hatte zweckbewusst, und daher mit einem gewissen Takte und Geschick vorwiegend solche Poesien ausgewählt, die zur *Vita* und zum Charakterbilde des Dichters ungefähr passen[2], und reinigte und feilte an den schlechteren Stücken mit so souverainer Willkür, dass er meistenteils an und für sich annehmbare Stücke bietet. Juromenha und Braga aber sind zu ehrlich um so zu handeln; sie gehen plan- und wahllos ohne jede Kritik zu Werke und drucken, ohne die Stirn zu runzeln, selbst arg verstümmelte Produkte ab, die allen Musen und der Grammatik wie der Logik hohnsprechen, in dem guten Glauben den verlorenen *Parnasso* wieder aufzubauen, durch die wachsende Masse der Publikationen des Dichters sein Leben noch farbenreicher zu gestalten, und seinen Ruhm zu erhöhen, während doch das Gegenteil der Fall ist. Die *vita* und das Charakterbild wird verfälscht, wenn aus den unechten Stücken Belegstellen gezogen werden, und der einsichtige Leser schreckt vor gewissen Karikaturen kamonianischer Dichtungen zurück, die man ihm als eitel Schönheit vorführt.

Von den 649 Gedichten, die man Camões überhaupt zugesprochen hat (die 27 ungedruckten nicht einbegriffen) druckt man meist in seinen Werken 598, und Storck übersetzte ebensoviel[3]. Davon aber sind mehr als 150 (genau 166) unglaubwürdige Apokryphen,[4] d. h. jedes vierte Gedicht ist unecht! Manche darunter, besonders die ganz herrlichen Idyllen und Sonette des Diogo Bernardes, und der religiöse Sonettenzyklus des Infanten D. Luis, sind des Camões durchaus würdig. Die meisten sind Mittelwaare. Und wieder andere sind, wie schon gesagt, in ihrem heutigen Zustand, wertloser Ballast. Ein Reinigungsprozess muss daher mit der kamonianischen Lyrik vorgenommen werden, so schwierig und heikel die Aufgabe auch ist. Das Unechte ist auszuscheiden; auch das Echte hie und da noch zu berichtigen und zu klären. Die übliche Ordnung ist aufzuheben, denn sie kommt der schlimmsten Un-

---

[1] Über die Apokryphen äussert Braga sich in den *Quinhentistas* p. 291 310; *Hist. de Cam.* II p. 32; in der Einleitung zum Parnasso, (1880) und *C. e o Sentimento Nacional.* Noch heute glaubt er an die Unehrlichkeit des Bernardes und ist auch von der Unschuld der übrigen Dichter nicht überzeugt.

[2] »*Doy todo lo que he hallado con sombra de suyo* . . . oder *con luz de suyo*«, bekennt er selber.

[3] Es sind 356 Sonette; 23 Kanzonen; 15 Idyllen; 27 Elegien; 6 Sextinen, 12 Oden, 8 Oktaven und 153 Redondilhas wozu 2 fremde an Camões gerichtete Dichtungen kommen.

[4] Von diesen 150 Apokryphen gehören 40 Dichtungen dem Bernardes: nächst dem religiösen Epos über die heilige Ursula, noch 5 Idyllen, 2 Elegien, 21 Sonette und 11 Redondilhas. Mit je 1 bis 13 Poesien sind ferner vertreten: Garci Sanchez de Badajoz, Resende, Garcilaso, Mendoza, Figueroa, Miranda, Ferreira, Montemór, Quevedo Castellobranco, Falcão de Resende, Brito, Estaço, Rodrigues de Castro, Soropita, Leitão de Andrada, Alvares do Oriente, Galvão, Perestrello, D. Manuel de Portugal, Infante D. Luiz, Martim de Castro, Francisco de Andrade, Mendes, Rodrigues Lobo, Silveira, Veiga, Pereira, Pinhel, Astorga, Cunha, Ataide, Vaz, Duque de Aveiro, Conde de Vimioso, Silva, Bernardo Rodrigues, Jorge Fernardes, Pinheiro und verschiedene Anonymos (mit 29 Stücken). Nur wer einigermassen mit portug. Misch-Liederbüchern vertraut ist, wird darüber nicht staunen, dass Herausgeber in Zweifel über die Zugehörigkeit so vieler Werke sein können. Die (vermutlich allbekannten) Namen der Autoren wurden in allen jenen zum Privatgebrauch bestimmten Poesie-Albums meist gar nicht verzeichnet. »*Soneto*« — »*Outro*« — »*Do Mesmo*« sind die gebräuchlichsten Überschriften.

ordnung gleich: unter den *Eglogas* steht z. B. die späteste, die der Dichter 1555 verfasst hat, an erster Stelle; die älteste hingegen, wird die vierte genannt. Des Dichters Laufbahn ist in Perioden zu zerlegen (Coïmbraner Periode; Lissabonner Hofleben; Verbannung nach dem Ribatejo; Ceuta; Rückkehr nach Lissabon; Seesonette und Meereselegien; indische Periode, mit mehreren Unterabteilungen; letzte Lebensjahre), und innerhalb derselben ist die Chronologie möglichst vollkommen herzustellen, unter Beiseitesetzung der unpersönlichen, rein objektiven Studien (die übrigens zum grössten Teile der ersten Lissabonner Zeit angehören). In Wilhelm Storck's »Kommentar« und »Leben« ist an diesen Aufgaben schon mit Fleiss, Glück und Sorgfalt gearbeitet worden; und dieser thätigste und enthusiastischste aller Camões-Freunde wagt sich vielleicht auch noch an jenes mühsame Werk.

143. Man hat Camões mit den grössten Lyrikern und Epikern Europas verglichen, um ihm eine bestimmte Rangstufe anzuweisen. Als Epiker räumt man ihm ziemlich allgemein, seit die Romantiker ihn verherrlichten und Humboldt seine Bedeutung klargelegt, trotz der unläugbaren Anklänge an Virgil, den ersten Platz unter den Modernen ein, nicht nur weil er der erste war, der eine Nationalepopöe schuf und also das grosse Verdienst der Initiative für sich hat, sondern weil thatsächlich weder sein Nebenbuhler Tasso, der dem *colto e buon Luigi* brüderlich die Hand reichte, noch irgend einer der zahlreichen Nachahmer, ihm gleichkommt, was die glückliche Wahl des Stoffes, den kunstvollen Aufbau, den Adel und Wohllaut der prächtigen Stanzen, die Glut, Tiefe und Gesinnungstüchtigkeit seiner patriotischen Begeisterung anbelangt. Vom Lyriker lernte man zuerst die Sonette kennen[1]. Und als Sonettisten stellte Schlegel ihn neben Petrarca. Diese unvermeidliche Gegenüberstellung beliebt man aber noch heute festzuhalten, nachdem die Verdeutschung der »Sämtlichen Werke« auch den Laien in Stand gesetzt hat, neben dem Epos und den Sonetten, den ganzen Schatz seiner Lyrik, die schlichten Kanzonen, Idyllen und Elegien der Jugend, die ergreifenden der Mannesjahre; die klassischen Oden, die vornehmen Oktaven, und die entzückend graziösen Lieder (und selbst die Dramen) kennen zu lernen. Bald erklärt man dabei den Portugiesen, bald den Italiener für den Grösseren. Meine Ansicht darüber ist folgende: die grosse Masse der Gebildeten wird nach wie vor dem ital. Meister die Palme reichen, der bereits auf 2 Jahrhunderte glorreichster Triumphe herabblickte und Muster und Vorbild für Hunderte von Dichtern geworden war, zur Zeit wo Camões, als einer seiner Schüler, zu dichten begann. Zwar liest sie nicht die 367 (resp. 378) Gedichte Petrarca's, die doch nur einen mässigen Band füllen, und noch viel weniger die 500 echten Poesien des Portugiesen (welche vier Bände ausmachen), aber sie blickt doch dann und wann in den *Canzionere,* und blättert wohl auch einmal in Storck's Verdeutschung. Da genügt dann ein kurzes Verweilen bei Petrarca, die leichte und angenehme Lektüre weniger, nach Belieben herausgegriffener Sonette und Canzonen, und ein Blick auf die stylvolle, im ästhetischen Sinne unvergleichliche Zweiteilung in *Vita* und *Morte di Madonna Laura* (und auf die sorgsame Aussonderung der wenigen andersfarbigen »*Varii*«) um den Eindruck hervorzubringen, dass man es mit einem Kunstwerk aus einem Gusse von klassischer Reinheit zu thun hat. Dank der gewollten strengen Einheitlichkeit, der bewussten Beschränkung des Stoffes, der steten Wiederkehr gleichartiger nur anders nüancierter und subtil entwickelter Augenblicks-Emotionen wird die Illusion vollster Wahrheit, Tiefe und Innerlichkeit seiner Liebe erweckt. Ganz anders steht es mit Camões. Seine Werke sind weder so allgemein

[1] Von Arentsschildt's freie Nachbildungen der Sonette erschienen 1847 u. 1852.

menschlich typische und leichtverständliche, noch so einheitlich beschränkte. Sie bieten nicht abgesonderte Ausschnitte aus seinem Gefühlsleben; die inneren und äusseren Erlebnisse seines vollen Menschenlebens[1] schliessen sie in sich, in dem die Liebe zu *Natercia* zwar auch eine grosse, aber nicht entfernt die ausschliessliche Rolle wie Laura im *Canzoniere* spielt. Die grössere Wahrheit, Fülle, Mannichfaltigkeit und Individualität ist auf Seiten des Camões, der bald als hochpathetischer, patriotischer Sänger, bald als gewandter Kavalier, und witzig tändelnder Höfling, als leichtlebiger Weltmann, als ernster moralischer Kritiker, als verwegener Haudegen und Abenteurer, als zartsinniger Beobachter der Natur, als leidenschaftlich begehrender, innigfühlender, schwermütig klagender Liebhaber, als bissiger Sarkastiker und besonnener Denker auftritt; Tuba wie Flöte gleich gut spielt; und wie die verschiedenartigsten Gefühle, so die verschiedenartigsten Versformen mit grosser Virtuosität handhabt (— 350 Mal in ital., und 150 Mal in peninularer Manier —), es sei in der einfachen Sprache des Herzens, oder in der mit fremdartigem Schmuck d. h. mit den kunstvollen Symbolen der Renaissance ausgestatteten Redeweise der Dichter von Fach. Diese Vielseitigkeit, der bunte Wechsel der Lebenslagen und Stimmungen, die er verwertet hat, ist sein Vorzug, aber auch sein Mangel. Denn erstens ist unter dem vielen Vorzüglichen auch manches Unbedeutende; zweitens fehlt es nicht an Inkonsequenzen und Widersprüchen, so dass man bei so völliger Umwandlung des moralischen Ichs leicht am Dichter irre werden kann; und drittens und hauptsächlichstens muss der Leser, um den tieferen Sinn der Idyllen und so mancher *Redondilhas* zu verstehen und den gewaltigen Schmerz nachzufühlen, der z. B. aus der Lebenskanzone (*Vinde cá*), aus der Heimweh-Elegie (*Aquella que*) und aus dem Zion-Psalme (*Sobolos rios que vão*) spricht (um nur die schönsten drei zu nennen), den ganzen Menschen und sein Schicksal kennen; gerade wie die Lusiaden, wie ich schon aussprach, nur derjenige recht zu würdigen weiss, welcher mit portug. Geschichte und dem Nationalcharakter intim vertraut, und im Stande ist, zu ahnen was jede Strophe, ja jede Zeile z. B. aus dem Buch der Könige an Erinnerungen zu wecken berufen ist. Aus diesem Grunde wird die Schaar der Camõesbewunderer klein bleiben, sehr viel kleiner als die der Petrarcafreunde, selbst wenn erst eine bessere Textgestaltung, nach Entfernung des Unechten — (und damit einer grossen Masse von Mittelgut ganz gewöhnlicher Sonettenschreiber, und z. T. auch der fremdsprachigen Findlinge, die gleichfalls der Einheit und Reinheit der Lyrik empfindlichen Abbruch thun) — nach Gruppierung des Zusammengehörigen, und Aussonderung der geselligen Gelegenheitsgedichte an und über Zeitgenossen, sowie der objektiven Studien über klassische und biblische Gegenstände, den Überblick über das Seelenleben des Dichters und seine innere Entwickelung erleichtert haben wird.

IV. DIE SCHÜLER DES CAMÕES (CAMONISTAS).

a) LYRIKER.

144. Den lyrischen Stil des *Natercia*-Sängers ahmten bereits die jüngeren und langlebigeren unter den *Mirandistas* nach, wie Falcão de Resende, Andrade Caminha, und besonders Bernardes; doch verstehe ich unter *Camonistas* im engeren Sinne eigentlich nur die Gesamtheit der auf die *Mirandistas* folgenden Dichtergeneration (1560—1590 oder 1600). Sowohl

[1] *A vida Por o mundo em pedaços repartida.* Auch in seinen lyrischen Dichtungen betont der Dichter oft seufzend die Wahrheit seiner Bekenntnisse: *Puras verdades ja por mim passadas! Oxalá foram fabulas sonhadas!*

was die klassische Einkleidung und mythologische Verbrämung der bukolischen Stoffe, den platonischen Geist der Gedanken und den elegischen Tonfall, als auch was den latinisierenden Satzbau, den vornehm bereicherten Wortschatz, und die alle unschönen Härten vermeidende Prosodie betrifft, schliessen die Schüler sich dem Meister an, vor allem im Sonetten- und Idyllenfache. In einzelnen Fällen so getreulich, dass es begreiflich wird, wie Unkundige und Böswillige dazu kamen, die nachahmenden Gedichte der *Camonistas* mit den echten des Camões zu verwechseln. Den Mangel an Eigenkraft verdecken sie, indem sie einzelne Zeilen oder Stellen (Oktaven- und Kanzonenstrophen) oder Sonette von ihm glossieren oder ins Kastilische übersetzen, oder auch indem sie dieselben, ohne wörtliche Wiederholung, mit veränderten Worten umkleiden. Von der Mode, überhaupt fremde, ja sogar fremdsprachige (span. und ital.) Zeilen zu kommentieren und paraphrasieren und polyglotte Kunststücke herzustellen, war schon die Rede[1]. Wo diese Sonettisten und Idylliker jedoch ganz auf eigenen Füssen stehen, bleiben ihre Erzeugnisse sehr oft nur Handwerkswaare von weit geringerem Werte. Das demnach an und für sich wenig erfreuliche Studium der zerstreuten Epigonen-Arbeiten wird aber noch unerquicklicher durch die grosse Ungenauigkeit der Überlieferung, die Oberflächlichkeit der bis heute vorgenommenen Untersuchungen und die Verworrenheit der irritierenden Streitfragen, die sich an viele Dutzende von im Grunde unbedeutenden Reimereien knüpfen. Auf den Aufwand von Zeit und Mitteln den es kostet, sich die seltenen Drucke, und Einsicht oder Abschrift der noch seltneren handschriftlichen Werke zu verschaffen, sei nur dies eine Mal und im Vorübergehen aufmerksam gemacht.

Ein wärmeres, persönliches Interesse würde eine kleine Gruppe von Poeten (meist sehr vornehmer Herkunft) erwecken, die als ungefähr gleichaltrige Zeitgenossen und Kameraden des Camões zu Lissabon (also vor 1553) oder in Indien (zwischen 1553 und 67) persönlichen, und zwar freundschaftlichen Umgang mit ihm gepflogen haben. Dahin gehören D. Jorge da Silva (1508—78), dessen romantische Liebeslegende weniger authentisch ist als die frommen Werke und Taten seines Alters (vgl. Zschr. VIII, p. 11 und 13)[2]; der frohgemute João Lopes Leitão, der 1552 in Xabregas mit dem Kronprinzen tournierte, Seite an Seite mit des Dichters jungem Freunde D. Antonio de Noronha, und später in Indien auf hoher See starb (etwa 1565); der tapfere Haudegen Heitor da Silveira, der 1570 auf der Heimfahrt angesichts Lissabons, vielleicht in den Armen des Lusiadensängers endete; D. Gonçalo Coutinho, der schon wiederholt erwähnte Stifter der Grabplatte, ein grossmütiger Beschützer so manchen unbemittelten Dichters; der Geschichtsschreiber Diogo do Couto, von dem der Leser schon weiss, dass er sich in Moçambique so hülfsbereit zeigte und der auch einen Kommentar zu den Lusiaden begann; der Reichshistoriograph Francisco de Andrade, welcher den Tod der Catherina de Ataide besang; D. Simão da Silveira u. a. m. Jedoch auch ihre lyrischen Gedichte (derer oft von Zeitgenossen gedacht wird) sind entweder gänzlich verschollen (wie bei Couto der Fall ist), oder sie stehen, wie bei den *Mirandistas* zweiten Ranges, in den Werken berühmterer Zeitgenossen, oder verzettelt in ungedruckten *Cancioneiros mixticos* (d. h.

[1] Ich kenne mindestens ein halbes Hundert portug. Dichtungen mit italienischer Schlusskadenz, die meist aus *Petrarca* genommen ist; und ebenso viele, die für portug.-span.-ital.-lat. Sprachdenkmäler ausgegeben werden. Faria-e-Sousa verfasste sogar ein langes Idyll, indem er mosaikartig lauter einzelne Reihen aus den Werken »seines Dichters« an einander fügte.

[2] Nur fromme Traktate von ihm sind gedruckt (S. *Inn. da Silva* IV. 175) und als Beigabe dazu einige Elegien.

mixtos), sowie in Sammeldrucken, in denen fromme Preis-Wettgedichte für bestimmte Kirchenfeierlichkeiten gebucht sind (z. B. *Reliquias de S. Roque*, 1588).

Das gleiche gilt von einigen Anderen, deren Freundschaftsbeziehungen zu Camões weniger gut verbürgt sind. Luis Franco Correia z. B. nennt sich selbst »*muito amigo e companheiro de Luis de Camões*« in dem Gedichtbuche, das er 1557—89 in Indien und Lissabon zusammentrug. Von Antonio de Abreu, o Engenhoso den erst die Nachwelt als *amigo e companheiro de C. no estado da India* bezeichnet hat, und von einigen anderen Genossen wie Pedro da Costa Perestrello (dem Sekretair des Erzherzogs Albrecht, der Portugal nach 1580 verwaltete), Francisco Galvão und Aires Telles de Menezes, die beide zum Hofstaate des Herzogs von Bragança gehörten, wurden um 1800 durch den bei Beleuchtung der sogenannten Gedichte Peters des Grausamen (und öfters) genannten Professor der Rhetorik A. L. Caminha drei kleine Bändchen Gedichte herausgegeben, doch in so tumultuarischer Weise, dass ein kritisches Auge in den betreffenden »*Obras Ineditas*« sofort Echtes neben Gefälschtem, Eigenes neben Fremdem, Namenloses neben Bekanntem, Modernes neben Altem, Originales neben Übersetztem erblickt[1]. Derselben Sitte kritiklosen Sammelns hatte schon viel früher der Pisaner Professor Estevam Rodrigues de Castro gehuldigt, dessen hinterlassenes Album voll eigenen und fremden Gutes (worunter Gedichte des Bernardo Rodrigues, der die ital. *ballata* und das Madrigal einführte) von seinem Sohne (1622/23) herausgegeben ward; sowie Miguel Leitão de Andrada (1554—1629), der in seiner »*Miscellanea*« betitelten »Salatschüssel« (= *Ensalada*) dem anspruchslosen Leser jener Tage allerlei Kraut und Rüben vorsetzt (gedr. 1629 und 1860).

Aus der ungleich grösseren Gruppe der dem Camões persönlich fernstehenden Nachahmer, deren Thätigkeit sich meist bis ins 17. Jh. erstreckt, so dass sie von manchen Litterarhistorikern der vierten Epoche zugezählt werden, ragen einige Talente hervor[2]. Ich nenne den mystischen Balthasar de Estaço, der übrigens in seinen 1604 gedruckten Versen dem *gram Cantor do Oceano* Weihrauch streut; Fernam Rodrigues Lobo Soropita, den patriotisch gesinnten ersten Herausgeber der kamonianischen »*Rimas*«, der eine humoristische und satyrische Ader hatte (gedr. erst 1860); und vier wahrhaft bedeutende Bukoliker, die ihre Schäferromane in Prosa nach Montemór's Vorgange mit reizenden Hirtengedichten und Elegien nach ital. Schnitte und auch mit Liedern in Kurzzeilen durchsetzten. Es sind: der aus Goa gebürtige (des Diebstahls des *Parnasso* bezichtigte) Fernam Alvares, mit dem Zunamen do Oriente, unter dessen teilweise überkünstlichen Dichtungen Perlen von reinstem Glanze sind; der unglückliche, verliebte Schwärmer Manoel da Veiga Tagarro, dessen »*Laura de Amphriso*« (1627) bereits den Einfluss des Lope de Vega und sogar Gongora's verrät (was in noch stärkerem Maasse von Eloy de Sotomayor und seinen »*Ribeiras do Mondego*« gilt, 1623); Rodrigues Lobo aus Leiria, von dessen Thätigkeit im nächsten Abschnitt (H) die Rede sein müsste, und Frei Bernardo de Brito wegen der ihm Zugeschriebenen, sich ganz in Versen bewegenden „*Sylvia de Lisardo*" (1597)[3].

---

[1] Braga glaubt an ihre Echtheit; nicht so Inn. da Silva. S. *Hist. de Cam.* Bd. III p. 132—140. 155—172 und *Dicc. Bibl.* I 79. 189.

[2] Eine Anzahl von Autoren-Namen findet der Leser auf Seite 326, Anm. 4. In religiösen Klageliedern machten nach 1580 viele bedrückte Gemüter sich Luft, wie z. B. Frei Paulo da Cruz, o Fradinho da Rainha (mit seinem weltlichen Namen Jorge Fernandes).

[3] Mit den Camonistas beschäftigt sich Braga in der *Hist. Cam.* Bd. III: Eschola de Camões.

β) EPIKER.

145. Vor Camões hatte kein Portugiese den Gedanken, ein historisches Epos in der Nationalsprache abzufassen verwirklicht[1]. Nur der Geschichtsschreiber João de Barros hatte es unternommen, die Nationalgeschichte von D. Affonso Henriques bis zu D. Manoel (1520) in Reime zu bringen, die er seinem Ritterroman *Clarimundo* (III, 4) einfügte. Doch stehen seine 40 Oktaven nach altspanischer Art (*de arte mayor*) wie im Rhythmus, so in Geist und Sprache ganz und gar auf dem Standpunkt der erzählenden Gedichte des *Canc. de Res* (S. § 109). Die Sage freilich berichtet, abermals durch den Mund des Faria-e-Sousa, einer der Zeitgenossen des Camões, der schon unter den Lyrikern genannte Pedro da Costa Perestrello, habe noch vor 1572 ein Heldengedicht gleichfalls über die »Entdeckung Indiens« geschrieben, dasselbe aber vernichtet sobald die Lusiaden erschienen[2]. Doch ich glaube, man kann diese Sage auf sich beruhen lassen. Thatsache aber ist, dass gleich nach dem Drucke jenes Meisterwerkes von geschickten Nachbildern eine grössere Reihe von Heldengedichten entstanden, die auch von Ercilla's Araucana nicht ganz unbeeinflusst sind (gedr. 1569—78 und 90). Wie dieser Spanier (und in gewissem Sinne ja auch Camões) wählten sie einzelne nationale Helden und Heldenthaten zum Gegenstand ihrer Epen. Jeronymo de Cortereal († 1593) feierte zuerst in 21 recht prosaischen Gesängen die zweite Belagerung der Feste *Diu*, illustrierte auch sein Werk eigenhändig mit Schlachtenbildern und widmete es Sebastian (1574. Neudruck 1783)[3]; dann behandelte er, in span. Sprache den Seesieg des D. Juan d'Austria bei Lepanto in einer »*Austriada*«, die er Philipp II. zu Füssen legte (1578); um zum dritten den tragischen Schiffbruch der Galione S. João wieder portug. zu besingen als »*Naufragio de Sepulveda*« (geschr. vor 1589; gedr. 1594, 1783 und 1840)[4]. Alle drei bedienen sich des Blankverses, die der Portugiese »*Verso heroico*« nennt. Alle drei sind mit reichlichem mythologischen Beiwerk ausgestattet. Doch nur das letzte Gedicht enthält Einlagen in Terzinen und Oktaven, wovon 30 lyrischen Charakter haben, während die einunddreissigste die Gesamtgeschicke Portugals episch verherrlicht, vom ersten Könige bis zum Untergang bei Alcacer-Quebir, wo Cortereal übrigens selbst mitfocht und gefangen ward[5]. So die Litterarhistoriker Wahrheit berichten, hätte er noch ein viertes, verlorenes, Epos diesem tragischen Ereignis gewidmet, das von Luis Pereira Brandão rein-chronikenartig in 18 grossen Oktavengesängen betrauert ward, die er »*Elegiada*« nannte (1588; gedr. auch 1785 als »*Jornada de Africa*«). Noch weitschweifiger ist Francisco de Andrade in den 20 *Cantos* seines den Heldenmut des D. João de Castro verherrlichenden *Primeiro Cerco de Diu* (1589). Vasco Mousinho de Quevedo (oder Cabedo) Castellobranco wählte die älteren Afrikaexpeditionen zum Gegenstand eines Poems und Affonso V. o Africano zu seinem Helden (1596), doch legt er den Dingen und Ereignissen sym-

---

[1] Dass er die Gemüter bewegte, zeigen viele Stellen bei Barros, z. B. Dec. I, 5 cap. 11 und es zeigen es die lateinischen Epen des Jorge Coelho, André de Resende, Diogo de Teive.

[2] Auch von Montemór wird Ähnliches erzählt. Perestrello soll auch noch eine gleichfalls unfindbare »*Batalha Ausonia*« verfasst haben.

[3] »*Segundo Cerco de Diu, estando D. João de Mascarenhas por Capitão da Fortaleza*«. Ins Spanische übersetzt von Frey Pedro de Padilla 1597.

[4] Die Angabe, auch Lopo de Sousa Coutinho habe denselben Gegenstand im *Livro da perdição de Manuel de Sousa de Sepulveda, sua mulher e filhos* (Liss. 1594) gleichfalls in Blankversen behandelt, scheint auf Irrtum zu beruhen.

[5] Übersetzt ins Spanische von Contreras (1624) und ins Franz. von Fournier (1844).

bolisch-allegorische Bedeutung bei. Die Feste Arzilla z. B. ist ihm eine Seelenburg; und ihre fünf Thore sind die fünf Sinne. Bereits dem 17. Jh. gehört die *Malacca Conquistada* des D. Francisco de Sâ e Menezes (junior) an, sowie der *Nunalvares* des Rodrigues Lobo, und die *Ulyssea* des Gabriel Pereira de Castro, welche in die Fabelzeit der Gründung Lissabons hinabsteigt; doch stehen alle drei in intimstem Zusammenhange mit den vorgenannten Gedichten. National-religiöse Epen lieferten z. B. Frei Paulo da Cruz (über *S. Vicente*) und Quevedo Castellobranco über *Santa Isabel* (1596). Ein religiöses Lehrgedicht sind Cortereal's: *Novissimos do homem* (gedr. erst 1768)[1].

146. Gänzlich unerwähnt darf hier nicht bleiben, was § 7 andeutete: dass wie anderwärts, so auch in Portugal sehr viele Humanisten, von etwa 1500 an, sich ausschliesslich des Lateinischen als der einzigen ihrem Wissen und ihren internationalen Verbindungen angemessenen Litterärsprache bedienten. Gar manche wirklich bedeutende Kraft ging so der schon durch den Abfall aller Kastilisch-Schreibenden geschmälerten Nationallitteratur verloren, besonders im 16. und 17. Jh. Die Dichtungen des Hermigius Cayado, Aires Barbosa, Jorge Coelho, André de Resende, Diogo de Teive, Antonio Gouveia, Pedro Sanches, Diogo Mendes de Vasconcellos, Miguel und Antonio de Quevedo, Manoel da Costa, Lobo Serrão, und berühmter Frauen wie Luisa Sigea und Joanna Vaz, bilden einen reichen Besitzstand an Oden, Hymnen, Elegien, Eklogen, Episteln, Epitaphien, Epigrammen, historischen und religiösen Epen [*S. Vicente* von Resende; *Tunis* von J. Coelho], Lehrgedichten [wie die *Antimoria* des Aires Barbosa; die *Institutio Sebastiani* von Teive; und *Vita aulica* von Resende], und Tragödien (*Johannes* von Teive 1553), die sich meist mit nationalen Stoffen beschäftigen und keineswegs ohne Einfluss auf die Entwickelung der portug. Litteratur blieben (wie in einer ausführlichen Darstellung nachzuweisen wäre). Ein Teil davon war lange relativ leicht zugänglich, weil aufgespeichert in einem, heute selten gewordenen »*Corpus illustrium Poetarum Lusitanorum*« (Liss. 1745—48, 8 Bde. gr. 4°); doch enthält dasselbe keineswegs den ganzen Vorrat, ja nicht einmal das Beste und Seltenste[2].

V. PROSA.

147. Auch die Prosa entwickelte sich im 16. Jh. erheblich und zwar natürlich in klassischer Richtung. Doch kam sie immer noch nicht dazu, völlig Schritt mit der Dichtkunst zu halten. Langsamer folgt sie nach, und gleich wie manches Prosawerk der *Quinhentistas*, ja eigentlich fast alles was vor 1550 liegt, nach Stoff, Geist und Sprache noch mittelalterlich ist und der zweiten Epoche zugezählt werden könnte (s. § 51 und 85), so gehört auch manches noch in das Bereich der dritten Blüteperiode was erst in der vierten erschien, ja fast alles was vor 1640 liegt. Erst in der zweiten Hälfte des 16. Jhs. und in den ersten Decennien des 17. beginnt die Glanzzeit der Prosa, und es entstehen

[1] Den Epikern widmete Braga den 2. Bd. seiner *Hist. de Cam.: Os poetas epicos.* — F. Denis giebt im Résumé, Chap. XVIII—XXII ausführliche Inhaltsübersichten.

[2] Band I bietet Gedichte von Pedro Sanches, Herm. Cayado, Manoel de Costa, Diogo Mendes de Vasconcellos, Miguel de Quevedo, Antonio de Quevedo; II. João de Mello de Sousa; III. Diogo de Paiva de Andrade; IV. Lobo Serrão, Francisco de Barcellos; V. Frei Thomas de Faria, Antonio Figueira Durão; VI. Frei Francisco de S. Agostinho; VII. Frei Francisco de Macedo, Jorge Coelho, Antonio de Gouveia; VIII. vom Herausgeber P^e Antonio dos Reys. Gerade das wichtigere 16. Jh. ist sehr stiefmütterlich behandelt.

Werke von wirklich klassischer Rundung und Reinheit des Periodenbaus und Wortschatzes (Lobo—Brito—Frei Luis de Sousa). Ein Camões blühte der Prosa jedoch überhaupt nicht: ein epochemachendes Werk wie der D. Quixote des Cervantes (der übrigens den gallizischen Familiennamen Saavedra trug) schuf sie nicht. Der Vorrat an Werken freier Erfindung blieb auch jetzt klein; der an Gechichtswerken gross. Der Unterschied zwischen der Würde, Eleganz und Urbanität des dichterischen Ausdrucks einerseits und der zerfahrenen Buntheit oder schwerfälligen Stillosigkeit der schönen Prosa im Allgemeinen, ist nach wie vor ein merklicher[1]. Selbst diejenigen Schriftsteller, welche bestrebt sind, durch Bereicherung, Reinigung, Regelung und Veredelung der familiären Alltagsrede, einen mustergültigen Stil zu schaffen, und antiken Vorbildern nacheifern, kommen über ein steifes Pathos und trockenes Ceremoniell nicht eben weit hinaus, schnellen daraus jedoch häufig unbewusst zurück zu geschmackwidrigen Vulgaritäten und veralteten Wort- und Satzbildungen, oder greifen auch zu unpassenden poetischen Formeln, an die sie sich in ihren Dichtwerken gewöhnt hatten. An Theoretikern, welche Anweisungen zur Beredsamkeit geschrieben hätten, fehlte es ziemlich ganz[2]. Nur die vernachlässigte Natürlichkeit der lebendigen Gesellschafts-Diction ahmte man, in Komödien, Briefen und moralisierenden Dialogen, mit grossem Geschick nach und bildete sogar die nationale Sitte, die Umgangssprache mit Formeln, Sprichwörtern und Citaten zu schmücken, zu einem besonderen Genre aus. (S. u. § 151.)

148. A. Belletristisches: α) Der Ritterroman. Wie überall im gebildeten Europa, so fuhr man auch in Portugal im 16. Jh. fort, sich mit heiligem Ernst für Ritterromane zu begeistern. Manche hübsche Anekdote aus dem Hofleben und vom Kriegsschauplatze in Afrika und Indien bezeugt, wie gern man sich aus der allmählich trüber werdenden Realität mit ihrer *austera, apagada e vil tristeza,* in die Idealwelt der Romane flüchtete. Die alte Liebe für den *Amadis,* den man fortdauernd im spanischen Texte Montalvo's las, übertrug man auch auf die sich allmählich von 1496 bis 1605 daran schliessenden Fortsetzungen (*Livros* V—XIII) und auf die Nachahmungen (besonders auf »*Palmerin de Oliva*« und »*Primaleon*«). Mancher Roman aus dem Amadiscyklus ist Portugiesen gewidmet: so z. B. Buch 8, d. h. der *Lisuarte* dem Sohne Johann's II., Jorge, *Duque de Coimbra,* 1526; und *Felix magno* 1531 einem D. Fadrique de Portugal; manche Ausgabe ward in Lissabon und Evora gedruckt (*Florando* Liss. 1545; *Florisel* 1560 und 66; *Lisuarte* 1587, *Amadis de Graia* 1596; *Primaleon* 1598 etc.); einige haben, wenigstens der Sage nach, sogar Portugiesen zum Verfasser (*Florando; Palmerin; Primaleon*). Mit Bestimmtheit wird es von dem einflussreichen Werke über die neun grössten Helden der Weltgeschichte behauptet »*Los nueve de la fama*« (1630); doch ist der sogenannte »Verfasser« des zum *Amadis* übrigens in keiner Beziehung stehenden Buches, der Wappenkönig Johann's III., Antonio Rodrigues Portugal, in Wahrheit nichts als der Übersetzer einer franz. Vorlage, des »*Triomphe des neuf preux*«, oder »*Prouesses*« . . . *avec l'ystoire de Bertran du Guesclin*« 1487; und noch dazu übersetzte er ins

[1] Man vergleiche beispielsweise das schöne Ebenmass der Gedichte des Camões mit der krausen Ausdrucksweise seiner seltenen Prosastücke in den Komödien und Briefen.

[2] Weder die Grammatik von Fernam de Oliveira (1536) noch die des Barros (1540) noch desselben Authors »*Dialogo em louvor da nossa linguagem*« (1540), noch die *Orthographia* des Duarte Nunes de Leão (1576) noch seine höchst beachtenswerte Abhandlung »*Origem da lingua portugueza*« (1606), noch des Pedro de Magalhães de Gandavo »*Regras que ensinam a orthographia da lingua portugueza*; noch sein *Dialogo em defensão da mesma lingua* (1574) kommen in Betracht; und noch viel weniger die gelegentlichen Lobpreisungen der Muttersprache, welche Brito, Lobo, *Corte* I, 9, Alvares do Oriente (II, 6) und andere ihren Werken eingefügt haben.

Spanische[1]. In portug. Sprache ward viel Neues nicht geschaffen, wie ich schon andeutete, und von dem Neuen, wie üblich, noch weniger zu Tage gefördert. Handschriftlich blieb z. B. ein *D. Belindo* (heute in der Liss. National-Bibliothek). Doch bleibt festzustellen, ob er die Arbeit der D. Leonor de Coutinho, des Gonçalo Coutinho oder des D. Francisco de Portugal ist[2]. Gänzlich verschollen ist ein »*Dominiscaldo*« von Alvaro da Silveira; ein anonymer »*Peregrino de Hungria*«, und das sogenannte 14. Buch des Amadis, »*Penalva*«, das jenen Helden den Tod im Kampfe mit einem Portugiesen finden liess. (Nic. Ant., *Bibl. Nova* IV, 404)[3]. Zu verwundern ist es, dieser Armut gegenüber, daher nicht, wenn das reiche Spanien und das Ausland gleich wie in der Amadisfrage nicht leicht daran glauben wollten, dass der relativ beste Ritterroman auch des 16. Jhs., welchen Cervantes in güldenem Schrein aufbewahren wollte, das Werk eines Portugiesen ist.

149. Dennoch ist es der Fall. Der *Palmeirim de Inglaterra*, der durch geistreiche Erfindung, geschmackvolle Erzählung, Ideengehalt und Charakterzeichnung hervorragt, ward von einem Hofbediensteten des Infanten D. Duarte, Francisco de Moraes, im Jahre 1544 geschrieben, während derselbe als Gesandschaftssekretair in Paris weilte; oder gleich hernach. Zweifelhaft ist nur, ob er seinen Roman auch sofort, anonym, zum Druck gab[4], oder ihn ungedruckt verbreiten liess; unzweifelhaft hingegen, dass zwei litterarische Freibeuter aus Toledo, der Drucker Miguel Ferrer und der Korrektor und spätere Pfarrer Luis Hurtado sich das Werk noch vor 1548 aneigneten. Sie veröffentlichten damals eine elende span. Übersetzung, als wäre sie ein Original, und schrieben sich dasselbe in zweideutigen Worten zu. Scheinbar ohne Glauben zu finden. Kein altes, litterarhistorisches Buch nennt sie wenigstens als Verfasser des *Palmeirim*. Erst 1826 haben parteiische Hispanophilen, von Vicente, Salvá und Gayangos irregeleitet, Lanzen für jene »Schriftsteller« gebrochen[5]. Doch ist der unwiderlegliche Beweis für die Autorschaft des *Moraes* bereits erbracht[6]. Die Sprache des span. Textes wimmelt nämlich von Lusismen und Fehlern; speziell portug. Ortslegenden (über Thomar, und Almourol) haben breite Behandlung gefunden; vor allem aber betrifft ein grosses episodenhaftes Einschiebsel, das sogenannte Kapitel von den französischen Hofdamen, das auch im Spanischen nicht fehlt, den persönlichen Liebesroman des *Moraes,* welcher 1541/44 in Paris in unglücklicher Leidenschaft zu *donzella Torcy,* einer Hofdame der Königin Leonore und Exkönigin von Portugal, entbrannte[7]. Ihrer Tochter Maria hat Moraes seinen Roman

[1] Abdrücke erschienen 1552 und 1585 in modernisiertem, seiner Lusismen entkleideten Texte; 1586 erst in portug. Redaktion.

[2] S. Sousa, *Hist. Geneal.* X 565; Braga, *Amadis* 245; Barb. Mach. II 393.

[3] S. Barb. Mach. II 17, 31, 393 und III 11.

[4] Eine datenlose Ausgabe ist nämlich vorhanden. Die älteste datierte und mit dem Namen des portug. Autors nebst Dedikation an die Infantin D. Maria versehene erschien erst 1567; doch muss ihr Widmungsschreiben schon 1547 entstanden sein. Spätere Ausgaben erschienen 1592. 1786. 1852.

[5] An Ferrer's Autorschaft glaubten einzig Salvá und A. de Castro; an diejenige Hurtado's glauben alle bedeutenderen span. Litterarhistoriker von Ticknor bis zu Wolf. Der gewissenlose Pfarrer scheint ein Geschäft daraus gemacht zu haben, handschr. Werke aus dem Nachlasse Verstorbener (oder verschollener Grössen) herauszugeben (Sebastian Fernandez; Pedro Alvares de Ayllon; Miguel de Carvajal; Valdivielso u. a. m.).

[6] S. Braga, *Questões* p. 248—258; sowie C. M. de Vasconcellos, *Versuch über den Palmeirim,* Halle 1883, und vgl. Rom. XI 619.

[7] Eine kleine Schrift von ihm »*Desculpa de uns seus amores que teve em Paris com uma dama franceza da Rainha Dona Leonor, por nome Torsi, sendo Portuguez, pela qual fez a historia das damas francezas no seu Palmeirim*«, (gedr. 1624) stellt die Einzelnheiten dieses

gewidmet. — Zu den zwei Teilen des Ritterbuches (das auch ins Franz., Ital. und Englische übertragen ward)[1] lieferten zwei andere Portugiesen die Fortsetzungen: Diogo Fernandes einen dritten und vierten Teil »*D. Duardos*« (1587); und Balthaser Gonçalves Lobato einen fünften und sechsten »*D. Clarisel de Bretanha*« (1602). Andere Weiterführungen blieben ungedruckt, und gingen verloren.

150. Den seit dem 13. Jh. so beliebten bretonischen Sagenkreis erweiterte der schon als Dramatiker und Lyriker vorgeführte talentvolle Hofmann Jorge Ferreira de Vasconcellos. Er erfand eine zweite »Tafelrunde« und als ihren Hauptthelden einen Enkel des Artus, *Sagramor*. Ein Stück zeitgenössischen realen Lebens webte jedoch auch er (wie Moraes, und alle Idylliker) unter die erdichteten Begebenheiten, — einen wahrheitsgetreuen Bericht über das erste Tournier des Kronprinzen Johann (1552) — und stattete ausserdem sein Werk mit 34 epischen und lyrischen Gedichteinlagen beiderlei Stils, sowie mit wohlgemeinten Ratschlägen über Fürstentugend aus[2]. Ein verheissener zweiter Teil blieb ungedruckt (falls er je existiert hat), und hat sich bis heute auch hschr. nicht finden lassen. — Die Romane aus dem von jeher weniger beliebten karolingischen Cyklus sind sämtlich nur Bearbeitungen franz. und span. Vorlagen, ohne Eigenwert. Auch ist die Zeit ihrer Einführung schwer zu bestimmen, da sich von vermeintlichen alten Ausgaben keine Exemplare erhalten haben. Von der *Historia de Carlomagno*, die heute noch in der Provinz gern gelesen wird, existiert z. B. nur eine moderne Überarbeitung von Jeronymo Moreira de Carvalho (1728 bis 1737); und die Litterarhistoriker wissen nichts als den Titel wenig alter Drucke von 1615 und 1650 zu berichten. Doch sind der modernen Textredaktion, die ein Auszug aus dem span. *Carlomagno* von Nicolau Piamonte (Sevilla 1525) ist, welcher wiederum auf die *Conquêtes du grand Charlemagne* zurückweist, sicherlich andere vorausgegangen. Der noch später hinzugefügte dritte Teil »*Verdadeira terceira parte*« von Alex. Caetano Gomes Flaviense (1745) ist ohne Bedeutung. Und das gleiche gilt vom *Cleomades, Magalona, Roberto o Diabo, Donzella Theodora* und anderen romanhaften Büchlein, an denen das Volk sich ergötzte.

Die Gebildeten, und besonders die Fürsten verlangten und ersehnten, nach der manuelinischen Glanzepoche, auch im Romanfach, statt blosser Phantasiestücke, Verherrlichungen der Nationalgeschichte: »Wahrheit«, statt erlogener Geschichten, wie sie sagten. Der erste, der diesem Bedürfnis entgegen kam, war der künftige Geschichtsschreiber João de Barros. In jungen Jahren, als Page des Thronfolgers Johann (III.), übte er acht Monate lang seinen Stil bei der Abfassung seines dreibändigen »*Emperador Clarimundo*[3], den er während seiner knappen Mussestunden in der Pallastgarderobe schrieb, sich der königlichen Truhen als Tisch bedienend. Er erzählt die natürlich märchenhafte, doch historisch eingekleidete Vorgeschichte des burgundischen Fürstenhauses, dessen Stammbaum er in Ungarn sucht. Einer dichterischen Einlage,

Abenteuers fest. Clément Marot hatte der jungen Dame 1538 eine seiner *étrennes* gewidmet.

[1] Franz. von J. Vincent 1553 u. 1574 und von Monglave 1829; Engl. von Southey 1817; Ital. von Spineda 1584.

[2] J. F. de Vasconcellos widmete sein Werk (in dem altmodische mit reformierten Renaissanceformen untermischt sind) ein erstes Mal 1554 dem Kronprinzen, dessen Mut und Rittertugenden er dadurch ernstlich zu stacheln gedachte, unter dem Titel: »*Memorial das Proezas da Segunda Tavola Redonda*« oder auch »*Triumpho de Sagramor*«, vermutlich nur handschr., vielleicht jedoch auch in einer undatierten Druckausgabe, über welche sichere Angaben fehlen; und später dem jugendlichen Sebastian in einem Drucke von 1567. Neuausg. 1867. S. Varnhagen, *Livros de Cavallarias*, Wien 1872.

[3] Gedr. 1520—23; 1601; 1742 und 1791.

des kleinen Epos in spanischen Oktaven, ward schon früher gedacht. Die hschr. Hefte wurden von D. João (III.) nicht nur gelesen, sondern eigenhändig verbessert, und fanden grossen Anklang. Nachahmer aber fand Barros nicht.

151. β. Der Schäferroman. Was B. Ribeiro begonnen und Montemór in seiner *Diana* kunstvoll entwickelt hatte (gefolgt von Gil Polo und Alonso Perez, seinen Fortsetzern) nahm in Portugal erst gegen Ausgang des Jhs. Fernam Alvares do Oriente wieder auf; doch schliesst er sich enger an Sannazaro's *Arcadia* an. In seinem allegorischen Schäferroman »*A Lusitania transformada*« (= »Portugal in Schäfertracht«), der um 1595 verfasst scheint, doch erst 1607 (und 1787), gedruckt ward, erzählt er in recht glatter und kunstvoller Prosa den eigenen Liebesroman und Erlebnisse anderer Goenser Zeitgenossen; für den modernen Leser ist diese Prosa jedoch nichts als das schöne Band, welches seine Gedichte aneinanderreiht. In der »*Historia da Arvore triste*« verwertet er eine indische Lokalsage, die noch von einem anderen Portugiesen, angeblich Rodrigues Lobo, behandelt wurde, und Gegenstand einer kleinen Streitfrage geworden ist. Auch in den drei zusammenhängenden Schäferromanen des letztgenannten romantischen Dichters aus Leiria[1], die monoton und handlungsarm, doch voll lieblicher Naturschilderungen sind, dient die Prosa hauptsächlich als Unterlage zur Einführung von Hirtengedichten. Die ermüdend lange *Primavera* (1601) ist in Blumenplätze (*Florestas*) geteilt; der *Pastor Peregrino* (1608) in *Jornadas*; und der »Entzauberte« *O desenganado* (1614) in *Discursos*.

152. γ. Novellen. Weder ein echter Ritterroman noch ein Schäferroman, obgleich auf einer »Hirteninsel« geschrieben (*Insula Pastoril*), ist die »*Historia dos trabalhos da sem-ventura Iseo*«. Sie ist eine sentimentale und allegorische Abenteuer-Novelle, spielt im Orient (in Damascus und Ephesus) zeitweise aber auch in ganz unbestimmten Lokalitäten wie auf einer Insel der Grausamkeit, der Insel des Lebens, im Thal des Schmerzes, und im Hause der Ruhe. Anlehnung an griechische Muster (Heliodor, und seinen Nachahmer Tatius) ist sicher, doch war dem Verfasser ohne Zweifel auch die *Menina e Moça* bekannt (an deren 1. und 3. Kapitel die Einleitung deutlich anklingt), so wie die ältere spanische Romanlitteratur (*Padron*; *San Pedro*). Der portug. Text ist freilich nur eine sehr gute und freie Übersetzung des span., welchen Nuñez de Reinoso als »*Historia de los Amores de Clareo y Florisea y de los trabajos de Isea*« 1544 in Venedig veröffentlicht hatte (S. ob. p. 294 Anm. 6)[2]. — Kleinere Novellen und Erzählungen in selbständiger Darstellung, ob auch nicht eigener Erfindung, schrieb 1569, zur Zeit der grossen Pest und sicherlich nicht ohne Rückblick auf *Boccaccio*, der nicht ungewandte Gonçalo Fernandes Trancoso. Seine Stoffe entnahm er zum grösseren Teile dem altital. Novellenschatze von Sacchetti, Straparola und Boccaccio (wie z. B. das *Griseldis*-Märchen), zum kleineren der Volksüberlieferung, meist mit moralischem Lehrzweck. Sie erschienen 1585 in zwei Teilen als »*Contos Proveitosos*«, und 1596, nach des Autors Tode, unter Hinzufügung eines dritten Abschnittes als »*Contos e historias de proveito e exemplo*«. Sonst finden Erzählungen sich nur eingestreut in grössere Werke wie z. B. in Lobo's

[1] Über diesen Dichter, der sich in ein Hoffräulein des Herzogs von Caminha verliebte, und auf einer Überfahrt über den Tejo umkam, lese man Bouterwek's ausführliche Darstellung, sowie Costa e Silva Bd. V. Seine Werke sind in den Gesamtausgaben von 1723 und 1774 leicht zugänglich.

[2] Da von der portug. Bearbeitung nur ein einziges Exemplar übrig ist, fehlt es bis heute an einer eingehenden Untersuchung der Sachlage. S. darüber *Dicc. Bibliogr.* III 196 und X 28, nebst *Panorama* I p. 164. Das span. Original steht abgedruckt in der *Bibl. de Aut. Esp.*, Bd. III. – S. Gayangos, *Caball.* p. LXXVIII und ff., Ticknor-Wolf II 226 und 735; A. de los Rios VII, 396.

Anleitung zur Sittenbildung eines Hofmannes »*Côrte na Aldeia ou Noites de Inverno*« (1619), und in die »*Miscellanea*« Andrada's (1629).

153. B. Werke historischen Charakters. Obwohl gerade die bedeutendsten und gründlichsten Kenner ihre historischen, archäologischen und humanistischen Werke über Portugal lateinisch schrieben, damit die internationale Gelehrtenwelt sie lesen könnte, so ist hier dennoch eine Reihe bedeutender Namen und Werke aufzuzählen. Denn schrieben viele der sich der Vulgairsprache befleissigenden Historiker auch im alten Chronikenstil, ist ihre Charakterzeichnung auch schwach, und ihre Rede meist kunstlos, so sind ihre Stoffe, die sie ausschliesslich der engeren und weiteren vaterländischen Geschichte entnehmen, doch so interessant, und das heroische Nationalgefühl aller Darsteller ist ein so kräftiges, dass den Werken ein bleibender und allgemeiner, nicht bloss wissenschaftlicher Wert innewohnt. Den ersten Rang nehmen die »*Décadas*« des João de Barros ein (1496–1570)[1] die ein starker epischer Hauch durchweht. Der Autor, der wie erzählt, zuerst am *Clarimundo*, und später an vielen anderen kleinen Schriften historischen, moralphilosophischen und grammatischen Inhalts seine Feder geübt, sich auf seine grössere Aufgabe aber stilistisch durch das Studium der Alten, speziell des *Livius*, noch besonders vorbereitet hatte, und zwar mit so viel Glück, dass man seine kernige, mass- und würdevolle Prosa meisthin für das erste klassische Portugiesisch erklärt, erhielt im J. 1541 von Johann III. den förmlichen Auftrag, sich an die Abfassung einer Geschichte Portugiesisch-Indiens zu machen. Nach sorgsamster Ausnutzung älterer Aufzeichnungen (worunter Azurara's »*Chronica da Guiné*« hervorragt), und aller vorhandenen Urkunden, begann er 9 Jahre später die Veröffentlichung. Der erste Band der in Dekaden geteilten, den Zeitraum von 1415 bis 1539 umfassenden »*Asia*«, welcher die Vorgeschichte des indischen Seezugs von den frühesten afrikanischen Expeditionen an, und dann die Fahrt Vasco da Gama's erzählt, erschien am 28. Juni 1552 (und nicht 53, wie Storck meint), also vor des Lusiadensängers Abfahrt nach Indien. Der zweite folgte unmittelbar; er verliess die Presse am 24. März 1553. Der dritte erschien viel später (1563). Der vierte hinterblieb unfertig und erschien erst ein Menschenalter nach Barros' Tode (Madrid 1615)[2], als sein Nachfolger, der von Philipp II. ernannte enthusiastische Diogo do Couto (1544—1616)[3] die Ereignisse der vierten Dekade bereits in seiner lebendigen, nach eigener Anschauung malenden Weise dargestellt hatte. Dieser Chronist hatte nämlich lange Zeit (von 1559 an) in Indien gelebt und gewirkt, erst als Soldat, dann als Organisator und Verwalter des Reichsarchivs zu Goa, sodass er an Ort und Stelle gründliche Studien gemacht, und offenen Auges, ob auch blutenden, empörten Herzens den Verfall der einst so blühenden portug. Herrschaft mitangesehen hatte. In 9 Dekaden (4.—12.) behandelte er den Zeitraum von 1529 bis 1608, nicht ohne dass Misgeschick und Diebeshand ihm mehrmals etwas von den Früchten seiner Arbeit raubten[4]. Ausserdem schilderte er in seinen kulturhistorisch

[1] Eine gute *Vita* des Barros schrieb der tüchtige Historiker und Altertumsforscher Manuel Severim de Faria, und fügte sie seinen »*Discursos varios*« ein (1624, 1791 und 1805). Sie begleitet auch den *Clarimundo* in der Neuausgabe von 1736; und steht ferner im Registerbande der grossen Gesamtausgabe der *Decadas*.

[2] Diese akademische Gesamtausgabe erschien 1778–88 in 24 Bänden. Eine abgekürzte deutsche Übersetzung ist die von Soltau (5 Bde., Braunschw. 1821); eine ausführliche die von Faust, 1844; span. von Torre 1582; ital. von Ulloa schon 1562.

[3] Auch Couto's Leben erzählte Severim de Faria.

[4] *Decada* IV ward 1602 gedruckt; die 5te 1612; die 6te 1614; doch verbrannte sie bis auf wenige Exemplare; der 7ten Manuskript fiel auf dem Ozean in Feindes Hand, und erschien erst 1616; die 8te und 9te wurde gestohlen, doch von dem 72jährigen Greise summarisch wieder aufgebaut, soweit sein Gedächtnis und seine Aufzeichnungen es erlaubten, doch erschienen sie erst 1673; die 10te schon 1602 vollendete, da sie die früheste war, welche

höchst bedeutsamen »Dialogen vom indischen Soldaten« = »*Soldado Pratico*« furchtlos die krassen Mängel und Ausschreitungen der indischen Verwaltung[1]. In matterem Geiste schrieb später noch A. Bocarro, Couto's Nachfolger als »indischer Chronist« und Verwalter des Archivs von Goa, eine Fortsetzung der unterbrochenen »*Décadas*«[2], die ungedruckt blieb, jedoch von späteren Geschichtsschreibern, wie z. B. von Faria-e-Sousa für seine *Asia* benutzt ward.

Daneben hatten zahlreiche andere Männer, die nach Indien gegangen waren, um Grosses zu erleben, sich ohne offiziellen Auftrag, aus eigenem Antrieb, besondere historische Aufgaben gestellt. Noch vor Barros verfasste Fernam Lopes de Castanheda († 1559) eine Geschichte der indischen Entdeckungen »*Historia do Descobrimènto da India*« (1551—61 und 1883, 8 Bde.),[3] die rhetorisch zwar unbedeutend, sachlich aber sehr wertvoll ist. Gaspar Correia hatte nach 30jährigem Aufenthalt im Orient seine durch Wahrhaftigkeit und biedere Treue ausgezeichneten, mit Portraits[4] und Festungsplänen versehenen, sonderbarer Weise »Legenden« betitelten Indischen Geschichten (»*Lendas da India*«) niedergeschrieben, welche die erste Epoche von 1497 bis 1550, d. h. die Zeit der Macht und Grösse umspannen (8 Bde, gedr. 1858—62). Ein wenig später erzählte, von Patriotismus und Sohnesliebe getrieben, doch ehrlich und bescheiden, in schmuckloser Darstellung (*em nua e chã pintura*, wie schon Ferreira treffend sagte) der würdige Sohn des grossen Albuquerque, Bras (1500—1580), dem sein König des Vaters Taufnamen D. Affonso beilegte, mit Benutzung von Briefen und Berichten, des Helden Ruhmesthaten, in einer mit Hinsicht auf Caesar »*Commentarios de Affonso de Albuquerque*« betitelten biographischen Chronik (gedr. 1557. 1579. 1774; frz. 1579). Der sittenreine und uneigennützige, in Indien geborene Apostel der Molukken, Antonio Galvão, der arm im Hospitale starb (1557), hinterliess einen wertvollen Bericht über indischen Handel und Wandel »*Tratado dos desvairados caminhos . . . da pimenta e dos descobrimentos*« (gedr. 1563). Hervorragende Einzelepisoden aus den indischen Feldzügen wurden natürlich auch vielfachst gefeiert: so besonders die erste und zweite Belagerung von Diu (1538 und 1546) nicht bloss von Andrade und Corte-real in ihren Epen und von Diogo de Teive und Goes in lat.[5] Werken, sondern auch von Lopo de Sousa Coutinho, der selber daran teilgenommen hatte in seiner »*Historia do (2°) Cerco de Diu*« (gedr. 1556 und 1890); die Belagerung von Goa und die von Chaul durch den Reichshistoriographen Antonio de Castilho (1573); die Eroberung von Pegú durch Manoel d'Abreu Mousinho (»*Conquista do Pegú*«, 1617 und 1829); u. a. m. Die bemerkenswertesten Schiffbrüche schilderten zwischen 1552 und 1650 gerettete Augenzeugen — Schiffsbeamte, Priester, Kosmographen und Soldaten — in anschaulichen, oft hochpathetischen Berichten, welche damals mit brennendem Interesse von der ganzen

Couto ausarbeitete, kam sogar erst 1778 ans Licht; die 11te ist verloren und wird durch einen modernen Abriss ersetzt; von der 12ten waren nur die ersten 5 Bücher fertig (gedr. 1645). Vgl. *Memorias de Litt. Port.* I 339.

[1] Auch diese urkräftigen Dialoge, die manchem »*indiatico*« misfallen mussten, wurden Couto entwendet; und er schrieb sie zum zweiten Male in ganz veränderter Redaktion. Beide Darstellungen sind jedoch gefunden und 1790 zusammen gedruckt worden.

[2] Bocarro behandelte die Ereignisse der Jahre 1613—15. S. *Memorias de Litt.* III 30 und *Memorias da Acad. de Historia*, Anno 1724 No. XXII p. 3 und XXVII p. 8.

[3] Franz. von N. Grouchy 1554; engl. von Linchfield 1582; span. 1558 von Selves; ital. 1578 von Ulloa; holl. erst 1670.

[4] Kopien nach den höchst primitiven »*Retratos dos Visoreys*«, welche zu Goa das Regierungsgebäude schmückten. — Engl. teilweise von Stanley, 1869.

[5] Jacobi Tevii, *Commentarius de Rebus apud Dium gestis anni* 1546 (gedr. 1548) und Damiani a Goes, *Commentarii (*oder *Epitome) rerum gestarum in India anno* 1538 (1539); und *De bello cambaico ultimo commentarii tres* (1549).

Nation gelesen oder gehört wurden, und die noch heute die Herzen bewegen, wie besonders der »*Naufragio de Sepúlveda*«. Zuerst erschienen sie in (meist verschollenen) fliegenden Blättern; dann fanden sie z. T. wörtlich, z. T. nur auszugsweise Aufnahme in die »*Décadas*«. Zuletzt erschienen sie gesammelt unter dem Titel »*Historia tragico-maritima*«[1]. Einzelne der Berichterstatter schilderten (wie natürlich die Geschichtsschreiber alle) die Gegenden, welche sie Gelegenheit gehabt hatten, kennen zu lernen, wie z. B. Henrique Dias die Insel Sumatra, und der Priester Manoel Barradas Zeylon mit Colombo. Das breiteste und inhaltreichste Reisewerk des Jhs. über die asiatischen Länder lieferte jedoch der weitgewanderte Fernam Mendes Pinto (1509—1580), den man mit Unrecht »Lügenprinz« gescholten hat[2]. Seine »*Peregrinações*« bieten ein farbenreiches Bild alles Fremdartigen, was er in Indien, China und Japan gesehen und erlebt hatte[3]. Nachrichten über Persien und China gab Frei Gaspar da Cruz in seinem inhaltsreichen »*Tratado das cousas da China e de Ormuz*« (1569/70 und 1829). Eine reiche Fundgrube interessanter Notizen, besonders auch über Japan sind die Briefe der Missionare: »*Cartas que os Padres e Irmãos da Companhia de Jesus escreveram*« (1565). Dem Landweg nach Indien widmete Antonio Tenreiro zuerst ein Werk, sein wichtiges »*Itinerario*« (1560 und 1565; mit den *Peregrinações* 1711 und 1829). Vorzugsweise Palästina schilderte Frei Pantaleão de Aveiro (1563) dessen »*Itinerario da Terra Santa*« viele Auflagen erlebte[4]. Werke wie die Schiffsbücher »*Roteiros*« des Vasco da Gama und D. João de Castro (vgl. § 181), sowie ähnliche andere Aufzeichnungen gehören nicht zur eigentlichen Litteraturgeschichte.

Afrika und Amerika lieferten natürlich gleichfalls den Stoff zu zahlreichen Geschichtswerken. Als besonders wichtig sei genannt: die »*Historia da Provincia de Santa Cruz*« (1576 und 1858) von Pedro de Magalhães Gandavo, nebst seinem »*Tratado das cousas do Brasil*« (1826). Die Heldenthaten und das Martyrium des D. Christovam da Gama in Aethiopien (1541) feierte Miguel de Castanhoso in einer »*Historia das cousas que o muy esforçado Capitão Christovam da Gama fez*« (1564).[5] Die Niederlage von *Alcacer*

---

[1] Die zwei von Bernardo Gomes de Brito, Liss. 1735 und 36 herausgegebenen Bände enthalten 12 Einzelberichte: 1) *Naufragio do Galeão Grande S. João* 1552, von einem Anonymus, und nicht von Alvaro Fernandes, wie Barb. Mach. und Braga behaupten (es ist der *naufr. de Sepulveda)*; 2) *N. da Nau S. Bento* 1554, von Manuel de Mesquita Perestrello; 3) *Conceição* 1555, von Manuel Rangel; 4) *Aguia e Garça* 1559, vom Pe Manoel Barradas; 5) *S. Paulo* 1561, v. Henrique Dias; 6) *S. Maria da Barca* 1559, von einem Unbekannten; 7) *Naufragio de Jorge Albuquerque Coelho* 1565, von Bento Teixeira Pinto; 8) *Santiago* 1585, von Manoel Godinho Cardoso; 9) *S. Thomé* 1589, von Diogo do Couto; 10) *S. Alberto* 1589, von João Baptista Lavanha, gedr. 1597; 11) *S. Francisco* 1596 vom Pe Gaspar Affonso; 12) *Galião Santiago* 1604, von Melchior Estacio do Amaral. Ein dritter, äusserst seltener Band (über den Inn. da Silva I 377 und II 91 spricht) umfasst 11 Stücke, von denen fünf (Nos 5. 7. 8. 10. 11) Wiederholungen aus der ersten Sammlung sind (10. 8. 12. 1 3). Gegenstand und Verfasser der übrigen sind: 1) *Nau S. Lourenço* 1649, von Antonio Francisco Cardim, gedr. 1651; 2) *Sacramento e N. S. da Atalaya* 1650, von Bento Teixeira Feijó; 3) *S. João Baptista* 1625, von Francisco Vaz de Almada (und nicht von Fernando Lopes da Silveira); 4) *Conceição* 1621, von João Carvalho (und nicht Tavares) Mascarenhas, gedr. 1627; 6) *N. S. de Belem* 1635, von José de Cabreiro, gedr. 1646; 9) *N. S. do Bom Despacho* 1630, von Frei Nuno da Conceição, gedr. 1631. Später erschien getrennt nur noch ein Schiffbruchs-Bericht: der *Naufragio Carmelitano* 1750.

[2] Fernam, Mentes? Minto! lautet die scherzhafte in Portugal übliche Verdrehung seines Namens.

[3] Gedr. 1614. 1678. 1711. 1725. 1762. 1829. Übersetzt ins Engl., Frz., Span. Deutsche.

[4] Gedr. 1593. 1596. 1600. 1685. 1721. 1733. — [5] Auch 1855.

Quebir behandelte Jeronymo de Mendonça in seiner »*Jornada de Africa*« (1607 und 1785)[1]; die Belagerung von Mazagão (1562) der Augenzeuge Agostinho de Gavy de Mendonça in seiner »*Historia do famoso cerco que o Xarife pos á fortaleza de Mazagão*« (1629 und 1891). Derselben Festung widmete D. Gonçalo Coutinho seinen »*Discurso da jornada de D. G. C. á villa de Mazagão*« (1629). Der Dominikaner Frei João dos Santos schrieb ein wertvolles historisch-geographisches Buch über Äthiopien »*Ethiopia Oriental*« (gedr. 1609 und 1891),[2] welches Land schon früher durch Damião de Goes in einem vorzüglichen lateinischen Opus[3], und durch den Pater Francisco Alvares in seiner Abhandlung »*Verdadeira informação das terras do Preste João*« bekannt gemacht worden war (1540 und 1889). Gaspar Fructuoso gab seiner Geschichte der atlantischen Inseln den romanhaften Titel »*Saudades da terra*« mit absichtlichem Anklang an das Werk des Bernardim Ribeiro, dessen Stil er in seinem »*Preambulo*« nachahmt. Bis heute ist jedoch nur der die Insel Madeira betreffende Teil herausgegeben (Funchal 1873)[4].

Die Reichshistoriographen und Verwalter des Lissabonner Staatsarchivs vervollständigten im Auftrage der Monarchen das Corpus der Königschroniken. Zu Ruy de Pina's Werk über Johann II. und zu Resende's Auszug daraus, fügte der bedeutendste Historiker jener Tage, der als Mensch und Gelehrter gleich ausgezeichnete Damião de Goes (1501—72) eine dritte »*Chronica de D. João II.*«, die er jedoch nur als Ergänzungswerk zu seiner gründlichen Hauptarbeit, der »*Chronica de D. Manoel*« auffasste (gedr. 1566/67). Dieser weltkundige Diplomat, der auf seinen Reisen an Luther's und Melanchthon's Tische gesessen, mit Dürer verkehrt, lange im Hause des Erasmus gelebt hatte, und durch eine weit verzweigte (latein.) Correspondenz Umgang mit Bembo, Sadoleto und anderen europäischen Berühmtheiten unterhielt, (weshalb er noch im Alter ein Opfer der Inquisition ward), verdiente eine eingehende Würdigung, an der nur der Raummangel hindert.[5] Die Regierungszeit des »Glücklichen« Emanuel fand noch einen zweiten erlesenen Darsteller in dem Bischof von Silves Jeronymo Osorio († 1580) dessen klassisches Werk »*De rebus Emanuelis libri XII*« (gedr. 1586) genannt werden muss, obwohl es lateinisch geschrieben ist, weil die stilistisch meisterhafte Übersetzung des Paters Francisco Manoel do Nascimento (Filinto Elysio) es zu einem nationalen Geschichtswerk gemacht hat: »*Da vida e feitos del Rey D. Manoel*« (gedr. 1804). Was sich in Portugal und seinen Besitzungen unter Johann III. Wichtiges zutrug, buchte Francisco de Andrade (geb. vor 1540, gest. 1614) in einer mit behaglicher Breite in 4 Bänden geschriebenen »*Chronica de D. João III.*« (1613), zu der später die »*Annaes*« des Frei Luis de Sousa hinzukamen (s. § 165). Die kurzen Jahre Sebastians stellte zuerst Frei Bernardo da Cruz dar, der als königlicher Kapellan den afrikanischen Feldzug mitgemacht hatte (gedr. 1837). Die noch kürzere Regierungszeit des greisen Kardinal-Infanten behandelte der Minister Miguel de Moura in der »*Chronica do Cardeal-Rei D. Henrique*« (gedr. 1840).

[1] Es ist eine Gegenschrift gegen die Darstellung des in Lissabon lebenden genueser Kaufmannes Jeronymo Franchi Conestagio: *Dell unione del regno di Portogallo alla corona de Castiglia* (1585). Die span. »*Jornada de Africa*«, welche Juan Baptista Morales 1622 veröffentlichte, als wäre sie seine eigene Arbeit, ist nichts als ein Auszug, z. T. sogar eine wörtliche Übersetzung des portug. Textes von Mendonça.

[2] Franz. Auszug von Charpy »*Histiore de l'Ethiopie orientale* 1684.

[3] *Fides Religio moresque Aethiopum* 1540.

[4] Der Gesamttitel lautet: *Historia das Ilhas do Porto Sancto, Madeira, Desertas e Selvagens*. S. Braga, *Questões* p. 282—294.

[5] S. Joaquim de Vasconcellos, *Archeologia Artistica* Bd. 7 und 8: *Goèsiana*. Porto 1879; *Cartas latinas* 1880; *Vida* in *Renascença Portugueza* 1880 und *Plutarcho Portuguez* 1881.

Erst gegen Ende des Jhs., gerade als die vaterländische Geschichte in Folge der Fremdherrschaft einen jähen vorläufigen Abschluss gefunden hatte, unternahmen es gelehrte patriotische Arbeiter in weit ausholenden Werken die Gesamtgeschichte Portugals zusammenhängend darzustellen und Land und Leute sowie die natürlichen Lebensbedingungen und politischen Einrichtungen zu schildern. Nachdem Pedro de Mariz in seinen »*Dialogos de varia historia*« (1594 und 1599) einen ersten Versuch gewagt hatte, trat Balthasar de Brito e Andrade, oder, wie er als Ordensbruder und Chronist des Cisterzienser-Klosters Alcobaça hiess Frei Bernardo de Brito (1568/69—1617) mit den Anfängen seiner »*Monarchia Lusitana*« hervor, zu der eine kleine »*Geographia antiga da Lusitania*« die nötige Ergänzung bildet. Doch hatte er viel zu weit rückwärts gegriffen — wohl um den Spanier Florian de Ocampo noch zu überbieten —, und die Vorgeschichte des portug. Staatswesens und Landes dermassen ausführlich behandelt, dass der 12 Bücher umfassende erste Teil (1597 und 1690)[1] nur von der Erschaffung dieser Welt bis Christi Geburt und der zweite, in 7 Büchern (1609), nur bis zur Gründung der portug. Grafschaft reicht.[2] Brito benutzte bei diesem gewagten Unternehmen nicht nur alles was er bei den alten Autoren über den Westen der Halbinsel an Nachrichten auffinden konnte, ohne rechte kritische Sichtung, sondern er bediente sich daneben ergiebigst auch völlig apokrypher Texte und sagenhafter Berichte, so dass der wissenschaftliche Wert seines Torso gering ist.[3] Die Darstellung und Schreibweise ist jedoch vorzüglich klar, rein und elegant — und vermeidet allen Schwulst. — Über die Fortsetzungen befrage man § 165 (letzte Anm.) Den Gedanken einer vollständigen Geschichte Portugals verwirklichte dann in knapper Form Manoel de Faria-e-Sousa (1590—1649), jedoch in span. Sprache, in seinem »*Epitome de las historias portuguezas*« (Madr. 1628, u. ö), das in zweiter, stark verändeter und erweiterter Bearbeitung den Titel »*Europa Portugueza*« trägt[4] (gedr. erst 1678—80 3 Bde). Eine »*Africa portugueza*« 1678—81 und »*Asia Portugueza*« (1666—75 3 Bde., engl. J. Stevens 1694—95) vervollständigen es. Mit einer Neubearbeitung der alten Königschroniken von D. Affonso Henriques bis Alfons V. leistete der verständige Rechtsgelehrte Duarte Nunes de Leão († 1608), den Zeitgenossen einen grossen Dienst. Ausser den »*Chronicas dos Reis de Portugal reformadas*« (Teil I 1600 bis zum Ende der ersten Dynastie; II 1643) bot er noch eine »*Descripção do Reino*« (1610) und eine »*Genealogia de los Reyes de Portugal con sus elogios*« (span.).

Die Biographie und die historische Lobrede wurden ergiebig zwar auch erst im 17. Jh. gepflegt (von Brito in den *Elogios dos Reys* (1603), die jedoch nur kurzgefasste Nachrichten bieten, und von Severim de Faria in seinen Lebensabrissen des Barros, Couto und Camões[5]), doch hatten schon Barros (1531) und Couto das Beispiel gegeben, der erstere in den treffichen »*Panegyricos de D. João III e da Infanta D. Maria*«, der letztere in der

[1] Der Neudruck der Liss. Akademie »*Collecção dos principaes auctores da Hist. Port.*« (1806, 8 Bde.) ist unvollständig, enthält aber die Biographie Brito's.

[2] Ein dritter Teil ward nie gedruckt. S. *Memorias de Litteratura* V p. 333.

[3] Die erste Gegenschrift verfasste Diogo de Paiva de Andrade »*Exame de Antiguidades*« (1616); die Verteidigung übernahm Frei Bernardino da Silva »*Defensão da Monarchia Lusitana*« (1627). Vgl. Frei Fortunato de S. Boaventura »*Memoria ... sobre Frey Bernardo de Brito*« in den *Mem. da Academia* Bd. VII p. 13—51 (1821) und »*Alcobaça Illustrada*« p. 107—140.

[4] Im *Epitome* schmeichelt der Verfasser dem herrschenden Spanien; in der *Europa* dem wieder selbständig gewordenen Portugal.

[5] Ich könnte auch die *Vida de Sâ Miranda* nennen (1614), als deren Autor Barbosa Machado den D. Gonçalo Coutinho nennt.

»*Vida de D. Paulo de Lima*« (gedr. 1765). Einen Nachfolger fand jener in Antonio de Castilho, der gleichfalls König Johann III. feierte[1], dieser in Miguel de Moura, dem wir die erste portug. Autobiographie verdanken.[2] Auch die »*Vida do Infante D. Duarte*« von André de Resende ist mehr ein Lebensbild als eine Chronik (geschr. nach 1565 gedr. 1789).[3]

154. C. Werke wissenschaftlichen Charakters. Politische Reden und Schriften — Sittenbilder — Moralphilosophische und philosophische Abhandlungen — Werke über Wissenschaften und Kunst. Die Zahl der politischen Reden ist eine grosse und es sind darunter viele, wirklich schöne Leistungen. Von den *orações* sehe ich natürlich ab, die Barros und Couto ihren Helden in den Mund legen und erwähne nur kurz die Reden des D. Antonio Pinheiro an Johann III., Sebastian und Philipp II.; die von Aleixo de Menezes an seinen königl. Zögling Sebastian und die von Osorio an den selben Monarchen sowie an die Königin Katharina, die in Briefform gekleidet sind.[4] Eine förmliche Unterweisung über Fürstentugenden schrieb Lourenço de Cáceres († 1531.) für den Infanten D. Luis, als »*Doutrinal de Principes*« (Sousa, *Hist. Gen.*, Provas II p. 49). Alle diese und weitere Proben finden sich in dem Sammelwerke »*Filosofia de Principes*« (1789, 2 Bde., hsg. von Bento José de Sousa Farinha). Sehr häufig wurden moralphilosophische Fragen in Gesprächsform behandelt: schon Miranda liess den gesunden Verstand (*Desquerimento*) und die Lüge geistvoll mit einander disputieren, und Barros in seiner »*Rhopica pnevma hoc est merces spiritualis*« (1532 und 1861) führt Zeit, Verstand, Intellekt und Willen als redende Personen ein. In seinem »*Dialogo da Viciosa Vergonha*« und »*Dialogo sobre preceptos moraes*« (1540 und 1869), den man einen Katechismus der Sittenlehre nennen könnte, tritt er selbst im Zwiegespräche mit seinen Kindern auf. Viel später folgte Martim Affonso de Miranda mit 6 Dialogen, die er »*Tempo de agora* = Jetztzeit«: betitelte (1622). Gegenstand seiner Behandlung sind: *Verdade e mentira — Trabalho e ociosidade — Temperança e largueza — Verdadeira e falsa amizade — Justiça e injustiça — Doutrina para principes.* Sittenbilder speziell aus dem indischen Leben führen, ausser dem *Soldado Pratico* in unverblümten Schilderungen Francisco Rodrigues da Silveira in seinen »Denkwürdigkeiten«[5] und ein Anonymus in der Abhandlung »*Primor e honra da vida soldadesca no Estado da India*« vor (gedr. 1630 in Überarbeitung vom Padre Mestre Frei Antonio Freire). Einen ungleich heitreren, ob auch satyrischen Ton schlägt Francisco de Moraes in drei Colloquien an, die an wirkliche Bühnenszenen gemahnen und verschiedene Stände drastisch charakterisieren: *Fidalgo e Escudeiro; Cavalleiro e Doutor; Regateira e Moço da estribeira.* — Aufschlüsse über häusliches Leben giebt der Ehespiegel »*Espelho de casados*« eines Dr. João de Barros (1540 und 1874), der von dem Historiographen verschieden ist.[6] Die »*Obras moraes*« des Jorge Ferreira de Vasconcellos sind verloren. Etwas hausbackene Sentenzen und

[1] Alle drei »*Panegyricos*« wurden 1791 veröffentlicht. Vorbild war natürlich das *Panegyricum* des Plinius *Ad Trajanum*, welches der beredte Bischof von Leiria, D. Antonio Pinheiro im 16. Jh. noch einmal übersetzte (s. § 90).

[2] *Vida de Miguel de Moura*, gedr. mit der *Chronica do Cardeal-Rei.*

[3] Nähere Auskunft über die Geschichtswerke der portug. Litteratur findet der Leser bei Jorge Cesar de la Figanière, *Bibliographia historica portugueza.* Liss. 1850.

[4] Drei davon stehen in Barbosa Machado's *Memorias del Rei D. Sebastião.* Alle 5 veröffentlichte A. L. Caminha 1818 als »*Obras Ineditas*« und 1819 Verissimo Alves da Silva. S. auch Sousa, *Provas* III., wo noch verschiedene andere *Praticas* und *Orações* abgedruckt sind.

[5] *Memorias de um soldado da India,* auszugsweise veröffentlicht von Costa Lobo, Liss. 1877.

[6] Er ist der Verfasser der früher erwähnten *Antiguidades de Entre Doiro e Minho.* S. § 58.

lehrhafte Gedankenspähne ordnete die fromme Wittwe, Nonne und Klostergründerin D. Joanna da Gama († 1586) in alphabetischer Reihe nach Gegenständen unter dem Titel »*Ditos da Freira*« zusammen (1555 und 1872). Von religiösen Schriften erlangten den grössten Ruf die mystischen als »*Voz do Amado*« veröffentlichten Meditationen des Klosterbruders D. Hilariam Brandão (1579); die »*Trabalhos de Jesus*«, welche Frei Thomé de Jesus gleich nach der afrikanischen Katastrophe schrieb; die oft gedruckten, in alle romanischen Sprachen übersetzten, weil ausserordentlich wirksamen 11 Dialoge über christliche Tugenden, welche Frei Heitor Pinto als »*Imagem da Vida Christã*« (1. Teil 1563, 2. Teil 1572) herausgab; die gleichfalls sehr beliebten, mehr lehrhaften »*Dialogos*« des Bischofs von Portalegre D. Frei Amador Arraes († 1600, gedr. 1589. 1604. 1846); der »*Dialogo Espiritual*« des Frei Alvaro de Torres (1579) und der dogmatische »*Dialogo entre dous peregrinos, um christão e outro turco*« von D. Gaspar de Leão, dem ersten Bischof von Goa († 1576, gedr. 1573).[1] Unter den Kanzelrednern erlangte der Dr. Diogo de Paiva de Andrade grossen Ruf. Die Philosophie hat in Portugal nie zahlreiche Vertreter gehabt. Doch erwarb sich als Verteidiger der aristotelischen Lehre (gegen Ramus) wenigstens Antonio de Gouveia einen Namen. Und die Schrift »*Quod nihil scitur*« (Lugd. 1581), in welcher der Lehrer der Medicin und Philosophie Francisco Sanches (1562—1632) den Skeptizismus der Alten erneute, hat wahren Wert.[2]

Von sonstigen wissenschaftlichen Werken gehören der Litteraturgeschichte höchstens an: von Garcia da Orta, die »*Colloquios dos Simplices e Drogas* (Goa 1563, in guter Neuausgabe 1891);[3] von Affonso de Miranda ein »*Dialogo da perfeição e partes necessarias do bom medico*« (1562), von Diogo Fernandes Ferreira, »*Arte da Caça da altaneria*« (gedr. 1616) und der sehr bedeutende »*Tratado da Sphera*« des Kosmographen und Geometers Pedro Nunes (1492—1544), dem die Wissenschaft die Erfindung des »*Nonio*« dankt.[4] Aus dem Gebiete der Kunst verdienen die »*Dialogos da Pintura*« (1548) des ideenreichen und ausserordentlich originellen, aber in der Schreibekunst auch ausserordentlich unerfahrenen Francisco de Hollanda Erwähnung, in denen er den Inhalt der Gespräche lebendig wiedergiebt, die er in Rom mit Michelangelo und Vittoria Colonna geführt hatte.[5] Ein buntes Gemisch von historischen und genealogischen Notizen, theologischen Betrachtungen, Märchen, Anekdoten und Gedichten ist die schon mehr als einmal erwähnte »*Miscellanea*« des Miguel Leitão de Andrada (gedr. 1629 und 1867).

155. Die Gelehrtenbriefe sind fast alle lateinisch geschrieben. In den familiären Briefen »*em linguagem*«, bedienten die litterarisch Gebildeten, wie schon angedeutet ward, sich eines eigentümlich preziösen Barockstils, der bald sentimental, bald satirisch, bald höfisch, bald bäurisch, bald ernst, bald heiter ausschaut, gewöhnlich aber »*jocoserio*« ist, »*dizendo, zombando, mais que*

---

[1] S. *Dicc. Bibl.* I 51 und II 130.

[2] S. Braga, *Questões* p. 274—282: *Um precursor do Positivismo* und besonders Ludwig Gerkrath, *Francisco Sanches*, Wien 1860.

[3] Der Herausgeber, Conde de Ficalho, hat sich mit dem gelehrten Doktor und seinem Werke in einer ausführlichen und sehr lesenswerten Monographie beschäftigt: »*Garcia da Orta e o seu tempo*« Liss. 1886.

[4] S. *Mem. de Litt.* VII 250—83.

[5] Sie bilden nur einen Teil, das 2. Buch seines grossen Werkes »*Tratado da pintura antiga*«, und wurden 1881—82 teilweise in der Zeitschrift *A Arte Portugueza*, vollständig 1890—92 in *Vida Moderna* gedruckt (ed. Joaquim de Vasconcellos). Ausser jenem Werke schrieb Hollanda »*Do tirar pelo natural*« 1549 (gedruckt 1892 in *Vida Moderna*) und *Da fabrica que falece á cidade de Lisboa* sowie *Da sciencia do desenho* 1571 (gedr. 1879 als No. 6 der *Archeologia Artistica*).

de siso«, und zwar »*em estilo metaforico*« und mit Benutzung möglichst zahlreicher Witzworte, Sprichwörter und Liederverse in möglichst vielen Sprachen. Weniges hat sich erhalten. Meister im Fache und der eigentliche Pfleger des Genres war Fernam Cardoso (Barb. Mach. II 20), doch ist ein Band mit Briefen von ihm und Camões, welchen die Bibliothek des Grafen von Vimieiro beherbergte, verschollen[1]. Die Episteln, welche Miranda mit seinem Schwager Manoel Machado de Azevedo austauschte, waren schon 1660 von Ratten zerfressen[2]. Was Miguel Dias und Luis de Lemos ihrem Freunde Camões nach Indien schrieben, ist dahin. Was João Lopes Leitão zu sagen für gut befand, ist bis heute wenigstens ein Geheimnis[3]; und von den 21 scherzhaften Stücken, die den Spottvogel Chiado zum Verfasser hatten, lesen wir nur drei. Wir kennen ausserdem noch zwei oder drei Schreiben von Camões, eines vom Grafen de Alcoutim, nebst der Rückantwort eines Unbekannten[4], einige Briefe von Jorge Ferreira de Vasconcellos in seinen Komödien, und einige stark parodistische von Soropita, die mit ihren *equivocos* und *disparates* (*coqs à l'âne*) das Vorbild für zahllose spätere Gesellschaftsspiele der akademischen schöngeistigen Zirkel, sowie für humoristische Zeitungsartikel der *Gazetas* wurden.

156. Dass ein reicher Schatz historischer, geographischer und archäologischer Prosa-Werke in lat. Sprache vorhanden ist, von denen nur drei im Vorstehenden genannt wurden, wie auch an gedruckten und ungedruckten, bisweilen kommentierten Ausgaben und Übersetzungen lat. und griech. Klassiker, darf eben nur gesagt werden, obwohl viele davon nicht ohne Einwirkung blieben.

H. VIERTE EPOCHE 1580—1700[5].

NACHBLÜTE UND VERFALL: KULTERANISTEN (CULTERANISTAS, SEISCENTISTAS).

Allgemeine Einleitung. Die Werke aller romanischen Litteraturen kranken im 17. Jh. an einem überladenen rhetorischen Stil. Der Gedanke wird der Form untergeordnet. Seltsamste fernhergeholte Bilder und die unwahrscheinlichsten Gleichnisse geben der Ausdrucksweise der Schriftsteller ein barockes Gepräge. An blühendem Unsinn (*disparates*) ist kein Mangel. Zwar giebt man vor, zur Natur zurückkehren zu wollen, doch erscheint die Wirklichkeit in ganz konventionell übertünchter Maske. In Italien gedeihen seit 1623 die *Concetti à la Marini;* in England, dessen Litteratur der italienischen Strömung folgte, herrschen süssliche und künstliche Metaphern, die nach Lily's Roman *Euphuès* als *Euphuismus* bezeichnet werden; in Frankreich schiessen gleichwertige Spielereien üppig ins Kraut, besonders nachdem die *carte de tendre* aus Madame de Scudéry's *Clélie* (1656—1710) das Beispiel gegeben hatte; in Spanien legen fast alle Litteraten ihren Gedanken die bauschigen, falten- und schmuckreichen Galakleider an, die Gongora zuerst angewendet hatte; in Portugal wuchert ein die Fehler des spanischen Musters noch überbietender Kulteranismus. — Die Allgemeinheit der Entartung weist natürlich auf gemeinsame Ursachen hin. Und dieser Ursachen haupt-

[1] S. *Mem. da Acad. de Hist.* Anno 1724 No. XXVII p. 5.
[2] S. Montebello, *Vida de Manoel Machado* p. 85.
[3] Ein Brief von ihm an seinen Bruder Pedro soll in der *Bibl. da Ajuda* ruhen.
[4] S. Ztschr. VII p. 435 und ff.
[5] * Hier erst ergreift Theophilo Braga das Wort, und nicht schon in der dritten Periode, wie in § 14 gesagt ist. Seinen portug. Text habe ich frei wiedergegeben, und mit einigen Daten sowie den nachfolgenden Anmerkungen für den deutschen Leser versehen. — C. M. de V.

sächlichste ist unbedingt der übertriebene Purismus und Klassizismus des 16. Jhs. Er musste eine Reaktion hervorrufen, und zwar im Sinne zügelloser, individueller Freiheit, die am Absonderlichsten Gefallen fand, wenn es nur die eine Bedingung erfüllte, von den abgenutzten typischen Formen und Redefiguren der Klassiker abzuweichen. Der Anstoss zur Stil-Erneuerung ging von Spanien aus, das damals in der Litteratur die Führerrolle spielte: Marini, der Erfinder der italienischen *Concetti,* war span. Ursprungs; und spanische Werke dienten Scarron, Corneille, Molière, Lesage, Quinault, Hardy und Rotrou zum Muster. Was Wunder, dass die Portugiesen, die damals unter der Herrschaft der Spanier standen, das Gleiche thaten, und noch viel weiter gingen. Nicht genug damit, die Spanier nachzuahmen, und die eigene Litteratur zum blossen Schattenriss der spanischen zu machen, schrieben die meisten Portugiesen die Sprache der Nachbarn. In der Lyrik, im Drama, im Novellenfach, im Schelmenroman, in der Geschichtsschreibung, in der Mystik finden sich viele Arbeiten hispanisierter Portugiesen.[1] Und auch was portug. verfasst ward, unterscheidet sich nur durch die Sprache. Der Stil ist derselbe: was man in Portugal meisthin *Seiscentismo* nennt, ist in Wahrheit nichts als ein auf die Spitze getriebener Gongorismus, mit allen seinen Schwächen, aber ohne das originelle Kolorit, das er im Lande seiner Entstehung trug. — Die *Seiscentistas* folgen im Allgemeinen einer Doppelströmung: einerseits verwerten sie dieselben italienischen Dichtungsformen, wie die Klassiker Miranda und Camões, und benutzen noch die klassischen gelehrten Verbrämungen; andererseits aber bedienen sie sich des spanischen Wortschwalls, künstlicher Fehlschlüsse, gesuchter Metaphern, und einer affektirten, subjektiven Betrachtung der Wirklichkeit.

158. A. Lyriker. Der schätzenswerteste unter den Dichtern des 17. Jhs. bleibt, weil er nicht dauernd der Modekrankheit verfiel, der grosse und vielseitige D. Francisco Manoel de Mello (1611—1666), ein Quevedo, was die Schärfe und Gewandtheit seiner witzigen Einfälle anbetrifft, und ein Lope de Vega durch seine Liebesglut uud seinen ritterlichen Sinn.[2] — Der in Lissabon geborene und daselbst im Jesuitenkollegium erzogene Adlige schlug die militärische Laufbahn ein, huldigte aber schon früh den Musen. Noch als Student veröffentlichte er 12 Sonette auf den Tod der Ines de Castro, und schrieb die ungedruckte Novelle: »Fruchtlose Gunstbezeugungen« = »*Finezas mallogradas*«. Er diente zuerst auf der span. Flotte, schloss sich aber 1640 der nationalen Bewegung an, welcher er in dem Werke «*Politica militar en avisos generales*« den Boden bereitet hatte. Johann IV. erwies sich jedoch nicht dankbar, liess vielmehr den Schriftsteller, dem er so vieles schuldete, aus Eifersucht auf die Gräfin von Villa Nova de Figueiró, 9 Jahre im Kerker schmachten (1644—1653), und verbannte ihn darauf nach Brasilien, von wo Mello, nach Ablauf von 6 Jahren, erst nach dem Tode des Monarchen zurückkehren durfte. Diese langen ungerechten Leiden blieben nicht ohne Einwirkung auf Gemüt und Geist des heissblütigen, leicht erregbaren Dichters. Seine Werke sind sehr ungleich. Es findet sich viel Minderwertiges, seinem grossen

[1] S. Sousa Viterbo: »*A Civilisação portugueza e a Civilisação hespanhola*, Porto 1892, und von demselben: *Poesias de Auctores Portuguezes em Livros de Escriptores Hespanhoes*, Coïmbra 1802. — Sorgfältige und reichhaltige Schriften.

[2] Nachrichten über ihn suche man, ausser in der *Bibl. Lus* und im *Dicc. Bibl.* bei: Philarète Chasles, *Voyages d'un Critique* (Abteilung *Espagne*; Aufsatz V) 1869; C. C. Branco in dem Aufsatz, welchen er der *Carta de guia de casados* beigab, Porto 1873; Inn. da Silva, in der Einleitung, welche er zur Feira de Anexins schrieb, Liss. 1875; A. F. Barata, in dem Epilog zu dem historischen Roman »*Um duello nas sombras*« Lissab. 1875. — Mello ist eingehender Beschäftigung wert und bedürftig.

Talent nicht Ebenbürtiges darin, wenn auch ein feines poetisches Gefühl, und ein gesunder Sinn für Nationales und Volkstümliches ihn nie gänzlich verliess. — Seine zahlreichen Dichtungen führen den Gesammttitel »*Musas de Melodino*«[1] Doch ist nur der zweite Teil, mit dem Spezialtitel »Die zweiten 3 Musen« portug. abgefasst.[2] Der Dichter erneuert darin die alten Dichtungsformen der *medida velha*. In seinen moralischen Idyllen und den Lehrbriefen in *redondilhas* erinnert die schlichte kernige Einfalt der Figuren und das Treffende ihrer Ausdrucksweise an *Sâ de Miranda's* vorbildliche Arbeiten.[3] Im Lustspiel vom »Edelmann als Lehrling = *Fidalgo Aprendiz*« greift er gleichfalls zu den nationalen Formen des alten Theaters von *Gil Vicente* zurück, und bringt noch einmal die komische Figur des armen Adligen auf die Bühne, die der flämische Humanist *Clenardus* in einem seiner lateinischen Portugalbriefe so ergötzlich schildert.[4] Unter Mello's numerisch viel zahlreicheren Poesien in ital. Geschmack ist in metrischer Beziehung weiter nichts als eine kleine Anzahl von Madrigalen neu.[5] Alle sonstigen, von ihm angewendeten Formen waren bereits durch Camões zur höchsten Ausbildung gebracht worden. Zum Kultus dieses Genius kehrte er daher zurück, und gab seinem mystischen Liebesidealismus in unnachahmlichen Sonetten zu einer Zeit Ausdruck wo, im Lager der Epiker, der Kampf zwischen den Camonisten und den sogenannten Tassisten tobte, und manche Portugiesen pietätlos den Ruhmeskranz des Lusiadensängers zerpflückten. In dem schönen Prosa-Dialoge, den er das »Siechenhaus der Wissenschaften = *Hospital das Lettras*« betitelt, und in dem zum ersten Mal in Portugal eine gesunde und weitsichtige litterarische Kritik geübt ward, verherrlicht er Camões, erteilt unter den *Quinhentistas* die Palme jedoch dem »grossen Sâ«[6]. — Als echtes Kind seiner Zeit ward *Mello* auch Mitglied und Präsident alberner Akademien, und huldigte der von ihnen vertretenen verdorbenen Geschmacksrichtung, indem er allerhand »Obelisken«, »Labyrinthe«, »Pyramiden«, »Poetische Wälder« und ähnliche Spielereien verfasste, wie sie während des ganzen 17. Jhs. in Modegunst blieben[7].

[1] Wie Quevedo, so teilte Mello seine Dichtungen, nach Inhalt und Form in 9 Teile, deren jeder den Namen einer Muse trug. Die ersten drei erschienen 1649 zu Lissabon, unter dem von Braga zitierten Titel; dann wiederholt, mit Hinzufügung der weiteren sechs Musen, 1665 zu Lyon als »*Obras metricas de Don Francisco Manuel*, im 2. Band seiner »*Obras*«.

[2] »*As segundas tres Musas*«. – Die *tuba de Calliope* umfasst 100 Sonette (*amorosos, moraes, festivos, laudatorios, familiares, heroicos, liricos, sacros*); die *Çanfonha de Euterpe*, Briefe und Idyllen, vorwiegend in Kurzzeilen; die *viola de Thalia*, fromme Oktaven und Terzette, Madrigale, Oden, Wälder, Sapphische Strophen, und dazu *voltas, glosas, quintilhas, decimas, coplas de Manrique, romances, epigramas, Loas*, Liedertexte, und ein grösseres Bühnenstück.

[3] Der kluge Mann hat seinen verbildeten Geschmack gewaltsam in vernünftige Bahnen zurückgeleitet: Zum *senhor leitor* sagt er darüber: »*ũa só cousa vos lembro que me deveis um grande desejo de resucitar o grave estilo de nossos passados . . . .; afim de vos renovar este interesse . . . . passei mil descontos com o meu natural que o prendi e sopeei, a troco de seguir aquelles nobres exemplos . . ., que o meu juizo gostava de ir á India por fóra.*«

[4] Dieser munteren, kulturhistorisch interessanten Posse in drei *jornadas*, die bei Hofe zur Aufführung gekommen sein soll, hat Braga Kap. 17 seines *Theatro Portuguez no seculo XVII* gewidmet. Gedruckt ward es, wie Anm. 2 sagt, in den *Musas*, und allein 1676.

[5] In § 128 und 144 erwähnte ich bereits, dass schon vor ihm Bernardo Rodrigues Madrigale und Ballaten schrieb.

[6] Der wirklich geistvolle Aufsatz »*Hospital das lettras*«, in welchem Justus Lipsius, Trajano Boccalino, Quevedo und Mello, als Vertreter des Humanismus, Italiens, Spaniens und Portugals in einer lissabonner Bibliothek ihre Ansichten über Litteratur austauschen, bildet mit drei anderen Gesprächen — den *Relogios fallantes*, dem *Escriptorio avarento* und der *Visita das fontes* — einen Sammelband, »*Dialogos apologaes*«, der erst 1721 ans Licht kam. Alle vier sind werthvolle Sittenstudien, voll Ernst und Scherz, in reich gewürzter, echt portug. Sprache, wie damals nur der Sammler der Volksredensarten, der uns die *feira de anexins* hinterliess, sie zu schreiben verstand.

[7] S. u. § 163.

159. Der zweitgrösste Lyriker seiner Zeit, Francisco Rodrigues Lobo, (gest. etwa 1625)[1] schaltete fast alle seine zahlreichen lyrischen Gedichte in seine drei allegorischen Schäferromane ein. Unter denselben, die meisthin einer Hofdame des Herzogs von Caminha gewidmet sind, zeigen die Idyllen sein hervorragendes Talent am hellsten. Selbst im ital. Hendekassyllabus bedient er sich volkstümlicher Wendungen; und aus den Liedern in Kurzzeilen, welche als Einlage zu den Hirtengesprächen vorkommen, spricht nationales Gefühl in ausserordentlicher Reinheit und Frische, so z. B. aus den kleinen *Vilancetes* über *Violante* und *Leonor*. — Trotzdem unterliess er es nicht, kastilische Romanzen zu verfassen[2] und eine Sammlung davon dem spanischen Philipp (III) bei Gelegenheit seiner Reise nach Portugal zu widmen.[3] — Der verliebte Lobo ertrank im Tejo.

160. Schon gegen Ende des 16. Jhs. reagirte auf der Halbinsel eine mystische Gegenbewegung voll echt-christlich-katholischen Geistes gegen den frömmelnden Formalismus der Jesuiten, wie aus den Versen des S. João da Cruz, Frei Luiz de Leon und der heiligen Theresa de Jesus zu ersehen ist. In Portugal erhielten die frommen Weisen, in Folge der trostlosen Entmutigung der geknechteten Nation, einen spezifisch melancholischen Charakter. Nennenswert sind die Elegien des Frei Antonio das Chagas, die als Anhang zu einer vom Padre Manuel Godinho verfassten »*Vida*« veröffentlicht worden sind[4]. Sie bilden ein merkwürdiges Gegenstück zu den durchaus weltlichen, leicht geschürzten, oft sogar zuchtlosen Wäldern von Kunstromanzen (gegen 150), welche er vor seinem Eintritt in den Orden unter seinem richtigen Namen Antonio da Fonseca Soares geschrieben hat.[5] Die »göttlichen und menschlichen Verse« des D. Francisco de Portugal[6]; der *Parnaso* der Nonne Violante do Ceo (1601—93); die »*Soledades do Bussaco*» von D. Bernarda Ferreira de Lacerda kleiden die seligen Empfindungen frommer Verzückung in weiche und melodische, oft jedoch mattsüssliche Strophen, bald in portug., bald in span. Sprache. An diese lyrischen Ergüsse schliesst sich eine Reihe längerer poetischer Heiligenleben wie z. B. das des Evangelisten Johannes von Barreto Fuseiro, und ferner das theologische Lehrgedicht »*Os Novissimos do Homem*« von D. Francisco Child Rolim de Moura (1572 — 1640), das sich in 4 Gesängen mit den »letzten« Fragen — Tod, jüngstem Gerichte, Himmmel, und Hölle beschäftigt.[7] Der einzige mystische

[1] Vgl. § 144. 151 und § 164. Eine eingehende Würdigung liess Bouterwek ihm widerfahren; wie auch Costa e Silva (*Ensaio* V).

[2] *Romances, primeira e segunda parte,* Coimbra 1596 und Liss. 1654. Nicht nur 2 davon, sondern 5 sind portug., der Sprache nach. Dem Geiste nach sind sie alle ganz spanisch. Zum Teil treiben sie den Hyperbolismus auf die Spitze (besonders in den *romances mouriscos),* wohl absichtlich, um die »kastilische Renommiersucht = *os feros castelhanos*« lächerlich zu machen, die der Portugiese ebenso gern tadelt, wie der Spanier die portugiesische.

[3] *La jornada que . . . Filippe III hizo al reyno de Portugal . . . . en varios romances,* Liss. 1623.

[4] *Vida, virtudes e morte com opinião de sanctidade do . . . P. Frei Antonio das Chagas* 1687 (u. öfter).

[5] Über das abenteuerreiche weltliche Leben und Wirken dieses typischen, unter dem Spitznamen Capitão Bonina bekannten Dichters (1631 – 1682), der bis 1662 als Soldat kämpfte und als unersättlicher D. João ausschliesslich seinem Behagen lebte, äusserst frivole Liebeslieder, sowie Kriegsberichte schreibend, lese man Alberto Pimentel: »*Vida mundana de um frade virtuoso*«, Lissab. 1890.

[6] »*Divinos y humanos versos*« nebst »*Prisões e solturas de uma alma*« (gedr. 1652), wie üblich ein Gemisch von portug. und span. Gedichten in beiden Stilarten, von denen keine sich jedoch der obligaten Metaphern, Wortspiele und Hyperbeln enthält. Sehr lehrreich ist seine Prosaarbeit: »*Arte de Galanteria*« (1670) die, im Anschlusse an hofmännische Lebensregeln und sittengeschichtlich interessante Anekdoten, ein Gesetzbuch hispanischer Poetik bietet.

[7] Gedr. 1623 und 1853. An Dante, Milton oder Klopstock erinnert das

Poet jedoch, der eine volkstümliche Ader hatte, war Francisco Lopez, der mehrere geistliche *Poemas* in kurzzeiligen Quintilhas abfasste (*Santo Antonio — Martyres de Marrocos — S. Bom Homem*), und auch verschiedene Begebnisse der Revolution von 1640 in gebundener Rede behandelte. Von den »Rätseln« seines »*Passatempo honesto*« sind viele traditionell geworden: an den heute im Volksmunde umlaufenden Texten lassen sich interessante Umgestaltungen wahrnehmen. —

161. B. Epiker. Der Enthusiasmus für epische Gedichte war, trotz dem Erbleichen des Heroentums, nicht lauer geworden. Ein *Poema heróico* galt weiter für den höchsten Ruhmestitel des Dichters. Man fuhr fort, die nationalgeschichtlichen Nachrichten der Chroniken zu versifizieren; unterliess es aber dennoch nicht, sogar in den Vorreden und Widmungen zu patriotischen Reimchroniken dem kastilianischen Usurpator Weihrauch zu streuen. Meist schöpfte man die stoffliche Grundlage aus Brito's »Monarchie« (§ 153). Francisco Rodrigues Lobo idealisierte den Helden, durch den bei Aljubarrota der span. Stolz gebrochen worden war, in den 20 *Oitavas-Rimas*-Gesängen seines *Condestavel* (gedr. 1609). — Gabriel Pereira de Castro (†1632), ein bedeutender Rechtslehrer und gelehrter Latinist, ersann, unter Benutzung der Legenden der Afterchroniken, eine nicht ungewandte »*Ulyssea*« über die Fabelreise des Ulysses nach der Halbinsel und seine Erbauung Lissabons, die lange Zeit für die beste Epopöe, nächst den Lusiaden, gegolten hat:[1] einige der schmähsüchtigen Widersacher des Camões — Manoel Pires de Sousa, João Soares de Brito, Rolim de Moura und Manoel de Gallegos — versuchten es sogar, Pereira's Gedicht für bedeutender als das kamonianische Nationalepos auszugeben. — Die Sagen über die Entdeckung der Insel *Madeira* und den sich daran knüpfenden Liebesroman des Machim und der Anna d'Arfete bilden den Gegenstand der »*Insulana*« (gedr. 1635) von Manoel Thomaz (gest. 1665). — Francisco de Sâ de Menezes († 1664) griff in seiner »*Malacca Conquistada*« (1634) noch einmal zu einem indischen Motive und Helden (D. Affonso de Albuquerque), und zwar mit solchem Geschick dass mancher sein Werk noch über die *Ulyssea* stellt.[2] In ihrer »*Espanha libertada*« fusst D. Bernarda Ferreira de Lacerda auf alten Berichten über den Einfall der Araber in die Halbinsel; doch spricht sie das Nachbaridiom. — Schätzenswerter ist der »*Viriato tragico*« des Braz Garcia de Mascarenhas, der nach einem stürmischen Abenteuerleben und schweren Prüfungen während der Befreiungsepoche sich in die Einsamkeit zurückzog, und in der Dichtkunst Zerstreuung suchte. Da sein Poem bis 1699 ungedruckt liegen blieb, bemächtigte sich desselben André da Silva Mascarenhas und plagiierte es in seiner saft- und kraftlosen »*Destruição d'Espanha*«. — Nach der Restauration von 1640 schuf das neu erwachte Nationalgefühl nicht, wie man hätte erwarten sollen, neue, wirklich patriotische Gebilde: man begnügte sich damit, die Person Johann's IV. zu feiern, wovon der »*Templo da Memoria*« des Manoel de Gallegos und die ungedruckte *Lusifineida* des Frei Manoel de Santa Thereza Zeugniss ablegen können.[3]

162. C. Das Drama. — Die spanischen Mantel- und Degenstücke be-

trockene Lehrgedicht nicht, ebensowenig wie das, in § 145 erwähnte, welches Corteral als *Auto dos quattro novissimos* (unter Hinzufügung eines Fegefeuer-Gesanges) verfasste.

[1] »*Ulyssea ou Lisboa edificada*«, geschrieben bald nach 1600, gedruckt 1636. Den gleichen Stoff behandelte in einem nicht minder langatmigen, 13 Gesänge füllenden Epos, noch ein anderer Zeitgenosse, Antonio de Sousa de Macedo (1606–82): »*Ulyssipo*« 1640.

[2] Seit 1641 trug der verwittwete Dichter im Kloster den Namen Frei Francisco de Jesus.

[3] S. darüber Inn. da Silva VI 119. Auch der »*Phenix da Lusitania*« des oben erwähnten Manoel Thomaz hätte erwähnt werden können.

herrschten die portug. Bühne. In den Lustspielen »*Diu*« und »*Alfêa*« von Simão Machado sind opernhafte Effekte die Hauptsache.[1] Der »*Dialogo gracioso de Terracuça*« und das »*Hospital do mundo*« von Pedro Salgado sind zwar nicht schulgerechte Bühnenstücke, aber wenigstens portug. Geistes voll, der den übrigen Dramaturgen fehlt, die wie Jacinto Cordeiro, Mattos Fragoso, Antonio Henriquez Gomez und so viele andere, zur Bereicherung des spanischen Theaters beitrugen[2]. Der »*Tratado da paixão*« des Paters João Ayres Moraes hat zwar den Aufbau eines alten hieratischen *Auto*, nach Art der Schüler Vicente's, doch zeigt seine Sprache all den bunten Ausputz der Kulteranisten.

163. D. Litterarische Akademien. In einem Lande, das von Gewissensfreiheit nichts wusste, seit die Furcht vor der Inquisition und ihren *autos-da-fé* sowie die Rute der jesuitischen Erziehung die Geister knechtete, und das der politischen Selbstbestimmung entbehrte, wie Portugal, während es unter der span. Herrschaft seufzte, und auch hernach unter dem Despotismus der Braganças, konnten die Akademien, diese bedeutendste pädagogische Schöpfung des 17. Jhs. unmöglich streng wissenschaftlichen Charakter haben. Die heimischen Akademien sind nichts als litterarische Kränzchen (*tertulias*) in denen die begüterte und äusserlich gebildete Minderheit sich am Luxus litterarischer Spielereien ergötzte, und es nicht einmal mit dem Bestreben ernst nahm, den Stil zu vervollkommnen. Auch hier ist die selbe, von Italien und Spanien ausgehende Doppelströmung bemerkbar, welche ausserhalb der geschlossenen Zirkel die Litteratur beeinflusste. Einerseits behandelte man Fragen aus dem Gebiete der Gefühlskasuistik nach kulteranistischem Rezepte; andererseits ahmte man die ital. Melodien und Madrigale nach, welche als Vorläufer der Oper zu betrachten sind[3] Die bekannteste unter den zahlreichen schöngeistigen portug. Akademien ist die der »Grossmütigen« = »*Generosos*«, welche der Truchsess Johanns' IV., D. Antonio Alvares da Cunha (1626—90) im Jahre 1649 gründete. Den zweiten Rang nimmt die der »Sonderbaren« = »*Singulares*« ein, die 1663 von D. Francisco Manoel de Mello nach dem Muster der ital. *Illuminati, Insensati* und *Lirici* gegründet ward.[4] — Natürlich

[1] »*Diu*« erschien 1601; mit der *Alfea* 1631; und 1706 unter Beigabe von 2 *Entremezes* (nach Quevedo's Muster) und 4 *Loas* (»*que no son de Lope*«). Simão Machado, der nächst einer »*Sylva de Espirituales Pensamientos*« noch einige spanische Novellen schrieb, starb in Barcelona, nach 1632, als Klosterbruder Frei Boaventura. Die beiden zweiteiligen und zweisprachigen Dramen, die dem Leser sprachlich wie sittengeschichtlich reichen Ertrag bieten, sind ein sehr interessanter, ob auch mislungener Versuch, das nationale Volks-Auto mit seinen derben Rüpelscenen und die span. *Comedia de tramoya*, mit ihren Dekorationseffekten, zu einem Ganzen zu verschmelzen.

[2] Über Cordeiro, Fragoso, Gomes und andere vorwiegend spanisch dichtende portug. Dramaturgen befrage man Barrera y Leirado und Garcia Peres; über die portug. dichtenden Th. Braga: *Theatro Portuguez no sec. XVIII.* Zwei Sammlungen der beliebtesten Farcen und Zwischenspiele jener Tage sind die »*Musa entretenida*« von Manuel Coelho de Rebello, Coimbra 1658 und 1695, und die »*Musa Jocosa*« des Nuno Nisceno Sutil 1709. Sie sind grobkörnig, doch lustig.

[3] Besonders König Johann IV. war ein bedeutender Musikfreund und Kenner, wie der *Catalogo de musica* seiner reichhaltigen 1755 vernichteten Sammlung bezeugt. Dramatisch aufgebaute Villancicos, Tonos, Canzonette und Madrigale entstanden zu vielen Hunderten an seinem Hofe, und noch unter seinen Nachfolgern. — Mello's *Avena de Tersicore* bietet Beispiele dafür.

[4] Über die vornehmen Mitglieder dieser Akademien (oder Lyceen), deren Protektoren Johann IV. († 1656) und Alfons VI. (entthront 1668) waren, unterrichtet am besten Mello in den humorvollen Knittelversen oder den kunstvollen Prosa-Satzperioden seiner akademischen Reden. S. *Obras metricas* II p. 146—165, 257—284 und III 265. Vgl. auch Braga, *Manual* 364 und dagegen C. C. Branco, *Curso* p. 306—308, obwohl keiner von beiden genügendes bietet. Die Vereinigungen der *Generosos* fanden zuerst im Hause Mello's statt, später (1647—1668) im Pallast des Gründers, meist sonntäglich. Die nichtigsten Gegenstände wurden zum Gegenstand hochtrabender, langer und kurzer Poesien gemacht. Am besten gelangen die lustigen Bagatellen. Das *genero jocoserio*, das bis heute in Portugal be-

waren zahlreiche portug. Dichter auch Mitglieder span. *tertulias:* so Miguel da Silveira, der Verfasser des religiösen Epos »*El Macabeo*«, der zur Dichterakademie *Medrano* gehörte — eine Ehre, welche Faria-e-Sousa sich nicht zu erwerben vermochte. Dieser gab seine zahlreichen lyrischen Gedichte daher gesondert unter dem bezeichnenden Titel »*La fuente de Aganippe*« heraus.[1] Jede Vereinigung von Akademikern hiess *certamen.* Und ihre Wettspiele fanden zur Feier jeglichen öffentlichen Begebnisses, zu Fürsten-Geburtstagen, und Heiraten, zu Bischofsweihen, Heiligsprechungen u. a. statt. Wenige ihrer Erzeugnisse sind gedruckt.[2] Das merkwürdigste Denkmal der Moderichtung jener Zeit ist daher das Sammelwerk »*A Fenix renascida*«, in dem auch das so beliebte Schelmen-Genre und die Karrikatur einen breiten Raum einnehmen.[3] Als Beispiel für letztere kann die »*Jornada ás côrtes do Parnaso*« gelten, worin Diogo Camacho die peninsularen Dichter respektlos, doch höchst witzig in ungezwungener Sprache und guten Versen kritisiert. — Der Widersinn des auf

liebt geblieben ist, ward üppig gepflegt, und da im 16. Jh. die angeborene Spott- und Parodiersucht der Nation durch den Klassizismus sowie Inquisition und Jesuitismus gewaltsam eingedämmt worden war, brach sie nun mit ungezügelter Naturkraft hervor. Doch artete sie erst in den sitten- und haltlosen Tagen Johann's V. (1706—1750) zu übermässig roher Natürlichkeit aus.

[1] Diese heute ausserordentlich seltenen Eigendichtungen oder »*Rimas varias*« des Faria-e-Sousa (1590—1649), füllen 4 Bände (1624—27), wozu noch 3 weitere Publikationen kommen »*Narciso e Echo*« 1623; *Divinas y humanas flores* 1624; *Noches claras* 1624. Sie umfassen 12 Oktavengedichte, viele Akrostichen, Esdruxulos, Echogedichte und ähnliche Spielereien, 20 Idyllen (*Eglogas amorosas, venatorias, maritimas, rústicas, funebres* etc.) und 600 Sonette, worunter 200 portug. sind. Plattes und Schwülstiges steht darin neben Geistreichem und wirklich Effektvollem, Gutausgeführtes neben Flüchtigem. Nicht selten radotiert der Autor vollständig, der als König der Floskel und kritisches Orakel sich selbst für grösser als seinen Freund Lope de Vega hielt, da er täglich, kraft seiner Behändigkeit, durchschnittlich 12 Bogen Papier beschrieb! Schädlicher noch als seine Dichtungen, die doch nur ein kleiner Haufen in einer mächtigen Masse waren, wirkten seine grundsatzlosen theoretischen Auslassungen über Dichter, Dichtungen und die Dichtkunst im Allgemeinen, da sie so gut wie allein dastanden — wenn man von den gelegentlichen, ein beschränktes Gebietsteil berührenden Erörterungen bei Lobo (*Côrte na Aldeia*), Mello (*Hospital das lettras* und *Cartas familiares*) und D. Francisco de Portugal (*Arte de Galanteria*) absieht — und mit unglaublicher Sicherheit vorgetragen wurden. Faria-e-Sousa ist nämlich auch als Kritiker der Wortredner und Betätiger aller Lizenzen. Er dekretierte ziemlich absolute Gewissens- und Handelnsfreiheit (oder Willkür); verwischte die Grenzen zwischen gut und schlecht, erlaubt und unerlaubt, schön und hässlich, gross und klein, wahr und unrichtig; und der falschen Liberalität seiner Gesetzgebung ist es zum grossen Teil zuzuschreiben, wenn auch auf dem Gebiete der portug. Litteratur (wie auf so vielen anderen) die verderbliche Doktrin sich mehr und mehr Geltung verschaffte: *licet quod libet* und »*As leis são lettra morta*«. Über den Menschen Faria-e-Sousa lese man, ausser seinen Eigenbiographien, die sich gar oft widersprechen, seinen Lobredner Francisco Moreno Porcel: »*Retrato de Faria-e-Sousa*« (1650); die Gegenschrift des Grafen von Ericeira: »*Juizo histórico do Retrato de Faria-e-Sousa*« (1733) sowie die einsichtigen Erörterungen von C. C. Branco im *Curso* II 71 ff. und *Circ. Camon.* I 311. Über den Dichter was Bouterwek und Costa-e-Silva über ihn äussern. Dazu Storck, *Camoens* § 14 und 391.

[2] Die »*Conferencias*« der *Singulares* erschienen 1665 (u. 68). Vgl. die »*Applausos*« 1673.

[3] Erste Auflage in 5 Bdn. 1721—28; zweite 1746. Der bedeutendste unter den anderthalb Dutzend Dichtern, die zu diesem *Cancioneiro* beigesteuert haben, ist im ernsten Genre der korrekte und feinsinnige Erfinder der sogenannten »*Saudades*« (worunter man von nun an elegische Schilderungen verliebter Einsamkeit verstand) Dr. Antonio Barbosa Bacellar (1610—63), dessen Verse sich direkt an die von Lobo, Alvares do Oriente und Camões anlehnen. — Nennenswert sind von den humorvollen noch: D. Thomas de Noronha († 1651) wegen seiner komischen Sonette; Jacintho Freire de Andrade, der die Exzesse der Gongoristen überbietet, um sie lächerlich zu machen; und der witzige, unglückliche Jude Antonio Serrão de Castro (1610—1685), der nach schwerer Verfolgung von Seiten der Inquisition bettelarm und blind im Hospital starb. In den Kerkern des Santo-Officio, wo er 10 Jahre verblieb, schrieb er ein Scherzgedicht in Kurzzeilen »*Os ratos da Inquisição*«, das erst 1883 durch C. C. Branco ans Licht gezogen ward. Es verwertet sehr oft bekannte Verse von portug. Klassikern, ohne sie als solche zu kennzeichnen.

die Spitze getriebenen Kulteranismus zeigt sich am deutlichsten in den Reimereien des übrigens talentvollen Jeronymo de Bahia.[1] —

164. E. Hirtenroman und allegorische Novellen. — Die Prosanovelle wird eifrig gepflegt, und zwar in viel mannigfacheren Formen als früher. Die alte Vorliebe für die Hirtennovelle im Geiste Montemór's dauert zuerst fort, nur dass sich in der Schreibweise alle sentimentalen Künsteleien der Modedichtung wiederspiegeln. Später wird die Novelle allegorisch, nimmt dann einen lehrhaft moralisierenden Charakter an, und wird zuletzt sogar ascetisch. Als realistisches Gegenstück dazu erscheint der spanische Schelmenroman, dessen hervorragendste Vertreter der bewunderungswürdige *Lazarillo de Tórmes*, der *Gran Tacãno* und der *Bachiller Trapaza* sind. In Portugal fehlt es nicht an Nachahmungen aller dieser Gattungen. Doch sind die meisten unsäglich fade, stilistisch unverdaulich, gedankenarm, und mit unnützen Episoden überladen. Nennenswert sind unter den Schäferromanen allein die drei zusammenhängenden des Rodrigues Lobo »*A primavera*« (1601); »*O pastor peregrino*« (1608) und »*O desenganado*« (1614), die trotz ihrer ermüdenden Länge ein lebendiges poetisches Nationalgefühl verraten, und eine durch Rundung und Eleganz ausgezeichnete Sprache reden.[2] Viel unbedeutender sind die »*Ribeiras do Mondego*« des Eloy de Soutomayor (1623). Zu den allegorisierenden Romanen gehört der »*Predestinado peregrino*« des Frey Alexandre de Guzmão, doch bleibt er weit hinter der ausserordentlichen Schönheit des »*Pilgrims Progress*« des englischen Anabaptisten Bunyan zurück, den er sich zum Muster nahm. — Moralisierende Beispiel-Novellen fanden in den Bürgerfamilien, in denen man endlich begann, Geschmack an der Lektüre zu finden, grossen Anklang. Dahin gehören: »*Os infortunios tragicos da constante Florinda*« vom Pater Gaspar Pires Rebello (1665); der »*Alivio de tristes e consolação de queixosos*« vom Pater Mattheus Ribeiro (1688); und »*A roda da fortuna e vida de Alexandre e Jacintha*« von ebendemselben (1695).[3] Der nennenswerteste Schelmenroman ist »*O peralvilho de Cordova*« von Matheus da Silva Cabral, der als Fortsetzung zu Solorzanos »*Bachiller Trapaza*« aufzufassen ist. — Der Ritterroman fand immer noch Pfleger und Leser, wie aus den, schon früher erwähnten Fortsetzungen zum *Palmeirim de Inglaterra* erhellt (s. § 149)

[1] Eine andere vervollständigende Sammlung von Poesien aus dem 17. Jh. (und aus der ersten Hälfte des 18.) trägt folgenden pompösen Titel (zu dem sich Dutzende von Parallelen anführen liessen): *Eccos que o Clarim da Fama dá*: *Postilhão de Apollo montado no Pegaso, girando o Universo, para divulgar ao orbe litterario as peregrinas flores da poesia portugueza*, gedr. 1761–62 von einem Sammler, welche der Mode treu, seinen Namen anagrammatisch verdreht hat. — Eine geschmackvolle Auswahl des Besseren aus beiden Werken enthält John Adamson's *Lusitania illustrata*. New-Castle 1842. — Da es, nach wie vor, für vornehmer galt, seine Werke handschriftlich nur bekannten Gönnern und Gönnerinnen zu übersenden *(de mandar un papel)*, und da manche der unverblümten und skurril-lustigen Erzeugnisse portug. Witzes (= der *galhofa*, *chalaça*, *pilheria* und *brejeirice*, die man unter den Begriff »*graça portugueza*« zusammenfasst) überhaupt das Licht der Öffentlichkeit scheuen mussten und müssen, so blieb sehr vieles ungedruckt. Aus den in öffentlichen und Privat-Bibliotheken ruhenden *Cancioneiros de mão* des 17. und 18. Jhs. ziehen Litteraturfreunde nur dann und wann einige Musterstücke hervor (wie z. B. C. C. Branco, der unter anderem eine Sammlung von 10 Bänden besass; Inn. da Silva; Alb. Pimentel; Garcia Peres; Borges de Figueiredo; und der sonderbare Bernardes Branco). — Zu dem Dutzend portug. Dichter (des 16. und 17. Jhs.), welche Lope de Vega 1630 im *Laurel de Apolo* gepriesen hatte, trug schon 1631 Jacinto Cordeiro in seinem »*Elogio de Poetas Portuguezes*« 76 (und nicht 38) Namen nach! Man vergleiche noch Manuel de Gallegos, »*Templo da Memoria*« und P. Antonio dos Reys, »*Enthusiasmus Poeticus*«.

[2] Über Lobo, den ich zu den Epigonen der klassischen Periode rechne, sowie über Sotomayor und Veiga, blicke man auf § 144 zurück.

[3] Desgleichen noch der »*Retiro de cuidados e vida de Carlos e Rosaura*« von demselben Verfasser. Der Leser wird die Erwähnung der »Feinen Abendunterhaltung« des Felix da Castanheira Turacem vermissen (»*Serão politico*«, 1704), dessen anmutige Natürlichkeit Bouterwek zu Lobsprüchen veranlasst hat.

Eingehendere Beachtung als sie ihnen bis heute zu Teil ward, und kritischer Untersuchung wert, sind die »*Academia nos Montes*« von Manuel de Campos; die »*Historia do Capuchinho escossez*« von D. Diogo Gomes Carneiro (1657); die »*Paciencia constante*« von Manoel Quintana de Vasconcellos (1622); die »*Prodigiosas historias*» von Manoel Brito Alão (1637); die »*Satisfação de aggravos e confusão de vingativos*« vom Pater João da Fonseca (1695) und der »*Peregrino de America*« von Nuno Marques Pereira.[1] — Ahmten die Verse der Akademiker alle Absurditäten des Gongorismus ohne Stirnrunzeln, ja mit Enthusiasmus nach, so überschlug die Prosa sich förmlich im Unsinnigen. Den Gipfel der Verrücktheit erklommen symbolisierende Werke wie die: »*Christaes da Alma*« und die »*Desmaios de Maio*« (1636)[2]

165. F. Der Kulteranismus in der Geschichte. Die Geschichtschreiber des 17. Jhs., welche in Universität und Schule noch heute als musterhaft gepriesen werden, sind Frei Luiz de Sousa und Jacintho Freire de Andrade († 1657): ihre Schreibart gilt für klassisch. Der erstere gab in der vielgerümten Chronik des Dominikanerordens, den stillosen, älteren Aufzeichnungen des Frei Luiz de Cácegas eine elegante kunstgerechte Redaktion, doch fehlt dem Werke, das an malerischen Beschreibungen reich ist, alle gesunde Kritik: sein ganzes Verdienst besteht in dem rhetorischen Prunk. Das Leben des Frei Bartholomeu dos Martyres spricht eine weniger pomphafte Sprache. Auch verdient darin die Aufzeichnung gar mancher Anekdote über jenen kernigen und tugendhaften Erzbischof von Braga Lob. Im Grossen und Ganzen zeigt der Darsteller jedoch auch hier nur wenig Verständniss für die historische Epoche, die er schildert, wie schon sein Biograph D. Francisco Alexandre Lobo bemerkt hat.[3] Die unvollständige Chronik Johann's III. von ebendemselben, die erst neuerdings ans Licht gezogen worden ist[4], besteht aus Einzelnheiten, die durch kein anderes als das äusserliche Band der chronologischen Aufeinanderfolge geeint sind. — Das Leben des D. João de Castro von Jacintho Freire de Andrade ahmt den Pleonasmus der spanischen Novellen, in Sonderheit des »*Persiles y Sigismunda*« ergiebig nach, besonders in den vielen

[1] Der *Capuchinho* ist nichts als eine Übersetzung aus dem Italienischen des Ranuccio; die *Paciencia* ein aus Prosa und Poesie gemischter Hirtenroman; die *Prodigiosas historias* sind fromme Wunderberichte aus dem Nazareth-Klosser; die *Satisfação* enthält rein religiöse Gespräche zwischen einem Eremiten und einem Soldaten; und der *Peregrino* ist ebensowenig romanhaft, sondern ein *compendio narrativo em que se tractam varios discursos espirituaes e moraes!*

[2] Die vollen Titel lauten: *Crystaes da alma, frases do coração, rhetorica do sentimento, e amantes desalinhos,* von Gerardo de Escobar und *Desmaios de maio em sombras do Mondego* von Diogo Ferreira Figueiroa.

[3] Das Leben dieses Mönch gewordenen, klassisch-gebildeten Ritters, dessen elegante, wohllautende Sätze thatsächlich von aller älteren portug. Prosa abweichen, ward frühe legendenhaft verbrämt. Manuel de Sousa Coutinho, der Sohn jenes Lopo, dessen Geschichtswerk in § 153 erwähnt wurde, (geb. 1555 gest. 1632) war Malteser-Ritter; ward zwischen 1574 und 77 bei einer militärischen Expedition in Algier gefangen; vermählte sich 1585 mit D. Magdalena de Vilhena, der Wittwe des angeblich bei Alcacer-Quebir gefallenen D. João de Portugal (dessen Vater D. Manoel uns als Dichter und Beschützer des Camões begegnet ist); steckte 1599 seinen Pallast in Brand, als ein span. Gouverneur sich dort einquartieren wollte; entfloh den üblen Folgen, indem er nach Indien ging, von wo er erst 1604/5 heimkehrte, und trat 1614 in das Dominikanerkloster Bemfica, während seine Gemahlin gleichzeitig den Nonnenschleier nahm. Die Sage, welche schon von Cervantes im *Persiles* in freier Weise und von Almeida-Garrett zu seinem Drama *Frei Luis de Sousa* verwertet ward, erklärt diesen Schritt, indem sie versichert, der erste Gatte D. Magdalena's sei nicht tot gewesen, sondern habe nach langer Gefangenschaft und frommer Pilgerfahrt Nachrichten von sich gegeben. S. darüber Frei Antonio da Encarnação in der Einleitung zur *Historia de S. Domingos* Bd. II (ed. 1662); Bayão. *Chronica de D. Sebastião* p. 726; und besonders Alex. Lobo, *Obras* II, sowie in den *Memorias da Academia* VIII. 1—101 die *Memoria historica ácerca de Frei Luis de Sousa.*

[4] »*Annaes de D. João III*«, Porto 1844.

Reden, die der Autor seinem Helden nach Art des Titus Livius in den Mund legt.[1] Wahres historisches Verständnis belebt hingegen die »Geschichte des katalanischen Aufstands« von D. Francisco Manoel de Mello, die aber, leider, spanisch abgefasst ist.[2] Mit Rücksicht auf dieses Buch sagt Phil. Chasles: »ohne jede gewollte Nachahmung des Altertums erneuert der Autor die dramatische Lebendigkeit eines Thucydides und Herodot«.[3]

166. G. Eloquenz und Epistolographie. — Die Beredsamkeit wurde einzig und allein auf der Kanzel gepflegt. Ihr glänzendster Vertreter ist der Jesuitenpater Antonio Vieira (1608—1697), der so ungeheuren Einfluss auf die Regierung Johann's IV. ausübte. Die unermüdliche Thätigkeit dieses Missionars und Hofpredigers erstreckte sich fast durch das ganze Jahrhundert.[4] Die Kritik, welche er in seiner Predigt vom Montag Sexagesima des Jahres 1653 an den Stilsünden der geistlichen Rhetoren übte, stimmt zu den Verfügungen des Papstes Innocenz XI. an die Oberen der verschiedenen Orden, worin es gemissbilligt wird, dass die Priester »*Concetti* und Redeblüten« anwenden. — Auch die Moralisten befleissigten sich natürlich des pretiösen Modestils, wie z. B. die *Arte de furtar* beweisen kann.[5] — Das einzige Werk, in welchem die Sprache des Herzens

[1] Das sehr verschieden beurteilte Werk dieses »Meisters der Grandiloquenz« erschien 1651 und hernach noch mindestens 20 mal (engl. 1664).

[2] *Historia de los movimientos, separacion y guerra de Cataluña*, 1645 (unter dem Pseudonym Clemente Victorino) und oft. — Portug. Geschichtsberichte von ihm sind die »*Epanaphoras de varia historia portugueza* (1660), welche fünf Einzelberichte umfassen: 1) über die Kriegsereignisse des Jahres 1637; 2) über den Seekrieg von 1627; 3) Entdeckung Madeira's (frz. 1671 Paris, bei Barbin, dem Verleger der weiter unten besprochenen *Lettres d'une Religieuse*); 4) Kanalkrieg von 1639; 5) Holländisch-brasilischer Krieg von 1654.

[3] Natürlich existiert daneben eine Fülle anderer historischer Werke, die sich meist von den Absurditäten des Modestils ziemlich fern halten. Zu besprechen wären besonders die Fortsetzungen der *Monarchia Lusitana*: Parte III und IV (1632), die bis zu Alfons III. reichen, von Frei Antonio Brandão (1584—1634) über den man die *Memorias da Academia* VIII 36—80 nachschlage; V und VI (1650 und 1672) über D. Dinis von Frei Francisco Brandão (1601—1680); VII (1683) über Alfons IV. von Frei Raphael de Jesus (1614—1693) (Parte VIII (1727) von Frei Manoel dos Sanctos gehört ins 18. Jh.); ferner eine Reihe zeitgenössischer Schriften über Alfons VI. wie z. B. die tagebuchartigen *Monstruosidades do tempo e da fortuna* (1662—80), welche man Frei Alexandre da Paixão zuschreibt, (gedr. 1888 von Graça Barreto); die *Catastrophe*, (vermutlich von D. Fernando Correa de Lacerda); die *Anticatastrophe* (gedr. 1845); und die *Vida del Rey D. Affonso VI escripta em 1684* (gedr. 1875 durch C. C. Branco); von Ordenschroniken, ausser Brito's *Chronica de Cister* (1603), und Sousa's *Chronica de S. Domingos* (1619), die *Chronica da Companhia de Jesus* von Balthasar Telles (gedr. 1645); von Monographien die *Vida de S. Francisco Xavier* von João de Lucena 1600 (dem man freilich vorwirft, Mendes Pinto plagiiert zu haben); dazu das *Agiologio* von Cardoso (1623); die Geschichte der Bischöfe von Porto (1623) sowie der Erzbischöfe von Braga (1635) und Lissabon (1640) von D. Rodrigo da Cunha u. a. m.

[4] »*Sermões*« 15 Bde. 1679—90, 1718 und 1748; Auswahl in 6 Bdn. 1852—53 und in den 7 ersten Bänden der »*Livraria Classica*« (Rio 1845—46). — Einzelausgaben und Übersetzungen sind äusserst zahlreich. Die bewunderungswürdige Thatkraft dieses klugen Apostels der Indianer und Verteidigers der Juden, sowie seine nicht geringen litterarischen Verdienste würdigt Alex. Lobo, *Obras* Bd. II p. 351. Vgl. auch Pe André de Barros, *Vida do Padre Vieira*, Liss. 1746; und Abbé E. Carel, *Vieira, sa vie et ses oeuvres*, Paris 1879. Die anders gearteten, sanfteren Reden des Padre Manoel Bernardes (1644—1710) »*Sermões e Practicas*« 1711, und die inbrünstigen des bekehrten Frey Antonio das Chagas (1690) müssen beachtet werden. Und selbst die zahlreichen fanatischen *Auto-da-fé*-Predigten gewöhnlicher Priester darf man, der Kontrastwirkung wegen, nicht übersehen.

[5] Diese Satyre auf die Unsitte der Zeit, die mit dem Datum 1652 veröffentlicht und Vieira zugesprochen ward, doch beides erst im Jahre 1744, ist entschieden eine Fälschung, über deren Urheber zwar viel, doch bis jetzt resultatlos gestritten worden ist. S. Inn. da Silva I 306 und Candido Lusitano, »*Vieira defendido*«. — Ich habe in dieser Frage noch keine selbständige Meinung. — An weiteren sittengeschichtlichen und moral-philosophischen Werken ist kein Mangel. Ich nenne ausser dem an Einzelzügen reichen Dialog: »*Tempo de agora*« von Affonso de Miranda, den »*Casamento perfeito*« des Diogo de Paiva de Andrade (1630) mit seinen verständigen Grundsätzen; die »*Carta de guia de casados*«

mit grossartiger Ungekünsteltheit, Worte findet, die völlig wahren Naturlauten gleichen, sind die fünf Liebesbriefe, welche die Nonne D. Marianna Alcoforado in Beja schrieb. Die Originale sind zwar verloren: aus der vorhandenen zeitgenössischen franz. Übersetzung kann man jedoch auf die leidenschaftliche Inbrunst dieser Gefühlsergüsse einer portug. Verliebten schliessen.[1] -- Der erste, welcher in Portugal eine litterarisch-politische Zeitschrift gründete, war Sousa de Macedo.[2]

J. FÜNFTE EPOCHE 1700—1825.

PSEUDO-KLASSIZISTEN: ACADEMICOS E ARCADES.

Eines der Haupt-Unterscheidungszeichen für das 18. Jhs. ist im übrigen Europa die Einwirkung, welche Männer der Wissenschaft auf Litteratur und Politik ausüben, ähnlich dem Einflusse der Rechtsgelehrten im Mittelalter. England machte den Anfang. Besonders wirksam aber ward die befreiende Thätigkeit der Gelehrten in Frankreich. Ihre geistige und moralische Diktatur bereitete auch jenseits der Grenzen die Aufklärung der Völker und die Umgestaltung der gesellschaftlichen Einrichtungen vor. In allen Ländern fing

---

von D. Francisco Manoel de Mello, in denen der geistvolle unverheiratete Weltmann, in gesitteter, doch familiärer Sprache mit leichter Ironie, einem Bräutigam, der ihn um Rat und Meinung gebeten hatte, die Pflichten, Freuden und Eigentümlichkeiten des damaligen portug. Familienlebens schildert (gedr. 1651, und sehr oft; zuletzt 1873); desselben Autors bereits erwähnte »*Dialogos apologaes*«; und aus Dutzenden rühmenswerter Erbauungsschriften, die des eben genannten Manuel Bernardes (»*Luz e Calor*« 1696; »*Floresta de apophtegmas*«, 5 Bde. 1706—28) und »*Obras Espirituaes*« des Frei Antonio das Chagas.

[1] Obwohl kein geringerer als Rousseau behauptet hat, eine Frau könne nicht mit solcher wahren Leidenschaft von Liebe reden; und obwohl Männer wie Herculano und C. C. Branco wenigstens daran zweifelten, dass im Jh. der gongoristischen Stilentartung eine Portugiesin so schlichte Herzensworte gesprochen haben könne, so steht es heute, nachdem die Frage genauer untersucht worden ist, doch ganz fest, dass die Marianne der Briefe Soror Marianna de Alcoforado ist, deren vollen Namen Boissonade 1810 im *Journal de l'Empire* (5. Jan.) nach einer handschriftlichen Aufzeichnung in einem Exemplar von 1669 mitteilte. Die 1640 Geborene, 1723 Gestorbene, ward vor ihrem 20. Jahre dem Kloster *da Conceição* in Beja übergeben, und trat daselbst in intime Beziehungen zu Noel Bouton de Chamilly, Grafen von Saint-Léger, dem späteren Marschall von Frankreich, der 1663-67 als Offizier des von Ludwig XIV. entsandten Schomberg'schen Heeres längere Zeit in Beja weilte. Und es ist nicht daran zu zweifeln, dass der nach Frankreich zurückgekehrte, die ihm zwischen Nov. 67 und Jan. 68 nachgesandten fünf leidenschaftlichen Briefe der Nonne, auf die er nichts erwiderte, einzig vom litterarischen Standpunkt würdigte, und sie im Kreise seiner Freunde herum zeigte, von denen einer (Lavergne de Guilleragues) sie kopierte, übersetzte und schliesslich zum Druck gab. Als anonyme *Lettres Portugaises* erschienen sie Januar 69 in Paris, wurden in wenigen Monaten 3 mal, und hinterher als *Lettres d'une religieuse portugaise* mehr als 50 mal gedruckt, bald treu, bald unter Zusatz erfundener Briefe und Antworten (deutsch als »Briefwechsel einer portug. Nonne«. Rotenburg 1788). — Den begreiflicherweise spurlos verschwundenen Urtext haben 5 Portugiesen zu rekonstruieren versucht: Filinto Elysio 1819; Morgado de Matheus 1838; Lopes de Mendonça 1852; Domingos José Ennes 1872; und Luciano Cordeiro in seinem sorgfältigen Studienwerke: »*Soror Marianna a freira portugueza*« Liss. 1890. — Von sonstigen Briefen nehmen die ersten Stellen die markigen Episteln Vieira's ein (»*Cartas*« 3 Bde., 1735) und die reichhaltigen »*Cartas familiares*« von Mello (Rom 1644; nur 500, aus den ersten 6 Kerkerjahren, von 22,600, die er geschrieben haben soll), sowie die »*Cartas Espirituales*« des Frei Antonio das Chagas (1684 und 1687, 2 Bde.).

[2] Gemeint sind die *Mercurios Portuguezes com as novas da guerra entre Portugal e Castella*; Januar 1663 bis Dezember 66. (50 Nummern; nebst weiteren sieben aus d. J. 67). Ich muss jedoch bemerken, dass schon bedeutend früher andere »*Gazetas*« erschienen waren: Nov. 1641—47 (wahrscheinlich von Fr. Francisco Brandão).

man an, sich danach zu sehnen, die mittelalterlichen Fesseln abzuschütteln, und mit den Verkehrtheiten der bestehenden Rechtsordnung aufzuräumen. Die Grundbedingung für die freiheitliche Entwickelung des Einzelnen wie der Gesamtheit ward aber überall die Beschäftigung mit franz. Büchern, und somit das Studium der franz. Sprache. In Portugal ward die erste geistige Annäherung an Frankreich durch die Mithülfe Richelieus bei der Restauration von 1640 bewirkt. Die, durch den scharfsichtigen Grafen von Castello-Melhor eingeleitete Heirat Alfons' VI. mit einer franz. Prinzessin that das Übrige. Zuerst las, bewunderte, übersetzte und ahmte man die Meisterwerke des *siècle de Louis XIV.* nach. Auch führte man franz. Sitten in die prunkende Hofhaltung und die häuslichen Gewohnheiten ein. Später, unter der Regierung Pombal's, befreundete man sich mit den Lehrmeinungen der *Économistes*; und schliesslich, nachdem der Herzog von Lafões die königl. Akademie der Wissenschaften gegründet hatte, ging man zu begeisterter Vorliebe für die Denker der *Encyclopédie* über. Voltaire's philosophische Dramen wurden gegen Ende des 18. Jhs. viel gelesen. — Im Allgemeinen muss man jedoch sagen, dass ein grosser Teil der portug. Schriftsteller der 5. Epoche und besonders, dass die Dichter der geistigen Bewegung ihrer Zeit vollkommen fremd blieben, und ohne das leiseste Bewusstsein der aufklärenden Thätigkeit, die sie hätten ausüben müssen, nach altgewohnter Weise fortfuhren, in den vorgeschriebenen metrischen Geleisen, wie die Vorfahren, blosse Unterhaltungs-Werke zu verfassen, zufrieden damit, wenn die Fürsten und Magnaten, unter deren Mecänat sie sich stellten, an ihren mittelmässigen Leistungen Gefallen fanden.[1]

---

[1] Ich kann den deutschen Leser, der diese allzusummarische Übersicht durch eigene Arbeit erweitern möchte, leider auf kein Werk hinweisen, das seinen natürlichen Wünschen gerecht würde, und auf dem hier ganz unentbehrlichen Untergrund der Geschichte und Kulturgeschichte, zusammenfassend, aber doch mit der nötigen sachlichen Ausführlichkeit, das litterarische Spiegelbild des furchtbar harten, ja grauenvollen Kampfes böte, welchen die portug. Nation schon seit 1640, unter erschwerten Bedingungen jedoch seit 1703, um ihre politische, wirtschaftliche und moralische Existenz geführt hat. Für den historischen Teil nenne ich ihm Rebello da Silva, »*Historia de Portugal nos seculos XVII e XVIII*« (5 Bde. 1860–71), sowie Oliveira Martins' kurze, geistvolle Skizzen in der »*Historia de Portugal*« (1887, 4. Aufl.); für die *bas-fonds* der Politik und Kulturgeschichte, die krassen, anekdotenhaften Sittenbilder, welche Manuel Bernardes Branco in seinen realistischen Schriften zeichnet (»*Portugal na Epoca de D. João V*«. Lissab. 1885; »*As minhas queridas freirinhas de Odivellas*« Lissab. 1886); und von den zahlreichen zeitgenössischen Memoiren und Reiseberichten ausländischer Schriftsteller wenigstens die des berühmten Beckford 1787, *Panorama* XII (von den historischen Romanen eines Rebello da Silva, Pinheiro Chagas, Camillo Castello Branco etc. zu schweigen); für das eigentliche Litteraturgebiet aber die zwar einseitigen, aber durchaus nationalen, selbst den Schwächen und Auswüchsen des Volkscharakters verständnisvoll und sympathisch gegenüberstehenden Darstellungen des letztgenannten Autors in seinem »*Curso de litteratura*« (Bd. 2), in den Einleitungen zu den »*Memorias do Bispo do Grão-Pará* (Porto 1868) und den »*Ratos da Inquisição*« (Porto 1883), sowie in den »*Noites de insomnia*«. — Der, für jeden Patrioten tiefschmerzlichen Aufgabe, diese Zeit des ärgsten Verfalls und den Tiefstand ihrer Gesittung und Geistesbildung wahrheitsgetreu zu schildern, — das sprunghafte Hin-und-Her des trotz aller Hindernisse vor sich gehenden Aufschwungs; das immer wieder gewaltsam unterbrochene Ringen einzelner und verbündeter Einsichtiger nach freiheitlicher Entwickelung; das unvermittelte Nebeneinander des neuen Geistes, dem man nicht Zeit liess, allmählich festen Fuss und tiefe Wurzel zu fassen und des alten Geistes, den auszurotten einfach unmöglich ist; die widersprechenden Lebensäusserungen beider, und die dadurch bedingten antagonistischen Geschmacksrichtungen, klarzulegen, — ist Th. Braga bis heute aus dem Wege gegangen. In seiner Litteraturgeschichte fehlt noch der Band über das 18. Jh., und ein kurzer Versuch in der *Revista de Portugal* (Bd. I p. 574–606) über »*O seculo XVIII em Portugal*«, zu welchem mehrere Bände und Aufsätze über Einzelerscheinungen hinzukommen, die ich in den Anmerkungen zu den Paragraphen 170. 172. 176. 180 nennen werde, bieten nur ungenügenden Ersatz. Demgemäss geben auch seine hier gebotenen Andeutungen, und die etwas ausführlicheren im *Manual*, sowie im *Curso* und in der *Theoria* nur unvollständige Ausschnittbilder aus der Litteratur des 18. Jhs. Um die Verstandesarbeit, den Mut und die aus-

168. Der französische Pseudo-Klassizismus. Auf die Schöpfungen der unmittelbar vorhergegangenen Zeit blickten die besseren, von Frankreich inspirierten Köpfe wie auf Ausgeburten eines verdammenswert schlechten Geschmacks herab. Bewusst kehrten sie allem den Rücken was an die gongoristischen (spanischen) Vorbilder erinnerte und wandten sich den gegensätz-

dauernde Thatkraft der strebsamen Neuerer, die an der Wiedergeburt der Litteratur und der Hebung des Nationalgeistes gearbeitet haben, und die Erfolge und Misserfolge, die Fehler und Vorzüge der Werke sowohl der nüchternen Gallizisten wie der klassisch-puristischen Arkadier gerecht zu würdigen, müsste die Unterströmung der Altnationalen viel schärfer charakterisiert werden, die von den bequemen Moden des 17. Jhs. nicht lassen und ihren verbildeten Geschmack nicht erziehen wollten. Der grenzenlos naive und kurzsichtige fröhliche Cynismus der Bacchanalien, welche ihre populäre Poesie damals feierte, darf nicht mit Stillschweigen übergangen werden. Auch der Fremde muss Genaueres über die läppischen Kindereien der schöngeistigen Privat-Akademien erfahren, die zu uns aus vielen Dutzenden von Drucken und Handschriften sprechen. Er muss die verderblichen Frivolitäten der weltlichen Klosterfeste — *oiteiros* (= Musenhügel) und *abbadessados* — kennen lernen, in denen in der Hauptstadt und Umgegend (*Odivellas*) und auch in der Provinz (*Evora, Coimbra*) bis an 300 modisch geputzter Nonnen von den Gallerien der Kapitelsäle herab *Mottos* (die oft ganz allerliebst, oft aber nicht besser als Knallbonbon-Verse sind) an die unten versammelten Geistlichen und Laien austeilten, deren kecke und pikante, bisweilen höchst effektvolle Stegreif-Glossen (*decimas, quadras* und *sonetos*) mit Süssigkeiten aus den üppigen Klosterküchen bezahlt wurden (*toucinho do ceu* — *bolo celeste* — *pingos de tocha* u. a. m.). Spezifisch-portugiesische Einrichtungen, an denen noch Almeida-Garrett (1827) und C. C. Branco, sowie andere lebende Dichter sich bis 1852 ergötzt haben! — Die pittoreske Gestalt des gemeinen Witzlings und Hofnarren Johann's V., Caetano José da Silva Sottomayor, eines adligen Rechtsgelehrten und Akademikers, muss ihm vorgeführt werden, weil die gebildeten Zeitgenossen sich nicht gescheut haben, ihrem Günstling (fast hätte ich gesagt ihrem Gundling) den Namen ihres damals überhaupt betrübend oft und gern verspotteten, und angefeindeten Nationaldichters beizulegen, ihn »o Camões do Rocio« (C. vom Ringplatze) nennend. Aus der ungeheuren Schaar der damals als fliegende Blätter oder Kolportage-Neuheit (*Folhetos*, und *Litteratura de cordel*) für das Theaterpublikum und die Bürgerhäuser bestimmten Schriften in Prosa und Vers muss er wenigstens eine Auswahl des Typischen, nach Inhalt und Form, vorgeführt bekommen, um daraus auf den überaus grobschrötigen Humor der Gassen- und Gossenpoeten zu schliessen, deren einziger Grundsatz es gewesen zu sein scheint, gar keinen Grundsatz zu befolgen, allen sittlichen und ästhetischen Theorien ein Schnippchen zu schlagen, und in andauernder Karnevalsfreiheit, nur ihren Naturtrieben folgend, in Dramen, Epen, Liedern, Predigten und Reden nichts als Karrikaturen, Parodien, Satyren, Pamphlete, Pasquinaden, Macarronica und Fescennina zu bieten — eine After- und Nebenpoesie, der jede Ahnung einer freien und stolzen Kunst fehlt. Er muss wissen, dass drei Viertel der nicht-akademischen und nicht-arkadischen Werke — und selbst von diesen ein nicht kleiner Prozentsatz — Burlesken und Grotesken sind: *versos joco-serios; joco-heroicos, comico-heroicos; moraes e jocosos; jocofunebres, estrambot͡icos* und *esquipaticos; palitos metricos; bisnagas escholasticas; sabonetes delphicos.* Und auch die manierlichere, ernster gemeinte Hofpoesie mit ihren zahllosen *Applausos, Encomios, Panegyricos, Threnos, Lamentos, Laridos, Nenias, Suspiros, Gemidos, Sentimentos metricos, Ofrendas lacrimosas* in Sonetten, Oden, Oktaven und Idyllenform oder in Silvas, worin der Salomon und Krösus des Westens, dem die Diamantgruben Brasiliens gehörten, und der grossmütig Kunst und Wissenschaft beschützte, nebst seiner ganzen Familie, von subventionierten Verskünstlern in mehr als byzantinischer Unterwürfigkeit verherrlicht ward, der Forschende muss sie kennen lernen, sowie daneben die eigenartige sebastianistische Litteratur des Zeitalters mit ihren mystischen, messianischen Prophezeiungen von einer fünften Weltmonarchie, die durch das Erdbeben von 1755 nur neue Nahrung erhielten, und von der Geistlichkeit, (besonders der jesuitischen) in gewohnter Dunkelmänner-Manier ausgenutzt wurden. Viel genauere Angaben über die Übersetzungslitteratur, und über das was Portugiesen in fremden Zungen schrieben, wäre nötig. Wie die seit 1703 (Vertrag von Methwen) deutlichst fühlbare englische Einwirkung die franz. bald unterstützte, bald befehdete, ohne dass beide den ital. und span. litterarischen Einflüssen gänzlich Abbruch gethan hätten; wie griechische und lateinische Dichter (Tragiker, Epiker und Lyriker) in überaus zahlreichen Versionen zugänglich gemacht wurden; wie seit dem Ende des 18. Jhs. auch deutsche Geisteserzeugnisse mehr und mehr Beachtung fanden, und in welcher Weise das alles auf die Nationallitteratur einwirkte, bedürfte der Auseinandersetzung und gründlich eingehender Behandlung, der Krieg der Arcadia gegen die Gallizisten, wie auch die nicht geringe wissenschaftliche Ausbeute des Jahrhunderts. — Vielleicht lassen sich diese und andere Lücken der vorliegenden Arbeit in einer zweiten, verbesserten Auflage ausfüllen.

lichen, blassen, nüchternen, korrekten Regelwerken der franz. Klassiker zu. Den Anstoss dazu gab ein gebildeter Hofmann, der Graf von Ericeira, Francisco Xavier de Menezes[1]. Er hatte einer der besseren alten Akademien des 17. Jhs., der *Academia das Conferencias discretas* (oder *eruditas*) zugehört, in welcher naturwissenschaftliche, moralische, philosophische und sprachliche Fragen von ernsten Gelehrten ernsthaft erörtert wurden (1696—1703). In seinem Pallaste auf dem Annunziatenplatze gründete er nach 1700 einen Bund der portug »Wissenden« (*Academia Portugueza*), den *Scavants de France* nacheifernd, und im Hinblick auf die 1635 von Richelieu in Paris eingesetzte *Acadèmie Française*. Offiziell bestätigt ward sie am 4. November 1720 von König Johann V. (1705—50)[2]. Den Gleichgesinnten gab der Graf in seiner Übersetzung der Poetik Boileaus, zu dem er in litterarische Beziehungen trat, ein massgebendes Gesetzbuch des litterarischen Geschmacks. Seine Regeln nahmen die Leute von Welt ohne Weiteres als neueste fashionable Mode an und befolgten sie nach Kräften. Weitere Übersetzungen schlossen sich daran

---

[1] Dieser gelehrte, sprachkundige 4. Graf von Ericeira (1673—1743), dem man im Ausland aus Versehen noch mehr als ihm gebührt (d. h. auch seines Vaters D. Luiz, des 3. Grafen (1632—90), historische Schriften wie z. B. »*Portugal restaurado*«) zugesprochen hat, war seiner Zeit eine der Berühmtheiten Europa's. Nicht genug damit, Boileau's »*Art Poétique*« schon 1697 in Oktaven übersetzt zu haben, studierte er im Speziellen die Regeln der noch immer höchst-geachteten Epik, und zwar direkt an den Vorbildern (Homer, Lucan, Statius, Silius; Ariost, Tasso, und vor allem an Virgil, der auch in seinen Augen der vollkommenste aller Dichter ist), sowie nach den berühmtesten Theoretikern; legte ihre Meinungen in einem Traktat »*Das regras da poesia épica*« dar, und brachte sie in eklektischer Weise in einem Epos von 12 Gesängen zur Anwendung. Diese »*Henriquëida*« (gedr. 1741) behandelt einen patriotischen Stoff, die Kriegsthaten Heinrichs von Burgund bis zur Eroberung von Lissabon, unter Anruf der Gottheit, und mit Einführung einer christlichen Sybille, in meist korrekter Weise, reiner Sprache und glatten Versen; doch fehlt dem Autor die schöpferische Phantasie und ein wirklich starkes und tiefes Naturgefühl. Man merkt Erfindung wie Ausführung den Schweiss der Arbeit allzusehr an. Jedenfalls war es ein Verdienst, den Gedanken an einen bestimmten Fortschritt und der Kritik, sowie der Methodik Gehör verschafft zu haben. An Nacheiferern hat es dem Autor der *Henriquëida* nicht gefehlt: zu dem schon sehr beträchtlichen vorhandenen portug. Epenschatz fügte die Folgezeit eine *Achilleida*, *Elyseida*, *Zargueida*, *Pedreida* (von Ruas), eine *Georgeida*, *Joanneida*, *Migueleida;* eine *Christiada*, *Franciada*, *Iberiada*, *Brasiliada*, und *Alfonsiada* (von Pina Leitão), nebst einem *Alfonso* von Francisco Botelho; eine *Santarenaida*, *Portuguezaida*, *Muhraida* — eine immer öder als die andere. Und als höhnende Gegenstücke blieben auch zahlreiche heroisch-komische Epen voll persönlichster Satyre nicht aus, in denen zum Teil viel Geist und Witz, zum Teil aber auch niedrige Schimpflust zu Worte kommt: die *Bentëida* von Alexandre Antonio de Lima (1699—1759); die *Agostinhëida* von Nuno Alvares Pereira Pato Moniz (1681—1772; gedr. 1817 und 1876); eine *Mondeguëida*, eine *Lebrëida*, eine *Gaticanea* (von João Jorge de Carvalho 1781) und ähnliches mehr. — Wert hat allein das Spott-Epos »*O Reino da Estupidez*«, welches der Brasilianer Francisco de Mello Franco (1757—1823), der als Freidenker vier Jahre im Inquisitionsgefängnis zubrachte, gegen die Unduldsamkeit der Coimbraner Universität schleuderte (gedr. 1819 und oft; z. B. 1868).

[2] Die »attischen Nächte« in Ericeira's Bibliothek, welche 18000 Bände zählte, waren aus den *Conferencias* der *Generosos*, unter Teilnahme des höchsten Adels hervorgegangen; und ihre Mitglieder gaben wiederum den Hauptbestand für die »*Academia Portugueza*« her. Diese konstituierte sich offiziell erst am 8. Dez. 1720, mit 50 Mitgliedern, unter der Ägide Johann's V., zur *Academia Real da Historia*, und unternahm wirklich wertvolle historische und archäologische Forschungen, ihrem Motto treu: *Restituet omnia*. Ihre Akten sind in 15 Foliobänden niedergelegt »*Documentos, Estatutos e Memorias*« (1721—36); nebst einer »*Historia da Academia Real Portugueza*« von Manuel Telles da Sylva (1727). Von ihren sonstigen bedeutenderen Veröffentlichungen seien Barbosa Machado's »*Memorias de D. Sebastião*«; Caetano de Sousa's »*Historia Genealogica da Casa Real*« (12 Bde. 1735—49 nebst 6 Bänden »*Provas*« 1739—48) genannt; Soares da Silva, »*Memorias de D. João I*«; die *Geographia* von Lima und die von Cardoso; die *Antiguidades* von Contador d'Argote; und dazu die *Bibliotheca Lusitana;* das Wörterbuch von Bluteau; und das *Corpus Poetarum*. Genaueres suche man in J. Silvestre Ribeiro's »*Historia dos Estabelecimentos scientificos, litterarios e artisticos em Portugal* (15 Bde. 1871—1887).

wie z. B. von Racine's *Athalie* durch Francisco José Freire (1762) und von Fénélon's berühmtem Roman durch den Capitão Manuel de Souza (1776)[1]. Der *Telemach* erweckte auch freie Nachbildungen, wie z. B. die »*Aventuras de Diophanes ou Maximas da virtude e formosura com que Diophanes, Clymenea e Hemirena, principes de Thebas, venceram os mais apertados lances da disgraça*«, von einer Dame, Dorothea Engracia Tavareda d'Almira (1777).[2] Ja selbst als die Lissabonner *Arcadia* gestiftet ward, um den, trotz Ericeira's Bemühungen noch immer weiter wuchernden schlechten Geschmack der *Seiscentistas* auszurotten, folgten ihre Gründer zum Teil der gallischen Mode: Garção wählte für seine *Cantatas* diejenigen Rousseau's zum Muster; und Diniz da Cruz e Silva hätte, ohne Boileau's *Lutrin* zu kennen, sein komisches Heldengedicht »Der Weihwedel« (*O hyssope*), nicht geschrieben. Auch auf dem Gebiete des Unterrichtswesens und der Philosophie war Frankreich tonangebend. Das kartesianische System brach sich Bahn; die Bekämpfung der jesuitischen Erziehungsmethode, welche von den Lehrern von Port-Royal unternommen worden war, wurde in Portugal von den Vätern der *Congregação do oratorio* durchgeführt[3]. Dieser nützlichen antijesuitischen Bewegung entstammt das Werk des Archidiakonus Luiz Antonio Verney (1713—92) »*Verdadeiro methodo de estudar*«, welches dem grossen Minister König Joseph's zum Unterbau für sein Unterrichtssystem diente.[4]

169. Der wiederholte Hinweis auf Frankreich genügte jedoch, wie angedeutet, nicht, um dem Gongorismus und der Monomanie der ziel- und zwecklosen rein litterarischen Akademien sofort den Garaus zu machen. Unverändert fuhr man fort, im Schoosse immer neuentstehender und vergehender, dem Vergnügen geweihter rhetorischer Kränzchen, die südliche Rede- und Dichtfertig-

---

[1] Diese 2 Übersetzungen sind willkürlich aus einer langen Kette herausgegriffene Glieder. Zu Racine, Molière, Corneille, Balzac; D'Arnaud, Lamotte, Crébillon, Regnard; Voltaire, Montesquieu, Fénelon, Florian, Condillac etc. treten Pope, Young, Gray, Dryden, Addison, Milton, Thompson, Swift, Goldsmith, Ossian; Gessner, Cronegk, Gottsched, Haller, Klopstock, Lessing, Schiller, Wieland etc.

[2] Es ist ein Anagramm von D. Theresa Margarida da Silva e Horta, der wahren Verfasserin des Romans, (1752) den man auch Alexandre de Guzmão zugesprochen hat. S. Inn. da Silva I 34 und VII 317. Eine andere Nachahmung des *Télémaque* ist der auch ins Französische und Spanische übersetzte philosophische Roman »*O feliz independente*« des gelehrten Oratorianers P^e^ Theodoro de Almeida, (1779), den die öffentliche Meinung, wegen der Länge der eingestreuten Moralbetrachtungen »*O infeliz impertinente*« getauft hat.

[3] Die hervorragendsten Vertreter dieser verdienstvollen von Bartholomé do Quental († 1698) eingeführten Brüderschaft sind der eben genannte, unter Pombals aufgeklärtem Despotismus ins Ausland geflüchtete P^e^ Theodoro de Almeida (1722—1804), der in seiner »*Recreação filosofica*« (10 Bde. 1751—99) eine populäre Darstellung der Naturphilosophie, in Dialogen, lieferte; der P^e^ Antonio Pereira de Figueiredo (1725—97), der sich besonders die Reform des lat. Unterrichts angelegen sein liess, und eine treffliche Bibelübersetzung lieferte (1791), deren Portugiesisch den Geschmack der Zeitgenossen besser traf als die ältere von João Pereira de Almeida (1681), dem man seinen Übertritt zum Kalvinismus nicht verzieh (s. *Memorias de Litteratura* VII p. 23—57); und der P^e^ Manuel Monteiro, der erste, der in seinem *Novo Methodo* (1746) an der jesuitischen Grammatik des Manuel Alvares rüttelte.

[4] Verney (1713—92), der in Rom Zuflucht gegen Pombals Priesterhass gesucht hatte, griff in geharnischten Briefen das gesamte Unterrichtswesen und den gongoristischen Geschmack der schöngeistigen Akademien unter dem Pseudonym Frey Barbadinho (1746) auf das Energischste an, (2 Jahrzehnte nachdem Feijoo sein »*Teatro Critico*« veröffentlicht hatte). Über die 22 wichtigeren Gegenschriften, welche sein Angriff ins Leben rief, sehe man Inn. da Silva V p. 222 und VII p. 257. Als Ergänzungsschriften, kann man auch die »*Cartas sobre a educação da mocidade*« des gelehrten Antonio Nunes Ribeiro Sanches betrachten (Köln 1760, und 1882 in der *Revista da Sociedade de Instrucção do Porto*).

keit in Reimereien über völlig nichtige Kleinigkeiten zu üben. Den »*Generosos*« (1647) und »*Singulares*« (1663) folgten in der Hauptstadt die »*Anonymos*« und *Applicados*, die *Escolhidos*, *Particulares*, *Unidos*, *Problematicos*, *Conformes Lisbonenses*, *Abandonados*; in Porto eine *Academia Instantanea*; sowie in Santarem die *Solitarios*; die *Laureados*, die *Aventureiros* und die *Academia Scalabitana*, u. a. m.[1] Zu den ausländischen Vereinen trat man in Beziehungen: eine besondere Ehre war es, der römischen *Arcadia* anzugehören. Sogar Johann V. hatte seinen Sitz in ihrer Mitte, als Albano. Der vollständige Mangel an gründlichem Wissen und gesundem Sinn für die Wirklichkeit führte die Angehörigen der erwähnten Vereine dazu, nach wie vor banale Künsteleien aller Art zu pflegen: Anagramme, Chronogramme, Echogedichte, Lipogramme, Akrostichen, Labyrinthe, *poemas pintados*, *equivocos*, *consoantes forçados*. Ihnen erklärte der Kritiker Verney den Krieg. Er nennt sie »lächerliche Machwerke, die gegen Ende des 16. Jhs., und während der ersten Hälfte des 17. allerwärts herrschten, die aber heute (1746), wo man sie aus allen kultivierten Ländern bereits verbannt hat, allein in Portugal ihren Aufenthaltsort haben.«[2] Zu dem Zwecke, diese Auswüchse zu entfernen, gründeten Verständige eine neue Gesellschaft, die der »*Occultos*«, deren ungedruckte Leistungen jedoch ebenso unbekannt sind wie die der »*Conferencias discretas*« und der »*Academia Portugueza*«. Genannt zu werden verdient jene nur darum weil aus ihrer Mitte die Kerntruppe der erfolgreicheren *Arcadia Lisbonense* hervorging, von der bald die Rede sein wird.[3]

170. Das Drama. Die Pflege der italienischen Oper am Hofe Johann's V. zeitigte ein portug. Lustspiel, in welchem Intriguen nach spanisch-italienischer Manier und mythologische Phantasmagorien sich mit gesungenen Arien, und volkstümlichen Rüpelszenen im altportug. Geschmack zu einem höchst sonderbaren Ganzen verbinden. Am bemerkenswertesten sind in diesem Genre, das man gewöhnlich als portugiesische Oper bezeichnet, die »*Operas do Judeu*«, d. h. die Bühnenstücke des unglücklichen Israeliten Antonio José da Silva (1705—1739). Zwar sind sie oft von übergrosser drastischer Derbheit, aber reich an volkstümlichem Witz und Humor.[4] Der Autor ward ein Opfer des Fanatismus: er starb am 18. Oktober 1739 auf einem der Scheiterhaufen, welche der Obskurantismus immer noch anzündete.[5]

---

[1] S. darüber J. Silvestre Ribeiro in den »*Estabelecimentos scientificos*«; und in den älteren, noch immer brauchbaren »*Primeiros traços d'uma resenha da Litteratura Portugueza*« (1853) p. 144—150. Auch in kleineren Städten wie Guimarães und Sacavem bildeten sich Akademien (vgl. z. B. *Sessoẽs litterarias da Academia dos Obsequiosos de Sacavem* 1790 3 Bde.). In Brasilien entstanden zu Rio die Vereinigungen der *Felizes* (1736) *Selectos* (1752) und zu Bahia die *Academia brasilica dos Esquecidos* (1724) (s. u. § 177). Die *Fleugmaticos* der portug. Hauptstadt (1730), die ich nirgends erwähnt finde, leisteten in unsinnigen Reimspielen vielleicht das Höchste, möglicherweise um das Akademiewesen zu verspotten.

[2] S. *Novo Methodo*, Carta VII »*Da Poesia*« p. 219.

[3] Johann IV. hatte idealen Sinnes besonders die Kirchenmusik (*musica sacra*) gepflegt. Johann V., der *rei freiratico*, liebte nur die *opéra-ballet*, und die eigentliche Oper (Scarlatti 1728; David Perez 1740; und Jomelli). S. darüber J. de Vasconcellos »*Ensaio sobre o Catalogo de musica d'El Rey D. João IV*« Porto 1873, und Th. Braga, »*Theatro Portuguez no seculo XVIII*«.

[4] Über diese zwitterhafte Musik-Komödie, die nach Bouterwek p. 358 dem Mangel an geschulten portug. Rezitativsängern ihr Dasein dankt (?), siehe F. Wolf, »*Antonio José da Silva*«, Wien 1860; E. David, Paris 1880; und C. M. de Vasconcellos, in *Revista da Soc. de Instrucção* I p. 85—92; sowie Inn. da Silva I 176—180. Wir besitzen von ihm 8 Stücke: *Labyrinto de Creta*; *Variedades de Protheu*; *Guerras de Alecrim e Mangerona*; *Vida de D. Quixote* (frz. v. F. Denis); *Esopaida* (eine Eulenspiegeliade); *Precipicios de Phaetonte*; *Amphitrião* und *Encantos de Medea*. Sie erschienen als »*Theatro Comico Portuguez*« 1744 in zwei Bänden. Zwei weitere, mit ähnlichen, doch anonymen Dramen und Übersetzungen nach Metastasio folgten 1747 (spätere Ausg. 1787—1792).

[5] Das letzte *Auto-da-fé* fand erst 1761 statt (20. Sept.). Mit grausamer Ironie liess

171. Das Epos. Zu den Büchern, welche die Flachheit der Epoche und den Mangel an poetischer Gestaltungskraft am deutlichsten zeigen, gehört das theologisch-philosophische Heldengedicht in 10 Oktaven-Gesängen (von 7792 Zeilen) »*Espelho do Invisivel, em que se expõe a Deus um e trino, no throno da eternidade, as divinas ideas, Christo e a virgem, o ceo e a terra*«! Troilo de Vasconcellos da Cunha († 1729) besingt darin die Mysterien der katholischen Religion. Der »*Triumpho da Religão*« von Francisco de Pina de Mello (geb. 1695, gest. nach 1765) ist etwas besser (gedr. 1756).

172. Die portug. Prosa blieb durch und durch emphatisch und lobrednerisch.[1] Dennoch hinterliess sie ein wirklich bedeutendes Dokument in den Briefen des Abtes Antonio da Costa, (1714—1780), der mit urwüchsiger Frische und Kraft die Eindrücke seines Lebens getreu wiedergab.[2]

173. Die Arcadia Ulyssiponense. Erst nach dem Erdbeben von 1755 beginnt ein neues Leben sich unter dem energischen Impuls des Marquis von Pombal Sebastião José de Carvalho e Mello zu regen, König Joseph's gewaltigem Minister[3]. Neues Blut durchströmt auch die Litteratur, besonders seit der Gründung der litterarischen Gesellschaft, welche sich, der alten Schäfer-Mode folgend, unpassend genug, »*Arcadia Ulyssiponense*« taufte.[4] Eingeweiht wurde sie am 11. März 1756 durch Antonio Diniz da Cruz e Silva und Manoel Nicolàu Esteves Negrão unter der Mitwirkung eines dritten: Theotonio Gomes de Carvalho. Mehrere ihrer Mitglieder gingen, wie schon bemerkt ward, aus dem älteren Vereine der

---

dabei Pombal den Jesuitenpater Gabriel Malagrida (nach dem Mordversuch auf Joseph I), da er den Königsmord vertheidigt hatte, »als Ketzer« verbrennen.

[1] Diese Behauptung bedarf der Einschränkung. Die Männer der Wissenschaft befleissigten sich in ihren Prosawerken meisthin eines massvollen Stils. Nur in den offiziellen Lobreden, welche natürlich auch den reformierten Akademien nicht fehlten, dauert die alte schwülstige Rhetorik weiter. Die beste nicht rein gelehrte Arbeit des Jhs., die sich durch Gedankeninhalt wie Formgewandtheit gleichmässig auszeichnet und noch heute mit Gewinn und Genuss gelesen wird, ist die Briefsammlung des Cavalleiro de Oliveira (Francisco Xavier) »*Cartas familiares, historicas, politicas e criticas*« (gedr. Haag 1741/42 und 1855, 3 Bde., nebst »*Discursos serios e jocosos*«), die hoffentlich noch einmal um weitere 200 ungedruckte vermehrt erscheinen wird. Der am 21. Mai 1702 geborene Verfasser, ging 1734 als Sekretär des portug. Gesandten Conde de Tarouca nach Wien, siedelte 1740 nach Holland und 1744 nach England über, wo er am 18. Okt. 1783 starb. Er trat (vor 1755) zum Protestantismus über, und richtete nach dem Erdbeben an König Joseph und Pombal einen franz. abgefassten »*Discours pathétique*« (1755 und Porto 1893; engl. 1756) in dem er Inquisition und Judenverfolgung auf das Schärfste tadelt und die »heidnischen Bräuche« und »abergläubischen Formeln« des portug. Katholizismus als Idolatrie an den Pranger stellt. Diese Kühnheit bewirkte, dass er im letzten *Autodafé* (s. ob.) *in effigie* verbrannt ward, und in der Fremde ausharren musste. Wie die Briefe, und der *Discours*, so sind auch seine (franz., abgefassten und nur stellenweise portug. redigierten) »*Mémoires*« (1741) zur Beurteilung des portug. Nationalcharakters und des Einflusses, den die Berührung mit der Fremde auf denselben ausübt, von hohem Interesse.

[2] »*Cartas curiosas escriptas de Roma e de Vienna*« (1750—80), gedr. Porto 1878, mit kritischer Einleitung von Joaquim de Vasconcellos. Vgl. Braga, *Questões* p. 294—321, und *Boletim Bibliographico* I p. 93 u. ff.

[3] Von Pombals Reformwerk sei nur gesagt, dass er die Jesuiten vertrieb, die 200 Jahre lang die Erzieher des Volks gewesen waren, und ihre 4 Lissabonner Ordenshäuser in eine Adelsschule, ein Armenhaus, ein Hospital und ein Frauenstift verwandelte; den gesamten Unterricht, von der Elementarschule bis zur Universität reformierte; die Bücherzensur in freiheitlichem Sinne umgestaltete; die Sklaverei aufhob; die Juden den Christen rechtlich gleichstellte, und der Inquisition den Todesstoss versetzte, die bis 1732 in Portugal 23000 Menschen vor ihr Tribunal gefordert und 1454 davon verbrannt hatte.

[4] Über die *Arcadia*, ihre Dauer und Leistungen, so wie über ihre Mitglieder und deren Hirtennamen lese man Trigoso, »*Memoria sobre a Arcadia*« 1840 (*Mem. da Acad.* VI 2 p. 62 und 141); Rebello da Silva, »*A Arcadia portugueza* 1857 (in *Annaes das Sciencias e Lettras* Bd. I p. 57. 147 und 197); und J. Silvestre Ribeiro, Bd. I p. 266—272.

»*Occultos*« hervor, der sich bei Gelegenheit der grossen lissabonner Katastrophe in alle Winde zerstreut hatte. Dadurch aber geschah es, dass anfangs auch in den neuen Dichterbund seiscentistische Elemente eindrangen, welche die erstrebte Wiedergeburt der verfallenen Poesie und namentlich den Feldzug gegen den herrschenden Schwulst hindern und stören mussten.[1] Nach längeren inneren Zwistigkeiten, gab die *Arcadia* sich daher am 19. Juni 1757 eine reformierte Verfassung, bei welcher Gelegenheit diejenigen Mitglieder austraten, die von dem beschlossenen offenen Bruch mit den *Seiscentistas* und von klassischem Purismus nichts wissen wollten. Unter diesen Dissidenten ist Alexandre Antonio de Lima (um 1699—1759), der talentvolle Dichter der lustigen »*Rasgos metricos*« und des grobkomischen Heldengedichtes »*Bentëida*« der bekannteste.[2] Vielleicht gehörte zu ihnen auch Nicolau Tolentino d'Almeida, der bedeutendste Satyriker des 18. Jhs., der mit Gewandtheit, doch ohne Charakter, Jahrelang sein Hungerleider-Loos als Professor der Rhetorik in Versen bejammerte.

Pombal zeigte sich zuerst den Bestrebungen der *Arcadia* geneigt, und versprach ihr offiziellen Schutz: er wusste den Wert ihrer Bestrebungen, behufs Reinigung der Muttersprache und Hebung der Litteratur durch Anlehnung an die guten, nationalen Muster, vollauf zu würdigen. Nach kurzer Blüte sah das junge Institut sich jedoch von der Regierung verlassen und angefeindet, und erlosch schon 1775.[3] Die Werke, welche mittlerweile daraus hervorgegangen waren, sind zwar nicht sehr zahlreich, doch gab die zielbewusste Arbeit ihrer Verfasser ihnen ein charakteristisches Gepräge, das sich auch den Dichtungen der nicht arkadischen Zeitgenossen mitteilte, ganz besonders den Werken des Bocage und Macedo, die sich schliesslich bewogen fühlten, eine neue *Arcadia* einzurichten. (S. § 180). Die Mitgliederliste der ersten *Arcadia Ulyssiponense* ist ziemlich lang, und umfasst Rechtsgelehrte, Geistliche und öffentliche Beamte, Bürgerliche und Edelleute: doch ragen nur wenige durch individuelle Begabung und Schöpfungen von dauerndem Wert hervor.[4]

174. Den ersten Rang nimmt Pedro Antonio Correa Garção ein (*Corydon Erymantheo*), dem wegen seiner ungewöhnlichen Sprachkenntnisse die Redaktion der Regierungszeitung »*Gazeta Portugueza*« übertragen ward. Garção war besonders ein taktfester Latinist. Seiner Vorliebe für Horaz dankt er eine knappe, elegante, klassisch reine Ausdrucksweise, (die er selbst auf unter-

---

[1] *Truncat inutilia* war ihr Wahrspruch. In den geschlossenen Monatssitzungen musste jeder Genosse eine litterarische Arbeit in gebundener oder ungebundener Rede einreichen, die verlesen und schriftlich wie mündlich. in Disputationen, kritisiert ward. Dieselben durften in span., ital., lat. oder franz. Sprache geschrieben sein; doch waren portug. Werke die willkommensten. Der Versammlungsort hiess »*Monte Menalo*«. Jedes Mitglied nahm einen lat. oder griech. Hirtennamen an, dem meist ein beziehungsreicher, oft anagrammatischer Zuname folgt (Duriense, Ulyssiponense, Transtagense, Almeno). Schutzpatronin war N. S. da Conceição, deren Kultus seit Johann IV. in Blüte stand. Nicht bloss Standespersonen sondern jedes Talent fand Aufnahme in die *Arcadia*, wenn es nur beflissen schien, die Nationaldichtung zu heben und an dem Krieg gegen die Sprach- und Geschmacksverderber Teil zu nehmen.

[2] Gedr. 1752 und 1876. Die zahlreichen witzelnden Allusionen auf zeitgenössische Kleinigkeiten machen die »*Bentëida*« heute schwer verständlich. Und der frivole Spott, welchen Lima in seiner Lyrik mit Weltlichem und Heiligem durch einander treibt, hat wenig Ansprechendes. Die Vorzüge, welche seine Gedichte über die zahllosen ähnlichen Produktionen der vor-arkadischen Humoristen wie Thomas Pinto Brandão (1664—1743), Gregorio de Mattos (1633—1696) u. A. stellten, kenne ich nicht.

[3] Die letzte Zusammenkunft war schon 1774.

[4] Die verschiedenen Mitgliederlisten bei J. Silvestre Ribeiro, C. C. Branco (*Curso*), und Braga im *Manual*, p. 425 und *Curso*, p. 347 weichen nicht unbeträchtlich von einander ab.

geordnete familiäre Gegenstände anwendet), die Schlagfertigkeit mit der er auch lehrhaften Betrachtungen eine prägnante Form zu geben weiss, und den sanften Epikureismus, welcher selbst seinen Kritiken einen eigenen Reiz verleiht. Seine Episteln und Oden werden immer gern gelesen werden; und obwohl er kein eigentlich dramatisches Talent besass, interessieren sogar seine Bühnenstücke »*A Assembleia*« und »*Theatro novo*« durch die lebendige Zeichnung der haltlosen zeitgenössischen Gesellschaft, die in dem beunruhigenden Übergangsstadium von der alten zur neuen Zeit nicht recht aus noch ein wusste. Seine »*Cantata de Dido*« ist eine der vollendetsten Dichtungen der ganzen portug. Poesie. Garção starb am 10. November 1772 im Limoeiro-Gefängnis der Hauptstadt, wohin ihn Pombal, aus persönlicher Rache gebracht hatte.[1]

175. Der zweite Platz unter den Arkadiern gebührt *Elpino Nonacriense* d. i. Antonio Diniz da Cruz e Silva (1731—1799), der den Dithyrambus nach Portugal verpflanzte. Seine pindarischen Oden über portug. Ereignisse sind schwungvoll, doch übermässig emphatisch. Hingegen ist sein komisches Heldengedicht »Vom Weihwedel« über einen Sakristei-Konflikt zwischen dem Bischof von Elvas und dem Dekan der Kathedrale, von natürlichster Anmut, und frisch durchweht von dem freidenkerischen Hauche eines ehrlichen Encyklopädisten-Geistes. Der »*Hyssope*« ward in Elvas selbst, gleich nachdem der kleine Kirchenstreit sich in Wirklichkeit zugetragen hatte, begonnen, und in 7 Gesängen zu Ende geführt. Um jedoch das Reformwerk Pombal's zu verherrlichen, erweiterte Diniz hinterher den 4. Gesang und fügte noch einen 8. hinzu. Veröffentlicht ward das Poem jedoch erst nach seinem Tode, weil der Verfasser[2], der einen hohen Posten in der Magistratur bekleidete, es für unpassend hielt, öffentlich als Dichter und gar erst als scherzender Dichter aufzutreten. Während er als *desembargador* in Rio de Janeiro weilte (nach 1791), verurteilte er sogar mitleidslos seine berühmten brasilianischen Kollegen Thomas Antonio Gonzaga, Claudio Manoel da Costa und Alvarenga Peixoto, die an der Verschwörung teilgenommen hatten, welche die Provinz Minas-Geraes behufs Erlangung der Selbständigkeit angezettelt hatte. (S. u. § 178).

176. An dritter Stelle verdient Domingos dos Reis Quita[3] (1728—

[1] Die »*Obras Poeticas*« von Garção erschienen 1778. durch Fürsorge seines Bruders; 1812 (ohne die Prosasachen); 1825 (desgleichen); und vermehrt, nur unter Ausschluss einiger pittoresker Sonette, Rom 1888, mit Einleitung und Anmerkungen von J. A. de Azevedo Castro. Nicht erwiesen ist die vermeintliche Verfolgung, die Garção von Seiten Pombal's erlitten haben soll, weil in seiner schönen Huldigung an den alten Infanten D. Pedro ob seiner Nichtannahme der Statue, welche Lissabon ihm errichten wollte (§ 87) Anspielungen auf das Reiterstandbild König Josephs und das am Piedestal enthaltene Medaillon Pombal's erblickt wurden. Wahrscheinlicher ist, dass seine Haft durch strafbare Liebesabenteuer veranlasst ward. G. war ein sehr gescheuter, geschmackvoller Dichter, der ohne jede Pedanterie mit feinem Takt daran arbeitete, die durch Gongoristen, Gallizisten und Vulgärdichter zu bunter Willkür geführte Sprache zu adeln und zu kamonianischer Schönheit zu führen. Die läppisch gewordenen Reimkünsteleien vermeidet er und zeigt, dass auch ohne solches »*zumzum*« poetische Effekte zu erreichen sind. Dass er trotzdem das Reimen verstand, beweisen seine Dithyramben, Glossen und Endechas. Die Oden, ob auch horazisch, und die Episteln, ob auch quinhentistisch, sind pikant gewürzt mit etwas zeitgenössischem Realismus, so dass sie nie wie künstliche Nachbildungen aussehen. Vgl. Bouterwek p. 375—383.

[2] Gedr. 1802 und oft, zuletzt 1879, illustriert und mit Kommentar von J. Ramos Coelho; franz. von Boissonade 1828; Neuausgabe mit vortrefflicher Einleitung von F. Denis 1867 als »*Goupillon*«. Vgl. von Reinhardstoettner: »Der Hyssope des A. D. in seinem Verhältnisse zu Boileau's Lutrin« (Lpz. 1877) und Braga, »*Questões*« p. 339—350. Eine Ausgabe der Werke (mit Ausschluss des Epos) erschien 1807 bis 1817 zu Liss. (6 Bde.). Sie enthält mehr als 300 Sonette, viele Eklogen, Oden, Canzonen, Elegien, Epigramme; ein Poem »*Metamorphoses do Brazil*« und eine Komödie: »*O falso heroismo*«.

[3] Quita's Werke wurden 1766. 1781 und 1831 gedruckt. Die *Lycore* steht an

1770) genannt zu werden (ein einfacher Friseur, der im Elend starb), besonders wegen seiner Verdienste um die Bühne. Als Arkadier hiess er Alcino Mycenio. Seine Idyllen sind von grosser Lieblichkeit, besonders das längere Hirtendrama *Lycore*. Seine Tragödie in Versen über »*Ines de Castro*« (gewöhnlich »*A segunda Castro*« geheissen, wegen Ferreira's älterer Arbeit), ward von João Baptista Gomes in der *Nova Castro* plagiiert.[1] — Überhaupt war die *Arcadia* ernstlich darum bemüht, auch das Theaterpublikum von der Geschmacksverwirrung zu heilen, die es dahin gebracht hatte, den possenhaften Opern des Juden sowie ähnlichen, und noch schlimmeren, roheren Bouffonnerien Beifall zu klatschen. Denn neben den Farcen eines gewissen Nicolau Luiz[2], und anderen anonymen, die aus Fetzen spanischer und italienischer Lustspiele kunstlos zusammengeflickt sind, herrschten auf der Bühne damals nur Übersetzungen und Nachahmungen nach Goldoni und Metastasio, die öffentlich und in Privathäusern aufgeführt, und in fliegenden Blättern gedruckt wurden (*Comedias de Cordel*). Der lebhafte Wunsch, das Drama wieder national zu gestalten, und dem schlechtverwöhnten Publikum durch gesundere Kost aufzuhelfen, bildete die Lebensaufgabe des Arkadiers Manoel de Figueiredo (*Lycidas Cynthio* 1725—1801).[3] Doch erlaubten ihm seine schwächlichen Geistesgaben nicht, seinen trefflichen Plan voll und ganz auszuführen. Während er nämlich in der Wahl seiner Stoffe glücklich und taktvoll war, — geschickte Hände hätten Meisterwerke daraus gemacht — fehlte ihm die Kunst, seine tragischen und komischen Ideen zu verkörpern, und seine verständigen Gedanken in gute Verse zu kleiden.[3]

177. Von den ausserhalb der *Arcadia* erblühenden Talenten, traten viele mit Satyren gegen dieselbe hervor. Eine kleine Sammlung von Schriften dieser Dissidenten erschien unter dem Titel »*Guerra dos Poetas*« schon im Jahre 1770 und machte die Runde durch die Hauptstadt. Später sammelten die Abtrünnigen der *Arcadia* sich um den Padre Francisco Manoel do Nascimento (1734—1819), *Niceno* und *Filinto Elysio*,[4] und bildeten eine unter

---

sanften Reizen kaum Tasso's Aminta nach. Auch die Tragödien *Astarte, Megara* und *Hermione* sind durchaus nicht wertlos.

[1] Gomes, ein jung (1803) gestorbener Portuenser Kaufmann, errang mit seiner *Ines de Castro*-Tragödie zu Anfang des 19. Jhs. einen durchschlagenden Erfolg. Noch 1850 gehörte sie zu den beliebtesten Bühnenstücken. — Franz. von F. Denis 1823; deutsch von H. v. Z., Weimar 1782, und Al. Wittich, Lpz. 1841 (mit vergleichender Kritik einiger *Ines*-Tragödien und Romane: Houdart de la Motte 1723; Mr Bray 1830, Thelo 1808, v Soden 1791; Ferreira (s. § 134), Quita; J. J. Sabino 1812 und Gomes). Vgl. Inn. da Silva III 305 u. Braga, *Theatro no seculo* XIX Cap. II.

[2] Über Nicolas Luis, den Verfasser der »*Maridos Peraltas*«, und die »*Comedia de cordel*« im Allgemeinen verweise ich auf Inn. da Silva VI 275—287 und Braga's *Theatro*, obwohl beide den nicht uninteressanten Gegenstand auch nicht annähernd erschöpfen.

[3] Figueiredo schrieb 41 Bühnenstücke: Tragödien, worunter patriotische wie *Ines de Castro, Osmia* und *Viriato* und ein *Edipo;* Komödien: und Übersetzungen (Corneille *Cid*; und die *Iphigenie* von Euripides); dazu 5 arkadische Reden über die Technik des Dramas. Nur 3 Bände liess er selbst drucken (1775). Eine Gesamtausgabe besorgte sein Bruder (14 Bde. 1804—15). Dazu kommen noch »*Obras posthumas*« (2 Bde. 1804 und 1810). — Die meisten Exemplare wanderten ungenutzt in die Lissabonner Kramläden. Ernste Einheitsdramen machten nur Glück, wenn sie aus dem Ausland, mit bereits geprägter Wertbezeichung, importiert wurden. — Eine andere *Osmia* von D. Theresa de Mello Breyner wurde zwar von der Akademie gekrönt, welche vergebens Preise für das beste Lust- und Trauerspiel aussetzte (gedr. 1785; span. 1798, deutsch 1824 Halberstadt; vgl. Bouterwek p. 385—390), doch gefielen ihre reimlosen Hendekasyllaben dem Publikum ebensowenig wie die zehn Tragödien des Manuel Caetano Pimenta de Aguiar (*Virginia; D. João I; D. Sebastião; Caracter dos Lusitanos* etc. 1815—1820. Vgl. F. Denis, *Résumé*, Cap. 33), oder der *Triumpho da natureza* von Nolasco da Cunha (1773—1844), welcher den Hexameter und den Geschmack für Shakespeare in Portugal einzuführen versuchte.

[4] Auch die Dissidenten legten sich nämlich Hirtennamen bei. Wegen heterodoxer Meinungen vor das nach Pombals Sturz wiederum eifrig thätige Heilige Tribunal gefordert,

dem Namen »*Grupo da Ribeira das Naos*« bekannte Sonder-Akademie, der auch Domingos Pires Monteiro Bandeira, Domingos Maximiano Torres (*Alfeno Cynthio*) und der grosse Satyriker Nicolau Tolentino d'Almeida (1741—1811) beitraten[1]. Auch in der Provinz entstanden arkadische Reform-Vereine, aus denen einige bedeutende Poeten, wie João Xavier de Mattos (*Albano Erythreo* † 1789) hervorgingen.[2] Ja, bis nach Brasilien verbreitete sich die Bewegung. Die überseeische *Academia dos Selectos, Sociedade Litteraria, Arcadia ultramarina, Academia dos felizes* und *Academia dos Renascidos* legen Zeugnis davon ab.

178. Die Akademie der Wissenschaften. Nach dem Tode König Josephs wurde, am 4. März 1778, sein grosser Minister seiner Dienste enthoben. Infolge der Aufwiegelung gehässiger, persönlicher Feinde und der Hetzereien aller Gegner seiner grossartigen Reformen, wurde ihm sogar wegen Misbrauchs seiner Amtsgewalt, der Prozess gemacht. Des Königs Tochter und Nachfolgerin D. Maria I. war herzensgut, aber von verhängnisvoller Bigotterie, die unter dem unumschränkten Einfluss ihres Beichtsvaters, Frei Ignacio de S. Caetano, zu krankhaftem Fanatismus und später, unter der Leitung des noch strenggläubigeren Bischofs von Algarve D. José Maria de Mello, sogar zu vollkommener Geistesumnachtung und religiösem Wahnsinn ausartete. Während ihrer Regierung trat eine allgemeine Reaktion gegen die vorausgegangene freiheitliche Bewegung ein. Der »Philosophismus« ward für verderblich erklärt. Von den Männern der Wissenschaft wanderten die einen aus — wie die Botaniker José Correia da Serra (1750—1833) und Felix de Avellar Broteiro 1744—1828 —[3], während die anderen, die im Lande blieben, verfolgt und gemassregelt wurden, wie der grosse Mathematiker José Anastacio da Cunha. Diese orthodoxe Gegenbewegung nannte man in Portugal »*Rigorismo*«. Jedermann, der Bücher von Voltaire, Helvetius, Rousseau oder Reynal besass oder benutzte, wurde vor das wieder eingerichtete heilige Tribunal gerufen. So ward der eben genannte José Anastacio da Cunha (1742—1787) gefangen gesetzt, weil er den »*Candide*« und das »*Dictionnaire philosophique*« besitzen sollte. So ward auch Filinto Elysio beschuldigt »moderne philosophische Bücher gelesen zu haben, die eine naturalistische Religion lehren«. Er wanderte am 13. Juli 1778 aus Portugal aus und ging nach Paris, wo er am 25. Februar 1819 starb, in einsamer Zurückgezogenheit, unbekümmert um alle Vorgänge der Aussenwelt. Selbst aus der Ferne aber übte er auf die vaterländische

---

entfloh der sprach- und musikkundige Laien-Priester und lebte in Holland und Paris, unablässig mit litterarischen Arbeiten beschäftigt, (Übersetzungen und Eigendichtungen). — »*Obras completas*«. Paris 1817—19 (11 Bde.) und Liss. 1836—40, (22 Bde), doch ist keine von beiden vollständig. — »*Odes*« franz. 1808 von Sané. Vgl. Pereira da Silva, »*Filinto Elysio e a sua epoca*« Rio 1891 und Romero Ortiz. Er ist ein Verskünstler ersten Ranges.

[1] »*Obras Poeticas*«, Liss. 1802, (2 Bde.), 1828—36 und 1861 mit kritischer Studie von J. de Torres. Er ahmte, wie schon früher gesagt ward, in seinen satyrischen *Quintilhas*, den alten sentenziösen Stil Miranda's mit Glück und Geschick nach.

[2] Die italianisierenden »*Rimas*« dieses Hauptes der *Arcadia Portuense* wurden von 1785 bis 1827 allein 5 mal gedruckt. Sie sind dem Andenken an Camões geweiht. Erwähnung hätten vielleicht noch verdient: Miguel do Couto Guerreiro, der Verfasser des »*Tratado de Versificação portugueza*« (1784) mit seinen *Satyras e Elegias* (1786) und Joaquim Fort. de Valladares Gamboa »*Obras Poeticas*« (1791).

[3] Von bedeutenden Portugiesen, welche damals das Vaterland verliessen, um frei denken und sprechen zu dürfen, und die sich im Ausland Ruhm erwarben, sind ausser den im Texte erwähnten (Verney; Abbade Costa; Filinto Elysio; Abbade Serra; Broteiro; Duque de Lafões); nächst dem Cavalleiro d'Oliveira noch der Arzt Antonio Nunes Ribeiro Sanches (1699—1783); der Musiker Marcos Portugal (1762—1827); die Sängerin Luiza Todi (1753—1833); der Lexikograph Vieira Transtagano; die Maler Vieira Portuense (1765—1805) und Vieyra Lusitano (1699—1783), sowie der Oberst Gomes Freire de Andrade (1759—1817) zu nennen.

Litteratur einen entscheidenden Einfluss aus, und zwar im puristischen Sinne, durch Rückbildung der Sprechweise zur alten, nationalen, von Gallizismen freien Einfachheit. Die romantische Geschmacksrichtung des nächsten Zeitalters bereitete er durch seine poetischen Blankvers-Übersetzungen der »*Märtyrer*« von Chateaubriand und von Wieland's *Oberon* (nach einer franz. Prosaversion) vor. — Gleichzeitig erblühten, dem Mutterlande fern, in Brasilien, das sich allmählich seiner Kraft bewusst wurde und sich zu einer eigenen Nationalität auszubilden begann, einige echte Dichtertalente. In der oben erwähnten, 1779 gegründeten *Arcadia Ultramarina* sammelte sich ein Kreis begabter Litteraten. Der bedeutendste davon ist José Basilio da Gama (1740—95), der Verfasser des kleinen Epos *Uruguay*.[1] Als die Vereinigten Staaten von Nordamerika sich 1789 für unabhängig erklärten, regten sich auch in Brasilien republikanische Gelüste und fanden Widerhall in Dichterseelen wie Claudio Manoel da Costa (1729 - 90)[2], und Thomas Antonio Gonzaga (1744 —1809)[3]. Der letztgenannte, zartbesaitete Dichter der »*Marilia de Dyrceu*« schlägt in seinen »*Lyras*« volksmässige Töne an, welche an die altgallizischen Weisen der provenzalischen Epoche (*Serranilhas*) erinnern. In seiner »*Viola de Lereno*« führte Domingos Caldas Barbosa (1740—1800 *Lereno Selinuntino*), dasselbe Genre in Gestalt leichtfüssiger »*Modinhas*« in die Hauptstadt ein. In dem Epos »*Caramurú*« des P^e^ Santa Rita Durão (1736 - 84) sind alte Traditionen über die Entdeckung Brasiliens benutzt und in kraftvoller Weise verwertet. Manche Episode, wie die vom Tode Moemá's, ist nicht reizlos.

Trotz des lähmenden Rigorismus der Regierung D. Maria's wurde das Mutterland mit den Geistesthaten des übrigen Europa immer vertrauter gemacht, Dank dem persönlichen Eifer und der wirklich wertvollen Thätigkeit des alten Herzogs von Lafões, der, noch zu Pombals Zeiten, an den bedeutendsten Höfen gelebt und mit den hervorragendsten Gelehrten verkehrt hatte.[4] Er ist der wahre Gründer der königl. Akademie der Wissenschaften, welche am 24. Dezember 1779 in der Hauptstadt, unter Mitwirkung aller strebsamen Forscher, begründet ward. Zwar wurde dann und wann von der Polizei-Intendantur eine Kiste Bücher, die für den Herzog aus dem Auslande kam, mit Beschlag belegt; trotzdem aber wusste er, selbst innerhalb des Pallastes, der freien, wissenschaftlichen Strömung, Geltung zu verschaffen. Die Akademie unternahm ernste, gelehrte und zu gleicher Zeit patriotische Arbeiten, deren

[1] Gedr. 1769 und öfter. Beste Ausgabe, Rio 1855. Es hätte sich empfohlen, die Entwicklung der brasilianischen Litteratur in einen kurzen Anhang zu skizzieren. Vgl. F. Sotero dos Reis, *Curso de Litteratura port. e brazileira*, Maranhão 1866. F. Wolf »*Le Brésil Littéraire*«, Berlin 1863; Sylvio Romero, *Historia da Litteratura Brazileira*, Rio 1888, 2 Bde. Eine kurze Übersicht bietet Oliveira Lima, »*Evolução da Litteratura Brazileira*« (in *Rev. de Portugal* Bd. I 643—67); ein summarisches Résumé von mir das Konv.-Lexikon von Brockhaus.

[2] S. Bouterwek p. 365—371. — »*Obras Poeticas*«, Coimbra 1768.

[3] Gedr. 1800 und weitere 15 mal; 1845 und 1862 mit Lebensbeschreibung und Würdigung. Ital. von Ruscalla 1860; franz. 1825 von Monglave; span. von Vedia. Als an der Verschwörung von *Minas Geraes* Beteiligter ward Gonzaga zu lebenslänglicher Verbannung nach Angola verurteilt, schliesslich aber zu 10 jährigem Aufenthalt in Moçambique begnadigt. Während der 3 jährigen Untersuchungshaft entstanden seine schönsten Lieder. Geistig gebrochen, lebte er in halbem Wahnsinn noch 15 Jahre.

[4] D. João Carlos de Bragança Sousa e Ligne (1719—1806), ein Enkel Peters II. Er verliess Portugal 1757 und kehrte erst 1779 heim, nachdem er Europa, Asien und Afrika bereist, für Maria Theresia gegen Friedrich den Grossen, (der ihn später in Potsdam empfing und mit herrlichen Lobesworten ehrte) gekämpft, in Wien von 1768—74 Metastasio und den 12 jährigen Mozart und Gluck beschützt, und die Widmung der Oper *Paride ed Elena* entgegen genommen hatte, im vertrauten Verkehr mit den erlauchtesten Geistern. Vgl. eine Studie über ihn von Joaquim de Vasconcellos, im *Plutarcho Portuguez* 1881.

Früchte in den auch im Auslande geschätzten »*Memorias*« aufgespeichert wurden.[1] Unter der Leitung ihres unermüdlichen Sekretärs, José Correia da Serra, der die rechte Hand des Herzogs war, wurden die unschätzbaren «*Ineditos de Historia Portugueza*« herausgegeben.

179. Didaktische Dichtungen. Die wissenschaftliche Richtung der akademischen Thätigkeit wirkte auch auf die Erforschung der Nationallitteratur befruchtend. Die ästhetischen Urteile eines Antonio das Neves Pereira und Frei Joaquim de Foyos erheben sich freilich nicht eben viel über rhetorische Erwägungen.[2] Und in der Dichtkunst nahm ein lehrhafter Ton überhand. Man übersetzte fremde Erzeugnisse oder ahmte sie freier nach. Der »*Jardim botanico*« (1803) von Vicente Pedro Nolasco da Cunha ist eine Übertragung des englischen Textes von Erasmus Darwin; Bocage nationalisierte die »*Jardins*« von Delille; die »*Plantes*« von Castel; die »*Agricultura*« von Rosset und den »*Consorcio das flores*« von Lacroix. Der Padre José Agostinho de Macedo (1761–1831) der vom 18. ins 19. Jh. hinüberleitet, schuf hingegen selbständige didaktische Gedichte: »*A Natureza*«, »*Newton*« (1813), »*A Meditação*« und »*A viagem extatica ao Templo da Sabedoria*«.

180. Das neue Arkadien. Nächst Manoel Maria Barbosa du Bocage (1765—1805) ist José Agostinho der bedeutendste Dichter jener Tage. Seine Kritik war jedoch eine übermässig scharfe und seine Sprache ist oft gallig und giftig, besonders wo sie zum Werkzeug seiner politischen Leidenschaften ward, wie in dem Spottepos »*Os Burros*« (1812), und in den Prosa-Brandschriften »*Tripa virada*« »*Mais tripa*« und »*Tripa por uma vez.*«[3] — Er unterfing sich die Bewunderung der Nation für die Lusiaden lächerlich zu machen, und an Stelle des Nationalepos ein neues, zu diesem Zwecke verfasstes Heldengedicht »*O Gama*« (1811) schieben zu wollen, das er hernach noch einmal umarbeitete und »*O Oriente*« betitelte (1814). — Bocage, den die Zeitgenossen vergötterten, und unter dessen gefeilten Sonetten Meisterstücke sind, der sein staunenswertes Improvisations-Talent aber in nichtigen, zum grossen Teil sogar gemeinen Gelegenheitsgedichten verzettelte, wurde ein Opfer der Engherzigkeit und Willkür der mit der Inquisition verbündeten Polizeiherrschaft.[4] Trotz aller Hindernisse fand der Geist der franz. Revolution

---

[1] Fünf Bände, 1790—1824 Die hauptsächlichsten periodischen Publikationen der Akademie sind ausser den im Texte erwähnten, alle Wissensgebiete umfassenden «*Memorias*» (Serie I 1797—1837. 12 Bde., Serie II 1843—51, 3 Bde.); die *Memorias economicas* 1789—1815, 5 Bde.; *Memorias de mathematica e physica* 1797–1814, 3 Bde.; und (da nach franz. Sitte auch die schöne Litteratur beachtet ward) die *Memorias de litteratura* 1792—1814, 7 Bde. Vgl. C. C. Branco, *Curso* 221—244 und J. Silvestre Ribeiro Bd. I.

[2] Vgl. Bouterwek p. 405—409. Was dort, und anderwärts, über den Mangel an Lehrbüchern der Rhetorik und Poetik gesagt wird, ist jedoch ungenau. Seit 1718 hat es ihrer genug gegeben (Francisco Leitão Ferreira; Candido Lusitano; Ericeira; Ribeiro Sanches etc.).

[3] Diesen abstossenden Titel tragen die Wochenblätter, die Macedo 1820–23 herausgab. Dem fruchtbaren und gewandten, aber keineswegs liebenswürdigen Augustinermönch, der 1792 seines sittenlosen Wandels wegen aus dem Orden ausgestossen ward, trotzdem aber Welt-Geistlicher und ein berühmter Kanzelredner, ja sogar Hofprediger und 1830 Chronist des legitimistischen Usurpators D. Miguel ward, hat A. P. Lopes de Mendonça einen Aufsatz in den *Annaes das Sciencias e Letras* (II p. 1449) gewidmet »*José Agostinho e a sua epocha*«. Die sehr lange Liste seiner Dichtungen und Streitschriften bieten Inn. da Silva IV 183–215 und J. Lopes Carreira de Mello: *Macedo, Biographia e Catalogo de obras*, Porto 1854. — Vgl. auch Romero Ortiz.

[4] Das kurze und unstäte Leben dieses höchst talentvollen und einflussreichen Dichters, der wahrhaft volkstümlich wurde und Schule machte; seine militärische Laufbahn, von Lissabon nach Goa, Damão, Macau und wieder heimwärts; seinen Eintritt in den 1790 zu Lissabon von einigen Poeten (Bingre, Semmedo, Barboza) gegründeten Dichterbund, die *Academia de Bellas Letras*, die man meist als *Nova Arcadia* bezeichnet, da ihre Mitglieder sich auch hirtenmässige Namen beilegten; die bittre Feindschaft, die seine überlegene

jedoch seinen Weg nach Portugal, obwohl, wie angedeutet, der Intendant Manique der Verbreitung der neuen Ideen Einhalt zu thun glaubte, wenn er kein franz. Buch das Zollamt passieren liess, sondern alles Verdächtige einfach verbrannte. Auf Privattheatern kamen die Dramen Voltaire's zur Aufführung und besonders unter den Studenten Coimbra's bereiteten sie dem liberalen Gedanken einen günstigen Boden, in den später die Romantiker neuen Samen streuen konnten.

K. SECHSTE EPOCHE. SEIT 1825.

ROMANTIKER.

Die Bewegung, welche man in der Litteratur die romantische nennt, wird durch die bewusste Absicht der Schriftsteller gekennzeichnet, ihre Stoffe dem nationalen Leben zu entnehmen. In ganz Europa fällt sie mit den politischen Kämpfen zur Erlangung grösserer Freiheit zusammen, oder geht daraus hervor. Die Bewunderung für die klassischen Werke des Altertums, gegen deren Nachahmung schon die Encyklopädisten den Fehderuf erhoben hatten, wurde zu einem Merkmal des politischen Konservatismus. Ein Kampf zwischen den am Alten haftenden Klassikern und den sich davon lossagenden Romantikern hat nirgend gefehlt, wo die Grundlehren der franz. Revolution, ob auch gemildert durch die Wirkung der »Verfassungen« *(Cartas Constitucionaes)*, Erfolge errangen. Mit dem liberalen oder revolutionären Glaubensbekenntnis geht die Geringschätzung aller akademischen Regeln Hand in Hand. Allem steifen Formelzwang abhold, in litterarischer Beziehung die gesamte Vorzeit, Altertum wie Mittelalter verachtend, nahmen die Romantiker die Natur zum einzigen Massstab für alle Wissenschaften (Naturphilosophie, Naturrecht, Naturreligion) und zum Massstab für Kunst und Poesie die Eindrücke, welche eben die Natur oder Wirklichkeit auf das Individuum hervorbringt. Eine solche Umgestaltung der Denkart ist in den von Lessing und Goethe so sehr bewunderten Werken Rousseau's und in den ästhetischen Theorien Diderot's schon deutlich fühlbar. Diese franz. Vorläufer, welche auf Deutschland einwirkten, bezeichnete Gervinus später als Protoromantiker. Die Notwendigkeit, die litterarische Wiedergeburt auf die Traditionen der eigenen nationalen Vergangenheit zu begründen, und somit dem Mittelalter (statt der Antike) die Motive zu entnehmen, fühlte jedoch von allen Ländern Deutschland zuerst und am tiefsten. Unter dem Schutze der Fürstin Anna Amalia von Braunschweig erstand in Weimar, dem Athen Thüringens, jene grossartig fruchtbare Dichter-Generation, deren Koryphäen Goethe und Schiller sind. Die neuen litterarischen Theorien der deutschen Romantiker verbreiteten sich

---

Ironie und rücksichtslose Satyre ihm bald (1793) von Seiten seiner Kollegen eintrug; die Fehden mit José Agostinho; die Anklage, welche sein Enthusiasmus für die franz. Revolution ihm zuzog; seine Gefangennahme (1797) wegen aufrührischer und gotteslästerlicher Äusserungen und Schriften, unter denen eine »*Verdades duras*« überschriebene voltairische Epistel in Versen gegen die Unsterblichkeit die Hauptrolle spielt (»*A Pavorosa*«, wegen der Anfangsworte »*Pavorosa illusão da eternidade*«), seine Katechisation durch das heil. Tribunal, und sein Ende schildert lebendig Th. Braga in »*Vida de Bocage e sua epoca litteraria*«. Sie bildet den Geleitband zur jüngsten Ausgabe seiner Werke (Porto 1876, 7 Bde.). Ältere erschienen als *Obras Poeticas* Liss. 1806–14 (in 6 Bdn.) und ebd. 1853 »*Poesias*«, mit Einleitung von Rebello da Silva und Inn. da Silva. — »*Excerptos e vida*«, von Castilho in der »*Livraria Classica*«, 1847 und 1865. — Vgl. Ruscalla: *Notizie intorno agli scritti di Bocage*, Asti 1860; Max Beilhack, in *Herrig's Archiv*, 1867, Bd. 40; und Romero Ortiz. — Bocage's Schüler und Nachfolger heissen *Elmanistas* nach seinem arkadischen Namen Elmano Sadino.

nach England und Frankreich und von da aus nach Italien, Spanien und Portugal, erhielten hier im Süden Europa's aber als bedeutsamen Hintergrund die umstrittene, politische Emanzipation der Völker.

182. Wiederbelebung des Nationalcharakters durch die Litteratur. Die Romantik drang nach Portugal erst als sie bei allen anderen Nationen schon in das kritische und wissenschaftliche Stadium eingetreten war, gleichwie man in den entfernteren Provinzen des grossen Römerreiches die Münzen mit dem Bildnis eines Kaisers noch verehrte, nachdem er selbst von den Prätorianern längst ermordet oder abgesetzt war. Die Hauptursache dieses späten Beitritts ist in der politischen Lage des Landes zu suchen. Seit der Erhebung Portugals gegen die Heere Napoleons hatte die Nation das immer schwerer lastende Protektorat Englands, seines Bundesgenossen, zu ertragen, das sich während der Regierung von Beresford in grausamster Weise unterdrückend bethätigte. Auf die Ermordung des Generals Gomes Freire de Andrade folgte nach 1817 eine erste Auswanderung von vaterlandsliebenden Liberalen. Männer, wie der Morgado de Mattheus, Mascarenhas Netto, José Pedro de Mello und Domingos Antonio Sequeira traten jenseits der Grenzen in Beziehungen zu Vertretern der neuen Geistesströmungen, und leiteten dieselben in ihr unglückliches, durch Despotismus und Klerikalismus grenzenlos ausgesogenes und verrottetes Land. Der Morgado de Mattheus († 1825) trug durch seine Monumentalausgabe der *Lusiadas* (1817) zur Weckung des Nationalgefühls bei.[1] José Diogo Mascarenhas Netto († 1826) gründete die ersten wissenschaftlichen Zeitschriften[2]. José Pedro de Mello organisierte zoologische und mineralogische Sammlungen; Sequeira († 1837) pflegte die historische Malerei und schuf, unter anderem, das Gemälde vom Tode des Lusiadensängers. In der Heimat hätte keines dieser Talente sich frei entfalten können. Wurde doch um dieselbe Zeit Garrett, der sich bereits als bedeutender Dichter offenbart hatte, angeklagt und schuldig befunden, in dem didaktischen Gedicht über die Malerei »*O retrato de Venus*« freigeistigen Anschauungen Ausdruck geliehen zu haben. Der schreckliche Pater José Agostinho de Macedo fungierte nämlich noch als amtlicher Zensor und blieb es bis zum Sturz des Absolutismus (1833).

Eine innigere Bekanntschaft mit den Meisterwerken der Romantik wurde jedoch erst während der zweiten Emigration erreicht (1823—26), als Johann VI., der nach der Rückkehr aus Brasilien die Konstitution von 1820 bewilligt hatte, durch einen Staatsstreich das absolute Regiment wiederherstellte. Garrett, der zu den begeistertsten Liberalen gehörte, lernte in der Fremde den Wert des heimischen Volksromanzen- und Liederschatzes kennen, nachdem die Arbeiten eines Grimm, Walter Scott, Rodd und Depping seinen Blick angezogen hatten. Nach seiner, durch die Amnestie von 1826 ermöglichten Rückkehr beutete er dann, an der Hand von Kindheitserinnerungen, diese poetische Ader aus, und tränkte von nun an seine eigenen litterarischen Schöpfungen mit ihrem Lebenssafte. Die dritte Emigration (1829—38) führte zu noch viel eingehenderer Beschäftigung mit der romantischen Bewegung, sowohl in Frankreich, wo der »*Globe*« seine Triumphe feierte (1824—32), als auch in Eng-

[1] D. José Maria de Sousa Botelho, der Gemahl der geistvollen Freundin Talleyrand's Mme de Flahaut, welche die Geschichte als Mme de Sousa kennt. Nach den Schmähungen, welche der Pater Macedo in den *Reflexões Criticas* (1811) und in der *Censura dos Lusiadas* (1820) gegen Camões geschleudert hatte, war solche Ehrung von Bedeutung.

[2] Es sind die, unter Mitwirkung von Francisco Solano Constancio und Candido José Xavier, von José Diogo de Mascarenhas Netto herausgegebenen *Annaes das Sciencias, Artes e Letras* (1818—22) 16 Bde. (verschieden von den mehrfach genannten »*Annaes das Sciencias e Letras*«).

land, wohin sich jetzt die meisten der verfolgten Auswanderer wandten. Alexandre Herculano, der zu dieser Emigrierten-Gruppe gehört, ward der wahre Einführer des historischen Romans, und der Erneuerer der Geschichtsstudien. Dem berühmten Minister Passos Manoel (s. u.) dankt man eine Reihe wichtiger, pädagogischer Einrichtungen und Reformen: die ersten medizinischen, polytechnischen und militärischen Hochschulen, das Konservatorium für Musik und dramatische Kunst, die Akademien der schönen Künste, und die Nationallyceen.[1] Doch nicht bloss die genannten, sondern alle Schriftsteller, welche die ausländischen Schöpfungen der Romantik kennen, verstehen und bewundern lernten, sahen ein, dass auch für Portugal erst die Versenkung in seine glorreiche Vergangenheit zur wahren Fruchtbarmachung der neuen freisinnigen Institutionen führen konnte. Die Dramen, die Romane, die lyrischen Dichtungen, die historischen Forschungen, die in rascher Folge entstehenden schöngeistigen und fachwissenschaftlichen Zeitschriften, alles arbeitete an der einen Aufgabe, das mehr denn halb erloschene Vaterlandsgefühl wieder anzufachen, und das portug. Leben und Denken wieder national zu gestalten. Aus den so überaus zahlreichen Schätzen der älteren Litteratur-Zeiträume hob man Einiges hervor, und brachte es ans Licht: die »*Ineditos de Alcobaça*« (1829); einen der Reiseberichte des D. João de Castro, »*Roteiro*«[2] (1833); den »*Roteiro de Vasco da Gama*« (1838)[3]; den »*Leal Conselheiro*« des Königs Duarte (1843); die »*Annaes de D. João III.*« (1844); die »*Chronica do Cardeal D. Henrique*« (1840); die »*Chronica de D. Sebastião*« von Frei Bernardo da Cruz (1837), und die philosophischen Gedichte des José Anastacio da Cunha (1839)[4], um nur einzelnes Hervorragende namhaft zu machen. Im »*Parnaso Lusitano*« (Paris 1826—1834) wurden den sich mit portug. Litteratur Beschäftigenden zum ersten Male die schönsten Perlen portug. Dichtkunst vom 16. bis zum 19. Jh. dargeboten, bei welcher Gelegenheit Garrett selber mit eigener Hand, gewandt und einsichtig, ob auch mit wenigen Strichen, ein Bild der Entwickelung der Nationallitteratur skizzierte. Die Drucklegung des alten »*Cancioneiro do Collegio dos Nobres*« durch Lord Stuart (1826) mit ihren Troubadourliedern aus dem 13. und 14. Jh. fand freilich noch kein rechtes Verständnis. Man kannte jene entferntere Vorzeit gar zu wenig. Selbst ein Meister wie Diez glaubte darin Dichtungen nur eines Verfassers vor sich zu haben. Im Ganzen aber verstand man die Vergangenheit gut. Edgar Quinet fühlte, als er Portugal betrat (1843—44) den heissen Atem des sich erneuenden Lebens und sah ein, welch grossen Anteil die Schriftsteller an diesem segensreichen Vorgange hatten.[5] Binnen kurzem jedoch, schon 1847, machte ein neuer Staatsstreich, bei welchem die Königin D. Maria II. die Waffen der verbündeten heiligen Mächte (Spaniens, Englands und des orleanistischen Frankreichs) gegen ihr Volk zu Hülfe rief, jenem schönen und energischen Aufschwung schon wieder ein jähes Ende. Seither besitzt Portugal an Stelle wahrer Freiheit nur ihr Scheinbild, in Gestalt des Parlamentarismus: und in der Litteratur sind an Stelle wirklicher Genien fast nur unbedeutende phrasenliebende Mittelmässigkeiten am Werke.

---

[1] Nach der am 30. Mai 1834 erfolgten Aufhebung der Klöster war eine Neugestaltung des Unterrichtswesens eine unumgängliche Forderung.

[2] Ein zweiter »*Roteiro de Goa a Diu*« erschien 1843; ein dritter 1882.

[3] Der zweite Seebericht Vasco da Gama's erschien 1861 (ed. Herculano und Castello de Paiva).

[4] S. Inn. da Silva IV p. 229.

[5] Die in Portugal unendlich oft zitierten sympathischen Äusserungen Quinet's über Portugal finden sich in den »*Vacances en Espagne*« (chap. 29) und in »*La France et la sainte alliance*« (Bd. IX und X der *Oeuvres Complètes*).

183. Die Romantiker. — João Baptista da Silva Leitão, Visconde de Almeida Garrett (1799—1854)[1] ist der eigentliche Einführer der Romantik, und das Haupt der neuen Schule, ob auch seine ersten Schriften beweisen, wie tief ihn in der Jugend der franz. Pseudo-Klassizismus einerseits, und andererseits die Lyrik des heimischen arkadischen Geschmacks beeinflusst hatte (der Philintismus mehr als der Elmanismus). Trug er selber doch, der alten Schäfersitte treu, noch den Dichternamen Ionio Duriense, und schrieb er doch, eingenommen von der zuckersüssen Prosa eines Demoustier sogar eine »Schule für Damen« *(Lyceo das Damas)*, während er in den Dramen *Mérope* und *Catão* (und anderen), seinen freisinnigen Gedanken folgend, Voltaire nacheiferte! Wie jener Umschwung eintrat, der ihn veranlasste, seine wirklich moderne Gefühlsweise in litterarische Schöpfungen umzusetzen, und dabei zum Romantiker zu werden, ward schon angedeutet. Die Emigration von 1823 brachte Garrett in Berührung mit Vertretern der neuen Richtung und klärte ihn darüber auf, wie unendlich viel in Portugal noch zu thun übrig war. Die durch die Ferne nur gesteigerte, sehnsuchtsvolle Liebe zum Vaterland bewirkte, dass er, der sich bislang ausführlicher nur in dem Lehrgedicht über die Malerei »*Retrato de Venus*« und in konventionellen klassischen Tragödien ausgesprochen hatte, zu der genialen Schöpfung des patriotischen Epos »*Camões*»; zu der noch gelungeneren des Schauspiels Frey Luiz de Sousa und anderer Bühnenstücke begeistert ward. — Almeida-Garrett wurde am 4. Februar 1799 in Porto geboren, und auf den Açoren von einem humanistisch gebildeten Oheim, dem Bischof von Angra, D. Frei Alexandre da Sacra Familia erzogen. Von 1814 bis 1821 besuchte er die Universität Coimbra, woselbst die Ideen der franz. Revolution in vielen Herzen brannten, und trat offen der Bewegung bei, welche 1820 das Joch des englischen Protektorats abzuschütteln gedachte. Die bei dieser Gelegenheit entstandene Tragödie »*Catão*« kam bei Nationalfesten wiederholt zur Aufführung, in Portugal und später unter den Emigrierten auch im Auslande. Als Johann VI. 1823 die ein Jahr zuvor verliehene Konstitution brach und die Parteigänger der nationalen Freiheit und Selbständigkeit verfolgt wurden, verliess auch Garrett die Halbinsel und ging über England und Havre nach Paris (1823—26). Die Entfernung von der Heimat und seiner jungen Gattin, und das daraus entspringende Unbehagen, das durch seine Mittellosigkeit gesteigert ward, gaben dem hier entstehenden Gedicht »*Camões*« sein tief melancholisches Gepräge[2]. Im Heimweh gedachte er der Kindheit und der alten Volksüberlieferungen, die er so gern gehört hatte. Diese Erinnerungen gaben dem anmutigen Poem »*D. Branca*« seine Färbung.[3] Nach der Rückkehr musste Garrett einige Monate im Kerker zubringen wegen politischer Streitschriften, von denen später eine Auswahl unter dem Titel »*Portugal na balança da Europa*« wieder herausgegeben worden ist. Als am 28. Februar 1828 D. Miguel, der Vertreter der absolutistischen Reaktion, in Portugal landete, sah der Dichter sich gezwungen, abermals

[1] Man lese über Almeida-Garrett das sehr ausführliche, pietätvoll geschriebene Werk seines Lieblingsschülers Francisco Gomes de Amorim: »*Garrett, Memorias Biographicas*« Liss. 1881—88, 3 Bde.; daneben Braga, »*Historia do Romantismo em Portugal*« Liss. 1880, und A. Romero Ortiz, »*La literatura portuguesa en el siglo XIX*, Madr. 1870. Eine Gesamtausgabe seiner »*Obras*« umfasst 24 Bändchen. (Liss. 1854—77) Aus dem reichen Nachlass ist bis jetzt wenig gedruckt. Vgl. auch *Bibliographia critica*, Artikel 7 und 39.

[2] Dies elegische Heimweh-Poem in 10 Blankvers-Gesängen (1. Aufl. Paris 1825, 8. Liss. 1866) ist in deutscher Übersetzung vom Grafen A. F. v. Schack vorhanden (Stuttg. 1890), über welche man Storck in der *Zschr. f. vgl. Litt.* 1891 nachlese, wie auch in franz. Prosa-Version von H. Faure, Paris 1880.

[3] Es ist ein langes episch-lyrisches, Scherz und Ernst mit einander mischendes Rittergedicht in Wielands Manier, mit besonders gegen das Mönchswesen gerichteter Tendenz.

auszuwandern, um Leben und Freiheit zu retten. Mit anderen Gesinnungsgenossen suchte er in England Schutz. Von dort aus folgte er mit regem Interesse der Entwickelung jenes Kampfes, der mit dem Zusammenströmen der konstitutionell Gesinnten auf der Insel Terceira anhub, und im Jahre 1833 mit der heldenmütigen Verteidigung von Porto, an der Garrett teilnahm, rühmlich abschloss. Da D. Pedro IV. ihm gleich nach der Landung in Mindello das Ministerium des Innern übertrug, fand er Gelegenheit sein hervorragendes organisatorisches Talent bei der Reform sowohl des Verwaltungswesens als des Strafrechts und des öffentlichen Unterrichts zu bethätigen. Als 1837 der Konflikt zwischen Cartistas und Setembristas ausbrach, d. h. zwischen den Anhängern der 1826 gnädig bewilligten »*Carta outorgada*« und den Revolutionären, welche grössere nationale Unabhängigkeit erheischten, trat der Dichter, dessen Charakter sich bei der Arbeit und in den Pressfehden gestählt hatte, unumwunden für die demokratischen Prinzipien ein, und kämpfte unermüdet an der Seite des grossen Tribunen der Konstituinte, Manoel da Silva Passos (Passos Manoel, wie man ihn gewöhnlich zum Unterschied von seinem Bruder José nannte). Er unterstützte denselben bei allen seinen Reformen, besonders aber bei der Begründung eines Nationaltheaters und des Konservatoriums für dramatische Kunst. — Das ausserordentlich bewegte, thatenreiche Leben, das Garrett führte, beeinträchtigte jedoch in keiner Weise sein dichterisches Schaffen. Im Gegenteil, die aktive Teilnahme an historischen Geschehnissen verlieh seinen Werken allmählich einen kraftvolleren Charakter. Während der Belagerung begann er den in Porto spielenden geschichtlichen Roman »*O Arco de Santa Anna*«[1], der zwar unter dem Einfluss von Walter Scott steht, die portug. Eigenart aber trotzdem deutlich abspiegelt, und durch Garrett's völlig modernen, leichten Schritts einhergehenden, die alten Formen der portug. Prosa durchbrechenden Stil einen besonderen Reiz und Wert erhält. Nicht zufrieden damit, als Generalintendant des Theaters die Aufführungen zu leiten, schrieb er ferner eine Reihe dramatischer Meisterwerke (in Prosa), die Mark genug hatten, um die öffentliche Meinung endlich einmal zu heller Begeisterung hinzureissen. Sie führen sämtlich charakteristische Figuren aus dem Nationalleben auf die Bühne: »*O alfageme de Santarem*« (1841) steigt in das 14. Jh., in die Heldenzeit des Nunalvares Pereira hinab; »*Um auto de Gil Vicente*« (1838) in die Zeit Emanuels und seines Komikers; »*D. Filippa de Vilhena*« (1840) behandelt ein Ereignis aus der Restaurationsepoche; »*Frei Luiz de Sousa*« (1844) knüpft an die Katastrophe von Alcacer-Quebir an, und zeigt das Entstehen des Sebastianismus[2]; und selbst kleinere Bühnenstücke, wie »*A Sobrinha do Marquez* (d. h. Pombal's); »*Tio Simplicio*« und »*Fallar verdade a mentir*« schildern echt portug. Leben und Treiben. Das Sammeln der Volksromanzen zu einem *Romanceiro* beschäftigte ihn angelegentlichst.[3] Er eröffnete damit die Bahn für spätere streng wissenschaftliche Erforschung dieser bedeutsamen völkerpsychologischen Dokumente. Auch bearbeitete er selbständig

---

[1] Der »*Arco de Santa Anna*« erschien erst 1846, nachdem Herculano den historischen Roman bereits eingeführt hatte, und als Walter Scott schon in portug. Übersetzungen (von Ramalho e Sousa) vorlag (1843).

[2] Deutsch von W. L., Frankf. a. M. 1847; ital. von Ruscalla 1852; span. von Olloqui 1859. Über die zu Grunde liegenden romantischen Begebenheiten spricht § 165. Braga nennt den Frei Luiz de Sousa, in Übereinstimmung mit der in Portugal herrschenden Ansicht, »*a mais bella creação do theatro europeu moderno*«. (!) Vgl. Oliveira Martins, *Portugal Contemporaneo* 1881. Bd. II p. 131—137.

[3] Der *Romanceiro* enthält in Bd. II und III nächst 5 Romanzen von bekannten Verfassern 32 Volksromanzen, in stark abgerundeter und verfeinerter Textgestalt. Eine Auswahl daraus teilte F. Wolf in den »*Proben portug. und katal. Volksromanzen*« mit (1856); 15 Nummern verdeutschte auch v. Schack in dem mit Geibel herausgegebenen »*Romanzero*« (Stuttg. 1860).

einige der Romanzenmotive, und andere verwandte, der Geschichte, und dem Volksleben entnommene Sagenstoffe in reizenden Novellen in Versen (Achtsilblern) wie *Silvaninha; Miragaya; Por bem; As Pegas de Cintra*, die er »*Romancinhos*« nannte.[1] Die Beschäftigung mit der Volkspoesie gestaltete auch seine lyrischen Formen gänzlich um. In den Jugendwerken »*Lyrica de João Minimo*« und in den »*Flores sem fructo*« hatte er noch völlig unter der Einwirkung der postarkadischen Schule des Filinto Elysio gestanden. Beredteres, Leidenschaftlicheres, Lebendigeres, Überraschenderes hingegen als die kleinen Gedichte der »*Folhas cahidas*« (oder »Herbstblätter«), worin Garrett eine späte, aber dramatischbewegte Liebe verherrlicht, giebt es schwerlich in der portug. Litteratur. In den »*Viagens da minha terra*«, in denen Episoden aus der Zeit seiner Verbannung geschildert sind, hat seine Prosa einen stark subjektiv gefärbten Charakter, der besonders in persönlichen, abschweifenden Bemerkungen zu Tage tritt.[2] In seinen Parlamentsreden zeigt er sich als bedeutender Rhetor. Korrekt, voll feiner Ironie, doch ohne die üblichen »*incontinencias de lingua*«, schöpft er seine wirklich echte Begeisterung aus den freisinnigen politischen Grundsätzen, die er verfocht. Als Gesandter (in Brüssel 1834—36) und als Minister unterlag er schliesslich der Ungunst der Verhältnisse, erschöpft durch ein unfruchtbares politisches Regime, das bis auf den Tag so viele Talente zu Grunde gerichtet hat. Nicht der Politik, sondern der Litteratur, die für ihn eine Zufluchtsstätte und eine Trösterin war, dankt Garrett den strahlenden Ruhm, der ihn über alle Verleumdungen und Intriguen hinforthob, in welche die staatsmännische Laufbahn ihn verwickelt hatte, die Herrschaft, die er über seine Zeitgenossen ausübte, und die dankbare Liebe der Nachwelt.

184. Alexandre Herculano de Carvalho e Araujo (1810—1877)[3]. Schulter an Schulter mit Garrett, ob auch verschiedenen Geistes, kämpfte der jüngere Alexandre Herculano, der gleichfalls seines Freisinns wegen nach England übersiedelte (1831) und in Plymouth bei einer Aufführung des »*Catão*« von Bewunderung für den grossen Meister ergriffen ward. In der Weiterentwickelung der Romantik kommt ihm, Almeida-Garrett gegenüber, ungefähr die Rolle zu, welche Herder neben Goethe, oder Thierry neben Victor Hugo gespielt hat. Er war nämlich vorwiegend ein kritischer Kopf, ein Gelehrter und Moralist; dabei aber auch ein überzeugter, tief religiöser Katholik. Geboren zu Lissabon am 28. März 1810 machte er einen Handelskursus durch, nachdem er seinen humanistischen Vorstudien bei der frommen Bruderschaft S. Philippe de Nery oblegen war. Sein litterarisches Talent erkannte die Marquise von Alorna, eine berühmte von Filinto mit dem Namen Alcippe belegte Dichterin, welche verschiedene fremde Meisterwerke in Portugal nationalisiert und manches Eigenwerk geschaffen hatte.[4] Ihr ver-

---

[1] Diese kleinen Romane in Romanzenform — die das Vorbild für hundert andere wurden — füllen Band I des *Romanceiro* [*Adozinda* d. i. *Silvaninha; Bernal-Francez; Noite de S. João; O anjo e a Princeza; O chapim d'el Rei; Rosalinda; Miragaia; As Pêgas de Cintra*].

[2] Deutsch von A. Seubert als »Der Mönch von Santarem« Lpz. o. J.; S. Univ.-Bibl. 972—974

[3] Über Herculano berichten, nächst Braga's »*Romantismo*« und Romero Ortiz, die »Gedächtnisrede« von Döllinger (Nördl. 1878), und besonders A. de Serpa Pimentel, »*Alexandre Herculano e o seu tempo*« Liss. 1881. Eine Gesamtausgabe seiner Werke fehlt zur Zeit noch. Die Geschichte wurde drei Mal gedruckt; nur die belletristischen Arbeiten haben zahlreichere Auflagen (und Übersetzungen) erlebt.

[4] D. Leonor d'Almeida, Marqueza d'Alorna, und durch ihre Heirat Gräfin von Oeynhausen (1750—1839), die in Paris und Wien durch ihre hervorragenden Kenntnisse und ihr bedeutendes Dichtertalent glänzte, hinterliess »*Obras Poeticas*« (1844), in denen viel Schönes steckt. Auch ihre vorzügliche Paraphrase der Psalmen (gedr. 1833) hat unbedingt auf Herçulano's religiöse Poesien eingewirkt. — Vgl. Romero Ortiz.

dankt Herculano heilsame Anregungen, wie z. B. die Bekanntschaft mit Klopstock's Messias und Schillers Gedichten. Der Aufenthalt in England und Frankreich gab ihm hernach Gelegenheit, seinen Überblick über die zeitgenössische Litteratur zu erweitern, wie er andererseits seine Vaterlandsliebe und seinen religiösen Enthusiasmus anfachte. Unter den schmerzlichen Eindrücken, welche der Bürgerkrieg auf ihn hervorbrachte, entstanden religiös-politische Schriften und Dichtungen: zuerst erschien (1836) die »*Voz do Propheta*«, worin in rhythmischer Prosa und erhabenem Bibelstil nach Art Lamennais' (dessen »*Paroles d'un Croyant*« 1834 zündend auf ihn gewirkt hatten) die Zukunft des Vaterlandes in düsteren Visionen ausgemalt wird; dann die »*Harpa do Crente*« (1838), worin er gesammelt herausgab, was er seit 1829 zuerst in der Heimat, dann als Verbannter, und auf dem Meere als Tapferer von Mindello, sowie während der Belagerung von Porto gedichtet hatte.[1] Er gründete und leitete ausserdem (1837) die für damals ausgezeichnete Zeitschrift »*O Panorama*«, in welche er eine Fülle von Aufsätzen über Geschichte und Litteratur einstreute, um durch dieselben die neue Generation gleichsam litterarisch heranzubilden.[2] Er schuf ferner für Portugal den eigentlich-historischen Roman, mit seinem gehaltvollen pathetischen, das Priester-Cölibat behandelnden »*Monasticon*« (»Das Mönchswesen«), in 2 Teilen: »*Eurico o Presbytero*« (1844) einem westgotischen Chronikengedicht, wie er es nennt, und »*O Monge de Cister*« (1848), der unter der Regierung Johann's I. spielt, dies Mal unter dem Einflusse Victor Hugo's, ohne dessen *Notre Dame* (1831) jenes Werk vielleicht nicht entstanden wäre. Später folgte die Novelle »*O Bobo*« und eine Reihe kleinerer, historischer Erzählungen unter dem Titel »*Lendas e Narrativas*« (1851).[3] Da Herculano sich 1836 der September-Revolution nicht angeschlossen hatte, sondern *Cartista* blieb, ernannte der Regent D. Fernando (von Sachsen-Koburg-Kohari) ihn zum königl. Bibliothekar. Die Musse, welche diese Stellung ihm in Ajuda gewährte, widmete Herculano nun dem kritischen Studium der vaterländischen Vergangenheit, angestachelt durch Schäfer's Geschichte Portugals, die damals zu erscheinen begann (1836). Seine grundgelehrte *Historia de Portugal*[4] förderte er — unter Verwertung von Savigny's Lehren über das

---

[1] Herculano hat nur sehr wenig gedichtet. Die 8 religiösen Studien der »*Harpa do Crente*« bilden, mit Ausschluss eines Stückes auf D. Pedro IV. (das er verwarf), und unter Hinzufügung zweier Hymnen (»*Deus*« und »*A Cruz mutilada*«) den Hauptbestand seiner *Poesias* (1850, 5. Aufl. 1886). Nur noch 9 lyrische Versuche (»*Poesias varias*«) nächst einem historischen »*Drama lyrico*«: »*Os Infantes em Ceuta*« und 7 Übersetzungen (nach Millevoye, Lamartine, Béranger, Delavigne, sowie Bürger's *Lenore* und *Wilder Jäger*) treten hinzu.

[2] Das *Panorama*, dessen Redakteur und eifriger Mitarbeiter Herculano Anfangs war, — eine Nachahmung des *Penny Magazine* und *Magasin Pittoresque* — wurde 1837 »zur Förderung der Nationalbildung« von der *Sociedade Propagadora dos Conhecimentos uteis* gegründet, hat aber im Lauf der Jahre grosse Wandlungen durchgemacht. Anfangs bot es bloss kleine und anonyme Prosa-Aufsätze aus allen Wissensgebieten; später jedoch auch grössere, selbständige und unterzeichnete litterarische Arbeiten in Prosa und Versen. [Serie I 1837—41, Bd. 1—5; Serie II 1842—44, Bd. 6—8; Serie III 1846—52, Bd. 9 und 1853—56, Bd. 10—13; Serie IV 1857—58, Bd. 14 und 15; Serie V 1866—68, Bd. 16—18]. Ähnlich geartete Journale aus dem gleichen Zeitabschnitt sind das *Archivo Pittoresco* 1858—68, 11 Bde.; die *Revista Contemporanea de Portugal e Brazil* 1859—64; 5 Bde.; und die *Revista Popular* 1859—62, 15 Bde., Rio de Janeiro. Sie alle enthalten wertvollen Stoff zur Geschichte der portug. Romantik, besonders was die Biographien der Schriftsteller betrifft. Die wichtigeren Liederbücher (*Cancioneiros*) erwähnt § 186. — Dass wiederholte Versuche *span.-portug.* Misch-Zeitschriften zu gründen, erfolglos blieben, verdient Beachtung (z. B. *Revista Peninsular*, 1855—56, 2 Bde.; *Revista Occidental* 1875—76).

[3] Deutsch von G. Heine, Lpz. 1847; span. von Manuel Ossorio y Bernard 1876/77 und von Salustiano Rodriguez Bermejo 1874/77; die *Leyendas y narraciones* von dem letztgenannten 1883 und von Ric. Blanco Asenjo 1874.

[4] Vier Bände 1846—1853 und 1863.

römische Recht, Hallam's Studien über die westgotische Feudalepoche, sowie Guizot's, Thierry's und Niebuhr's Forschungen — auch während der wilden Parteikämpfe von 1846--51, an denen er aktiv nicht teilnahm. Die dazu nötige Durcharbeitung der archivarischen Dokumente aller portug. Stiftskirchen (*Collegiadas*) führte den mittlerweile in die Akademie aufgenommenen Gelehrten dazu, die alten Urkunden, soweit sie sein Geschichtswerk betrafen, daş leider nur bis zur Regierung Alfons' III. reicht, im Auftrage jener Körperschaft als »*Portugaliae Monumenta Historica*« herauszugeben, sowie eine grosse Zahl energischer Streitschriften und Einzelarbeiten (»*Opusculos*«)[1] abzufassen, unter denen die Geschichte der Einführung der Inquisition hervorragt (1854—59, 3 Bde.). Als 1851 die politische Revolution Saldanha's, die man *regeneração* nennt, den reaktionären Geist der Regierung bekämpfte, trat Herculano noch einmal als Politiker hervor, und gründete die fortschrittliche, kurzlebige Oppositions-Zeitung »*O Paiz*«, doch übermannte ihn bald die Entmutigung. Er zog sich endgültig vom öffentlichen Leben zurück, legte seine Ämter nieder, brach mit seiner litterarischen und wissenschaftlichen Thätigkeit so gut wie ganz, und flüchtete in ländliche Einsamkeit, die er von Kindheit an geliebt hatte, auf seinen Landsitz Val-de-Lobos, bei Santarem, wo er am 13. September 1877 starb.[2]

185. Antonio Feliciano de Castilho (1800—1875)[3]. — Die Umgestaltung der Litteratur, welche Garrett und Herculano bewusst und gewissenhaft unternommen hatten, fand nicht sogleich allseitiges Verständnis, noch ungeteilte Zustimmung beim Publikum. Castilho, d. h. der Arkadier Memnide Eginense, setzte unter dem Beifall der Mehrheit, das idyllische Genre fort[4], und versuchte nur vorübergehend, sich der romantischen Geschmacksrichtung anzuschliessen.[5] Von relativem Wert, ob auch noch so

[1] Sechs Bände, 1874—84.

[2] Dieser in der That beklagenswerte Rückzug Herculano's, der, nach Garrett's allzufrühem Tode, der berufene und unentbehrliche Führer der Geister gewesen wäre, hat die jüngere Generation, die seine Entmutigung nicht begriff und deren stürmischen Neuerungsdrang er nicht verstand, zu heftigen Anklagen veranlasst. Besonders ein unschöner Brief mit scharfen sarkastischen Äusserungen über Jung-Portugal, den er dem *Almanach das Senhoras* (1874) zusandte, erregte heftigen Unwillen, dem Th. Braga in der *Bibl. Critica* No. 33 Ausdruck gab. Die damals ausgesprochenen Ansichten über Herculano, die zu persönlich und leidenschaftlich waren, um ganz gerecht zu sein, vertritt Braga noch heute. S. *Romantismo,* Livro II und *Modernas Ideias, Introducção.*

[3] Über Castilho, den im 6. Jahre infolge bösartiger Masern erblindeten Dichter, welchen sein Leiden zu einem mehr beschaulichen Still-leben (auf der Landpfarre eines treuen Bruders) zwang, verweise ich (ausser auf Braga, *Romantismo* Livro III und Romero Ortiz) auf seines Sohnes Julio liebevolle und eingehende Biographie »*Memorias de Castilho*«, Liss. 1881, 3 Bde. Auch ihn verscheuchten die Bürgerkriege zwar aus Portugal, doch kam er nie in direkte Berührung mit ausländischen Romantikern, da es ihn nicht in die Fremde trieb. Er blieb unter Portugiesen, weilte 2 Jahre auf den Açoren (1845-47), mit landwirthschaftlichen, historischen und pädagogischen Fragen beschäftigt; und ging 1854 als Apostel einer von ihm erfundenen Lesemethode nach Brasilien (1854—63).

[4] Seine Dichterlaufbahn begann Castilho (1816-21) mit Tausenden von Oden- und Kantaten-Versen an Mitglieder des portug. Königshauses im pseudoklassischen Stil des 18. Jhs. Sein eigentliches Gebiet war jedoch das lyrisch-bukolische. Den 9 »*Cartas de Echo e Narciso*« (1821); den 4 grossen »*Primavera*« betitelten Gedichten, in denen er im idyllischen Geiste Florians und Gessner's den Frühling der Natur und der Liebe besingt (1822); den noch auf der Universität (1828) gedichteten leichtfüssigen Achtsilblern »*Amor e Melancholia ou a Novissima Heloïsa*«, die einem wirklich erlebten Liebesroman Worte liehen, und deren wortreiche Süsse dem Zeitgeiste ausserordentlich zusagten; den späteren »*Excavações Poeticas*« (1844), und den letzten selbständigen Herbstgedichten »*Outono*« (1863) kann man gerecht nur werden, wenn man den Lyriker als Schüler von Filinto und Bocage betrachtet, statt ihn mit den Romantikern des 19. Jhs. zu vergleichen.

[5] »*A Noite do Castello*« (1836) ist eines der nicht seltenen Roman-Gedichte, in denen ein totgeglaubter Kreuzfahrer nach 7 jähriger Abwesenheit heimkehrt, als seine Braut einem Anderen die Hand reicht. Das ultra-leidenschaftliche Gedicht »*Ciumes do Bardo*« (1838),

paraphrastisch, sind seine Übersetzungen lateinischer und griechischer Autoren: der Metamorphosen (1841) und Fasten (auch *Ars amandi*) des Ovid (1862), der Georgika des Virgil (1867), der Oden des Anakreon (1866) und des Raubes der Europa von Moschos.[1] Sein wichtigstes Ziel war es, ein leichtfliessendes, musikalisch angenehmes, reines Portugiesisch zu schreiben. Und seine Redeweise ist auch thatsächlich schön, obschon die klassischen Formeln der *Quinnhentistas* und die volkstümlichen Wendungen, die er der lebendigen Sprache entnahm, bisweilen in scharfem Gegensatze zu einander stehen. Er war ein trefflicher Metriker, wusste aber nur die Empfindungen Anderer in Worte zu kleiden, und das nicht einmal mit Treue: er portugiesierte und modernisierte eine Anzahl von Lustspielen Molière's, Shakespeare's »Sommernachtstraum«, und schon in vorgerücktem Alter Goethe's Meisterwerk, den Faust (1872), nach einer franz. Übersetzung, ohne jedoch den philosophischen Gehalt jener Schöpfung richtig aufgefasst zu haben.[2]

186. Die Ultraromantiker.[3] — Das neue Geschlecht, welches in Garrett's und Herculano's Werken vortreffliche Vorbilder zur Ausgestaltung einer wirklich nationalen Litteratur gehabt hätte, wurde zum grossen Teil in die journalistische Thätigkeit hineingedrängt, und durch politischen Ehrgeiz von seinem Berufe abgelenkt. — Den Mangel an gründlichen Kenntnissen verdecken diese Epigonen der Romantik meisthin durch hochtrabende Redensarten. Es entstand eine lange Reihe geschichtlicher Romane, denen es an richtigem Urteil über die Vergangenheit gebricht; eine Unzahl historischer und bürgerlicher Dramen ohne philosophische Analyse der Gemütsbewegungen; und schier zahllose Massen lyrischer Gedichte, die sich mit subjektiver Idealisierung der Gefühle der Verfasser begnügen. Garrett erlebte noch die Tage, in denen die Ultraromantiker ihre hohlen äusserlichen Nachahmungen mit leerem Wortschwall ausstaffierten und tadelte ihre Überschwenglichkeit, die alle natürlichen, einfachen Empfindungen unkenntlich macht. Und auch Herculano, dem die mangelhafte Ästhetik, das ungenügende Wissen und die planlose Arbeitsweise der meisten Schriftsteller nicht entging, misbilligte sie. Nicht von den wenigen besseren Romanen wie »*Odio velho não cança*« (von Rebello da Silva); »*O Conde Soberano de Castella*« (von Oliveira Marreca); »*O que foram os Portuguezes*« (von Mendes Leal); »*Um anno na côrte*« (von Andrade Corvo), wohl aber von den schwächeren gilt, was Garrett ohne zu übertreiben, spöttelnd sagte: »man nimmt einige franz. Romane von Victor Hugo, Sue und Dumas, schneidet von ihren Figuren diejenigen heraus, die man brauchen kann, klebt sie auf ein modefarbenes Papier .... stellt aus ihnen nach Belieben Gruppen zusammen, unbekümmert darum, ob sie mehr oder weniger unsinnig sind. Dann greift man zu einer alten (portug.) Chronik, holt aus ihr ein Paar Eigennamen, und etliche ausser

---

ein groteskes Pastiche, das fast wie eine Parodie auf die Romantik aussieht, führt einen Troubadour vor, der in der Raserei der Eifersucht, unter pathetischen Flüchen auf Weibertreue mitten in Sturm und Ungewitter ein Boot besteigt — und verschwindet! — Spanisch von Calvo Asensio (1870).

[1] Die ganze zweite Hälfte seines Lebens war der Übersetzungskunst gewidmet, die von den Portugiesen überhaupt seit einem Jh. ausserordentlich ergiebig gepflegt worden ist. Braga ist ein Gegner dieser kosmopolitischen Tendenz, und besonders ein Feind jeglicher Beschäftigung mit den Alten. Am besten gelang Castilho übrigens die völlig freie Umarbeitung des franz. Drama's »*Camões*« von Victor Perrot und Armand Du Mesnil (gedr. 1850 in Rio): sie ward und wird wie ein Originalwerk betrachtet und gefeiert.

[2] Die Faustübersetzung (1872), die keinem Kenner des Originals Freude machen kann, ward Gegenstand einer äusserst heftigen Polemik gegen den greisen Verskünstler, an der sich in erster Linie Joaquim de Vasconcellos beteiligte S. *Bibl. Crit.* No. 1 und 10.

[3] *Modernas Ideias*, Livro I; und bei Romero Ortiz die Abschnitte über Mendes Leal, C. Castello Branco und Thomaz Ribeiro.

Gebrauch gekommene Redensarten . . . .: und so entsteht . . . . unsere Originallitteratur! «[1] — Auf der Bühne treten die Fehler der Ultraromantiker noch schärfer als im Roman hervor. Und so beliebt die Schauer- und Sensationsgeschichten z. B. eines Mendes Leal auch gewesen sind — wie etwa »*Os dois Renegados*«; »*O Homem da mascara negra*«; »*Alva estrella*« und »*O Pobre das Minas*« —, auch hier bleibt wahr was Herculano ungeduldig äusserte: »Mit vollen Händen werden Flüche und Verfluchungen ausgestreut; auf Schritt und Tritt begegnet man weissgeflügelten Engeln und Dämonen mit schwarzen Fittichen, sowie glühenden Felsen (und wie das heute schier unentbehrliche dramatische Zubehör sonst noch heisst) von denen Niemand weiss woher sie stammen, denn die franz. Dramaturgen, welchen unsere Autoren doch sichtlich nacheifern, kennen weder jene Staffage noch die aufgebauschten und masslosen Phrasen der Portugiesen, bei denen dem gesunden Menschenverstand schauert« . . . . .[2] Auch die Lyrik der Ultraromantiker ist übermässig melancholische Grabespoesie. Als typische Beispiele kann man »*O Firmamento*«, und »*O noivado do sepulchro*« von Soares de Passos (1826—60) nennen, wenn diese auch nicht erkünstelt, sondern der natürliche Ausfluss eines talentvollen, aber kranken Geistes sind.[3] Die beliebtesten Muster waren Millevoye und Lamartine.[4] Der Mittelmässigkeit der Dichtungen entsprach im Allgemeinen

[1] »*Vae-se aos figurinos francezes de Dumas, de Sue, de Victor Hugo, e recorta a gente de cada um d'elles as figuras que precisa; gruda-os sobre uma folha de papel da côr da moda, verde, pardo, azul; forma com elles os grupos e situações que lhe parece: não importa que sejam mais ou menos disparatadas. Depois vae-se ás chronicas, tiram-se uns poucos de nomes e de palavrões velhos, com os nomes chrismam-se os figurões,* etc.« Wieviel Wahrheit und wieviel Übertreibung in diesen Worten steckt, kann ich hier nicht darlegen. — Herculano's bedeutendster Schüler Rebello da Silva hinterliess ein Bändchen «Afrikanische Novellen" (1836); die kleine meisterhafte Erzählung: *Ultima corrida dos touros reaes em Salvaterra* (1839); 5 geschichtliche Romane: *Rauso por homizio* (1842): das im Text genannte »*Odio velho não cança*« (1849); *Mocidade de D. João V.* (1851); *Lagrimas e Thesouros* (1863) und *A Casa dos Phantasmas* (1865), von seinen wissenschaftlichen Arbeiten zu schweigen. Mendes Leal bot »*Chronicas do seculo XVII*« und »*Infaustas aventuras do mestre Marçal Estouro*« und C. Castello Branco (1825—90), der fruchtbarste und gelesenste portug. Romanschriftsteller, dessen Hauptstärke jedoch im bürgerlichen Sittenroman liegt, schöpfte aus der Nationalgeschichte die Stoffe zu zahlreichen Bildereien, wie *O Regicida; A filha do Regicida; O Judeu; Lucta de Gigantes; A Caveira da Martyr* etc. Ihren Spuren folgten mit mehr oder weniger Geschick Andrade Corvo, Pinheiro Chagas, Arnaldo Gama, Silva Gayo, Bernardino Pinheiro und viele mehr.

[2] Unter den Dramatikern war der eben erwähnte Mendes Leal (1818—86) der fruchtbarste. Auf eine Reihe melodramatischer Blutdramen, liess er sozialistische Deklamationsstücke und zuletzt akademische Lesedramen über patriotische Themata folgen (im Ganzen 25). Der bedeutendste aber ist wohl Gomes de Amorim (1827—92) mit 12 Stücken, von denen »*Odio de raça*«, »*Ghigi*«, »*Aleijões sociaes*« und »*Figados de tigre*« den meisten Erfolg hatten. C. C. Branco; Pereira da Cunha; Pinheiro Chagas; Ricardo Cordeiro; E. Biester, L. Palmeirim reihen sich ihnen an: ungezählte Tragödien, Komödien, Schauspiele und Parodien (*tragedias heroicomicas)* gingen über die Bühne. Nationale Stoffe wurden mit Vorliebe gewählt — doch ist kein einziges Werk ersten Ranges darunter, und das von Garrett erstrebte Ziel, eine Nationalbühne zu schaffen, ward nicht erreicht. Französischer Geschmack gewann rasch die Oberhand. Und von franz. Lustspielen lebt das Nationaltheater D. Maria II.

[3] S. *Modernas Ideias*, Livro I, cap. III. Die Lyrik zählte, wie von jeher in Portugal, die zahlreichsten Vertreter. Hundert Namen aufzuzählen, wäre nicht unmöglich. Nächst Liedern (*canções, modinhas* und *arias*, die besonders von Brasilianern kultiviert wurden, pflegten die Romantiker ganz besonders die erzählende Ballade (*solao, xácara, ballada, rimance)* in Kurzzeilen; das längere *conto, poemeto* und *poema* in Blankversen; und etwas später den grossen Roman in Versen (*poema-romance)* mit fortwährend und völlig frei wechselnden Metren, unter denen der von den »Jakobinern der Litteratur« mit Vorliebe gehandhabte franz. Alexandriner noch um 1860 den Reiz der Mode-Neuheit hatte.

[4] Selbstverständlich treten andere berühmte Vorbilder hinzu: Byron — Espronceda — und alle franz. Grössen, von Musset und V. Hugo über Beaudelaire bis zu Verlaine.

der ungeheure Überfluss an Dichtern. Wer einen richtigen Begriff von der Fülle, aber Eintönigkeit jener verfallenden Lyrik erhalten möchte, durchblättere die Coïmbraner Zeitschriften »*O Trovador*« (1844—48) und »*O Novo Trovador*« (1851—1856), sowie die in Porto erschienene »*Grinalda*« (1855—57) nächst dem »*Bardo*« (1852—56) und der »*Miscellanea Poetica*« (1851, 2 Bde.).[1] Das schlimmste Ergebnis der selbst urteilslosen und von keiner gesunden und strengen Kritik geleiteten Ultraromantik ist, dass sie um ihre eigene Mittelmässigkeit nicht wusste, oder dieselbe durch die masslosen Lobeserhebungen zu verdecken suchte, mit denen die einzelnen Dichter sich gegenseitig beräucherten (*Elogio mutuo*).

187. Jung-Portugal und die Coïmbraner Schule.[2] In allen romanischen Litteraturen mündet die übertriebene und sich selbst zersetzende Ultraromantik mit ihrer unfruchtbaren Idealisierung des schlechtgekannten Mittelalters schliesslich in den Hafen wissenschaftlicher d. h. kritischer Erforschung eben jener Vorzeit ein, auf Grund des kraftvoll sich erhebenden Studiums der Gesamtgrammatik der neu-lateinischen Sprachen, sowie der Veröffentlichung ihrer mittelalterlichen Schriftdenkmäler, (besonders der Troubadour-Poesien, der epischen *Chansons de geste,* und der erzählenden *Fabliaux*); dazu des Studiums der Kommunal- und Feudaleinrichtungen; der Untersuchung der architektonischen und ikonographischen Denkmäler und der Erforschung der Volkspoesie; kurz auf Grund alles dessen was die ununterbrochene Fortpflanzung und Fortentwickelung der Sitten und Gebräuche des Mittelalters bis in die Neuzeit festzustellen und aufzuhellen berufen ist. Diese kritische Übergangszeit bereitete auch in Portugal auf die »philosophische Synthese« vor. Der Einfluss von Hegels und Comte's Werken gab in Coïmbra den Anstoss zur Auflehnung gegen die lächerliche Bevormundung, welche die Anhänger des *Elogio mutuo* unter der Aegide des »posthumen Arkaden Castilho« ausübten.[3] Dieser Geist

---

[1] Zu den oben genannten Blättern kommen noch hinzu: *A Aurora* 1845; *A Harpa do Mondego* 1855; *Revista Academica* 1855; *Chrysalida* 1863 u. a. m.

[2] *Eschola de Coimbra* oder *Eschola Coimbrã,* weil ihre Häupter und Truppen vorwiegend der Studentenschaft angehörten, während die Anhänger Castilho's, gegen den sie sich erklärte, meisthin schon in Lissabon in Amt und Würden waren. Doch ist die Bezeichnung keine völlig passende. Es handelt sich weder um eine Schule, noch um eine auf Coimbra beschränkte Reformbewegung.

[3] Nach Garrett's Tode und Herculano's Rücktritt war die Führerschaft in der portug. Litteratur an Castilho übergegangen, doch wuchsen ihm die Strömungen und Strebungen der jungen Generation bald über den Kopf. Er griff ungeschickt lobend und tadelnd ein. Schon als er 1861 die Universitätsstadt besuchte, begann man an seinen Äusserungen zu mäkeln. Als er dann 1863 in der enthusiastischen Vorrede zu dem antispanischen, erzählenden hübschen Poem *D. Jayme* seines Lieblings Thomaz Ribeiro, dieses »patriotische« Werk auf Kosten der Lusiaden pries, und unter anderem behauptete »*nenhum bom poeta dos nossos dias ainda que inferior a Camões, se resignaria a assignar como sua uma unica estancia inteira de todos os 10 Cantos dos Lusiadas*« (*Conversação preambular* p. CXI, vom 11. Sept. 1862), da protestierte der grösste der jeweiligen Coïmbraner Lyriker João de Deus (im *Bejense* III, No. 150). Und damals sowie in den unmittelbar folgenden Jahren gingen einige Jünglinge, unbekümmert um den »*Pontifex maximus* der Nationallitteratur« schon neue Wege: in Coimbra Anthero de Quental, der Dichter-Philosoph mit seinen ersten 21 Sonetten (1861); dem Poem *Beatriz* (1863); *Fiat lux* (1863) und *Odes Modernas* (gedr. 1865), sowie Theophilo Braga, der im Sinn und in den Formen der *Légende des siècles* in seiner *Visão dos tempos* (1864) und in den *Tempestades Sonoras* (1864) weltgeschichtliche Themata anzuschlagen unternahm und in Porto Custodio José Duarte nebst Guilherme Braga, auch in hugueskem Geschmack. Gegen die beiden ersten wendete sich Castilho (von Privatbriefen abgesehen) zuerst und öffentlich in einer *Carta litteraria* vom 27. Sept. 1865, in der das gutgesinnte aber herzlich mittelmässige »*Poema da Mocidade*« von Pinheiro Chagas übermässig gefeiert, die *nebulosidade* und der sogenannte *germanismo* der *espiritos noveis* hingegen bespöttelt, und auf diese *pobres mancebos* der Satz gemünzt wird »*pelas alturas em que voam confesso humilde e envergonhado que muito pouco enxergo nem atino para onde vão nem assento o que será d'elles afinal.*« Braga zeigte A. de Quental diese Angriffe, wie er er-

der Empörung verlieh, von 1864/5 an, den lyrischen Dichtungen neue Energie und eine philosophische Färbung, und den Prosaschriften die mannhafte Sprache wirklich fester Überzeugungen, die durch wissenschaftliche Arbeit selbst erworben sind und darum des rhetorischen Aufputzes der Ultraromantiker entraten können. Der denkwürdige Kampf der *Eschola de Coimbra*, die auf ihre Fahne die Worte »*Bom-senso e Bom-gosto*« schrieb,[1] entbrannte 1865. Der zerstörenden Thätigkeit, welche ihre kurze Sturm- und Drang-Periode charakterisiert, folgte bald die aufbauende.[2] Ihr dankt man die streng sachliche Erforschung des nationalen Romanzen-Lieder- und Märchenschatzes; die Einführung der Sprachwissenschaft und Sagenforschung; die kritische Untersuchung der nationalen Kunst; das Studium der alten Litteraturwerke; die wissenschaftliche Behandlung der heimischen Litteratur. Eine Neugestaltung der Poesie im Sinne gedankenreicherer und umfassenderer Verwendung allgemein menschlicher und weltgeschichtlicher Probleme blieb auch nicht aus. Viele Namen könnten rühmend erwähnt werden.[3] Doch ist es besser solche vorzeitige Ruhmrederei zu vermeiden, mit der die Nachwelt oft nicht einverstanden ist. Nur eines sei gesagt, dass sogar die eigentliche, alte Herzens- oder Liebeslyrik durch den grossen Dichter João de Deus einen neuen Aufschwung genommen hat: Rückkehr zum kamonianischen Geist, erneute Berücksichtigung der wahrhaft volkstümlichen Formen, und eine seltene Spontaneïtät und ungesuchte Vollendung im sprachlichen Ausdruck zeichnen seine Dichtungen aus.[4] Die kritische und

---

zählt (*Modernas Ideias* II p. 969). Letzterer eröffnete nunmehr den Kampf gegen Castilho's verjährte Geschmacksrichtung.

[1] Das ist der Titel der ersten in 3 Monaten 3 mal gedruckten Streitschrift, mit welcher A. de Quental die Coimbraner Frage einleitete. Es folgten gegen 59 weitere Opuskel, z. T. ernste und würdige, z. T. übertriebene und unehrerbietige, z. T. grobburleske Schriftchen. Ihre Titel findet man bei Inn. da Silva VIII p. 404—418, wie auch in den *Modernas Ideias*, (nebst Auszügen) doch ist die Darstellung daselbst weder klar, noch unparteiisch. Nachspiele dieses Kampfes waren die schon erwähnte Faust-Frage (1872/73) und die Empörung gegen Herculano (1874/75), auf die gleichfalls schon hingewiesen ward. Was die jungen, wenig katholischen und noch weniger monarchischen Arbeiter und Denker, in denen das Studium moderner deutscher und franz. Philosophie, Dichtkunst und Wissenschaft, [Hegel und Comte; Goethe und Heine; V. Hugo, Quinet, Michelet, Proudhon etc.] eine revolutionäre Gährung hervorgebracht hatte, leisteten und leisten, das verdient unbedingt Achtung und Bewunderung. Zum ersten Male trat die Lyrik als Schwester der Philosophie auf (in A. de Quental's herrlichen Sonetten); das eintönige Liebesmotiv ward verlassen, und Geschichte, Sage, Religion und Wissenschaft, kurz Gedanken, Probleme und Ideale, bildeten den Gegenstand für dichterische Behandlung. Von einheitlicher Richtung ist jedoch natürlich nicht die Rede: neben Pessimisten stehen Positivisten; neben Sozialisten und Naturalisten einige Symboliker; neben Satanikern und Parnassiern noch Nachläufer der Romantik und sogar Bukoliker.

[2] Braga denkt, wie der Schluss des Aufsatzes zeigt, in erster Linie an die stattliche Zahl der von ihm selbst verfassten Werke über Litteratur, Geschichte, den Positivismus Comte's, dessen eifrigster Vertreter er in Portugal ist; dann aber auch an die Mitarbeiter der *Bibliographia Critica* (1875), d. h. an Coelho's sprachwissenschaftliche Arbeiten und an die kunstgeschichtlichen Forschungen von Joaquim de Vasconcellos.

[3] Über die Dichter Jung-Portugals findet der Leser einige Nachrichten in der *Revista de Portugal*, 1889 Bd. I p. 1: *A litteratura portugueza contemporanea* von Moniz Barreto; und in der *Revista Occidental* 1875, Bd. I: *Os poetas da escola nova* von Oliveira Martins; ferner bei v. Reinhardstoettner: *Portugals neuere Lyrik* in *Aufsätze und Abhandlungen* 1887; Maxime Formont, *Le mouvement poëtique contemporain en Portugal*, Lyon 1893; Candido de Figueiredo, *Homens e lettras*, 1881; und in der Zeitschrift »*A Renascença*« 1880. Die »*Folha*« war von 1868—73 das Haupt-Organ der Dichtenden (5. Serie); die »*Harpa*« von 1873—76. Ausgewählte Gedichte bieten Braga's *Parnaso Portuguez Moderno* 1877 und in Übersetzungen W. Storck's Anthologie: *Aus Portugal und Brasilien* 1892.

[4] Über João de Deus [Nogueira Ramos], den seit 1855 schaffenden Verfasser der *Flores do Campo* (1869), *Ramo de Flores* (1875) und ungesammelter „*Despedidas de verão*", den der Italiener Canini mit einiger Übertreibung *il primo poeta d'amore* und Braga sogar

wissenschaftliche Thätigkeit der Coïmbraner Schule hatte ihre Adepten vorzugsweise der deutschen Wissenschaft genähert, wie aus den Abhandlungen der *Bibliographia Critica* erhellt. Ein philosophischer Rückblick auf die Gesamtentwickelung der Litteratur dieses kleinen romanischen Reiches zeigt jedoch, dass Portugal stets in innigeren Beziehungen zu Frankreich, dem grossen geistigen Mittelpunkt der lateinischen Staaten, gestanden hat, und stehen muss.

ERGÄNZUNGEN UND NACHTRÄGE.

Zu S. 140 § 14. Wie Anm. 5 auf S. 344 angiebt, erstreckt meine selbständige Darstellung sich nun doch bis zum Schluss der dritten Periode.

Zu S. 141 Z. 31. Der Verfasser der *Bibl. Hist.* heisst Jorge Cesar de Figanière. — Nachzutragen sind: M. Kayserling, *Bibliotheca Española-Portugueza-Judaica*, Strassburg 1890; und Manuel Bernardes Branco, *Portugal e os Estrangeiros*, Liss. 1893. Auch in dieser Neuauflage (die erste erschien 1879 in 2 Bänden) wird dem Leser ein Chaos von brauchbaren und völlig unbrauchbaren Notizen und Titeln geboten; die fremdsprachigen meist in entsetzlicher Verstümmelung.

Zu S. 143 Z. 10. Dass die Einteilung der portug. Litteratur in Epochen nur die Dichtkunst berücksichtigt, und dass die Abschnitte in der Entwickelung der Prosa andere sind, wird auf S. 207 noch ausdrücklich betont.

Zu S. 160. Zur Volkskunde gehören noch: Ettore Toci, *Lusitania, Canti popolari portoghesi (tradotti ed annotati)*, Livorno 1888; A. Thomas Pires, *Cancioneiro popular politico*, Elvas 1890; und Max Waldstein, *Volkslieder der Portugiesen und Catalanen in freien Nachbildungen*, München 1865.

Zu S. 162 Z. 16. Aus losen Bemerkungen in Schriften von Leite de Vasconcellos (*Poesia Amorosa*, p. 72 und *Rev. Lus.* I, 185) geht hervor, dass er die »Reliquien« für unecht hält (wie nicht anders zu erwarten war).

Zu S. 165 Anm. 2. Ganz neuerdings hat Oliveira Martins in seiner *Vida de Nun'alvares* (1893) für die Echtheit der Condestavel-Lieder eine Lanze gebrochen, da Grund und Zwek einer Fälschung unfindbar seien. Vergeblich. Der Versuch, die Apokryphen sprachlich zu reinigen, legt ihre Mängel erst recht klar an den Tag.

Zu S. 173 Z. 2. Ausser Raimbaut de Vaqueiras und Raimon Vidal fügte auch noch Bonifacio Calvo portug., und nicht kastilische, Verse in eines seiner Gedichte ein. Denn ob auch Milá (p. 201—202) die betreffenden Worte dunkel findet, und Appel bemerkt, es könne nicht ohne weiteres gesagt werden, welchem transpyrenäischen Dialekte sie angehören, so sind in meinen Augen doch unter den folgenden, Alfons X. betreffenden Zeilen aus dem mehrsprachigen *Sirventes: Un nou sirventes ses tardar* [Mahn, Ged. 619, nach Hs. J] mindestens fünf (2—6) unbedingt portugiesisch:

---

o primeiro lyrico do mundo nennt, unterrichtet die *Rev. de Port.* 1892 Bd. I und *Modernas Ideias* Bd. II. Dem Dichter-Philosophen A. de Quental, der uns Deutschen verwandter und werter ist, wird das letztgenannte Werk nicht gerecht. Man lese über ihn die schöne Autobiographie, welche die deutsche Übertragung seiner Sonette (von W. Storck, 1889) begleitet.

Mas ieu oug a maintos dizer [port. wäre: *mas eu ouç a muitos dizer*]
que el non los quer cometer
si non de menassas, e quen
qer de guer' ondrado seer
sei eu mui ben qe lli conven
de meter hi cuidad' e sen,
cuer e cors aver et amis (afrz.).

Nach Hs. K. Litteraturblatt 1888, S. 539.

Zu S. 184 Z. 14. Auf den galanten Frauendienst des Königs Alfons bezieht sich auch Bonifacio Calvo's Gedicht: *Enquer cab sai chans e solatz*. S. Milá p. 209.

Zu S. 184/85 Anm. 6. Auch Vicente Nogueira kannte das Liederbuch des weisen Königs. Er sagt: »Io vidde assai pezze nell' Escuriale: e ci sono le poesie del re Alfonso X l'Astronomo eletto re de' Romani — *scritte in lingua portoghese, quae tunc in deliciis erat* — ma non meritano la fatica di copiarle.« S. Ztschr. III p. 32.

Zu S. 185 Anm. 1. Die Etymologie *cantigas* = *canticulas* sollte mit einem Fragezeichen versehen sein. Vielleicht ist *cantiga* auch Verbalsubstantiv; (von einem volksmässigen *cantigar* wie *trova* von *trovar*).

Zu S. 186 Anm. 3. Auch Francisco Manoel de Mello erwähnt die Dichterthätigkeit des D. Dinis. Er schrieb 1665 an den Infanten D. Pedro (II): *Del señor D. Dinis se lee que fue poeta celebre en su tiempo.*

Zu S. 205 Anm. 5. Vgl. von demselben (Th. Braga): *Os poetas epicos*, cap. 1.

Zu S. 211 Anm. 8. Über die portug. Übersetzungen der *Siete Partidas* s. *Mem. de Litt. Port.* I p. 266, 269, 283—86.

Zu S. 212 Z. 7. *S. Vida de S. Aleixo*, gedruckt nach Codd. Alc. 36 und 266 von F. Esteves in *Rev. Lus.* I p. 332—345; eine Übersetzung aus dem Lateinischen, wie die übrigen Heiligenleben.

S. 214 Anm. 6. Eine kurze Anzeige des *Graal* von Baist enthält auch *Littbl.* 1892, C. 160.

Zu S. 234 Z. 12. Judá Negro, oder genauer D. Juda Ibn-Jachia Negro war der Sohn des D. David Ibn-Jachia-Negro, der seit 1384 als Ober-Rabbi der kastil. Juden fungierte und 1385 in Toledo starb. Er kam 1391 aus Spanien nach Portugal, wo er *servidor da Rainha D. Filippa* ward. Über die vier, von den an D. Martim Affonso d'Atouguia gerichteten prophetischen Ceuta-Gedichte s. Pisanus, *De Bello Septensi* (Ined. I p. 24): »*nemo tamen praenovit praeter unum judaeum cujus nomen* Judas Niger *erat qui quatuor carminibus quasi augurandi scientiam habuisset* Martino Alphonso *praenuntiavit*«. — Vgl. Acenheiro, p. 209 (Ined. V); Kayserling, *Geschichte der Juden in Portugal* p. 40. 43. 44 und A. de los Rios, *Hist. Jud.* II 278. Dazu Oliveira Martins, *O Condestavel* p. 145.

Zu S. 242 Anm. 1. Noch ein drittes portug. Parallel-Strophen-Liedchen enthält der Cancioneiro Musical: No. 50 *Minno amor tan garrido Firios vuestro marido; Minno amor tan lozano Firios vuestro velado.* (sic!). S. p. 153, Anm. 1.

Zu S. 242 Z. 6. Noch ein erlauchter Zeitgenosse Santillana's, versuchte es, portug. zu dichten. Doch ward es ihm recht sauer: er klagt über die »*grand diferencia de las fallas*«. Um 1450 (noch bei Lebzeiten Johann's II.) richtete ein Portugiese, D. Alvaro (in dem ich gerne D. Alvaro Gonçales de Alcantara, den Hausgenossen des Infanten D. Pedro erkennen möchte, der nach Spanien gesandt ward, um des Markgrafen Werke zu holen) an Gomez Manrique eine Frage, in *trova*-Form [4 Acht-Silbler-Strophen abab | cdcdd] in portug. Sprache, auf welche jener Magnat *pelos consoantes* und natürlich in der gleichen, ihm ziemlich fremden Zunge antwortete. Es gelang, wie gesagt, nicht allzugut. Doch so kläglich verstümmelt wie jetzt geschehen [1886 im *Cancionero de Gomez Manrique;* Bd. II S. 90—93] brauchten die beiden Gedichte nicht geboten zu werden, da die Varianten es in fast allen Fällen auch einem Kastilianer ermöglichen, die rechte Lesart herzustellen.

Zu S. 242 § 85. Zum Beschützer des Minnesangs macht Bernardes Branco den König D. João I! (S. 22 des oben zitierten Bandes, der sich *Segunda Parte* nennt). D. h. er wiederholt, ohne Kritik, einen alten Schnitzer von Guinguené (I p. 283), der sich seinerseits wieder auf ein »*Abrégé chron. de l'Hist. d'Espagne*«, Paris 1777, t. I p. 561 beruft. — »*Ce fut cependant alors qu'un roi de Portugal, Jean Ier, s'avisa d'envoyer en France une ambassade solennelle pour demander au roi des poètes et des chansonniers provençaux etc.*« Natürlich handelt es sich um eine Verwechselung mit dem Könige von Aragon.

Zu S. 250 Anm. 5. Dass Alfons V. den Gomez Manrique vergeblich um Einsendung seiner Dichtungen ersuchte, wird von Paz y Melia in der Einleitung zum *Cancionero Gomez Manrique* berichtet (I p. 8).

S. 254 Anm. 7. Einige unechte Condestavel-Briefe, von denen ich geschwiegen hatte, muss ich nun doch erwähnen, da Oliveira Martins sie in seinem *Nun'alvares* wie echte historische Dokumente behandelt, in gutem Glauben an die Lauterkeit seiner Vorgänger Soares da Silva (1730) und Frei Joseph Pereira de Sant Anna (1745). — Die angeblich im Karmeliter-Kloster befindlichen »Originale« der auf S. 185. 422. 423 abgedruckten Briefe hat 1755 das Erdbeben vernichtet.

Zu S. 259 § 101. Hier ist das bedeutende (1505 vollendete) kosmographische Werk des Duarte Pacheco Pereira nachzutragen: *Esmeraldo de situ orbis*, welches bei Gelegenheit der Columbus-Feste, mit schätzenswerter Einleitung und reichen Beigaben veröffentlicht wurde [*Edição commemorativa da descoberta da America*, Lissab. 1892].

Zu S. 280 § 114. *Histriones* und *mimi* werden 1309 in der Charta des D. Dinis erwähnt, welche genaue Verfügungen über die Universität enthält. Schauspieler dürfen weder bei den Doktoren noch bei den Studierenden nächtigen oder essen. S. Leitão Ferreira, *Noticias Chronologicas* p. 94—99. § 220.

Zu S. 280 Anm. 1. Der Aufsatz von Ducarme im *Muséon* 1885 umfasst nur 14 Seiten: p. 369—74 und 649—56.

Zu S. 284 Z. 10. Im »*Auto da Alma*« erkennt der Visconde d'Ouguella das Vorbild zu Goethe's Faust!

Zu S. 285 Z. 32. In *Rev. Lus.* II p. 340 deutet Leite de Vasconcellos an, dass er sich mit der Sprache Gil Vicente's zu beschäftigen gedenkt.

Zu S. 286 Z. 7. Sowohl die ersten 8 Bühnenstücke des Juan del Encina, als auch die nach 1496 von ihm verfassten sechs erschienen in einer Gesamtausgabe von Cañete und Barbieri, *Teatro Completo*, Madr. 1893.

Zu S. 289 § 120. Eine ausgezeichnete kritische Ausgabe der »*Obras de Christóvão Falcão*«, mit Einleitung, Varianten, Anmerkungen und Exkursen verdanken wir nun A. Epiphanio da Silva Dias, Porto 1893. Sie enthält die *Egloga* und die *Carta*. Die kleineren Gedichte hält der Herausgeber für Schöpfungen des Bernardim Ribeiro.

Zu S. 378 Anm. 4. Nicht die seit langem verheissenen »*Despedidas de verão*« sondern eine veränderte Neuausgabe der älteren Gedichte von João de Deus erschien unter dem Titel »*Campo de Flores*« *edição authentica e definitiva coordenada por* Theophilo Braga. Liss. 1893.

BERICHTIGUNGEN.

S. 135 Z. 29 *l.* einer aragonesischen Fürstin. — Das. Z. 36 *l.* Condestavel. — S. 137 Z. 8 *l.* dichterischen. — S. 140 Z. 34 *l.* Thomasina Ross. — S. 146 Z. 53 *l.* Gualdino de Campos. — S. 153 Z. 28 *l. ũa serrana* — S. 158 Z. 31 *l.* Fabliaux. — S. 160 Z. 41 *l. Mosarabes.* — S 162 Z. 58 *l.* Balbi für seinen *Essai statistique* und die. — S. 163 Z. 1 *l.* äusserlich gleich. — S. 163 Z. 37 *l.* einsilbiges *nha.* — S. 164 Z. 37 *l.* thatsächlich. — S. 165 Z. 46 *l.* F. A. Coelho. — S. 166 Z. 41 *l.* haben. — S. 168 Z. 15 *l.* und oft kommentierten. — S. 168 Z. 41 *l. Lettras.* — S. 173 Z. 31 *l. infançõe*s die. — S. 173 Z. 42 *l. m' avetz.* — S. 177 Z. 9 *l.* ist : als. — S. 180 Z. 52 *l.* gedenken. S. § 44. — S. 181 Z. 16 *l.* Gallizier (ohne [7]). — S. 181 Z. 56 *l. tro-que* — S. 182 Z. 17 l. Gonzalez. — S. 186 Z. 39 *l.* Jahrhunderte. — S. 188 Z. 38 *l.* Herculano, Sousa's *Hist.* — S. 189 Z. 47 Vela-sohn. — S. 191 Z. 27 *l.* Valladolid. — S. 192 Z. 46 *l. malmaridada.* — S. 197 Z. 48 *l.* wiederherzustellen. — S. 198 Z. 33 *l. per ço com se serveix.* — Das. Z. 40 *l.* ist jedoch geboten. — S. 201 Z. 34 *l.* auf Grund dieses dritten. — S. 205 Z. 27 *l. hizo fazer.* — S. 206 Z. 3 *l.* Jorge Cardoso. — S. 207 Z. 40 *l. Genesis.* — S. 208 Z. 9 *l.* **A.** Historische Schriften. — Das. Z. 16 *l.* α. Wir besitzen. — S. 209 Z. 46 *l.* Lavaña. — S. 211. Z. 37 *l.* Mestre Alvaro. — S. 229 Z. 7 *l.* Hermas, *O Pastor.* — S. 241 Z. 50 *l.* anderwärts. — S. 243 Z. 47 *l. Hist. Gen.* II, *Mon. Lus.* — S. 244 Z. 8 *l.* und zwar eine *trova.* — S. 247 Z. 11 *l.* im *Canc. Geral.* — S. 248 Z. 33 *l.* viele mehr. — S. 249 Z. 40 *l. Boletim Bibl.* — S. 252 Z. 38 *l.* Univers. — S. 255 Z. 44 *l. D. Joham.* — S. 260 Z. 51 *l. Revista de Gerona.* — S. 261 Z. 2 *l.* ein, und entfaltete. — Das. Z. 3 musste. — S. 266 Z. 22 *l.* Johann III. — S. 269 Z. 50 *l.* Miranda. — S. 283 Z. 15 *l.* erschienen. — S. 289 Z. 17 *l.* 1386—87. — Das. Z. 32 *l.* Wallfahrts-Villancico. — S. 298 Z. 32 l. beschaulichen. — S. 302 Z. 11 *l.* Dichter. — S. 327 Z. 40 *l. Canzoniere.* — S 327 Z. 48 *l.* gleichartiger, nur. — S. 328 Z. 14 *l.* peninsularer. — Das Z. 26 *l. rios que vão.* — S. 334 Z. 28 *l.* Vicente Salvá. — Andere kleine Unregelmässigkeiten, die leider entschlüpft sind, wird der Leser leicht selbst berichtigen.

III. ABSCHNITT.

LITTERATURGESCHICHTE DER ROMANISCHEN VÖLKER.

B. DIE LITTERATUREN DER ROMANISCHEN VÖLKER.

5. DIE SPANISCHE LITTERATUR

VON

GOTTFRIED BAIST.

EINLEITUNG.

Iberien war seit Augustus römisches Land, und die einheimischen Litterarhistoriker beginnen ihre Darstellungen mit Hyginus, Portius Latro und andern Lateinern iberischer Geburt oder Abkunft; Martial wird dabei als besonders national hervorgehoben. In Wirklichkeit schliessen sich jene dem römischen Tagesgeschmack aufs engste an, entstammen wohl der Halbinsel, aber nicht einmal dem kastilischen Boden, und leben in der Hauptstadt. Einzig der Name Senecas ist im späteren Spanien falschwährig volkstümlich geworden. Nach Hadrian finden sich solche Auswanderer nicht mehr. Erst mit dem Verfall des Reichs und aus dem Christentum heraus entsteht neben der zähen provinziellen Häresie der Priscillianisten eine provinzielle Litteratur, die aber diese Bezeichnung nur insofern verdient, als sie an Ort und Stelle Schule macht, nicht nach ihrem Inhalt, der universal bleibt. An ihrer Spitze stehen Juvencus, dann zwei Männer, die für das gesamte Mittelalter von allgemeinster Bedeutung geworden sind, der hervorragende Dichter Prudentius und Orosius, der Universalhistoriker. Unter der Westgotenherrschaft erhielt die Geistlichkeit eine dominierende Stellung, war beflissen die Reste der Überlieferung zu sammeln und nachzuahmen; der Niedergang der Bildung war nicht ganz so tief als in dem benachbarten Frankreich. Dafür fehlen hier die Keime einer neuen politischen und poetischen Entwicklung, welchen wir dort begegnen, gipfelt die Zeit in dem sterilen Wissen Isidors, im Gegensatz zu der lebenskräftigen Barbarei eines Gregor von Tours. Die Beimischung neuen Blutes war zu gering um den Marasmus der alten Welt zu heilen, schon die Zahl germanischer Lehnworte blieb eine auffallend beschränkte. Als einziger nennenswerter Sonderbesitz aus dieser Epoche — denn Isidor beeinflusste das Abendland gleichmässig — ist dem späteren Spanien die Lex Wisigothorum geblieben, das römischste und uninteressanteste der Volksrechte. Auch ihr Einfluss tritt indessen im 12. Jh. hinter dem französischer Rechtssitte zurück.

2. Musas Schaaren warfen 711 (bzw. 712) ein im Innersten vermorschtes Volkswesen zu Boden. Die Romanen blieben in dem grössten und kultiviertesten Teil des Landes nur mehr als eine abhängige Masse, welche unter wachsendem Druck Religion und Sprache allmählich (teilweise sehr rasch) an ihre Herrscher verlor. Ein kirchliches und politisches Auflodern des Selbstbewusstseins im 9. Jh. beschleunigte zuletzt nur den Prozess. Als die Almohaden die letzten christlichen Reste zu Übertritt oder Auswanderung zwangen, waren diese bis auf Kultus und Recht längst vollständig arabisiert, selbst an der Nordgrenze, wie die Mozaraber von Toledo zeigen. Der Versuch Simonets[1] diesem Bevölkerungselement einen erheblichen Einfluss auf die arabische Litteratur zu vindicieren geht viel zu weit; es hatte wenig zu geben und noch weniger wurde von ihm genommen. Auch seine Bedeutung für die Vermittelung geistigen Austausches vom Orient zum Occident darf nicht zu hoch angeschlagen werden; unter den Übersetzern des 13. Jhs. ist kein Mozaraber mit Bestimmtheit nachweisbar.

3. An die Stelle der Romanen trat ein neues fremdartiges Volk, eines der ethnologischen Adelsgeschlechter, von eminenter, und doch sehr begrenzter geistiger Vorbildung und Entwickelungsfähigkeit. Auch hier bewährte es die noch heute so merkwürdige Kraft seines Blutes, prägte trotz seiner Minderzahl der Masse von Syrern, Berbern, Lateinern, Slaven den einheitlichen Stempel auf, im Guten und Schlimmen, bis es im 11.—12. Jh., durch die Invasion der afrikanischen Bauern überdeckt wurde, um zuletzt doch wieder durchzuschlagen. Die Araber brachten eine raffiniert entwickelte Kunstdichtung[2] mit sich, deren Würdigung und Übung ein Kennzeichen des bessern Mannes war, die sich aber, in Sprache und Denkweise von den vorislamitischen klassischen Vorbildern abhängig, der Menge entfremdete. Seit dem 10. Jh., und wohl schon früher nahmen sie auch produktiv an der Pflege der Wissenschaft Teil, wie sie der Islam aus der syrisch-byzantinischen Überlieferung heraus in seiner Art ausbildete. Auf das spätere kastilische Schrifttum vermochte das arabische nur einen bedingten Einfluss auszuüben. Schon die tiefe Verschiedenheit im Wesen der beiden Sprachen stand im Wege; obschon es bei den vielfältigen Berührungen an Zweisprachigen nicht fehlte, musste diesen doch das Verständnis der Flexion meist verschlossen bleiben, wie das auch im fast vollständigen Fehlen der Zeitworte in den beiderseitigen Entlehnungen zu Tage tritt. Die eigentliche Kunstpoesie, in der Heimat selbst nur dem Gebildeten zugänglich, war dem Ausländer so gut wie ganz verschlossen. Dagegen meinte

---

[1] *Glosario de voces ibéricas y latinas usadas entre los mozárabes.* Madrid 1888. Vgl. bes. p. XLIII ff.

[2] Schack, *Poesie und Kunst der Araber in Spanien und Sicilien*, 2 Bde., Berlin 1865. Die span. Übersetzung des schönen Buches (von Valera) enthält keine neuen Zugaben. Durchaus zu vergleichen ist auch Dozy, *Histoire des musulmans d'Espagne*, Leyde 1861; deutsch mit einigen Zusätzen des Verfassers von Baudissin, Leipz. 1874. Hammer-Purgstalls *Litteraturgesch. der Araber* ist unbrauchbar, der span. Zweig wird von den heutigen Orientalisten fast ganz vernachlässigt, und selbst die Geschichte der latein. Übersetzungen ist noch wesentlich dunkel. An der „Übersetzerschule von Toledo“ ist etwas richtiges, aber eigentlich spricht immer nur einer dem anderen das Wort nach.

allerdings Schack[1] das mehr populäre *Muwaschaha* oder *Zadschal* in einer kastilischen Form wiederzuerkennen, die seit der Mitte des 14. Jhs. zahlreich belegt ist, den sogenannten *Villancicos* zugezählt werden kann, und die in der Wiederkehr des Reims eines einleitenden Themas am Strophenschluss besteht. Die Ähnlichkeit ist allerdings frappant, dabei muss aber beachtet werden, dass die gleiche Form sich nicht nur bei der sizilischen Dichterschule sondern auch in den provenzalischen *Dansas* wiederfindet[2] und sich hier ungezwungen aus einer im Einzelnen verfolgbaren Entwickelung der *Tornada* erklärt; dass ihr Vorkommen im Altfranzösischen, wenn vielleicht nicht direkt zu belegen, doch durchaus möglich ist.[3] Da die altkastilische Poesie im Übrigen ganz von der französisch-provenzalischen abhängig ist, die andalusische vor ihrer Entwickelung schon verstummt war, wird man die Vorbilder auf jener Seite suchen müssen. Oft zitiert wurden zu der Frage einige Strophen des Archipreste de Hita[4], die indessen kaum etwas anderes besagen, als dass im 14. Jh. in der Guadarrama jüdische und maurische Tänzerinnen *(joglaresas)*, die ausdrücklich musikalisch und sozial als sehr niederstehend bezeichnet werden, ihr Publikum durch Tanzlieder in einem gemischten Jargon ergötzten, den bis ins 17. Jh. das Theater hier und da kultiviert. Einzig bei Petrus Alphonsus in der *Disciplina clericalis*, also an sich in einem exzeptionellen Fall, und in der von Alfonso X. wiedergegebenen Elegie auf Valencia[5], ist die Verwertung arabischer Verse gesichert; selbst die Übertragung von Anekdoten oder Märchen von Mund zu Ohr bei Juan Manuel, *Conde Lucanor* 30, 41, 47 lässt sich nur in auffallend wenigen anderen Fällen wahrscheinlich machen.

Um so bedeutender ist der Einfluss der lehrhaften Litteratur gewesen. Mehrere naturwissenschaftliche Schriften werden im 13. Jh. direkt übersetzt, vor Allem aber eine Reihe didaktischer Schriften im engeren Sinn, Sentenzensammlungen und Rahmenerzählungen. Freie Nachahmungen schlossen sich an und leiten hinüber bis zu der ausgebildeten Novelle des 16. Jhs. Mit der Vermittelung wurden vorwiegend jüdische Gelehrte beauftragt, die durch ihre sprachliche Stellung dazu berufen waren, und sich damals selbst beeiferten die Werke der arabischen Scholastiker ins Hebräische zu übertragen.

4. Das eigentliche arabische Dichtungsgebiet erstreckte sich nicht über die Guadarrama und den mittleren Lauf des Ebro hinaus. Der Norden wurde afrikanischen Hilfsvölkern eingeräumt, in den Pyrenäen begnügte man sich mit nomineller Abhängigkeit; der kantabrische Küstenstrich, die Asturia de Sta. Juliana, von je her ein trotzig abgeschlossenes Gebiet, unterwarf sich überhaupt nicht, und nach wenigen Jahren befreite sich das eigentliche Asturien unter der Führung des Goten Pelagius. 750 vereinigten sich die beiden Landstriche, gleichzeitig wanderte die Hauptmasse der Berbern infolge von Aufständen und einer grossen Hungersnot nach Afrika zurück, und zwischen den asturischen Bergen und dem Duero erstreckte sich nunmehr ein fast entvölkertes Land, das die Christen unter beständigen Kriegszügen von beiden Seiten in den folgenden Jahrhunderten okkupierten. Das Schwergewicht des erstarkenden Reiches lag zuerst in dem neugegründeten Oviedo, dann in dem wieder besetzten Leon. Hier fuhren Geistliche fort in kunstvoller Nationalschrift die Lex Wisigotorum, Isidor, die span. Canonensammlung, Heiligen-

[1] l. c. II 120 ff.

[2] Vgl. Römer, *Die volkstümlichen Dichtungsarten der apr. Lyrik*, A. u. A. XXVI S. 45 Anm.

[3] Vgl. z. B. Bartsch, *Afr. Romanzen* I, 23. 25; den Vireli; die *Couplets coués (caudatz)* Rom. XIII, 519. 527. 531. XV, 322.

[4] 1487 ff. ed. Janer.

[5] S. Dozy, Rech. II[3] App. XXIV.

leben und weniges andere zu kopieren [1]; die eigene Produktion war verschwindend gering, das Wichtigste an ihr, einige Chroniken, sind äusserst dürftig. Dafür entwickelte sich aus der Besetzung des Neulandes mit Angehörigen der eigenen Nation, der Notwendigkeit Ansiedler heranzuziehen, dem dauernden Gegensatz zu den Muhammedanern eine wehrhafte Selbständigkeit und Selbstachtung auch der nichtadligen Gesamtbevölkerung, die dauernd Recht und Verkehr bestimmte, sich in den bedeutendsten Erzeugnissen der grossen Dramatiker verkörpert, und noch in unserer Zeit zu den auffallenden Charakterzügen des Landes gehört.

5. Im 11. Jh. kam das herangewachsene Reich in die bedeutsamsten Beziehungen zum Westen durch die Aufnahme der Cluniacenser und ihrer Reform, zuerst 1022 in Leyre in Navarra, unter Alfons VI. im ganzen Land; selbst der Heckenbischof des *Poema del Cid* behält seine fremde Nationalität. Von Rom unterstützt bestrebten sich diese die Reste westgotischer Tradition zu Gunsten der kirchlichen Einheit zu entfernen. Auf dem Konzil von Leon (um 1090) ward nicht nur der ältere Beschluss auf Abschaffung der ererbten Liturgie zu Gunsten der gregorianischen wiederholt, sondern auch befohlen, dass die Schreiber die fränkische Minuskel an Stelle der Nationalschrift gebrauchen sollten. Um dieselbe Zeit sind zahlreiche fränkische Ansiedler [2] in eroberte und neugegründete Städte aufgenommen worden; französische Rechtssitte [3] ward den etwas andersartigen Verhältnissen aufgezwungen und angepasst, zahlreiche Lehnworte treten auf. Der Zusammenhang mit dem übrigen Abendland wird hergestellt, der geistige Einfluss Frankreichs massgebend.

6. Die Wirkung äussert sich zunächst in der Neubelebung der lateinischen Geschichtsschreibung. Von den drei Verfassern der wichtigsten Chronik des 12. Jhs., der *Historia Compostellana* (s. II 1, 289) ist Hugo sicher, Bernardus wahrscheinlich Franzose. Auch die nie ganz verlorene Verskunst tritt in den Dienst der Historie, wie in dem Hymnus auf den *Cid* (s. II 1, 407) und dem Fragment einer Chronik Alfonsos VII. (s. II 1, 316). Die kirchliche und gelehrte Litteratur ist zunächst noch schwach vertreten. Besondere Beachtung aber verdienen zwei Prosaschriften [4], welche Hauptrichtungen der späteren Erfindung repräsentieren, die *Disciplina clericalis* (s. II 1, 216) und das *Liber Jacobi*.

Der 1106 in dem 10 Jahre vorher eroberten Huesca getaufte Jude Petrus Alfonsus, der auch eine Verteidigung seiner Bekehrung in Dialogform kleidete, vereinigt in der *Discipl. cler.* eine Sammlung von Sentenzen und Apologen aus überwiegend orientalischen Quellen in einem Gespräch zwischen Vater

---

[1] Vgl. Tailhan in Cahier, *Nouveaux Mélanges* IV 217 ff.; Pertz, *Neues Archiv* VI 290.

[2] Sie heissen (in Sahagun, Toledo etc.) schlechthin *Franci*, eine Bezeichnung, welche auch Provenzalen meinen könnte und in Wirklichkeit noch manche andere Bevölkerungselemente einschliessen mag. Dass sie vorwiegend Nordfranzosen waren ergiebt sich aus den historisch bezeugten Hilfszügen solcher nach Spanien, denjenigen die Dozy, *Rech.* II[3] 332 als Normannenzüge zusammengefasst hat, die aber, wie jener von Barbastro (1065), der Rotrous de Perche (1114), sich nicht allein aus der Normandie rekrutierten. Hinzuzufügen ist der des Eble von Roucy (1073), welcher durch seine Verschwägerung mit Robert Guiscard freilich auch wieder mit den Normannen zusammenhängt. Die Normanneneinwanderung in Italien entsprang aus dem Wallfahrten nach Monte Gargano und dem heiligen Land, die nach Spanien aus der nach Santiago: das *Liber Jacobi* zeigt vorwiegenden Zufluss von Nordfranzosen zu dem Heiltum. Er genügte um auch eine friedliche Immigration zu fördern. Gleichwertige Hinweise auf die Provence sind nicht vorhanden, wenn diese auch nicht unbeteiligt war.

[3] Sie wurde von Muñoz y Romero in Spanien, von Ficker in Deutschland sehr zu Unrecht als westgotische Tradition aufgefasst.

[4] Hrsg. v. Schmidt, Berlin 1827, mit sehr respektablen Anmerkungen; 1824 von der Soc. des biblioph. franç. zugleich mit einer der fr. Versionen. Über eine kastil. Übersetzung s. Amador de los Rios, *Hist. crit.* II 294.

und Sohn, die erste abendländische Rahmenerzählung, mit allerdings sehr unvollkommener Einfassung. In Spanien ist sie später weniger gelesen worden als anderswärts, doch lassen sich Spuren ihrer Kenntnis auch hier nachweisen. Das *Liber Jacobi* ward gegen 1140 in Compostella angefertigt um den Ruhm und die Ansprüche des Wallfahrtsortes zu fördern und den Pilgern als eine Art Bädeker zu dienen; sein 4. Buch ist der berüchtigte *Pseudoturpin*[1] (s. II 1, 320), in welchem die *Chanson de Roland* den Lokalinteressen dienstbar gemacht wird, in dem 5., einem Itinerarium, zeigt sich die Rolandssage in Roncesvalles im Detail lokalisiert. Auf Spanien selbst war die Fälschung nicht berechnet und hat hier keine rechte Wurzel gefasst; nur die Jakobswunder aus dem 2. Buch verbreiteten sich. Aber sie darf als das älteste Zeugnis des Eindringens französischer Dichtung in Spanien hervorgehoben werden. — In der zweiten Hälfte des 12. Jhs. treten dann die ersten Denkmäler der Volkssprache auf, im *Fuero de Avilés*, dem *Poema del Cid* und vielleicht auch dem *Misterio de los Reyes Magos*.

I. VON DEN ANFÄNGEN BIS AUF PEDRO I. PERIODE DER ALTFRANZÖSISCHEN EINFLUSSES.

Man verstand den Prediger nicht mehr, der statt des gewohnten barbarischen Verkehrslateins das restaurierte der Karlsschule mit der gelehrten Aussprache auf die Kanzel brachte; ein Konzil schreibt daher vor romanisch zu predigen, und der Geistliche konzipiert nun auch romanisch. So tritt in Frankreich die Volkssprache in die Schrift. In Spanien besitzen wir als direkte Belege des Vorgangs nur Urkunden, darunter neben mehr oder minder schlecht lateinischen eine beträchtliche Anzahl jener, die lediglich erstarrte lateinische Phrasen in nur äusserlich lateinisch verkleidete Volkssprache mischen. Der Übergang zum Spanischschreiben war technisch durchaus vorbereitet, wurde noch gefördert durch die Existenz der französischen Schrift, aus welcher man das Zeichen ch entnahm. Immerhin meinen noch Dinge wie »*et de feridas et de chagas et de lanzadas . . . qui los corrir o qui ferir o qui los matar*« etc. im *Fuero de Castrotorafe* (1129)[2] ungefähr lateinisch zu sein.

Das Bewusstwerden des Unterschiedes dürfte auch hier mit einer Steigerung der durchschnittlichen Schulbildung in Folge der kirchlichen Reformen zusammenhängen, die sich allerdings erst im 13. Jh. entschieden bemerkbar macht, sich zunächst z. B. auf die Forderung der Artikulation des auslautenden *t* und Ähnliches beschränken konnte. Der zweiten Hälfte des 12. Jhs. gehört das älteste entschlossen vulgärsprachliche Dokument an, das *Stadtrecht von Avilés*, im westasturischen, dem gallizischen nahestehenden Dialekt seiner Heimat, dem Datum nach von 1155. Aureliano Fernandez-Guerra[3] hat seine Ächtheit bestritten, es dem Jahre 1274 zugeschrieben, in welchem Alfonso X. es bestätigte. Seine ganze Beweisführung wird jedoch dadurch hinfällig, dass die Hs. dem 12. Jh. angehört. Derartige paläographische Imitation ist aber in den Fälschungen des Mittelalters nicht belegt, weil sie der damaligen Diplo-

[1] Zuletzt hrsg. v. Castets, Paris 1880; vgl. Dozy, *Recherches* II[3] 372; *Romania* XI, 426. Das Itinerarium edierte F. Fita u. d. T. *Le Codex de St. Jaques de Compostella*, Paris 1882; andere Bruchstücke des Ganzen s. *A. SS.* 25. Juli; *Bibliot. patrum*, Colon. t. XV, Suppl., p. 328.

[2] Muñoz y Romero, *Coleccion de Fueros municipales*, Madr. 1847, S. 480. Ähnliches a. d. 11.—12. Jh. z. B. ib. 171, 222, 273, 281, 332, 394, 415, 451.

[3] *El Fuero de Avilés* (Madrid, Akademie) 1865. Seine sprachgeschichtlichen Argumente sind durchaus, die historischen teilweise unhaltbar, aber es bleiben allerdings Zweifel bestehen, ob Alfonso VII. wirklich die Urkunde ausgestellt hat.

matik gegenüber unnötig war, und es erscheint ganz unglaublich, dass sie einer so kurzen zeitlichen Differenz gegenüber angewendet worden sein sollte. Zudem würde, wer so vollkommen und flüssig die Hand nachzumachen gelernt hatte, sich in der Sprache nicht geirrt haben. Das *Fuero* mag unecht sein, ist aber dann nicht all zu lange nach dem Tod Alfonsos VII. angefertigt. Das nahe verwandte *Fuero de Oviedo,* angeblich von 1145, lässt sich bei dem Verlust des Originals nicht sicher beurteilen, aber neben zweideutigeren Angaben ist die von Yanguas zu beachten, der die navarresische Übersetzung des *Fuero v. Arguedas* (Muñoz 329) dem Jahr 1171 zuweist und das *Fuero von Zurita* v. J. 1180 (Burriel S. 270). Wenn sich vorläufig erst seit 1206[1] weitere rein volkssprachliche Urkunden nachweisen lassen, kann das bei der lückenhaften Überlieferung — die Nichtigkeit des vorigen und die Aufklärung des laufenden Jahrhunderts haben in dem Urkundenmaterial aufgeräumt — und der ebenso unvollkommenen Untersuchung des Erhaltenen nicht zu sehr auffallen. Sicher ist, dass die königliche Kanzlei bis auf Ferdinand d. Heiligen ganz oder fast ausschliessend an ihrem Latein festhielt, ebenso sicher aber dass in der 2. Hälfte des 12. Jhs. die Vulgärsprache zur Schriftsprache erhoben war. Das ist auch für die poetische Überlieferung von Bedeutung, berechtigt die Annahme, dass das XII. Jh. schon Niederschriften seiner Epen besass.

A. POESIE.

8. Wann begann man romanisch zu dichten? und in welchen Maassen? Nur die Kinderverse halten ungefähr gleichen Schritt mit der Sprache, bestimmen aber nicht das Lied der Erwachsenen. Die kirchlichen Hymnen blieben lange halb verständlich und neben ihrem höheren gestaltete sich ein niederes Verkehrslatein, das im Gedicht ebenso wie in der Predigt verbreitet sein mochte. Das Lied auf den *h. Faro* (s. II, 1, 116) gehört hierher, und selbst der Roland bewahrt noch Formen die auf jene Tradition zurückweisen. In Spanien lag lange Zeit die alte Sprache dem Volk nicht viel ferner als später dem Çastilier das Portugiesische; es ist wahrscheinlich, dass sie hier auch im Gesang länger lebendig blieb als in Gallien. Da also die zeitlichen Vorbedingungen nicht ganz gleichartig sind, da ferner der Verkehr mit dem Nachbarland vier Jahrhunderte lang vollständig unterbrochen war und der natürliche Rhythmus der Sprachen ein verschiedener war, muss es überraschen, wenn sich hier wie dort seit dem 12. Jh. genau die gleichen metrischen Prinzipien finden. Auch wenn man nicht so weit geht eine längere Zeit vollständiger Sanglosigkeit anzunehmen, liegt die Vermutung nahe, dass diese entlehnt sind und eine alteinheimische Verskunst verdrängt haben.

Über die Stärke der französisch-provenzalischen Einwirkungen auf die altspanische Dichtung besteht heute kein Zweifel mehr. Kastilien, dem im Osten die führende Rolle zufiel, schloss unter den in § 6 hervorgehobenen Einflüssen sich dem französischen Norden an, pflegte die epische und didaktische Dichtung; selbst was es direkt aus dem Provenzalischen übersetzt, ist im altfranzösischen Geschmack gewählt, erzählend und belehrend. Wohl wurde der Troubadour am Königshofe von Alfonso VIII. bis auf Alfonso X. gerne gehört, aber seine Kunst schlug keine Wurzeln. In Gallizien-Portugal spielten die »Franken« als Einwanderer keine erweisbare Rolle, aber die provenzalische Kunst fand dort Aufnahme und ausschliessende Pflege[2]. Diese Scheidung bestand schon zur Zeit des Misterio und Berceos, war in Kastilien bis auf Alfonso XI. allgemein anerkannt: Alfonso X., der Meister kastilischer Prosa, verfasst seine

[1] Staatsvertrag von Cabreros, im leones. Dialekt, Esp. sagr. XXXVI, App. 63.

[2] S. II, 2, 174. Der Verlegung des anfänglichen Schwerpunkts dieser Dichtung nach dem Osten kann ich nicht beipflichten.

Marienlieder gallizisch (S. II, 2, 184), Raimbaud de Vaqueiras, um spanisch zu dichten, bedient sich derselben Sprache, ebenso im 13. Jh. Bonifaci Calvo[1], und im 14. findet es Juan Manuel[2] nicht auffällig, dass ihr sogar der Refrain eines Spottlieds auf ein rein kastilisches Ereignis von 1259 angehört. So durfte denn im 15. Jh. der Marques du Santillana bemerken: *non a mucho tiempo qualesquier decidores o trovadores destas partes, agora fuesen castellanos, andaluces, o de la Estremadura, todas sus obras componian en lengua gallega o portugesa.* Alle Erzeugnisse dieser Dichtungsgattung, mit Einschluss der volkstümlichen, gehen auf provenzalische und nebenbei auch altfranzösische Vorbilder zurück, nur dass dabei dort etwas vernachlässigte Formen stärker gepflegt werden, die Nachahmung keine sklavische ist. Das gilt ebenso für die wenigen, sämtlich volkstümlich gehaltenen lyrischen Stücke des Archipreste de Hita. Im eigentlichen kastilischen Dichtungsbereich treten drei Arten der Formgestaltung zu Tage. 1. Der vierzeilige gereimte Alexandriner (aaaa) der die didaktische Dichtung bis zum 15. Jh. beherrscht, der »*curso rimado por la quaderna via*« wie ihn Bercco Alex. 2 nennt, wobei er ihn zugleich als eine »grosse Meisterschaft« bezeichnet, eine »*nueva maestria*«, wie der ebenfalls noch der 1. Hälfte des 13. Jhs. angehörige *Apolonio* sagt: eine rein französische Form, deren Verwendung sich zugleich durchaus mit der dort gegebenen deckt. 2. Gepaarte 8 und 6 Silbner, zumeist in Übersetzungen, aber auch in mehr selbständigen Produktionen. Unter den Übersetzungen durchbrechen mehrere des 13. Jhs. die Messung des Originals wo ihre Beibehaltung irgend welche Schwierigkeit verursacht, verlängern und kürzen nach Bequemlichkeit, ohne jede rhythmische Empfindung. 3. Die assonierende Tirade im Epos, mit streitigem Versmass, da die beiden einzigen Denkmäler, die Cidgedichte, spät überliefert und stark beschädigt sind, thatsächlich ganz überwiegend unregelmässigste Verse mit scharf hervortretender Cäsur aufweisen. Ernstlich in Frage kommen für den Versuch einer einheitlichen Rekonstruktion nur der Zwölf- und der Vierzehnsilbner[3] (nach spanischer Zählung der 14 und 16 Silbner). Für den Zwölfer, den eine erhebliche Anzahl von Versen der Hs. des *Poema del Cid* aufweist, und der sich in beträchtlichem Umfang ohne Gewaltsamkeit herstellen lässt, spricht die Wahrscheinlichkeit dass, bei dem Gesamtverhältnis zu Frankreich, die strophenlose Tirade von dort übernommen und nicht gemeinromanisches Erbteil ist. Es ist wenig einleuchtend, dass Strophenlosigkeit und Assonanz, nur halb gestützt durch die lateinische Reimprosa, aber im Gegensatz zur Kirchenpoesie, die Araberzeit überwunden haben sollten. Der Vierzehner ist in Frankreich spät und selten, in Spanien tritt er in lyrischer Bindung bei Alfonso X., lyrisch und als Vierzeiler parallel dem Zwölfsilber beim Archipreste auf, um dann im 15. Jh. die assonierende Tirade der Romanze zu bilden. Er liest sich glatt im *Poema* annähernd eben so oft als der Alexandriner, lässt sich, als der längere, noch häufiger bequem rekonstruieren. Für seine durchgehende Ursprünglichkeit ist Cornu mit methodischer Beweisführung eingetreten[4], hat jedenfalls gezeigt, dass er in einer beträchtlichen Anzahl von Halbversen nicht hinwegkorrigiert werden darf. Im *Rodrigo* tritt er stärker hervor als im *Poema*, wobei es aber befremdlich erscheint, dass dort trotz der sonst durchweg schlechteren Überlieferung gerade das Metrum besser erhalten und nicht erst durch die Romanze beeinflusst sein sollte. Nimmt man aber die Cornu'sche

---

[1] Milá y Fontanals, *De los trovadores en España*, S. 132. Mahn, *Werke d. Troub.* I, 371; Mario Pelaéz, *Di un sirventese-discordo di B. C.*, Génova 1891.

[2] *Escritores en prosa ant. al siglo XV*, S. 260.

[3] Die scheinbaren Zehnsilbner müssen, auch von dem hier vertretenen Standpunkt aus, abgelehnt werden.

[4] *Études romanees dediées à Gaston Paris*, Paris 1891 S. 419 ff. Rom. XXII, 153. 531.

These im ganzen Umfang an, so braucht der Vers darum nicht vorfranzösisch zu sein. Gerade bei der Übertragung von Alexandrinern musste sich sprachlich das Bedürfnis nach einer Verlängerung geltend machen und hier konnte der in der Lyrik aufgenommene 7 Silbner eintreten, den Alfonso gerne braucht, der oben erwähnte Refrain zeigt, und der Archipreste in Bindung mit dem Romanzenvers; 12 und 6 waren gegeben, man konstruierte 14 zu 7. Es lässt sich indessen eine wichtige Aussage über die frühspanische Metrik nicht überschlagen. Die schon angeführte Stelle des Berceo lautet vollständiger »*Fablar curso rimado per la quaderna via A sillauas cuntadas, ca es grant maestria*«. Nie hätte ein Franzose auf diese Art die Silbenzählung hervorgehoben. Wir dürften über das Zeugnis nur dann hinweggehen, wenn die sonstige Überlieferung ihm widerspräche, aber sie stimmt mit ihm überein. Die *silauas çontadas* sind eine *nueva maestria,* und ein *mester de clerecia*; der ungeschulte Dichter findet sich mit der neuen Weise ab, so gut es ihm eben gelingen will, und es dauert ziemlich lange bis das Richtige auch notwendig erscheint; noch die gereimten Sentenzen Don Juan Manuels sind aufrichtig ametrisch. Wie sich im erzählenden musikalischen Vortrag damit auskommen liess, dafür kann der Singsang des *Chiste* bei Inzenga, *Cantos y Bailes populares de España* S. 28 als Beispiel dienen. Etwas weiter führt uns das älteste spanische lyrische Gedicht, das gesungene Wächterlied bei Berceo, *Duelo da la Virgen* 178. Der Rechnung mit + 1 und — 1, die für die umgebenden Alexandriner ausreicht, setzt es entschiedenen Widerstand entgegen, und setzt sich dabei von selbst in Musik um; der gleichen Form begegnen wir, sobald wieder rein Volkstümliches auftaucht, z. B. in dem zweizeilig assonierenden galizischen Tanzliedchen *Cando o crego andaba no forno* in Tirso's *Mari-Hernandez*. Ein ebenso unfranzösisches, nach gewöhnlichem Sprachgebrauch »unromanisches« Mass taucht dann im 14. Jh. im *verso de arte mayor* auf, mit seiner fakultativen Silbe am Verseingang. Nimmt man hinzu, dass sich noch im heutigen Volkslied ein nie untersuchtes starkes rhythmisches Element bemerklich macht, so sind die Kriterien gegeben, von welchen der Versuch eines Rückschlusses auf die verlorene urspanische Dichtung auszugehen hat.

1. DAS EPOS.

9. Als Träger der volksmässigen Dichtung erscheint in Spanien der *joglar*, im gleichen, nicht scharf abgrenzenden Gegensatz zum *trovador* wie im Westen (Lehnworte ebenso wie der *escolar*); Berceo *Alex.* 1798 teilt die *jograres* in musikalische ein und solche, die Affen und Masken führen; Alfonso X. *Part.* II, 5, 20 sagt, dass in der guten alten Zeit die Ritter nur *cantares de gesta* von ihnen hätten hören wollen, bezeichnet weiterhin ihren Beruf als infamierend. Zuerst erwähnt werden sie im Jahre 1144 (*Chron. Alf. VII.*, I, 37), sind aber sicher beträchtlich älter. Auch die *joglaresa*, allein oder mit einem musicierenden Begleiter, war im 13. und 14. Jh. häufig. Was sie sangen waren indessen nur zum geringsten Teil französische Stoffe. Die Menschen und die Zustände, Denkweise, Sitte und politische Lage waren dieselben wie jene, aus denen die *Chansons de geste* erwachsen sind, die einfache Kunstform übertrug sich wie von selbst auf die einheimische Sage. Im spanischen Heldenlied des 12. Jhs. lebt das französische des 10. neu auf, in unmittelbaren, freien, durchaus nationalen Schöpfungen. Der Umfang ist durch die engeren heimischen Grenzen, und durch die Kürze der Zeit beschränkt, in welcher sich die ächte Tradition gehalten hat; sie geht nicht über das 10. Jh. zurück. Der bedeutendste Stoff ist von seiner dichterischen Behandlung nur durch einige Jahrzehnte getrennt. Im Verhältnis zu dieser

Begränzung ist indessen die Entwickelung eine reiche gewesen. Unmittelbar erhalten sind allerdings nur die beiden Cidgedichte, und das *Lied vom Grafen Fernand Gonzalez* in Klerikerbearbeitung; über anderes aber geben indirekte Quellen Auskunft, vor Allem die *Crónica general de España* Alfonsos des Gelehrten, eine Schatzkammer der poetischen Tradition ihrer Zeit. Nur mit grösster Vorsicht dürfen die *Romanzen* des 15. Jhs. zu Rekonstruktionen benutzt werden; auch in den sehr wenigen, die vielleicht nicht von den Prosaauflösungen abhängig sind, hat sich der Inhalt der *Cantares* zu Einzelbildern aufgelöst, bei welchen schon das Bedürfnis der Abrundung eine tiefgehende Umwandlung bedingte.

10. Karl der Grosse und Bernardo del Carpio.[1] Schon bei den Invektiven des Monachus Silensis[2] (um 1100; s. II 1, 316) gegen Karl und die Franken kann man sich des Gedankens kaum erwehren, dass neben Einhard und den Annalen auch das Rolandslied seinen patriotischen Ärger erregt habe, wenn er es auch ebensowenig nennt als den Einhard. Etwas später wird jenes im Pseudoturpin verarbeitet, ungefähr gleichzeitig nennt das, allerdings von einem Katalanen verfasste, Gedicht auf die Eroberung von *Almeria* (1147) Karl, Roldan und Oliver als Vorbider des Heldentums. Rodericus Toledanus, *De reb. Hisp.* IV, 10 (s. II 1, 317) nimmt die Polemik des Silensis auf, und spricht sich dabei ausdrücklich gegen die Spielleute aus: »*nonnulli histrionum fabulis inhaerentes ferunt Carolum civitates plurimas . . . in Hispania acquisisse . . . et stratam publicam a Gallis et Germania ad sanctum Jacobum recto itinere direxisse*«. Diese hatten Karl also etwas Neues zugeschrieben, die Anlage der Pilgerstrasse, die dem Pseudoturpin fremd ist, von ihnen hatte Rodericus auch die Meinung, dass Karls Lebensthätigkeit in der Bekämpfung der in Frankreich eingedrungenen Sarrazenen bestanden habe. Ein Portugiese oder Gallizier endlich parodiert geradezu den Turold, die 10 Silbner und das Aoi, Lopez de Bayam, in der *Gesta de maldizer*[3]. Trotzdem verfiel der Roland der Vergessenheit; schon das Gedicht von Fernan Gonzalez bezieht seine Karlshelden aus dem Pseudoturpin, das Schwert Rolands konnte sich in einen Helden Durindarte verwandeln, Olivero und Roldan sind, nach Berceo *San Millan* 412, nicht mehr zusammen genannt, und die Rencesvalromanzen (*Primavera* 183—86) beruhen auf sekundärer Vermittelung. Eine Neubildung gelehrten Ursprungs drängte sich vor, die dem Nationalgefühl besser zusagte, die Geschichte von Alfonso II. und Bernardo del Carpio. Lucas Tudensis (s. II 1, 317) und Rodericus erzählen sie (gegen 1130) unabhängig von einander, das *Poema del conde Fernan Gonzalez* widmet ihr 18 Strophen, und die *Crónica general* vervollständigt ihre Vorgänger nach ausdrücklich erwähnten Liedern, wahrscheinlich aber zugleich aus einer Prosachronik.[4] Die Chroniken setzen sich dabei mit stark abweichenden Varianten auseinander, welche den Gang der Entwickelung noch deutlich erkennen lassen. Zunächst hatte man bei Einhard die Angabe über Alfonsos Beziehungen zu Karl gefunden, Grund genug um ihn an den Siegen des Kaisers unmittelbaren Anteil nehmen zu lassen. Dann aber brachte es die chauvinistische Abläugnung irgend einer Eroberung oder eines Sieges Karls beim Silensis, der Ärger darüber, dass sich der König von Oviedo einen Eigenmann des Kaisers genannt haben sollte zu einer neuen Version: die spanischen Grossen hinderten ihren kleinmütigen Herrn sich in die fremde Lehnsherrlichkeit zu geben, und der daraus folgende Krieg führte zur Niederlage der Franken in Roncesvalles. Kaum

[1] Milá, cap. III., Paris, *Hist. poet.* cap. X.
[2] Cap. 18. 19. 36. 37.
[3] *Canzionere della Vaticana,* 375.
[4] Milá; 107. *Cron. gen.,* Zamora 1541, fo. 225—28.

die Erwähnung eines Bernaldus de Nublis im Pseudoturpin, der in den meisten Hss. zum Bernardus wird, eher der Bernard des Haager Fragments, vielleicht auch unmittelbar die Beheimatung an dem zweiten der grossen Pyrenäenpässe, den Portus Asperi, zogen einen ziemlich historischen Grafen Bernhard von Ribagorza in das Karlsheer herein, nachdem ihm schon vorher die Lokalgeschichte mehrere Maurensiege vindiciert hatte. Weitere Ausschmückung machte ihn zum Sohn einer Schwester Karls, den diese auf der Compostellafahrt geboren haben sollte und vermengte ihn in gelehrter Konfusion mit Karls Enkel Bernhard von Italien. Dem Fahnenwechsel Alfonsos musste er notwendig folgen, man liess ihn mit diesem die Franken bei Roncesval schlagen, und nochmals mit Marsilies in seiner eigentlichen Heimat, an den *puertos de Aspa*. Endlich wird er zum Schwestersohn Alfonsos statt Karls; seinen Vater, den Grafen von Saldaña, der ihn in geheimer Verbindung gezeugt hat, hält der König gefangen, dieser erzieht den Neffen, der für ihn gegen Karl und die Mauren kämpft, bis er seine Herkunft erfährt und sich empört um den Vater zu befreien. Schliesslich betrügt der König Bernardo indem er ihm für seine Burg Carpio die Leiche des Grafen ausliefert. Es ist diese letztere Form, welche schon in den Quellen überwiegt, für die spätere Geschichtsschreibung und Dichtung massgebend wurde, für die Romanzen, die gereimten Romane Balbuenas und Espinosas, die Dramen Lopes und Cubillos etc. Nur in dem Bernardo en Francia des Lope de Liaño klingt eine alte Variante nach. Die Neubildung gehört dem 12. Jh. an, da das jüngere der Cidgedichte auf ihr fusst.

Mit Sicherheit lässt sich ferner die Entlehnung eines spanischen *Mainetliedes*[1] konstatieren. Die Erwähnung der Tradition im Pseudoturpin cap. XII und XX besagt nicht viel, gewichtiger ist ihr Auftreten im Rodericus Toletanus IV, 11 mit Marsilies an der Stelle Braimants; die *General* erzählt ziemlich ausführlich den Aufenthalt des jungen Karls in Spanien, mit zahlreichen Assonanzenspuren, und in der gleichzeitigen Legende des h. Nicolaus v. Ledesma heisst es von Galiana »ut vulgariter dicitur«.[2] Nicht sehr viel später aber zeigt die *Gran Conquista de Ultramar* gerade in ihren Missverständnissen bei der Übersetzung eines jüngeren franz. Mainet, dass die spanischen *Cantares* ihr schon unbekannt waren. Wie hier spielte auch der Anfang von *Flor* und *Blancaflor* in Spanien, noch dazu am Weg nach Santiago; die *General* nennt beide nur als die Ältern der Berta, der Archipreste 1675 aber als ein altes Beispiel der Liebe im Gegensatz zum neuen Tristan, und Berceo hat den Roman benützt, so dass ein altkastilisches Gedicht wahrscheinlich ist, das vielleicht die Erfindung der pilgernden Karlsschwester im Bernardo hervorrief. Der seit 1512 oft gedruckte Prosaroman, noch heute Volksbuch, hat aber mit jenem Nichts zu thun, da er auf italienischer Quelle beruht. Fast ebenso verwischt sind Anzeichen einer Bekanntschaft mit *Aimeri*: die oben ausgesprochene Vermutung über die Urgeschichte Bernardo's del Carpio, der zweigespaltene Almerique de Narbona im Rodr. V, 42 und 784; die *Romanze vom Grafen Guarinos* (*Primav.* 186, Garin d'Anseune), die beiden von Almerique de Narbone (Pr. 196. 197). Auf die *Cantares* kann ferner noch zurückgehen der Beiname Ogier's *de las Marchas* = de Danemarche in der *General* und der *Gran Conquista de Ultramar*, woraus später ein Marques de Mantua wird; die Diffusion einzelner Züge der *Saisnes*, (*Primavera* 61 und 165—67). Was sonst noch Altfranzösisches in volkstümlicher Gestalt im 15.—16. Jh. auftaucht, bei Milá cap. IX zusammengestellt ist, stammt aus den Prosaromanen, d. h. aus mittelfranzösischen und italie-

[1] Milá S. 330 ff. *Cron. gen.* fo. 219—21.
[2] *Esp. sagr.* XIV, 392.

nischen Quellen. Entschieden zur Iuglartradition gehörte aber noch die Fabel von der treulosen Frau Salomons, die auf zwei spanische Fürsten übertragen wurde: den Grafen Garci-Fernandez von Castilien (*Cron. gen.* f. 254, Milá S. 196), und auf Ramiro II. von Leon in den portugiesischen *Livros de linhagem.*[1] Die kastilische Erzählung, welche gewiss auf einem Lied beruht, lässt den Kern der Fabel fast ganz fallen, den Verrat der Frau, den Hilferuf durch das Horn, weil diese in ihre halbhistorische Fügung nicht passen, sie bewahrt sich aber die Nebenumstände der portugiesischen Form. Stünde diese nicht neben ihr, so würde sie sich überhaupt nicht mehr mit Sicherheit identifizieren lassen. Nächst dem Bernardo lehrt sie uns die Energie würdigen, mit der das fremde Material assimiliert wurde.

11. Kastilien verdankte die thatsächliche (noch nicht die formale) Unabhängigkeit von Leon dem Grafen *Fernan Gonzalez* (932—70), den Erfolgen eines stark bewegten und langen Lebens, die ganz dazu angethan waren, die Phantasie zu beschäftigen. Seine Geschichte[2] finden wir im 13. Jh. poetisch ausgeschmückt und umgestaltet, darin als die hauptsächlichen Züge: 1. Einen mit Ramiro 933 bei Osma über die Mauren erfochtenen Sieg. 2. Seine Vermählung mit einer Infantin von Navarra, und zweimalige Gefangenschaft, in Leon und Navarra. Die letztere wurde mit der Vermählung in Zusammenhang gebracht, man liess die Infantin den Bräutigam befreien, und nach gefahrvoller gemeinsamer Flucht den kastilischen Vasallen begegnen, welche während der Abwesenheit des Grafen seinem Steinbild gehuldigt hatten. 3. Die Gefangenschaft in Leon wurde zeitlich verschoben um auch hier die Befreiung durch die Gemahlin bewerkstelligen zu lassen. 4. Die Loslösung Kastiliens: der Verkaufspreis eines Habichts und Pferdes, der sich bei Versäumnis der Zahlung fortwährend verdoppelt, wächst so an, dass der König seine Lehensherrlichkeit für ihn opfern muss.

Ein Mönch des Klosters San Pedro de Arlanza, in welchem der Graf begraben lag, hat ihn im 2. Viertel des 13. Jhs. zum Gegenstand des ältesten nationalen Kunstepos gemacht, in stark hervortretender Nachahmung von Berceos *Alexandre*, die bis zu wörtlichen Entlehnungen geht, bei sehr geringen persönlichen Verdiensten. Von dem Gedicht sind heute nur mehr 740 Strophen in einer sehr fehlerhaften Hs. des 15. Jhs. erhalten, nach welcher es Janer u. d. T. »*Poema del Conde Fernan Gonzalez*«[3] veröffentlicht hat. Den Inhalt der fehlenden 2. Hälfte giebt die *Cron. gen.*, die das *Poema* unter Entfernung der gröbsten geschichtlichen Verstösse umschreibt.[4] Der Mönch beruft sich wiederholt auf eine *escriptura, lehenda* etc., also auf eine lateinische Vorlage, die aber keine einheitliche zu sein braucht. Dem eigentlichen Thema schickt er eine längere Vorgeschichte Spaniens, (Rodrigos, Pelayos, Bernardos) voraus, in der sich Nachrichten aus verschiedenen Quellen[5] unterscheiden lassen, mit starken Fälschungen und Erweiterungen, die teilweise dem Dichter zugeschrieben werden dürfen. Genau lässt sich die Entstehung der oben mit 1. bezeichneten Episode verfolgen. Ein kriegerisches Jacobswunder einer Compostellaner Fälschung[6] wurde in San Millan de la Cogolla, um den Ortsheiligen hereinzubringen, unter Fernan Gonzalez verschoben[7] und

---

[1] s. *Rom.* IX, 436.

[2] Dozy, *Histoire des Musulmans*, B. III cap. 2—5; Milá, 173—179.

[3] *Poetas castellanos anter. al siglo XV*, S. 389 ff. und unabhängig von ihm bei Gallardo, *Ensayo* I, 763 ff. Vgl. Rios III, 335—67; Milá cap. IV.

[4] fo. 211—53.

[5] Aus dem *Chronicon Sebastiani* (s. II 1, 150) nnd dem *Anonym. Pacensis*, wobei indessen eine komplizierte Vermittelung vorauszusetzen ist.

[6] *Esp. sagr.* XIX, 329.

[7] Yepes I.

in dieser Gestalt von Berceo in seiner *Vida de San Millan* 362 ff. reproduziert. Im *Poema* finden wir die bisher immerhin poetische Legende zu Gunsten des eigenen Konvents in zwei Mirakelschlachten zerlegt, die nunmehr überwiegend San Pelayo gut geschrieben und mit ein wenig überall hergeholten absurden Dekorationen ausgestattet werden. Mehrere Details zeigen dabei Verwandtschaft mit dem Dichter nachweislich bekannten Quellen, so der Kriegsrat 203 (vgl. 331) mit *Alex.* 2108, die Beisetzung der Todten 558—62 mit dem Pseudoturpin. Die ganze dreiste Umgestaltung rührt von ihm her, die Lokaltradition bot ihm nicht viel mehr als die Herleitung einiger Elfenbeinkästchen auf dem Altar von einem Sieg des Klosterstifters über Almansor statt Abderrahman. Seine skrupelfreie Erfindung wird also auch im Übrigen thätig gewesen sein, zumal bei den Kriegen mit Navarra und es fragt sich, wie weit er in den oben mit 2—4 bezeichneten Hauptzügen älterer Überlieferung treu ist. Auffallen muss dasz die *Cron. gen.*, während sie sonst Varianten der Volksepik mitverzeichnet, hier solche nicht kennt, dass die älteren Geschichtschreiber keine Spur der Fabelbildung aufweisen, und dass in 4 eine alte Schulanekdote steckt. Nun hat wohl der Rodrigo eine Variante von 2 und 4 in seine einleitenden Tiraden aufgenommen, aber auch wieder in intimer Verbindung mit einem der *Cron. gen.* nur in älterer Fassung bekannten Stück Kirchengeschichte, und gerade die genaue Berührung seiner Version mit einer Romanze spricht für ihre relative Jugend. Mit innerer Wahrscheinlichkeit lässt sich auf ein altes Volkslied aus dem *Poema* nur für 2. schliessen, im Rest ist eine geringe Dosis deformirter Geschichte mit oralen Lokaltraditionen der kastilischen Klöster und willkürlicher Erfindung verschmolzen. Der Auszug der *Crónica general* ging in die spanische Geschichtsschreibung über, aus der er noch heute nicht ganz verschwunden ist, bildete in etwas veränderter Gestalt ein im 16.—18. Jh. viel gelesenes Volksbuch.[1] Unter den Romanzen entspricht eine altertümliche einem einzelnen Zug des Rodrigo, andere folgen der *Cron. gen.*, ebenso wie Lope de Vega in einem seiner besten Schauspiele. So gering die Fähigkeiten des Mönches von Arlanza an sich waren, besass er die für seinen Gegenstand wichtigsten Eigenschaften, die kriegerische Gesinnung und den nationalen Stolz des Castiliers, so dass seine Schöpfung in das Gedächtnis der Gesamtheit überging.

12. Nur in der Prosaauflösung der Chronik, aber nach Inhalt und Tiradenspuren deutlich als Lied erkennbar, besitzen wir die kastilische Geschlechtersage von den sieben Infanten (Kinder, Junker) von Lara.[2] Nicht in der völkerbewegenden Wucht der Ereignisse beruht hier ihre unvergängliche Wirkung; der Gegensatz zu den Mauren, dem grossen Almansor und dem hochherzigen Feldherrn Galib (Galve), bildet eigentlich nur den Hintergrund für die Tragödie, die sich aus dem inneren Gegensatz zwischen der rachsüchtigen Doña Lambra, dem finsteren Ruy Velasquez und ihren Neffen, den Söhnen des Gonzalo Gustioz unvermeidlich entwickelt, bis zur Katastrophe, dem Todeskampf der verratenen Sieben und ihres treuen Erziehers Nuño Salido. Das Nachspiel, die Szene, in welcher der gefangene Vater die Häupter der Söhne erkennt und die Rache des Bastards Mudarra, ist Erfindung, aber den eigentlichen Kern bildet jedenfalls eine historische Begebenheit. Gonzalo Gustioz erscheint in einer kastilischen Urkunde v. J. 969[3], und wenn die *Crónica* den Vorgang in das Jahr 986 verlegt, ist das wohl nur Kombination, entspricht aber jenen Daten sowohl wie der in der Erzählung gut festgehaltenen Ge-

[1] Erster Druck Sevilla 1509; vgl. Gallardo I, 761; Salvá II, 62.

[2] Milá cap. VI; *Cron. gen.* f. 261; Holland, *La estoria de los siete infantes de Lara*, aus der *Cron. gen. d. Esp.* hrsg., Tübingen 1860.

[3] Muñoz s. 36; vgl. ib. s. 56 wegen der Velasquez, die Milá für galizisch hält.

samtsituation am Ende des 10. Jhs. Dass diese nicht etwa von Alfonso X. hergestellt ist, zeigt das ältere *Poema del Conde Fernan Gonzalez*, welches sich für seine Schlacht bei Hacinas die Väter des Gonzalo und Rodrigo konstruiert, dabei allerdings in für den Verfasser sehr bezeichnender Weise die Infanten (449, 2) und Nuño Salido (462) mit verwertet. Varianten kannte die *Crónica* nicht, eine kurze Erwähnung der Infanten in der Einleitung des Rodrigo und drei alte volksmässig umgestaltete Romanzen entsprechen genau der von ihr gegebenen Fassung: dem Werk eines grossen namenlosen Dichters, das in der warmen Prosa nur wenig verloren hat. Als Volksbuch wurde die Erzählung nach der *Crónica* zusammen mit dem *Fernan Gonzalez* seit 1509 oft gedruckt, und ist heute noch in etwas verschlechterter Gestalt im Umlauf. Auf jenem beruhen eine Reihe von Romanzen, Dramen und anderen Bearbeitungen, die grossenteils bei Holland verseichnet sind.[1]

13. In der *estoria dell romanz dell inffant Garcia*, welche die *General* den historischen Berichten gegenüberstellt,[2] ist umsomehr ein Lied zu sehen, als eine starke Erinnerung an den Vorfall anderweit in gelegentlichen Erzählungen hervortritt.[3] Die Ermordung des Grafen García Sanchez durch ein feindliches Geschlecht, als er sich in Leon i. J. 1029 Braut und Königskrone holen wollte, forderte ja auch die Einbildungskraft heraus. Das Volk vergass später jene Tradition, die das Nationalgefühl nicht stark genug ansprach: auch von den historischen Kunstdichtungen ist sie fast ganz vernachlässigt worden. Dafür erscheint eine andere Legendenbildung tief eingewurzelt und fruchtbar, jene welche den Untergang der Westgoten ausschmückt.[4] Sie ist durchaus gelehrt, weder der König Rodrigo noch Pelayo sind gesungen worden. Bei Rodericus ist die Fabel sogar fast ganz arabisch, man ging ihr dort nach, weil man selbst so gar Nichts mehr wusste. Zuerst um 1100, und es ist recht wohl möglich, dass seine Erzählung, ebenso wie der Pseudoturpin, nach Frankreich übermittelt wurde und den *Anseïs de Cartage* anregte. Später folgten andere Erweiterungen und Entlehnungen, auch noch nach dem 13. Jh., deren letztes Ergebnis im 14. Jh. der Roman eines Pedro del Corral, die *Crónica de Don Rodrigo* gewesen ist, welche, seit 1492 oft gedruckt, noch als Volksbuch fortlebt, den Romanzendichtern und Dramatikern als Quelle diente. Die kriegerische Neigung des ganzen Geschlechts ist auch der Geistlichkeit natürlich und tritt mannigfach in Umgestaltungen der Geschichte zu Tage, die man geneigt sein könnte auf Rechnung des Volkes zu setzen. Bezeichnend ist es wie sie den Schimmel des h. Martinus entlieh, um auf ihm Santiago die Christen führen zu lassen.[5] Wir haben gesehen, dass ihr ein breiter Anteil an der Ausbildung der Sagen von Bernardo del Carpio und von Fernan Gonzalez zukommt, und werden ihre Hand auch in der Vervollständigung des Cidcyklus wiederfinden.

14. Der ruhmreichste Repräsentant kastilischer Ritterschaft in Poesie und Leben war Rodrigo oder Ruy Diaz von Bibar, dessen Geschichte[6] die ganze spanische Dichtung so erfüllt, dass sie auch hier kurz gegeben werden muss. Zuerst 1064 genannt, nahm er im Heer Sanchos II. die erste Stelle ein, half ihm 1067 über Navarra siegen, und entschied im Kampf der Brüder durch einen nicht ganz lauteren Rat die Niederlage Alfonsos von Leon. Als 1072 Sancho bei der Belagerung von Zamora ermordert worden war und der nach

[1] a. a. O. S. VIII—XII.
[2] Milá S. 199; nicht im Druck Ocampos.
[3] Florez, *Reynas de España* I, 494; Muñoz 39.
[4] Milá cap. II.
[5] *Esp. sagr.* XIX, 348. 332. XVII, 320.
[6] Dozy, *Recherches* II 1—245.

Toledo entflohene Alfonso zurückgerufen wurde, soll Rodrigo an der Spitze der Kastilier ihn genöthigt haben seine Unschuld an dem Mord eidlich zu erhärten. Der König gab ihm noch 1074 seine Base Ximena zur Gemahlin, fand aber, wie er erstarkte, eine Veranlassung den allzu mächtigen Vasallen 1081 zu verbannen. R. trat als Condottiere in die Dienste des Herrschers von Saragossa; mit seinen Siegen wuchs sein Söldnerheer und lockerte sich die Abhängigkeit, bis er zuletzt in drohendem Übergewicht inmitten der arabischen Teilstaaten stand. Eine Reihe derselben, so Tortosa, Albarracin, Valencia waren ihm tributpflichtig; Berengar von Barcelona wurde von ihm geschlagen und gefangen, er durfte es wagen einen Eingriff des Königs in seine Interessensphäre durch einen Einfall in Kastilien zurückzuweisen. Innere Unruhen in Valencia boten ihm den Anlass die grosse Stadt immer enger zu bedrängen, 1094 zog er als Herrscher in sie ein, behauptete seinen Besitz in mehreren Siegen über die Almoraviden und nahm 1098 auch Murviedro. Nach seinem Tode im Jahre 1099 musste Ximena das vorgeschobene Heerfürstentum räumen; sie setzte die Leiche in dem Kloster S. Pedro de Cardeña bei. Seine Töchter Cristina und Elvira waren Gemahlinnen des Grafen Berengar von Barcelona und des Infanten Ramiro von Aragon. Der Gott seines Heeres, ebenso berechnend als verwegen, grausam und falsch gegen den Feind, verlässig und grossmütig für den Freund und den der es werden sollte, durchaus ähnlich seinem Zeitgenossen dem Normannen Robert, doch dass man jenen Guiscard nannte, ihn Mio Cid als Herrn der Mauren und Campeador wohl wegen Einzelkämpfen. Wie diese Namen kündet noch bei seinem Leben ein lateinischer Hymnus[1] seinen Ruhm; nicht allzu lange nach seinem Tode wurde seine Biographie in rauhem Latein geschrieben[2] (s. II 1, 316), und zur Enkelzeit (zwischen 1147 und 57) sagt das Carmen de Almeria von ihm »*de quo cantatur quod ab hostibus haud superatur*«, womit nur die Volkssprache gemeint sein kann.

15. Aller Wahrscheinlichkeit nach beziehen sich die Worte des Carmen auf das uns erhaltene *Poema del Cid*[3] für das in V. 3003 der »gute Kaiser« Alfonso VII. († 1157) so bekannt ist, dass es ihn nicht zu nennen braucht und welches sich Portugal (Königreich seit 1139) V. 2926 noch als galizische Grafschaft zu denken vermag. Wir besitzen in ihm das einzig erhaltene, nur mechanisch beschädigte Dokument unmittelbarer Umgestaltung nächstliegender Geschichte zum Epos. Das Bild des Cid erscheint hier im Wesentlichen treu bewahrt, nur leicht idealisiert, ebenso die historische Gesamtlage, wenn auch der Interessenkonflikt mit Alfonso ganz, die Beziehungen zu Zaragoza fast vergessen sind. Stärker verschieben sich die Einzelheiten; doch lassen örtliche und zeitliche Nähe chronikenartige zum Teil fast trockene Details bestehen, die in grösserer Entfernung nicht mehr interessiert haben würden und zu Gunsten stärkerer Anregungen gefallen wären. Die erste Hälfte des Gedichts, von der Verbannung bis zur Eroberung von Valencia, ist mehr ein Stück episch durchsetzter Biographie; zum Epos wurde es durch den Hinzutritt einer ganz sagenhaften Tradition, der Vermählung der Töchter des Cid mit den Infanten von Carrion. Diese gab Steigerung und Peripetie, in der frevelhaften Kränkung des Helden und der höchsten denkbaren Genugtuung, bis zur Verschwägerung

[1] *Zts. f. r. Ph.* V, 64.

[2] *Gesta Roderici Campidocti*, in: Risco, La Castilla y el mas famoso Castillano, Madr. 1792.

[3] Ausgaben von: Sanchez, *Coleccion de poes. cast.*, T. I, Madr. 1779, von dem die Benennung übernommen wurde; Damas-Hinard, Paris 1858; Janer, *Poet. castell. ant. al* s. XV, Madrid 1864; Vollmöller, Halle 1879, die einzig brauchbare. Vgl. Milá 229 ff., ferner zur Textkritik Rom. X, 75, XVIII, 502, XXII, 153; Ltbl, 1880. 340; Zts. f. r. Ph, VI, 167; Gött. gel. Anz. 1882, 509.

mit den Herrschern Spaniens; sie brachte den Verbannten an den Königshof und dort wurde jede Nachempfindung des Zorns zwischen Herrn und Vasallen geheilt. Der Dichter hat wohl gefühlt was die Versöhnung zwischen den Siegern von Toledo und Valencia für seine Hörer bedeutete, hat sie folgerichtig vorbereitet und aufs würdigste gestaltet. Dass Stoff und Menschen, so kräftig sie sind, Nichts von dem Titanischen älterer Zeiten an sich haben, ist gerade ihrem Fortleben in der späteren Poesie zu Gute gekommen. Die hohe Altertümlichkeit des Gedichtes wird heute allgemein anerkannt. Allerdings ist die Beurteilung durch die Art der Überlieferung in Etwas erschwert worden. Nur eine Hs.[1] (3734 V.) ist erhalten, dem 14. Jh. angehörig, am Ende mit dem Schreiberdatum 1307[2]. Verloren ist ausser einem Blatt in der Mitte das letzte (unbeschriebene) der letzten und das erste der ersten Lage: nach allen Anzeigen nicht mehr als dies eine mit etwa 40 Versen und der Erzählung des Auszugs aus Vivar. Neuerdings ist die Ansicht hervorgetreten, dass wir eine unmittelbare Niederschrift nach mündlicher Überlieferung vor uns hätten[3]; mir zeigt sich nur eine Kopie, die mit wenig Zwischengliedern auf eine bedeutend ältere, der Entstehung fast gleichzeitige Vorlage zurückgeht, mit starken Korruptelen, aber ohne absichtliche Änderungen. Mündlich würden so wenig die altertümlichen Sprachformen gewahrt sein als die Einzelheiten einer längst vergessenen politischen Geographie. Dem entspricht es, dass in der Prosaversion der *Crón. gen.* eine in der zweiten Hälfte sichtlich etwas jüngere Form der Poema benützt ist.[4] Die äusseren Kriterien des Alters entsprechen durchaus den inneren: wir besitzen im Wesentlichen das Lied noch so wie es um die Mitte des 12. Jhs. oder kurz nach ihr gedichtet ist.

Nun kann man sich ein Epos ausschliesslich aus Zeitliedern entstanden denken. Eine andere Grundlage bildet die Art der Überlieferung, bei welcher Inselkelten und Nordländer stehen geblieben sind: Fragmente einer überwiegend lyrischen politischen Gelegenheitsdichtung dienen als Gedächtnishülfen für die Erzählung, und umgekehrt wären jene Gesänge unverständlich geworden, wenn die Rede des Vortragenden sie nicht ergänzt hätte. In beiden Fällen wären hier, wo die Ereignisse und Darstellung so nahe beinander liegen, noch Spuren der Zeitdichtung zu erwarten, wie sie selbst noch Roland und Raoul in der Berufung auf Gesänge der Mitkämpfer aufweisen. Nichts davon ist zu finden; der Dichter folgt allem Anschein nach nur der Sage, nicht dem Sang. Über die entlehnte Form s. oben 8. Sonderartig ist die Einteilung in Gesten, oder, wie die *Crón. gen.* sagt, Cantares,[5] die indessen nur einen kleinen Schritt weiter geht als die Formeln, welche auch in den französichen Epen stärkere stoffliche Abschnitte hervorheben.

16. Sanchos II. Ermordung vor Zamora, dem Erbe der Infantin Urraca, hatte die panische Flucht seines Heeres nach sich gezogen; eine kastilische Schaar schlug sich jedoch mit der Leiche des Königs durch.[6] Daheim ge-

---

[1] Im Besitz des Marques de Pidal. Schriftproben bei Monaci, Facsimili 61—64.

[2] Das aber vielleicht auch noch der Vorlage entnommen ist. Der Streit darüber ob die Änderung in 1207 vom Schreiber selbst herrühre schwindet angesichts der Hs.

[3] Cornu in *Symbolae Pragenses,* Wien 1893, S. 17. Die dort in Abrede gestellten mechanischen Kopistenfehler sind evident z. B. 199—200, 571—72, 1085—86, 1146—1150, 1688—89. Auch die dort versuchte Heimatsbestimmung kann ich nicht annehmen; das Poema zeigt doch nicht die asturische (?) Assonanz ǫ auf ọ, sondern ǫ auf *úe* aus ǫ und *u + e, Vermuez, nues, fuer.*

[4] Fo. 302 ff. Vgl. Milá 264. Dem Schluss ist eine Gesandtschaft des Sultans von Persien und die zweite Hochzeit der Töchter des Cid angehängt. Auch diese Version kann noch erheblich älter sein als Alfonso; der König benutzte geschriebene Exemplare der Cantares: Siehe Part. II. 5, 20.

[5] V. 1085, 2278; vgl. 1618, 2763.

[6] *Monachus Silensis* 11—12. der einzige authentische Bericht.

nügte das nicht, denn ganz ungerochen durfte eine solche That nicht bleiben; die Flucht wurde vergessen, an ihrer Stelle entwickelte sich aus der festen Haltung jener Tapferen der Zweikampf um Verrat zwischen Diego Ordoñez und den Söhnen des Arias Gonzalo, des Verteidigers der Stadt, der die edlen Kinder eines um das andere opfert. Das Lied, auf welches sich die *Crón. gen.* in ausführlicher Wiedergabe beruft, [1] erzählte zugleich die Belagerung mit ihrer Vorgeschichte, und wohl auch noch die Beeidigung König Alfonsos durch den Cid. [2] Der Cerco de Zamora gehört in seiner kühn bewegten und doch so gehaltenen Erfindung, die lebenswahr aus der wirklichen Geschichte erwächst, zu den wertvollsten Erbstücken der spanischen Heldenzeit. Für die Späteren bildete er nur einen Teil des Cyclus vom Cid, während diesem im Gedicht nur eine bedeutende Nebenrolle zukam. Er ist erst durch seine Verbannung ein Volksheld geworden.

Von frühern Thaten Rodrigos nennt das Poëma (1333) 5 *lides campales*, versteht darunter allerdings Feldschlachten, folgt aber einer Tradition über Einzelkämpfe, wie aus dem lat. Hymnus zu schliessen ist; einen derselben kennt die *Crón. rimada*, dreie die *General*, zweie eine Geschlechtstafel aus dem Anfang des 13. Jhs.: eine Erinnerung also die sehr früh unvollständig und unverständlich wurde. Viel mehr hat man offenbar über die Jugendzeit nicht gewusst, aber der Wunsch entstand auch die *Enfances* kennen zu lernen, und der *Iuglar* fand sie unter Benutzung eines alten Motivs. Der *Silensis* (cap. 37) lässt Karl dem Kahlen die Eroberung des »diesseitigen Spaniens bis zur Rhone« drohen; Bennardo del Carpio hatte es nicht so weit gebracht. An die Stelle des Karlsieges setzte man nun Rodrigo, für Alfonso Fernando, [3] behielt die Tributforderung des Kaisers bei und die Abhängigkeit des Herrn vom Vasallen, liess aber den Heerzug über Pyrenäen, Rhone und Savoyen nach Rom gehen, wo sich dann Kaiser und Pabst vor den Kastiliern geziemend demütigen. Das ist der Kern des zweiten der als solche erhaltenen Epen, der sog. *Crónica rimada del Cid*[4], oder, wie ihn Milá bezeichnet, des *Rodrigo*[5]. Die einzige Hs.[6] gehört dem 15. Jh. an, ist stark fehlerhaft und am Schluss unvollständig. Die 1126 Verse sind durch ein kurzes Stück in Prosa eingeleitet, das zu einer Art von epischer Vorgeschichte Kastiliens gehört, welche zu den Thaten Rodrigos hinführt: dem Tod des Grafen Gomez, der Vermählung mit Ximena, Kämpfen gegen Christen und Mauren, und endlich dem Romzug. Die General hat das Gedicht ausgezogen, aber in einer anderen im Ganzen etwas älteren Version. Zunächst fehlte die Einleitung; was sich mit dieser berührt, zeigt nur die gegenseitige Unabhängigkeit, so die Erzählung von der Wiederherstellung Palencias (fo. 278) gegenüber den Versen 49 ff., 707 ff. Auch weiterhin ist eine Reihe von Differenzen vorhanden, wovon einiges auf Verderbnissen im Rodrigo beruht, der z. B. Rom und Paris verwechselt, anderes auf Kürzungen die notwendig wurden, da die Chronik einen jungen und schwachen Fernando und einen unbotmässigen Cid nicht

[1] fo. 293 ff.; Milá 262 ff.

[2] Alfonso in Toledo, so lebhaft die Episode bei *Rodr. Tolet.* und in der *General* ausgeschmückt ist, scheint nicht gesungen worden zu sein.

[3] Ein »*Cantar que dizen del rey Don Fernando*« hat in jener Zeit nicht existiert. Was eine späte Chronik so nennt (Rios III, 49, Milá 203 und 281) ist einfach die bekannte Romanze *Primavera* 35.

[4] Hrsg. v. Fr. Michel, *Wiener Jahrbb.* 116 (1840), danach bei Duran, *Romancero general* II, 651 und Damas-Hinard in seiner *Cid*ausgabe. Rios, *Hist. crit. de la lit. esp.* III, 72 ff. und Dozy, *Rech.* II, 85 haben dem Gedicht ein unhaltbar frühes Datum beilegen wollen; vgl. neben Milá 254 ff. Ltbl. 1882, 401.

[5] Nach der hier bevorzugten Form des Namens, gegenüber dem Ruy Diaz oder Mio Cid des *Poema*.

[6] Morel-Fatio, *Catal. des Mss. espagnols*, No. 318.

gelten lassen konnte: daneben bleibt genug um eine weiter zurückliegende Scheidung erkennen zu lassen. In den hauptsächlichen Zügen aber sind beide gleich. Das Gedicht dürfte seine jetzige Gestalt in der zweiten Hälfte des 13. Jhs. in der Gegend von Palencia erhalten haben, von einem Redaktor der Berceos Alexandre kannte (V. 659) und eine paraphrasierte Genealogie verwertete. Die weitere handschriftliche Überlieferung war nicht so treu wie bei dem *Poema*, aber sie hat sachlich doch nur nebensächliche Verschiebungen erzeugt, bewahrt den Standpunkt des 13. Jhs. selbst in ganz untergeordneten Details. Neben dem Einfluss des Bernardo ist auch der des Poema zu bemerken; der getreue Maure Burgos de Ayllon z. B. ist ein Gegenstück zu Abengalvon, Pero Mudo 845 ff. sehr unpassend entlehnt. Ausserdem wurden Traditionen der verschiedensten Art verwertet; in dem Lazaruswunder (536—79) steht Rodrigo für Fulco, Lazarus für Christus, Santiago für St. Martin von Tours. Die Abhängigkeit von den älteren Gedichten, der Umstand, dass die Angabe des Cerco de Zamora über die gemeinsame Erziehung des Cid und Urracas vergessen ist, weisen schon auf späte Entstehung; mehr noch die Willkür der Erfindung, der Abstand von dem Poema in der Auffassung des Helden und in der gesamten Denkweise und Darstellung. Das Erzeugnis der sinkenden Juglarposie lässt sich nicht wohl vor den Anfang des 13. Jhs. stellen. Sein Aufbau ist anekdotisch, nur auf Häufung des Stofflichen gerichtet, ein roh komischer Ton wendet sich an eine niederstehende Hörerschaft. Zum Teil wird die poetische Geringwertigkeit durch das Interesse ausgeglichen, welches der materielle Reichtum in einer Menge von Rätseln bietet. Die *Crón. gen.* hat schon die Gestalt des jungen Cid der des alten genähert; die spätere Dichtung entnahm ihrer Kompilation die entwicklungsfähigen Bestandteile.

17. Auch über das Ende des Cid, seiner Angehörigen und Gefährten weiss die *General*[1] zu berichten; Cardeña besass die Leiche des Nationalhelden, sie that dort Wunder und noch Philipp II. wollte daraufhin die Heiligsprechung bewirken. Ein Mönch des Klosters fälschte auf den Namen eines getauften Abenalfarax eine Ergänzung zum Poema. Der Klosterroman enthielt neben albern legendarischen einige vortreffliche sagenhafte Züge, wie den vom Todtensieg des Cid, vom Juden, der ihm den Bart griff, lässt überhaupt bei dem geistlichen Verfasser einen guten Rest volkstümlichen Denkens erkennen. Rodrigo und Fernan Gonzalez bezeichnen in verschiedener Weise den Niedergang der epischen Dichtung; war der Abenalfarax kastilisch geschrieben, so bedeutet er einen weiteren Schritt in derselben Richtung, den Übergang zur Prosa. Endgiltig vollzogen wurde dieser als Alfonso der Weise den gesamten Schatz der vaterländischen Tradition seinem Geschichtswerk einverleibte. Vor der *Crónica general* verschwinden die Epen; sie begründet die Herrschaft der Prosa, auch der erzählenden Kunstdichtung gegenüber. Wir besitzen von dreien der ausgezogenen Dichtungen je eine späte Hs., von der Chronik über 40. Ihr folgen natürlich die Geschichtschreiber im 14. und 15. Jh.: die Masse der Romanzen geht unmittelbar oder mittelbar auf sie zurück, nur bei sehr wenigen kann Unabhängigkeit vielleicht vermutet, bei keiner bewiesen werden. Was sie über den Cid berichtete erlangte eine noch verstärkte Verbreitung durch einen Auszug, die *Crónica particular del Cid*,[2] welcher dem 16. Jh. massgebend ward.

[1] fo. 359. Milá 266.

[2] Hss. aus dem 15. Jh., erste Ausg. Burgos 1512(?) dann oft, zuletzt von Huber, Marbg. 1844. Vgl. Milá 268. Die abweichenden Einzelheiten werden grösstenteils aus den zum Teil altertümlichen Varianten in der *Crón. gen.* stammen. Über die poetische Nachkommenschaft des Cid s. Restori, *La gesta del Cid*, Milano 1890, Brockhaus, *Conversationslexikon*, 14. Aufl., Artikel Cid, Borman in *Zts. f. vergl Literaturgesch.* 1893, 5.

II. DIE KUNSTDICHTUNG.

Ueber die Formen der Kunstpoesie ist S. 389 gehandelt worden. Ihre Pflege ruhte zunächst in den Händen der Geistlichkeit, und auch der nur dem Namen nach bekannte Domingo Abad, welcher im neueroberten Sevilla ein Gewerbe aus ihr machte, dichtete für die Kathedrale.[1] Sie will die Menge erbauen und belehren, bleibt daher auch bei historischen Stoffen dem höfischen Wesen fremd. In der ersten Hälfte des XIII. Jhs. finden wir sie in kräftiger Entwicklung, bei sehr einfachen Mitteln; Anzeigen einer älteren Existenz fehlen. Die erhaltenen Denkmäler dieser Zeit zerfallen in drei Gruppen, Mysterium, Übersetzungen aus dem Französischen oder Provenzalischen, und Gedichte der Cuaderna via mit überwiegend lateinischen Vorlagen und gelehrtem Anstrich; bei der letzteren scheiden sich wieder geistliche und weltliche Stoffe. Einen wesentlichen Teil ihrer Aufgabe übernimmt unter Alfonso X. die erzählende Prosa; damit hängt es zusammen, dass nur dürftige Belege einer fortdauernden Übung von Berceo zu dem Archipreste hinüberführen. Bei diesem lebt ein neuer Geist in den überlieferten Formen, der eine weitgehende Umgestaltung der Lebenshaltung erkennen lässt, und den Erwerb der Prosadichtung in sich aufgenommen hat. Die portugiesische Hofpoesie, obwohl der XI. wie der X. Alfonso sie pflegten, bleibt in dieser Periode noch ein fremdsprachliches Spiel. Erst in der zweiten Hälfte des 14. Jhs. nimmt sie kastilisches Gewand an, bei Lopez de Ayala in Verbindung mit der neuen Form der *Arte mayor* und einer wesentlichen Umgestaltung der Prosa, so dass wir mit seinem Namen ein neues Kapitel beginnen dürfen.

19. Es konnte kaum ausbleiben, dass mit dem französischen Ritus auch die in ihm heimischen dramatischen Feiern übernommen wurden; ungefähr gleichzeitig mit Deutschland folgte Kastilien dem älteren französischen Vorgang in der Anwendung der Volkssprache. Erhalten ist, neben dem abgelösten Fragment eines Osterspiels, nur die erste Hälfte eines Weihnachtsmysteriums, das sog. *Misterio de los reyes magos.*[2] Eine ungeübte Hand der ersten Hälfte des 13. Jhs. hat es ziemlich fehlerhaft auf die Rückblätter einer Hs. der Kapitelbibliothek von Toledo geschrieben. Seine vier Scenen (Auftreten der Magier, ihr Zusammentreffen, Gespräch mit Herodes und Synedrium) zeigen einen reichen metrischen Bau in 8, 12 und 6 Silbnern, wie ihn ähnlich französische und lateinische Stücke bieten; die Vorlage dürfte indessen lateinisch gewesen sein. Der Reim ist etwas unbeholfen, Auffassung und Sprache kirchlich einfach, der Ort der Darstellung jedenfalls die Kirche. Ein vorgeschrittener Standpunkt zeigt sich in der vollständigen Auflösung der liturgischen Bestandteile, altertümlich erscheint das Fehlen des Hirtenvorspiels, das getrennte Auftreten der Magier, eigenartig die Entlassung der Weisen vor der Befragung der Juden. Die Überlieferung der lateinischen Weihnachtsspiele ist besonders dürftig, der gesamten Entwicklung des Dramas entsprechend dürfte aber das Vorbild noch dem 12. Jh. angehört haben.

Inmitten seiner Marienklage wird Gonzalvo de Berceo ungewohnt lebhaft, verlässt dies einzigemal den gemessenen Alexandriner um Str. 178—90 ein derb volkstümliches Grabwächterlied singen zu lassen. Zweifellos hat er diesen wie einige andere Zusätze zu seiner Quelle (§ 21) einem Osterspiel entnommen; Gesang und Nebenumstände entsprechen dem Lied der auf-

---

[1] S. Milá S. 412.

[2] *Jhb. f. r. u. e. L.* 1871, 44; Hartmann, *Über das altsp. Dreikönigspiel*, Lpz Diss. 1879; Diplomat. Abdruck von Baist, Erlangen 1887. Vgl. *Zts. f. r. Ph.* 4, 443

ziehenden Wache im lateinischen Osterspiel von Tours[1] (11. Jh.), der Anrede der Juden an die Wächter im gleichzeitigen deutschen Spiel von Muri, dem ständigen burlesken Judengesang der späteren deutschen Spiele. Wir dürfen also ein kräftiges Leben der beiden ältesten Gestalten des liturgischen Dramas im ersten Viertel des 13. Jhs. als gesichert betrachten. Hirten- und Passionsspiel — *representaciones* — sind ausserdem in den Gesetzen Alfonsos X. (s. Part. I, 6, 34) Kirche und Klerikern namentlich gestattet[2], während die *juegos por escarnio* in und ausserhalb der Kirche untersagt werden. Dieser Ausdruck ist etwas unbestimmt, er begreift satyrische Masqueraden in sich (Part. I, 6, 36), sagt uns nicht ob die Farce litterarisch ausgebildet war. Über zweihundert Jahre lang fehlt dann jede Spur dramatischer Aufführungen[3]: es scheint, dass das Mysterium, wie in Frankreich, seinen Platz in der Kirche verlor, aber nicht, wie dort, auf den Markt hinaustrat. Einen Ersatz dafür boten Aufzüge, welche einzelne Festgottesdienste und Prozessionen schmückten, sich in mannigfachen Formen lange erhalten haben, die Entfaltung des *Auto* im 16. Jh. begünstigten. Ganz ausgeschlossen ist die Fortdauer der eigentlichen Spiele nicht, aber sie kann nur eine sehr bescheidene gewesen sein: das zeigt schon der kindliche Zustand in dem wir im Ausgang des 15. Jhs. das Weihnachtspiel bei Juan del Encina wiederfinden.

20. Erheblich tiefer als im *Mysterio* steht die Verskunst in einigen Übersetzungen kleinerer Poesien in 8- und 6 Silbnern, die dem 13. Jh. angehören. In der längsten darunter, der *Vida de Santa Maria Egipciaca*[4] (1445 V.) ist schon früh eine mehrfach variierte altfr. *vie* in 8 Silbnern erkannt worden, welche in sehr notdürftigen Reimen und ohne alles metrische Verständnis wiedergegeben wird: ein provenzalisches oder katalanisches Zwischenglied lässt sich aus den Versen keineswegs so sicher erweisen als behauptet worden ist. Ganz gleichartig ist das in derselben Hs. erhaltene *Libre dels tres reys d' Orient*[5] (244 V.) eigentlich die Legende vom guten Schächer, mit unbekannter Quelle: Der Titel ist katalanisch, der Schreiber und vielleicht auch der Bearbeiter beider Stücke gehörte dem Grenzgebiet an. Eher dem Westen des Sprachgebiets dürfte das Fragment (74 V.) einer *Disputatio Corporis et animae*[6] zuzusprechen sein, welches die Sechssilbner seiner französischen Vorlage nicht sehr geschickt, aber ursprünglich doch metrisch korrekt wiedergiebt, und sich dabei erhebliche Kürzungen erlaubt. Mehr unbeholfene Selbständigkeit zeigt die in Aragon niedergeschriebene Kombination einer Romanze mit dem *Debat du vin et de l'eau*[7]. Der Schüler findet in einem Garten mit Quelle zwei Gefässe voll Wasser und Wein stehen; eine Taube, die in der Quelle baden wollte, scheut vor ihm, fliegt in das Gefäss mit Wasser und schüttet es über den Wein, worauf der Streit der beiden anhebt. Dass eine Dame die Gefässe aufgestellt hat giebt Gelegenheit die Romanze in die Einleitung einzuschieben, deren Motiv ist, dass Schüler und Dame sich schon geliebt, aber noch nicht gesehen haben. Die direkten Vorlagen der 259 Verse sind nicht

[1] Lange, *Lat. Osterfeiern* S. 30.

[2] S. Wolf, *Studien*, S. 578.

[3] In Katalonien allerdings erhielten sich in der Kathedrale von Gerona eine Reihe von Aufführungen im 14. und 15. Jh. (*Esp. sagr.* 45, 17—23). Aber diese Kirche, die auch sonst eigenartige Gebräuche bewahrte, stand in viel näherer Beziehung zu Frankreich als zu Kastilien.

[4] Hrsg. v. Janer, *Poetas ant. al s. XV*, S. 307; vgl. Mussafia, *Wiener Sitzungsber.* 43, 153 und *Jhrb. f. r. u. e. Lit.* 1864 S. 421.

[5] Hrsg. v. Janer, l. c., S. 319.

[6] Hrsg. v. Octavio de Toledo, *Zts. f. r. Ph.*, 1878, 60, zugleich mit zwei jüngeren span. Bearbeitungen. Vgl. Kleinert, *Über d. Streit zw. Leib u. Seele*, Hall. Diss. 1880, S. 58.

[7] Aufgefunden und veröffentlicht von Morel-Fatio, *Rom.* XVI, 344 ff.

bekannt, ihr Maass ist das ungenaue Wiederspiel des Achtsilbners. Es ist sehr beachtenswert, dass bei einer kaum zu verkennenden Freiheit der Behandlung doch die fremdartige Unform beibehalten wird. Als Titel würde sich aus dem Gedicht heraus empfehlen: *Razon de amor y denuesto del vino y del agua.*

21. Gonzalvo de Berceo ist der erste benannte und zugleich der fruchtbarste altspanische Dichter: wir besitzen von ihm über 20000 Verse. Er war in dem Dorf geboren, das ihm den Namen giebt, wurde in der benachbarten Abtei St. Millan (3 Stunden von Najera) erzogen und lebte in dem oberen der beiden Klöster als Geistlicher, nicht als Mönch. Sein Name fand sich dort in 12 Urkunden von 1220—1246; 1221 nennt er sich Diacon, 1237 Priester[1]: anzunehmen, dass er noch lange nach 1246 gelebt habe liegt kein Grund vor, das Schweigen der Urkunden spricht dagegen. Da er sich in dem Leben der h. Oria alt und müde nennt mag seine Geburt 1180—90 fallen. Nur eine seiner sämtlich der *Cuaderna via* angehörigen Dichtungen, der *Alexandre*, hat einen weltlichen Vorwurf, die anderen behandeln geistliche Stoffe.[2] Dreie die Legenden von Heiligen, welche in näherer Beziehung zu seinem Kloster standen. Die *Vida de S. Domingo de Silos* folgt einer lateinischen Vita mit angehängter Mirakelsammlung[3]; in der *Estoria de S. Millan* ist die alte, dem Braulio (s. II 1, 106) zugeschriebene Legende[4] mit der in § 11 erwähnten Ergänzung verbunden; die *Vida de Sta. Oria* nennt als ihre anscheinend ungedruckte Autorität einen der Heiligen gleichzeitigen Muño. Eine einheimische Redaktion des Laurentiuslebens lag dem *Martyrio de S. Laurençio* zu Grunde, wie die Angabe von Huesca[5] als Geburtsort zeigt. Von den *Milagros de Nuestra Señora* sind 21 einer der verbreitetsten lat. Sammlungen entnommen[6], drei einer anderen[7], nur das letzte ist spezifisch spanisch, aber auch nach geschriebener Quelle. *El duelo que fizo la virgen* folgt der verbreiteten dem h. Bernhard (s. II 1, 337) zugeschriebenen Marienklage, mit Benutzung der Evangelien und eines Osterspiels[8], *De los signos del juicio* einer Version, die Petrus Comestor (s. II 1, 189), Evangel. 141 nahe stand. Selbst gefunden, so weit man die Aufschichtung biblischer Erinnerungen als Erfindung bezeichnen kann, sind nur *Los loores de Nuestra Señora* und *El sacrificio de la misa.* Dazu kommen noch drei *Hymnen* aus einer der Hss., die einzigen rein lyrischen Gedichte in der Form der *Cuaderna via*, deren Autorschaft allerdings bestritten worden ist.[9] Über die Zeitfolge dieser Ge-

---

[1] S. Sanchez, *Coleccion de Poes. Cast.*, III, XLIV—LVJ. Dass eine Urkunde von 1264, welche B. nennt, sich dabei auf die Zeit vor 1242 bezieht, ist dort vollkommen klar gestellt. Dagegen irrte S. als er in dem verstorbenen König des letzten Marienwunders Ferdinand d. Heiligen suchte; »*señor d'Estremadura*« ist unterscheidend betont und kann, trotz eines genealogischen Fehlers, nur Ferdinand II. von Leon meinen, der das Land eroberte und den Titel sich beilegte.

[2] Hrsg. v. Sanchez, *Col.* Bd. II, Madr. 1779; v. Janer, *Poet. Cast. ant. al s. XV* S. 39—146, wenig verbessert. Über die verlorenen Hss. s. neben Sanchez, Sarmiento, *Memorias*, 258—63. Bruchstücke der *Vida de S. Dom.* hatte schon J. de Castro, *Glorioso thaumaturgo,* Madr. 1688 veröffentlicht, das ganze Gedicht Vergara, *Vida y milagros de S. Dom.*, Madr. 1736. Es mag angemerkt sein, dass an letzterer Stelle auch eine Sammlung von Prosawundern des Heiligen, von Pedro Marin im Jahr 1293 verfasst, mitgeteilt ist.

[3] s. b. Vergara und bei Mabillon, 1073, 20. Dez.

[4] s. Rios I, 373.

[5] Vgl. A. 55. 15. Aug.

[6] *Wiener Sitzungsber.* 113, S. 937 ff., No. 1—15 gleichlaufend, dann No. 31, 22, 23, 36, 27, 33.

[7] ib. S. 965, No. 41, 43, 60.

[8] Vgl. Wechssler, *Die roman. Marienklagen,* Halle 1893 S. 19.

[9] Cornu, *Rom.* IX, 72. Über das Kriterium, den einsilbigen Gebrauch von *rey,* lässt sich vielleicht hinwegkommen *(Zts. f. r. Ph.* IV, 472). da *sei* entschieden zweisilbig steht.

dichte ergiebt sich aus ihnen selbst nur, dass *Sta. Oria* im Alter, die Marienklage gedichtet ist, als er schon Priester war, d. h. nach 1221, und vor ihr die *Milagros*. Innerlich sind sie alle eng verwandt.

Gonzalvo erklärt selbst, dass er schreiben wolle wie der Nachbar zum Nachbarn redet, seine Sprache ist einfach, absichtlich populär: er ist der wohlmeinende Landprediger, der seiner Gemeinde die heiligen Stoffe nahe zu bringen und so recht deutlich zu machen beflissen ist, und dabei auch gerne die Aufmerksamkeit durch einen Scherz weckt. Rhetorischer Schwulst in seinen Vorlagen fällt unbeachtet, die trockene Thatsache wird frommrealistisch belebt, weitläufig, naiv und trivial, mit recht wenig Phantasie. Nur ausnahmsweise kommt schlichte religiöse Empfindung zu wärmerem Ausdruck, nimmt eine Vision den Redner gefangen. Dem Leser bleibt indessen eine freundliche Empfindung für den redselig redlichen Mann und seinen harmlosen Humor, er behält ein klösterlich gefärbtes aber lebendiges Bild der Persönlichkeit und ihrer Umgebung.

Diese besseren Eigenschaften konnten im *Alexandre*[1] nur wenig zur Geltung kommen; seine ca. 10000 Verse können fast nur stofflich interessieren. Dafür zeigt Berceo hier eine nicht unbedeutende Belesenheit; Gautiers von Châtillon *Alexandreis* (s. II, 1, 408) hat ihm, wie er es sagt, als Grundlage gedient, daneben ist eine Version der *Historia de proeliis* (s. II, 1, 151), und — bei unserem Dichter der einzige erweisbare, zugleich aber vollkommen sichere Fall der Verwertung einer franz. Quelle — der *Roman d'Alexandre* benutzt. Ausschmückende Erweiterungen lieferten Isidor v. Sevilla, wahrscheinlich spanisch *Flor und Blancheflor* (s. § 10), wahrscheinlich französisch eine Version des Schwanks vom Neidischen und Habsüchtigen, eines *Dit sur les états du monde*. Endlich erzählen 417 Str. den Trojanerkrieg nach Pindarus Thebanus und einer Guido von Columna (s. II, 1, 321) eng verwandten Quelle, die später in der *Crónica troyana* Delgados (Sevilla 1509) wieder auftaucht. Die Auffassung des Altertums ist selbstverständlich rein mittelalterlich, mit den zwölf Pairs, Achill im Nonnenkloster u. s. w., doch ohne höfische Tendenz. Neben der Bedeutung, die der *Alexandre* als erstes kastilisches Kunstepos besitzt, hat er vielleicht auch noch jene der Sprache die Form des Vierzeilers gegeben zu haben. Sie erscheint in den Eingangsversen noch als ungewöhnlich (s. § 8); und wir dürfen daraufhin zugleich das Gedicht als das älteste Berceos betrachten. Ein auffälliger Segenswunsch für den König von Sicilien in Str. 1228[2] legt den Gedanken an den Kreuzzug von 1228 sehr nahe. Übrigens ist der Vers, wie überhaupt bei B., bequem aber korrekt gehandhabt, und auch die unvollkommenen Reime dürften vor der Textkritik grösstenteils verschwinden. Für den, der sich einmal das Prinzip der französischen Metrik klar gemacht hatte, war die Nachahmung nicht schwer, die portugiesischen Kunstdichter hatten sie schon lange geübt.

Die Autorfrage war früher dadurch verdunkelt, dass in der einzigen durch ihn leonesisch gefärbten Hs. der Kopist seinen Namen *Juan Lorenzo, natural* (nicht »*Segura*«) *de Astorga* am Schluss für den des Verfassers eingesetzt hatte; sie ist erst entschieden worden, als neuerdings ein zweites Ms.[3] auftauchte.

22. Fraglich bleibt allerdings ob der *Alexandre* älter ist oder das *Libre*

---

[1] Ausg. v. Sanchez, *Coleccion de poes. cast.* t. III, Madr. 1782; von Janer, *Poet. ant. al s. XV*, 147—224. Eine Neuausgabe wird von A. Morel-Fatio vorbereitet. Vgl. dessen eindringende Untersuchung über das Gedicht in *Rom.* IV, 7—90.

[2] Gerade der lat. Vorlage gegenüber (*Rom.* IV, 14) ist er doppelt auffällig.

[3] S. *Rom. Forsch.* VI. 292.

de Apollonio[1], da auch für dieses (sprachlich[2] gleichzeitige) die Form der *Cuaderna via* noch eine neue war. Es ist eine ziemlich einfach gehaltene Bearbeitung der vielgelesenen *Historia Apollonii regis Tyri* (s. II, 1, 178, 429)[3]; ihre ganze ländlich-sittliche Art der Berceos nahe verwandt, ohne dass sich indessen eine Abhängigkeit erweisen liesse. Die Fabel passt ihrer Natur nach besser in das neue Gewand als der *Alexandre*; dieser behält aber seine litterarhistorische, bestimmende Bedeutung, auch wenn wir ihn als den jüngeren betrachten. Wir haben seinen Einfluss in der *Crónica rimada del Cid* bemerkt; er wurde noch im 15. Jh. zitiert (Marques de Santillana) benutzt *(Crónica de Pero Niño)* und kopiert. Unmittelbar an ihn schlossen sich die uns nur durch ihre Erwähnung beim Marques de Santillana bekannten *Votos del Pavon*, eine Bearbeitung des französischen Gedichts von Jacques de Longuyon: und an ihn lehnt sich das seines nationalen Stoffes wegen in § 11 besprochene *Poema del Conde Fernan Gonzalez*. Dass eine weitere Entwicklung in dieser Richtung nicht stattfand ist eine Folge der Entfaltung der Prosadarstellung und nicht der inneren Unruhen, von welchen allerdings die spätere Regierungszeit Alfonsos X., jene Sanchos und Ferdinands IV., sowie auch die Anfänge Alfonsos XI. erfüllt waren. Nur unter Ferdinand IV. haben diese einen landverderberischen Charakter angenommen. Aus diesem Zeitraum sind nur zwei unbedeutende Denkmäler der Cuaderna erhalten. Ein Kleriker, der uns dabei mitteilt, dass er als Benefiziat von Ubeda auch eine *Magdalenenlegende* gereimt habe, verfasste die *Vida de S. Ildefonso.*[4] Sie enthält einige den gedruckten lateinischen Viten[5] fehlende Elemente, ihren wichtigsten Teil bildet das erste der Marienwunder Berceos. Die 274 Strophen sind in einer modernen Abschrift unglaublich schlecht überliefert, auch die Angabe des Verfassers über seine Zeit ist verderbt, so dass sich nicht sicher feststellen lässt, ob er sich unter Alfonso XI. oder in die Anfänge Ferdinands IV. stellt; wahrscheinlich ist indessen das letztere. Verbreiteter war ein nur unvollständig ediertes Lehrgedicht, das sich, man sieht nicht recht weshalb, *Las palabras que dixo Salomon*[6] nennt und in verkürzter Gestalt[7] im *Cancionero* des *Martinez de Burgos* Aufnahme fand. Es handelt vom Tod und den Sünden der Welt, mag durch Ecclesiastes I inspiriert sein; als einziger Anhaltspunkt für eine Zeitbestimmung müssen die Fehler der Hs. fin. sec. XIV dienen, welche eine weitläufigere Überlieferung anzeigen. Mit dem Pero Gomez, welchem es Rios zuschreiben wollte, hat es Nichts zu schaffen.

Weil sie einiges Unheil angerichtet hat mag hier noch eine scherzhafte Erfindung von Antonio Sanchez erwähnt sein, die er seiner Berceoausgabe angefügt hat, *El loor de Gonzalo de Berceo*. Zur selben Litteraturgattung gehören die dreizeiligen Alexandriner auf den *Rey Sabio* bei Rios, IV, 52, Anm. 2.

23. Auch Berceo, so friedlich er ist, steht noch unter dem Eindruck des Existenzkampfes mit den Mauren. Die erste Hälfte des 13. Jhs. hat diesen entschieden, die Gefahr der Invasion vom Norden genommen, und das hoch

---

[1] Hrsg. v. Pidal i. d. *Revista de Madrid*, 1840; v. Janer, *Poet. ant.* S. 283.

[2] Zahlreiche Aragonismen im Text dürften auf Rechnung des Schreibers zu stellen sein. Die *Hs. fin. s. XIII* enthält auch die *Maria Egipciaca* und die *Tres reys d'Orient* (§ 20).

[3] Ausg. von Riese, Lpz. 1893. Die jüngere der beiden dort mitgeteilten Rezensionen ist die benützte.

[4] Hrsg. v. Janer, *Poet. cast.* 323. Vgl. Rios, IV, 60 Anm. 2.

[5] Mabillon II, 493, *A.SS.* 23. Jan., *Esp. Sagr.* VI, 482—506.

[6] Vgl. Rios IV, 52—59, wo 12 Str. mitgeteilt sind, und *Rom.* X, 300.

[7] Abgedr. bei Ticknor-Julius II, 674 und ungenau in *Opúsculos literarios de los siglos XIV—XVI*, Madr. 1892, S. 364.

kultivierte Andalusien erworben. Die Rückwirkung auf die Stammlande blieb nicht aus, in Städten und Städtchen hoben sich Handel und Gewerbe, mit ihnen die Landwirtschaft, Wolltuche und Seide gingen auf den ausländischen Markt. Mächtige Dombauten bezeugen den wachsenden Reichtum, Salamanca tritt (1255) in den Dienst der Gelehrsamkeit, die Fürsten wetteifern in der Pflege volkssprachlichen Wissens. Die Kunst des Lesens verallgemeinerte sich; der Knecht des Archipreste las schlecht, aber er las. Auch dieser Umstand trug dazu bei dem am Herrenhof verachteten Juglar[1] seine Bedeutung für die unteren Klassen zu nehmen; im 14. Jh. treibt er noch »*cazurrias*« und singt »*dulces cantares*«, aber die Benennung verliert nach und nach ihren alten Sinn, sinkt zu dem des Possenreissers herunter. Darum fehlte der Strasse keineswegs das Lied; der Eigengesang des Volkes lebte,[2] welcher Art er gewesen sein mag und er wird allmählich das System der Silbenzählung angenommen haben. Der Neigung singen zu hören diente ein zahlreiches Völkchen, das bei dem zunehmenden Wohlstand seine Nahrung fand. *Danzas* und *troteras* für Jüdinnen und Maurinnen (und für »*entendederas*«), Lieder für Blinde und nachtlaufende Schüler hat, unter Alfonso XI., mehr als auf zehn Bogen gehen würden, Juan Ruiz der Erzpriester von Hita[3] verfasst. Davon sind nur vier Schülerlieder[4] halb zufällig erhalten; in sein Buch nahm der Archipreste selbst die Fliegenden Blätter nicht auf. Aber die wenigen Belege knüpfen den Faden wieder an, den wir bei der weltlichen Klerikerdichtung in § 20 verloren, zeigen uns volkssprachliche Lyrik erwerbsmässig in einem Kreise gepflegt, auf den die portugiesischen Melodien des Hofes Einfluss gewinnen mussten. Juan Ruiz verdankt den Vorgängern auf diesem Gebiet einen Teil seines metrischen Reichtums, aus der Königsprosa kam ihm die Form der Rahmenerzählung und die didaktische Tendenz, in welche er seine Schalkheit verkleidet. Sein Buch — *el libro de buen amor* nennen wir es mit dem Epilog — ist auch äusserlich das eigenartigste Erzeugnis der altspanischen Litteratur; eine Sammlung oder vielmehr Auswahl seiner Dichtungen, die er zu einem losen Gewebe verbindet, dessen Einschlag sein persönliches Liebestreiben, genauer seine Persönlichkeit selbst, bildet. Nach einleitenden Liedern an Gott und Maria, setzt er sich in Prosa und Vers mit Leser und Gewissen auseinander. Klärlich hat er sein Buch nicht verfasst um zum Übel anzuleiten, es dient als Spiegel, um sich davor zu hüten; wenn aber jemand der närrischen Liebe der Welt fröhnen will, was nicht empfohlen werden soll, so findet auch der darin nützliche Anleitung; es dient beiden, dem Weisen und Thoren: da Juan Ruiz ein Mensch ist wie andere Sünder, hat auch er oft geliebt. Das ist nun ziemlich ernst gemeint; der Archipreste nimmt einfach für sich dieselbe »Moralität« in Anspruch, mit der man herkömmlicher Weise seinen Freund Ovid entschuldigte. Auf einige Liebes-

[1] Über seine Stellung unter Alfonso X. s. d. Zitate aus den *Partidas* Milá 416; dazu noch *Part.* IV, 14, 3. Ihre Bedeutung liegt weniger in der vom römischen Recht übernommenen Unehrlichkeit des Spielmanns, als darin, dass die *Cantares* gelesen werden wie ein anderes Buch.

[2] Sicher überall die Tanzverse, wie heute, in einzelnen Gegenden neben Reimsprüchen vielleicht die einzige Form. Volkstümlich, aber nicht ein Volkslied ist der § 19 besprochene Gesang der Grabwächter. Über die Romanzen s. b. der folgenden Periode.

[3] Hrsg. v. Sanchez, *Coleccion*, T. IV, Madr. 1790, mit Kürzung der anstössigen Stellen; vollständiger von Janer *Poet. ant.*, S 225—82, doch auch noch mit sehr mangelhafter Benützung der 4 Hss. So hat er z. B. nicht bemerkt, dass nach 739 6 Strophen fehlen, 32 nach 755, ebensoviel nach 851, und, nach 425, 16 Strophen ausgelassen sind.

[4] Die *Estudiantina*, wie sie noch heute Abends umzieht, wenn auch ohne Studenten. Ebenso singt noch der Blinde, Geistliches und sehr Weltliches. Das Schema der Schülerlieder ist bei zweien Thema mit Rundreim: rr, aaar, bbbr; bei einem bei einem aabbcc; sämmtlich in Siebensilbnern.

abenteuer folgt, durchflochten von »Beispielen« aus Joseph und anderen, ein Streit mit Amor und Belehrung durch ihn und seine »Frau« Venus, frei nach der *Ars amatoria*, und eine glänzende Bearbeitung von *Pamphilus de amore* (s. II, 1, 427); mit Don Melon, wie er den Protagonisten nennt, identifiziert sich zugleich der Dichter, die Kupplerin *Trotaconventos* ist zu einem bleibenden Typus umgeschaffen. Von da ab spielt nun diese eine Hauptrolle, in einer Reihe von Liebeshändeln, u. a. mit einer Maurin und einer Nonne; zwischen hinein Apologe, Pastorellen (*Cánticas de Serrana*) burlesken Charakters, auf Kosten des Dichters und der derbschlächtigen Sennerinnen; Marienlieder, eine originelle Version des *Debat de Quaresme et de Charnage* mit einem Streit der Stände um die Bewirtung Amors und Bildern der zwölf Monate; ein sprechendes Selbstporträt, der Tod der *Trotaconventos* und ihre Leichenrede, die abgekürzt wird, um vom Lob des kleinen Sermons auf das höchst anmutige der kleinen Frauen überzugehen; eine verunglückte Liebessendung des Dieners mit den 14 guten Eigenschaften; der Epilog und noch vier Marienlieder.

All das gibt nur einen schwachen Begriff von der Mannigfaltigkeit des Inhalts der gegen 7000 Verse, und ebenso mannigfach ist die äussere und innere Formgebung, bald klassisch einfach, bald launisch überreich. In buntem Wechsel zieht vorüber was er genossen und geschaut hat, Schilderung und Erzählung, Geschehenes und Erfundenes, voll Farbe und unmittelbaren Lebens; inmitten der Archipreste selbst, der sich rückhaltlos giebt wie er ist. Die Verbindung der Lebenslust und Leichtfertigkeit mit einer hoch überlegenen Beobachtungsgabe, die Unbefangenheit, mit welcher er in einem Treiben aufgeht, das eigentlich unter ihm steht, das Nebeneinander des intakten Glaubens und des Epikuraeismus vertiefen das Bild der Menschen und der Zeit, giessen über das Ganze eine höhere Ironie. Wie Geist und Erfindung steht auch die Sprache weit über allem das die alte kastilische sowohl als portugiesische Poesie hinterlassen hat.

Die Maasse sind in erster Linie noch der alexandrinische, daneben in erheblicher Ausdehnung der 14silbige Vierzeiler; ausserdem noch 18 verschiedene lyrische Strophen in über 600 Versen, 7, 6, 4, 5 und 14silbig, der eingemischte Dreisilbner mit obligatorischem weiblichem Ausgang, die Mehrzahl religiös, die andern meist burlesk, einige ziemlich künstlich, aber alle fasslich singbar. Diese Formen stammen direkt oder indirekt aus der Hofpoesie, eine andere Beziehung zu ihr ist nicht vorhanden. Stark und unmittelbar bleiben dagegen jene zu Frankreich. Dass sein Ysopete, nach dieser Benennung zu schliessen, französisch war, ebenso wie sicher mehrere andere seiner Vorbilder[1], kommt weniger in Betracht, die fremden Stoffe werden bei ihm durchaus kastilisch und persönlich. Es ist der Geist des französischen 13. Jhs., der in seiner ausgeprägten Individualität wieder auflebt, niemand ist ihm näher verwandt als Meister Adam von Arras.

Nach einer doppelten Datierung des Epilogs scheint es, dass Juan Ruiz sein Buch 1330 redigierte und 1343 einige Stücke hinzufügte, während er auf Befehl des Erzbischofs Aegidius von Albornoz (1339—52) in Toledo gefangen sass. Eine der uns in einer Hs. überlieferten Extravaganten, der überlustige Angriff auf die Kanoniker von Talavera, dürfte sich auf das erste

[1] Vgl. über sie die ausgezeichnete Untersuchung von F. Wolf, *Studien*, Berl. 1859, S. 99 ff.; einige Ergänzungen dazu finden sich bei Puymaigre, *Les vieux auteurs castillans*, Nouv. éd., II, 257 ff. Die vom heutigen Standpunkt nötigen Ergänzungen hinzuzufügen ist hier kein Raum. Es mag nur bemerkt sein, dass der Schwank von *Pitas Payas*, dem bretonischen Maler (*L'âne bâté* bei Lafontaine) mit seiner Phantasiesprache ein *Fablel* in der Art des *Renart jougleor*, des *Privilège aux Bretons* und ähnlicher voraussetzt.

Kapitel der Synode von Alcala (April 1347) beziehen. Im Jahre 1351 fand Sanchez urkundlich einen anderen Erzpriester in Hita. Nach dem Archipreste verdrängen andere Einflüsse den der gesunkenen französischen Litteratur, und er selbst erschien den Reimern des 15. Jhs. nicht mehr nachahmenswürdig, obwohl ihn der Marques de Santillana und Ferrand Manuel *(Canç. de Baena)* kannten. Dafür schloss sich unmittelbar an ihn der *Corbacho* des Erzpriesters von Talavera, an diesen wieder die *Celestina*, welche ihrerseits eine weittragende Wirkung u. a. auch auf Cervantes gehabt hat: seine *Tia fingida*, die Alte in *Rinconete y Cortadillo* sind Enkelinnen der braven *Trotaconventos*.

B. PROSA.

24. Romanisch für Lateinisch tritt in der Prosa ein, wie die Prosa überhaupt in die Schrift tritt, platt zweckmässig, unkünstlerisch, in Spanien (§ 7) zunächst in Gesetzen und Urkunden. Während der Zeit Ferdinands III. des Heiligen, des Eroberers Sevillas und König von Castilien und Leon dringt es in den Privaturkunden und den königlichen Kanzleien Castiliens, Aragons, Navarras und Portugals allmählich vor, unter ausschliesslicher Anwendung in der castilischen Kanzlei seit Alfonso X. In derselben Periode finden sich die ersten vulgärsprachlichen chronistischen Aufzeichnungen, die sog. *Anales Toledanos I*, welche von Christus an die lateinischen Complutenses (s. II 1, 317) erweitern, u. a. durch das Datum der Artusschlacht von Camlan, am Schluss, bis 1219, aus persönlicher Anschauung, in Toledo abgefasst, ebenso wie zwischen 1144 und 50 die *Anales Toled. II.*[1] Nach 1217 und vor 1223 sind paraphrasierte Genealogien der Häuser von Kastilien, Navarra, Frankreich und des Cid[2] niedergeschrieben, welche in der französischen Königsliste unzweideutige Gallicismen aufweisen. Der Ausdruck ist durchweg dittologisch unbeholfen, auch wo er lebhafter zu werden versucht. Über eine ausführliche spanische Geschichte 763—1256, zu welcher die Esp. sagr. XXIII, 410—12 gedruckten Annalen gehören, fehlen brauchbare Angaben[3]; sie hängt jedenfalls mit Rodericus Toledanus zusammen, vielleicht mit einer der beiden noch voralfonsinischen Übersetzungen[4], jener der Historia Gothica, die Rios ohne einen Schatten von Berechtigung dem Erzbischof selbst beilegt, oder der 1256 gefertigten seiner sämtlichen Chroniken. Als Fernando 1241 Cordoba die Lex Visigotorum zum Fuero gab, ordnete er zugleich die Anfertigung einer Übersetzung, des *Fuero juzgo*[5] an. Das gleiche ist offenbar um dieselbe Zeit bei einer Anzahl anderer, vorwiegend leonesischer Städte geschehen, unter Anwendung des örtlichen Dialekts, während dieser weiterhin, abgesehen von dem selbständigen Navarra und Aragon, auch in den Privaturkunden allmählich zurücktritt. Das politische Übergewicht des kastilischen Elements datiert im Grund von der Eroberung Toledos, und Leon verlor die Ansprüche, welche er noch erheben konnte, unter seinem Teilkönig Alfonso IX.

---

1 *Esp. sagr.* XXIII, 381 ff.

2 Florez, *Memorias de las reynas católicas*, Madr. 1790, I, 492; Risco, *La Castilla*, App. IV. Rios III, 409 nennt sie *Linages de los Reys*. Über zwei weitere ungedruckte Annalen aus jener Zeit s. ib. 405 und 407. Über die gefälschte *Estoria de Conca*, vorgeblich von 1212, Muñoz y Romero, *Diccion. bibliogr.* 108.

3 Rios III, 427; Ewald im Neuen Archiv VI, 321.

4 *Estoria gótica*, hrsg. v. Lidforss in Lunds Univers. Årsskrift T. VIII. Vgl. Rios, III, 421 u. 428.

5 *Fuero juzgo en latin y castellano, cotejado p. la R. Academ. Española*, Madr. 1815. Trotz erheblicher redaktioneller Differenzen gehen alle bekannten Hss. offenbar auf eine Version zurück. Alte von der Akad. nicht benutzte Hss. des sprachlich wichtigen Buchs in Lissabon, Madrid (Jesuitenkolleg), Paris, München.

Die Erlasse Fernandos sind daher kastilianisch, auch wenn sie sich an leonesische Städte richten und selbst wenn ein Zamoraner der Schreiber ist.[1] Der König hat mit Beihilfe seines Sohnes das von diesem vollendete encyklopädische *Septenario* begonnen, und, wohl auch unter dessen Einfluss, eine einheitliche kastilische Gesetzgebung geplant. Der eigentliche Gewinn seiner Regierung ist die feststehende Kanzleisprache, das Werkzeug für die erstaunliche Thätigkeit seines Nachfolgers. Diese war für ein Jahrhundert maszgebend; in engem Anschluss an ihn pflegt die Herrscherfamilie die didaktische und historische Litteratur, die religiöse ist wenig bedeutend, die Fiktion bleibt noch in Übersetzungen befangen: nur die Rahmenerzählung wird zuletzt in Juan Manuel selbständig, gleichzeitig vielleicht mit den ersten einheimischen Romanen.

25. Alfonso X., el Sabio, der Weise, geb. 1230, seit 1237 der erste Diener seines Vaters, trat 1252 das erweiterte und gefestigte Reich unter den glänzendsten Aussichten an, begabt, erfahren in Regierungsgeschäften und waffentüchtig. Ein dem nächstliegenden abgewandter theoretisierender und schwankender Sinn liess ihn, nach dem Zerstieben seines verderblichen Kaisertraumes, 1284 im abgefallenen Lande sterben. Dem Lande blieb der Same der Zwietracht; zugleich verdankt es aber dem König die mächtigste Förderung seiner geistigen Kultur.

Alfonsos geistliche und weltliche Lyrik (S. II, 2, 184) gehört ganz[2] der galizisch-portugiesischen Fremddichtung an; sie zeichnet sich viel mehr durch Umfang als Gehalt aus, und ist geschichtlich minder wichtig als seine leitende Thätigkeit in der Einführung fremden, besonders astronomischen[3] Wissens. Sie erstreckt sich über die ganze Zeit seines schriftstellerischen Wirkens; 1241 erwarb er die arabische Vorlage der 1246 übersetzten, stark astrologischen Steinbücher,[4] 1279 sind die *Formas e imagenes de los cielos* abgeschlossen. Eine ganze Reihe jüdischer und christlicher Gelehrter, auch einige Araber sind dabei verwendet; bei den Neuarbeiten (Instrumente und Hilfsmittel), Compilationen und Übersetzungen, die durchaus auf den Arabern fussen, beteiligte sich der König erheblich über Auftrag und Auswahl hinaus. Er bestimmte, nach dem Vorwort der *Tablas Alfonsis*[5] über Kapiteleinteilung, verfasste den grösseren Teil der Prologe, und vor allem hat er, wie im Vorwort zum *Libro de la Esfera* gesagt ist, stilisiert und sprachlich ausgeglichen.[6] Bezeichnend ist, dass er eine erste unvollkommene Übersetzung des *Libro de la Azafeha* 1277 durch eine neue ersetzen liess. Bei

---

[1] *Petrus Petri Zamorensis scripsit era 1278 (= 1240)*, Burriel, *Memorias para la vida del santo rey* S. 511.

[2] Mit Ausname vielleicht des kurzen span. Fragments Canz. Colocci-Branc. 363. Dasselbe zeigt die Berceo eigene, dialektisch zu verschiedener Zeit, und zwar schon im *Misterio* and *Fernan Gonzales* verschobene Betonung *dios*, welche bei Alfonso befremdet, und an scherzhafte Anwendung des Dialektes der Maitresse denken lässt.

[3] Risco y Sinobas, *Libros del Sabor de Astronomia del Rey Alfonso X.* Madrid 1863—67, 5 voll. Fol. Trotz ihres Umfangs ist die Publikation noch nicht erschöpfend; vgl. Rios III, 629 ff. Vgl. auch Wolf, *Gesch. der Astron.*, München 1877, S. 78 u. 205. Die näheren Angaben über eine Akademie von über 50 Gelehrten, die A. nach Toledo berufen hätte, über die Kosten, 400000 Goldstücke etc. sind Erfindung.

[4] Unediert; s. Castro, *Bibliot.* I, 104. Ein von Vollmöller, Heilbr. 1880 herausgeg. kleines span. Steinbuch (Marbod) gehört nach Sprache wie Hs. dem 15. Jh. an, ein älteres *Lapidario* ist von Gallardo, *Ensayo* 814 kurz analysiert.

[5] Venedig 1483 und oft in latein. Übersetzung (II, 1, 256); nicht bei Risco. Sie blieben lange massgebend.

[6] *E despues lo enderezo e mando componer este rey sobredicho, e tollo las razones que entendio qne eran sobejanas e dobladas e que non eran en castellano derecho, e puso las otras que entendio que complia, e quanto en el lenguage enderezolo el por si.*

der wissenschaftlichen Leistung, die über Spanien hinaus von Bedeutung war, kommt ihm die Initiative zu, das litterarische Verdienst gehört ihm ganz. Nur aus dem Prolog zu Juan Manuels Jagdbuch wissen wir von Übersetzungen des Alcoran, der Mischna *(ley de los judios)*, Gemara *(talmud)* und der Kabala; über die der Bibel s. u. Auf seinen Befehl und unter starker persönlicher Mitwirkung ist ferner das wichtigste der mittelalterlichen Spielbücher[1] geschrieben, Schach, Würfel- und Brettspiel umfassend, leider noch immer unediert. Auffallend gering erscheint seine Anteilnahme an der Übersetzung von *Calila und Dimna*[2] aus dem Arabischen, die er 1251 in Auftrag gab; das Buch war ihm nicht gelehrt genug.

Während hier die Anteilnahme des Königs durch eine Wendung wie *mandó fazer* ausgedrückt wird, bezeichnet er sich in dem Gesetzwerk der *Siete Partidas,* seiner *spanischen Chronik* und dem encyklopädischen *Septenario* ausdrücklich als Autor, womit natürlich die dienende Beihilfe anderer nicht ausgeschlossen ist. Dem Versuch Spanien ein einheitliches romanisierendes und philosophierendes Gesetzbuch zu geben, hat zunächst der im Auftrag unter starker persönlicher Beteiligung vor Juni 1253 abgefasste *Espejo de todos los derechos*[3] dienen sollen, ohne irgendwo Geltung zu erlangen. Auch das grosse 1256—63 vollendete Werk der *Siete Partidas,*[4] wie es nach seiner vom Akrostichon des eigenen Namens bestimmten Einteilung heisst, hat zunächst gar keine und auch auf den Cortes von 1348 nur supplementaire Annahme gefunden. In der That ist die umfassende Übertragung römischer und dekretalistischer Bestimmungen und Anschauungen auf die bestehenden Verhältnisse juristisch missglückt, die Brauchbarkeit schon durch die Breite aufgehoben, in welcher Reflexion und Staatslehre sich eindrängen. Auch bei der Benutzung als kulturhistorische Quelle müssen wir auf die Tendenz achten. Diese allerdings steht im Einklang mit der Zeit, erfüllt ihre gelehrten Ideale, und die Einwirkung der Partidas ist daher in Spanien in Moral, Staatslehre, Rechtsphilosophie auch noch über das Mittelalter hinaus zu bemerken. Inhaltlich und als sprachliches Vorbild waren sie für die Folgezeit kaum minder wichtig

[1] S. Castro, Bibl. II, 650; Rios III, 549; Brunet y Bellet, *El Ajedrez,* Barcel. 1890, 243.

[2] Hrsg. v. Gayangos, *Escrit. en prosa ant. al siglo XV,* S. 1 ff. Das Alter der Angabe über das Patronat wird eben durch die Differenzen der Hss. (ib. S. 4) gesichert. Wäre sie nur eine spätere Vermutung, so würde auch nicht auf den Infanten, sondern auf den König geraten worden sein. Daran ändert Nichts dass A. in seiner allgemeinen Weltgeschichte ein Stück des Rahmens nur nach dem Gedächtnis erzählt (Rios III, 600). Über die seit 1493 achtmal gedruckte spätere Version aus dem Lateinischen, das *Exemplario contra los engaños del mundo* s. b. Gayangos S. 5.

[3] Vgl. Schirrmacher, Gesch. v. Spanien IV, 352. Hrsg. mit dem *Fuero Real,* den kleineren *Leyes de los Adelantados, Nuevas Leyes* (Komplementen zum *Fuero Real), Ordenamiento de las Tafurerias* (1276, Strafbestimmungen über Spiele und Spielhäuser) u. d. T. *Opúsculos legales del rey D. A. X.* 1836 in 2 Bdn. von der histor. Akademie. Eine alfonsinische Urkundensammlung s. im *Memorial histórico* B. I. II. Das *Fuero Real,* zeigt auch die doktrinäre Art Alfonsos, ist aber ein brauchbares Partikularrecht, das seit 1255 einer Reihe von Städten verliehen wurde. Es dürfte das älteste der Gesetzwerke sein, da im ersten der *Nuevas Leyes,* ebenso wie im *Espejo,* der König den seit 1253 von ihm angenommenen Titel von Algarve noch nicht führt, wenn er sich auch naturgemäss in den späteren Verleihungsdekreten findet. Das *Fuero Real* ergänzen und interpretieren Sanchos IV. *Leyes del Estilo* (in den *Opúsculos).* Den Vorschlag eines Landesgesetzbuchs anwendbarer Art hat der Bastardsohn Alfonsos, Alfonso Fernandez, gest. 1281 (?) ausarbeiten lassen (Castro I, 258; *Memorial histórico* Bd. 2). Seit dem Scheitern jener sehr unvollkommenen, aber berechtigten Versuche sind sie in Spanien nicht wiederholt worden. Das Land erfreut sich heute fast ebenso verworrener Rechtszustände wie Britannien, nur unter erschwerenden Bedingungen.

[4] Von den zahlreichen Ausgaben seit 1491 ist die der histor. Akademie von 1807 in 3 Bdn. hervorzuheben. Alfonso scheint sich den Titel als *Libro de las Leyes* gedacht zu haben, nicht aber, wie auch angegeben wird, als *Septenario.*

als die für uns bedeutendere *Crónica general*, richtiger *Historia* oder *Crónica de España*,[1] welche die spanische Geschichtschreibung monumental eröffnet. Anregung und Grundlage gaben die älteren Zeitgenossen des Königs, Lucas Tudensis und Rodericus Toledanus (s. II, 1, 317), die er in seiner Weise vervollständigt. Von den vier Büchern der Ausgabe erzählt das erste von Anbeginn der Welt die alte Geschichte des Landes, überwiegend die der römischen Kaiser, nach den meisten damals erreichbaren im Prolog aufgeführten Quellen, das zweite die gotische, das dritte geht bis auf Fernando I., das vierte[2] bis zum Tod Ferdinands III. Von arabischen Hilfsmitteln ist, soweit erwiesen, nur der Koran für das Leben Muhamets, und eine Erzählung der ersten Eroberung Sevillas benützt. Für die vom König selbst erlebte Zeit ist die Chronik eine wichtige Quelle, dass sie den älteren Berichten gegenüber möglichst wenig Kritik zeigt hat sie zu jener Fundgrube spanischer Epik gemacht als die wir sie S. 390—99 eingehend kennen lernten. Ihre Darstellung ist überall, wo der Stoff es zulässt, die eines Epos guter Zeit, durchdrungen von der Freude an der elementaren Poesie der Geschichte, unpersönlich auch im Selbsterlebten. Die Zeit der Abfassung fällt wohl in die erste Hälfte der Regierung des Königs, da ein folgendes, noch umfassenderes Unternehmen sich auf sie beruft, die unedierte *Grande y General Historia.*[3] Nach ihrer Anlage war diese bestimmt das umfassendste Geschichtswerk des Mittelalters überhaupt zu werden: Alfonso hat um den unförmlichen Mittelpunkt einer vollständigen Bibelübersetzung[4] angehäuft, was, lateinisch und auch aus arabischer Legende, ihm über das Altertum überhaupt bekannt war. Wie bei den französischen paraphrasierten Bibeln, ist Petrus Comestor (s. II, 1, 189) benützt, stärker aber scheint die Bekanntschaft mit Gottfried's von Viterbo *Pantheon* (s. II, 1, 404) eingewirkt zu haben. Von den bei Rios III, 593 ausgezogenen Quellenzitaten kommt ein Teil aus zweiter Hand; immerhin zeigen sie die ungemeine Ausdehnung des der Kompilation zu Grunde liegenden Materials. Der Wortlaut der Vorrede spricht für Fortführung bis auf die eigene Zeit; doch bleibt die Vollendung zweifelhaft, weil gerade von da an, wo die bekannten Hss. im Stich lassen, Alfonso in der ausführlichen Darstellung der römischen Kaiserzeit in der spanischen Chronik sein Wissen wesentlich erschöpft hatte. Mehrere Hss. der Cron. de Esp. (Riaño 23. 25) zeigen Zweiteilung statt der gewöhnlichen Vierteilung. Es ist anzu-

[1] Hrsg. von Ocampo, Zamora 1541 u. d. T. *Las quatro partes enteras de la Crónica de España que mandó componer Alonso llamado el Sabio.* Neuabdruck Valladolid 1604, nach dem Katalog der Ticknor Library auch Zamora, 1544. Allem Ansehen nach hat O. seine Hs ziemlich gut wiedergegeben; da aber die Überlieferung nach allen Mitteilungen sehr erhebliche Abweichungen aufweist, ist eine kritische Ausgabe dringendes Bedürfnis. — Der falsche, auf Verwechslung mit der *Grande y General* beruhende Titel hat sich im litterarischen Sprachgebrauch fast unaustilgbar eingebürgert.

[2] Ocampo hat sehr ungerechtfertigter Weise bezweifelt, dass Alfonso auch das vierte Buch verfasst habe.

[3] Vgl. Castro, *Bibliot.* I, 411; Riaño, *Discurso leido a. l. R. Academ. de la Historia* 1869. Der Versuch einer genaueren Datierung der *Crón. de Esp.* bei Ticknor, deutsche Ausg., I, 132 A. 2 beruht auf einem Missverständnis, bei Rios III, 592 auf haltlosen Kriterien. Warum Castro die *Grande* um 1760 begonnen sein lässt, ist nicht ersichtlich.

[4] Über andere spanische . bersetzungen der Bibel und ihrer Teile im 14., 15. und 16. Jh. s. Castro, *Bibliot.* I, 428 ff., Böhmer, *Spanish Reformers* II, 321 ff., ferner Scio, *La biblia vulgata, trad. al español*, Madr. 1791 und oft; die Hss. sind erhalten, weil sie auf der Escorialbibliothek eingesperrt wurden. Eine aragonesische Bibel (Castro 411) wird durch das Verbot der Synode von Tarragona i. J. 1233 nicht vorausgesetzt; mit der Schrift *in romancio* ist die provenzalische gemeint, der Beschluss ist durch einen gleichen der Synode von Toulouse v. J. 1229 hervorgerufen. Für Spanien scheint ein Verbot erst von Ferdinand und Isabella erlassen (Reusch, Der Index, S. 44) ohne zunächst besondere Beachtung zu finden.

nehmen, dass A. sie in dieser Gestalt als 6. und 7. Buch der Grande y General gezählt hat: so wie diese 1385 der Prolog zu Heredias *Istoria de España* (s. u.) kannte.

Unzweideutig als abgeschlossen bezeichnet uns dagegen das *Septenario*[1] sein Prolog, und lässt zugleich deutlich hervortreten, dass es im Wesentlichen ein Werk Alfonsos und nicht seines Vaters ist. Erhalten ist nur ein Teil des ersten Buches, das nach einem ausführlichen Lob Fernandos — diesen sieben Namenslaute den Titel und wohl auch die Einteilung bestimmten — nächst einer ausführlichen Schilderung Sevillas die sieben freien Künste definiert, um dann auf die Abgötterei zu kommen und aus ihr die christliche Lehre zu entwickeln. Auf das Verlorene lässt sich aus dem Erhaltenen nur schliessen, dass dort für alles und anderes Raum war: auf das Septenario bezieht sich jedenfalls Juan Manuels Angabe[2] *que fizo trasladar todas las sciencias, tambien de thelogia como la logica e todas las artes liberales,* vielleicht auch *como toda la arte que dizen mecanica;* möglich ist auch dass die ebenda genannten Bücher von Jagd, Beize und Fischfang in dem Werke staken, während das *libro que pertenesce a estado de caballeria* wohl nur die zweite der Partidas meint.

Alfonso war eine reproduktive Natur; seine Kompilationen erheben sich über den Durchschnitt des Mittelalters nur durch ihre Ausdehnung und den Stil; seine Doktrin enthält nichts das irgend ein abendländischer Zeitgenosse anders gedacht haben müsste. Poet ist er in der kongenialen Umschreibung der Epen, schöpferisch in seiner Sprache, die unmittelbar, ausdrucksvoll, in lebendiger Fülle dahinfliesst. Dass er sie mit vollem Bewusstsein gepflegt hat, zeigt die angeführte Stelle der *L. de la Esfera.*

26. Alfonso hat in den *Partidas* einen verbreiteten Fürstenspiegel encyklopädischen Charakters benützt, in der Form von Ratschlägen Aristoteles an Alexander, das ursprünglich arabische *Secretum Secretorum*: ob aber in der im 12. Jh. gefertigten lateinischen Version oder in einer spanischen, oder ob endlich in dem ihm zeitlich jedenfalls nahestehenden spanischen Auszug *Poridad de las Poridades* bleibt unklar.[3] Die vollständige Schrift ist in Sanchos IV *Castigos y Documentos* und Gomez Barrosos *L. de l. Consejos* (s. u.) verwertet; eine aragonesische Version liegt in Hs. der zweiten Hälfte des 14. Jhs. vor. Eng verwandt ist die arabische Florilegienlitteratur, welche uns früh in Übersetzungen, dann in Nachahmungen entgegentritt. Mobaschirs Aussprüche weiser Männer (fin. sec. XI) sind u. d. T. *Bocados de oro*[4] übertragen, vor Abfassung der zweiten Partida (1257), in welcher sie benutzt sind, und wahrscheinlich von einem der alfonsinischen Gelehrten. Die griechisch-arabischen Excerpte, umrahmt von Philosophenleben und Arabesken, fanden warme Aufnahme, sind u. a. von Juan Manuel, Sem Tob, dem Marques von Santillana verwertet und 1495—1627 mindestens sechsmal aufgelegt worden. Eine lat. Version wurde weiter ins Französische und Englische übertragen. Der span. Übersetzer hat einen kleinen arabischen Traktat beigefügt, die *Respuestas del*

[1] Castro II, 680; Burriel, Memorias 216; Rios III, 556.

[2] *L. d. l. Caza,* ed. Baist, S. 1. Nichts zu thun hat A. mit der *Gran Conquista de Ultramar,* mit dem *Libro del Tesoro,* einer Fälschung, und den *Querellas,* einer Fiktion des 15. Jhs., beide im Masse der Arte mayor.

[3] S. Knust, Jhb f. r. u e. L, X, 153 u. 303, ebenda über weitere span. Versionen aus dem 15. u. 17. Jh.

[4] Hrsg. v. Knust, Mitteilungen a. d. Eskurial, Bibl. d. lit. Ver. in Stuttgart Bd. 141, S. 66 ff. vgl. S. 538 ff.

[5] Die Hss. S. XV teilen sich in zwei Linien, von welchen A (den Drucken entsprechend) eine Vorgeschichte voransetzt und den *Filósofo Segundo* folgen lässt, B diese Stücke nicht aufweist, dafür einige Erweiterungen. Der nächstliegende Schluss auf ein zusatzfreies Original ist nicht sicher, weil auch jüngerer Wegfall der nur lose angefügten

filosofo Segundo a las cosas que le pregunto el emperador Adriano[1] welchen dann Alfonso in die Crónica de España einflocht (fol. 95), der aus dem Spanischen ins Lateinische übertragen und so von Vincentius Bellovac. recipiert wurde. Er hat ferner eine Einleitung in 7 Kapiteln vorausgeschickt (oder mit übernommen?) unter Verwertung von Hunein ben Ischak's (geb. 809) schon von *Mobaschir* selbst excerpierten Sittensprüchen der Philosophen. Auch diese liegen in spanischer Version noch aus dem 13. Jahrh. vor, dem *Libro de los Buenos Proverbios.*[2] Erheblich kürzer und nicht ganz so schmuckreich wie die *Bocados* waren sie weniger verbreitet, sicher benutzt in den *34 Sabios* und dem *Conde Lucanor.* — Trotz nur entfernter Verwandtschaft mit der Gattung, mag hier die Fabel von der *Donzella Theodor*[3] genannt sein, der treuen Sklavin, die vor Ar-Raschid, im Spanischen vor Almansor, Astrolog, Ulema und Dichter in teilweise rätselartigem Fragespiel überwindet. In der von Knust veröffentlichten Gestalt dürfte die *Donzella,* weiterhin bis heute in mehrfach variierter Form eines der beliebtesten Volksbücher, recht wohl der nächstalfonsinischen Zeit angehören.

In dieselbe fällt die selbständige Kompilation der *Flores de Filosofia.*[4] Sie ordnen die Sprüche fast schmucklos und zu Sittengesetzen verbunden, nach Kategorien, nicht, wie Mobaschir und Hunein, nach Meistern; nur ein kurzes Vorwort sagt, dass die 38 Kapitel von 37 Gelehrten und abschliessend von Seneca herrühren. Ein unzweideutiger Hinweis auf westliche Einmischung; doch kann ich Beziehungen zu den im MA. unter dem Namen Senecas umlaufenden Sentenzensammlungen[5] nicht finden. Dagegen ist ziemlich viel aus den *Bocados* entnommen[6], auch einige echte Sprüchworte sind eingemischt. Das Buch ist das best komponierte der Gattung. Weniger durchgearbeitet scheint die »Weisheit« in dem *L. d. l. Consejos y Consejeros* des 1345 als Kardinal gestorbenen Maestro Pero Gomez Barroso. Die Lehre von den Fürstenräten ruht, neben den arabischen, auf zahlreichen lateinischen Autoritäten. Die Bezeichnung *maestro* deutet auf die früheren Jahre des Verfassers, seine Bevorzugung der Sechszahl erscheint als ein Kompliment an Sancho IV., der ihm 1292 eine Präbende zu verschaffen bemüht war. Näheres hat Rios IV, 84—92 mitgeteilt, einige Auszüge Castro II, 729. Als jünger werden schon durch ihre Einkleidung die *Doze Sabios*[7] gekennzeichnet: Ferdinand III.

Beigaben von A denkbar ist. Alfonso kennt den Segundo, die Gran Conquista entlehnt unter seinem Sohn die Einleitung, während das Vorhandensein der B nahestehenden lat. Version erst durch die franz. Übersetzung für das Ende des 14. Jhs. gesichert ist. Ich glaube nicht dass, wie der Herausgeber meint, durch kritische Ausgabe des arab. Originals, das allerdings ausserst komplicierte Verhältnis von A zu B zu latein. geklärt werden wird. Die span. Version stammt nicht aus der latein., dafür liegen untrügliche Kennzeichen vor; die latein· kann aus der span. allein kommen, oder aus dem Spanischen und Arabischen, nicht aus dem Arabischen allein. A ist die wesentlich älteste Form, die Dicta philosophorum sind aus ihr genommen, haben aber die erhaltenen Hss. von A und B rückschlagend beeinflusst. Hierfür spricht auch, dass der Secundus in einer der latein. Hss. (Knust 570) beigegeben war — Die Deutung des zugesetzten Rahmens (Reise von Persien nach Indien um dort die Weisheit zu holen) auf Alfonso ist hinfällig, da das Motiv einfach aus Kalila und Dimna entnommen ist. Hieraus auf das Jahr 1251 zu schliessen, hindert die direkte Benutzung weiterer arabischer Quellen in A, und der Zweifel ob nicht die Erweiterung schon arabisch vorhanden war.

[1] Hrsg. v. Knust, l. c. S. 498; vgl. ib. S. 602.

[2] Hrsg. v. Knust, *Mitteilungen* 1; vgl. ib. 519.

[3] ib. 507 u. 613.

[4] Knust, *Dos Obras didácticas y dos Leyendas,* Madrid 1878 (Bibliófilos 17), S. 1—83. Älteste Hs. Anf. d. 14. Jhs.

[5] *Publilii Syri sententiae,* ed. Woelfflin, Lpz. 1869.

[6] Mit Einschluss der Einleitung in der oben als A bezeichneten Version. Die Beziehungen auch zu den Zusätzen einer der B-Hss. deuten auf eine dritte Quelle.

[7] Valladolid, 1502 u. 1509 und bei Burriel, *Memorias del Santo Rey,* 188—206.

lässt aus fremden Landen zwölf Weise zusammen kommen, um ihn zu beraten; eine sehr durchsichtige Fiktion, die indessen historisch misverstanden worden ist. Vorwiegend ein Fürstenspiegel, zwischenhinein definieren die Weisen spruchartig einen Tugendbegriff, Cato und Caesarius sind zitiert, eine äsopische Fabel verwertet, das Meiste scheint Neubildung, aus den *Buenos Proverbios* kam die Idee einer Synode, und eines Epicediums auf Ferdinand, jenem auf Alexander nachgebildet.

In die Jahre Juan Manuels fällt nach Knust ein unediertes Buch der *34 Weisen* [1] (in der Hs. ebenfalls *Bocados de Oro* genannt), deren Sentenzen noch Sulpicius (?) und Justinus (Martyr) zugeschriebene folgen; der erste Teil oder das Ganze — es ist das nicht klar gesagt — grösstenteils auf den *Buenos Proverbios* und *Bocados* beruhend. Aus den letzteren entnahm ferner Juan Manuel den grössten Teil der Sprüche, welche das 2.—4. Buch seines *Libro de Patronio* (s. u.) bilden, während die *Flores de Filosofia* fast vollständig in den *Cavallero Cifar* (s. u.) übergingen. Hierher gehören ferner noch die in einer aragones. Hs. der 2. Hälfte des 14. Jahrhs. erhaltenen *Rams de flores,* [2] anscheinend nach erörterten Moralbegriffen geordnet, »*e sacris bibliis, patribus et philosophis*«. Falls diese fast unbekannte Schrift nicht etwas später fällt, endet die eigentliche Bocadoslitteratur um die Mitte des 14. Jahrhs., allerdings um in der Spruchdichtung (*Sem Tob, Marques de Santillana*) weiter zu leben. In Prosa folgen nunmehr einige Übersetzungen [3], man las aber noch gern die alten Sammlungen, wie die erhaltenen Hss. und litterarische Benützung zeigen; das 16. stellte seine Apophthegmata mit neuem Material und veränderter Gedankenrichtung zusammen, auch wendet es sich dem Sprichwort zu, das mit den Sprüchen so gut wie Nichts gemein hat.

Die Florilegien stehen in engem Zusammenhang mit den Morallehren und Fürstenspiegeln, welchen man mehrere unter ihnen zuzählen kann, und die alle aus ihnen schöpften. Ebenso eng sind beide, in der Neigung zur Rahmenform, wie durch Absicht und Inhalt, mit den Apologensammlungen verwandt. Die *Disciplina clericalis* besteht zur Hälfte aus Sprüchen, zum Teil aus Mobaschir, dessen Sentenzen wieder stark mit Erzählung verwachsen sind. Es liegt das bei den Sprüchen und populären moralischen Traktaten in ihrem Wesen, bei den Apologen in der didaktischen Richtung der ganzen Zeit; ein Unterschied gegenüber den abendländischen Schwesterlitteraturen liegt nur in der unmittelbaren Abhängigkeit vom Arabischen, die indessen bei der Gemeinsamkeit der letzten geistigen Grundlagen inhaltlich viel weniger hervortrittt als man erwarten könnte, etwas mehr in der Form.

27. Wie 1251 Alfonso *Calila* und *Dimna*, liess 1253 sein Bruder D. Fadrique den *Sindibad* aus dem Arabischen übersetzen, das *libro de los engaños e los assaya mientos de las mugeres;* [4] interessant durch den Verlust

---

Vgl. Rios, III, 437; Knust, *Mitteilungen*, 519; Gayangos, *Escrit. ant. al s. XV*, pag. V, Anm. 2.

[1] Knust *Jhb.* X, 31 und *Mitteilungen* 526; Rios III, 543.

[2] Nicol. Antonio-Bayer, *Bib. Vet.*, II, 164; Morel-Fatio in *Chronique de Morée*, Genf 1885. S. XXIV.

[3] Burläus (gest. 1337) *De vita et moribus philosophorum* als *Vida y Costumbres de los viejos filósofos*, vor Mitte des 15. Jhs.; hrsg. v. Knust, Bibliothek d. litt. Vereins in Stuttgart, Bd. 177: *Dichos de Sabios y Filósofos*, 1402 a. d. Katalan., s. Knust in Jhb. X, 129. Die *Castigos y Dotrinas que un Sabio daba a sus Hijas*, bei Knust, *Dos Obras didacticas* 251 ff., dem XV. Jh. zugeschrieben, mischen Sprüche nur beiläufig ein, doch noch vorwiegend aus den Bocados.

[4] Hrsg. v. Comparetti, *Ricerche intorno al libro di Sindibad*, Mil. 1869. Die letzte Fabel der einzigen Hs. ist in Spanien zugefügt vgl. Montaiglon-Raynaud 88, 155. Die argen Mängel im Text beruhen zum Teil auf evidenter Unfähigkeit des Übersetzers.

des Originals. Die occidentalen Versionen des *Sindibad* sind nicht nach Spanien gekommen. Die drei vorhandenen Rahmenerzählungen — mit Einschluss der latein. *Disciplina* — waren ganz orientalisch, und man sollte nun wohl ein starkes Hervortreten dieses Elements in der spanischen Erzählertradition erwarten. Doch ist das kaum der Fall. Dass im *Archipreste* sich Nichts findet kann Zufall sein; im *Conde Lucanor*, welcher unten im Zusammenhang zu besprechen ist, findet sich einiges aus *Calila und Dimna*, aber ganz ungleich mehr gehört dem Kreise der europäischen Anekdote an. Die bekannte Barlaamparabel von der Freundschaftsprobe[1] stammt in Sancho's *Castigos* vielleicht aus der *Disciplina*, bei Juan Manuel tritt anderswoher die dort fehlende Ausdeutung hinzu. Der *Sindibad* ist nirgend nachzuweisen. Vom 16. Jahrh. an bieten Novellen und Anekdoten, neben dem Gemeineuropäischen, viel kastilisch eigenartiges, ebenso wie Juan Manuel, aber, soweit sich das ohne eingehendere Untersuchungen behaupten lässt, wieder ohne ernstliche Beziehungen zu den im Mittelalter übertragenen lateinischen Sammlungen. Wohl die älteste darunter, doch kaum früher als das 14. Jahrh., sind des Odo von Cerrugtonia ziemlich trockene *Narrationes* (s. II, 1, 322) das *libro de los Gatos*.[2] Obwohl dem 15. Jahrh. angehörig mag schon hier des Johannes de Hoveden *Speculum laicorum*, *Espejo de los legos*[3] genannt sein, von dessen 91 Kapiteln neben der Morallehre und Sprüchen ein jedes mehrere Apologe enthält, ferner des Climente Sanchez *libro de Exenplos por a. b. c.*[4] Der geistliche Redaktor hat im ersten Viertel des XV. Jahrh. 467 Erzählungen zum Gebrauch des Predigers alphabetisch unter lateinische Schlagworte gebracht, und diesen dann entsprechende kastilianische in gedoppelten Knittelversen beigestellt. Obwohl der praktische Zweck die Lokalfarbe zurücktreten lässt, darf gesagt werden, dass specifisch kastilisches Material nicht benutzt ist; wörtlich vieles aus der *Disciplina*, den *Vitae patrum*, daneben tritt Oberitalien hervor, während das Italienische zwischen hinein als fremde Zunge bezeichnet ist. Vielleicht ist ein kleineres latein. Alphabetarium mit einer anderen latein. Sammlung kombiniert. Die gereimte Moral[5] hat schon vorher Juan Manuel. Dass in der 2. Hälfte des 15. Jahrhs. Alfonsos *Calila und Dimna* hinlänglich vergessen war, um einer Übersetzung aus dem Lateinischen Raum zu geben, ist schon erwähnt.

28. Sancho IV. (1284—95) bewahrte in einer kampferfüllten Zeit die litterarischen Neigungen seines Vaters, selbst die Schätzung orientalischen Wissens; bei der Rückgabe erbeuteter arabischer Hss. behielt er die naturwissenschaftlichen und historischen.[6] Benützt aber hat er diese nicht, man darf bei ihm geradezu von einer Abkehr von den Arabern sprechen:

---

[1] Vgl. Münchener Abhandl., 20, 77. Bei den zwei Disziplinanovellen des *Cavallero Cifar* scheint eine franz. Version in der Mitte zu liegen.

[2] Hrsg. v. Gayangos, *Escrit. ant. al s. XV*, 543. Neben den II, 1, 322 angeführten Stellen vgl. noch Jhb. XII, 129; der sonst unmotivierte span. Titel mag daher rühren, dass die Katzengeschichten 9, 11, 16, 37, 40, 55, 56 in einer illuminierten Hs. stärker hervortraten.

[3] *Jhb. f. r. u. e. Lit.* X, 42.

[4] Hrsg. v. Gayangos, *Escritor. ant. al s. XV* S. 443 ff., der dort fehlende Anfang v. Morel-Fatio, *Rom.* VII, 482. Einige »rapprochements« bei Puymaigre, *Les vieux auteurs castillans*, Paris 1890, II, 108: schon die verschiedenen Publikationen Oesterley's geben starke Ergänzungen. Eine auffällige Lücke in der Verzweigung ist bei den minder verbreiteten Erzählungen bemerklich.

[5] Das zweizeilige Epimythion weist dem Umfang nach auf einen leoninischen Hexameter als Vorbild, der Gebrauch in den lat. Fabeln — s. b. Hervieux — auf das Distichon hin. Der genauere Ausgangspunkt ist noch festzustellen. Unrythmisch, wie diese Zweizeiler, ist auch die Übersetzung eines Gedichtes auf den Tod Alexanders in Ex. 225.

[6] Schirrmacher IV, 359 nach Ibn Khaldun.

Friedrich II. und Alfonso X. bezeichnen den Höhepunkt und zugleich das Ende der morgenländischen Beziehungen. Im Auftrag des Königs wurde *Seneca contra la ira e saña*[1] und die grosse Encyklopädie Brunetto Latini's übertragen, das *Libro del Tesoro*;[2] encyklopädisch ist auch sein *Lucidario*,[3] 106 Fragen aus Theologie, Astrologie und Naturreich. Der Titel und die Form eines Dialogs zwischen Meister und Schüler müssen aus dem *Elucidarius* des Honorius Augustodunensis (s. II, 1, 201) kommen, der Inhalt ist ganz verschieden, eine Auswahl der absurdesten Klügeleien des Mittelalters, die Sancho schwerlich ohne fremde Beihülfe gelungen ist. Solche wird auch bei den 1292 verfassten *Castigos e documentos que el rey D. S. daba a su fijo*[4] nicht gefehlt haben, bei der Überfülle gelehrten Materials in der weitläufigen, zum Teil predigtartigen Begründung der zu Eingang jeden Kapitels gegebenen Lehre. Unter den vielen Beispielen aus geistlicher und weltlicher Geschichte findet sich nur weniges Novellistische. Die ganz unpersönliche Weise Alfonsos ist zwar verlassen, individuelles Hervortreten bleibt aber viel seltener als das Programm des Buches erwarten liesse und als in den nächstverwandten Schriften Juan Manuels. Der Gesamtaufbau ist lose, die Sprache gut. Als Vorbilder wirkten *Partidas, Disciplina* und *Secretum secretorum* ein, ihnen, wie den in 26 besprochenen verwandten Büchern gegenüber, muss die Abwesenheit jeglicher Reminiscenz aus den *Bocados* und *Buenos Proverbios* hervorgehoben werden, ebenso das Zurücktreten der sententiösen Richtung, die bei aller didaktischen Plattheit lebendigere praktische Tendenz.

Litterargeschichtlich wichtiger als jene drei Werke ist ein weiteres grosses Übersetzungsunternehmen, zu dem der König den Auftrag gab, die *Gran Conquista de Ultramar*.[5] Die Grundlage des Ganzen bildet eine der französischen Versionen der Kreuzzugsgeschichte Wilhelms von Tyrus mit Fortsetzung bis 1271 bezw. 1275; mit ihr sind beträchtliche Stücke der *Chanson de Jerusalem* Graindor's de Douai (oder einer nächststehenden Kompilation) verbunden, ferner minder umfassende aus dem provenzalischen Kreuzzugsepos (S. II, 2, 39). Als Vorgeschichte Gottfrieds von Bouillon ist der ganze Cyklus vom Schwanenritter eingeschoben, im Zusammenhang mit der Genealogie Folquer Ubert's von Chartres eine Version der Berta und des Mainet (S. 392). Die provenzalischen Fragmente sind derart wörtlich wiedergegeben, dass Durchgang durch eine französische Quelle ausgeschlossen erscheint. Der Spanier hat also selbst kompiliert, die Berta-Mainet-Episode allerdings schon in der gegebenen Verbindung vorgefunden; von sich aus hat er nur bescheidene Anmerkungen beigefügt (bemerkenswert darunter eine eingehende Schilderung des Spiels der Runden Tafel in II, 43). Die Sammlung vielfach merkwürdiger

---

[1] Castro, II, 45.

[2] Rios IV, 17; Castro II, 626.

[3] Inhaltsverzeichnis bei Gayangos, *Escrit. ant. al s. XV*, S. 80.

[4] Hrsg. v. Gayangos, *Escrit. ant. al s. XV*, 79—228. Die Varianten der zweiten Hs. (vgl. *Revista de archivos y bibl.*, IX, 138) sind viel einschneidender als die Ausgabe erkennen lässt; vgl. die Bruchstücke bei Rios IV, 570.

[5] Hrsg. v. Gayangos, Bd. 44 der *Biblioteca de autores españoles*, nach dem Druck von Salamanca 1503, ohne ernstliche Benützung der drei Hss. Die älteste unter diesen, s. XIV, nennt Sancho als Patron, mit richtiger Angabe der Ältern und der Titulatur, neben welcher ein Schreibfehler in der Zählung unbedenklich bleibt. Eine der anderen, s. XV, nennt einen Alfonso von Kastilien und Leon, womit ebensowohl der X. als der XI. gemeint sein kann, ohne nähere Titulatur, mit jedenfalls verkehrtem Mutternamen. Der alte Druck schickt den Prolog der *Bocados de Oro* mit dem Namen Alfonsos X. voraus. Es ist evident, dass der Vatername, der des *rey sabio*, sich dem des Sohnes substituiert hat. Da in der alten Titulatur Tarifa fehlt liegt die Abfassung vor jener der *Castigos*; in diesen ist mehrfach auf die Geschichte des Königs Gudufre exemplificiert.

in der vorliegenden Gestalt meist verlorener französischer Denkmäler[1] hat zugleich für Spanien eine marquante Bedeutung: wie bei Alfonso das einheimische Epos wird hier die ausländische erzählende Dichtung in Prosa aufgelöst, Geschichte ist beabsichtigt, der erste Roman geschrieben.

29. Übersetzungen erzählender französischer Dichtungen in kastilische Prosa hat uns ausserdem eine Sammelhs. des XIV. Jahrhs. (Escorial h—j—13) erhalten. Da die Vorlagen ihrer 10 Stücke sämtlich älter sind als der Schluss des XIII. Jahrhs., der Schreiber zu ungeschickt kopiert, als dass man ihm einen Anteil an der offenbar absichtlichen Auswahl rührender geistlicher und weltlicher Geschichten beimessen möchte, wird man ihre Entstehung ungefähr dem ersten Viertel des XIV. Jahrhs. zuweisen können. Dem jüngsten Karlsepos gehört an *Un noble cuento del enperador Carlos Maynes de Roma e de la buena enperatriz Sevilla su mujer*[2], die im Original nur fragmentarisch erhaltene Sebile; im 16. Jahrh. als Volksbuch bearbeitet. *El cuento muy fermoso del emperador Otas de Roma e de la infanta Florencia su fija, e del buen cauallero Esmere*[3] ist das novellistische Tiradenepos *Florence de Rome*. *Un muy fermoso cuento de una santa enperatriz que ovo en Roma e de su castidat*[4], eine verbreitete Variante des auch in den beiden vorgenannten behandelten Themas von der unschuldig verfolgten Frau, ist ein *Dit* Gautiers de Coinci; dass die Übersetzung durch das Gallizische durchgegangen sei, wird hier besonders hervorgehoben, während die anderen Stücke keinen Herkunftsvermerk aufweisen. Die *Estoria del rey Guillelme*[5] ist Übersetzung von Crestiens Guillaume d'Angleterre (nicht von Crestiens Vorlage). Eine andere Behandlung des gleichen Stoffes, der getrennten und wiedervereinigten Familie, *De un cavallero Placidas que fue despues cristiano e ovo nombre Eustacio*[6], ist die lateinische Eustachiuslegende (II 1, 399). Dazu kommen noch fragmentarisch die Leben der *Maria Magdalena* und *Marta*,[7] nach Vincentius Bellovacensis, vollständig *Sa. Maria Egipciaca* und *Sa. Catalina*, nach französischen Prosaredaktionen.

Während die *Conquista* noch dem französischen Epos treu bleibt, wenn auch in seiner spätesten Gestalt, bezeichnet diese Sammlung einen erweiterten Stoffkreis und zugleich eine weichere Geschmaksrichtung; sie führt hinüber zu der Aufnahme der höfischen Erzählungen. Im ersten Drittel des 14. Jahrhs. wurde der Prosatristan in Kastilien übersetzt und in Portugal (II, 2, 212) gelesen; der 1. Hälfte des Jahrhs. gehört die erste selbständige Fiktion an, der *Cavallero Cifar*, vielleicht auch noch der *Amadis*. Gleichzeitig mit der Reimerzählung des Archipreste, der Novelle Juan Manuels, tritt der

[1] Vgl. G. Paris, *La Chanson d'Antioche provençale et la Gran Conquista de Ultramar*, Romania XVII, 513; XIX, 562; XXII, 345.

[2] Hrsg. v. Rios, V, 344. Vgl. Jhb. XII, 286. Das franz. Fragment *Bulletins de l'Acad. de Belgique*, 1875, 404.

[3] Rios V, 391. Über *Florence* s. *Bulletin de la Soc. des Anciens Textes* 1882, 55 und 66.

[4] Hrsg. v. Mussafia, *Wiener Sitzungsberichte* LIII, 499 u. d. T.: eine altspanische Darstellung der Crescentiasage.

[5] Hrsg. v. Knust, *Dos obras didácticas* S. 159 bezw. 85.

[6] Unediert, s. Knust, *Geschichte der Legenden der h. Katharina von Alexandrien u. der h. Maria Aegyptiaca*, Halle 1890, S. 82.

[7] Hrsg. a. a. O. S. 231 ff.

[8] S. Rios, IV, 69; mit dem Abdruck bei Seb. de Vergara, *Vida y milagros del Thaumaturgo español*, ist die ältere Analyse bei Gomez de Salazar, *Moisen segundo* zu vergleichen. Mit den *milagros* in der Überlieferung verbunden (vgl. Acad. d. l. Hist., cod. ms. H 18) und wahrscheinlich ebenfalls von Marin verfasst ist eine *Historia del cavallero Muno Sancho de Finojosa*, eine Episode aus dem Leben an der Grenze um 1070 (1122?), wohl erzählt wie sie Alfonso vorgetragen haben würde, nach einer unbekannten *Crónica de los Reyes*.

Ritterroman ins Leben, um auf lange hinaus zu ergötzen. Die Anfänge der Gattung werden im Zusammenhang mit ihrer zahlreichen Nachkommenschaft im dritten Teil näher besprochen werden.

30. Abgesehen von den angeführten Übersetzungen bleibt nach Alfonso die Legende vernachlässigt. Nur ein Mönch von Silos, Pedro Marin, Priester wenigstens seit 1255, hat im Anschluss an Berceo die Wunder des *h. Domingo* von 1232—93 aufgezeichnet, mehr in der Art des Geschichtsschreibers als des Theologen. In geistlichen Dingen, die praktische Theologie eingeschlossen, herrscht noch die lateinische Sprache, bei schwacher Thätigkeit. Die Vermutung lag nahe, dass der Bischoff von Jaen Pedro Pascual (II, 2, 94) mehrere nur spanisch erhaltene Traktate, die er 1297—1300 in Granada zur Glaubensstärkung seiner Mitgefangenen schrieb, wirklich in der Sprache seiner späteren Heimat statt in jener seines Mutterlandes abgefasst habe; da aber einer darunter, die *Biblia pequeña*, sicher ursprünglisch katalanisch ist, wird das auch bei den andern der Fall sein. Der Convertit Alfonso von Valladolid[1] (Rabbi Abner, gest. 1349) verfasste gegen das Judentum den *Mostrador de justicia*, die Bücher *de las tres gracias* und *de las batallas de dios*, letzteres im Auftrag einer Schwester Sanchos IV. linker Hand. Über die Bibelübersetzungen s. S. 410. In den Partidas, den encyklopädischen und moralischen Schriften nimmt die Religion den gebührenden Raum ein. Wenn wir aber zum Schluss der Periode ein dogmatisches Thema von einem Laien, Juan Manuel, eigens behandelt finden (s. u.), so zeigt sich darin der Einfluss der populären Bettelorden.

31. Nach zwei wirrenreichen Minoritätsregierungen steht unter dem ungewöhnlich kraftvollen Alfonso XI. (1312—50, majorenn 1325) das Königshaus auch geistig wieder in dem Vordergrund. Die auf den Befehl des Königs gefertigte Rolle der *Behetrias*,[2] die Statuten des von ihm errichteten weltlichen Ritterordens *de la Banda*,[3] die Gesetze der *Cortes von Alcala*[4] mögen beiläufig erwähnt sein; ein ausführliches Buch von der Hochjagd, *Libro dela Monteria*[5], tritt zur technischen Litteratur, auch eine *Albeiteria*[6] (Ross-Arzneikunde) wird als auf seinen Befehl geschrieben bezeichnet und über die von ihm angeordnete Übersetzung von Benoits *Roman de Troie* ist noch beim Roman zu sprechen.

Die Geschichtschreibung hatte nach Alfonso X. geschlummert, auch die durch sein Vorgehen dauernd in den Hintergrund geschobene lateinische. Neben der *Gran Conquista* scheint eine kürzere lateinische Geschichte des heiligen Landes[7] übersetzt worden zu sein; aus einer verlorenen portugiesischen, im Auftrag König Denis (gest. 1325) hergestellten Übertragung einer arabischen Geographie Spaniens mit historischem Anhang kam die *Crónica del Moro Razis*[8].

[1] Rios IV, 85; *Revue de l'hist. des religions* XVIII, 142; Kayserling, *Biblioteca Española-Judáica*, Strassb. 1890, S. 114. Über die in dieser sehr mangelhaften Bibliographie angeführten *Maliciones de los Iudíos* s. Morel-Fatio, *Catal. des mss. espagnols*, 28.

[2] *Libro del Bezerro*, Santander 1866.

[3] s. Rios, IV, 362.

[4] In *Cortes de Leon y de Castilla*, T. II. Sie sind mehr politisch als juristisch bedeutend: zum erstenmal wurde eine grosse Reihe wichtiger Bestimmungen, mit Einwilligung der Stände, tatsächlich durchgeführt, die Reichseinheit in eine Interessenkette geschlossen.

[5] Gutierrez de la Vega, *Bibliot. venatoria*, T. 1. 2. Madr. 1877. Gegen ihn tritt Navarro, *El libro de la Monteria*. Madr. 1878 für die Autorschaft Alfonsos des Weisen ein, hat aber die Handschriften unrichtig datiert und beurteilt.

[6] Morel-Fatio, *Manuscr. esp.* 96.

[7] Nur in Abschrift s. XVI, *Bibl. Naç.* V, 193; s. Neues Archiv VI, 315.

[8] Vgl. Gayangos, *Memorias leidas en la R. Acad. d. l. Historia* T. VIII. Ob zwei verschiedene Übersetzungen existieren, muss die Vergleichung der von G. nicht benutzten Hss. der Pariser u. Madr. Nationalbibl. lehren. Übrigens ist die sp. Übers. möglicherweise nicht älter als die älteste Hs. fin. S. XIV.

Das, neben kurzen annalistischen Aufzeichnungen, ist Alles.[1] Im Jahr 1327[2] befahl der junge König die Ausfüllung der klaffenden Lücke zwischen der *Crónica de España* und seiner eigenen Zeit, und eröffnete so die lange Reihe der offiziellen Reichschroniken. An die *Crónicas de Alfonso X.*, *Sancho IV.*, und *Fernando IV.* schloss sich die *Alfonsos XI.* selbst bis zur Eroberung von Algeziras. Für alle viere[3] deutet Sprache und Darstellung auf denselben Verfasser, nach allerdings nur schwach verbürgter Tradition, bei starker innerer Wahrscheinlichkeit, den Geheimkanzler Fernan Sanchez de Tovar. Das letzte Kapitel der *Crón. Alf. XI.* (336) enthält eine Reflexion, die einzige im Buch, über den König selbst in der Vergangenheit, ist also nach seinem Tode geschrieben, der Prolog[4] aber zu seinen Lebzeiten. Die Denkart deckt sich vollkommen mit der Handlungsweise des Königs, die Darstellung ist annalistisch, sachlich, fast geschäftsmässig. Bei bemerkenswerter Offenheit dient das Wort doch auch einigemal dem Verschweigen. Im *Poema de Alfonso XI.* hat sie bald eine poetische Bearbeitung gefunden. — Ein anmutiges Gedicht zeigt, dass der König auch die Hofpoesie pflegte.[5]

33. Don Alfonso hat fast nur angeregt. Sein bedeutendster Gegner, der Königsenkel Don Juan Manuel (1282—1348) nimmt unter den ältesten Prosaisten die erste Stelle ein nächst seinem Grossvater und Vorbild, dem Rey Sabio. Die Schriften[6] des Dynasten fallen alle oder fast alle in die bewegteste Zeit seines Lebens 1320—35, und sind mannigfaltigster Art. Historisch ein Summarium der *Crónica de España*, die *Crónica abreviada*; kurze lateinische Annalen von 1258—1329, die *Crónica complida* — eine Fortsetzung unterblieb vielleicht wegen Alfonsos Unternehmen; der *Tractado sobre los Armas*, ein wertvolles Stück Hausgeschichte. *El libro dela Caza* (vgl. S. 410) nimmt eine erste Stelle ein unter den Falkenbüchern, dem einzigen kleinen Gebiet auf dem das Mittelalter genaue, noch heute wertvolle Naturbeobachtung aufzuweisen hat. Das verlorene *libro de los engeños* (Kriegsmaschinen) fusste jedenfalls auf dem von J. M. anderweit citierten Vegetius, vermittelt vielleicht durch Aegidius Romanus. »*En manera de fablıella*« ist das encyklopädische *l. del Caballero y del Escudero* eingekleidet; der junge Ritter fragt den alten über Geistliches und Weltliches, Himmel und Erde. Der Rahmen ist der Einleitung zu Ramon Lulls Libre del Orde de Cavalleria (II, 2, 106) nachgebildet, sonst finden sich nur wenig Anklänge an den abstrusen Franziskaner, mehr an die *Partidas*, aller Wahrscheinlichkeit nach Mancherlei aus dem

---

[1] Über eine bis 1312 reichende, aber erheblich jüngere Kompilation s. Rios IV, 392.

[2] S. Morel-Fatio, *Mss. esp.* S. 49.

[3] Hrsg. von Rosell als Bd. 66 der *Bibl. d. aut. esp.*, *Crónicas de los reyes de Castilla* T. I; Alfonso X. bis Ferdin. IV., Valladolid 1554; Fernando IV. in Memorias de D. Fern. IV., Madr. 1860; Alfonso XI. Vallad. 1551 u. Mad. 1787. Die Überlieferung in den zahlreichen Hss. ist mangelhaft und jung, die Ausgabe Rosells aber auch für span. Verhältnisse unerlaubt schlecht.

[4] In der Madrider Ausg. v. 1787, S. 1 u. 2. Die Bedenken, welche gegen die Authenticität dieses Vorworts erhoben werden könnten (*escrevir* vom Autor, *Algecira* in der Titulatur) fallen beim Vergleich mit dem Prolog zur *Crón. Alf. X.*, S. 3 von Rosells Ausgabe.

[5] *Canç. Vat.* 209; Wolf, *Studien* 702. Es ist, gegen II, 2, 281, gallizisch gemeint, *morrer* reimt auf *fazer*.

[6] Sämmtlich, mit Ausnahme der Chroniken und des *Libro dela Caza*, bei Gayangos, *Escritores en prosa ant. al s.* XV, 229 ff.; unabhängig davon die *Libros de los Estados* und der *Tractado delas armas* bei Benavides, *Memorias de D. Fernando IV.; del Cab. y del Esc*, mit Kommentar von Gräfenberg, Roman. Forsch., VII, 426. Ebenda S. 531 die *Crónica complida*. Das *Libro dela Caza* von Baist, Halle 1880, mit Untersuchungen über die anderen Schriften; ausserdem in Gutierrez de la Vega, *Biblioteca venatoria*, Bd. III, Madr. 1879. Die *editio princeps* des Conde Lucanor von Argote de Molina, Sevilla 1575, ist für den Philologen fast wertlos.

Septenario (S. 410) und Aegidius. Im Wesentlichen haben wir es jedoch mit eigener Kenntnis und Weltanschauung zu thun. Sonderartiger sind die beiden Bücher *de los Estados*[1]; sie waren in ursprünglicher, noch erkennbarer Form als eine Selbstrechtfertigung im Kampf gegen den König abgefasst, u. d. T. *libro del Infante*, sind dann zu einer Behandlung aller Stände erweitert, mit Zugrundelegung der Frage, in welchem unter ihnen der Mensch am Besten seelig werden könne. Als Einkleidung dient eine Bekehrungsgeschichte, die an Barlaam und Josaphat anklingt. Über die Herrscherpflichten handelt das kürzere, an den Erstgeborenen gerichtete *Libro infinido*; ein Kapitel *del Amor que los ombres an entre si* ist später willkürlich angehängt. Verloren ist ein den vorgenannten Schriften nahe verwandtes Buch *dela Caballeria.*[2] Auch ein *Libro de los Sabios* muss dem Titel nach lehrhaft und umrahmt gewesein sein; die *Doze Sabios* (S. 412), an welche man denken könnte, sind es keinenfalls. Die überall stark hervortretende theologische Neigung kommt in der spätesten Schrift, dem an den Dominikaner Marquefa gerichteten Traktat über die körperliche Seligkeit der Jungfrau Maria zur ausschliesslichen Geltung. Mehr als dies Alles ist von den Nachkommen der *Conde Lucanor* (der Name des gelehrten Grafen stammt aus dem Prosatristan) oder besser das *Libro de Patronio* gelesen worden, und auch heute ist dieser Novellenkranz das bekannteste altspanische Buch. Der Inhalt der 51 Erzählungen ist, unter Ausschluss alles Obscönen, höchst mannigfaltig.[3] Historisches oder Halbhistorisches aus Spanien, eigene Erlebnisse, einige arabische Traditionen, daneben Phädrus, Calila und Dimna, Barlaam nebst dem ganzen europäischen Anekdotenschatz, Einzelnes unübertrefflich erzählt, Alles aus dem Gedächtnis, lebendiges Wort, eigenartig. Die Doktrin geht neben her, meist auf Stelzen, der Schlussvers (S. 414) fehlt nicht. Drei Bücher Sprüche aus den *Bocados de Oro*, zum Teil absichtlich verdunkelt, und eines über die Mittel zur Seligkeit, Mensch und Welt sind angehängt, bei Gayangos falsch abgeteilt. — Der Verlust eines *Libro de los Cantares* ist nicht allzuschwer zu beklagen, es liegt kein Grund vor anzunehmen, dass J. M., abgesehen von jenen holprigen Reimsprüchen, kastilisch statt gallizisch gedichtet habe, umsoweniger als ebenfalls verschwundene *Reglas como se debe trovar* auf genauen Anschluss an die Kunstdichtung hinweisen. Diese *Reglas* waren wohl Bearbeitungen eines der katalanischen Traktate (II, 2, 126). J. M. stand durch Verwandtschaft, Besitz und Leben in genauer Beziehung zum Nachbarland; dass diese sich auch bei dem Schriftsteller bemerklich macht, kann noch nicht als symptomatisch betrachtet werden. Ein stärkerer litterarischer Austausch trat erst erheblich später ein. Neu ist bei ihm der im folgenden Jahrh. recht bedeutende Einfluss des Predigerordens. Die Lehrschriften wurden rasch verdrängt als eine ihrer Hauptquellen, des Aegidius Romanus Bücher de regimine principum (II, 1, 270), in den letzten Jahren Alfonsos XI. mit Hinzufügung vieler *enxiemplos e castigos* von dem Minoriten Juan Garcia für den Infanten Don Pedro übersetzt[4] wurden. Uns bieten sie ungleich mehr Belehrung als Aegidius und als die Partidas, mit welchen, wie mit den übrigen Werken Alfonsos X., Don Juan genau vertraut ist. Er ist unterrichtet, nicht gelehrt, eine durchaus thatkräftige, praktisch gerichtete Natur. Wir erfahren von ihm wie der kastilische Grosse auf-

[1] *Estados* II, 50 ist bei Gayangos irrig als *Libro delos frailes predicadores* abgetrennt, ebenso das letzte Kapitel des *Libro infinido.*

[2] Vgl. *Libro dela Caza*, ed. Baist, S. 153

[3] Liebrecht in der Übers. von Dunlops *History of Fiction*, Berl. 1851 S. 501; Puymaigre, *Les vieux auteurs castillans* II², 200: Quellenstudien, die sich leicht erweitern liessen.

[4] Zahlreiche Hss. s. XIV u. XV in den Madrider Bibliotheken und dem Escorial; Druck Sevilla 1494. Vgl. *Bibl. vet.* II, 179; Rios IV, 340.

wuchs, lebte und dachte, die Persönlichkeit durchbricht immer wieder in direkten Mitteilungen die überlieferte, lehrhaft objektive Schreibart. Auch bei ihm findet sich sprachliches Kunstbewusstsein: er schreibt nach Estados I, 90 in dem schönsten Romanisch, deutlich und vollkommen, das heisst in so wenig Worten als möglich. Wir können ihm nur zustimmen, sogar das Selbstlob der Kürze ist nicht ohne Berechtigung, und der coordinierende Aufbau der Sprache, der uns so kunstlos erscheint, ist eben das rechte Spiegelbild der Denkweise jener Menschen. Don Juan und der Archipreste, so verschieden sie sind, sind gleich ursprünglich; man soll beide neben einander lesen um ihre Zeit zu kennen, die spätere zu verstehen.

II. VON PEDRO I. BIS UNTER FERDINAND UND ISABELLA. ZEIT DER HÖFISCHEN DICHTER.

Juan Manuel hatte noch empfunden dass man über sein Schreiben spottete; alle benannten Autoren der Frühzeit gehören entweder dem Herrscherhause an oder dem Klerus, der Ton war ernst und selbst der Witz verkleidete sich lehrhaft. In der zweiten Hälfte des 14. Jhs. vollzieht sich ein tiefgehender Wandel. Statt Roland und Rodrigo sind Tristan und Amadis Vorbilder, mit glänzenden Festen verbindet sich die Galanterie, und der Adel pflegt als integrierenden Bestandteil seiner Bildung die Erbschaft portugiesischer Gelegenheitsdichtung in der eigenen Sprache. An die Stelle der gemessenen *Cuaderna via* treten Reimspiele, Achtsylbner und eine eigentümlich unruhige Art des Zehnsylbners. Die Prosa hastet nach Übersetzungen, der Latinismus dringt in die Wortstellung ein, selbst im Vers. Im Gegensatz zur Vergangenheit wird die Prosa unabhängiger vom Königshof, während die Dichtung dort ihren Mittelpunkt findet. Frankreich bleibt die Heimat ritterlichen Wesens; in dem berühmten Kampfspiel des Suero de Quiñones 1434 z. B sind die Devisen französisch, und noch mancherlei wird übersetzt. Aber die geistige Führung hat es verloren, sie fällt an Italien, zunächst allein infolge seines kulturellen Übergewichts, zu dem erst weiterhin enge politische Verbindung[1] hinzutritt. Nicht in Paris studiert man, sondern in Bologna.

Die Stürme, welche unter D. Pedro über das Land zogen, erdrückten zeitweilig fast jede geistige Thätigkeit; unter den Trastamara vermochte indessen die Schwäche der Könige die zentralistische Entwicklung nicht mehr aufzuhalten, konnten alle Wirren die steigende Richtung auf Glanz und Genuss nicht hindern. In der europäischen Politik ist Kastilien ein wichtiger Faktor geworden, mit Gil de Albornoz beginnt die Reihe spanischer Kardinäle, auf dem Konzil von Konstanz beansprucht und erhält Kastilien den Vortritt vor England. Kastilische Ritter suchen Ehren in Frankreich, England und Deutschland, Sevilla ist eine vorherrschende Stadt geworden, der Verkehr mit dem Ausland berührt alle Schichten der Gesellschaft. Unter Alfonso V. dringt die kastilische Hofpoesie in Aragon und Navarra ein, die heimischen Kanzleisprachen sinken zu Dialekten herab, auch einzelne Katalanen folgen der Schwerkraft. Die Portugiesen beginnen in der zweiten Hälfte des 15. Jhs. sich der kastilischen Sprache zu bedienen (s. II, 2, 259). Das Zentralland übernimmt auf der Halbinsel die Führung in der Dichtung, wie es sie in der Prosa von jeher besessen hatte.

[1] Nachdem schon vorher Sicilien mit Aragon vereinigt war, erwirbt Alfonso V. 1421 bezw. 1443 Neapel. Seit 1412 aber sind die Herrscher von Zaragora und Barcelona nicht mehr Katalanen, sondern Trastamaras, wenn auch die Kanzleisprache für Katalonien, Sicilien und danach Neapel zunächst noch die katalanische blieb. Vgl. bes. Croce, *La Corte spagnuola di Alfonso d'Aragona a Napoli* in *Atti della Academia Pontiniana XXIV;* ders., *Versi spagnuoli* in *Lodi di Lucrezia Borgia,* Nap. 1894; Farinelli in *Rassegna bibliogr.* 1894, 133.

Rein ästhetisch ist die Masse der Produktion geringwertig; der Trovador und der italisierende Poeta sind beide gleich konventionell, die Gelehrsamkeit äusserlich, das Denken abhängig. Man würde den Eindruck der Senilität erhalten, wenn nicht die Bewegung in der Aristokratie eine so ausgedehnte wäre, die Geschichtschreibung die alte Männlichkeit bewahrte, und die epische Tradition in der Romanze neu erblühte, die leichtere volksmässigere Lyrik manches Vortreffliche böte: hier regen sich die halbschlummernden Kräfte der breiteren Massen.

A. POESIE.

I. DIE HÖFISCHE DICHTUNG.

35. Einige Übergangserscheinungen sind vorweg zu besprechen. Pero Lopez de Ayala[1] (1332—1407) vertrauter Diener Don Pedro's, dann eine Stütze der Trastamara, seit 1398 Grosskanzler, gehört als Begründer und Meister der neuen Geschichtschreibung, als Übersetzer und als einer der ältesten Hofdichter der neuen Richtung an. Zugleich ist er ungefähr der letzte der die Form der *Cuaderna via* mit dem Alexandriner gepflegt hat. In einem Bruchstück von *Cancionero de Baena* mag sie ungefähr gleichzeitig sein, nur in der ausserhalb der eigentlichen kastilischen Poesie stehenden judenspanischen Bearbeitung eines Schachgedichts und dem maurenspanischen *Poema de José* (S. u. § 52) ist sie vielleicht jünger. Allerdings findet sie sich in völliger Vereinzelung noch einmal in den in Burgos 1563 gedruckten *Exemplos de Caton.*[2] Die wenigen von ihnen mitgeteilten Strophen sind indessen sehr altertümlich und gehören wohl noch unserer Periode an.

Das *Rimado de Palacio*[3], in welchem A. seine Lebenserfahrung niederlegt, zeigt auch in seiner Struktur noch die Kompositionswillkür des Archipreste; es ist zwischen 1378 und 85 zu verschiedenen Zeiten nach Gefallen fortgesetzt, mit lockerer Anknüpfung der einzelnen Stücke an die vorausgehenden. An eine katechetisch geordnete, für Leser wie Autor gemeinte Generalbeichte schliesst sich eine Darstellung der Schäden in den verschiedenen Ständen, die als Strafe der Sünden zu betrachten sind, auf eine Warnung vor den Zornbildern der Tugenden folgt ein Gebet und Anweisung zum Beten, darauf die Erfahrungen des Kriegsmanns der bei Hof Geld zu fordern hat, die Tageslast des Königs, eine Ermahnung zur Friedfertigkeit und gegen die Habsucht, Regeln für die Rechtspflege, Kennzeichen guter Herrschaft, Verhaltungsregeln für Vertraute; dann ein Anhang von Klagen, Marienliedern, Gebeten aus der Gefangenschaft, mehreres darunter zurückdatiert, zur Hälfte mit lyrischer Verwendung des Alexandriners neben Formen der Hofdichtung: darunter zwei 1398 und 1403 beigegebene Klagen über das Schisma im Masse der Arte mayor. Einsicht und aufrichtiger Wille, Energie des Ausdrucks und rücksichtslose Wahrheit sind der Satire nachzurühmen, und A. darf, obwohl

[1] Floranes, *Vida literaria de P. L. de A*, in *Coleccion di docum. inéd.* Bd. 19—20. Die schwerfällige und inhaltsarme Schrift hat jedenfalls das Verdienst längst erwiesen zu haben, dass die Gefangenschaft Ayalas im *Rimado* die portugiesische von 1385 und nicht die englische von 1367 ist. Vgl. ausserdem Rios V, 101 ff.; Menendez, *Antologia*, IV, 9 ff.

[2] Gallardo, *Ensayo* No. 514. Über eine Bearbeitung der *Disticha Catonis* im Mass der Arte mayor von 1493 durch García de Sta. Maria s. ib. 2316. *Versetes de antigo rimar* nennt sie schon Ayala selbst in seinen späteren Tagen, C. Baena II, 201.

[3] Hrsg. v. Janer, *Escrit. ant. al siglo* XV, S. 425; vgl. auch Wolf, *Studien*, 138 ff. Die Bezeichnung *Rimado de P.*, bei Santillana *Rimos de P.*, ist dem Gedicht nach seinen hervorstechendsten Teilen sehr früh beigelegt worden, ihre Meinung übrigens nicht ganz klar, da span. »Reim« für diese Zeit noch zweifelhaft ist.

weniger Poet als dieser neben Juan Ruiz gestellt werden — den er einen Satanspriester nennen würde. Nur unvollständig erhalten ist seine poetische Bearbeitung der vorher von ihm übersetzten (Castro II, 398) *Flores de los morales sobre Job;* in Hs. und Ausgabe fälschlich zum Rimado gezogen. Im Unterschied von jenem zeigt sie nur Alexandriner, nicht auch Vierzehnsilbner. Ähnlich wie der Alexandriner mit Ayala, verschwindet dessen Halbvers, der frühspanisch relativ stark vertretene franz. Sechssilbner mit dem älteren Rabbi Santo von Carrion; Villasandino braucht ihn noch vereinzelt in gemischter Strophe, aber im 16. Jh. ist die Tradition derart unterbrochen, dass er von Garcilaso aus Petrarca übernommen und *italiano quebrado* genannt wird. Die *Proverbios morales*[1] scheinen noch unter Alfonso XI. (s. Str. 673) abgefasst, sind aber D. Pedro zugeeignet. Nur verhältnismässig wenige der Gedanken stammen aus den alten Apophtegmensammlungen, mehr jedenfalls aus jüdischer Tradition, die meisten aus eigener resignierter Lebensweisheit. Grosse Konzision bei vollkommener Leichtigkeit, eine Fülle treffender und glänzender Bilder zeichnen die Vierzeiler aus, das beste Ergebnis der Verbindung jüdischen und spanischen Wesens. Er steht erheblich über seinen berühmten Nachfolgern im 15. Jh. (Santillana und Perez de Guzman); eine gewisse innere Verwandtschaft scheint des Konvertiten Alonso de Zamora (blüht noch 1500) *Loor de Virtudes*[2] zu zeigen.

Negative Erwähnung mag hier das *Poema de Alfonso XI.* finden (II, 2, 204). Es ist in seiner kastilischen Überlieferung sicher Transskription eines portugiesischen oder gallizischen Gedichts (leonesische existieren nicht), das ebenso gewiss auf der *Crónica de Alfonso XI.* beruht, wenn auch der Verfasser zeitlich noch nahe genug stand um einige unerhebliche Ausschmückungen zutreffend anbringen zu können.

36. Unsere Kenntnis der höfischen Dichtung[3] beruht fast ausschliesslich auf den Liedersammlungen, *Cancioneros,* von welchen einige bestimmte Kreise bevorzugen, sehr zum Vorteil unserer Einsicht in diese so eng mit ihrer Umgebung verknüpfte Poesie, die Mehrzahl ziemlich zufällig zusammengewürfelt ist. Voran steht unter den erhaltenen und bekannten der *C. de Juan Alfonso de Baena,*[4] Schreibers Juans II., der ihn um 1445 für den König und Hof

[1] Hrsg. von Janer, l. c. 331. Santo, Die judenspanische Form für Sem Tob (o. Schem Tob?) ist wiederholt durch den Reim, wie durch die Schreibung Santillanas und der besseren Hs. gesichert, also beizubehalten.

[2] s. Salvá 2187. Spätere Vertreter der Reimweisheit sind, neben dem genannten García de Sta. Maria, Guajardo Fajardo, *Proverbios morales,* 1524 u. ö.; Lopez de Janguas, *Dichos e sentencias de los siete sabios,* in Dreizeilern, offenbar sehr beliebt, Drucke seit 1549 bekannt, aber anscheinend nicht unerheblich älter; ebenso in Dreizeilern Pedro Luis Sanz, *Proverbios, Consejos y Avisos,* um 1535, Salvá 2134, und anonyme *Refranes,* Valencia 1551; Barros, *Philosophia cortesana,* Madrid 1587, dann oft mit wechselndem Titel; Setanti, *Avisos de Amigo,* Barcel. 1614; Perez de Herrera, *Proverbios morales,* Madrid 1618.

[3] s. Rios, Bd. 5—7; Pidals Vorrede zum *Canç. de Baena*; Wolf, *Studien* 189 und bei Ticknor, II, 507; Puymaigre, *La cour littéraire de D. Juan II,* Paris 1873, 2 Bde.; Menendez y Pelayo, *Antología de poetas líricos,* in den Prologen.

[4] Hrsg. v. Pidal, Gayangos u. Odeon, Madr. 1851; v. Francisque Michel, Lpz. 1860, nur Plagiat der ersten, aber wegen ihrer Zugänglichkeit auch im folgenden für Zitate benutzt, um so mehr als bei jener in den meisten Exemplaren eine Anzahl frecher Verse unterdrückt ist. Die Hs. ist unvollständiger als die Herausgeber angeben. Eine vorausgehende inkomplete Tabla zeigt zum Beispiel, dass von Juan Alfonso selbst die *Dezires generales* und die *Dezires de los reyes* fehlen, letztere offenbar identisch mit dem Menendez *Ant.* II, 215 nach dem *Cancionero* der Palastbibliothek veröffentlichten politischen *Dezir,* das sich durch seinen Stoff über seine sonstigen Reimereien erhebt. Der königliche Schreiber Juan Alfonso ist wahrscheinlich jüdischer Konvertit gewesen, wie Antonio de Montoro und Juan de Valladolid, die später Gunst am Hofe gewinnen, und der vornehmere Rodrigo Cota. Man darf von einer regen Beteiligung, nicht aber von einer führenden Rolle dieses Bevölkerungsbestandteils in der Zeitlitteratur sprechen.

zusammenstellte; er giebt einen lebendigen Begriff des Tones der unter dem leichtlebigen Fürsten herrschte, und berücksichtigt in ausgedehntem Masse, bevorzugt sogar die Zeit seiner Vorgänger; einige künstlerisch bezeichnende Urteile laufen unter, und die ältere Benennung der Formen ist hier dürftig und unsicher, aber besser als anderwärts gegeben. Ein wertvolles, wenn auch viel weniger umfängliches und mannigfaltiges Gegenstück bildet der *Cancionero de Stúñiga*,[1] wie er nach dem Verfasser des zufällig ersten Gedichts genannt wird. Hier sind die Ritter stark vertreten, welche den gepriesenen Gönner des Humanismus, Alfonso V. von Aragon, nach Neapel begleiteten, einer von ihnen, Carvajales, bethätigt sich zugleich italienisch, der jüngere vornehmere Geschmack begünstigt das farblose Liebeslied, die Entstehung ist am neapolitanischen Hof nicht lange nach 1458 zu suchen. Dem Kreise Santillanas scheint um die Mitte des Jhs. das bei Salvá Bibliot. 181 beschriebene Liederbuch nahezustehen. Die lange Regierung Juans II. begleitet der verschollene C. de Martinez de Burgos.[2] Von der späteren Zeit D. Juans in die D. Enriques IV. und zum Teil in die Isabellas reichen die von Morel-Fatio, *Catal.* 586—93 beschriebenen Hss. der Pariser Nationalbibliothek — ein C. der dem Amadisübersetzer d'Herberay gehörte, jetzt im Brit. Mus., abgedruckt bei Gallardo, Ensayo, 484 — der C. des Brit. Mus. Eg. 939, analysiert von Gayangos, *Catal.*, I, 11. — der reichhaltige *C. de Yxar,* 1470 oder etwas später, Gallardo 486 und Ticknor II, 522 beschrieben — der von Gomez Nieva veröffentlichte C. der *Bibliot. patrimonial*[3] — ein sehr schätzenswertes Ms. im Privatbesitz zu Madrid, Rios VI, 537 — der Rom. Forsch. VIII, 283 von Rennert mitgeteilte des Brit. Mus. — zwei nur sehr dürftig bekannte der *Bibl. patrimonial* und der *Colombina*.[4] Rios VI, 533 u. 580 und Pidal in *Canç.* Baena S. CXVIII — der Gallardo 487 analysierte, gut im 16. Jh., aber mit einigen älteren Stücken — der *C. de Ramon de Llavia,* Incunabel o. O. u. J., der Gattin des Juan Fernandez de Heredia zwischen 1481 und 1503 gewidmet, Salvá 185, eine Sammlung von meist religiösen längeren *Dezires*, ähnlich wie verschiedene Wiegendrucke von Fray Iñigo de Mendozas *Vita Christi con otras obras,* Rios VII, 241, Pidal l. c. CXIX, Salvá und Gallardo. Keine dieser Sammlung steht in Beziehung zu einer der anderen und den noch zu nennenden, und keine, obwohl mehrere sicherlich Kopien sind, ist in mehreren Exemplaren erhalten: ein Zeichen der ausserordentlichen Zahl in der sie angelegt worden sein müssen. Den Umfang in welchem sie uns die Gesamtproduktion überliefern, mag ein einzelnes Beispiel klar machen. Gomez Manrique, 1412—90, stand ihnen allen zeitlich nahe, als Dichter und Magnat in gleich hohem Ansehen. Wir würden von ihm bei Heranziehung aller Hilfsmittel[5] 19 Gedichte auftreiben können, wenn er nicht in späten Jahren veranlasst worden wäre selbst zu sammeln, was sich noch finden liess, so dass wir auf 115 Nummern kommen. Die Zahl entspricht entfernt nicht seiner gelegentlichen Angabe dass er täglich 20 bis 25 Strophen beiläufig zu dichten pflegte, und in der That fehlen von jenen neunzehn achte im persönlichen *Cancionero*, obwohl anzunehmen ist, dass er am leichtesten wieder fand was am beliebtesten war. Das ist ein Durchschnittsmass, andre kommen besser weg, andre schlechter. So kann es

[1] Hrsg. v. Fuensante del Valle u. Sancho Rayon, Madr. 1872, *Col. de libr. esp. rar. ó cur.* Bd. 4. Vgl. *Rom.* III, 413.

[2] Beschrieben in *Cronica de Alfonso VIII,* Madr. 1783, App. CXXXIV.

[3] *Coleccion de poesias de un C. inédito del siglo XV,* Madr. 1884. Der Herausgeber hat nur sonst ungedrucktes aufgenommen, scheint aber dabei, älteren Angaben gegenüber (Rios V, 291[1] VI, 580) nicht alles erschöpft zu haben.

[4] Fehlt in meinem Auszug aus dem Katalog der viel geplünderten Bibliothek.

[5] Abgesehen von der Madrider Kopie (Bibl. Nac. Dd 61) des *Canç. der Colombina.* Der Herausgeber des *C. de G. M.* erwähnt sie anscheinend ohne sie zu benützen.

nicht Wunder nehmen, wenn von den Zeitgenossen rühmend hervorgehobene Namen nirgend vertreten sind. Das erhaltene ist trotz seines Umfangs nur ein kleiner Bruchteil des einst vorhandenen, in welchem aber im ganzen das Bessere bevorzugt ist, und der uns in seiner Mannigfaltigkeit und bei dem Hinzutritt des persönlichen Cancioneros ein zureichendes Bild der Epoche giebt. Eine wichtige Vervollständigung erfährt es durch den neueren Fund eines musikalischen C., [1] da die lyrischen Gedichte im Grund noch alle für den Gesang gedacht waren. Die *»farpa de Don Tristan«* war zu Ehren gekommen, Juan II. z. B. sang und spielte gut, unter seiner Regierung muss sich die Kunst bedeutend gehoben haben. Organisierte Kapellen gehörten zum Hofhalt auch der Grossen, vom ausübenden Musiker *(músico, tañedor, ministril, cantor)* wird der Name *juglar* hinweg genommen. Die drei- und vierstimmigen Harmonien des *Cancionero musical,* von Komponisten die häufig zugleich Dichter sind, zeigen die Blüte der Kunst unter Isabella und Philipp dem Schönen, zugleich die Beziehungen des artistischen Gesangs zum Volkslied. Mit den Melodien werden die Worte der Tanzweisen und Romanzen von ihm bereitwillig aufgenommen, die Melodie brachte populäre *Motti* und zuletzt die verschmähte Assonanz in die Kunstdichtung. Übrigens finden auch einige portugiesische und französische Liedchen eine Stätte, italienische Weisen dauernd bis zur Bourbonenzeit.

Im ersten Jahrzehnt des 16. Jhs. liess Fernandez de Constantina einen *C. llamado guirlanda esmaltada de galanes y eloquentes dezires de diversos autores* [2] drucken; den Inhalt übernahm 1511 fast vollständig Hernando del Castillo [3], vermehrte ihn um gegen das vierfache (1033 Nummern bei 160 Namen) und ordnete das Ganze notdürftig; möglichst vollständig, wie er will, seit Juan de Mena, aber z. B. von den erwähnten 115 Gedichten des Gomez Manrique stehen bei ihm nur 7; gegenüber dem fröhlichen *C. music.* erscheint das Manirierte und Gelehrsame bevorzugt. Bis 1573 folgten 8 weitere Ausgaben des *Canç. general,* mit Zuthaten und auch Streichungen. Mit Castillo endet die Zeit der *Cancioneros* [4]. Die persönlichen Sammlungen (Santillana, Mena, Gomez Manrique, Alvarez Gato, Urrea, Fernando de la Torre [5], Fray Iñigo Mendoza, Ambr. Montesino) ergänzen bisher die Anthologien, das Verhältnis wird im 16. Jh., abgesehen von den Romanceros, das umgekehrte, der Dichtername gilt und will gelten.

37. Wie die vorausgehende in der *Cuaderna via,* besitzt diese Periode einen charakteristischen Vers, den der *Arte mayor* [6]. Ihm korrespondiert im Altfranz. eine wenig häufige Art des Zehnsilbners mit Cäsur nach der fünften (II, 1, 36); altportug. erscheint er vorzugsweise im Tanzlied, während ihn das Kastilische nur selten rein lyrisch, in grossem Umfang bei längeren Dichtungen und anfänglich in der Tenzone anwendet, ganz überwiegend in achtzeiliger Strophe. Rein amphibrachischer Gang setzt sich oft lange fort, ist aber nicht obligatorisch, sodass hierin ein Gegensatz zum Französischen nicht

[1] *Cancionero musical de los siglos XV y XVI,* coment. per Fr. Asensio Barbieri. Madr., Acad., 1892. Enthält 460 Stücke, die Texte ohne Autornamen, gewiss viele, wie bei dem stark vertretenen Juan del Encina, Eigentum der Komponisten.

[2] S. die Beschreibung Ticknor II, 529. In enger Beziehung zu Castillo und Constant., zu letzterem auch im Titel, steht ein kleiner *Espejo de enamorados, guirnalda esmalt. de gal. e eloqu. dez.,* s. l. e. a., Gallardo 4510, vielleicht erweiterte Quelle Constantinas.

[3] *Cancionero general de H. d. C.,* 2 Bde., Madr. 1882, (Soc. de Biblióf. 21); enthält die späteren Zusätze nur zum Teil. Über den C. de Obras de Burlas s. Salva 183.

[4] Über Spanisches im portug. *Cancioneiro de Resende* s. II, 2, 270. Ausserdem findet sich noch manches hierher gehörige in katal. u. ital. Liederbüchern, in Beigaben zu Drucken von *Menas Trecientas* und den Romanzeros, und sonst zerstreut, neben den genannten Fundstellen.

[5] Im Besitz Gayangos; könnte auch noch zu den gemischten gezählt werden.

[6] Vgl. Morel-Fatio, *L'arte mayor et l'hendecasyllabe,* Rom. XXIII, 209.

zu suchen wäre. Neben ihm steht sein Halbvers, *quebrado*, (älter *medio piè*), des Fünfsilbner, nach span. Zählung Sechssilbner, viel weniger häufig, meist selbständig lyrisch, kastilisch zuerst bei Juan Ruiz 1020—32, und in weiterer Teilung die Spielart ⏑ – ⏑. Einen fundamentalen Unterschied gegenüber der sonstigen französisch-romanischen Metrik bezeichnet die Freiheit die erste Silbe fallen zu lassen, einerlei ob der vorausgehende Vers männlich oder weiblich schliesst, mit dem Gang _ ⏑ ⏑ _ ⏑, die erste Silbe notwendig betont, häufig im ersten, seltener im zweiten Halbvers, eine wohlthätige Unterbrechung seiner Eintönigkeit. Es ist schon § 8 auf verwandte Vorkommnisse im Wächterlied Berceos und dem volksmässigen Gesang hingewiesen[1]; so setzt eine Tanzweise des Fernan Perez de Guzman (Rios V, 293) *Aquel arbol que move la folha* = *Aquel arbol del bel mirar;* der Canç. mus. 6 *Amigo el que yo mas queria* = *Venid al alba del dia;* singen die Hirten bei Castillejo *Hactame del ojo* = *Asiame de la manga* u. s. w. Hierher zähle ich auch die in sorgfältigen artistischen Gedichten recht häufige freie Behandlung der Quebrado, *misas rezadas* = *quanto como, bien receber* = *le desplace*[2]. Ich sehe hierin nicht musikalische Einflüsse sondern sprachgemässe Fortsetzung alter Metrik, die sich neben der Silbenzählung erhielt wie in Deutschland neben dieser das Hebungsprinzip.

Maestria de Arte mayor meint ursprünglich etwas ganz anderes, Gedichte mit gleichreimigen Strophen, ohne Ansehen der Reime. Die Verschiebung der Benennung findet sich zuerst bei Encina (s. u.) und ist durch ihn herrschend geworden. Jene Reimkünstelei war veraltet, das Tenzonenspiel hatte seinen Reiz verloren. Der mit beiden häufig verbundene Vers hat daher etwas an Boden eingebüsst, ward seit Juan de Mena als pompös empfunden, und schliesslich nur mehr zu längeren Kompositionen verwendet. In der ersten Hälfte des 16. Jhs. wird er dann von dem italienischen Hendecasilabo verdrängt[3]. Ein Sieg besseren Geschmacks, da die eigentümliche Gangart und die Trennung in zwei zu kurze Hälften gerade in Reflexion und Erzählung eine unangenehm klappernde Wirkung hervorbringen. Der Halbvers blieb unter dem Namen *verso de redondilla menor*.

Neben ihm steht von Anfang gleichberechtigt in allen Dichtungsarten und mit unbeschränkter Strophenbildung der später so genannte *verso de redondilla mayor*, altportug. nicht selten, spanisch zuerst beim Archipreste vertreten, später das dominierende Mass. Sein Langvers existiert nur mehr in der Romanze, und wird mit dieser unten besprochen.

38. Im Jahr 1349 hat der Marques von Santillana die Sammlung seiner Gedichte mit einem Brief[4] über die Geschichte der Kunst eingeleitet, der die ihr zu Grund liegenden Kenntnisse, Beziehungen und Anschauungen

---

[1] S. auch Mila y Fontanals, *Obras* V, 324.

[2] Wohl davon zu unterscheiden ist das *Enjambement* des Quebrado mit dem vorausgehenden Vers, wie *Muy querido‿Enriquezido*, und die proklitische Aussprache des *en*. Die mehrfach, z. B. von Guevara eingehaltene Regel, dass der Quebrado nach männlichem Ausgang um eine Silbe verlängert wird, hat sich erst jung entwickelt.

[3] Zu den Ticknor *Suppl.* S. 44 verzeichneten Spätlingen sind noch manche nachzutragen, alle inhaltlich wenig bedeutend. Torres Naharro, der italienische Sonette dichtete, braucht kastilisch den alten Langvers. Das älteste Drama braucht ihn schon nur ausnahmsweise; um 1580 will ihn Lopez Pinciano noch für den Prolog gelten lassen. Mehrfach verwendet ihn auch Seb. de Horozco ca. 1540—80; fortlaufenden Gebrauch zeigt auch ein Flugblatt von 1554, Gallardo 2480. Als vereinzelte Kuriosität wird die Strophe wohl auch im 17 Jh. verwendet worden sein, lebendig ist in diesem nur mehr der Vers unter Rückkehr zu seinem Ursprung in assonierender Tanzform der Schäfer im Auto; so bei Calderon und Bances Candamo.

[4] *Carta al Condestable de Portugal*, *Obras* S. 1; Viñaza, *Bibl. de la filolgia castellana* S. 778.

beleuchtet und insbesondere wertvolle Angaben über ihre nächste Vergangenheit macht. Er ergänzt was sich aus dem *C. de Baena* über die Übergangszeit ermitteln lässt, nachdem man vorher den in diesem enthaltenen gallizischen Gedichten die kastilische Schreiberverkleidung abgestreift hat[1]. Da Alfonso XI. und Juan Manuel gall. dichteten, obwohl sie Santillana nicht kennt, ist es wahrscheinlich, dass in Kastilien eine fortdauernde Übung dieser Sitte bestanden hat. Unter D. Pedro (—1369) lebte der Gallizier Macias[2], dessen Liebesklagen eine etwas unverdiente Berühmtheit erlangten, weil ihm der Tod um der Liebe willen, mit dem so viele drohten, auf irgend eine Weise wirklich zugestossen zu sein scheint. Als Liebesmärtyrer wurde er zur legendarischen Figur und blieb bis heute ein beliebter Gegenstand der Dichtung. Von zwei ungefähr gleichzeitigen Landsleuten, die Sant. nennt, ist nichts erhalten[3]. An sie schliessen sich unter Enrique II. (—1379), bzw. vor Juan I., die Kastilier Juan de la Cerda (nur bei Sant.), Gonzalez de Castro (ein oder zwei Liedchen[4]) und Pero Gonzalez de Mendoza (gest. 1385) mit 5 Liedern in C. B., deren letztes, der Anfang einer Pastorelle in Rede und Antwort, ziemlich sicher stellt was sein Enkel Sant. mit der Angabe meint: *usó una manera de decir cantares asy como scenicos Plauto e Terencio, tambien en estrambotes como en serranas.* Endlich sind bei Alfonso Alvarez de Villasandino, einem der gewandtesten, fruchtbarsten und bestüberlieferten Reimer, der bis ungefähr 1428 lebte, alle diejenigen Gedichte gallizisch, welche noch unter Enrique II. fallen[5]. Ebenso unter Juan I. (—1390) alle des witzigen Arcediano de Toro und des verdorbenen Genies, Schranzen, Eremiten und Renegaten Garci Fernandez de Gerena. Aber Villasandino beklagt den Tod D. Enriques kastilisch, während er den Thronerben in der traditionellen Sprache begrüsst, er wendet diese von da ab nur mehr beiläufig an, seit ungefähr 1410 überhaupt nicht mehr. Nur kastilisch setzt 1379 Pero Feruz ein (C. B. I, 320), um dieselbe Zeit sein Freund Lopez de Ayala mit dem lyrischen Teil des Rimado de Palacio und einer *Respuesta* im C. B. Ungefähr unter Enrique III. (—1407) finden sich noch drei vereinzelte gallizische Liedchen[6]. Wenn weiter im 15. und 16. Jh. einzelne aus irgend einem Anlass einmal ein paar Verse in der portug. Nachbarsprache machen, so steht das nicht mehr im Zusammenhang mit Macias; schon Rodriguez del Padron fällt es nicht ein seine Muttersprache zu brauchen.

Wenn II, 2, 240 gesagt war, dass die beiden spanischen Lieder des Macias in der Ausstattung mit einem Thema auch spanische Gestalt zeigten, so ist das zu modifizieren, da eben auch jene beiden gallizisch sind. Die gallizisch-portug. Kunstdichtung am kastil. Hof hatte eben eine von der portugiesischen etwas abweichende Richtung eingeschlagen, die sich in spanischer Sprache fortsetzt. Jene hat auch die thematische Form höfisch gepflegt; die

---

[1] Die Gedichte sind gallizisch wenn der Reim diese Sprache fordert, und wenn im Inneren der Verse gallizische Formen vorkommen, ohne dass der Reim der Restitution widerspräche.

[2] Santillana stellte ihn allem Anschein nach vor Juan I., Baena ausdrücklich unter Pedro I. Diesen zeitlich nächststehenden Zeugnissen gegenüber sind die späteren Fabeleien bedeutungslos. Alle Varianten seiner Lebensgeschichte charakterisieren sich als schiefe Ausdeutungen der einzigen Strophe *Aquesta lança sem falha C. B.* II, 4. Das Material z. B. Paz y Melia, *Obras de Rodriguez del Padron* 401. Die vier sicher authentischen Lieder im C. B. sind entschieden gallizisch, auch das zweifelhafte fünfte, und ebenso die Mehrzahl derjenigen, die man ihm später irrig zuschrieb, eben wegen ihrer Sprache.

[3] Auch nicht von Pires de Camões (II, 2, 237); der Lopez de C. im C. B. ist erheblich jünger und reimt kastilisch.

[4] Santillana, *Obras* S. 14, *C. B.* II, 5, Gallardo I, 532.

[5] *C. B.* I, 21—27, 30—33, 50, 51.

[6] *C. B* II, 16, 185; Rios V, 293.

kastilischer Sprache schliesst sie indessen inhaltlich überwiegend der Art an, in welche sie bereits dem Archipreste (S. 385, 406) geläufig war, dient dem volkstümlich gehaltenen geistlichen, dem Hirten- und Bauernlied. Weder die Spätprovenzalen noch die Katalanen haben mit eingewirkt, wie schon der Mangel des hauptsächlichen katalanischen Versmasses zeigt (II, 2, 77); ebensowenig die von dort übertragenen Verslehren, die verlorene Juan Manuels und die in wertlosen Fragmenten erhaltene des Enrique de Villena[1]. Auch für die schulmässigste Poesie sind die lebenden Beispiele bestimmend, die Poetiken nur Hilfen, und hier waren diese obenein fremdsprachlich gedacht. Santillana, der die Provenzalen nur indirekt, die Katalanen sehr gut kennt, weiss von solchen Einwirkungen nichts und erklärt ausdrücklich, dass die Terminologie von den Portugiesen gekommen sei[2]. In der Form ist diesen gegenüber (offenbar minder vollständig auch schon auf der gallizischen Zwischenstufe) bei den Kastiliern unterscheidend die Aufgabe des, nach franz. Messung, Sechs-, Acht-, Neun-, der ungleich geteilten Zehn- und des Zwölfsilbers. Es bleiben nur die in § 37 analysierten Masse mit ihren Halbversen; es bleiben und wuchern zunächst die Spielereien in Strophenverkettung und Reimkünstelei aller Art, doch so dass im Lauf des 16. Jhs. bei reicher innerer Gliederung der einzelnen Strophe das Gedankenspiel dem Reimspiel vorgezogen wird; Gleichreimigkeit ist besonders im Anfang stark vertreten, im einzelnen Gedicht wie in der Tenzone. Inhaltlich ist der Wegfall der Freundeslieder zu bemerken, und mit ihm verschwinden die portug. nicht seltenen warmen Naturlaute in dem konventionellen, scholastizierten Liebeslied. Das eigentliche Schimpflied, wenn auch zur Genüge vertreten, ist seltener als dort, die Tenzone häufiger. Das dort fast ganz fehlende Zeitgedicht ist gepflegt, noch mehr das geistliche Lied, welches portugiesisch nur durch Alfonso X. vertreten war. Eine starke didaktische Richtung ist kastilianisch-französische, nicht portugiesische Erbschaft.

39. Um oder bald nach 1400 führte ein Sevillaner, genuesischer Abstammung, der Sohn eines Goldschmieds (Bankiers), Dante und Dante's Allegorie in allerdings sehr äusserlicher Nachahmung ein mit ausserordentlichem Erfolge. Sein Ansehen zeigt uns nicht nur sein Lob bei Santillana: innerhalb dieser Meisterschule ist es noch bezeichnender, dass er in der Tenzone mit abweichendem Reim und abweichender Strophe antworten darf; seine Gelehrsamkeit bethätigt sich in mehrfacher Verwendung fremder Sprachen und er wahrt immer die Art des vornehmen Mannes. Von ihm ab laufen Allegorie und Vision neben den alten höfischen kleinen Gedanken; Moral und Liebe, Trauer und Politik empfangen die Einkleidung, die Bilder werden mit Vorliebe unmittelbar bei Dante entlehnt. Den höheren Prätensionen entspricht in der Regel nicht etwa ein höherer Gehalt, aber immerhin wird die Dichtkunst durch sie über das Niveau eines blossen Spiels gehoben. In den höfischen Rahmen freilich fügte sich die Nachahmung Dantes ohne weiteres ein. Von einem Widerstreit zwischen den überlieferten Künsten und der neuen Kunst kann füglich nicht gesprochen werden. Beide werden von denselben Personen gleichmässig gepflegt. Von Manuel del Lando, den Santillana als Nachahmer Imperials hervorhebt, besitzen wir nur Gedichte der älteren höfischen Art. Rodriguez del Padron, den man wohl den letzten Ver-

[1] Zusammengestellt u. ausgezogen sind die Verslehren bei Viñaza, *Biblioteca de la filologia cast.*, S. 387 ff., für das 15. Jh. am wichtigsten was Encina in der Einleitung seines *Cancionero*, Ant. von Nebrisa in seiner Grammatik sagt, für die spätere Zeit Herreras Commentare und die seit 1592 oft vermehrt gedruckte *Arte* des Rengifo.

[2] *Obras* 12: *E aun destos es çierto resçevimos los nombres del arte, asy como maestria mayor e menor, encadenados, lexapren o mansobre.*

treter der alten Schule genannt hat, steht in dem Liedchen: »*Solo por ver à Macias*« unter der Einwirkung des Infierno. Zu den so gegebenen Formen und Gedankenkreisen ist im weiteren Verlauf des Jahrhunderts wenig mehr hinzugekommen. Den hendecasillabo hat einzig Santillana nachgeahmt; wo man ihn sonst hat finden wollen, liegen Irrtümer vor. Petrarca war nicht ganz unbekannt[1], doch ohne starken Einfluss. Dass Glossen und Motes in der zweiten Hälfte des 15. Jhs. neu auftreten, verdient kaum Erwähnung. Wichtig ist, dass die Romanze seit der Spätzeit Juan's II. vereinzelt nachgeahmt wird (s. u. S. 430); und in derselben Zeit das Auftreten einer eigentümlichen Wiederholungsform, in der einfachsten Gestalt drei achtsilbige Vierzeiler, von welchen die mittlere Strophe ungebunden ist, während die erste ganz oder teilweise, besonders häufig die zwei letzten Verse der ersten in der letzten variiert werden. Die Zahl der Strophen wie der Verse kann etwas vermehrt werden, der Name steht nicht fest, ist bald *Cancion*, bald *Letrilla*, auch *Glosa*, die Einkleidung von entschieden musikalischer Wirkung, für einen leichten Gedanken besonders passend. Sie ist noch lange in der Zeit der klassischen Lyrik beliebt geblieben in oft sehr zierlichen Liedchen. Eine bedeutende Rolle spielt seit Santillana der Dialog, ist aber kaum von ihm zuerst eingeführt. Über die Gelegenheitsdichtung erhebt sich mehrfach die politische. Die didaktische Dichtung ist am wahrsten und wirksamsten da, wo sie das alte Thema von der Vergänglichkeit der irdischen Dinge aufnimmt. An die ältere populäre Moralpoesie schliesst sich einiges wenige, wie die *Doctrina* des Pedro de Veragua und ein Totentanz ungefähr aus der Mitte des Jahrhunderts, die man früher viel zu alt ansetzte[2]. Bei Gomez Manrique begegnen wir den ersten noch fast rein lyrischen Ansätzen des religiösen Dramas, dessen Weiterbildung durch Enzina auch noch den Charakter des 15. Jhs. trägt. Die religiöse Poesie erzeugt zur Zeit Isabella's Gedichte von halb epischer Anlage. Aber im ganzen bleibt trotz höherer Selbstschätzung und höherer Leistung nicht nur der Masse nach der Grundzug der der Gelegenheitsdichtung, welche zum Sport der *galanes de la corte* gehört, auf derselben Linie als Spiel, Tanz und Kleiderpracht: da auch die ernsten Gedichte sich fast ausschliesslich an die Hofkreise richten und auch die ernsten Dichter, selbst die Kleriker und Mönche sich an den galanten Spielen beteiligten.

40. Nennenswerte Zeitgenossen Imperial's waren Sanchez Talavera (in *Cancionero Baena* fälschlich Calavera), Ruy Paez, der etwas jünger sein dürfte, Martinez de Medina, bei welchen die Denkweise Ayala's noch kräftig ist. Unter Juan II. leben nach dem Verzeichnis, welches Rios VI., 574/95 aufgestellt hat, über 200 Dichter, von welchen uns noch Kompositionen erhalten sind. Ca. 140 jüngere verzeichnet allein der *Cancionero general* von 1511. Unter jenen aus der Zeit Juan's II. befindet sich der König selbst, sein Bruder Alfonso V. von Aragon und Alvaro de Luna, der königsgleiche und glänzende Minister. Den Höhepunkt des Kulturlebens unter ihm bezeichnen die Namen Santillana's, seines Oheims Fernan Perez de Guzman[3], Mena's, Rodriguez' del Padron, von welchen allerdings Fernan Perez als Geschichtsschreiber und in dem Lobgedicht auf die *Claros varones de España* erheblich höher steht als in seinen kleinen Versen, *Pro-*

[1] Vgl. die Übersetzung des Triomfo d'amore von Alvar Gomez in *Cancionero Yxar* und *Gallardo* I, 618.

[2] *Ant. ant. al Siglo* XV, S. 373 f., vgl. Gallardo 4506, und über die franz. Quelle der *Danza de la muerte, Seelmann,* die *Todtentänze*, Lpz. 1893. Über einige untergeordnete technische Lehrgedichte s. Rios V, 337 und Menendez, *Antologia* 4, LXXXVI.

[3] Vgl. Ticknor I, 317, Rios VI, 590. Bequem zugänglich sind von den Gedichten nur die *Claros varones* und die *Proverbios* bei Ochoa, *Rimas inéditas,* Paris 1851, sowie die wenigen kleinen Gedichte im *Canç. Gen.* Vgl. zu den *Proverbios*: Salvá 181, 20.

verbios, Allegorien, während Rodriguez' Bedeutung viel mehr in der Romanze und einer Prosanovelle liegt, als in den wenigen uns von ihm erhaltenen zierlich-höfischen Gedichten. Iñigo Lopez de Mendoza, Marques de Santillana[1] ist vielleicht die hervorstechendste Persönlichkeit des Jahrhunderts. Ohne jeden genialen Zug, aber hochgebildet, vornehm denkend, ein Mann, der ein ungewöhnlich ausgebreitetes Kunstinteresse und ein noch ungewöhnlicheres Kunstverständnis besass. Dichterisch wertvoll sind seine schalkhaft-zierlichen *Serranillas*, darunter die berühmte von der *Vaquera de Finojosa*, auch einige seiner andern kurzen Gedichte erfreuen durch Frische und Anmut. Am unbedeutendsten sind die seiner Zeit meistgeschätzten dantesk-allegorischen, die *Comedieta de Ponza*[2], *Coronacion de Mossen Jordi, Infierno de enamorados* u. a. Interessant *El Dialogo de Bias contra Fortuna*, eine Verteidigung der stoischen Ansicht vom Glück, aus welcher etwas von dem Enthusiasmus der Renaissance herausklingt, mit vielen einzelnen Schönheiten. Viel gelesen, oft gedruckt, ward ein anderes didaktisches Werk, die Proverbios in Achtsilbern, welche indessen erheblich schwächer sind als jene Sem Tob's. Einen erbitterten politischen Nachruf widmet er in dem *Doctrinal de Privados* seinem Todfeind Alvaro de Luna. Die Weite des Blicks, welche der erstmalige Versuch einer Litteraturgeschichte (s. o. § 38) an ihm erkennen lässt, zeigt sich auch darin, dass er als der erste und einzige dieser Epoche Horaz sowohl als das italienische Sonett nachgeahmt hat, sowie in der Anregung, die er zu einer Reihe von Übersetzungen gab. — Juan de Mena[3] hat sich in seinem *Labirinto* die grosse Aufgabe gestellt, die Wandlungen des Glücks allegorisch-historisch darzustellen in Nacheiferung der *Divina Commedia*, bei starker Beeinflussung durch den unheilvollen Lucan. Dem verwegenen Versuch sind seine Kräfte in keiner Richtung gewachsen. Obwohl ihm mehrfach ein Gefühl für das Grosse und geschickte Disposition nicht abzusprechen ist, wirkt er im ganzen kahl und kalt. Trotzdem galten nicht nur den Zeitgenossen, die *Trecientas* — so genannt wegen der Zahl der Strophen — als das grösste Kunstwerk der Nation, auch den späteren Geschlechtern blieb Mena ein klassischer Dichter, der sogar dauernd gelesen wurde. Die abstrakte Allegorie, die uns langweilt, galt eben auch auf dem Höhepunkt der künstlerischen Entwicklung Spaniens noch als schön an sich, die überladene Gelehrsamkeit als ein Verdienst. Der gleichen Stilgattung gehört die weitschweifige Feier der Dichterkrönung Santillana's: *La Coronacion* und der Dialog: *Coplas de los siete pecados mortales* an, zu welchen noch eine Anzahl kleinerer Gedichte kommen. — Bis in die Zeit Isabella's reichen die Vettern Gomez und Jorge Manrique, Verwandte Santillana's. Jorge Manrique (ungef. 1440—1479) hat das so oft vom Mittelalter variierte und auch in dieser Periode mehrfach mit wirksamer Aufrichtigkeit behandelte Thema der Vergänglichkeit des Irdischen in seinen berühmten *Coplas*[4] gesungen, die von milder und tiefer Trauer erfüllt sind und durch die Beziehung auf den Tod des Vaters subjektiv erwärmt werden. Gomez Manrique (1415—90) bleibt wie alle Dichter jener Zeit unter seiner wirklichen Befähigung, weil kein bestimmtes, starkes Wollen irgendwelcher Art die Geister lenkt.

[1] Geb. 19. Aug. 1398, Neffe Lopez de Ayala's, spielte eine wechselnde Rolle in den Parteikämpfen, war seit dem Sturz Alvaro's de Luna's (1452) wohl der mächtigste Mann in Kastilien. Starb 25. März 1458. Vgl. die gute Gesamtausgabe der *Obras* von Rios, Madrid 1852. Die dort versuchte Rekonstruktion der Bibliothek Santillanas verwertet viel zu unvorsichtig Quellenzitate zweiter Hand. Vgl. auch Rios VI, 609 f., Menendez, *Ant.* 5, LXXIX.

[2] Eine Vision, in welcher der Dichter im Traume die Königin von Kastilien und Aragon nebst der Infantin Katharina sich mit Giovanni Boccaccio über die unglückliche Seeschlacht von Ponza unterhalten hört und zuletzt die Glücksgöttin erscheint.

[3] 1411—1456. Lateinischer Sekretär Juan's II.

[4] Die 500 Verse finden sich von den Wiegendrucken an in fast jeder Anthologie.

Wirklich bedeutend aber ist in ihrem verhaltenen Zorn die *Querella de la Governacion*, Reimsprüche, die wuchtig auf die leichtfertige Regierung Juan's II. fallen, so dass der König durch den witzigen jüdischen Parasiten Montoro, genannt El Ropero, erwiedern liess; nicht minder die politisch-moralischen *Consejos á Diego Arias*. Es mag hier auf die anonyme politische Satire hingewiesen sein, welche unter dem erbärmlichen Henrique IV. wuchert, *die Coplas de Mingo Revulgo*, *de la Panadera*, die zügellosen *del Provencial* (1465—74); aus der Zeit Isabella's das Gedicht: *Abre, abre las orejas*, im Hirtengewand, wie *Mingo Revulgo*[1]. Ferner auf die zum Teil anonyme und volkstümliche Partei- und Kriegslyrik im *Canç. musical.* — Der Zeit nach Santillana, die entschieden eine grössere Zahl von Talenten aufzuweisen hat als die vorausgehende, gehören ferner noch an: Juan Alvarez Gato[2] — Pero Guillen de Segovia (1413 bis ungef. 1475) — Guevara, ein Freund Gomez Manrique's, dessen formgewandte Lieder durch eine gewisse Schwermut gefallen, verschieden von dem Velez Guevara des *Canç. Baena* — Garci Sanchez de Badajoz, der seinen *Infierno de amor* dem Guevara nachgedichtet hat — Puerto Carrero, von welchem der *Canc. gen.* einen vortrefflichen, natürlich gehaltenen Dialog mit seiner Dame überliefert.[3] — Rodrigo Cota, der seinen Ruhm allerdings zum grössten Teil der ganz unbegründeten Zuteilung des *Mingo Revulgo* und der *Celestina* (s. u.) verdankt und dessen bemerkenswerter *Diálogo entre el Amor y un Viejo* fälschlich als ein Theaterstück betrachtet wurde. Der Dialog ist lebendig geführt, hat übrigens wahrscheinlich ein auswärtiges Vorbild[4] — Cartagena[5], ein Neffe des gelehrten Bischofs von Burgos — der Aragonese Pedro Manuel de Urrea[6] — Juan de Encina (s. u.). Dem Ernst der religiösen Richtung, die sich unter Isabella geltend macht, dienen die Franziskaner Ambrosio Montesino[7] und Iñigo de Mendoza[8] beide schon dem Volke zugewendet, während Juan de Padilla, el Cartujano in den *Triunfos do los doze Apóstoles*[9] nicht unwürdig Dante nachstrebt.

II. DIE ROMANZE.

41. Die geringsten Dichter »*Infimos son aquellos que sin ningun orden, regla nin cuento façen estos romançes e cantares, de que las gentes de baxa y servil condicion se alegran*«[10] sagt Santillana, aber in dem Villancio *Por una gentil floresta* singen seine drei Schönen drei Volksweisen und zuletzt er selbst die vierte. Zwar dichten er und die nach ihm kommen nicht mehr selbst Tanzlieder, wie die Portugiesen gethan hatten, aber der Tanz und die mit ihm verbundenen Melodien blieben künstlerisches Gemeingut der Gesamtbevölkerung (selbst noch durch das 19. Jh.; das mehr vernichtet hat als das 18.).

---

[1] Vgl. Pidal im *Cancionero Baena* 1, LXXXXVIII; Menendez *Antol.* III, 5 u. 171 VI, 4; Gallardo 487 und 2179; Paz in Obras de Rodriguez del Padron S. 386; Gayangos, Catal. of mss. I, 100.

[2] *Cancionero de J. A. G.*, Hs. der hist. Akad. No. 114. Vgl. Rom. Forsch. X, 13.

[3] Vgl. den Liebeshandel Talavera's im *Canç. Baena* II, 241.

[4] Ein gleichzeitiges anonymes Gegenstück, das ihm wenig nachsteht, deutet durch die Personenbezeichnung Senex, Amor, Mulier auf lateinische Provenienz. *Miscellania Caix* Seite 179.

[5] Vgl. *Andanças e viages de Piedro Tafur* 396.

[6] *Cancionero de Don P. M. d. U. Logroño* 1513. *Bibliot. de escrit. aragon. Secc. lit. II.*

[7] *Cancionero* Toledo 1508 u. öfter s. Gallardo 3134/37. Bibl. Aut. Esp. XXXV, 401.

[8] s. o. S. 423.

[9] Herausgegeben v. Riego, London 1841.

[10] „*De arte de ciego juglar Que canta viejas fazañas Que con un solo cantar Cala todas las Españas*“ schilt Montoro; „*Por lindas canciones nuevas Los romances de don Bueso*“ muss Alvarez Gato hören; Menendez VI, 45.

Kunstdichtung und Kunstgesang schmücken sich gerne mit den populären Motiven. Der Romanze aber kamen nicht im selben Masse wie den Cantares, Musik und Tradition zu Hilfe; wenn wir sie trotzdem die obere Kulturschicht durchbrechen sehen, so zeigt das wie dünn diese noch war. Die Benennung [1] ist im 15. Jh. schon die uns geläufige: bezeichnet ein volkstümliches, meist erzählendes Gedicht in Tiradenform, im Mass der *Redondilla mayor*, die geraden Verse assonierend oder reimend, die ungeraden blank. Theoretisch ist das Mass der romanische Vierzehnsilbner (s. II, 1 S. 35), im Gesang aber und in der Empfindung des 15. Jhs. werden daraus zwei Kurzverse, Melodien und meist auch handschriftliche Abteilung entsprechen der seit Encina giltigen Theorie [2]. Assonanz kennt auch Portugal im Tanzlied in zweizeiliger Bindung, das Kastilische ebenso und ausserdem in Strophenform mit Refrain, für welche den ältesten Beleg das Volksliedchen C. mus. 175 bietet, häufig nachgeahmt im späteren 16. und 17. Jh. [3] In der Romanze ist sie das entschieden ursprüngliche; es musste ein starkes Gegengewicht vorhanden sein, um in der Nachahmung der Kunstdichter schliesslich statt des Reims diese theoretisch niedrige, ja unverständliche Form durchzusetzen. Unter den anonymen rein volkstümlichen Romanzen, die sich im 15. Jh. belegen lassen [4], assonieren 16, reimen 2 [5]; unter den anonymen auf Zeitereignisse, die naturgemäss etwas nach der gebildeten Seite hinneigen, ist trotzdem Assonanz noch das häufigere, so in der ältesten datierbaren *Albuquerque Albuquerque* 1430, während 1466 *Lealtad o lealtad* reimt (C. m. Nr. 321 und ib. pag. 11) [6]. Von den ältesten

[1] Die urspr. Bedeutung war die dem Franz. entlehnte eines erzählenden Gedichts, das nicht Volksepos ist. S. die Belege Wolf, *Studien* 401 [1].

[2] Daher die Spielform *Canç. mus.* 62, mit wechselndem Reim der ungeraden bei durchlaufendem der geraden Verse.

[3] Hierher gehört Duran, *Romancero gen.*, Apend. II, und einzelnes in den vorausgehenden Abteilungen; vgl. Wolf, *Studien* S. 457, ferner Encina, *Arte* cap. 7 »*algunos ay del tienpo antigo de dos pies* (Versen) *y que de tres no van en consonante*«.

[4] Bezw. bis zum *Canç. gen. de Castillo* und der Zusammenstellung des ungefähr gleichzeitigen *Canç. musical.* Es ist nur der Zeit nach dokumentarisch gesichertes Material herangezogen, weil es die natürliche Grundlage zur Beurteilung der späteren Überlieferung bildet, auch wo diese altes enthält, und weil es zugleich zur Formulierung giltiger Schlüsse ausreicht. Die Beschränkung in der Darstellung war um so mehr geboten als F. Wolf für seine grundlegenden Untersuchungen, die in den »Studien« zusammengefasst sind, nur ein Teil gerade dieser Urkunden zu Gebot stand. Von seinen Aufstellungen fällt vor allem jene über die Ursprünglichkeit des Reims und des Reimwechsels.

[5] Es assonieren: *Ya desmayan los franceses* C. gen. 467 u. 446 Wolf u. Hofmann, *Primavera y Flor de Romances* 183; *Tiempo es el caballero* C. mus. 333 Pr. 158 vgl. Duran 1359; *Por mayo era* C. mus. 69 C. g. 461 und App. 223 Pr. 114; *Si damor pena sentis (Gayferos)* C. mus. 323 Pr. 155, 173; *Airado va el escudero* C. m. 325 vgl. ib. 95; *Los brazos traigo cansados* C. mus. 344 Pr. 185; *Morirse quiere Alexandre* C. m. 322, Nebrija cap. 8; *Digas tu el ermitaño* C. Rennert 67 C. mus. 83 C. g. 480 Nebrija 6 u. 8, Böhl I. 215, Pr. 147; *Fonte frida* C. m. 95 C. g. 439 Pr. 116; *Rosa fresca* C. g. 437 Pr. 115; *Yo mera mora moraima* C. g. 459 Pr. 132; *Maldita seas ventura* C. Rennert 61 C. g. 443; *Contaros he en que me vi* C. g. 441 (unvollständig); *Yo mestava en Barbadillo* C. g. 445 Pr. 19; *Rey don Sancho, rey don Sancho* Sumario de los reyes p. p. Llaguno S. 25, Pr. 45; *Estavase el rey Ramiro* C. g. 449Pr. 99; *Bodas se hacen en Francia* Espejo de enamor. Gall. 4510 Pr. 157. Es reimen *Pesame de vos el conde* C. m. 329 Pr. 190—91; Durandarte C. m. 34 3 C. g. 435 Pr. 180. Trotz des reinen Tons besonders der ersteren muss hervorgehoben werden, dass diese beiden auf das Liebessterben hinausgehen. *Triste está la reyna* C. m. 334 reimt, ist aber nur Prolog zu der fehlenden wahrscheinlich histor. Romanze. Unbestimmbar sind die Anfänge *Oh Castillo de Montanges* C. m. 339; *Dormiendo está el caballero* ib. 326; *Por aquella sierra muy alta* C. Herberay Gall. 484; *Triste estava el caballero* C. g. 458, 474; *Amara yo una señora* ib. 475.

[6] Im C. mus. gehören assonierend noch hierher 318 *Caballeros d'Alcala*, 324 *Yo me soy la reyna viuda*, und 330, 332, 335 aus dem letzten Maurenkampfe; reimend 317 *Triste España* (von Encina?), aus dem Maurenkampf 327, 328, 331. Assonierend ferner *Hablando estava la reyna* Rom I, 373 mit dem erst bei Perez de Hita (s. u.) wieder auftretenden, der Romanze an sich fremden Refrain.

Romanzen benannter Kunstdichter (Spätzeit Juan's II.) assonieren die drei volksmässigen des Rodriguez del Padron, sowie eine der höfischen Carvajals, während dessen andere reimt[1]. Das Verhalten der ersten Gruppe ist entscheidend. Männlicher und weiblicher Ausgang sind gleichberechtigt[2]. Encina spricht von vierzeiligen Strophen[3], in Übereinstimmung mit sämtlichen Melodien des *Canç. mus.*, und es ist nicht zu verkennen dass, wie graphisch in Drucken und Hss., oft die entsprechenden Einschnitte auch inhaltlich scharf hervortreten.[4] Doch ist letzteres keineswegs immer der Fall, und wenigstens einmal, *C. mus.* 69, sehen wir vor den Vierzeilern zwei Zeilen als Einleitung gesungen. Das eigentlich charakteristische bleibt die Verbindung der Assonanz mit der Tirade, und zwar einer Tirade; nicht nur alle oben angeführten Romanzen, sondern auch die höfischen Contrahechuras des 15. Jhs. sind einreihig. Quelle dieser Form kann nur das kastilische Epos sein; jene Ansicht, welche umgekehrt das Epos aus den Romanzen entstehen liess, lässt sich schon aus dem *Poema del Cid* heraus (s. S. 397) widerlegen. Als Fingerzeig kann dienen, dass heute von den Blinden die Rezitation langer Romanzen stellenweise durch Gesang unterbrochen wird[5]. Nehmen wir an, dass ähnlich im Vortrag des Epos der Iuglar einzelnen Tiraden lyrische Melodien unterlegte, so erklären sich sofort manche Besonderheiten der Crónica rimada, sowie das isolierte Weiterleben solcher hervorgehobenen Stellen und der Wegfall des für das Epos an sich zu postulierenden, in Frankreich gesicherten rezitativen Vortrags.

Von der Form aus kommt man somit zu einem bestimmteren Schluss über die epischen Romanzen als ihn der Inhalt ermöglichen würde: jene altertümlichen, bei welchen Zusammenhang mit den Prosaversionen der *Crónica general* nicht erweislich ist, kommen wenigstens zum Teil unmittelbar aus dem Epos. Dabei handelt es sich nur um eine sehr kleine Zahl, da von jenen die Milá als »antiguos« gelten lässt, noch einige sekundär sind. Unter den angeführten gehören hierher nur das Schlussstück von Pr. 19, Pr. 45, und Pr. 99. Jenes dem Volkslied gemeinsame unmittelbare Eintreten in den Gegenstand, das eine so eigenartige Perspektive erzeugt, wird hier ganz besonders fühlbar, die Erzählung wird als bekannt vorausgesetzt, eine innerlich reich bewegte Situation in ruhigem knappem Vortrag herausgegriffen. Da die Namen fehlen dürfen, da wo sie bleiben leicht verdunkelt sind, da ferner sehr leicht Verschiebung oder Kontamination eintreten konnte, sobald sich das gesungene Lied von seinem Hintergrund ablöste, wird der stoffliche Zusammenhang oft genug unfindbar bleiben. Doch treten uns innerhalb der vorgeführten ältesten Überlieferung neben dem heimischen deutlich zwei weitere Erzählungskreise entgegen, Roncevalles-Turpin (II, 2, 391) in Pr. 183, das Lancelot-Tioletmotiv vom weissfüssigen Hirsch[6] Pr. 147. Daraus geht hervor, dass Prosaromane,

[1] Zts. f. r. Ph. XVII, 544; Canc. Stuñiga = Pr. 100; Gallardo 485 = Menendez II, 190. Doch ist auch die reimende ohne Zweifel Contrahechura einer assonierenden, der spät überlieferten Alarcosromanze Pr. 163.

[2] Da bei männlichem Ausgang innerhalb derselben Melodie nicht immer, aber oft genug unbetontes, sicher gesprochenes-*e* gleichwertig erscheint, *madre* auf *-á* etc., muss bei männlichem Ausgang eine vokalische Cadenz nachgesungen worden sein. Vgl. Rios, II, 612.

[3] Arte cap. 7: *y aun los romances suelen yr de quatro en quatro pies.*

[4] Man vgl. die Montesinosromanze Zts. XVII, 546, zumal ihren Schluss. Ich halte auf Grund der Beobachtung z. B. in der Montesinosromanze Pr. 50 die Aufnahme der auch sachlich sehr guten ersten Variante für geboten, betone aber, dass das scheinbar so bequeme textkritische Kriterium nur mit grosser Vorsicht angewendet werden darf. Eine Spielart des Vortrags, C. mus. 95, bei welcher durch Wiederholung zehen Zeilen zu 5 Vierzeilern werden, ist oben nicht berührt, da das Lied höfisch scheint.

[5] Inzenga, Cantos y bailes, S. 13: *Los ciegos* (de Valencia) *interrumpen esta declamacion para cantar estrofas del mismo romance, u otras coplas apropósito, para seguir despues declamando.*

[6] Vgl. *Hist. lit. de la France* XXX, 113, dazu eine unzweideutige Spur im franzö-

wie Lopez de Ayala für die höheren Klassen bezeugt, auch in den niederen Volksschichten vorgelesen bezw. erzählt wurden [1], jedenfalls hier in der verkürzten Gestalt des Volksbuchs. An diese Vorträge, die mindestens teilweise gewerbsmässig zu denken sind, scheint sich das Lied ebenso angeschlossen zu haben wie im Epos, wenn auch die gedruckten Volksbücher kein Zeugnis mehr dafür ablegen, ähnlich den Tiraden im altfranz. Aucassin und Nicolette. Pr. 147 findet sich mit anderer Assonanz und gleichem Inhalt bei Nebrija VIII, der Gedanke an die französische Paralleltirade drängt sich auf, obwohl diese in den beiden Cidepen nicht vorkommt. Noch einen Schritt weiter vom Epos entfernt sich das durch und durch volkstümliche Lied vom Tod Alexanders, C. M. 322, welches nicht sowohl an Berceo, als an die Bocadoslitteratur anknüpft; *Fonte frida* endlich ist ein durch die Predigt populär gewordenes Motiv aus der Naturgeschichte der Physiologus. Die Form überträgt sich auf jeden populär erzählenden Stoff; sehr leicht mochte sie strophisch assonierende Volkslieder nach der Art der frühfranzösischen *Chansons de Toile* (vgl. C. mus. 175) an sich ziehen, konnte selbst ein im Tanzlied gegebenes Motiv plastisch gestalten. Doch scheint der Zuwachs von dieser Seite oder auch aus dem Märchen nicht sehr stark gewesen zu sein; es überwiegt der Eindruck epischer Situation auf epischer Grundlage. Einlage einer Legende scheint die volkstümlich-erbauliche Rennert 349 (vgl. Duran 1388), welche übrigens reimt; etwas von dem populär-moralischen Ton, den die Flugblattlitteratur gerne anschlägt, hat bereits die assonierende Rennert 351 (Duran 292). Aber auch sie zeigen jenen Gesamtcharakter. — Sobald der Zusammenhang undeutlich wurde konnten nur sehr wenige, besonders gern gesungene und memnonisch bequeme Romanzen sich längere Zeit intakt erhalten, wie »*Rosa fresca*«; auch die Drucklegung konnte hier und da einmal konservierend wirken. In anderen Fällen traten interpretierende Erweiterungen hinzu, so in Pr. 114 am Ende, in Pr. 147 am Anfang. Die Gayferosromanze verliert in Pr. 155 ihren alten Sinn vollständig, sie wird Pr. 173 durch Vor- und Nacherzählung auf den fünfzigfachen Umfang gebracht (i. J. 1550). Bei der Romanze von den Infanten von Lara Pr. 19, die man im *Canç. gen.* gedruckt vor sich hatte, wird gegen 1550 eine erweiterte stoffverwandte mit anderer Assonanz vorgesetzt, eine Vers- und Motivkreuzung mit der gleich assonierenden alten Ximenaromanze Pr. 30 datiert sicher schon aus dem 15. Jh. Es sind das typische Vorgänge.

Unter den benannten Dichtern hat Rodriguez del Padron überaus glücklich und als der einzige den rechten Ton getroffen, der die drei von ihm überlieferten novellistischen Romanzen im Volke fortleben liess.[2] Der gleichzeitige Carvajal bietet am Hof Alfonsos V. die ersten zwei Beispiele (s. o.) der Contrahechura, welche Anfang und Melodie entlehnt, im übrigen sich frei bewegt: die eine auf ein Zeitereignis von 1448, die andere rein lyrisch. Die jüngeren Kunstdichter kultivieren neben der Contrahechura die Glosse (*Canç. gen.* 433—80 und sonst zerstreut), durchaus reimend und lyrisch; der Anlehnung entschlägt sich bei ihnen nur die offenbar steigend gepflegte religiöse Romanze und jene auf das Zeitereignis. Nachahmung und kyklische

sischen Prosalanzelot P. Paris, *Romans de la Table ronde* V, 322. Es ist sicher, dass der spanische Lanzelot die Episode enthalten hat, ebenso wie der niederländische.

[1] Vgl. Juan Ruiz 1598: der Diener der Archipreste liest dessen Lieder auf dem Markte vor.

[2] *Zts. f. rom. Phil.* XVIII, 546 ff. Die dritte derselben ist in der jüngeren Gestalt in das französische Volkslied eingedrungen, *Margueridette au bord du bois*, Beauquier, *Chansons pop. en Franche-Comté* S. 303, T. Mendes, *Les plus jolies Chansons*, S. 118; sie kreuzt sich in den beiden jüngeren Formen instruktiv mit Pr. 151, durch welche schon Rodriguez angeregt sein konnte.

Ergänzung des traditionellen epischen Volkslieds gehören ausschliesslich der folgenden Periode an.

B. DIE PROSA.

Für die Prosa dieses Zeitraumes ist in erster Linie bezeichnend ein starkes Bildungsbedürfnis, das sich in einer Menge von Übersetzungen bethätigt, eine Richtung, die mit der gleichzeitigen humanistischen Italiens parallel läuft und wesentlich durch sie beeinflusst wird. Eine Reihe lateinischer Autoren werden so zum Gemeingut, häufig durch italienische, gelegentlich auch durch französische Vermittler; in gleichem Rang mit ihnen als klassischer Autor Boccaccio. Eine direkte Rückwirkung der klassizistischen Tendenz zeigt sich vor allem in der wichtigen Geschichtsschreibung; eine ungünstige im Stil, der häufig in unleidlicher Weise den lateinischen Satzbau nachzuahmen strebt, eine Mode, die selbst in die Verse mancher Hofdichter eindringt. Zum Teil gleichzeitig, zum Teil älter als die humanistische Richtung ist die Aufnahme des französischen Aventureromans und seiner Nachbildungen. An Boccaccio schliessen sich Anfänge der Novellendichtung. Lehrhafte und erbauliche Traktate in der Vulgärsprache werden so zahlreich, dass sie im einzelnen nur ausnahmsweise ein litterarisches Interesse bieten. Die Satire fängt an, sich auch der ungebundenen Rede zu bedienen.

43. Pellicer's Versuch einer Bibliothek spanischer Übersetzungen[1] ist äusserst mangelhaft, jene des 15. Jhs. hat Rios Bd. 6 und 7 Aufmerksamkeit geschenkt, von demselben ist die umfassende, anregende Thätigkeit Santillana's, *Obras* S. 613 ff., verfolgt; die hierhergehörigen Hss. der Escorial-Bibliothek notiert Ebert Jahrb. f. r. u. e. L. IV, 64, anderes ist den gedruckten Katalogen, insbesondere der Nationalbibliothek und der Bibl. Osuna, zu entnehmen, vieles bleibt unsicher. Die Reihe der vornehmen Freunde der alten Litteratur, unter welchen Santillana die weitaus bedeutendste Stelle einnimmt, eröffnet der aragonesische Grossmeister Fernandez de Heredia[2] (1310—96) welcher vor 1377 die *Vitae* Plutarch's teilweise und Eutrop übertragen liess. Ihm folgt Pero Lopez de Ayala (S. 421), mit Columna's *Historia Troiana*, der 1., 2. und 4. Dekade des Livius (im Auftrag Enrique's III., vollendet auf Anlass Santillana's) und Bocaccio's *Caida de principes*[3] (I—VIII; IX—X später von Alonso de Cartagena; Druck Sevilla 1495). Enrique de Villena übersetzt in Prosa und kommentirt 1428 die sechs ersten Bücher der *Aeneïs* und den ersten Gesang der *Divina Comedia*[4]. Den Virgil liess Santillana beenden; eine Glosse zu Dante schreibt der Arzt Santillana's Gonzalez de Lucena, bilingue Übersetzungen und Glossen enthält die Bibliothek Osuna. Ausser dem schon genannten liess Santillana noch Caesar, Frontin, Sallust, Platos Axiochus (Rom. XIV, 94), einen Teil der Ilias nach Petrus Candidus, Ovids *Metamorphosen*, Seneca's *Tragödien* (cf. Rios VII, 479) und den für die Poeten jener Zeit so gefährlichen Lucan bearbeiten; Fernan Perez de Guzman *Quintilian* und Seneca's *Episteln*. Selbst der leichtsinnige König Juan II. veranlasste eine Umgestaltung vielmehr als eine Übersetzung der Werke Seneca's durch den Bischof von Burgos Alonso de Cartagena (1384—1456), der auch mehrere Schriften

[1] Madrid 1778. 2 Bde.

[2] Ausserdem ist in seinem Auftrag Orosius bearbeitet, danach später für Santillana eine kastilianische Version, ferner Hayton's, *Fleurs des histoires d'orient*, sowie zwei grössere historische Kompilationen. S. Morel-Fatio, *Publications de la société de l'orient latin* IV, XIX; Rom. XVII, 491.

[3] Ausserdem Boëtius, Isidor de Summo Bono, Flores de Morales de Job. S. Rios V, 110.

[4] Villena, *Arte Cisoria*, ed. Navarro, Madrid 1879, S. LXV; Menendez, Traductores de la Eneida, Madrid 1879, S. V; Cotarelo, D. E. d. V., Madr. 1896.

Cicero's bearbeitete, sowie die Übertragung eines latein. *Epitome* der Ilias durch Juan Manuel. Bezeichnend für den Eifer ist es, dass Aristoteles' Ethik drei verschiedene Male hispanisiert wird, zuletzt von dem Prinzen Carlos de Viana[1], an welchem gelobt wird, dass er sich mehrfach besser ausgedrückt habe als der lateinische Vermittler und das griechische Original. Trotz der Bedeutung, welche durch ein solches Lob der Form beigelegt wird auf Kosten der Genauigkeit, sind die Dichter ausschliesslich in Prosa wiedergegeben. Valerius Maximus, (1467) Eutropius, Eusebius, Trogus Pompeius, Martinus Polonus, bereichern die geschichtlichen, Vegetius, Palladius die technischen Kenntnisse. Die kirchliche, wissenschaftliche und erbauliche Litteratur ist ebenfalls reichlich vertreten durch Isidor's Etymologien (Rios VI, 44), Gregor d. Gr., Hieronymus, Tatian u. a., tritt aber hinter der klassizistischen Richtung zurück. Aus dem französischen Honoré Bonet's *Arbol de Batallas* (zwei Versionen), aus dem katalanischen verschiedene Schriften von Francesch Eximiniz (II, 2. 98). Auch Originalschriften des Petrus Candidus und Leonardo Aretino[2], deren Vermittlung die Spanier zu einem grossen Teil ihre klassischen Kenntnisse verdanken, sind übernommen worden; der stärkste Einfluss unter den italienischen Humanisten war aber jener Boccaccio's. Auf die *Caida de Principes* (s. o.) folgten noch das *Liber de montibus*, die *Mujeres illustres* und die *Genealogia de los Dioses*, wohl noch unter Juan II.[3], ebenso das *Nimfale d' Ameto*, die *Fiammetta* und aller Wahrscheinlichkeit nach das *Decamerone*. Der Einfluss der lateinischen Schriften Petrarca's steht jedenfalls erheblich hinter dem Boccaccio's zurück[4]. Die Thätigkeit vermindert sich in der zweiten Hälfte des 15. Jhs., aber nur weil dem Bedürfnis in den wichtigsten Stücken genügt war; das Fortbestehen der gleichen Interessen zeigt schon der ansehnliche Platz, welchen jene Übersetzungen unter den Inkunabeln einnehmen.

44. Am stärksten tritt in der Geschichtsschreibung der Einfluss der Übersetzungen hervor, zunächst der des Livius und Plutarch, später der des Valerius Maximus. Lopez de Ayala (S. 421, 434) führt in die Fortsetzung der offiziellen Reichschronik[5] (Pedro I. bis Enrique III.) den Schmuck der fingierten Reden ein, an sich ein höchst mangelhaftes Darstellungsmittel, das aber einen Fortschritt über die rein auf das Thatsächliche gerichtete ältere Chronik bezeichnet, da ein Abwägen der Gegensätze und Fällen von Werturteilen dabei notwendig wird. Vollständig neu ist bei ihm die eindringende Analyse des Charakters Don Pedros. Die *Cronica del rey Juan II.* war in ihrem ersten Teil (1406—20) von Alvar Garcia de Santa-Maria verfasst (Mitglied einer ausgezeichneten Convertitenfamilie, Oheim des Bischofs Alfonso de Cartagena), eine Fortsetzung bis 1435 stammt von völlig un-

[1] Desdevises, *Don Carlos d'Aragon*, Paris 1889, S. 416.

[2] Vgl. Vollmöller in *Studien* Bernays gewidmet, Hamburg 1892, S. 233; *Bibliothèque de l'Ecole de Chartes* 1894; *Katalog der Bibl. Nac.* s. v. Aretino; Rios VI, 42.

[3] Rios VI, 41, vgl. Beer, *Handschriftenschätze* 80, 12. 81. Zu der Frage, ob die 1496 erstmals gedruckten *Cien Novelas* schon in der ersten Hälfte des Jh. vorhanden waren, s. Ebert a. a. O. S. 50 und Beer 67, 21. Die Bekanntschaft des Archipreste de Talavera mit dem *Corbaccio* beweist nicht, dass dieser übersetzt war. Eine eigene Produktion hat das *Decamerone* zunächst so wenig hervorgerufen als der vor 1440 vorhandene *Ysopete historiado* (Rios VI, 37), die der *Scala Coeli* entnommene Version der *Siete Sabios* (in *Opusculos literarios*, Madr., Bibliof., 1892), und als die Neubearbeitung von *Calila* und *Dimna*; vgl. auch S. 414.

[4] Insbesondere fehlt jeder Beleg für die von Rios VI, 40 behauptete Übersetzung von *De viris illustribus*. Zu beachten sind seine lateinischen Eklogen.

[5] *Cronicas de los reyes de Castilla* p. p. Rosell, 3 Bde., Madr. 1875—78. Ein Teil der Königschroniken auch in der Madrid 1779—87 bei Sancha ohne Gesamttitel erschienenen wichtigen Sammlung, deren 7 Bände herkömmlicher Weise nach der Folge des Erscheinens gezählt werden und die im folgenden als Coleccion Sancha bezeichnet ist. Nicht eingereiht sind oben Juan de Alfaro, Cron. de Juan I. und Palma, Retribucion, Rios V, 259 und VII, 324, beide unedirt.

bekannter Hand, der dritte Teil bestand ursprünglich aus chronistischen Notizen zweier Hände, das ganze wurde von Fernan Perez de Guzman im Sinn einer veränderten Politik überarbeit, der dritte Teil dann nochmals zwischen 1481 und 1486 von Diego de Valera ergänzt; schliesslich hat der erste Herausgeber Galindez de Carvajal 1517 die Chronik retouchiert.[1] So ist sie weiter gedruckt worden, nur der zweite Teil liegt in ursprünglicher Gestalt vor. Die Zeit Enriques IV. behandeln Diego Enriquez Del Castillo und Diego de Valera (1412—86) *Memorial de diversas hazañas*, dessen Verhältnis zu den weitergreifenden lateinischen Dekaden des Alfonso de Palencia (1443—92) zweifelhaft ist;[2] jene der katholischen Königin Fernando del Pulgar (bis ca. 1492) und Andres Bernaldez (bis 1513), beide bei erhöhter Achtsamkeit auf die Disposition noch chronistisch gebunden, Pulgar mit allzu reichlicher Einschaltung der fingierten Reden und geringeren Vorzügen als in seinen Claros Varones; ferner ungedruckte Chroniken von Diego de Valera und mehreren anderen.[3]

Ins innere Leben jener Zeit, die romanhafte Mischung von Tüchtigkeit und Abenteuerlichkeit, Festen und Blutvergiessen, führen uns die farbenreichen Erzählungen einzelner Leben und Ereignisse. Die Tragödie des glänzenden Günstlings Alvaro de Luna hat ein unbekannter Anhänger mit ergreifender Wärme geschrieben. Ein Gefolgsmann des Grafen Pedro Niño (1375—1436), Gutierre Diaz Gamez, hat das romantische Leben seines Herrn mit einem Rahmen aus historisch-gelehrter Sage umgeben unter dem Titel *El Victoral.*[4] Die *Crónica del Condestable Lucas de Iranzo*,[5] wahrscheinlich von einem Juan de Olid, berichtet von einem wackeren Emporkömmling. Leider nur im Auszug besitzen wir das *Libro del Paso honroso*, den Bericht über eine fantastische Ritterthat des Suero de Quiñones im Jahre 1454; über ein minder abenteuerliches, aber recht merkwürdiges Ereignis des Jahres 1439 *El Seguro de Tordesillas*; hierher lassen sich noch zählen die *Andanzas y Viages de Pero Tafur*[6] 1437 und der Bericht über eine Gesandtschaft an Timur Tamerlan, der unter dem irreleitenden Titel: *Vita del Gran Tamerlan* veröffentlicht ist.[7] Mit durchdringender Beobachtung und fester Hand, von einer ungewöhnlichen Höhe der Anschauung aus, hat Fernan Perez de

[1] Anders Rios VI, 218, vgl. VII, 303. Die Angaben Carvajals erweisen sich als vollkommen verlässlich, die verkehrte Vermutung, dass der zweite Teil von Juan de Mena herrühre, wird von ihm eben nur als eine Vermutung dritter registriert. Rosell hat in seiner Ausgabe die handschriftliche Überliefernng nicht berücksichtigt. Auch der fälschlich unter dem Namen Alvar Garcias in der *Col. de docum. ined.* 99, 100 herausgegebene zweite Teil folgt nicht der erhaltenen Originalhs., sondern einer Kopie, weil jene schwer zu lesen und dem Untergange nahe ist. So dürfen in Madrid noch immer die Editorenpflichten aufgefasst werden dem wichtigsten Denkmal eines halben Jahrhunderts eigener Geschichte gegenüber.

[2] S Fabié in *Dos tractatos de A. d. P.* S. LXXIV; Rosell S, VI. Die *Crónica de A. d. P.*, aus welcher Holland, Tübingen 1850, Bruchstücke mitgeteilt hat, ist ein geringwertiger Auszug der lateinischen Dekaden.

[3] Rios VII, 341/42; Rosell III, VIII; Gayangos *Catalogue* I, 208, 210: *Eg.* 303, 305, *Adt.* 20816.

[4] Die Ausgabe Llaguno's, *Coleccion Sancha* Bd. III, verwandelt den Titel in: *Crónica de Don Pedro Niño*, weil sie den Rahmen, die Wunderthaten Alexanders nach Berceo und ähnliches unterdrückt, vollständig ist die französische Übersetzung von Circourt und Puymaigre, Paris 1876. Die *Crón. de D. Alvaro de Luna, Paso honroso* und *Sejuro de Tordesillas*, ebenda Bd. 4.

[5] Herausg. in *Memorial histórico*, Bd. VIII. Vgl. Schirmacher, *Gesch. v. Span.* VI, 730.

[6] *Coleccion de libros esp. varos o curiosos* VIII.

[7] In Col. Sancha III., verfasst entweder von Gonzalez de Clavijo, den die Herausgeber nennen, oder von Fray Alonso Paez de Santa-Maria.

Guzman in seinen *Generaciones y Semblanzas*[1] um 1455 und früher die knappen Charakterbilder seiner Zeitgenossen gezeichnet. Ihm folgte Fernando del Pulgar in seinen *Claros Varones de Castilla*[2] (aus der Zeit Eriques IV.), die gut geschrieben und entworfen sind, aber hinter dem Vorbild zurückstehen, wie der Hofgelehrte Isabellas hinter dem Staatsmann. Kurz genannt seien die spanischen Geschichten des Pedro de Escurias, Diego Rodriguez de Almela, die des Diego de Valera (*Crónica Valeriana*), die auf den Namen des Garcia de Eugui laufende navarresische v. J. 1389, des Fürsten Carlos de Viana *Crónica de los reyes de Navarra*, die knappe *Crónica de Aragon* von Vagad. Ferner einige Versuche allgemeiner Geschichte, Pablo's de Santa-Maria (1350—1335, Bruder des obengenannten Alvar Garcia) *Suma de Crónicas*, des Alfonso Martinez *Atalaya de Crónicas* (1443), und Alonso's de Avila *Compendio universal de las historias romanas* (1499). Wichtiger sind des Fernan Perez vorerwähntes *Mar de las historias* und Alonso's de Toledo *Espejo de las historias*, der *Caida de Principes* nachgebildet, beide unediert, sowie des Diego Rodriguez de Almela (ca. 1426 bis 1492)[3] *Valerio de las historias* (1472), dessen Titel das lateinische Vorbild nennt, seit 1487 zusammen mit desselben *Battallas campales* oft gedruckt. Die Geschichtsschreibung anspruchsvollerer Art neigt seit der Mitte des Jahrhunderts wieder zum Gebrauch der lateinischen Sprache (Alfonso de Cartagena, Alfonso Fernandez de Palencia u. a.). Verdrängen aber liess sich das Kastilische aus dieser Domäne nicht mehr.

Eine besondere Erwähnung verdient noch des Pedro de Corral *Crónica Seracina*, welche Fernan Perez als Lügenbuch aufführt. Es ist, wie man im 16. Jh. zutreffend annahm, die ganz romanhafte *Crónica del rey Rodrigo*, welche zu der *Crónica General* auch die *Crónica del Moro Razis* und die *Crónica Troiana* benützt, in den zahlreichen Drucken abgekürzt erscheint.[4] Sie gehört zu einer Gruppe von Auszügen aus der Cronica Alfonso[5], welche in dieser Zeit entstanden (Rios V, 278) und als Volksbücher bis heute fortleben, für die Masse der Bevölkerung die Geschichte Spaniens darstellten, Inhalt und Denkweise der Kunstromanze und des Dramas mit bestimmten.

Wie die politische satyrische Dichtung (S. 430) gerne die Hirten sprechen lässt, ist es in dem an Isabella gerichteten Dialog *De los pensamientos variables* ein Bauer der sich mit dem König über die bittere Lage seines Standes unterhält. Die getauften Juden greift das *Privilegio que el rey D. Juan II. dió á un Hidalgo* an, feindselig aber nicht ohne Geschick. Solche kleine Pamphlete[5] sind sicher zahlreich verloren, die Vorläufer des Witzes Quevedos.

Proben des Briefstils in öffentlichen Dingen bieten kleine Sammlungen von Diego de Valera[6] und Fernando de Pulgar.[7] Das früher viel berühmte *Centon epistolario del bachiller* Fernan Gomez de Cibdareal aber ist eine flotte Fälschung,[8] ohne andere Grundlage als die bekannten Quellen zur Geschichte Juans II.; sie mag im 16. Jh. gefertigt sein, da die Sprache

---

[1] Nach Rios VI, 207, bezw. nach Rosell, Bd. II eigentlich der dritte Teil seines *Mar de las Historias*, dessen erster die Grössen der alten Zeit, der zweite Heilige und Gelehrte behandelt.

[2] ed. Llaguno, Madrid 1775.

[3] Vgl. über über andere Schriften des Rodriguez, Ticknor II, 720.

[4] Ticknor II, 685; Rios V, 275; Salvá 1584.

[5] Rios VII, 582; Paz y Melia, *Sales españolas*, I, 51.

[6] Madrid, Socied. de Bibliof. 1878.

[7] In F. d. P. Claros Varones, Madrid 1775.

[8] S. u. a. Ticknor II, 540; Gessner, Die Cibdarealfrage, Berlin 1885; Carol. Michaelis in Rom. Forsch. VII, 133.

Anklänge an die antisierenden Ritterromane zeigt. Wie man sich einen feinen Liebesbrief dachte zeigen Einlagen des Amadis und der Novellen.

45. Im 13. Jh. sieht der Spanier Geschichte auch in solchen französischen Erzählungen, die nur der Unterhaltung dienen wollen. Das Verständnis für die Existenz der Fiktion gewinnt er erst im 14. Jh. durch die Bekanntschaft mit der *matière de Bretagne*. Wenn Alfonso X. einmal Tristan, Iseu und Artus nennt, so ist das nur Reflex der provenzalischen Dichtung. Für den Archipreste de Hita[1] war der Prosa-Tristan ein neues Buch und zweifellos ein neues kastilisches. Gleichzeitig entnimmt ihm Juan Manuel einen recht versteckten Namen (s. o. S. 419). Die Übersetzung des Romans ist in einer Hs. s. xiv—xv erhalten[2], leider nur ein Fragment, das kaum ein Fünftel des ungeheuren Ganzen umfasst und eine Redaktion aufweist, die keiner der analysierten französischen[3] genau entspricht. Dass der Schluss eine eigenartige Mittelstellung zwischen den Rom. XV, 481 besprochenen Versionen einnahm, wird durch die Romanzen *Primavera* 146a (vgl. Gallardo 3619) wahrscheinlich gemacht. Auch die an dritter Stelle (im *Cancionero Colocci-Brancuti* Nr. 1—5) erhaltenen lyrischen Einlagen — galizisch wiedergegeben, wie alle Lyrik der Zeit — weisen der französischen Vorlage eine Sonderstellung zu. Von verwandtem Geist erfüllt war Benoît's *Roman de Troye*, den noch Alfonso XI. seinem Schreiber Nicolas Gonzales zu übersetzen befahl, womit dieser im ersten Jahr seines Nachfolgers zu Ende kam.[4] Eine andere Version, die Hs. angeblich noch s. XIV, enthält eingestreute Verse, *canciones e romances*, anscheinend in grösserem Umfange als der Tristanroman, aber nach seinem Vorbild: ist vielleicht identisch mit einer *versio hispanica dimetro carmine* im Escorial.[5]

Neben den zahlreichen Anspielungen auf Tristan, Yseo, Eneas u. s. f. bei den älteren höfischen Dichtern finden sich solche auf Artus, Ginebra, Lançarote, Galas, Bandemagus, Bryuz (Brehus), auch auf Merlins Grab[6], Lançarote als Buchtitel im *Rimado de Palacio* 162, und etwa 30 Jahre später die *Gran Demanda del Santo Greal*[6]. Ferner in Fernan Perez de Guzman *Mar de las Historias* (Gallardo 3439) die Kapitel *del Santo Grial* und *de Merlin*. Welche unter den französischen Romanen diesen Anspielungen und Zitaten entsprechen, lässt sich nicht genau feststellen. Weder die vorhandenen Handschriften des Kreises sind bisher einer genaueren Einsicht gewürdigt worden, noch auch die Drucke der Ritterbücher[7], über welche Gayangos nur

[1] 1675: *Ca nunca fue tan leal Blancaflor á Flores, Nin es agora Tristan con todos sus amores.*

[2] Reproduktion einer Seite bei Monaci, *Facsimile* No. 6. Der gedruckte *Tristan de Leonis*, Valladolid 1501 u. öfters, scheint eine Verkürzung zu sein.

[3] Loeseth, *Le roman de Tristan*, Paris 1890. Die spanische Version ist dort nicht benützt.

[4] s. Mussafia, *Wiener Sitzungsber.* 69, 39. Die portugiesische Version (II, 2, 211) ist eine jüngere wörtliche Übersetzung des N. G. Die Hs. nach dem Katalog der Bibl. Osuna princ. s. XV.

[5] Bibl. Osuna 1888; Mussafia l. c. 50. 48; Rios IV, 350 Anm. Im Bücherverzeichnis Pimentel 1440, (Beer, *Handschriftenschätze Spaniens* No. 67), steht eine *Conquista de Troja e romance de Pedro Chenchilla;* eine Hs. der Bibl. Naç. S. 30, ms. s. XV. betitelt sich: *Historia de la Destruccion de Troja, tomada especialmente de las historias de Liomarte* (?). Die Guido de Columna folgenden Versionen (Mussafia 49 ff.) bezeichnen immerhin eine Wendung zur Klassizität, da bei ihm ein guter Teil höfischen Schmucks weggefallen ist; voll ausgesprochen wird diese Wendung als man unter Juan II. durch lat. Vermittlung den Homer kennen lernt. Vgl. Vollmöller in Studien z. Ltg., Bernays gewidmet, Hamburg 1893, S. 233; Gallardo 3015.

[6] C. B. II, 30 bei Diego Martinez ungefähr im 1. Viertel des 15. Jh. neben dem Tod Merlins.

[7] Fast unzugänglich, da auftauchende Exemplare sofort in den englischen Privatsammlungen beerdigt werden.

ganz knappe Angaben macht und die nicht notwendig mit der Überlieferung des 15. Jhs. identisch sind. Der *Gran Demanda* können entsprechen entweder die gedruckte *Demanda del Santo Greal con el Baladro de Merlin* (1500?, 1515, 1535) in zwei Büchern — ein drittes kennt der Bibliotheks-Katalog Isabella's der Katholischen und der handschriftl. *Lançarote del Lago*, Bibl. Naç. Aa 103 — oder die Kompilation, zu welcher die portugiesische *Demanda* gehört. Das in einer Hs. des 14. Jhs. erhaltene *Libro de Josep ab Arimatia*[1] *e otrosi del Santo Grial, de Merlin e del rrey Artus*[2] dürfte der ergänzte Robert de Boron sein. In derselben steht der Anfang eines *Lançarote*. Die Priorität vor den im ganzen jedenfalls identischen portugiesischen Gralromanen (II, 2. 213—16) ist im allgemeinen durch das höhere Alter der Zitate und den Gang der litterarischen Entwicklung gesichert[3]. Nicht genannt, aber höchst wahrscheinlich schon vorhanden ist die *Cronica de Tablante e Ricamonte*, eine Bearbeitung des provenzalischen Jaufre[4]. Neben den antiken und den Artushelden werden von den Hofdichtern natürlich auch Karl und Roland erwähnt, aber sie fehlen in Aufzählungen, wo man ihren Namen erwarten dürfte. Sie sind offenbar nicht so modern wie jene. Neu ist aus jenem Kreise nur Henrique fi d'Oliva (C. B. I, 160),[5] auch noch im ersten Viertel des 15. Jhs. eine unter Pippin gesetzte, spät zusammengeborgte Variante der unschuldig verfolgten Frau, sicher aus dem franz., ebenso wie weiterhin von dort das Volksbuch von *Fierabras*[6], den *Nueve de la Fama* und ähnliches herüberkommt. Unter den mehrfach genannten *Flores y Blancaflor* ist wohl schon das aus dem italienischen übernommene Volksbuch[7] zu verstehen: eine Litteraturgattung, die von dem Roman wohl unterschieden werden muss. *Paris e Viana* (Burgos 1524) wird vor 1412 erwähnt (C. B. I, 205. 239). Die Angabe des Pierre de la Seppade (1432, gedr. Anvers 1487), das er aus dem Provenzalischen übersetze, ist also richtig. Ausserhalb Spaniens noch nicht gehört war der Name des *Amadis*, dem wir fast so häufig wie Tristan begegnen und der ihm in der Gunst des Lesewelt den Rang ablaufen sollte.

Ihm ging als die älteste selbständige kastilische Fiktion der *Caballero Cifar*[8] voraus; ein wunderliches Machwerk, das die Eustachiusfabel (S. 416) mit den *Flores de Filosofia* (S. 412), dem französisch verlorenen, hier schön erhaltenen *Lai* von *Tristan qui onques ne risi*[9] und einigen andern Ingredienzen in einander arbeitet und in diese altertümliche Materie die fahrende Ritter-

---

[1] Sicher verschieden von der *Historia del rey Vespasiano*, Sevilla 1498 und vorher portugiesisch Lisboa 1496 (Escudero 73, Gayangos S. 83), einer Kombination des *Josep* mit einem der Pseudoevangelien. Nur indirekt zu dem Kreise gehören die schon früher bekannten Prophezeiungen Merlins.

[2] *Rom.* X, 300 Anm. Vgl. Gayangos, *Libros de Caballeria* LXIII, Gallardo, *Ensayo* I, 891. — Über den gedruckten Merlin (1498) G. Paris in *Merlin, Roman en prose du XIII siècle* S. LXXII. Was dort S. LXXIV über den span. Prolog gesagt ist beruht auf einem Versehen.

[3] Die Rückdatierung des pg. *Livro de Joseph* auf die erste Hälfte des 14. Jhs. (II, 2. 215) ist vollkommen willkürlich und dem Sprachgefühl, welches ib. 214 in der pg. *Demanda* des 15. das 14. Jh. erkennt, kann ich nach meiner Kenntnis der Zunge keinen hinreichenden Glauben schenken.

[4] S. II, 2. 8. *Hist. lit.* XXX, 216. Ausg. Valladolid 1513 u. ö.

[5] Sevilla 1498; Madrid, Bibliófilos, 1871.

[6] *Historia de Carlomagno y de los doce Pares de Francia*, zuletzt gedr. Paris 1881; vgl. G. Paris, *Hist. poét. de Charlem.*, 214.

[7] *Giorn. di Fil. Rom.*, IV, 159.

[8] Sevilla 1512, neu und schlecht hrsg. von Michelant, *Bibl. d. Stuttg. lit. V. 112.* Die Pariser Hs. ist S. XIV, Bibl. Osuna No. 140 S. XV, dazu *Bibl. Nacion* BB 136.

[9] Im Motiv Maries de France *Guigemar* verwandt, aber ursprünglicher. Der Verfasser kennt auch den *Lanval*-lai unter dem Namen *Ivains*.

schaft hineinbringt, noch nicht die galante. Die Abfassung fällt nach dem Prolog vor 1349 und in einige Entfernung nach 1300 [1].

46. Ganz anders hat der etwa ein Menschenalter jüngere *Amadis* Empfindung und Erfindung des höfischen Romans nicht nur sich angeeignet, sondern auch weiter entwickelt. In der Gralsuche hatte jener ein religiöses Element in sich aufgenommen. In Lanzelot und Tristan bildet den Faden die Liebe zu Ginebra und Isolde, zur Frau des andern. Die Keuschheit des Amadis gilt nicht einem mystischen Endziele, sondern der Geliebten, seine Liebe zu Oriana ist sittlich-rein und einfach-menschlich, der leichtsinnige Liebhaber Galaor mit seinen Erfolgen dient dem Helden nur als Folie [2]. Frauendienst und Abenteuer bleiben traditionell, aber zur Courtoisie kommt die Tugendlichkeit mit stärkerer Betonung als im französischen. Es herrscht eine weiche, fast sentimentale Stimmung mit einem starken, rhetorischen Beisatz. Der Artushof ist aufgegeben, der herkömmliche Schauplatz, Britannien, Griechenland mit der Inselwelt des Tristan beibehalten; der Aufbau im Vergleich mit den französischen Trümmerhaufen verständig zu nennen, die unendlichen Abenteuer nicht schlecht erzählt, manches anmutig erfunden, aus den französischen Romanen entlehnte Motive geschickt verwertet, die Sprache nicht frei von gezierter Willkür.

So hat uns Garci-Ordoñez de Montalvo aus Medina del Campo das Buch überliefert, der seine Bearbeitung nach 1492 beendete, aber schon früher begonnen hatte. Er sagt über sie, dass er die von Schreibern und Bearbeitern [3] beschädigten drei ersten Bücher bereinigte, das vierte entlehnte und verbesserte [4], und das ganz neue fünfte, *las Sergas de Esplandian* (des Sohnes des Helden) hinzufügte. Die *Sergas* sind denn auch in den ältesten Drucken vom eigentlichen *Amadis* getrennt [5]. Die ersten Kapitel des vierten Buches sind deutlich erkennbar noch vom dritten herübergezogen, die dreie kannte schon Pero Feruz (C. B. I, 322) und sie müssen wesentlich mit denen Montalvo's übereingestimmt haben: auch eine Figur zweiten Ranges, Macandon wird erwähnt (C. B. I, 73) und zwei wichtige Bestandteile der Decoration. Wir dürfen also annehmen, dass wir im Wesentlichen den alten Amadis noch besitzen; Form und Geist, so wie sie bei M. erscheinen, waren durch Tristan und Lanzelot auf der einen, Juan Manuels Fürstenlehren und die galizische Hofpoesie auf der anderen Seite genügend vorbereitet.

Mehr Material kommt für die vielumstrittene Frage in Betracht, ob der erste A. portugiesisch oder kastilisch gewesen sei, und ist schon oben II, 2, 216 verwertet. Eine besonders frühzeitige Bekanntschaft Portugals mit der *matière de Bretagne* darf aus den sogen. *lais* des *Canç. Vat.* (II, 2, 213) nicht gefolgert

[1] Er erzählt ein Ereignis aus dem Jahr 1300, kennt die 100jährige Periode des Jubeljahres und nicht die 50jährige. »*Era*« wird dabei wiederholt falsch gebraucht, 1339 erscheint aber richtig gleich 1301. Die päpstliche Bulle (*Corp. iur. can.*, *extrav. commun.* V, 9, 1), auf welche Bezug genommen ist, enthält die angegebenen Bestimmungen nicht.

[2] *Porque en los autos semejantes que a virtud de honestad no son conformes, con razon deve ombre per ellos ligeramente pasar, teniendolos en aquel pequeña grado que merecen ser tenidos.* I, 12.

[3] »*Componedores*« heisst im Spanischen des 15. Jh. stets Dichter, Autoren, Bearbeiter, mlat. *compositor* ist in gleicher Bedeutung vorhanden, obwohl bei Du Cange nicht belegt; »Setzer« wie Braunfels, *Kritischer Versuch über den Roman Amadis von Gallien*, Leipzig 1876 willkürlich konjiziert, unterschied man überhaupt noch nicht von »Drucker«.

[4] »*trasladando y emendando*«; *trasladar* ist übersetzen und abschreiben, aber auch excerpieren und bearbeiten. Braunfels, a. a. O. S. 83 fasst das Verhältnis des vierten Buches zu den *Sergas* anders, übersieht aber dort, dass Montalvo's Vorrede selbst von fünf Büchern spricht. Vgl. auch cap. 99 der *Sergas*.

[5] Der erste erhaltene der 4 Bücher von 1508, der *Sergas* 1510; vgl. Braunfels S. 75, Salvá 1506 und 1512.

werden, sie sind, wie schon gesagt, einfach Übersetzungen der lyrischen Einlagen des franz. Tristan, vielleicht von dessen kastilischem Übersetzer gefertigt[1], da ihr Inhalt die Sprache der Hoflyrik verlangte. Da der Tristan des Archipr. unzweifelhaft der kastilische ist, werden sich die gleichzeitigen Anspielungen in Portugal doch wohl auf diesen beziehen. Die Kastilier pflegen Erzählung und Prosa, die Portugiesen die Lyrik, sie übersetzen kastilische Prosa. Das umgekehrte kann auch vorkommen, muss aber dann bewiesen werden. Ebenso wie einen kastilischen, hat es nun im 15. Jh.[2] einen portugiesischen *A.* gegeben, der Chronist Gomes Eannes[3] (1450–63) schreibt ihn dem Ritter Vasco Lobeira zu, und spätere sind ihm darin gefolgt, ohne etwas anderes zu kennen als den Montalvo. Dieser Lobeira ward 1385 zum Ritter geschlagen, war also jünger als der *Amadis* Ayalas, kann nicht Verfasser, sondern nur Übersetzer gewesen sein. Man hat daher eine ziemlich starke Verwechslung angenommen, nicht Vasco, sondern João Lobeira soll ihn verfasst haben, der 1258—85 blühte und von dem in der That das in den *Amadis* eingelegte Leonoretaliedchen herrührt: diese Episode sei ein endgiltiger Beweis. Sie ist indessen höchst zweideutig, weist nach rückwärts auf ein unerzähltes Vorkommnis, nach vorwärts dahin, wo (IV, 38, 44) die Leonoreta für die Fortsetzung gebraucht wird; der Verdacht des Einschubs[4] ist durch II, 12 (Übertragung des Abenteuers Gauvains mit dem kleinen Fräulein auf L. und *Amadis*) kaum gemildert, verschärft wenn wir beachten, dass die einzige weitere lyrische Einlage (II, 8), sonst ganz gleichartig, nicht portugiesisch sein kann, eine erst der jüngeren Hofpoesie geläufige, in Portugal fehlende Form hat. Dem Kern des Romans gehören dagegen sicher die echt englischen Namen an, und unter diesen ist Gravesend kaum vor dem 14. Jh. möglich[5]. Endlich steht jene Annahme in schneidendem zeitlichen Widerspruch zu allem was wir über die späte Entfaltung der portug. Poesie wissen — vgl. die noch etwas zu günstigen Ausführungen II, 2, 207 — und würde überdies nötigen einen portugiesischen Prosalanzelot und Prosatristan um 1250 anzusetzen. Der *Amadis* bleibt jener Litteraturentwicklung in der er zuerst bezeugt ist und in die er am besten hineinpasst, der kastilischen. Wohl aber kann Montalvo für sein viertes Buch die portug. Bearbeitung benutzt haben, und auf sie mag sich beziehen was er I, 40 von einer vom portugiesischen Infanten Alfonso[6] gewünschten Änderung sagt.

In der zweiten Hälfte des 15. Jhs. muss die Schätzung der *Amadis* etwas nachgelassen haben; neben den zahlreichen Erwähnungen im *C. d. B.* kenne ich in den jüngeren Liederbüchern nur mehr dreie, und es kann das nicht bloss an dem veränderten Charakter der Dichtung liegen. Montalvo's

---

[1] Zu bemerken ist die Verwandtschaft der Namen: franz. *Sassoigne,* Canç. *Samsonha,* Montalvo *Sansueña*; franz. *Morout, Morlot,* Canç. *Maroot,* Montalvo *Marlotte.*

[2] Wenn 1598 ein Portugiese die Sprache jener der Gedichte aus der Zeit des Don Denis ähnlich hält, so darf kein Sachkundiger daraus auf das 14. Jh. schliessen.

[3] Oder auch ein unbekannter »*comendador*«, dem er Mitteilungen aus der Zeit von 1415—50 verdankt. Man kann nach Belieben das eine oder das andere aus der konfusen Stelle herauslesen.

[4] Neben diesem Verdacht besteht die Möglichkeit, dass der spanische Autor s XIV selbst höfische Liedchen nach dem Vorbild des Tristan eingelegt hat, die der lyrischen Sprache seiner Zeit angehören mussten.

[5] Es wird mit Gravesham im *Doomsdaybook* identifiziert; in den mir zugänglichen englischen Quellen finde ich im 13. Jh. nur einen Stephan von Gravesende in einer Londoner Urkunde. Im 14. besass der Platz ein Königsschloss, das 1379 von den Franzosen mit Hilfe der Spanier verbrannt ward.

[6] Dass er dem unächten A. von Braganza den Prinzentitel giebt ist dem Spanier zu verzeihen. Jener starb 1461, war 1415 erwachsen, somit nicht sehr viel jünger als Vasco Lobeira.

Erweiterung kam einerseits die Verbilligung eines so dicken Buches durch die Buchdruckerkunst, andrerseits wohl auch der Umstand zu gute, dass durch die Erwerbung Amerikas und Granadas, zum Teil auch die Vertreibung der Mauren eine Menge von neuen Menschen in die Höhe kamen, die in ihrer Masse auf den Gesamtgeschmack zurückwirkten.

Die Erzählung von Orianas Zauberkranz und Amadis Zauberinsel kennt, unter Johann II., Juan de Dueñas[1]. Letztere nennt er die insola del Ploro, Montalvan Insola Firme: jener Name stammt aus der Episode des *Chastel des Pleurs* in Tristan, die nachgeahmt, aber stark modifiziert ist, so dass die Thränen unpassend erschienen. Am weitesten zurück deutet 1378—85 Lopez de Ayala im *Rimado de Palacio* 162, wo dieser den Zeitverderb mit Lügenbüchern wie Amadis und Lanzelote in seine Generalbeichte aufnimmt, und dabei nicht notwendig, doch wahrscheinlich seine jüngeren Jahre im Auge hat. Der Roman wird also in den 60er Jahren vorhanden gewesen sein.

Kam er vom Westen oder ist er in Spanien entstanden? Die Personennamen geben keine Auskunft; sie sind zum grösseren Teil Neubildungen in der Art der geläufigen Muster, zum kleineren neu verwendete von untergeordneten Figuren der franz. Prosaromane, alles so wie es ein Franzose gemacht haben würde und auch ein Spanier machen konnte. Die Topographie zeigt dagegen manches besondere, die traditionellen eigentlichen Artusnamen treten zurück, eine ungefähre Kenntnis der wirklichen Lage von Bristol, London, Windsor[2], von Schottland und Dänemark scheint vorhanden. Was zwischen jenen Städten liegt ist phantastisch, von einem Engländer würde bei aller späteren Schädigung mehr geblieben sein, er würde nicht Gravesend (Gravisanda) mehrere Tagereisen von London legen und zu einer Insel machen. Was an Wissen vorhanden ist, das konnte ein Spanier des 14. Jhs. eben so wohl besitzen als ein Nordfranzose oder Provenzale auch noch vor den engen politischen Berührungen unter Pedro I. Jenseits der Pyrenäen fehlt jede Spur des Stoffes, es fehlen im Amadis Anklänge an spätfranzösische und spätprovenzalische Neuheiten. So weit wir, schlecht genug, die europäische Litteratur des 13.—14. Jhs. kennen, gehört am wahrscheinlichsten die Erfindung des Amadis der pyrenäischen Halbinsel an.

47. Eigene Versuche in der Novelle schlossen sich an Boccaccio's rhetorisch-sentimentale *Fiametta* an, die gegen Mitte des Jahrhunderts übersetzt war[3]. Als erster des Rodriguez del Padron: *Siervo libre de amor*, in welchem die kurze und fast stofflose Geschichte der Liebenden Ardanlier und Liessa sich auf eigene Erlebnisse bezieht und von allegorischen Beithaten, Reflexionen und Gedichten überwuchert wird. Trotz der Neigung zu künstlicher Wortstellung und sentimentaler Affektation doch nicht ohne einen gewissen naiven Reiz. Genau verwandt ist *La carcel de Amor* von Diego de San Pedro[4], eines aus dem *Cancionero General* bekannten Dichters aus der Zeit Isabella's, der seine Fabel zwar auch locker genug, aber doch etwas fester fügt als Rodriguez. Auch hier ist die Einleitung eine Allegorie, die Novelle verläuft in Briefen, die mit Erzählungen und Reflexionen des Autors vermischt sind, der Inhalt ist Liebesleid und das Ende der Tod aus Liebes-

---

[1] *Canç. del Palacio* S. 70.

[2] London u. Windsor sind auch dem franz. Roman geläufig, ebenso die hier nur beiläufig genannten Winchester u. Glocester, sowie Norgales und Serolis (Sorelois). Auffällig ist das *condado de Clara* in nicht zu grosser Entfernung von Bristoya: die Clare waren in der That in Glamorgan u. Cardigan begütert.

[3] Hss. der Escorialbibliothek vgl. Jahrb. f. r. u. e. L. IV, 65 Drucke seit 1497.

[4] Zahlreiche Drucke seit 1491. Vgl. Ticknor I, 336. Escudero, *Tipogr.* No. 32. Der genaue Name des Verf. ist Diego Fernandez de S. P.

kummer, alles in deutlicher Nachahmung des Rodriguez, aber wirksamer, weil nicht ganz so formlos, bei etwa gleichwertiger Fähigkeit. Von demselben Verfasser der *Tratado de Arnaltey Lucenda*[1]. Des Sevillaners Juan de Flores *Tratato á su amiga de los amores de Grisel y Mirabella*, didaktisch gerichtet, der Entscheid über eine Liebesklage; später von einem Anonymen verändert u. d. T.: *Aurelio y Isabela;*[2] des Juan de Segura *Proceso de Cartas de Amores* und *Lucindoro y Medusina.*[3] Auch des Comendador Escriba: *Queja que da de su amiga ante el dios de amor* lässt sich hierher zählen[4]. Eine Mischung von allen möglichen Liebesfragen, Liebesbriefen, Gedichten, Beschreibungen von Festen und Ereignissen aus Neapel zwischen 1508 und 1512 ist die vielgelesene *Question de Amor*[5]. Juan de Lucena's *Vida Beata*[6] ist lediglich Übertragung aus dem italienischen des Bartolomeo Fazio.

48. Eine Art von didaktischem Roman sind Enrique's de Villena (1384—1434) *Trabajos de Hèrcules*[7] (1417), ein wunderlicher Fürstenspiegel; wie man sucht die Lehre in neue, unterhaltende Formen zu bringen, zeigt auch Juans de San Cristóval *Vegecio spiritual* (Rios VI, 324). Zu den Fürsten- und Adelsschulen gehören ferner noch verschiedene Schriften des Diego de Valera[8], Ruy Sanchez[9] *Suma de la política*, während des Alfonso de Cartagena *Doctrinal de caballeros* eine Kompilation des gesetzlichen Materials ist. Ein beliebter Vorwurf ist das Frauenlob in Nachahmung Boccaccio's, so des Rodriguez del Padron[10] *Triunfo de las donas*, an die Königin Maria gerichtet; des grossen Günstlings Alvaro de Luna[11] *Libro de las claras y virtuosas mugeres*, in wohl erzählten Beispielen aus dem Altertum; des Alfonso de Cartagena verlorenes Buch *de las mugeres ilustres*, stark benützt in Andres Delgadillo's unedierten *Alabanzas de la virginidad;* Martin Alonso de Cordova *Vergel de nobles doncellas;* Diego de Valera, *Defensa de virtuosas mugeres;* Alfonso de Madrigal, *De como al omne es necesario amar.*[12] Eine Frauenlehre bietet Hernando de Talavera (1428 bis 1507) *Como se ha de occupar una señora de cada dia*, den Frauentadel desselben *Tratado de vestir, del calzar y del comer.*[13] Lope de Barrientos (1382—1469) richtete an Juan II. Untersuchungen über höhere Probleme als sie sonst in der Vulgärsprache behandelt werden, *De caso e fortuna* und *Del dormir y despertar:* an denselben der gelehrte Alfonso de

---

[1] S. Gayangos, *Libros de Caballerias* S. 78 der Einleitung.

[2] Vgl. Escudero y Peroso, *Tipografía Hispalense*, No. 94. Gayangos, L. d. C. S. 58. Ders. S. 56 schreibt ihm auch *Flores y Blancaflor* zu. Vgl. *Giorn. di Fil. Rom.* IV, 159.

[3] S. Ticknor I, 337; Gayangos, Libros de Cab. LXXXII.

[4] *Canç. gen.* Apend. 147.

[5] S. Croce, *Di un antico romanzo spagnuolo* in *Archivio storico per le provincie Napolitane* XIX, und Separatdruck Neapel 1894.

[6] Zamora 1483.

[7] Zamora 1483, Burgos 1439, Madrid s. a. Vgl. E. d. V. *Arte cisoria*, herausg. von Navarro, Madrid 1879, S. XXXVIII. Navarro hebt hervor, dass die *Trabajos* noch frei seien von dem Latinismus in der späteren Prosa Enrique's. Wir dürfen darnach nicht eine Wendung in der kastilischen Prosa überhaupt datieren. Enrique's natürliche Sprache war das Katalanische, in der er die *Trabajos* ursprünglich verfasst hatte und es bleibt daher in der Übersetzung die natürliche romanische Wortstellnng, während er latinisiert, wenn er kastilisch abfasst und aus dem Lateinischen übersetzt. Vgl. über andere Schriften Enrique's o. S. 427, 434 und Navarra a. a. O. Über sein Leben ebenda und Cotarelo *España moderna* 1894, Juli.

[8] *Epistolas de Mosen* D. d. V. Madrid, Soc. de Bibliof., 1878.

[9] Nic. Ant., Bib. Vet. II, 304.

[10] *Obras*, S. 83.

[11] Soc. d. Biblof., Madrid 1891.

[12] In: Opusculos literarios, Madrid, Soc. Bibliof. 1892.

[13] Teilweise gedruckt Baeza 1638.

Madrigal (gen. El Tostado, 1400—1455)[1] ein *Breviloquio de amor y amicicia*, an die Königin Maria ein *Libro de las paradoxas*. Derselbe gab den Laien ein mythologisches Handbüchlein. Alfonsos de Toledo[2] *De los inventores de las cosas* (1474) ist einer der schwerfälligen encyklopäischen Traktate, die man im 15. Jahrhundert liebte.

Anscheinend der erste, der in Nachahmung der Italiener einen einheimischen Schriftsteller kommentiert, ist Pero Diaz de Toledo (Kaplan Santillana's, † 1499 als Bischof von Malaga), der die *Proverbios* Santillana's und Gomez Manrique's *Querella de la Gobernacion* (S. 430) glossierte. Desselben *Dialogo en la muerte de Santillana*[3] ist eine schwerfällige Besprechung verschiedener Fragen der Lebenspilgerschaft.

Von Haus aus lateinische Stilübungen, aber vom Verfasser selbst übertragen, sind des Alfonso de Palencia (A. Fernandez de P., 1423—1492) *Batalla campal de los perros y lobos* und *Tratado de la perfecion del triunfo militar*[4], die letztere nicht ohne Bedeutung für die Entwicklung des kastilischen Selbstgefühls. Unter den allegorischen Personen des Dialogs ist Exercicio, der auszieht, den Triunfo zu suchen, ein Spanier, die Discrecion aber in Italien heimisch. Die *Batalla* hat kaum didaktische, sicher keine satyrische Absicht, ist ein Humanistenstück, das auf eine entfernte Bekanntschaft mit der *Batrachomyomachie* hinweist. Dass ähnliche Scherze aber auch von Haus aus spanisch geschrieben werden konnten zeigt ein parodistisches Jagdbuch, *libro de Cetreria que fizo Evangelista* und ein kleines Muster »höheren Blödsinns«, die *Carta burlesca de Godoy*[5].

49. Die vulgärsprachliche Theologie in Spanien ist ganz überwiegend praktische Theologie, nicht nur im 15. Jh., sondern auch in der Folgezeit, in welcher in andern Ländern die schwierigsten dogmatischen Fragen vor allem Volk erörtert werden. Es ist nicht mit Unrecht darauf hingewiesen worden (Rios VII, 215, 29), dass in der Zeit Ferdinands und Isabellas eine gewisse Geringachtung der Vulgärsprache sich bemerklich machte. Es sind oben zwei metaphysische Traktate des Lope de Barrientos an Juan II. genannt. Um dieselbe Zeit scheinen des Pedro Martin *Sermones en romance* (1425, Rios VI, 320) theologische Fragen gelehrteren Charakters zu behandeln. Ganz besonders bemerkenswert ist aber die Neigung, sich mit schwierigen geistlichen Problemen zu befassen, in den *Preguntas y repuestas* des Cancionero de Baena zur Zeit der drei Päpste und des Basler Konzils. An eine solche Frage des Fernan Sanchez de Talavera über Prädestination und freien Willen schliessen sich neben acht poetischen Antworten im Cancionero selbst ein Prosa-Dialog eines maestro Morante de la Ventura.[6] Die religiöse Dichtung in der zweiten Hälfte des Jahrhunderts beschäftigt sich mit solchen Problemen nicht mehr. Man war in Spanien mit der Lösung, die das Schisma gefunden hat, zufrieden, und nicht beunruhigt durch das Scheitern der episkopalen Reform. Damit schwächte sich auch das Interesse für transcendente Fragen. In jenen Kreisen aber, welche noch durch solche berührt und bewegt wurden, hatte sich die Kenntnis des Latein gehoben, das den Begriffapparat fertig lieferte, welchen man in der Vulgärsprache erst hätte bilden müssen. Die höhere Schätzung der alten Sprache und die Bequem-

---

[1] Salva 4021—3.
[2] Morel-Fatio, *Mss. Esp.* 81.
[3] *Opusculos literarios de los siglos XIV á XVI,* Madrid, Soc. Bibliof. 1892; Gomez Manrique, *Cancionero* II, 230.
[4] *Dos tratados de A. de P.* p. p. Fabié, Madrid 1876, *libros de Añtano* V.
[5] Paz y Melia, *Sales españolas,* I.
[6] Morel-Fatio, *Catalogue* 81; Canç. B. 296.

lichkeit wirkten in derselben Richtung, einem schwachen Vulgarisationsbedürfnis entgegengesetzt. Später kamen die censorischen Bedenken gegen die Erregung von Ärgernis hinzu.

Innerhalb der populären kirchlichen Litteratur ist das Auftreten allegorischer und travestierender Einkleidung litterarisch bemerkenswert in dem schon genannten *Vegecio spiritual* des Alonso de San Cristóval und in der *Arboleda de los Enfermos* der Teresa de Cartagena[1]. Es ist wie anderwärts die Religion, welche zuerst die in Spanien auch in den höchsten Ständen noch völlig ungeschulten Frauen zu Worte kommen lässt. Die Mehrzahl der erhaltenen Traktate gehört der zweiten Hälfte des Jahrhunderts an, über das einzelne bleibt man im wesentlichen auf die betreffenden Abschnitte in Rios[2] V—VII, bezw. auf die Bibliotheca Vetus angewiesen. Das Wiederaufleben auch dieses Zweiges schriftstellerischer Thätigkeit nach den Bruderkriegen bezeichnet ein *libro de la justicia de la vida spiritual* zwischen 1380 und 90 von dem Erzbischof Pero Gomez Barroso in Sevilla verfasst, nicht von dem älteren Pero Gomez de Albornoz. Auch andere hervorragende Prälaten sind vertreten die sich sonst der lateinischen Sprache bedienen. Alfonso de Cartagena mit einem an Fernan Perez de Guzman gerichteten *Oracional* (1455, gedr. 1487), Alfonso de Madrigal genannt El Tostado, mit zwei Handbüchlein. In manchen Fällen besteht die Vermutung der Möglichkeit der Übersetzung aus dem Lateinischen. Sicher von einem Kastilier des 15. Jhs. übertragen ist das *Libro de las consolaciones* des stets Latein schreibenden aragonesischen Papstes Luna (Benedikt XIII.), mit erhaltenem lateinischen Original. Proben der Kanzelberedsamkeit (Rios VI, 312, VII, 379, 348) sind nich erhalten. Über das Exempelbüchlein des Climente Sanchez, der auch ein vielbenütztes Pfarrhandbuch hinterliess (Sevilla 1476 u. ö.) s. o. S. 414. Die Legende ist schwach vertreten, das Vorhandene nur wenig bekannt. Drei Sammlungen der *Bibliotheca nacional* hat Sanchez Moguel eingesehen, der allerdings die eine derselben (Hs. s. XV) noch dem 13. bis 14. Jh. zuschreibt nach dem wenig verlässlichen Kriterium der Sprachformen. Milagros de Santiago schrieb Rodriguez de Almela[3]. Die Macariuslegende fand sich in einer Toledaner Hs., ebendort ein Tundalus und eine Übersetzung von *Berlan e Josapha*,[4] die eher dieser Zeit, als jener Juan Manuels gehört.

50. Es mögen noch zwei litterarische Besonderheiten kurz berührt sein, welche sich mit dieser Periode von dem kastilischen Hauptstamme abzweigen, die judenspanische und die Aljamia-Litteratur. Unter der ersteren sind nicht einzubegreifen die Schriften und Dichtungen vertriebener Israeliten, die besonders in Amsterdam jeweilig die modernsten Sprachmethoden und Dichtungsformen der alten Heimat mitzumachen suchten.[5] Die Bezeichnung beschränkt sich auf die Gruppe der Sephardim, welche in den Mittelmeerstädten des Orients und auf der Balkanhalbinsel bis heute, anfangs auch in Venedig, in Wort und Schrift einen seltsam gemischten, aber ganz wesentlich kastilischen Jargon bewahrt hat. Sie hat eine Anzahl von Druckschriften aufzuweisen, ist aber ästhetisch vollkommen steril geblieben, abgesehen von folkloristischen

[1] Martinez Añíbarro, *Diccionario*.

[2] Gayangos *Escritores en prosa ant. al siglo XV*, S. 561; *Bibl. vet. II*, 211. Überhaupt wird in den betreffenden Abschnitten bei Rios besonders viel zu berichtigen sein, so rührt z. B. das *Libro de las confessiones*, dessen Escorialhandschrift VII. 354 ins 15. Jh. gesetzt hat, von Alfonso de Horozco her, der 1500—91 lebte.

[3] Rios V, 272; VI, 312; VII, 309. Sanchez Moguel *Memoria acerca de El Magico Prodigioso*, Madrid 1881, S. 62–65.

[4] Roman. Forsch. VII. 331; Roman. X, 300.

[5] Kayserling, Bibliotheca española-portuguesa-judaica, Strassburg 1890. Wenig vollständig.

Kleinigkeiten und ihrem wohl ältesten Vorkommen, in der Bearbeitung eines hebräischen Schachgedichts im Maass der Cuaderna via, das Rios IV, 470 jedenfalls zu früh noch um 1350 stellt. Viel bedeutender ist, was die hispanisierten Mauren hinterlassen haben.[1] Diese vergassen auch in Andalusien im Laufe des 16. Jhs. ihre Muttersprache. Ihre litterarische Produktion aber hat ihre hauptsächliche Heimat vom 15. Jh. bis zur Vertreibung in Aragon, zeigt daher dialektische Formen mit eingemischten Arabismen. Es werden über 100 Handschriften verzeichnet, ein und die andere darunter ist noch in neuster Zeit in Schlupfwinkeln gefunden worden, in welchen die Besitzer sie vor den Augen der Inquisition verborgen hatten. Den Inhalt bilden Trümmer der eigenen religiösen Kultur mit schwacher kastilischer Beeinflussung. Unter den Gedichten zeigt das Poema de José[2] noch die alte Form der cuaderna via in sehr unbeholfener Anwendung, während 1603 Muhamet Rabadan[3] die Geschichte von der Schöpfung bis auf Mohamet in glatten Romanzenversen behandelt. Manches interessante bieten die zahlreichen wundersamen Prosa-Erzählungen,[4] zumeist freilich Übersetzungen aus dem Arabischen von Josef und Alexander, Jesus und Salomon, Mohamet und seinen Gefährten. Eine märchenhafte Geschichte spielt in Cordova; Beziehungen zu den moresken Romanzen und Novellen der Spanier fehlen indessen. Eine Angabe, welche die in der Mitte des 16. Jhs. von Antonio de Villegas und Montemayor erzählte Geschichte des verliebten Abindarraez aus einer Aljamiahandschrift stammen lässt, scheint unverlässlich.

Wohl das originellste Erzeugnis der Zeit ist 1438 des Erzpriesters von Talavera, Alfonso Martinez de Toledo, (geb. 1398, Kaplan Juan's II.,) Buch: *De los vicios de las malas mujeres*, auch *El Corbacho*[5] genannt nach der Schrift Bocaccio's, die der Autor kennt und nennt. Näher als dem Italiener steht er dem Archipreste de Hita, den er ebenfalls zitiert und welchem er die Figur der *Trotaconventos* entlehnt. Niemals im ganzen Mittelalter ist dieses Thema lebhafter und ergötzlicher behandelt. Schilderungen wie die des Jammers um ein Ei zu Anfang des 2. Buches sind von unübertroffener Schärfe der Beobachtung. Bei allem Zorn des Alfonso de Martinez zeigt er übrigens am Schlusse auch das Doppelgesicht des mittelalterlichen Menschen gegen die Frau in einem Epilog, der den Gesinnungen des Juan Ruiz entspricht. Er bildet das Verbindungsglied zwischen jenem und der *Celestina*, deren erster Akt bis auf Henrique IV. zurückgehen kann, die aber mit ihrem ganzen Gefolge bei der nächsten Periode zu besprechen ist.

III. DIE HOCHBLÜTE IM XVI. UND XVII. JAHRHUNDERT.

Man pflegt sich den Spanier der vergangenen Zeit von vornherein als fanatisch zu denken, spricht von der Einmischung arabischen Blutes, der Fortdauer mittelalterlich-orientalischer Tradition. In der That erscheint im 15. Jh. schon der Kastilianer dem Ausländer formell und stolz. Der

[1] Discursos leidos ante la Real Acad. Esp. en la Recepcion de D. Eduardo Saavedra, Madrid 1878. Abhandlung und Bibliographie.

[2] Gayangos, Poetas ant. al s. XV, S. 413; Morf in Gratulationsschrift an die Universität Zürich 1883.

[3] Herausg. von Lord Stanley in Asiatic Journal 1867—72.

[4] Leyendas Moriscas p. p. F. E. Robles, 3 Bde., Madrid 1886; Leyendas de José y de Alejandro Magno von dems.; Sarragossa 1888 in Bibl. de escr arag. secc. lit. Bd. 5.

[5] Gedruckt Sevilla 1498 (1495 bei Panzer ist Fehler). Über 6 weitere Ausgaben s. Salvá 1893 und bei Escudero; über die Escorialhs. Jhb. f. r. u. e. L. IV, 60. X, 89.

Geist der Litteratur aber zeigt tiefgehende Verschiedenheiten zwischen den Zeiten der Trastamara und der Habsburger. Das alte Spanien unterscheidet sich in seiner Religiosität nicht auffällig von dem übrigen Europa; nur dass der Einfluss der kirchlichen Organisationen, insbesondere der des Predigerordens der Dominikaner noch weniger verbraucht ist, dass der grosse Streit um die Kirchenreform viel kleinere Schichten bewegt hat als anderwärts und als man gerade bei starken religiösen Neigungen erwarten sollte. Die Klagen aber über den Verfall der Zucht in der Kirche sind so laut und berechtigt wie irgendwo. Die scherzhafte Behandlung religiöser Dinge steigert sich nicht nur zur Posse, sondern oft genug zu recht gründlicher Frivolität. Entscheidend für die Gestaltung der Dinge und des Denkens wurde die kraftvolle Regierung Isabellas, welcher es gelungen ist, die kriegerischen Kräfte des Landes zu disziplinieren, wie sie auch in einer durchgreifenden Ordensreform die Kirche zugleich stärkte und der Macht des Staates unterordnete. In den erstaunlichen Erfolgen ihrer Zeit, der Eroberung von Granada und der Eröffnung einer neuen Welt, erschien die Fahne Kastiliens zugleich als jene Gottes. Es war wie ein Neuaufleben der Kreuzzüge, wobei aber über dem Kreuz noch die Krone strahlte, so dass unter einer Fremdherrschaft, wie diejenige Karls V. es war, der alte Geist des Aufruhrs es nur mehr zu einem ziellosen Widerstand brachte, um dann für immer zu erlöschen. Königlich-soldatisch ist denn auch die Frömmigkeit des Spaniers, sein Verhältnis zur Kirche. Selten hat sich die innere und äussere Politik eines Herrschers so vollkommen in Übereinstimmung mit den Anschauungen der Nation befunden wie jene Philipps II. und auch in den schlimmsten Tagen des 17. Jhs. bleibt für den Spanier sein König der erste Herrscher und der katholischste auch gegen den Papst, an dessen Herrlichkeit jeder einzelne »alte Christ« des Landes seinen Anteil hat.

Auf jenem Boden konnten weder kirchentrennende Bestrebungen, noch humanistischer Paganismus Samen gewinnen. Die geistige Ablösung der Renaissance vom Mittelalter hat hier nicht stattgefunden. Spanien nahm einen Teil der neuen Anregungen in seine geistige Bewegung auf ohne die ältere Tradition preiszugeben. Die lebhaften Beziehungen zu der italienischen Gelehrsamkeit, die sich im 15. Jh. aufweisen lassen, setzen sich im 16. fort. Eine Reihe von kenntnisreichen Männern wirken an der Universität Salamanca und der neugegründeten von Alcala. Diejenigen Spanier aber, welche zu jener Zeit stürmischster Geistesbewegung eigene Wege suchten, wie Vives, Valdes oder gar Servet lebten im Ausland und dachten ausländisch.

In der Gelehrtenrepublik hat Spanien immer nur eine untergeordnete Stellung eingenommen und dafür geht von ihm die Neubelebung und Neuorganisierung der alten Kirche im 16. Jh. aus, von dem Soldaten Ignatius von Loyola die Disziplinierung der Mystik, von Melchior Cano (gest. 1560) die Neubelebung der scholastischen Methode.

Die Dichtkunst lässt unter Karl V. noch wenig von jener Richtung erkennen, die sich in jenen grossen Söhnen der Kirche verkörpert, trägt noch überwiegend heiteren Charakter. Die Nachfolger des Archipreste de Fita dürfen sich einer gelegentlich frivolen Leichtlebigkeit und auch kleiner Ketzereien unbehelligt erfreuen. Die Aufnahme der italienischen Formen berührt den Inhalt nur wenig. Die Entwicklung der realistischen Erzählung vollzieht sich langsam auf Grund einer angeborenen, scharfen Beobachtungsgabe und ohne merklichen Zusammenhang mit den politischen Verhältnissen, ihr Meister Cervantes ist unter Philipp II. aufgewachsen. Die Ideale der Bevölkerung fanden ihren Ausdruck zunächst in der Romanze, von dort übernahm sie das Drama, dem Lope de Vega unter Philipp II. die feste und bleibende Form schuf. Aus der vollkommenen Übereinstimmung der religiösen und politischen Ideale erwächst die künstlerische Einheit. Glänzend und einseitig, eine echt nationale Bühne, die fast unveränderlich auf gleicher Höhe bleibt, bis der politischen Agonie die künstlerische folgt, eine Totenstarre, wie sie kein anderes Land erlebt hat. Die Ursachen des Zusammenbruchs der spanischen Macht und Kultur hört man oft auf die hiefür völlig bedeutungslose, von den andern geschlossenen Staaten schon früher vollzogene Ausweisung der Juden zurückführen, welche ein Jahrhundert vor Lope und Calderon erfolgte; sowie auf die Ausstossung des feindlichen arabischen Fremdkörpers, obwohl für diesen Volksverlust bei gesunden Verhältnissen voller Ersatz sich leicht gefunden hätte. Eine Reihe verschiedenartigster, verfehlter Massregeln haben auf die Entwicklung miteingewirkt. Ihre letzte Ursache aber liegt darin, dass das Land in seiner politischen Stellung sich eine Last aufgeladen hatte, der es nicht gewachsen war. Es vermochte das Menschenmaterial nicht zu ersetzen, welches durch einen unaufhörlichen Kriegszustand in Europa, durch die Auswanderung nach den stets schutzbedürftigen Kolonien verschlungen wurde, und hat sich langsam verblutet. Für die im Innern hervortretenden Schäden zu sorgen, blieb keine Zeit bei der beständigen Anspannung aller Kräfte nach aussen.

Während in der vorausgehenden Periode dem Altertum und Italien gegenüber die Lernbegierde noch wesentlich in mittelalterlicher Weise am Stoff haftet, wendet sie sich im 16. Jh. der Form zu; zugleich wirkt sie im höheren Sinne produktiv. Denn wenn auch die tieferen geistigen Strömungen der Renaissancezeit nur schwach herüberdrangen, führte die Anregung von Aussen zu kraftvoller Entfaltung der Eigenart. Von einer scharfen zeitlichen Abgrenzung muss abgesehen werden. In der Celestina allerdings tritt uns schon auf der Scheide des Jahrhunderts eine weittragende geistige That entgegen; das Theater Encinas weist auf die Zukunft, ist aber noch eng mit der höfischen Lyrik verbunden; bei dem Ritterroman zeigt sich ein Unterschied gegen das 14. Jh. nur in der Massenproduktion; die Lyrik endlich bleibt noch bis 1526 in den alten Geleisen. In der Mitte des Jahrhunderts 1550—60 gestaltet sich die Prosaerzählung neu im Lazarillo, der Novelle von Abindarraez und Jarifa, dem Schäferroman; zugleich tritt das Kunstepos auf. Inmitten des höchsten Erblühens des Dramas und Romans, ungefähr 1585—1620, machen sich in Gongorismus und Conceptismus die ersten Zeichen des Epigonentums geltend; Schäferroman und Kunstepos überleben den Abschnitt nicht, und das Verschwinden des letzteren, mochte es immer minderwertig geblieben sein, ist doch ein Symptom schwindender Kraft. Die grossen Begabungen, welche noch auf Lope und Cervantes folgen, Calderon und Quevedo, bringen den Hispanismus zum schärfsten, aber auch einseitigsten Ausdruck. Nach dem Eintritt Calderons in den Priesterstand (1651) erhebt sich Nichts mehr zu selbständiger Bedeutung, allmählich erlischt auch die manirierte Nachahmung in absoluter Unfruchtbarkeit, die fast ein Jahrhundert andauert. — Die Zugänglichkeit brauchbarer Handbücher (Ticknor, Barrera, Schack, Schäfer) erlaubt eine ungleich compendiösere Darstellung als in den älteren Zeiten.

A. DIE POESIE AUSSERHALB DES DRAMAS.

1. DIE LYRIKER.

52. Die Nachahmung des italienischen Sonetts durch Santillana war im 15. Jh. trotz aller Abhängigkeit von der italienischen Kultur völlig vereinzelt geblieben und nahezu vergessen worden; den Theoretikern Argote de Molina,

Herrera, Cueva ist sie um 1580 zwar bekannt geworden, aber Castillejo (s. u.) weiss nichts von ihr. Man dachte überhaupt nicht an die Möglichkeit die fremden Verse zu bilden; wie seiner Zeit Carvajal dichtete Torres Naharro in italienischer und spanischer Sprache mit vollkommen verschiedener Metrik. So ist denn auch, nicht durch die Kenntnis des eigenen katalanischen Hendecasilabo, sondern durch einen Ausländer, den venetianischen Gesandten Navagiero, ein Halbausländer, der Katalane Boscan Almogaver[1] im Jahre 1526 zu der Neuerung veranlasst worden. Boscans Talente sind bescheiden, und trotz der Anerkennung, die der Prosa seiner kastilischen Übersetzung von Castigliones Cortigiano gezollt wird, bleibt bei ihm die Anwendung der Sprache im Metrum unbeholfen. Der eigentliche Meister der neuen Schule ward der Kastilianer Garci Laso de la Vega,[1] der sich Boscan mit überlegenem Talent alsbald anschloss. Dem Inhalt nach ist die nunmehr vorbildliche Erotik Petrarcas von jener der spanischen Hofdichtung nicht all zu verschieden; dort wie hier liegt eine Fortsetzung der Troubadourdichtung vor; zur Verinnerlichung konnte auch Horaz,[2] dessen Einfluss sich neben jenen Petrarcas stellt, nicht gerade veranlassen, und während alles Italienische in Spanien sofort beachtet, entlehnt und umgedichtet wird, bleibt, was dort Mächtiges und Individuelles zu finden war, wie Michel Angelo und die Gaspara Stampa, unbekannt, weil unverstanden. Was man neu erwarb war Klarheit des Gedankens, sorgfältige Disposition, freie Wahl des Worts, und ein genaues Ohr für die Sprachmusik; mit einem Wort die Form im höheren Sinn, die mit der Metrik begriffen wurde. Äusserlich besteht der Zuwachs im Hendecasilabo, dem *verso suelto* (zuerst in Boscans *Leandro*) der indes nicht recht Wurzel geschlagen hat, der *Terzine* und *Ottava rima*, den Formen der *Canzone*, welchen Garcilaso die der »*lira*« hinzufügte, der *Ekloge*, *Elegie*, *Epistel* und *Satyre*. Bei dem Vorwurf der Abhängigkeit, der geringen Originalität, darf nicht übersehen werden, dass, innerhalb der allgemeinen energischen Nachahmung der Italiener, die Spanier die einzigen geniesbaren sind. Die einheimischen Versmasse, mit Ausnahme der *Arte mayor*, blieben dabei besonders für die leichten Dichtungsgattungen durchaus üblich, und es hat sich wohl jeder Angehörige der neuen Schule auch in ihnen versucht. Vom einem Kampf der Alten gegen die Jungen kann eigentlich nicht gesprochen werden. Cristóval de Castillejo[3] protestiert zwar gegen die Geringschätzung der älteren und vermeidet die neuen Formen, aber er lebte seit 1518 im Ausland, und wenn Galvez de Montalvo um 1582 in seinem Hirtenroman *Filida* einmal Vorliebe für die Altspanier bekundet, so ist das nur antiquarische Spielerei. Nur ein Zeitgenosse Castillejos in Spanien, von dem wir eine grössere Anzahl Verse besitzen, bleibt noch

[1] ca. 1493—1542. 1. Ausg. 1543; v. Knapp, Madr. 1875; der *Cortegiano* 1533. zul. Madr. 1873. Garcilasos Gedichte erschienen von 1543 regelmässig mit denen Boscans verbunden, kommentiert von Sanchez de Brozas (El Brocense) 1574, von Herrera 1580, von Tamayo de Vergas 1622; Vida von Navarrete, *Document. inéd.* Bd. 16, vgl. Ticknor, *Suppl.* 59; beide Dichter in der Sammlung der *Poetas líricos de los siglos XVI y XVII, orden. por* Adolfo de Castro, Bd. 32 u. 42 der *Bibl. de aut. esp.*, einer wichtigen, aber in jeder Hinsicht mangelhaften Auswahl. Noch heute nicht ganz zu entbehren sind die *Coleccion de poetas españoles, publicada por* Ram. Fernandez (Estala) 20 Bde. Madr. 1789—1820 u. bes. Lopez de Sedano, *Parnaso español*, 9 Bde., Madr. 1768—78. Für die klassische Frühzeit s. auch den *Cancionero general de 1554* bei Morel-Fatio, *L'Espagne au 16e et au 17e siècle*, Heilbr. 1878.

[2] S. Menendez y Pelayo, *Horacio en España*, 2 Bde. Madr. 1895. Vgl. zu dem Abschnitt auch desselben *Historia de las Ideas estéticas en España*, Bd. 2, Madr. 1884.

[3] ca. 1491—1556, nur in der Satyre bemerkenswert. *Obras* Madrid 1573 und in der *Bibl. aut. esp.* 32.

ganz in der alten Manier, mit Einschluss der Arte mayor, Sebastian de Horozco[1] von Toledo.

Garcilaso bleibt, so sorgsam er sich an seine Vorbilder anlehnt, natürlich, flüssig und anmutig, zumal in seinen drei klassischen Eklogen. Diego Hurtado de Mendoza,[2] der Urenkel Santillanas, der dritte hauptsächliche Vertreter der neuen Richtung und Freund Boscans, zeigt seine besondere Begabung in der auch nach ihm vielfach mit Glück gepflegten Epistel. Die weitere Ausbildung und letzte Feilung der Verskunst besorgten dann Fernando de Acuña,[3] Gutierre de Cetina,[4] von dem man früher nur einige zarte Verse kannte, während seine kürzlich vervollständigten Werke einigermassen enttäuscht haben, und der geborene Portugiese Gregorio Silvestre.[5] Bei Antonio de Villegas (1565) zeigt sich, dass sie noch nicht allen leicht wurde.

53. Die Nachfolger Garcilasos in der zweiten Hälfte des 16. Jhs. werden vielfach und mit einer gewissen Berechtigung in zwei Gruppen geschieden: Die der Sevillaner und die von Salamanca. Eine eigentliche Schule[6] bilden allerdings nur die Sevillaner. Aber es ist bequem und auch sachlich berechtigt, wenn man die litterarischen Kreise so, wie sie gelebt und verkehrt haben, zusammenfasst, auch wenn der einzelne Zirkel keine besondern charakteristischen Züge aufweist. Man kann neben jenen Gruppen noch die von Granada-Antequera, von Valencia und die Aragonesen unterscheiden.

Dem pedantischen Latinismus Juàn de Mena's gegenüber, den das Fremdwort an sich erfreut, sucht Garcilaso bei seinen direkten oder italienisch vermittelten Anleihen den Wohlklang und vermeidet in der Regel das gar zu Auffällige. Der Meister der Sevillaner, Fernando de Herrera,[7] sucht dagegen den Prunk in den zahlreichen fremden, wie den Worten der eigenen Sprache und der ganzen Diktion. Die strenge Klarheit des Gedankens, die entschieden festgehalten wird, kleidet sich in eine schwungvolle Rhetorik, der Purismus verbindet sich mit der Fülle und Überfülle. Seine Erotik wird in dieser Hülle um so kälter, da in ihr, neben Petrarca, Auzias March Vorbild ist (II, 2, 69), ihr Inhalt noch schattenhafter und abstrakter wird. In eine glänzende Verbindung dagegen tritt der biblische Schwung der Rede mit wirklicher Begeisterung in seinen Hymnen auf den Sieg von Lepanto und den Untergang des portugiesischen Königs Sebastian. Sein Commentar zu Garcilaso ist zugleich eine Art persönlichen und künstlerischen Manifests. — Als Erben und Rivalen Herrera's betrachtete man früher Francisco de Rioja,[8] wesentlich auf Grund zweier ihm fälschlich zugeschriebener Gedichte hin: Rodrigo

[1] Vater des Seb. de Horozco y Covarrubias, Verfassers des berühmten *Tesoro de la lengua castellana. Cancionero de S. d. H.,* Sevilla 1874. Die Erinnerung H.'s geht bis 1530 zurück, der letzte Datum bei ihm ist 1577.

[2] Feldherr, Staatsmann und Geschichtsschreiber, 1503—75. Ausg. von Knapp, Madr. 1877. Vgl. *Rom.* XXIII, 228.

[3] ca. 1500—1580. *Varias Poesías* Madr. 1591 u. 1803.

[4] ca. 1520—60. *Obras* ed. Hazañas, 2 Bde., Sevilla 1895. Vgl. Salvi Lopez, *Un Petrarchista spagnuolo,* Trani 1896.

[5] 1520—70. S. b. Garcia Peres, *Catálogo de los autores portug. que escribieron en Castellano,* Madr. 1890, u. *Col. de doc. inéd.* Bd. 16.

[6] Lasso de la Vega, *Historia de la la Escuela poética Sevillana,* Madrid 1876, eine wenig gründliche Arbeit. Gleichzeitige Quelle ersten Ranges ist des Malers und Dichters Pacheco *Libro de retratos,* hrsg. v. Asensio, Sevilla 1886, Porträts und kurze Biographien.

[7] 1534—1597. Von ihm selbst hrsg. *Algunas Obras,* Sevilla 1582; vermehrt die *Versos* vom Maler Pacheco 1619; danach bei Castro. Dazu F. d. Herrera, *Controversia sobre sus anotaciones à las obras de Garcilaso de la Vega. Poesías inéditas,* Sevilla 1870. Vgl. Morel-Fatio, *L'hymne sur Lépante,* Paris 1893.

[8] Geb. Sevilla ca. 1580—90, gest. 1659. *Poesías* hrsg. v. Barrera für die Bibliófilos, Madrid 1867; *Adiciones á las poesías,* Sevilla 1872. Vgl. Castro, *La epistola moral à Fabio,* Cadiz 1875; R. Caro *Obras inéditas,* Sevilla 1885.

Caro's Ode auf die Ruinen Italica's und ein poetisches Sendschreiben des Fernandez de Andrada (beide als Dichter sonst wenig bekannt). Es bleiben ihm eine Anzahl von Sonetten und Silvas, in welchen sich elegische Empfindungen formvollendet aussprechen, allerdings Herrera nahe verwandt. Hervorragende Glieder des Kreises Herreras waren ferner: der geistvolle und heitere Epigrammatiker Baltasar de Alcázar;[1] Juan de Arguijo;[2] die Maler Céspedes und Pacheco,[3] beide Verfasser von Lehrgedichten über die Malerei; Jáuregui,[4] der Übersetzer der *Aminta*, dem besonders eine Silva auf die badende Geliebte geglückt ist; auch Juan de Salinas.[5] Ziemlich unbedeutend ist die Lyrik des vielseitig fruchtbaren Juan de la Cueva.[6] Francisco de Medrano[7] steht in seiner intimen Nachempfindung und Nachdichtung des Horaz viel näher zu Luis de Leon als zu Herrera.

Wo man von einer Schule von Salamanca spricht, pflegt als ihr Haupt Fray Luis Ponce de Leon[8] bezeichnet zu werden, der in seinen Übertragungen aus Virgil und Horaz und wenigen eigenen weltlichen Gedichten Anmut und Natürlichkeit der Sprache verbindet, in seinen religiösen Liedern eine Tiefe der Empfindung zeigt, wie sie die weltliche Lyrik in Spanien überhaupt nicht aufzuweisen hat. Auf gleicher dichterischer Höhe steht nur noch der tiefbewegte San Juan de la Cruz.[9] Zunächst unter diesen grössten der spanischen Mystiker stehen die wenigen Gedichte in der *Conversion de Magdalena* des Malon de Chaide.[10] Auch ausserhalb des Kreises der Mystik im engeren Sinne aber erfreut die spanische religiöse Dichtung[11] dauernd durch Wahrheit und Wärme und volkstümliche Tonart, so vor allem Valdivielso's[12] *Romancero espiritual* und Lope de Vega's *Rimas sagras*. Ihr Verfall beginnt mit dem Eindringen des Conceptismus, des Spieles mit sentimentalen Klügeleien, welche mit Beginn des 17. Jhs. vor allem Alonso de Ledesma,[13] ein Dichter von wirklicher Begabung, in Schwang brachte.

Unmittelbar neben den weltlichen Dichter Luis de Leon stellen sich die zarten Verse des Bachiller Francisco de la Torre, die erst spät von Quevedo veröffentlicht[14] und längere Zeit diesem zugeschrieben worden sind. Ausserlich auch Francisco de Figueroa[15] in wohl gefeilten Sonetten und Elegien. Den klassischen Traditionen treu bleibt dem eindringenden Gongorismus

[1] 1540—1606; *Poesías*, Sevilla 1878.

[2] Gest. vor 1627; hrsg. Sevilla 1841 v. Colom, mit Noten von dem Zeitgenossen Fr. de Medina, die in dem sonst anscheinend besseren Abdruck Castro's fehlen.

[3] 1538—1603 und 1571—1654, von beiden nur wenig erhalten, s. b. Castro, Bd. I.

[4] 1570—1640; vgl. Gallardo 2581.

[5] 1560—1643; *Poesías*, Sevilla 1869, 2 Bde.

[6] ca. 1550—1607. *Poemas inéditos*, Lund 1887, hrsg. v. Wulff. Vgl. Menendez, *Horacio*, II, 49.

[7] Von dunklem Leben. Die 1617 in Palermo gedruckten Gedichte s. b. Castro.

[8] Geb. 1527 in Belmonte de Cuenca, s. Gallardo 2676, gest. 1591. Die einzige brauchbare Ausgabe seiner Werke ist die von Merino, 6 Bde., Madrid 1804: in Bd. 37 der *Bibl. aut. esp.* nicht benutzt. Vgl. Reusch, *Luis de Leon* und die spanische Inquisition, Bonn, 1873; Menéndez, *De la poesía mística* in *Estudios de Crítica literaria* I, 1.

[9] 1542—1591; Ausgabe der Werke *Bibl. Aut. Esp.* 27, der Gedichte von Storck, Münster 1854.

[10] *Bibl. Aut. Esp.* Bd. 27.

[11] S. besonders *Bibl. Aut. Esp.* Bd. 35, *Romancero y Cancionero sagrados*.

[12] *Romancero espiritual*, Madrid 1880; vgl. Barrera, *Catálogo del Teatro*, S. 412.

[13] Ein wenig älter als Ledesma ist Lucas Rodriguez, *Conceptos de divina poesía*, Alcala 1599. Vgl. über die geistlichen Conceptisten Salvá 197, 713—21.

[14] Madrid 1631. Die falsche Zuteilung in einem Neuabdruck, Madrid 1753, von Velazquez. Vgl. Aureliano Fernandez-Guerra, *Discurso Acad. Esp.* 1857 und *Obras de Quevedo* II, 489.

[15] 1540—1620; Lisboa 1626, *Coleccion Fernandez* Bd. 20. Vgl. Gallardo 2232 u. bei Nicol. Antonio.

gegenüber auch die Gruppe der Granadiner, welche in Pedro Espinosa's *Flores de poetas ilustres*[1] und dessen Fortsetzer geschmackvolle Anthologen fanden. Zu ihnen gehören u. a. Espinosa selbst; Barahona de Soto (s. u.), Vicente Espinel,[2] einer der besten unter den Dichtern zweiten Ranges; Luis Martinez de la Plaza; jünger als die *Flores* auch Soto de Rojas[3] und Jerónimo de Porras,[4] die beide gelegentlich auch dem Kultismus huldigen.

In Valencia war Aldana[5] zu Hause, der mit dem kastilischen Ausdruck noch zu kämpfen hat, aber besser ist, als mancher höher eingeschätzte; die Frühdramatiker Timoneda und Virues; Gil Polo, der Fortsetzer der Diana Montemayor's (s. u.), der in seinem *Canto del Turia*[6] die poetischen Berühmtheiten der Vaterstadt feiert, einige Zeit bevor wir in der *Académia de los Nocturnos*[7] Namen und Verse von gegen fünfzig 1591—94 dort vereinigten Schriftstellern überliefert finden, darunter die bekannten dramatischen Dichter Castro, Tárrega, Aguilar, lyrisch am fruchtbarsten unter ihnen Rey de Artieda. In Zaragoza lebte Pedro Liñan de Riaza;[8] vor den beiden Leonardo de Argensola,[9] den Brüdern Lupercio und Bartolomeo, den sorgsamsten unter den Puristen, freilich auch den nüchtersten.

54. Da man in der Form das höchste erreicht wusste, geistige Wandlungen nicht möglich waren, beginnt die Lyrik um 1600, zu einer litterarisch sonst noch kräftigen Zeit, der Manier sich zuzueignen. Das Auftreten des Conceptismus ist oben schon berührt; die Richtung Herrera's deutet bereits auf die Verwechslung der Poesie mit dem Reichtum der Darstellung hin, welche sich in dem Kultismus ausspricht: einer Parallelerscheinung zu dem italienischen Marinismus, die vielmehr auf gleichartiger Entwicklung als auf direkter Beeinflussung beruht. Es war einer der begabtesten Dichter, Luis de Góngora y Argote,[10] der mit Bewusstsein den Weg der Übertreibung einschlug. Seine älteren Sonette, seine Romanzen, Letrillas und Villancicos zeichnen sich aus durch Glanz und Energie des Ausdrucks bei einer starken satirischen Ader. Die späteren (*Soledades, Piramo y Tisbe* u. a.) treiben in geschraubter Sprache und gesuchten Bildern den Latinismus und die falsche

---

[1] *Ia parte por* P. Espinosa Valladolid 1605; *IIa parte* por Ant. Calderon 1611, hrsg. mit Anm. v. Quiros und Rodriguez Marin, Sevilla 1896. Beide Teile wichtig auch für andere zeitgenössischen Dichter.

[2] 1550—1624; *Rimas* Madrid 1591; Erfinder, wie ziemlich feststeht, der nach ihm benannten Kunstform der *Espinelas,* einer Variante der Dezime, und der fünften Saite der Guitarre.

[3] *Desengaños de Amor,* Madrid 1623; vgl. Sedano, *Parnaso* 4, XXXXVI; Salvá 981—83.

[4] *Rimas varias,* Antequera 1689; vgl. Gallardo 3511; Menendez, *Horacio* I 94.

[5] Gest. 1578. *Obras,* Madrid 1593; vgl. Castro II, LXXXIV.

[6] Sedano, *Parnaso* VIII, 265.

[7] Salvá 156, wo aus der Hs. ausführliche Auszüge gegeben sind, deren Vervollständigung immerhin erwünscht wäre. Mehrere Valenzianer *Academias* aus der Zeit des Verfalls in der ebenda No. 157 verzeichneten Sammlung.

[8] *Bibl. Escrit. Arag.* Bd. I; ungef. 1550—1609.

[9] 1559—1612 bezw, 1562—1631; *Obras sueltas,* 2 Bde., Madrid 1889, hrsg. v. Viñaza, die ausser den beiden Dramen Lupercios auch die kleinen Prosaschriften der beiden Brüder enthalten.

[10] 1561—1627. Die Beurteilung der Entwicklung G.'s ist dadurch erschwert, dass er selbst die Überlieferung seiner Gedichte vernachlässigt hat und die erste posthume Ausgabe von Lopez de Vicuña (1627) nur nach Abschriften hergestellt werden konnte. Ein zweiter, versprochener Band blieb aus. Erweitert, aber sehr inkorrekt sind die von 1633, 1654, 1659; unzuverlässig auch die Auswahl in Bd. 32 der *Bibl. Aut. Esp.* Eine ernstliche, kritische Gesamtausgabe wäre sehr zu wünschen. Vgl. *Poesías escogidas de G. con varias inéditas,* Madrid 1863; Churton, *Góngora,* 2 Bde., London 1862.

Gelehrsamkeit aufs äusserste. Die Zeitkrankheit des Kulteranismus oder Gongorismus wirkte um so ansteckender, da sie von einem so bedeutenden Talent ausging und da sich gleichzeitig das geistige Leben in der Hauptstadt zentralisierte, wo auch G. den einflussreichsten Teil seines Lebens verbrachte. Sein Einfluss erstrekte sich auf das Theater und die Prosa, nachwirkend bis in das späte 18. Jh. Eine Reihe von Kommentatoren verdeutlichte und pries die Dunkelheiten und auch ausgesprochene Gegner der neuen Richtung sind selten mehr ganz frei von unerfreulichen Anklängen. Das ist selbst bei G.'s grösserem Zeitgenossen Lope de Vega gelegentlich einmal der Fall, dessen beste Lyrik in seinen Dramen steckt. Der jüngere Quevedo,[1] der sich auf's schärfste gegen jenen ausspricht, ist seinerseits Conzeptist, ein ausserordentlicher Verstand, dem Freude und Schönheit versagt blieb; als satirischer Dichter allerdings fast noch bedeutender als in seinen Prosaschriften. Bern. de Valbuena, dessen Eklogen an anmutiger Natürlichkeit allen andern voranstehen, hat fast sein ganzes Leben ausserhalb Spaniens verbracht. Ein ziemlich schwacher Klassizist ist Cristóval de Mesa.[2] Bemerkenswert auch als Lyriker ist der hervorragende dramatische Dichter Mira de Amescua (s. u.) Der jüngste hervorragende Vertreter der klassischen Richtung ist ein Landsmann und Schüler Bartolome Argensolas, Estévan Manuel de Villegas,[3] der geschätzte Anakreontiker, der aber auch schon in früher Jugend fast ganz verstummte. Weiterhin hat das 17. Jh., abgesehen von bissigen Satieren und einzelnem Religiösen nur noch Mittelmässiges oder Geschmackloses aufzuweisen. Es mögen genannt sein die Gongoristen Carrillo y Sotomayor; Salcedo Coronel; Trillo y Figueroa; der Hofprediger Paravicino; Jacinto Polo, der wie sein Freund Antonio de Solis einer Zeit angehört, die Konceptismus und Kultismus gleichmässig begünstigt; der Conde de Villamediana,[4] der seinen Nachruhm mehr seinem tragischen Geschick als seiner bissigen Dichtkunst verdankt; Jerónimo de Cancer,[5] ein sehr leichtgeschürzter Gelegenheitsdichter; der meist manierfreie, aber etwas nüchterne Francisco de Borja,[6] principe de Esquilache und der ihm nahestehende Bernardin de Rebolledo;[7] als Repräsentant des schlechten spanischen Geschmacks im Ausland der Jsraelit Enriquez Gomez. Auch die wenigen erhaltenen Gedichte des grossen Calderon sind unbedeutend. In der Versmacherei des 18. Jhs. verschwindet der letzte Rest gesunden Menschenverstandes.

Eine erste Periode der spanischen klassischen Lyrik schliesst sich an Garcilaso de la Vega; die zweite beherrschen Herrera, Torre, die Brüder Luis de Leon und Juan de la Cruz; der erste der einflussreichere, die beiden letzteren diejenigen, welche allein heute noch voll lebendig sind; die dritte Góngora und Lope; unter ihnen etwa Bartolome Argensola, Villegas und Valbuena. Der Verfall tritt ein, während das Drama am kräftigsten lebt.

55. Die Romanze. Erzählende Volkslieder echter Art sind, so viel wir sehen können, nach dem 15. Jh. nicht mehr entstanden, während die leichte Poesie der Tanzzeilen noch heute blüht. Es ist mit dem 16. Jh. eine erheb-

[1] 1580—1645; *Poesías*, in *Bibl. aut. esp.* Bd. 69, sehr ungenügend von Janer publicirt. Die nachgelassene kritische Ausgabe Aureliano Fernandez-Guerra's wird von den Bibliófilos andaluzes angekündigt.

[2] 1559 bis ca. 1630. Vgl. Gallardo 3058.

[3] 1596—1669. *Eróticas*, Najera 1617; zwei dort fehlende Episteln, die erste an Argensola gegen den Gongorismus in Sedano, *Parnaso* 9; mit biogr. Notiz Madrid 1797.

[4] Cotarelo, *El conde de V.*, Madrid 1886.

[5] Ende des 16. Jh. — 1655; vgl. Morel-Fatio, *L'Espagne au 16e siècle*, passim.

[6] ca. 1581—1658; vollständigste Ausgabe der *Obras en verso* Madrid 1639; vgl. Barrera.

[7] 1597—1676. *Obras*, 3 Bde., Madrid 1778. S. b. Barrera.

liche Verschiebung in der litterarischen Schichtung der Bevölkerung eingetreten. Kriegsmänner von der Art des Cervantes, der unterste soldatische bäuerliche Adel, war früherhin sicher noch oft genug illitterat. Vom 16. Jh. ab nimmt er überall seinen Anteil an der litterarischen Bewegung. Der eigentliche Nährboden der epischen Poesie aber ist der wehrhafte Teil der Bevölkerung. Sobald sich in diesem artistische Einflüsse verbreiten, kann jene nicht mehr gedeihen, auch wenn sie noch gefällt. Die Buchdruckerkunst, welche wesentlich zu dieser Verschiebung mit beigetragen hat, dient zugleich aber auch der Erhaltung des alten Gutes, das früher nur beiläufig und zufällig einmal aufzeichnet wurde. Eine starke Neigung zu Interpretation und Erweiterung, die dabei hervortritt (S. 433) lehnt sich an die Manier der religiös-volkstümlichen Romanze an. Zunächst in Flugblättern (datierte Einzeldrucke seit 1525), welchen gegen Mitte des Jhs. die erste besondere Sammlung,[1] der Antwerpener *Cancionero de Romances* s. a. folgte, auf welchem einerseits eine erweiterte, dann oft wieder abgedruckte Ausgabe von 1750 beruht, andererseits die (ebenfalls wiederholt neugedruckte) *Silva de Romances*, 3 Teile, Zaragoza 1750—51: die Hauptquellen unserer Kenntnis der traditionellen Romanzenpoesie und zugleich der vorgängigen, noch ziemlich dürftigen Entwicklung der artistischen und für das Volk gedichteten Romanze. Die beschränkte Verwertung der Form durch die Kunstdichter vor Karl V. ist S. 433 bereits berührt. Eine Steigerung konnte in der Zeit des italienischen Geschmacks zunächst nicht eintreten. Fortdauernd erhielt sie sich erzählend-reflexiv in der religiösen Poesie, entsprechend deren Neigung zu volkstümlicher Tonart. Gelegentlich kommt auch das Spiel der *Contrahechura* noch vor, bei Castillejo (Duran 1359) satirisch verwendet, wie das später besonders häufig wird. Unter den anonymen für das Volk gedichteten sind die auf Zeitereignisse wenig zahlreich und zugleich viel weniger kräftig als die verwandten aus der Zeit der katholischen Könige. In nichi unerheblichem Umfang macht siah dagegen die Neigung geltend, den Besitz an historischer Poesie nach den gedruckten Quellen zu erweitern, bald in engem Anschluss, bald aber auch mit ziemlich energischer Umgestaltung. Gleichzeitig mit dem Erscheinen der ersten anonymen Sammlung bemächtigten sich zwei genannte Dichter der Form, indem sie nach der Weise der Ritterromane eine altertümelnde Sprache anwenden und zugleich offenbar in derselben Absicht die Assonanz durchführen, um altspanische Geschichte zu erzählen: Alonso de Fuentes 1550 und Lorenzo de Sepúlveda 1551. Fuentes, ein Mann von sehr geringem poetischem Verständnis, verleugnete halb die Autorschaft und der Anstoss zu der Bewegung ist sicher vor ihm von einer uns unbekannten Stelle ausgegangen. Sepúlveda zieht seinen Stoff aus der *Crónica de España* (*Cr. General*), hat das Verdienst, ihr treulich zu folgen, ihre Poesie ohne zu grosse Schädigung wieder der Masse zugänglich gemacht zu haben. Er ist höchst populär gewesen; abgesehen von mehrfachen Auflagen, begegnet er in allen späteren Romanceros. Es folgen mehr oder weniger volkstümlich, zum Teil ausschliesslich Eigenes enthaltend, neben der Einziehung aller möglichen Stoffkreise doch immer wieder der vaterländischen Geschichte zugewendet, die Sammlungen von: Sayago (1555); Timoneda (*Rosa de R.*, 1573); Linares (1573); Padilla (1583 und Madr. Biblióf. 1880); Lucas Rodriguez (Alcala 1585 und Madrid 1875); Maldonado (1586); Cueva (1587); die allgemeine Sammlung *Flor de várias Romances* (1589—97); der *Romancero General* (Madrid 1600 u. ö.). Daneben waren eine ganze Reihe kleiner, billiger Auslesen im Umlauf. Den *doze Pares de Francia* wird um

[1] Wolf, *Über die Romanzenpoesie der Spanier* in *Studien* 305 ff.; *Rom. Jahresber.* I, 539.

1600 eine besondere, oft aufgelegte Sammlung gewidmet. Noch stärker verbreitet war Escobar's *Romancero del Cid*, zuerst Lisboa 1605.[1]

Seit etwa 1560 ist die assonierende R. eine geläufige Form, die in steigendem Mass erzählend, schildernd, lyrisch, satirisch, burlesk, beliebig verwendet wird, sich wohl auch mit italienischen Versen verbindet wie bei Padilla; sie dient dem Conceptismus Ledesma's wie dem Kultismus Góngora's, und auch wo sie erzählt, ist sie keineswegs immer volkstümlich. Ihre eigentliche Aufgabe war indessen, dem Volke zu erzählen; sie ergänzte die Volksbücher, lässt in allmählich sich ausbildender cyklischer Ausstattung das heimische Epos wieder aufleben, giebt der eigenen, sowie auch Ereignissen aus der alten Geschichte die zugängliche Form. So gewann aus ihr das Drama nicht nur ein bequemes Metrum, sondern auch eine breite, stoffliche Grundlage. Auch wenn der dramatische Dichter bei der Verwendung historischer und epischer Stoffe die Romanze nicht direkt benützte, hatte er den ausserordentlichen Vorteil, noch bei den letzten seiner Zuhörer Erinnerungen und Anklänge wachzurufen.

2. DIE KUNSTEPIK.

56. Die Bibliographie, welche Rosell seiner Auswahl der *Poemas Épicos*[2] vorausschickt, zählt etwa 200 in unser Kapitel fallende Nummern. Der Wert steht in ungefähr umgekehrtem Verhältnis zur Zahl. Die wichtigste Gruppe bildet die der vaterländischer Geschichte gewidmeten, zahlreicher noch sind die religiösen, verhältnismässig weniger die Ritterromane. Mit der Behandlung kleinerer klassischer Stoffe beginnt schon Boscan; alles andere ist jünger als die Übersetzung des *Orlando furioso* von 1550 und des *Virgil* von 1557.

Es wäre somit die *Historia Partenopea*[3] des Alonso Hernandez, Rom 1516, eine halb historische, halb allegorische Verherrlichung des »grossen Kapitäns« Gonzalo de Córdova, füglich noch der vorigen Periooe zuzuweisen, der sie auch in ihrer Anlehnung an Mena's *Trecientas* und dem Versmass der *Arte mayor* angehört. Das spätere Mass ist die *Ottava rima*, nur ausnahmsweise der Blankvers *(verso suelto)*. Unter den historischen Epen voran stehen eine Anzahl von Schilderungen selbsterlebter Kämpfe in Amerika, darunter Alfonso de Ercilla's[4] berühmte *Araucana*. Die ersten fünfzehn Gesänge sind 1555—63 mitunter mit der Treue eines Tagebuchs erzählte Erlebnisse, frisch, wahrhaft und anschaulich, besonders sympathisch in der Darstellung der indianischen Feinde; die folgenden werden durch allegorisches und novellistisches Beiwerk unerfreulich verlängert. Die Form ist rauh, das Interesse liegt wesentlich in den erzählten Thatsachen, aber E. hat diese mit poetischem Auge gesehen. Ganz anders bei seinem Nachfolger Juan de Castellanos, dessen *Elegías de Varones ilustres de las Indias*[5] eine historisch höchst wichtige Reimchronik sind, deren Versform nur belästigend wirkt. Schon die gut

---

[1] Vgl. *Romancero del Cid*, hrsg. von Karoline Michaelis, Leipzig 1881. Über eine Cidsammlung des Katalanen Metge von 1626 s. Salvá 370.

[2] *Bibl. Aut. Esp.* 17. 29. Das Verzeichnis ist natürlich der Revision und der Ergänzung bedürftig.

[3] Vgl. Menendez, *Antol.* VI, 284, Gallardo 2329. 2473.

[4] 1533—1595. Der erste Teil Madrid 1570, der zweite 1578, der dritte 1590, ferner in *Bibl. Aut. Esp.* Bd. 17, letzte Ausgabe von Ferrer del Rio, Madrid 1866. Vgl. Salvá 579. 584; Royer, *Etude litt. sur l'Araucana*, Dijon 1880. Fortsetzung von Santistévan Osorio 1597 u. 1733.

[5] 1522—1606. Teil I 1589; I—III *Bibl. Aut. Esp.*, Bd. IV.; Teil IV u. d. T. *Historia del nuevo reino de Granada* 2 Bde., Madrid 1886. Der Name *Elegías*, weil die Geschichte verstorbener Helden in Versen beschrieben wird.

spanische Beurteilung der auszurottenden niederen Rasse schliesst bei ihm jede epische Anteilnahme aus. Ebenso kleben an den Ereignissen oder verunstalten diese durch die Maschinerie Virgils bei zum Teil nicht unerheblichem dokumentarischem Wert Barco Centenera's *Argentina;* Villagra's *Conquista del nuevo mundo;* Oña's *Arauco domado* (1596, Bibl. Aut. Esp. 29); Alvarez de Toledo, *Puren indómito* (Paris 1862).

Den übrigen geschichtlichen Heldengedichten fehlt grösstenteils auch die urkundliche Bedeutung, während ihnen zugleich die oben schon berührten Mängel anhaften, die Fähigkeit zwischen künstlerisch und selbst zwischen rein historisch Wesentlichem und Unwesentlichem zu scheiden abgeht. Am namhaftesten ist die dem Sieger von Lepanto geweihte *Austriada* des Juan Rufo,[1] die in den Einzelheiten manche Qualitäten aufweist, als Ganzes ungeniessbar ist. Genannt seien noch drei Verherrlichungen Karls V., von Sempere 1560; Luis de Çapata 1565 und Jerón. de Urrea; Cristóval de Mesa's *Patron de España, Restauracion de España*[2] und las *Navas de Tolosa*; Cueva's *Conquista de la Bética*; eine grausame Misshandlung des Cid von Ximenez Ayllon 1579; die Übersetzung des Camoens von Gomez de Tapia 1580. Zur Zeit der grössten dramatischen Massenproduktion, etwa seit 1615, wird das historische Heldengedicht wenig mehr gepflegt; wie Vasconcellos 1612, so feiert Perez de Culla die *Expulsion de los Moriscos;* Francisco de Borjas *Napoles recuperada*[3] steht 1651 ziemlich am Schluss der Produktion. Eine Stelle für sich nehmen des Jacque de Salas *Amantes de Teruel* (1616)[4] ein. Das Gedicht verdankt seine Berühmtheit dem Umstand, dass sein Autor die Handlung, die tragische Geschichte der beiden Liebenden, für historisch ausgab, während sie, ebenso wie in den Dramen Montalvan's und einem älteren anonymen, dem gleichnamigen Schauspiel des *Rey de Artieda* entnommen, allem Ansehen nach von diesem erfunden ist. Dagegen ist Hartzenbusch in seiner berühmten Tragödie (1837) dem Salas gefolgt.

57. Die Übersetzung der *Eneida* des Hernandez de Velascó (1557)[5] kannten fast alle vorgenannten. Zur Behandlung antiker Stoffe im grossen Stil hat sie kaum verführt. Auch Romero de Cepeda's *Destruccion de Troia* und *Robo de Helena*[6] sind das nicht, sondern jene ein Romanzenkranz, diese eine kurze Popularisierung in Quintillas. Dagegen sind im Anschluss an die Italiener und Humanisten die mythlogischen Episoden gerne behandelt worden, nachdem Boscan mit seiner *Fabula de Leandro y Hera* den Anfang gemacht hatte. Es folgten mit mehr oder weniger Glück Diego Hurtado de Mendoza, Lope de Vega u. a. Pyramus und Thisbe sind nicht weniger als viermal gedichtet (von Villegas, Silvestre, Montemayor, Góngora), so dass sie schliesslich der Sprache das Zeitwort *atisbar* lieferten. Besonders zahlreich werden die mythologischen Versnovellen im 17. Jh., zugleich besonders geringwertig, wohl meist der Schule Góngora's angehörig.

An den *Orlando furioso* des Urrea (1550) schliesst sich 1555 die Fortsetzung des Nicolas Espinosa und erzählt, wie Karl der Grosse von Bernardo del Carpio besiegt wurde. Ähnlich fühlten sich Garrido de

---

[1] 1547 bis ca. 1600. 1. Ausgabe Cordova 1584. *Bibl. Aut. esp.* 29. Von demselben existieren zwei Sammlungen von Miscellaneen, auch von Gedichten (*Bibl. Aut. esp.* 16 u. 42), vgl. Salvá 2152.

[2] Auszüge bei Gallardo 3059.

[3] *Bibl. Aut. esp.* 28.

[4] Uber die Fortsetzung durch einen Sohn des Dichters s. bei Latassa. Über die Fälschung des Salas ist ein Zweifel nicht möglich.

[5] Oder noch einige Jahre älter, s. Salvá 1072. Vorausging 1528 das II. Buch in Versen der *Arte mayor* von Matas, eine neue Übersetzung fertigte Cristóval de Mesa 1615.

[6] 1583 bezw. 1582, vgl. Salvá 374, 1388.

Villena, *El verdadero Suceso de la Batalla de Roncesvales* 1555 und Agustin Alonso, *Bernardo del Carpio* durch die Italiener pariotisch-romantisch angeregt; sehr lang, aber das beste all dieser Epen ist Valbuena's *Bernardo.*[1] An den *Orlando innamorato,* übersetzt von Garrido de Villena wahrscheinlich vor 1577,[2] schliessen sich des Martin de Bolea *Orlando determinado* 1578, und Barahona de Soto, *Las lagrimas de Angelica,* die ihrer Zeit viel gelobt und gefeiert wurden, heute vergessen sind.[3] Mit ihm trat Lope de Vega, *La hermosura de Angélica* 1588, in Wettbewerb.[4] Andere Ritterromane sind Arbolanche, *Las Habidas* 1566, die Liebschaften einer phantastischen spanischen Königstochter; Gomez de Luque, *Celidon de Iberia,* Alcalá 1583; Geron. de Huerta, *Florando de Castilla;*[5] Martinez, *Toledana discreta* 1599, konfus-allegorisch; vielleicht auch noch Gual, *La Oronta,* Neapel 1637. Die Gruppe ist beschränkt und es ist zu bemerken, dass der *Amadis* wohl in Italien, aber nicht mehr in Spanien gesungen wird.

Torquato Tasso[6] nachzueifern versuchte Lope de Vega in seiner *Jerúsalen conquistada* 1609; er bleibt hier, wie überhaupt in seiner Epik, weit hinter seinem Namen zurück. Miguel de Silveira, *El Macabeo* 1638; Lopez de Zárate, *Invencion de la Cruz* 1648, sind dunkle Nachfolger. Oliviers de la Marche *Chevalier délibéré* hatte 1553 Hernando de Acuña nach einer von Karl V. gefertigten Prosaversion in Oktaven gebracht. Die einzige Nachahmung ist des Juan Hurtado de Mendoza *Cavallero cristiano* 1577.

58. Darstellungen aus dem Evangelium war die schlicht volkstümliche Art der alten Masse viel günstiger als die anspruchsvolle Oktave. Es zeigt sich das bei Valdivielso's *Vida de San José*[7] gegenüber seinem eigenen *Romancero,* wie bei den Passionsdichtungen, verglichen mit der schlichten Art des alten Fray Iñigo de Mendoza.[8] Die einzige rühmenswerte darunter ist des Diego de Hojeda *Christiada,*[9] wenn sie auch ihr Vorbild, die *Christias* des Vida, nicht erreicht; vor ihr verschwanden jene des Quiros (1552), Coloma, (1578), Giron de Rebolledo (1563), Hernandez Blasco (1584), Guiral (1588). Des Alonso de Azevedo *Creacion del Mundo* (1615)[10] ist deshalb hervorzuheben, weil sie die *Semaine* des Dubartas nachahmt, zum erstenmal Beziehungen zu Frankreich wieder anknüpft; unter den Heiligenleben Lope de Vega's *Vida de San Isidro* (in Quintillen 1598) wegen des Namens des Autors; des Gabriel de Mata *Cavallero Assisio* (1587—89) als Parodie. Eine besondere Stellung nimmt des Cristóval de Virues *Monserrate*[11] ein, der hier viel glücklicher ist, als in seinen Tragödien. Eine interessante Legende, die freilich nicht bedeutend genug war für ein Epos, und zahlreiche, lebendige Episoden in guten Versen erheben das seiner Zeit so sehr beliebte Gedicht

---

[1] Madrid 1624 u. Bd. 19 der *Bibl. Aut. esp.*

[2] s. Salvá 1540.

[3] Die einzige Ausgabe von 1586 ist so selten, dass sich nicht kontrolliren lässt, ob die Anerkennung bei Cervantes, *Quijote* I, 6 so ungerechtfertigt ist, wie gewöhnlich angegeben wird.

[4] Bruchstück des verlorenen zweiten Teils in den *Diálogos de la Montería,* Madrid, Biblióf. 1890.

[5] Alcala 1588, *Bibl. Aut. esp.* 36.

[6] Über Tasso in Spanien vgl. *Rassegna bibliogr.* III, 238.

[7] *Bibl. Aut. esp.* 29.

[8] s. o. S. 423; verwandt ist Diego de San Pedro *La Pasión,* gedr. um 1520; vgl. Salvá 186.

[9] Sevilla 1611; *Bibl. Aut. esp.* 17.

[10] *Bibl. Aut. esp.* 29.

[11] Madrid 1588 u. ö. *Bibl Aut. esp.* 17.

über seine Umgebung. — Auch hier wird ein Ermatten der Produktion nach dem ersten Jahrzehnt des 17. Jhs. bemerklich.

Dem komischen Epos der Italiener und Griechen schliessen sich an des Juan de la Cueva *Batalla de Ranas y Ratones*;[1] Cintio Meretisso, *La Muerte de Chrespina Maranzmana, Gata de Juan Chrespo*, Paris 1604; Villaviciosa's *Mosquea* (1615, Biblioteca de autores esp. Bd. 17) und Lope de Vega's *Gatomaquia* (ib. Bd. 28), die von Freunden der Gattung noch gerne gelesen werden.[2]

B. DIE PROSAFIKTION.

59. In der Prosa[3] schwindet mit dem 16. Jh. jener pedantische Latinismus, der im 15. die Entfaltung des Stils zu bedrohen schien. Die Sprache selbst, Ursprung, grammatisch-stilistische Eigenheiten werden, nach dem Vorbild des Bembo, zum Gegenstand wissenschaftlicher Untersuchung gemacht in Juan Valdés *Diálogo de la Lengua* (um 1535).[4] Die Vorherrschaft der lateinischen Sprache in der wissenschaftlichen Thätigkeit ist ungebrochen, immerhin steht in der Geschichte neben der chronikartigen Erzählungsweise eines Guevara, Mejia, Morales, Zurita, neben den soldatischen Berichten amerikanischer und flandrischer Mitkämpfer, die Ausbildung der schon früher bemerkten künstlerischen Anlehnung an Sallust, Livius, Tacitus, die sich bei Hurtado de Mendoza (S. 450; *Guerra de Granada*) Moncada (*Expedicion de los Catalanes*, nach Muntaner), Manuel de Melo (*Movimientos y Separacion de Cataluña*, 1645) und noch in der Zeit des Absturzes bei Solis (*Conquista de Mexico*, 1684) zu wirklicher Bedeutung erhebt, wenn auch nicht frei von erkünsteltem Beigeschmack. Ein vollendetes Kunstwerk in Aufbau, Darstellung und Sprache ist Marianas *Historia de España* (1601 u.ö.), zugleich die bezeichnendste Urkunde spezifisch kastilischer Geschichtsauffassung. Schwerfällig gemessen erscheint der politische Briefstil unter Karl V. in Antonio de Guevaras Mustersammlung der *Epistolas familiares* (1539), stahlscharf zugeschliffen bei Antonio Perez, dem flüchtigen Sekretär Philipp's II. Sehr zahlreich sind moralische Traktate und Staatslehren, oft in Dialog und Briefform gekleidet, romanhaft nach Art der Cyropädie in Antonio de Guevara's viel übersetzter Fürstenuhr (1539); andere von Perez de Oliva, Mejia, Fernandez de Navarrete, Saavedra Fajardo, Quevedo. Auch Baltasar Gracian's[5] berühmte Aphorismen können hierher gezählt werden; in seiner *Agudeza y Arte de Ingénio* hat er den Codex des Conceptismus aufgestellt, der besonders von Quevedo gepflegten Kunst in Vers und Prosa scharfsinnig mehrdeutig zu sein.

So gross die Einwirkung eines Teils dieser Schriften gewesen ist, wird sie wohl noch übertroffen durch die der asketisch-mystischen Erbauungsschriften, der schon oben unter den Dichtern hoch gestellten Fray Luis de Leon, San Juan de la Cruz, Pedro Malon de Chaide, des berühmten Kanzelredners Fray Luis de Granada,[6] und vor allen der ausserordentlichen Santa Teresa de Jesus.[7] Bei ihr fliesst das edelste Castilianisch in natürlicher Fülle, so wie es in den Frauengemächern des vornehmen Hauses gesprochen

[1] *Obras* Bd. II. Sevilla 1604; s. Gallardo 1965.

[2] s. b. Ticknor II, 124.

[3] Capmany y de Montpalau, *Teatro histórico-crítico de la elocuencia castellana*, 5 Bde., Madr. 1786; stark veraltet, aber die einzige derartige zusammenfassende Arbeit.

[4] ca. 1500—1541; Ausgabe v. Böhmer, *Roman. Studien XXII.*

[5] ca. 1590—1658; *El Criticon* in Romanform 1650—53; *El discreto; Oráculo manual; Obras* 1664 u. öfter.

[6] 1504—1488 *Bibl. aut. esp.* 6. 8. 11.

[7] 1505—82; *Obras* Bd. 53 u. 55 der *Bibl. aut. esp.*

wurde, getragen von hohem Ernst, von einem klaren und freien natürlichen Verstand, der sich mit der mystischen Hingabe verbindet, so wie das kaum anders als im Frauencharakter möglich ist. Im 17. Jh. geriet seit Paravicino (1589—1633) auch die Predigt auf jene Abwege, die Isla im 18. in seinem *Gerundio de Campaza* bekämpft hat.

60. Vor Cervantes, der für sich Epoche macht, liegt der Ritterroman und die Entwicklung des an jenen anschliessenden Schäferromans, die eigenartige Erzählungsform des *Celestina*dialogs und die älteste Schelmennovelle. Über die Umgestaltung des älteren *Amadis* durch Montalvo ist S. 440 gesprochen. Die Masse der Nachkommen hat Gayangos Bd. 40 der Bibl. Aut. esp. gruppiert und katalogisiert. Dem *Amadis* selbst wurden neun Bücher Fortsetzungen angehängt: die Abenteuer *Florisandos* (von Paez de Ribera; 1510), *Lisuartes von Griechenland* und *Perions von Gallien* (von Juan Diaz), des *Amadis von Grichenland, Florisels von Nicäa* und *Anaxartes* (von Feliciano de Silva), *Rogers von Griechenland* und *Silves de la Selva* (von demselben, und [1546] von Pedro de Lujan), *Sphäramunds von Griechenland* (von unbekanntem Verfasser) und endlich *Penalvas* (verloren). 1511 tritt neben den Amadis eine nicht viel weniger beliebte Nachahmung, der *Palmerin de Oliva* von Fr. Vazquez, dem als zweites Buch 1512 der *Primaleon* folgt und nebst einigen andern auch der *Palmerin de Inglaterra,* dessen Autorschaft nunmehr endgiltig dem Portugiesen Moraes zugewiesen scheint (S. 334). In diesen und andern einzelstehenden wie des Geron de Urrea *Clarisel de las Flores* (Sevilla 1879), dem *Felix Marte de Hircania,* dem *Cavallero de Febo,* einem der späteren, der aber 1562—89 noch vier Fortsetzungen erlebte, sind die Fehler der Gattung dem Amadis gegenüber nur noch verstärkt. Eine ganze Anzahl sind übrigens nicht mehr als den Titeln nach bekannt und es ist möglich, dass einzelne unter ihnen noch aus dem 15. Jh. stammen und wertvolleres Material enthalten als die endlosen Abenteuer des Brüderpaars, das, nach dem Muster von Amadis und Galaor, der eine fromm, der andere Don Juan, gewöhnlich in der Mitte steht. Das Wunderbare wird fast vollständig unterdrückt in dem *Lepolemo* oder *Cavallero de la Cruz* (1525); zweiter Teil *Leandro el Bel* (1562) von Pedro de Lujan. Im Verhältnis zur Gesamtlitteratur am zahlreichsten sind die Drucke von 1510—30, nach Mitte des Jahrhunderts nimmt die Vorliebe etwas ab, und seit 1580 kommen nur mehr einzelne Nachzügler. Eine Abart waren die *libros de cavalleria á lo divino,* der erste des Geronimo de San Pedro *Cavalleria celestial* (1554), der letzte der *Cavallero Peregrino,* Cuenca (1610), ungefähr das Datum des Erlöschens der Gattung überhaupt.

Jorge de Montemayor hat den eigentlichen Schäferroman geschaffen. Seine *Diana* beruht auf der seit 1547 ins Spanische übertragenen *Arcadia* des Sannazaro, war aber auch vorbereitet durch die spanische Eklogendichtung und durch den Ritterroman. Denn die Amadise und diese gebildeten Schäfer sind sich ausserordentlich nahe verwandt. Was der neuen Gattung neben dem Spiel mit der Natur und dem Wechsel zwischen Prosa und Dichtung einen besonderen Reiz verlieh, für die Nachkommen die gegenteilige Wirkung hat, war der Umstand, dass die Fiktion regelmässig mit persönlichen Beziehungen durchsetzt ist. Fortsetzungen der Diana schrieben Gil Polo (1564), Alonso Perez (1564), Hieronimo Texeda (1587); diejenige Gil Polo's ist Montemayor[1] gleichwertig. Es folgen des Luis Galvez de Montalvo *Pastor de Filida* (1582); Cervantes, *Galatea* (1585); Lope de Vega's

[1] 1520—61. Erste Ausgabe Valencia 1558 oder 59, zuletzt mit der Fortsetzung Gil Polo's, Barcelona 1886. Vgl. Schönherr, *J. d. M.; Zts f. vgl. Ltg.* N. F. II, 381; *Revue hispanique* II, 304.

Arcadia (1598); Bernardo de Valbuena's[1] *Siglo de Oro* (1608) mit den schönsten spanischen Eklogen; des Juarez de Figueroa *Constante Amarilis* (1609), und einige andere;[2] als die letzte 1633 *Los Pastores del Betis* von Saavedra.

61. Die *Tragicomedia de Calisto y Melibea*,[3] seit der Antwerpener Ausgabe von 1595 nach der Protagonistin *La Celestina* genannt, erschien 1499 zu Burgos, in erweiterter Gestalt 1500 zu Salamanca. Ein junger Jurist Fernando de Rojas erklärt, dass er den ersten der 21 »Akte«, in die sie eingeteilt ist, anonym vorgefunden, die übrigen hinzugefügt habe. Die Angabe ist der Einheitlichkeit des Ganzen gegenüber verschiedentlich bezweifelt worden, erscheint aber aus inneren Gründen glaubwürdig. Die Tragikomedia ist ein dialogisierter Roman, bei dem an die Möglichkeit dramatischer Darstellung nicht gedacht und nicht zu denken ist. Während die Hauptfigur der Kupplerin von Alonso Martinez und dem Archipreste entnommen ist, kommt die Form aus der älteren lateinischen Humanistenkomödie; nur dass diese an der Einteilung in 5 Akte fest hielt. Nun umfasst der erste Akt der Celestina thatsächlich über ein Siebentel des Ganzen; er entspricht in seiner Ausdehnung einer 5aktigen Anlage. Rojas kannte diese nicht, es geht auch dieser letzte Rest der scenischen Überlieferung bei ihm verloren. Aber er hat mit erstaunlicher Congenialität, vielleicht im Anschluss an ein vorgefundenes Argument, Handlung und Dialog weiter geführt. Eine fortdauernde Neigung zu latinistischer Wortstellung überdeckt nur leicht die »goldene« Sprache; die Kraft der Charakteristik ist so bewunderungswürdig wie der hohe Realismus der über der Darstellung auch des Niedrigsten herrscht. Das ausserordenliche Werk ist die Schöpfung eines Unbekannten, nie zu Erratenden, und eines Mannes, der nichts weiter geschrieben hat.

Die litterarische Nachkommenschaft der Celestina ist eine sehr starke gewesen; in den meisten überwiegt der skabröse Stoff die Handlung, keine erreicht das Vorbild, aber viele besitzen einen Teil seiner Vorzüge und alle sind wertvoll als Sittenbilder; hier und da zeigen sich auch Beziehungen zu den italienischen Verwandten (S. II[3] 159). Fortsetzungen schrieben Silva, *Segunda Comedia de C.*, 1530;[4] Gasp. Gomez de Toledo, *3ª Comedia* 1537; Sancho Muñon die bemerkenswerte *Tragic. de Lisandro y Roselia o Cuarta Celestina*.[5] Neben verschiedenen Bearbeitungen in Versen wurde die erste für das Theater eingerichtet in einer Farce und zwar von Romero de Cepeda, *Comedia Selvage* 1582, mit anderer Handlung freilich nach dem 2. Akt. Weitere Verwandte sind Fernandez' *Tragedia Policiana* (1547); Villegas's Selvago *Comedia Selvagia* (1554, Col. de libr. raros[5]), Hurtado's de la Vera, *Comedia de la Doleria*, ein wirres Ehebruchstück mit judenspanischen Anklängen. Delgado's *Lozana Andaluza* schildert das Leben der untersten spanischen Schichten in Rom (1527, Libros raros[3]); ähnlich skrupellos wie die 1521 in Valencia erschienenen *Serafina* und *Tebaida* (Libros raros 22). Bedeutender und freier[6] als irgend eine der Töchter ist endlich ein Jugendwerk Lope de Vegas, die *Dorotea*, in welcher er merkwürdig freimütige Selbstbekenntnisse niedergelegt hat.

---

[1] 1578–1627. Neuausg. Madr. 1821. Vgl. S. 453.

[2] Rennert, *Spanish pastoral romances*, Baltimore 1892. Vgl. Salvá 1717 und besonders beachtenswert 291.

[3] *Bibl. aut. esp.* 3. Menendez y Pelayo, *Estudios de Critica* II, 75. *Zts. f. r. Ph.* XXI, 32 und 405; *Romania*, XXVI, 324.

[4] *Coleccion de libros raros ó curiosos* Bd. 9; der Verfasser ist bekannt als Schreiber von Ritterromanen.

[5] ebenda Bd. 3.

[6] Des Velázquez de Velasco *Lena* (1602) gehört zum italien. Theater.

Nicht weniger überraschend erscheint 1554 in Burgos der *Lazarillo de Tormes,*[1] an den sich der Schelmenroman geschlossen hat (1555 eine Fortsetzung in Antwerpen, die vom selben Verfasser herrühren kann, 1600 von de Luna in Paris). In einer Reihe von zum Teil alt anekdotischen Zügen werden hauptsächliche Typen der in unteren Schichten auf der Grenze des Gesetzes Lebenden mit ungemein scharfer Beobachtung in straffer Knappheit dargestellt, in der Form der Lebenserfahrung des Pícaro, des Knaben der auf der Strasse sich selbst erzieht und erhält. Die Gründe, welche veranlasst haben Diego Hurtado de Mendoza als Verfasser zu bezeichnen sind ungenügend; wenn Morel-Fatio den Autor in dem Erasmianischen Kreise zu suchen geneigt ist, so trifft das gewiss in so fern zu, als bis zur Mitte des 16. Jhs. Capacitäten, wie die hier vorauszusetzende, mehr oder minder erasmisch angehaucht zu sein pflegten; aber auf einen Namen wird man wohl dauernd verzichten müssen.[2] Vorläufer sind weniger die allerdings geistesverwandten Celestinadialoge, als die Farce. Der bedeutendste Nachfolger ist Mateo Aleman,[3] *Vida y hechos del pícaro Guzman de Alfarache* 1599; ein unechter 2. Teil erschien 1603 von Luxan de Sayavedra, der authentische 1605; ein versprochener dritter ist nicht erschienen. Der Verfasser steht nicht so hoch über seinem Helden wie der des Lazarillo, trotz der eingestreuten Moral, ist bequemer und breiter in Schilderung und Sprache. Der dritte im Bunde ist Cervantes in seiner köstlichen Skizze *Rinconete y Cortadillo.* Es folgen Lopez de Ubeda, *la Pícara Justina* 1605; Geronimo de Alcalá, *Alonso mozo de muchos amos* (zwei Teile 1624 u. 26); Castillo Solórzano, *Teresa de Manzanares* 1632, *Aventuras del Bachiller Trapaza* 1632, *La Garduña de Sevillá* 1634; die anonyme *Vida de Estevanillo Gonzalez* 1640.[4] Endlich das glänzende Erzeugnis des Witzes Quevedos, die *Historia y Vida del Gran Tacaño Pablo de Segovia* (1626). Vicente Espinel's *Vida del escudero Marcos de Obregon* (1618) gehört kaum mehr hierher.

62. Miguel de Cervantes Saavedra's[5] *Don Quijote*, in noch höherem Grade eine Neuschöpfung als Celestina und Lazarillo, war ursprünglich als Verhöhnung der Ritterromane beabsichtigt. Dem Verfasser ist sein Held und sein Stoff unter den Händen wert und lebendig geworden. Während der spanische Realismus sonst scharf von aussen beobachtet, wächst hier der Mensch von innen heraus. Die durch alle Leiden ungetrübte Milde und Heiterkeit der Verstümmelten von Lepanto schwebt über dem Ganzen. Bekanntlich erschien der schon längere Jahre vorher begonnene 1. Teil 1605; der 2., beschleunigt durch die Usurpation Avellaneda's, 1615; 1617 posthum der Reiseroman *Persiles y Segismunda*, eine Gattung, in der Lope de Vega

---

[1] Vgl. Morel-Fatio, *Etudes sur l'Espagne* I², 111. Keiner der zahllosen Neudrucke geht auf die erste Ausgabe zurück.

[2] Die Heimat ist wahrscheinlich Toledo. Die Heimat einer merkwürdigen gleichzeitigen Nachahmung Lucians, *El Crotalon de Christophoro Gnophoso* (Madr., Biblióf., 1871), Gespräche zwischen Hund und Hahn, ist schwerlich ebendort zu suchen.

[3] ungef. 1540—1610. Neudruck mit dem unedirten 2. Teil *Bibl. aut. esp.* 3. Luxan de Sayavedra ist Pseudonym für Juan Marti, einen Valencianer Advokaten.

[4] Die *Picara Justina, Garduña de Sevilla, Vida de Estev. Gonzalez* in Bd. 33 der *Bibl. aut. esp.* Hierher wohl auch Garcia, *La desordenada Codicia* Madr. 1877; *Gabriel Espinosa pastelero de Madrigal* in mehreren Hss. der Bibl. Nac., eine von 1595.

[5] Geb. wahrsch. 9. Okt. 1549 zu Alcalá de Henares, gest. 23. April 1616. Einzige Gesamtausgabe ist die von Argamasilla, 5 Bde., 1860. In *Bibl. Aut. esp.* 1 fehlt das Theater. Photographische Reproduktion der ersten Ausgabe des Don Quijote, Barcelona 1872. Die kommentirte von Clemencin Madr. 1834 u. 1894. Mainez, *Vida de Cervantes*, Cadiz 1876, ist zu empfehlen; gering die Bibliographie von Watts, London 1881. Vgl. auch Morel-Fatio, *Etudes sur l'Espagne* II², *l'Espagne de Don Quixote,* wo indess C. viel zu sehr als Satyriker gefasst sein dürfte.

1603 mit dem *Peregrino en su patria* vorausgegangen war; 1613 die zum Teil erheblich älteren *Novelas ejemplares*, zu welchen erst in unserm Jahrhundert noch eine weitere sich hinzugefunden hat: *La tia fingida.*[1] Den Novellen ist in Spanien nicht viel mehr als Celestina und Lazarillo vorausgegangen, wenn man absieht von der Geschichte vom Abencerajen und der schönen Jarifa, welche Ant. de Villegas und Montemayor nach älterer Vorlage ausführlicher gestaltet hatten und die die nächste Vorläuferin von Gines Perez de Hita's[2] historischem Roman *Guerras civiles de Granada* ist. Denn die älteren spanischen Anekdotensammlungen, mit Einschluss von Timoneda's *Patrañuelo* und Hidalgo's *Carnestolendas de Castilla*[3], stehen unendlich unter seiner Erzählungskunst. Aber auch den Italienern gegenüber, denen er viel verdankt, hat er die Aufgabe der Novelle ausserordentlich vertieft, den Bereich erweitert.

Zu den Nachfolgern des Cervantes und zugleich der Italiener gehören dann Suarez de Figueroa, *El Pasagero* (1617); Lope de Vega im 8. Bd. seiner *Obras sueltas;* Tirso de Molina in den *Cigarrales de Toledo* (1621), darin als bestes *Los tres maridos burlados*, mit neuer, ascetischer Richtung in *Deleitar aprovechando* (1635); Montalvan's *Para todos* (1632); der Mariana de Carbajal *Novelas entretenidas* 1638; zwei Sammlungen der Maria de Zayas 1637 u. 47; Castillo Solórzanos *Alivios de Casandra* und *Quinta de Laura* und andere, einzeln oder in Rahmenform, mehr romantisch oder mehr der Sittenschilderung zugekehrt, wie besonders die zahlreichen des Salas Barbadillo.[4] Ein phantastisches Element tritt hinzu in dem berühmten *Diablo Cojuelo* des Velez de Guevara (1641).[5]

Der Reichtum der satyrischen Produktion, die von Juan Valdes' von grossen Gesichtspunkten ausgehendem *Diálogo de Mercurio y Caron*[6] bis über die Zeit des Verfalles hinandauert, kann hier nur angedeutet werden.[7] Fr. Quevedo de Villegas[8] ist ihr klassischer Vertreter; eine starke Phantasie verbindet sich bei ihm mit durchdringendem Verstand; in dem brillanten Witz seiner *Sueños, Cartas del Caballero de la Tenaza, Cuento de Cuentos, Perinola* verbirgt sich zugleich die Erbitterung einer überlegenen Persönlichkeit die von unerträglichen Verhältnissen erdrückt wird: sie sind die Anklage Spaniens gegen Spanien und seine Herren unter Philipp IV.

C. DAS DRAMA.[9]

63. Wenn auch das geschlossene religiöse Schauspiel des 13. Jhs. geradezu ausgestorben zu sein scheint (S. 401), bot doch das, was an seine

[1] Wahrsch. Bruchstück der *Semanas de Jardin*, die C. in seinen letzten Tagen beschäftigen.

[2] 1595 in *Bibl. Aut. esp.* 3. Von Perez d. Hita ist dort die maureske Romanze im Anschluss an die Romanze aus den Grenzkriegen ausgebildet.

[3] *Bibl. aut. esp.* 3 bzw. 36.

[4] Vgl. *Dos Novelas de S. B.*, Madr. Biblióf. 1894.

[5] Von der phantastischen Satyre Quevedos unterscheidet den *Diablo* die entwickeltere humoristische Handlung; auch von des Sevillaners Rodr. Fernandez de Ribera *Antojos de mejor vista*, die ihn angeregt haben mögen. Vgl. Hazañas *Biografía de Fern. de Rib.*, Sevilla 1889, S. 47.

[6] ca. 1528; neuster Druck *Roman. Studien* 14, 1.

[7] Ein Anfang zur Sammlung ist gemacht in Paz y Melia, *Sales españoles*, Bd. 1.

[8] 1580—1645. Die Prosawerke, welche zumeist nur handschriftlich umliefen, sind gesammelt und grösstenteils hrsg. v. Aurel. Fernandez-Guerra, *Bibl. aut. esp.* 23. 48. Vgl. Mérimée, *Essai sur la vie et les oeuvres de Qu.*, Paris 1896.

[9] Hauptsächliche Hilfsmittel: F. v. Schack, *Geschichte der dramatischen Literatur und Kunst in Spanien*, 3 Bde., Berlin 1845, Nachträge, Frankfurt 1854. A. Schaeffer, *Geschichte des spanischen Nationaldramas*, Leipzig 1890, wichtig bes. durch eine Menge von

Stelle getreten war, die *Representacion*,[1] einen Ersatz, von dem aus es zu jeder Zeit wieder aufleben konnte. Festliche Aufzüge und Schaustellungen in Verkleidungen, kirchliche und weltliche, haben offenbar fortgedauert. Das Wort konnte dabei ganz fehlen, aber es lag nahe, neben eingeschalteten Liedern auch die Personen sich selbst in Versen interpretiren zu lassen. Zwei Schilderungen solcher Krönungs-Repräsentationen in den Jahren 1399 und 1414 in Zaragoza sind uns erhalten;[2] die allegorischen Figuren erklärten sich singend. Bei kirchlichen Schaustellungen bringt eigentlich der Gegenstand an sich ein gewisses Mass von Handlung. Eine solche ist indessen nur in leisester Andeutung vorhanden in der *Representacion del Nacimiento*, welche Gomez Manrique für ein Nonnenkloster in Redondillen dichtete; neben der heiligen Familie, Engeln und Hirten werden auch die Martern vorgeführt. Von demselben besitzen wir zwei Mummenschänze (momos): die 7 Tugenden begrüssen einen Verwandten am Geburtstag, die neun Musen den Prinzen Alfonso (1467).[3] Ebenso wie es sich für Katalonien belegen lässt, wird auch in Kastilien, wo ja die *Voeux du Paon* übersetzt waren, bei Tafel die Gäste das *entremes* unterhalten haben, das auch in einer Mummerei bestehen konnte, belegt aber ist der Name hier erst ziemlich spät für das Zwischenspiel, und es muss dahingestellt bleiben, ob er nicht aus Italien kam.

Auf jene einfachsten, halblyrischen Aufführungen folgt das Theater Juan del Encina's,[4] der nicht ganz mit Unrecht als der Vater der spanischen Theater bezeichnet wird. Drei der sehr einfachen Stücke, deren stark lyrische Form jenen Manriques entspricht, sind als *representaciones* bezeichnet, 10 als *Eklogen*, eines als *Auto*. Der Eklogenname steht im Cancionero neben den Übersetzungen der Bukoliken Virgils, die Benennung übertrug sich unschwer und anregend auf die Hirtenscene der Weihnachtsschaustellung. Der Name des Auto allerdings weist auf italienische Einflüsse, den Aufenthalt Encinas in Rom. Es ist sehr wahrscheinlich, dass das possenhafte Element, das sich bei ihm findet, zum Teil von dort stammt, ganz ausgeschlossen ist aber auch näherer Zusammenhang mit der französischen Farce nicht. Abhängig von Encina ist Lucas Fernandez (1514; Madr. 1867), bei dem sich der Name der Farse (u. Comedia) einfindet; nicht minder der viel genialer veranlagte schöpferische Portugiese Gil Vicente (s. o. S. 283) und Torres Naharro,[5] der in Dialog und Varietät des Stoffes gegenüber Encina merklichen Fortschritt zeigt, im Aufbau noch völlig locker ist. Bei ihm findet sich zuerst die Einteilung in Akte unter dem Namen *jornada*, der wieder eher auf französischen als auf italienischen Einfluss hinweist, trotz seines Aufenthalts in Italien. In viel primitiveren Verhältnissen als bei einem der vorgenannten — Encinas Stücke wurden im Palast des Herzogs von Alba gespielt, die Vicentes in dem des Königs — finden wir das Schauspiel bei dem allerdings jüngeren Diego Sanchez[6] in dem weltfernen Badajoz. Seine 28 Stücke sind sämtlich Fest-

Analysen uuzugänglicher Stücke (Kleins *Geschichte des spanischen Dramas*, Leipzig 1871, hat vornehmlich die ästhetische Seite im Auge). La Barrera's *Catálogo bibliográfico y biográfico del teatro antiguo español*, Madrid 1860. Vgl. Morel-Fatio, *La Comédie du XVIIe siècle*, Paris 1885.

[1] Das Wort aus Frankreich, wo unter *représentation* ebenfalls sowohl ein eigentliches Schauspiel, als Schaustellungen ohne Worte verstanden wurden.

[2] Milá y Fontanals, *Obras* VI, 236.

[3] *Obras* I, 198; II, 30, 122.

[4] ca. 1469—1534. Seine Werke, *Cancionero*, zuerst 1496, dann mehrfach vermehrt, zuletzt u. d. T. *Teatro completo de J. de E.*, Madr. 1893, von Asenjo Barbieri. Vgl. Cotarelo, *J. d. E.*, in *España moderna* 1894, Mai.

[5] Lebte unter Leo IX. in Rom, 1517 in Neapel, wo seine *Propaladia* erschien. Neuausg. Bd. 1 Madr. 1880.

[6] Blüht ca. 1530—47 posthume Ausg. der *Recopilación* 1554. Neudr., 2 Bde., Madr. 1882. 86.

aufführungen, auch wo das nicht angedeutet ist, meist auf Weihnachten und Corpus. Der Hirt, der den Prolog spricht, den Chor und die komische Figur macht, kommt aus dem Weihnachtsspiel. Der durchweg einheitliche Ort scheint der Platz vor der Kirche. In zwei Fällen ist Aufführung durch das Gewerk wahrscheinlich; der kirchliche Anteil ist zum Teil die Hauptsache, tritt aber auch bis zur völligen Schrumpfung zurück. Überwiegend erhält man den Eindruck der Kreuzung zwischen Farce und Moralité. — Die rudimentäre Form des Monologs ist in dem S. 461[2] erwähnten *Crotalon* belegt[1] und zwar ganz eigentlich als Entremes.

Völlig unter italienischem Einfluss steht in seinen Comedias Lope de Rueda,[2] einheimisch sind bei ihm eine *Farsa* in Versen und die köstlich witzigen *Pasos* oder *Entremeses*, welche seine Ruhmestitel sind. Später stellt sich die Nachahmung der lateinischen Tragödie ein, wahrscheinlich bei Malara 1527—71, bei Geronimo Bermudez (1577), Cristóbal de Virues, Cueva, Lupercio Argensola, die alle bühnenwidrig bleiben, fast alle ungeniessbar sind, mit Ausnahme etwa der *Elisa Dido* des Virues und der in all ihren Unvollkommenheiten bedeutenden *Numancia* des Cervantes. Geblieben ist von ihnen nur die Metrik. An Stelle der sehr unruhigen, weil gesungen gedachten Maasse Encinas und seiner nächsten Nachfolger waren später etwas einfachere getreten; bei Romero de Cepeda (s. o. S. 460) oder bei Cueva zeigt sich zuerst die später herrschende Bindung bestimmter altspanischer und italienischer Formen, welchen dann Lope de Vega bestimmte Aufgaben zuwies. Die fünffache Aktteilung Torres Naharro's scheint zuerst Fr. de Avendaño (1533) zu Gunsten der Dreiteilung aufgegeben zu haben, wie vor Lope Cervantes wieder gethan hat; Vierteilung brauchte Cueva, eine Zeit lang auch andere, so besonders Lope in seinen ersten Versuchen. Der erste der nationale Stoffe auf die Bühne brachte war der vielseitige Cueva.[3] All das waren mehr Äusserlichkeiten: was dieser ganzen Zeit[4] fehlt, den Latinisten sowohl wie den italianisierenden und den religiösen Schauspielen, ist das Verständnis für bühnenfähige Führung der Handlung, während die Einakter aller Art spielbar sind. Bessere Ansätze, wie die *Josefina* Carvajal's[5] (1546), bleiben vereinzelt. Es fehlte nicht an Truppen und Zuhörern, aber es fehlte noch die unerlässliche Voraussetzung einer grossen Tradition, die feste Bühne.

64. Im letzten Drittel des 16. Jhs. sind in Valencia, Sevilla, Madrid stehende Bühnen[6] entstanden. In Madrid 1579 das Theater de la Cruz, 1582 das del Principe. Und in ihnen fand das grosse Genie seine Schule, das dem spanischen Theater den nationalen Stempel aufdrücken sollte. Es mag sein, dass Lope de Vega (1562—1635)[7] seinen Vorgängern und mehr noch gleichstrebenden Zeitgenossen mehr in Einzelheiten verdankt, als sich direkt nachweisen lässt.[8] Er bleibt aber doch der Schöpfer der spanischen Comedia.

[1] S. 330: *uno de aquellos chocarreros que para semejantes cenas suelen alquilar . . . predico el sermón que los portogueses suelen predicar el dia que celebran la batalla de Aljubarota.*

[2] Blüht ca. 1540 - 66, der erste berühmte Schauspieler. *Obras* zuerst 1567 u. 76, dann in *Col. de libr. raros o curiosos* Madr. 1895, 2 Bde.

[3] Fernandez-Guerra reklamirt in der *Revista hispano-amer.* die Initiative für eine ältere Heiligenkomödie, die indessen nur nebenbei historisch ist.

[4] Ein Namenverzeichnis, wenig mehr, bei Cañete, *Teatro español del siglo XVI,* Madr. 1885.

[5] Madr., *Biblióf.* 1870; vgl. Rom. XV. 462.

[6] *Corrales* genannt von der Entstehung aus gemieteten Höfen. Vgl. Sepúlveda, *El Corral de la Pacheca,* Madr. 1886; Diaz de Escovar, *El Teatro en Málaga,* Malaga 1896.

[7] Gesamtausgabe 28 Bde., Madr. 1604—47. *Bibl. Aut. esp.* 24, 34, 41, 52. Neue grosse Ausgabe der Akademie seit 1890. Vgl. Hennings, *Studien* zu L. d. V., Göttingen 1891; Farinelli, *Grillparzer und L. d. V.,* Berlin 1894.

[8] Vgl. Miguel Sanchez, *La Isla bárbara,* p. p. Rennert, Baltimore 1896, S. XII.

Sein geniales Übergewicht verlieh ihr eine feste Abteilung, zweckmässige Verwendung der (überreichen) Versarten, Einheit der Handlung und vor allem ein richtiges Verständnis für die Bühnenwirkung und den stets lebendigen Zusammenhang mit einer aus der breiten Masse der Bevölkerung bestehenden Zuhörerschaft. Ideale und Begriffe, Formen und Inhalt sind die dem Volk vertrauten, die Bibel, Heiligenleben, die Geschichte wie sie in der Romanze episch umgebildet war, Volksbücher, Novellen, das Leben des Hauses und der Strasse, der Stadt und des Dorfes, der Höchsten wie der Niedersten. Gefährlich war die erstaunliche Raschheit, mit welcher er komponierte. Er dichtete manchmal in 24 Stunden eine Komödie. Über 1500 Komödien hat er geschaffen, unangesehen die *Autos* (einaktige allegorisch-religiöse Feststücke), *Loas* (Vorspiele) und *Entremeses;* gegen 500 davon sind erhalten. Die Flüchtigkeit, die dabei naturgemäss oft zu Tage tritt, entsprang nicht so sehr einer allerdings vorhandenen relativen Geringachtung einer Dichtungsgattung, die so sehr allen Vorschriften der Alten widersprach;[1] Lope konnte nicht anders als sich rasch ergiessen, wie seine anderweite schriftstellerische Thätigkeit zeigt. Nirgends ist er ganz makellos und doch ist die Zahl dauernder Meisterwerke eine erstaunliche, vor allem unter seinen historischen Schauspielen, wie *Los Tellos de Meneses, Peribañez y el Comendador de Ocaña, Fuente Ovejuna, El mejor Alcalde el rey,* die irrig Tirso zugeteilte *El Rey Don Pedro en Madrid y el Infanzon de Illescas.* Sein Beispiel war überwältigend für Zeitgenossen und Nachkommen. Als eine kleine Gruppe lassen sich unter ihnen nur die Valencianer aussondern, Gaspar de Aguilar (ca. 1568—1623), Tarrrega (bis ca. 1620), Guillen de Castro (1569—1631),[2] der Dichter der *Mocedades del Cid,* und ein ernstliches Abgehen von den Wegen Lope's lässt sich auch hier nur bei Castro's Ehebruchsdrama *Los mal casados de Valencia* konstatieren. Um Lope gruppieren sich: Luis Velez de Guevara (1570—1644), ein ansehnliches, aber etwas weiches Talent, das sich, wie früher Lope, später Calderon anschmiegt; Mira de Amescua (ca. 1578—1641), der Dichter des *Esclavo del Demonio;* Juan Ruiz de Alarcon (1580—1639),[3] eine ernste und selbständige Natur, die sich in einer gewissen Opposition zu Lope befand, der Verfasser des *Tejedor de Segóvia* und der Charakterkomödien *Las Paredes oyen* und *La Verdad sospechosa,* des Vorbildes von Corneille's Menteur; bedeutend schwächer als diese drei der Hausgenosse und Schüler Lope's, Juan Perez de Montalvan. Unmittelbar neben Lope muss Fray Gabriel Tellez gestellt werden, der unter dem Namen Tirso de Molina[4]. schrieb (1570—1648), welchem zwar *El Burlador de Sevilla* (Don Juan) kaum, *El Condenado por desconfiado* gewiss nicht gehört, der aber einer der ersten Meister des Lustspiels aller Zeiten ist; der Verfasser von *Marta la piadosa, La Villana de Vallecas, Don Gil de las Calzas verdes.* Die Zahl der Dichter dritten Ranges, welche für das unersättliche und tägliche Bedürfnis des Publikums sorgten, ist Legion.

65. Nach dem Tode Lope's beherrschte Don Pedro Calderon de la Barca (1600—1681)[5] die Bühne, zuletzt als der offizielle Dramatiker des

---

[1] S. seine *Arte nuevo de hacer Comedias; Bibl. Aut. esp.* 38.

[2] Vgl. Schaeffer, *Ocho Comedias desconocidas,* Lpz. 1887; *Las Mocedades del Cid,* p. p. Mérimée, Toulouse 1890.

[3] *Bibl. Aut. esp.* Bd. 20 Vgl. Fernandez-Guerra, *Don J. Ruiz d. Alarcon,* Madr. 1871.

[4] *Teatro escogido,* Madr. 1839—42, besser als in *Bibl. Aut. esp.* Bd. 5. Vgl. Cotarelo, *Tirso de Molina* Madr. 1893; Menendez, *Estudios* IV. 130. Der *Burlador* macht den Eindruck der noch verworrenen Jugenddichtung eines begabten Kopfes, auch nach den erheblichen Korrekturen, die Cotarelo zu dem verderbten Bühnendruck beigebracht hat, und dieser Eindruck dürfte sich schwerlich ändern, auch wenn wir das Original besässen.

[5] Auf der ersten, höchst mangelhaften Ausgabe von Vera Tassis, Madr. 1683—91,

Hofes und der Hauptstadt. Calderon zeigt ein stärkeres künstlerisches Bewusstsein als Lope und als Tirso. Er verkörpert in noch entschiednerem Maasse als seine Vorgänger die Ideale seiner grossen und mächtigen Nation, zugleich aber auch die ganze Eigenartigkeit und geistige Willkür ihres Geisteslebens. Erst bei ihm ist der Ehrenkodex zur Triebfeder der Handlung gemacht, allerdings eine Tendenz, die sich gelegentlich schon in den Romanzen zeigt, aber bei ihm ihre dogmatische Ausbildung erfährt. Der Reichtum der metrischen Formen erscheint vereinfacht. Ein technischer Gewinn, aber ästhetischer Nachteil war die Schablonisierung des Gegenspiels des *gracioso*. Bei grossen Gedanken und grosser poetischer Kraft ist er unfreier und enger als sein Vorgänger, zugleich aber durch seine strenge Geschlossenheit wirksamer geblieben. Zu seiner Umgebung gehören: Francisco de Rojas Zorrilla (1607 bis ca. 1660), dessen *Del Rey abajo ninguno* sich neben die besten Stücke Calderon's stellt, und Agustin Moreto (1618—1669), ein geschickter Lustspieldichter, der Verfasser von *El desden con el desden* und *El lindo Don Diego*. Die übrigen Nachfolger C.'s, wie Matos Fragoso, Diamante, Antonio Cuello, Cubillo, der Geschichtsschreiber Antonio de Solis, Salazar y Torres, ahmen seine Mängel nach ohne seinen Geist, erzeugen im besten Fall Mittelmässiges, technisch Brauchbares. Die letzten Nachzügler Bauces Cándamo, Cañizares (1676—1750) und Antonio de Zamora haben besonders die *comedia de figurón* gepflegt. Dann erlischt das glänzende Phänomen.

beruhen alle späteren, die von Keil, 4 Bde., Lpz. 1827, wie die von Hartzenbusch; *Bibl. Aut. esp.* 7, 9, 12, 14. Die *Autos*, 6 Bde., 1715, 2. Ausgabe 1759. *Poesías*, Cadiz 1845; *Poesías inéditas* Madr. 1881. S. Schmidt, *die Schauspiele Calderon's*, Elberfeld 1857. Morel-Fatio, *Calderon*, Paris 1881. Menendez *Calderón y su teatro* Madr. 1881. Günther *C. und seine Werke*, Freiburg 1888. Menendez, *Estudios* II, 107.

Berichtigungen.

S. 385 Z. 32 *l.* Siedlungsgebiet; S. 406 Z. 1 *l.* Ysopet; S. 411 Z. 7 *l* dessen; S. 413 Z. 21 *l.* nur mehr; S. 414 Z. 17 *l.* Ceringtonia; S. 416 Anm. 8 gehört zu S. 417 Z. 7; S. 445 Z. 28 Sanchez Moguel; S. 449 Z. 28 *l.* allgemeinen europäischen Nachahmung; S. 451 Z. 44 *und die spanische Inquisition*; S. 452 Z. 30 *l.* die späteren Gedichte; S. 453 Z. 5 *l.* erstreckte; S. 454 Z. 2 *l.* der Kriegsmann; Z. 15 *l.* 1550; Z. 16 *l.* 1550; Z. 28 *l.* sich; Z. 48 *l. varios*; Z. 52 *füge hinzu: Zts. f. r. Phil.* 16, 40; S. 460 Z. 14 *l.* Alfonso Martinez; S. 461 Z. 25 *l.* Sevilla; S. 463 Z. 45 *füge hinzu:* Rom. Jahresb. I u. III^{b} unter Span. Theater.

REGISTER.

C.

G.

H.

I. J.

S.

T.

W.

X.

Y.

Z.

Kolibri 360 GmbH
Ferdinand-Jühlke-Straße 7
99095 Erfurt, Deutschland
produktsicherheit@kolibri360.de